国外电子与电气工程技术丛书

电子学

系统方法

（原书第5版）

[英] 尼尔·斯多里（Neil Storey） 著
英国华威大学
李文渊 梁勇 王显海 等译
孟桥 审校

Electronics
A Systems Approach
Fifth Edition

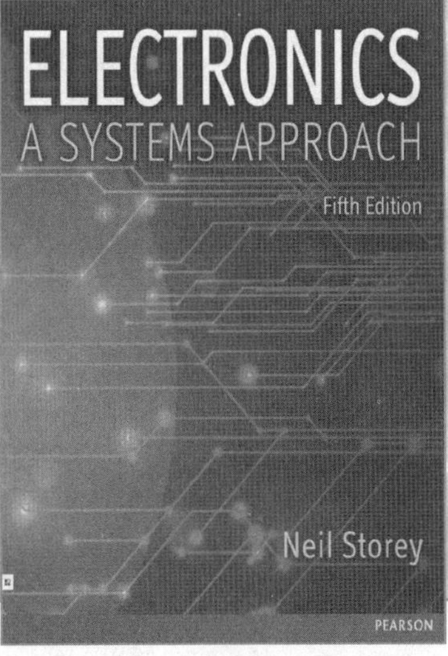

机械工业出版社
China Machine Press

图书在版编目（CIP）数据

电子学：系统方法（原书第 5 版）/（英）尼尔·斯多里（Neil Storey）著；李文渊等译．—北京：机械工业出版社，2019.6

（国外电子与电气工程技术丛书）

书名原文：Electronics: A Systems Approach, Fifth Edition

ISBN 978-7-111-63015-9

I. 电… II. ①尼… ②李… III. 电子学 IV. TN01

中国版本图书馆 CIP 数据核字（2019）第 121935 号

本书版权登记号：图字 01-2015-1928

本书首先阐述了电路和元器件等相关内容，包括基本电路和元器件、电压和电流的测量、电阻和直流电路、电容和电场、电感和磁场、交流电压和交流电流、交流电路的功率和频率特性、瞬态特性等。然后对电子系统进行阐述，包括传感器、执行器、放大、控制和反馈、运放、半导体和二极管、场效应晶体管、功率电子、运放的内部电路、噪声和电磁兼容、正反馈及振荡器和稳定性、数字系统、时序逻辑、数字器件、数字系统的实现、数据采集与转换、系统设计等。本书适合作为电子信息类专业本科生的教材，也可供相关专业人士参考。

出版发行：机械工业出版社（北京市西城区百万庄大街 22 号 邮政编码：100037）

责任编辑：张梦玲　　责任校对：殷 虹

印　刷：北京文昌阁彩色印刷有限责任公司　　版　次：2019 年 8 月第 1 版第 1 次印刷

开　本：185mm × 260mm 1/16　　印　张：35.5

书　号：ISBN 978-7-111-63015-9　　定　价：179.00 元

客服电话：（010）88361066 88379833 68326294　　投稿热线：（010）88379604

华章网站：www.hzbook.com　　读者信箱：hzjsj@hzbook.com

出版者的话

文艺复兴以来，源远流长的科学精神和逐步形成的学术规范，使西方国家在自然科学的各个领域取得了垄断性的优势；也正是这样的优势，使美国在信息技术发展的六十多年间名家辈出、独领风骚。在商业化的进程中，美国的产业界与教育界越来越紧密地结合，信息学科中的许多泰山北斗同时身处科研和教学的最前线，由此而产生的经典科学著作，不仅擘划了研究的范畴，还揭示了学术的源变，既遵循学术规范，又自有学者个性，其价值并不会因年月的流逝而减退。

近年，在全球信息化大潮的推动下，我国的信息产业发展迅猛，对专业人才的需求日益迫切。这对我国教育界和出版界都既是机遇，也是挑战；而专业教材的建设在教育战略上显得举足轻重。在我国信息技术发展时间较短的现状下，美国等发达国家在其信息科学发展的几十年间积淀和发展的经典教材仍有许多值得借鉴之处。因此，引进一批国外优秀教材将对我国教育事业的发展起到积极的推动作用，也是与世界接轨、建设真正的世界一流大学的必由之路。

机械工业出版社华章公司较早意识到“出版要为教育服务”。自 1998 年开始，我们就将工作重点放在了遴选、移译国外优秀教材上。经过多年的不懈努力，我们与 Pearson、McGraw-Hill、Elsevier、John Wiley & Sons、CRC、Springer 等世界著名出版公司建立了良好的合作关系，从它们现有的数百种教材中甄选出 Alan V. Oppenheim、Thomas L. Floyd、Charles K. Alexander、Behzad Razavi、John G. Proakis、Stephen Brown、Allan R. Hambley、Albert Malvino、Peter Wilson、H. Vincent Poor、Hassan K. Khalil、Gene F. Franklin、Rex Miller 等大师名家的经典教材，以“国外电子与电气工程技术丛书”和“国外工业控制与智能制造丛书”为系列出版，供读者学习、研究及珍藏。这些书籍在读者中树立了良好的口碑，并被许多高校采用为正式教材和参考书籍。其影印版“经典原版书库”作为姊妹篇也越来越多被实施双语教学的学校所采用。

权威的作者、经典的教材、一流的译者、严格的审校、精细的编辑，这些因素使我们的图书有了质量的保证。随着电气与电子信息学科、自动化、人工智能等建设的不断完善和教材改革的逐渐深化，教育界对国外电气与电子信息类、控制类、智能制造类等相关教材的需求和应用都将步入一个新的阶段，我们的目标是尽善尽美，而反馈的意见正是我们达到这一终极目标的重要帮助。华章公司欢迎老师和读者对我们的工作提出建议或给予指正，我们的联系方法如下：

华章网站：www.hzbook.com

电子邮件：hzjsj@hzbook.com

联系电话：(010)88379604

联系地址：北京市西城区百万庄南街 1 号

邮政编码：100037

华章科技图书出版中心

译 者 序

本书是英国华威大学 Neil Storey 副教授编著的一本电子学基础课程教材。本书 1992 年首版，2013 年第 5 版出版，是按照自顶向下方法对电子学进行教学的一本教材。

本书内容涵盖电路、传感器与执行器、模拟电子电路、数字电路与系统、通信等与电子学相关的概念和基本方法，范围宽，内容详细，基本不需要电学的先修知识就能够很好地学习本书的内容。对于初学电子学的学生来说，本书是一本非常好的教材，可以帮助他们理解电子学的基本电路，为进一步学习奠定基础；对于学过电路等课程的学生来说，本书是一本回顾概念的参考书，尤其是对于即将进一步学习电路设计的学生或者参加电子电路、集成电路设计等专业研究生复试的学生，书中汇总的众多概念和方法非常有用。总之，本书全面介绍了电气工程和电子工程，是电子工程、电气工程和电气电子工程领域的宽口径初级参考教材。

受机械工业出版社华章公司的委托，我们对本书第 5 版进行了翻译。参加翻译工作的有李文渊、梁勇、王显海等，李文渊对译稿进行了全面审核，孟桥教授对全书进行了审校。参加翻译工作的还有王婉、王晏清、袁康、常颖、杨昭远、王成、朱磊等，在此一并致谢。

鉴于时间紧迫，译者水平有限，译文中难免有错误之处，敬请读者批评指正。

李文渊

2019 年 5 月

前　　言

电子工程是最重要、变化最快的工程领域之一。从手机到电脑，从汽车到核电站，产品的核心都要用到电子系统。因此，所有的工程师、科学家和技术人员都需要对电子系统有一个基本的了解，其中很多人需要详细地了解这一领域。

本书第1版出版之际，代表了一种非常新颖的电子学教学方法。大多数书采用了“自下而上”的方法，首先从半导体材料开始，进而学习二极管和晶体管的工作原理，学习完几章这样的内容之后，再关注电子学中电路的应用。而本书提出了一种新的“自上而下”的电子学教学方法。在开始详细分析之前，说明电路的用途和要求，这有助于理解和提升学习兴趣。

对于这种方法，一个很大的误解是认为在某种程度上对主题的处理不那么严谨。自上而下的方法没有定义研究对象的深度，而只定义了材料呈现的顺序和方式。许多学生需要详细了解电子元器件的工作情况，理解其材料的物理性质。然而，如果首先理解了元器件的特性和用途，其材料的物理性质将更容易理解。

自上而下方法的一个很大的好处是可以让所有潜在读者更容易阅读本书。对于打算专门从事电子工程的人员，材料的介绍方式更易于理解，能为进一步学习提供良好的基础。对于打算专攻其他工程或科学领域的人员，材料展现的顺序使他们能够在电子学基础知识方面打下良好的基础，并且只在需要的情况下再进行细节的学习。

虽然自上而下的方法提供了一个非常易于理解电子学的途径，但是如果从电路中使用的基本元器件的深入理解开始学习，会更有效。本书的一些读者在以前的学习中已经熟悉了这些知识，而其他读者对这些主题可能知之甚少。因此，本书分为两部分。第一部分介绍电路和元器件，对先修知识几乎没有要求。这部分对电子学领域的介绍循序渐进，读者可以根据自己的需要和兴趣选择学习不同的主题。第二部分对电子系统进行全面介绍，采用了经过充分尝试的自上而下的方法。由此，本书对电气和电子工程进行了全面的介绍，使之适用于电子工程、电气工程和电气电子工程等领域的宽口径初级课程。

本版新颖之处

第5版有重大的扩展和内容更新，以适应迅速变化的电子领域的发展。其中最重要的变化如下：

- 新增了第29章“通信”，包括模拟技术和数字技术。
- 在第25章“时序逻辑电路”中新增了25.9节“时序逻辑电路的设计”。
- 在第26章“数字器件”中增加了26.5.6节“CMOS复杂门电路的实现”。
- 新增了第10章“电动机和发电机”。
- 第26章“数字器件”中新增了26.7节“数字系统的功率耗散”。
- 对定时器、微机编程和片上系统(SoC)等主题进行了修订和扩展。
- 在每章结尾处增加了“进一步学习”的主题，其中很多是以现实世界中的问题为基础，且更具挑战性。

视频教程

视频0

本版本中新增了100多个支持视频。这些视频为本书中的主题提供了教学支持，并且旨在为各章的“进一步学习”练习提供指导和创新启发。这些视频不是涵盖广泛主题的长达1小时的在线课程，而是简短、简洁的教程，只用几分钟来详细描述设计或分析的各个方面。

访问这些教程非常容易。本书相关主题的左侧放置有视频图标以及相关二维码。读者只需扫描图标下的二维码即可直接访问视频。

本书面向的对象

本书适用于所有工科和理科的本科生。对于电子或电气工程专业的学生，本书提供了电子学的基础介绍，这将为他们的进一步学习奠定坚实的基础。对于其他学科的学生来说，本书包括学习课程需要的大部分电子学知识。

先修知识

除了掌握物理学和数学的基本原理外，几乎不需要其他的先修知识。

配套网站

本书由一个综合的配套网站提供支持，帮助加深对本书的理解。该网站包含一系列支持材料，包括每章由计算机打分的自我评估练习。这些练习不但可以即时反馈读者对相关内容的理解，还可以对难点给出有益的指导。在该网站上还可以轻松访问上述众多视频教程，网址为 http://catalogue.pearsoned.co.uk/educator/product/Electronics-A-systems-Approach/9780273773276.page。

电路仿真

电路仿真为深入了解电子电路的工作提供了一种强大而简单的方法。在本书中，用了很多计算机仿真练习支持书本内容。这些练习可以使用任何电路仿真包进行仿真。最广泛使用的电路仿真包是 National Instruments 和 Cadence 的产品。这两个公司的仿真包广泛应用于工业、学校，每个仿真包都可以提供电路的原理图捕获和仿真结果的图形显示。

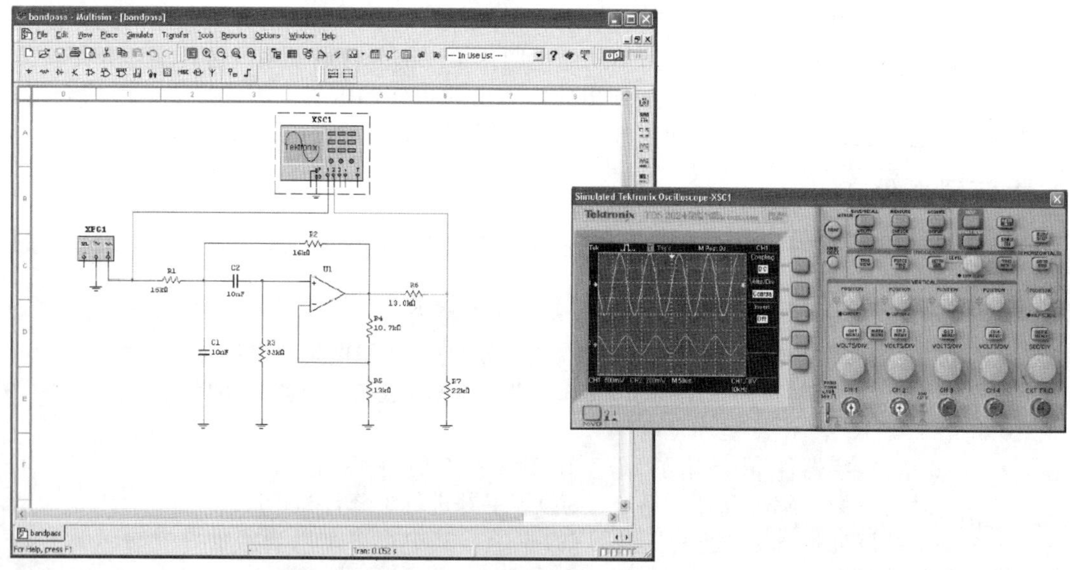

使用 National Instruments Multisim 软件包进行电路仿真

许多学生可以访问自己所在学校的仿真工具，但如果愿意，还可以在自己的计算机上使用仿真软件。对于某些软件包，演示版本可以从制造商的网站上免费下载，也可以用免费 CD 上的。在其他情况下，可以使用低成本学生版仿真软件。有关如何获取免费或低成本的仿真软件的详细信息，可参见本书的配套网站。

为了简化仿真的使用，以帮助理解本书中的内容，还可以从网站下载 National Instruments Multisim 仿真软件包的一系列演示文件。演示文件全面介绍了如何进行各种计算机仿真练习。

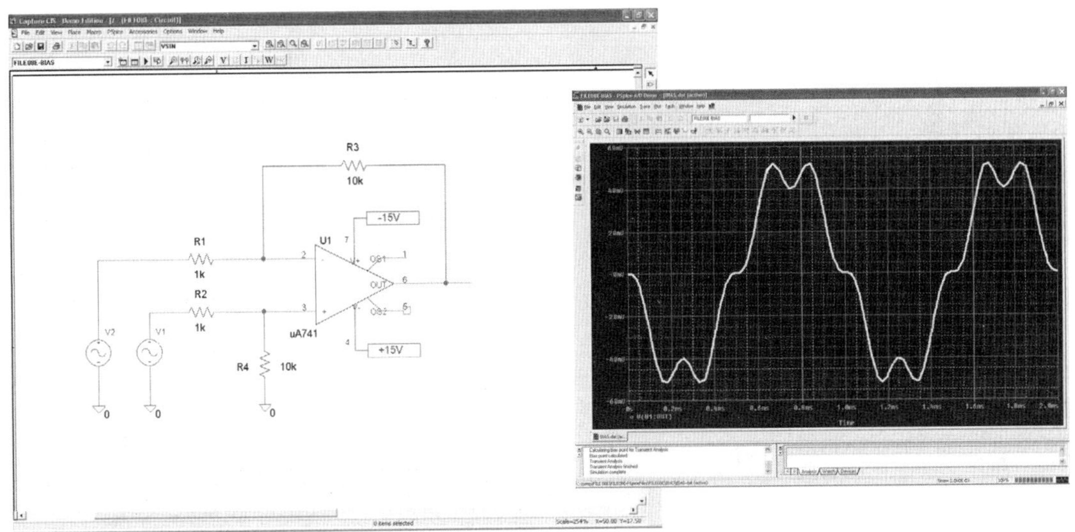

使用 Cadence OrCAD Capture CIS 包进行电路仿真

使用仿真的问题在各章结尾的练习中也有。这些练习没有给出演示文件，目的是挖掘和测试读者对仿真使用以及相关电路的理解。

教师资料㊀

使用本书作为教材的教师可以使用一套完善的在线支持材料，包括可编辑的幻灯片课件，以及一个教师手册(关于所有数值问题的完整解题方案，以及各种非数值练习的参考答案)。该在线支持材料为课程准备和内容选择提供了指导，以满足不同背景和兴趣的学生的需求，它与各种在线学习助手、仿真练习和自我评估测试一起，帮助教师和学生从本书获得最大的收益。采用本书的教师可访问配套网站 http://catalogue. pearsoned. co. uk/educator/product/Electronics-A-systems-Approach/9780273773276. page，了解如何访问含有教师支持材料的安全网站的详细信息。

㊀ 关于本书教辅资源，只有使用本书作为教材的教师才可以申请，需要的教师请联系机械工业出版社华章公司，电话 010-88378991，邮箱 Wangguang@hzbook. com。——编辑注

视频清单

0 视频教程
1A 基尔霍夫电流/电压定律
1B 电阻分压器
1C 电阻电路的设计
2A 正弦波
2B 三角波
2C 交流信号的功率测量
3A 基尔霍夫定律
3B 节点分析
3C 回路分析
3D 选择电路分析技术
4A 电容器串并联
4B 并联电容器中的储能
5A 变压器
5B 感应传感器的应用
6A 交流电压和交流电流
6B 使用复阻抗
7A 电阻和电抗电路中的功率
7B 电动机的功率因数纠正
8A 波特图
8B 射频滤波器的设计
9A 初值和终值定理
9B 电路时间常数的确定
10A 为给定应用选择电动机
11A 自顶向下的系统设计
11B 系统输入和输出的识别
12A 光学位置传感器
12B 为给定应用选择传感器
13A 显示技术的比较
13B 为给定应用选择执行器
14A 放大器特性建模
14B 功率增益
14C 差分放大器
14D 指定音频放大器
15A 反馈系统
15B 负反馈
15C 开环系统和闭环系统
16A 基本的运算放大器电路
16B 其他有用的运算放大器电路
16C 运算放大器电路的频率响应
16D 运算放大器电路的输入电阻和输出电阻
16E 运算放大器电路的分析
17A 二极管整流器
17B 信号整流器
17C 电源供电
18A 简单的 FET 放大器
18B FET 放大器的小信号等效电路
18C 基于耗尽型 MOSFET 的负反馈放大器
18D 可切换增益的放大器
19A 简单的双极型晶体管放大器
19B 简单的双极型晶体管放大器的分析
19C 基于双极型晶体管的反馈放大器分析
19D 共集电极放大器
19E 分相器的设计
20A 推挽式放大器
20B 放大器的分类
20C 功率放大器
20D 电动开关的设计
21A 双极型运算放大器的简化电路
21B CMOS 运算放大器的简化电路
21C 741 运算放大器的电路
22A 电子系统中的噪声
22B 电磁兼容性(EMC)
22C 汽车的 EMC 问题
23A 简单正弦波振荡电路
23B 数字振荡器
23C 幅度稳定的正弦波振荡器
24A 二进制数和二进制变量
24B 逻辑门
24C 组合逻辑
24D 逻辑化简
24E 卡诺图
24F 二进制算术运算
24G 数码和字符码
24H 容错系统的表决方案
25A 时序逻辑
25B 移位寄存器
25C 简单的计数器

致　谢

感谢协助编写本书的各位朋友。特别感谢英国华威大学的同事提供了有效的反馈和建议。还要感谢 Cliff Armstrong 提出了非常有益的建议。

感谢提供了素材的公司：RS Components 公司提供了图 2.14、图 2.15、图 10.15、图 12.2a和 b、图 12.3a 和 b、图 12.4、图 12.5a 和 b、图 12.6、图 12.7、图 12.9a 和 b、图 12.12、图 13.1～图 13.4；Farnell Electronic Components 公司提供了图 2.12 和图 2.13；德州仪器提供了图 21.4a 和 b、图 21.6、图 21.7a 和 b、图 26.22 和图 26.34；Lattice 半导体公司提供了图 27.11～图 27.13；Anachip 公司提供了图 27.14；Microchip Technology 公司提供了图 27.41 和图 27.42。本书中的某些材料经 Microchip Technology 公司许可转载，未经 Microchip Technology 公司事先书面同意，不得进一步转载或复制所述材料。Cadence Design Systems 公司允许在前言中使用 OrCAD Capture CIS 截屏；National Instruments 公司允许在前言中使用 Multisim 截屏。书中还有一些图片由 Shutterstock、Fotolia 提供，此处不一一列举。

最后，特别感谢我的家人在我撰写本书期间的帮助和支持。特别要感谢我的妻子 Jillian 的不断鼓励和理解。

商标

Tri-state 是美国国家半导体公司的商标。

PAL 是 Lattice 半导体公司的商标。

PEEL 是国际 CMOS 技术公司的注册商标。

PIC 是 Microchip Technology 公司的注册商标。

SPI 是 Motorola 公司的注册商标。

I^2C 是飞利浦半导体公司的注册商标。

PSpice、OrCAD 和 Capture CIS 是 Cadence Design Systems 公司的商标。

Multisim 是 National Instruments 公司的注册商标。

Lin CMOS 是德州仪器公司的商标。

目　　录

第一部分

电路和元器件

第1章 基本电路和元器件

目标

学习完本章内容后，应具备以下能力：

- 熟悉电学物理量的单位
- 熟悉单位的常用前缀
- 描述电阻、电容和电感的基本特性
- 用欧姆定律、基尔霍夫电压和电流定律分析简单电路
- 计算串联和并联电阻的阻值，分析简单的电阻分压电路
- 熟悉正弦波“频率”和“周期”的概念
- 画常规电子元器件的电路符号

1.1 引言

本书涉及“电子系统”，第一部分是“电路和元器件”。本书从解释术语“电子的”和“电的”开始。两者均涉及电能的使用，“电的”经常用来表示仅仅使用如电阻、电容和电感等简单无源器件的电路，而“电子的”表示使用如晶体管或者集成电路等复杂元器件的电路。因此，在了解电子系统的工作原理之前，我们需要对电气工程领域有个基本的理解，因为电气工程领域的元器件和电路是复杂电子应用的基础。

虽然词汇“电子的”和“电的”较为通用，但两者还是有区别的。工程师有时候会用词汇“电的”描述与电能的产生、传输相关或者大量使用电能的应用；而“电子的”则用来描述小功率的应用，在这里，电能是用来传输信息的，而不是作为电源。本书对这两个词汇不加区分，因为本书涉及的大部分内容与电的系统和电子的系统都有关。

大部分读者在像现在这样研究电路之前，很早就接触到了电路的基本概念。在后续的章节中，假设读者熟悉这些基本知识。在本章的后面会详细说明这些基本概念并且对其进一步阐述，从而使读者可以更好地理解要研究的电路与系统的行为。首先要熟悉一些基本知识。

下面列出了学习后续章节所必须熟悉的相关知识：

- 物理量的国际单位，如能量、功率、温度、频率、电荷、电势、电阻、电容和电感。同时还需要知道单位的符号。
- 这些单位及其符号的常用前缀(比如，1 公里＝1km＝1000m)。
- 电路和物理量，比如电荷、电动势、电势差。
- 直流电与交流电。
- 电阻、电容和电感的基本特征。
- 欧姆定律、基尔霍夫定律和电阻上的功耗。
- 电阻串并联的等效电阻。
- 电阻分压器的分压。
- 描述正弦量的术语。
- 电阻、电容、电感、电压源和其他常用元器件的电路符号。

如果你熟悉上述内容，就可以直接转到第 2 章学习。如果有部分内容不是很熟悉，本

章的内容可以用于复习。本章对上述内容只是简单地介绍(后续章节会进一步说明)，读者能够理解就可以了。

本章会用一些示例对相关概念进行说明。可以用如下方法检查自己对上述内容的理解程度：迅速浏览给出的例子，如果在查看解题过程之前你可以完成相应的计算，那就是熟悉这些概念。大部分读者会觉得开始的例子很简单，但其中很多人会对后面的内容掌握得不够充分，例如分压器。对这些电路有清晰的理解会使读者能够更轻松地理解本书的后续部分。

本章结尾提供了习题，可以测试读者对前面所列出的“基础知识”的理解程度。如果可以轻松地完成这些习题，那么对后续几章内容的理解就不会有问题。否则，强烈建议先阅读本章的相关内容，然后再继续学习后续章节。

1.2 国际单位

国际单位定义了大量的物理量，在这里我们只需要研究其中几个，如表 1.1 所示。在后续章节中，我们会介绍更多的国际单位。附录 B 列出了电气与电子工程的相关单位。

1.3 常用前缀

表 1.2 给出了最常用的单位前缀。这些前缀可以满足大多数的应用。同时，附录 B 给出了更多的前缀列表。

表 1.1　一些重要单位

物理量	物理量符号	单位名称	单位符号
电容	C	法[拉]	F
电荷	Q	库[仑]	C
电流	I	安[培]	A
电动势	E	伏[特]	V
频率	f	赫[兹]	Hz
电感	L	亨[利]	H
周期	T	秒	s
电势差	V	伏[特]	V
功率	P	瓦[特]	W
电阻	R	欧[姆]	Ω
温度	T	开[尔文]	K
时间	t	秒	s

表 1.2　常用单位前缀

前缀	名字	含义
T	太	10^{12}
G	吉	10^{9}
M	兆	10^{6}
k	千	10^{3}
m	毫	10^{-3}
μ	微	10^{-6}
n	纳	10^{-9}
p	皮	10^{-12}

1.4 电路

1.4.1 电荷

电荷携带一定电量。电荷所带的电量要么是正电，要么是负电。在原子中，质子带正电荷，电子带等量的负电荷。质子固定在原子核内，电子由于受到的束缚较弱，常常可以移动。如果原子获得额外的电子，总净电荷就是负的；而当原子失去电子时，总电荷就是正的。

1.4.2 电流

电流是指电荷的流动，大部分情况下是指电子的流动。传统的电流定义是，电荷从正极到负极流动形成的电流。负电荷流动的方向和电流的方向相反。电流的单位是安培(A)。

1.4.3 电路中的电流

电路中持续的电流需要有完整的回路来完成电子的循环流动。电子在电路中的流动需要电源的激励。

1.4.4 电动势和电势差

在电路中产生电流的激励称为电动势。电动势用来描述由电源比如电池或者发电机引入电路的能量。流过电流的电路或者元器件有时候称为负载。

能量从电源传输到负载改变了负载中各节点的电势。负载中任意两点之间存在电势差，这代表着从其中一点传输一个单位电荷到另外一点需要消耗的能量。

电动势和电势差的单位都是伏特，显然这两个量是相关的。图 1.1 举例说明了两者的关系：电动势产生电流，而电势差是能量在电路上传输产生的效果。

如果理解电动势、电势差、电阻或者电流比较困难，可采用类比的方法来帮助理解这些概念。例如，考虑图 1.2 所示的结构。图中有一个水泵在推动水在管道和节流阀构成的回路中流动。虽然这个类比不是很恰当，但仍然可以说明图 1.1 所示电路的基本属性。在水路图中，水泵推动水在回路中流动就相当于电压源(或者电池)驱动电荷在电路中流动。管道中的水流相当于在电路中流动的电荷，因此流速可以代表电路中的电流。管道中阻碍水流动的节流阀等效于电路中的电阻。由于水流过节流阀时，水压会降低，从而在节流阀两侧产生了压力差。这等效于电路中电阻两端的电势差。水的流速会随着水泵输出压强的增加而变大，随着节流程度的增加而减小。这点和电路的原理类似，电流会随着电压源的电动势升高而变大，随着电阻值的增大而减小。

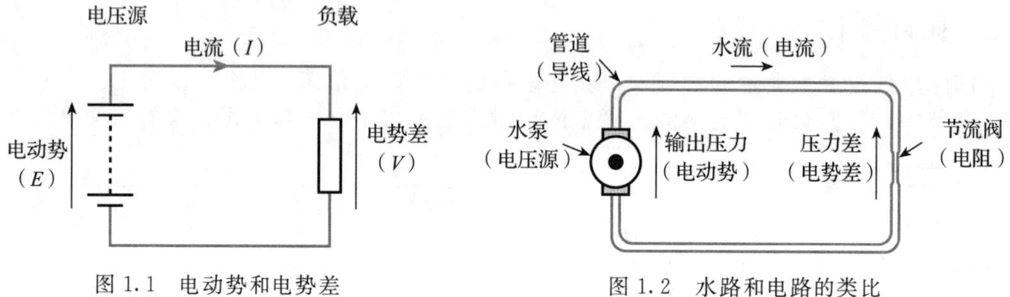

图 1.1　电动势和电势差

图 1.2　水路和电路的类比

1.4.5　电压参考点

电路中的电动势和电势差在电路中的不同点产生了不同的电势(或者电压)。通常在描述电路中一些特定点的电压时都是相对于单一参考点的。这个参考点通常称为电路的“地”。因为电路中的电压是相对于地测量的，地的电压必然是 0。因此，地也被称为电路的 0 电势线。

在电路中，一个特定点或者节点被用作 0 电势参考点时，会在该处标上“0V”的标志，如图 1.3a 所示。或者，电路的接地点可以用地的符号表示，如图 1.3b 所示。

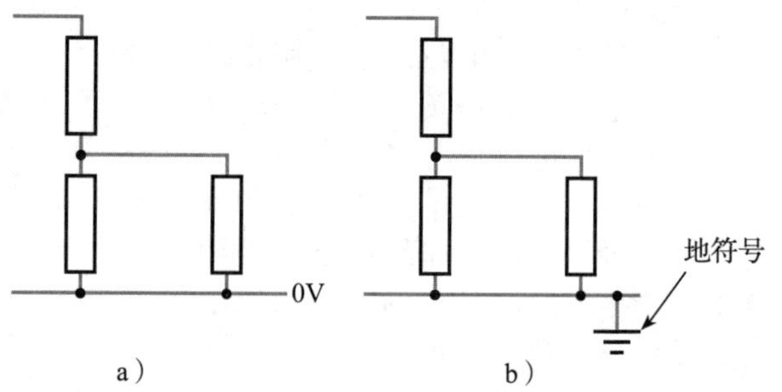

图 1.3　电压参考点标示

1.4.6　电路图中电压的表示

不同国家在电路中表示电压的习惯方法是不一样的。在英国以及本书中，采用箭头来表示电势差。这种方法所表示的是，箭头的头部相对于箭头尾部的电压，如图 1.4a 所示。在多数情况下，箭头尾部对应的是电路的 0 电势线(如图 1.4a 中的 V_A)。但是，箭头符号也可以表示电路中任意两点之间的电势差(如图 1.4a 中的 V_B)。

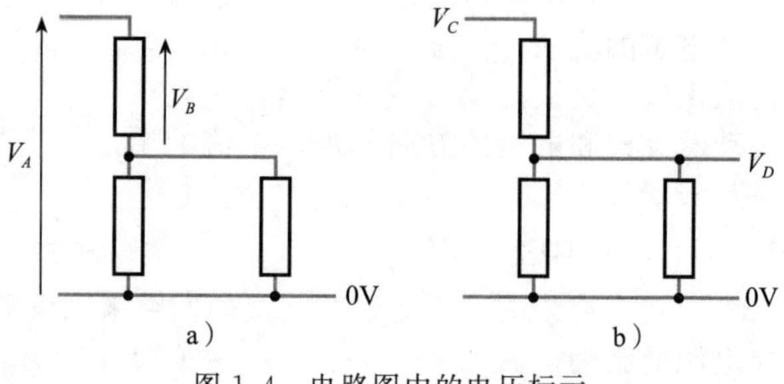

图 1.4　电路图中的电压标示

在有些情况下，不方便采用箭头符号表示电路中的电压时，可以采用简单的符号进行标记，如图 1.4b 所示。这里标记的 V_C 和 V_D 表示的是相对于地(即相对于 0 电势线)的电压。

1.4.7 电路图中电流的表示

电路中的电流通常用箭头表示，箭头的方向和电流方向相同(和电子流动的方向相反)。图 1.1 中已经给出了电流的符号。由该图也可以看出，表示电动势的箭头方向和表示电流的箭头方向是一致的。但是在电阻上，电流的箭头方向和电阻上表示电势差的箭头方向是相反的。

1.5 直流电流和交流电流

电路中的电流有的是恒定不变的，有的是随着时间的变化而变化的。随着时间变化的电流方向可以是单向的，也可以是不断改变的。

在导体中始终保持同一方向的电流称为直流电流(DC)。直流电流通常是由单极性的电压驱动的。电流方向呈现周期性改变的电流称为交流电流(AC)。交流电流通常是由交流电压驱动的。最常见的交流波形是正弦波，将在 1.13 节中进行讨论。

1.6 电阻、电容和电感

1.6.1 电阻器

电阻器的主要特征是在它的两个端子之间存在电阻。电阻对电荷的流动有阻碍作用。电阻的单位是欧姆(Ω)。我们也可以定义电路的电导来描述电路传输电流的能力。电导等于电阻的倒数，单位是西门子(S)。后续部分会详细讨论电阻(见第 3 章)。

1.6.2 电容器

电容器的主要特征是在它的两个端子之间存在电容。电容的特性是两个导体之间绝缘，当这两个导体之间有电势差的时候可以存储电能。电能存储在两个导体之间的电场之中。电容的单位是法拉(F)。后续章节会详细讨论电容(见第 4 章)。

1.6.3 电感器

电感器的主要特性是在它的两个端子之间存在自感。自感的特性是当线圈中的电流发生变化时会产生电动势。和电容器一样，电感器也能存储电能，它的电能存储在其建立的磁场中。电感器的单位是亨利(H)。后续章节会详细讨论电感(见第 5 章)。

1.7 欧姆定律

欧姆定律：导体上的电流正比于导体上的外加电压 V，而反比于其电阻 R。欧姆定律决定了电流、电压和电阻三个量的单位之间的关系。当电阻的单位是欧姆，且电流的单位是安培的时候，电势差的单位是伏特。

电压、电流和电阻之间的关系可以用多种方式表示，如下：

$$V=IR \tag{1.1}$$

$$I=\frac{V}{R} \tag{1.2}$$

$$R=\frac{V}{I} \tag{1.3}$$

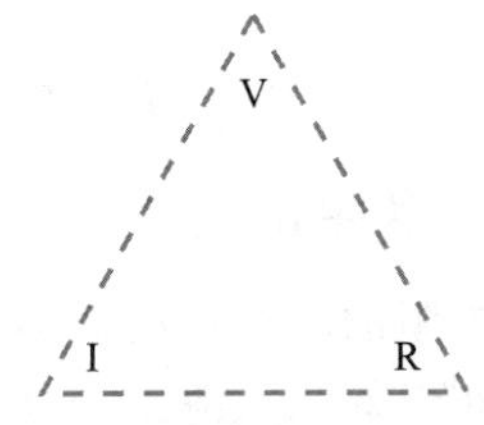

图 1.5　V、I 和 R 之间的关系

这三个公式的简单记忆方法是采用图 1.5 所示的“虚拟三角形”。这个三角形之所以命名为“虚拟(virtual)”三角形，仅仅是为了便于记忆字母的顺序。取 VIRtual 的三个首字母按顺序写入三角形的三个角内(从三角形顶部开始)，如图 1.5 所示。如果将手指放在其中的一个字母上，剩下的两个字母会给出所选字母的公式。例如，如果想知道 V 的公式，可以将手指放在 V 上，你可以看到 I 和 R 相邻，所以公式就是 $V=IR$。如果想知道 I

的公式，将手指放在 I 上，可以看到 V 在 R 的上方，所以公式就是 $I=V/R$。与此相似，手指放在 R 上就会看到 V 在 I 的上方，所以公式就是 $R=V/I$。

例 1.1 右图给出了对电路元件的电压进行测量所得到的结果(对地电压)。如果电阻 R_2 是 220Ω，则电阻上流过的电流 I 是多少？

解：根据两个电压测量结果，可以很清楚地得到电阻上的电势差为 15.8−12.3=3.5(V)。因此，用公式

$$I=\frac{V}{R}$$

可以得到

$$I=\frac{3.5}{220}=15.9(\text{mA})$$ ◀

1.8　基尔霍夫定律

1.8.1　电流定律

在任意时刻，流入电路中任何一个节点的电流的代数和为零：

$$\sum I=0 \tag{1.4}$$

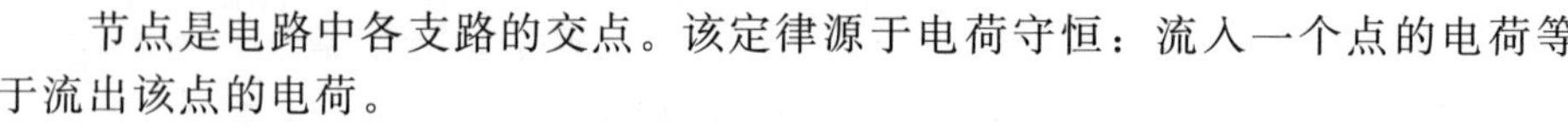

节点是电路中各支路的交点。该定律源于电荷守恒：流入一个点的电荷等于流出该点的电荷。

1.8.2　电压定律

在任意时刻，电路中任何一个环路内的电压的代数和为零：

$$\sum V=0 \tag{1.5}$$

环路是指电路内任意闭合的环形路径。该定律源于能量守恒。

使用这两个定律时，电路中的各变量必须采用正确的正负号表示。对电流求和时，规定流入节点的电流和流出节点的电流取相反的符号。同样，计算环路的电压之和时，顺时针方向的电压和逆时针方向的电压必须取相反的符号。

例 1.2 用基尔霍夫电流定律求出右面电路中的电流 I_2。

解：根据基尔霍夫电流定律

$$I_2=I_1-I_3=10-3=7(\text{A})$$ ◀

例 1.3 用基尔霍夫电压定律求出下面电路中的电压 V_1 的幅度。

解：根据基尔霍夫电压定律(沿顺时针方向计算环路电压)：

$$E-V_1-V_2=0$$

因此

$$V_1=E-V_2=12-7=5(\text{V})$$ ◀

1.9　电阻的功耗

电阻的瞬时功耗 P 等于电阻上的电压降与流过电阻的电流的乘积。由此可以得出功耗 P 的相关公式，即

$$P=VI \tag{1.6}$$

$$P=I^2R \tag{1.7}$$

$$P=\frac{V^2}{R} \tag{1.8}$$

例 1.4 计算右图电路中电阻 R_3 的功耗。

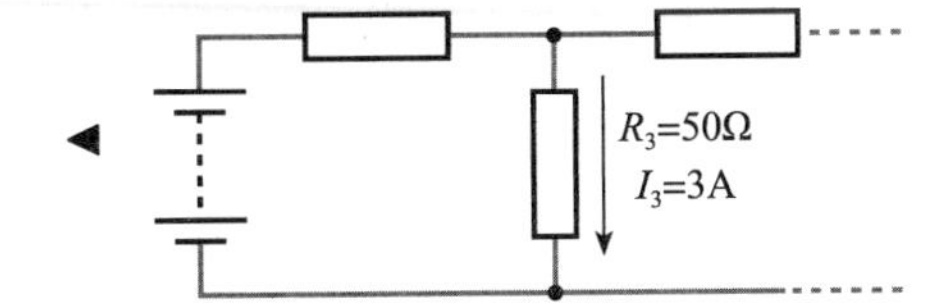

解： 根据式(1.7)，有：

$$P = I^2R = 3^2 \times 50 = 450(\mathrm{W})$$ ◀

1.10 电阻串联

电阻串联以后的等效电阻等于串联的各个电阻之和：

$$R = R_1 + R_2 + R_3 + \cdots + R_n \tag{1.9}$$

例如，图 1.6 中三个电阻串联的总电阻为：

$$R = R_1 + R_2 + R_3$$

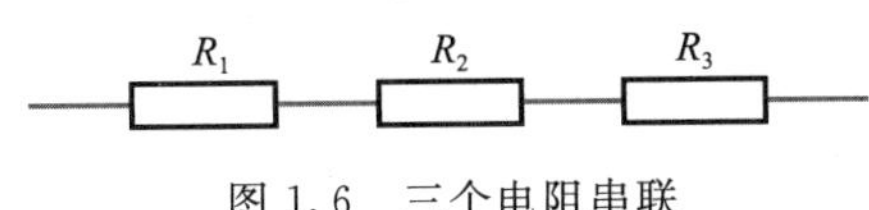

图 1.6　三个电阻串联

例 1.5 计算下图电路的等效电阻。

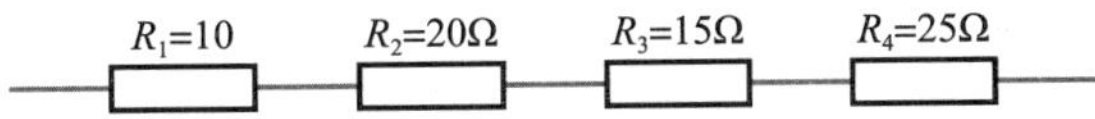

解： 由串联等效电阻的公式可得：

$$R = R_1 + R_2 + R_3 + R_4 = 10 + 20 + 15 + 25 = 70(\Omega)$$ ◀

1.11 电阻并联

电阻并联后的等效电阻等于：

$$\frac{1}{R} = \frac{1}{R_1} + \frac{1}{R_2} + \frac{1}{R_3} + \cdots + \frac{1}{R_n} \tag{1.10}$$

例如，图 1.7 所示的三个电阻并联以后的总电阻为：

$$\frac{1}{R} = \frac{1}{R_1} + \frac{1}{R_2} + \frac{1}{R_3}$$

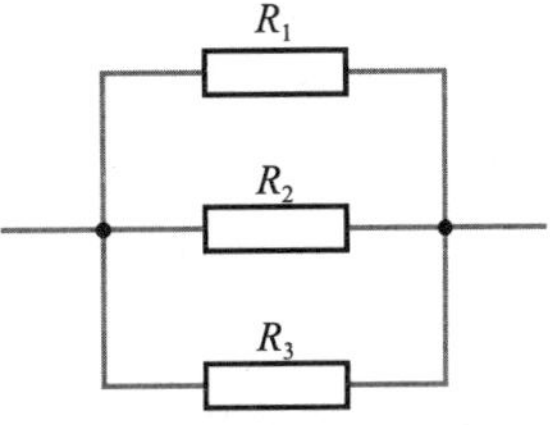

图 1.7　三个电阻并联

例 1.6 计算右图电路的等效电阻。

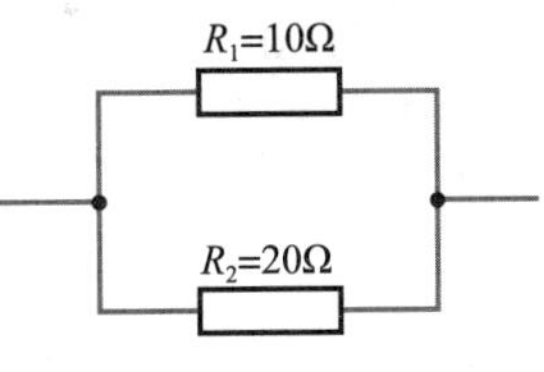

解： 由并联等效电阻公式可得：

$$\frac{1}{R} = \frac{1}{R_1} + \frac{1}{R_2} = \frac{1}{10} + \frac{1}{20} = \frac{3}{20}(\Omega)$$

$$\therefore \quad R = \frac{20}{3} = 6.67(\Omega)$$

注意电阻并联以后的等效电阻一定小于并联的电阻中阻值最小的电阻。 ◀

1.12 电阻分压器

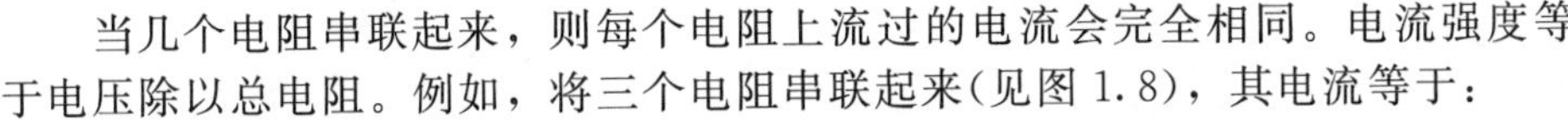

当几个电阻串联起来，则每个电阻上流过的电流会完全相同。电流强度等于电压除以总电阻。例如，将三个电阻串联起来(见图 1.8)，其电流等于：

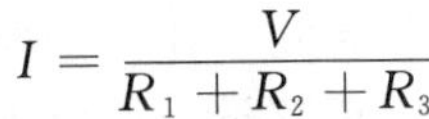

$$I = \frac{V}{R_1 + R_2 + R_3}$$

每个电阻上的电压降等于电流乘以它的电阻值。例如，电阻 R_1 上的电压 V_1：

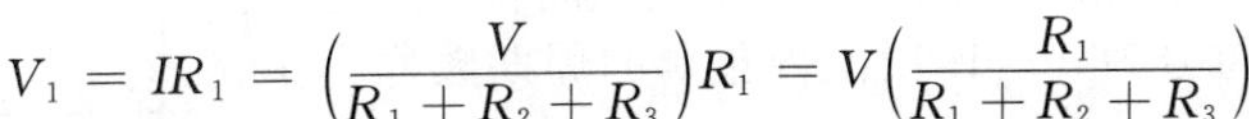

$$V_1 = IR_1 = \left(\frac{V}{R_1 + R_2 + R_3}\right)R_1 = V\left(\frac{R_1}{R_1 + R_2 + R_3}\right)$$

因此，每个电阻上的分压比等于其电阻占总电阻的比例，如图 1.9 所示，则

$$\frac{V_1}{V} = \frac{R_1}{R_1 + R_2 + R_3}; \quad \frac{V_2}{V} = \frac{R_2}{R_1 + R_2 + R_3}; \quad \frac{V_3}{V} = \frac{R_3}{R_1 + R_2 + R_3}$$

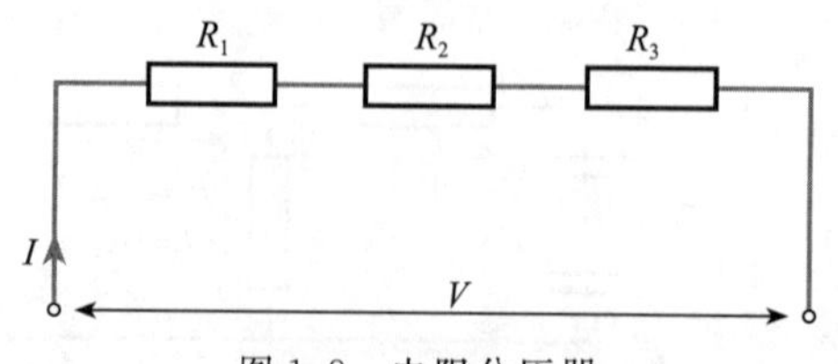

图 1.8　电阻分压器

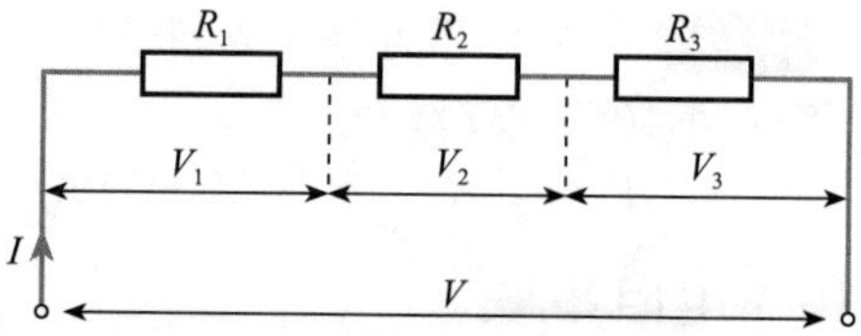

图 1.9　分压器上的电压分配

或者

$$V_1 = V\frac{R_1}{R_1+R_2+R_3};\quad V_2 = V\frac{R_2}{R_1+R_2+R_3};\quad V_3 = V\frac{R_3}{R_1+R_2+R_3}$$

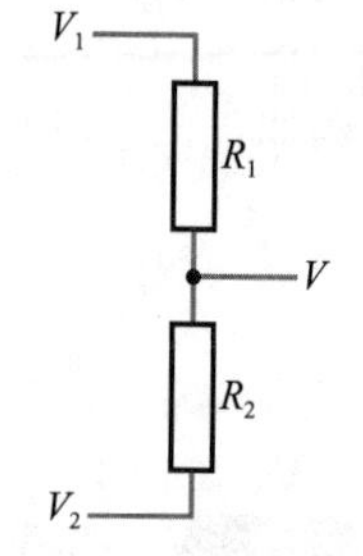

图 1.10　简单的分压器

为了计算串联电阻支路上任意节点的电压，必须确定整个支路上的电压，然后计算该节点到支路的一个端点之间的电压，并且将计算出的电压加上该端点的电压。例如，在图 1.10 中：

$$V = V_2 + (V_1 - V_2)\frac{R_2}{R_1+R_2} \tag{1.11}$$

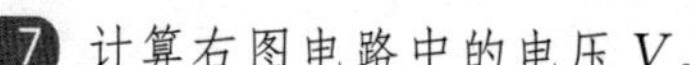

例 1.7 计算右图电路中的电压 V。

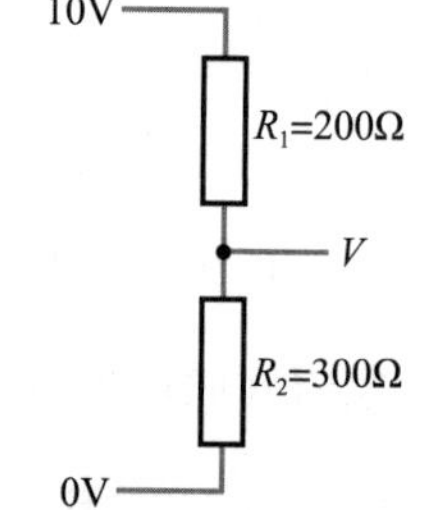

解：根据前面的介绍，首先确定整个串联支路上的电压(将支路两端的电压相减)。然后，计算相关电阻上的电压，并加到相应的支路端点电压上。

在本例中，支路的一个端点的电压为 0V，所以计算就很简单。支路上的电压为 10V，并且 V 就是电阻 R_2 上的电压，计算过程如下：

$$V = 10\times\frac{R_2}{R_1+R_2} = 10\times\frac{300}{200+300} = 6(\text{V})$$ ◀

需要注意的是，在本例的计算中一个常见的错误是，在计算公式中使用 $R_1/(R_1+R_2)$，而不是正确地使用 $R_2/(R_1+R_2)$。要计算哪个电阻上的电压，就应该使用哪个电阻的阻值。

当电阻串联支路的两个端点都不是 0V 时，分压器的计算会稍微复杂一点。

例 1.8 计算右图电路中的电压 V。

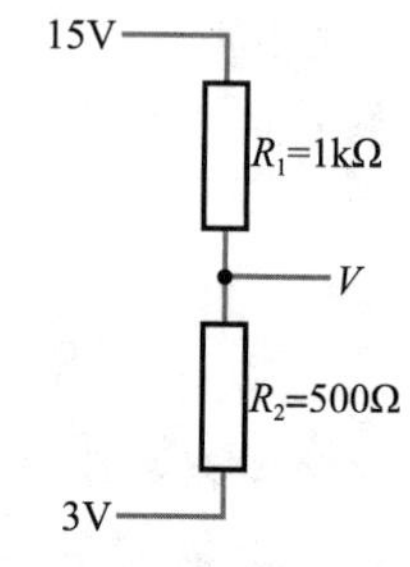

解：与前例相同，首先计算串联支路上的电压(将支路两端的电压相减)。然后，计算相关电阻上的电压，并加到相应的支路端点电压上，所以

$$V = 3 + (15-3)\frac{R_2}{R_1+R_2} = 3 + 12\times\frac{500}{1000+500} = 3+4 = 7(\text{V})$$

在本例中，我们选择支路的一个端点作为参考点(本例中选择了较低的端点)，计算输出端口相对于参考点的电压，然后将计算结果加上参考点的电压。 ◀

1.13　正弦量

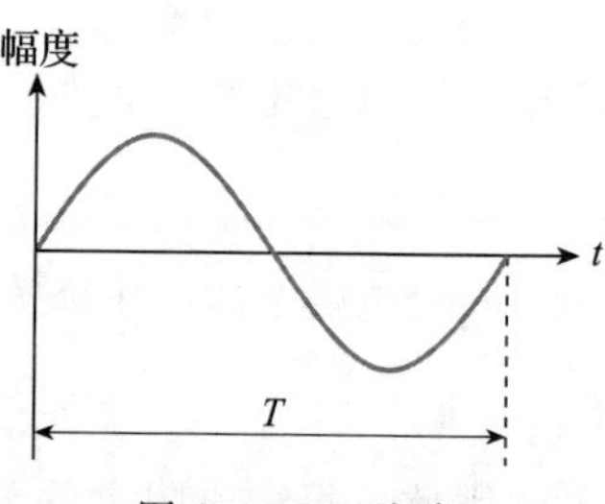

图 1.11　正弦波

正弦量的幅度按照正弦函数的规律随着时间变化。随时间变化的数值可以通过绘制其波形来描述。正弦量的波形如图 1.11 所示。在波形的相邻周期上，两个完全同相的点之间的时长称为周期，符号为 T。1s 时间内包含的周期数称为频率，符号为 f。

波形的频率和周期的关系如下式所示：

$$f = \frac{1}{T} \tag{1.12}$$

例 1.9 频率为 50Hz 的正弦量的周期是多少？

解： 因为

$$f=\frac{1}{T}$$

所以其周期为：

$$T=\frac{1}{f}=\frac{1}{50}=0.02(\mathrm{s})=20(\mathrm{ms})$$ ◀

1.14　电路符号

下面是一些基本电子元器件的电路符号。

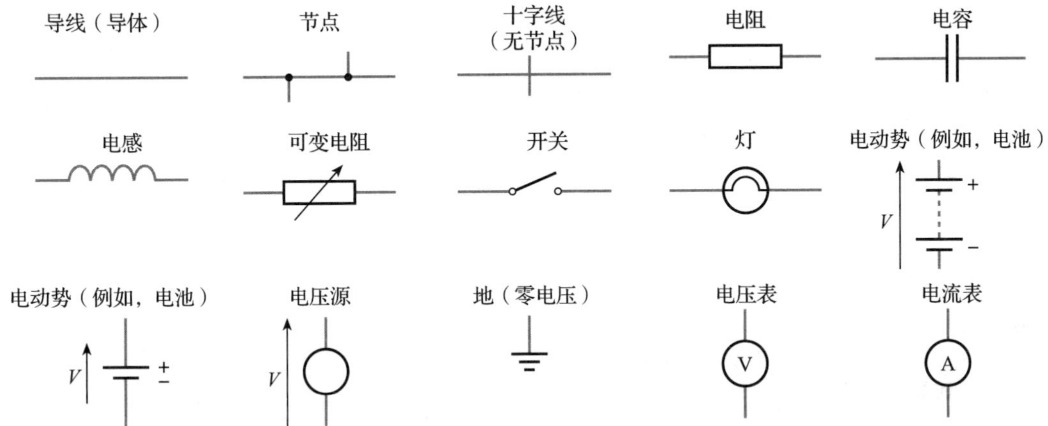

在后续章节中，我们会遇到更多的元器件符号，现在的这些是当前需要用到的元器件符号。

进一步学习

到目前为止，我们对所给的电路进行了分析。虽然分析是非常有用的技能，但是常常需要我们设计给定功能的电路。为了测试读者对本章内容的理解程度，试设计满足下述要求的电路。

视频 1C

下图所示的电路对应汽车应用中的一个装置。这个模块直接连接到汽车的 12V 电池上，并且具有两个功能。第一个功能是作为光源，R_1 代表一个内置灯泡的电阻。第二个功能是产生固定的电压输出，这个电压由 R_2 和 R_3 的比值决定。为了达到练习的目的，假定连接这个电路输出端的电路所需要的电流可以忽略不计。电阻 R_3 密封在装置内，阻值不能改变。电阻 R_2 在装置外，并且阻值可以根据输出的需要进行改变。当电路的输出电压为 8V 时，电阻 R_2 的取值为多少？

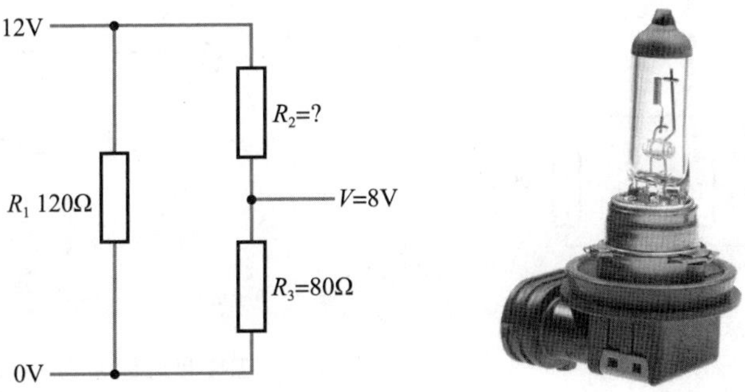

如果需要在电压为 18V 的应用中使用同样的装置，并且输出电压依然要求是 8V。由

于密封的单元(特别是灯泡)是在汽车内使用的，故其最大工作电压为12V。设计一种装置使得密封单元可以在此应用中得以使用，并且计算电路的总功耗，包括密封单元。

关键点

由于本章没有介绍新的内容，所以这里的关键点很少。然而对基础知识深入理解是非常重要的，必须要强调以下内容：

- 对后续几章的理解依赖于对本章相关内容的理解。
- 所有读者都必须对电压和电流有清晰的概念。
- 后续章节中会经常使用欧姆定律、基尔霍夫电压和电流定律。
- 经验表明，学生会在前几章使用分压器时遇到很多问题。因此，建议在继续阅读后续内容之前，先熟悉该内容。

习题

1.1　给出下述指数所对应的前缀：10^{-12}、10^{-9}、10^{-6}、10^{-3}、10^{3}、10^{6}、10^{9}、10^{12}。

1.2　解释1ms、1m/s和1mS的区别。

1.3　解释1mΩ和1MΩ的区别。

1.4　如果电阻为1kΩ，电阻上的电压为5V，则电流是多少？

1.5　电阻上的电压为9V，电流为1.5mA，则电阻值是多少？

1.6　电阻值为25Ω，电阻上的电压为25V，则电阻的功耗是多少？

1.7　如果400Ω的电阻上的电流为5μA，则电阻的功耗是多少？

1.8　一个20Ω的电阻和一个30Ω的电阻串联，等效电阻是多少？

1.9　一个20Ω的电阻和一个30Ω的电阻并联，等效电阻是多少？

1.10　一个1kΩ的电阻、一个2.2kΩ的电阻和一个4.7kΩ的电阻串联，等效电阻是多少？

1.11　一个1kΩ的电阻、一个2.2kΩ的电阻和一个4.7kΩ的电阻并联，等效电阻是多少？

1.12　计算下述电路中A、B两个端点之间的等效电阻。

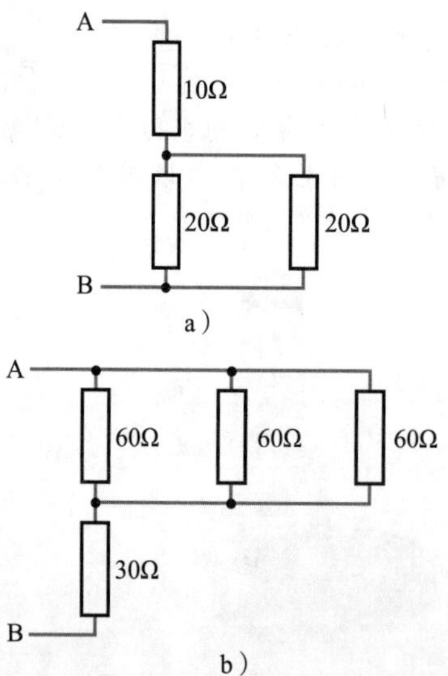

1.13　计算下述电路中A、B两个端点之间的等效电阻。

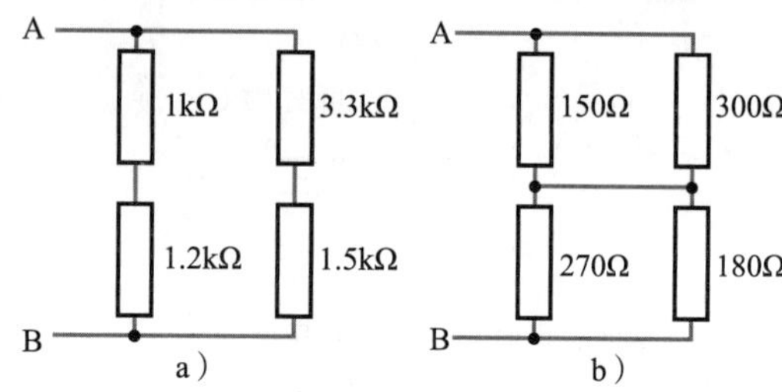

1.14　计算下述电路中的电压 V_1、V_2 和 V_3。

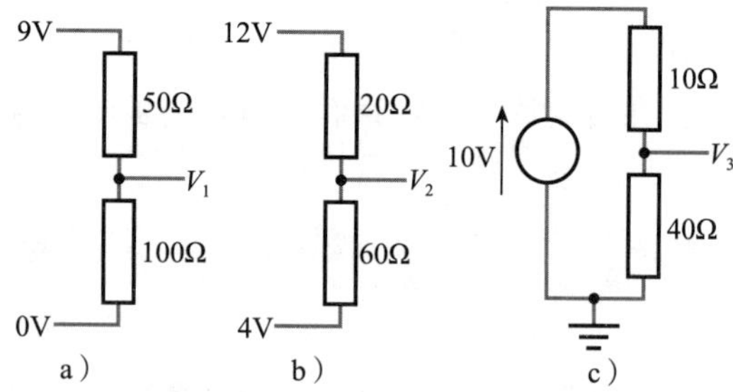

1.15　计算下述电路中的电压 V_1、V_2 和 V_3。

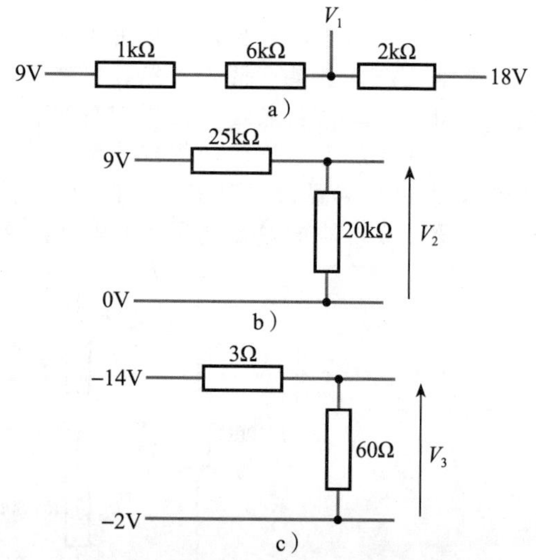

1.16　正弦量的频率为1kHz，则其周期是多少？

1.17　正弦量的周期为20μs，则其频率是多少？

第2章

电压和电流的测量

目标

学习完本章内容后，应具备以下能力：

- 描述正弦波、方波和三角波等几种交流波形
- 理解交流波形中的峰值、峰峰值、平均值和方均根值的定义
- 对于正弦波和方波，可以相互转换上述几个值
- 掌握正弦波的幅度、频率和相位角的公式
- 用指针式万用表测量电流或者电压
- 描述使用模拟电表测量非正弦交流量时存在的问题，并说明如何克服这些问题
- 说明数字万用表的使用方法并描述其基本特征
- 讨论使用示波器来显示波形并测量相移等参数

2.1 引言

在前一章中学习了很多电子元器件并且了解了它们的性能和特征。理解元器件的工作有助于在后续章节中详细地分析电路的工作。为此，首先讨论一下电路中电压和电流的测量方法，特别是交流量的测量。

交流电流和交流电压随着时间的变化周期性地改变方向。图 2.1 给出了几种交流波形。在这些波形中，最重要的是正弦波。在很多情况下，当工程师说“交流电流”或者“交流电压”时，往往指的是正弦量。正因为正弦波使用广泛，理解其性质及其性能的描述方法就很重要。

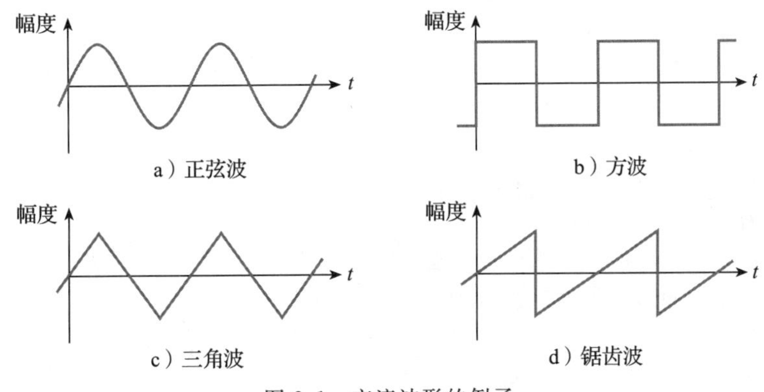

a）正弦波　b）方波　c）三角波　d）锯齿波

图 2.1　交流波形的例子

2.2 正弦波

在第 1 章，我们注意到在正弦波的相邻周期上，相位完全相同的两点之间的时长为其周期 T，1s 内的周期数为频率 f。频率与周期的关系公式为：

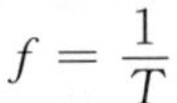

$$f=\frac{1}{T}$$

波形的最大幅度称为峰值，正向最大幅度和负向最大幅度之间的差值称为

峰峰值。由于波形的对称性，峰峰值是峰值的两倍。

图 2.2 所示为正弦电压信号。由该图可以看出，周期 T 可以通过测量相邻周期波形上任意完全同相的两个点得到。图中同样标出了峰值电压 V_p 和峰峰值电压 V_{pk-pk}。正弦电流信号可以用相似的方法绘制出波形，并且峰值电流 I_p 和峰峰值电流 I_{pk-pk} 也类似。

图 2.2 正弦电压信号

例 2.1 求出右图波形的周期、频率、峰值电压和峰峰值电压。

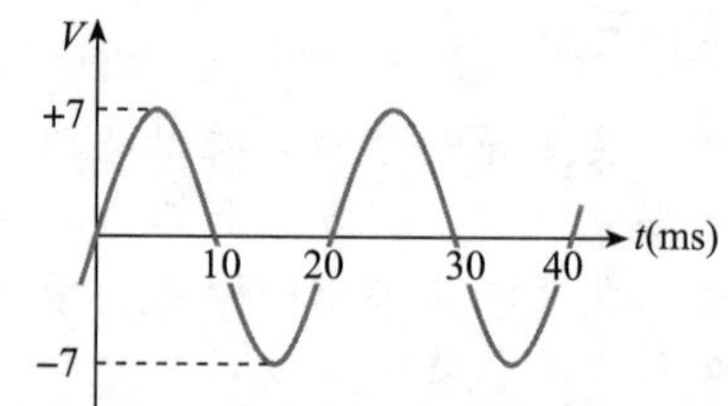

解： 由图可以看出周期为 20ms 或者 0.02s，所以其频率为 1/0.02＝50(Hz)。峰值电压是 7V，因此，峰峰值电压是 14V。◀

2.2.1 瞬时值

正弦波形由正弦函数决定。因此，可以用下面公式来描述：

$$y = A\sin\theta$$

这里的 y 是波形曲线上的点，A 是波形的峰值，θ 是和点相对应的相角。一般用小写字母表示随时间变化的变量(比如上述公式中的 y)，用大写字母表示固定量(比如 A)。

在图 2.2 中的电压波形中，峰值是 V_p，所以电压公式也可以表示如下：

$$v = V_p\sin\theta$$

一个完整的周期波形对应着相角 θ 变化一个完整的周期。也就是 θ 变化 360°或者 2π 弧度。图 2.3 给出了正弦波的相角和幅度的关系。

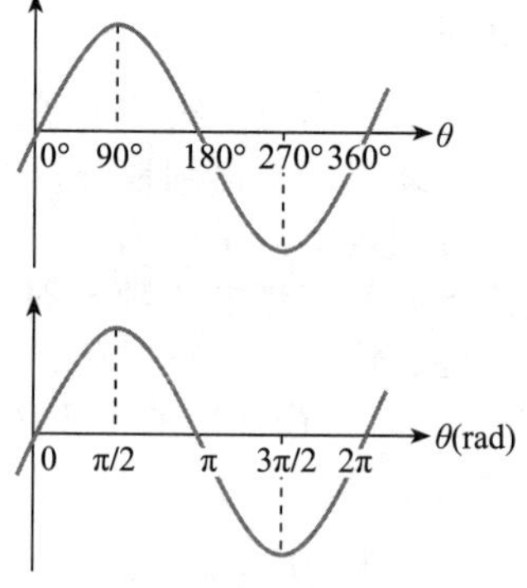

图 2.3 正弦波瞬时值和相角的关系

2.2.2 角频率

波形的频率 f 是 1s 内的周期数。每一个周期对应着 2π 弧度，因此每秒内的变化为 $2\pi f$ 弧度。这 1s 内的弧度数称为波形的角频率，符号为 ω。因此：

$$\omega = 2\pi f(\text{rad/s}) \tag{2.1}$$

2.2.3 正弦波的公式

角频率可以认为是正弦波的相角变化的速率。因此，波形在任意瞬间的相角 θ 为：

$$\theta = \omega t(\text{rad})$$

因此，正弦波公式为：

$$y = A\sin\theta = A\sin(\omega t)$$

正弦电压波形为：

$$v = V_p\sin(\omega t) \tag{2.2}$$

或者

$$v = V_p\sin 2\pi ft \tag{2.3}$$

正弦电流波形可以用下式表示：

$$i = I_p\sin(\omega t) \tag{2.4}$$

或者

$$i = I_p\sin 2\pi ft \tag{2.5}$$

例 2.2 求出右图电压信号的公式。

解： 由图可知周期是 50ms 或者 0.05s，所以频率是 1/0.05＝20(Hz)。峰值电压为 10V。根据式(2.3)可得：

$$v = V_p \sin(2\pi ft) = 10\sin(2\pi 20t) = 10\sin(126t)$$ ◀

2.2.4 相角

式(2.2)～式(2.5)都假定正弦波在初始时刻(t=0)的相角为零，这种情况下的波形如图 2.2 所示。如果初相角不是零，则正弦波公式必须加上 t=0 时的初相角。修正后的公式为：

$$y = A\sin(\omega t + \phi) \tag{2.6}$$

这里的 ϕ 是 t=0 时的相角。在 t=0 时，ωt 等于零，所以 $y=A\sin\phi$。初相角不为零时的波形如图 2.4 所示。

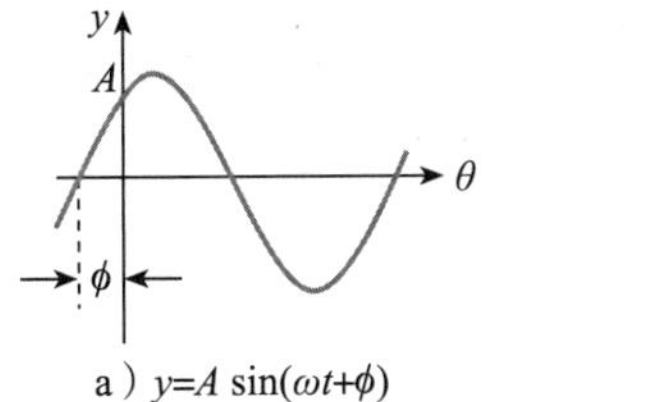

a）$y=A\sin(\omega t+\phi)$　　b）$y=A\sin(\omega t-\phi)$

图 2.4　相角的影响

例 2.3 求出右图电压信号的公式。

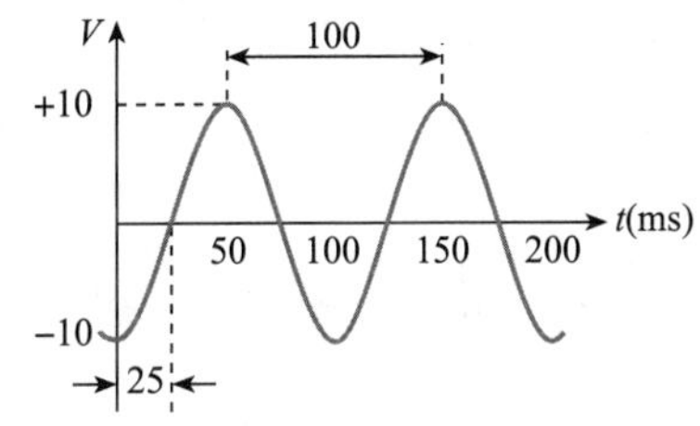

解： 由图可知，周期是 100ms 或者 0.1s，所以频率是 1/0.1＝10Hz。峰值电压为 10V。正弦波相位为 0 的点为 t＝25ms，所以在 t＝0 时的相角(ϕ)为－25/100×360°＝－90°(或者 π/2 弧度)，因此

$$v = V_p\sin(2\pi ft + \phi) = 10\sin(2\pi 10t + \phi)$$
$$= 10\sin(63t - \pi/2)$$ ◀

2.2.5 相位差

两个相同频率的波形有固定的相位差，如图 2.5 所示。我们经常会说一个波形相对于另外一个波形有相移。为了描述两个波形之间的相位关系，经常会把其中一个波形作为参考，描述另外一个波形超前或者滞后于该波形。在图 2.5 中，选波形 A 为参考波形。在图 2.5a 中，波形 B 达到最大值滞后于波形 A 若干时间。因此，我们说 B 滞后于 A。在本例中，B 的相位滞后于 A 的相位 90°。在图 2.5b 中，波形 B 达到最大值超前于波形 A。B 的相位超前于 A 的相位 90°。在图中，相角是用度表示的，当然，相角也可以用弧度表示。

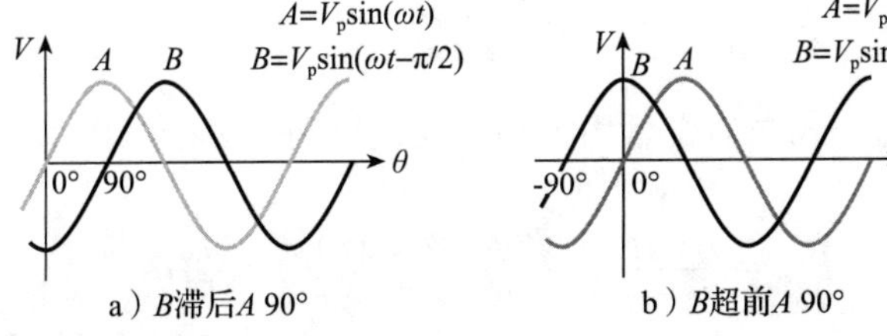

a）B滞后A 90°　　b）B超前A 90°

图 2.5　两个正弦波之间的相位差

应该注意，相位关系可以有不同的描述方法。例如，如果 A 的相位超前于 B 的相位

90°，也就表明 B 的相位滞后于 A 的相位 90°。这两种表述是等效的，使用哪一种表述由具体情况及个人爱好决定。

图 2.5 中用来表示相位差的两个波形具有相同的幅度，但是这并不是必需的。相位差的测量可以在任意两个同频率波形之间进行，与其幅度无关。我们会在本章后续内容中讨论相位差的测量方法。

2.2.6 正弦波的平均值

显然，如果在一个或者多个完整周期内测量正弦波的平均值，得到的结果是零。然而，在有些情况下，我们感兴趣的波形平均值与其极性无关(在本章的后面我们会看到这样一个例子)。对于对称的波形，如正弦波，可以仅仅计算波形的正半周的平均值。此时，均值等于半个周期波形所覆盖的面积除以半个周期，如图 2.6a 所示。另外，也可以将该值看作是经整形的正弦波(即将正弦波负半周的波形进行翻转)平均值，如图 2.6b 所示。

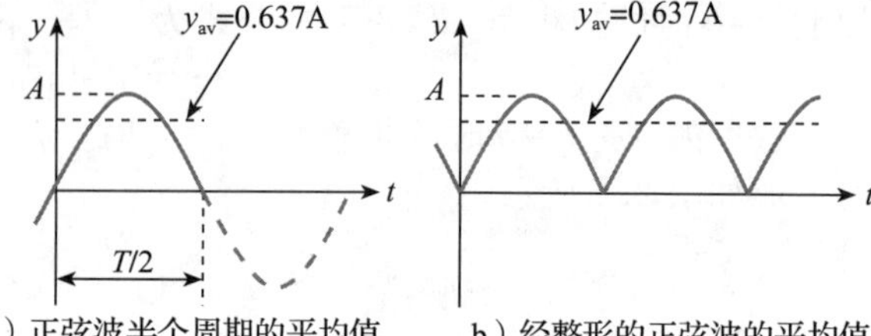

a）正弦波半个周期的平均值　b）经整形的正弦波的平均值

图 2.6　正弦波平均值的计算

平均值计算可以通过对半个周期内的正弦波积分，再除以半个周期得到。例如，正弦电压 $v=V_p\sin\theta$，周期等于 2π，所以其电压平均值为

$$V_{av}=\frac{1}{\pi}\int_0^{\pi}V_p\sin\theta\mathrm{d}\theta=\frac{V_p}{\pi}[-\cos\theta]_0^{\pi}=\frac{2V_p}{\pi}$$

因此

$$V_{av}=\frac{2}{\pi}\times V_p=0.637\times V_p \tag{2.7}$$

类似，正弦波电流的平均值为

$$I_{av}=\frac{2}{\pi}\times I_p=0.637\times I_p \tag{2.8}$$

2.2.7 正弦波的方均根值

我们常常会对波形的方均根值比对其均值更感兴趣。不仅仅是对正弦波，其他的交流波形也是如此。

由第 1 章，我们知道电压 V 加在电阻 R 上，会产生电流 I(由欧姆定律决定)，并且电阻上的功耗可以由以下三个公式表示：

$$P=VI\quad P=I^2R\quad P=\frac{V^2}{R}$$

当电压的大小随时间变化时，瞬时功率取决于瞬时电压和瞬时电流。跟前面一样，用小写字母表示变量，所以瞬时功率 p 和瞬时电压 v 以及瞬时电流 i 的关系为

$$p=vi\quad p=i^2R\quad p=\frac{v^2}{R}$$

平均功率可以将上述公式中的变量用平均值代入得到。由于电阻值是固定的，平均功率由下式表示：

$$P_{av}=\frac{[v^2\text{ 的平均值(或均值)}]}{R}=\frac{\overline{v^2}}{R}$$

或者

$$P_{av}=[i^2\text{ 的平均值(或均值)}]R=\overline{i^2}R$$

通常在变量上加一上划线表示变量的均值。$\overline{v^2}$表示方均电压，$\overline{i^2}$表示方均电流。

尽管方均电压和方均电流很有用，但更常用的是其平方根。方均根电压(V_{rms})和方均根电流(I_{rms})的定义为

$$V_{rms} = \sqrt{\overline{v^2}}$$

和

$$I_{rms} = \sqrt{\overline{i^2}}$$

在一个完整周期内对相应的正弦量平方进行积分，再除以周期，然后开方就得到方均根值。例如，正弦电压信号 $v=V_p\sin\omega t$，那么可以按照下式进行计算：

$$V_{rms} = \left(\frac{1}{T}\int_0^T V_p^2\sin^2(\omega t)\mathrm{d}t\right)^{1/2} = \left(\frac{V_p^2}{T}\int_0^T \frac{1}{2}(1-\cos(2\omega t))\mathrm{d}t\right)^{1/2} = \frac{V_p}{\sqrt{2}}$$

因此

$$V_{rms} = \frac{1}{\sqrt{2}} \times V_p = 0.707 \times V_p \tag{2.9}$$

同样

$$I_{rms} = \frac{1}{\sqrt{2}} \times I_p = 0.707 \times I_p \tag{2.10}$$

将上式带入平均功率的公式，可得：

$$P_{av} = \frac{\overline{v^2}}{R} = \frac{V_{rms}^2}{R}$$

和

$$P_{av} = \overline{i^2}R = I_{rms}^2 R$$

将上述公式和之前电压、电流为固定值时产生的功率比较，可以发现，交流量所产生的功率等于与其方均根值相等的恒定电压或者电流产生的功率。因此，交流量的功率可以表述为

$$P_{av} = V_{rms}I_{rms} \tag{2.11}$$

$$P_{av} = \frac{V_{rms}^2}{R} \tag{2.12}$$

$$P_{av} = I_{rms}^2 R \tag{2.13}$$

下面用例题说明上述公式。

例 2.4 当一个 10Ω 的电阻上所加电压为以下几种情况时，分别计算其功耗。

(a) 固定的 5V 电压；

(b) 方均根值为 5V 的正弦电压；

(c) 峰值为 5V 的正弦电压。

解： (a) $P=\frac{V^2}{R}=\frac{5^2}{10}=2.5(\mathrm{W})$

(b) $P_{av}=\frac{V_{rms}^2}{R}=\frac{5^2}{10}=2.5(\mathrm{W})$

(c) $P_{av}=\frac{V_{rms}^2}{R}=\frac{(V_p/\sqrt{2})^2}{10}=\frac{V_p^2/2}{10}=\frac{5^2/2}{10}=1.25(\mathrm{W})$ ◀

2.2.8 波形因子和峰值因子

波形因子定义如下：

$$\text{波形因子} = \frac{\text{方均根值}}{\text{平均值}} \tag{2.14}$$

对于一个正弦波

$$\text{波形因子} = \frac{0.707V_p}{0.673V_p} = 1.11 \tag{2.15}$$

波形因子的意义将在 2.5 节介绍。

波形的峰值因子(也称为波峰因子)定义如下：

$$\text{峰值因子} = \frac{\text{峰值}}{\text{方均根值}} \tag{2.16}$$

对于一个正弦波

$$\text{峰值因子} = \frac{V_p}{0.707V_p} = 1.414 \tag{2.17}$$

虽然我们介绍的是正弦波的平均值、方均根值、波形因子和峰值因子的概念，实际上这些量可用于任意周期性的波形。这些量在其他实例中尽管数值上不同，但含义是一样的。下面采用方波来说明。

2.3　方波

2.3.1　周期、频率和幅度

方波的频率、周期、峰值、峰峰值的含义和其他周期性波形是一样的。图 2.7 给出了方波电压信号以及方波的各种参数。

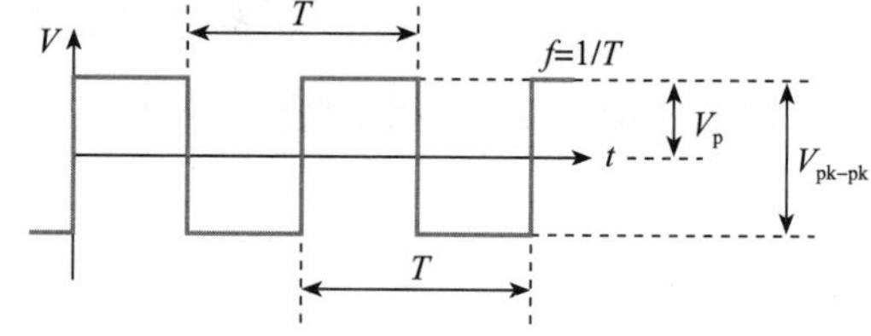

图 2.7　方波电压信号

2.3.2　相角

可以把方波像正弦波那样也分成 360°或者 2π 弧度。这样就可以讨论两个方波的相位差，如图 2.8 所示。这里两个方波的频率相同，但相位差 90°(或者 π/2 弧度)，波形 B 的相位滞后于波形 A 的相位 90°。也可以换一种方法描述两个波形之间的关系，即给出一波形相对于另外一波形的时延。

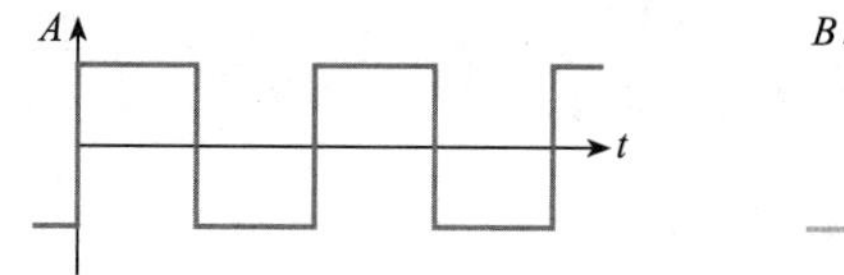

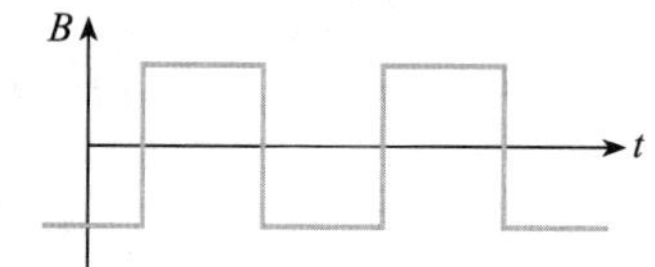

图 2.8　方波的相移

2.3.3　平均值和方均根值

对于对称的交流波形，我们现在只计算其正半周期的平均值，则对称的方波信号在正半周期的平均值就正好等于其峰值(如图 2.8 所示)。因此对于电压信号，其平均值为 V_p，对于电流信号，其平均值为 I_p。

由于对称方波的瞬时值要么等于其正的峰值，要么等于其负的峰值，所以其平方值是一个常数。例如，一个电压信号的瞬时值是 $+V_p$ 或者 $-V_p$，所以其平方值是一个常数 V_p^2。其方均值仍然是 V_p^2，方均根值为 V_p。因此，方波的方均根值等于其峰值。

2.3.4　波形因子和峰值因子

根据 2.2.8 节的定义，我们可以得到方波的波形因子和峰值因子。由于方波的平均值和方均根值都等于其峰值，可以得到下面的公式：

$$\text{波形因子} = \frac{\text{方均根值}}{\text{平均值}} = 1.0$$

$$\text{峰值因子} = \frac{\text{峰值}}{\text{方均根值}} = 1.0$$

视频 2B

峰值、平均值和方均根值之间的关系与其波形有关。我们知道方波和正弦波的这几个参数之间差异很大，其他波形(如三角波)的差异同样会很大。

2.4 电压和电流的测量

可用于测量电路中的电压和电流的仪器很多，如模拟电流表和电压表、数字万用表和示波器。每种仪器的特性不一样，现在只讨论这些仪器在使用时的共性问题。

2.4.1 电压的测量

为了测量电路中两点间的电压，我们要将这两点连接到一个电压表上(或者其他测量仪器)。例如，为了测量一个元件上的电压，要将其两端连接到电压表上，如图 2.9a 所示。

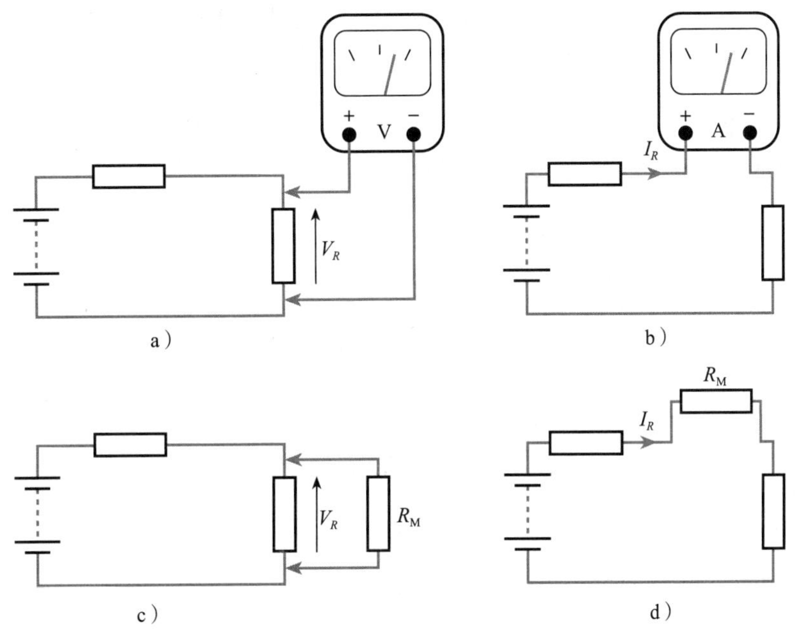

图 2.9 测量电压和电流

2.4.2 电流的测量

为了测量流经导体或者元件的电流，可以将一个电流表与元件串联，如图 2.9b 所示。连接时需要注意，应该使电流从电流表的正极流入，负极流出。

2.4.3 负载效应

在电路上连接额外的元器件，会改变电路的工作状态。将电压表和电流表连接到电路中同样会产生负载，影响电路的状态。结果使测量的值与实际的值不一样。

负载效应如图 2.9c 和 2.9d 所示，它们是实际测量图 2.9a 和 2.9b 的等效电路。在上述两种情况下，测量仪器在电路中的作用都用其等效电阻 R_M 替换，显然，额外的电阻会影响电路的工作状态。在测量电压时(如图 2.9c 所示)，电压表减少了电路的等效电阻，因此使电压表所测量电路两点间的电压减少了。为了尽量降低这种影响，电压表的内阻应该尽可能高，使流经电压表的电流尽可能小。在测量电流时(如图 2.9d 所示)，电流表的接入会增加电路的等效电阻，从而减小流经电路的电流。为了使其影响最小，电流表的内阻应该尽可能低，使电流表上的电压降尽可能小。

当使用模拟电压表和电流表(将在下一节讨论)时，必须考虑负载效应。测量仪器会标出其等效电阻(一般仪器在不同量程时的等效电阻是不一样的)，以用来量化负载效应所带来的误差。如果误差比较大，就有必要修正测量结果。如果使用数字电压表或者示波器，则负载效应通常不成问题，但仍需注意。

2.5 模拟电流表和模拟电压表

大多数现代模拟电流表和模拟电压表都是动圈式电表(将在第 13 章讨论其特性)。这种电表是通过指针的偏转来指示输出的，偏转角直接指示流经电表的电流大小。电表的特性由使其产生满量程偏转所需要的电流和电表的等效电阻 R_M 表示。电表产生满量程偏转需要的电流的典型值为 50μA～1mA，其等效电阻为几欧姆到几千欧姆。

2.5.1 直流电流的测量

电表通过其指针的偏转来直接表示流经电表的电流大小，可以直接指示的最大电流是满量程电流。为了测量更大的电流，就需要用分流电阻按比例地减少流入电表的电流。图 2.10 给出了一个测量电流的例子，图中电表的满量程电流为 1mA，用分流电阻使电表可以测量多个范围的电流。

在图 2.10a 中，电表的测量范围为 0～1mA，达到了电表量程的上限。在图 2.10b 中，用一个阻值为 $R_M/9$ 的分流电阻 R_{SH} 与电表进行并联。因为电表和并联电阻上的电压相同，并联电阻上的电流是流过电表的电流的 9 倍。也就是，输入电流中只有约十分之一流入了电表。因此，电流表的灵敏度变为原来的十分之一，而满量程电流变成了 10mA。图 2.10c 中进行了类似的处理，使得满量程电流变成了 100mA。显然，这种方法可以继续拓展，使电表可以测量更大的电流。图 2.10d 给出了一种可以转换电表不同量程的方法，使电表可以测量的电流范围变得很宽。可以看出电表在不同量程时的等效电阻是不同的。

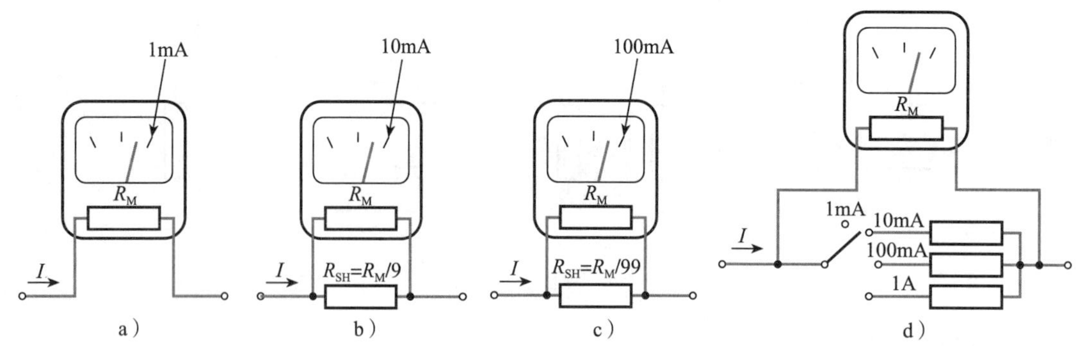

图 2.10　作为电流表使用的电表

例 2.5　一个动圈式电表的满量程电流为 1mA，内阻为 25Ω。试选择确定一个分流电阻的阻值，使电表的满量程电流变为 50mA。

解： 按照要求，电表灵敏度降低的倍数为

$$\frac{50\text{mA}}{1\text{mA}}=50$$

因此，只能有 1/50 的输入电流流过电表。因此，R_{SH} 必须等于 $R_M\div49=510\text{m}\Omega$。◀

2.5.2 直流电压的测量

为了测量直流电压，将一个电阻与电表串联，测量串联电路中的电流，如图 2.11 所示。在图 2.11a 中，电表的满量程电流为 1mA，选择串联电阻 R_{SE}，使其满足 $R_{SE}+R_M=1\text{k}\Omega$。根据欧姆定律，使该电路产生 1mA 电流需要的电压 V 为 $1\text{mA}\times1\text{k}\Omega=1\text{V}$。因此，电表此时可以测量的满量程电压为 1V。

在图 2.11b 中，选择串联电阻使总电阻等于 10kΩ，从而使电表的满量程电压为 10V。通过这种途径，可以调节仪器的灵敏度，使其满足需要。图 2.11c 给出了一种可以转换量程的电压表，可测量很宽范围内的电压。与电流表一样，电表改变量程以后的等效电阻是变化的。

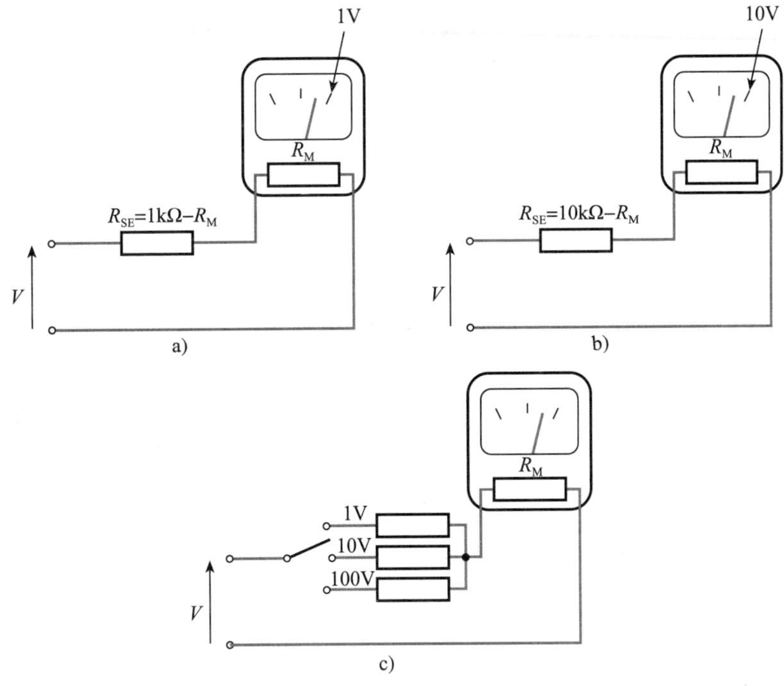

图 2.11　作为电压表使用的电表

例 2.6 一个动圈式电表的满量程电流为 1mA，内阻为 25Ω。试选择确定一个串联电阻，使电表的满量程电压变为 50V。

解： 所需要的总电阻可以用满量程电压除以满量程电流得到：

$$R_{SE}+R_M=\frac{50}{1}=50(\mathrm{k\Omega})$$

因此

$$R_{SE}=50(\mathrm{k\Omega})-R_M=49.975(\mathrm{k\Omega})\approx 50(\mathrm{k\Omega})$$ ◀

2.5.3　交流量的测量

不同输入方向的电流使动圈式电表的指针产生不同方向的偏转。由于电表的机械惯性，不能指示电流的快速变化。在这种情况下，电表最终会指示其平均值。因此，输入对称的交流波形，电表的指示为零。

为了测量交流电流，可以用整流器将交流电流整形为单向电流，这样就可以用电表进行测量了。对正弦波整形以后得到的波形如图 2.6b 所示。电表所指示的是整形以后波形的平均值。

在 2.2 节中，我们说过，测量正弦量的时候，我们对方均根值比对平均值更感兴趣。因此，常常会修正交流电表，使其读数实际上乘以 1.11，也就是乘以正弦波的波形因子。电表(其响应为波形的平均值)经过这一修正以后得到的结果直接给出了正弦波的方均根值。然而，对于非正弦的波形而言，这一结果是不正确的。例如，在 2.3 节中说过方波的波形因子为 1.0。因此，如果用为正弦波设计的电表去测量方波的方均根值，读数会高 11%。可以用所测量波形的波形因子去调整电表读数来解决这个问题。

像所有测量仪器一样，电表根据其频率响应只是在一定频率范围内是精确的。大部分仪器工作在工频(50 或者 60Hz)，所有仪器都有正常工作的最高工作频率限制。

2.5.4　模拟万用表

通用仪器是把开关、电阻等做在一个单元内，从而可以测量不同量程的电压和电流。这种单元通常是指模拟万用表。万用表中，用整流器就可以测量直流量和交流量。万用表中还有附加电路，使其可以测量电阻。万用表虽然用途很多，但是通常输入电阻相对较低，对其接入的电路具有不可忽视的负载效应。典型的模拟万用表如图 2.12 所示。

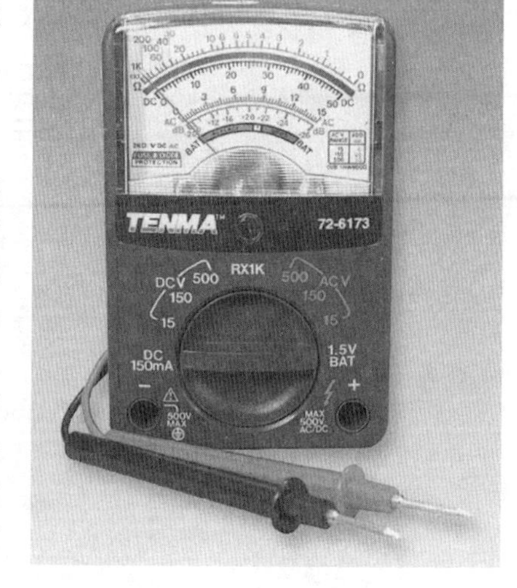

图 2.12　模拟万用表

2.6　数字万用表

数字万用表(Digital MultiMeter，DMM)是各类电子实验室里的标准测量仪器。数字万用表具有精度高、稳定性好和使用方便的特点。而且数字万用表作为电压表使用时输入电阻很高，而用于测量电流时输入电阻又很低，因此负载效应很低。适于测量电压、电流和电阻的仪器通常(不是很精确的)指的就是数字万用表。数字万用表的核心是模数转换器(Analogue-to-Digital Converter，ADC)，它将输入的模拟信号转换为数字的测量结果输出(驱动数字显示)。第 28 章会阐述模数转换器的工作原理。

电压、电流和电阻的测量，是用适当的电路产生一个与所测量的值成正比的电压，从而得到测量的结果。当测量电压时，输入信号连接到衰减器，衰减器可以切换到不同的档位，改变输入信号的范围。当测量电流时，输入信号与适当的分流电阻相连，分流电阻产生与输入电流成正比的电压。对于不同的输入范围，可以切换选择不同阻值的分流电阻。测量电阻时，输入要连接到一个欧姆变换器，就会在两个输入连接端口之间产生一个很小的电流，电流产生的电压就是两个端口间电阻的测量结果。

在简单的数字万用表里，交流电压会被整流，然后测量其平均值，这跟模拟万用表测量时的情况一致。然后将测量结果乘以 1.11(正弦波的波形因子)，显示相应的方均根值。如前所述，对于非正弦的波形而言，这种测量方法给出的读数是不精确的。因此，多数复杂的数字万用表使用真实的方均根值转换器，可以精确产生与输入波形成正比的电压信号。即使非正弦量也可以用这种万用表测量。当然，所有数字万用表都是在其限定的频率范围内测量值才是精确的。

图 2.13a 给出了一个典型的手持数字万用表。图 2.13b 是其简单框图。

a）典型的DMM

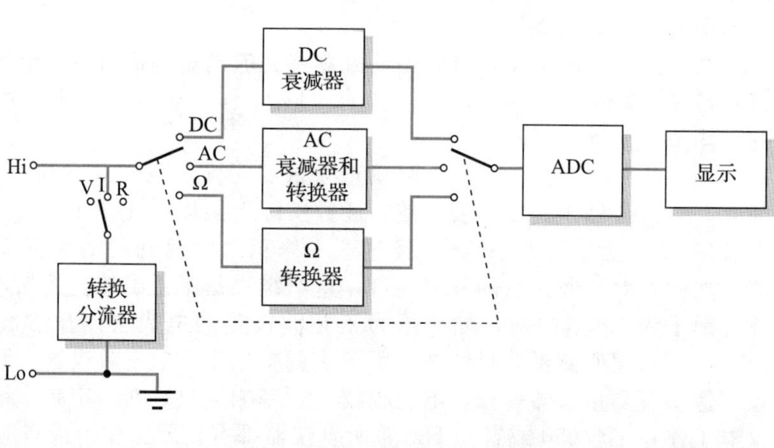

b）DMM的简单框图

图 2.13　数字万用表

2.7　示波器

所有示波器都是用阴极射线管(CRT)或者液晶(LCD)显示器显示相应的电压波形，以测量电压的。示波器实际上相当于一个自动绘图仪，所绘制的是输入电压相对于时间的波形。

2.7.1　模拟示波器

在模拟 CRT 示波器内有一个时基电路会产生不断重复的锯齿波信号，该信号作用于水平偏转系统，使示波器屏幕上的光点不断地从左到右进行匀速扫描。而输入示波器的信号则会在垂直方向产生一个与输入信号电压幅度成比例的偏转。大部分示波器都可以同时显示两路信号，实现的方法是示波器的垂直偏转电路在两路输入信号之间不断地切换。这种切换可以是在完整显示一路波形的轨迹以后，再显示另外一路波形的轨迹(ALT 模式)；或者是在两路波形的轨迹之间不断进行迅速的切换(CHOP 模式)。采用何种模式是依据时基信号的频率而定的。每一种模式的目标都是在两路波形之间进行足够迅速的切换，从而获得稳定的显示，而且没有明显的闪烁和失真。为了产生稳定的轨迹，时基电路中包含了触发电路，可以同步时基扫描的起点。这样，不断重复的波形会从同一点开始输出稳定的轨迹。图 2.14a 所示为模拟示波器，图 2.14b 给出了其简单框图。

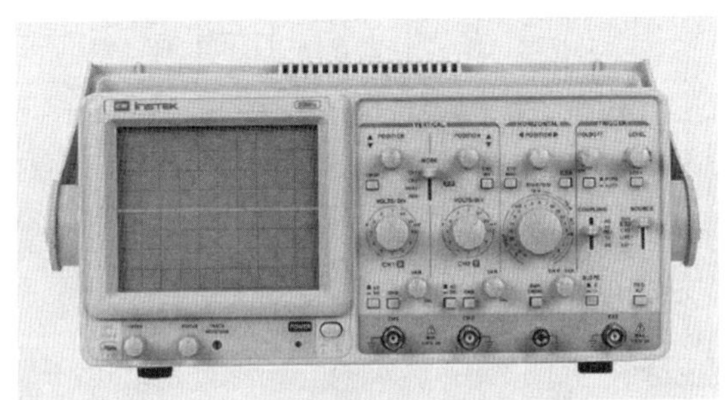

a）典型的模拟示波器

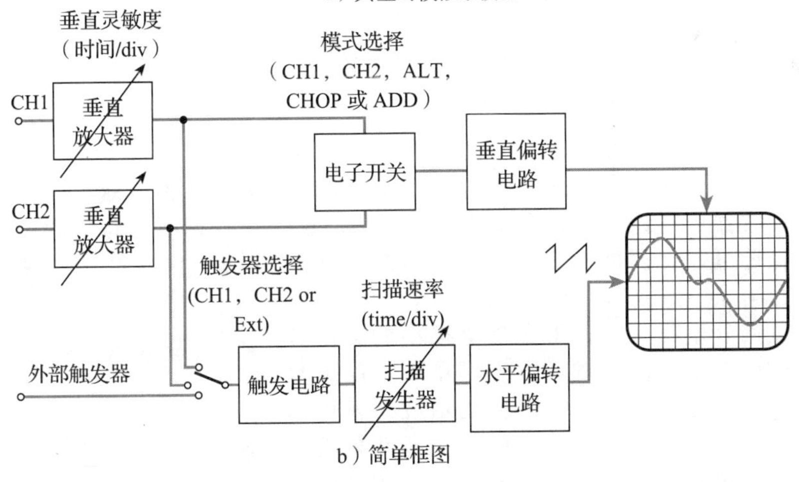

b）简单框图

图 2.14　模拟示波器

2.7.2　数字示波器

近年来，更先进的数字示波器代替了模拟示波器。数字示波器具有很多与模拟示波器相同的基本特征，数字仪器使用了模数转换器(ADC)，把输入信号转换为更易于存储和复制的数字形式。数字示波器在观测变化非常缓慢的波形和短暂的瞬态波形时特别有效，这是因为数字示波器具有存储信息的能力，使其可以显示一条稳定的轨迹。许多数字示波器还提供了测量功能，可以进行快速和精确的测量。此外，还有针对显示信息的数学计算功能，比如信号的频率分量。图 2.15a 所示为典型的数字示波器，图 2.15b 为其简单框图。

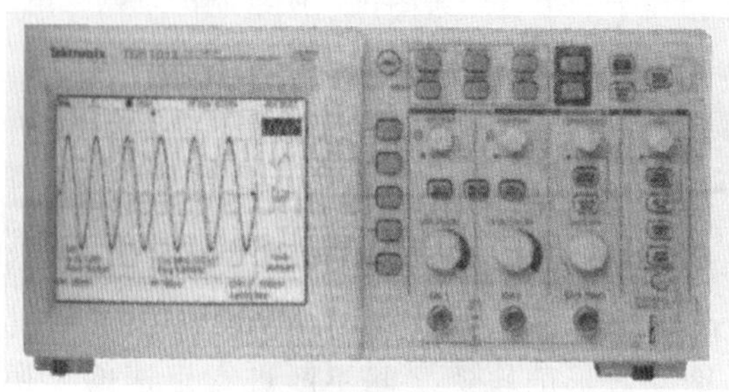

a）典型的数字示波器

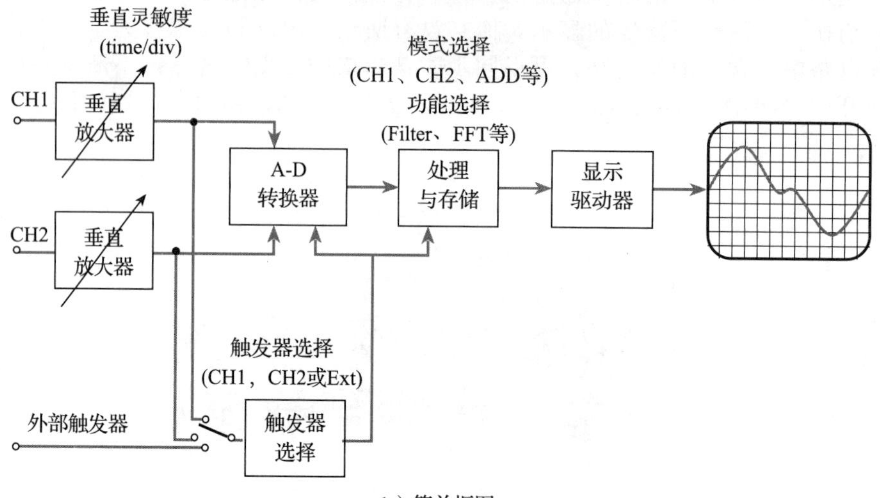

b）简单框图

图 2.15　数字示波器

2.7.3　用示波器进行测量

与模拟或者数字万用表相比，示波器的一个优点就是可以在很宽的频率范围内进行测量。示波器所测量的信号频率可以达到几百兆赫兹，甚至几吉赫兹。另外一个非常重要的优点是示波器可以让使用者看到波形的形状。这一点在判断电路功能是否正确时非常重要，并且还可以检测波形失真和其他问题。当信号同时含有直流分量和交流分量时，示波器也非常有用。图 2.16 给出了一个实例。图中的信号直流分量很大，其上叠加了很小的交流分量。如果将该信号接入模拟或者数字万用表，读数只会反应出信号直流分量的幅度。而使用示波器就可以观察到交流分量的存在，并且信号的真实属性显而易见。如果示波器选择交流耦合的输入方式，就可以隔离输入信号中的直流分量，这样可以使信号中的交流分量易于观察和测量。第 8 章会说明电容是如何隔离直流信号的。

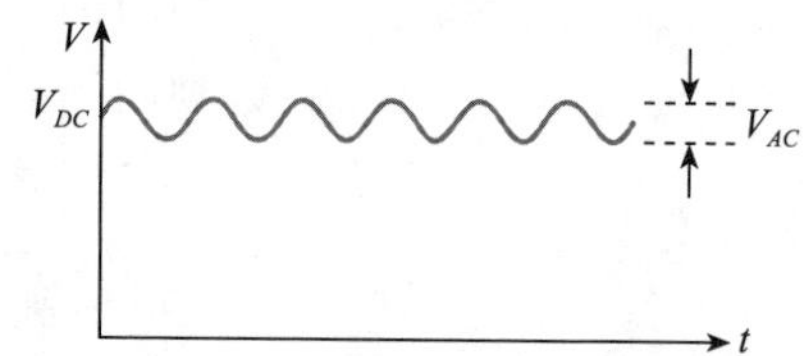

图 2.16　同时具有直流成分和交流成分的波形

对于交流信号，使用示波器测量其电压峰峰值是很容易的，因为在示波器上非常容易观察。在比较示波器和万用表测得的交流电压读数时必须小心，因为万用表通常给出的是方均根值。

示波器也可以直接比较波形和波形之间的瞬态关系。例如，可以使用两个轨迹分别显示一个模块的输入和输出信号，因此可以得到输入和输出信号之间的相位差。

图 2.17 给出了对相位差进行测量的例子。水平方向的刻度(对应于时间)用来测量波形的周期(T)和两个波形上相应点之间的时间差(t)。t/T 代表着两个波形之间相移所对应的时延占整个周期的比值。因为一个周期对应着 360°或者 2π 弧度，相位差 ϕ 的计算公式如下：

$$\phi = \frac{t}{T} \times 360^{\circ} = \frac{t}{T} \times 2\pi \tag{2.18}$$

在图 2.17 中，波形 B 滞后于波形 A 约 1/8 周期，或者约 45°(π/4 弧度)。

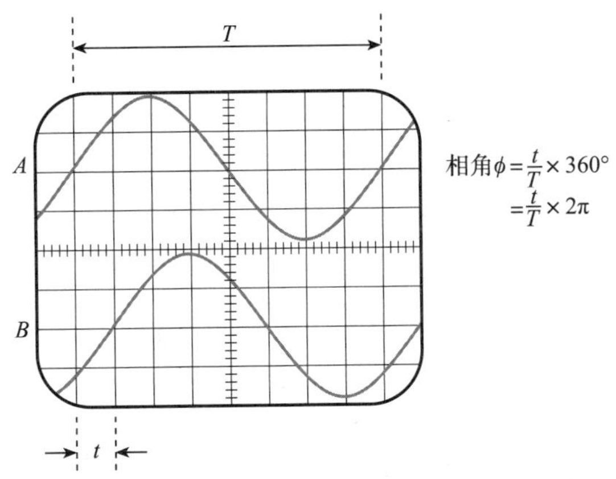

图 2.17　用示波器测量相位差

进一步学习

下述电路中的电压 V 代表可控电压源的输出。该电源可以产生多种波形，包括图示的四种波形。单元的前面板可以控制输出信号，使其幅度增大或者减少，不过这个控制没有校准，所以不能准确设定信号幅度值。

我们的目标是调整输出信号，使其在 10Ω 电阻上的功耗正好是 10W。由于该电压源没有指示出其输出信号幅度，我们在电阻两端接了一个模拟电压表。该电压表经过校准，使显示值为正弦输入电压的方均根值，使用正弦波时非常简单。任务是：求出电压表对于每一种波形的应有读数，使电阻上产生的功耗为 10W。

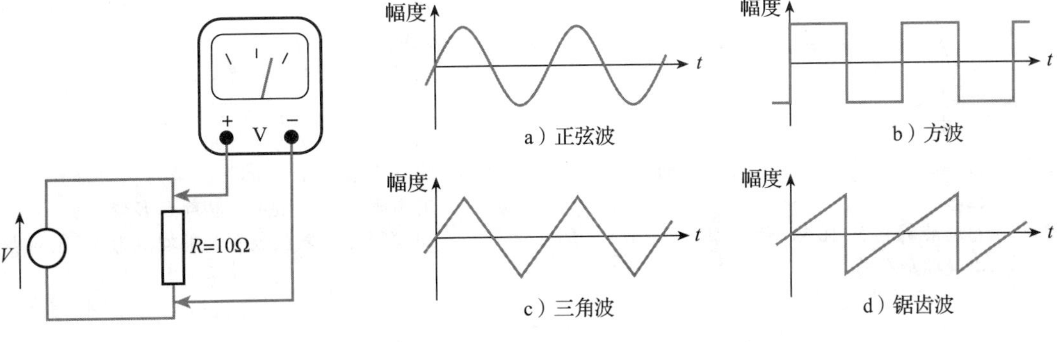

关键点

- 交流波形会随着时间的变化而变化，并且周期性地改变其方向。最重要的交流波形是正弦波。
- 周期性波形的频率等于其周期 T 的倒数。
- 交流波形可以用其峰值、峰峰值、平均值和方均根值描述。
- 正弦波电压的公式为：

$$v = V_{\mathrm{p}}\sin(2\pi ft + \phi)$$

或者

$$v = V_{\mathrm{p}}\sin(\omega t + \phi)$$

式中，V_{p} 是峰值，f 是频率(单位是赫兹)，ω 是角频率(单位是弧度/秒)，ϕ 是 $t=0$ 时的相角(单位是弧度/秒)。

- 正弦波电流的公式为：

$$i = I_{\mathrm{p}}\sin(2\pi ft + \phi)$$

或者

$$i = I_{\mathrm{p}}\sin(\omega t + \phi)$$

式中，I_{p} 是峰值电流，其他的参数和前面的相同。

- 相同频率的两个波形的相位差是不变的。其中一个波形超前或者滞后于另一个波形。
- 重复性交流波形的平均值指的是其正半周期的平均值。
- 交流波形的方均根值和产生相同功率的直流量数值是相等的。
- 对于正弦信号，平均电压或者电流是其峰值的 $2/\pi$(或者 0.637)，方均根电压或者电流是其峰值的 $1/\sqrt{2}$(或者 0.707)。
- 方波电压或者电流的平均值和方均根值等于其峰值。
- 简单的模拟电流表和电压表通常是动圈式电表。通过串联电阻或者分流电阻可以使电表测量不同范围的电流或者电压。
- 电表对整形以后的交流波形的响应为其平均值，对于正弦波来说，通常会调整其读数为方均根值。对于非正弦波形来说，电表给出的读数会不正确。
- 数字万用表易于使用且具有很高的精度。其中有一些数字万用表具有真实的方均根值转换器，可以准确测量出非正弦信号的方均根值。
- 示波器显示信号的波形并且可以发现和测量失真，可以对不同的波形之间进行比较，还可以测量参数，比如相移。

习题

2.1　画出三种常用的交流波形。

2.2　正弦波的周期是 10s，则其频率是多少？

2.3　方波的频率是 25Hz，则其周期是多少？

2.4　三角波(如图 2.1 所示)的峰值为 2.5V，则其峰峰值是多少？

2.5　下述公式所描述波形的峰峰值电流是多少？

$$i = 10\sin\theta$$

2.6　信号的频率是 10Hz，则其角频率是多少？

2.7　信号的角频率是 157rad/s，则其频率是多少？

2.8　求出下面波形的峰值电压、峰峰值电压、频率和角频率。

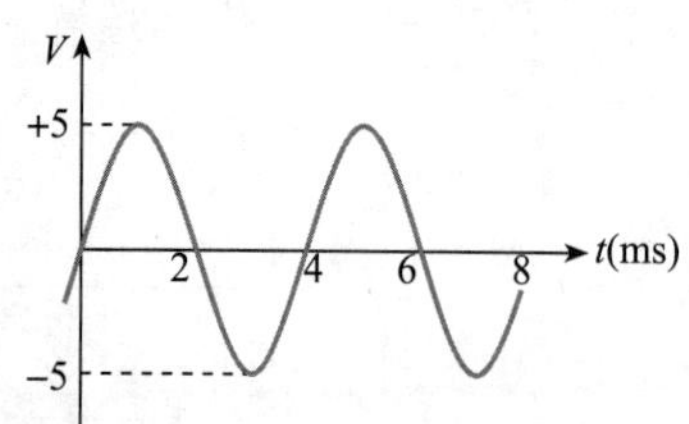

2.9　写出峰值是 5V，频率是 50Hz 的电压波形公式。

2.10　写出峰峰值是 16A，角频率是 150rad/s 的电流波形公式。

2.11　写出下述公式所描述波形的频率和峰值电压。

$$v = 25\sin 471t$$

2.12　写出下面电压信号的公式。

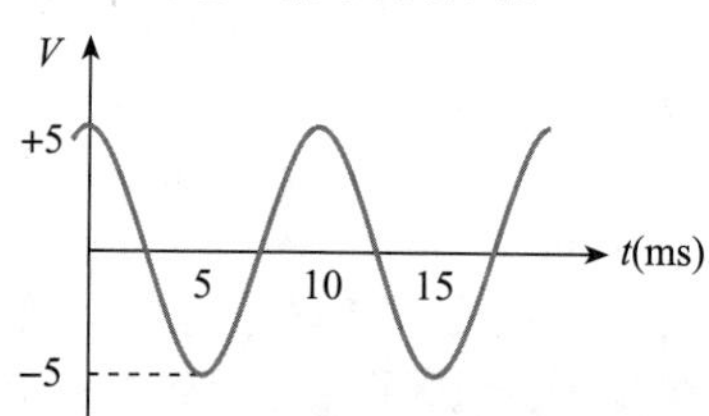

2.13　正弦波的峰值是 10，那么它的平均值是多少？

2.14　正弦电流信号的平均值是 5A，那么它的峰值是多少？

2.15　说明交流波方均值的含义，它和方均根值之间的关系是什么？

2.16　为什么方均根值比平均值更有用？

2.17　峰值是 10V 的正弦电压信号加在 25Ω 的电阻上，电阻上的功耗是多少？

2.18　方均根值是 10V 的正弦电压信号加在 25Ω 的电阻上，电阻上的功耗是多少？

2.19　用模拟万用表测量一个平均值为 6V 的正弦波信号。万用表上显示的电压是多少？

2.20　方波电压信号的峰值是 5V，其平均值是多少？

2.21 峰值是 5V 的方波电压信号加在一个 25Ω 的电阻上，电阻上的功耗是多少？

2.22 动圈式电表满量程偏转电流为 50μA，内阻为 10Ω，选择一个分流电阻将该电表改装成量程为 250mA 的电流表。

2.23 动圈式电表满量程偏转电流为 50μA，内阻为 10Ω，选择一个串联电阻将该电表改装成量程为 10V 的电压表。

2.24 经过修正的模拟电流表在测量正弦波时所显示的读数为其方均根值，如果使用该电表测量方波信号，所产生的误差百分比多少？

2.25 用一个设置为测量交流电压的模拟万用表来测量峰值为 10V 的方波，显示的电压读数为多少？

2.26 描述数字万用表的基本功能。

2.27 为什么有些数字万用表可以解决不同交流波形有不同波形因子的问题？

2.28 简要解释模拟示波器是如何显示随时间变化波形的振幅的。

2.29 模拟示波器是如何同时显示两个波形的？

2.30 模拟示波器的 ALT 模式和 CHOP 模式有什么差别？

2.31 示波器中触发电路的功能是什么？

2.32 示波器上显示一个峰峰值为 15V 的正弦波信号。同时，用一个设置为测量交流电压的模拟万用表来测量该信号。万用表上显示的数值为多少？

2.33 说明习题 2.32 所述的两种方法的相对精度。

2.34 在下面示波器显示的波形中，波形 A 和波形 B 的相位差是多少？哪一个波形超前，哪一个波形滞后？

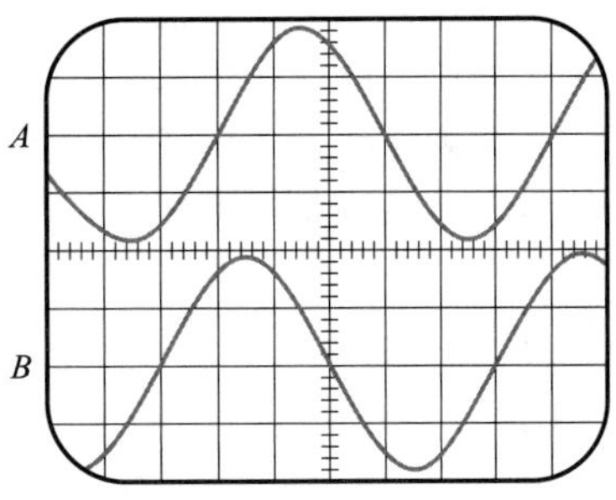

第3章 电阻和直流电路

目标

学习完本章内容后，应具备以下能力：

- 熟悉电流、电荷、电动势、电势差、电阻和功率等术语，并且能写出相关的公式
- 熟练运用欧姆定律、基尔霍夫电压定律和电流定律
- 为了分析电路，能够求出电路网络的等效电路
- 掌握叠加原理及在电路分析中的应用
- 熟悉节点电压分析法和回路电流分析法，理解其用途和重要性
- 用节点电压分析法和回路电流分析法求出电路网络中的电流、电压
- 电路各种分析方法的比较

3.1 引言

许多电路分析，以及一些电路设计，仅仅用欧姆定律就可以完成。但是，在有些情况下，还需要用到其他的分析方法，本章开始详细地讨论电路分析。从回顾电路使用的一些基本元件开始，对其特征进行深入的分析。本章涉及多种电路建模方法和分析方法。

3.2 电流和电荷

电流代表着电荷的流动，因此

$$I=\frac{\mathrm{d}Q}{\mathrm{d}t} \tag{3.1}$$

这里的 I 表示电流，单位是安培(A)，Q 是电荷，单位是库仑(C)，而 $\mathrm{d}Q/\mathrm{d}t$ 表示电荷流动的速率(其单位是库仑/秒(C/s))。通常，电流都假定为正电荷的流动。

在原子量级上看，电流表示电子在流动。每个电子都携带微小的负电荷，约 1.6×10^{-19}C。因此，习惯上的电流方向是电子流动方向的相反方向。当然，除非关注器件的物理工作，否则，电流到底是电子运动还是正电荷运动并不重要的。

由式(3.1)可以得到电流流动时流过的电荷数量为

$$Q=\int I\mathrm{d}t \tag{3.2}$$

如果电流是常数，则电荷的公式就很简单，等于电流和时间的乘积。

$$Q=I\times t$$

3.3 电压源

电压源产生电动势(electromotive force，e. m. f.)，从而在电路中产生电流。电动势并不是一种力，而是代表着电源传输电荷所需要的能量。电动势的单位是伏特，相当于两点之间的电势差，1V 等于用 1J 的能量在两点之间运送 1C 的电荷。

实际的电压源，比如电池，是有内阻的，这限制了电池可以提供的电流大小。在电路分析中，经常使用理想电压源的概念，理想电压源是没有内阻的。电压源分为恒定电压源和交流电压源，以及受某些物理量控制的电压源(受控电压源)。图 3.1 给出了代表不同形式的电压源的符号。

在电路中用来表示电压的符号有很多种。大部分北美出版的书采用的符号是用‘+’来代表电压的极性。在英国和其他许多国家更常用的符号如图 3.1 所示，即用一个箭头表示电压的极性。箭头旁边的标注表示箭头头部所对应的点相对于箭头尾部所对应点之间的电压。这种符号的好处在于其标注可以很明白地表示出正、负或者交流量。

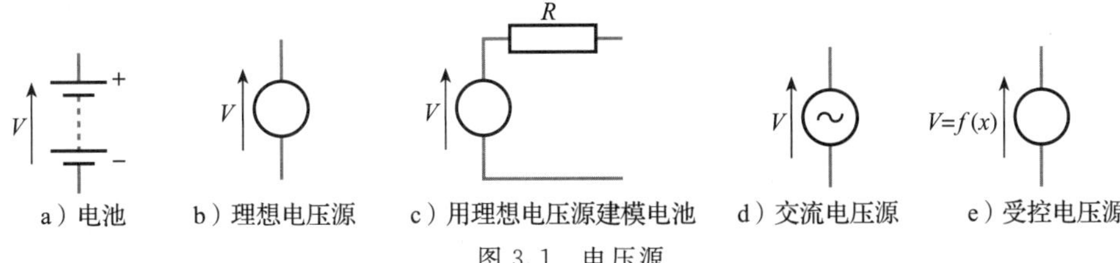

图 3.1　电压源

3.4　电流源

除了理想电压源的概念以外，理想电流源的模型也是很容易建立的。正如理想电压源一样，理想电流源也不是可物理实现的。但是，使用这样一种概念上的模型会极大地简化某些电路分析。正如理想电压源会产生一定的电压，与其所接负载无关一样，理想电流源始终输出特定值的电流。电流可以是恒定的，也可以是交流的(依赖于电流源的特性)，或者受电路内的某物理量控制(受控电流源)。电流源的符号如图 3.2 所示。

理想电压源具有零输出电阻，而理想电流源具有无穷大的输出电阻。考虑到负载效应及无论负载如何变化，理想电流源的输出电流都必须保持恒定，因此，理想电流源具有无穷大的输出电阻。

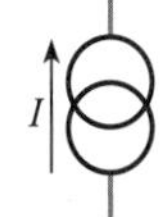

图 3.2　理想电流源

3.5　电阻和欧姆定律

读者都知道电子工程中最著名的关系式，即导体上的电压正比于导体上的电流(欧姆定律)：

$$V \propto I$$

关系式中的比例常数称为导体的电阻(R)，因此

$$V = IR \quad I = \frac{V}{R} \quad R = \frac{V}{I}$$

电阻的单位是欧姆(Ω)。当一个电路两端的电势差为 1V，而电路上的电流正好为 1A 时，电路电阻就为 1Ω(见第 1 章)。

当电流流过电阻时，电阻上会产生功耗。功率的消耗方式是产生热量。功率(P)与 V、I 及 R 的关系如下：

$$P = VI \quad P = \frac{V^2}{R} \quad P = I^2R$$

在电路中产生阻抗的元件称为电阻。材料的阻抗由材料尺寸和材料的电特性决定的。可以进一步地用其电阻率 ρ 表示，有时候也用电导率 σ 表示，电导率是电阻率的倒数。图 3.3 给出了一种材料电阻，其两端有产生电接触用的接线。如果元件是粗细均匀的，其电阻可以直接与其长度(l)成正比，与其截面积(A)成反比。在这种情况下，元件的电阻为

$$R = \frac{\rho l}{A} \tag{3.3}$$

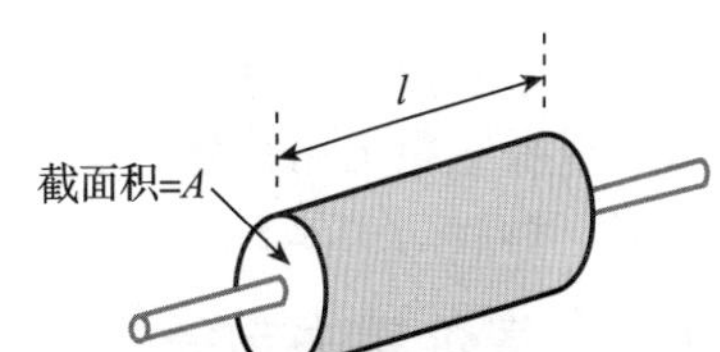

图 3.3　元件尺寸对电阻的影响

电阻率的单位为欧[姆]·米(Ω·m)。铜在 0℃时的电阻率为 1.6×10^{-8}Ω·m，而碳在 0℃时的电阻率为 6500×10^{-8}Ω·m。

由于电流流过电阻时会产生热量，就会导致电阻的温度升高。大多数材料的电阻值会

随着温度的变化而变化，变化量由电阻的温度系数 α 决定。纯金属具有正的温度系数，这意味着其电阻值会随着温度的上升而增加。许多其他的材料(包括大部分绝缘体)则具有负的温度系数。电阻所采用的材料应该是受温度影响最小的材料。温度的过度升高除了改变电阻值以外，还不可避免地会损伤电阻。因此，任何元件都不应该超过其最大的额定功率工作。大尺寸元件有大的表面积，因此可以有效地散热。因此，额定功率随着电阻的物理尺寸变大而增加(尽管还受其他因素的影响)。体积小的通用电阻可能有 $\frac{1}{8}$W 或者 $\frac{1}{4}$W 的额定功率，而大尺寸的电阻可以承受数瓦的功率。

3.6 电阻串并联

在第 1 章，我们注意到电阻串联或者并联后会有相应的等效电阻。在继续后面的内容之前，我们需要了解其原理。

在图 3.4a 给出的电路中，电压 V 加在串联电阻 R_1、R_2、…、R_N 上。每个电阻上的电压等于电流(I)和电阻的乘积。电压 V 等于每一个电阻上的电压之和，因此

$$V = IR_1 + IR_2 + \cdots + IR_N = I(R_1 + R_2 + \cdots + R_N) = IR$$

$R=R_1+R_2+\cdots+R_N$。因此，电路的行为就如同将串联的电阻替换为阻值等于总电阻的单个电阻一样。

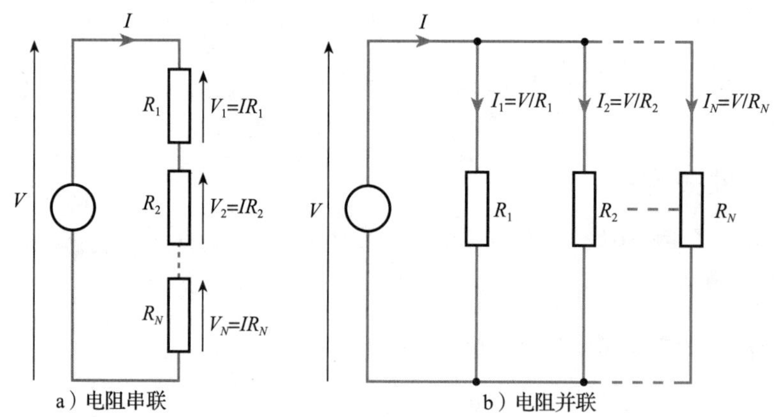

图 3.4　电阻串并联

图 3.4b 给出了电阻并联的电路。每个电阻上的电压等于电压 V，所以每个电阻上的电流等于电压 V 除以各自的电阻值。总电流 I 等于每个电阻上的电流之和，因此：

$$I = \frac{V}{R_1} + \frac{V}{R_2} + \cdots + \frac{V}{R_N} = V\left(\frac{1}{R_1} + \frac{1}{R_2} + \cdots + \frac{1}{R_N}\right) = V\left(\frac{1}{R}\right)$$

$1/R=1/R_1+1/R_2+\cdots+1/R_N$。因此，电路的行为就如同将并联的电阻替换为单个电阻一样，该单电阻的倒数等于每一个电阻的倒数之和。

并联符号

电阻的并联在电路中很常见，所以有专门的符号来表示并联电阻的等效电阻，即将电阻名或者电阻值用符号“//”隔开。因此，$R_1 /\!/ R_2$ 是 R_1 和 R_2 并联以后的等效电阻。与此相似，10kΩ//10kΩ 就表示两个 10kΩ 的电阻并联(即 5kΩ)。

3.7 基尔霍夫定律

电路中两个或者多个元件相连接的点称为节点，而电路上任何闭合路径，只要没有经过任何一个节点两次或者两次以上，就称为回路。一个回路中如果没有其他回路就称为网孔。图 3.5 给出了定义的例子。图中 A、B、C、D、E

和 F 是电路中的节点，而路径 ABEFA、BCDEB 和 ABCDEFA 表示回路。可以发现前两个回路还是网孔，最后一个回路不是网孔(因为含有更小的回路)。

3.7.1　电流定律

基尔霍夫电流定律指出，在任意时间，流入电路中任意节点电流的代数和为零。如果定义流入节点的电流为正，流出节点的电流为负，则所有电流的总和必须为零，即

$$\Sigma I = 0$$

图 3.6 对此进行了举例说明。在图 3.6a 中，每一个电流都定义为流入节点，因此各个电流之和为零。显而易见，其中的一个或者多个电流必然为负，这样公式才能成立(除非电流全部为零)。流入节点的电流为 $-I$ 就相当于流出节点的电流 I。在图 3.6b 中，一些电流定义为流入节点，一些电流定义为流出节点，如公式所示。

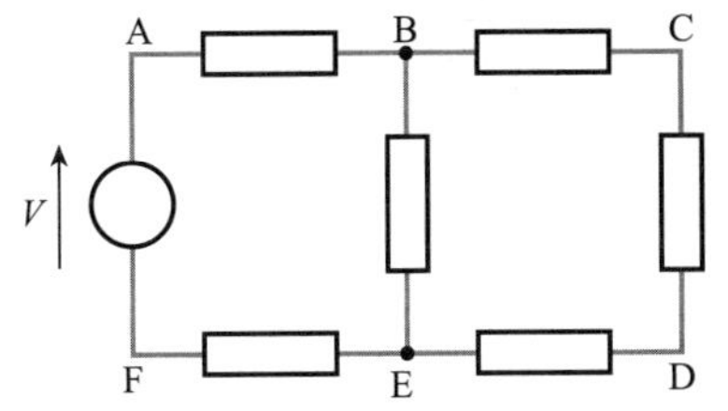

图 3.5　电路节点和回路

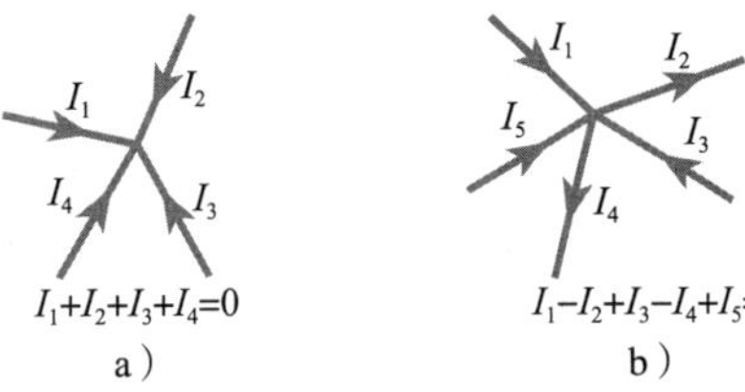

图 3.6　基尔霍夫电流定律的应用

例 3.1 确定右图电路中电流 I_4 的大小。

解： 对流入节点的电流进行求和，可以得到：

$$I_1 - I_2 - I_3 + I_4 = 0$$

$$8 - 1 - 4 + I_4 = 0$$

$$I_4 = -3(\text{A})$$

因此，I_4 等于 -3A，即电流强度为 3A，实际电流方向与图中所标箭头方向相反。◀

3.7.2　电压定律

基尔霍夫电压定律指出，在任意时间，任意回路电压的代数和为零，即

$$\Sigma V = 0$$

应用电压定律唯一的困难是，在计算中要确保电压极性正确。一个简单的方法是在电路图中用箭头代表每一个电动势和电势差的极性(如之前电路一样)。沿着顺时针方向在环路中绕行，任意与绕行方向相同的箭头表示正电压，而与绕行方向相反的箭头表示负电压，如图 3.7 所示。

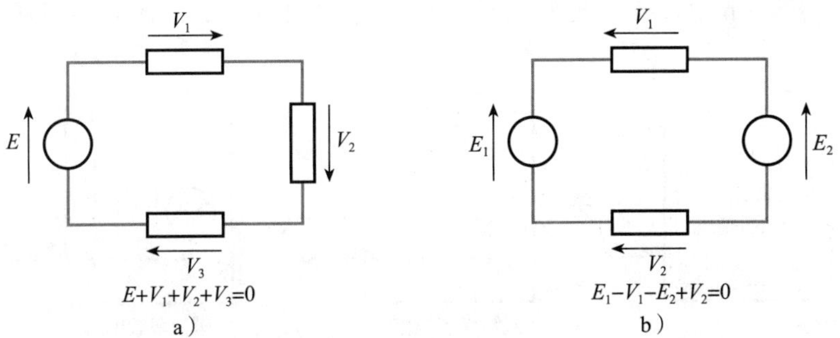

图 3.7　基尔霍夫电压定律的应用

在图 3.7a 中，所有电动势和电势差均定义为顺时针方向。因此，它们的和就必然为零。

需要注意的是图中的箭头方向仅仅是电压定义(或者测量)的方向，并不表示实际电压的极性。在图 3.7a 中，如果 E 的值为正，则电压源的上端相对于其下端的电压为正。如果 E 的值为负，则电压的极性相反。同样，E 可以用来表示变化的电压或者交流电压，但是其在公式中的关系仍然不变。在图 3.7b 中，有些电动势和电势差定义为顺时针方向，另一些定义为相反方向。在给出的公式中可以看出，顺时针方向的量是加上的，而逆时针方向的量是减去的。

例 3.2 确定右图电路中 V_2 的大小。

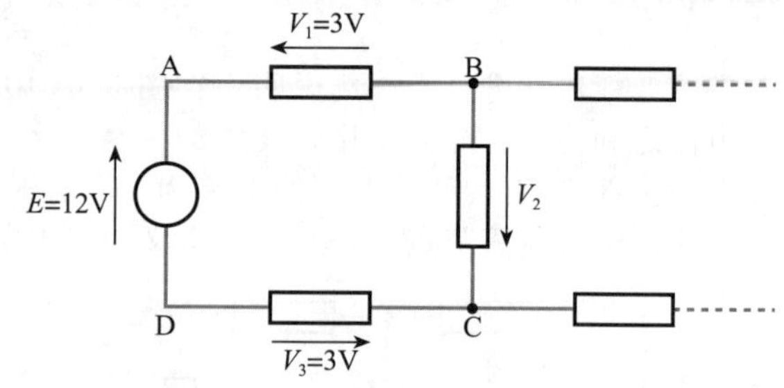

解：在回路 ABCDA 中，沿顺时针方向将所有电压相加，可得：

$$E-V_1+V_2-V_3=0$$

$$12-3+V_2-3=0$$

$$V_2=-6(\mathrm{V})$$

因此，V_2 等于 −6V，即电势差为 6V，节点 B 的电势高于节点 C 的电势。如果在定义 V_2 的方向时取相反方向，则计算结果就是 +6V，同样是电势差为 6V，节点 B 的电势高于节点 C 的电势。◀

3.8　戴维南定理和诺顿定理

用简单的等效电路模拟实际电路的行为对电路的分析很方便。例如，可以用一个理想电压源和一个串联电阻来代表一个实际电压源(比如电池)。这就是戴维南等效电路的一个实例。基于戴维南定理的电路结构表述如下：

> 从外部看，任意由电阻和电源组成的双端口网络都可以用一个理想电压源 V 和一个电阻 R 串联所代替，V 是网络的开路电压，R 是在网络两个输出端测量得到的电阻，测量时电源用其内阻代替。

这样简单的等效电路不仅可以代表电池，还可以代表任意由电阻、电压源和电流源组成的双端口网络。有一点非常重要，即仅仅是从网络的外部看才等效。等效电路并不能表示网络的内部特征，比如其功耗。

尽管戴维南等效电路非常有用，但是在有些情况下用电流源等效电路比用电压源等效电路更方便。诺顿定理就是关于电流源的等效电路。基于诺顿定理的电路结构表述如下：

> 从外部看，任意由电阻和电源组成的双端口网络都可以用一个理想电流源 I 和一个电阻 R 并联所代替，I 是网络的短路电流，R 是在网络端口测量到的电阻，测量时将电源用其内阻代替。

这两个定理表述在图 3.8 中，表明这类电路可以表示为两种等效电路中的任意一种。用哪一种等效电路需要根据具体的应用而定。对简单的电池建模时，用戴维南定理会比较方便。而在后续章节中，我们会发现在考虑器件问题时，如晶体管，用诺顿定理会更方便。

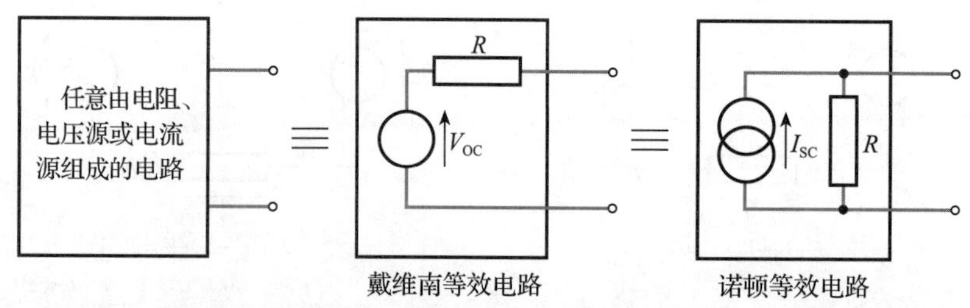

图 3.8　戴维南和诺顿等效电路

图 3.8 中的三种结构是等效的，所以在任何情况下的输出也应该是相同的。如果输出端

口开路，输出必然也相同：这就是开路电压 V_{OC}。同样，如果将输出端口短路，每一种电路应该产生相同的电流：短路电流 I_{SC}。由此可以推出等效电路中各变量之间的关系。

从上述定理可以很明显地看出每一种等效电路都有相同的电阻 R。如果将戴维南等效电路的输出端短路，根据欧姆定律，电流 I_{SC} 由下式求出：

$$I_{SC}=\frac{V_{OC}}{R}$$

与之类似，对于诺顿等效电路，同样根据欧姆定律，开路电压由下式确定：

$$V_{OC}=I_{SC}R$$

整理上述公式，可以得到两个等效电路中的电阻均为

$$R=\frac{V_{OC}}{I_{SC}}$$

因此，电阻由开路电压和短路电流决定。或者，电阻也可以通过以下方法求出，也就是，将电路中的电压源或电流源移走以后，从电路输出端口看进去的电阻。

对于用来描述等效电路模型的元器件值，可以分析电路图得到，也可以测量实际电路得到。下面举例说明。

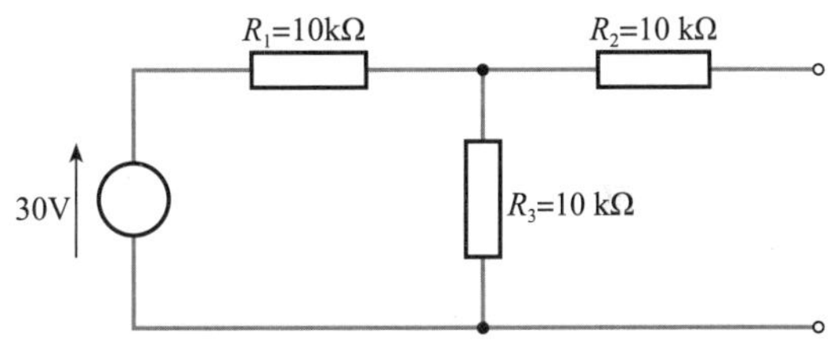

例 3.3　求出右图电路的戴维南等效电路和诺顿等效电路。

解： 如果输出端不连接，电阻 R_2 上就不会有电流流过，也不会有电压降。因此，输出电压仅仅由电压源以及 R_1 和 R_3 组成的分压器决定。两个电阻的阻值相等，输出电压就等于电压源电压的一半，所以

$$V_{OC}=\frac{30}{2}=15(\mathrm{V})$$

如果将输出端短路，R_2 实际上是和 R_3 并联的，所以其并联电阻为 $R_2 /\!/ R_3=10\mathrm{k\Omega} /\!/ 10\mathrm{k\Omega}=5\mathrm{k\Omega}$。因此，与电压源所连接的总电阻为 $R_1+5\mathrm{k\Omega}=15\mathrm{k\Omega}$，从电源流出的电流为 $30\mathrm{V}/15\mathrm{k\Omega}=2\mathrm{mA}$。既然 R_2 和 R_3 并联，并且其电阻值同样大，则流过每个电阻的电流应该是一样的。因此，每个电阻上的电流为 $2\mathrm{mA}/2=1\mathrm{mA}$。电阻 R_2 上的电流也是输出电流（本例中是短路输出电流），所以

$$I_{SC}=1(\mathrm{mA})$$

根据式(3.4)，我们知道戴维南和诺顿等效电路中的电阻由 V_{OC} 和 I_{SC} 的比值决定，因此

$$R=V_{OC}/I_{SC}=15/1=15(\mathrm{k\Omega})$$

或者，R 可以通过如下方法得到：将电路的电压源用其内阻替换，从电路输出端往内看得到的有效电阻就是 R。理想电压源的内阻为零，所以电路中 R_1 实际上是和 R_3 并联的。在输出端观察得到的电阻为 $R_2+(R_1 /\!/ R_3)=10\mathrm{k\Omega}+(10\mathrm{k\Omega} /\!/ 10\mathrm{k\Omega})=15\mathrm{k\Omega}$，与前面得到的结果一致。

因此，等效电路如下。

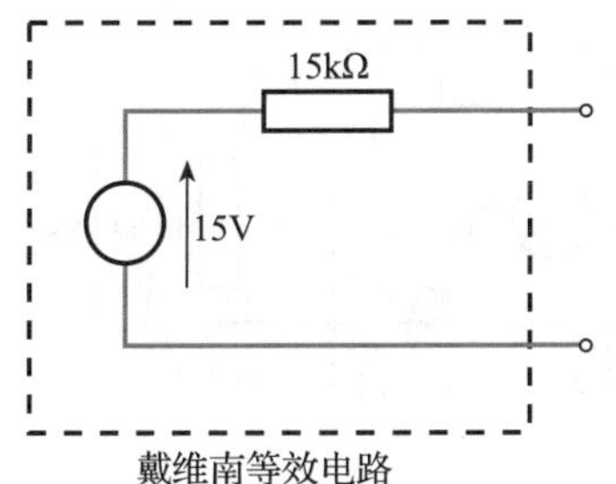

戴维南等效电路

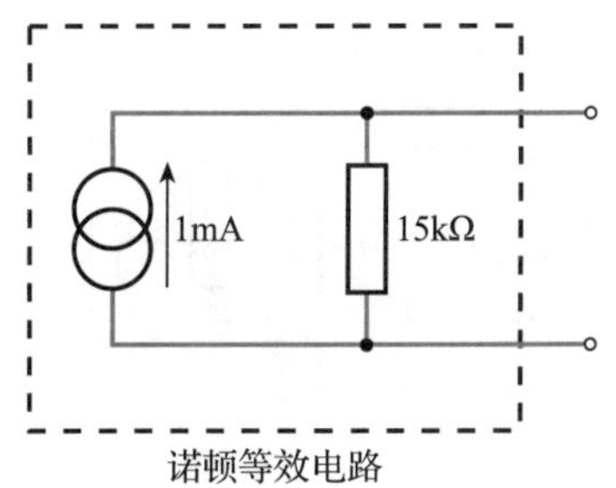

诺顿等效电路

为了从实际电路求出其等效电路(不是指从电路图得到等效电路)，可以对电路特性进行测试。既然可以从开路电压 V_{OC} 和短路电流 I_{SC} 求出等效电阻值，简单的方法就是直接测量开路电压 V_{OC} 和短路电流 I_{SC}。用高内阻的电压表在电路输出端进行测量，如果电压表的输入电阻比电路的输出电阻大很多，就可以得到可靠的开路电压值。但是，直接测量短路电流很困难，这是因为电路短路有可能损坏电路。可以用其他代替方法，测量其他值，并用测量结果推算 V_{OC} 和 I_{SC}。

例 3.4 一个双端口网络的内部电路未知，采用在输出端加不同负载并测量其输出电压的方法进行研究。当输出端所接电阻为 25Ω 时，输出电压为 2V。当负载为 400Ω 时，输出电压为 8V。求出该未知电路的戴维南等效电路和诺顿等效电路。

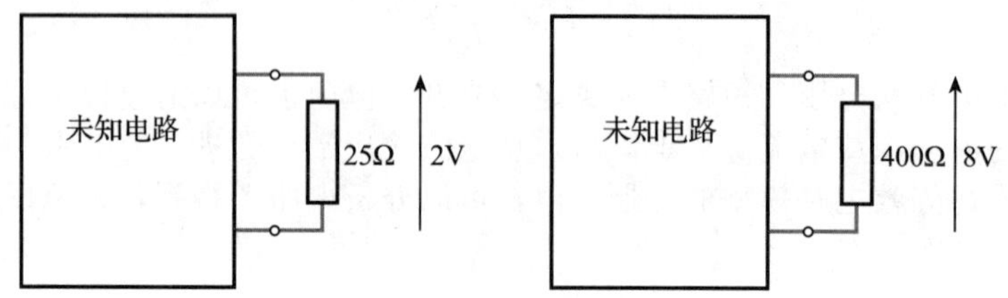

解：方法 1

一种方法就是画出输出电流相对于输出电压的图。当输出电压为 2V 时，输出电流为 2V/25Ω=80mA；当输出电压为 8V 时，输出电流为 8V/400Ω=20mA。由此可得右图。

由此可以推导，当输出电流为零时，输出电压为 10V(即开路电压)；当输出电压为零时，输出电流为 100mA(即短路电流)。根据式(3.4)，有

$$R=\frac{V_{OC}}{I_{SC}}=\frac{10}{100}=100(\Omega)$$

因此，等效电路如下。

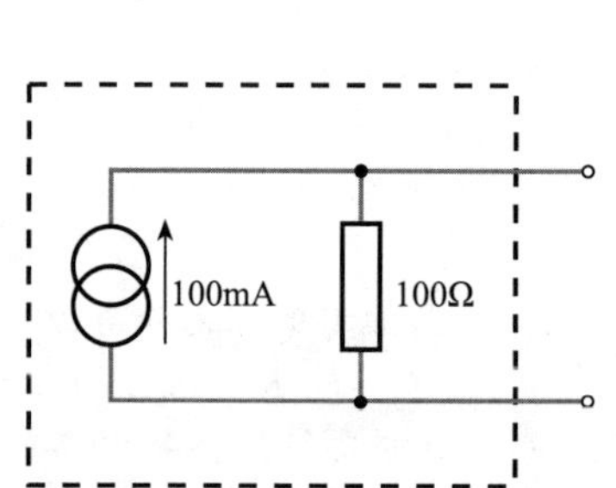

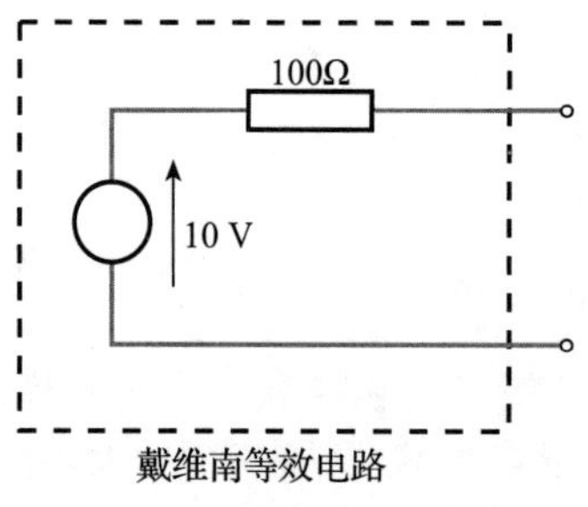

戴维南等效电路　　诺顿等效电路

方法 2

不用图形的方法同样可以解决这个问题。例如，假设将电路替换为由电压源 V_{OC} 和电阻 R 组成的戴维南等效电路，则可以得到下面的电路。

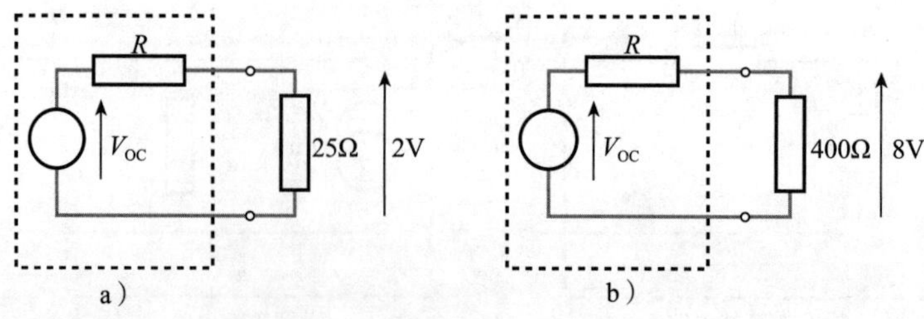

a)　　b)

对图a和b运用分压公式可得：

$$V_{OC}\frac{25}{R+25}=2 \quad 和 \quad V_{OC}\frac{400}{R+400}=8$$

再得联立方程组：

$$25V_{OC}=2R+50$$
$$400V_{OC}=8R+3200$$

可以解得 $V_{OC}=10$ 和 $R=100$。而 I_{SC} 的值可以由式(3.4)得到，和之前得到的结果相同。◀

3.9 叠加

当电路包含多个电源时，通常用叠加原理进行简化。每个电压源和电流源独立进行计算，然后对计算值进行叠加，就可以得到多个电源作用的结果。叠加原理的准确描述如下：

在任何一个由电压源、电流源和电阻组成的线性网络里，电路中每个点的电压或电流等于电路中每个电源单独作用时在该点产生的电压或电流值的代数和。计算每个电源单独作用的效果时，其余电源均用其内阻代替。

通过下面例子可以更容易地理解叠加原理。

例3.5 计算下图电路的输出电压 V。

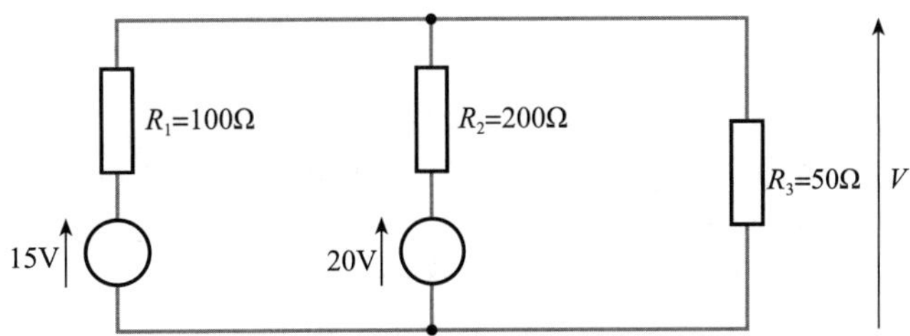

解： 首先考虑15V电压源单独作用时的情况。将其余电压源用其内阻代替，对于理想电压源来说，其内阻为零(将电压源换成短路线即可)。于是，得到了下面的电路。

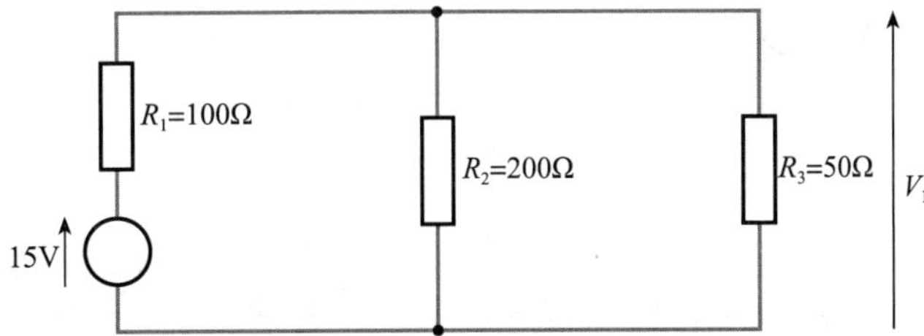

在该电路中，R_2 和 R_3 并联，然后和电阻 R_1 组成分压器，可得：

$$V_1=15\times\frac{200//50}{100+200//50}=15\times\frac{40}{100+40}=4.29(\text{V})$$

然后，再来考虑20V电压源，将15V电压源短路，可以得到下图：

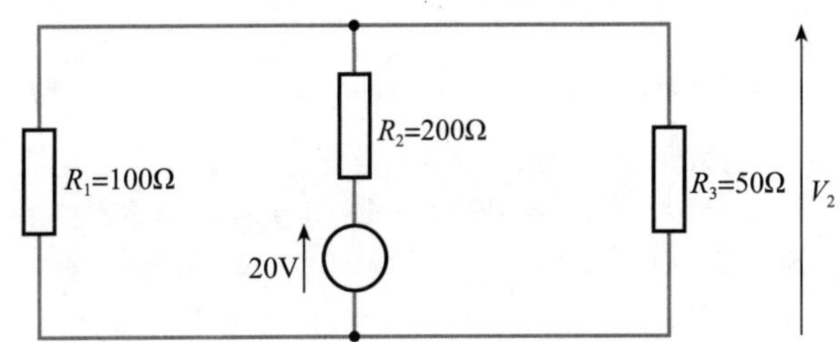

在该电路中，R_1和R_3并联得，然后和电阻R_2组成分压器，可得：

$$V_2 = 20 \times \frac{100//50}{200 + 100//50} = 20 \times \frac{33.3}{200 + 33.3} = 2.86(\mathrm{V})$$

注意，R_1和R_3是并联的，所以在画图的时候也可以将这两个电阻并排画在一起。

原电路的输出就是对上述结果进行相加得到：

$$V = V_1 + V_2 = 4.29 + 2.86 = 7.15(\mathrm{V})$$

◀

计算机仿真练习 3.1

用计算机仿真的方法研究例 3.5 中的电路，求出电压V的幅值，并且证实其与预期结果一致。

电流源的有效内阻为无穷大。因此，在去除电流源的影响时，直接将电流源移去，使其开路即可。通过下面的例子对此加以说明。

例 3.6 计算下图电路的输出电流I。

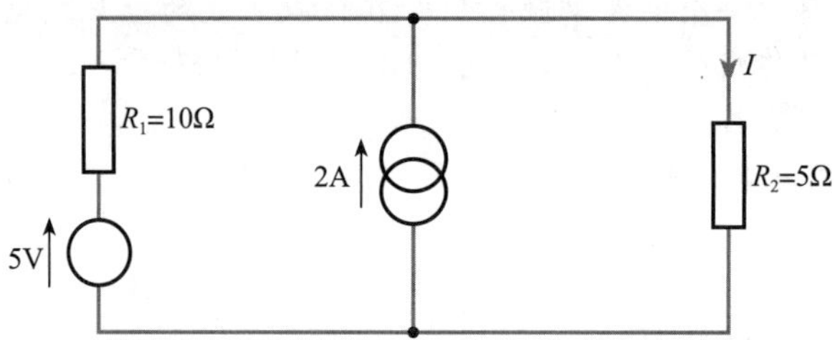

解： 首先考虑电压源的作用。所以先将电流源用其内阻替换，由于理想电流源的内阻为无穷大，直接将其开路，可得到下图电路。

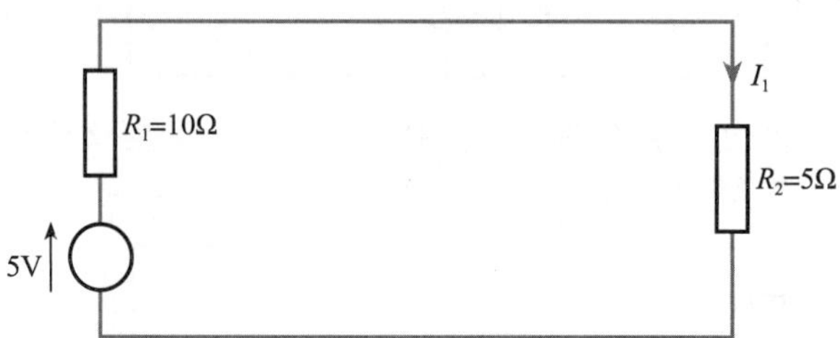

因此

$$I_1 = \frac{5}{10 + 5} = 0.33(\mathrm{A})$$

然后，考虑电流源的作用，将电压源短路以后得到右图。

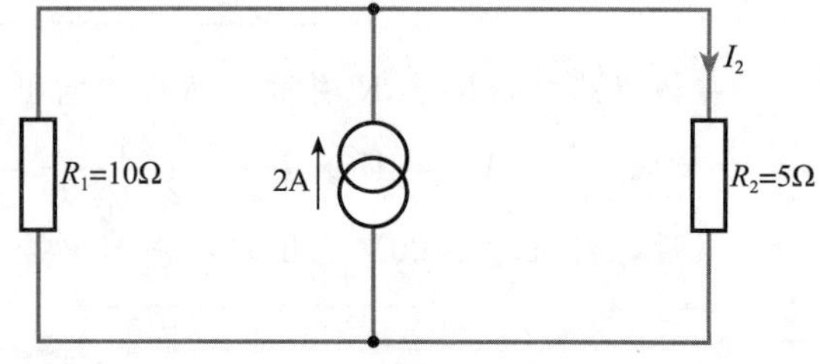

其中两个电阻实际上是并联的，电阻值为 10Ω//5Ω=3.33Ω，两个电阻上的电压为 2A×3.33Ω=6.66V。因此，电流I_2由下式给出：

$$I_2 = \frac{6.66}{5} = 1.33(\mathrm{A})$$

原电路的输出就是上述结果相加得到的值：

$$I = I_1 + I_2 = 0.33 + 1.33 = 1.66(\mathrm{A})$$

◀

计算机仿真练习 3.2

用计算机仿真的方法研究例 3.6 中的电路，求出电流I的幅值，并且证实其与预期结果一致。

3.10　节点分析法

在 3.7 节中，我们可以将基尔霍夫电流定律应用于电路中的任意节点，将基尔霍夫电压定律应用于电路中的任意回路。在实际电路分析中，往往要将这两个定律应用于一组节点和回路。这样就会产生一个联立方程组，求解该方程组可以得到电路中各个节点电压和回路电流。但是，电路越复杂，电路中的节点数和回路数就越多，分析就变得更加复杂。为了简化分析过程，常常采用两种系统分析法中的一种，生成方程组，这就是节点分析法和回路分析法。在本节我们讨论节点分析法，下一节讨论回路分析法。

节点分析法是一种在电路节点上运用基尔霍夫电流定律的系统分析方法，其目的在于产生一方程组。这一方法由六个步骤组成：

1）在电路中选择一个节点作为参考节点。参考节点的选择是任意的，但是一般都会选择地作为参考节点，所有的电压都是相对于参考节点进行测量的。

2）电路中其余节点的电压用 V_1、V_2、V_3 等符号表示。同样，这些节点电压的序号是任意选择的。

3）如果某些节点的电压是已知的(存在恒定电压源)，将这些节点电压值标注在电路图相应节点上。

4）对未知电压的节点运用基尔霍夫电流定律，会得到一方程组。

5）由方程组可以解出未知的节点电压。

6）如果需要，由节点电压可以计算出电路中的电流。

通过图 3.9a 来说明这一方法，其是一个相对简单的电路，没有特别标注为地的节点，我们可以选择低电势点作为参考点。将其余 3 个节点电压标注为 V_1、V_2 和 V_3，如图 3.9b 所示。显然，与电压源相连接的 V_1 等于 E，将其标注在图上。下一步就是对所有电压未知的节点用基尔霍夫电流定律列出方程。在本例中，只有 V_2 和 V_3 电压未知，所以只需要考虑这两个节点。

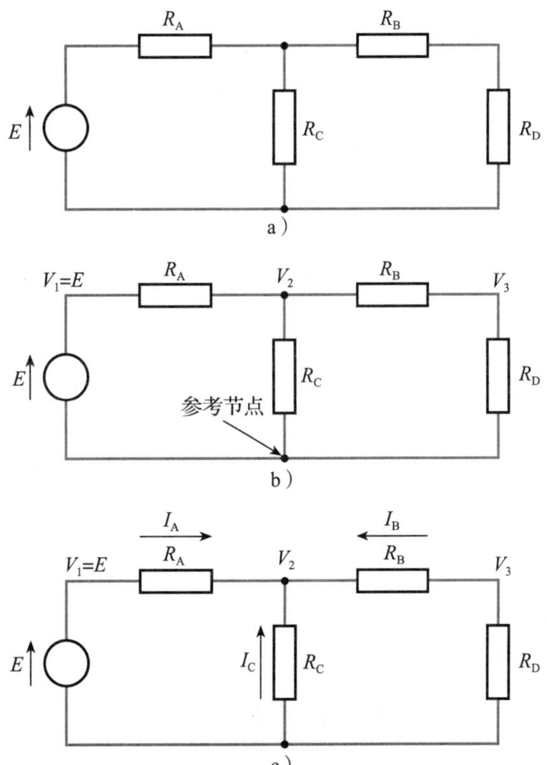

图 3.9　节点分析法的运用

首先考虑 V_2 节点。图 3.9c 用 I_A、I_B 和 I_C 标注了流入该节点的电流。运用基尔霍夫电流定律可得：

$$I_A + I_B + I_C = 0$$

这些电流可以很容易地根据电路图进行确定。每个电流都可以根据相应电阻上的电压求出，电压就是两个节点间的电势差，即

$$I_A = \frac{V_1 - V_2}{R_A} = \frac{E - V_2}{R_A} I_B = \frac{V_3 - V_2}{R_B} \quad I_C = \frac{0 - V_2}{R_C}$$

由于需要得到的是流入电压为 V_2 的节点的电流，在计算中均用其他节点的电压减去 V_2。对电流求和可得：

$$\frac{E-V_2}{R_A}+\frac{V_3-V_2}{R_B}+\frac{0-V_2}{R_C}=0$$

用同样的方法，可以求出 V_3 节点的电流公式：

$$\frac{V_2-V_3}{R_B}+\frac{0-V_3}{R_D}=0$$

这样就得到了两个公式，可以解出 V_2 和 V_3 的值。根据 V_2 和 V_3，就可以解出需要的电流值。

图 3.9 中的电路只包含了一个电压源，用节点分析法可以分析包含多个电压源或者电流源的电路。在电压源中，其输出电压是确定的，而其输出电流是未知的。在电流源中，其输出电流是确定的，而其两端电压是未知的。

例 3.7 计算下图电路中的电流 I_1。

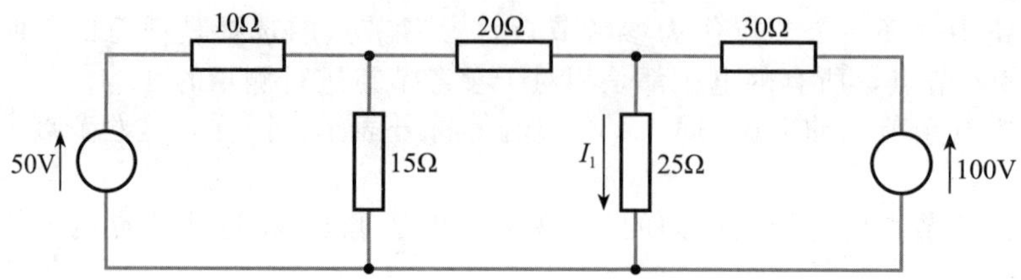

解： 首先选择参考节点，并且对各个节点的电压用符号标注，标明其中的已知电压值。

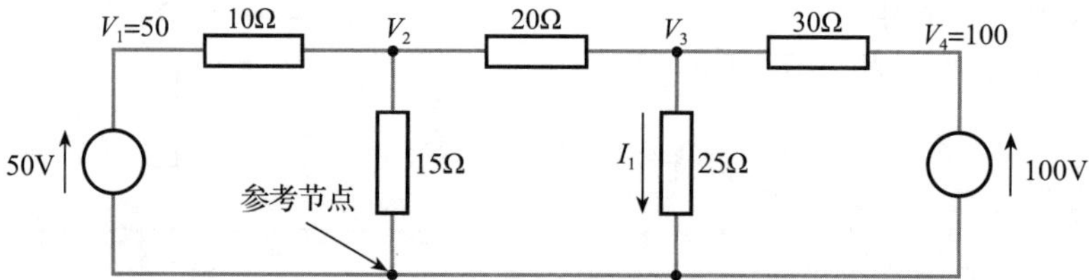

然后，对于电压未知的节点，对流入节点的电流进行求和，可以得到：

$$\frac{50-V_2}{10}+\frac{V_3-V_2}{20}+\frac{0-V_2}{15}=0$$

和

$$\frac{V_2-V_3}{20}+\frac{100-V_2}{30}+\frac{0-V_3}{25}=0$$

解这两个方程(留给读者练习)可得：

$$V_2=32.34(\text{V})$$
$$V_3=40.14(\text{V})$$

电流 I_1 为

$$I_1=\frac{V_3}{25}=\frac{40.14}{25}=1.6(\text{A})$$ ◀

计算机仿真练习 3.3

用计算机仿真的方法研究例 3.7 中的电路，求出电压 V_2 和 V_3 以及电流 I_1 的值，并且证实其与预期结果一致。

3.11　回路分析法

视频 3C

与节点分析法一样，回路分析法也是一种用描述电路行为的方程组进行分析的系统分析方法。在回路分析中，基尔霍夫电压定律会用在电路中的每一个回路中。分析步骤如下：

1）确定电路中的回路，给每一个回路分配一个顺时针方向的电流，分别用

I_1、I_2、I_3等符号表示。

2）对每一个回路用基尔霍夫定律计算顺时针方向的电压之和，其值为零。这样会生成方程组(每个回路产生一个方程)。

3）解方程组，求出电流 I_1、I_2、I_3等。

4）用求得的电流值计算所需要的电压值。

用图 3.10 来说明回路分析法。图 3.10a 包含两个回路，在图 3.10b 进行了标注。然后需要确定电路中各个电压的极性。在这个阶段，极性是任意给定的，只要在计算时可以明确电压的极性即可。注意在一个方向上的正电流会在电阻上产生另外一个方向的电压降。因此，在图 3.10c 中，如果 I_1 是正的，则 V_A也是正的。

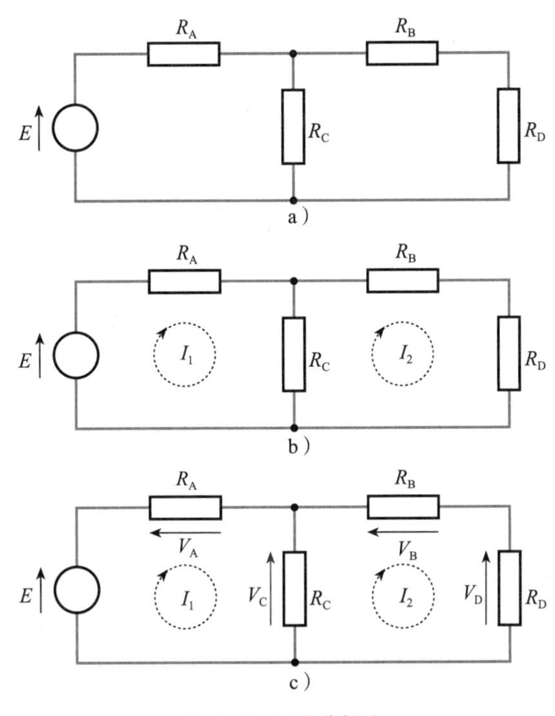

图 3.10　网孔分析法

定义了电压和电流的方向之后，就可以根据定义的方向写方程了。可以在每一个回路中沿顺时针方向对电压求和，并且令其等于 0。对于第一个回路，可得：

$$E - V_A - V_C = 0$$

$$E - I_1 R_A - (I_1 - I_2) R_C = 0$$

只有 I_1流过 R_A，所以 V_A就等于$I_1 R_A$。而在电阻 R_C上，电流 I_1 流过 R_C的方向与 I_2流过 R_C的方向相反。因此，该电阻上的电压为$(I_1 - I_2)R_C$。对第二个回路采用同样的步骤可得：

$$V_C - V_B - V_D = 0$$

$$(I_1 - I_2) R_C - I_2 R_B - I_2 R_D = 0$$

因此得到两个与 I_1 和 I_2 相关的方程。联立方程组可以解出相应的电流，并可进一步计算出各电压值。

跟节点分析法一样，回路分析法也可以分析具有多个电压源或者电流源的电路。

例 3.8 计算下图电路中 10Ω 电阻上的电压。

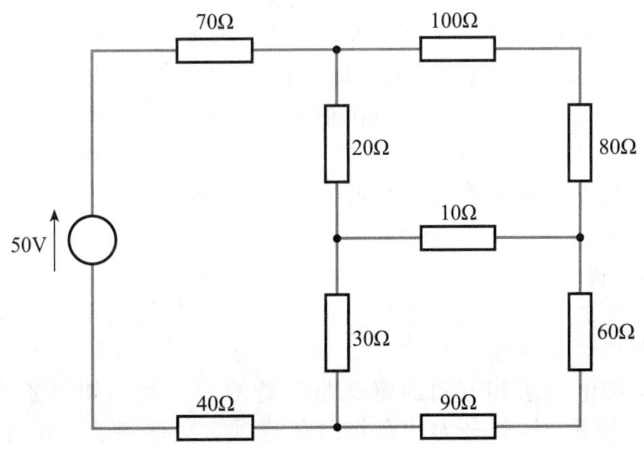

解： 该电路有三个回路。设定回路电流分别为 I_1、I_2和 I_3，如下图所示。电路图中还

定义了各个电压，为了便于解释，并给出了各个电阻的名称。

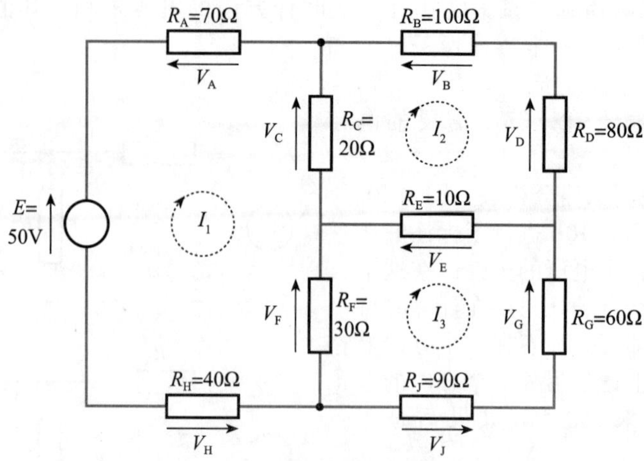

下一步是对每一个回路用基尔霍夫电压定律写方程。通常，在写方程的时候会直接使用元件值和电流。为了有助于理解分析过程，首先用元件的符号来写方程。依次考虑三个回路，可得：

$$E - V_A - V_C - V_F - V_H = 0$$
$$V_C - V_B - V_D + V_E = 0$$
$$V_F - V_E - V_G - V_J = 0$$

由此得到下面的方程组：

$$50 - 70I_1 - 20(I_1 - I_2) - 30(I_1 - I_3) - 40I_1 = 0$$
$$20(I_1 - I_2) - 100I_2 - 80I_2 + 10(I_3 - I_2) = 0$$
$$30(I_1 - I_3) - 10(I_3 - I_2) - 60I_3 - 90I_3 = 0$$

整理可得：

$$50 - 160I_1 + 20I_2 + 30I_3 = 0$$
$$20I_1 - 210I_2 + 10I_3 = 0$$
$$30I_1 + 10I_2 - 190I_3 = 0$$

解该方程组可得：

$$I_1 = 326(\text{mA})$$
$$I_2 = 34(\text{mA})$$
$$I_3 = 53(\text{mA})$$

10Ω 电阻上的电压降可以用流过该电阻的电流与电阻相乘得到：

$$\begin{aligned} V_E &= R_E(I_3 - I_2) \\ &= 10 \times (0.053 - 0.034) \\ &= 0.19(\text{V}) \end{aligned}$$

计算出的电压值为正，就表明电压的极性跟箭头所示的方向一致，即电阻左端的电势高于右端电势。 ◀

计算机仿真练习 3.4

用计算机仿真的方法研究例 3.8 中的电路，求出三个电流 I_1、I_2 和 I_3 以及电压 V_E 的值，并且证实其与预期结果一致。

电流方向的定义和电压求和方向的定义是任意的。当然，如果始终选择常用的方向，就会最大限度地避免犯错。这就是为什么我们在前面的所有例子中始终指定顺时针方向为正方向的原因。

3.12 电路联立方程组的求解

我们发现用节点分析法和回路分析法都会产生一组联立方程组，求解方程组可以得到所需的电压和电流。当分析的是仅仅包含几个节点和回路的简单电路时，方程组的方程个数足够少，可以用手工计算，例如前面的例题。但是，对于复杂的电路，手工解方程组的方法就很烦琐。

一种更好的方法是将方程组用矩阵的形式表示，并且用矩阵代数的方法求解。例如，在例 3.8 中，有下面的方程组：

$$50-160I_1+20I_2+30I_3=0$$
$$20I_1-210I_2+10I_3=0$$
$$30I_1+10I_2-190I_3=0$$

可将此整理成下面的形式：

$$160I_1-20I_2-30I_3=50$$
$$20I_1-210I_2+10I_3=0$$
$$30I_1+10I_2-190I_3=0$$

用矩阵形式表示如下：

$$\begin{bmatrix}160 & -20 & -30\\ 20 & -210 & 10\\ 30 & 10 & -190\end{bmatrix}\begin{bmatrix}I_1\\ I_2\\ I_3\end{bmatrix}=\begin{bmatrix}50\\ 0\\ 0\end{bmatrix}$$

这个矩阵可以用克莱默法则或者其他矩阵代数方法进行求解。或者，也可以用自动化工具求解。当方程的数量较少时，可用很多科学计算器求解。当联立方程组的方程个数很多时，将其表示为矩阵形式，就可以用如 MATLAB 或者 Mathcad 的计算机程序包求解。

3.13 方法的选择

在本章中，我们学习了几种分析电路的方法。存在一个问题，对一个给定的题目，究竟该选用哪一种方法来分析。遗憾的是，对选择哪种分析方法并没有简单的法则。通常要根据具体的电路形式以及哪一种方法更适用来选择。像节点分析法和回路分析法，在很多情况下都适用，但并不是在每种情况下都是最简单的方法。对于给定情况下的方法选择问题，可以参考“进一步学习”。

在一些给定的电路中，某种方法会比其他方法更易于使用。并且随着所做练习题数量的增加，读者可以提高选择最简单方法的能力。简单电路的分析通常是简单明了，而复杂电路的分析可能会耗费很多时间。在这种情况下，我们通常会用基于计算机的网络分析工具。基于计算机的网络分析工具通常采用节点分析法，可以分析非常复杂的电路。当然，在很多情况下，本章阐述的手工分析方法已经完全够用了。

进一步学习

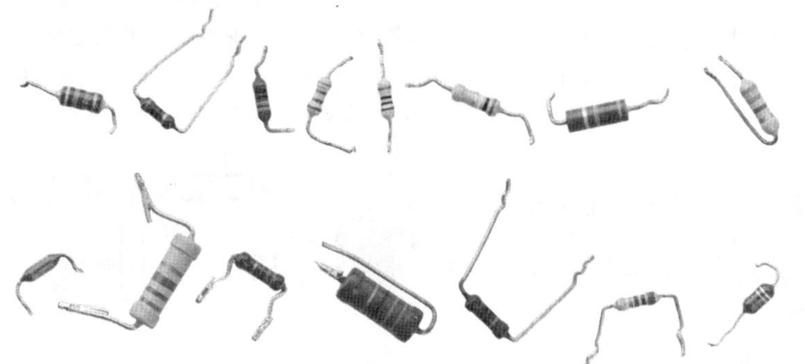

视频 3D

考虑下图所示的电路可以用多少种分析方法来分析。

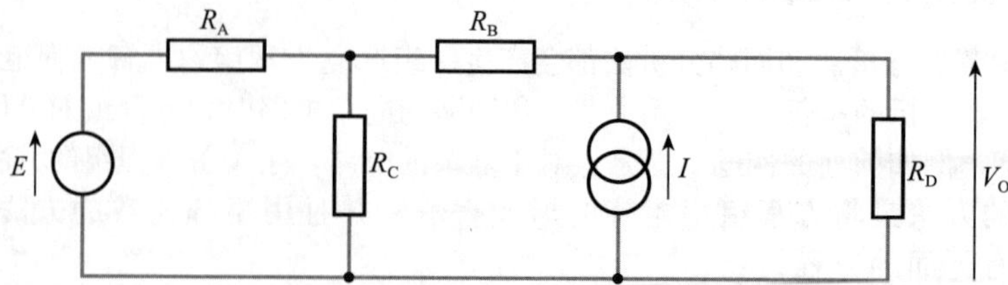

该电路可以使用之前阐述的节点分析法和回路分析法加以分析。或者，每个电源的作用可以根据叠加原理独立进行分析(用欧姆定律)。另外的方法是使用戴维南定理和诺顿定理简化电路。研究这些方法并且确定哪种方法最简单。

关键点

- 电流是电荷的流动。
- 电压源会产生电动势，它可以使电流在电路中流动。理想电压源的输出电阻为零。但是，所有实际电压源都有内阻。
- 理想电流源不管接什么样的负载都输出恒定的电流。理想电流源具有无穷大的输出电阻。
- 电阻上的电流与电压成正比(即欧姆定律)。电压除以电流可以得到电阻值。
- 多个电阻串联的电阻值等于串联电阻之和。
- 多个电阻并联的电阻值的倒数等于各电阻的倒数之和。
- 任意时刻，电路中流入任意节点的电流和为零(基尔霍夫电流定律)。
- 任意时刻，电路中任意回路的电压和为零(基尔霍夫电压定律)。
- 由电阻和电源组成的双端口网络都可以用一个电压源和一个电阻的串联代替(戴维南定理)。
- 由电阻和电源组成的双端口网络都可以用一个电流源和一个电阻的并联代替(诺顿定理)。
- 在包含多个电源的线性网络中，其电压或电流等于每个电源单独作用时在该处产生的电压或者电流之和(叠加原理)。
- 节点电压分析法和回路电流分析法会产生一个方程组，解方程组可以求出电路中的电压和电流。
- 对于特定的电路，多种电路分析法都可以使用。分析方法的选择基于电路性质。

习题

3.1 写出电流与电荷的关系式。

3.2 一个 5A 的电流经过 10s 可以传输多少电荷?

3.3 理想电压源的内阻是多大?

3.4 受控电压源的含义是什么?

3.5 理想电流源的内阻是多大?

3.6 求出下面电路中的各电压 V，注意每个电路中电压的极性。

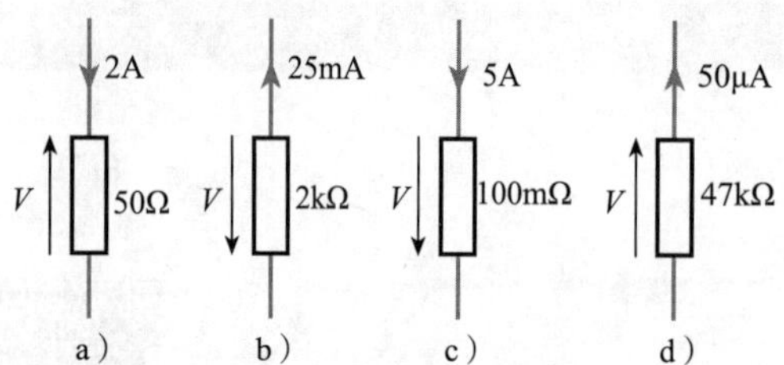

3.7 习题 3.6 的电路中，电阻的功耗分别是多少?

3.8 估算一根截面积为 $1mm^2$，长度为 1m 的铜线在 0℃时的电阻。

3.9 求出下面电路的电阻值。

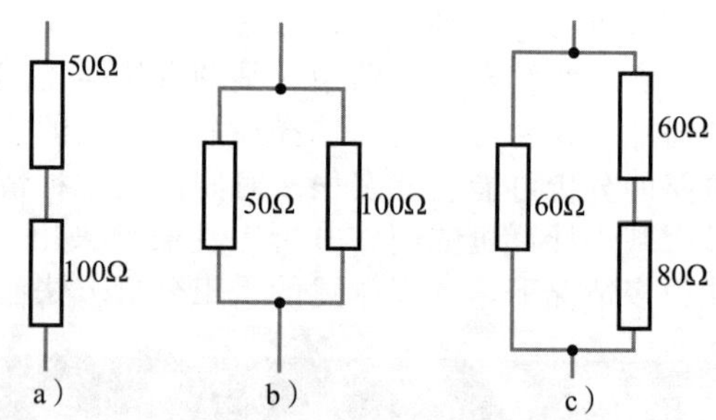

3.10 求出并联电阻 10kΩ//10kΩ 的值。

3.11 给出节点、回路和网孔的定义。

3.12 导出下面电路的戴维南等效电路和诺顿等效电路。

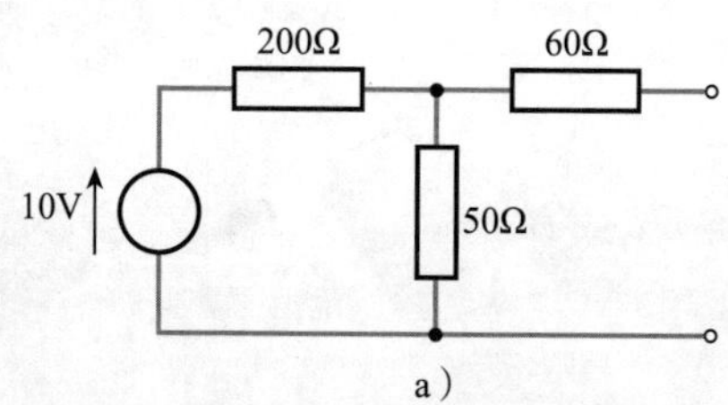

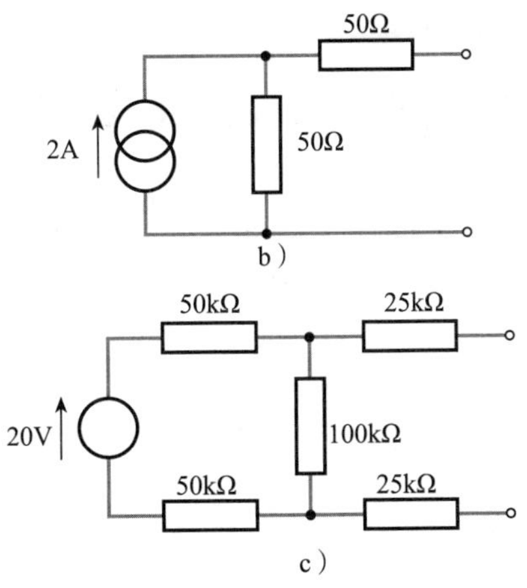

3.13　一个双端口网络采用以下方式进行分析：网络连接不同的负载，并测量其输出电压。当输出端连接一个 12Ω 的电阻时，输出电压为 16V。当输出端连接一个 48Ω 的电阻时，输出电压为 32V。采用画图法求出网络的戴维南等效电路和诺顿等效电路。

3.14　采用非图形的方法重做习题 3.13。

3.15　用叠加原理求出下面电路中的电压 V。

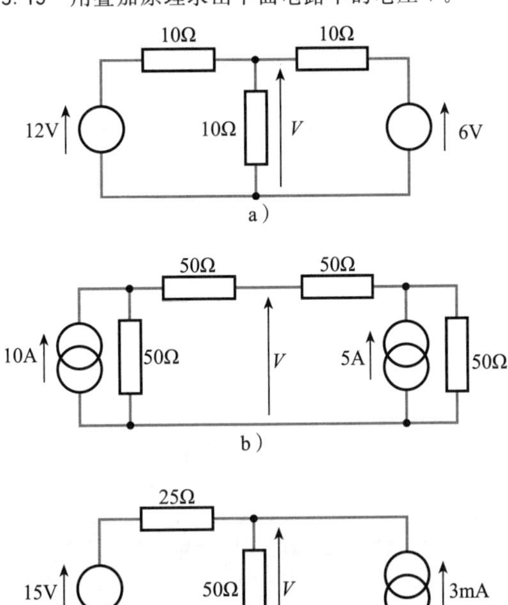

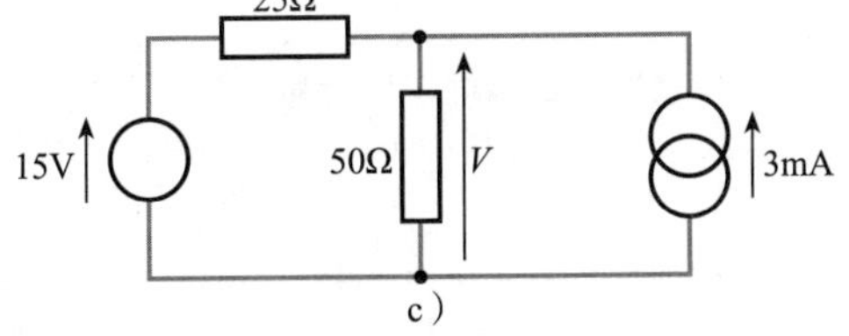

3.16　用节点分析法求出下面电路中的电压 V。

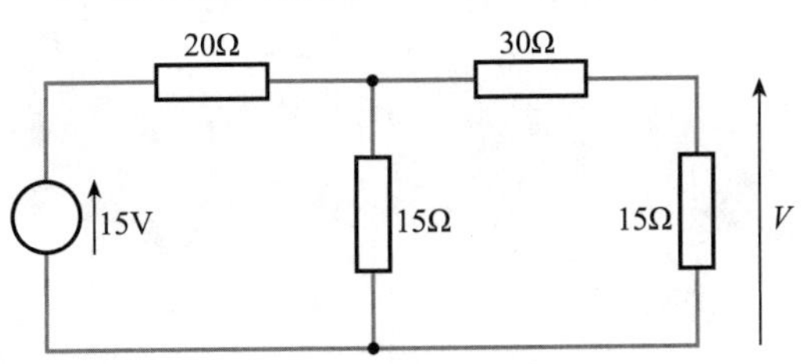

3.17　对习题 3.16 中的电路进行仿真，并据此证实题解是正确的。

3.18　用节点分析法求出下面电路中的电流 I_1。

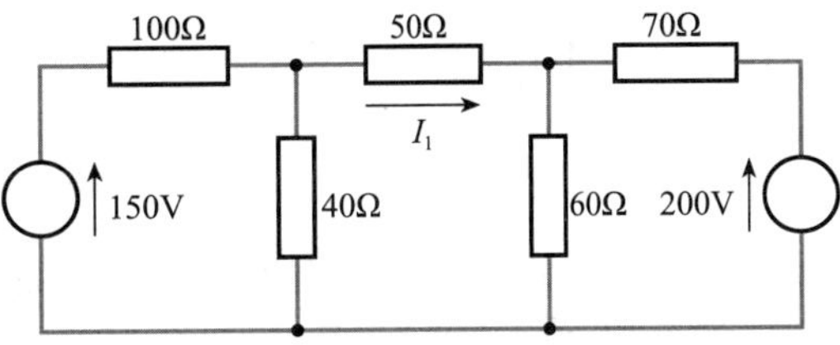

3.19　对习题 3.18 中的电路进行仿真，并证实题解是正确的。

3.20　用节点分析法求出下面电路中的电流 I_1。

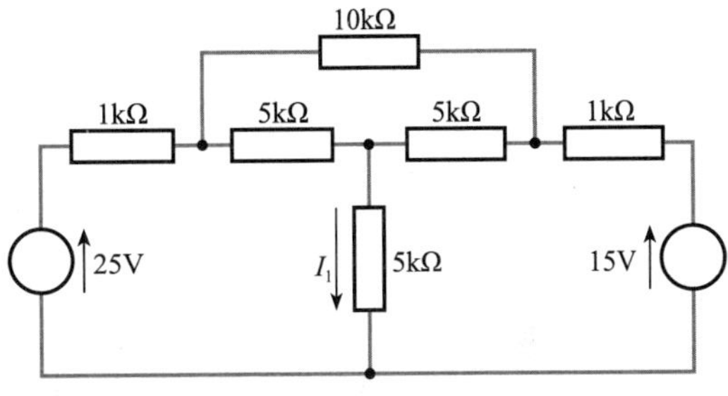

3.21　对习题 3.20 中的电路进行仿真，并证实题解是正确的。

3.22　用回路分析法求出下面电路中的电压 V。

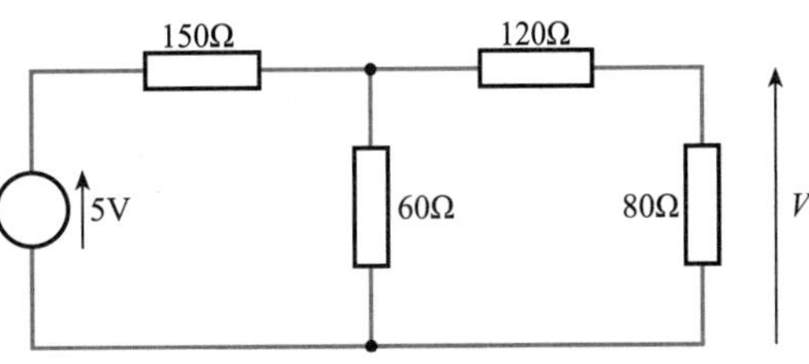

3.23　对习题 3.22 中的电路进行仿真，并证实题解是正确的。

3.24　用网孔分析法求出下面电路中的电压 V。

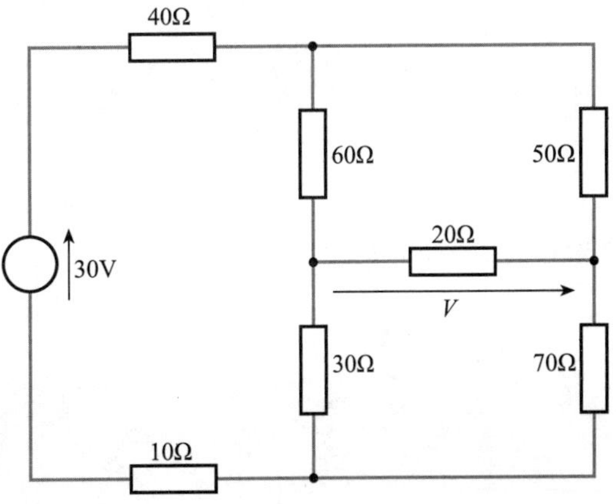

3.25　对习题 3.24 中的电路进行仿真，并证实题解是正确的。

3.26　用网孔分析法求出下面电路中的电流 I。

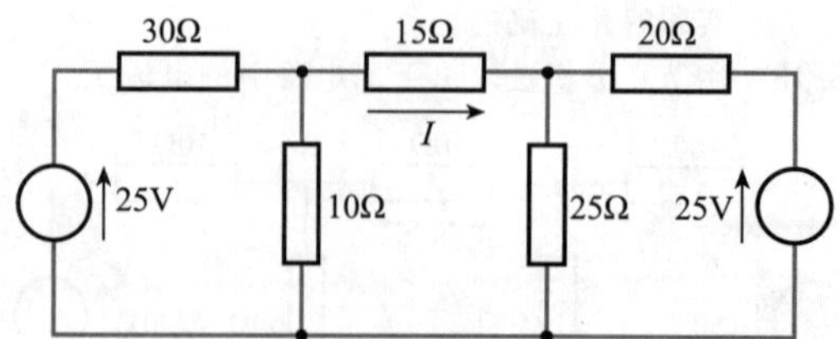

3.27　对习题 3.26 中的电路进行仿真，并证实题解是正确的。

3.28　用一种恰当的分析方法求出下面电路中的电压 V_0。

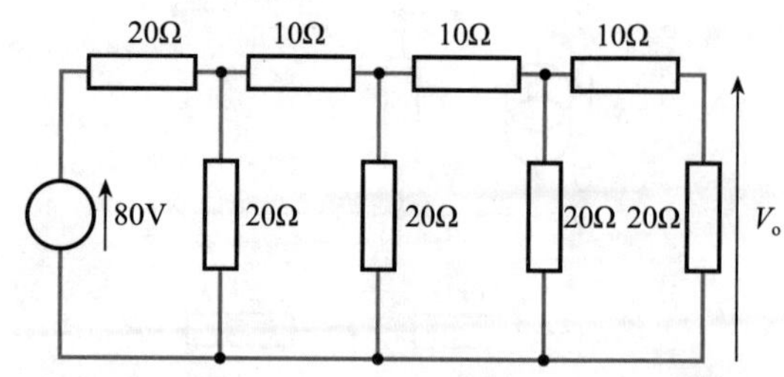

3.29　对习题 3.28 中的电路进行仿真，并证实题解是正确的。

第4章 电容和电场

目标

学习完本章内容以后，应具备以下能力：

- 描述电容器的构造和形状
- 解释电容器储存电荷的机理以及电荷、电压、电流和电容之间的关系
- 了解绝对电容率和相对电容率，并根据元件的尺寸用它们计算电容值
- 解释电场强度和电通密度的概念，并且计算其大小
- 求出多个电容器并联或者多个电容器串联的等效电容值
- 对于作用于电容器上的直流信号或交流信号，描述其电压和电流之间的关系
- 计算充电电容器所储存的能量

4.1 引言

电流代表着电荷的流动(见第 3 章)。电容是一种可以储存电荷因此也就能储存能量的元件。电容器经常与交流电流和电压相关联，在几乎所有电路中电容器都是关键的元件。

4.2 电容器和电容

电容器由绝缘层隔开的两个导体表面所组成，绝缘层称为电介质。图 4.1a 所示为一个简单的电容器，由均匀电介质层隔开的两个矩形金属薄片构成。两个导体层之间的间隙可以由空气(是一种良好的绝缘体)或者其他绝缘材料填充。有些电容器的导体层是金属薄片，而且其电介质是可以弯曲的，这样就可以把电容器卷成圆柱形状，如图 4.1b 所示。在集成电路中，电容器可以通过如下方式实现：在导电的半导体层上覆盖绝缘层，在绝缘层上再沉淀一层金属，如图 4.1c 所示。构造电容器的方法很多，但是每一种电容器的基本工作情况都是一样的。

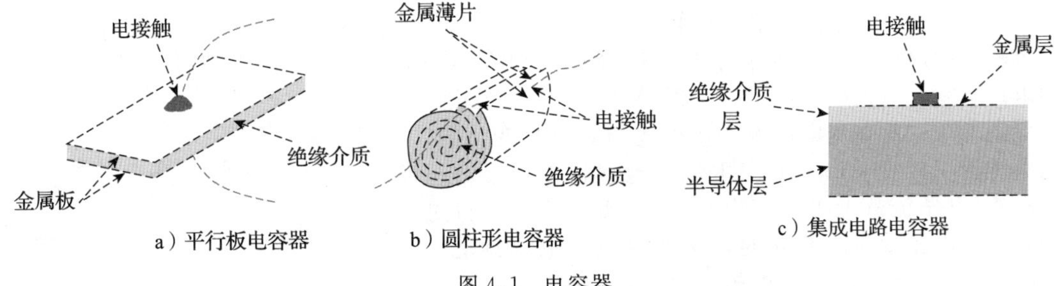

图 4.1　电容器

为了说明电容器的工作，可观察图 4.2a 中的电路。电路由电池、电阻器、开关和电容器串联构成。当开关断开时，电路中没有电流。而当开关闭合时(见图 4.2b)，电池产生的电动势会驱动电流在电路中流动。从电池负极流出的电子会流入电容器的下极板，同时上极板上的电子会被排斥走，上极板上会留下正电荷(亏空了等量负电荷的电子)。两个过程共同作用的结果就是电子流入电容器的下极板，从电容器的上极板流出。需要注意的是这与电流方向是相反的。

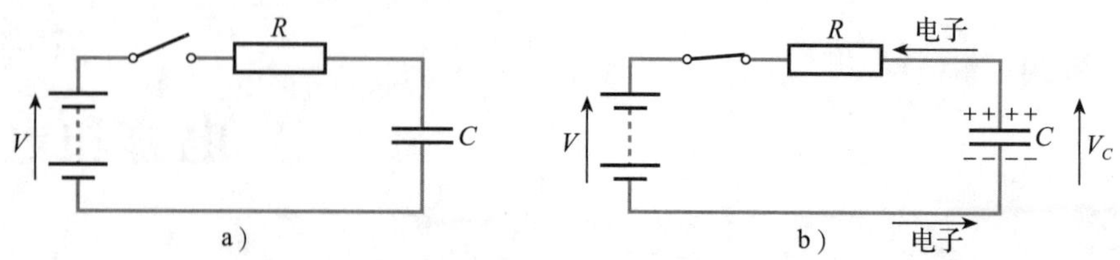

图 4.2　一个简单的电容器电路

既然电子从电容器的一个电极流入，从另外一个电极流出，就如同电流流过电容器一样，但这是一种假象。在电容器两层极板之间的电介质是绝缘体，电子是不可能穿越这层障碍的。需要注意的是，电流不能无限期地持续。由于电路中的电流在电容器的一个电极上充上越来越多的正电荷，在电容器另外一个电极上充上越来越多的负电荷。这会导致两层极板之间产生电场。相对于电池的电动势，就会在电容上产生电势差 V_C。最后当电容上的电压等于电池电压时，电流降到 0。

在上述描述中，电容器储存电荷，并因此储存电能。如果开关断开，电路的电荷就没有路径可以流动，电容器上会保持其已经充电得到的电压 V_C。如果将一个电阻连接到充上电的电容器，则储存的能量会驱动电流流过电阻，放电并释放储存的能量。因此，电容器有一点像“可充电电池”，但储存电能的机理是完全不同的，并且电容器储存的能量通常都非常小。

对于给定的电容器，电容器上所充电荷量 Q 和电容器上的电压 V 成正比。这两个量的关系由电容 C 的公式确定，即

$$C = \frac{Q}{V} \tag{4.1}$$

如果电荷的单位为库仑，电压的单位为伏特，则电容的单位为法拉。

例 4.1　一个 10μF 的电容器上电压为 10V，则电容器上储存的电荷量是多少？

解： 根据式(4.1)，有

$$C = \frac{Q}{V}$$

$$Q = CV = 10^{-5} \times 10 = 100(\mu\text{C})$$

这里，C 是库仑的单位符号，而 C 是电容物理量的符号。◀

4.3　电容器和交流电压与交流电流

根据上面的讨论可以清楚地知道，恒流电流(即直流电)不能流过电容器。然而，因为电容器上的电压正比于其所充电荷量，所以变化的电压对应着变化的电荷量。因此，变化的电压必须与流入或者流出电容器的电流相一致。这可用图 4.3 进行说明。

图 4.3 中的交流电压源产生的电压是一直变化的。当电压值正向变化时，会产生流向电容器上极板的正向电流(电子流从上极板流出)，使该极板极性变得更加正。当电压值负向变化时，会产生流出电容器上极板的电流(电子流流入上极板)，使该极板极性变得更加负。因此，交流电压会在整个电路内产生交流电流。

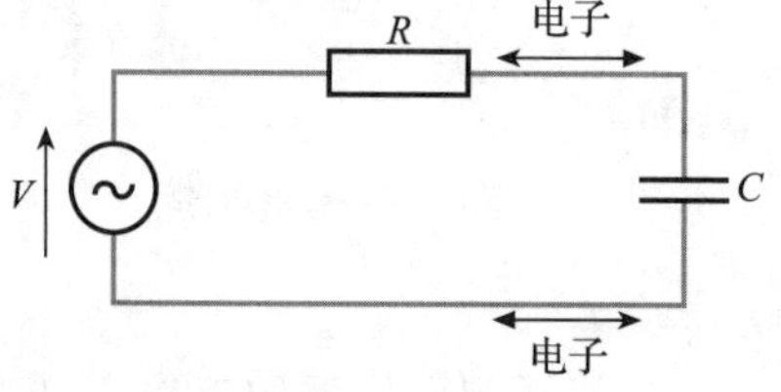

图 4.3　电容和交流电压

重要的是记住这一点，观测的电流不代表电子从电容的一个极板流到另外一个极板——隔离层是绝缘体。但是，电路的行为就好像一个交流电流流过电容器一样。可以用机械类比的方法理解这种悖论，如图 4.4 所示。

图 4.4a 通过安装在窗框内的一扇玻璃窗来说明这一点。其中，玻璃一边的压力要大于另外一边，导致玻璃产生了弯曲。空气通过这种方式对玻璃进行作用，同时能量也被储

存在玻璃之中(也许在春天，对玻璃就会有拉力的作用)。图 4.4b 给出了一个类似的例子，不过气压的情况跟前面相反，玻璃再次发生弯曲并储存了机械能。图 4.4c 中，玻璃两边的平均压力是相等的，但是声波会从玻璃一侧进行撞击。声波代表气压的波动，并且会导致玻璃发生反复向前和向后的振动，进而会导致在玻璃另外一侧产生声波。玻璃上的恒定压力差并不会使空气穿过玻璃。然而，即使没有空气从玻璃窗的一侧穿过到另一侧，交替的压力差(声音)依然可以从玻璃的一侧传递到另外一侧。

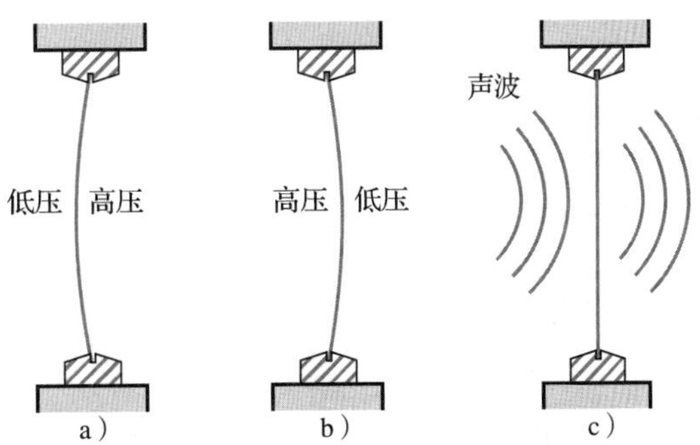

图 4.4　电容器的机械相似性——一扇窗户

虽然窗户和电容器不完全相似，但依然很好地说明了电容器能够阻碍直流电，但是看起来可以通过交流电流。需要注意的是，正如传过玻璃的声音会发生减弱一样，电容器也会阻碍电流的通过。在窗户的例子中，声音减弱的情况取决于窗户的尺寸和声音的属性(频率范围)。相似地，电流传过电容器的效果依赖于电容器的尺寸(电容值)以及信号的频率。后面在学习交流电压和电流的时候(见第 6 章)，将会回过头来更详细地讨论这一现象。

4.4　电容器的尺寸对电容值的影响

电容器的电容值直接和导体层的面积 A 成正比，和两个导体层之间的距离 d 成反比。因此，$C\propto A/d$。该公式的比例常数为所使用电介质的电容率 ε。电容率通常表示为绝对电容率 ε_0 和相对电容率 ε_r 的乘积：

$$C=\frac{\varepsilon A}{d}=\frac{\varepsilon_0\varepsilon_r A}{d} \tag{4.2}$$

ε_0 也表示真空电容率，其数值为 8.85pF/m。ε_r 表示材料的电容率相对于真空电容率的比值。空气的 ε_r 非常接近于 1，而绝缘体的 ε_r 从大约 2 一直到 1000 或者更高。虽然电容器可以用空气作为电介质材料来制造，但更多小型化的电容元件则用相对电容率更高的材料生产。

例 4.2　一个电容器的导体层为 10mm×25mm，间距为 7μm。如果电介质的相对电容率是 100，该元件的电容值为多少？

解： 根据式(4.2)，有

$$C=\frac{\varepsilon_0\varepsilon_r A}{d}=\frac{8.85\times10^{-12}\times100\times10\times10^{-3}\times25\times10^{-3}}{7\times10^{-6}}=31.6(\text{nF})$$

要注意的是，如果采用空气作为电介质，要获得同样大小的电容值，就需要元件的尺寸达到 100mm×250mm(假设间距相同)。◀

不仅电容器的两个极板之间存在电容，任意被绝缘体隔开的两个导体之间均存在电容。因此，电路中的每一个导体之间(比如，每根导线之间)和电子元器件的各部分之间均存在很小的电容。这些并非有意使用的小电容称为寄生电容。寄生电容可能会对电路的行为产生很大的影响。这些寄生电容器需要充电和放电，限制了电路的工作速度，而这对高速电路和使用小信号电流的电路是一个特别严重的问题。

4.5　电场强度和电通量密度

极性相同的电荷是互相排斥的，极性相反的电荷是互相吸引的。当一个带电粒子在区域中因为带电而受到力的作用时，我们就知道该区域存在电场。作用在带电粒子上力的大小取决于粒子所处的电场强度。当两点之间距离为 d，电压为 V 时，电场强度由下式确定：

$$E = \frac{V}{d} \tag{4.3}$$

其单位名称为伏[特]每米(V/m)。

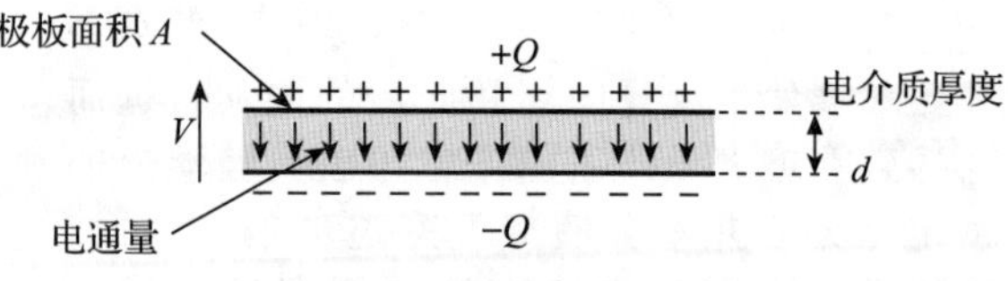

图 4.5　充电的电容器

储存在电容器中的电荷在电容器两极板之间产生了电势差，并且在电介质中建立了电场。用图 4.5 进行说明，图中电容器的两个极板面积均为 A，被一层厚度为 d 的电介质隔开。电容器上电量为 Q，电势差为 V。根据式(4.3)，我们知道电介质材料中的电场强度为 V/d(伏/米)。

例 4.3 电容器的导体层之间的间隔为 10μm。如果电容器的电势差为 100V，则电介质中的电场强度是多少？

解：根据式(4.3)可得：

$$E=\frac{V}{d}=\frac{100}{10^{-5}}=10^7(\text{V/m})$$ ◀

所有的绝缘材料都有其所能承受的最大电场强度，超过了最大电场强度，绝缘材料就可能被击穿。这称为绝缘强度 E_m。因此，所有电容器都有最大工作电压，取决于所使用的电介质材料的类型和厚度。根据式(4.2)，很明显，在给定电容器极板尺寸的情况下，要得到最大的电容值，就应该使电介质尽可能薄。式(4.3)表明，如果这样做，就必须增加绝缘材料承受电场的能力。在实践中，我们需要在物理尺寸和击穿电压之间折中。

正负电荷之间的作用常用电通量来描述。电通量的单位和电荷单位一样(库仑)，因此 Q 库仑的电荷总共会产生 Q 库仑的电通量。我们还定义了电通密度 D，在与电通量方向垂直的单位面积上流过的电通量就等于电通密度。在电容器中，极板的尺寸远大于极板间的距离，所以“边缘效应”可以忽略，并且可以假设所有的由储存电荷产生的电通量全部穿过电介质区域。回到图 4.5，我们看到电通量 Q 穿过的面积为 A，所以电通量密度为

$$D = \frac{Q}{A} \tag{4.4}$$

例 4.4 电容器的导电极板面积为 200mm²。如果电容器上的电荷为 15μC，那么电介质中的电通量密度是多少？

解：根据式(4.4)可得：

$$D=\frac{Q}{A}=\frac{15\times10^{-6}}{200\times10^{-6}}=75(\text{mC/m}^2)$$ ◀

由式(4.1)～式(4.4)，很容易得到：

$$\varepsilon = \frac{D}{E} \tag{4.5}$$

视频 4A

由此，电容器中电介质的电容率等于电通量密度除以电场强度。

4.6　电容串联与并联

前面已经研究过电阻串联和并联(见第 3 章)，可以用同样的方法处理电容的串联和并联。先从并联开始。

4.6.1　电容并联

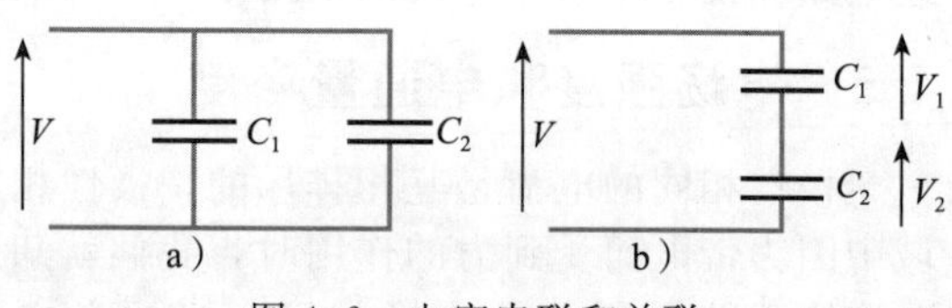

图 4.6　电容串联和并联

将电压 V 加在并联的电容 C_1 和 C_2 上，如图 4.6a 所示。如果两个电容上的电荷为 Q_1 和 Q_2，则

$$Q_1 = VC_1 \quad \text{和} \quad Q_2 = VC_2$$

如果这两个电容用一个电容 C 替代，该电容和并联的电容具有相同的电容值，显然，储存在电容 C 上的电荷为 Q_1+Q_2。因此储存于 C 上的电荷

$$Q = Q_1 + Q_2$$

$$VC = VC_1 + VC_2 \quad C = C_1 + C_2$$

因此，两个电容并联的等效电容等于两个电容之和。这一结果可以推广到任意个电容并联，通常，N 个电容并联可得

$$C = C_1 + C_2 + \cdots + C_N \tag{4.6}$$

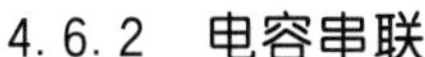

例 4.5　右图两个电容器并联的等效电容是多少？

解：根据式(4.6)可得：

$$C = C_1 + C_2 = 10 + 25 = 35(\mu\text{F})$$

4.6.2　电容串联

将电压 V 加在串联的电容 C_1 和 C_2 上，如图 4.6b 所示。在串联组合中，传输到 C_1 下极板的电荷只能来自于 C_2 的上极板，因此每个电容上的电荷必然相等。每个电容上的电荷用 Q 表示。

如果用电容 C 表示串联的两个电容，则该电容 C 和串联的电容具有相同的容量。那么显然，储存在电容 C 上的电荷必须等于 Q。由图 4.6b 可以看出总电压 V 等于 V_1+V_2，因此

$$V = V_1 + V_2$$

$$\frac{Q}{C} = \frac{Q}{C_1} + \frac{Q}{C_2}$$

$$\frac{1}{C} = \frac{1}{C_1} + \frac{1}{C_2}$$

两个电容串联的等效电容的倒数等于两个电容的倒数之和。这一结果可以推广到任意个电容串联，通常，N 个电容串联可得：

$$\frac{1}{C} = \frac{1}{C_1} + \frac{1}{C_2} + \cdots + \frac{1}{C_N} \tag{4.7}$$

例 4.6　右图两个电容串联的等效电容是多少？

解：根据式(4.7)可得：

$$\frac{1}{C} = \frac{1}{C_1} + \frac{1}{C_2} = \frac{1}{10} + \frac{1}{25} = \frac{35}{250}(\mu\text{F})$$

$$C = 7.14(\mu\text{F})$$

4.7　电容上的电压和电流之间的关系

虽然电阻上的电压与流过电阻的电流成正比，但是电容却不同。根据式(4.1)，电容上的电压直接与电容上电荷相关，并且我们也知道(式(3.2))电容上的电荷来自于电流对时间的积分。因此，电容上的电压 V 可以由下式给出：

$$V = \frac{Q}{C} = \frac{1}{C}\int I\text{d}t \tag{4.8}$$

由此可以得出结论：电容上的电压不能瞬时改变，因为瞬时改变需要无限大的电流。电压变化的速率取决于电流的幅度。因此，电容有维持其电压稳定的倾向。

研究电容上的电压与电流关系的另一种方法是将流入电容的电流视为电压的函数。对基本公式 $Q=CV$ 进行微分，可得：

$$\frac{\text{d}Q}{\text{d}t} = C\frac{\text{d}V}{\text{d}t}$$

由于 dQ/dt 等于电流，可得：

$$I = C\frac{dV}{dt} \tag{4.9}$$

为了进一步研究其关系，考虑图 4.7a 中的电路。如果电容首先放电，则其电压将变成零(因为 $V=Q/C$)。现在将开关闭合(在 $t=0$ 时)，则电容上的电压不能突变，所以初始电压 $V_C=0$。对回路应用基尔霍夫电压定律，显然 $V=V_R+V_C$，并且如果初始电压 $V_C=0$，则全部电压 V 会加在电阻上。因此 $V_R=V$，电路的初始电流为 $I=V/R$。

由于流入电容的电流对电容不断进行充电，并且使电压 V_C 增加。这就减少了电阻上的电压，进而减少了电流。因此，随着电容上电压的不断增加，充电电流不断减小。结果就是：充电电流的初始值为 V/R，然后随着时间按照指数规律不断减小；而电容上的电压从零开始随着时间不断上升。最后，电容上的电压等于电源电压，而充电电流变得可忽略不计。如图 4.7b 和 4.7c 所示。

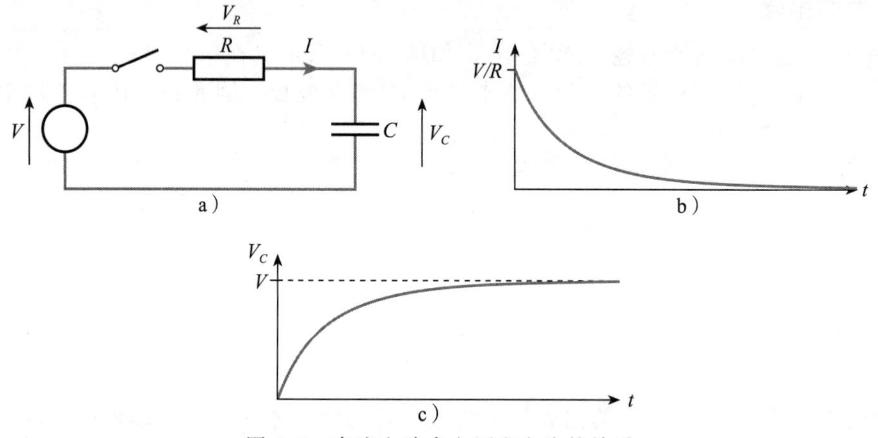

图 4.7　直流电路中电压和电流的关系

计算机仿真练习 4.1

对图 4.7a 中的电路进行仿真，电路所取参数为 $V=1\text{V}$，$R=1\text{k}\Omega$ 和 $C=200\mu\text{F}$，电路中的开关在 $t=0$ 时闭合，而第二个开关(没有在图 4.7a 中显示)在 $t=0$ 时断开。第二个开关直接连接在电容 C 两端以保证电容初始为放电状态。使用瞬态仿真的方法研究开关切换以后第一秒内的电路行为。分别绘制 V_C 和 I 相对于时间的曲线，并且证明电路的行为与预期一致。尝试使用不同的电路元件参数进行仿真，并且注意其对电压和电流曲线的影响。

根据上述内容，很容易看出充电电流由电阻 R 和电阻上的电压决定。因此，增加电阻 R 将会增加对电容的充电时间，而减少电阻 R 则会加速充电过程。同样很明显的是，增加电容 C 会增加对其充电的时间(因为在固定的充电电流下，电容上的电压与电容值成反比)。因此对电容充电到预定电压所需要的时间随着电容值 C 和电阻值 R 的增加而增长。这引出了电路的时间常数概念，时间常数等于 CR，用符号 T 表示(大写的希腊字母 tau)。可以看出图 4.7a 中的电路充电速率取决于时间常数，而不是单个 C 和 R 的数值。我们会在后面的章节中继续讨论时间常数的作用。

计算机仿真练习 4.2

重复计算机仿真练习 4.1，注意取不同元件参数时所产生的影响。可以从取前一练习相同的数值开始，改变 C 和 R 的数值，但保持其乘积不变，然后分别绘制 V_C 和 I 相对于时间的关系曲线，并且确定其特性没有改变。因此证明其特性由时间常数 CR 决定，而不是由单个 C 和 R 的数值决定。

4.8　正弦电压和正弦电流

到目前为止，我们所探讨的是包含电容的直流电路中电压和电流的关系，但在正弦信号的电路中，电压和电流的关系同样很重要。

在图 4.8a 的电路中，交流电压加在电容上。图 4.8b 给出了加在电容上的正弦电压信号的波形，同样可以给出电容上的电荷和电流。根据式(4.9)，我们知道电容上的电流由 $C(\mathrm{d}V/\mathrm{d}t)$给出，因此电流正比于电压对时间的微分。由于正弦波的微分是余弦波，因此可以得到图 4.8c 所示的电流波形。电流波形相对于电压波形有 90°(或者 $\pi/2$ 弧度)的相移。显然，电流波形超前于电压波形。这是电容的重要特性，后面会继续讨论该关系的数学式(见第 6 章)。

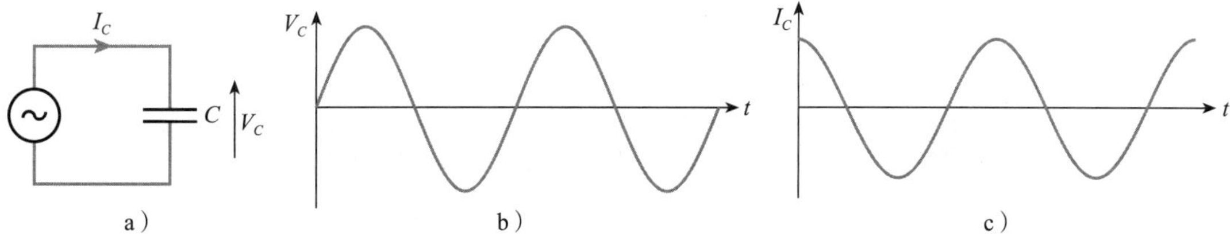

图 4.8　电容和交流量

计算机仿真练习 4.3

对图 4.8a 的电路采用任意电容值进行仿真。将一个幅值为 1V、频率为 1Hz 的正弦电压源加在电容上进行瞬态分析，并且显示出电容上的电压和电流几秒时间。注意两个波形之间的相位关系，并且证明电流超前电压波形 90°(或者 $\pi/2$ 弧度)。注意观察取不同的电容值和不同信号频率后会有什么效果。

电容上的电流由 $C(\mathrm{d}V/\mathrm{d}t)$给出，还有另一个含义就是电流的值由电压的充电速率决定。对于正弦波来说，充电速率与其频率有关。这种频率相关性会在后面章节进行详细研究(见第 6 章)。

4.9　充电电容器中储存的能量

我们之前注意到电容可以储存能量，现在对其储存的能量进行量化研究。电势差为 V 时，移动电荷 Q 所需要的能量为 QV。随着对电容的不断充电，可以认为在电容上不断地增加微量电荷 ΔQ 的过程，就是不断地移动微量电荷 ΔQ 穿过电容上所加电势场 V 的过程。所需的能量显然等于 $V\times\Delta Q$。由于 $Q=CV$，所以 ΔQ 就等于 $C\Delta V$(因为 C 是常数)，并且增加电荷 ΔQ 所需要的能量为 $V\times C\Delta V$，或者，重新写为 $CV\Delta V$。对一个不带电的电容充电到电压为 V 时所需要的能量为

$$E=\int_0^V CV\mathrm{d}V=\frac{1}{2}CV^2 \tag{4.10}$$

由于 $V=Q/C$，该能量也可以写为

$$E=\frac{1}{2}CV^2=\frac{1}{2}C\left(\frac{Q}{C}\right)^2=\frac{1}{2}\frac{Q^2}{C}$$

因此，充电电容器所储存的能量为 $CV^2/2$ 或者 $Q^2/2C$。能量的单位为焦耳(J)。

例 4.7 将一个 10μF 的电容器充电至 100V，计算其储存的能量。

解：根据式(4.10)可得：

$$E=\frac{1}{2}CV^2=\frac{1}{2}\times10^{-5}\times100^2=50(\mathrm{mJ})$$ ◀

4.10　电路符号

尽管我们用单一的符号表示电容器，但是有时候也会用其他的符号来区分不同类型的元件。图 4.9 所示为一些常用的符号。图 4.9a 所示为固定电容器的标准符号，图 4.9b 所示为可变电容器的符号。有些器件，如电解电容器，则采用使用方法表明该器件只能在单极性的电压下使用。在这种情况下，元件符号需要加以修改，标明该器件应该如何连接。

具体可以通过增加符号“+”的方法实现，如图 4.9c 所示，或者使用 4.9d 所示的修改过的符号来表示。在最后一个图中，器件的上端为正极。

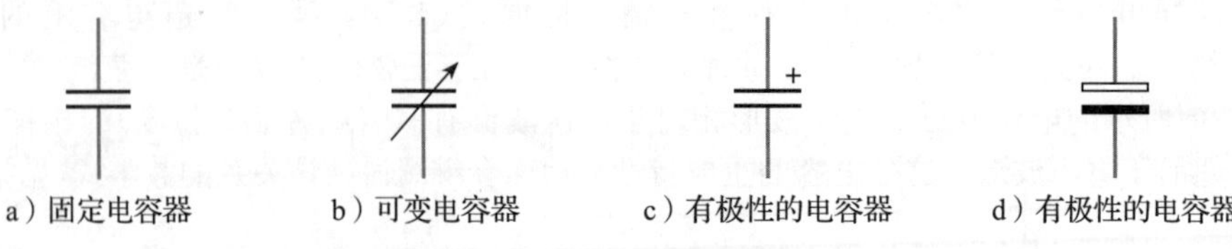

图 4.9　电容器的电路符号

进一步学习

下图中的电路由两个充电电容器和开关组成。一个电容器的容量为 100μF 并且初始电压为 50V。另外一个电容器的容量为 50μF 并且已充电到 100V。计算每一个电容器上的电荷和所储存的能量。

视频 4B

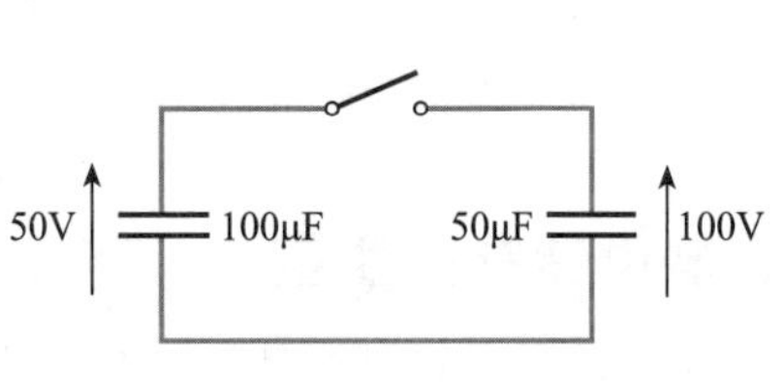

现在将电路中的开关闭合，使两个电容器并联。求出并联电容器上的电荷以及每一个电容器上的电压。储存在并联电容器中的能量是多少？

关键点

- 电容器由绝缘层隔开的两个导体极板组成。
- 沿着电路流动的电子会使电容器的一个极板带上正电荷，而另外一个极板带上等量的负电荷，使电容器两个极板之间产生电场。
- 电容器上储存的电荷正比于电容器上的电压。

$$Q = CV \text{ 或者 } C = \frac{Q}{V}$$

- 电容器不能通过直流电流，但是可以“通过”交流电流。
- 平行板电容器的电容正比于电容器极板面积，反比于极板之间距离，其比例常数为电介质的电容率。

$$C = \frac{\varepsilon A}{d} = \frac{\varepsilon_0 \varepsilon_r A}{d}$$

- 电容器极板上的电荷产生电场。电场强度由 $E = V/d$ 确定。
- 电容器上储存的电荷在电介质内产生电通量。电通量密度为 $D = Q/A$。
- 多个电容器并联的等效电容值为每个电容值之和。
- 多个电容器串联的等效电容值的倒数为每个电容值倒数之和。
- 电容上的电压由下式给出

$$V = \frac{1}{C}\int I\mathrm{d}t$$

- 电容上的电流由下式给出

$$I = C\frac{\mathrm{d}V}{\mathrm{d}t}$$

- 通过电阻对电容进行充电，充电速率由时间常数 CR 决定。
- 当电容上为正弦信号时，电流超前电压 90°（$\pi/2$ 弧度）。
- 电容器所能储存的能量为 $CV^2/2$ 或者 $Q^2/2C$。

习题

4.1　解释电介质的含义。

4.2　如果电容器上的负电荷由电子表示，那正电荷由什么构成？

4.3　电容器的两个极板之间绝缘，为什么在有些情况下表现出可以通过电流？

4.4　为什么电容器极板上有电荷就表明其储存了能量？

4.5　电容器上的电压与电容器储存的电荷之间的关系是什么？

4.6　一个 22μF 的电容器储存了 1mC 的电荷，那么电容器两个极板之间的电压是多大？

4.7　一个电容器上的电压为 25V，储存了 500μC 的电荷，其电容值为多大？

4.8　为什么电容器能隔断直流信号，却表现出可以通过交流信号？

4.9　平行板电容器的电容值与其尺寸之间的关系是什么？

4.10　电容器的导电极板面积为 5mm×15mm，极板间距为 10μm。如果两个极板之间为空气，其电容值是多少？

4.11　将习题 4.10 中电容器的极板之间填充相对电容率为 200 的电介质，电容值为多少？

4.12　解释寄生电容的含义，为什么寄生电容有时候会影响电路工作？

4.13　解释电场和电场强度的含义。

4.14　电容器极板之间电压为 250V，极板间距为 15μm。电介质中的电场强度是多少？

4.15　什么是绝缘强度？

4.16　解释电通量和电通量密度的含义。

4.17　电容器的极板面积为 15mm×35mm，储存了 35μC 的电荷。计算电介质中的电通量密度。

4.18　求出下列各个电路的等效电容。

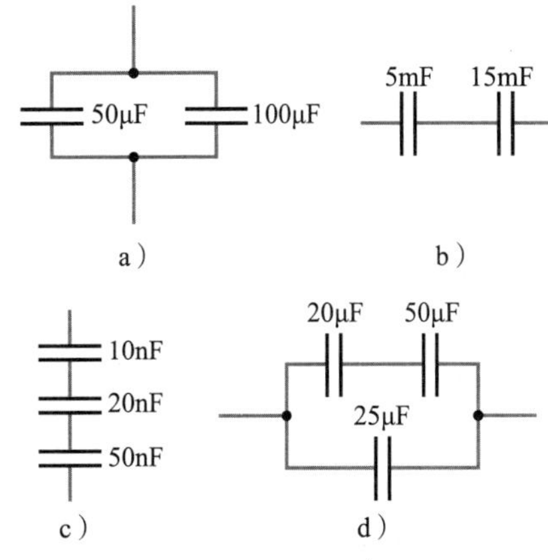

4.19　电容器上电压和电流的关系如何？

4.20　用参数为 $V=5\text{V}$，$R=100\text{k}\Omega$ 和 $C=1\mu\text{F}$ 来重复计算机仿真练习 4.1。绘制电容器上电压相对于时间的曲线，并估算电压达到 2.5V 所需要的时间。

4.21　解释时间常数的含义。习题 4.20 中电路的时间常数是多少？

4.22　将习题 4.20 中电路里 R 的参数改为 10kΩ，那么 C 应该取什么值才能保持电压达到 2.5V 所需要的时间不变。

4.23　对习题 4.22 中的电路用计算机进行仿真，并证明你的题解是正确的。

4.24　如果电容器上的电压是正弦信号，描述电容器上电压和电流的关系。

4.25　描述充电电容器内储存的能量。

4.26　一个 5mF 的电容器充电至 15V，电容器内储存的能量是多少？

4.27　一个 50μF 的电容器储存了 1.25mC 的电荷，电容器内储存的能量是多少？

第5章 电感和磁场

目标

学习完本章内容后，应具备以下能力：

- 清楚磁场强度、磁通量、磁导率、磁阻和电感等相关专业术语的意义和重要性
- 概述电磁学的基本原理并且将其应用于磁路的简单计算
- 描述自感和互感的原理
- 根据简单自感的物理结构估算其电感值
- 对于直流信号及交流信号，描述电感上电压和电流之间的关系
- 根据电感值以及电感上的电流计算存储于电感内的能量
- 描述变压器的工作和特征
- 解释电感式传感器的工作原理

5.1 引言

电容是通过在电介质中产生电场的方式存储能量的(见第 4 章)。电感也能存储能量，不过是存储在磁场中。为了理解电感以及相关元器件(比如变压器)的工作及特性，我们首先需要学习电磁学。

5.2 电磁学

一根载流导线会产生磁动势(m. m. f.)，即 F，从而产生磁场，如图 5.1a 所示。磁动势在某种程度上与电路中的电动势(e. m. f.)相似。电动势会产生电场，进而产生电流。与之相似，在磁路中，磁动势会产生磁场，进而产生磁通量。磁动势的单位是安培，对于一根导线 F 来说，磁动势可以简单地认为等于其电流 I。

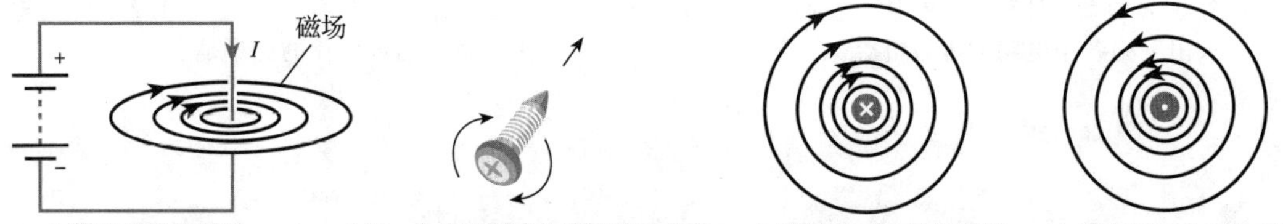

a）载流导线的磁场　b）一个木螺钉移动和旋转的方向　c）流入页面电流的磁场　d）流出页面电流的磁场

图 5.1　导线中电流的磁效应

磁场的大小由磁场强度 H 来确定，由下式给出：

$$H = \frac{I}{l} \tag{5.1}$$

其中，I 是导线中的电流，l 是磁路的长度。H 的单位是安[培]每米。随着圆的周长增加，磁路的长度也在增加，离导线越远的地方，场会变得越弱。由于圆的周长与其半径线性相关(等于 $2\pi r$)，所以场强正比于电流 I 并且反比于到导线的距离。

例 5.1 一条直导线传输 5A 电流。距离导线 100mm 处的磁场强度 H 是多少？

解： 由于直导线的磁场是对称的，距离导线为 r 处的磁路长度取决于以 r 为半径的圆周周长。当 r=100mm 时，周长等于 $2\pi r$=0.628m。因此，根据式(5.1)，磁场强度

$$H=\frac{I}{l}=\frac{5}{0.628}=7.96(\mathrm{A/m})$$ ◀

磁场的方向由导线中电流的方向决定。对于一个长直电流来说，磁场是以导线为轴的圆，记住其磁场方向的一种方法是假定一个木螺钉与导线的轴一致。在这种情况下，木螺钉的旋转方向与载流导线所产生磁场的旋转方向是一样的，如图 5.1b 所示。假设导线垂直进入页面，导线上的电流会产生顺时针方向的磁场，如图 5.1c 所示；如果电流垂直于页面向外流出，则会产生逆时针方向的磁场，如图 5.1d 所示。图中流入页面的电流用叉表示，流出页面的电流方向用点表示。为了便于记住这两个符号，可以想象为图 5.1b 中螺丝的头部和尖端。

磁场产生了磁通量，磁通量沿着磁场相同的方向流动。磁通量的符号是 Φ，单位是韦伯(Wb)。

在特定位置测量的磁通量强度称为磁感应强度 B，即单位横截面积上的磁通量。因此

$$B=\frac{\Phi}{A} \tag{5.2}$$

磁感应强度的单位是特斯拉(T)，等于 $1\mathrm{Wb/m^2}$。

在一个点上的磁感应强度取决于该点的磁场强度，也在很大程度上受到周围材料的影响。如果一根载流导线放置在空气中，则会产生相对小的磁通量，如图 5.2a 所示。如果该载流导线用磁环环绕，环内磁通量的大小会呈数量级式增加，如图 5.2b 所示。

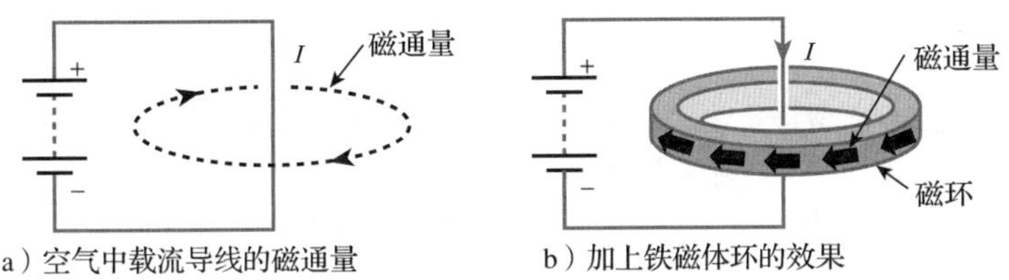

a）空气中载流导线的磁通量　　b）加上铁磁体环的效果

图 5.2 载流导线的磁通量

磁感应强度和磁场强度的关系式如下：

$$B=\mu H \tag{5.3}$$

其中，μ 是磁场所在区域材料的磁导率。可以设想材料的磁导率是衡量磁通量穿过相应材料的能力。该公式也常写为

$$B=\mu_0\mu_r H \tag{5.4}$$

其中，μ_0 是真空磁导率，而 μ_r 是材料的相对磁导率。μ_0 是常数，数值为 $4\pi\times10^{-7}\mathrm{H/m}$，而 μ_r 是该材料中磁感应强度和真空磁感应强度的比值。对于空气和大部分非磁性材料，$\mu_r=1$ 且 $B=\mu_0 H$。对于铁磁性物质，μ_r 可以达到 1000 甚至更高。但是，铁磁性物质的 μ_r 随磁场强度而变化。

如果载流导线绕成线圈的形状，如图 5.3 所示，磁场集中在线圈内，并且随着线圈圈数的增加而进一步集中。磁动势就等于电流 I 和线圈匝数 N 的乘积，所以

$$F=IN \tag{5.5}$$

由此，磁动势也经常用安培-匝数表示，磁动势的单位是安培，匝数没有单位。

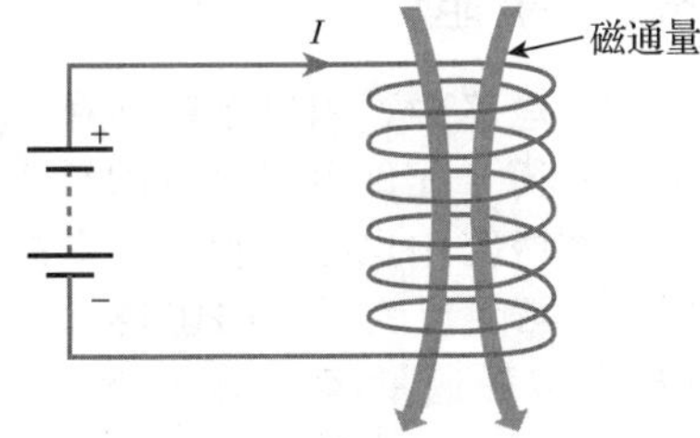

图 5.3 线圈中的磁场

在有许多匝的长线圈中，大部分的磁通量穿过线圈的中心。因此，根据式(5.1)和式(5.5)，线圈的磁场强度为

$$H=\frac{IN}{l} \tag{5.6}$$

其中，l 是磁路的长度，跟之前一样。

如前所述，磁场所产生的磁感应强度受到材料磁导率的影响。因此，在线圈中引入铁磁性材料会显著增加磁感应强度。图 5.4 展示了在线圈中使用铁磁性材料的例子。图 5.4a 展示的是在线性线圈中加入铁棒以增加磁感应强度的例子。图 5.4b 展示了缠绕在铁氧体环状磁心(一个圆形横截面的环)上的线圈。

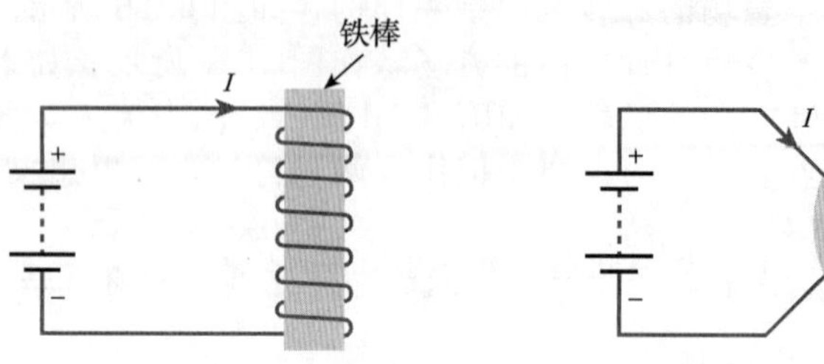

a）在铁棒上缠绕线圈以增加磁感应强度　　b）缠绕在铁氧体环状磁心上的线圈

图 5.4　在线圈中使用铁磁性材料

例 5.2 一个缠绕在非磁性圆环上的线圈，线圈匝数为 500，线圈周长为 400mm，横截面积为 300mm^2。如果线圈中的电流为 6A，计算

(a) 磁动势；

(b) 线圈中的磁场强度；

(c) 线圈中的磁感应强度；

(d) 总磁通量。

如果将非磁性圆环换成尺寸相同的 $\mu_r=100$ 的磁性材料圆环，则上面的量是如何变化的？

解：(a) 磁动势由“安培-匝数”给出，因此有

$$F = IN = 6 \times 500 = 3000(\text{安培-匝数})$$

(b) 磁场强度等于磁动势除以磁路的长度。本例中，磁路的长度等于线圈的周长，所以

$$H = \frac{IN}{l} = \frac{3000}{0.4} = 7500(\text{A/m})$$

(c) 对于非磁性材料 $B=\mu_0 \text{H}$，所以

$$B = \mu_0 H = 4\pi \times 10^{-7} \times 7500 = 9.42(\text{mT})$$

(d) 总磁通量可以从式(5.2)得到，很显然有 $\Phi=BA$。因此

$$\Phi = BA = 9.42 \times 10^{-3} \times 300 \times 10^{-6} = 2.83(\mu\text{Wb})$$

如果将非磁性圆环换成 $\mu_r=100$ 的磁性材料圆环，则(a)和(b)不受影响，但是(c)和(d)会增加到原来的 100 倍。◀

5.3　磁阻

在电路中，当电动势加在一个电阻上就会产生电流。电压和电流的比值称为元件的电阻，是衡量元件阻碍电流的量。

在磁路中也存在相同意义的概念。磁动势产生磁通量，两者之间的比值称为磁路的磁阻 S。磁阻反映了磁路阻碍磁通量通过的能力。跟电阻等于 V/I 一样，磁阻等于磁动势(F)除以磁通量(Φ)，即

$$S = \frac{F}{\Phi} \tag{5.7}$$

磁阻的单位是安培每韦伯(A/Wb)。

5.4　电感

磁通量的变化会在磁场中的所有导体上产生电压(还有电动势)，其幅度由法拉第定律给出，表述如下：

电路上感应电动势的幅度正比于与电路磁通量的变化率。

楞次定律也很重要，表述如下：

感应电动势具有这样的方向，其产生的感应电流的磁场总是阻碍引起感应电动势的磁通量的变化。

当电路为单环路结构时，磁通量变化产生的感应电动势等于磁通量的变化率。当一个电路包含多个环路时，总的电动势等于每个环路产生的电动势之和。因此，一个 N 匝的线圈在磁通量变化时产生的感应电压 V 等于

$$V = N\frac{\mathrm{d}\Phi}{\mathrm{d}t} \tag{5.8}$$

其中，$\mathrm{d}\Phi/\mathrm{d}t$ 是磁通量的变化率，单位为 Wb/s。

磁通量的变化在导线中产生感应电动势，称为电感。

5.5　自感

我们已经知道电流流入线圈(或者一根导线)时会产生磁通量，并且电流的变化会引起磁通量的变化。我们还知道与电路相关的磁通量变化时会在电路中产生电动势，而该电动势会阻碍磁通量的变化。随之而来的是线圈中的电流变化会在线圈中产生感应电动势，从而阻碍线圈电流的变化。这个过程是由自感导致的。

电感上的电流变化在电感上产生的电压的描述公式为

$$V = L\frac{\mathrm{d}I}{\mathrm{d}t} \tag{5.9}$$

其中，L 是线圈的感应系数。感应系数的单位是亨利(符号 H)。当电流变化率为 1A/s 时，则电路产生的感应电压为 1V 时所对应的系数就是感应系数。

标记法

需要注意的是在一些书中，式(5.8)和式(5.9)中的电压是负极性的，这是为了和感应电压阻碍磁通量或者电流变化相对应。这样的表示法反映了楞次定律的含义。但是，只要计算量运用合理，哪种极性都可以用。在本文中，我们使用正极性来表示该电压。这样就和电阻及电容上电压的表示方法一致。

例 5.3　一个 10mH 电感上的电流变化率是固定的 3A/s，则线圈上的感应电压是多少？

解： 根据式(5.9)

$$V = L\frac{\mathrm{d}I}{\mathrm{d}t} = 10\times10^{-3}\times3 = 30(\mathrm{mV})$$ ◀

5.6　电感器

用来产生电感的电路元件称为电感器。虽然大的电感器可以达到亨利的级别，但是在电路中使用的典型电感器是微亨和毫亨量级的。

小电感器可以用空心线圈实现，但是大的电感器通常会用铁磁性材料来填充。我们之前就已经了解了铁磁性材料的应用会显著增加线圈中的磁通量密度，同时也增加了磁通量的变化率。因此，在线圈中增加铁磁性的磁心将极大提高其电感值。电感的磁心可以采用多种形状，包括棒形，如图 5.4a 所示，或者环形，如图 5.4b 所示。小的电感磁心常采用铁氧化物，称为铁氧体，具有非常高的磁导率。大电感常用的是层压钢板作为磁心。

但是，铁磁性材料的磁导率随着磁场强度的增加而减少，使电感器呈现非线性特征。但是空气没有这样的问题，所以空心电感器是线性的。因此，在有些应用中用空心电感器，尽管它的物理尺寸比用铁磁性材料磁心的电感器尺寸要大。

5.6.1　线圈电感值的计算

线圈的电感值由其尺寸和周围的材料决定。根据基本原理计算简单形状的电感值相当简单，设计者经常使用标准公式计算。这里让我们看看两个例子，如图 5.5 所示。

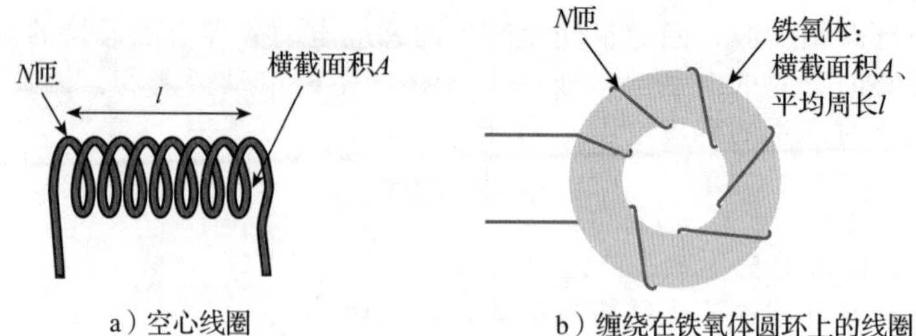

a）空心线圈　　b）缠绕在铁氧体圆环上的线圈

图 5.5　标准电感器形式的例子

图 5.5a 给出了一个简单的空心螺旋线圈，长度为 l，横截面积为 A。其电感值取决于尺寸，但是假设其长度远大于其直径，则该线圈的电感值由如下公式表示：

$$L=\frac{\mu_0 AN^2}{l} \tag{5.10}$$

图 5.5b 给出了一个缠绕在圆环上的线圈，其平均周长为 l，横截面积为 A。该线圈的电感值为

$$L=\frac{\mu_0\mu_r AN^2}{l} \tag{5.11}$$

其中，μ_r 是圆环材料的相对磁导率。如果该材料是非磁性材料，则 μ_r 会等于 1，电感值的公式变为

$$L=\frac{\mu_0 AN^2}{l} \tag{5.12}$$

该公式和前面的长直螺线管的公式完全一样(虽然 l 的含义稍有差别)。虽然这两个例子的公式非常相似，但其他线圈会有不一样的特性。

在这两个例子中，以及许多其他电感中，电感值都随着线圈匝数的平方增加。

例 5.4　一个长直螺线管，长 200mm，横截面积为 30mm^2，匝数为 400。计算其电感值。

解：根据式(5.10)可得：

$$L=\frac{\mu_0 AN^2}{l}=\frac{4\pi\times10^{-7}\times30\times10^{-6}\times400^2}{200\times10^{-3}}(\mu\mathrm{H})$$

◀

5.6.2　电感的等效电路

到目前为止，我们都将电感看为理想元件。实际上，所有的电感都是用导线(或者其他导体)制成的，因此，所有的实际元件都有电阻。我们可以用一个理想电感(即只有电感，没有电阻)和一个代表其内阻的电阻串联电路来表示实际电感，如图 5.6 所示。

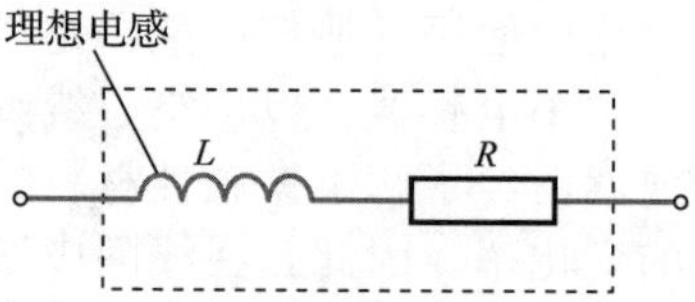

图 5.6　实际电感的等效电路

5.6.3　寄生电感

电路设计者通常在电路中使用电感，但是电路中有各种各样的导体，会产生不需要的寄生电感。我们知道，即使一根直导线也会产生电感，尽管电感值通常很小(每毫米长度的导线产生的电感值约为 1nH)，但是这些小电感的叠加效果就可能会对电路的性能产生明显的影响，特别是在高速电路中。在这种情况下，就需要特别注意减少寄生电感和寄生电容(如第 4 章所述)。

5.7　电感串联和并联

多个电感进行组合的时候，如果它们之间没有磁性耦合关系，则其等效电感的计算方法和电阻组合的一样。因此，当电感串联时，其电感值是相加的。类似地，当电感并联时，则总电感值的倒数等于各个电感值的倒数之和。如图 5.7 所示。

$$L = L_1 + L_2 \quad \frac{1}{L} = \frac{1}{L_1} + \frac{1}{L_2}$$

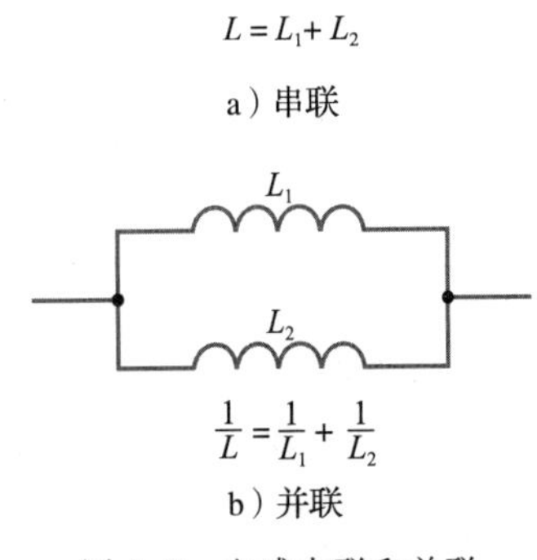

图 5.7　电感串联和并联

例 5.5 计算下面的电感值。

(a) 一个 10H 的电感和一个 20H 的电感串联；

(b) 一个 10H 的电感和一个 20H 的电感并联。

解：(a) 电感串联相加

$$L = L_1 + L_2 = 10 + 20 = 30(\text{H})$$

(b)电感并联时，计算其倒数之和

$$\frac{1}{L} = \frac{1}{L_1} + \frac{1}{L_2} = \frac{1}{10} + \frac{1}{20} = \frac{30}{200}(\text{H})$$

$$L = 6.67(\text{H})$$

◀

5.8　电感上的电压和电流的关系

根据式(5.9)，我们知道电感上的电压和电流的关系如下

$$V = L\frac{\mathrm{d}I}{\mathrm{d}t}$$

该式表明当流过电感的电流是恒定电流($\mathrm{d}I/\mathrm{d}t=0$)时，电感上的电压为零。但是，当电流变化时，电感上会产生电压并且趋向于阻止电流的变化。该公式的另一个应用是，电感上的电流不能突变，因为电流突变会导致 $\mathrm{d}I/\mathrm{d}t=\infty$，进而产生无限大的电压来阻止电流的变化。因此，电感总是试图使流过它的电流稳定(你可以回想起电容上的电压不能突变，所以电容也是试图使其电压稳定)。

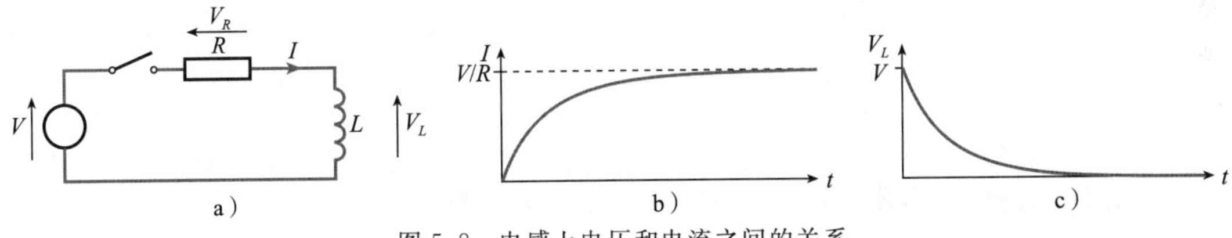

图 5.8　电感上电压和电流之间的关系

电感上电压和电流之间的关系如图 5.8 所示。在图 5.8a 中，开关的初始状态是断开的，所以没有电流在电路中流动。如果闭合开关(在 $t=0$ 时)，由于电感中的电流不能突变，所以初始电流 $I=0$，从而有 $V_R=0$。由基尔霍夫电压定律，显然有 $V=V_R+V_L$，并且因为电阻的初始电压 $V_R=0$，所以电源电压 V 会全部加在电感上，即 $V_L=V$。

电感上的电压决定了其初始的电流变化率(因为 $V_L=L\mathrm{d}I/\mathrm{d}t$)，因此电流会稳定增加。随着 I 的增加，电阻上的电压也在变大，而 V_L 随之下降，也就相应减少了 $\mathrm{d}I/\mathrm{d}t$。因此，电流增加的速率随着时间不断下降。逐步地，电感上的电压趋于零，电源电压就全部加在电阻上了。所产生的稳态电流为 V/R。其结果就是电流从初始的零开始随时间增加，电感上的电压从初始的 V 开始随时间按照指数规律下降。其工作如图 5.8b 和图 5.8c 所示。可以将这些曲线和图 4.7 中电容产生的相应结果比较。

计算机仿真练习 5.1

对图 5.8a 中的电路进行仿真，电路所取参数为 $V=1\text{V}$，$R=1\Omega$ 和 $L=1H$，电路中的

开关在 $t=0$ 时闭合。使用瞬态仿真的方法来研究开关切换以后前 5s 内的电路工作情况。绘制 V_L 相对于时间的曲线，并且确定电路的工作与预期一致。试用不同的电路元件参数进行仿真，并且在电压曲线上注明其效果。

对一个电容器充电所需要的时间会随着电容值 C 和串联电阻值 R 的增加而增加，并且时间常数等于 CR 乘积，它决定了电容的充电时间(见第 4 章)。在上述的电感电路中，电路达到稳态的速率会随着 L 增加而增加，但是会随着 R 值的增加而降低。因此该电路的时间常数(T)等于 L/R。

计算机仿真练习 5.2

用不同的电路元件参数重复计算机仿真练习 5.1，并且标注其效果。从之前的仿真参数开始，然后改变 L 和 R 的数值，但是保持 L/R 的比值不变。然后绘制 V_L 相对于时间的曲线，并证明电路的特征不变。因此证明电路特性由电路的时间常数 L/R 决定，而不是由单个的 L 和 R 数值决定。

图 5.8a 中电路的开关在闭合后再断开若干时间，电路会如何工作呢？根据图 5.8b，我们知道电流的稳定值 V/R。如果开关现在断开了，意味着电流会立即变到零。$\mathrm{d}I/\mathrm{d}t$ 会变为无穷大，并且在线圈上会产生无穷大的电压。实际上，开关上非常高的感应电压会在开关的触点上产生“电弧”。这使得开关断开后，电流会维持很短的时间，从而降低了电流的变化速率。这种现象在有些情况下是有利的，比如汽车点火线圈。然而，开关上的电弧会对触点产生严重的危害，并且会产生电子干扰。因此，如果需要开关电感性负载，我们通常会增加电路来降低电流的变化率。电路可以简单到仅仅在开关上并联一个电容器。

到目前为止，我们在本节中都假定使用的是理想电感，而忽略了其内阻的作用。在 5.6 节中，电阻的电感可以用理想电感和电阻串联来表示。第 6 章将研究包含各种类型元件(电阻、电感和电容)的电路特性，所以在第 6 章之前暂时不考虑内阻的作用。

5.9 正弦电压和正弦电流

在研究了包含电感的直流电路中电压和电流之间的关系以后，现在来研究使用正弦量的电路。

在图 5.9a 中的电路，一交流电流流过一个电感。图 5.9c 给出了电感中的正弦电流波形，同样也指出了电感上的电压。根据式(5.9)可知电感上的电压为 $L\mathrm{d}I/\mathrm{d}t$，所以电压正比于电流对时间的导数。由于正弦波对时间的导数是余弦波，所以可以得到如图 5.9b 所示的电压波形。其电流波形相对于电压波形的相移为 90°(或 $\pi/2$)。显然，电流波形滞后于电压波形。可以将该结果与图 4.8 所示的电容器的波形进行比较。需要注意的是在电容器中，电流超前于电压，而在电感中电流滞后于电压。第 6 章会进一步分析正弦波形。

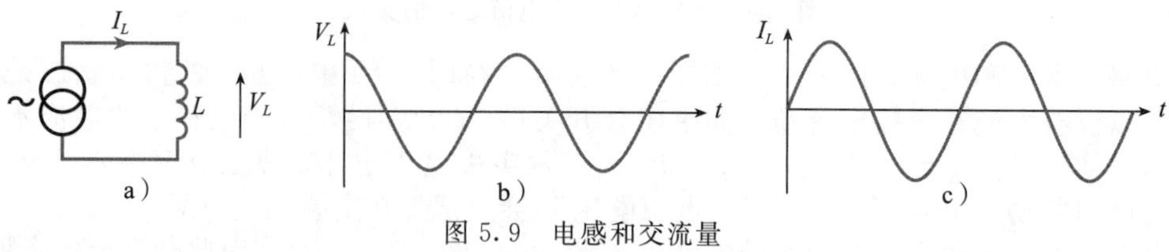

图 5.9 电感和交流量

计算机仿真练习 5.3

对图 5.9a 中的电路用任意的电感值进行仿真。用一个正弦电流源产生峰值为 1A，频率为 1Hz 的电流。用瞬态仿真的方法来显示几秒钟内电感上的电压和电流。注意两个波形之间的关系，并因此证实电流滞后于电压 90°(或 $\pi/2$)。注意取不同电感值和频率值的效果。

5.10 电感中储存的能量

电感在其磁场中储存能量。储存的能量可以用如下方式确定，假定一个无初始储能的电感器，其电感值为 L，其电流逐步从零增加到 I。如果给定时间内的电流变化率是 $\mathrm{d}i/\mathrm{d}t$，则电感上的电压(v)由下式给出

$$v = L\frac{\mathrm{d}i}{\mathrm{d}t}$$

在很小的时间段 $\mathrm{d}t$ 内，磁场中增加的能量等于瞬时电压(v)、瞬时电流(i)和时间间隔($\mathrm{d}t$)的乘积：

$$\text{增加的能量} = vi\mathrm{d}t = L\frac{\mathrm{d}i}{\mathrm{d}t}i\mathrm{d}t = Li\mathrm{d}i$$

因此，在电流从零增加到 I 的过程中，磁场中增加的能量为

$$\text{储存能量} = L\int_0^I i\mathrm{d}t$$

$$\text{储存能量} = \frac{1}{2}LI^2 \tag{5.13}$$

例 5.6 一个 10mH 电感，当其电流为 5A 时，其中储存的能量为多少？

解： 根据式(5.13)可得：

$$\text{储存能量} = \frac{1}{2}LI^2 = \frac{1}{2}\times 10^{-2}\times 5^2 = 125(\mathrm{mJ})$$ ◀

5.11 互感

如果两个导体之间有磁性耦合，则一个导体中的电流变化会导致另外一个导体的磁通量发生改变，从而会在该导体上产生感应电压。这就是互感原理。

互感采用和自感相似的量化方法，当电流 I_1 流过一个电路，第二个电路中产生的感应电压 V_2 为

$$V_2 = M\frac{\mathrm{d}I_1}{\mathrm{d}t} \tag{5.14}$$

其中，M 是两个电路之间的互感。互感的单位跟自感一样是亨利。在这里，当一个电路的电流变化率为 1A/s 时，如果另外一个电路所产生的感应电动势为 1V，则其互感为 1H。电路之间的互感由其各自的电感值和相互之间的磁性耦合决定。

通常，我们感兴趣的是线圈的相互作用，比如在变压器中。在这里，一个线圈(一次绕组)中的电流变化会在第二个线圈(二次绕组)中感应出变化的电流。图 5.10 给出了两个线圈磁性耦合的结构。在图 5.10a 中，两个线圈之间通过第一个线圈的相对较少的通量与

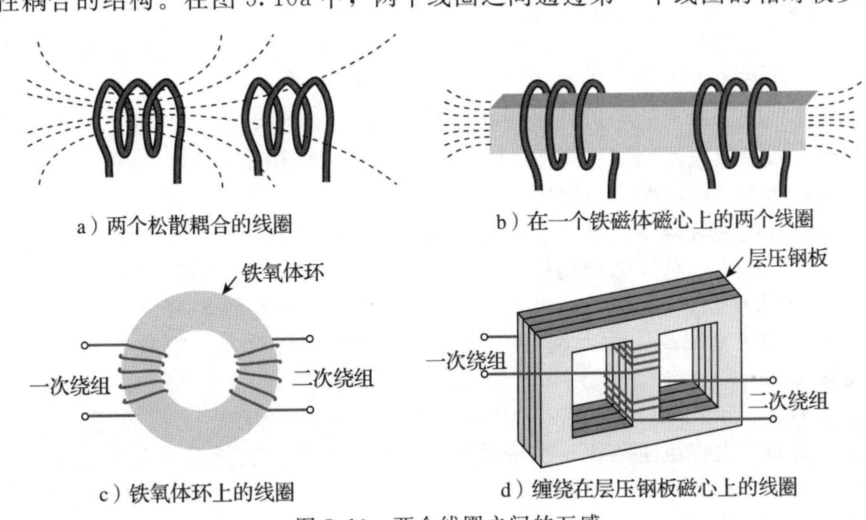

图 5.10　两个线圈之间的互感

第二个线圈产生磁性耦合，形成了松散耦合。这种结构的互感相对较小。电路之间的耦合程度用耦合系数表示，它定义了一个线圈的通量耦合到另外一个线圈的分数值。其值为 1 时表示全部的通量耦合，而其值为 0 表示没有耦合。两个线圈的耦合可以用多种方法增大，比如将线圈移近，用一个线圈包住另外一个线圈，或者像图 5.10b 一样增加一个铁磁体的磁心。将线圈缠绕在像图 5.10c 和图 5.10d 一样的连续的铁磁性环上可以获得很好的耦合。在这些例子中，磁心增加了线圈的电感和相互之间的通量耦合。

5.12　变压器

图 5.11a 给出了变压器的基本结构形式。有两个绕组，一个一次绕组和一个二次绕组，都绕在铁磁性磁心或者框架上，使其耦合充分靠近为一个整体。实际上，许多变压器的效率都很高，为了便于讨论，假定一次绕组的所有通量都耦合到二次绕组中，即假定成耦合系数为 1 的理想变压器。

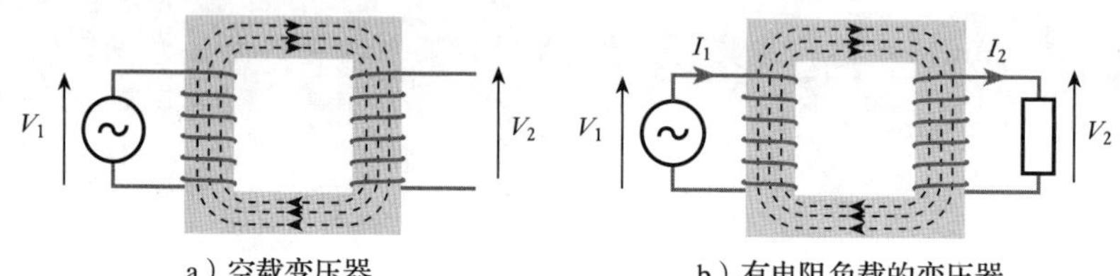

图 5.11　变压器

如果将交流电压 V_1 加在一次绕组，则会产生交流电流 I_1，相应地会产生交流磁场。由于一次绕组和二次绕组的磁通量变化情况相同，所以在一次绕组和二次绕组中每一匝线圈上所产生的感应电压必然是一样的，记为 V_T。如果一次绕组的匝数为 N_1，则一次绕组中的感应电压为 N_1V_T。相似地，如果二次绕组的匝数为 N_2，则二次绕组中的感应电压为 N_2V_T。所以输出电压 V_2 和输入电压 V_1 的比值为

$$\frac{V_2}{V_1}=\frac{N_2V_T}{N_1V_T}$$

因此

$$\frac{V_2}{V_1}=\frac{N_2}{N_1} \tag{5.15}$$

因此，变压器就相当于一个电压放大器，其增益为二次绕组匝数与一次绕组匝数的比值。N_2/N_1 通常称为变压器的匝数比。

在此，需要注意几个问题。首先，变压器作为电压放大器只是相对交流电压而言的——直流电压加在一次绕组上不会产生变化的磁通量，因而也不会感应出输出电压。其次，必须注意到“放大器”除了输入信号以外是没有能源的(即无源放大器)，因此，输出端的功率输出不可能大于输入端吸收的功率。图 5.11b 给出了第二点的例证，其中电阻负载加在变压器上。加上负载意味着二次电路会有电流。二次电流自身也会产生磁通量，感应的属性表明二次电流产生的磁通量会阻碍一次电路产生的磁通量。随之而来的是，二次电路的电流倾向于降低二次绕组中的电压。总体的作用结果就是当二次电路开路或者输出电流非常小的时候，输出电压如式(5.15)所示，但是当输出电流增加的时候，输出电压就降低。

现代变压器的效率很高，因此输出端输出的功率几乎与输入端吸收的功率相同。对于一个理想变压器

$$V_1I_1=V_2I_2 \tag{5.16}$$

如果变压器的二次绕组匝数比一次绕组匝数多得多，则称变压器为升压变压器，会产生比输入电压高很多的输出电压，但其输出电流却比较小。如果变压器的二次绕组的匝数比一次绕组的匝数少，则变压器为降压变压器，会产生较低的输出电压，但是可以产生较大的输出电

流。降压变压器经常用作低压电子设备的电源，将电源电压变为几伏的输出电压。使用变压器的另一个优点是将电路与电源线电气隔离，因为一次绕组和二次绕组之间没有电气连接。

5.13　电路符号

我们已经见过几种电感和变压器，有些会用不同的电路符号表示。图 5.12 给出了不同的符号，并且标记了其不同的特性。图 5.12f 给出了有两个二次绕组的变压器，同时也注明了点标记，用来表示线圈绕组的极性。电流从任一个绕组上有点标记的端口流入，都会在这个磁心上产生相同方向的磁动势。如果反过来连接到线圈上，则会使相应的电压波形反转。在电路图中，点标记法可以指示出需要的连接方式。

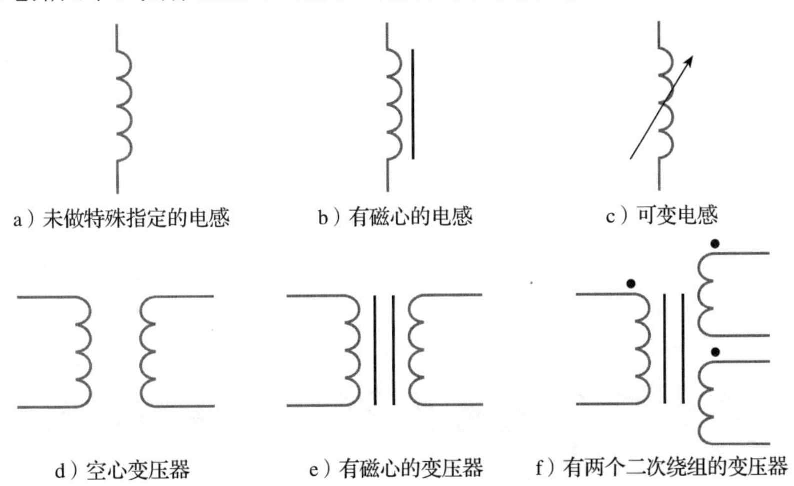

图 5.12　电感和变压器的电路符号

5.14　电感在传感器中的使用

电感和变压器在电气系统和电子系统中有广泛的应用，我们会在后续章节中遇到。在此，我们先了解几个电感在物理量测量中的应用。

5.14.1　感应靠近的传感器

图 5.13 所示为感应靠近的传感器的基本组成部分。该器件基本上就是一个缠绕在铁磁性棒上的线圈。它和一个铁磁性平板(附加在待感应的物体上)组成了一个传感器，用一个电路来测量线圈的自感。当平板靠近线圈时，自感会增大，于是就可以探测到物体的存在(靠近了)。该传感器可以用来测量线圈和平板之间的间隔距离，但更多的是用来检测有和无。典型的应用是将线圈组件安装在门框上，将平板安装在门上，这样传感器就可以用来检测门是开着的还是关着的。

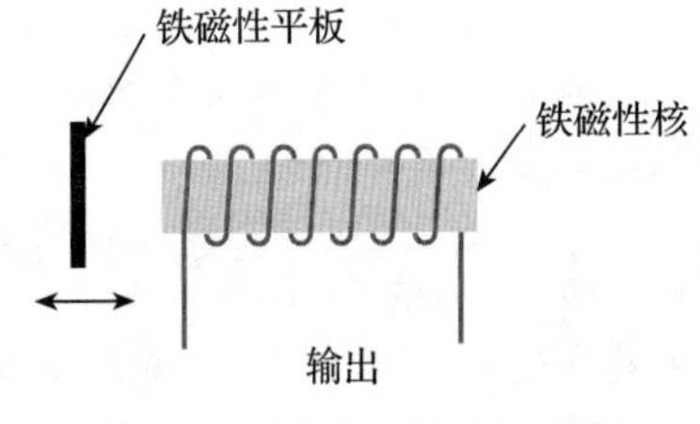

图 5.13　感应靠近的传感器

5.14.2　线性可变差动变压器(LVDT)

一个线性可变差动变压器由缠绕在非磁性空心管子上的三个线圈组成，如图 5.14 所示。中心线圈构成了变压器的一次绕组并且采用交流电压激励。两边的线圈形成了分离的二次绕组，并且对称地放置在一次绕组两侧。两个二次绕组串联起来，所以其输出电压是反相的(注意图 5.14 中点标记的位置)，从而输出是抵消的。如果一个正弦信号加在一次绕组上，两个二次绕组由于对称性会产生完全相同的信号，并且相互抵消了，使输出为零。当该变压器在其管子内加上一个铁磁性材料的可以移动的“铁心”以后，就可以变成很有用的传感器。铁磁性材料增加了一次绕组和二次绕组之间的互感，因此也增加了二次绕组中感应电压的幅度。如果铁心相对于线圈是放置在中心位置的，就会在两个二次绕组中产生相同的作用，因此输出电压仍然是相互抵消的。但是，如果铁心轻微地移向一侧或者另一侧，就会增强一个二次绕组的耦合，同时减弱另外一个二次绕组的耦合。这样就会打破平衡，同时产生输出电压。铁心从其中心位置处移动得更多，就会产生更大的输出电压信号。输出为交流电压，其幅度代表了从中心位置处产生的偏置，相位代表了移动的方向。如果需要，用简单的电路就可以将该交流信号转换为更方便的直流信号。

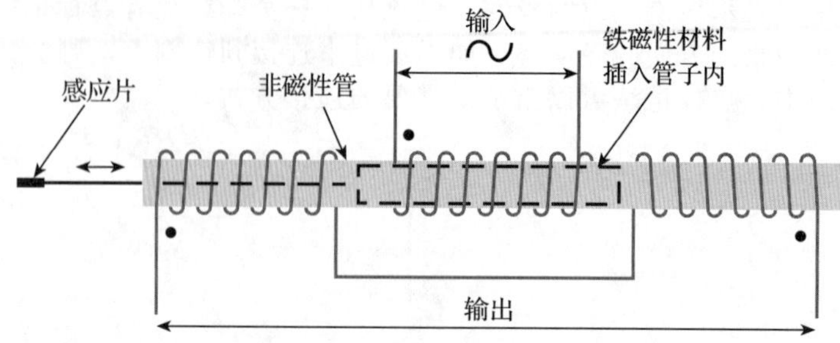

图 5.14　线性可变差动变压器(LVDT)

线性可变差动变压器可以做成大小从几米到零点几毫米的变压器。典型的线性可变差动变压器的分辨率约为全量程的 1/1000，并且具有很好的线性。与电阻电位器不同，线性可变差动变压器不需要摩擦接触，所以它的操控力非常小而且寿命很长。

进一步学习

电感传感器应用范围非常广泛，本章只介绍了其中的两种。思考一下电感传感器是如何用于很多工业应用中，并且评估每种情况下电感传感器的优缺点。

在另外一些应用中，你可能将电感传感器用于：

- 计算机的键盘；
- 多种形式的金属探测器；
- 停车场入口的自动栏杆；
- 机床上防止移动部件撞到末端挡板的限位开关。

关键点

- 电感在磁场中储存能量。
- 载流导线产生磁动势(m. m. f.)，会在其周围产生磁场。
- 磁场强度 H 与电流成正比，与磁路的长度成反比。
- 磁场产生磁通量 Φ，磁通量方向与磁场方向相同。
- 磁感应强度由磁场强度和所在区域材料的磁导率决定。
- 载流导线做成线圈，磁场会集中。磁动势随着线圈匝数的增加而增加。
- 磁通量的改变会使磁场中所有导体上产生感应电压。
- 感应电动势的方向总是阻碍磁通量的变化。
- 线圈中的电流变化时，线圈中的感应电动势总是试图阻止电流的变化。这就是自感。
- 感应电压正比于线圈中电流的变化率。
- 电感可以用空心线圈实现，但是缠绕在铁磁性磁心上的线圈的电感要大得多。
- 所有的实际电感都有内阻。
- 电感串联时，总电感值等于各个电感值之和。当电感并联时，总电感值的倒数等于各个电感值的倒数之和。
- 电感中的电流不能突变。
- 使用正弦信号时，电流滞后电压 90°(或 $\pi/2$)。

- 电感中储存的能量等于 $LI^2/2$。
- 两个导体之间存在磁性耦合时，一个导体中电流的变化会在另外一个导体中产生感应电压。这就是互感。

习题

5.1　解释磁动势(m. m. f.)的含义。

5.2　描述载流直导线所产生的磁场。

5.3　一根直导线上的电流为 3A，则距离导线 1m 处的磁场强度多大？磁场的方向如何？

5.4　哪些因素决定邻近一根载流直导线的空间某个特定点的磁感应强度？

5.5　解释真空磁导率的含义。它的值和单位是什么？

5.6　给出一个电流为 I 安培的 N 匝线圈产生磁动势的公式。

5.7　一个缠绕在木质环形芯上的线圈。线圈的横截面积为 400mm^2，匝数为 600，木芯的平均周长为 900mm。如果线圈中的电流为 5A，计算磁动势、线圈中的磁场强度、线圈中的磁感应强度和总磁通量。

5.8　如果习题 5.7 中的环形木芯被换成相同尺寸的相对磁导率为 500 的铁磁性磁心，则该题的计算结果会有什么变化？

5.9　如果 15 安培-匝数的磁动势所产生的总磁通量为 5×10^{-3} Wb，则磁路的磁阻是多少？

5.10　叙述法拉第定律和楞次定律。

5.11　解释电感的含义。

5.12　解释自感的含义。

5.13　导体中的感应电压与导体中的电流变化率有什么关系？

5.14　给出自感测量中用到的亨利的定义。

5.15　电感中的电流以 50mA/s 的固定速率变化，电感上的电压为 150μV，则电感值是多少？

5.16　为什么铁磁性磁心会增加电感的电感值？

5.17　计算一个长 500mm、横截面积为 40mm^2、匝数为 600 匝的空心螺线管的电感值。

5.18　一个缠绕在铁磁性环形磁心上的线圈，磁心的平均周长为 300mm，线圈的横截面积为 100mm^2。如果线圈为 250 匝，磁心的相对磁导率为 800。计算线圈的电感值。

5.19　计算下面电路的等效电感。

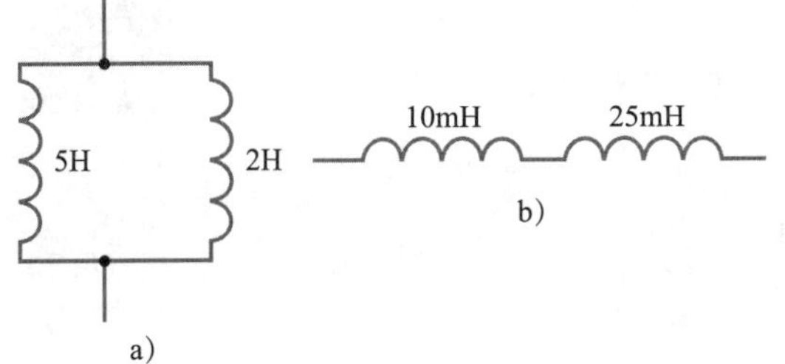

- 当变压器使用交流信号时，其电压增益取决于匝数比。
- 几种形式的传感器都是利用了电感的变化的原理实现的。

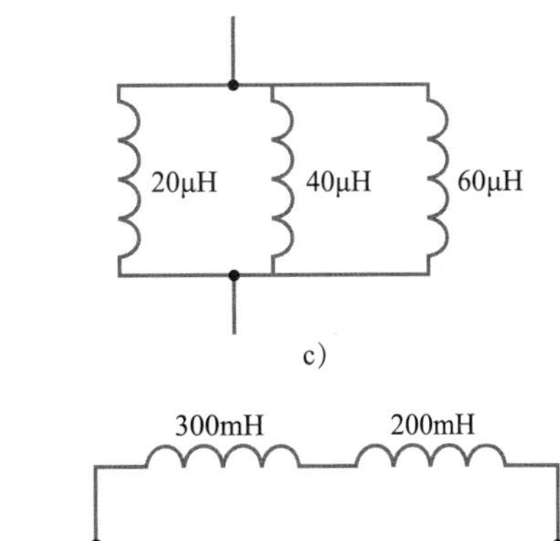

c)

300mH　200mH

500mH

d)

5.20　描述电感上电压和电流的关系。

5.21　为什么电感上的电流不能突变？

5.22　用参数 $V=15$V，$R=5\Omega$ 和 $L=10$H 来重复计算机仿真练习 5.1。绘制电感上的电压相对于时间的函数曲线，并且估计电感上的电压降到 5V 所用的时间。

5.23　说明时间常数的含义。习题 5.22 中电路的时间常数是多少？

5.24　如果将习题 5.22 中电路的 R 改为 10Ω，则 L 应该选什么值才能使电感上的电压降到 5V 所用的时间不变？

5.25　对习题 5.24 中的电路进行计算机仿真，证明题解是正确的。

5.26　当开关电感电路时，讨论感应电压的含义。

5.27　实际电感和理想电感器的差别是什么？

5.28　电感上的正弦电流和电压之间的关系是什么？

5.29　一个 2mH 的电感，当电感上的电流为 7A 时所储存的能量是多少？

5.30　解释互感的含义。

5.31　给出在互感测量中使用的亨利的定义。

5.32　耦合系数的含义是什么？

5.33　变压器匝数比的含义是什么？

5.34　一个变压器的匝数比是 10。一个峰值为 5V 的正弦电压加在其一次绕组上，其二次绕组开路，则二次绕组上的电压应该是多大？

5.35　解释电路图中变压器上使用的点标记法。

5.36　描述感应靠近的传感器的工作情况。

5.37　描述线性可变差动变压器的构造和工作原理。

第6章 交流电压和交流电流

目标

学习完本章内容后，应具备以下能力：

- 描述电阻、电容和电感上正弦电压和电流的关系
- 解释电抗和阻抗的含义，并能计算单个元件和简单电路上电抗和阻抗的值
- 用相量图确定电路中电压和电流的关系
- 分析含有电阻、电容和电感的电路，求出相关的电压和电流
- 解释如何用复数描述和分析电路的工作
- 用复数表示法计算交流电路中的电压和电流

6.1 引言

我们知道正弦电压可以用以下公式描述：

$$v = V_P \sin(\omega t + \phi)$$

其中，V_P 是波形的峰值电压，ω 是角频率，而 ϕ 代表相角。

波形的角频率与其频率之间的关系为

$$\omega = 2\pi f$$

波形的周期 T 如下式所示：

$$T = \frac{1}{f} = \frac{2\pi}{\omega}$$

如果相角 ϕ 用弧度表示，则相应的时间延迟 t 可以由下式给出：

$$t = \frac{\phi}{\omega}$$

图 6.1 中说明了这种关系，图中所示为两个具有相同幅度和频率的电压波形，但是相角不同。

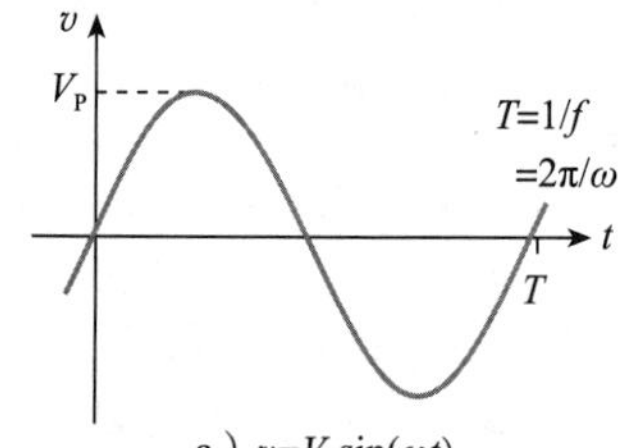

a）$v=V_P\sin(\omega t)$

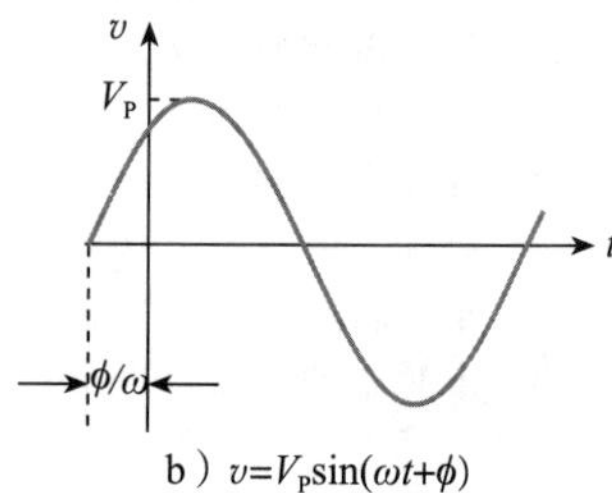

b）$v=V_P\sin(\omega t+\phi)$

图 6.1 正弦电压波形

6.2 电压和电流的关系

在之前的章节中，我们学习了多种元件的电压和电流的关系。当一个相同的正弦电流分别流过电阻、电感和电容的时候，比较其各元件上面的电压是有意义的。在此，用下式表示电流：

视频 6A

$$i = I_P \sin(\omega t)$$

6.2.1 电阻

在电阻上，电压和电流的关系由欧姆定律给出，我们知道

$$v_R = iR$$

如果 $i = I_P \sin(\omega t)$，则

$$v_R = I_P R \sin(\omega t) \tag{6.1}$$

6.2.2 电感

在电感上，电压和电流的关系由下式给出：

$$v_L = L\frac{\mathrm{d}i}{\mathrm{d}t}$$

如果 $i=I_P\sin(\omega t)$，则

$$v_L = L\frac{\mathrm{d}(I_P\sin(\omega t))}{\mathrm{d}t} = \omega L I_P\cos(\omega t) \tag{6.2}$$

6.2.3 电容

在电容上，电压和电流的关系由下式给出：

$$v_C = \frac{1}{C}\int i\mathrm{d}t$$

如果 $i=I_P\sin(\omega t)$，则

$$v_C = \frac{1}{C}\int I_P\sin(\omega t)\mathrm{d}t = -\frac{I_P}{\omega C}\cos(\omega t) \tag{6.3}$$

当同一个正弦电流分别流过电阻、电感和电容时，各自的电压波形如图 6.2 所示。在图中，各个波形的幅度是不重要的，因为它们取决于各个元件的值。图中的虚线为电流的波形，作为其他波形的参考。电阻上的电压 v_R 与电流同相，如式(6.1)所示。电感上的电压 v_L 是一个余弦波，如式(6.2)所示。因此，相对于电流波形有 90°的相移(相对于 v_R 也是如此)。根据式(6.3)，电容上的电压 v_C 也是一个余弦波，但是其幅值是负数。因此其波形颠倒，如图 6.2 所示。将一个正弦波上下颠倒，其波形和发生 180°相移的正弦波波形是相同的。因此，电阻上的电压和电流同相，电感上的电压超前其电流 90°，而电容上的电压滞后其电流 90°。这与之前章节中对电阻、电感和电容的论述一致。

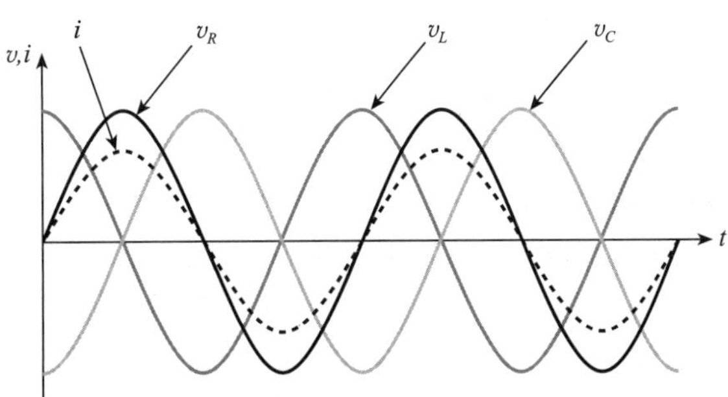

图 6.2　在电阻、电感和电容上的电压之间的关系

虽然相对容易记住电感和电容上的电压和电流之间有 90°的相移，但是重要的是记住每个元件是哪一个量领先于哪一个量。一种简单的记忆方法如下所示：

$$C\quad I\quad V\quad I\quad L$$

在 C 上，I 领先于 V；而在 L 上，V 领先于 I。

换句话说，在电容上，电流领先于电压；而在电感上，电压领先于电流。

6.3 电感和电容的电抗

式(6.1)到式(6.3)给出了电阻、电感和电容上电流和电压的关系。暂且不考虑电流和电压的相位关系，先来考虑电流和电压的大小关系。对于每一种元件，我们看看其上的峰值电压和峰值电流的关系。

6.3.1 电阻

从式(6.1)可得，电压峰值和电流峰值的比值为

$$\frac{\text{电压峰值}}{\text{电流峰值}} = \frac{I_P R\sin(\omega t)\text{ 的峰值}}{I_P\sin(\omega t)\text{ 的峰值}} = \frac{I_P R}{I_P} = R$$

6.3.2 电感

从式(6.2)可得，电压峰值和电流峰值的比值为

$$\frac{\text{电压峰值}}{\text{电流峰值}} = \frac{\omega L I_P\cos(\omega t)\text{ 的峰值}}{I_P\sin(\omega t)\text{ 的峰值}} = \frac{\omega L I_P}{I_P} = \omega L$$

6.3.3 电容

从式(6.3)可得，电压峰值和电流峰值的比值为

$$\frac{\text{电压峰值}}{\text{电流峰值}}=\frac{-\dfrac{I_P}{\omega C}\cos(\omega t)\text{ 的峰值}}{I_P\sin(\omega t)\text{ 的峰值}}=\frac{\dfrac{I_P}{\omega C}}{I_P}=\frac{1}{\omega C}$$

需要注意的是，上述三个公式同样可以用来比较各自情况下电压的有效值和电流的有效值，因为只要简单地在公式的上下部分各乘上 $1/\sqrt{2}$(即 0.707)即可。

忽略相移，电压和电流的比值是用来测量元器件阻碍电荷流动的参数。在电阻器中，我们已经知道这个比值称为电阻。在电感和电容器中，则称为电抗，用符号 X 表示。因此，电感的电抗如下：

$$X_L=\omega L \tag{6.4}$$

电容的电抗如下：

$$X_C=\frac{1}{\omega C} \tag{6.5}$$

由于电抗等于电压和电流的比值，其单位为欧姆。

例 6.1 计算一个 1mH 的电感在角频率为 1000 rad/s 时的电抗。

解：

$$X_L=\omega L=1\,000\times(1\times10^{-3})=1(\Omega)$$ ◀

例 6.2 计算一个 2μF 的电容在频率为 50Hz 时的电抗。

解： 频率为 50Hz，则角频率为

$$\omega=2\pi f=2\times\pi\times50=314.2(\text{rad/s})$$

$$X_C=\frac{1}{\omega C}=\frac{1}{314.2\times(2\times10^{-6})}=1.59(\text{k}\Omega)$$ ◀

知道一个元器件的电抗，根据流过该元器件的电流可以计算出其电压，反之亦然，这如在电阻上的方法一样。因此，对于电感

$$V=IX_L$$

对于电容

$$V=IX_C$$

注意不管 V 和 I 代表的是有效值、峰值还是峰峰值，这个关系都是成立的，只要电压和电流采用相同的量即可。

例 6.3 一个峰值电压为 5V，频率为 100Hz 的正弦电压信号加在一个 25mH 的电感上，则电感的峰值电流是多少？

解： 在该频率下，电感的电抗为

$$X_L=\omega L=2\pi fL=2\times\pi\times100\times25\times10^{-3}=15.7(\Omega)$$

因此

$$I_L=\frac{V_L}{X_L}=\frac{5}{15.7}=318(\text{mA})$$ ◀

例 6.4 一个有效值为 2A，角频率为 25rad/s 的正弦电流流过一个 10mF 的电容器，则电容器上的电压是多少？

解： 在该频率下，电容器的电抗为

$$X_C=\frac{1}{\omega C}=\frac{1}{25\times10\times10^{-3}}=4(\Omega)$$

因此

$$V_C=I_CX_C=2\times4=8\text{V (r. m. s.)}$$ ◀

当描述正弦量的时候，我们经常用有效值(原因在第 2 章讨论过)。然而，无论使用的

是有效值、峰值还是峰峰值，电流和电压的计算实际上采用的都是完全相同的方法。因此，在本章后面的例子中，我们简单地以伏特或者安培给出波形的幅度，而不考虑具体正弦量是哪种形式。

6.4　相量图

我们知道正弦信号是用幅度、频率和相位描述其特征的。在很多情况下，一个系统中不同点的电压和电流是由同一电源驱动的（比如交流电压源），因此它们的频率相同。但是，不同点的信号大小是不同的，跟我们之前看到的一样，信号之间的相位关系也不一样。于是经常需要将这些频率相同、大小和相位不同的信号进行组合或者比较。相量图是一个很有用的工具，我们可以用相量来同时描述信号的大小和相位。

图 6.3a 所示为一个表示正弦电压的相量。相量的长度 L 表示电压的幅度，而角度 ϕ 表示其相对于参考波形的相角。相量的末端用箭头表示其方向，也容易引起注意，箭头应该和坐标轴或者其他相量的方向箭头相同。相角通常是从向右的横坐标开始沿逆时针方向计算的。

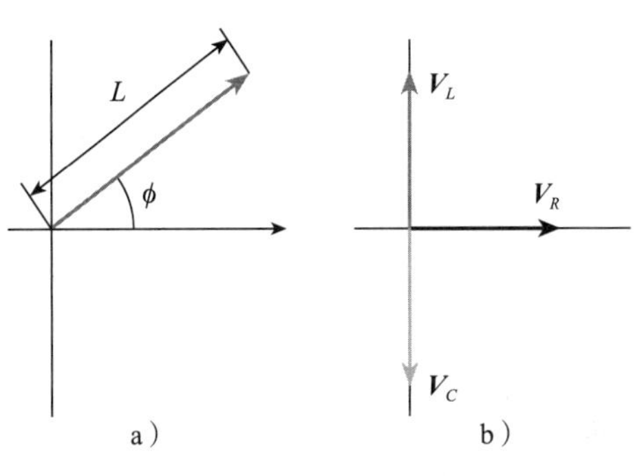

图 6.3　相量图

相量可以清楚地指示出具有相同频率的信号之间的相位关系。比如，图 6.2 中的三个电压信号 v_R、v_L 和 v_C，可以用矢量图法表示为图 6.3b 的三个相量 $\boldsymbol{V}_R$、$\boldsymbol{V}_L$ 和 $\boldsymbol{V}_C$。在这里，电流信号作为参考相位，因此 $\boldsymbol{V}_R$ 的相角为 0，$\boldsymbol{V}_L$ 的相角为 $+90°(+\pi/2\ \text{rad})$，而 $\boldsymbol{V}_C$ 的相角为 $-90°(-\pi/2\ \text{rad})$。通常，相量的矢量表示符号为粗斜体（比如 $\boldsymbol{V}_R$），相量的幅度为斜体（比如 V_R），而正弦量的瞬时值用斜体的小写字母表示（比如 v_R）。

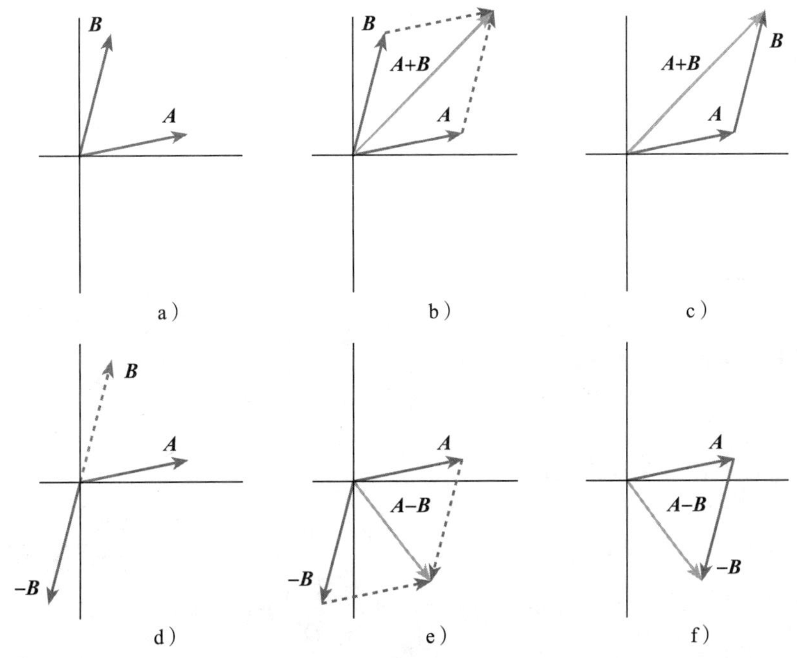

图 6.4　用相量的矢量图表示波形的加减

相量的矢量图可以用来表示频率相同而相位不同的信号之间的加法和减法。对于

图 6.4a中的两个相量 **A** 和 **B**，由于相角不同，如果将这两个量相加，信号和的幅度不可能等于两个相量 **A** 和 **B** 的幅度相加。用类似于矢量分析中矢量叠加的方法，相量图就可以用来计算两个相量相加的效果。图 6.4b 用了平行四边形法则计算相量 **A** 和 **B** 的和。图中的相量给出了 **A** 和 **B** 相加所合成波形的幅度和相位。另外一种合成相量的方法如图 6.4c 所示，将相量 **A** 和相量 **B** 首尾相连，从相量 **A** 的起点画一个相量指向相量 **B** 的终点，就是 **A** 和 **B** 相加所得到的相量和。这个过程可以看成将相量 **B** 叠加在相量 **A** 上，而且可以将任意个相量叠加。正弦信号减去另外一个正弦信号，可以看成加上一个负极性的正弦信号。也就是，加上一个相位变化 180°的信号。图 6.4d 给出了图 6.4a 中的相量 **A** 和 **B**，同时也给出了相量 $-\boldsymbol{B}$。可以看出相量 $-\boldsymbol{B}$ 长度与相量 **B** 相同，但是方向相反。**A** 和 $-\boldsymbol{B}$ 两个相量的合成可以采用平行四边形的方法(如图 6.4e 所示)，也可以采用将两个相量首尾相连进行叠加的方法(如图 6.4f 所示)。

很幸运，元件的属性表明，我们关心的相量成直角关系((如图 6.3b 所示))。因此用相量图就变得非常简单。

6.4.1　*RL* 电路的相量分析

图 6.5 所示为一个电阻和一个电感的串联电路，电源为正弦电压源。取电流信号 i 作为参考相位，因此电阻上的电压信号(用相量图中的 $\boldsymbol{V}_R$ 表示)相位为 0(因为该电压与电流同相)。

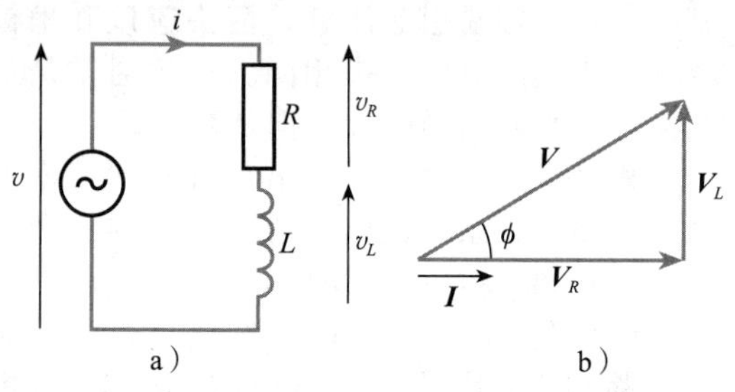

图 6.5　*RL* 电路的相量分析

由于电感上的电压信号(用 $\boldsymbol{V}_L$ 表示)的相角为 90°(或者 π/2 rad)。电压源 v 上的电压相量用 **V** 表示。根据电路图，显然有 $v=v_L+v_R$，因而其相量为 $\boldsymbol{V}=\boldsymbol{V}_L+\boldsymbol{V}_R$。相量图表明电路上的电压和电流不同相，$v$ 超前 i 的相角为 ϕ。

用相量图，可以根据电阻和电抗来计算电路中的电压和电流，以及它们之间的相位关系。

例 6.5　一个 5A 的频率为 50Hz 的正弦电流，流过一个 10Ω 电阻和 25mH 电感所组成的串联电路。计算：

(a)串联电路上的电压

(b)电压和电流之间的相角

解：(a)电阻上的电压

$$V_R = IR = 5\times 10 = 50(\mathrm{V})$$

在频率为 50Hz 时，电感的电抗为

$$X_L = 2\pi fL = 2\times\pi\times 50\times 0.025 = 7.85(\Omega)$$

因此，电感上的电压幅度为

$$V_L = IX_L = 5\times 7.85 = 39.3(\mathrm{V})$$

可以用右面的相量图表示。

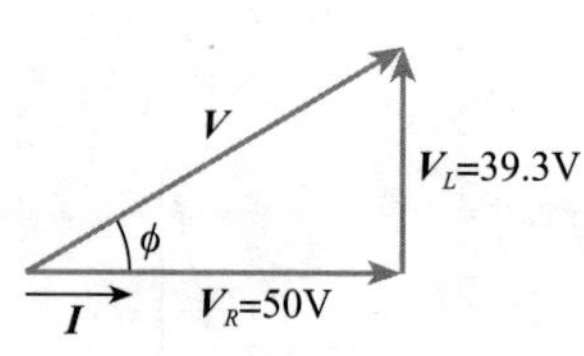

根据上述相量，串联电路上的电压为

$$V = \sqrt{(V_R^2 + V_L^2)} = 63.6(\mathrm{V})$$

(b)电压和电流之间的相角

$$\phi = \arctan\frac{V_L}{V_R} = \arctan\frac{39.3}{50} = 38.2°$$

因此，电压超前电流 38.2°。◀

计算机仿真练习 6.1

对例 6.5 中的电路用正弦电流源进行仿真。用瞬态分析研究该电阻电感串联电路上电压的幅度和相位，并且将其与前面的计算结果进行比较。

6.4.2　*RC* 电路的相量分析

与前面类似的方法可以用于如图 6.6 所示的电阻和电容构成的电路中。仍然取电流信号 i 作为参考相位。由于电容上的电压信号滞后电流 90°，所以电容上电压的相角为－90°。在图中，该相量垂直向下。而和相量的相角 ϕ 为负值，表明该电路上的电压滞后于电流。

和前面一样，可以用相量图来确定该电路上电流和电压的关系。

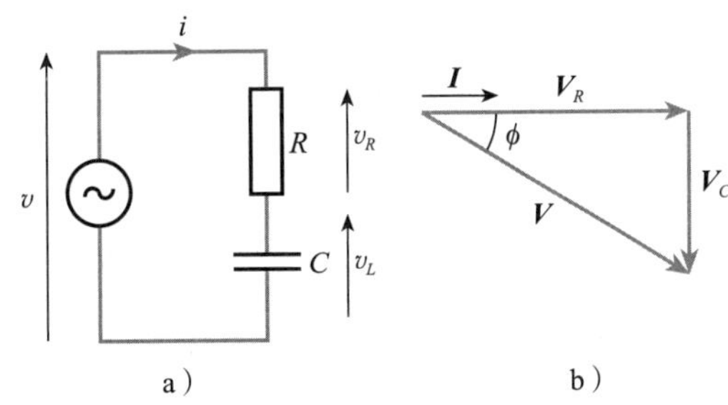

图 6.6　*RC* 电路的相量分析

例 6.6　一个电压为 10V、频率为 1kHz 的正弦电压，流过一个 10kΩ 电阻和 30nF 电容器所组成的串联电路。计算：

(a)串联电路上的电流

(b)电压和电流之间的相角

解：(a)在该例中，电路上的电流未知，我们用 I 表示电流。电阻上的电压为

$$V_R = IR = I \times 10^4(\mathrm{V})$$

在频率为 1kHz 时，电容的电抗为

$$X_C = \frac{1}{2\pi fC} = \frac{1}{2\times\pi\times10^3\times3\times10^{-8}} = 5.3(\mathrm{k\Omega})$$

因此，电容上的电压为

$$V_C = I_C X_C = I \times 5.3 \times 10^3(\mathrm{V})$$

可以用右面的相量图表示。

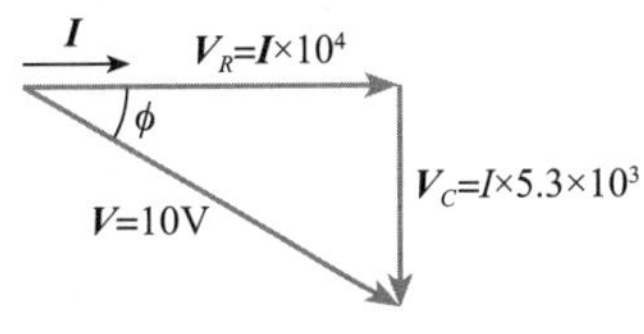

由图可得：

$$V^2 = V_R^2 + V_C^2$$

$$10^2 = (I \times 10^4)^2 + (I \times 5.3 \times 10^3)^2$$

$$= I^2 \times 1.28 \times 10^8$$

可以解得：

$$I = 884(\mu\mathrm{A})$$

(b)电压和电流之间的相角

$$\phi = \arctan\frac{V_C}{V_R} = \arctan\frac{I\times5.3\times10^3}{I\times10^4} = -27.9°$$ ◀

从相量图也可以看出相角为负值，表明电压滞后于电流约 28°，也就是说，电流超前电压约 28°。

计算机仿真练习 6.2

对例 6.6 中的电路用正弦电压源进行仿真。用瞬态分析研究该电阻电感串联电路上电流的幅度和相位，并且将其与上面的计算结果进行比较。

6.4.3　*RLC* 电路的相量分析

上面的分析方法可以用于分析包含任意电阻、电感和电容的电路。例如，图 6.7a 中的电路包含两个电阻、一个电感和一个电容。图 6.7b 给出了对应的相量图。求这四个元件上的电压之和，可以采用不同的顺序对其相量进行相加，得到的结果是完全一样的，这很有意思。图 6.7c 给出了完全相同的总电压(幅度和相角都完全一样)，这证明结果与叠加顺序无关。

6.4.4　并联电路的相量分析

前面讨论的都是串联电路的相量分析。在串联电路中，流过整个网络的电流是相同的，我们通常关心的是每个元件上的电压，所以相量图给出的是电路中不同电压的关系。在并联电路中，每个元件上的电压是相同的，所以我们就对电流感兴趣。同样用相量图来表示电流，

如图 6.8 所示。在电路中，外加电压 v 选作参考相位，因此，流过电阻的电流的相角为 0。由于电感上的电流 i_R 滞后于外加电压，其相量 $\boldsymbol{I}_L$ 是垂直向下的。相似地，电容的电流超前于外加电压，其相量 $\boldsymbol{I}_C$ 是垂直向上的。电流相量显然与其电压相量图的方向相反。

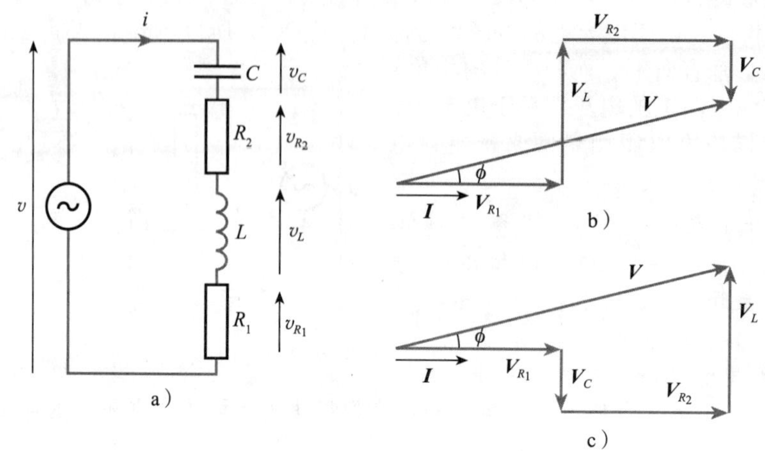

图 6.7　RLC 电路的相量分析

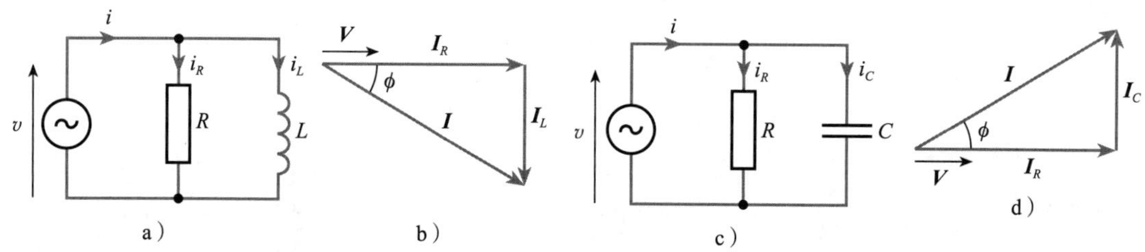

图 6.8　并联电路的相量分析

与串联电路的情况一样，相量图可以用来分析任意元件组成的并联电路，并且可以采用相似的方法来进行计算。

6.5　阻抗

如果电路中只包含电阻，其电流只跟外加电压和电路的电阻相关。如果电路中含有电抗元件，电流跟外加电压的关系可以用电路的阻抗 $\boldsymbol{Z}$ 描述，用黑斜体表明它不仅跟电流的幅度有关，而且跟电流的相位有关。阻抗在电抗电路中可以用电阻在电阻电路中一样的方法进行处理，不过需要记住的是阻抗随频率变化。

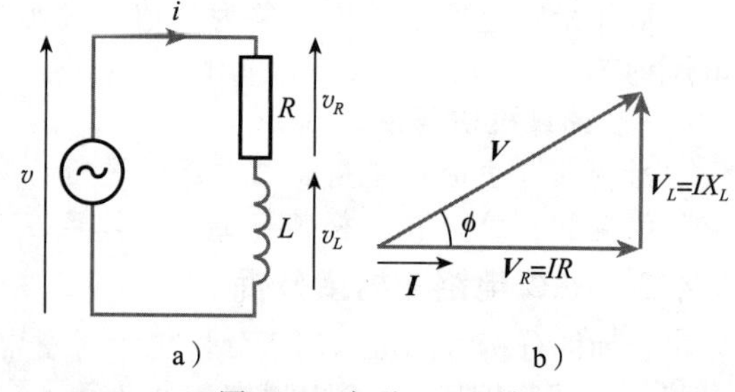

图 6.9　串联 RL 电路

观察图 6.9，其中，RL 串联网络与图 6.5一样。根据图 6.9b 中的相量图，显然 RL 电路的电压幅度 V 为

$$V=\sqrt{(V_R^2+V_L^2)}=\sqrt{(IR)^2+(IX_L)^2}=I\sqrt{R^2+X_L^2}=IZ$$

其中，$Z=\sqrt{R^2+X_L^2}$。如前所述，对于一个既有大小也有相位的量，我们用斜体字母表示其大小，所以 $Z=|\boldsymbol{Z}|$ 是 RL 电路阻抗的大小。同样考虑图 6.6 所示的 RC 电路，其电路阻抗的大小为 $Z=\sqrt{R^2+X_C^2}$。因此，无论哪种情况，阻抗的大小都可以用下式表示：

$$Z=\sqrt{R^2+X^2} \tag{6.6}$$

电路的阻抗不仅有大小(Z)，还有相位(ϕ)——代表了电压和电流之间的相位。根据图 6.9，相位 ϕ 由下式给出：

$$\phi = \arctan\frac{V_L}{V_R} = \arctan\frac{IX_L}{IX_R} = \arctan\frac{X_L}{X_R}$$

对于 RC 电路可以采用类似的分析方法，其结果为 $\phi=\arctan X_C/R$，因此

$$\phi = \arctan\frac{X}{R} \tag{6.7}$$

相位的符号可以由相量图观察得到。

图 6.9b 所示为代表电路电压的相量。相似的图可以用于含有电阻元件和电抗元件的电路，求出其合成阻抗。如图 6.10 所示，图 6.10a 所示为 RL 串联电路的阻抗，图 6.10b 所示为 RC 串联电路的阻抗。阻抗 $\boldsymbol{Z}$ 可以在直角坐标系中用电阻加上电抗元件的方式表示，或者在极坐标系中用幅度 Z 和相角 ϕ 表示。

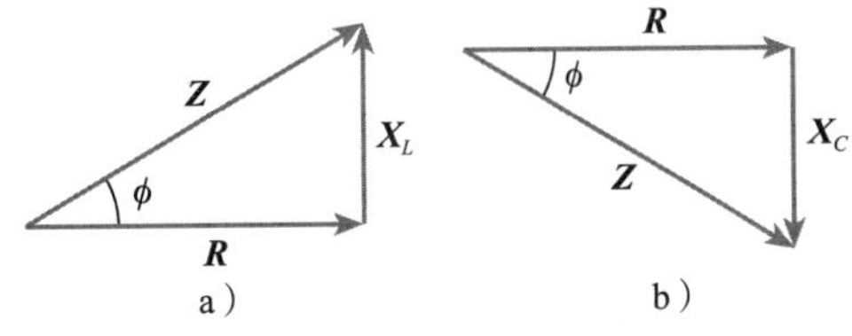

图 6.10 阻抗的图形表示

图 6.10 所示的方法可以推广用于计算其他包含电阻、电感和电容的电路阻抗，只要依次加上各个电路元件的阻抗即可。然而，我们经常会使用更方便的复数记法来表示阻抗，下面我们介绍这种方法。

6.6 复数记法

熟悉复数的读者会注意到上面讨论的相量图和表示复数量的阿根图有相似之处。如果不熟悉该内容，建议在学习本节内容之前，先阅读附录 D。附录 D 对复数做了简单的介绍。

复数运算中实数和虚数的区别非常像阻抗中电阻和电抗的区别。当一个正弦电流流过一个电阻的时候，相应的电压与电流同相。因此，电阻可以作为阻抗的实部。当一个相同的电流流过电感或者电容的时候，其电压超前或者滞后电流 90°。因此，可以把电抗元件看成阻抗的虚部。由于电感产生的相移与电容产生的相移相反，我们把这两种元件所产生的虚阻抗用相反的极性表示。通常，电感作为正阻抗，而电容作为负阻抗。电容和电感的阻抗大小取决于元件的电抗。

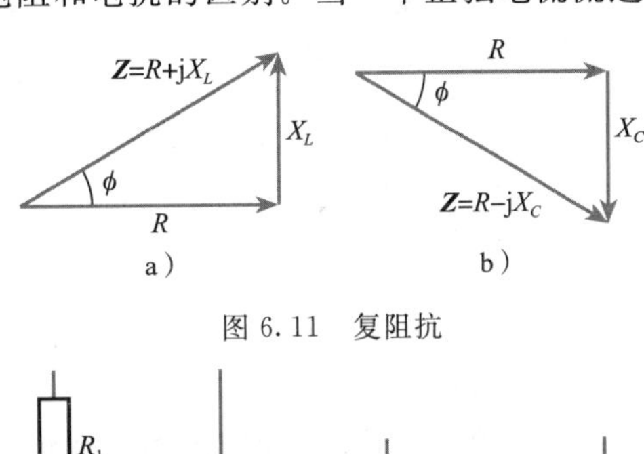

图 6.11 复阻抗

因此，电阻、电感和电容的阻抗如下。

电阻：$\boldsymbol{Z}_R = R$

电感：$\boldsymbol{Z}_L = \mathrm{j}X_L = \mathrm{j}\omega L$

电容：$\boldsymbol{Z}_C = -\mathrm{j}X_C = -\mathrm{j}\dfrac{1}{\omega C} = \dfrac{1}{\mathrm{j}\omega C}$

图 6.11 给出了图 6.10 中电路的复阻抗。

复阻抗有一个有吸引力的特征，就是可以采用像电阻在直流电路中类似的处理方法来处理正弦信号。

6.6.1 串联

对于串联的阻抗 $\boldsymbol{Z}_1$，$\boldsymbol{Z}_2$，…，$\boldsymbol{Z}_N$，总的等效阻抗等于各阻抗之和。

$$\boldsymbol{Z} = \boldsymbol{Z}_1 + \boldsymbol{Z}_2 + \cdots + \boldsymbol{Z}_N \tag{6.8}$$

图 6.12a 给出了相应的例子。

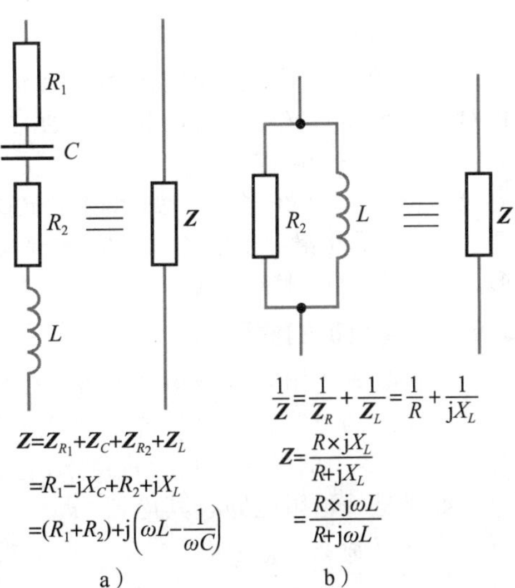

图 6.12 串联和并联电路的阻抗

6.6.2　并联

对于并联的阻抗 $\boldsymbol{Z}_1$，$\boldsymbol{Z}_2$，…，$\boldsymbol{Z}_N$，总的等效阻抗等于各阻抗的倒数之和的倒数。

$$\frac{1}{\boldsymbol{Z}}=\frac{1}{\boldsymbol{Z}_1}+\frac{1}{\boldsymbol{Z}_2}+\cdots+\frac{1}{\boldsymbol{Z}_N} \tag{6.9}$$

图 6.12b 给出了相应的例子。

例 6.7　求出右面串联电路在频率为 50Hz 时的复阻抗。

解：频率为 50Hz 所对应的角频率为

$$\omega=2\pi f=2\times\pi\times50=314\text{rad/s}$$

因此

$$\boldsymbol{Z}=\boldsymbol{Z}_C+\boldsymbol{Z}_R+\boldsymbol{Z}_L=R+\mathrm{j}(X_L-X_C)=R+\mathrm{j}(\omega L-\frac{1}{\omega C})$$

$$=200+\mathrm{j}(314\times400\times10^{-3}-\frac{1}{314\times50\times10^{-6}})=200+\mathrm{j}62\Omega$$

注意，在该频率时，电路的阻抗等效于 200Ω 的电阻与电感 $X_L=62\Omega$ 串联。因为 $X_L=\omega L$，所以等效电感为 $L=X_L/\omega=62/314=197\text{mH}$。综上，对于该频率，上述电路的等效电路如右图。

6.6.3　复数量的表示

有很多种方法可以表示复数，最常用的是直角坐标形式($a+\mathrm{j}b$)，极坐标形式($r\angle\theta$)和复数形式($r\mathrm{e}^{\mathrm{j}\theta}$)。如果对这些形式和相关的数学内容不熟悉，建议阅读本节内容之前先看附录 D。

如果需要做复数量的加(或者减)运算(例如两个阻抗)，对于都是用直角坐标的形式表示的复数，很容易完成。因为

$$(a+\mathrm{j}b)+(c+\mathrm{j}d)=(a+c)+\mathrm{j}(b+d)$$

如果要做复数量的乘(或者除)运算(例如用一个复数阻抗乘一个正弦电流)，则用极坐标形式或者复数形式很容易。例如，用极坐标形式

$$\frac{A\angle\alpha}{B\angle\beta}=\frac{A}{B}\angle(\alpha-\beta)$$

幸运的是，各种表达形式之间的转换很简单(见附录 D)，并且我们会经常改变量的形式，便于简化运算。

具有相同频率的正弦电压和电流经常在极坐标形式中用幅度和相角表示。由于相角是相对的，需要定义一个参考相位，通常取电路的输入电压或者电流的相位作为参考相位。例如，如果一个电路的输入电压幅度是 20V，并取该信号的相位作为参考相位，则该信号的极坐标形式为 $20\angle0\text{V}$。如果确定电路中的另外一个信号是 $5\angle30°$，则说明该信号的幅度为 5V，而其相对于参考(输入)波形的相角是 30°。相角为正值表明信号超前于参考波形，而相角为负值表明信号滞后于参考波形。

6.6.4　复阻抗的使用

就像处理电阻在直流电路中的情况一样，我们可以基于相似的方法，用复阻抗来处理正弦信号。例如，对于图 6.13 中的电路，我们希望求出其电流 i。

如果是纯电阻电路，其电流为 $i=v/R$。所以，在该例中其电流为 $i=v/\boldsymbol{Z}$，其中，$\boldsymbol{Z}$ 是电路的复阻抗。电路的驱动电压是 $100\sin(250t)$，所以角频率 ω 等于 250。因此电路的复阻抗 $\boldsymbol{Z}$ 为

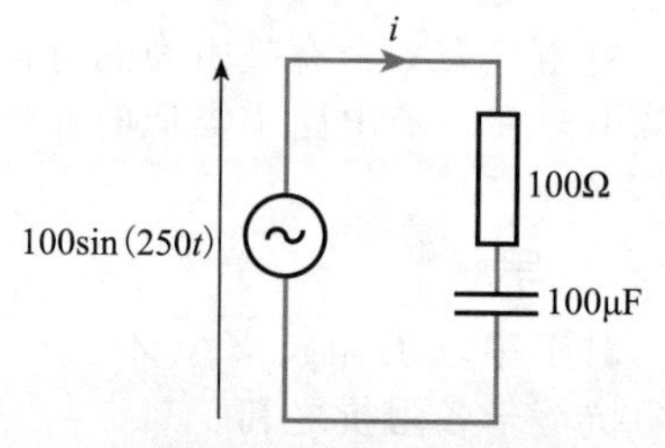

图 6.13　在简单 RC 电路中阻抗的使用

$$Z = R - jX_C = R - j\frac{1}{\omega C} = 100 - j\frac{1}{250 \times 10^{-4}} = 100 - j40$$

电流为 $v/\boldsymbol{Z}$，并且如果每个量都用极坐标形式表示，计算就会很容易。如果选输入电压信号的相位为参考相位，于是有 $v=100\angle 0$。$\boldsymbol{Z}$ 的极坐标形式如下：

$$\boldsymbol{Z} = 100 - j40$$

$$|\boldsymbol{Z}| = \sqrt{100^2 + 40^2} = 107.7$$

$$\angle \boldsymbol{Z} = \arctan\frac{-40}{100} = -21.8°$$

$$\boldsymbol{Z} = 107.7\angle -21.8°$$

因此

$$i = \frac{v}{\boldsymbol{Z}} = \frac{100\angle 0}{107.7\angle -21.8} = 0.93\angle 21.8$$

另外一个应用复阻抗的例子是图 6.14a 中的电路，它包含两个电阻、一个电容和一个电感。为了分析该电路，首先将每个元件用阻抗进行替换，如图 6.14b 所示。$\boldsymbol{Z}_C$ 和 $\boldsymbol{Z}_{R_1}$ 是串联的，组合为一个新的阻抗 $\boldsymbol{Z}_1$，如同上一节所讨论的那样。相似地，$\boldsymbol{Z}_L$ 和 $\boldsymbol{Z}_{R_2}$ 是并联的，可以组合为一个阻抗 $\boldsymbol{Z}_2$。这样就构成了如图 6.14c 所示的电路，从而可以用分压器的标准公式来计算输出电压（将公式中的电阻替换为阻抗即可）。

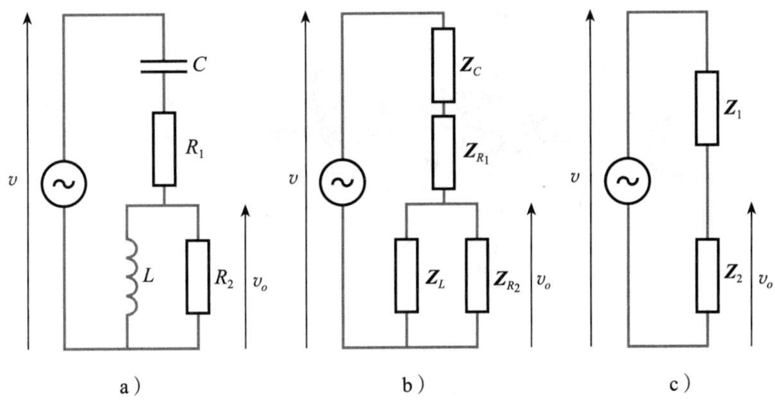

图 6.14　复阻抗在电路分析中的应用

例 6.8　在图 6.14a 所示的电路中，如果 $C=200\mu F$，$R_1=5\Omega$，$L=50mH$，$R_2=50\Omega$，并且输入电压为 $v=10\sin(500t)$，计算其输出电压 v_o。

解：因为 $v=10\sin(500t)$，所以 $\omega=500rad/s$。取输入电压信号的相位作为参考相位，所以 v 是 $10\angle 0$。

首先计算图 6.14c 中相应的阻抗 $\boldsymbol{Z}_1$ 和 $\boldsymbol{Z}_2$。

$$\boldsymbol{Z}_1 = R_1 - jX_C = R_1 - j\frac{1}{\omega C} = 5 - j\frac{1}{500 \times 200 \times 10^{-6}} = 5 - j10(\Omega)$$

$$\frac{1}{\boldsymbol{Z}_2} = \frac{1}{R_2} + \frac{1}{jX_L}$$

$$\boldsymbol{Z}_2 = \frac{jX_L R_2}{R_2 + jX_L} = \frac{jX_L R_2(R_2 - jX_L)}{(R_2 + jX_L)(R_2 - jX_L)} = \frac{R_2 X_L^2 + jR_2^2 X_L}{R_2^2 + X_L^2} = \frac{R_2\omega^2 L^2 + jR_2^2 \omega L}{R_2^2 + \omega^2 L^2}$$

$$= \frac{(50 \times 500^2 \times 0.05^2) + (j \times 50^2 \times 500 \times 0.05)}{50^2 + (500^2 \times 0.05^2)} = \frac{31\,250 + j62\,500}{3125}$$

$$= 10 + j20(\Omega)$$

根据图 6.14c，显然有

$$v_0 = v \times \frac{\mathbf{Z}_2}{\mathbf{Z}_1 + \mathbf{Z}_2} = v \times \frac{10 + \mathrm{j}20}{(5 - \mathrm{j}10) + (10 + \mathrm{j}20)} = v \times \frac{10 + \mathrm{j}20}{15 + \mathrm{j}10}$$

通常使用极坐标形式更容易实现除法和乘法，可以得到：

$$v_0 = v \times \frac{22.4\angle 63.4^\circ}{18.0\angle 33.7^\circ} = v \times 1.24\angle 29.7^\circ = 10\angle 0 \times 1.24\angle 29.7^\circ = 12.4\angle 29.7^\circ$$

因此，由于 v_0 和 v 的频率相同，则

$$v_0 = 12.4\sin(500t + 29.7^\circ)$$

输出电压超前输入电压 29.7°。◀

计算机仿真练习 6.3

对例 6.8 中的电路用正弦电压源 v 进行仿真，用瞬态分析法求出输出电压 V_0 的幅度和相位，并且与前面的计算结果比较。

将欧姆定律、基尔霍夫电压和电流定律中的电阻换成阻抗依然成立。因此，第 3 章中的各种电路分析方法也可以应用到交流电压和交流电流的分析中。

进一步学习

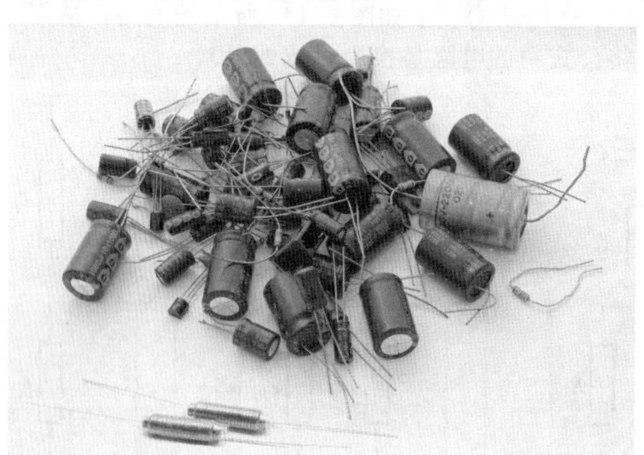

视频 6B

下图 a 中的电路包含 4 个元件。如果电路的工作频率为 100Hz 时，请设计一个更简单的电路来代替原电路。

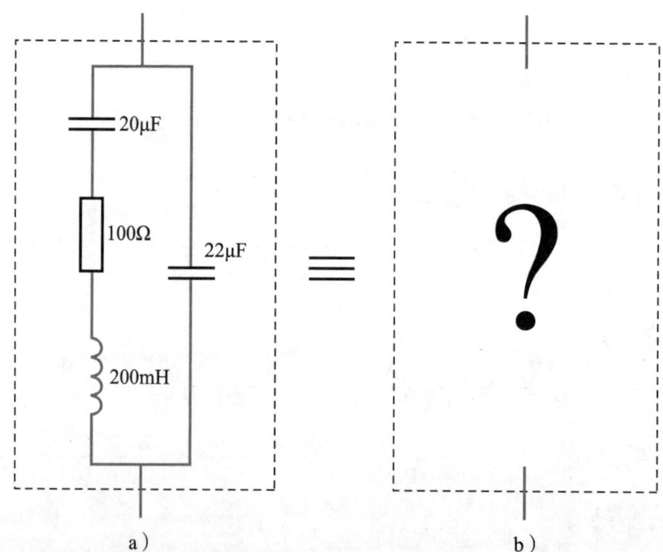

关键点

- 正弦电压波形可以用以下公式描述
  $$v = V_P \sin(\omega t + \phi)$$
  其中，V_P是波形的峰值电压，ω是角频率，而ϕ代表相角。
- 当正弦电流流过电阻、电感和电容时
  - 电阻上的电压和电流同相；
  - 电感上的电压超前电流 90°；
  - 电容上的电压滞后电流 90°。
- 电感和电容上的电压幅度由其电抗决定
  - 电感的电抗，$X_L = \omega L$
  - 电容的电抗，$X_C = \dfrac{1}{\omega C}$
- 电阻、电感和电容上的电压幅度公式为
  - 电阻：$V = IR$
  - 电感：$V = IX_L$
  - 电容：$V = IX_C$
- 对于频率相同的多个量，相量图可以同时表示它们的幅度和相位。
- 用相量表示交流电压易于实现不同相位信号之间的加减。
- 包含电抗元件的电路，其电流和电压之间的关系用其阻抗 $\boldsymbol{Z}$ 描述。
- 复数记法可以简化包含电抗元件的电路中电流和电压的计算。使用该方法，电阻、电感和电容的阻抗表示方法如下
  - 电阻：$\boldsymbol{Z}_R = R$
  - 电感：$\boldsymbol{Z}_L = \mathrm{j}\omega L$
  - 电容：$\boldsymbol{Z}_C = -\mathrm{j}\dfrac{1}{\omega C} = \dfrac{1}{\mathrm{j}\omega C}$
- 复数量有很多种表示方法，最常用的是直角坐标形式($a+\mathrm{j}b$)，极坐标形式($r\angle\theta$)和复数形式($re^{\mathrm{j}\theta}$)。
- 使用复阻抗表示正弦量可以用电阻在直流电路中相似的方法进行处理。

习题

6.1 信号 v 的公式为 $v=15\sin100t$，该信号的角频率是多少？其峰值是多少？

6.2 信号 v 的公式为 $v=25\sin250t$，该信号的频率是多少？其幅度的有效值是多少？

6.3 一个正弦信号的峰值为 20V，角频率为 300rad/s，写出其表达式。

6.4 一个正弦信号的有效值电压为 14.14V，频率为 50Hz，写出其表达式。

6.5 说明电感上电压和电流的关系。

6.6 说明电容上电压和电流的关系。

6.7 如果正弦电流流过电阻，电阻上的电流和电压之间的相位关系如何？

6.8 如果正弦电流流过电容，电容上的电流和电压之间的相位关系如何？

6.9 如果正弦电流流过电感，电感上的电流和电压之间的相位关系如何？

6.10 解释术语“电抗”的含义。

6.11 什么是电阻的电抗？

6.12 什么是电感的电抗？

6.13 什么是电容的电抗？

6.14 计算一个 20mH 的电感在频率为 100Hz 时的电抗，并给出单位。

6.15 计算一个 10nF 的电容在角频率为 500rad/s 时的电抗，并给出单位。

6.16 一个有效值为 15V、频率为 250Hz 的正弦电压加在一个 50μF 的电容上。电容上的电流是多少？

6.17 一个峰值为 2mA、角频率为 100rad/s 的正弦电流加在一个 25mH 的电感上。电感的电压是多少？

6.18 简单解释相量图的应用。

6.19 相量的长度和方向的意义是什么？

6.20 计算下面相量图中($\boldsymbol{A}+\boldsymbol{B}$)和($\boldsymbol{A}-\boldsymbol{B}$)的幅度和相位。

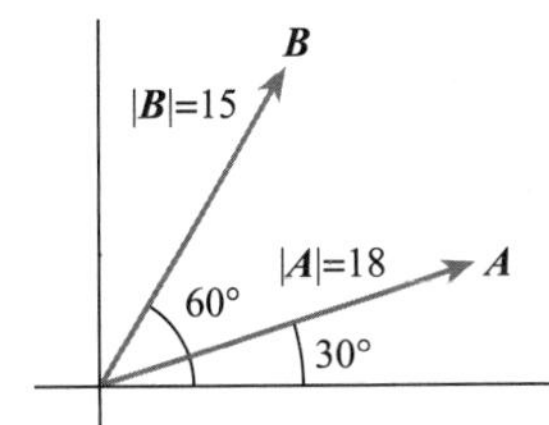

6.21 一个电压信号由两个同频率的正弦波形相加而来。第一个信号的幅度为 20V，并取其相位为参考相位(即相角为 0°)。第二个信号的幅度为 10V，其相位超前第一个信号 45°。画出它们的相量图并计算信号和的幅度与相位。

6.22 一个大小为 3A、频率为 100Hz 的正弦电流流过一个 25Ω 电阻和 75mH 电感所组成的串联电路。用相量图求出串联电路上的电压，以及电压和电流之间的相角。

6.23 对习题 6.22 中的电路进行仿真，并证明题解是正确的。在做仿真的时候，你会发现从计算机仿真练习 6.1 开始做会很有用。

6.24 一个幅度为 12V、频率为 500Hz 的正弦电压加在一个 5kΩ 电阻和一个 100nF 电容组成的串联电路上。用相量图计算串联电路上的电流，以及电压和电流之间的相角。

6.25 对习题 6.24 中的电路进行仿真，并证明题解是正确的。在做仿真的时候，你会发现从计算机仿真练习 6.2 开始做会很有用。

6.26 用相量图求出一个 25Ω 电阻和一个 10μF 电容组成的串联电路在频率为 300Hz 时阻抗的幅度和相位。

6.27 如果 $x=5+j7$ 和 $y=8-j10$。计算$(x+y)$、$(x-y)$、$(x\times y)$和$(x\div y)$。

6.28 一个 1kΩ 的电阻在频率为 1kHz 时的复阻抗是多少？

6.29 一个 1μF 的电容在频率为 1kHz 时的复阻抗是多少？

6.30 一个 1mH 的电感在频率为 1kHz 时的复阻抗是多少？

6.31 求出下面电路在频率为 200Hz 时的复阻抗

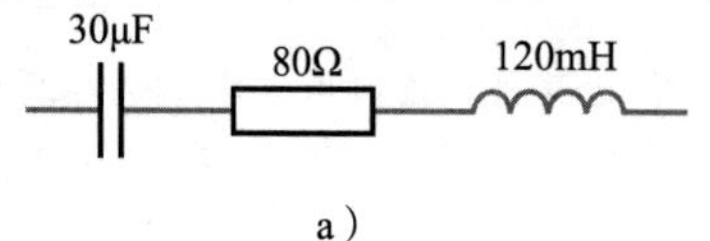

a）

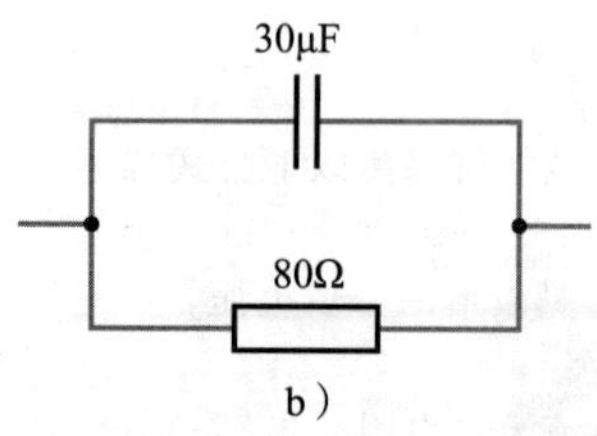

b）

6.32 将 $x=20+j30$ 用极坐标形式和复数形式表示。

6.33 将 $y=25\angle-40°$ 用直角坐标形式和复数形式表示。

6.34 一个 $v=60\sin 314t$ 的电压加在一个 10Ω 电阻和 50mH 电感的串联电路上，求电路上电流的幅度和相位。

6.35 对习题 6.34 中的电路进行仿真，证明计算结果的正确性。

6.36 一个 $i=0.5\sin 377t$ 的电流流过一个 1kΩ 电阻和 5μF 电容组成的并联电路，求出电路上电压的幅度和相位。

6.37 对习题 6.36 中的电路进行仿真，证明计算结果的正确性。

第7章 交流电路的功率

目标

学习完本章内容后，应具备以下能力：

- 解释视在功率、有功功率、无功功率和功率因数的概念
- 计算包含电阻、电感和电容的电路在交流情况下的功耗
- 讨论功率因数在确定电能利用和分配的效率上的重要性
- 确定给定电路的功率因数，并且在需要时增加合适的元件以改变功率因数
- 描述单相电和三相电的功率测量

7.1 引言

电阻上的瞬时功耗可以用瞬时电压乘以瞬时电流的方法进行计算。在直流电路中，这是一个众所周知的公式：

$$P = VI$$

在交流电路中

$$p = vi$$

其中，v 和 i 是交流波形的瞬时值，而 p 是瞬时功耗。

在纯电阻电路中，v 和 i 是同相的，p 的计算非常简单。然而，在包含电抗元件的电路中，v 和 i 之间存在相位差，所以其功率的计算要稍微复杂一些。我们先考虑阻性负载的功耗，然后再考虑感性、容性和混合负载。

7.2 阻性负载的功耗

如果正弦电压 $v=V_P\sin\omega t$ 加在一个电阻 R 上，于是电阻上的电流 i 是

$$i = \frac{v}{R} = \frac{V_P\sin(\omega t)}{R} = I_P\sin(\omega t)$$

其中，$I_P=V_P/R$。

瞬时功率 p 的公式为

$$p = vi = V_P\sin(\omega t)\times I_P\sin(\omega t) = V_P I_P(\sin^2(\omega t)) = V_P I_P\left(\frac{1-\cos(2\omega t)}{2}\right)$$

可以看出 p 的变化频率是 v 和 i 的两倍。v、i 和 p 的关系如图 7.1所示。由于余弦函数的平均值为零，$(1-\cos2\omega t)$ 的平均值为 1，p 的平均值为 $V_P I_P/2$。因此，平均功率 P 为

$$P = \frac{1}{2}V_P I_P = \frac{V_P}{\sqrt{2}}\times\frac{I_P}{\sqrt{2}} = VI$$

其中，V 和 I 是电压和电流的有效值。这和第 2 章中对有效值的讨论是一致的。

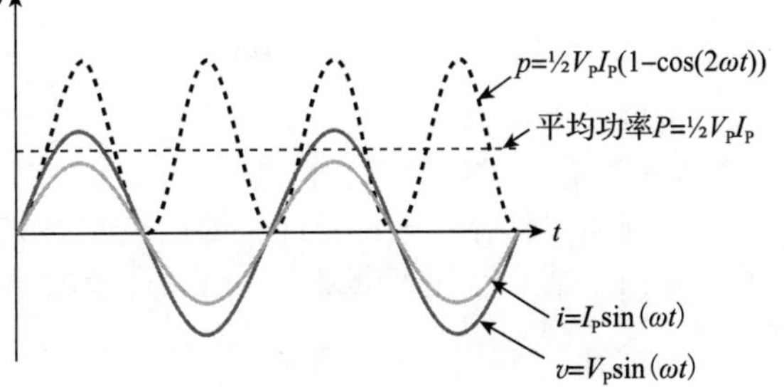

图 7.1　电阻上电压、电流和功率的关系

7.3　电容的功率

我们知道电容器上的电流超前电压 90°（见第 4 章）。因此，如果 $v=V_P\sin(\omega t)$，则电容器上的电流为 $i=I_P\cos(\omega t)$。其功率 p 为

$$p=vi=V_P\sin(\omega t)\times I_P\cos(\omega t)=V_PI_P(\sin(\omega t)\times\cos(\omega t))=V_PI_P\left(\frac{\sin(2\omega t)}{2}\right)$$

v、i 和 p 的关系如图 7.2 所示。p 的变化频率是 v 和 i 的两倍。由于正弦函数的平均值为零，p 的平均值也为零。因此，在周期的部分时间里流入电容器的功率会再流出电容器。因此，电容器在周期的部分时间里储存的能量会再还给电路。电容器的平均功耗 P 为零。

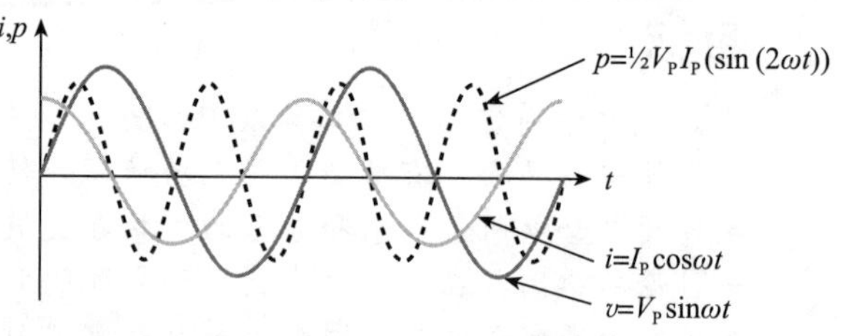

图 7.2　电容器上电压、电流和功率的关系

7.4　电感的功率

我们知道电感上的电流滞后于电压 90°（见第 5 章）。因此，如果 $v=V_P\sin(\omega t)$，则电感上的电流为 $i=-I_P\cos(\omega t)$。其功率 p 为

$$p=vi=V_P\sin(\omega t)\times(-I_P\cos(\omega t))=-V_PI_P(\sin(\omega t)\times\cos(\omega t))=-V_PI_P\left(\frac{\sin(2\omega t)}{2}\right)$$

电感的情况和电容相似，电感的平均功耗为零。v、i 和 p 的关系如图 7.3 所示。

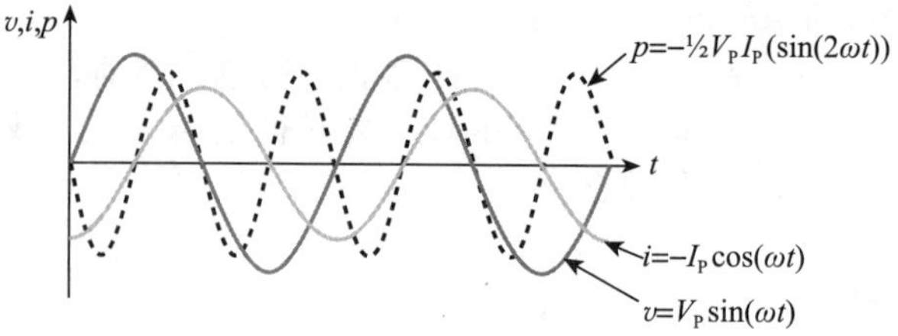

图 7.3　电感上电压、电流和功率的关系

7.5　含有电阻和电抗元件的电路的功率

如果一个正弦电压 $v=V_P\sin(\omega t)$加在含有电阻和电感的电路上，其电流的通用公式为$i=I_P\sin(\omega t-\phi)$。其瞬时功率 p 为

$$p=vi=V_P\sin(\omega t)\times I_P(\sin(\omega t-\phi))=\frac{1}{2}V_PI_P[\cos\phi-\cos(2\omega t-\phi)]$$

$$p=\frac{1}{2}V_PI_P\cos\phi-\frac{1}{2}V_PI_P\cos(2\omega t-\phi)\tag{7.1}$$

可以看出 p 的表达式由两部分组成。第二部分是 $2\omega t$ 的函数，因此这一部分的频率是 v 频率的两倍。其平均值在一个完整的周期里或者一段很长的时间里为零。这表明在每一个电压周期里储存在电抗元件中的能量都会还给电路。p 表达式的第一部分与时间无关，因此是固定值。这代表电路中电阻元件上的功耗。因此，平均功耗如下：

$$P=\frac{1}{2}V_PI_P(\cos\phi)=\frac{V_P}{\sqrt{2}}\times\frac{I_P}{\sqrt{2}}(\cos\phi)$$

$$P=VI\cos\phi\tag{7.2}$$

其中，V 和 I 是电压和电流的有效值。平均功耗 P 称为有功功率，单位为瓦特。

如果测量负载上的有效值电压和有效值电流，并且将其相乘，可以得到 VI，称为视在功率。可以想象一个没有经验的工程师，不熟悉相角的作用，也许会采用同样的测量和计算来获得负载的功耗。根据上述讨论，我们知道该乘积不是耗散功率，但是仍然是一个很有用的量，视在功率的符号为 S。为了避免与耗散功率混淆，取 S 的单位为伏安(V·A)。

根据式(7.2)，知道 $P=VI\cos\phi$，因此

$$P = S\cos\phi$$

换句话说，有功功率等于视在功率乘上相角的余弦。这个余弦函数称为功率因数，其定义为有功功率和视在功率的比值：

$$\frac{\text{有功功率(瓦特)}}{\text{视在功率(伏安)}} = \text{功率因数} \tag{7.3}$$

由上式可得：

$$\text{功率因数} = \frac{P}{S} = \cos\phi \tag{7.4}$$

例 7.1 一个元件上的有效值电压为 50V，有效值电流为 5A。如果电流超前电压 30°，计算：

(a) 视在功率

(b) 功率因数

(c) 有功功率

解：(a) 视在功率为

$$S = VI = 50 \times 5 = 250(\text{V}\cdot\text{A})$$

(b) 功率因数为

$$\cos\phi = \cos 30^\circ = 0.866$$

(c) 有功功率为

$$P = S\cos\phi = 250 \times 0.866 = 216.5(\text{W})$$ ◀

计算机仿真练习 7.1

对一个正弦电压源和电阻负载的电路进行仿真。用瞬态分析来观察几个周期的波形并且绘制电压、电流和功耗($v_R \times i_R$)的波形。观察这些波形之间的关系，并且确认功率波形的频率是电压源信号频率的两倍。同时也确认功率的平均值是其峰值的一半。

将电阻换成电容重复前面的仿真，然后再换成电感重复前面的实验，并比较其结果。确认两种情况下的平均功率都是零。

最后对电阻和电容的串联电路重复前面的仿真，注意其效果。做最后一步仿真时，要谨慎地测量串联电路上的电压。

7.6 有功功率和无功功率

根据式(7.1)，很明显，当一个负载同时有电阻和电抗元件的时候，总功率会有两个分量。第一个分量是负载中电阻元件上的功耗，称为有功功率。第二个功率分量并没有被消耗掉，但是被电路中的电抗元件不断储存和释放。这里称为无功功率，用符号 Q 表示。

无功功率并没有在负载上消耗掉，但它的存在确实会对系统产生影响。电源在每个周期的部分时间里要给电抗元件提供功率，在每个周期的其余时间里又要从电抗元件回收功率。这增加了电源的电流，同时也增加了电源线电阻上的损耗。

为了量化无功功率的影响，我们考虑如下情况，将正弦电压 V 加在复阻抗 $\mathbf{Z}=R+\mathrm{j}X$ 上，如图 7.4a 所示。图 7.4b 显示了该电路的电压相量图，然后将 V_R 和 V_X 用电源电压 V 和相角 ϕ 表示并重绘于图 7.4c。如果将相量图中各个量的幅度乘上 I，可以得到一个三角形一样的图形，如图 7.4d 所示。如果 V 和 I 代表有效值电压和电流，则该直角三角形的斜边长

为 VI，这就是之前所说的视在功率 S；三角形的底边长为 $VI\cos\phi$，这就是有功功率 P；三角形垂直的边长为 $VI\sin\phi$，是电路的无功功率 Q。无功功率的单位是无功伏安或者 var(为了区别于有功功率，两者在量纲上是相同的)。显而易见，图 7.4d 称为功率三角形。因此

$$\text{有功功率 } P = VI\cos\phi \text{ (W)} \tag{7.5}$$

$$\text{无功功率 } Q = VI\sin\phi \text{ (var)} \tag{7.6}$$

$$\text{视在功率 } S = VI \text{ (V·A)} \tag{7.7}$$

$$S^2 = P^2 + Q^2 \tag{7.8}$$

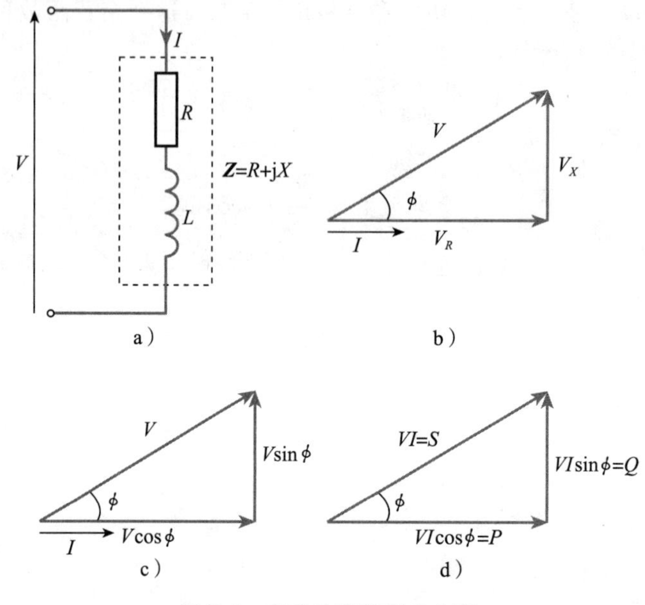

图 7.4　有功功率和无功功率

例 7.2 一个 2000V·A 的电动机，其电源电压为 240V，频率为 50Hz，功率因数 0.75。求出电动机的视在功率、有功功率、无功功率和电流。

解： 电动机的视在功率 S 是 2000V·A，因为这是电动机的额定功率。功率因数($\cos\phi$)等于 0.75，所以电动机的有功功率为

$$P = S\cos\phi = 2000 \times 0.75 = 1500(\text{W})$$

因为 $\cos\phi = 0.75$，相应的有 $\sin\phi = \sqrt{(1-\cos^2\phi)} = 0.6614$，因此

$$Q = S\sin\phi = 2000 \times 0.6614 = 1323(\text{var})$$

电流可以用视在功率除以电压得到：

$$I = \frac{S}{V} = \frac{2000}{240} = 8.33(\text{A})$$ ◀

7.7　功率因数纠正

功率因数在高功率应用中特别重要。一个给定的电源或者发电机通常有最大输出电压和最大输出电流。通常我们希望从电源获得的有用功率最大化。如果连接到电源的负载的功率因数为 1，则可以得到的功率是最大的，并且电源输出的所有电流都用来产生有功功率。如果功率因数小于 1，则负载上能得到的功率会小于最大值，并且无功电流会导致相关线路损耗的增加。

感性负载具有滞后的功率因数，因为其电流滞后于电源电压，同时，容性负载具有超前的功率因数。许多高功率器件，比如电动机，是感性的负载。并且典型的交流电动机滞后的功率因数为 0.9 或者更少。因此，加在国家配电网络的总负载的滞后功率因数为

0.8～0.9。这主要会降低电力生产和分配效率，因此，电力公司会通过收费的方式来惩罚那些引入低功率因数的工业用户。

感性负载带来的问题，可以用增加元件使功率因数接近 1 的方式解决。恰当的电容和滞后型负载并联可以改善其负载系数，因为“减少”了感性元件在负载中的阻抗。其效果就是感性负载产生的无功电流流入流出电容器，而不是从电源流入流出了。这不仅减少了电源的电流流入流出，而且减少了线路电阻上的损耗。将一个电容和负载串联也可以起到类似的作用。但是，并联的方法更常用，因为这样不会改变负载上的电压。

例 7.3 准备用一个电容与例 7.2 中的电动机并联以使其功率因数增加到 1。计算所需要的电容值，以及有功功率、视在功率和功率因数改善以后的电流。

解： 在例 7.2 中，我们求出了电动机的以下数据

$$\text{视在功率 } S = 2000(\text{V}\cdot\text{A})$$

$$\text{有功功率 } P = 1500(\text{W})$$

$$\text{电流 } I = 8.33(\text{A})$$

$$\text{无功功率 } Q = 1323(\text{var})$$

为了利用电容来抵消滞后无功功率，因此需要通过电容加上超前的无功功率 $Q_C = -1323\text{var}$。

因为 $P=V^2/R$，所以 $Q=V^2/X$。电容的无功功率是负值

$$Q_C = -\frac{240^2}{X_C} = -1323(\text{var})$$

$$X_C = \frac{240^2}{1323} = 43.54(\Omega)$$

$X_C = 1/\omega C$ 等于 $1/2\pi fC$。因此

$$\frac{1}{2\pi fC} = 43.54$$

$$C = \frac{1}{43.54\times 2\times \pi \times f} = \frac{1}{43.54\times 2\times 3.142\times 50} = 73(\mu\text{F})$$

功率因数的纠正没有影响电动机的有功功率，P 因此依然还是 1500W。然而，由于功率因数现在变成了 1，视在功率现在为 $S=P=1500\text{W}$。电流为

$$I = \frac{S}{V} = \frac{1500}{240} = 6.25(\text{A})$$

加了电容以后，视在功率从 2000V·A 降到 1500V·A，电流从 8.33A 降到 6.25A。电动机消耗的有功功率依然为 1500W。◀

在例 7.3 中，我们使用了电容使得功率因数增加到 1，但这也并不总是可行的。适合用在这里的高压电容很昂贵，使功率因数上升到恰当的数值会更符合成本效益原则，比如升到 0.9。

7.8　三相系统

到目前为止，关于交流信号的讨论限于单相电路。这是最常见也是常规的国内供电方式，电力是通过两根电线进行传输的(经常会加上接地导线)。虽然这样可以很好地满足加热和照明的应用，但是还有一些情况(特别是使用大型电动机的时候)单相系统不能满足。此时，常用的是三相供电，用三个交替的波形提供电力，每个波形之间的相位差是 120°。三相分别用红色、黄色和蓝色标记，通常缩写为 R、Y 和 B。三相之间的关系如图 7.5 所示。

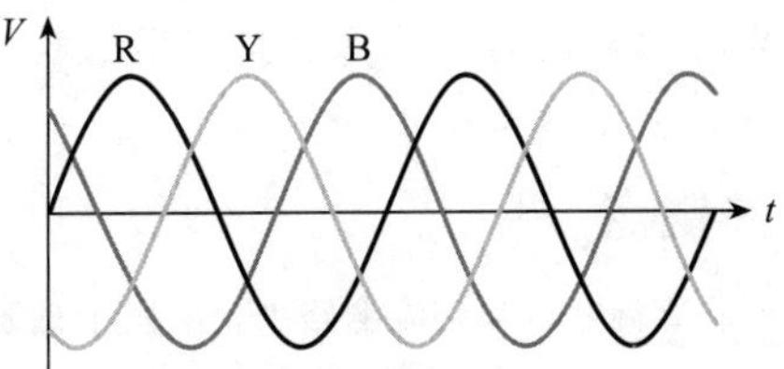

图 7.5　三相系统的电压波形

三相电可以使用三根或者四根导线供电。三相中每一相连接一个负载，如图 7.6a 所示。在四线系统中，另外一根线是中性线。负载连接在相线和中

性线之间，如图 7.6b 所示。

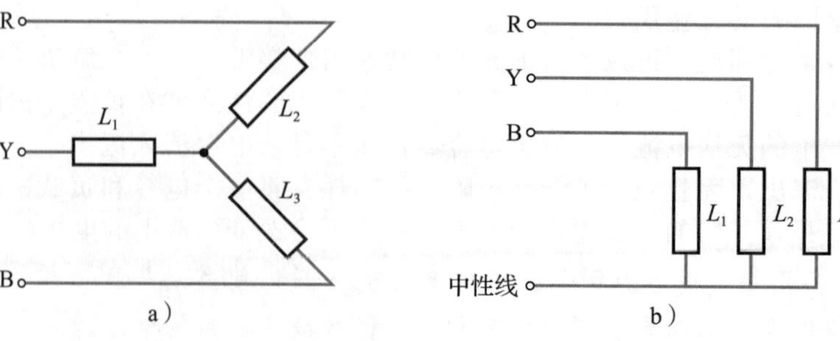

图 7.6 三相连接

三相系统在高功率工业应用中很常见，尤其是用到电力机械的时候。

7.9 功率测量

当使用正弦信号的时候，负载上的功耗不仅仅取决于电压和电流的有效值，还取决于电压和电流波形之间的相角(这决定了功率因数)。因此，对于功率的计算不能简单地单独测量电压和电流。

在单相交流电路中，功率的测量通常使用的是功率表。接入功率表以后，负载电流也会流入功率表中一个和负载串联的低阻励磁线圈，同时，负载上的电压也会加在功率表中一个高阻电枢线圈上。这会导致功率表的指针产生偏转，偏转直接与瞬时电流和电压的乘积相关，即与负载的瞬时功率相关。而线圈的惯性会对线路频率起到平滑作用，所以功率表的读数正比于功率的平均值。因此该表可以直接用瓦特校准。

在三相电路中，必须对每一相的功率进行求和，以测量总的功率消耗。在三线系统中，由于相位的相互作用，两个功率表的读数就可以用来测量总功率。无论两相测得的功率是否相同，将两个功率表的读数相加就可以得到总功率。在四线系统中，就需要三个功率表来测量每一相的功率了。然而，如果系统是平衡的(即每一相的功率相同)，用一个功率表就可以了，测量任意相的功率并乘以 3 就能得到总功率。

进一步学习

我们已经知道功率因数纠正在高功率系统的设计中很重要。在一个特定的工业应用中，一个 3000V·A 的电力电动机连接到一个单相的 240V、频率为 50Hz 的电源上。预先的测量表明该设备的功率因数是 0.7。

为了确定合适的功率因数纠正形式，需要将纠正的成本(必需的电容成本)和可能的能量节约进行比较。为了便于分析，必须计算并联在电动机上使其功率因数变化到 1 所需要的电容值，同时也计算使其功率因数变化到 0.9 所需要的电容值。估计这两种情况下所节约能量的百分比。

关键点

- 在直流电路和交流电路中，电阻上的瞬时功率等于瞬时电压和瞬时电流的乘积。
- 在纯电阻电路中，电流与电压同相，因此，其功率的计算很简单：平均功率等于 VI，这里的 V 和 I 是有效值。
- 在电容中，电流超前电压 90°，且平均功耗为零。

- 在电感中，电流滞后电压 90°，且平均功耗为零。
- 在同时含有电阻和电感的电路中，平均功率为 $P=VI\cos\phi$，其中 ϕ 是电流和电压波形之间的相角。P 称为有功功率，其单位是瓦特(W)。
- 电压有效值和电流有效值的乘积称为视在功率 S，其单位是伏安(V・A)。
- 有功功率和视在功率的比值是功率因数：

$$\text{功率因数} = \frac{P}{S} = \cos\phi$$

- 电抗元件储存和释放给系统的功率称为无功功率 Q，其单位是 var。
- 电源利用和分配的效率可以通过提高功率因数的方式提升——功率因数纠正的过程。由于大部分高功率负载都含有感性元件，纠正通常是采用电容和负载并联的方式。
- 在高功率应用中常常使用三相电源。
- 功率的测量可以直接使用功率表，直接将瞬时电压和瞬时电流相乘。

习题

7.1　一个正弦电压 $v=10\sin(377t)$ 加在一个 50Ω 的电阻上。计算其平均功耗。

7.2　将习题 7.1 中的电压加在一个 1μF 的电容上，计算其平均功耗。

7.3　将习题 7.1 中的电压加在一个 1mH 的电感上，计算其平均功耗。

7.4　加在一个元件上电压的有效值为 100V，产生电流的有效值为 7A。如果电流滞后电压 60°，计算视在功率、功率因数和有功功率。

7.5　解释瓦特、伏安和 var 单位之间的差别。

7.6　一个正弦电压的有效值为 100V、频率为 50Hz，加在由一个 40Ω 的电阻和一个 100mH 的电感串联的电路上。求出其有效值电流、视在功率、功率因数、有功功率和无功功率。

7.7　一个机器的电源电压是 250V、频率为 60Hz、额定功率是 500V・A、功率因数为 0.8。求出视在功率、有功功率、无功功率和机器的电流。

7.8　解释功率因数纠正的含义并解释功率因数纠正在高功率系统中的重要性。

7.9　如果将习题 7.7 中机器的功率因数纠正到 1，计算出需要并联的电容值。

7.10　如果将习题 7.7 中机器的功率因数纠正到 0.9，计算出需要并联的电容值。

7.11　一个正弦电压的峰值为 20V、频率为 50Hz，加在由一个 10Ω 的电阻和一个 16mH 的电感串联的电路上。求出电路的功率因数和有功功率。

7.12　对习题 7.11 的电路进行仿真并绘制电压和电流波形。估计这两个波形之间的相位差，并且确认用来计算功率因数的数值。绘制电压和电流乘积的波形，并且估计其平均值。计算电路的有功功率。

7.13　如果采用电容和电路串联的方式，将习题 7.11 中电路的功率因数校正到 1，计算出需要的电容值。计算电路在加上该电容以后的有功功率。

7.14　对习题 7.13 中的电路进行仿真，并且证实计算的正确性。

7.15　解释三相电源的三线制和四线制之间的区别。

7.16　说明不能用将电压表和电流表的读数相乘的方法来测量交流系统的功耗的原因。

7.17　说明为什么在单相系统中可以直接测量功率。

第 8 章 交流电路的频率特性

目标

学习完本章内容后，应具备以下能力：

- 用 RC 电路或者 RL 电路设计简单的高通和低通网络
- 解释电路的增益和相移是如何随频率变化的
- 预测多级高通网络或者低通网络组合使用后的效果，并且概述多级电路的特性
- 描述含有电阻、电感和电容的简单电路的特性，并且计算电路的谐振频率和带宽
- 讨论各种无源滤波器和有源滤波器的工作原理和特性
- 解释寄生电容和寄生电感对电路频率特性的重要影响

8.1 引言

在研究了一些基础电路元件的交流工作特性后，现在研究这些元件对简单电路的频率特性产生的影响。

虽然电阻不受信号频率的影响，但是电抗元件却不同。电感和电容的电抗均受频率的影响，因此所有有电容或者电感的电路的特性均会随着频率变化而变化。然而，情况还更复杂，因为所有实际电路都有寄生电容和寄生电感(在第 4 章和第 5 章指出过)。因此，所有电路的特性均随频率变化。

为了理解与频率有关的性质，我们先研究由电阻、电容和电感组成的简单电路，看看其特性是如何随频率变化的。但在研究电路以前，有必要先介绍相关的概念和技术。

8.2 双端口网络

双端口网络，就是一个电路有两个“端口”，输入端口和输出端口，如图 8.1a 所示。

当连接到某输入电路(也许是一个电压源)和某输出电路(比如负载电阻)，我们可以区分输入输出网络的电压(V_i 和 V_o)和输入输出网络的电流(I_i 和 I_o)。电路方案如图 8.1b 所示。显然，输出电压和输出电流之间的关系由负载电阻 R_L 决定。相似，输入电压和输入电流之间的关系由从网络的输入端口看进去的等效输入电阻决定。这称为网络的输入电阻，其符号为 R_i，并且明显等于 V_i/I_i。可以用这些电压和电流来描述双端口网络的特性。

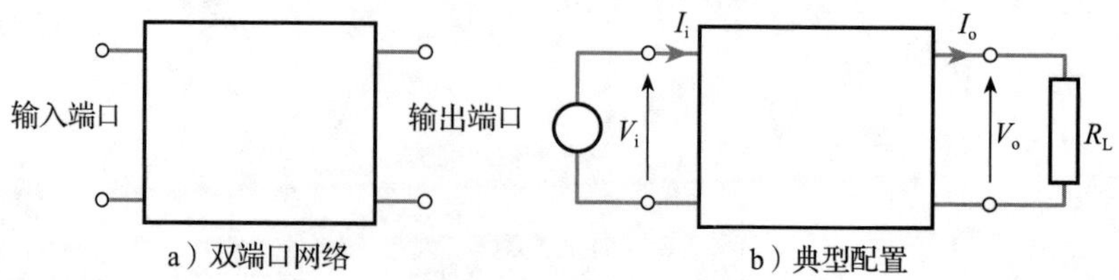

图 8.1 双端口网络

输出电压和输入电压的比值称为电路的电压增益，同时，输出电流和输入电流的比值被为电路的电流增益。网络的功率增益等于负载上的功率和从网络输入源获得的功率之间的比值。输入功率可以根据输入电压和输入电流进行计算，输出功率可以由输出电压和输

出电流确定。因此

$$电压增益(A_v)=\frac{V_o}{V_i} \tag{8.1}$$

$$电流增益(A_i)=\frac{I_o}{I_i} \tag{8.2}$$

$$功率增益(A_p)=\frac{P_o}{P_i} \tag{8.3}$$

例 8.1 计算下面双端口网络的电压增益、电流增益和功率增益。

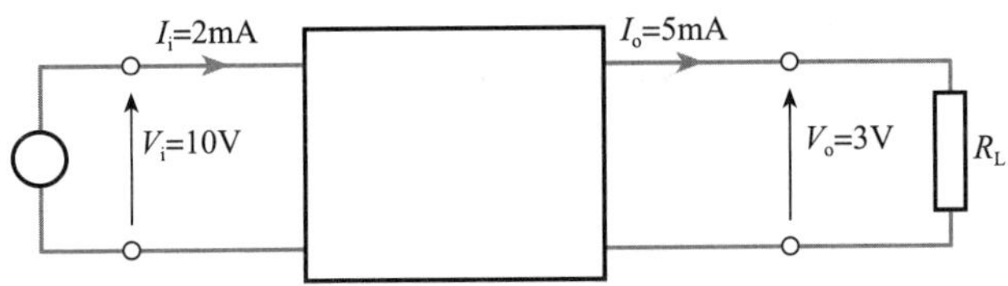

解： 根据电路图和式(8.1)～式(8.3)，可以得到：

$$电压增益(A_v)=\frac{V_o}{V_i}=\frac{3}{10}=0.3$$

$$电流增益(A_i)=\frac{I_o}{I_i}=\frac{5}{2}=2.5$$

$$功率增益(A_p)=\frac{P_o}{P_i}=\frac{V_o\times I_o}{V_i\times I_i}=\frac{3\times 5}{10\times 2}=0.75$$

◀

注意各增益可能大于 1 或者小于 1。增益大于 1 的电路称为放大器，增益小于 1 的电路称为衰减器。功率增益大于 1 表明：相比网络从输入端所获得的功率，电路对负载传输了更多的功率。这样的电路需要外部电源。无源电路，例如电阻、电容和电感组成的电路，其功率增益不可能大于 1。有源电路使用外部电源，其功率增益可以远大于 1。

现代电子放大器可以有很高的增益，10^6～10^7 的增益是很普通的。这么大的增益用对数表示法比用比值表示法方便。通常用分贝表示。

8.3 分贝(dB)

分贝(dB)表示增益是无量纲的，其定义为

$$功率增益(dB)=10\lg\frac{P_2}{P_1} \tag{8.4}$$

其中，P_2 是输出功率，P_1 是放大器或者其他电路的输入功率。

例 8.2 将功率增益 2500 用分贝表示。

解：
$$功率增益(dB)=10\lg\frac{P_2}{P_1}=10\lg 2500=10\times 3.40=34.0(dB)$$
◀

分贝可以用来表示放大器和衰减器的增益，分贝便于表示大的数字，还有其他优点。例如，当多级放大器和衰减器串联(通常称为级联电路)的时候，如果用分贝表示增益，只要将每一级的增益相加即可得到总的增益。如图 8.2 所示。分贝的使用也简化了电路的频率响应的表示，这会在后续章节中讨论。

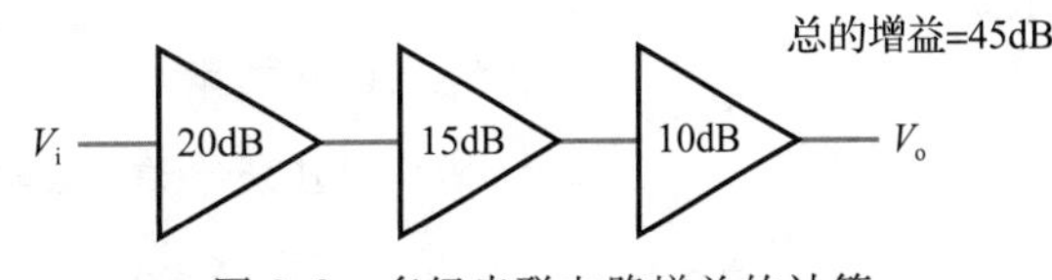

图 8.2　多级串联电路增益的计算

对于增益的数值，分贝易于记忆和心算。因为 lg$n$ 等于 10 的幂次，而 10 的幂次是易于计算的。例如，lg10＝1，lg100＝2，lg1000＝3，等等。类似地，lg1/10＝－1，lg1/100＝－2 和 lg1/1000＝－3。因此，10 倍、100 倍和 1000 倍的增益表示相应地就很简单，是

10dB、20dB和30dB。并且1/10倍、1/100倍和1/1000倍的衰减就是－10dB、－20dB和－30dB。两倍的功率增益是＋3dB。0.5倍的功率增益是－3dB。一个电路的输出功率和输入功率相同(功率增益为1)，则增益为0dB。表8.1中进行了概括。

表8.1　用分贝表示功率的放大和衰减

功率增益(比值)	分贝(dB)
1000	30
100	20
10	10
2	3
1	0
0.5	−3
0.1	−10
0.01	−20
0.001	−30

在很多情况下，我们熟悉的是电路的电压增益而不是功率增益。显然，这两种增益是相关的。我们知道电阻 R 上的功耗与电压 V 的关系是 V^2/R。因此，放大器的增益用分贝表示如下：

$$\text{功率增益(dB)} = 10\lg\frac{P_2}{P_1} = 10\lg\frac{V_2^2/R_2}{V_1^2/R_1}$$

其中，V_1 和 V_2 分别是输入和输出电压，而 R_1 和 R_2 分别是输入和输出电阻。

如果 R_1 和 R_2 相等，则放大器的功率增益为

$$\text{功率增益(dB)} = 10\lg\frac{V_2^2}{V_1^2} = 20\lg\frac{V_2}{V_1}$$
$$= 20\lg(\text{电压增益})$$

某些网络的输入电阻和负载电阻的确是相等的，在这种情况下用分贝表示增益比用简单的比值表示更有用。需要注意的是，例如，一个电路的电压增益为10dB，即使你经常听到这样的叙述，这也并不是一种严格的正确说法。分贝代表功率增益，这意味着电路的电压增益相当于10dB的功率增益。然而，在采用分贝描述一个电路的电压增益时，常用如下公式：

$$\text{电压增益(dB)} = 20\lg\frac{V_2}{V_1} \tag{8.5}$$

即使 R_1 和 R_2 不相等，也可用这个公式描述电压增益。

例8.3 当电路的功率增益为5、50和500，电压增益为5、50和500时，用分贝计算其增益。

功率增益为5	增益(dB)=10lg(5)	7.0dB
功率增益为50	增益(dB)=10lg(50)	17.0dB
功率增益为500	增益(dB)=10lg(500)	27.0dB
电压增益为5	增益(dB)=20lg(5)	14.0dB
电压增益为50	增益(dB)=20lg(50)	34.0dB
电压增益为500	增益(dB)=20lg(500)	54.0dB

◀

若将用分贝表示的增益转换为简单的功率比值和电压比值，需要对上述的运算进行反运算。例如，因为

$$\text{功率增益(dB)} = 10\lg(\text{功率增益})$$

于是

$$10\lg(\text{功率增益}) = \text{功率增益(dB)}$$
$$\lg(\text{功率增益}) = \frac{\text{功率增益(dB)}}{10}$$
$$\text{功率增益} = 10^{(\text{功率增益(dB)}/10)} \tag{8.6}$$

类似地，

$$\text{电压增益} = 10^{(\text{功率增益(dB)}/20)} \tag{8.7}$$

例8.4 将20dB、30dB和40dB的增益用功率增益和电压增益表示。

20dB	20＝10lg(功率增益) 功率增益＝10^2 20＝20lg(电压增益) 电压增益＝10	功率增益＝100 电压增益＝10
30dB	30＝10lg(功率增益) 功率增益＝10^3 30＝20lg(电压增益) 电压增益＝$10^{1.5}$	功率增益＝1000 电压增益＝31.6
40dB	40＝10lg(功率增益) 功率增益＝10^4 40＝20lg(电压增益) 电压增益＝10^2	功率增益＝10 000 电压增益＝100

8.4　频率响应

因为电抗元件的电抗会随着频率变化而变化，使用电抗元件的电路工作情况也会随着频率发生变化。电路的增益随着频率的变化称为频率响应。其中，增益幅度和相角都随频率变化，因此产生了两方面的响应，称为幅度响应和相位响应。有些情况下，两种响应都很重要。有时候，只需要幅度响应。因此，频率响应经常仅仅指系统的幅度响应。

为了理解与频率相关效应的性质，我们研究一个非常简单的含有电阻、电容和电感的电路。在第 6 章，我们研究了如图 8.3 所示的含有阻抗的分压器电路。根据之前对该电路的分析，电路的输出电压为

$$v_o = v_i \times \frac{\boldsymbol{Z}_2}{\boldsymbol{Z}_1 + \boldsymbol{Z}_2}$$

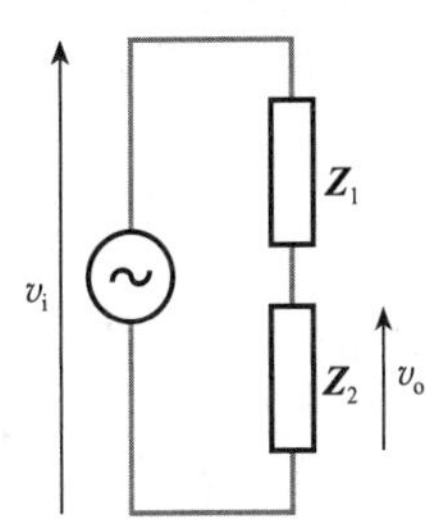

图 8.3　分压器电路

另外一种描述该电路工作情况的方法是给出输出电压和输入电压比值的公式。如下式所示：

$$\frac{v_o}{v_i} = \frac{\boldsymbol{Z}_2}{\boldsymbol{Z}_1 + \boldsymbol{Z}_2} \tag{8.8}$$

比值就是电路的电压增益，也称为传输函数。我们用这个公式来分析简单的 RC 电路和 RL 电路。

8.5　高通 *RC* 网络

考虑如图 8.4a 所示的电路，电路是由一个电容和一个电阻构成的分压器电路。将电路重绘成图 8.4b，两个电路在电特性上是完全一样的。运用式(8.8)可得：

$$\frac{v_o}{v_i} = \frac{\boldsymbol{Z}_R}{\boldsymbol{Z}_R + \boldsymbol{Z}_C} = \frac{R}{R - \mathrm{j}\dfrac{1}{\omega C}} = \frac{1}{1 - \mathrm{j}\dfrac{1}{\omega CR}} \tag{8.9}$$

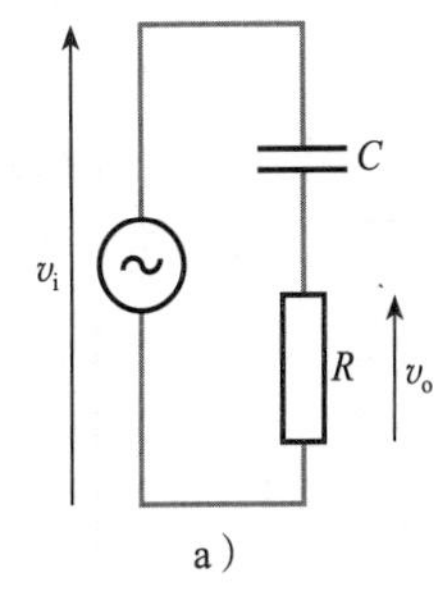

a)

在高频段，ω 很大，而 $1/\mathrm{j}\omega CR$ 远小于 1。因此，上面公式的分母接近于 1，所以电压增益近似于 1。

然而在低频段，$1/\omega CR$ 的幅度会很大，网络的增益降低。由于增益公式中的分母既有实部，也有虚部。电压增益的幅度如下式所示：

$$|电压增益| = \frac{1}{\sqrt{1^2 + \left(\dfrac{1}{\omega CR}\right)^2}}$$

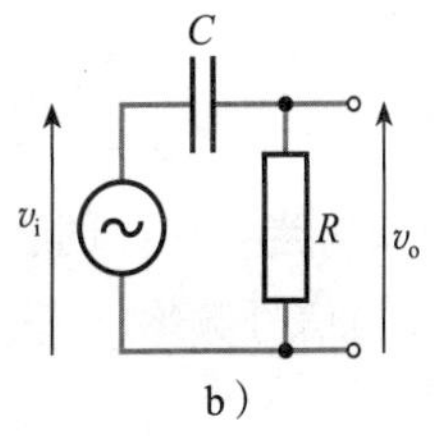

b)

图 8.4　简单的 RC 网络

当 $1/\omega CR$ 的值等于 1，可以得到：

$$|电压增益| = \frac{1}{\sqrt{1+1}} = \frac{1}{\sqrt{2}} = 0.707$$

由于功率增益正比于电压增益的平方，所以此时的功率就是高频时功率增益的一半(或者说减少 3dB)。这也称为电路的截止频率。如果对应于截止频率的角频率的符号为 ω_c，那么 $1/\omega_c CR$ 等于 1，并且

$$\omega_c = \frac{1}{CR} = \frac{1}{T}(\text{rad/s}) \tag{8.10}$$

其中，$T=CR$ 是 RC 电路的时间常数，决定了截止频率。

因为用频率(单位为赫兹)比用角频率(单位为弧度每秒)方便，所以可以用公式 $\omega=2\pi f$ 来计算对应的截止频率 f_c：

$$f_c = \frac{\omega_c}{2\pi} = \frac{1}{2\pi CR} \tag{8.11}$$

例 8.5 计算右图电路的时间常数 T、截止角频率 ω_c 和截止频率 f_c。

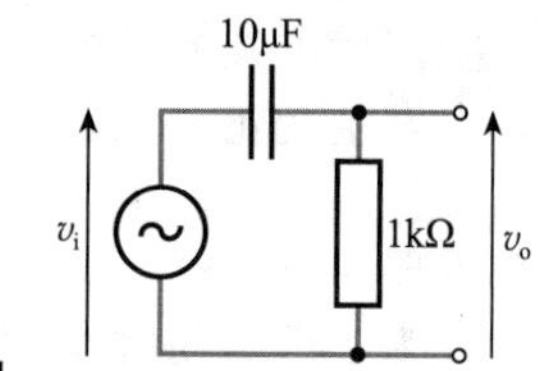

解： 由式(8.10)可得：

$$T = CR = 10\times10^{-6}\times1\times10^{3} = 0.01(\text{s})$$

$$\omega_c = \frac{1}{T} = \frac{1}{0.01} = 100(\text{rad/s})$$

$$f_c = \frac{\omega_c}{2\pi} = \frac{100}{2\pi} = 15.9(\text{Hz})$$

◀

如果将式(8.9)中的 $\omega(\omega=2\pi f)$ 和 $CR(CR=1/2\pi f_c)$ 进行替换，可以得到用信号频率 f 和截止频率 f_c 表示的电路增益公式：

$$\frac{v_o}{v_i} = \frac{1}{1-\text{j}\dfrac{1}{\omega CR}} = \frac{1}{1-\text{j}\dfrac{1}{(2\pi f)(1/2\pi f_c)}} = \frac{1}{1-\text{j}\dfrac{f_c}{f}} \tag{8.12}$$

这是 RC 电路电压增益的一般表达式。

根据式(8.12)，很明显，电压增益是信号频率 f 的函数，并且增益的幅度随着频率变化而变化。因为增益有虚部，显然电路会有随着频率变化的相移。为了了解这两个量随着频率变化的情况，我们来研究电路在不同频段的增益。

8.5.1 当 $f\gg f_c$ 时

当信号频率 f 远大于截止频率 f_c 时，则式(8.12)中的 f_c/f 远小于 1，并且电压增益近似等于 1。这种情况下，增益的虚部可以忽略，电路的增益实际上是实数。因此，产生的相移可以忽略。相量图如图 8.5a 所示。

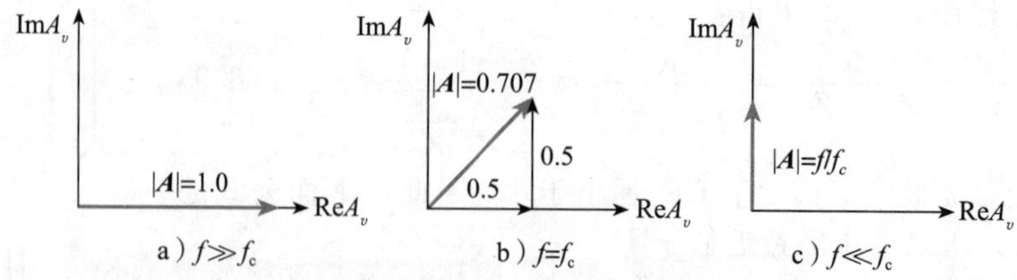

图 8.5 图 8.4 所示电路在不同频率下电压增益的相量图

8.5.2 当 $f=f_c$ 时

当信号频率 f 等于截止频率 f_c 时，则式(8.12)变为

$$\frac{v_o}{v_i} = \frac{1}{1-\text{j}\dfrac{f_c}{f}} = \frac{1}{1-\text{j}}$$

将该式的分子和分母都乘上(1+j)可得：

$$\frac{v_o}{v_i}=\frac{(1+j)}{(1-j)(1+j)}=\frac{(1+j)}{2}=0.5+0.5j$$

相量图如图 8.5b 所示，表明在截止频率处的增益为 0.707。这与之前的分析相符，即截止频率处的增益是中频带增益的 $1/\sqrt{2}$(或者 0.707)。在该例中，中频带增益正如前面所示的一样等于 1，高于截止频率处的增益。相量图也显示增益在该频率的相角为+45°。这表明输出电压超前输入电压 45°。因此增益为 0.707∠45°。

8.5.3　当 $f \ll f_c$ 时

我们感兴趣的第三个频率区间是信号频率 f 远小于截止频率 f_c 的频率区间，这里的 f_c/f 远大于 1，则式(8.12)变为

$$\frac{v_o}{v_i}=\frac{1}{1-j\dfrac{f_c}{f}}\approx\frac{1}{-j\dfrac{f_c}{f}}=j\frac{f}{f_c}$$

符号“j”表明该增益是虚数，如图 8.5c 中的相量图所示。增益的幅度很简单，就是 f/f_c，并且其相移是+90°。符号“+”表明输出电压超前输入电压 90°。

对于给定的电路，因为 f_c 是常数，所以在该频段电压增益与频率线性相关。如果频率变为一半，则电压增益也变为一半。因此当频率每降低一个倍频程(一个倍频程在这里是指频率增加一倍或者变为一半，就像钢琴或者其他乐器升高或者降低一个倍频程一样)，该增益就要乘上 0.5 的系数。电压增益乘以 0.5 的系数等效于－6dB 的增益。因此，增益改变的速率可以表示为每个倍频程 6dB。另外一种表示增益改变速率的方法是频率十倍变化的增益(这里的十倍指的是频率改变十倍)。如果频率变为原来的 0.1 倍，电压增益也变为原来的 0.1 倍，就是－20dB 的增益改变。因此，增益改变的速率可以表示为每十倍频 20dB。

例 8.6　求出对应的频率：

(a) 比 1kHz 高一个倍频程

(b) 比 10Hz 高三个倍频程

(c) 比 100Hz 低一个倍频程

(d) 比 20Hz 高十倍频

(e) 比 1MHz 低三个十倍频

(f) 比 50Hz 高两个十倍频

解： (a) 比 1kHz 高一个倍频程＝1000×2＝2(kHz)

(b) 比 10Hz 高三个倍频程＝10×2×2×2＝80(Hz)

(c) 比 100Hz 低一个倍频程＝100÷2＝50(Hz)

(d) 比 20Hz 高十倍频＝20×10＝200(Hz)

(e) 比 1MHz 低三个十倍频＝1 000 000÷10÷10÷10＝1(kHz)

(f) 比 50Hz 高两个十倍频＝50×10×10＝5(kHz) ◀

8.5.4　高通 *RC* 网络的频率响应

图 8.6 所示为图 8.4 中电路在截止频率附近的增益和相位响应。可以看出在远高于截止频率处，增益的幅度趋于增益为 0dB(即增益为 1)的直线。因此，这条线(图 8.6 中的虚线)构成了响应的渐近线。在频率远低于截止频率处的响应趋于一条斜率为 6dB 每倍频程(20dB 每十倍频)的随频率变化的直线。这条直线构成了响应的第二条渐近线，并且在图 8.6 中仍然用虚线表示。这两条渐近线在截止频率处相交。离截止频率很远的地方，增益的响应趋于两条渐近线。在截止频率附近，增益偏离这两条渐近线，并且在截止频率处的增益，比渐近线交点处的增益低 3dB。

图 8.6 也显示了 RC 网络的相位随频率的变化。在远高于截止频率处，网络会产生很小的相移，其影响通常可以忽略。而随着频率的减少，电路的相移不断增加，在截止频率处达到 45°，在很低频率处会达到 90°。

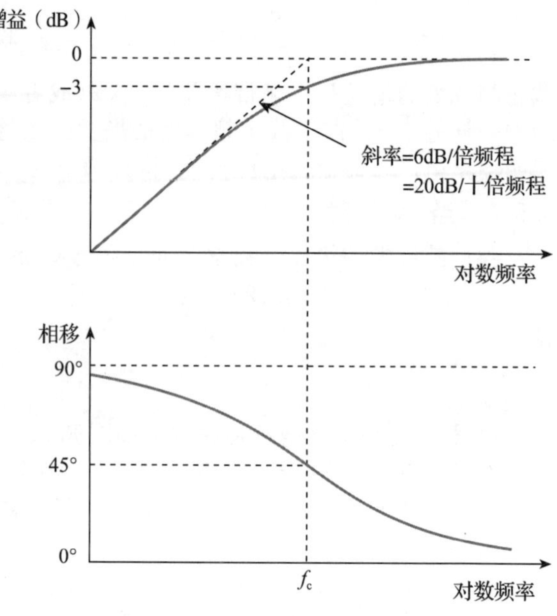

图 8.6 高通 RC 网络的增益和频率响应（或者波特图）

图 8.6 所示的增益和相位的渐近图称为波特图。波特图描述增益以及相位相对于对数频率的关系，并且用对数表示增益（通常用分贝表示）。波特图易于绘制并且给出了电路的特性。在本章会将波特图应用于其他电路，并且说明为什么波特图易于绘制和应用。

可以发现 RC 网络对某些频率的信号只产生很小的影响，但是对其他频率的信号却产生衰减和相移。RC 网络具有高通滤波器的特征，允许高频信号通过，对低频信号产生滤波。在本章后面会详细讨论该滤波器。

计算机仿真练习 8.1

对于图 8.4 所示电路，如果 $R=1\text{k}\Omega$、$C=1\mu\text{F}$，计算其截止频率。用这些参数对该电路进行仿真。用交流扫描分析 1Hz～1MHz 之间的响应。绘制该频率区间里的输出增益（用 dB 表示）和相位，根据绘制曲线估计截止频率，并与前面的预测结果相比较。测量在估计的截止频率处的相移并与前面的预测值相比较。取不同的 R 和 C 的值重复该仿真练习。

8.6 低通 RC 网络

图 8.7 所示的 RC 电路与之前的电路很相似，但是电阻和电容的位置进行了对换。运用式（8.8）可得：

$$\frac{v_o}{v_i}=\frac{\boldsymbol{Z}_C}{\boldsymbol{Z}_R+\boldsymbol{Z}_C}=\frac{-\mathrm{j}\,\dfrac{1}{\omega C}}{R-\mathrm{j}\,\dfrac{1}{\omega C}}=\frac{1}{1+\mathrm{j}\omega CR} \tag{8.13}$$

将该公式与式（8.9）比较可以发现两者的频率特征具有非常大的差异。在低频段，ω 很小，而 $\mathrm{j}\omega CR$ 的值远小于 1。因此，该公式的分母近似于 1，电压增益也约等于 1。在高频段，ωCR 的值增大而使网络的增益下降。因此，该网络是一个低通网络。

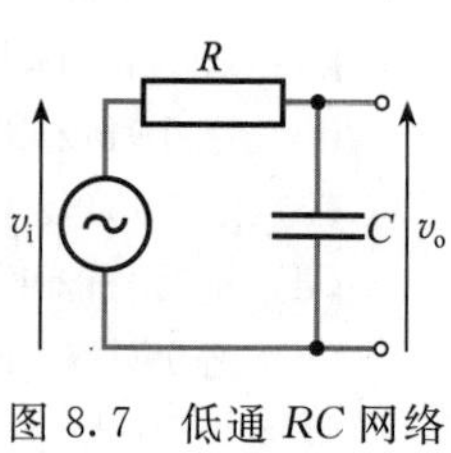

图 8.7 低通 RC 网络

采用和上一节相似的分析方法，可以得到电压增益的幅度为：

$$|\text{电压增益}|=\frac{1}{\sqrt{1+(\omega CR)^2}}$$

当 ωCR 的值等于 1，可以得到：

$$|\text{电压增益}|=\frac{1}{\sqrt{1+1}}=\frac{1}{\sqrt{2}}=0.707$$

这也对应着电路的截止频率。对应于截止频率的角频率 ω_c，在 $\omega CR=1$ 的情况下，有

$$\omega_c=\frac{1}{CR}=\frac{1}{T}(\text{rad/s}) \tag{8.14}$$

该公式跟之前电路的截止频率的公式完全一样。

例 8.7 计算右图电路的时间常数 T、截止角频率 ω_c 和截止频率 f_c。

解： 由式(8.14)可得

$$T = CR = 10\times10^{-6}\times1\times10^{3} = 0.01(\mathrm{s})$$

$$\omega_c = \frac{1}{T} = \frac{1}{0.01} = 100(\mathrm{rad/s})$$

$$f_c = \frac{\omega_c}{2\pi} = \frac{100}{2\pi} = 15.9(\mathrm{Hz})$$

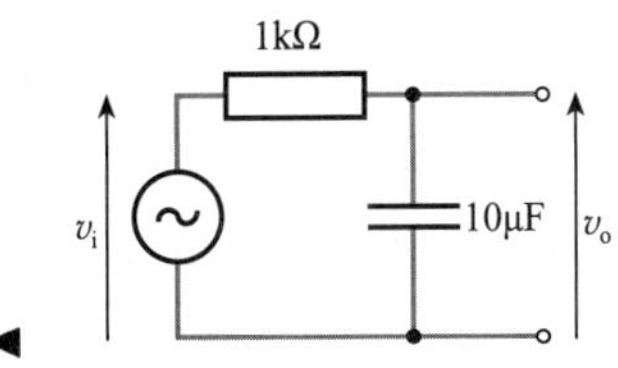

由于电路的截止频率和之前的电路完全一样，应该注意到图 8.4 所示电路对低频信号衰减，所以是阻止低频信号的电路。而在图 8.7 所示电路中，高频信号衰减了，所以是高频信号阻止电路。

变换式(8.13)可得：

$$\frac{v_o}{v_i} = \frac{1}{1+\mathrm{j}\omega CR} = \frac{1}{1+\mathrm{j}\dfrac{\omega}{\omega_c}} = \frac{1}{1+\mathrm{j}\dfrac{f}{f_c}} \tag{8.15}$$

可以将其与式(8.12)中的高通电路进行比较。和之前一样，下面研究该电路在不同频率范围内的性质。

8.6.1　当 $f \ll f_c$ 时

当信号频率 f 远小于截止频率 f_c 时，式(8.15)中的 $f/f_c \ll 1$，并且电压增益近似等于1。这种情况下，增益的虚部是可以忽略的，电路的增益实际上是实数。相量图如图 8.8a 所示。

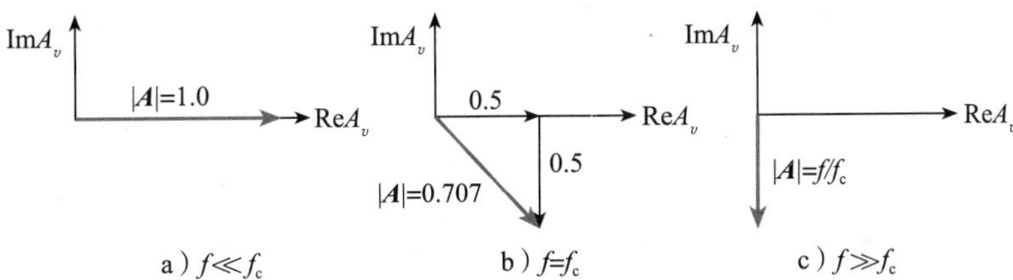

图 8.8　图 8.4 所示低通网络在不同频率下增益的相量图

8.6.2　当 $f = f_c$ 时

当信号频率 f 等于截止频率 f_c 时，则式(8.15)变为

$$\frac{v_o}{v_i} = \frac{1}{1+\mathrm{j}\dfrac{f}{f_c}} = \frac{1}{1+\mathrm{j}}$$

将该式的分子和分母都乘以(1−j)可得：

$$\frac{v_o}{v_i} = \frac{(1-\mathrm{j})}{(1+\mathrm{j})(1-\mathrm{j})} = \frac{(1-\mathrm{j})}{2} = 0.5-0.5\mathrm{j}$$

相量图如图 8.8b 所示，表明在截止频率处的增益为 0.707，增益的相角为 -45°。输出电压滞后输入电压 45°。因此增益为 $0.707\angle -45^\circ$。

8.6.3　当 $f \gg f_c$ 时

在高频段，$f/f_c \gg 1$，则式(8.15)变为

$$\frac{v_o}{v_i} = \frac{1}{1+\mathrm{j}\dfrac{f}{f_c}} \approx \frac{1}{\mathrm{j}\dfrac{f}{f_c}} = -\mathrm{j}\frac{f_c}{f}$$

符号“j”表明该增益是虚数，负号表明输出电压滞后于输入电压。相量图如图 8.8c 所示。增益的幅度很简单，就是 f_c/f，因为 f_c 是常数，所以在该频段，电压增益与频率

成反比。如果频率变为原来的一半，则电压增益变为原来的两倍。因此，增益的改变速率可以用－6dB/倍频程或者－20dB/十倍频来表示。

8.6.4 低通 RC 网络的频率响应

图 8.9 所示为低通网络在高于以及低于截止频率的各频段的增益和相位响应(或者波特图)。其幅度响应和图 8.6 所示高通网络的响应非常相似，只要在频率方向上按比例反过来即可。相位响应曲线的形状也和图 8.6 中的相位响应曲线相似，不过，随着频率的增加，相位是从 0°变化到－90°的。而之前的电路中，随着频率的增加，相位是从＋90°变化到 0°的。由图可以看出这个电路是一个低通滤波器。

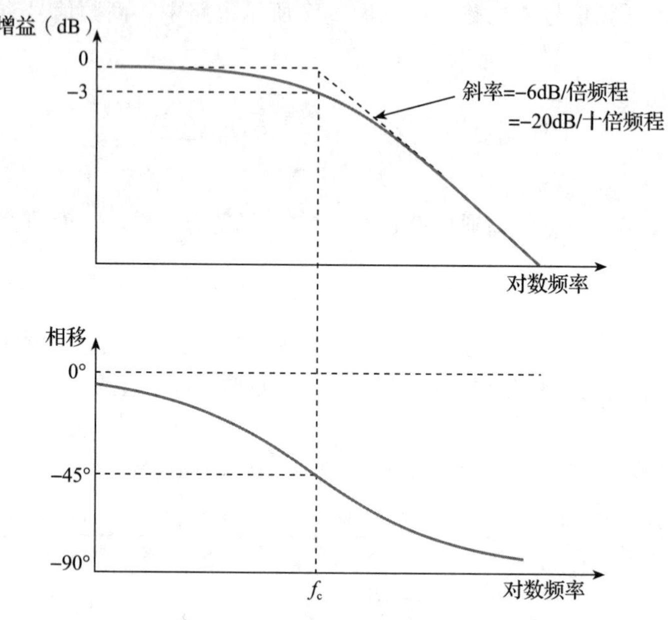

图 8.9 低通 RC 网络的增益和频率响应(或者波特图)

计算机仿真练习 8.2

对于图 8.7 所示电路，如果 $R=1\text{k}\Omega$、$C=1\mu\text{F}$，计算其截止频率。用这些参数对该电路进行仿真。用交流扫描分析 1Hz～1MHz 之间的响应。绘制该频率区间的输出增益(用分贝表示)和相位，根据绘制曲线估计截止频率并与前面的预测结果相比较。测量在估计的截止频率处的相移并与前面的预测值相比较。取不同的 R 和 C 的值重复该仿真练习。

8.7 低通 RL 网络

高通和低通网络都可以用电阻和电感构成。分析图 8.10 中的电路，它与图 8.4 中的电路很像，但是电容换成了电感。可以用与之前类似的分析方法，可得：

$$\frac{v_o}{v_i}=\frac{\boldsymbol{Z}_R}{\boldsymbol{Z}_R+\boldsymbol{Z}_L}=\frac{R}{R+j\omega L}=\frac{1}{1+j\omega\dfrac{L}{R}} \tag{8.16}$$

采用和上一节相似的分析方法，可以得到电压增益的幅度为

$$|\text{电压增益}|=\frac{1}{\sqrt{1+\left(\omega\dfrac{L}{R}\right)^2}}$$

当 $\omega L/R$ 的值等于 1 时，可以得到：

$$\left|\text{电压增益}\right|=\frac{1}{\sqrt{1+1}}=\frac{1}{\sqrt{2}}=0.707$$

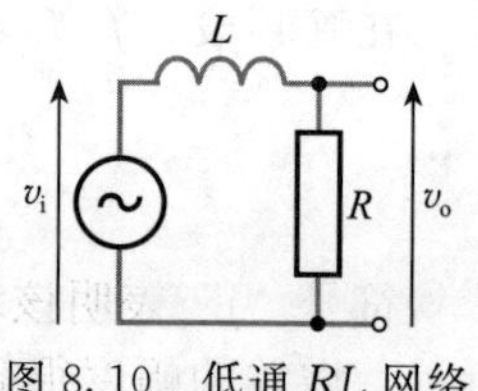

图 8.10 低通 RL 网络

这也对应着电路的截止频率。对应于截止频率的角频率 ω_c，在 $\omega L/R=1$ 的情况下，有

$$\omega_c = \frac{R}{L} = \frac{1}{T}(\mathrm{rad/s}) \tag{8.17}$$

与前面一样，T 是电路的时间常数，并且 T 等于 L/R。

例 8.8 计算右图电路的时间常数 T、截止角频率 ω_c 和截止频率 f_c。

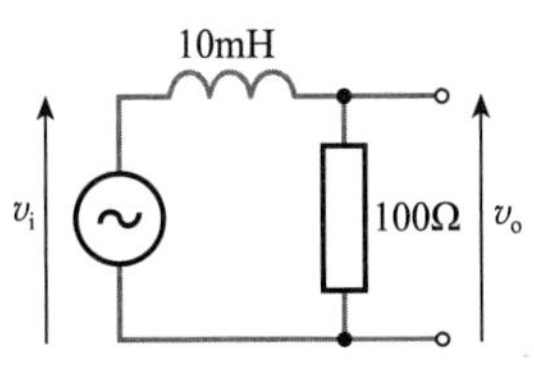

解： 由上面的公式可得

$$T = \frac{L}{R} = \frac{10\times10^{-3}}{100} = 10^{-4}(\mathrm{s})$$

$$\omega_c = \frac{1}{T} = 1\times\frac{1}{10^{-4}} = 10^4(\mathrm{rad/s})$$

$$f_c = \frac{\omega_c}{2\pi} = \frac{1\times10^4}{2\pi} = 1.59(\mathrm{kHz})$$

◀

变换式(8.16)可得：

$$\frac{v_o}{v_i} = \frac{1}{1+\mathrm{j}\omega\dfrac{L}{R}} = \frac{1}{1+\mathrm{j}\dfrac{\omega}{\omega_c}} = \frac{1}{1+\mathrm{j}\dfrac{f}{f_c}} \tag{8.18}$$

该式与式(8.15)相同，因此，该电路的频率响应也与图 8.7 中电路的频率响应相同。

计算机仿真练习 8.3

对于图 8.10 所示电路，如果 $R=10\Omega$ 和 $L=5\mathrm{mH}$，计算其截止频率。用这些参数对该电路进行仿真，用交流扫描分析来测量 1Hz～1MHz 之间的响应。绘制该频率区间的输出增益(用分贝表示)和相位，并根据绘制曲线估计截止频率并与前面的计算结果相比较。测量在估计的截止频率处的相移并与前面的预测值相比较。取不同的 R 和 L 的值重复该仿真练习。

8.8　高通 RL 网络

将图 8.10 中的两个电路元件进行对换，可以得到图 8.11。采用之前的分析方法，可得：

$$\frac{v_o}{v_i} = \frac{\mathbf{Z}_L}{\mathbf{Z}_R+\mathbf{Z}_L} = \frac{\mathrm{j}\omega L}{R+\mathrm{j}\omega L} = \frac{1}{1+\dfrac{R}{\mathrm{j}\omega L}} = \frac{1}{1-\mathrm{j}\dfrac{R}{\omega L}} \tag{8.19}$$

如果与前面一样将 $\omega_c=R/L$ 代入公式可得：

$$\frac{v_o}{v_i} = \frac{1}{1-\mathrm{j}\dfrac{R}{\omega L}} = \frac{1}{1-\mathrm{j}\dfrac{\omega_c}{\omega}} = \frac{1}{1-\mathrm{j}\dfrac{f_c}{f}} \tag{8.20}$$

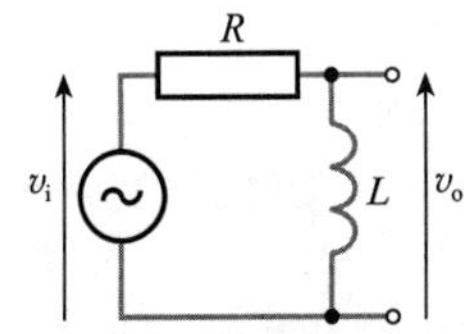

图 8.11　高通 RL 网络

该式与式(8.12)相同，因此，该电路的频率响应也与图 8.4 中电路的频率响应相同。

计算机仿真练习 8.4

对于图 8.11 所示电路，如果 $R=10\Omega$ 和 $L=5\mathrm{mH}$，计算其截止频率。用这些参数对该电路进行仿真，用交流扫描分析来测量 1Hz～1MHz 之间的响应。绘制该频率区间的输出增益(用分贝表示)和相位，并根据绘制曲线估计截止频率并与前面的计算结果相比较。测量在估计的截止频率处的相移并与前面的预测值相比较。取不同的 R 和 L 的值重复该仿真练习。

8.9　RC 网络和 RL 网络的比较

根据前面的讨论可以清楚地知道 RC 网络和 RL 网络有很多相似之处。对于前面讨论过的电路在图 8.12 中进行了总结。每种电路都有一个截止频率，并且截止频率都由电路

的时间常数 T 决定。在 RC 电路中，$T=CR$，而在 RL 电路中，$T=L/R$。各电路的截止角频率均为 $\omega_c=1/T$，而截止频率 $f_c=\omega_c/2\pi$。

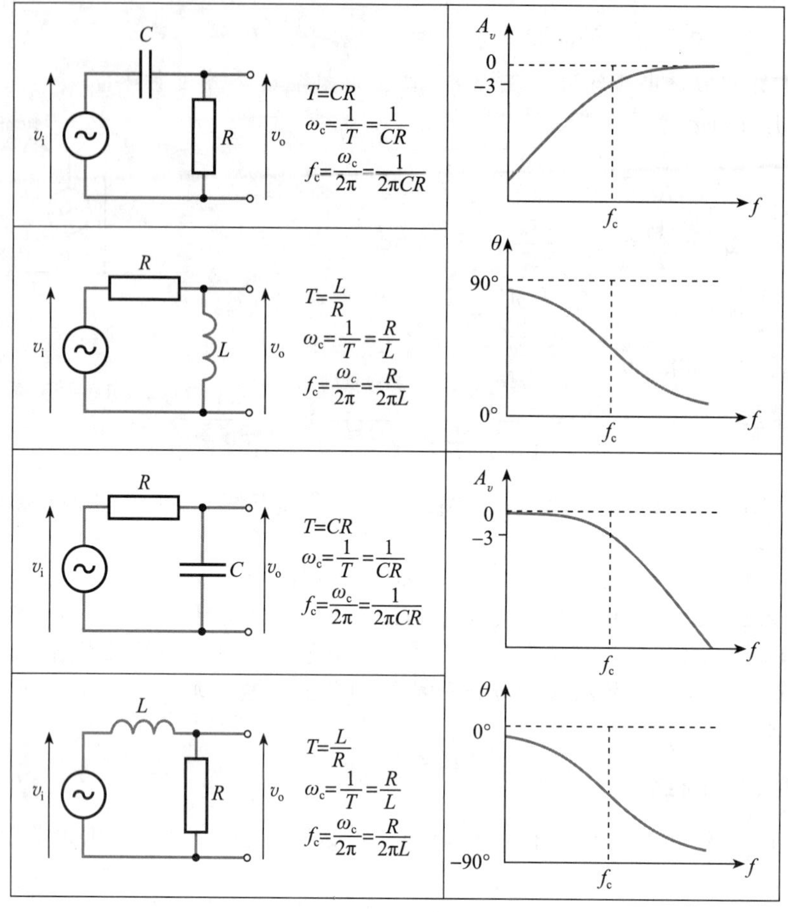

图 8.12　RC 网络和 RL 网络的比较

图 8.12 中有两个电路对高频信号截止（低通电路），另外两个电路对低频信号截止（高通电路）。将一个电路中的两个元件对换，高通电路可变为低通电路，反之亦然。将电容换成电感，或者将电感换成电容，同样可以将高通电路变为低通电路，反之亦然。

计算机仿真练习 8.5

在图 8.12 所示电路中，如果 $R=1\mathrm{k\Omega}$、$C=1\mathrm{nF}$ 和 $L=1\mathrm{mH}$，计算其截止频率。用以上参数对第一个电路进行仿真。用交流扫描分析来测量电路的增益和相位响应（同本章之前的仿真练习一样）。记下截止频率，并且确认是截止低频信号。对换电容和电阻，再分析电路的特征。注意其对截止频率的影响以及截止特性（无论它是高通还是低通）。

将电容换成 1mH 的电感，并且注意其对截止频率的影响以及截止特性。最后，将电感和电阻对换，重复上面的分析。证明图 8.12 所给的特性正确。

8.10　波特图

视频 8A

我们之前了解了波特图，它是用来描述电路的增益和相位响应的（如图 8.6 和图 8.9 所示）。在这些电路中，高频和低频电路的增益都有渐近线形式，这大大简化了曲线的绘制。相位响应也非常简单，在确定的区间内也是以渐近的方式变化的。

通常采用“直线近似法”来表示波特图，以简化波特图的绘制。对于图 8.12 中的电路，增益部分的图可以简单地用两条渐近线表示。其中一条是水平线，代表在该频段内的增益近似为常数。另外一条是斜率为＋6dB/倍频程(＋20dB/十倍频)或者－6dB/倍频程(－20dB/十倍频)的直线，这取决于电路是高通还是低通的。这两条渐近线在电路的截止频率处相交。响应的相位部分通常用两个限定值之间的过渡直线表示就足够了。该线所在的位置取决于电路截止频率处的相移，在本例中相移值为 45°。合理地表示该响应的近似线就是通过该点($f=f_c$，$\theta=45°$)绘制一条斜率为－45°/十倍频的直线。使用该方法，这条线会在截止频率的十分之一处开始，在截止频率的十倍处结束。这样的直线很容易绘制。对于图 8.12 中的电路，采用直线近似的波特图如图 8.13 所示。

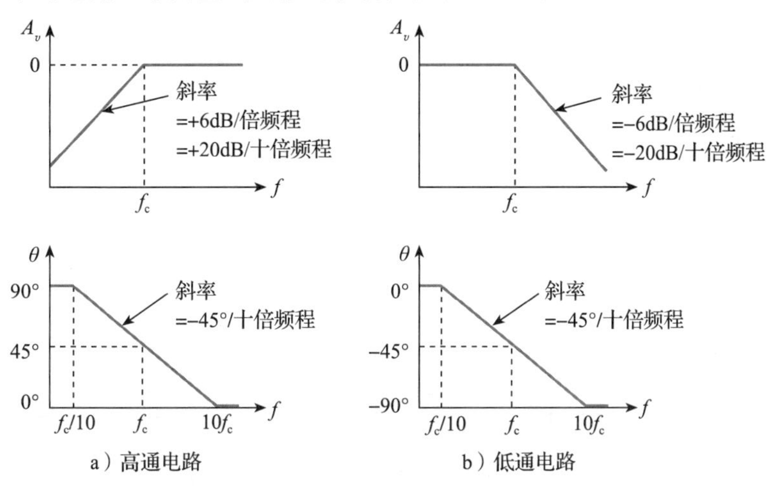

图 8.13　简单的直线波特图

一旦直线波特图完成，如果需要的话，它很容易转换为更精确的曲线。这种转换只要用眼睛观察而不需要其他手段，在截止频率处，增益曲线会跟直线波特图有－3dB 的差异。而相位响应曲线在截止频率处比较陡峭，而在直线近似线的两个端点处比较平缓，如图 8.14 所示。

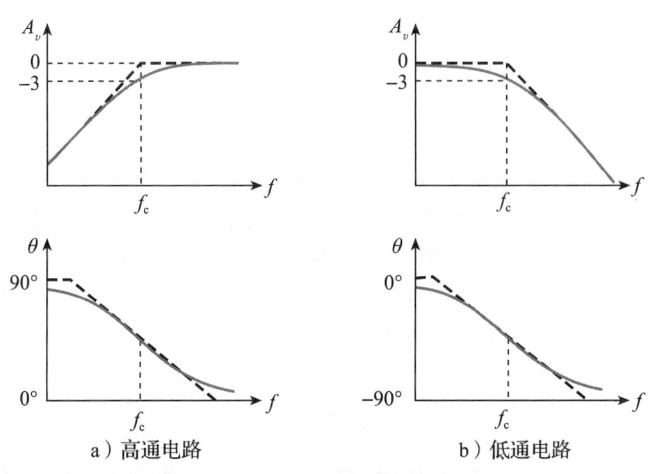

图 8.14　根据直线近似线画波特图

8.11　多级电路组合使用的效果

简单的电路只有一个截止频率，但是复杂的电路往往有若干元件，每个元件都有其频率特性。因此，一个电路可能同时有高通和低通特性，或者可能有多个具有高通和低通频率特性的元件。

在组合使用多个不同的元件时，波特图的好处就是易于看出组合的效果。8.3 节提到，多级放大器串联的时候，总的增益等于各级增益的乘积。如果是用分贝表示增益的话，则总的增益等于各级增益之和。相似地，多级放大器串联时的相移等于每级放大器相移的和。因此，多级电路串联的效果相当于将各级电路的波特图相“加”。在图 8.15 中给出了相应的例子，图中展示了一个高通元件和一个低通元件组合的效果。该例中，高通元件的截止频率低于低通元件的截止频率，因此该电路呈现出了一个带通滤波器的特征，如图 8.15c 所示。这样的电路可以通过一定频率范围的信号，而阻止高于和低于该频段的信号通过。

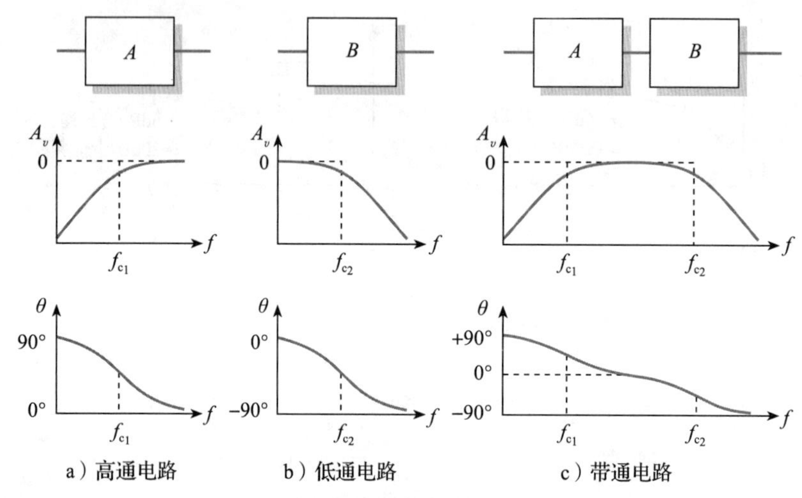

图 8.15　高通元件和低通元件的组合效果

波特图也可以用来研究多个高通元件和低通元件的组合效果。图 8.16 中给出了相应的例子，该网络由两部分组成，每一部分都含有一个高通元件和一个低通元件。该例中，每个元件的截止频率都是不一样的，导致其特性曲线中存在四次转折。显而易见，这些频率称为拐点频率或者转折频率。

图 8.16 中，第一个是一个带通放大器，在通带内的增益为 AdB。其低频截止频率为 f_1，高频截止频率为 f_3。第二个也是一个带通放大器，在通带内的增益为 BdB。其低频截止频率为 f_2，高频截止频率为 f_4。在从 $f_2 \sim f_3$ 的频段内，两个放大器的增益几乎都是常数，所以组合电路的增益也近似于常数，其值为 $(A+B)$dB。在从 $f_3 \sim f_4$ 的频段内，第二个放大器的增益近似于常数，但是第一个放大器的增益是按照 6dB/倍频程的速率下降的，所以在该频段，组合电路的增益也是按照 6dB/倍频程的速率下降的。在频率高于 f_4 的时候，两个放大器的增益都是按照 6dB/倍频程的速率下降，因此组合电路的增益是按照 12dB/倍频程的速率下降。同样地，当频率低于 f_2 时，增益首先以 6dB/倍频程的速率下降，然后以 12dB/倍频程的速率下降。总的效果是一个增益为 $(A+B)$dB 的带通滤波器。

在通带内，两个放大器产生的相移都比较小。然而，当频率超过 f_3 以后，第一个放大器会产生相移，一直变化到 $-90°$。如果频率超过 f_4 以后，第二个放大器也会产生相移，使总的相移一直变化到 $-180°$。在低频段的效果与此呈镜像关系，因此在低频段处，总的相移会达到 $+180°$。

图 8.16 中的电路总共有两个低频截止频率和两个高频截止频率，显然，更复杂的电路中会有若干截止频率。随着元件的增加，每个元件都会使总电路增益随着频率的变化按照 6dB/倍频程的速率增加或者降低，同时也会使相移增加或者减少 90°。

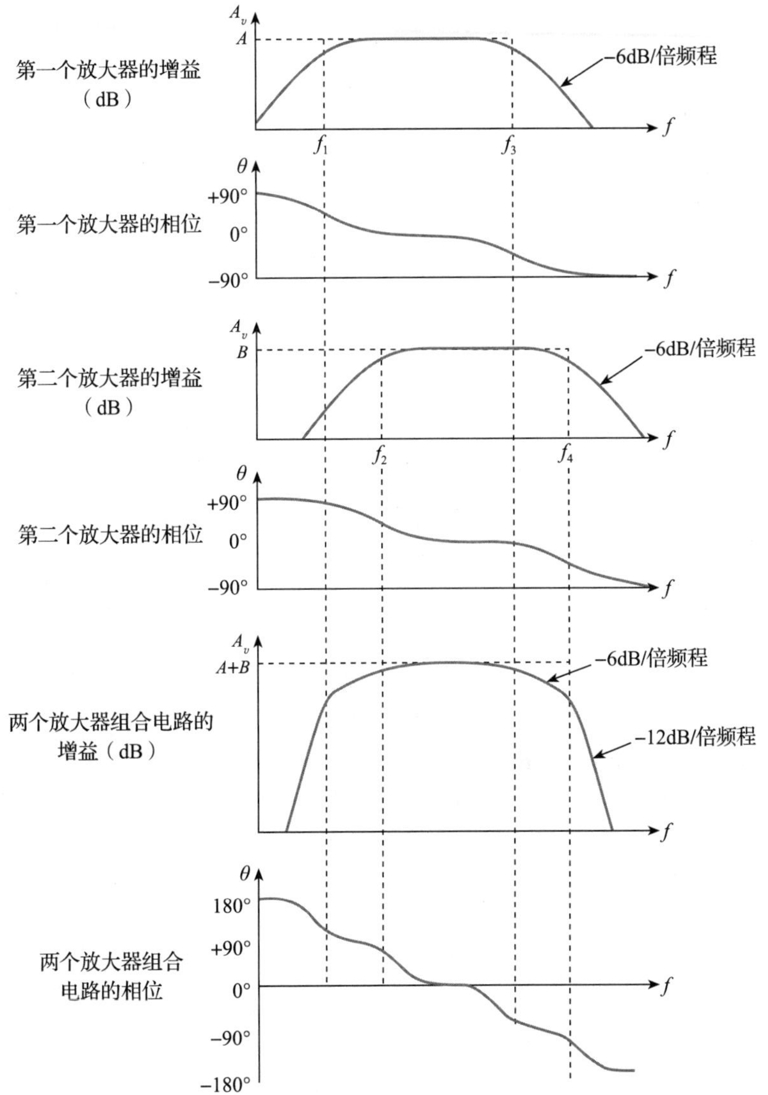

图 8.16　多个高通元件和低通元件的组合效果

8.12 *RLC* 电路和谐振

8.12.1 串联 *RLC* 电路

我们已经研究了 *RC* 电路和 *RL* 电路，现在来研究包含电阻、电感和电容的电路。先看图 8.17 中的串联电路。这个电路仍然可以用前面讨论过的方法来分析，可以将其看成分压器。每个元件上的电压为其复阻抗除以电路的总阻抗后，再乘以电路的总电压。例如，电阻上的电压为

$$v_R = v\times\frac{\boldsymbol{Z}_R}{\boldsymbol{Z}_R+\boldsymbol{Z}_L+\boldsymbol{Z}_C} = v\times\frac{R}{R+\mathrm{j}\omega L+\frac{1}{\mathrm{j}\omega C}} \tag{8.21}$$

电路的阻抗为

$$\boldsymbol{Z} = R+\mathrm{j}\omega L+\frac{1}{\mathrm{j}\omega C} = R+\mathrm{j}\left(\omega L-\frac{1}{\omega C}\right) \tag{8.22}$$

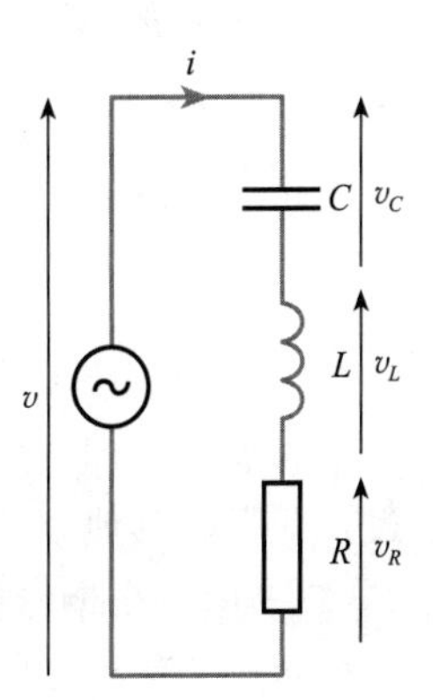

图 8.17　串联 *RLC* 电路

可以看出，如果电感和电容的电抗相等(即 $\omega L=1/\omega C$)，则电抗的虚部为零。这种情况下，电路的阻抗非常简单，就等于 R。在这种情况下，

$$\omega L=\frac{1}{\omega C}\quad \omega^2=\frac{1}{LC}\quad \omega=\frac{1}{\sqrt{LC}}$$

这种情况称为谐振，相应的频率称为电路的谐振频率。工作在这种情况下的电路称为谐振电路。谐振对应的角频率用符号 ω_0 表示，对应的频率用符号 f_0 表示。因此，

$$\omega_0=\frac{1}{\sqrt{LC}} \tag{8.23}$$

$$f_0=\frac{1}{2\pi\sqrt{LC}} \tag{8.24}$$

根据式(8.22)，图 8.17 中的电路很显然在谐振时的阻抗值最小，因此，此时的电流达到最大值。图 8.18 显示了在谐振频率附近电路的电流随频率变化的情况。由于电流在谐振时达到最大值，必然导致此时电容和电感上的电压也会很大。在谐振时，这两个元件上的电压确实要比外加电压大很多倍。但是，电容和电感上的电压是不同相的，因此相互抵消了，只留下电阻上的电压。

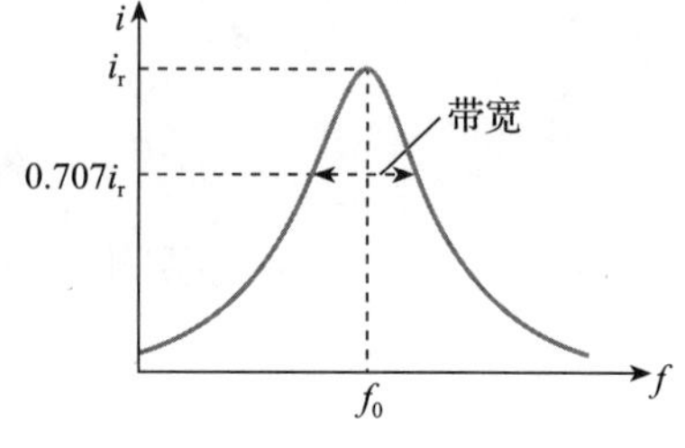

图 8.18 串联 RLC 电路中电流随频率的变化关系

电容和电感是不消耗功率的(如第 7 章所述)，这是因为电容和电感仅仅储存能量，随后又将能量还给电路了。因此，在谐振时流入流出电感和电容的电流会反复地储存与释放能量。谐振的结果可以进行量化，即测量每个周期中储存的能量和功耗的比值。这个比值称为电路的品质因数或者 Q。既然储存在电感和电容中的能量是相等的，我们可以任意选择其中一个来计算 Q。如果选择用电感来计算，可得：

$$品质因数\ Q=\frac{I^2X_L}{I^2R}=\frac{X_L}{R} \tag{8.25}$$

如果选择用电容来计算，可得：

$$品质因数\ Q=\frac{I^2X_C}{I^2R}=\frac{X_C}{R} \tag{8.26}$$

选其中任意一个表达式，并在分子和分母上都乘上 I，可以得到相关元件上的电压。因此，Q 值也可以定义为

$$品质因数\ Q=\frac{V_L}{V_R}=\frac{V_C}{V_R} \tag{8.27}$$

由于在谐振时 V_R 等于外加电压，相应地有

$$品质因数\ Q=\frac{谐振时\ L\ 或者\ C\ 上的电压}{外加电压} \tag{8.28}$$

因此，Q 值也表示谐振时的电压放大倍数。

根据式(8.23)和式(8.28)，我们可以得到串联 RLC 电路的 Q 值：

$$Q=\frac{1}{R}\sqrt{\left(\frac{L}{C}\right)} \tag{8.29}$$

串联 RLC 电路经常称为接收器电路，因为该电路允许频率在其谐振频率附近的信号通过，却阻碍其他频率的信号通过。我们可以定义谐振电路的带宽 B 为增益(本例中是电流)下降到中频带增益的 $1/\sqrt{2}$(或者 0.707)时的两个频点范围，如图 8.18 所示。接收器电路应用的一个例子是收音机，我们希望接收特定电台发出的特定频率的信号，同时阻碍其他电台所发出的信号。此时，需要一个谐振电路，它有适当的带宽，可接收需要的信号，

同时阻止不需要的信号和其他干扰。带宽的“狭窄程度”由电路的 Q 值决定。截止频率和带宽的关系由下式描述：

$$品质因数\ Q=\frac{谐振频率}{带宽}=\frac{f_0}{B} \tag{8.30}$$

根据式(8.24)、式(8.29)和式(8.30)，我们可以得到带宽的公式，带宽由电路参数决定，即

$$B=\frac{R}{2\pi L}\text{Hz} \tag{8.31}$$

可以看出降低 R 的值，会增加电路的 Q 值并降低带宽。在有些情况下，我们需要非常高的 Q 值，式(8.29)说明如果电阻可以忽略(实际上是令 $R=0$)，谐振电路的 Q 值就会无限大。然而，实际上所有的元件都是有电阻的(如电感在“非理想”的情况下)，所以电路的 Q 值往往在几百以内。

例 8.9 计算右图电路的谐振频率 f_0、电路在谐振频率处的阻抗、电路的品质因数 Q 及其带宽 B。

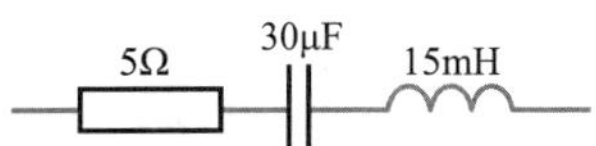

解：根据式(8.24)：

$$f_0=\frac{1}{2\pi\sqrt{LC}}=\frac{1}{2\pi\sqrt{15\times10^{-3}\times30\times10^{-6}}}=237(\text{Hz})$$

在谐振频率处，电路的阻抗等于 R，所以 $\mathbf{Z}=5\Omega$。

根据式(8.29)可得：

$$Q=\frac{1}{R}\sqrt{\left(\frac{L}{C}\right)}=\frac{1}{5}\sqrt{\left(\frac{15\times10^{-3}}{30\times10^{-6}}\right)}=4.47$$

根据式(8.31)可得：

$$B=\frac{R}{2\pi L}=\frac{5}{2\pi\times15\times10^{-3}}=53(\text{Hz})$$ ◀

计算机仿真练习 8.6

将一个正弦电压加在例 8.9 中的电路上，对其进行仿真。用交流扫描分析来绘制电流随频率的变化关系。测量电路的谐振频率及其带宽，并计算其 Q 值。测量电路的峰值电流并且根据激励电压的知识估计电路在谐振时的阻抗。并由此确认例 8.9 中的结果正确。

8.12.2　并联 *RLC* 电路

分析图 8.19 中的并联电路，电路的阻抗为

$$\mathbf{Z}=\frac{1}{\frac{1}{R}+\text{j}\omega C+\frac{1}{\text{j}\omega L}}=\frac{1}{\frac{1}{R}+\text{j}\left(\omega C-\frac{1}{\omega L}\right)} \tag{8.32}$$

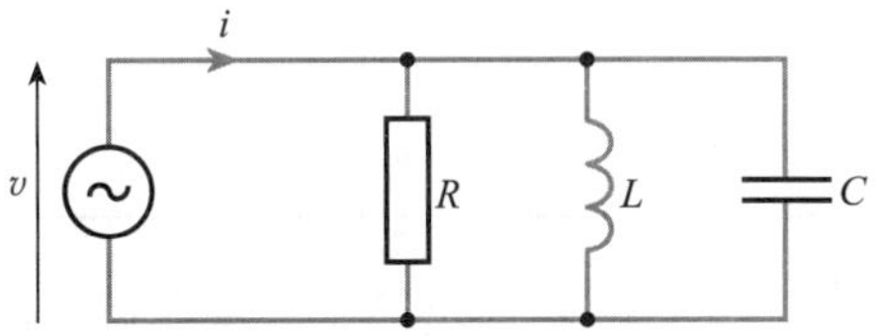

图 8.19　并联 *RLC* 电路

显然，该电路同样具有谐振的特性。当 $\omega C=1/\omega L$ 时，上式括号中的部分就变成零，阻抗的虚部就消失了。这种情况下，其阻抗就是纯电阻，即 $\mathbf{Z}=R$，相应的频率就是谐振频率，如下式所示：

$$\omega C=\frac{1}{\omega L}$$

$$\omega^2=\frac{1}{LC}$$

$$\omega=\frac{1}{\sqrt{LC}}$$

和串联电路的公式一样。因此，谐振角频率以及谐振频率也跟之前的公式相同：

$$\omega_0=\frac{1}{\sqrt{LC}} \tag{8.33}$$

$$f_0 = \frac{1}{2\pi\sqrt{LC}} \tag{8.34}$$

根据式(8.32)，显然该并联谐振电路的阻抗在谐振时最大，并且当频率从谐振频率升高或者降低时，最大阻抗会降低。该电路因此称为带阻滤波器电路，图 8.20 显示了电流随频率变化的关系。

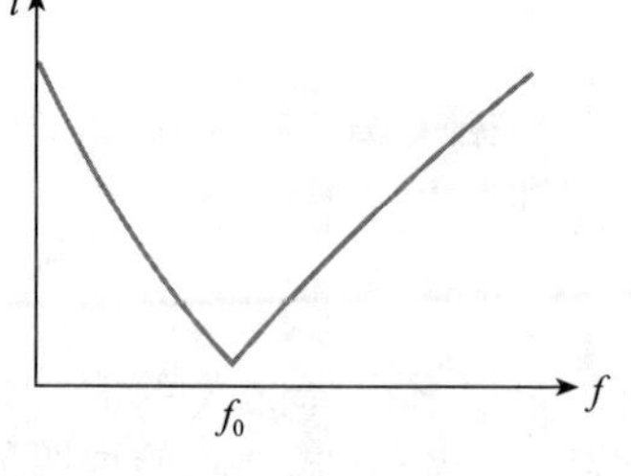

图 8.20　并联 RLC 电路中电流随频率的变化关系

跟串联谐振电路的情况一样，可以定义并联电路的带宽 B 和品质因数 Q(虽然公式稍有差别)，具体公式为

$$Q = R\sqrt{\left(\frac{C}{L}\right)} \tag{8.35}$$

和

$$B = \frac{1}{2\pi RC}\text{Hz} \tag{8.36}$$

串联谐振电路和并联谐振电路之间的比较如表 8.2 所示。注意串联谐振电路的 Q 值随着 R 的减少而增加，而并联谐振电路的 Q 值随着 R 的增加而增加。任一种情况下，Q 值都会随着损耗的减少而增加。

表 8.2　串联谐振电路和并联谐振电路

	串联谐振电路	并联谐振电路
电路	v, R, L, C	v, R, L, C
阻抗，$\mathbf{Z}$	$\mathbf{Z}=R+\mathrm{j}\left(\omega L-\frac{1}{\omega C}\right)$	$\mathbf{Z}=\frac{1}{\frac{1}{R}+\mathrm{j}\left(\omega C-\frac{1}{\omega L}\right)}$
谐振频率，f_0	$f_0=\frac{1}{2\pi\sqrt{LC}}$	$f_0=\frac{1}{2\pi\sqrt{LC}}$
品质因数，Q	$Q=\frac{1}{R}\sqrt{\left(\frac{L}{C}\right)}$	$Q=R\sqrt{\frac{C}{L}}$
带宽，B	$B=\frac{R}{2\pi L}\text{Hz}$	$B=\frac{1}{2\pi RC}\text{Hz}$

图 8.19 中的电路是一种并联 RLC 电路，但不是最常用形式。实际上，为了使 Q 值最大化，就需要去掉电阻。然而，所有的电感实际上都具有一定的电阻，其实际模型如图 8.21 所示。电容也存在一定电阻，不过其值一般都非常小，可以忽略不计。

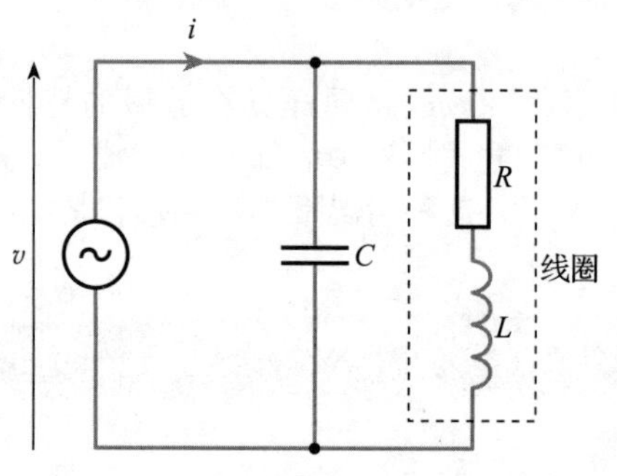

图 8.21　LC 谐振电路

图 8.21 所示电路的谐振频率为

$$f_0 = \frac{1}{2\pi}\sqrt{\frac{1}{LC} - \frac{R^2}{L^2}} \tag{8.37}$$

当线圈的电阻趋于零时，上式就等于式(8.34)了。该电路与之前的并联电路具有类似的特征，其 Q 值为

$$Q = \sqrt{\frac{L}{R^2C} - 1} \tag{8.38}$$

8.13　滤波器

8.13.1　RC 滤波器

在本章之前的内容中，我们了解了 RC 高通和低通网络，并且注意到这些网络具有滤波器的特征，因为它们允许一定频率范围内的信号通过，同时阻碍其他频率信号通过。这些简单电路只有一个时间常数，称为一阶滤波器或者单极点滤波器。这种类型的电路通常在系统中用来选择或者去除信号的某些频率分量。然而在很多应用中，它们相当慢的衰减速率(6dB/倍频程)不能有效地去除不需要的信号。在这种情况下，具有多个时间常数的滤波器可以使增益衰减更快。两个高通网络的组合会产生二阶(二极点)高通滤波器，增益会以 12dB/倍频程的速率衰减(见 8.11 节)。相似地，加上第三级或者第四级网络，会产生 18dB/倍频程或者 24dB/倍频程的衰减速率。

原则上，一定数量的网络级联会产生 n 阶(n 极点)滤波器，具有 $6n$dB/倍频程的衰减速率，并产生最多 $n\times90^\circ$的相移。如果需要的话，还可以将高通网络和低通网络组合起来构成带通滤波器。

在很多应用中，一个理想滤波器应该在一定的频率范围(它的通带)内具有固定增益和零相移，在该频率范围以外(它的阻带)的增益为零。其变化发生在从通带变化到阻带的转折频率 f_0 处。图 8.22a 给出了低通滤波器的例子。

然而，虽然更多级 RC 滤波器级联增加了在阻带内的增益衰减速率，但是阶跃那样极速变化的响应无法实现(见图 8.22b)。为了获得更逼近理想滤波器的电路，需要多种技术。

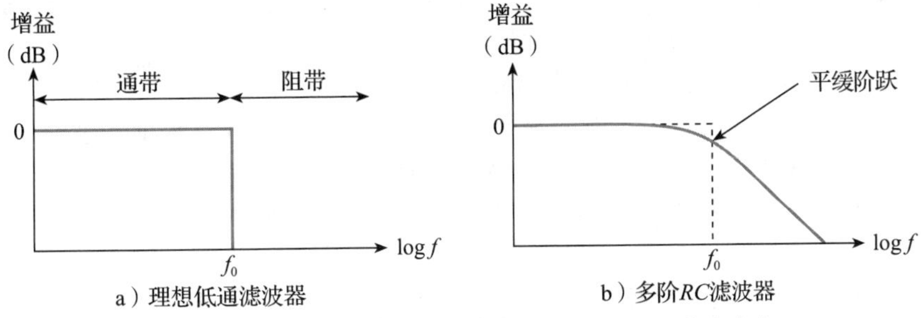

图 8.22　理想低通滤波器和实际低通滤波器的增益响应

8.13.2　LC 滤波器

电感和电容组合而成的滤波器会非常快速地截止。简单的 LC 滤波器可以使用上节讨论过的串联和并联谐振电路。也就是我们熟悉的调谐电路，如图 8.23 所示。

电感和电容的组合构成了窄频带滤波器，其中心频率是调谐电路的谐振频率，即

$$f_0=\frac{1}{2\pi\sqrt{LC}}\qquad(8.39)$$

如同上节所述，滤波器的带宽由品质因数 Q 决定。

电感、电容和电阻的其他组合可以产生高通、低通、带通和带阻滤波器，并且可以产生非常高的截止速率。

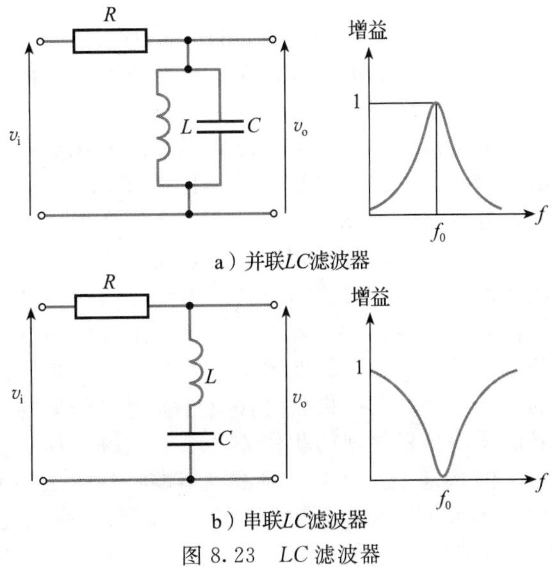

图 8.23　LC 滤波器

8.13.3　有源滤波器

虽然电感和电容组成的电路可以构成

高性能的滤波器，但是使用电感并不是很方便，因为电感价格昂贵、体积大，并且比其他无源器件会产生更大的损耗。而且，许多滤波器可以由运算放大器、电阻和电容构成。这样的滤波器称为有源滤波器，因为它包含了有源器件(运算放大器)。而我们之前讨论的都是单纯的由无源器件构成的滤波器(忽略某些缓冲)。本文不详细分析有源滤波器的工作，仅仅说明其电路特性，并与之前讨论过的 RC 滤波器进行比较。

为了构建多极点滤波器，通常需要多级级联。如果每级电路的时间常数和增益都按照限定的方式变化，就可能构建具有多种特性的滤波器。用这种构建技术，就可以实现许多种滤波器，来满足不同的需要。

在简单的 RC 滤波器中，增益从通带内到通带边缘一直在降低，其增益在通带内并不是不变的。有源滤波器也这样，但是其增益在通带边缘会先上升然后再下降。在有些电路中，增益在整个通带内小幅波动。这些特点如图 8.24 所示。

任何形式的有源滤波器的增益随着频率变化的最终下降速率为 6ndB/倍频程，其中 n 是滤波器的极点数，通常等于电路中电容器的数量。从这个角度讲，滤波器的性能与电路的复杂性直接相关。

虽然滤波器增益的最终下降速率由其极点数确定，但是每种滤波器的阶跃变化是不一样的。具有阶跃变化的滤波器在通带内也会产生更多的波动，如图 8.24 所示，从图中可以很明显地看出滤波器 B 和 C 的增益衰减比滤波器 A 的增益衰减更快，但是它们的增益在通带内的波动也更大。

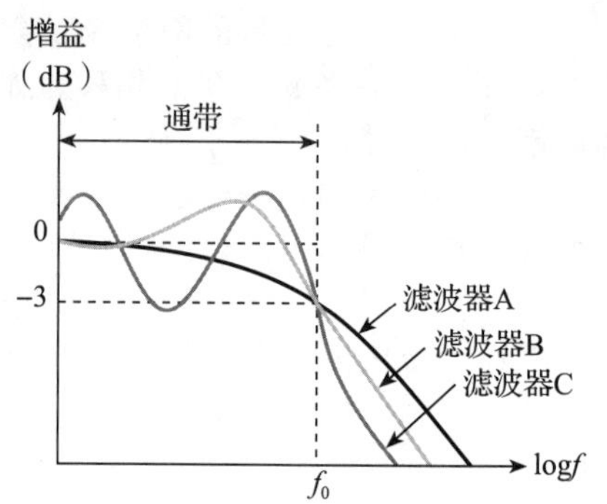

图 8.24　不同滤波器的增益随频率的变化

在有些应用中，滤波器的相位响应是很重要的：当一个信号通过滤波器的时候，其相位随着频率变化产生滞后或者超前的变化关系。我们看到 RC 滤波器在通带内产生了明显的相移。所有滤波器都会产生随着频率变化的相移，但是对于不同的滤波器，其相移随频率变化的情况是不一样的。滤波器的相移对于使用脉冲的滤波器而言非常重要。

有很多的滤波器类型可供选用，我们可以选择其中一种来满足上述要求。然而，各种要求经常是相互矛盾的，所以不存在普遍适用的滤波器，并且对于给定的应用还必须选择合适的电路。对于多种多样的滤波器设计方法，在这里仅讨论其中三种基本的设计方法，因为其应用广泛，而且对于特定的特性可以单独优化。

巴特沃斯滤波器在通带内的响应很平坦，但是该滤波器不能实现阶跃一样的快速变化，也没有理想的相移性能。该滤波器有时候称为最平坦滤波器，因为它的响应跟其他滤波器相比是最平坦的。

切比雪夫滤波器从通带到阻带的变化非常迅速，但是该滤波器的响应在通带内是波动的。增益的纹波可以根据具体的要求限制在一定的范围。切比雪夫滤波器的相位响应很差，并且对于脉冲波形会产生严重的变形。

贝塞尔滤波器的相位响应是线性的，所以有时候称为线性相位滤波器。但是其过渡带的陡峭程度不如切比雪夫滤波器和巴特沃斯滤波(虽然比简单的 RC 滤波器好一点)。不过其优越的相位特性对许多应用来说是很好的选择，特别是对于脉冲波形。该滤波器的相移和输入频率近似于线性关系。因此，总的相移具有固定的时延，所有的频率分量延迟相同的时间间隔。其结果就是含有许多频率分量的复杂波形(比如脉冲信号)经过滤波以后，信号的不同分量之间的相位关系不变。每一种分量都延迟相等的时间间隔。

图 8.25 比较了这三种滤波器的特性。a、b 和 c 分别显示了巴特沃斯滤波器、切比雪夫滤波器和贝塞尔滤波器的频率响应，每一种滤波器都有 6 个极点(切比雪夫滤波器设计为有 0.5dB 的纹波)。同时，d、e 和 f 分别显示了这些滤波器对于阶跃信号的响应。

多年以来，已经用多种设计方法实现了多种形式的滤波器。这些设计方法特点不同，但每一种都有优点和缺点。在第 16 章中学习运算放大器时，我们将讨论几个有源滤波器的例子。

虽然有源滤波器跟其他形式的滤波器相比有若干优点，需要注意的是，运算放大器在工作频率范围内必须有足够的增益。有源滤波器在音频信号(频率限制在几十千赫兹以内)中应用广泛，但是很少用于甚高频率信号。相反，对于几百兆赫兹的信号 LC 滤波器非常有效。在甚高频率，有一些其他的滤波器器件可用，包括 SAW(声表面波滤波器)、陶瓷滤波器和传输线滤波器。

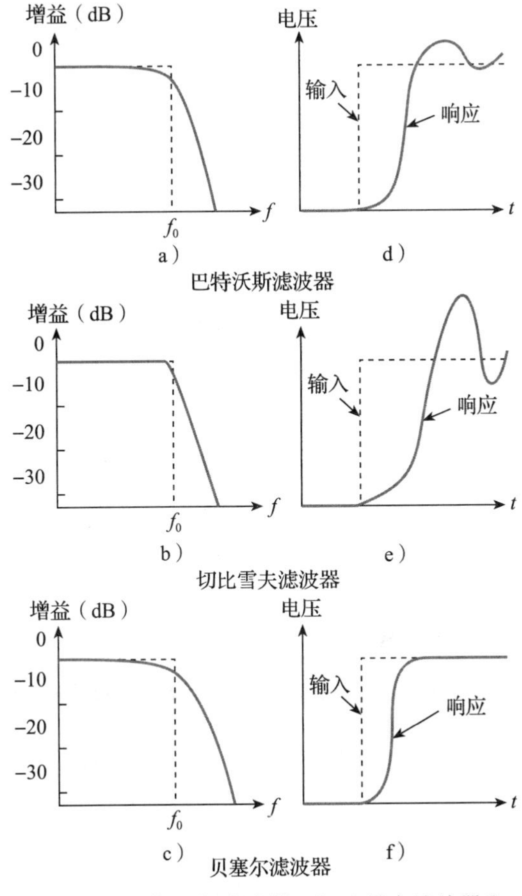

图 8.25　巴特沃斯滤波器、切比雪夫滤波器和贝塞尔滤波器的比较

8.14　寄生电容和寄生电感

许多电路都包含电容和电感，这是电路设计者有意加入电路的，但是所有电路还有附加的“非计划中的”寄生电容和寄生电感(在第 4 章和第 5 章中进行过讨论)。寄生电容在电路中会产生不需要的低通滤波器，图 8.26a 给出了相应的例子。寄生电容还会在电路中产生不需要的耦合，产生许多使电路性能不良的效果，比如串音。寄生电感也会产生不需要的作用。例如，在图 8.26b 中有一个寄生电感 L_s 和负载电阻串联，产生了额外的低通滤波效果。寄生对电路的稳定性也有明显的影响。图 8.26c 给出了相应的例子，其中寄生电容 C_s 与电感 L 并联，产生了一个额外的谐振电路。第 23 章将更详细地研究电路的稳定性。

寄生电容和寄生电感的值一般都比较小，因此在低频时无关紧要。然而，在高频时，它们就会对电路的性能产生明显的影响。通常，这些不希望有的电路元件会限制电路的高频性能。

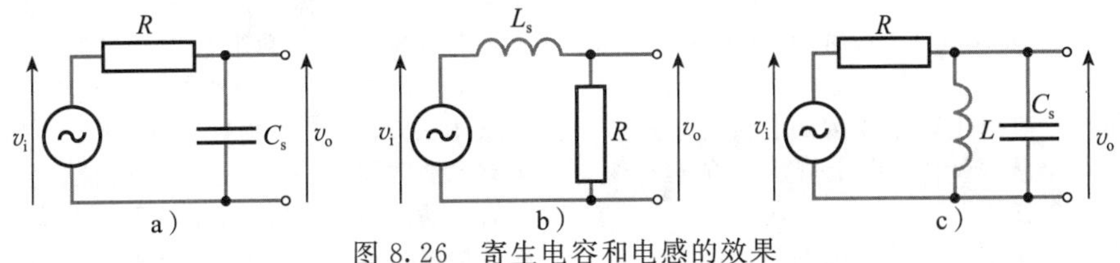

图 8.26　寄生电容和电感的效果

进一步学习

在世界的大部分地方，520kHz～1610kHz 的频段主要用于调幅广播(调幅无线电)。每个电台都会在频段内分配一个频率范围。世界上大部分地方的电台频率范围为 9kHz。但在美国，电台的频率范围为 10kHz。

在后面的几章，我们将学习调幅(AM)信号发射和接收技术。现在我们仅仅关心如何从众多传输信号中选择出一个电台的信号。

我们不详细讨论所用的具体电路，只是假设电路具有 8.12.1 节所讨论的

串联 RLC 滤波器的特性。设计一个滤波器选择出电台所传输的信号，电台的中心频率为 909kHz、带宽为 9kHz。可以用 250μH 的电感。

实际上，收音机并不是只能接收单一确定的电台信号，是可以进行调节从而可以在一个频段内选择任意电台信号。为了使所设计的滤波器可以选择上面频段内任意电台信号，滤波器应该如何修改？

关键点

- 电容和电感的电抗取决于频率。因此，所有含有电容和电感的电路的工作情况会随着频率的变化而变化。
- 所有实际电路都含有寄生电容和寄生电感，因此实际电路的特性都会随频率的变化而变化。
- 一个电阻和一个电容，或者一个电阻和一个电感都能实现低通或者高通电路。所有电路的截止角频率 ω_c 均等于电路的时间常数 T 的倒数。
- 对于 RC 电路，时间常数 $T=CR$，而对于 RL 电路，时间常数 $T=L/R$。
- 单一时间常数的电路具有相似的特征。
  - □ 电路的截止频率 $f_c=\omega_c/2\pi=1/2\pi T$；
  - □ 在通带内，离截止频率较远的位置增益为 0dB 且相移为 0；
  - □ 在截止频率处，有 -3dB 的增益和 $\pm 45°$ 的相移；
  - □ 在阻带内，离截止频率较远的位置，增益按照 $\pm$6dB/倍频程($\pm$20dB/十倍频程)的速率变化，并且相移为 $\pm 90°$。
- 增益和相位响应经常以波特图的形式给出，波特图描述增益(单位为 dB)和相位相对于对数频率的关系。
- 在给定频率处，多级级联电路的增益等于每级增益的乘积，多级级联电路的相移等于每级相移之和。
- 电阻、电感和电容组成的电路可以用前面章节中的工具进行分析。特别的是，当容抗和感抗相互抵消时，产生谐振。在谐振时，电路的阻抗就是电阻。
- 谐振的“尖锐”程度可以用品质因数 Q 测量。
- 简单的 RC 和 RL 电路是一阶或者单极点滤波器。虽然有时很有用，但是它们的衰减速率是有限的，通带和阻带之间的过渡比较缓慢。
- 多级 RC 滤波器的级联会增加衰减速率，但是不会改善其通带和阻带之间过渡缓慢的情况。用 LC 滤波器得到的滤波器的性能高，但是电感体积大、重并且损耗大。
- 有源滤波器不用电感也有高性能。多种形式的有源滤波器可以适用于许多不同的应用。
- 寄生电容和寄生电感限制了高频电路的性能。

习题

8.1　计算 1μF 的电容在频率为 10kHz 时的电抗、20mH 的电感在频率为 100rad/s 时的电抗。答案中给出单位。

8.2　将角频率 250rad/s 用频率(Hz)表示。

8.3　将频率 250Hz 用角频率(rad/s)表示。

8.4　求出下面电路的传输函数。

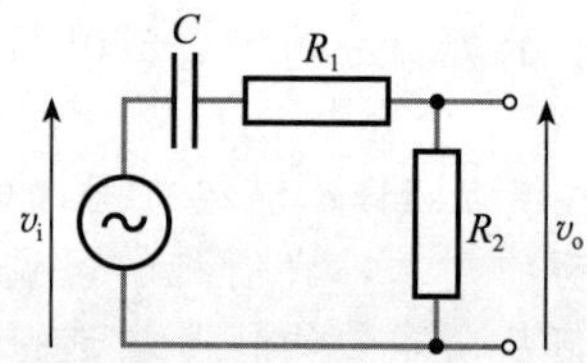

8.5 一个串联 RC 电路由一个 33kΩ 的电阻和一个 15nF 的电容构成。电路的时间常数是多少？

8.6 计算下面电路的时间常数 T、截止角频率 ω_c 和截止频率 f_c。该电路是高频截止电路还是低频截止电路？

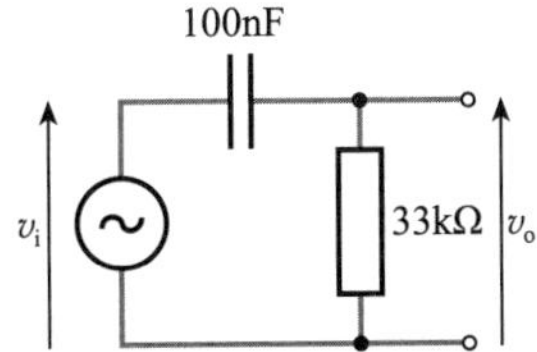

8.7 对习题 8.6 中的电路进行仿真，并且用交流扫描分析显示增益响应。测量电路的截止频率并确认与前面习题的答案一致。

8.8 写出相应的频率：

(a) 比 30Hz 低一个倍频程

(b) 比 25kHz 高两个倍频程

(c) 比 1kHz 高三个倍频程

(d) 比 1MHz 高一个十倍频

(e) 比 300Hz 低两个十倍频

(f) 比 50Hz 高三个十倍频

8.9 计算下面电路的时间常数 T、截止角频率 ω_c 和截止频率 f_c。该电路是高频截止电路还是低频截止电路？

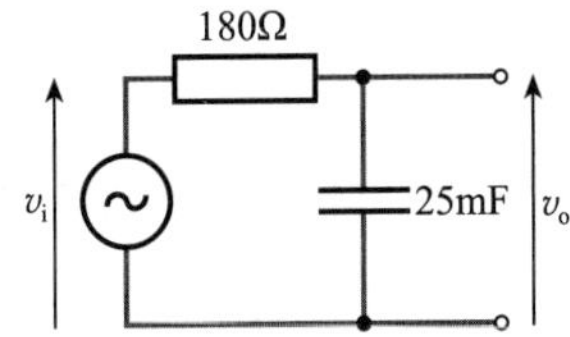

8.10 对习题 8.9 中的电路进行仿真，并且用交流扫描分析显示增益响应。测量电路的截止频率并确认与前面习题的答案一致。

8.11 一个并联 RL 电路由一个 150Ω 的电阻和一个 30mH 的电感构成。电路的时间常数是多少？

8.12 计算下面电路的时间常数 T、截止角频率 ω_c 和截止频率 f_c。该电路是高频截止电路还是低频截止电路？

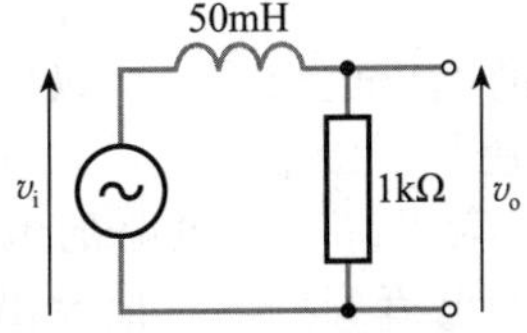

8.13 对习题 8.12 中的电路进行仿真，并且用交流扫描分析显示增益响应。测量电路的截止频率并确认与前面习题的答案一致。

8.14 计算下面电路的时间常数 T、截止角频率 ω_c 和截止频率 f_c。该电路是高频截止电路还是低频截止电路？

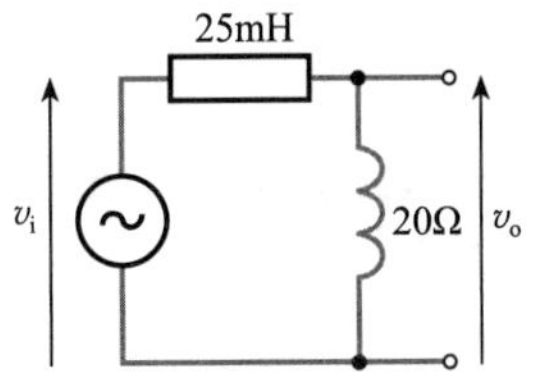

8.15 对习题 8.14 中的电路进行仿真，并且用交流扫描分析显示增益响应。测量电路的截止频率并确认与前面习题的答案一致。

8.16 对习题 8.14 中的电路画出直线近似波特图。用近似图进一步绘制更接近于实际的电路增益和相位响应曲线。

8.17 一个电路含有三个高频截止点和两个低频截止点。那么电路在非常高的频率处和非常低的频率处，电路增益的改变速率是多少？

8.18 解释“谐振”的含义。

8.19 计算下面电路的谐振频率 f_o、品质因数 Q 和带宽 B。

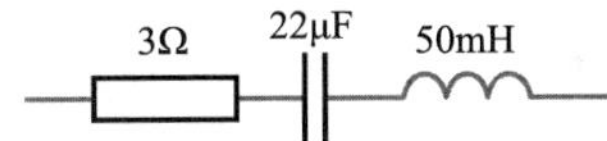

8.20 将一个正弦电压加在习题 8.19 中的电路上进行仿真，并且用交流扫描分析绘制电流随频率的变化关系。测量电路的谐振频率并测量带宽，然后计算品质因数 Q，并确认与前面习题的答案一致。

8.21 解释无源滤波器和有源滤波器的区别。

8.22 为什么搭建滤波器的时候常常不用电感？

8.23 哪种形式的有源滤波器通带内有平坦的响应？

8.24 哪种形式的有源滤波器从通带到阻带有非常快速的过渡？

8.25 哪种形式的有源滤波器具有线性相位响应？

8.26 解释为什么寄生电容和寄生电感影响了电路的频率响应。

第9章

瞬态特性

目标

学习完本章内容后，应具备以下能力：

- 熟悉电路的稳态响应、瞬态响应和全响应等概念
- 说明简单 RC 和 RL 电路的瞬态特性
- 根据初值和稳定值预测广义一阶系统的瞬态特性
- 绘制波形增大和波形减弱的草图并确定其关键特征
- 描述简单 RC 和 RL 电路的方波响应
- 概述多种二阶系统的瞬态特性

9.1 引言

在前面的章节中，我们已经了解了电路在恒定直流信号以及恒定交流信号作用下的响应。这就是系统的稳态响应。现在开始讨论电路在达到稳定状态之前情况。例如，当一个电压源或者一个电流源刚刚接通或者断开时，电路的反应如何。这就是电路的瞬态响应。

从简单 RC 和 RL 电路开始分析，接着分析更复杂的电路。

9.2 电容充电和电感储能

9.2.1 电容充电

图 9.1a 所示为一个电压源 V 通过一个电阻 R 给电容 C 充电的电路。假定该电容初始没有充电，并且开关在 $t=0$ 时闭合。

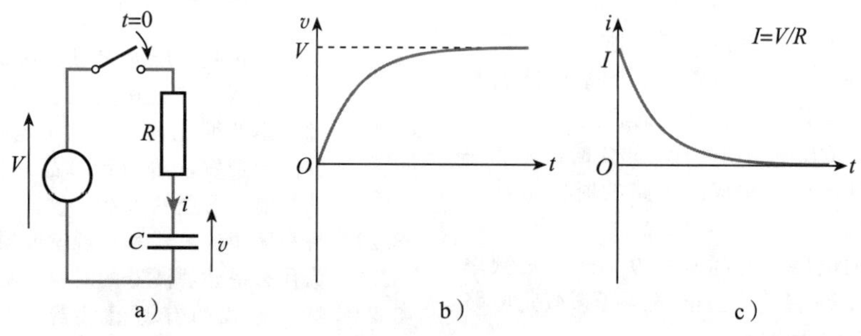

图 9.1 电容充电

开关刚开始闭合时，电容上的电荷为零，因此电容上的电压也为零。所以所有的外加电压全部加在电阻上，初始电流为 V/R。电流流向电容，使其开始带电荷，并且电容上的电压开始上升。随着电容上电压的上升，电阻上的电压逐渐下降，使电路的电流逐渐下降。渐渐地，电容上的电压上升到与外加电压相等，此刻的电流变到零。推导出电容上的电压 v 和电流 i 之间的公式，我们可以充分地理解这一过程。

对图 9.1a 所示电路应用基尔霍夫电压定律可得：

$$iR + v = V$$

由第 4 章可知，电容上电流和电压的公式为

$$i = C\frac{\mathrm{d}v}{\mathrm{d}t}$$

因此，代入可得：

$$CR\frac{\mathrm{d}v}{\mathrm{d}t} + v = V$$

这是一个很容易解的一阶常系数微分方程，整理可得：

$$\frac{\mathrm{d}v}{\mathrm{d}t} = \frac{V - v}{CR}$$

因此

$$\frac{\mathrm{d}t}{CR} = \frac{\mathrm{d}v}{V - v}$$

两边积分可得：

$$\frac{t}{CR} = -\ln(V - v) + A$$

其中，A 为积分常数。

在本例中，我们知道(电容在初始时刻未充电)，当 $t=0$ 时，$v=0$。代入前面的公式可得：

$$\frac{0}{CR} = -\ln(V - 0) + A$$

$$A = \ln V$$

因此

$$\frac{t}{CR} = -\ln(V - v) + \ln V = \ln\frac{V}{V - v}$$

并且

$$\mathrm{e}^{t/CR} = \frac{V}{V - v}$$

最后，整理可得：

$$v = V(1 - \mathrm{e}^{t/CR}) \tag{9.1}$$

根据上式，可以得到电流 I 的公式：

$$i = C\frac{\mathrm{d}v}{\mathrm{d}t} = CV\frac{\mathrm{d}}{\mathrm{d}t}(1 - \mathrm{e}^{-t/CR}) = \frac{V}{R}\mathrm{e}^{-t/CR}$$

我们注意到，在 $t=0$ 时，电容器上的电压为零，并且电流为 V/R。如果称其为初始电流 I，则电流的公式为

$$i = I\mathrm{e}^{-t/CR} \tag{9.2}$$

在式(9.1)和式(9.2)中，指数部分都含有 t/CR，可以将 CR 作为电路的时间常数 T，于是 t/CR 就等于 t/T，即时间作为时间常数的分子。因此，在这两个公式中通常会用 T 代替 CR 得到更为通用的形式：

$$v = V(1 - \mathrm{e}^{t/T}) \tag{9.3}$$

$$i = I\mathrm{e}^{-t/T} \tag{9.4}$$

根据式(9.3)和式(9.4)，显然在图 9.1a 所示电路中，电压随着时间而增加，同时电流按照指数规律下降。这两个波形如图 9.1b 和 9.1c 所示。

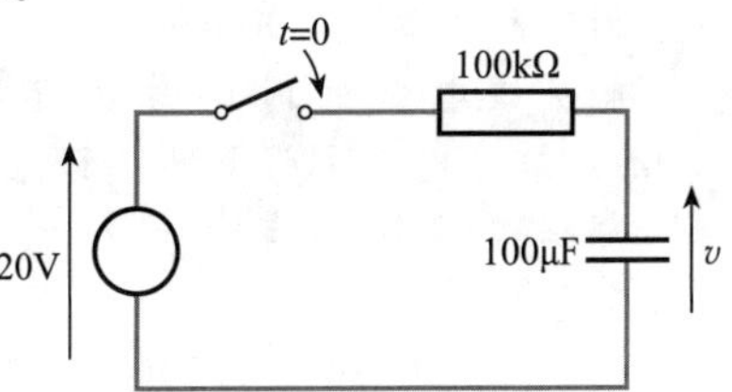

例 9.1 右图中的开关在 $t=0$ 时闭合。推导出输出电压 v 在该时间以后的公式，并且计算电容在 $t=25\mathrm{s}$ 时的电压。

解： 电路的时间常数为 $T=CR=100\times10^{3}\times100\times10^{-6}=10(\mathrm{s})$。根据式(9.3)，有

$$v = V(1 - e^{t/T}) = 20(1 - e^{t/10})$$

在 $t=25s$ 时，

$$v = 20(1 - e^{25/10}) = 18.36(V)$$ ◀

9.2.2 电感储能

图 9.2a 所示电路中，电压源 V 经电阻 R 对电感 L 储能。电路中的开关在 $t=0$ 时闭合，在此之前电感中没有电流。

当开关刚刚闭合时，电路的电流为零，这是因为电感的特性是阻止电流立即发生变化。因为电流为零的时候，电阻上没有电压，所以外加电压都加在电感上。外加电压使电路的电流增加，从而使电阻上的电压增加及电感上的电压下降。最后，电感上的电压降为零，外加电压全加在电阻上，产生的稳定电流为 V/R。同样，了解 v 和 i 的公式很重要。

对图 9.2a 所示电路应用基尔霍夫电压定律，可以得到

$$iR + v = V$$

由第 5 章可知电感上电压和电流之间的关系由下式给出：

$$v = L\frac{di}{dt}$$

因此，可得：

$$iR + L\frac{di}{dt} = V$$

这个一阶微分方程可以用前面推导电容上的电压类似的方法求解，得到如下公式：

$$v = Ve^{-Rt/L} \tag{9.5}$$

$$i = I(1 - e^{-Rt/L}) \tag{9.6}$$

其中，I 代表电路的最终(最大)电流，且等于 V/R。在式(9.5)和式(9.6)中，指数部分含有 Rt/L。L/R 就是电路的时间常数 T，因此 Rt/L 就等于 t/T。将这两个公式重写为

$$v = Ve^{-t/T} \tag{9.7}$$

$$i = I(1 - e^{-t/T}) \tag{9.8}$$

v 和 i 的图形如图 9.2b 和 9.2c 所示。可以和对电容充电的图 9.1b 和 9.1c 进行比较，也可以将描述电感储能的式(9.7)、式(9.8)和之前导出的描述电容充电的式(9.3)、式(9.4)进行比较。

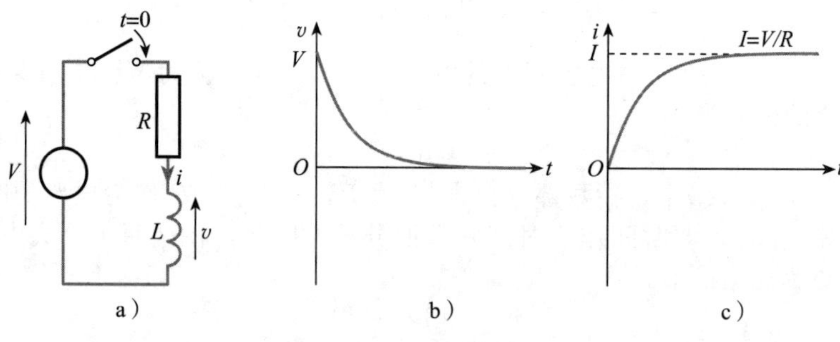

图 9.2　电感储能

例 9.2 一个电感连接到右图所示的 15V 电源上。线圈中的电流在开关闭合以后经过多长时间可以达到 300mA?

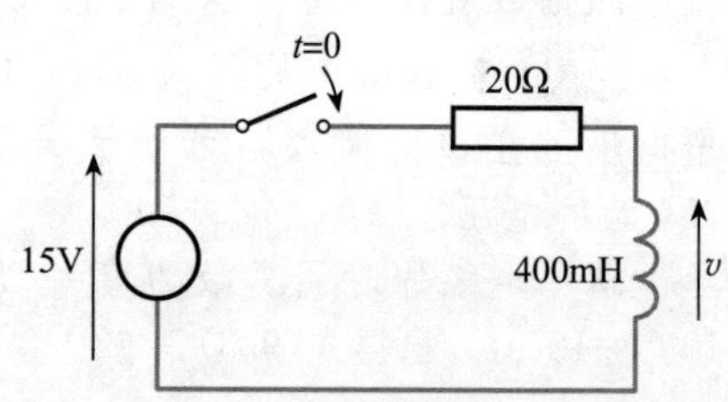

解：该电路的时间常数 $T=L/R=0.4\div20=0.02s$。最终电流 I 为 $V/R=15/20=750(mA)$。

根据式(9.8)，有

$$i = I(1 - e^{-t/T})$$

$$300 = 750(1 - e^{-t/0.02})$$

计算可得：

$$t = 10.2(\mathrm{ms})$$ ◀

9.3　电容放电和电感释放能量

电容充电和电感储能使电容和电感在其后的时间里能够在电路中产生电流。在本节中，我们研究电容放电及电感释放电能过程中的电压和电流。

9.3.1　电容放电

为了了解电容器的放电过程，首先对其充电。在图 9.3a 所示电路中，电容 C 在开始时连接在电压源 V 上，然后通过电阻 R 开始放电。放电过程在 $t=0$ 时开始，打开左边的开关，同时闭合右边的开关。图中，电流 i 的方向定义为流入电容为正，如 9.1a 中一样。显然，在放电过程中，电荷是流出电容的，所以 i 是负的。

充电的电容会产生电动势，使电流沿着电路流动。最初，电容上的电压等于充电电源的电压(V)，所以初始电流等于 V/R。然而，由于电荷流出电容，电容上的电压会下降，使电流下降。v 和 i 可以用类似于前面充电电路中所用的方法来求出。对该电路应用基尔霍夫电压定律可得：

$$iR + v = 0$$

因此

$$CR\frac{\mathrm{d}v}{\mathrm{d}t} + v = 0$$

与前面一样求解，可得：

$$v = V\mathrm{e}^{-t/CR} = V\mathrm{e}^{-t/T} \tag{9.9}$$

$$i = -I\mathrm{e}^{-t/CR} = -I\mathrm{e}^{-t/T} \tag{9.10}$$

跟之前一样，电压和电流均为指数形式，如图 9.3b 和 9.3c 所示。注意如果 i 定义的方向相反(由于电流是流出电容的)，则图 9.3c 中电流的极性将相反。该例中，电压和电流的波形均类似于指数形式下降。

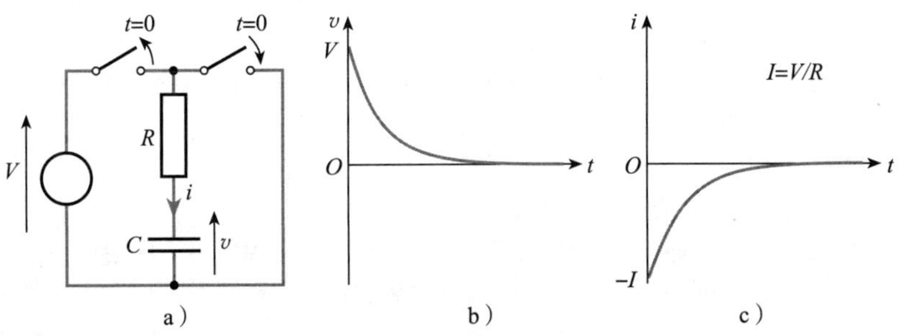

图 9.3　电容放电

9.3.2　电感释放能量

在图 9.4a 所示的电路中，电压源在电感上产生恒定电流。在 $t=0$ 时开始，闭合右边开关的同时打开左边开关，于是储存在电感中的能量就开始在电阻上耗散。由于电感上的电流不能突变，线圈中的初始电流会维持原来的值。电压源原来加在电感上的电势在相反方向上产生电动势。随着时间的增加，电感所储存的能量会逐渐耗散，电动势和电流随之下降。

跟之前一样，v 和 i 可以用基尔霍夫电压定律求出：

$$iR + v = 0$$

以及

$$iR + L\frac{\mathrm{d}i}{\mathrm{d}t} = 0$$

解该式可得：

$$v = -V\mathrm{e}^{-Rt/L} = -V\mathrm{e}^{-t/T} \tag{9.11}$$

$$i = I\mathrm{e}^{-Rt/L} = I\mathrm{e}^{-t/T} \tag{9.12}$$

跟之前一样，电压和电流均为指数形式，如图 9.4b 和 9.4c 所示。

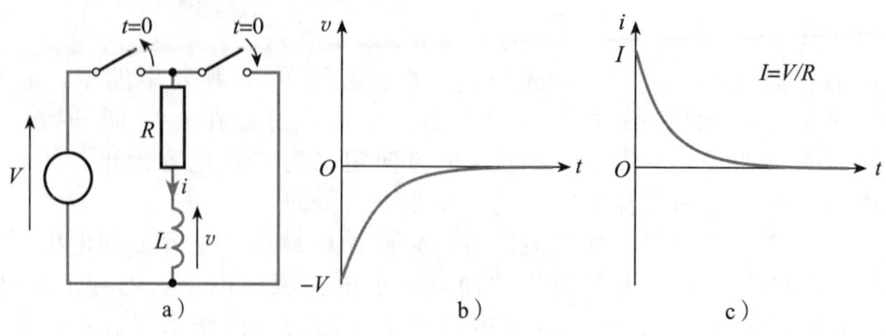

图 9.4　电感释放能量

9.4　一阶系统的全响应

在 9.2 和 9.3 节中我们看到，当电路包含电阻和电容或者电感的时候，可以用一阶微分方程描述，因此，称为一阶系统。这些电路的瞬态电压和电流随时间按指数规律变化。虽然波形的变化类似，但是在不同的电路中是不完全相同的。幸运的是，用一个简单的方法可以求出一阶系统在发生突变时的响应。

9.4.1　初值和终值定理

视频 9A

增加或者减少的指数波形(电压或者电流)可以由下式得到：

$$v = V_f + (V_i - V_f)\mathrm{e}^{-t/T} \tag{9.13}$$

$$i = I_f + (I_i - I_f)\mathrm{e}^{-t/T} \tag{9.14}$$

其中，V_i 和 I_i 是电压和电流的初值，而 V_f 和 I_f 是其终值。这两个公式的第一部分是电路的稳态响应，会一直持续下去。第二部分是电路的瞬态响应。其幅度由加在电路上的阶跃变化所决定，并且电路的时间常数决定了其衰减速率。稳态响应和瞬态响应一起构成了电路的全响应。为了说明如何使用这些公式，表 9.1 给出了在 9.2 节和 9.3 节中讨论电路时应用的公式情况。

初值和终值定理并不局限于电压或者电流变化到零或者从零开始变化的情况。它们可以用于任何加在一阶网络上的电压或者电流发生阶跃变化的情况。例 9.3 给出了例证。

表 9.1　一阶系统的瞬态响应

电路	参数	公式	波形
V, R, C, i, v	$V_i=0$，$V_f=V$ $I_i=V/R=I$ $I_f=0$ $T=CR$	$v = V_f + (V_i - V_f)\mathrm{e}^{-t/T}$ $= V + (0 - V)\mathrm{e}^{-t/T}$ $= V(1 - \mathrm{e}^{-t/T})$	v, t
		$i = I_f + (I_i - I_f)\mathrm{e}^{-t/T}$ $= 0 + (I - 0)\mathrm{e}^{-t/T}$ $= I\mathrm{e}^{-t/T}$	i, t

（续）

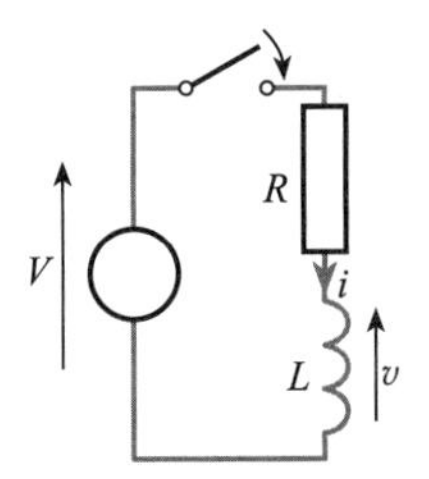	$V_i=V$，$V_f=0$ $I_i=0$ $I_f=V/R=I$ $T=L/R$	$v=V_f+(V_i-V_f)e^{-t/T}$ $=0+(V-0)e^{-t/T}$ $=Ve^{-t/T}$	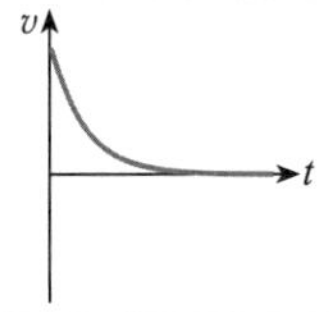
		$i=I_f+(I_i-I_f)e^{-t/T}$ $=I+(0-I)e^{-t/T}$ $=I(1-e^{-t/T})$	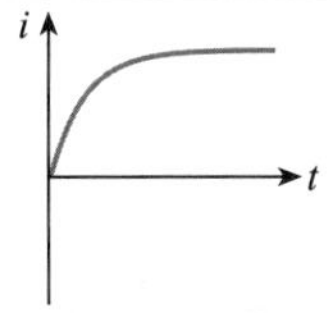
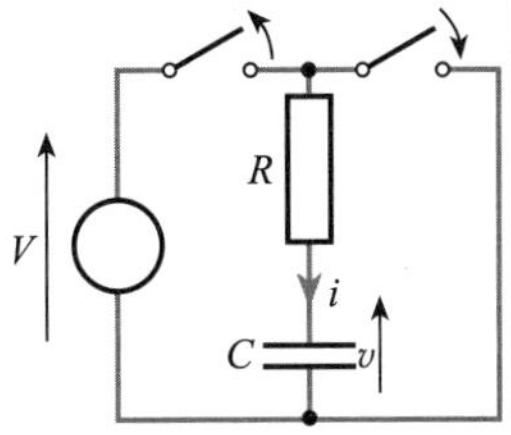	$V_i=V$，$V_f=0$ $I_i=-V/R=-I$ $I_f=0$ $T=CR$	$v=V_f+(V_i-V_f)e^{-t/T}$ $=0+(V-0)e^{-t/T}$ $=Ve^{-t/T}$	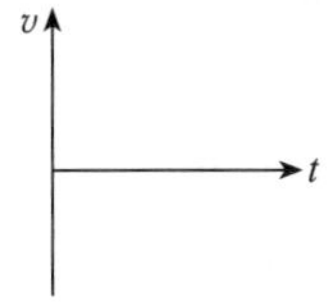
		$i=I_f+(I_i-I_f)e^{-t/T}$ $=0+(-I-0)e^{-t/T}$ $=-Ie^{-t/T}$	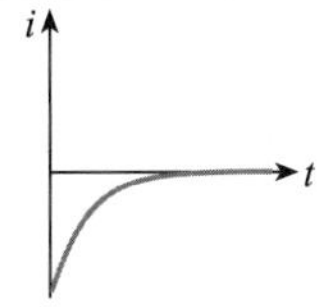
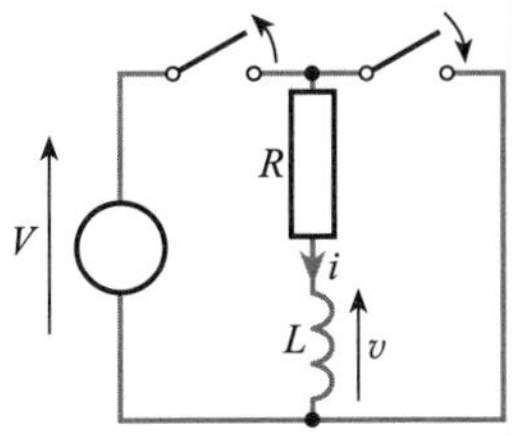	$V_i=-V$，$V_f=0$ $I_i-V/R=I$ $I_f=0$ $T=L/R$	$v=V_f+(V_i-V_f)e^{-t/T}$ $=0+(-V-0)e^{-t/T}$ $=-Ve^{-t/T}$	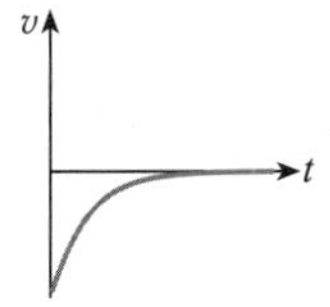
		$i=I_f+(I_i-I_f)e^{-t/T}$ $=0+(I-0)e^{-t/T}$ $=Ie^{-t/T}$	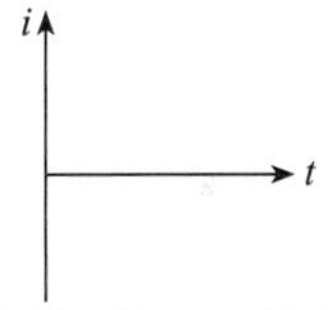

例 9.3 加在下面 CR 网络上的输入电压在 $t=0$ 时从 5V 阶跃至 10V，推导出输出电压的公式。

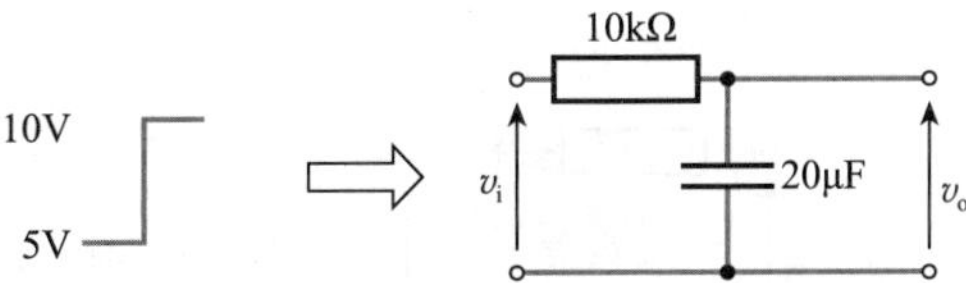

解：该例中，输出电压的初值为 5V，而其终值为 10V。该电路的时间常数等于 $CR=10\times10^3\times20\times10^{-6}=0.2(\text{s})$。

因此，根据式(9.13)，在 $t\geqslant0$ 时，

$$v_o=V_f+(V_i-V_f)e^{-t/T}=10+(5-10)e^{-t/0.2}$$
$$=10-5e^{-t/0.2}(\text{V})$$

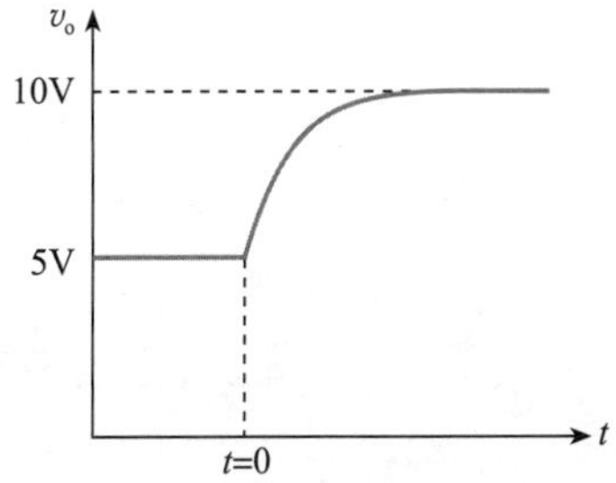

◀

9.4.2　指数曲线的特性

我们已经知道一阶系统中的瞬态响应中含有 $A(1-e^{-t/T})$或者 $Ae^{-t/T}$。第一个表示的是饱和指数波形，第二个是指数衰减波形。这些公式的特性如图 9.5 所示。

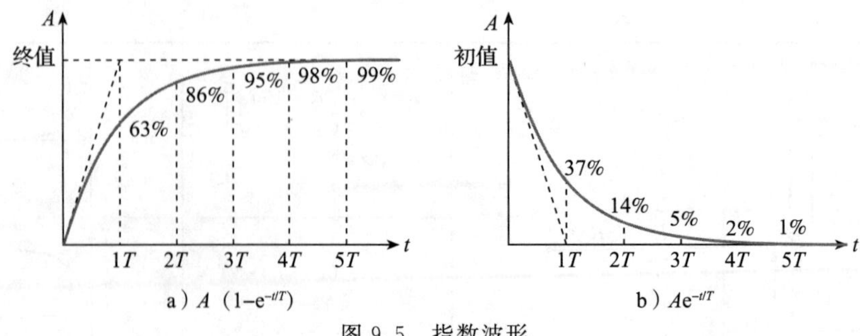

图 9.5　指数波形

通常，并不需要精确地绘制波形，但是知道它们的基本特性很有用。指数曲线最重要的特征是：

1)从起点到 $t=T$ 处的波形终值之间，斜线的斜率为曲线的起始斜率。

2)在 $t=T$ 时，波形达到了稳态值的 63%。

3)在时间达到 $5T$ 时，达到了稳态值的 99%。

9.4.3　一阶系统的脉冲和方波响应

了解了一阶系统的瞬态响应后，现在来研究一阶系统的脉冲和方波响应。这些信号可以看成正向和负向瞬态的组合，因此可以用与处理瞬态响应相同的方法来处理。图 9.6 给出了示例，图中给出了一个固定频率的方波经过有不同时间常数的 *RC* 或 *RL* 电路时所受到的影响。

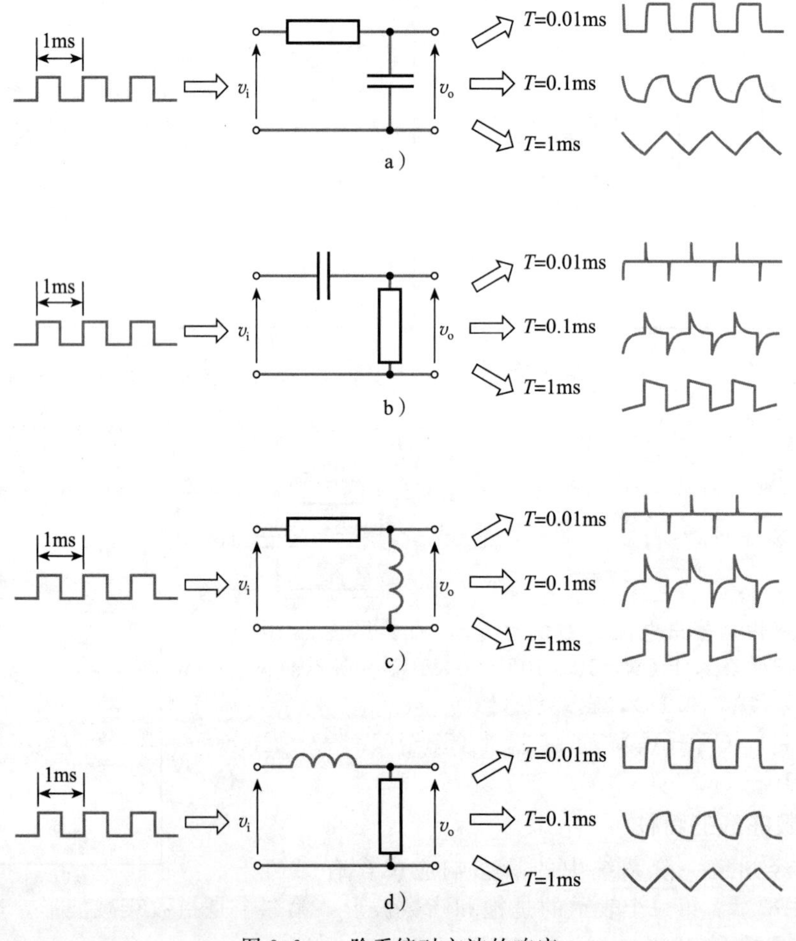

图 9.6　一阶系统对方波的响应

图 9.6a 显示了 RC 网络的作用。在 9.2 节和 9.3 节中我们已经研究过该电路的瞬态响应，图 9.1 和 9.3 给出其典型的波形。其响应呈指数变化的，变化速率由电路的时间常数决定。图 9.6a 显示了一个频率为 1kHz 的方波分别通过时间常数为 0.01ms、0.1ms 和 1ms 的 RC 电路时的效果。其中的第一个信号只有很小的失真，这是因为信号的波长比电路的时间常数长。当时间常数增加到 0.1ms 和 1ms 的时候，电路的响应变得很慢，失真也更加明显。当 RC 网络的时间常数比输入信号的周期大的时候，电路像一个积分器，输出的是输入信号的积分。

将图 9.6a 电路中的电阻和电容对换，得到图 9.6b 所示电路。这时输出电压就是电阻上的电压，因此与电路的电流（即电容上的电流）成正比。因此瞬态电压类似于图 9.1 和 9.3 所示的电流波形，电路输出的稳定值为零。当一个 1kHz 的信号通过时间常数为 0.01ms 的网络时，信号变为一串尖峰。该电路对输入信号的瞬时变化响应迅速，并且输出会迅速衰减到其稳定值零。该 RC 网络的时间常数比输入信号的周期小，电路是一个微分器。随着时间常数的增加，输出衰减变得缓慢，输出信号接近于输入信号。

图 9.6c 和图 9.6d 给出了一阶 RL 网络及其时间常数对电路特性的影响。这两个电路的输出信号与 RC 电路类似（其结构相反），即其中一个电路为积分器，另外一个电路为微分器。

计算机仿真练习 9.1

选择合适的元件参数，使图 9.6a 中电路的时间常数为 0.01ms，并对其进行仿真。用数字时钟发生器产生一个频率为 1kHz 方波信号，输入到电路，观察电路的输出信号并与图 9.6中的预测信号相比较。改变其中一个元件参数使时间常数变为 0.1ms、1ms，观察输出，并验证图 9.6 中所示的波形。改变时间常数使其更小或更大，观察其对输出的影响。

对图 9.6 中其余的三个电路重复该练习。

图 9.6 中波形的形状取决于网络的时间常数和输入波形周期的相对值。另外一种可以展现这种关系的方法是观察不同频率的信号通过同一个网络的效果，如图 9.7 所示。注意横轴坐标（时间）在不同的波形图中是不一样的。

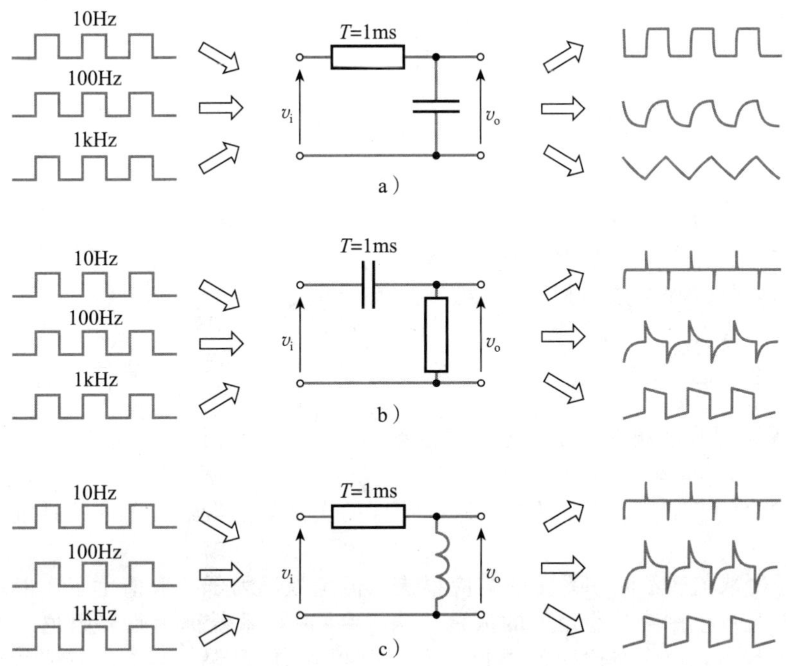

图 9.7　一阶系统对不同频率方波信号的响应

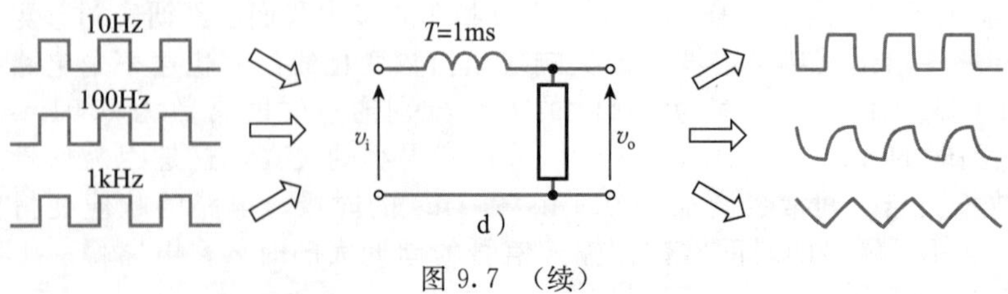

图 9.7 (续)

图 9.7a 中的 RC 网络是一个低通滤波器，所以在传输低频信号时只产生较小的失真。随着频率的升高，电路的响应跟不上输入的变化，从而产生了失真。在高频时，输出相当于输入的积分。

图 9.7b 中的 RC 网络是一个高通滤波器，所以在传输高频信号时只产生较小的失真。在低频时，电路对输入信号的变化有足够的响应时间，因此，输出相当于微分器。随着频率的升高，网络越来越来不及响应输入，从而输出变得越来越接近于输入波形。

图 9.7c 中的 RL 网络是一个高通滤波器，因此与图 9.7b 中的 RC 网络具有相似的特性。与此类似，图 9.7d 中的电路是一个低通滤波器，并且与图 9.7a 中的电路具有相似特性。

计算机仿真练习 9.2

选择合适的元件参数，使图 9.7a 中电路的时间常数为 1ms，并对其进行仿真。用数字时钟发生器产生一个频率为 10Hz 的方波信号，输入到电路，观察电路的输出信号，并和图 9.7 中的预测信号相比较。改变时钟发生器的频率为 100Hz 和 1kHz，观察电路的输出，验证图 9.7 所示的波形。用更高和更低的频率输入到电路，观察其对电路输出的影响。

对图 9.7 中其余的三个电路重复该练习。

9.5 二阶系统

同时含有电容和电感的电路通常可以用二阶微分方程描述(也可以描述某些其他结构的电路)。二阶微分方程所描述的电路称为二阶系统。对于图 9.8 中 RLC 电路的例子，用基尔霍夫电压定律可得：

$$L\frac{\mathrm{d}i}{\mathrm{d}t}+Ri+v_C=V$$

由于 i 等于电容上的电流，即等于 $C\mathrm{d}v_C/\mathrm{d}t$。将其对 t 求导可得 $\mathrm{d}i/\mathrm{d}t=C\mathrm{d}^2v_C/\mathrm{d}t^2$，因此

$$LC\frac{\mathrm{d}^2v_C}{\mathrm{d}t^2}+RC\frac{\mathrm{d}v_C}{\mathrm{d}t}+v_C=V$$

这是一个常系数二阶微分方程。

当阶跃输入加在二阶系统上，瞬态响应的形式取决于其微分方程系数的相对大小。微分方程的一般形式为

$$\frac{1}{\omega_n^2}\frac{\mathrm{d}^2y}{\mathrm{d}t^2}+\frac{2\zeta}{\omega_n}\frac{\mathrm{d}y}{\mathrm{d}t}+y=x$$

其中，ω_n 是无阻尼自然频率，单位是弧度/秒，而 ζ(希腊字母泽塔)是阻尼因子。

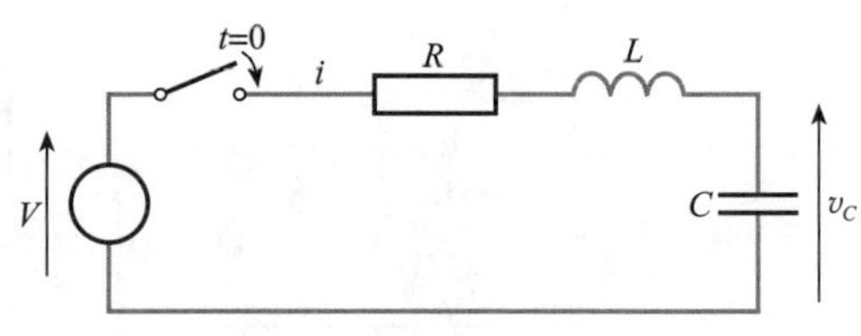

图 9.8 串联 RLC 电路

图 9.9 中给出了不同 ζ 值下的二阶系统特性的实例，图中给出了二阶系统对输入阶跃变化的响应。

阻尼因子 ζ 取值较小时，系统的响应很快，但是阻尼因子的取值小于 1 时，会使系统产生过冲，并且产生围绕其稳定值的振荡。当 $\zeta=1$ 时，系统称为临界阻尼。这通常是控制系统的理想状态，因为在这种条件下，没有过冲时响应最快。当 ζ 的取值大于 1 时，系统会产生过阻尼，当其取值小于 1 时，系统会产生欠阻尼。随着阻尼的减少，开始产生过

冲，并且达到稳定所需的时间加长。当 $\zeta=0$ 时，系统称为无阻尼，其输出为自然频率 ω_n 的连续振荡信号，并且峰值等于输入阶跃的幅度。

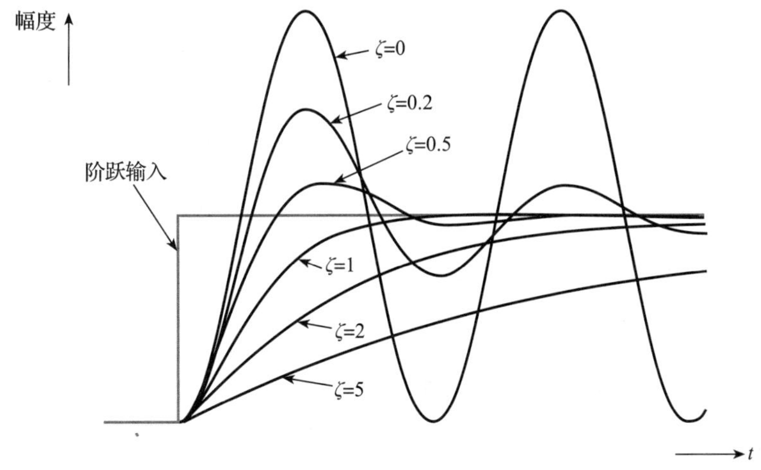

图 9.9　二阶系统的响应

计算机仿真练习 9.3

将图 9.8 电路中的电压源和开关换成数字时钟发生器，然后对其进行仿真。取 R、L 和 C 的值为 100Ω、10mH 和 100μF。另外，将时钟发生器的频率设置为 2.5Hz。用瞬态分析观察输出电压，观察时间不少于 1s。

观察电路的输出并注意输出发生变化的大致时间。将 R 的值增加到 200Ω 并注意其对输出波形的影响。逐渐将 R 增加到 1kΩ，并观察其效果。

再逐渐将 R 减少到低于 100Ω(低至 1Ω 或者更少)，并观察其效果。从观测结果中估计电路开始严格进入阻尼状态所对应的 R 的取值。

9.6　高阶系统

高阶系统是由三阶、四阶或者高阶方程描述的，其瞬态响应通常和上节描述的二阶系统相似。由于高阶系统在数学上的复杂性，这里不再讨论。

进一步学习

初值和终值理论为一阶系统的行为建模提供了一种直观的方法，即在电路内建立电压或者电流的初值和终值。当然，使用该理论必须要知道电路的时间常数 T。

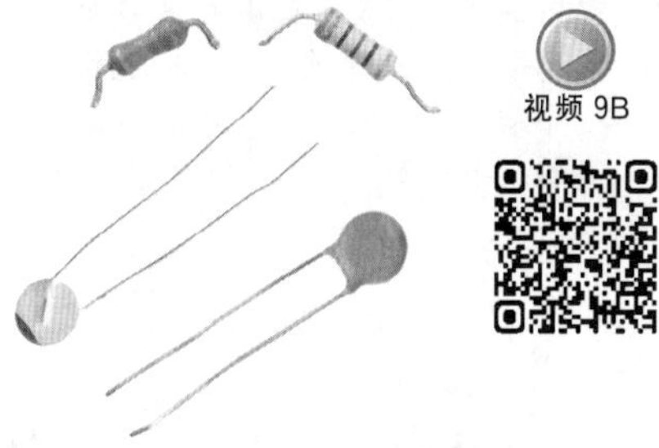

在简单电路中求出时间常数是很容易的，时间常数的公式是 CR 或者 L/R。然而，在稍微复杂的电路中，时间常数的值可能就不容易求出了。

求出下面每个电路的时间常数。

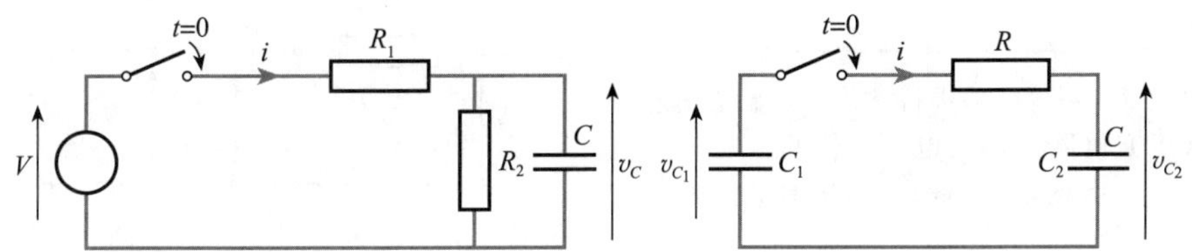

关键点

- 电路对输入瞬时变化产生的响应称为瞬态响应。
- 电容充电和放电，电感储能和释放能量，其电压和电流波形都是按指数变化的。
- 包含电阻、电容或者电感的电路可以用一阶微分方程描述，因此称为一阶系统。
- 一阶系统的上升或者下降指数波形可以用初值和终值理论建立。
- 一阶系统的瞬态响应可以用来求出电路的脉冲和方波响应。
- 在高频时，低通网络近似于积分器。
- 在低频时，高通网络近似于微分器。
- 同时含有电容和电感的电路通常由二阶微分方程描述，称为二阶系统。
- 系统由其无阻尼自然频率 ω_n 及其阻尼因子 ζ 描述。阻尼因子决定系统的响应速度，无阻尼自然频率决定无阻尼振荡频率。

习题

9.1　解释“稳态响应”和“瞬态响应”的含义。

9.2　当一个电压瞬时加在由电阻和未充电电容组成的串联电路上时，电路的初始电流是多少？电路的最终或者说稳态电流是多少？

9.3　下面电路的开关在$t=0$时闭合，导出开关闭合之后的电路中电流的公式，并根据该公式计算电路在 $t=4$s 时的电流。

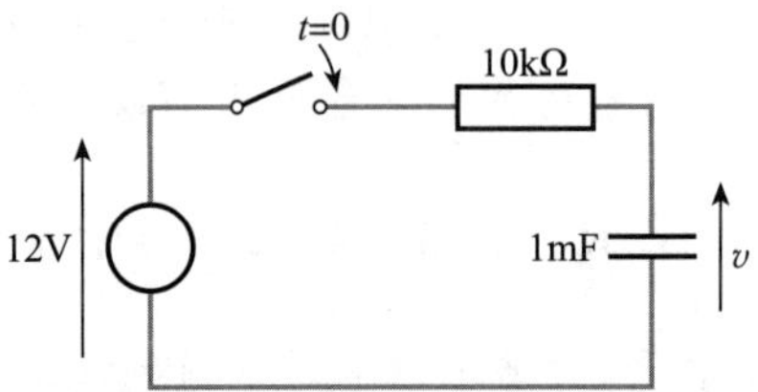

9.4　对习题 9.3 中的电路进行仿真，用瞬态分析法来研究电路的电流。使开关在 $t=0$ 时闭合，从而开始充电，使用第二个开关并在 $t=0$ 时打开以保证电容在初始时刻是未充电的(第二个开关应该直接连到电容上)。用仿真来验证习题 9.3 的答案。

9.5　当一个电压瞬时加在由电阻和电感组成的串联电路上时，电路的初始电流是多少？电路的最终或者说稳态电流是多少？

9.6　下面电路的开关在 $t=0$ 时闭合，导出电路中输出电压的公式，并根据该公式计算电路输出电压等于 8V 时所对应的时间。

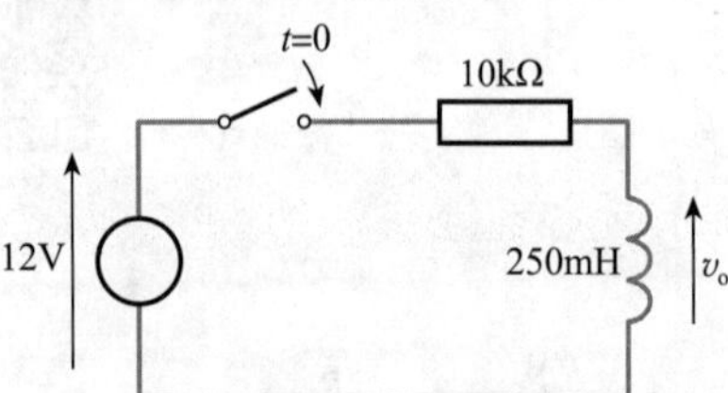

9.7　对习题 9.6 中的电路进行仿真，用瞬态分析法来研究电路的输出电压。使开关在 $t=0$ 时闭合，电感开始储能。用仿真验证习题 9.6 的答案。

9.8　对一个 25μF 的电容充电，使其初始电压为 50V。在 $t=0$ 时，将一个 1kΩ 的电阻直接连到两端。导出电容放电过程的公式，并根据该公式求出电压下降到 10V 时所需要的时间。

9.9　一个 25mH 的电感上流过的电流为 1A。在 $t=0$时，将电流源立刻换成一个 100Ω 的电阻，电阻连到电感两端。导出电感电流的时间函数，并根据该公式求出电流下降到 100mA 时所需要的时间。

9.10　“一阶系统”的含义是什么，哪几种电路属于一阶系统？

9.11　解释如何用波形的初值和终值描述指数公式的上升或者下降。

9.12　下面 *CR* 网络的输入电压在 $t=0$ 时从 20V 变到 10V。导出网络输出电压的公式。

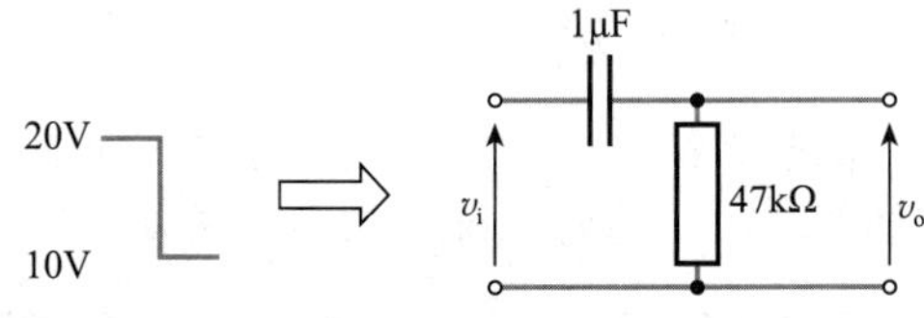

9.13　绘制指数波形 $v=5e^{-t/10}$ 的草图。

9.14　对于下面的各电路，当输入方波电压的周期为下列情况时，绘制对应的输出电压草图：

(a) 远大于电路的时间常数；

(b) 等于电路的时间常数；

(c) 远小于电路的时间常数。

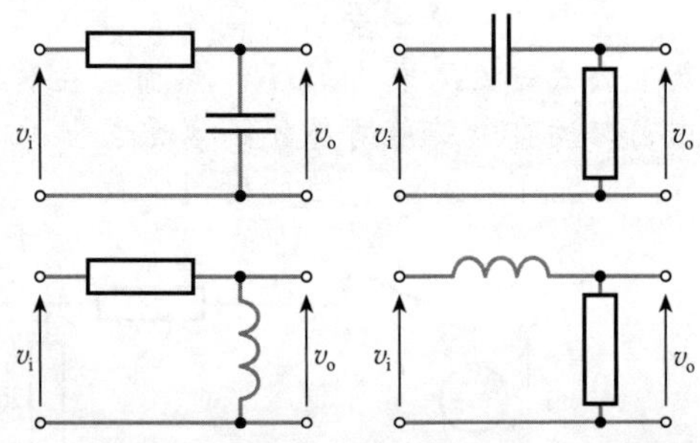

9.15　对习题 9.14 中的每种电路，选择不同元件参数使每种电路的时间常数均为 1ms，并

进行仿真。用数字时钟发生器给各个电路一个方波输入电压，用瞬态分析法观察输入信号频率为200Hz、1kHz和5kHz时对应的输出波形。将观察结果与习题9.14的结果相比较。

9.16 在何种情况下，一阶高通滤波器类似于微分器？

9.17 在何种情况下，一阶低通滤波器类似于积分器？

9.18 “二阶系统”的含义是什么，哪几种电路属于二阶系统？

9.19 导出图9.8中电路的电流公式。

9.20 对于二阶系统，解释“无阻尼自然频率”和“阻尼因子”的含义。

9.21 “临界阻尼”的含义是什么？这种情况下所对应的阻尼因子的取值是多少？

第10章

电动机和发电机

目标

学习完本章内容后，应具备以下能力：

- 了解各种形式的电机
- 解释用于发电的磁场和旋转线圈之间是如何相互作用的
- 解释用于产生移动的变化磁场和线圈之间是如何相互作用的
- 描述各种形式的交流和直流发电机和电动机的工作情况
- 讨论电机在各行业和家庭方面的应用

10.1 引言

电气工程的一个重要领域是各种形式的旋转电机。电机大致分为发电机和电动机。发电机是将机械能转化为电能，电动机是将电能转化为机械能。通常，电机用来完成上述两种任务中的一种，虽然在某些情况下发电机也能当电动机用，反之亦然，但是会降低效率。

电机可以分为直流电机和交流电机，这两种类型的电机都是通过磁场和一组线圈之间的相互作用来工作的。有很多种形式的电机，本章并不准备详细讨论每一种类型的电机，而是对相关的基本原理进行说明，读者如果需要对一种特定类型的电动机或者发电机深入了解，可以进一步深入研究。

10.2 简单的交流发电机

在第5章，我们了解了磁场的特性以及和导体相关的磁通量发生变化时的情况。回忆法拉第定律：一个N匝的线圈在磁通量变化时产生的感应电压V为

$$V = N\frac{\mathrm{d}\Phi}{\mathrm{d}t} \tag{10.1}$$

其中，$\mathrm{d}\Phi/\mathrm{d}t$是磁通量的变化率，单位为Wb/s。

在第5章，我们已经大致了解了与静止导体相关的磁场变化会导致磁通量的变化。其实，一个导体在恒定磁场中运动也会产生类似的效果。考虑图10.1中的例子，一个N匝横截面积为A的线圈以角速度ω在磁感应强度为B的均匀磁场中旋转。

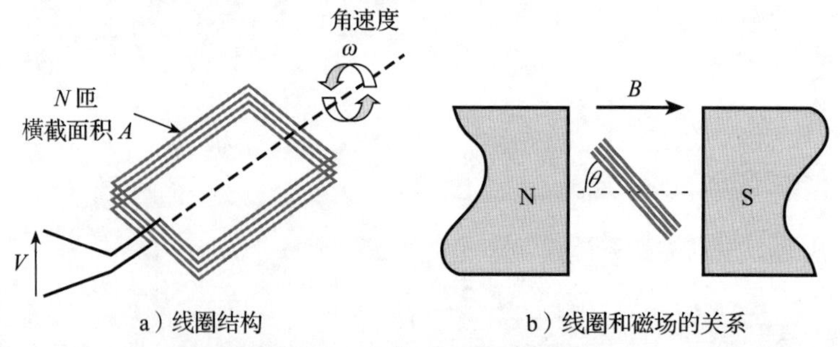

a）线圈结构　　b）线圈和磁场的关系

图10.1　线圈在均匀磁场中旋转

在一个特定时刻，线圈在磁场中的角度为θ，如图10.1b所示，该线圈在垂直于磁场的方向上的有效面积是$A\sin\theta$。因此，线圈的磁通量(Φ)为$BA\sin\theta$，并且磁通量的变化率($\mathrm{d}\Phi/\mathrm{d}t$)为

$$\frac{\mathrm{d}\Phi}{\mathrm{d}t} = BA\,\frac{\mathrm{d}(\sin\theta)}{\mathrm{d}t} \tag{10.2}$$

现在

$$\frac{\mathrm{d}(\sin\theta)}{\mathrm{d}t} = \frac{\mathrm{d}\theta}{\mathrm{d}t}\cos\theta = \omega\cos\theta \tag{10.3}$$

这是因为 $\mathrm{d}\theta/\mathrm{d}t=\omega$。

因此，根据式(10.1)～式(10.3)，可以得到：

$$V = N\,\frac{\mathrm{d}\Phi}{\mathrm{d}t} = NBA\,\frac{\mathrm{d}(\sin\theta)}{\mathrm{d}t} = NBA\omega\cos\theta \tag{10.4}$$

感应电压按照相角的余弦规律变化，如图 10.2a 所示。考虑到线圈是以固定速度旋转的，相角 θ 随着时间线性变化，因此输出电压按照时间余弦变化，如图 10.2b 所示。

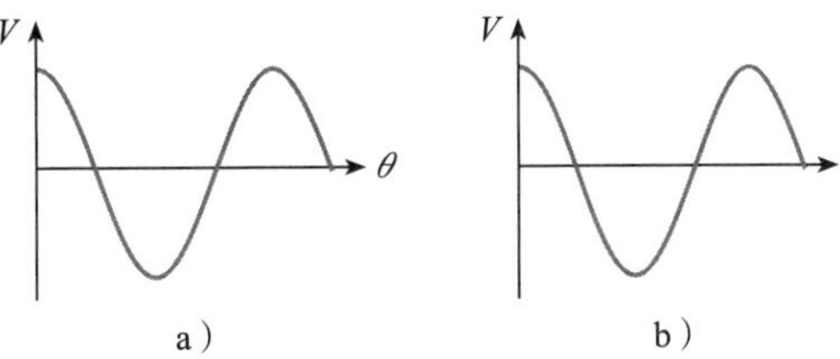

图 10.2　图 10.1 中线圈产生的电压

例 10.1 一个线圈由 100 匝铜线线圈构成，面积为 20cm^2。如果该线圈在 400mT 的磁场中以每分钟 1000 转的转速转动，求出线圈端子上产生的正弦电压的峰值。

解： 根据式(10.4)，可知道：

$$V = NBA\omega\cos\theta$$

式中的 ω 是角频率，该例中的频率为每分钟 1000 转，即 $1000/60=16.7\text{Hz}$，相应地，$\omega=2\pi f$，因此 $\omega=2\times\pi\times16.7=105\text{rad/s}$。代入上式可得：

$$V = NBA\omega\cos\theta = 100\times400\times10^{-3}\times20\times10^{-4}\times105\cos\theta = 8.4\cos\theta$$

因此，输出是一个峰值为 8.4V 的正弦电压。◀

集电环

图 10.1 所示结构有一个问题，即任何连接到线圈的线会由于线圈的旋转而缠在一起。解决该问题的一个方法就是使用集电环，它可以在线圈转动的时候滑动，从而使线圈与线路保持良好连接。图 10.3 给出了该方案的例子。通过电刷提供与集电环的电接触。电刷通常是用弹簧将石墨块压在集电环上。

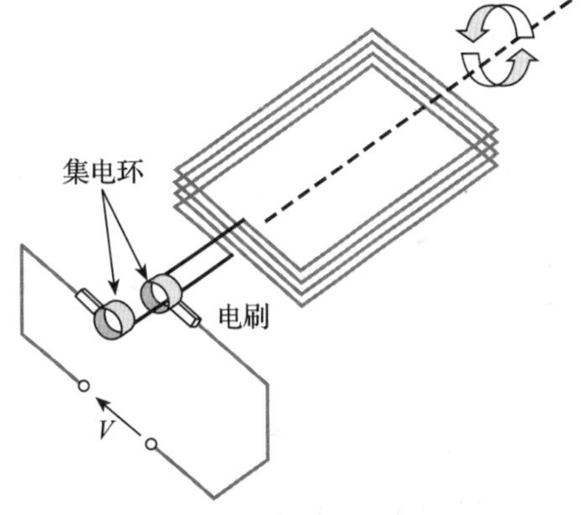

图 10.3　集电环的使用

10.3　简单的直流发电机

图 10.3 中的装置产生的交流信号可以用整流电路将其变为单向信号(如 2.2.6 节讨论的一样)。第 17 章会讨论整流电路。而另一种更有效(也更常用)的方法是将图 10.3 中的两个集电环换成如图 10.4a 所示的一个中间断开的集电环，从而实现整流。中间断开的集电环称为换向器。

当线圈产生的电压的极性发生改变时，换向器到线圈的连接会反向。因此，电压经过电刷以后是单极性的，如图 10.4b 所示。

虽然图 10.4 中装置产生的电压是单极性的，但是由于线圈旋转，其幅度的变化相当大。可以用下面的方法来减少幅度的变化：把多个有不同角度的线圈的输出进行相加。如图 10.5a 所示的装置有两个相差 90°的线圈。两个线圈串联在一起，换向器现在分成了四部分，在线圈旋转的时候，连接会发生改变。总的电压输出如图 10.5b 所示。继续推广，增加更多的线圈就会进一步减少输出电压的波动。

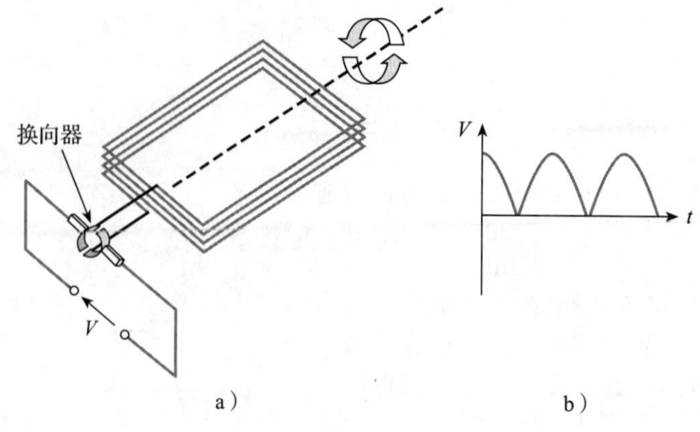

图 10.4 换向器的使用

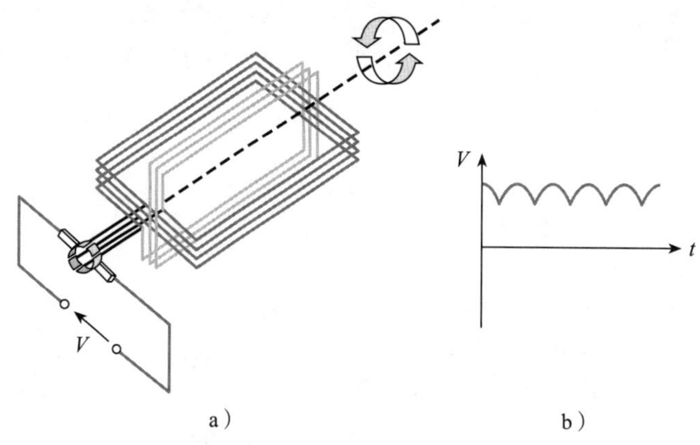

图 10.5 有两个线圈的简单的发电机

发电机产生的纹波电压还可以通过下面的方法进一步减少：在圆柱形铁心上缠绕线圈，将磁极做成如图 10.6 所示的形状。这样在其空气间隙内产生的强磁场近似均匀。线圈缠绕在铁心的槽内，这称为电枢。图 10.6 中的电枢有四个线圈。

10.4 直流发电机

在了解了简单直流发电机工作的基本原理后，现在讨论更为实用的结构。直流发电机根据产生磁场的方式可以分为几种形式。当然可以用永磁发电机，但更常使用电励磁线圈产生磁场。流入线圈的电流可以用外部的能源提供(他励发电机)，但是更常见的是由发电机自身提供(自激式发电机)。由于励磁线圈只消耗 1%到 2%的额定输出电流，是可以接受的。

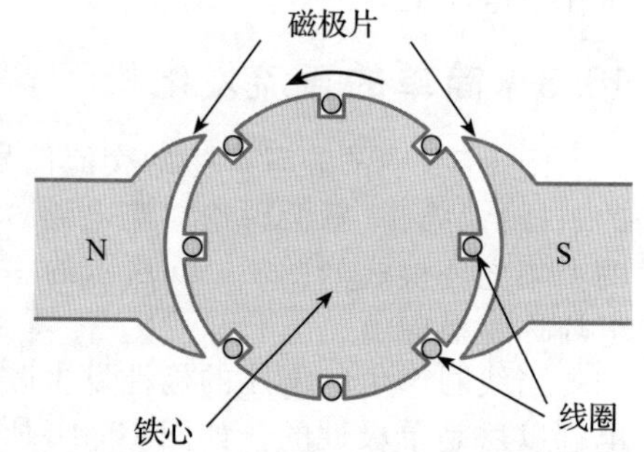

图 10.6 铁心和磁极的应用

此外，使用多个电枢线圈时，通常会使用多个磁极，图 10.7 给出了典型的四磁极结构。四个磁极的北极和南极交替放置，固定在钢管中，称为定子，同时也作为装置的外壳。励磁线圈缠绕在每一个磁极片上，线圈串联通电产生适当的磁场极性。图 10.7 中发电机的电枢中有 8 个槽，而许多设备有 12 个或者更多槽。典型的发电机产生的输出纹波大约为 1%或者 2%。

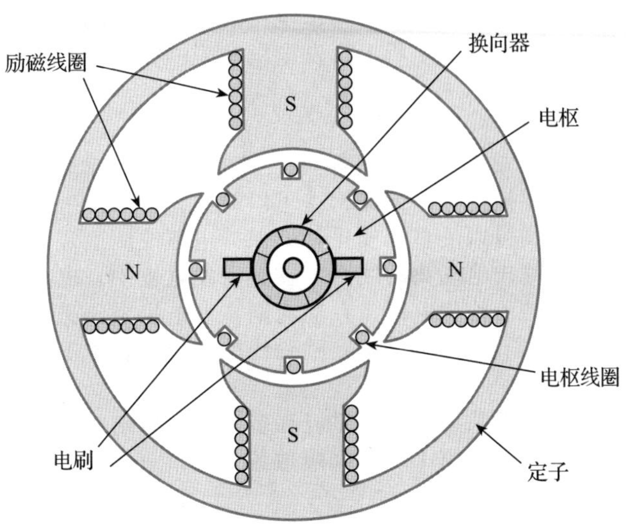

图 10.7　直流发电机

10.4.1　励磁线圈励磁

在有些发电机中，励磁线圈和电枢线圈是串联的(串联直流发电机)，还有一些发电机的励磁线圈和电枢线圈是并联的(并联直流发电机)。第三种类型的发电机则有两个励磁线圈，一个是串联的，另外一个是并联的，称为混合直流发电机。

最常用的直流发电机是并联直流发电机，励磁线圈和电枢线圈是并联的。结构如图 10.8 所示，是一个自激式发电机。典型的结构为发电机用于对电池充电。电枢上的电压为发电机的输出电压，跨接到电池的两端。该电压也用来驱动励磁线圈，线圈中的电流由磁场调节器控制，调节器有可能就是一个简单的可变电阻。

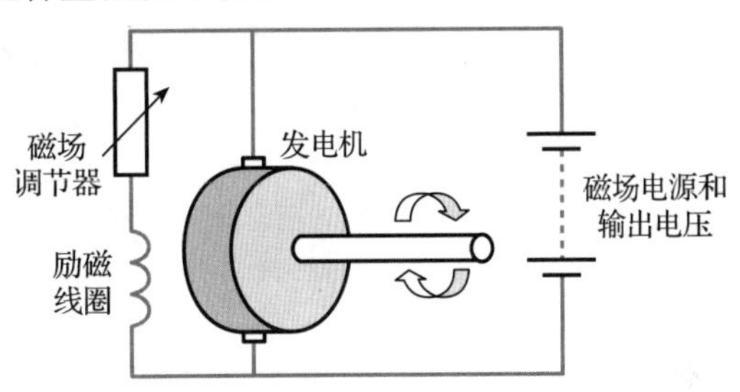

图 10.8　并联直流发电机的连接

10.4.2　直流发电机特性

各种类型的直流发电机的电气特征稍有不同，经常作为选择哪种设备的依据。我们关心发电机的特征细节，仅仅只注意其输出电压随着电枢旋转速度的增加而增加，并且在许多直流发电机中，这种关系近似于线性的。发电机通常以恒定速度旋转(虽然并非在所有情况下都如此)，选择合适的发电机参数以满足输出电压的要求。

发电机产生的电压也受到设备电流的影响。当电流增加时，如带有输出电阻的电压源一样，其输出电压会下降。电压下降的部分原因是电枢的电阻，另外的原因是电枢的反应，即电枢电流产生的磁通量与励磁线圈所产生的磁通量相反。

图 10.9 显示了并联直流发电机的典型特性。

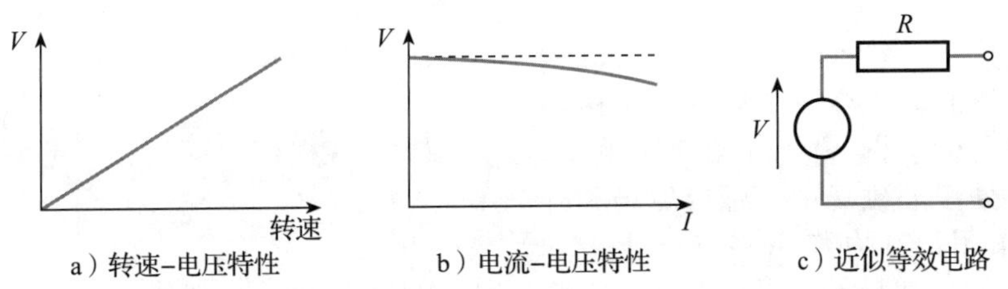

图 10.9　并联直流发电机的特性

图 10.9a 所示为当输出电流为零时，输出电压和转速之间的关系；图 10.9b 所示为输出电流对输出电压的影响；图 10.9c 所示为发电机的简单等效电路。

10.5　交流发电机

交流发电机在很多方面跟直流发电机相似，都是通过改变线圈中的磁场来产生电力。然而，交流发电机并不需要换向，因此其构造可以简化。由于产生磁场所需要的电力远小于发电机输出，所以其结构可以反过来安排，即保持电枢线圈固定，而旋转励磁线圈。注意电枢线圈是产生发电机输出电动势的线圈。在直流发电机中，电枢线圈是安装在机器的旋转部分的(转子)，所以转子称为电枢。在交流同步发电机中，又大又重的电枢线圈是安装在机器的固定部分的(定子)。在本例中，励磁线圈安装在转子上，并且直流电流是通过一组集电环送到这些线圈上的。

和直流发电机一样，这里采用了多个磁极和多个绕组的结构来提高效率。在有些发电机中，三组电枢线圈在定子上按照 120°的间隔放置，实现三相发电机。图 10.10 显示了一个简单的四极交流发电机的断面。

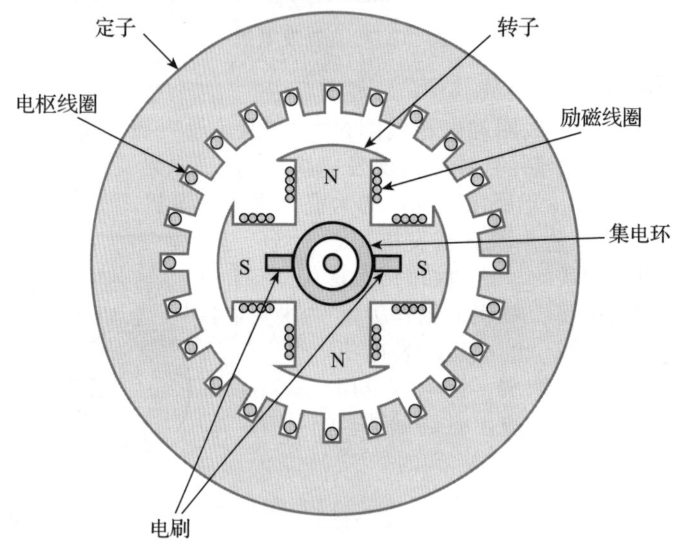

图 10.10　四极交流发电机

在交流发电机中，产生的电动势和转子的旋转同步，因此称为同步发电机。如果发电机仅有一对磁极，则输出频率与旋转频率相同。因此，用两极发电机产生 50Hz 的输出，旋转速度必须为 50×60＝3000rpm。多极发电机产生的频率更高，因为转子的每一转都代表着输出多个周期。一般来说，具有 N 对磁极的发电机的输出频率为旋转频率的 N 倍。

例 10.2　四极交流发电机要求在 60Hz 频率工作。旋转速度应该是多少？

解： 四极交流发电机有两对磁极，所以输出频率为旋转频率的两倍。因此，要工作在 60Hz 频率，就需要旋转频率为 60/2＝30Hz。相当于 30×60＝1800rpm。◀

10.6　直流电动机

流入导体的电流会在其周围产生磁场(如第 5 章所述)。图 10.11a 给出了例子。当载流导体处于外磁场中，感应磁场和外磁场相互作用，有力作用在导体上，如图 10.11b所示。如果导体可以移动，力将使导体按照图 10.11b 所示方向移动。因

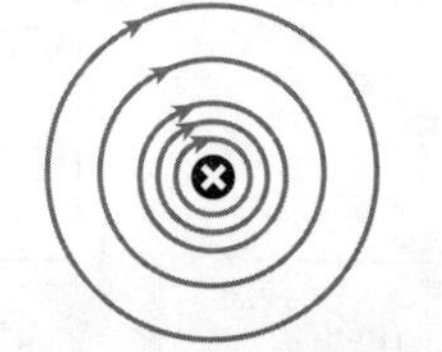

a）流入页面的电流产生的磁场

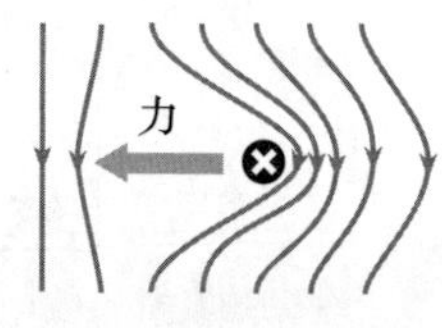

b）外磁场的效果

图 10.11　与载流导体相关的磁场和力

此，如果一个导体处于磁场中，导体在磁场中的运动会产生电流，同时，导体中的电流又会使导体移动。

导体在磁场中的相互作用表明许多电机既可以作为发电机，也可以作为电动机。例如，10.4 节所阐述的直流发电机也可以实现直流电动机的功能，图 10.7 中的结构同样也可以用来表示四极直流电动机。然而，对于实现电动机功能，原本设计成电动机的电机一般会比原本设计成发电机的电机更加有效。

像发电机一样，各种类型的电动机的磁极数目以及绕组放置的方式是不同的。电动机的类型有并联、串联和混合型，每种类型的电动机的特性略有不同。

并联直流电动机

并联直流电动机因其有多个优点而得到了广泛的应用。其旋转速度主要取决于外加电压，而其扭矩与电流有关。因此，恒定电压加在电动机上，旋转速度恒定不变，而电动机的电流取决于负载。实际上，速度在一定程度上受到电动机负载的影响，速度会随着扭矩的增加轻微下降。图 10.12 显示了并联直流电动机的典型特性。

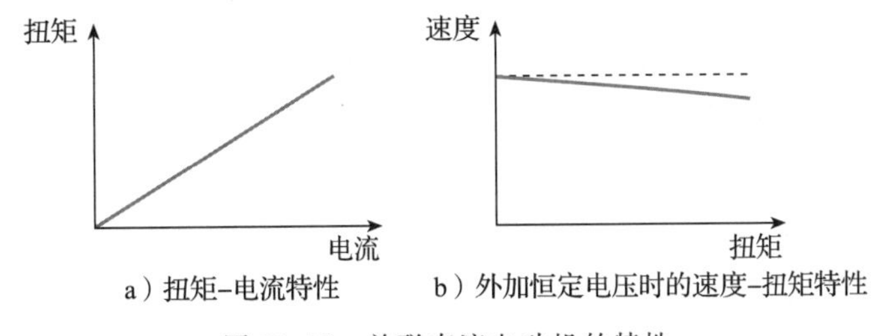

图 10.12　并联直流电动机的特性

10.7　交流电动机

交流电动机主要分为两种：同步电动机和异步电动机。两种电动机中用于高功率的机型都采用了三相电源，但是使用单相电源的机型也使用广泛，特别是在家庭应用中。这里介绍同步电动机和异步电动机的例子，包括三相和单相的机型。

10.7.1　同步电动机

正如直流发电机可以用作直流电动机一样，10.5 节中的同步交流发电机也可以用作同步电动机。如其名称一样，电机的工作速度由交流输入信号的频率决定。当用传统交流电源时，它们就是定速电动机。

对于三相同步电动机，三组定子线圈产生磁场，驱动转子旋转，转速由交流电源的频率和定子的极数决定。直流励磁电流通过集电环供给转子，将转子变成电磁铁(可能有多个磁极)，被旋转的磁场所牵引。因此，转子的速度由磁场旋转的速度决定。

单相电动机没有多输入相位，不能产生旋转的磁场。可解决这一问题的技术很多，因此对于基本设计也有多种变化。不过，这里不讨论这些技术。

然而，由于同步电动机中的转子是由旋转磁场牵引的，扭矩只在转子与磁场同步的时候产生。当电动机从静止状态被激励时，旋转磁场立即建立，但是转子在初始时刻是静止的，因此，磁场迅速穿过转子而没有使其运动起来。于是，基本的同步电动机不会产生起动扭矩，不能自起动。为了解决这个问题，电动机加入了某种形式的起动装置使其可以从静止开始运动。有些例子中，会将电动机设置为异步电动机运行(会在下面讨论)直到起动，一旦电动机达到同步，就切换为同步电动机方式。在有些情况下，同步电动机比异步电动机的效率更高。

例 10.3 在使用单相 50Hz 电源时，八极同步电动机的旋转速度是多少？

解： 八极电动机有四对磁极，所以磁场旋转频率是电源频率的四倍，本例中为 4×50＝

200Hz。由于转子是被旋转磁场牵引的，所以这也是电动机的旋转速度。因此，该电动机的转速为 200Hz=200×60=12 000rpm。◀

10.7.2 异步电动机

最重要的交流电动机也许是各种异步电动机。异步电动机和同步电动机的区别在于励磁电流不是通过集电环送到转子，而是通过变压器效应感应到转子。最常见的异步电动机是笼型转子异步电动机，也称为笼型异步电动机。它使用了和同步电动机(或者同图 10.10 中的同步发电机)相似的定子，但是将转子和集电环换成了图 10.13 所示形式。它可以看成一系列并联的导体，其端部用两个导体环短接在一起。

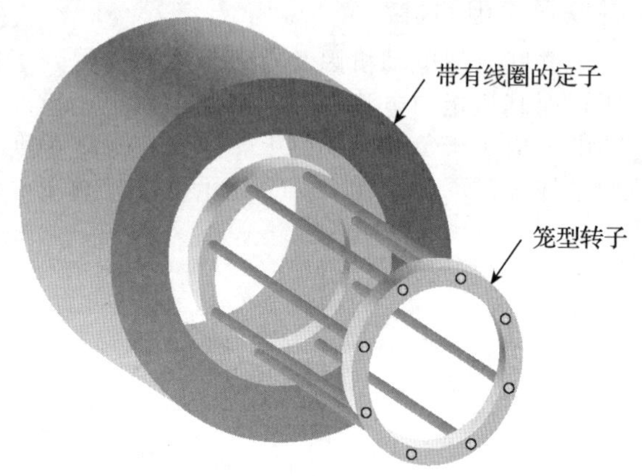

图 10.13　笼型异步电动机

和三相同步电动机一样，三相异步电动机中的定子线圈产生旋转磁场，驱动转子旋转，转速由交流电源的频率和定子的极数决定。定子中的固定导体会碰到变化的磁场，磁通量的变化会感应出电动势，正如变压器的次级感应出电动势一样。感应电动势会在转子中产生电流，电流反过来会产生磁场。和同步电动机一样，转子磁场和定子磁场相互作用，并且转子被定子中旋转的磁场所牵引。然而，在异步电动机中，转子总是比定子磁场变化得稍微慢一点。这是因为，如果转子和定子磁场同步，转子中的磁通量就不会变化，因此也就没有感应电流。速度差称为电动机的转差率，它会随着负载的增加而增加，在满载时可能会增大几个百分点。三相异步电动机跟同步电动机相比有一个好处就是可以自起动。

家用设备一般都没有三相电源，有几种方法可以用单相电源产生旋转磁场。这样就出现了几种异步电动机，比如电容式电动机和罩极电动机。这些电动机的价格便宜并且广泛用于家用。进一步讨论这些电动机不在本书的范围内。

10.8 交直流两用电动机

大多数电动机都设计成单独使用交流电源或者直流电源的，但有些电动机既可以使用交流电也可以使用直流电。交直流两用电动机类似于串联直流电动机，但可以交直流两用，通常工作在高速领域(一般大于 1000rpm)，具有高的功率重量比，在便携应用中非常理想，如手钻和吸尘器。

10.9 步进电动机

正如其名，步进电动机按照离散的步子移动。步进电动机由中央转子和许多线圈(或绕组)组成。图 10.14 所示为一个简单步进电动机结构，图 10.15 所示为一个典型的步进电动机。

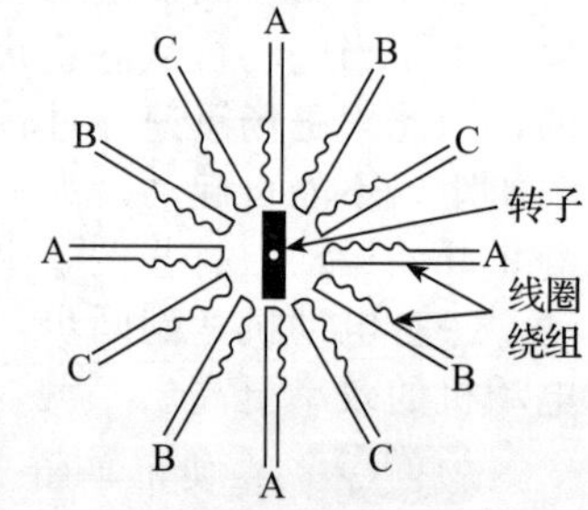

图 10.14　简单的步进电动机

在步进电动机中，两个直径对置的线圈连接在一起构成一组，这样在给其中任意一组线圈通电的时候，转子就会转到那组线圈的位置。依次给每组线圈通电，转子就会产生“步进”，从而转动位置。为了减少电动机的外部连接数量，各组线圈是依次连接在一起的。

在图示例子中，每三组线圈组成了一个三线圈组，分别用 A、B 和 C 标记。如果在开始，给线圈 A 通电，转子会移动到与其最近的一个 A 组线圈位置处。此时如果 A 断电，而给 B 激励，转子会“步进”到 B 线圈的位置。如果 B 断开而激励线圈 C，转子会转到相邻的线圈 C 位置，如果再激励 A，转子就会按照与前面相同的方向转到下一线圈 A。采用这种方法，线圈按照“ABCABCA…”的顺序激励，转子就可以旋转。如果激励的顺序相反(CBACBAC…)，则旋转的方向也会相反。序列中的每一个点都会产生一次步进，使转子移动一步。

用于激励步进电动机的波形实际上是二进制的，如图 10.16 所示。图 10.14 所示电动机有 12 个线圈，因此转子完成一周需要旋转 12 步。典型的小型步进电动机的线圈数量超过 12 个，可能 48 步或者 200 步才能完成一周旋转。线圈所需要的电压和电流随着电动机的尺寸和特性的变化而变化。

图 10.15　典型的步进电动机

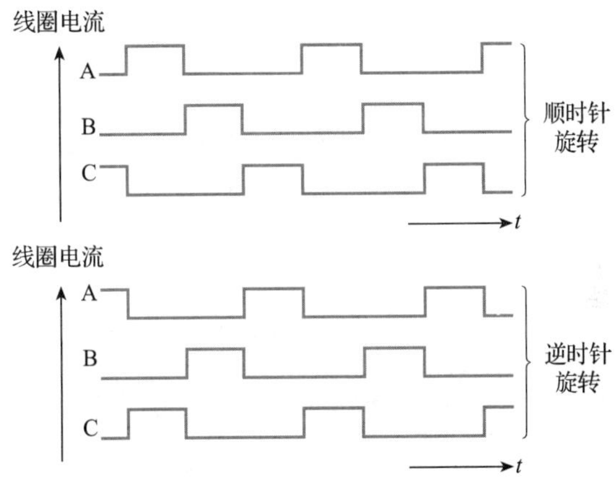

图 10.16　步进电动机的电流波形

电动机的旋转速度直接取决于所用波形的频率。有些步进电动机的运行速度可以达到每分钟几万转，但是都受到由转子惯性决定的极限加速度限制。所有的电动机都有“最大牵引速度”——从静止开始起动，在没有失步的情况下电动机所能达到的最大速度。要在超过这个值的速度下工作，电动机必须逐渐增加所用波形的频率进行加速。由于转子的运动直接受控于加在线圈上的波形，电动机可以通过对线圈施加适当多个过渡实现规定角度的移动。这用直流电动机不可能完成，因为旋转速度受负载的影响很大。

10.10　总结

我们知道有很多种电机，本章仅仅给出了电机特性和种类的简单概述。

虽然讨论了直流发电机和交流发电机，但是主要的发电设备是同步交流发电机。从汽车的小型交流发电机到发电站的大型发电机都是这种电机。所有的同步发电机的效率都相当高，并且效率随发电机尺寸的增加而增加，大型发电机可以将 98%的机械输入功率转化为电力。

直流电动机和交流电动机的应用都很广泛，但是用在不同的情况下。需要用中等或者大机械功率时，常用交流电动机，尤其是在不需要变速操作的时候。在工业应用中，三相异步电动机是主要的设备，而在家用中，比如洗衣机和洗碗机，通常用的是单相异步电动机。直流电动机广泛用于低功率应用中，尤其是需要变速操作的时候。在许多直流电动机中，速度和电压的简单关系使其易于控制。直流电动机也用于需要变速的高功率应用中，比如在牵引的应用中。但是，用于交流电动机的高性能电子速度控制器的发展减少了对直流电动机的需求。

虽然交流电动机和直流电动机都可以用于精确控制速度和位置，但是经常需要使用外部器件检测并控制其运行。与此相反，步进电动机可以产生精确的移动或者旋转到设定好的角度。步进电动机的价格通常也不高、非常耐用并且在低速时可以产生非常大的扭矩。但步进电动机的尺寸一般较小，主要用在对精度要求很高的低功耗应用中。

进一步学习

在本章中我们了解了各种电动机，它们的输出轴都能旋转。

手表是需要旋转运动的。手表中，秒针必须实现每分钟精确地旋转一圈，并且分针和时针通过齿轮的适当组合进行旋转。

考虑本章所讨论过的各种形式的电动机的特性，确定哪一种电动机最适合手表使用。

视频 10A

关键点

- 电机可以概括地分为发电机和电动机，发电机将机械能转化为电能，电动机将电能转化为机械能。
- 大多数情况下，发电机也可以当作电动机使用，反之亦然。
- 电机分为直流电机和交流电机。
- 所有的电机都是通过磁场和一系列线圈之间的相互作用工作的。
- 线圈在均匀磁场中旋转会产生正弦电动势。这是交流发电机的核心原理。
- 换向器可以用来将上面的正弦电动势转换为单极性的。这是直流发电机的基础。
- 电机中的磁场可以用永磁体产生，但更常用通电的励磁线圈来产生。
- 在直流发电机中，电枢线圈通常是在静止的励磁线圈内旋转。在交流发电机中，励磁线圈通常是在静止的电枢线圈内旋转。
- 直流电动机通常在形式上和直流发电机很相似。
- 有些类型的交流发电机也可以作为交流电动机使用。
- 有许多种类型的交流电动机，使用最广泛的是各种类型的异步电动机。
- 许多种电动机无法内部自起动，但必须包含某种类型的起动装置。
- 步进电动机可以通过一系列“步进”的方式运动，可以精确按照设定好的速率或者特定的角度旋转。因此步进电动机适用于许多控制应用。

习题

10.1　“电机”的含义是什么？

10.2　一个 50 匝、横截面积为 15cm^2 的线圈，在 250mT 的磁场中以每分钟 1500 转的转速转动，线圈端子上产生的正弦电压的峰值是多少？

10.3　解释集电环的功能。

10.4　换向器的功能是什么？

10.5　直流发电机产生的纹波电压减少了多少？

10.6　直流发电机中的励磁线圈一般是如何激励的？

10.7　描述并联发电机的特征。

10.8　“电枢反应”的含义是什么？

10.9　一个典型的交流发电机的构造和一个直流发电机的区别在哪里？

10.10　“电枢”的含义是什么？直流发电机和交流发电机中的电枢采用了什么形式？

10.11　同步发电机的名字是如何而来的？

10.12　一个六极交流发电机要在 50Hz 的频率下工作。需要的旋转速度是多少？

10.13　直流电动机和直流发电机的差别在哪里？

10.14　简短描述并联直流电动机的特性。

10.15　同步电动机的名称的含义是什么？

10.16　当使用单相 50Hz 电源的时候，一个 12 极同步电动机的旋转速度是多少？

10.17　一个异步电动机的构造和一个同步电动机的差别在哪里？

10.18　异步电动机中的“转差率”的含义是什么？

10.19　交直流两用电动机的含义是什么？

10.20　发电站一般用的是哪一种发电机？

10.21　家用洗衣机中典型的电动机是哪一种？

10.22　简短描述步进电动机的操作。

10.23　步进电动机是如何控制旋转的速度和方向的？

第二部分

电子系统

第11章 电子系统

目标

学完本章内容后，应具备以下能力：

- 分析各种应用对电子系统的需求
- 描述工程上系统方法的特点和优点
- 确定工程系统的输入和输出，理解系统边界选择的重要性
- 解释物理量的变化特征，以及用电信号表示物理量的必要性
- 使用方框图表示复杂的工程系统

11.1 引言

学过本书第一部分的一系列电气元件和电路后，现在可以把注意力转向更复杂的电子系统。

近年来，电子系统几乎已经进入我们生活的所有方面。它们在早上唤醒我们；当我们开车去上班时控制汽车的运行；保持办公室和家里的工作环境舒适；允许我们在全球范围内进行通信；触摸按钮时可以访问信息；管理电力供应，以维持我们的高科技生活方式；在一天的“电子控制”刺激后为我们提供休闲和娱乐。

在很多情况下上述应用使用的都是电子系统，因为电子系统比其他技术更经济。而且在很多情况下，电子学是唯一的方案，如果不用电子系统，就不可能实现所需要的应用。我们的生活方式越来越依赖于对环境监控的能力和有效沟通的能力。电子系统在这些领域是至关重要的，并且在可预见的未来仍然如此。

虽然电子元件是几乎所有复杂系统的基本组件，但是应当注意，很少有(如果有的话)工程系统完全是由电子元件组成的，甚至移动电话或 MP3 播放器等应用都还需要机械元件，例如外壳和键盘，它们一起才能制造出可用的产品。实际上，所有的工程项目都是跨学科的，涉及各种各样的工程技能和技术，需要共同使用它们解决相当复杂的问题。

11.2 系统工程方法

视频 11A

人类致力于研究的几个领域都涉及非常复杂问题的解决方案：课题多种多样，如理解生物有机体、证明复杂的数学关系和哲学论证的合理性等。经过多年的发展，已经有几种不同的方法用于解决此类问题，其中许多与工程上的复杂系统生产直接相关。

一种方法是采用系统研究方法，将一个复杂的问题或系统划分成许多较小的部分，使复杂问题或系统得以简化。然后将这些较小的部分再划分，重复该过程直到各个部分变为简单、容易理解的问题。这种方法称为自顶向下的设计方法，在工程中广泛使用，它可以将一个复杂系统逐步划分为越来越简单的子系统，划分后的模块的复杂性和大小都可控，可以直接实现。这种方法在某种程度上是基于简化主义的观点，认为一个复杂的系统只不过是其各部分的组成总和。

简化主义观点存在的问题是，它忽略了系统的整体特性，而不仅仅是单个组件。实际上，系统的属性通常是很复杂的，并且可能涉及系统的多个不同方面。例如，对一辆汽车的

驾驶及感觉不是由汽车的单一模块或子系统决定的，而是由很多组件的相互作用决定的。

近年来，现代工程实践产生了一种更加完善的方法，它将系统方法的最佳要素与系统性问题的考虑结合在一起，也就是所谓的系统工程方法。

系统工程方法起源于 20 世纪 60 年代，但最近才在许多工程学科中受到青睐。它由大量基本原则分类，包括着重地强调科学方法的应用、系统的项目管理技术的使用，或许最重要的是采用广泛的跨学科或团队方法。一个项目除了许多工程学科的专家外，还可能涉及其他领域的专家，如艺术设计、人体工程学、社会学、心理学或法律。系统方法在确定组件和事件本身的特征之前，重视确定组件和事件之间的关系，这是它的一个关键特征。

本书不提供实际的系统方法。多数情况下这种泛泛的处理方法不适合这种介绍性文章。其目的是展示系统上下文中所使用的组件和技术信息。为此，我们先详细介绍电子系统的性质和特点，然后再详细描述其中的组件。这样可以让读者理解为什么相关的组件必须具有各自的特性，以及相关技术是如何与其应用相关联的。

11.3　系统

在研究电子系统的性质之前，我们需要先理解”系统”的含义。

在工程上，所有输入和输出都是已知的盒子(closed volume)可以称为系统。因此，我们可以根据所采用的盒子的体积大小，考虑无限多个系统。而在实际中，通常需要选择盒子装载一个组件或一组组件，这才是我们的兴趣所在。因此我们可以选择包括控制汽车发动机部件的盒子，并将其称为发动机管理系统。或者，我们可以选择更大的盒子，包括整辆车，并称之为汽车系统。更大的盒子可以包括完整的交通系统，而包含地球的盒子可以描述为生态系统。因为可以自由选择系统的界限，因此可以用这种方法将大系统细分为小、易于管理的模块。例如，汽车可以看成由大量小系统(或子系统)组成的，每个小系统负责不同的功能。

当改变系统的组成时，也要改变系统的输入和输出。汽车发动机管理系统的输入和输出信号与发动机和汽车的各种部件状态或状况有关。如果把整辆车视为系统，则输入包括汽油、水和驾驶员的命令，而输出包括运行(以运动的形式)、热和废气。如果将地球视为一个系统，那么输入和输出主要是不同形式的辐射。从系统外部看，只有输入和输出是可见的，而通过观察输入和输出之间的关系，可以研究得到关于系统的性质。描述系统特征的一种方式是描述系统输入和输出的性质及其之间的关系。

在有些情况下，我们仅对系统的特殊输入和输出感兴趣，可以完全忽略其他的输入和输出。例如，空气进入移动电话或离开移动电话壳体就可以忽略。设计系统的电子工程师会忽略这种输入，专注于与单元工作有关的输入。这种一般性原则推广到只考虑特定类型的输入和输出。因此，公司的会计系统只考虑资金流入和流出。这个概念可以扩展，模糊系统的内容，仅由输入和输出以及它们之间的关系定义系统。

11.4　系统输入和输出

图 11.1 表示一个具有输入和输出的广义系统。图中没有给出系统的组成形式，这个图也可以表示机械系统或生物系统，就像电气或电子装置一样。因此，图中的输入和输出可以是力、温度、速度或任何其他物理量。同样，它们也可以是如电压或电流一样的电学量。

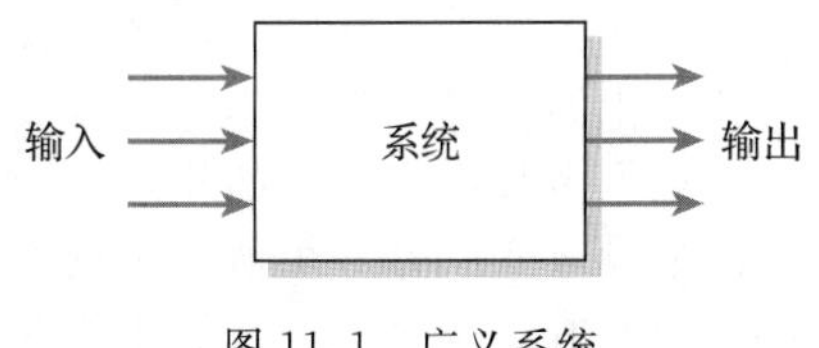

图 11.1　广义系统

对于电子系统，我们关注其以一种或另一种形式产生或处理电能。而系统的输入和输出的性质取决于对系统边界的选择。如图 11.2 所示，给出了包括音频放大器、传声器和扬声器框图。在图 11.2a 中，将传声器和扬声器作为系统的一部分，其输入和输出的形式是声波信号。在图 11.2b 中，我们考虑的系统只包括音频放大器本身，传声器和扬声器在系统之外，那么系统的输入和输出就是电信号。

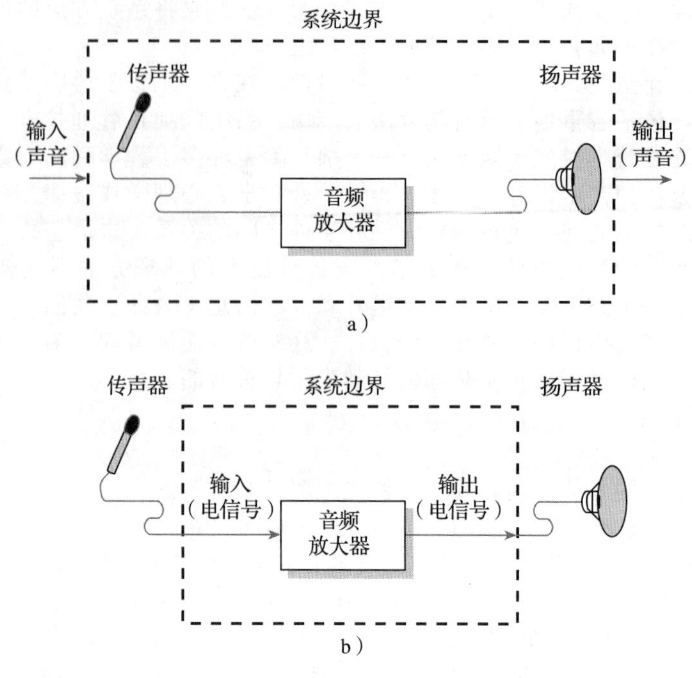

图 11.2　系统边界选择的影响

在图 11.2 中，传声器感知外部环境(在这种情况下是声波)的变化，并将其转换为电信号，送给系统的电子部分进行处理。而扬声器则接收系统输出的电信号，并用其影响外部环境(这种情况下，再次产生声波)。以此类方式与外部世界相互作用的部件分别称为传感器和执行器，若没有此类设备，电气和电子系统将毫无用处。因此我们将在第 12 章和第 13 章中讨论一系列这样的设备。目前我们只要知道存在这种设备，并且可以用来使系统与其周围世界进行交互。

11.5　物理量和电信号

由传感器产生的电的波动表达了变化物理量的信息。这也就是电信号。在图 11.2 中传声器输出的是其探测到的声音的电信号。类似地，放大器输出的也是电信号，代表将由扬声器产生的声音信号。信号可以有多种形式，在讨论信号的形式之前，我们先了解它们代表的物理量的性质。

11.5.1　物理量

世界可以用大量物理属性或物理量来表示其特征，许多随时间的变化而变化，包括温度、湿度、压力、高度、位置和速度。根据物理量的时变性质可以将其分为两类，一类是连续变化的，另一类是不连续或离散变化的。

绝大多数现实世界的物理量(如温度、压力和湿度)是连续变化的。这意味着它们从一个值平滑地变成另一个值，中间有无穷多个值。与此相反，离散量不是平滑变化的，而是在不同的值之间突变。自然中很少存在这类量(虽然有一些例子，如人口)，但是很多人为的量是离散的。

11.5.2　电信号

用电信号来表示变化的物理量通常很方便，因为用电表示信息时，信息的处理、通信和存储往往很容易。

由于物理量可以是连续的或离散的，所以表示物理量的电信号也可以是连续的或离散的。但是没有必要采用直接对应的形式，因为用离散信号表示连续量很方便，反之亦然。由于历史的原因，连续信号通常称为模拟信号，而离散信号则描述为数字信号。

模拟信号和数字信号可以有多种形式，其中最简单的是信号的电压直接对应于所表示的物理量大小。例如图 11.2b 中的输入和输出信号，其中信号的电压直接对应于输入和输出气压的波动(声音)。大多数人会看到显示在示波器上的传声器输出，并注意到声音大小和显示的波形幅度之间的关系。图 11.3a 给出了一个典型模拟信号波形。

虽然通常用电信号的电压表示连续量的大小，但也会用其他形式表示连续量的大小。例如，有时候用电线上电流的大小(而不是通过其上的电压)或者用正弦波形的频率表示物理量的值更方便。使用哪种形式，要根据应用来选择。

数字信号在形式上也会变化。图 11.3b 给出了采用多个离散电平的信号。可以认为该信号表示数字信息，例如建筑物中的人数。由于信号从一个值突变到另一个值，因此其本质上是数字信号，在很多情况下，数字信号的取值数量有限。最常见的数字信号只有两个可能的值，如图 11.3c 所示。这种二进制信号的应用非常广泛，因为二进制信号可由很多简单的传感器产生，并且可以用于控制多种不同的执行器。例如，简单的家用照明开关具有两种可能的状态(开和关)，因此由开关控制的电压可以看作二进制信号，代表灯泡所要求的状态。在这里，灯泡代表执行器，仅有两种可能的状态(同样是开和关)。许多电气和电子系统以使用这种开/关控制形式为基础，因此都使用二进制信号。当然，也可以将二进制信号用在更复杂的系统(例如基于计算机的系统)中，因为二进制信号非常容易处理、存储和通信。我们将在后面的章节中回顾这些问题。

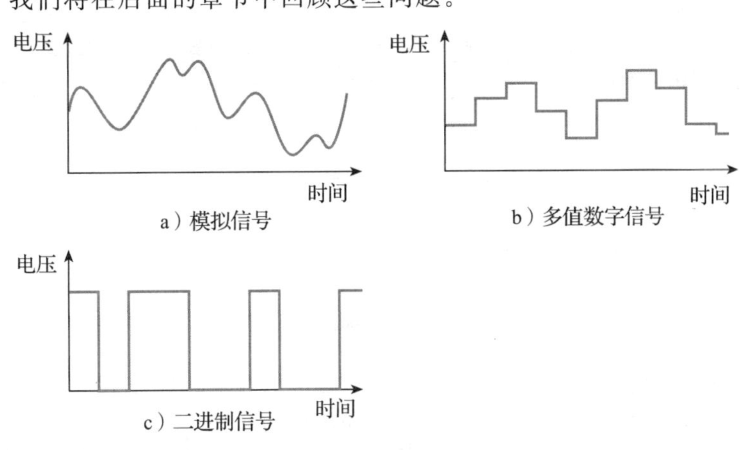

图 11.3 模拟信号和数字信号的例子

11.6 系统框图

表示复杂系统方案的一种简便方法是，将系统表示为由模块或者方块组成的简图。这种模块化的表示方法省略了不必要的细节，有助于理解。图 11.4 是一个典型框图，给出了应用于汽车引擎控制单元(ECU)的简图。图中标示了系统的主要部件，并且标明了各个部件之间的能量或信息的流动，箭头代表流向。

如果能量或信息从一个组件流出，该组件常称为能量或信息源。类似地，如果能量或信息流入一个组件，该组件称为设备的负载。因此在图 11.4 中，各传感器和电源是 ECU 的源，点火线圈是 ECU 的负载。

在电气系统中，能量的流动需要用电路实现。图 11.5 给示了具有单个源和单个负载的简单系统。其中，能量源是某种传感器，负载是某种执行器，这可以代表图 11.4 中 ECU 的一部分。无论何种情况，源是由输入电路连接到系统，而负载是通过输出电路连接到系统。

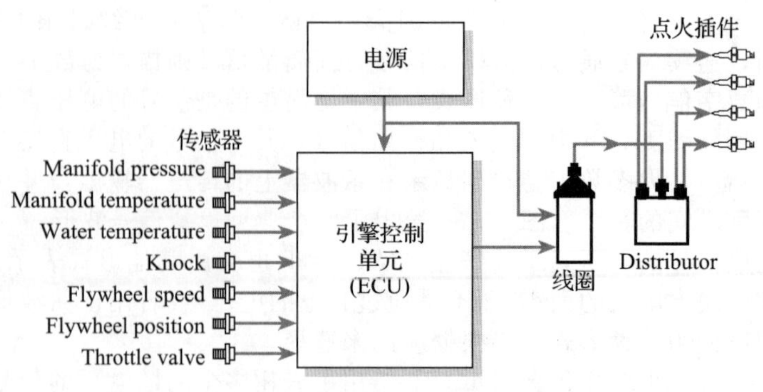

图 11.4　汽车引擎控制单元

图 11.5　源和负载

前面说过，我们可以自由选择系统的边界，以满足需要。因此，可以将图 11.5 中的系统划分为多个子系统或模块，如图 11.6 所示。这个过程称为分块，可以大大简化复杂系统的设计。可以看出，一个子系统的输出是下一个子系统的输入。因此，每个模块输出时代表源，而每个模块输入时代表负载。在图 11.5 和图 11.6 中，每个模块都有一个输入和一个输出。实际上，根据系统的功能，模块可以有多个输入和多个输出。

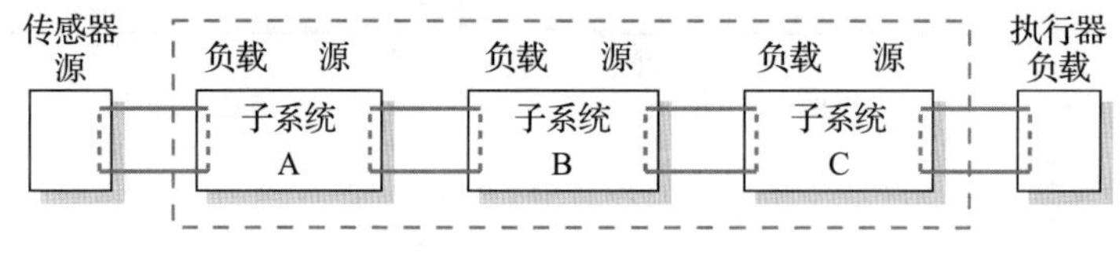

图 11.6　系统的分块

在本章的前面讲过，系统可以仅由其输入、输出以及输入输出之间的关系来定义。因此，系统中的每个模块可以仅根据其代表的源和负载的特性以及其输入和输出信号之间的关系来定义。对于这种系统，就是设计能从适当的输入设备(例如传感器、发电机或其他模块)获取信号的各模块，并且能产生适当的信号驱动相关输出设备(例如执行器)。因此，在学习这些电路的设计之前，必须首先了解与传感器和执行器相关的信号性质。因此，我们将在第 12 章和第 13 章中讨论传感器和执行器。

进一步学习

设计一个新系统的首要任务之一是确定其输入和输出。为了研究明确输入和输出的过程，思考家用洗衣机控制器的输入和输出。

确定家用洗衣机控制器单元的输入和输出，绘制控制器的简单框图。

视频 11B

关键点

- 工程学本质上是跨学科的，工程师都应该理解电气和电子工程的基本原理，只有这样才能与该领域专家有效地交流。
- 工程师通常采用系统设计方法，将自顶向下的系统技术与多学科的系统方法相结合。
- 就外部表现来说，系统可以仅由输入、输出以及它们之间的关系来定义。
- 系统通过传感器和执行器与外界进行交互。
- 物理量可以是连续或离散的，通常可以很方便地用电信号来表示。电信号也可以是连续的或离散的，连续信号通常称为模拟信号，而离散信号通常称为数字信号。
- 复杂系统通常用框图表示。这种方法忽略了不必要的细节，可以帮助读者理解。
- 能量或信息流是从源流入到负载。任何模块都可以视为与其输入端相连的模块的负载，也可以视为与其输出端相连的模块的源。
- 为了设计电气或电子系统，我们需要了解由传感器产生的信号及用于执行器的信号，这也是系统的输入和输出信号。

习题

11.1 列出与铁路系统建设相关的 10 个工程领域。

11.2 解释系统的方法和系统设计方法之间的区别。这些方法中哪些与系统方法相关联？

11.3 简要描述系统的含义。

11.4 给出电气、机械、液压、气动和生物系统的例子，并在每个例子中说明输入和输出。

11.5 解释为什么系统边界的选择会影响它的输入和输出的形式。

11.6 列举 5 个书中未提及的自然的连续物理量。

11.7 列举 5 个书中未提及的自然的离散物理量。

11.8 给出一个由数字信号表示连续物理量的例子。

11.9 给出一个由模拟信号表示离散物理量的例子。

11.10 描述关于电子系统设计的“分块”的含义。

11.11 解释电气系统中的模块是如何用源和负载来描述的。

第12章 传 感 器

目标

学完本章内容后，应具备以下能力：

- 说明传感器在电子系统中的作用
- 为了满足某种应用，给出所需求的传感器类型
- 解释传感器的应用范围、分辨率、准确度、精密度、线性度和灵敏度等术语
- 描述感测多种物理量设备的工作原理和特性
- 举例说明目前可用的传感器的多样性，概述这些器件的不同特性
- 讨论对接口电路的要求，使传感器的接口信号与所连接的系统相兼容

12.1 引言

为了执行实际任务，电子系统必须与现实世界相互作用。为此，电子系统使用传感器来感测外部物理量，并利用执行器影响或实现控制。

传感器和执行器通常称为换能器。换能器是将一个物理量转换成另一个物理量的装置，并且不同的换能器可以在多种物理量之间进行转换。例如，将温度变化转换为水银柱长度变化的玻璃水银温度计和将声音转换为电信号的传声器。

在本章中，我们主要感兴趣的是用于电子系统的换能器，因此我们主要关注产生或使用某种形式电信号的设备。将物理量转换成电信号的换能器通常用于产生系统的输入信号，因此将其称为传感器。获取电输入信号并控制或影响外部物理量的换能器称为执行器。在本章中，我们介绍传感器的特性，在下一章我们将学习执行器。

温度计和传声器都是将一种形式的模拟量转换成另一种形式的模拟量的传感器。其他一些传感器可以与数字量一起使用，将一个数字量转换成别的数字量，包括所有类型的计数器，例如用于记录通过十字转门人数的计数器。

第三类传感器获取模拟量并以数字形式表示它。在一些情况下，输出是输入的二元表示，如在恒温器中，其根据温度是高于还是低于某一阈值而输出0或1。在其他装置中，输入端的模拟量用多个值的输出来表示，比如数字电压表，其中模拟输入量用数字(因而是离散的)输出表示。通过数字量表示模拟量，其结果必然是近似的。然而，如果离散状态的数量足够多，则由近似引起的误差与系统内的噪声或其他误差相比较小，因此可以忽略。

为了完整，应该说，还有最后一组传感器，它接收数字输入量并且产生模拟输出。但是，这样的器件不常见，并且使用这种设备的例子非常少。

材料的任何物理特性如果随某种激励的变化而变化，就可以用于制作传感器。常用的包括：电阻性的、电感性的、电容性的、压电的、光敏的、弹性的和热的。

可用的感测设备的范围是很大的，在本章中，我们仅列举在电子系统中广泛使用的几个例子。所选择的例子用来展示传感设备的多样性并且说明它们的一些特性，包括用于测量多种物理量的传感器和本质上既是模拟的又是数字的设备。然而，恰当的做法是，在开始讨论单个设备之前，要先考虑如何量化器件的性能。

12.2　传感器性能的描述

当描述传感器和仪器系统时，我们利用一系列术语来量化它们的特性和性能。重要的是要对这些术语有一个清楚的理解，所以先简要地介绍一些重要的术语。

12.2.1　范围

范围定义了传感器或测量仪器测量的最大值和最小值。

12.2.2　分辨率或分辨力

分辨力是传感器能够检测被测量中最小可识别的变化量，通常表示为设备范围的百分比(分辨率)。例如，分辨率可以给出为满量程值的 0.1%(即，满量程值的千分之一)。

12.2.3　误差

误差是测量值与真实值之间的差。误差可分为随机误差和系统误差。经多次重复测量，随机误差产生发散。随机误差的影响可以通过比较多次读数和记录存在的发散量来量化。通过取这些重复读数的平均值，可以减少随机误差的影响。系统误差以相似的方式影响所有读数，并且是由诸如误校准等因素引起的。由于所有读数都受影响，所以获取多个读数不能量化或减少系统误差。

12.2.4　准确度、不准确度和不确定性

准确度描述了与测量(或传感器)相关联的最大预期误差，并且可以表示为绝对值或系统范围的百分比。例如，车辆速度传感器的准确度可以给定为±1 英里[⊖]每小时或满刻度读数的±0.5%。严格来说，这实际上是对其不准确度的度量，为此，有时使用不确定性一词来表示。

12.2.5　精密度

精密度是对由传感器或仪器产生的随机误差(散射)是否存在的测量。高精度的设备重复读数的扩散性极小。应当注意，精密度经常与具有不同含义的准确度相混淆。传感器可能产生一系列的读数，这些重复读数的一致性很好，但都非常不准确，如图 12.1 所示，图中显示了三个传感器系统的性能。其中给出了二维(x 和 y)测量物体的位置时，由不同特性传感器产生的读数情况。

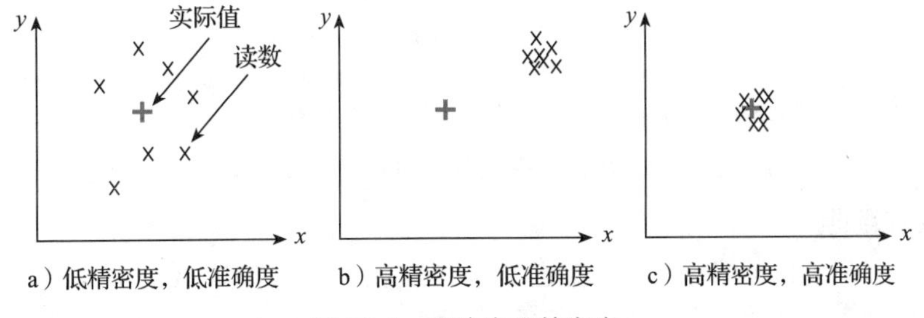

图 12.1　准确度和精密度

12.2.6　线性度

在大多数情况下，传感器的输出与被测量的量成正比很方便。如果要绘制传感器的输出与被测量的曲线图，则完全线性的传感器为一条通过原点的直线。在实践中，传感器会存在非线性，非线性定义为读数与直线的最大偏差。非线性通常表示为满量程值的百

⊖　1 英里＝1.609 千米。——编辑注

分比。

12.2.7　灵敏度

灵敏度是输出量变化对输入量变化的比值。高灵敏度的传感器输出量的变化对于输入量变化的比值很大。灵敏度的单位表明了被测量的性质。例如，对于温度传感器，灵敏度可以为 10mV/℃，表示温度每变化 1℃，输出改变 10mV。

12.3　温度传感器

温度测量是大量控制和监控系统的基本组成部分，例如，从简单的建筑温度调节系统到复杂的工业过程控制工厂，都需要温度测量。

温度传感器可以分为两类，一类输出简单的二元码，表示温度高于或低于某个阈值，另一类允许进行温度测量。

输出二元码的温度传感器可以作为温度控制开关，例如恒温器，通常是基于双金属条的，将具有不同热膨胀系数的两种材料结合在一起而构成。随着温度的增加双金属条弯曲，利用弯曲度控制一个机械开关。

用于温度测量的技术有很多不同的种类，在这里我们仅介绍三种。

12.3.1　电阻温度计

所有导电材料的电阻都随温度而变化。金属的电阻随其绝对温度呈线性变化。已经知道确定温度下金属的电阻值，那么就可以测量金属样品的电阻来衡量温度。典型器件是用铂丝测量温度，称为铂电阻温度计或 PRT。

PRT 可以在小于−150℃到接近 1000℃的温度范围，以约 0.1℃或 0.1%的精度非常精确地测量温度。但是其灵敏度很差，也就是说，一定的输入温度变化仅在输出信号中产生很小的变化。典型的 PRT 可能在 0℃处具有 100Ω 的电阻，在 100℃处增加到约 140Ω，图 12.2a 给出了一个典型的 PRT 元件。PRT 也有其他的形式，例如图 12.2b 所示的探头。

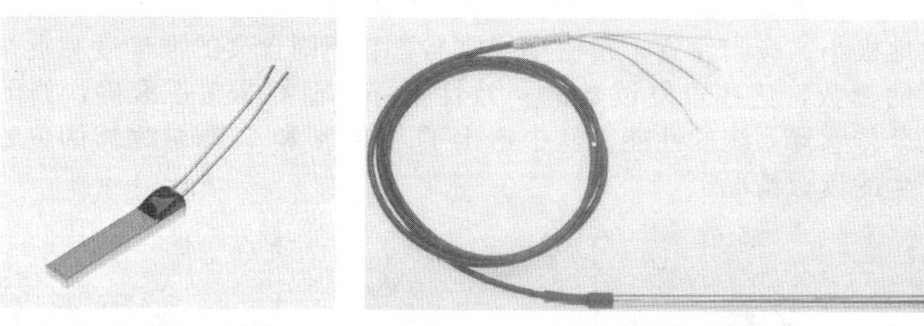

a）典型的PRT元件　　b）装有护套的PRT

图 12.2　铂电阻温度计(PRT)

12.3.2　热敏电阻

像 PRT 一样，热敏电阻的电阻值也随温度变化，但是热敏电阻用高热阻系数材料制作，极大地提高了灵敏度。典型的器件在 0℃电阻为 5kΩ，在 100℃则有 100Ω 的电阻。热敏电阻便宜且具有鲁棒性，但是线性度差，器件的标称值经常存在很大的误差。图 12.3a 显示了一种典型的片式热敏电阻，图 12.3b 显示了一个带有螺纹方便连接的器件。

12.3.3　pn 结

pn 结是具有二极管特性的半导体器件。也就是说，其在一个方向上(当器件为正向偏置时)导电，而在另一个方向上(当器件为反向偏置时)截止。半导体器件的性质和用途将在后面进行更详细的讨论(见第 17 章)。

在固定电流时，典型的正向偏置半导体二极管上的电压每摄氏度变化约 2mV。基于该特性的器件使用附加电路来产生与结温度成正比的输出电压或电流。典型的器件在温度高于0℃产生1mV/℃的输出电压或1μA/℃的输出电流。这种器件的价格便宜，线性度好且使用方便，但是根据所使用的半导体材料的不同，温度范围限制在－50℃～150℃。器件如图12.4所示。

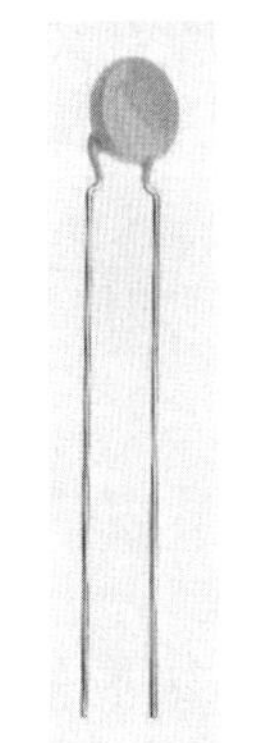

a）典型的片式热敏电阻

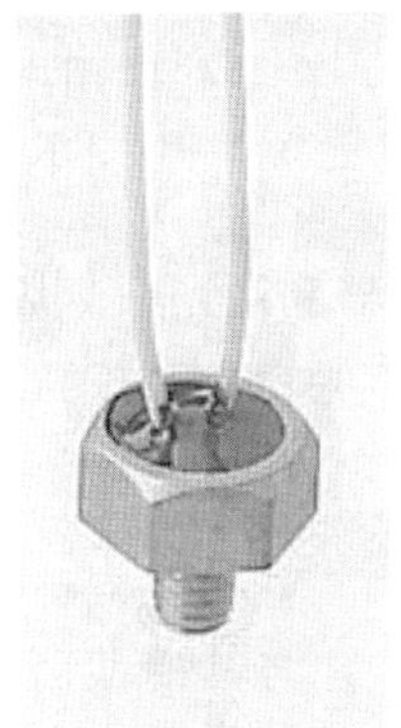

b）加套的热敏电阻

图12.3 热敏电阻

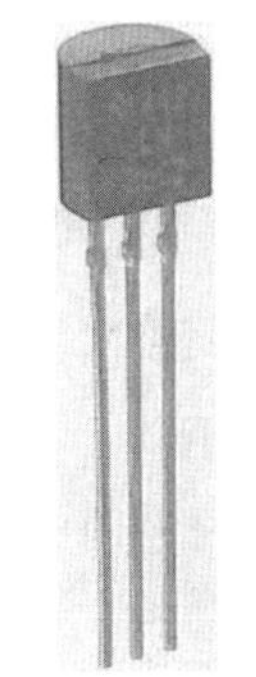

图12.4 pn结温度传感器

12.4 光传感器

用于测量光强度的传感器主要分为两类：一类是在照射时产生电；另一类在光的影响下特性(例如，电阻)发生变化。我们举例说明这两类器件。

12.4.1 光伏

照射在pn结上的光产生电压，因此可以用光能产生电能。太阳电池就是用这个原理制作的。光敏二极管的输出电压取决于光照的强度，因此可以用于测量光强度。这种测量方法的缺点是产生的电压与入射光强度不是线性关系。图12.5展示了典型光敏二极管的光传感器的例子。

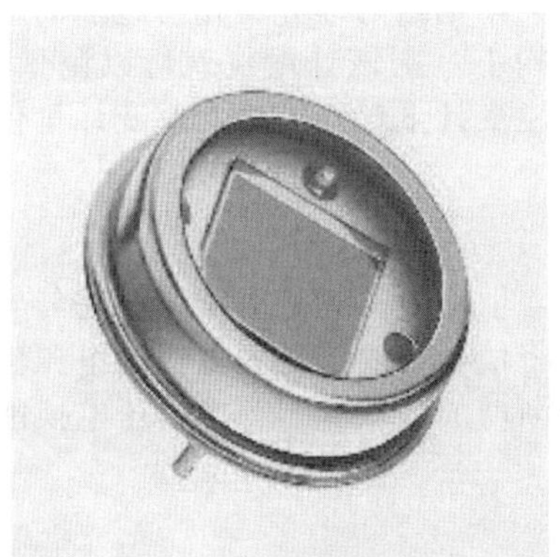

a）光敏二极管

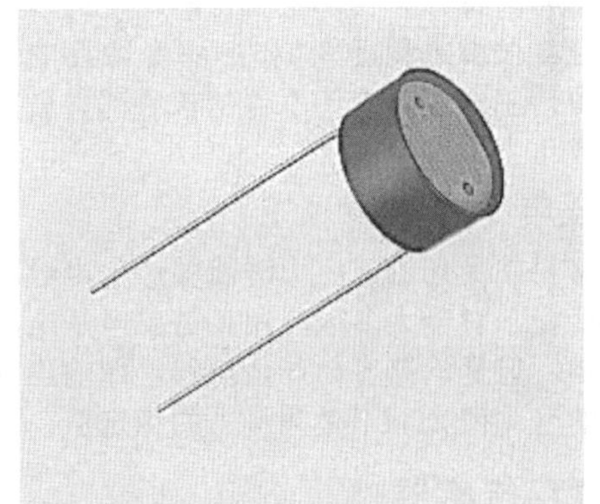

b）光敏电阻器

图12.5 光传感器

12.4.2 光敏

光敏传感器不产生电，但其电导率随光照而变化。前面作为光电器件的光敏二极管也可以用作光敏器件。如果光敏二极管由外部电压源反向偏置，则在没有光的情况下，与其他二极管一样，并且仅存在可忽略的漏电流。但是，如果光照在器件上，则在结区形成电荷载流子，并且有电流流动。电流的大小与入射光的强度成比例，因此比前面所述的光伏器件更适用于测量。

在光敏模式下由光敏二极管产生的电流非常小。替代方案是使用光敏晶体管，光敏晶体管将光敏二极管的光敏性质与晶体管的电流放大相结合，形成灵敏度更好的器件。晶体管的工作将在后面的章节中讨论。

第三类光敏器件是光敏电阻器或 LDR。顾名思义，是一种在光照时改变电阻值的电阻器件。典型的器件由诸如硫化镉(CdS)的材料制成，其在光照时具有很低的电阻。这种器件对不同波长的光产生响应的方式与人眼类似，在某些应用中具有优势，但其响应速度非常慢，半导体结型器件的响应速度为几微秒或更短，但 LDR 响应光照的变化可能需要 100ms。典型的 LDR 如图 12.5b 所示。

除了光强度测量传感器之外，还有大量传感器利用光来测量其他量，例如位置、运动和温度。将在 12.6 节研究光开关时，讨论这种传感器。

12.5　压力传感器

12.5.1　应变计量仪

矩形均匀导电材料的电阻值与长度成正比，并与其横截面积成反比。对物体施加外力，其形状会发生改变。“应力”一词用于定义施加到物体单位面积的力，“应变”指的是产生的变形。在应变计量仪中，外作用力使传感器变形，导致其长度(及其横截面)增加或减少，因此其电阻值也发生改变。图 12.6 显示了典型器件的结构。

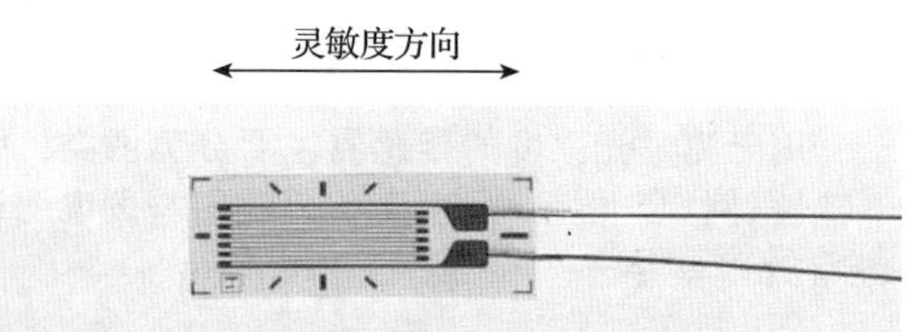

图 12.6　应变计量仪

应变计量仪由一层薄细的电阻材料阵列构成，电阻材料阵列只对一个方向的变形敏感。传感器的两条长细线主要用于引出器件的整体电阻。沿所示方向拉伸或压缩计量仪将使其内部的导线阵列延伸或收缩，从而总电阻具有显著改变。连接电阻材料阵列的粗线部分对器件的总电阻影响不大。因此，垂直于所示方向的计量仪变形对器件的总电阻几乎没有影响。

在使用时，将计量仪绑定在待测应变的表面上，电阻的部分变化与施加的应变线性相关。如果计量仪绑定到已知应力-应变特性的结构上，则该计量仪就可以测量力的大小。因此许多力传感器或称重传感器的核心部件就是应变计量仪。同样，应变计量仪可以连接到隔板构成压力传感器。

12.5.2　压电

压电材料在受到机械应力时能够产生电输出，但输出的不是电压，而是与施加的应力相关的电荷量。对于大多数应用，需要电子电路将信号转换成更为方便的电压信号。这本身并不困难，但是电路容易产生漂移，即输出逐渐增加或减少。为此，压电换能器更常用于测量力的变化值，而不是测量力的稳定值。

12.6　位移传感器

位移或位置可以使用很多技术来测量，包括电阻、电感、机械和光学技术。与许多传感器一样，有模拟和数字类型传感器。

12.6.1　电位器

电阻电位器是最常见的位置传感器之一，大多用在无线电和其他电子设备的控制中。电位器可以是角度或线性的，由一段电阻材料制成，电位器两端的每一端有一个电端子，第三个端子接到电阻轨道的滑动触点上。当用作位置传感器时，电位器两端之间存在电位差，从连接到滑动触点的端子输出。随着滑动触点的移动，输出电压也在变化。通常，滑块的位置和输出电压呈线性关系。

12.6.2 电感传感器

电感传感器在 5.14 节中进行了简单的讨论。

线圈的电感受铁磁材料的邻近效应的影响，这种效应用在许多位置传感器中。其中最简单的是感应接近传感器，通过测量线圈的电感确定铁磁板的接近度。图 12.7 是几个典型的接近传感器。其他电感传感器包括线性可变差分变压器或 LVDT(在 5.14.2 节中讨论)。

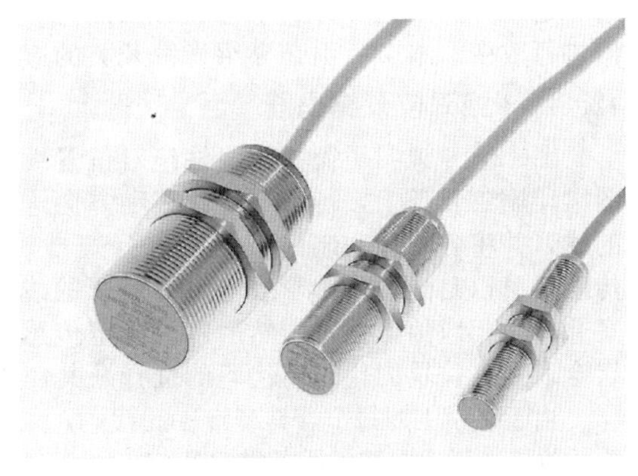

图 12.7 电感位移传感器或接近传感器

12.6.3 开关

最简单的数字位移传感器是机械开关，有多种形式的应用，并且可以手动操作或连接到某种机械装置上。手动操作的开关包括拨动开关，通常用作电气设备上的电源开关，以及像用于计算机键盘的按键开关。这种类型的开关不属于位置传感器，但是它们的输出值取决于输入杆的位置或表面的位置，因此属于二元传感器。

当开关连接到某种机械装置时，其作为位置传感器的作用就更加明显。这种器件的常见形式是微型开关，由一个小开关装置连接到一个操作杆或推杆，允许其由外力驱动。微型开关经常用作限位开关，表示机械装置已经达到其安全行程的终点。装置如图 12.8a 所示。开关也用于多种专门的位置测量应用中，例如液位传感器。这种传感器的一种如图 12.8b 所示。其中开关由浮块控制，浮块随着液体上升直到达到一定水平为止。

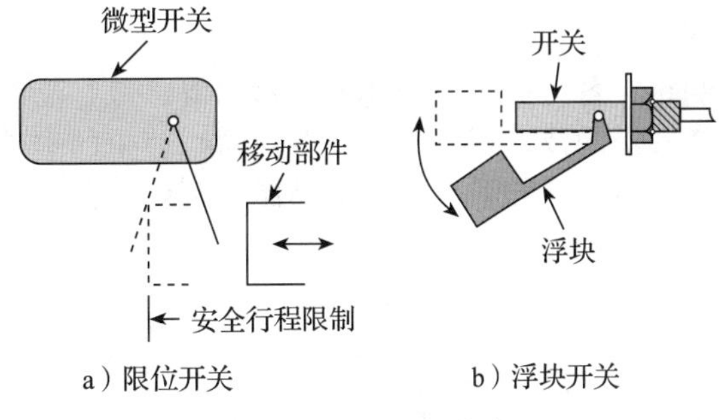

图 12.8 开关位置传感器

12.6.4 光敏开关

除了机械开关外，也可以使用诸如光敏开关等器件感知位置。顾名思义，光敏开关是一种光控开关。

光敏开关由光传感器和光源组成，封装在一起。光传感器通常是光敏晶体管，光源通常是发光二极管(LED)(将在下一章描述)。两种使用广泛的物理方案，如图 12.9 所示。

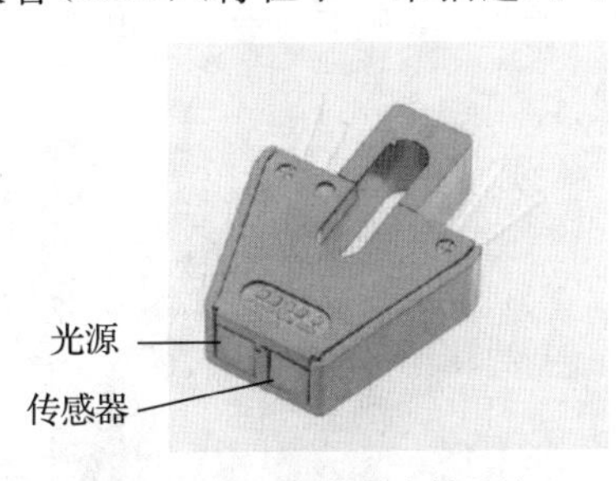

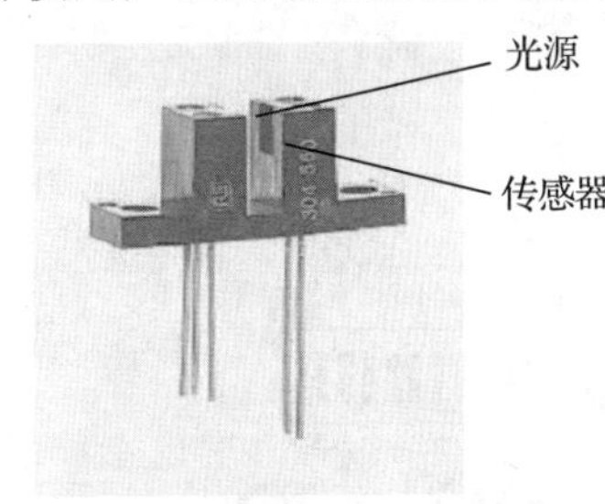

图 12.9 反射和带槽的光敏开关

图 12.9a 展示了一个反射器件，其中光源和传感器相邻安装在器件的同一个面上。靠近该表面的反射物体将来自光源的光反射到传感器，使输出电路产生电流。图 12.9b 展示

了一种开槽光敏开关，光源和传感器分别放在槽的两个相对侧面。在狭槽中没有物体的情况下，光源发出的光照射到传感器，输出电路中产生电流。如果插槽被遮挡，则光路断开，输出电流就会减小。

尽管光敏开关可以与外部电路一起用以测量电流，从而可以测量照射传感器的光强度，但是更常见的是二元模式的应用，即将电流与某个阈值进行比较，决定光敏开关是接通还是断开。以这种方式，开关可以确定所检测物体是否存在，其灵敏度可以通过调整阈值进行改变。本节后面会介绍光敏开关的应用。

12.6.5　绝对位置编码器

图 12.10 说明了简单的线性绝对位置编码器的原理。将亮色和暗色区域的图案印刷到长条上，传感器沿其移动方向进行检测。图案采用一系列亮暗交替的线，并将各线的明暗区域组合进行安排，使其在长条的每个点处是唯一的。传感器可以是光敏晶体管或光敏二极管的线性阵列，每行一个。传感器拾取图案并产生相应的电信号，然后解码确定传感器的位置。每个点处的亮线和暗线组合表示该位置的代码。代码的选择及其使用将在后面详细讨论(见第 24 章)。

由于条带上的每个点具有唯一的代码，条带上可检测的位置数量由图案的线条数量决定。对于给定长度的传感器，增加图案中线的数量会增加装置的分辨率，但也会增加检测阵列的复杂性和需打印线的准确度。

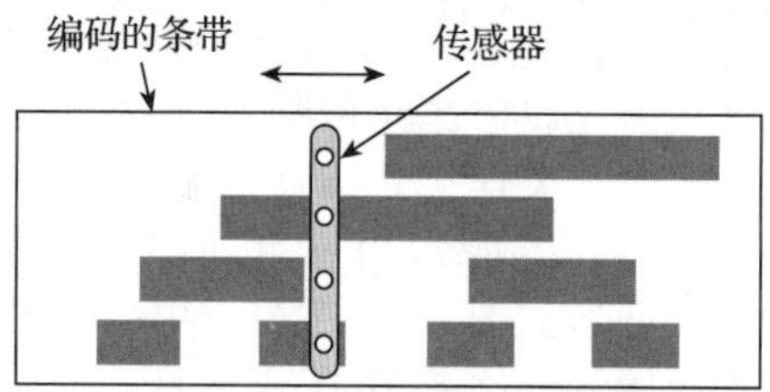

图 12.10　绝对位置编码器

尽管有线性绝对编码器，但该技术通常用于角度测量设备。通常与旋转电位器相似，但是没有导电轨道和滑动片，而是具有一系列同心环中的编码图案和光学传感器阵列。位置编码器线性好、使用寿命长，但是分辨率通常比电位器差，而且往往更昂贵。

12.6.6　增量位置编码器

与绝对位置编码器相比较，增量位置编码器的不同之处在于它只有一个探测器，可以扫描垂直于行进方向规则的条带图案。当传感器在图案上移动时，检测一系列的明暗区域。移动的距离通过对明暗转换次数进行计数来确定。这种方案的一个问题是无法确定运动的方向，因为两个方向上的运动都会产生明暗的转换。可以用两个传感器解决这一问题：传感器 1 与传感器 2 的位置稍微偏离一点，运动的方向就可以由哪个传感器先检测到明暗转换来确定。这种方案如图 12.11 所示，图中也说明了两个传感器在两个方向上运动时的信号情况。

与绝对位置编码器相比，增量位置编码器的缺点是需要外部电路对转换进行计数，并且必须提供复位方法以提供参考点或基准。但是设备结构简单，并且分辨率高。与绝对位置编码器一样，增量位置编码器也有线性的和角度的两种。图 12.12 显示了一个小角度增量位置编码器。

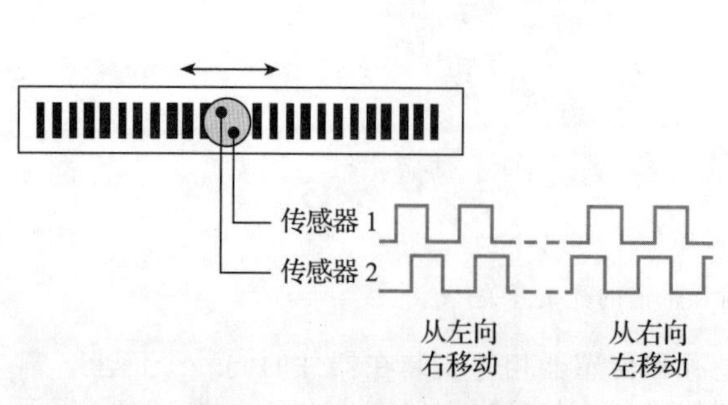

图 12.11　增量位置编码器

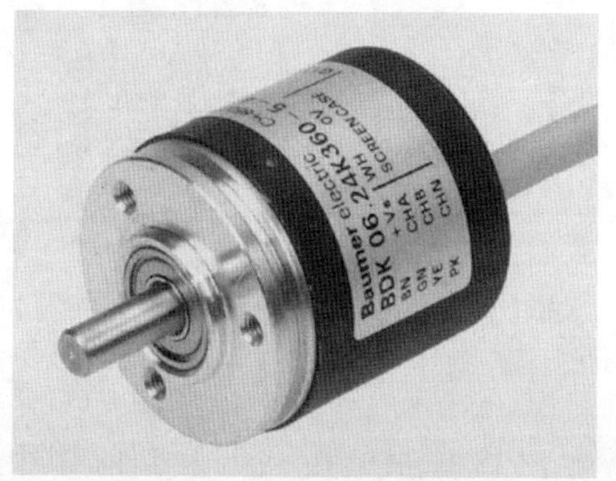

图 12.12　角增量位置编码器

12.6.7 光栅

上述增量位置编码器依赖于计算条纹图案中的单个线条。为了测量非常小的位移，这些线必须靠得非常近，因此难以检测。解决这个问题的一个方法是使用光栅。

光栅可以采取多种形式，一个简单的形式是在透明膜上印刷不透明条纹图案。条纹是平行的，并且线和间隔宽度相等。如果一片胶片放置在另一片上，所产生的图案取决于两片胶片条纹的相对位置和方向。如果每张胶片的线条平行，则整体效果取决于条纹的相对位置。如果每个线条精确地重合，则胶片一半是透明的，另一半是不透明的。然而，如果每个胶片的线条是并排的，则合起来将是完全不透明的。

现在想象一个光栅放置在白色背景上，第二个光栅放置在第一个光栅的上面，使得每个光栅线平行。一张胶片垂直于条纹方向运动，一张胶片的条纹通过另一张胶片的条纹时，图案会由暗到亮交替变化。放置在光栅上方的光传感器就会检测到这些变化，计算转换次数就可以确定移动的距离。由于光栅线每次重合时产生一个明亮的脉冲，所以移动的距离是脉冲计数值与线间距的乘积。这种亮和暗的条纹称为莫尔条纹。线条靠得越近，距离测量的分辨率就越高。

迄今为止，所描述的测量技术与前面增量位置编码器有相同的问题，即如果使用单个传感器，则在两个方向上的运动传感器产生类似的信号。这个问题有两种解决方法。一个光栅可以稍微旋转，使得每个光栅的线不再平行。相对运动将产生斜纹的光带，斜纹光带向上移动时是一个方向上的运动，斜纹光带向下移动时为另一个方向上的运动。或者，可以改变一个胶片的线间距，使其与另一个胶片稍有不同。像前面的一样，当两个胶片放在一起时，会产生与条纹垂直的亮带和暗带，称为游标条纹。当两薄片相对移动时，亮带和暗带移动的方向由运动方向决定。在这两种方法中，第二种传感器用于检测运动方向，并且两种情况下产生的信号与增量位置编码器所产生的信号类似，如图 12.11 所示。

为了得到非常高的分辨率，实际的位移测量系统使用照相光栅，典型的应用为，线性阵列固定在静止元件上，并且是光栅和集成光传感器装配在一起的小型移动传感器。虽然典型的线间距为 10～20μm，但 1μm 的线间距也容易做到，用插值可以获得约 1μm 的测量分辨率。这种类型的光栅长度可达 1m，连接起来(具有一定的精度损失)可以更长。从具有测量米级的距离到具有微米级分辨率，光栅在一些要求苛刻的应用中非常有吸引力。然而，光栅和传感器的成本高，使用受到了限制。

12.6.8 其他的计数技术

增量位置编码器采用计数来确定位移。其他几种技术也使用计数的方法，图 12.13 显示了两个例子。

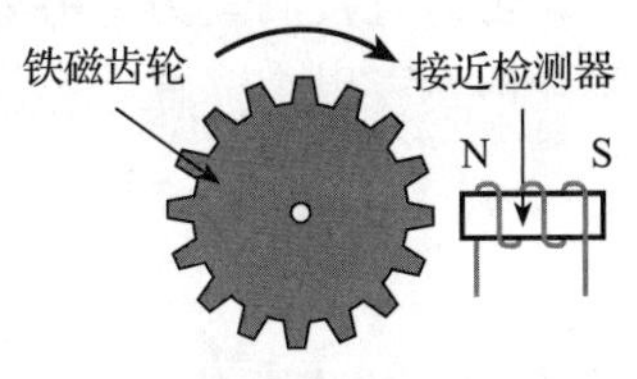

a）电感传感器

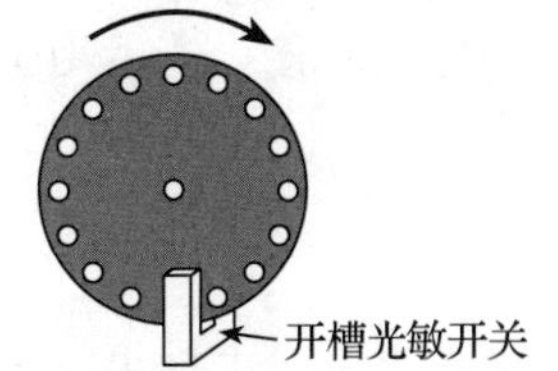

b）光敏开关传感器

图 12.13 使用计数的位移传感器

图 12.13a 显示了使用电感接近传感器的技术，如本节前面所述。一个铁磁齿轮放置在传感器附近；当轮子旋转时，齿轮的齿接近传感器，电感增加。因此传感器可以检测每个齿的经过，从而确定行进的距离。该传感器的一大优点是其对脏污环境的耐受性很好。

图 12.13b 显示了使用前面讨论的开槽光敏开关传感器。一个圆盘有许多等间隔分布在其周边的孔或槽。安装圆盘和光敏开关，使圆盘的边缘在开关的槽内。当圆盘旋转时，

孔或槽使光敏开关周期性地打开和闭合，产生一串脉冲，脉冲的频率由旋转速度决定。对脉冲进行计数可以测量旋转了多大的角度。类似地，也可以使用电感接近传感器代替光敏开关和铁磁盘。

12.6.9 测距仪

长距离的测量通常要用非接触的方法。无源系统(简单地观察其环境)和有源系统(信号发送到环境中)都可用。无源技术包括光学三角测量方法，其中两个略微偏移的视线对准同一个目标，然后用前面所述的角度传感器测量两个视线之间的角度差，再用三角法计算视线和目标之间的距离。该方法用于测距设备的测量中。有源系统发射声音或电磁能量并探测远距离物体反射回来的能量。通过测量能量到达物体并返回到发射器所需的时间，就可以确定它们之间的距离。因为光速很快，一些光学系统使用发射信号和接收信号之间的相位差而不是传输时间来确定距离。

12.7 运动传感器

除了测量位移，经常还需要确定物体的运动信息，例如物体运动的速度或加速度。这些量可以用位置信号对时间的微分来获得，虽然这种方法经常受噪声的影响，因为微分会放大信号中的高频噪声。或者，可以用多个传感器直接测量速度和加速度。

前面所述的用于位移测量的计数技术也可用于测量速度。通过测量所产生的波形频率而不是对脉冲计数，可以直接给出速度信息。事实上，前面列出的很多计数技术多用于测量速度而不是测量位置。在很多应用中运动方向要么已知要么不重要，而且基于这些技术的解决方案通常简单且价格不高。

还有许多不同用途的其他速度传感器。转速表传感器可以用来测量转速。它是一个小的直流发电机，产生的电压与转速成正比。直线移动的测量可以转换为旋转运动的测量(例如，沿着平坦表面运行的摩擦轮)，并用在了转速表传感器上。另外，还有几种直接测量直线运动的方法，例如在雷达速度检测器中使用的多普勒效应的方法。声音或电磁辐射到移动物体上，然后检测反射波，并将反射波与原来传送的信号比较。用发出波和反射波的频率差就可以测量目标与换能器之间的相对速度。流体的速度可以用多种方法测量，包括压力探测器、涡轮机、磁性、声波和激光的方法。这些技术的专业性更强，在这里不进行讨论。

用加速度计可以直接测量加速度。大多数加速度计的原理是用力、质量和加速度之间的关系：

$$力 = 质量 \times 加速度$$

加速度计内装有质量块，当设备加速时，质量会受到力的影响，就可以用多种方式检测。在一些设备中，包括力传感器，例如应变片，可以直接测量力。另外一些设备中，可用弹簧将力转换成相应的位移，然后用位移传感器测量。由于设备的工作模式不同，输出信号的形式也不一样。

12.8 声音传感器

检测声音的技术有很多。声音表示空气压力变化，传声器的任务就是测量这种变化，并用某种形式的电信号(通常用变化的电压)来表示。该过程如图 12.14 所示。

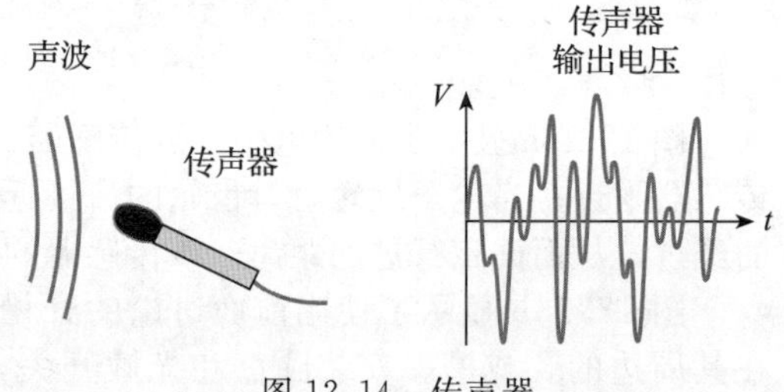

图 12.14 传声器

12.8.1 碳传声器

碳传声器是最古老而且最简单的声音探测器之一。声波由一侧附有碳颗粒的横隔膜探测。声波撞击横膈膜使其移动，导致碳粒子压缩或大或小的角度，从而影响其电阻值。电极在碳粒子上施加电压，产生的电流大小与撞击的声音大小有关。

12.8.2 电容传声器

电容传声器在工作上类似于前面的碳传声器，只是隔膜的运动导致了电容的变化，而不是电阻的变化。通过膜片的移动改变了电容器两个金属板的间距，从而改变了电容器的电容值。

12.8.3 动圈式传声器

动圈式传声器由永磁体和连接到隔膜的线圈组成。声波振动隔膜，使线圈相对于磁体移动，从而产生电信号。动圈式传声器也许是最常见的传声器。

12.8.4 压电传声器

前面描述的压电传感器也能用作传声器。隔膜由压电材料制成，受声波作用而发生变形，产生相应的电信号。这种技术经常用于超声波传感器，这种传感器的使用频率范围很宽，有时高达几兆赫兹。

12.9 传感器接口

许多电子系统要求输入为电信号，而信号的电压或电流与被感测的物理量相关。一些传感器输出与被测物理量直接相关的电压或电流，另一些传感器需要额外的电路来产生电信号。使一个设备的输出与另一个设备的输入兼容的过程通常称为接口。接口所需的电路通常相对简单，本节给出几个例子。

12.9.1 电阻器

在电位器中，中心移动触点和两端的端子之间的电阻随着触点的移动而变化。这可以容易产生与中心触点的位置直接相关的输出电压。如果在电位计的两端加恒定电压，则中心触点处的电压随其位置而变化。如果导轨的电阻线性变化，则输出电压与中心触点的位置成正比，因此与输入位移成正比。

许多传感器通过电阻的变化表示物理量的变化，例如铂电阻温度计、光电传感器和一些类型的传声器。要将电阻的变化转换为电压的变化，一种方法是在分压器电路中使用传感器，如图12.15a所示，其中R_s表示传感器的可变电阻。

这种方案的输出电压V_o由下式给出

$$V_o = V\frac{R_s}{R_1+R_s}$$

很明显，输出电压V_o随传感器电阻R_s的变化而变化。这种方案的例子如图12.15b所示，图中描绘了一种基于光敏电阻器(LDR)的简单光度计。光照在电阻上影响其电阻值(如12.4.2节所述)，又决定了电路的输出电压。图中所示的LDR的电阻从约400Ω(在1000lux时)变化到约9kΩ(在10lux时)，将使输出电压V_o从约6V变化到约11.5V，以响应亮度等级的变化。

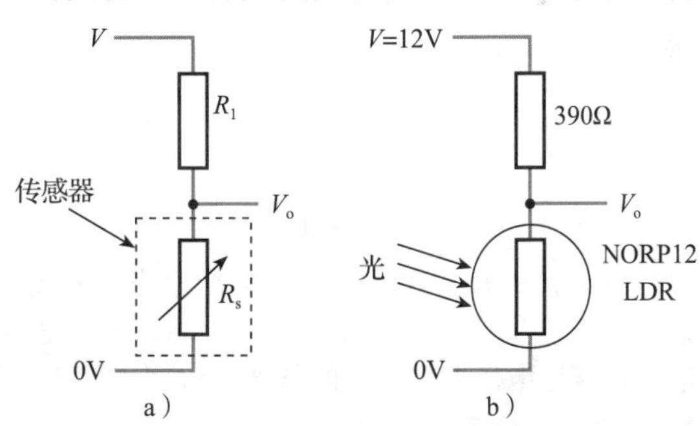

图12.15 在分压器中使用电阻传感器

虽然图12.15a的方案产生一个随传感器电阻R_s变化的输出电压，但变化不是线性的。使输出电压与传感器电阻线性相关的一种方法是在器件上加恒定电流，如图12.16所示。根据欧姆定律，电路的

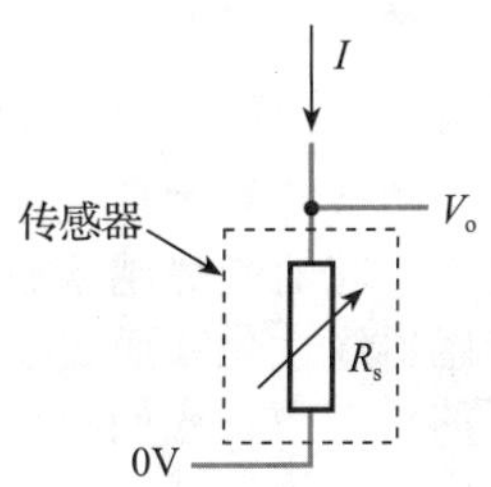

图12.16 使用带恒流源的电阻传感器

输出为

$$V_o = IR_s$$

由于 I 是常数，所以输出与传感器电压明显线性相关。其中的恒定电流 I 来自外部电路，称为恒流源。

12.9.2　开关

大多数开关具有两个触点，当开关处于一个状态(闭合状态)时，是通电的，当开关处于另一状态(打开状态)时，是断电(或开路)的。这种方案可以简单地通过添加电压源和电阻来产生二元电信号，如图 12.17a 所示。当开关闭合时，输出端连接到零电压线，因此输出电压 V_o 为零。当开关断开时，输出不再连接到零电压线，而是通过电阻 R 连接到电源 V。因此，输出电压等于电源电压减去电阻两端的电压。电阻的电压取决于电阻 R 的值和流到输出电路的电流。如果选择 R 值使其电压降与 V 相比较小，则可近似为当开关闭合时，输出电压为零，而当开关断开时输出电压为 V。R 值的选择显然会影响近似的准确性，在后面的章节中学习等效电路时，会明白这一点。

所有的机械开关都有的一个问题是开关反弹。当开关中的移动触点碰到一起时，会反弹，而不是干净利落地接触在一起。因此，电路接通、断开、再接通，有时要重复几次，如图 12.17b 所示。该图展示了当开关闭合时图 12.17a 所示电路的输出电压。振荡的长度将取决于开关的性质，在小型开关中可能为几毫秒，在大型断路器中可能为几十毫秒。开关反弹会导致严重的问题，特别是在对触点闭合状态进行计数的应用中。虽然良好的机械设计可以减少这一问题，但是不可能消除它，因此有必要用其他方法解决这个问题。有多种合理的电子解决方案，也可以在包含微型计算机的系统中使用计算机软件技术来解决这个问题。

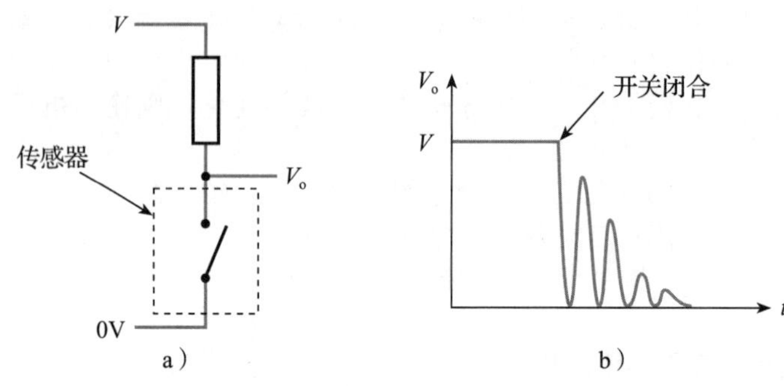

图 12.17　使用开关产生二元信号

尽管上述讨论的是机械开关，但是图 12.17a 所示电路也可以与光敏开关传感器一起使用。虽然光敏开关在激活时不会产生完美的闭合电路，但是器件的有效电阻在其导通和截止状态确实发生了显著变化。因此，通过选择适当的外部电阻 R 值，可以设置电路产生二元电压信号，信号电压根据开关的状态从近似于零变化到近似为 V。光敏开关不存在开关反弹问题。

12.9.3　电容和电感器件

响应外部影响而改变电容或电感的传感器通常需要使用交流电路。这样的电路并不复杂，但涉及的技术还没有讨论过，因此，我们将在后面进一步讨论这种电路。

12.9.4　传感器和信号处理的集成

虽然简单的传感器大量应用，但是为了提高性能和扩展功能，最近几年将传感器和电子电路集成在一起的趋势越来越明显。在某些情况下，额外的电路就是简单的辅助传感器接口或使传感器线性化，而更多的情况是功能扩展和完成复杂信号处理。

在后面的章节中，我们将介绍复杂电子电路产品中采用的多种技术。在很多情况下，这些技术也广泛应用于精密智能传感器的制造。例如，生产复杂微处理器使用的方法和设备也用于生产具有感知和信号处理功能的器件。从医疗设备到汽车、从智能电话到飞机，都会大量应用这类器件。

12.10　总结

本章的目的不是罗列所有的传感器。相反，阐述了一些重要的传感器类型，并说明了它们输出信息的形式。可以看出，一些传感器会产生与被测量的量变化有关的输出电流或电压。这时，它们从环境中获取能量，并且能将能量传递给外部电路(尽管通常可用的能量很小)。这种传感器的例子就是光电传感器和动圈式传声器。

其他器件不会向外部电路供电，而是简单地改变物理属性，例如改变电阻、电容或电感的值，以响应被测量的变化。例子包括电阻温度计、光电传感器、电位计、感应位置传感器和应变仪。当使用这种传感器时，必须用外部电路将传感器的变化转换为有用信号。电路通常很简单，如最后一节所述。

有些传感器不会产生与被测量的量线性相关的输出(例如，热敏电阻)。在这种情况下，可能需要用电子电路或处理补偿非线性。这个过程称为线性化，其难易程度取决于传感器的特点和精度要求。

例 12.1 为计算机鼠标选择一个合适的传感器

在本章中，我们已经介绍了一些位移和运动传感器。有了这些信息，就能够选择一种合适的方法来确定计算机鼠标的位移。感测方案的分辨率应该使用户能够选择单个像素(显示器可定义的最小点)。尽管复杂的显示器具有比典型显示器高数倍的分辨率，但典型的屏幕分辨率为 1024×768 像素，或 2048×1536 像素。将光标从屏幕的一侧移动到另一侧需要鼠标移动几厘米(鼠标的灵敏度通常可以使用计算机的软件来选择)。

大多数现代鼠标用光学技术检测鼠标在桌面上的移动。鼠标用固定的时间间隔对桌面的图像进行拍照并进行比较，以确定鼠标移动的距离以及方向。光学鼠标需要非常复杂的光学元件和先进的数字信号处理，在此不再进一步讨论。

为了本例的目的，我们将考虑使用一个非光学鼠标通过其底部小橡胶球来感测运动。当鼠标在水平表面上移动时，橡胶球围绕两个垂直轴旋转，就可以确定光标在计算机屏幕上的位置。

我们已经介绍过可能用来测量角位置的几种传感器，包括简单的电位器和位置编码器。感测球(鼠标内的)的绝对位置可能存在问题，因为对于高性能显示器，有可能需要高于 1/2000 的分辨率。具有这么高分辨率的传感器通常很昂贵而且体积很大。在本例中，可能感测鼠标的相对运动更适合。这会降低感测机械的复杂性，也意味着鼠标不需要与一个固定的绝对位置相关联。

测量橡胶球的相对运动可以使用增量式传感器。但由于专有的增量编码器的体积非常大，所以找一个价格可取的解决方案更好。下图显示了基于使用开槽轮和光学传感器的方案(如 12.6 节所述)。

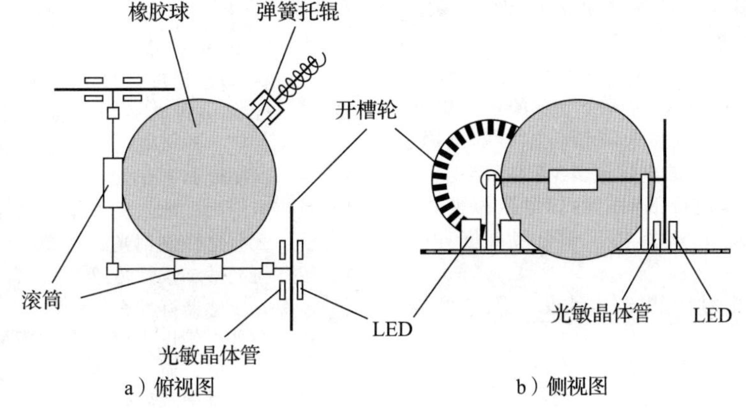

a）俯视图　　b）侧视图

为了将橡胶球的旋转分解为两个垂直分量，用第三弹簧托辊将橡胶球压靠到两个垂直滚筒。橡胶球在特定方向的旋转使一个或两个感测滚筒转动。每个滚筒都连接到位于两个开槽光敏开关之间的开槽轮上，定位开关就可以探测旋转方向，探测方法类似于图 12.11 所示的方法。将传感器的输出信号送到计算机，利用计算机跟踪橡胶球的运动就可以确定恰当的光标位置。这种方案有范围限制，由用于移动槽计数的方法决定。灵敏度由橡胶球和滑轮的相对尺寸以及轮中的槽数决定。◀

进一步学习

汽车引擎管理系统需要收集关于发动机的状态和运行的各方面信息。

说明哪些传感器可用于测量发动机的旋转速度，并且说明使用每种传感器相应的优点和缺点。因此，选择出最适合的传感器。

视频 12B

关键点

- 有很多传感器可用于满足各种应用的需求。
- 有些传感器产生与被测量相关的输出电压和电流，因此它们提供能量输出(尽管功率很少)。
- 另一些传感器为响应被测量的变化，只是简单地改变其物理属性，例如改变其电阻、电容或电感值。
- 有些传感器可能需要接口电路产生所需形式的信号。
- 一些传感器产生的输出与被测量线性相关。
- 另一些传感器是非线性工作的。
- 在某些应用中，是否为线性并不重要。例如，可以简单地使用接近传感器来检测物体是否存在。
- 在其他应用中，特别是在需要精确测量的地方，线性是很重要的。在这种应用中，我们要么使用具有线性特性的传感器，要么用某种线性化技术来解决测量设备的非线性问题。

习题

12.1　解释传感器、执行器和换能器的含义。

12.2　传感器的分辨率是什么意思？

12.3　解释随机误差和系统误差的区别。

12.4　定义准确度和精密度。

12.5　给出一个数字温度传感器的例子。

12.6　当进行精确的温度测量时，铂电阻温度计的主要优点和缺点是什么？

12.7　一个铂电阻温度计在 0℃时的电阻为 100Ω，它的温度系数为 +0.385Ω/℃，那么在 100℃时其电阻是多少？将该铂电阻温度计与外部电路连接，输入 10mA 的恒定电流并测量其上的电压来测量传感器的电阻。那么在 100℃时的电压是多少？

12.8　按下图所示连接上例中的铂电阻温度计，使得输出电压 V_o 取决于铂电阻温度计的温度。

推导 V_o 相对于铂电阻温度计的温度表达式。

铂电阻温度计的电阻与其绝对温度是线性相关的，那么 V_o 与温度是线性相关的吗？

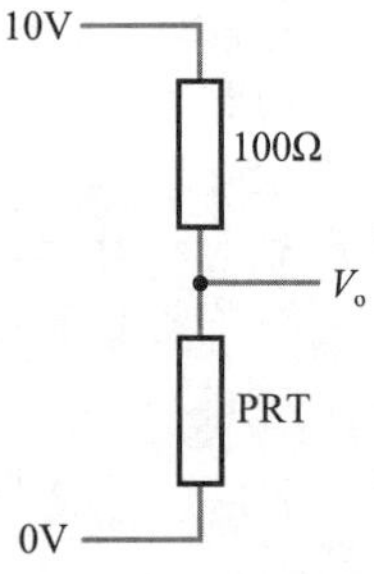

12.9　热敏电阻温度计与铂电阻温度计相比如何？

12.10　pn 结温度传感器不贵、线性好并且使用方便。但是有某些限制，限制了其应用，这些限制是什么？

12.11　当使用光敏二极管作为光传感器时，为什么会选择使用光敏模式而不是光伏模式？

12.12　与光敏二极管传感器相比，光敏晶体管的光传感器有什么优势？

12.13　在什么情况下可能会使用缓慢的光敏电阻传感器，而不是更快的光敏二极管或光敏晶体管传感器？

12.14 解释应力和应变。

12.15 设计一种合适的方法，用应变仪测量施加在一端支撑的水平梁端部的垂直力。

12.16 设计一种恰当的方法，用两个应变仪测量施加在一端有支撑的梁端部的垂直力。为什么这种方法优于12.15中描述的方法？

12.17 给出两种测量方法，其用于距离达10m的非接触式自动测距仪。

12.18 在前面的习题中，我们考虑了一个铂电阻温度计，其在0℃时的电阻为100Ω，温度系数为+0.385Ω/℃。如果将这个器件连接到10mA的恒定电流源，在图12.16所示的设计中，0℃时系统的输出电压是多少？温度在0℃以上时这个系统的灵敏度是多少(单位为mV/℃)？

12.19 在图12.17中，如果开关是闭合的，系统输出电压为0V，如果开关是断开的，输出电压为V。设计一个类似的电路，使开关的状态与输出电压的对应情况与前面的相反。

12.20 提出10个本章未讨论的需定期测量的物理量，每种给出一个需要进行此测量的应用。

第13章
执 行 器

目标

学完本章内容后，应具备以下能力：

- 说明执行器在电子系统中的需求
- 描述一系列用于控制各种物理量的模拟执行器和数字执行器
- 解释不同性能的执行器在不同情况下应用的要求
- 使用接口电路使执行器与其驱动系统匹配

13.1 引言

传感器仅为电子系统与其周围环境之间的相互作用起到了一半的作用。除了能感知其环境的物理量外，系统还必须能够以某种方式影响外部世界，以便能够执行多种功能。也许需要系统移动某物、改变其温度，或者只是通过某种形式的显示来提供信息。所有这些功能都是由执行器实现的。

与上一章讨论的传感器一样，执行器也是换能器，将一种物理量转换成另一种物理量。本章讨论执行器，从系统中获取电信号，并用获取的电信号改变一些外部物理量。如预期的那样，有大量不同形式的执行器，将执行器综合列出来并不合适。本章展示执行器的多样性，并说明其一些特点。

13.2 热执行器

大多数加热元件可以认为是简单的电阻加热器，电阻加热器将吸收的功率输出为热量。对于仅需要几瓦热量的输出，可以使用额定功率适当的普通电阻器。对于消耗几千瓦功率的加热器，需要用特殊的加热电缆和元件。

13.3 光执行器

大多数普通照明使用常规白炽灯或荧光灯，其功率从零点几瓦到几百瓦甚至几千瓦。

对于信令和通信，传统灯的响应速度相对低，因此不适用，需要采用其他的技术。

13.3.1 发光二极管

视频 13A

在电子电路中最常用的光源之一是发光二极管或 LED。这是一种半导体二极管，其构造方式是当有电流通过时发光。许多半导体材料可以用来产生各种颜色的红外或可见光。典型的器件使用砷化镓、磷化镓或砷化镓磷化物等材料。

这些器件的特性与其他半导体二极管的特性相似(将在第 17 章讨论)，但具有不同的工作电压。LED 输出的光与通过它的电流大致成正比；典型的小型器件的工作电压为 2.0V、最大电流 30mA。

LED 可以单独使用或多个一起在器件中使用。图 13.1 中的 LED 七段数码管就是多个 LED 一起在器件中使用的例子，它包括七个 LED，可以单独打开或关闭，用于显示多种图案。

红外 LED 广泛应用于光敏二极管或光敏晶体管，以实现短距离无线通信。施加到 LED 的电流的变化转换成光强度的波动，然后被接收装置转换为相应的电信号。这种技术广泛应用于电视和其他家用电器的遥控中。在这些情况下，传输的信息通常是数字的。因为发射机和接收机之间没有电气连接，所以这种技术也可以用来耦合必须电隔离的两个电路之间的数字信号，称为光隔离。小型独立的光隔离器将光源和传感器封装在一起。器件的输入和输出部分通过光耦合，使它们在两个电路之间电气隔离。当两个电路的工作电压差别非常大时，光隔离器特别有用。典型的器件能提供高达几千伏特的隔离。

图 13.1 LED 七段显示器

13.3.2 液晶显示器

液晶显示器(LCD)由两片偏光玻璃组成，其间夹有薄层油性液体。利用电场来旋转某些区域中液体的偏振平面，使得显示器的一部分不透明，而其他部分是透明的。可以将显示段布置成特定图案(例如七段显示器的图案)或矩阵，以显示任何字符或图像。

LCD 的一个很大优势是它们能够使用周围的光，大大降低了功耗，这允许它们在大量低功耗应用中使用。当周围光线不足时，它们也可以是背光的，尽管这大大增加了功耗。液晶显示器广泛用于手表、手机和许多电池供电的电子设备中。液晶显示器也用于电视机、电脑显示器和其他高分辨率应用中。小型 LCD 模块的例子如图 13.2 所示。

图 13.2 液晶显示模块

13.3.3 光纤通信

电视遥控单元中使用的简单技术不适合长距离通信，因为会受周围光的影响，也就是说，环境中存在的光。这个问题可以用光纤来解决，光纤获取来自发射机的光并沿着光缆传送到接收机而不受外部光源的干扰。光纤通常由光学聚合物或玻璃制成。前者价格便宜并且鲁棒性好，但是衰减大，仅适用于约 20m 以内的短距离通信。

玻璃纤维的衰减要低得多，可以用在几百公里的通信，但是比聚合物纤维贵得多。对于远程通信，传统的红外 LED 功率不足。在这种情况下可以使用激光二极管。激光二极管将 LED 的发光特性与激光的光放大相结合，产生高功率相干光源。

13.4 力、位移和运动执行器

在实践中，产生力、位移和运动的执行器往往密切相关。例如，如果一个固定的物体阻止一个简单的直流永磁电动机转动，电动机会产生由其电流决定大小的力作用到物体上。或者，如果用弹簧拉住阻止电动机转动，电动机会产生由其电流大小决定的位移，并且如果能够自由移动，则电动机的运动与电流有关。因此我们介绍几种可用于产生上述输出的执行器，以及一些针对更具体应用设计的执行器。

13.4.1　螺线管

螺线管由电线圈和能够移入或移出线圈的铁磁块组成。当电流通过螺线管时，线圈中电流产生的力将铁磁块吸引到线圈的中心。铁磁块的运动可以用弹簧阻止，产生位移输出，或者可以简单地让铁磁块自由移动。大多数螺线管是线性装置，电流产生一个线性力/位移/运动。然而，旋转的螺线管也可用于产生角度输出。这两种形式都可以用连续的模拟输入，或简单的开/关(数字的)输入。对于后一种情况，该装置通常设计为：通电(即打开)时，向一个方向移动直到碰到终止挡板为止。当断电(关闭)时，复位弹簧使其返回到另一端，直到碰到终止挡板为止。这会产生二元位置输出，响应二元的输入。图 13.3 显示了小型线性螺线管的例子。

图 13.3　小型线性螺线管

13.4.2　仪表

面板仪表是许多电子系统中重要的输出设备，使物理量的指示可视化。尽管存在各种形式的面板仪表，但是最简单的是动铁式仪表，就是上述旋转螺线管的一个例子。在这里，螺线管产生与弹簧相对的旋转运动，输出一个位移，位移与流过线圈的电流成正比。附在移动转子上的指针移动一个固定的值以指示位移的大小。动铁式仪表可用于测量交流或直流量，产生的位移与电流的大小相关，并且与极性无关。

尽管在一些应用中使用动铁式仪表，但较为常见的是动圈式仪表。顾名思义，线圈相对于固定磁体移动，可用于指示信号极性及大小的仪表。动圈式仪表的指针偏转量与电流的平均值成正比。交流量可以用整流器和适当的校准来测量。然而，应该注意的是，校准通常假设被测量是正弦的，如果使用其他波形(如第 2 章所讨论的)，会产生不正确的读数。典型的动圈式仪表的例子如图 13.4 所示。

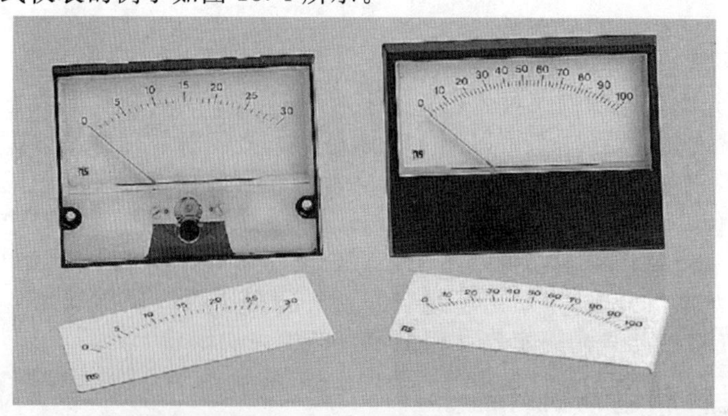

图 13.4　动圈式仪表

典型的面板仪表产生满量程偏转的电流范围为 50μA 至 1mA。使用恰当的串联和并联电阻，可以制作的能测量任何电压或电流范围的仪表(如 2.5 节所述)。

13.4.3　电动机

各种形式的电动机(如第 10 章所述)可用作力、位移或运动执行器。电动机分为三种类型：交流电动机、直流电动机和步进电动机。

交流电动机主要用于大功率应用和不需要高精度的情况。这种电动机的控制通常是用简单的开/关技术，尽管也使用可变功率驱动器。

直流电机广泛用于精密位置控制系统和其他电子系统，特别是在低功率应用中。这种电动机具有非常简单的特性，其速度由施加的电压决定，其转矩与其电流相关。直流电动机的速度范围可以非常宽，某些设备能够从每分钟数万转到每天几转。一些电动机，特别是直流永磁电动机，转速和电压以及扭矩和电流几乎呈线性关系，使用特别方便。

步进电动机以离散的步进移动，其旋转速度由输入波形直接控制，通常为每分钟数千转。如果需要，电动机的离散运动允许其移动一个确定的角度。速度和可控性的结合，以及小尺寸和低成本，使步进电动机在许多应用中都很有吸引力。

13.5　声音执行器

13.5.1　扬声器

大多数扬声器具有固定的永磁体和连接到振膜的可动线圈。扬声器的输入在线圈中产生电流，使线圈相对于磁体移动，从而移动振膜并产生声音。扬声器中的线圈的标称阻抗范围通常为 4～15Ω，输出功率可以从家用扬声器的几瓦特到公共广播系统中的扬声器的几百瓦特。

13.5.2　超声换能器

在非常高的频率下，前面描述的永磁体扬声器通常被压电执行器代替。这种换能器通常在窄的频率范围内工作。

13.6　执行器接口

上述执行器都消耗功率以改变一些外部物理量。因此，执行器接口涉及的主要问题是使电子系统能够控制执行器的功率。

13.6.1　电阻器件

如同在电阻加热元件中那样，执行器本质上大多是电阻性的，器件中消耗的功率与施加到其上的电压存在如下关系式：

$$P=\frac{V^2}{R}$$

这里提供给执行器的功率与施加在其上的电压有关。在这种情况下，接口的问题在很大程度上与提供足够的功率来驱动执行器的任务有关。对于需要几瓦特(或更少)的设备，是相对简单的。然而，随着功率需求的增加，提供功率的任务变得更加困难。当介绍电力电子电路时，我们将讨论驱动大功率负载的方法(见第 20 章)。

简化大功率设备控制的一种方法是用开/关方式操作。可以手动开启或关闭设备，这用简单的机械开关就可实现。或者，可以用电动开关系统控制(将在后面介绍这种电路的工作原理)。

在很多情况下，需要改变执行器的功率消耗，而不仅仅是开启和关闭它。在某些情况下这也可以用开关技术来实现。高速重复开启和关闭设备，改变设备开启的时间，就可以控制器件消耗的功率。这种技术用于传统的家用调光器中。

13.6.2　电容和电感器件

电容和电感执行器，例如电动机和螺线管，产生了特别的接口问题。当使用上述的开关技术时，尤其如此。我们把这些问题留到后面的电力电子电路部分(见第 20 章)再进行讨论。

13.7　总结

我们讨论的所有执行器都采用了电气输入信号，产生了非电气信号的输出。对所有情况，都是从输入端获取功率，施加到输出端。在某些情况下，功率要求相当小，例如仅消耗几分之一瓦功率的 LED 或面板仪表。在其他情况下，所需的功率可能相当大。例如，加热器和电动机可能消耗数百甚至数千瓦特的功率。

转换效率也随设备不同而变化。在加热器中，有效地将输入的所有功率转换成热量，则可以说转换效率是 100%。然而，尽管 LED 是将电力转换成光的更为有效的方法之一，但其效率仅为百分之几，剩余的功率随热量消散。

一些执行器可以认为是简单的电阻负载，其中，电流的变化与施加的电压成正比。大多数加热器和面板仪表属于这一类。诸如电动机和螺线管等其他设备具有大量的电感和电阻，而另外的设备具有大的电容。这样的负载与简单的电阻性负载根本不同，特别是当输入快速变化的信号时。第三类器件是非线性的，不能用无源器件的简单组合来表示。LED 和半导体激光二极管都属于这一类。在设计电子系统时，必须知道要使用的各种执行器的特性，以便设计适当的接口电路。

例 13.1 控制电加热器的功率输出。

电加热器采用 250V、50Hz 交流电源供电，产生 1kW 的热量。需要某种控制器使设备产生任意值的热量，直到产生最大的热量。

解： 由于电加热器本质上是一个电阻器件，我们可以通过一个简单的电阻来对器件进行建模。电阻值为 R_H，可以用欧姆定律轻松得到：

$$P=\frac{V^2}{R_H}$$

所以

$$R_H=\frac{V^2}{P}=\frac{250^2}{1000}=62.5\Omega$$

减少设备热输出的一种方法是降低设备的电压，例如，使用 1.12 节中讨论的分压器来实现。将加热器与可变电阻器 R_C 串联，通过改变 R_C 的值来控制热量输出。

为了说明这种方案的工作原理，假定将加热器产生的功率降低到 500W，如果加热器两端的电压定义为 V_H，那么使用欧姆定律得：

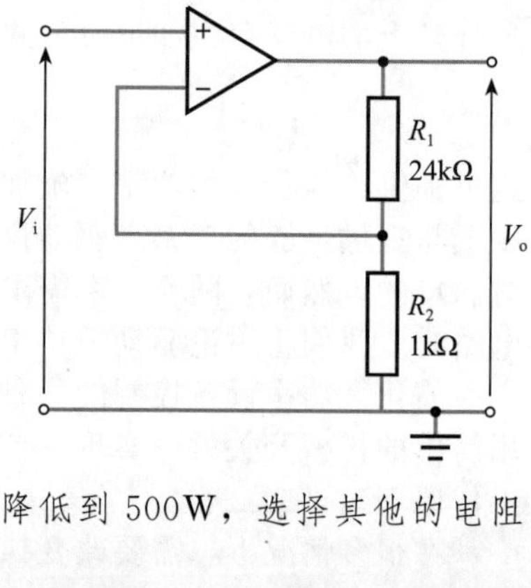

$$P=\frac{V_H^2}{R_H}$$

所以 $V_H=\sqrt{P\times R_H}=\sqrt{500\times 62.5}=176.8(\text{V})$

由分压器的知识可知：

$$V_H=V\frac{R_H}{R_H+R_C}$$

所以

$$176.8=250\frac{62.5}{62.5+R_C}$$

于是

$$R_C=25.9(\Omega)$$

因此将控制电阻 R_C 调整到 25.9Ω 会使加热器产生的功率降低到 500W，选择其他的电阻值，就可以根据需要调整热量输出。

虽然上述技术很简单，但它确实存在一个严重的缺点，即控制电阻消耗功率。上例的简单计算已经显示出，当加热器的消耗功率为 500W 时，控制电阻器大约消耗 207W。这是巨大的功率浪费，通常是不能接受的。因此，我们需要一种更有效的加热器控制方法。

一种更高效的控制方法是使用开关模式的控制器。这里加热器通过开关连接到电源，这种开关能够非常快速地循环接通和断开。开关由重复的波形驱动，改变了加热器的接通时间。开关速度比加热器的响应速度快得多，因此加热器可以有效响应电压波形的平均值。例如，如果开关始终处于接通状态，加热器将产生 1000W 的最大输出，而如果一直断开，它的功率输出为零。如果开关接通时间为 50%，加热器产生最大输出功率的 50%(500W)，而如果开启 75%的时间，则会产生 750W。通过这种方式，加热器的输出功率可以从零变化到其最大值。

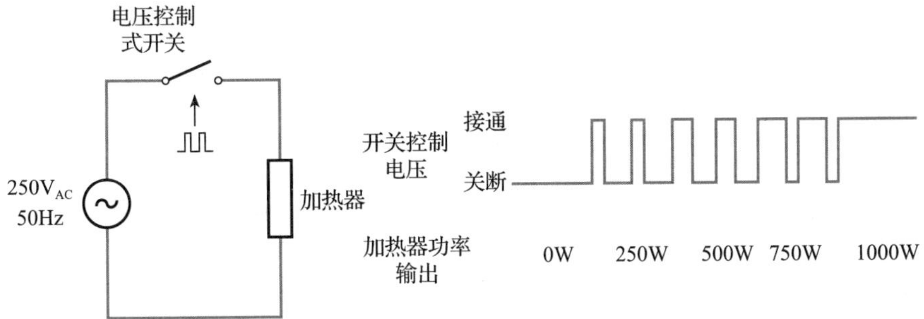

理想的开关不耗电，因为当它接通时，有电流流过它，但是没有电压，当它关断时，两端有电压，但是没有电流流过它。因此在这两种情况下，功率(电压和电流的乘积)为零。实际开关与理想特性不相符，但是现代半导体开关(如后面章节所述)允许进行非常快速的开关动作且具有非常低的功耗，这是对理想开关的一个非常好的近似。

虽然这个例子考虑的是加热器的控制，但是可以采用类似的方法来控制许多大功率执行器。在第 20 章详细讨论功率电子时，我们会详细地回顾这些技术。 ◀

进一步学习

计算机的磁盘驱动器包含一个或多个快速旋转的磁盘(或盘片)，涂有磁性材料，允许用磁头写入和读取数字信息。

显然这样的驱动器包含几种执行器，但是这里我们只关心那些负责旋转磁盘和旋转臂、将读/写头定位在磁盘上的执行器。

考虑本章讨论的各种执行器，说明哪些(如果有的话)适用于这种应用。

关键点

- 所有有用的系统需要影响环境才能完成预期的功能。
- 系统利用执行器影响环境。
- 大多数执行器从输入端接收功率，在输出端输出功率。不同设备所需的功率变化很大。
- 有些设备只消耗少许功率，而有些设备可能消耗数百甚至数千瓦功率。
- 在大多数情况下，执行器的能量转换效率小于 100%，有时甚至更小。
- 一些执行器类似于电阻负载，而另一些执行器具有相当大的电容或电感。其他的执行器具有高度非线性的特点。
- 执行器的特性不同，驱动执行器的难易程度也不同。

习题

13.1 解释执行器和换能器的差异。

13.2 当所需输出功率为几瓦特时，通常将哪种器件用作热驱动器?

13.3 哪种热执行器将用在输出需要几千瓦功率

的应用中？

13.4 评估一个典型的热执行器的效率。

13.5 通常用什么形式的光执行器进行一般照明？这种设备的输出功率的典型范围是什么？

13.6 传统灯泡为什么不适合信令和通信应用？在这些应用中使用什么换能器？

13.7 LED与传统的半导体二极管有什么不同？

13.8 LED的工作电压的典型值是多少？它的最大电流的典型值是多少？

13.9 从习题13.8给出的信息来看，LED的最大功耗的典型值是多少？

13.10 除了显示数字0～9之外，图13.1的七段显示器可以用于显示一些字母字符(尽管相当粗糙)。列出可以以这种方式显示的大写和小写字母，并给出可以使用这些器件阵列显示的简单状态消息(如开始和停止)的例子。

13.11 简要概述光隔离器的工作原理和功能。

13.12 什么环境因素会导致用常规LED和光敏探测器的光通信系统出问题？如何减少这个问题？

13.13 在几千米的距离内，什么类型的光纤优先用于通信？此时，通常会使用什么类型的光源？

13.14 解释如何将一个单一形式的换能器用作力执行器、位移执行器或运动执行器。

13.15 描述简单螺线管的工作原理。

13.16 解释螺线管如何用作二元位置执行器。

13.17 解释为什么一个简单的面板仪表可以被认为是一个旋转螺线管。

13.18 模拟面板仪表最常见的形式是什么？这些器件的典型工作电流是多少？

13.19 列出电动机的三种基本形式。

13.20 通常在大功率应用中使用什么形式的电动机？

13.21 在需要精确位置控制的应用中可能使用什么形式的电动机？

13.22 简要说明步进电动机的什么特点使其在某些情况下是一个有吸引力的选择。

13.23 如何控制步进电动机的速度？

13.24 扬声器的线圈阻抗的典型值是多少？

13.25 说明如何使用电动开关来改变执行器中消耗的功率。

第14章 放　大

目标

学完本章内容后，应具备以下能力：

- 解释放大的概念
- 给出有源放大器和无源放大器的例子
- 利用简单的等效电路求出放大器的增益
- 讨论输入电阻和输出电阻对放大器电压增益的影响，计算负载效应
- 解释诸如输出功率、功率增益、电压增益和频率响应等术语的意思
- 描述几种常见的放大器形式，包括差分放大器和运算放大器

14.1 引言

在前面的章节中，我们注意到许多电子系统的构成是：一个或多个从现实世界获取信息的传感器，一个或多个向现实世界输出信息的执行器，以及某种形式的信号处理，用于处理与传感器有关的信号使其可以供执行器使用。虽然从一种应用到另一种应用所需的处理形式差异很大，但通常都需要放大环节。

简单地说，放大意味着使事物变得更大，而相反的作用，衰减意味着使事物变小。这些基本作用是很多电子和非电子应用系统的基础。

非电子放大的例子如图14.1所示，第一个显示的是杠杆装置。这里，输出端施加的力

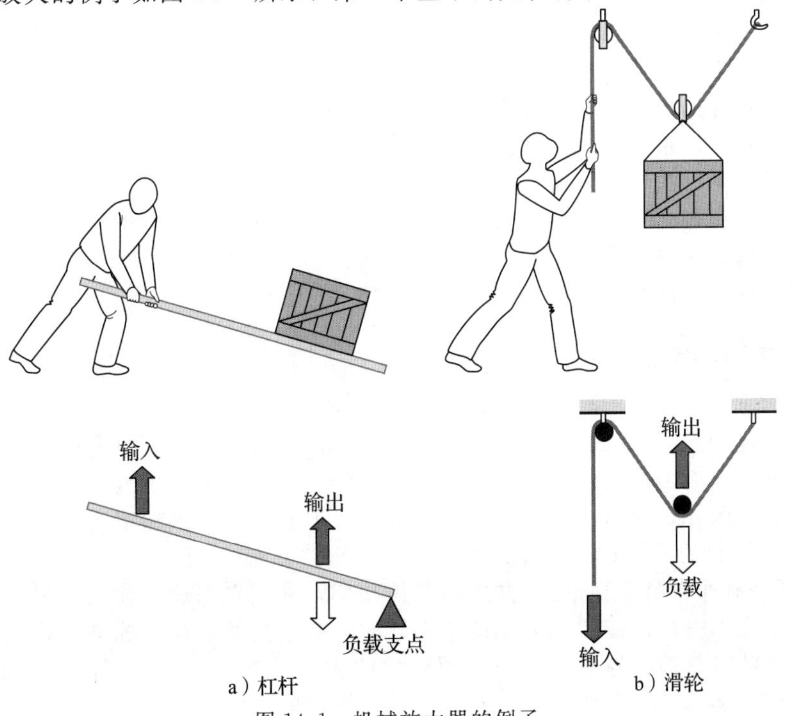

a）杠杆　　b）滑轮

图14.1　机械放大器的例子

大于输入端施加的力，所以放大了输入的力。但是，输出移动的距离小于在输入处移动的距离。因此，虽然力被放大了，但位移却减小或衰减了。注意，如果把杠杆的输入和输出的位置对调，将产生放大了移动但减小了力的装置。

图 14.1 中的第二个例子显示了滑轮装置。与第一个例子一样，在输出处产生的力比在输入处施加的力更大，但是在输出处移动的距离小于输入处移动的距离。因此，第二个例子同样是一个力放大器，但也是一个移动衰减器。

在图 14.1a 所示的杠杆装置中，输出力的方向与输入的方向相同。这种放大器被称为同相放大器。在图 14.1b 的滑轮装置中，输入的力方向向下，输出的力方向向上，称为反相放大器。杠杆和滑轮的结构不同，既可以构成反相放大器也可以构成同相放大器。

图 14.1 中的例子都是无源系统。也就是说，除了输入外没有外部能量源。对于这样的系统，输出功率(即输出端输出的功率)永远不会大于输入功率(即输入端所吸收的功率)，而且也会因为损耗而使输出减少。在本例中，损耗是由支点和滑轮上的摩擦导致的。

为了能够提供功率增益，一些放大器不是无源的而是有源的。这意味着它们具有某种形式的外部能量源，可以利用外部能量源产生输出功率大于输入功率。图 14.2 给出的放大器例子称为转矩放大器。它由一个旋转轴和其上缠绕着的绳索或电缆构成。放大器可以用作电动绞盘，通常在小艇和船只上使用。绳索的一端(输出)连接到负载上，在另一端(输入端)施加控制力。如果输入没有施加力，绳索将松散地悬挂在旋转轴上，在输出端几乎没有力输出。在输入端施加力将绳索紧紧缠绕在轴上并增加绳与轴之间的摩擦力，摩擦力施加到绳索上使输出端产生一个力。输入的力越大，绳索经受的摩擦力也就越大，那么在输出端产生的力就越大。因此，我们得到一个这样的放大器：在其输入端施加一个小的力会在输出端产生较大的力。改变绕轴绳索的匝数可以增大或减小放大器的放大量。

图 14.2　转矩放大器

应当注意的是，由于绳索是连续的，输出端的负载移动的距离等于绳索在输入端移动的距离。然而，在输出端产生的力大于输入端的力，因此，与吸收的输入功率相比，该装置提供更多的输出功率。因此它不仅提供力放大，而且提供功率放大。输出端可用的额外功率由旋转轴提供，能增大任何使其旋转的拖拽力。

14.2　电子放大器

在电子学方面，也有无源放大器和有源放大器的例子。前者的例子包括升压变压器(如 5.12 节所述的)，其中输入的交流电压信号在输出端产生较大的电压信号。尽管输出端的电压增加，但输出端向外部负载提供的电流降低了。提供给负载的功率始终小于输入端吸收的功率。因此，变压器可以提供电压放大，但它不能提供功率放大。

尽管存在几个无源电子放大器的例子，但最重要和最有用的电子放大器是有源电路。它们从外部能源(通常是某种形式的电源)获得功率，并用它来放大输入信号。除非文字表示不同，否则在本书后面使用放大器这个术语时，我们指的都是有源电子放大器。

在前面介绍机械放大器时，我们发现机械放大器可能有几种不同的放大形式。例如，这种设备可以是运动放大器或力放大器，并提供功率的放大或衰减。电子放大器也有不同的类型。最常见的是电压放大器，主要功能是获取输入电压信号并产生相应的放大电压信号。同样重要的还有电流放大器，获取输入电流信号并产生放大的电流信号。由于放大的结果，通常这两类放大器也增加了信号的功率。然而，功率放大器通常是向负载提供大功率的电路。显然，功率放大器必须提供电压放大或电流放大或两者都放大。

描述电路的放大是用它的增益，通常用符号 A 表示。根据前面的叙述，可以定义三个量：电压增益、电流增益和功率增益。分别由式(14.1)～式(14.3)给出：

$$\text{电压增益}(A_v)=\frac{V_o}{V_i} \tag{14.1}$$

$$\text{电流增益}(A_i)=\frac{I_o}{I_i} \tag{14.2}$$

$$\text{功率增益}(A_p)=\frac{P_o}{P_i} \tag{14.3}$$

式中，V_i、I_i 和 P_i 分别表示输入电压、输入电流和输入功率，V_o、I_o 和 P_o 分别表示输出电压、输出电流和输出功率。首先介绍电压放大，后面再考虑电流放大和功率放大。注意，如果放大器的输入和输出电压的极性不同，则电路的电压增益将为负值。因此，同相放大器具有正电压增益，而反相放大器具有负电压增益。

如图 14.3 所示为广泛使用的放大器符号。放大器有一个输入并产生由所用电路决定的放大。在这种情况下，输入和输出量都是电压，电路由其电压增益来描述。

显然，输入和输出电压必须相对于某个参考电压或参考点进行测量。这个点通常称为电路的地，符号如图 14.3 所示。

注意到，图 14.3 没有显示与电源的任何连接。在实际中，电子放大器需要某种形式的电源使其能够放大输入信号。但为了清楚起见，通常在图中省略电源。该图表示方案的功能，而不是详细的电路。如果要构建电路，需要记得用一个适当的电源与放大器连接。

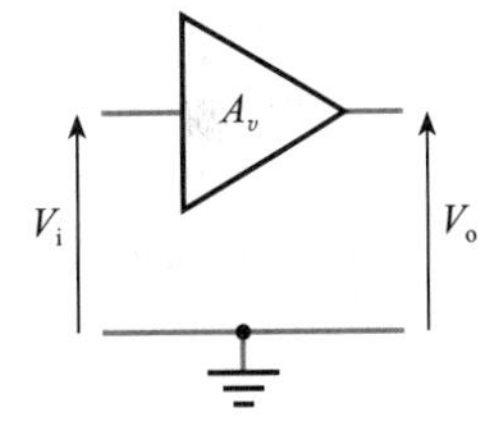

图 14.3　放大器

为了使放大器完成一些有用的功能，输入端必须连接能提供输入信号的设备，输出端必须连接到使用输出信号的负载。在简单的应用中，输入信号可以直接来自第 12 章中描述的诸多传感器中的一个，输出可以驱动执行器。或者，输入和输出可以连接到其他电子电路。向放大器提供输入的换能器或电路有时称为源，而连接到电路输出端的换能器或电路称为放大器的负载。

理想电压放大器的输出电压是由输入电压和增益决定的，而与输出(负载)无关。此外，理想的放大器也不会影响信号源的输出信号，这意味着不会从中获取电流。事实上，实际的放大器不能满足这些要求。要了解为什么会这样，我们需要更多地了解源和负载的性质。

14.3　源和负载

在第 11 章的最后，我们研究了将复杂系统分成若干不同模块的过程，如图 14.4 所示。我们注意到，每个模块的输出表示一个源，而每个模块的输入表示一个负载。我们还注意到，就每个模块的端口而言，可以简单地根据其输入、输出以及输入输出之间关系的性质来对其进行描述。这样我们就可以利用等效电路来描述像放大器的模块的工作。等效电路是模块的简化表示，不描述单元的内部结构，而只是对其外部特性建模。

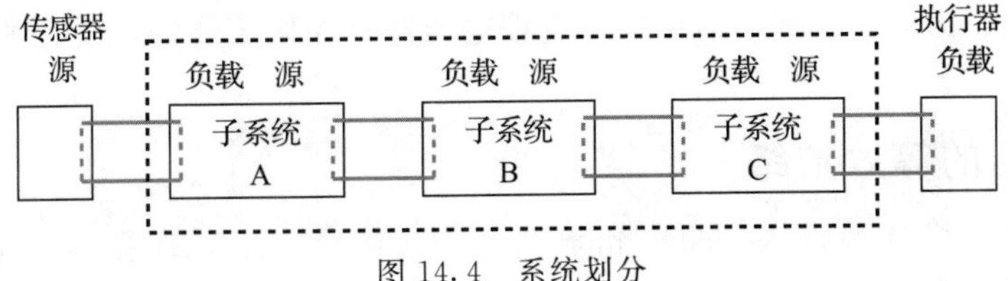

图 14.4　系统划分

由于放大器或任何其他模块可以通过其输入、输出以及输入输出之间关系的性质来描述其特性，所以显然需要一些描述模块输入、输出以及输入输出之间关系属性的方法。

14.3.1 对放大器的输入建模

为了对放大器的输入特性进行建模，需要能够描述其与电路的连接方式。换句话说，当它代表另一个电路的负载时，我们需要对其进行建模。

在大多数情况下，放大器的输入电路可以完全建模成单个固定电阻，称为输入电阻，并用符号 R_i 表示。这意味着当外部电压源将输入电压施加给放大器，流入放大器的电流与电压相关，就像输入为一个阻值为 R_i 的电阻。因此，放大器输入的恰当模型如图 14.5 所示。这种模型称为输入的等效电路。

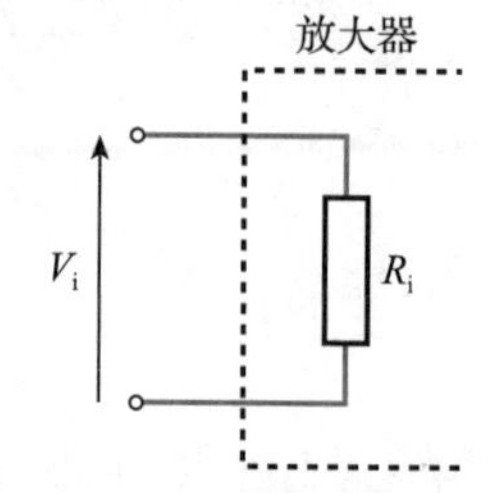

图 14.5 放大器输入端的等效电路

14.3.2 对放大器的输出建模

为了对放大器的输出特性进行建模，需要能够描述它与电路的连接方式。换句话说，当它代表另一个电路的源时，我们需要对其进行建模。

任何实际电压源都可以用戴维南等效电路表示(如 3.8 节所述)，就是用一个理想电压源和一个串联电阻对这个电压源进行建模。图 14.6a 显示了这种方案的一种表示方式，而图 14.6b 所示的方案则更常见。

现在我们有了电压源的等效电路，因此可以用它来对放大器的输出进行建模，如图 14.7所示，其中放大器产生的电压用电压 V 表示，与输出电路相关的电阻称为电路的输出电阻，用 R_o 表示。电路输出端的实际电压 V_o 等于 V 减去 R_o 上的电压降。R_o 上电压降的大小由欧姆定律给出，等于 R_o 和流过它电流的乘积。

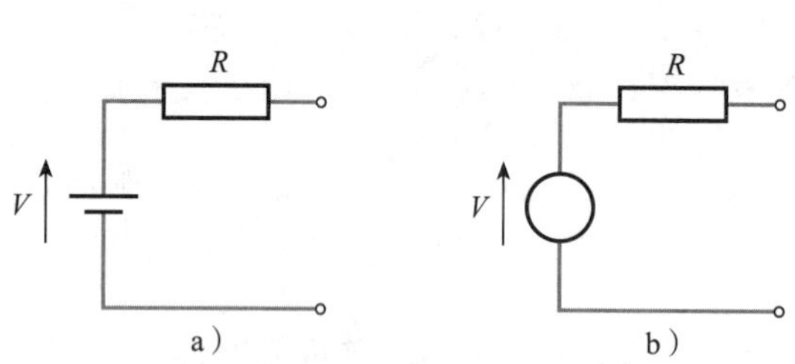

图 14.6 电压源的等效电路

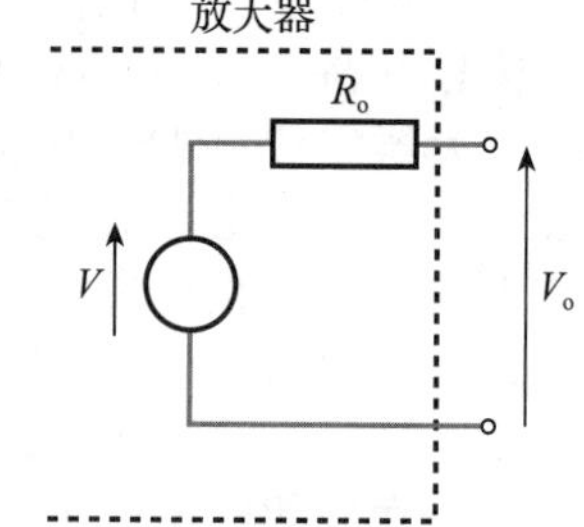

图 14.7 放大器输出端的等效电路

14.3.3 对放大器的增益建模

对放大器的输入和输出建模后，我们需要关注输入输出之间的关系，也就是放大器的增益。

放大器的增益可以用受控电压源(即，电压由电路内的其他量来控制的电源)来建模。受控源也称为非独立电压源。在这种情况下，受控电压源产生的电压等于放大器的输入电压乘以电路的增益，如图 14.8所示，其中电压源产生的电压等于 A_vV_i。

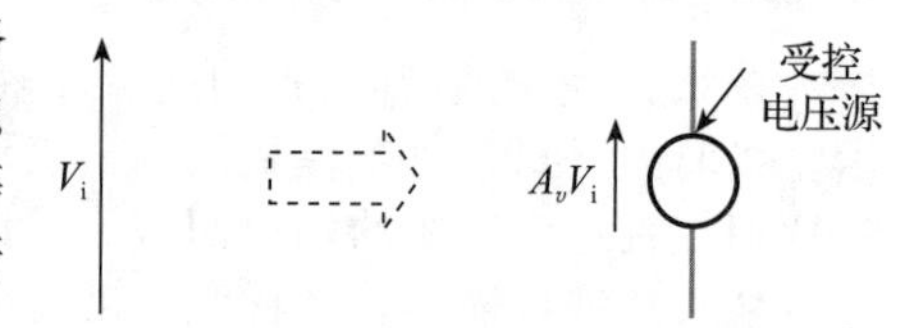

图 14.8 在等效电路中表示增益

应当注意，我们考虑的是放大器的等效电路，而不是其物理实现。因此，读者不需要关心受控电压源是如何工作的，受控源只是一种方便对电路工作建模的方法。

14.4 放大器的等效电路

视频 14A

在介绍了一个模块的输入、输出和增益的等效电路之后，现在能够画出图 14.3所示放大器的等效电路，如图 14.9 所示。电路的输入电压 V_i 加载到输入电阻 R_i 上，输入电阻 R_i 是对输入电压和相应的输入电流之间关系的建模。

电路的电压增益 A_v 由产生电压 A_vV_i 的受控电压源表示。电路的输出电压随其输出电流变化的方式是用一个与电压源串联的电阻建模的，也就是电路的输出电阻 R_o。你会注意到，在如图 14.3 所示的放大器中，等效电路具有两个输入端子和两个输出端子。两种情况的下端子为参考点，因为所有电压必须用某个参考电压来衡量。在电路中，输入和输出参考点连接在一起。这个共同的参考点通常连接到系统的地或底架(见图 14.3)，其电位作为 0V 参考。

请注意，等效电路不标明与电源的连接。等效电路中的电压源实际上是从某种形式的外部电源获取电源，但是在该电路中，我们只对其功能特性感兴趣，而不考虑其物理实现。

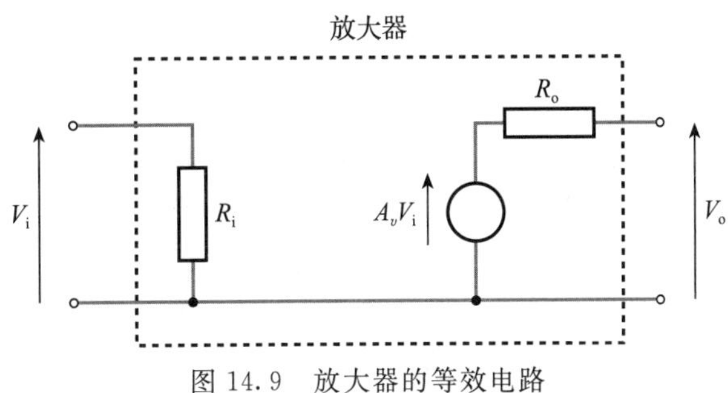

图 14.9　放大器的等效电路

等效电路的优点在于可以让我们很容易地计算外部电路(也具有输入和输出电阻)对放大器的影响，这将在下面的例子中给予说明。

例 14.1　放大器的电压增益为 10，输入电阻为 1kΩ，输出电阻为 10Ω。放大器输入端与产生 2V 电压、100Ω 输出电阻的传感器连接，放大器输出端与 50Ω 的负载电阻连接。放大器的输出电压(即负载电阻两端的电压)是多少?

解：首先，我们画出放大器、传感器和负载的等效电路。

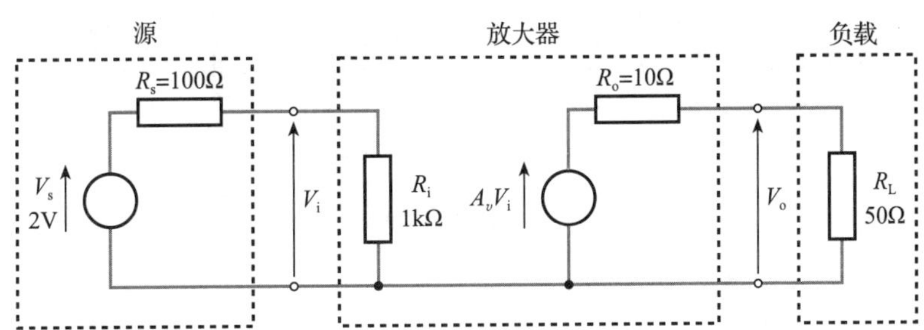

输入电压加载到由 R_s 和 R_i 构成的分压器两端，所得到的电压 V_i 由下式给出：

$$V_i=\frac{R_i}{R_s+R_i}V_s=\frac{1\text{k}\Omega}{100\Omega+1\text{k}\Omega}\times 2\text{V}=1.82(\text{V})$$

这个电压被电压源放大，并且所得到的电压施加在由 R_o 和 R_L 形成的第二分压器上。因此，输出电压由下式给出：

$$V_o=A_vV_i\frac{R_L}{R_o+R_L}=10V_i\frac{50\Omega}{10\Omega+50\Omega}=10\times 1.82\times\frac{50\Omega}{10\Omega+50\Omega}=15.2(\text{V})$$ ◀

正如式(14.1)所定义的，放大器的电压增益是输出电压与输入电压的比值。

例 14.2　计算例 14.1 中的电路的电压增益。

$$\text{电压增益}(A_v)=\frac{V_o}{V_i}=\frac{15.2}{1.82}=8.35$$ ◀

例 14.1 和 14.2 表明，当放大器连接到信号源和负载时，所得到的输出电压可能远小于由放大器的源电压和电压增益构成的预期值。由于信号源电阻的影响，放大器的输入电压小于信号源电压。类似地，电路的输出电压受负载电阻以及放大器的特性的影响。这种效果称为负载效应。在电路输出端加载的电阻越低，负载效应就越严重，因为它要从电路中汲取更多电流。

计算机仿真练习 14.1

仿真例 14.1 中的电路，并尝试使用各种不同阻值的输出电阻，注意其对电路电压增益的影响。如何选择电阻使电压增益最大？换句话说，在什么条件下，负载效应最小？

从上述例子中可以清楚地看出，放大器产生的增益受与其连接电路的影响很大。为此，应该单独把放大器的增益看作空载放大器增益，因为在没有任何负载效应的情况下空载放大器增益是输出电压与输入电压的比值。当将信号源和负载连接到放大器时，在输入和输出端会产生分压器，从而降低电路的有效增益。

本章前面提到，理想的电压放大器不会影响与其连接的电路，并且能得到一个与负载无关的输出。这意味着放大器不会从源中吸取电流，而且不会受输出端的负载影响。对例14.1的分析表明，这就会要求放大器的输入电阻 R_i 为无穷大，输出电阻 R_o 为零。在这种情况下，消除了两个分压器的影响，整个电路的电压增益等于无负载放大器的电压增益，并且不受源电阻和负载电阻的影响。例14.3说明了这一点。

例14.3 放大器的电压增益为10，输入电阻为无穷大，输出电阻为零。和例14.1一样，放大器连接到一个传感器和50Ω的负载电阻，该传感器产生2V电压并且具有100Ω的输出电阻。放大器的输出电压是多少？

解：与前面一样，首先画出放大器、传感器和负载的等效电路。

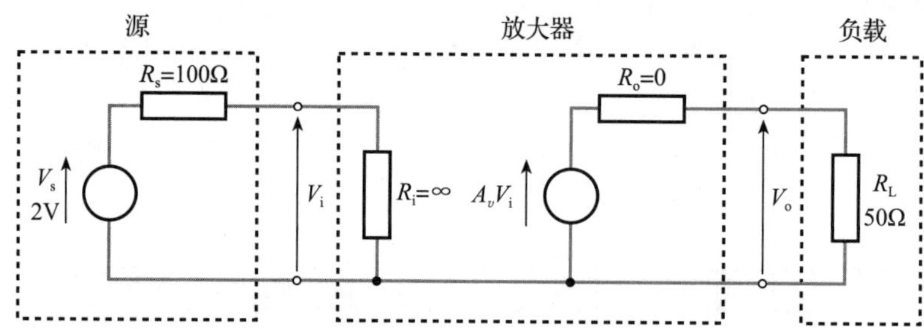

分析图得：

$$V_i = \frac{R_i}{R_s + R_i} V_s$$

当 R_i 比 R_s 大得多时，上式可以近似为

$$V_i = \frac{R_i}{R_s + R_i} V_s \approx \frac{R_i}{R_i} V_s$$

在这种情况下，R_i 为无穷大，因此可以说

$$V_i = \frac{R_i}{R_i} V_s = V_s = 2(\mathrm{V})$$

因此，输出电压可以表示为

$$V_o = A_v V_i \frac{R_L}{R_o + R_L} = 10V_i \times \frac{50}{0 + 50} = 10V_i = 10 \times 2 = 20(\mathrm{V})$$

现在，这个电路的电压增益为10，并且没有负载效应。◀

真实的放大器不会有无穷大的输入电阻及零输出电阻。但是，如果输入电阻比信号源电阻大很多，输出电阻比负载电阻小很多，则输入电阻和输出电阻的影响很小，并且可以忽略。这将使电路的电压增益最大。由于这些原因，一个好的电压放大器应该有高的输入电阻和低的输出电阻。

通常，设计者对于给定的应用需求，不能完全自由地选择放大器的输入电阻值和输出电阻值。这可能是因为已经选择了特定的放大器或者在设计上存在其他限制。在这种情况下，可以选择改变信源和负载电阻的值。如果与放大器的输入电阻相比，信源电阻可以做得很小，与放大器的输出电阻相比，负载电阻可以做得很大，放大器的输入输出电阻就可以忽略，并且能获得最大的电压增益。因此，当与电压放大器一起使用时，信号源的电阻最好很小(即，信号源的输出电阻应该很低)，而负载电阻最好很大(即，负载的输入电阻很高)。因此，在与电压放大有关的电路中，每级放大器的输入电阻应该很高，输出电阻应该很低，以便使整个电路的电压增益最大。

应当注意，这些特性不是对所有形式的放大器都有利。例如，电流放大器应该具有低的输入电阻和具有高输出电阻，使其不影响从电流源流入输入端的电流，输出电流也不受外部负载电阻的影响。

在许多应用中，为放大器提供输入的电压源是某种传感器，负载通常是某种形式的执行器。此时，可能无法改变传感器和执行器的输入或输出电阻。那么，就需要调整放大器的输入和输出电阻，使其与所使用的传感器和执行器相适应。也可能必须接受输入和输出电阻的影响，如例 14.1 所示。

14.5 输出功率

在上一节中，我们研究了放大器在电压增益方面的性能，以及该性能如何受到内部和外部电阻的影响。现在我们考虑放大器输出给外部负载的功率方面的性能。

电路的负载电阻上消耗的功率(输出功率，P_o)可以简单表示为

$$P_o = \frac{V_o^2}{R_L}$$

例 14.4 计算例 14.1 中电路的输出功率。

从前面的分析可知，电路的输出电压 V_o 为 15.2V，负载电阻为 50Ω。因此，输出功率为

$$P_o = \frac{V_o^2}{R_L} = \frac{(15.2)^2}{50} = 4.6(\text{W})$$ ◀

在上一节中，我们注意到，除非放大器的输出电阻为零，否则获得的电压增益会受到负载电阻与输出电阻的比值的影响。因此，对于给定的放大器(具有特定的输出电阻值)和给定的输入电压，输出电压将随连接到放大器的负载电阻的变化而变化。由于输出功率与输出电压有关，显然输出功率也随负载电阻而变化。这两个依赖关系如表 14.1 所示，表中显示了对于不同的负载电阻值，例 14.1 中的电路产生的输出电压和输出功率。

表 14.1　例题 14.1 中不同负载电阻值所对应的输出电压和输出功率

负载电阻，R_L(Ω)	输出电压，V_o(V)	输出功率，P_o(W)
1	1.65	2.7
2	3.03	4.6
3	4.20	5.9
10	9.10	8.3
33	14.0	5.9
50	15.2	4.6
100	16.5	2.7

你会注意到，随着负载电阻的增加，输出电压稳定增加。这是因为放大器负载变小时输出上升。

而当负载的电阻从 1Ω 增加到最大值时，输出功率首先上升，然后随着负载的进一步增大而下降。为了研究这种影响，我们需要看一下电路输出电压的表达式。根据例 14.1 的分析可知道：

$$V_o = A_v V_i \frac{R_L}{R_o + R_L} \tag{14.4}$$

在电阻上消耗的功率为 V^2/R，在负载电阻中消耗的功率(输出功率，P_o)为

$$P_o = \frac{V_o^2}{R_L} = \frac{\left(A_v V_i \dfrac{R_L}{R_L + R_o}\right)^2}{R_L} = A_v^2 V_i^2 \frac{R_L}{(R_L + R_o)^2} \tag{14.5}$$

将 P_o 的表达式对 R_L 微分，得到：

$$\frac{dP_o}{dR_L} = \frac{(R_L + R_o)^2 A_v^2 V_i^2 - 2A_v^2 V_i^2 (R_L + R_o) R_L}{(R_L + R_o)^2} \tag{14.6}$$

对于最大值或最小值一定等于0。当分子为零时就为0，即当

$$(R_L + R_o) - 2R_L = 0$$

给定

$$R_L = R_o$$

对式(14.6)的进一步微分会确定这确实是最大值而不是最小值。

替换例14.1中使用的负载电阻的值，当负载电阻等于 R_o，也就是等于10Ω时，负载中消耗的功率最大。表14.1中的数据证实了该结论。

因此，在用简单的电阻可以充分地表示输出特性的电路中，当负载电阻等于输出电阻时，负载上得到最大功率。该结论适用于任何两个电路之间的传输，是最大功率定理的简单陈述。

对于复阻抗而不是简单电阻的电路之间的功率传递，可以进行类似的分析。这会得到更通用的结果，对于最大功率传输，负载的阻抗必须等于输出阻抗的复共轭。因此，如果网络的输出阻抗为 $R+jX$，为了最大功率传输，负载的阻抗应为 $R-jX$。这意味着，如果输出阻抗为电容分量，则为了获得最大输出功率，负载必须具有电感分量。可以看出，前面的简单陈述是这个结论的一个特例，其中输出阻抗的电抗分量为零。

选择负载使功率传输最大的过程称为匹配，它是某些领域电路设计中非常重要的方面。但是应该记住，当负载和输出电阻相等时能传输最大功率，但此时的电压增益却远非为其最大值。在电压放大器中，通常使输入电阻最大及输出电阻最小以获得最大的电压增益。类似地，在电流放大器中，高输出阻抗和低输入阻抗会产生高电流传输。

在功率传输效率至关重要的电路中，阻抗匹配很重要。然而，应当注意，当完全匹配时，在源的输出级中消耗的功率等于负载中消耗的功率。同样，当 $R_L=R_o$，由式(14.5)得到的结果为

$$P_{o(max)} = \frac{A_v^2 V_i^2}{4R_L}$$

换句话说，最大输出功率仅为当输出阻抗为零时负载中消耗的功率的四分之一。

因此，由于功率效率比功率传输更为重要，所以在大功率放大器中很少使用阻抗匹配。在这种情况下，通常使输出电阻尽可能小，使给定的输出电压输送到负载的功率最大。当详细介绍功率放大器时，我们再回到这个主题(见第20章)。

阻抗匹配主要应用于低功率射频(RF)放大器，低功率射频放大器要放大非常小的信号，并且具有最大的功率传输。

计算机仿真练习 14.2

用计算机仿真练习14.1中的电路来研究电路的功率输出受负载电阻 R_L 的影响。

用仿真器的扫描功能来确定 R_L 的值，使在给定 R_o 的值时输出功率最大。对于 R_o 的多个值重复此操作。

14.6　功率增益

视频14B

放大器的功率增益是放大器提供给负载的功率与放大器的输入功率的比值。输入功率可以根据输入电压和输入电流来计算，或根据输入电阻和输入电压或电流，用欧姆定律来计算。类似地，输出功率可以用输出电压和输出电流，或用两者之一和负载电阻来求出。

例 14.5 计算例 14.1 中电路的功率增益。

解： 为了求出功率增益，首先需要计算输入功率 P_i 和输出功率 P_o。

在这个例子中，$V_i=1.82V$，$R_i=1k\Omega$，因此，

$$P_i=\frac{V_i^2}{R_i}=\frac{(1.82)^2}{1000}=3.3(\mathrm{mW})$$

也知道 $V_o=15.2V$，$R_L=50\Omega$。因此，

$$P_o=\frac{V_o^2}{R_L}=\frac{(15.2)^2}{50}=4.62(\mathrm{W})$$

功率增益：

$$A_p=\frac{P_o}{P_i}=\frac{4.62}{0.0033}=1400$$

注意，当计算输入功率时，用 R_i，但是计算输出功率时，用 R_L（不是 R_o）。这是因为计算的是传递给负载的功率，而不是放大器输出电阻消耗的功率。◀

从例 14.5 中可以观察到，即使电压增益相对较低（本例中为 15.2/1.82=8.35）的电路也可以有较高的功率增益（本例超过了一千）。现代电子放大器的功率增益可以做得非常高，达到 10^6 或 10^7 很常见。对于这些大数字，通常用增益的对数表达式更方便，而不是用简单的比值。一般用分贝表示（如 8.3 节所述）。

分贝（dB）是一个无量纲的功率增益，功率增益定义为

$$\text{功率增益(dB)}=10\lg\frac{P_2}{P_1}\tag{14.7}$$

式中，P_2 是放大器或其他电路的输出功率，P_1 是放大器或其他电路的输入功率。

例 14.6 用分贝表示功率增益值 1400。

解： $\text{功率增益(dB)}=10\lg\frac{P_2}{P_1}=10\lg(1400)=10\times3.15=31.5(\mathrm{dB})$ ◀

14.7 频率响应和带宽

所有实际的系统在其工作的频率范围方面都受限制，当然，放大器也受限制。在一些情况下，也希望限制电路放大的频率范围。通常，放大器需要在特定频率范围内有特定的增益。在正常工作范围内电路的增益称为中频增益。

放大器工作的频率范围由其频率响应决定，频率响应说明了放大器的增益是如何随频率变化的。所有放大器的增益在高频率处下降——使放大器增益明显下降的频率值取决于所使用的电路和元器件。在高频率处的增益下降是由许多效应引起的，包括电路内存在的杂散电容。在一些放大器中，增益在低频率处也下降。

决定电子电路频率响应的机理和电路特性在第 8 章中进行了讨论。放大器的高频和低频性能由其上限和下限截止频率描述，上限和下限截止频率表明在此频率处与输出相关的功率值下降到其中频值的一半。这些半功率点对应于中频值有 3dB 的增益下降，也表示电压增益下降到其中频值的 $1/\sqrt{2}$ 或约 0.707。

所有的电路都有上限截止频率，有一些也有下限截止频率，如图 14.10 所示。图 14.10a 显示了既有上限又有下限截止频率的放大器频率响应。在该曲线图中，放大器的增益是针对频率绘制的。图 14.10b 显示了一个类似放大器的响应，但增益是以分贝为单位绘制的。图 14.10c 显示了没有下限截止频率的放大器响应。在最后一个电路中，增益在低频处是恒定的。

电路频率范围的宽度称为电路的带宽。在有上限和下限截止频率的电路中，带宽是这两个频率之间的差。在只有上限截止频率的电路中，带宽是上限截止频率和零赫兹的差，所以等于上限截止频率，如图 14.11 所示。

放大器频率范围的限制可能使其放大的信号失真。因此，放大器的带宽和频率范围要适合于所用的信号，这很重要。

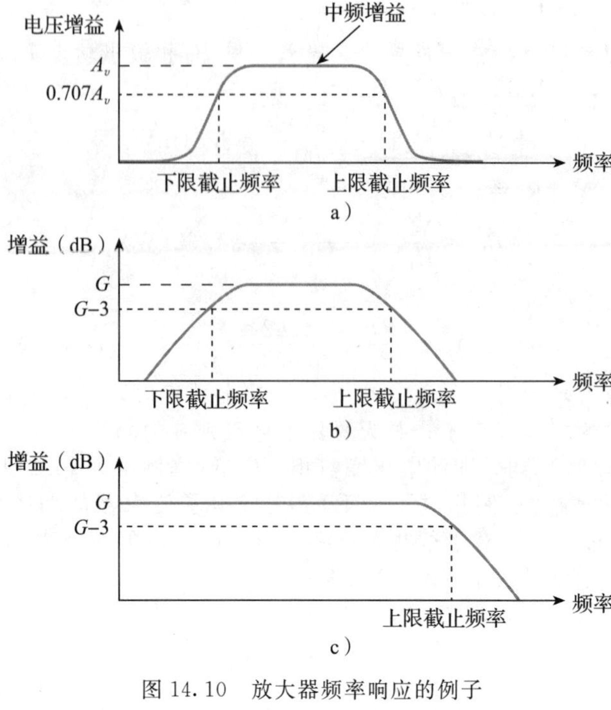

图 14.10 放大器频率响应的例子

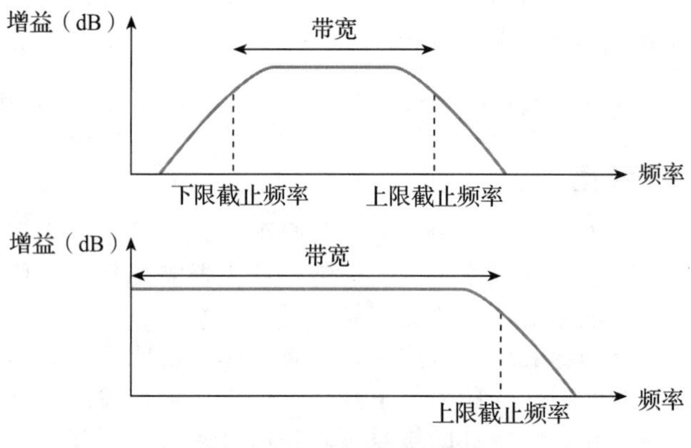

图 14.11 放大器的带宽

14.8 差分放大器

视频 14C

到目前为止，我们介绍的放大器是把单个电压作为放大器的输入，这个电压是相对于某个参考电压(通常是电路的接地或接地参考点(0V))衡量的。这种形式的放大器如图 14.3 所示。还有一些放大器不是一个输入端，而是两个输入端，输出与这两个输入电压之间的差值成正比。这种放大器称为差分放大器，其示例如图 14.12 所示。

由于差分放大器把两个输入电压之间的差值作为输入，实际上是用一个输入端的电压减去另一个输入端的电压，形成其输入信号。因此，我们需要区分两个输入端子，基于这个原因，两个输入端分别标记为“+”和“−”。前者称为同相输入，因为该输入端电压高于另一输入端的电压会使输出为正。后者称为反相输入，因为该输入端电压高于另一个输入端的电压会使输出变为负值。

图 14.12 差分放大器

由于差分放大器的输出与两个输入信号之差成正比，所以很清楚，如果将相同的电压施加到两个输入端，则不会产生输出。两个输入端公共的输入电压称为共模信号，而两个输入电压之差称为差模信号。差分放大器放大差模信号，同时忽略(或抑制)共模信号。

在放大差模信号的同时能够抑制共模信号是非常有用的。图 14.13 所示的是远距离传输信号的例子，该例对这一点进行了说明。

图 14.13a 中一个传感器通过长电缆连接到单端输入放大器。任何长的电缆都会受电磁干扰(EMI)的影响，不可避免地会有一些噪声加到传感器的信号上。噪声会与有用信号一起放大，因而与有用信号一起出现在输出端。图 14.13b 显示了一个类似的传感器，用双芯电缆连接到差分放大器的输入端。电缆也会受噪声的影响，但是在这种情况下，由于两根电缆的距离很近(彼此尽可能靠近)，所以每条电缆拾取的噪声几乎相同。因此，到了放大器，该噪声是共模信号，会被忽略，而来自传感器的信号则是差模信号，会被放大。

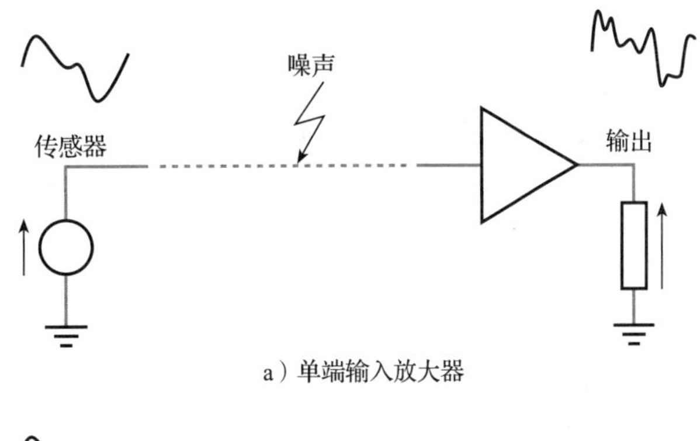

a）单端输入放大器

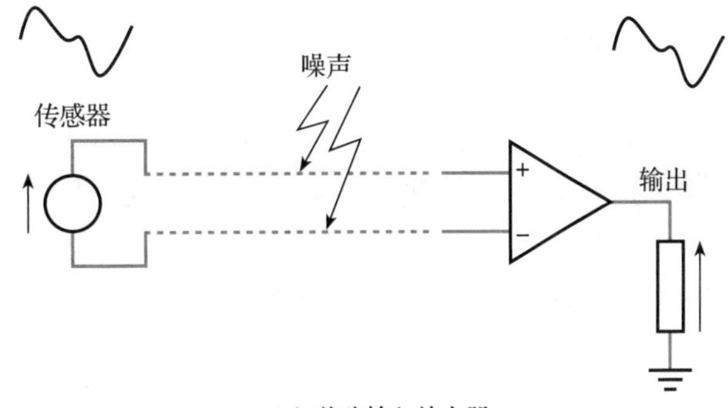

b）差分输入放大器

图 14.13　单端和差分输入方法的比较

在图 14.9 中，我们研究了单端输入放大器的等效电路，并研究了用等效电路求负载效应。我们也可以构建差分放大器的等效电路，如图 14.14 所示。读者会注意到，它在形式上与图 14.9 非常相似，但是输入电压 V_i 在这里定义为两个输入电压 V_+ 和 V_- 之间的差，并且图中 V_- 和地之间没有连接。

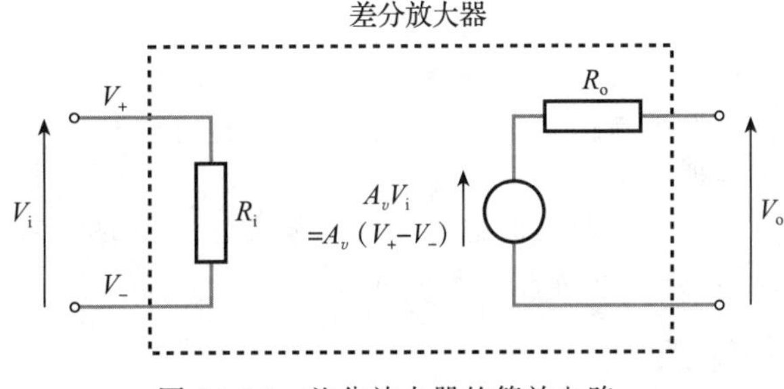

图 14.14　差分放大器的等效电路

通用的差分放大器就是运算放大器，是在单个芯片上构造了所有的元器件，因而，是单片集成电路(IC)。

在 14.4 节研究电压放大器时，我们得出结论，好的电压放大器的特点是有高输入电阻和低输出电阻。运算放大器具有非常高的输入电阻(可能几兆欧，甚至千兆欧)和低输出电阻(几欧姆或几十欧姆)，同样有非常高的增益，可达 10^5 或 10^6。基于这些原因，运算放大器是非常有用的“构建块”，不仅可以构建放大器，还可以构建各种各样的其他电路。因此，我们将在第 16 章详细地讨论运算放大器。

尽管运算放大器具有许多有吸引力的特性，但是容易发生变化。也就是说，运算放大器的属性(如增益和输入阻抗)往往随着器件的不同而发生变化。对于特定的器件，也可能随着温度或时间的变化而变化。因此，我们需要一些技术来解决这种变化问题，调整器件的特性满足特定应用的要求。在第 15 章会讨论实现这些目标的技术。

14.9　简单的放大器

运算放大器是相当复杂的电路，包含了许多半导体器件。放大器也可以用单个晶体管或其他有源器件构成。在我们讨论晶体管的工作之前，值得研究一下如何用单个的控制器件构成放大器。

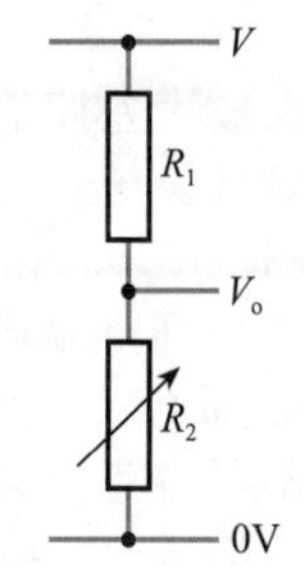

图 14.15　简单的分压器

考虑图 14.15 中的电路，展示了用一对电阻器构成分压器。输出电压 V_o 与电路参数的关系可以表示为

$$V_o = \frac{R_2}{R_1 + R_2} V$$

如果调整可变电阻 R_2 使其等于 R_1，则输出电压 V_o 显然是电源电压 V 的一半。如果 R_2 减小，V_o 也会减小；R_2 增大，V_o 也会增大。如果用某个尚未定义的控制器件替换 R_2，控制器件的电阻受其输入电压 V_i 的控制，改变 V_i 将使输出电压 V_o 改变。图 14.16 显示了这种电路。

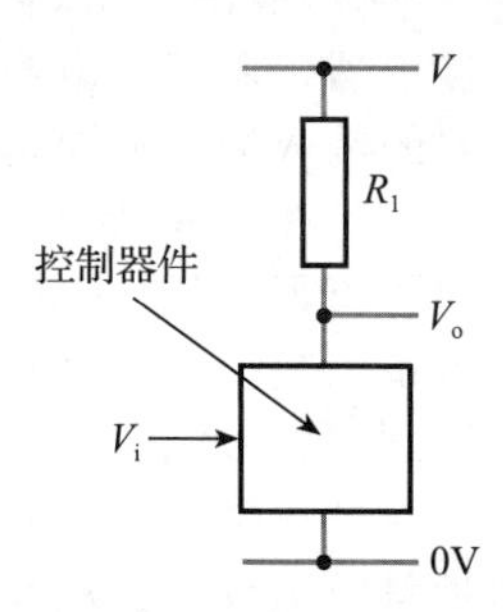

图 14.16　控制器件的使用

实际上，控制器件不一定是压控电阻。由受控输入决定其电流的任何器件都可以用在这样的电路中，如果控制器件的增益适合，则可以将其用作放大器。

这种类型的简单放大器广泛地用于所有的电子电路中，当我们考虑可在这种方案中用作控制器件的一些有源器件工作时，将再回到这种简单的放大器。但是与运算放大器一样，这些控制器件同样容易发生变化，也同样需要解决这个问题。这是下一章的主题。

进一步学习

视频 14D

特定的个人音频设备通过立体声输出插孔驱动一对立体声耳机。耳机阻抗为 32Ω，每个通道的最大输出功率为 30mW。

我们的任务是设计一个扬声器单元，包含两个 8Ω 的扬声器，每一个扬声器能输出 10W 的功率。该单元的核心是一个音频放大器，在后面的章节中，我们将讨论适合设计这种单元的电路技术。这里限定在放大器所需的特性上。

从上面给出的信息，估算放大器所需的功率增益(简单的比率形式和以 dB 为单位的形式)，并估计所需的电压增益。

关键点

- 放大器是大多数电子系统的基本组成部分。
- 放大器可以是有源或无源的。
- 无源放大器的输出功率不会大于其输入端所吸收的功率。一个无源电子放大器的例子是变压器。
- 有源放大器从某个外部能量源吸收功率，因而能放大功率。大多数电子放大器都是有源的。
- 当设计和分析放大器时，等效电路非常有用。等效电路允许电路与要探讨的其他组件相互作用，而无须详细知道或理解放大器的内部结构。
- 放大器增益通常以分贝(dB)为单位。
- 所有放大器的增益都在高频率处下降。在某些情况下，增益也在低频处下降。上限截止频率和下限截止频率(如果存在)是与其中频值相比、增益降低 3dB 的点。这两个值之间的差(如果不存在下限截止频率，则上限截止频率和零之间的差)就是放大器的带宽。
- 差分放大器把两个输入信号的差作为输入。
- 运算放大器是差分放大器的一种通用形式。
- 在许多应用中，简单的放大器，也许是基于单个晶体管的，可能比复杂的电路更适合。

习题

14.1 绘出下列杠杆方案图：
(a) 同相力放大器；
(b) 同相力衰减器；
(c) 反相力放大器；
(d) 反相力衰减器。

14.2 绘出一个代表同相力放大器的滑轮方案。

14.3 图 14.2 中的转矩放大器是反相还是同相放大器？如何修改这种装置以产生另一种类型的放大器？

14.4 传统的汽车液压制动系统是一个无源放大器的例子，被放大的物理量是什么？这样的系统也可以认为是衰减器，衰减的物理量是什么？动力辅助汽车制动器是有源放大器，功率的来源是什么？

14.5 给出作为机械、液压、气动、电气和生理的无源和有源放大器的例子(除了文中和早期练习中给出的示例)。对所有的例子，说明什么是放大的物理量，而对于有源放大器的例子，说明什么是功率源。

14.6 如果放大器的电压增益为 25，当输入电压为 1V 时输出电压是多少？

14.7 如果放大器的输入为 2V，输出为 0.2V，它的电压增益是多少？

14.8 放大器的空载电压增益为 20，输入电阻为 10kΩ，输出电阻为 75Ω。该放大器输入端与 0.5V 的电压源相连，电压源的输出电阻为 200Ω 的电压源，放大器的输出端与 1kΩ 的负载电阻相连。输出电压值为多少？

14.9 在习题 14.8 的电路中，该放大器的电压增益是多少？

14.10 计算习题 14.8 电路的输入功率、输出功率和功率增益。

14.11 用计算机仿真确认习题 14.8 和 14.9 的结果。可能需要从计算机仿真练习 14.1 中的电路开始。

14.12 放大器的空载电压增益为 500，输入电阻为 250kΩ，输出电阻为 25Ω。该放大器连接到 25mV、输出电阻为 4kΩ 的电压源和 175Ω 的负载电阻。输出电压值为多少？

14.13 习题 14.12 电路中放大器的电压增益是多少？

14.14 计算习题 14.12 电路的输入功率、输出功率和功率增益。

14.15 用计算机仿真确认习题 14.12 和 14.13 的结果。可能需要从计算机仿真练习 14.1 中的电路开始。

14.16 一个位移传感器的输出电阻为 300Ω，每厘米的位移输出 10mV 电压。它与一个放大器相连，该放大器的空载电压增益为 15dB，输入电阻为 5kΩ，输出电阻为 150Ω。如果该放大器的输出连接到一个输入电阻为 2kΩ 的电压表，当位移传感器的位移为 1m 时，电压表的显示值为多少？

14.17 用计算机仿真确认习题 14.16 的结果。可能需要从计算机仿真练习 14.1 中的电路开始。

14.18 一个增益为 25dB 的放大器与另一个增益为 15dB 的放大器以及一个衰减为 10dB (也就是说，增益为 −10dB)的电路进行串联，整个电路的增益为多少(单位为 dB)？

14.19 放大器的中频增益为 25dB，其上限截止频率处的增益为多少？

14.20 放大器的中频电压增益为 10dB，其上限截止频率处的电压增益为多少？

14.21 电路的下限截止频率为 1kHz，上限截止频率为 25kHz，其带宽是多少？

14.22 电路没有下限截止频率，但上限截止频率为 5MHz，其带宽是多少？

14.23 差分放大器的电压增益为 100，如果在其同相输入端施加一个 18.3V 的电压，并在其反相输入端施加一个 18.2V 的电压，放大器的输出电压是多少？

14.24 图 14.16 中电路产生的输出电压最大值和最小值分别是多少？

第15章
控制和反馈

目标

学完本章内容后，应具备以下能力：

- 解释开环和闭环系统的概念，并分别对每种系统举出电子、机械和生物的例子
- 讨论反馈和闭环控制在自动控制系统中的作用
- 认识反馈系统的主要部件
- 分析简单反馈系统的工作原理，并描述元器件值与系统特性之间的相互作用
- 描述负反馈在解决晶体管和集成电路等有源器件变化问题中的用途
- 解释负反馈在改善输入电阻、输出电阻、带宽和失真方面的重要性

15.1 引言

控制是大多数工程系统完成的基本功能之一。简单来说，控制包括确保特定操作或任务正确执行，因此它与诸如规则和命令等概念相关。虽然控制可以与人类活动(如组织和管理)相关联，但在这里我们更关心自动执行任务的控制系统。当然，所涉及的基本原理是非常相似的。

控制系统的目标总是确定一个或多个物理量的值或状态。例如，压力调节器可能在于控制容器内的压力，而气候控制系统的目标在于决定建筑物内的温度和湿度。控制系统通过使用适当的执行器来影响各种物理量，并且如果我们选择将这些执行器包括在系统内，则系统的输出可以认为是被控制的物理量或数量。因此，在前面给出的例子中，可以认为压力调节系统的输出是容器内的实际压力。控制系统的输入将决定产生的输出值，但输入的形式取决于系统的性质。

为了说明后一点，我们考虑两种可能的方法来控制房间内的温度。第一种方法是用控制热量输出的加热器。用户可以控制输出一定的热量，并希望房间达到所需的温度。如果设置得太低，房间温度将无法达到所需的温度，但是如果设置得过高，温度会升高到所需的温度以上。如果设置适当，房间会稳定在恰当的温度，但如果外部因素(如室外温度或空气流通水平)发生变化，则会变得过热或过冷。

另一种方法是使用装有温度控制器的加热器。用户设置所需的温度，控制器增加或减少热量输出以达到并维持该温度。通过比较需要的温度和实际温度，用它们之间的差值来决定适当的热输出。即使外部因素发生变化，这样的系统也能保持房间的温度。

注意，在这两种温度控制方法中，系统的输入是不同的。在第一种方法中，输入决定加热器要产生的热量，而在第二种方法中，输入设定所需的温度。

15.2 开环和闭环系统

上面讨论的可选择的策略说明了两种基本的控制形式，如图 15.1 所示。在图中，用户只是使用系统的人，目标是期望的结果，系统的输出是实现的结果。在上面的例子中，目标是所需的室温，输出是实际室温。前向路径是响应系统的输入、影响输出的系统部分。在我们的例子中，前向路径是产生热量的元件。在实际中，前向路径还为系统提供功率输入，但是通常不会显示在这种图上。正如在上一章放大器的图中，我们感兴趣的是电

路的功能，而不是其实现。

图 15.1a 是所谓的开环控制系统，对应于前面两种加热方法中的第一种。这里，系统的用户有一个目标(在我们的示例中，是达到所需的温度)，用户用系统的特性来选择合适的输入给正向路径。在例子中，这表示用户为热控制选择合适的设置。正向路径接收该输入并产生相应的输出(在我们的示例中为实际室温)。输出与目标的接近程度取决于输入选择的如何。然而，即使输入设置得合适，正向路径(加热器)的特性变化或环境(如室内通风水平的变化)变化将影响输出，也可能使其进一步远离目标。

另一种方法如图 15.1b 所示，图中是一个闭环控制系统，对应于前面的第二种加热方式。同样，系统的用户可以设定一个目标，但此时，用户将这个目标直接输入到系统中。闭环系统利用反馈路径反馈有关输出的信息并与目标进行比较。在这种情况下，输出和目标之间的差表示当前系统运行的误差。因此，目标减去输出得到误差信号。如果输出小于目标(在我们的示例中，实际温度小于所需温度)，则会产生正误差信号，将使输出增加，从而减少误差。如果输出大于目标(在我们的示例中，实际温度高于所需温度)，则会产生负误差信号，将使输出下降，从而也是减小误差。系统以这种方式驱动输出与目标匹配。这种方法有吸引力的许多特性之一是能自动补偿系统或环境的变化。无论什么原因，输出偏离目标，误差信号都会驱动系统使输出回到所需的值。

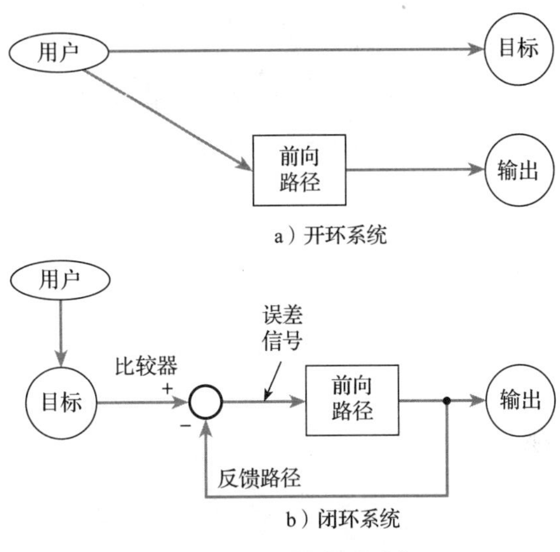

图 15.1 开环和闭环系统

开环系统依赖于对输入和输出之间关系的理解。这种关系可以通过校准过程来确定。闭环系统的工作方法是通过测量系统的实际输出并利用该输出将系统的输出驱动到所需的值。

15.3 自动控制系统

几乎所有的自动控制系统都使用闭环系统。例子包括众多的人造系统，还包括自然界内的系统。图 15.2 显示了自动控制方案的示例。在所有的例子中，系统的前向路径都包括控制系统输出的某种执行器。然后用传感器检测输出并产生反馈信号，以实现有效的控制。

图 15.2a 表示一个与前面例题相似的方案。在这里，前向路径是加热元件，反馈路径包括温度传感器。输入可以是电信号，此时使用电传感器和比较器。或者，输入可以是机械的(可能是表盘的位置)形式，在这种情况下，传感器也可以产生机械输出，直接与输入进行比较。加热器的控制可以采用模拟技术，但是通常使用数字(通常是二元)方法。在这种情况下，根据温度低于或高于所需温度，打开或关闭加热器。

图 15.2b 是汽车中的诸多电子自动控制系统中的一个。图中巡航控制使用一个连接到节流阀的执行器来改变发动机的功率输出。这又影响由速度传感器感测的汽车速度。尽管驾驶条件变化或道路倾斜，信息反馈会使巡航控制系统保持汽车速度稳定。

几乎所有的生物体都使用闭环技术控制它们的各种功能。在我们自己的身体中，这些功能用于维持正常的温度，确定血液中化学物质或营养物质的水平，并监督我们四肢的运动。图 15.2c 说明了用于控制手臂位置的机制。想将手臂移动到特定位置的意向会导致信号发送到适当的肌肉。手臂内的传感器感测手臂的实际位置，如果需要，感知的位置信息用于校正手臂的位置。

最后一个例子是一个水坝控制系统，如图 15.2d 所示。图中将坝后面水的高度与要求的水高度进行比较，然后利用这两个值之间的差来确定通过水闸放水的速率。

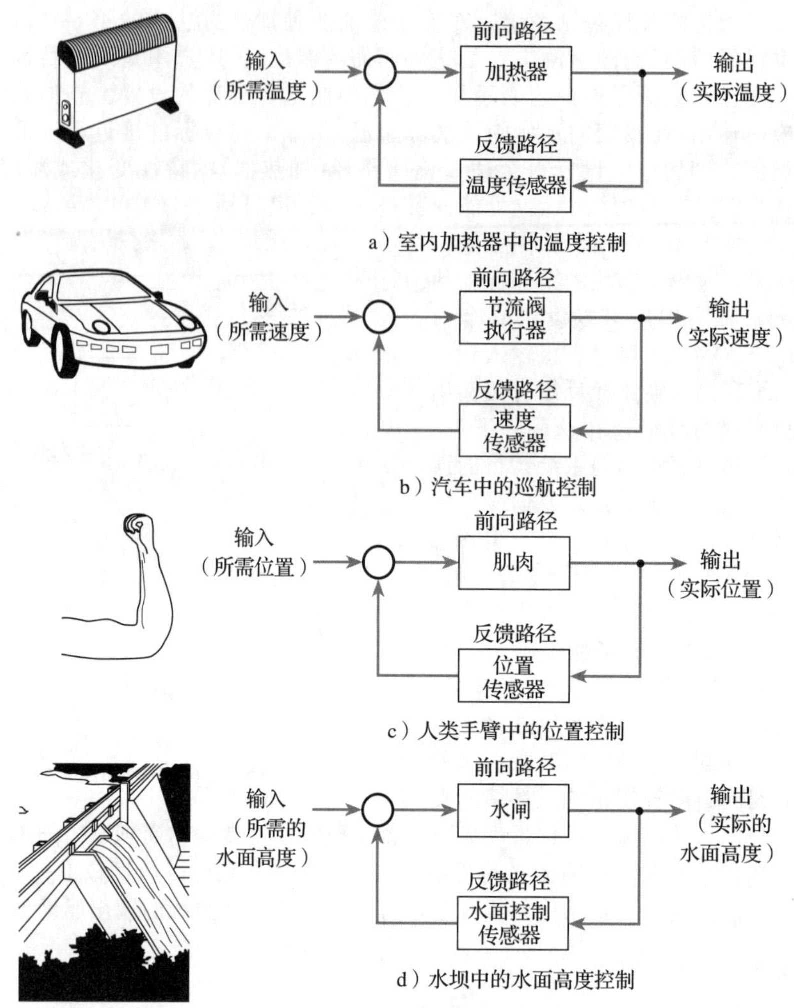

图 15.2　自动控制系统的例子

在所有的例子中，反馈使输出接近所需要的值（目标）。在所有情况下，反馈的使用使得系统的运行在很大程度上独立于前向路径或外部环境的变化。在上一章中，我们注意到电子放大器的特性变化很大。因此建议放大器用反馈克服这些缺陷。

15.4　反馈系统

视频 15A

为了理解使用反馈的系统的属性，需要能够分析其工作情况。为了协助我们完成这项任务，图 15.3 显示了一个广义的反馈系统框图。该系统的输入和输出符号为 X_i 和 X_o，它们可以代表力、位置或速度等物理量，或者可以代表电压或电流之类的电量。

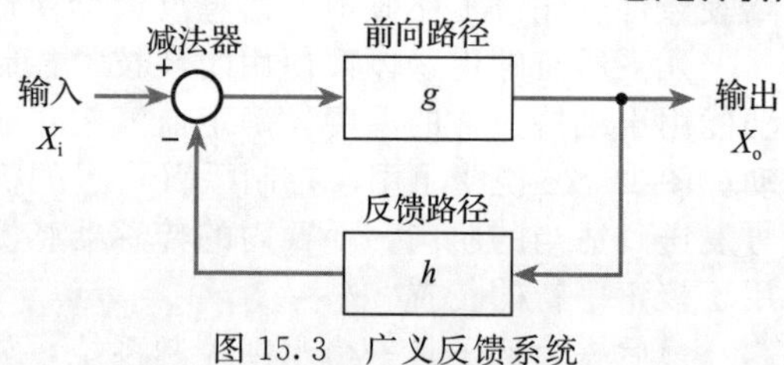

图 15.3　广义反馈系统

正如前面的闭环系统例子一样，图 15.3 中的系统包括前向路径、反馈路径和减法器。前向路径包含要控制的系统或组件。该系统通常称为设备。前向路径还可能包含一些额外的元件，添加它们进来驱动设备及使设备更容易控制。这些元件称为控制器，控制器和设备合在一起的行为在图中用数学函数 g 表示，代表前向路径的输入和输出之间的关系，称为前向路径的传递函数。反馈路径表示用于检测输出的传感器和对其产生的信号处理。反馈路径也用传递函数表示，函数的符号为 h。

由传递函数 g 和 h 可以分析图 15.3 所示的整个系统的工作情况，从而预测其后续工作。控制工程领域在很大程度上涉及对这些系统的分析以及适当的控制器和反馈系统的设计，以便根据特定需要调整其工作情况。但是，在很多情况下，物理设备的特性是复杂的，可能包括频率依赖性、非线性或时间延迟。因此，对这些系统的分析通常是非常复杂的，超出了本书的范围。

然而，我们在电子系统中最常见的反馈系统往往是直截了当的。我们经常可以假设前向路径和反馈路径的传递函数是简单的增益，这大大简化了分析。如图 15.4 所示，其中前向路径由增益 A 表示，反馈路径由增益 B 表示。

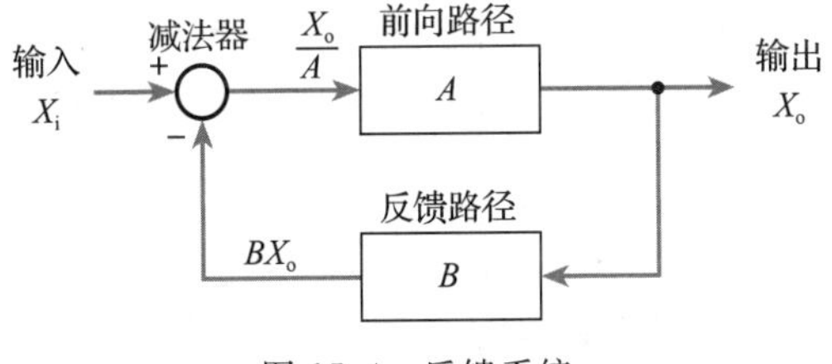

图 15.4 反馈系统

由于前向路径的输出为 X_o，其增益为 A，所以其输入一定是 X_o/A。类似地，当反馈路径的输入为 X_o 且增益为 B 时，其输出一定是 BX_o。从图中可以看出，前向路径的输入(我们刚刚确定为 X_o/A)实际上是从输入 X_i 中减去反馈信号(我们刚刚发现是 BX_o)产生的。因此

$$\frac{X_o}{A} = X_i - BX_o$$

重新整理，得到：

$$\frac{X_o}{X_i} = \frac{A}{1+AB}$$

输出与输入的比为反馈系统的增益，通常用符号 G 表示。因此

$$G = \frac{A}{1+AB} \tag{15.1}$$

该增益的表达式也称为反馈系统的传递函数。

通常将前向增益 A 称为开环增益(因为它是电路的反馈断开时的增益)，并将总增益 G 作为闭环增益(因为这是包含反馈时的电路增益)。系统的总体特性取决于 A 和 B 的值，或更直接地取决于乘积 AB。

15.4.1 如果 *AB* 是负的

如果 A 或 B 是负的(但不是两者都是)，则乘积 AB 将为负。如果现在$(1+AB)$这一项小于 1，则 G 大于 A。换句话说，通过反馈电路的增益将增加。这称为正反馈。

当 $AB=-1$ 时，是正反馈的特殊情况。在这种情况下

$$G = \frac{A}{1+AB} = \frac{A}{1-1} = \infty(\text{无穷大！})$$

由于电路的增益是无穷大的，所以应用范围有限，在制作振荡器方面有用。

15.4.2 如果 *AB* 是正的

如果 A 和 B 都是正的或者两个都是负的，则 AB 项是正的。因此，$(1+AB)$项一定是正的且大于 1，并且 G 一定小于 A。换句话说，有反馈电路的增益小于没有反馈电路的增益。这是负反馈。

如果乘积项 AB 不仅是正的，而且远大于 1，则$(1+AB)$近似等于 AB，表达式

$$G = \frac{A}{1+AB}$$

可以简化为

$$G \approx \frac{A}{AB} = \frac{1}{B} \tag{15.2}$$

这种特殊情况的负反馈是非常重要的，因为这种系统的总体增益与前向路径的增益无关，仅由反馈路径的特性决定。

能够产生一个整体增益与前向路径增益无关的系统是非常有意义的。在前一章中，我们注意到晶体管和运算放大器之类器件的特性变化很大。负反馈似乎可以提供解决这个问题的方法。因此，在本章的后续部分，我们将集中讨论负反馈的用途和特点，正反馈留到以后再讨论(见第 23 章)。

15.4.3　注释

应该注意的是，在一些教科书中，图 15.4 中的减法器用加法器代替。这同样是反馈系统的有效表示形式，对上述给出的反馈系统进行类似分析，可得到整体增益的表达式：

$$G=\frac{A}{1-AB}$$

这个方程明确地对 A 和 B 提出了不同的要求，使得从前面给出的分析中实现正或负反馈。

在本文中，我们假设在反馈框图中使用减法器，因为它产生的方案符合稍后介绍的实际电路。但是，读者应该知道也有其他的表示方式。

15.5　负反馈

视频 15B

到目前为止，我们已经介绍了控制和反馈的一般方式。例如，在图 15.3 和图 15.4 中，给出了输入和输出符号 X_i 和 X_o，以便它们可以表示任何物理量。现在我们研究在电子应用中反馈的使用。

我们在上一章中看到，运算放大器的一个特点是增益虽然很大，但每个运算放大器都是不同的。我们也注意到其增益随温度而变化。这些特性对于几乎所有的有源器件都是共性的。相比之下，诸如电阻器和电容器之类的无源器件的精度可以做得非常高，并且在温度变化时也可以非常稳定。

在上一节中，当介绍负反馈时，我们注意到，乘积 AB 为正且远大于 1 的反馈电路的总体增益与前向增益 A 无关，因为它完全由反馈增益 B 确定。如果我们使用有源放大器作为前向路径 A 来构建负反馈系统，以及用无源网络作为反馈路径 B，则可以产生一个放大器，它的总体增益稳定且与 A 的实际值无关，如例 15.1 所示。这里，电压增益高且可变的放大器与稳定的反馈网络组合形成增益为 100 的放大器。

例 15.1　使用高增益有源放大器设计稳定电压增益为 100 的电路。如果有源放大器的电压增益从 100 000 变化到 200 000，确定对电路总体增益的影响。

解：以我们的标准框图为基础。

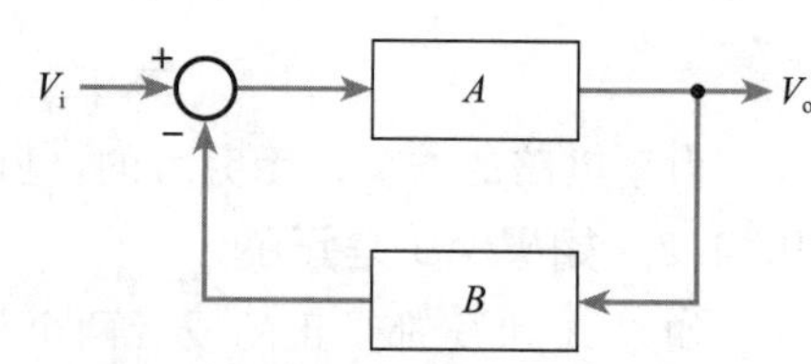

从式(15.2)，我们知道总体增益由下式给出

$$G\approx\frac{1}{B}$$

因此，增益为 100，选择 $B=1/100$ 或 0.01。

当放大器的增益(A)为 100 000，总的增益将为

$$G=\frac{A}{1+AB}=\frac{100\,000}{1+(100\,000\times0.01)}=\frac{100\,000}{1+1000}=99.90\approx\frac{1}{B}$$

当放大器的增益(A)为 200 000，总的增益将为

$$G=\frac{A}{1+AB}=\frac{200\,000}{1+(200\,000\times0.01)}=\frac{200\,000}{1+2000}=99.95\approx\frac{1}{B}$$

注意到，有源放大器的增益值(A)变化 100%，总的增益 G 仅改变了 0.05%。◀

例 15.1 表明，假如可以产生稳定的反馈电路，通过使用负反馈可以解决有源电路

相关增益变化很大的问题。为了使反馈路径稳定，必须只用无源器件构建。显然，这很简单。

我们已经看到反馈电路的整体增益是 $1/B$。因此，为了使总体增益大于 1，要求 B 要小于 1。换句话说，反馈路径可能是无源衰减器。

用无源器件构建这种反馈电路很简单。如果在例 15.1 中，需要一个电压增益为 1/100 的无源衰减器，可以用图 15.5 所示的电路实现，电路是一个比例为 99∶1 的简单分压器。输出电压 V_o 与输入电压 V_i 有如下关系式：

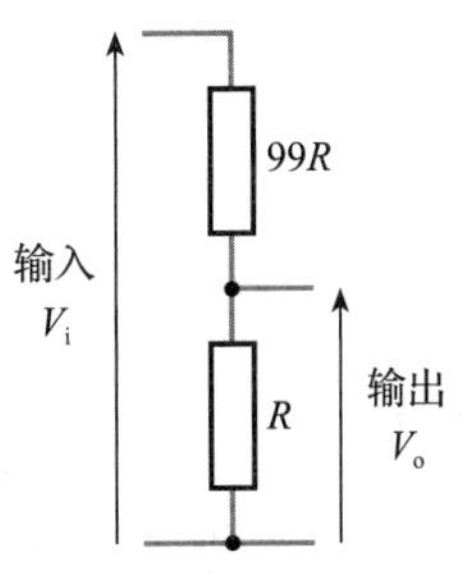

图 15.5　增益为 1/100 的无源衰减器

$$V_o = V_i \frac{R}{R + 99R}$$

$$\frac{V_o}{V_i} = \frac{1}{100}$$

简单地用电阻值 R 和 $99R$ 表示它们的相对大小。在实际中，R 可能是 1kΩ，则 $99R$ 就是 99kΩ。实际使用值取决于电路结构。

在已经决定反馈电路的前向路径是一个高增益有源放大器而且反馈路径是一个电阻衰减器之后，我们现在能够完成电路设计。继续用例 15.1 给出的值，现在可以画出电路图，如图 15.6 所示。图中表示了一个基于增益为 A 的有源放大器和增益 B 为 1/100 的反馈网络的电路。放大器总增益为 100(即 $1/B$)。

由于减法器似乎不是标准器件，所以剩下的最后一个问题是在图 15.6 中实现减法器。我们在第 14 章中介绍运算放大器时，已经讨论了提供此功能的一种方法。运算放大器是差分放大器，即放大两个输入信号之间的差值。我们可以将差分放大器视为一个单端输入放大器，其输入端连接了一个减法器。因此，可以使用一个运算放大器来替代图 15.6 所示电路中的放大器和减法器，如图 15.7 所示。

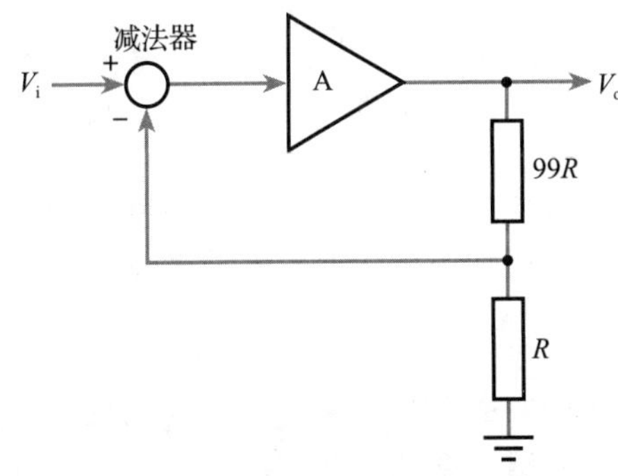

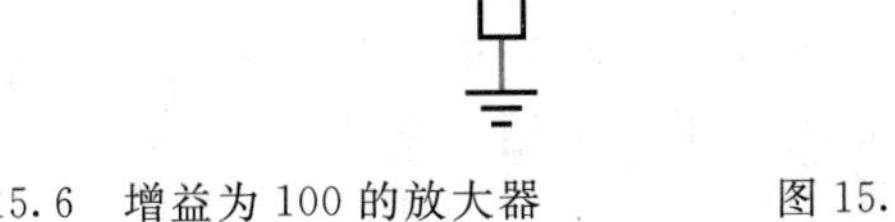

图 15.6　增益为 100 的放大器

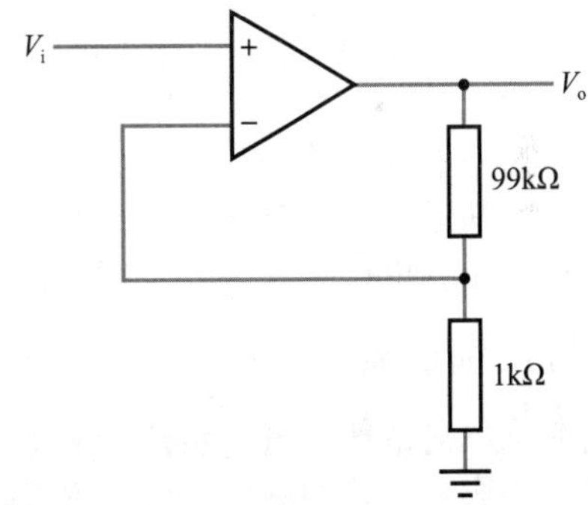

图 15.7　基于运算放大器的增益为 100 的放大器

计算机仿真练习 15.1

仿真图 15.7 中的电路，要以仿真软件包所支持的一种运算放大器为基础(记住包括连接合适的电源)。对电路施加 50mV 的直流输入并测量输出电压。然后，推断电路的电压增益，并确认这和预期结果相同。用不同的输入电压值进行实验，并研究其如何影响电压增益。

假设总增益等于 $1/B$，这是简单放大器设计的内在依据。从之前的讨论中，我们知道这个假设是可行的，只要乘积 AB 远大于 1。在我们的电路中，前向路径采用运算放大器来实现，从上一章我们知道电压增益(A)可能是 10^5 或 10^6。由于 B 在例子中为 1/100，那么 AB 的值大约为 10^3 到 10^4。由于这个值远大于 1，我们假设增益等于 $1/B$ 是可行的。不过，让我们再考虑另一个例子。

例 15.2 用高增益有源放大器设计一个稳定电压增益为 10 000 的电路。如果有源放大器的电压增益从 100 000 变化到 200 000，求出其对电路总增益的影响。

解： 像以前一样，将基于标准框图分析电路。

从等式 15.2，可知总增益为

$$G \approx \frac{1}{B}$$

因此，对于增益为 10 000，选择 $B = 1/10\ 000$ 或 0.0001。

当放大器的增益 A 为 100 000 时，总增益为

$$G = \frac{A}{1+AB} = \frac{100\ 000}{1+(100\ 000 \times 0.0001)} = \frac{100\ 000}{1+10} = 9091$$

当放大器的增益 A 为 200 000 时，总增益为

$$G = \frac{A}{1+AB} = \frac{200\ 000}{1+(200\ 000 \times 0.0001)} = \frac{200\ 000}{1+20} = 9524$$

可以看出，所得到的增益不是非常接近 $1/B(10\ 000)$，并且前向路径的增益 A 的变化对总的增益具有显著的影响。◀

上述例子表明，为了利用负反馈使增益稳定，乘积 AB 必须远大于 1，或者说

$$AB \gg 1$$

或

$$A \gg \frac{1}{B}$$

A 是有源放大器的开环增益，$1/B$ 是整个电路的闭环增益。这表示负反馈稳定所需的有效条件是

$$\text{开环增益} \gg \text{闭环增益}$$

计算机仿真练习 15.2

用理想增益模块和减法器(器件在大多数仿真包中都可用)对例 15.2 中的电路进行仿真。对电路施加 1V 直流输入，观察对于不同的正向增益 A 和反馈增益 B 时的输出电压。然后，观察总增益近似等于 $1/B$ 所需的条件。

我们已经知道，虽然有源器件的增益有变化，但负反馈可使放大器的总特性稳定。实际上，负反馈也可以产生许多其他想要的效果，并广泛用于多种形式的电子电路中。

15.6　负反馈的影响

从上面可以清楚地知道，负反馈对放大器的增益以及增益的一致性有显著的作用。但是，反馈也会影响电路的其他特性。在本节中，我们介绍一系列电路参数。

15.6.1　增益

我们已经知道负反馈降低了放大器的增益。在没有反馈的情况下，放大器的增益(G)仅仅是其开环增益 A。从式(15.1)知道，经过反馈，增益变为

$$G = \frac{A}{1+AB}$$

因此，反馈的效果是将增益降低 $1+AB$ 倍。

15.6.2　频率响应

在前面(第 14 章)我们注意到所有放大器的增益都在高频时下降，并且在很多情况下，在低频时也会下降。

从前面对增益的讨论我们知道，反馈放大器的闭环增益与放大器的开环增益基本无关，前提是后者比前者大得多。由于所有放大器的开环增益都在高频处下降(通常在低频

也是)，所以显然闭环增益在这些区域内也会下降。但是，如果开环增益远大于闭环增益，则如果开环增益即使下降很大，对闭环增益的影响也并不会很大。因此，与不带反馈的放大器相比，在更宽的频率范围内闭环增益是稳定的，如图 15.8 所示。

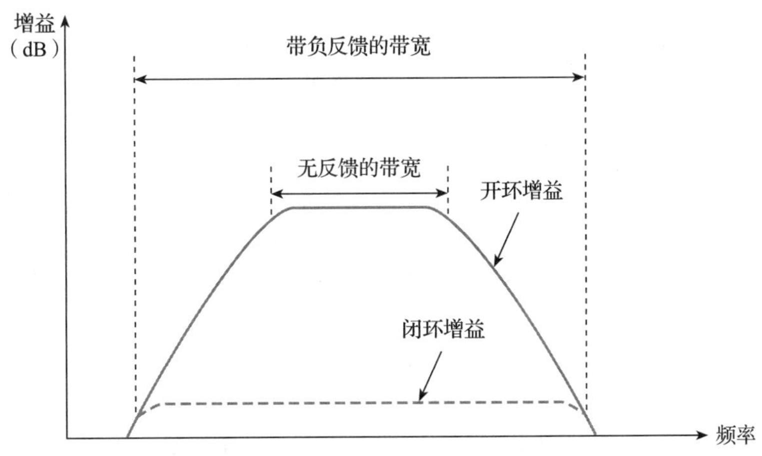

图 15.8　负反馈对频率响应的影响

图 15.8 中的实线显示了无反馈的放大器的增益随频率的变化，即其开环频率响应。增加负反馈(由虚线表示)减小了电路的增益。闭环增益在很宽的频率范围内是恒定的，闭环增益远小于放大器的开环增益。因此，负反馈拓宽了放大器的带宽。

因此，负反馈减小了增益，增加了带宽，设计人员可以在两个性能指标上折中。现代电子电路中实现增益相对容易，因此负反馈通常很有用。在下一章我们将看到，在某些情况下，带宽的增加与增益的下降成正比。或者说，反馈使放大器的增益降低了 $1+AB$，但其带宽增加 $1+AB$。在这种情况下，增益和带宽的乘积保持不变。因此

$$增益 \times 带宽 = 常数 \tag{15.3}$$

增益带宽积就是由增益乘以带宽得到的值。

15.6.3　输入输出电阻

负反馈的重要特征之一是尽管电路的工作情况会变化，但其输出趋于不变。尽管电压放大器的负载发生变化，但负反馈在电压放大器中使输出电压保持恒定的趋向。这类似于无论是上坡还是下坡，汽车中的巡航控制保持速度恒定。从上一章对负载的讨论中我们知道，当减小输出电阻或增加输入电阻时，电压放大器中的负载效应是最小的。因此，负反馈就可以实现减小输出电阻增加输入电阻。但是，情况会更复杂一些。

我们之前已指出，图 15.3 所示的反馈系统的一般表示适用于诸多系统，并指出输入和输出不仅可以表示电压，还可以表示电流或其他物理量。显然，如果输入量和输出量是温度，尽管环境存在变化，但仍然要求反馈电路输出温度保持不变。类似地，如果输入和输出是电流(而不是电压)，则要求系统负载对输入、输出电流的影响最小。为此，电路会增大输出电阻并减小输入电阻，这与前面的电压放大器的作用正好相反。

事实上，根据应用的不同，负反馈既可以增大输入电阻也可以减少输入电阻，并且还可以既增大输出电阻也可以减少输出电阻。决定反馈效果的因素是输出检测方式和反馈信号的施加方式。如果反馈感测的是输出电压，则通过减小输出电阻稳定输出电压。相反，如果反馈检测的是输出电流，则通过增大输出电阻稳定输出电流。类似地，如果通过从输入电压中减去与输出相关的电压来施加反馈，则增大输入电阻调整电压放大器的性能。相反，如果通过从输入电流中减去电流来施加反馈，则减小输入电阻调整电流放大器的性能。

为了说明上述情况，我们回顾一下图 15.7 的电路。图中反馈的信号与输出电压有关

(输出电压经分压电路产生反馈信号)，因此反馈降低了电路的输出电阻。在这种情况下，输出经分压加到放大器的反相输入端与输入电压相减(如图15.6所示)。因此反馈增大了电路的输入电阻。因此，与没有反馈的运算放大器相比，图15.7电路的输入电阻更大并且输出电阻更小。在下一章详细分析运算放大器时，我们再研究输入和输出电阻的问题。

到目前为止，我们已经知道负反馈可以增大或减少输入和输出电阻，但是还没有分析增大或减少了多少。我们知道负反馈将增益降低了 $1+AB$ 倍，带宽增加了相同的倍数。输入和输出电阻同样也是增大或减小 $1+AB$ 倍。证明很简单的，在这里就不再重复。

15.6.4　失真

很多种失真都是由非线性幅度响应引起的，也就是说，电路的增益随着输入信号的幅度而变化。由于负反馈会使增益稳定，所以也往往会减小失真。可以看出，失真降低的也是 $1+AB$ 倍。

15.6.5　噪声

负反馈也可以降低由放大器产生的噪声，并且也是降低了 $1+AB$ 倍。但是，降低的仅是放大器本身产生的噪声，而对于输入信号中的噪声则没有影响。因为输入信号中的噪声与信号一起放大。稍后我们详细地讨论噪声(在第22章)。

15.6.6　稳定性

从式(15.1)知道：

$$G=\frac{A}{(1+AB)}$$

也就是说，假如 $|1+AB|$ 大于1，带反馈的闭环增益 G 小于放大器的开环增益 A。

在本节中，假设 A 和 B 都是实数增益，因此乘积 AB 是一个正实数。在这种情况下，$|1+AB|$ 总是大于1。但是，所有的放大器对信号都会产生相移，信号幅度随频率变化。相移的结果是在某些频率时，$|1+AB|$ 可能小于1。在这种情况下，反馈增大了放大器的增益，是正反馈而不是负反馈。这会使放大器不稳定，输出产生与输入信号无关的振荡。在第23章介绍电路稳定性时，我们将详细地阐述正反馈。

15.7　总结

所有负反馈系统都有一些共同属性：

- 虽然前向路径或环境会发生变化，但负反馈系统趋于维持稳定的输出。
- 需要无反馈时前向路径的增益值大于所要求的系统增益，以达到需要的输出。
- 系统的整体性能由反馈路径的性质决定。

当用于电子放大器时，负反馈有很多有益的影响：

- 抵消了放大器开环增益的变化，稳定了增益。
- 增加了放大器的带宽。
- 可以根据需要增加或减少输入电阻和输出电阻。
- 减少了由放大器引起的非线性失真。
- 减少了放大器产生的噪声。

为此，负反馈降低了放大器的增益。在大多数情况下，降低增益是可行的，因为大多数现代放大器件具有高增益并且便宜，如果需要，还允许使用多级放大电路。但是，使用负反馈可能会影响电路的稳定性(我们将在第23章讨论)。

在广泛应用的电子电路中负反馈的作用至关重要。在下一章详细介绍运算放大器时，我们会讨论几个电路的例子。

进一步学习

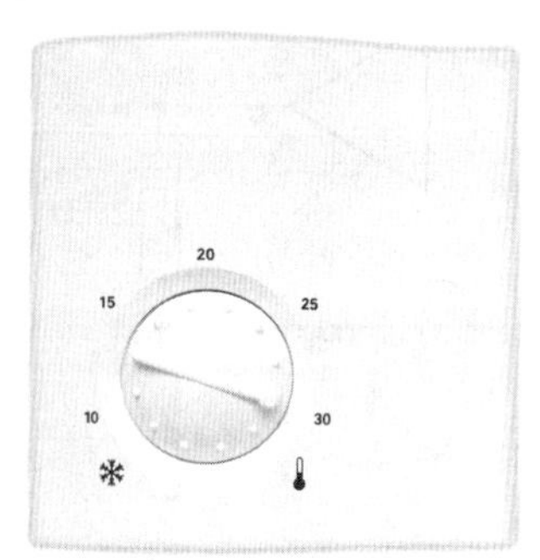

我们生活的世界充满了包括开环和闭环系统在内的各种控制系统。例如，空调通常允许用户设定所需的温度，然后冷却系统自动打开和关闭，以达到设定的温度。这是闭环控制系统的例子，其中输入温度表示系统的“目标”，“输出”是实现的实际温度。虽然这种系统常见，但也会用更简单的空调系统(特别是在汽车内)，用户设定要提供的冷却量，并且调整达到舒适的温度。这显然是开环的例子。

举例说明其他常见的控制系统(包括自然和人为的)并且说明控制系统是开环的还是闭环的。对每种情况都说明系统的主要器件，并将其与图 15.1 中的器件对应。其他的汽车系统、家庭和工业系统也可能有与要求相符合的例子。读者还可以考虑诸如人体温度控制机制、仓库内的库存控制系统和飞机自动驾驶仪等系统。

关键点

- 反馈系统几乎是所有自动控制系统的必要组成部分，包括电子、机械或生物学系统。
- 反馈系统可以分为两种。在负反馈系统中，反馈往往减少前向路径的输入。在正反馈系统中，反馈往往增加前向路径的输入。
- 如果前向路径的增益为 A，反馈路径的增益为 B，从输入中减去反馈信号，那么系统的总增益为

$$G=\frac{A}{(1+AB)}$$

- 如果环路增益 AB 为正，则为负反馈。如果环路增益远大于 1，则增益的表达式简化为 $1/B$。此时，总的增益与前向路径的增益无关。
- 如果环路增益 AB 为负并且小于 1，则为正反馈。对于 $AB=-1$ 的特殊情况，增益为无穷大，用于产生振荡器。
- 负反馈往往以损失增益为代价增加放大器的带宽。在很多情况下，带宽增加和增益减小 $(1+AB)$倍。因此增益带宽积保持不变。
- 负反馈往往也改善放大器的输入电阻、输出电阻、失真和噪声，改善通常为 $1+AB$ 倍。
- 虽然负反馈带来了很多好处，但也带来了不稳定性问题。

习题

15.1 在工程中，术语“控制”是什么意思？

15.2 举三个常见的控制系统的例子。

15.3 在习题 15.2 所答的每个控制系统中，构成系统的输入和输出分别是什么？

15.4 在汽车巡航控制中，输入和输出分别是什么？

15.5 在仓库的库存控制系统中，输入和输出分别是什么？

15.6 术语“用户”“目标”“输出”“前向路径”“反馈路径”和“误差信号”与开环或闭环系统有关时，解释它们的意思。

15.7 前向路径从哪获得功率？

15.8 绘制广义反馈系统的框图，并根据输入、前向路径增益 A 和反馈路径增益 B 导出输出的表达式。

15.9 在由习题 15.8 推导出的表达式中，AB 值取什么范围对应于正反馈？

15.10 在由习题 15.8 推导出的表达式中，AB 值取什么范围对应于负反馈？

15.11 在由习题 15.8 推导出的表达式中，AB 值取什么值时用于产生振荡？

15.12 解释为什么有源器件的特性促进了负反馈的使用。

15.13 用一个高增益有源放大器设计一个稳定电压增益为 10 的电路，如果有源放大器的电压增益从 100 000 变化到 200 000，求出其对电路总增益的影响。

15.14 下面电路中的电压增益是多少？

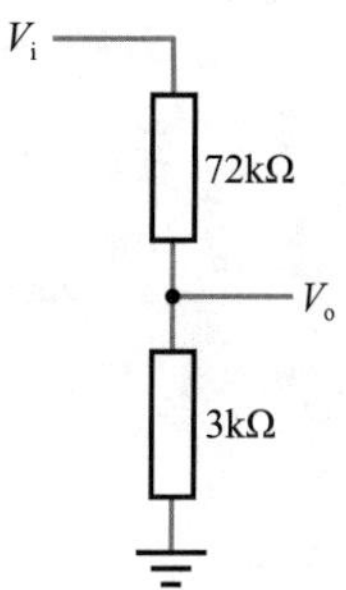

15.15　设计一个增益为1/10的无源衰减器。

15.16　求出下面放大器的电压增益。

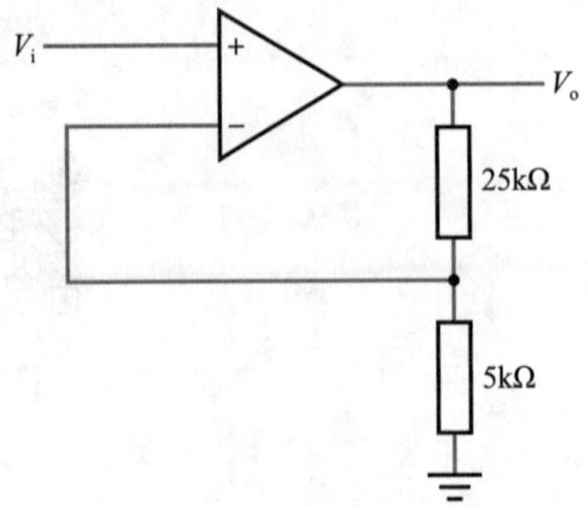

15.17　用计算机仿真求习题15.16的结果。可能需要从计算机仿真练习15.1中的电路开始。

15.18　用运算放大器设计一个增益为10的放大器。

15.19　利用计算机仿真求出习题15.18的结果。可能需要从计算机仿真练习15.1中的电路开始。

15.20　用高增益有源放大器设计一个稳定电压增益为20 000的电路。如果有源放大器的电压增益从100 000变化到200 000，求出其对电路总增益的影响。

15.21　利用计算机仿真求出习题15.20的结果。可能需要从计算机仿真练习15.2中的电路开始。

15.22　负反馈的使用使放大器的增益变化多少？增益是增加了还是减少了？

15.23　负反馈的使用如何改变放大器的带宽？

15.24　在什么情况下增加放大器的输入电阻是有利的？如何实现？

15.25　在什么情况下减小放大器的输入电阻是有利的？如何实现？

15.26　在什么情况下减小放大器的输出电阻是有利的？如何实现？

15.27　在什么情况下增加放大器的输出电阻是有利的？如何实现？

15.28　负反馈对放大器的失真有什么影响？

15.29　负反馈对放大器的输入信号中存在的噪声有什么影响？

第16章 运算放大器

目标

学完本章内容后，应具备以下能力：

- 说明运算放大器在工程应用中的使用
- 描述典型运算放大器的物理形式及其外部连接
- 解释理想运算放大器的概念，并描述其特性
- 画出并分析实现信号放大、缓冲、加法和减法功能的标准电路
- 用运算放大器电路设计实现简单的任务，包括详细地说明所用的无源器件
- 描述实际运算放大器与理想运算放大器的区别
- 解释负反馈在具体应用中调整运算放大器特性的重要性

16.1 引言

运算放大器是电子电路中使用最广泛的组件之一。一个原因是运算放大器近似于理想的电压放大器，大大简化了设计。因此，不仅专业电子工程师使用运算放大器，其他要解决仪器或控制问题的工程师也使用运算放大器。因此，机械工程师为了显示发动机的旋转速度、土木工程师要监测桥梁上的应力，都有可能使用运算放大器构造所需的仪器。

运算放大器是一种集成电路(IC)，也就是说，运算放大器是将大量电子元器件集成到单个半导体器件中构成的。在后面的章节中，我们将讨论运算放大器的工作情况，但是现在仅讨论其特性以及使用方法。

典型的运算放大器采用小型塑料封装，有用于传输信号和电源的多个引脚。图16.1显示了两种常见的封装形式。图16.1a显示了一个8引脚“双列直插”或DIL的封装。这种封装通常内部包含一个运算放大器，手工设计原型电路或者设计数量非常少的系统时，会使用。有更多引脚的此类封装可以内嵌两个或四个运算放大器。图16.1b显示了一个表面贴装技术(SMT)器件，体积很小，可以在一定尺寸的电路中使用更多的运算放大器。由于其尺寸小，组装时用计算机控制“取放”机器组装，“取放”机器是在大批量生产电子电路中最普遍使用的器件。

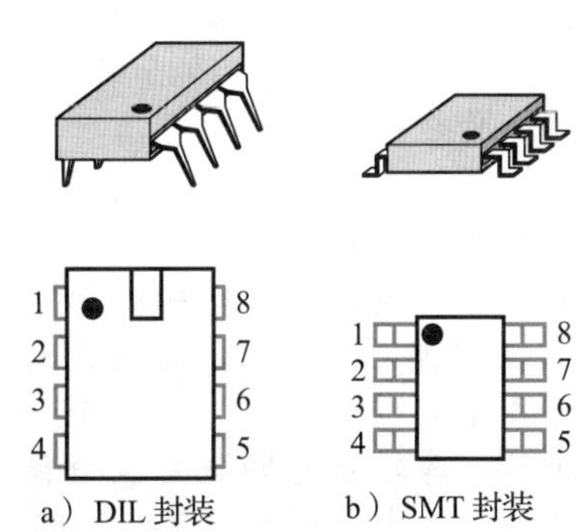

图16.1　运算放大器典型的封装

在这两种封装中，顶视图下，引脚是逆时针编号的。引脚1通常用凹点标记或凹口标记或两者一起标记。与内部连接的引脚称为器件的“引出引脚”，图16.2显示了一系列器件的典型引脚。在图中，标记为V_{pos}和V_{neg}的分别表示正电源电压和负电源电压。为了使电路图更清晰，通常电路图中省略这些引脚，但在实际电路中必须连接，为电路提供电源。电源的典型值可能是+15V和−15V，16.5节讨论实际器件时，再具体讨论。

运算放大器的优点之一是很容易配置为多种电子电路，包括各种形式的放大器，以及许多专门功能的电路，如加法、减法或修改信号的功能。本章讨论几种基本电路，后面还会遇到很多其他的运算放大器电路。

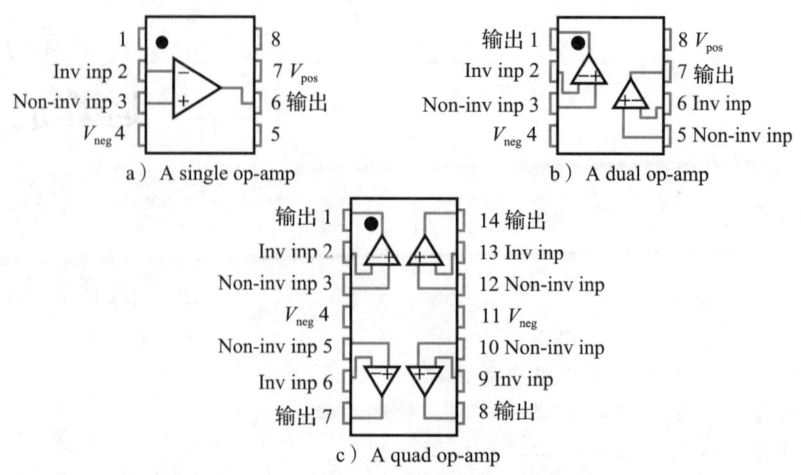

图 16.2　运算放大器典型的引出引脚

16.2　理想运算放大器

上一节中指出，运算放大器是近似理想的电压放大器。当使用理想器件时，设计通常要简单得多，因此我们通常首先假设器件是理想的，然后再研究非理想特性的影响。为了分析运算放大器，首先需要了解理想器件的工作方式。

在第 14 章中，我们简要地介绍了理想的电压放大器，并推导出其具有无穷大的输入电阻和零输出电阻。在这种情况下，放大器不会从源端吸收电流，其输出电压也不受负载的影响。因此，当使用这样的放大器时，不会产生负载效应。

虽然理想放大器的输入电阻和输出电阻的推导相对容易，但这种器件的增益变化并不明显。显然，电路所需的增益根据不同的应用而变化，不是对于所有的应用，某个特定的增益都是“理想的”。但是，我们在上一章中看到，假如开环增益足够高，负反馈可以将放大器的增益设定为任何特定值(由反馈增益决定)。因此，当使用负反馈时，开环增益越高越好。因此，理想的运算放大器有无穷大的开环增益。

理想的运算放大器具有无穷大的输入电阻、零输出电阻和无穷大的电压增益。现在可以画出理想运算放大器的等效电路，根据图 14.14 给出的图，相应地修改其参数，如图 16.3所示。注意，无穷大的输入电阻表示没有电流流入器件，输入端子看起来未连接。同样，零输出电阻就是没有输出电阻。输出电压等于由受控电压源产生的电压，等于 A_v 乘以差分输入电压 V_i。在这种情况下，电压增益 A_v是无穷大的。

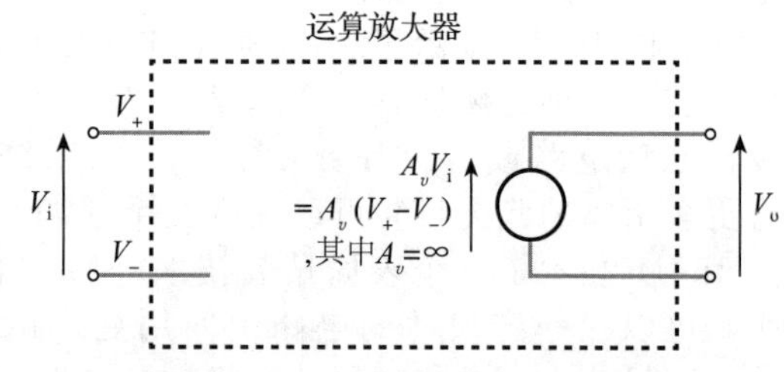

图 16.3　理想运算放大器的等效电路

16.3　基本的运算放大器电路

视频 16A

在介绍一些简单的放大器电路之前，需要先了解一些术语。电子放大器可以是同相或反相的(见第 14 章)。同相放大器的输入为正电压，则输出也将为正。同样的输入信号施加到反相放大器，则输出将为负。当输入不是固定的电压值，而是交替的波形时，则上述两种放大器的输出电压也是交替的。两种形式的放大对交变波形的影响如图 16.4 所示。其中，同相放大器的增益为+2，反相放大器的增益为−2。

在上一章中，我们从“第一原则”导出了同相放大器的电路。也就是说，我们从一个反馈系统的广义框图开始，设计了实现前向路径和反馈路径的电路。虽然电路是基于运算放大器的，但在使用运算放大器时通常不会这样处理。一般来说，我们从标准或样本电路开始，对其进行调整，满足我们的需要。电路的调整通常意味着只需要选择适当的器件值。有很多的标准电路可供选择，以完成所需要的任务。下面首先来看几个典型的例子。

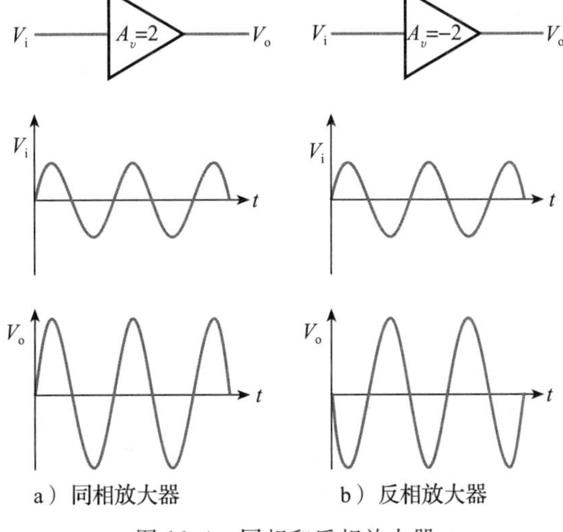

a）同相放大器　b）反相放大器

图 16.4　同相和反相放大器

16.3.1　同相放大器

第一个标准电路是上一章推导出的同相放大器，如图 16.5a 所示。图 16.5b 是图 16.5a 的另一种画法。后一种形式与前一种电路在电气上是相同的，具有相同的特性。读者能认识并使用这一电路的两种形式很重要。

假设电路包含一个理想的运算放大器，先介绍理想运算放大器的工作原理，这样分析电路与从第一个原则分析电路(如第 15 章所述)相比，非常简单。

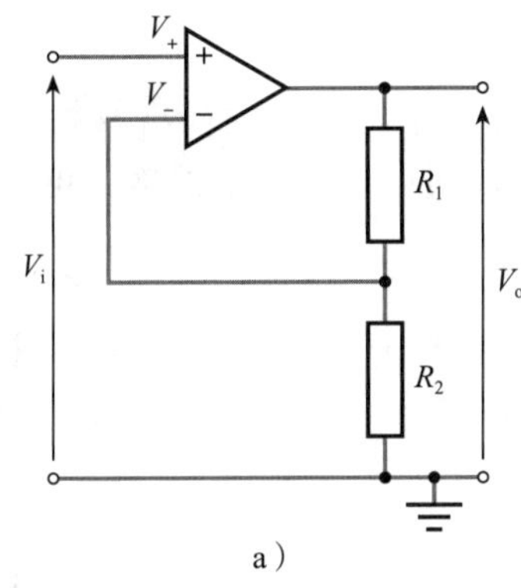

a）

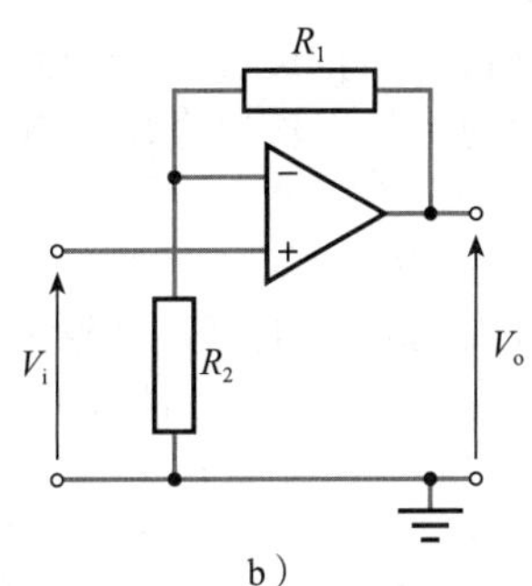

b）

图 16.5　同相放大器

首先，由于运算放大器的增益是无穷大的，如果输出电压有限，则运算放大器的输入电压($V_+ - V_-$)必须为零。因此

$$V_- = V_+ = V_i$$

由于运算放大器具有无穷大的输入电阻，其输入电流必须为零。因此，V_- 仅由输出电压和由 R_1 和 R_2 形成的分压器来确定，从而

$$V_- = V_o \frac{R_2}{R_1 + R_2}$$

因此，当 $V_- = V_+ = V_i$，

$$V_i = V_o \frac{R_2}{R_1 + R_2}$$

电路的总增益由下式给出

$$G = \frac{V_o}{V_i} = \frac{R_1 + R_2}{R_2} \tag{16.1}$$

这和第 15 章图 15.7 电路的分析结果是一致的。

例 16.1 设计一个增益为 25 的基于运算放大器的同相放大器。

解：从标准电路开始。

从式(16.1)可知：

$$G=\frac{V_o}{V_i}=\frac{R_1+R_2}{R_2}$$

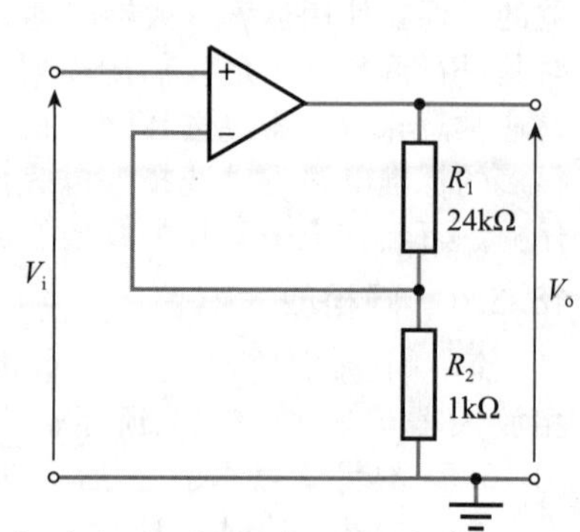

因此，如果 $G=25$，则

$$\frac{R_1+R_2}{R_2}=25$$

$$R_1+R_2=25R_2$$

$$R_1=24R_2$$

由于电阻的比值决定增益，因此，可以自由选择实际值。这里选择 $R_2=1\text{k}\Omega$，则 R_1 必须是 24kΩ。当使用理想的运算放大器时，电阻的实际值不重要，比值才是重要的。但是，当用实际的元件时，一些因素会影响我们选择元件的值。这些在 16.6 节中讨论。◀

计算机仿真练习 16.1

用仿真软件包支持的一种运算放大器来仿真例 16.1 中的电路。对电路施加 100mV 的直流输入并测量输出电压。然后，推导电路的电压增益，并确认与预期的结果一样。对两个电阻取不同值进行实验，看看是如何影响电压增益的。用不同的输入电压值(包括正值和负值)进行实验，并确认电路的工作和预期的相同。

16.3.2　反相放大器

第二个标准电路是反相放大器，如图 16.6 所示。同前面的电路一样，由于运算放大器的增益是无穷大的，如果输出电压是有限的，则运算放大器的输入电压(V_+-V_-)必须为零。因此

$$V_-=V_+=0$$

由于运放具有无穷大的输入电阻，其输入电流必须为零。因此，电流 I_1 和 I_2 必须相等，并且方向相反。对两个电阻应用欧姆定律，可得：

$$I_1=\frac{V_o-V_-}{R_1}=\frac{V_o-0}{R_1}=\frac{V_o}{R_1}$$

并且

$$I_2=\frac{V_i-V_-}{R_2}=\frac{V_i-0}{R_2}=\frac{V_i}{R_2}$$

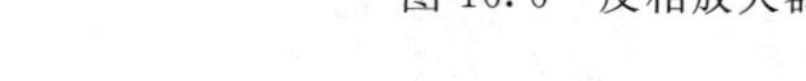

图 16.6　反相放大器

由于

$$I_1=-I_2$$

则

$$\frac{V_o}{R_1}=-\frac{V_i}{R_2}$$

增益 G 的公式非常简单，即

$$G=\frac{V_o}{V_i}=-\frac{R_1}{R_2}\tag{16.2}$$

注意增益表达式中的负号，它表示这是一个反相放大器。

在该电路中，负反馈将反相输入端(V_-)的电压维持在零。可以这样来理解：如果 V_- 大于同相输入端的电压(在这种情况下为零)，则放大器的输出变为负，通过 R_1 驱动 V_- 为负。另一方面，如果 V_- 变为负的，则输出将变为正，将使 V_- 更加为正。因此，即使反相端没有实际连接到地，电路也将保持 V_- 为零。电路中的这样的点称为虚地，这种放大器称为虚地放大器。

例 16.2 用运算放大器设计一个增益为−25 的反相放大器

解： 从标准电路开始。

从式(16.2)，可知：

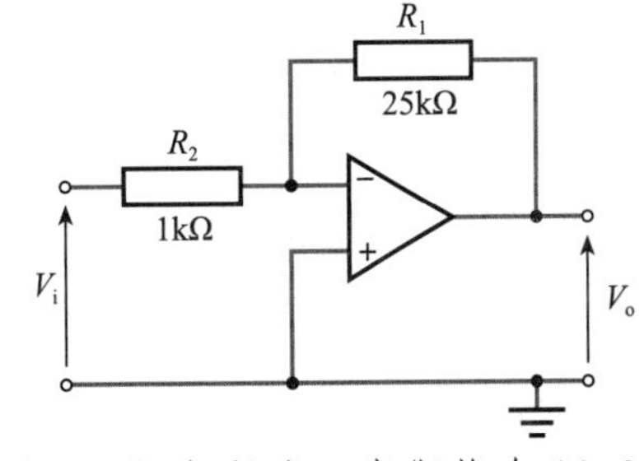

$$G=\frac{V_o}{V_i}=-\frac{R_1}{R_2}$$

因此，如果 $G=-25$，则

$$-\frac{R_1}{R_2}=-25$$

$$R_1=25R_2$$

因为确定增益的是电阻值的比例，所以，可以自由选择实际值。在这里，我们选择 $R_2=1\text{k}\Omega$，那么 R_1 必须是 $25\text{k}\Omega$。如上所述，我们将在 16.6 节考虑如何选择元件值。

计算机仿真练习 16.2

用仿真软件包支持的一种运算放大器来仿真例 16.2 中的电路。对电路施加 100mV 的直流输入并测量输出电压。然后，推导电路的电压增益，并确认这与预期结果一样。对两个电阻取不同值进行实验，看看是如何影响电压增益的。用不同的输入电压值(包括正值和负值)进行实验，并确认电路的工作和预期的结果相同。

由此可见，使用理想运算放大器大大简化了电路的分析。

16.4 其他电路

视频 16B

在已经介绍如何使用运算放大器来产生简单的同相放大器和反相放大器之后，现在，我们介绍几个其他的标准电路。

16.4.1 单位增益缓冲放大器

这是 16.3.1 节讨论的同相放大器的特殊情况，R_1 等于零，R_2 等于无穷大。所得电路如图 16.7 所示。

根据式(16.1)，我们知道同相放大器电路的增益为

$$G=\frac{R_1+R_2}{R_2}$$

重新整理可以得到：

$$G=\frac{R_1}{R_2}+1$$

如果 R_1 为 0、R_2 为无穷大，则

$$G=\frac{0}{\infty}+1 \tag{16.3}$$

因此，得到一个增益为 1(单位)的放大器。

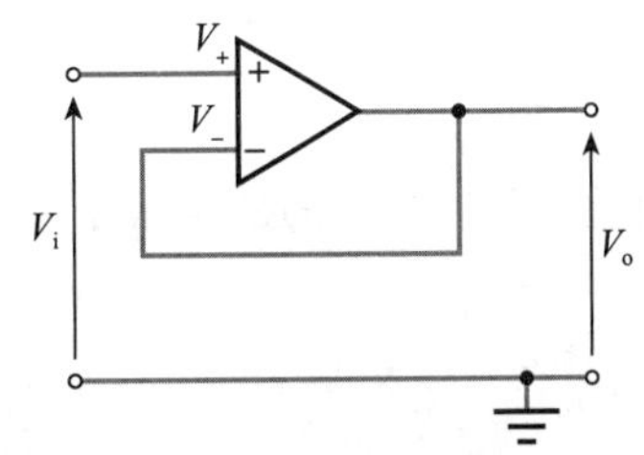

图 16.7　单位增益缓冲放大器

乍一看，这可能不是一个非常有用的电路，因为输出端的电压与输入端的电压相同。然而，必须记住，电压不是信号的唯一重要属性。该电路的重要性在于它具有非常高的输入电阻和非常低的输出电阻，作为缓冲器非常有用。本章稍后将介绍输入电阻和输出电阻。

16.4.2 电流-电压转换器

有些传感器用其输出端电流的大小来表示被测量的物理量，而不是用电压表示(见第 12 章)。这是我们希望将电流转换成电压的众多情况之一。实现电流到电压转换的电路如图 16.8 所示。

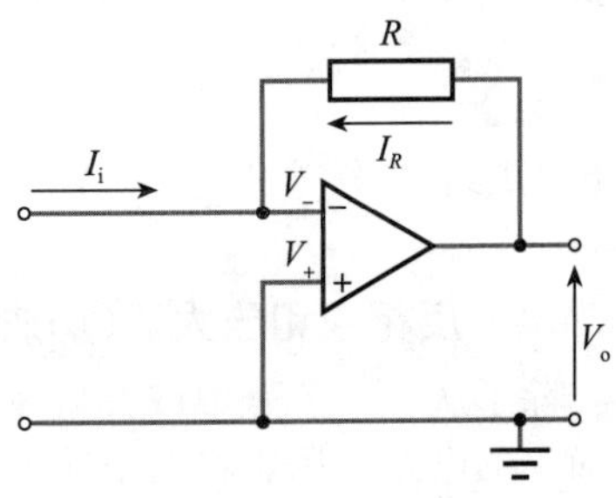

图 16.8　电流-电压转换器

电路的分析与16.3.2节的反相放大器相似。运算放大器的反相输入是虚拟接地点且此点(V_-)的电压为零。由于进入虚拟接地点的电流总和为零，并且运算放大器的输入电流为零，因此可以看出

$$I_i + I_R = 0$$

因此

$$I_i = -I_R$$

由于V_-为0，I_R由下式给出：

$$I_R = \frac{V_o}{R}$$

因此

$$I_i = -I_R = -\frac{V_o}{R}$$

重新整理得到：

$$V_o = -I_i R \tag{16.4}$$

因此，输出电压与输入电流成正比。负号表示沿图16.8中箭头方向流动的输入电流产生负的输出电压。

16.4.3　差分放大器(减法器)

信号处理中，常常需要从一个信号中减去另一个信号。实现此任务的一个简单电路如图16.9所示。由于没有电流流入运算放大器的输入端，所以两个输入端的电压由外部电阻形成的分压器决定，从而有

$$V_+ = V_1 \frac{R_1}{R_1 + R_2}$$

$$V_- = V_2 + (V_o - V_2)\frac{R_2}{R_1 + R_2}$$

正如在前面的电路中，负反馈迫使V_-等于V_+，因此

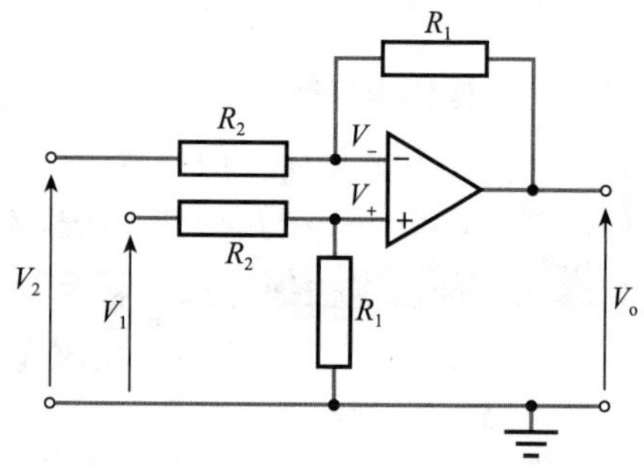

图16.9　差分放大器或减法器

$$V_+ = V_-$$

和

$$V_1 \frac{R_1}{R_1 + R_2} = V_2 + (V_o - V_2)\frac{R_2}{R_1 + R_2}$$

两边同乘以($R_1 + R_2$)可得：

$$V_1 R_1 = V_2 R_1 + V_2 R_2 + V_o R_2 - V_2 R_2$$

重新整理后可得：

$$V_o = \frac{V_1 R_1 - V_2 R_1}{R_2}$$

因此，输出电压V_o由下式给出：

$$V_o = (V_1 - V_2)\frac{R_1}{R_2} \tag{16.5}$$

输出电压是差分输入电压($V_1 - V_2$)乘以R_1与R_2的比值。如果$R_1 = R_2$，则输出直接为$V_1 - V_2$。

16.4.4　反相求和放大器(加法器)

除了从一个信号中减去另一个信号外，我们还经常需要将它们加起来。图16.10是一个简单的电路，用于将两个输入信号V_1和V_2相加。这个电路可以简单地扩展到对任意数量的信号求和，只需要添加更多的输入电阻。

电路的形式类似于 16.3.2 节的反相放大器，这里增加了一个额外的输入电阻。对于前面的电路，运算放大器的反相输入形成虚地，因此 V_- 为零。容易计算出电路中的各电流

$$I_1 = \frac{V_1}{R_2}$$

$$I_2 = \frac{V_2}{R_2}$$

$$I_3 = \frac{V_o}{R_1}$$

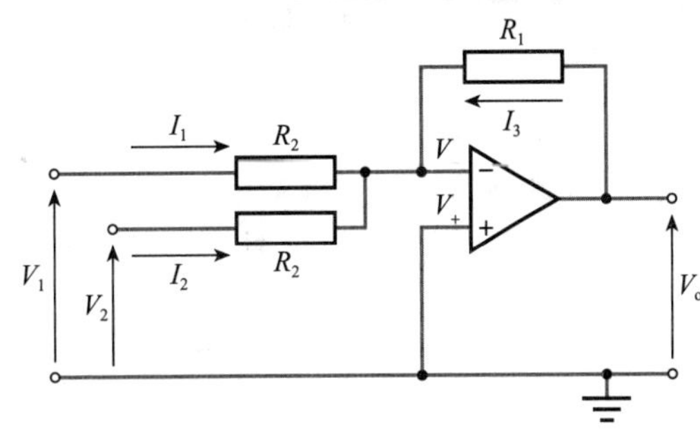

图 16.10　反相求和放大器或加法器

由于没有电流流进放大器，流入虚地的外部电流总和为零。因此

$$I_1 + I_2 + I_3 = 0$$

重新整理为

$$I_3 = -(I_1 + I_2)$$

代入各个电流的表达式

$$\frac{V_o}{R_1} = -\left(\frac{V_1}{R_2} + \frac{V_2}{R_2}\right)$$

因此，输出电压 V_o由下式给出：

$$V_o = -(V_1 + V_2)\frac{R_1}{R_2} \tag{16.6}$$

输出电压由输入电压的和(V_1+V_2)与电阻 R_1 和 R_2 的比值决定。增益表达式中的减号表示这是反相加法器。如果 $R_1=R_2$，输出就是$-(V_1+V_2)$。

该电路可以很容易地修改为多于两个的输入信号相加。使用任意数量的输入电阻，如果电阻值都等于 R_2，则输出变为

$$V_o = -(V_1 + V_2 + V_3 + \cdots)\frac{R_1}{R_2} \tag{16.7}$$

16.4.5　积分器

用电容器代替图 16.6 所示反相放大器中的 R_1 可以构成积分器电路，如图 16.11 所示。与图 16.6 一样，V_- 是虚拟接地点，到此点的电流总和为零。从而有

$$I_C + I_R = 0$$

$$I_C = -I_R = -\frac{V_i}{R}$$

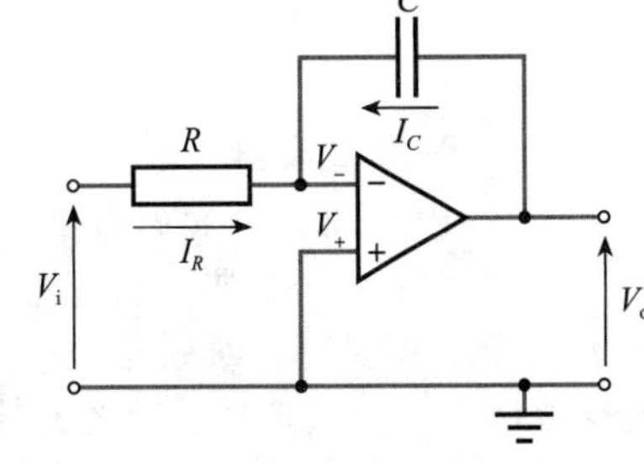

图 16.11　积分器

由于 V_- 为零，输出电压 V_o 就是电容器两端的电压。任何电容器上的电压与其电荷成正比，并与其电容成反比。反过来，电荷等于流入电容器的电流的积分。因此

$$V_o = \frac{q}{C} = \frac{1}{C}\int_0^t I_C \mathrm{d}t + 常数$$

式中的常数表示在 $t=0$ 时电容上的初始电压。如果假定初始时刻电容上没有电荷，则它的电压为零，替换式中的 I_C，可以得到：

$$V_o = -\frac{1}{C}\int_0^t \frac{V_i}{R}\mathrm{d}t$$

或

$$V_o = -\frac{1}{RC}\int_0^t V_i \mathrm{d}t \tag{16.8}$$

因此，输出电压正比于输入电压的积分，比例常数由等于 R 和 C 乘积的时间常数确定。

使用积分器后，输入中的任何直流分量被积分后会产生不断增加的输出，最终导致输出在一根电源线上饱和。这种直流分量的常见原因是输入失调电压，将在本章后面讨论。为了克服这个问题，电路通常增加一个与电容器并联的电阻来改进，以减小其直流增益。

16.4.6　微分器

交换积分器中电阻器和电容器的位置，就构成了微分电路，如图 16.12 所示。如前所述，V_-是虚拟接地点，并且到这一点的电流总和为零。

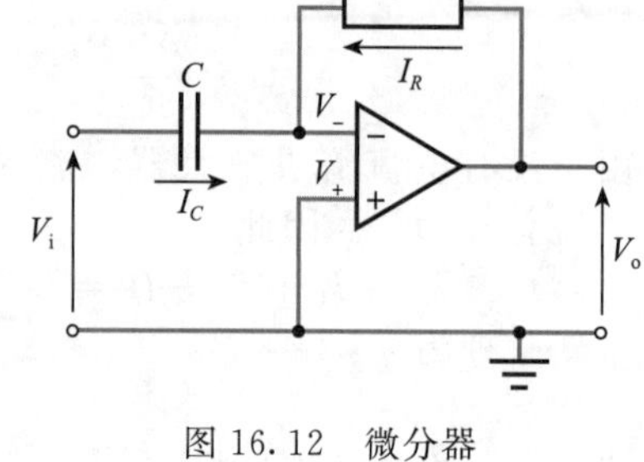

图 16.12　微分器

因此

$$I_C + I_R = 0$$

于是，

$$I_C = - I_R = - \frac{V_o}{R}$$

由于 V_- 为零，电容两端的电压就是输入电压 V_i，因此

$$V_i = \text{电容两端的电压} = \frac{1}{C}\int_0^t I_C \mathrm{d}t + \text{常数}$$

两边对 t 求导，

$$\frac{\mathrm{d}V_i}{\mathrm{d}t} = \frac{I_C}{C}$$

替换 I_C，可以得到：

$$\frac{\mathrm{d}V_i}{\mathrm{d}t} = - \frac{V_o}{RC}$$

重新整理可得：

$$V_o = - RC\frac{\mathrm{d}V_i}{\mathrm{d}t} \tag{16.9}$$

因此，输出电压与输入电压对时间的导数成正比。实际上，上面给出的电路很少得到应用，因为它极大地放大了信号中的高频噪声和不希望的尖峰，其本质上是不稳定的。增加一个与电容器串联的电阻器，可以减少噪声的放大，代价是求导的精度稍差一点。

计算机仿真练习 16.3

用仿真软件包支持的一种运算放大器，仿真 16.4 节描述的各电路。用适当的输入信号确认电路按预期工作。在电路中用不同的电阻值和电容值进行实验，并注意它们对电路工作的影响。

16.4.7　有源滤波器

在 8.13.3 节中，我们讨论了有源滤波器，并且有几种滤波器可以用运算放大器构成。

图 16.13 显示了四个滤波器，每个滤波器都是由同相放大器构成。图中的电路是双极点滤波器，但是可以级联几个这样的滤波器构成高阶滤波器。这种类型的电路称为 Sallen-key 滤波器。通过选择适当的元件值，电路可以设计成具有多种特性的滤波器，如贝塞尔(Bessel)滤波器、巴特沃斯(Butterworth)滤波器或切比雪夫(Chebyshev)滤波器。通常，级联的各级不会完全相同，通过设计使其组合构成所需的特性。在所有的结构中，如果器件值产生的 $f_0=1/(2\pi RC)$，则为巴特沃斯滤波器。元器件的其他组合可以构成其他类型的滤波器，截止频率可以略高于或略低于该值。如 16.3.1 节所述的同相放大器电路，电阻 R_1 和 R_2 定义每个电路的总体增益，增益反过来又决定了电路的 Q 值。

计算机仿真练习 16.4

用 $R=16\text{k}\Omega$，$C=10\text{nF}$，$R_1=5.9\text{k}\Omega$ 和 $R_2=10\text{k}\Omega$ 对图 16.13 中的滤波器进行仿真。画出每个电路的频率响应并注意响应的一般形状及其截止频率(指高通和低通滤波器)或中心频率(指带通和带阻滤波器)。

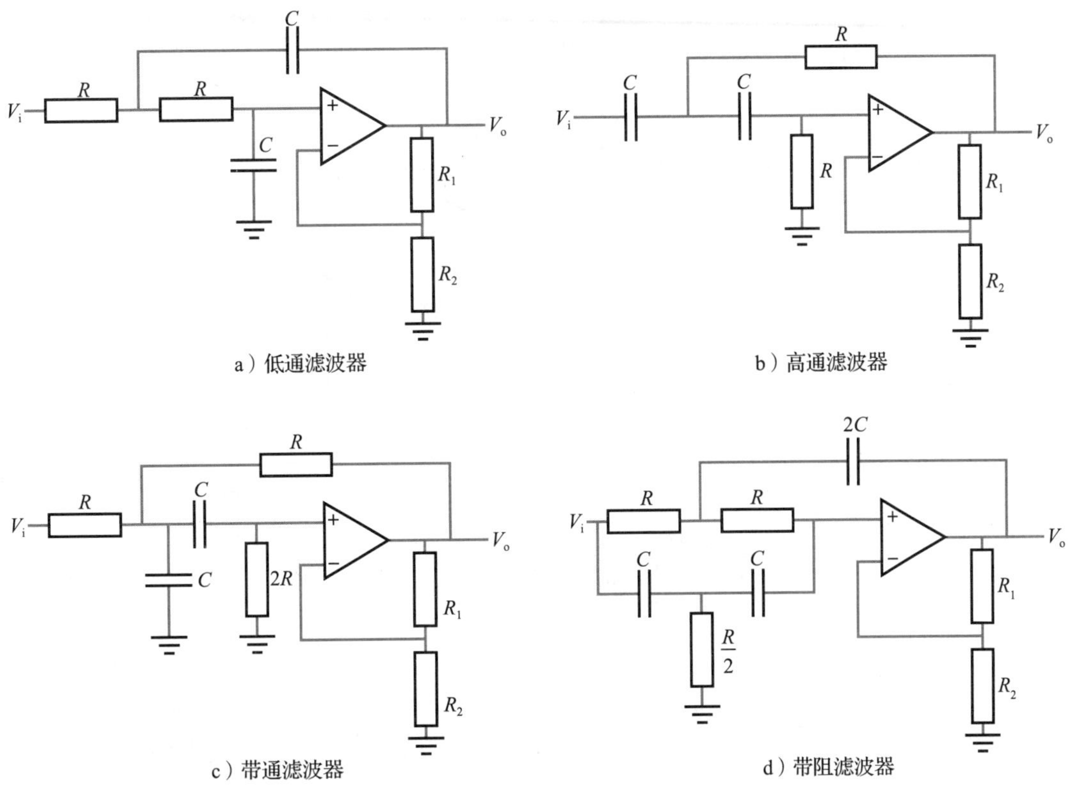

图 16.13 运放滤波器电路

16.4.8 进一步的电路

我们已经看到，仅使用少量附加元件，运算放大器就可以用来构成许多有用的电路。在后面的章节中，我们将会遇到许多实现其他功能的其他运算放大器电路。可以发现这些设计通常都很简单，同样可以直接分析。

虽然这些电路的分析通常相对简单，但在很多情况下，根本不需要分析。在很多情况下，可以简单地使用标准的样本电路，并根据需要选择适当的元件值定制电路。此时，通常只需要电路图和电路的功能与元件值的关系式(如上面的式(16.1)至式(16.9))。附录 C 给出了在一系列情况下使用的典型样本电路的一些例子。其中一些在本书中进行了讨论和分析，另一些则没有。然而，尽管有一系列标准电路可用，但是能够分析非标准或以前未知的电路是非常有用的。通常可以用常规分析技术来完成。

例 16.3 计算下面电路的电压增益。

解： 对这个图的分析与前面例子中所用的分析方法类似。如前面的电路一样，负反馈使 V_- 等于 V_+，

$$V_- = V_+$$

因为没有电流流入运放的输入端，因此，V_- 和 V_+ 由电阻构成的分压器决定。

V_- 很容易计算，可由下式得出：

$$V_- = V_o \frac{10\text{k}\Omega}{10\text{k}\Omega + 20\text{k}\Omega} = \frac{V_o}{3}$$

V_+ 的计算稍微有点复杂，因为它由两个输入电压决定。应用叠加原理，我们知道 V_+ 的电压等于两个输入电压分别加到输入端时所产生的电压之和。

如果在 V_2 被置为 0 时单独施加 V_1，那么连接到 V_2 的电阻有效地接地，与从 V_+ 到地

之间已有的 10kΩ 电阻并联。因此，

$$V_+ = V_1\frac{10\text{k}\Omega \mathbin{/\!/} 10\text{k}\Omega}{10\text{k}\Omega \mathbin{/\!/} 10\text{k}\Omega + 10\text{k}\Omega} = V_1\frac{5\text{k}\Omega}{5\text{k}\Omega + 10\text{k}\Omega} = \frac{V_1}{3}$$

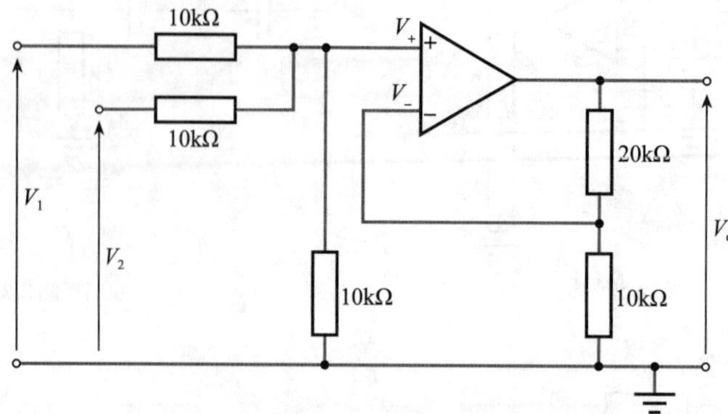

如果现在 V_1 被置为 0 时单独施加 V_2，由于电路的对称性，显然，

$$V_+ = V_2\frac{10\text{k}\Omega \mathbin{/\!/} 10\text{k}\Omega}{10\text{k}\Omega \mathbin{/\!/} 10\text{k}\Omega + 10\text{k}\Omega} = V_2\frac{5\text{k}\Omega}{5\text{k}\Omega + 10\text{k}\Omega} = \frac{V_2}{3}$$

因此，如果两个输入电压同时施加到输入端，可以得到：

$$V_+ = \frac{V_1}{3} + \frac{V_2}{3}$$

由于

$$V_- = V_+$$

可得：

$$\frac{V_o}{3} = \frac{V_1}{3} + \frac{V_2}{3}$$

和

$$V_o = V_1 + V_2$$

因此，电路是同相加法器。这个电路可以扩展到任意多个输入(见附录 C)。◀

计算机仿真练习 16.5

用仿真软件包支持的一种运算放大器，仿真并研究例 16.3 的电路。用适当的输入信号，确认电路按预期工作。

在上面讨论的多种电路中，电路的功能通常取决于元器件的相对值而不是绝对值。例如，反相放大器电路中，增益由 R_1 与 R_2 的比值决定。这表明，只要电阻的比值适当，我们就可以任意地选择电阻的值。如果在电路中使用的是理想运算放大器，那么这个结论就是正确的。但是，对于实际器件，对器件值的选择会受限制。为了理解这些限制，我们需要了解一些实际器件的性质。

16.5　实际的运算放大器

在 16.2 节中，我们研究了理想运算放大器的特性。推导出理想器件要有无穷大的电压增益、无穷大的输入电阻和零输出电阻。

实际的运算放大器满足不了这些要求，弄明白物理器件的局限性及其如何影响物理电路的设计和性能很重要。在本节中，我们将讨论运算放大器的各种特性，并与理想的运算放大器进行比较。

将实际的运算放大器和理想的运算放大器相比较，要面对的一个问题是，有很多种运算放大器，而且不同的运算放大器特性差别很大。大家最熟悉的一种通用运算放大器是 741，它是最早广泛使用的运算放大器之一，还远不是最先进的。但既然大家都熟悉它，可将现代的运算放大器与 741 比较，来判断特性。当研究运算放大器和用运算放大器做实验时，由于 741 非常便宜，并且在几乎所有的电路仿真包中都建有模型，因此用起来很方便。在很多情况下，741 的性能和特性完全能够达到预期的结果。但是，在实际工业中，更常见的是用定制的器件。例如，有些运算放大器被优化以用于低功耗的应用，另一些器件设计成低噪声器件。

显然，运算放大器的特性是由实现电路决定的，很多电路技术都可以用于实现一些特征。741 使用的是双极型晶体管，而另一些器件使用场效应晶体管(FET)。第三种运算放大器使用两种晶体管的组合，称为双极型场效应晶体管(BiFET)或双极金属氧化物半导体(BiMOS)器件。在后面的章节中，我们将讨论双极型和场效应晶体管的特性，并介绍在运算放大器中使用的一些电路技术。现在，我们先不讨论器件的实现，而仅研究其外部特征。在这里，我们先了解通用器件的特点，如 741，同时考虑其他器件的性能范围。

16.5.1　电压增益

大多数运算放大器的增益为 100～140dB(电压增益为 10^5～10^7)。741 的增益大概为 106dB(电压增益为 2×10^5)，而有些器件的增益可达 160dB(电压增益为 10^8)甚至更高。显然增益不是无穷大的，但在多数情况下已经足够大了，增益的限制不会影响电路的工作。然而，尽管增益很大，但是通常会有很大的变化。对于不同的器件增益通常会产生很大的变化，而且还会随温度发生变化。

16.5.2　输入电阻

741 典型的输入电阻为 2MΩ，但是对于不同的器件变化也很大，甚至可能小到 300kΩ。对于现代的运算放大器来说，这个值是很小的，对于用双极型晶体管制作的器件(像 741 一样)，输入电阻为 80MΩ 甚至更大的器件并不罕见。在很多应用中，该值与源端电阻相比非常大，并且可以认为大到可以忽略负载效应。在需要更大输入电阻的应用中，通常在其输入级使用场效应晶体管(FET)，其典型输入电阻约 10^{12} Ω。此时，负载效应可以忽略。场效应晶体管和双极型晶体管将在后面讨论(见第 18 章和第 19 章)。

16.5.3　输出电阻

741 的典型输出电阻为 75Ω，是双极型晶体管运算放大器的典型值。一些低功耗器件的输出电阻更高，可高达几千欧姆。通常器件能提供的最大电流比器件的输出电阻更重要。741 能提供 20mA 的电流，用于通用运算放大器时的典型值为 10～20mA。特殊的大功率器件可以提供 1A 甚至更大的输出电流。

16.5.4　输出电压范围

运算放大器的电压增益为几十万倍，如果给运算放大器的输入施加 1V 电压，其输出似乎应该很清楚。但是，实际上输出电压受到供电电压的限制。大多数基于双极型晶体管的运算放大器(如 741)产生的最大输出电压摆幅略小于两个电源电压之间的差值。例如，连接到＋15V 的正电源和－15V 的负电源的放大器(典型的电路)可产生约－13V～＋13V 的输出电压。基于场效应晶体管的运算放大器产生的输出电压摆幅通常可以非常接近两个电源电压，因此它们通常称为(满摆幅)“轨到轨”器件。

16.5.5　电源电压范围

尽管通常可以提供大范围的电源电压，但运算放大器的典型电路使用＋15V 和－15V 的电源电压。例如，741 的电源电压可以是±5V 至±18V，这是相当典型的。有些器件允许使用更高的电压——可高达±30V，而另一些器件则用于低电压工作——可低至±1.5V。

很多放大器允许使用单电源工作，这在有些应用中会更方便。尽管有工作电压小至 1V 甚至更小的器件，但是单电源器件典型的工作电压范围为 4～30V。

16.5.6 共模抑制比

理想的运算放大器不会响应共模信号。实际上，尽管好的运算放大器的共模影响非常小，但是所有运算放大器都会受到共模电压的轻微影响。用于衡量器件忽视共模信号的能力的是共模抑制比或CMRR，即差模信号的响应与共模信号的响应的比值，通常用分贝表示。

通用运算放大器的CMRR典型值为80～120dB。高性能器件可以达到160dB甚至更高。741的CMRR典型值为90dB。

16.5.7 输入电流

为了使运算放大器正常工作，每个输入端都需要小的输入电流。该电流称为输入偏置电流，由外部电路提供。偏置电流的极性取决于放大器中的输入电路，在大多数情况下其值极小，可以忽略。

双极型运算放大器中输入电流的典型值为几微安到几纳安甚至更小。741通常为80nA。基于FET的运算放大器的输入偏置电流更小，通常为几皮安，甚至可能小于1飞安(10^{-15}A)。

16.5.8 输入失调电压

如果放大器的输入电压为零，那么输出也为零。但一般来说并不会这样。电路中的晶体管和其他元器件不是精确匹配的，通常存在轻微的误差，其作用就像一个电压源加到输入端，这就是输入失调电压V_{ios}，定义为使输出为零时输入端所施加的电压。

大多数运算放大器的输入失调电压通常为几百微伏到几毫伏。对于741，典型值为2mV，这看起来并不大，但是，这是加到输入端的电压，因此，要乘以放大器的增益。幸运的是，失调电压近似恒定，因此可以通过从输入中减去合适的电压来减小其影响。与许多运算放大器一样，741有引脚可以用外部电位器将失调量“调整”为零。有些运算放大器在制造时用激光修正，失调电压非常低，不需要手动调节。但是，输入失调电压随着温度变化——每摄氏度有几微伏的变化，通常不可能仅靠修正就完全消除它的影响。

16.5.9 频率响应

运算放大器没有下限截止频率，因此前面提到的增益是放大器的直流增益。

所有放大器都有上限截止频率(如14.7节所述)，运算放大器需要非常高的截止频率。实际情况并非如此，在许多器件中，增益在几赫兹以上就会开始下降。图16.14显示了741运算放大器的典型频率响应。

放大器的增益幅度仅从零到几赫兹是恒定的。频率增大后其增益线性下降，在约1MHz时达到单位增益。此后，增益下降得更快。设计人员有意引入上限截止频率，确保系统的稳定性。我们将在第23章讨论稳定性的问题。

运算放大器的频率范围通常由增益降至1时的频率(称之为特征频率f_T)或其单位增益带宽来描述。后者是增益大于单位增益的带宽，很明显，对于运算放大器，这两个量是相等的。从图16.14可以看出，741的f_T大约为1MHz。其他通用运算放大器f_T的典型值从几百千赫兹到几十兆赫兹不等。但高速器件的f_T可达几吉赫兹。

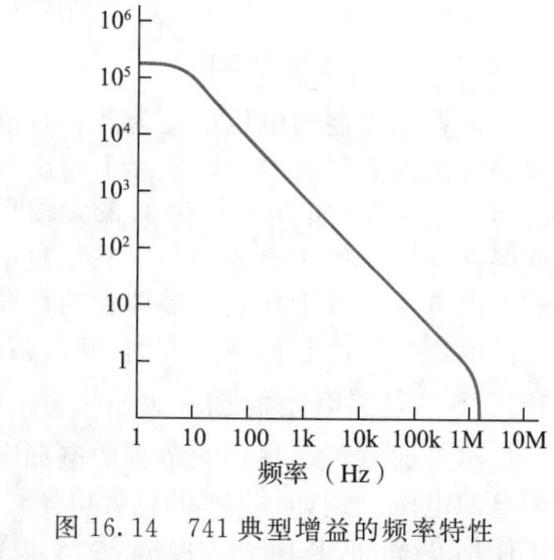

图16.14 741典型增益的频率特性

16.5.10 压摆率

虽然带宽决定了运算放大器响应快速变化的小信号的能力，但是当使用大信号时，通常压摆率是限制因素。压摆率是输出电压可以改变的最大速率，通常为每微秒几伏。当放大器需要输出大幅度的方波或脉冲波时，压摆率的影响最为明显。信号不是从一个值到另一个值快速地转换，而是在两个值之间有一个过渡的变化，变化率由压摆率确定。压摆率的限制也会影响大幅度高频率的正弦信号或其他模拟信号。

16.5.11 噪声

所有运算放大器都会使通过的信号带上噪声。噪声是从很多途径产生的，具有不同的频率特性。一些本质上是白噪声，意味着在所有频率处噪声的功率密度相等(即，给定带宽内的噪声功率在所有频率上相等)。其他噪声在某些频谱处的功率比其他频谱处大。因此，如果不指定器件使用的频率范围，难以准确地描述给定器件的噪声性能。显然，由于噪声会出现在所有的频率上，因此，检测到的噪声量取决于测量的带宽。制造商通常给出噪声电压除以测量带宽的平方根的指标。

低噪声运算放大器的噪声电压约 $3\text{nV}/\sqrt{\text{Hz}}$。通用器件的噪声电压可能会高出几个数量级。我们将在第 22 章中更详细地讨论噪声。

16.6 运算放大电路元件值的选择

在本章前面，我们推导出了一系列运算放大器电路的增益。这种分析假设使用的是理想的放大器，得到的表达式简单，通常涉及电路元件值的比。这意味着元件的绝对值并不重要。用 1Ω 和 10Ω、1kΩ 和 10kΩ 或 1GΩ 和 10GΩ 的电阻器构成增益为 10 的反相放大器都是可以的。如果使用的是理想的运算放大器，则是正确的，但如果使用实际的运算放大器，肯定是不行的。

在分析中，假设运算放大器有无穷大的增益、无穷大的输入电阻和零输出电阻。但从上一节的讨论中，我们知道对于实际的运算放大器是不正确的。因此，为了使我们的分析能够代表真实电路工作的合理模型，需要选择外部元件使计算过程中所做的假设都合理。因此，我们需要依次讨论每一个假设，看看它们对电路设计的限制。

第一个假设是，运算放大器的增益是无穷大的。当假设运算放大器的输入电压为零时，使用了这个假设。我们知道有效负反馈的一个要求是闭环增益必须远小于开环增益(如第 15 章所述)。换句话说，具有反馈的完整电路的增益必须远小于没有反馈的运算放大器的增益。

第二个假设是运算放大器的输入电阻是无穷大的。根据这个假设，我们假设运算放大器的输入电流为零。假定流过外部元件的电流与流入运算放大器的电流相比很大，这个假设是合理的近似。假定外部电路的电阻远小于运算放大器的输入电阻，这个假设是正确的。

最后的假设是运算放大器的输出电阻为零。根据这个假设，我们假设没有负载效应。如果外部电阻远大于运算放大器的输出电阻，则这个假设是合理的。

因此，以下情况成立时，三个假设是合理的：

- 电路的增益比运算放大器的开环增益小得多；
- 与运算放大器的输入电阻相比，外部电阻小得多；
- 与运算放大器的输出电阻相比，外部电阻大得多。

从上一节我们知道，运算放大器的增益大于 10^5，因此，假如整个电路的增益比运算放大器的增益小得多，则假设运算放大器的增益为无穷大是合理的。因此，应该将电路的增益限制在 10^3 或更小。

双极型运算放大器的输入电阻的典型值为 1～100MΩ，输出电阻的典型值为 10～100Ω。因此，使用这种器件的电路，电阻范围可以为 1～100kΩ。

基于 FET 的运算放大器的输入电阻高达 10^{12}Ω 甚至更高。因此，如果需要，使用这种器件的电路可以使用 1MΩ 甚至更大的电阻。然而，在所有的运算放大器电路中，通常用 1～100kΩ 的电阻效果较好。

计算机仿真练习 16.6

用 741 运算放大器仿真例 16.1 中的同相放大器，并测量其增益。修改电路，将 R_1 替换为 24Ω，R_2 替换为 1Ω，再次测量其增益。重复这个练习，使用 24MΩ 和 1MΩ 的电阻分别替换 R_1 和 R_2，确认上面给出的规则。对例 16.2 的反相放大器重复该仿真。

16.7 反馈对运算放大器电路的影响

我们知道使用负反馈对放大器几乎所有的特性都有显著影响(如第 15 章所述)。本章讨论的所有电路都使用负反馈，因此简要地分析一下负反馈对电路工作的各个方面的影响。

16.7.1 增益

负反馈使放大器的增益从 A 减小为 $A/(1+AB)$。因此，增益降低了 $1/(1+AB)$。假如开环增益远大于闭环增益，负反馈降低了增益，但使增益稳定为约 $1/B$。

我们已经看到使用负反馈带来的一个额外的好处是简化了设计过程。可以使用标准样本电路，且可以分析这些电路而不需要考虑运算放大器本身的详细工作原理。

16.7.2 频率响应

在第 15 章，我们讨论了负反馈对放大器的频率响应和带宽的影响。那时，我们注意到虽然负反馈使放大器的增益比开环增益降低了，但保持放大器的闭环增益恒定，增加了带宽。

视频 16C

负反馈对典型运算放大器 741 的影响如图 16.15所示。图中显示了没有反馈时的频率响应(开环响应)和不同反馈时的放大器响应。没有反馈，放大器的增益约为 2×10^5，带宽约为 5Hz。如果使用反馈使增益减少到 1000，那么带宽会增加到约 1kHz。将增益减小到 100，带宽会增加到约 10kHz，当增益减少到 10 时，带宽会增加到约 100kHz。可以看出，这证明了第 15 章讨论过的关系：在很多情况下

$$\text{增益}\times\text{带宽}=\text{常数} \qquad (16.10)$$

此时，增益带宽积约为 10^6 Hz。注意运算放大器的增益在约 10^6 Hz 处下降到单位增益，因此，此时的增益带宽积等于单位增益带宽。

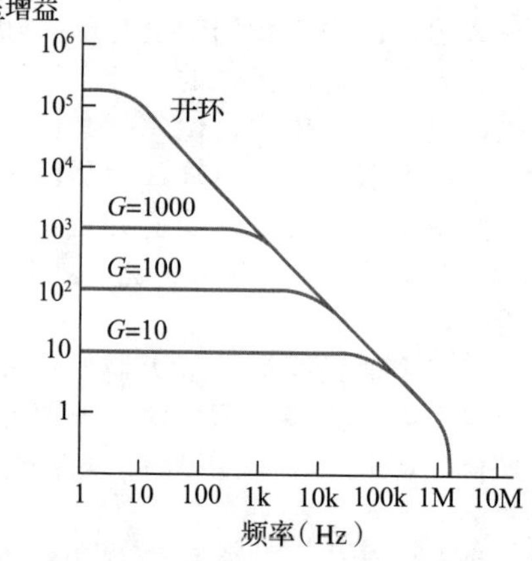

图 16.15　有反馈时 741 的增益相对于频率特性的关系

例 16.4 用 741 运算放大器构成音频放大器。如果放大器必须有 20kHz 的带宽，电路能达到的最大增益是多少？

解：对于 741，

$$\text{增益}\times\text{带宽}=10^6$$

因此，如果带宽要求为 2×10^4，那么最大增益为

$$\text{增益}=\frac{10^6}{\text{带宽}}=\frac{10^6}{2\times10^4}=50$$ ◀

高速运算放大器的单位增益带宽可以达到吉赫兹以上，可以构成宽带、高增益的放大器。但是，不是所有的运算放大器的频率响应都如图 16.15 所示，那么其增益和带宽之间的关系也并不那么简单。

计算机仿真练习 16.7

仿真基于 741 运算放大器的增益为 10 的同相放大器，绘制其频率响应，并且测量它的带宽。修改电路，使电路增益为 1 和 100，再重复上述仿真。对所有的情况，计算增益和带宽的积，并检验式(16.10)，比较增益带宽积和单位增益带宽。

16.7.3　输入电阻和输出电阻

负反馈既可以增大电路的输入和输出电阻，也可以减少电路的输入和输出电阻(如 15.6.3 节所述)。电阻变化的因子为$(1+AB)$。增益降低的因子也是$(1+AB)$，因此该表达式的值可以用开环增益除以闭环增益求出。例如，如果用开环增益为 2×10^5 的运算放大器构成增益为 100 的放大器，那么$(1+AB)$一定等于 $2\times10^5/100=2\times10^3$。注意当使用负反馈时，因子$(1+AB)$总是正的。如果用运算放大器构成增益为$-100$ 的反相放大器，可以使用增益为-2×10^5 的运算放大器结构，因此$(1+AB)$如前所述，等于$-2\times10^5/-100=2\times10^3$。

为了确定反馈使输出电阻增大还是减少，我们需要讨论是否使用输出电压或输出电流来确定反馈量。在本章所讨论的所有电路中，正是使用输出电压来确定反馈，因此，在所有情况下，反馈减小了输出电阻。

为了确定输入电阻是增大还是减小了，我们需要确定在输入端被减的是电压还是电流。在 16.3.1 节的同相放大器中，从输入电压中减去一个电压形成运算放大器的输入。因此，在该电路中，反馈使输入电阻增大了$(1+AB)$倍。在 16.3.2 节的反相放大器中，从输入电流中减去一个电流，输入到运算放大器的输入端。因此，反馈减小了输入电阻。在该电路中，电阻 R_2 从输入端连接到虚地。因此，输入电阻就等于 R_2。

当考虑其他电路时，需要查看反馈量和从输入中减去的量来确定反馈对输入和输出电阻的影响。

例 16.5　假设运算放大器是 741，求出右图所示电路的输入电阻和输出电阻。

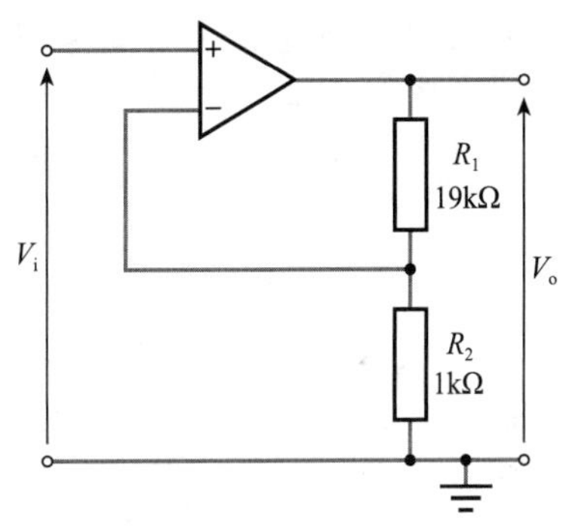

解：741 的开环增益的典型值为 2×10^5，例题电路的闭环增益为 20，因此$(1+AB)=2\times(10^5/20)=10^4$。

741 的输出电阻的典型值约为 75Ω，在电路中，反馈量是输出电压。因此，反馈使输出电阻减小了 $1/(1+AB)$，等于 $75/10^4=7.5(\text{m}\Omega)$。

741 的输入电阻的典型值约为 2MΩ，在电路中，从输入电压中减去反馈电压。因此，反馈使输入电阻增加了$(1+AB)$倍，变为 $2\times10^6\times10^4=2\times10^10=20(\text{G}\Omega)$。◀

例 16.6　假设运算放大器是 741，求出右图所示电路的输入电阻和输出电阻。

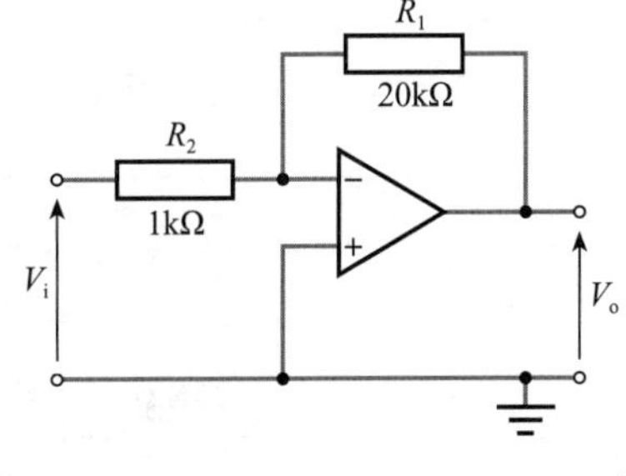

解：741 的开环增益的典型值为 2×10^5，电路的闭环增益为 20，因此$(1+AB)=2\times(10^5/20)=10^4$。

741 的输出电阻的典型值约为 75Ω，电路中，反馈量是输出电压。因此，反馈使输出电阻减小了 $1/(1+AB)$，等于 $75/10^4=7.5(\text{m}\Omega)$。

741 的输入电阻的典型值约为 2MΩ，电路中，从输入电流中减去反馈电流。因此，反馈使输入电阻减小了。在这种情况下，输入端通过电阻 R_2 连接到虚地，因而输入电阻等于 R_2，等于 1kΩ。◀

例 16.5 和 16.6 说明反馈可以对电路特性产生很大的影响。由于输入电阻和输出电阻的关系，运算放大器是一个很好的电压放大器，加上反馈后，运算放大器的电压放大器性能更优越。最引人注目的是 16.4.1 节的缓冲放大器，其中反馈产生很高的输入电阻及很低的输出电阻，因此可以忽略负载效应。用例 16.7 加以说明。

例 16.7　假设运算放大器是 741，求出右下图所示电路的输入电阻和输出电阻。

解：741 的开环增益的典型值为 2×10^5，并且电路的闭环增益为 1，因此$(1+AB)=$

$2\times10^5/1=2\times10^5$。

741 的输出电阻的典型值约为 75Ω，在电路中，反馈的是输出电压。因此，反馈使输出电阻减小了 $1/(1+AB)$，等于 $75/(2\times10^5)\approx400(\mu\Omega)$。

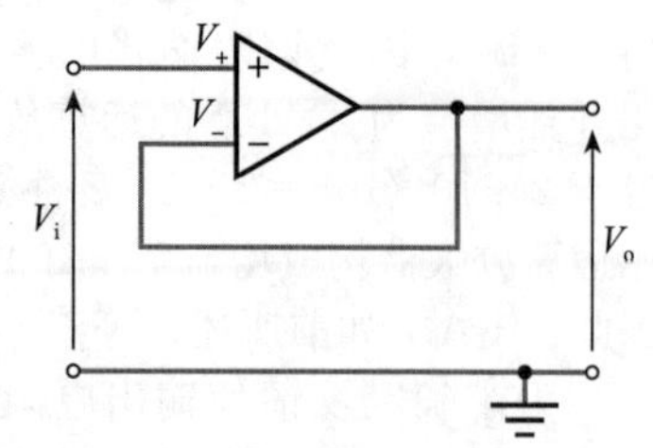

741 的输入电阻的典型值约为 2MΩ，电路中，从输入电压中减去反馈电压。因此，反馈使输入电阻增加了 $(1+AB)$ 倍，变为 $(2\times10^6)\times(2\times10^5)=4\times10^{11}=400(\text{G}\Omega)$。

虽然负反馈可以极大地改善电路的输入电阻和输出电阻，但时，电阻的改善是以损失增益为代价的。由于运算放大器的开环增益随频率变化（如图 16.14 所示），所以输入电阻和输出电阻也随频率变化。上面的计算和各例子使用了运算放大器的低频开环增益，因此，所得到的值代表在很低频率时的电阻。随着频率的增加，运算放大器的增益下降，由反馈带来的对电路的改善会减弱。

16.7.4　稳定性

虽然在应用时，负反馈可以改变运算放大器的特性，但其也会对电路的稳定性产生影响。第 23 章会再讨论稳定性。

进一步学习

虽然我们经常要解决的任务是设计能完成特定功能的电路，但是能够分析给定的电路，求得电路的特性，也是非常有用的。

分析下面的电路，分析每种电路的功能及输入与输出的关系。

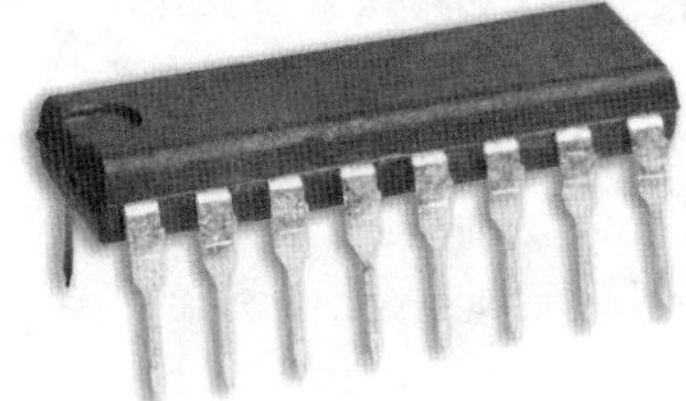

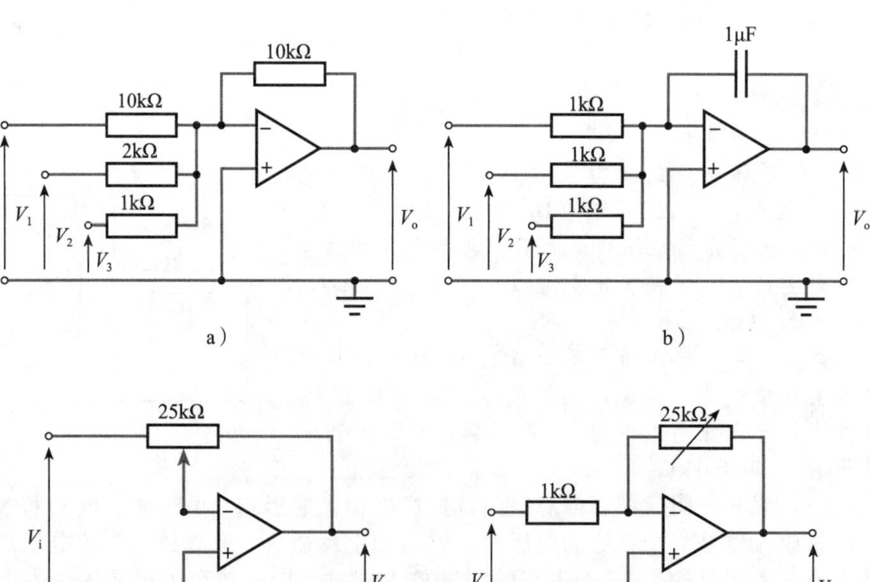

a)　b)　c)　d)

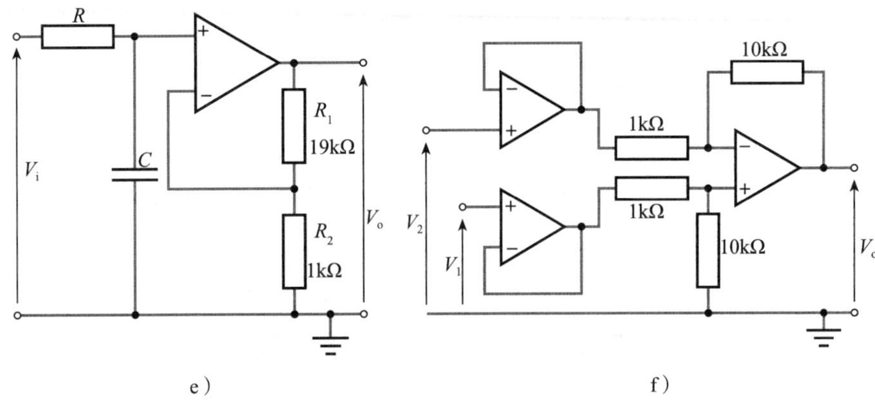

e)　　　　f)

关键点

- 运算放大器是电子电路中使用最广泛的模块之一。
- 运算放大器是小型的集成电路，典型的塑料封装通常包含一个或多个运算放大器。
- 尽管电源经常在电路图中省略，但运算放大器一定要连接电源(通常为＋15V 和－15V)才能工作。
- 理想运算放大器的电压增益为无穷大，输入电阻为无穷大，输出电阻为零。
- 设计人员经常基于大量标准样本电路进行电路设计。如果假设使用的是理想运算放大器，那么对所设计的电路分析会非常简单。
- 标准电路可以用于多种形式的放大器、缓冲器、加法器、减法器和许多其他的功能电路。
- 实际的运算放大器有几个非理想的特性。然而，如果选择的元件值合适，非理想因素应该不会影响标准样本电路的工作。
- 当用运算放大器设计电路时，通常使用阻值为 1～100kΩ 的电阻。
- 反馈可以牺牲增益而增大带宽。
- 反馈能够改善运算放大器的特性，适应特定的应用。我们可以使用反馈来解决运算放大器增益变化的问题，也可以根据我们的要求增大或减小输入电阻和输出电阻。

习题

16.1　集成电路的意思是什么？

16.2　解释用于集成电路封装的缩写词 DIL 和 SMT。

16.3　运算放大器的正负电源电压的典型值分别是多少？

16.4　概述理想运算放大器的特性。

16.5　画出理想运算放大器的等效电路。

16.6　求出下面电路的增益。

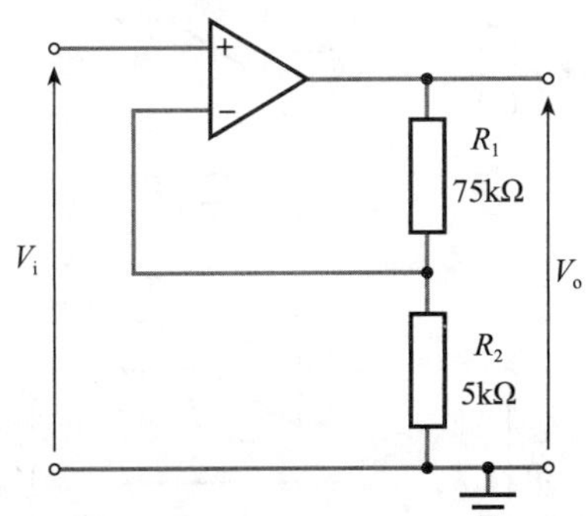

16.7　画出增益为 30 的同相放大器的电路图。

16.8　利用电路仿真研究习题 16.7 的方案。用仿真软件包支持的一种运算放大器，施加 100mV 的直流输入电压，确认电路能按预期工作。

16.9　求出下面的电路的增益。

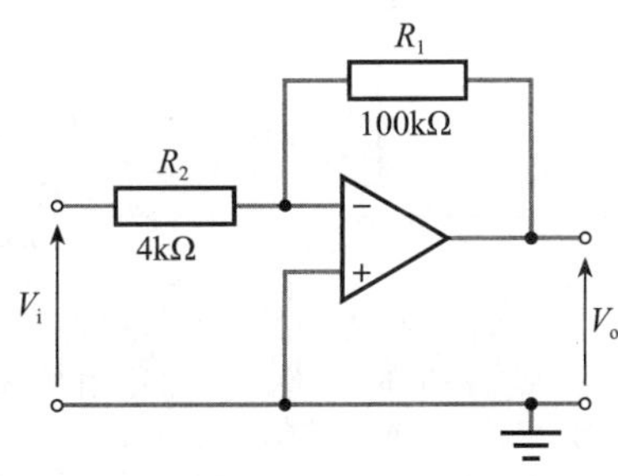

16.10　画出增益为－30 的反相放大器的电路图。

16.11　利用电路仿真研究习题 16.10 的方案。用仿真软件包支持的一种运算放大器，施加一个 100mV 的直流输入电压，确认电路能按预期工作。

16.12　画出有 V_A 和 V_B 两个输入信号且能产生 $10(V_B-V_A)$ 输出的电路。

16.13　画出有 V_1～V_4 四个输入信号，能产生 $-5(V_1+V_2+V_3+V_4)$ 输出的电路。

16.14　根据输入电压 V_1 和 V_2 推导下面电路的输

出 V_o 的表达式，并因此确定如果 $V_1=1V$ 和 $V_2=0.5V$ 时输出电压的值。

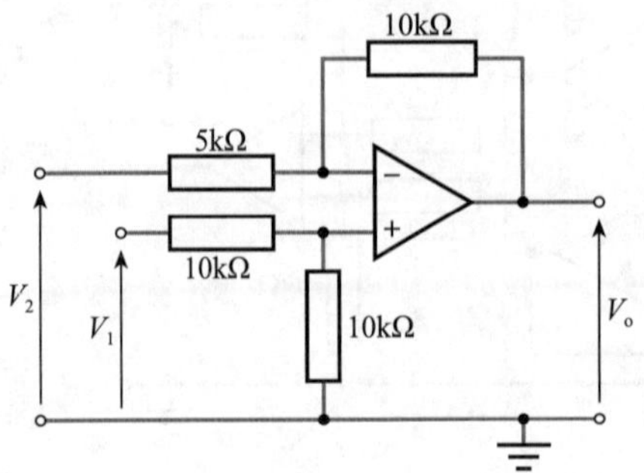

16.15　输入电压为 V_1 和 V_2，推导下面电路的输出电压 V_o 的表达式，如果 $V_1=1V$、$V_2=0.5V$，求出输出电压的值。

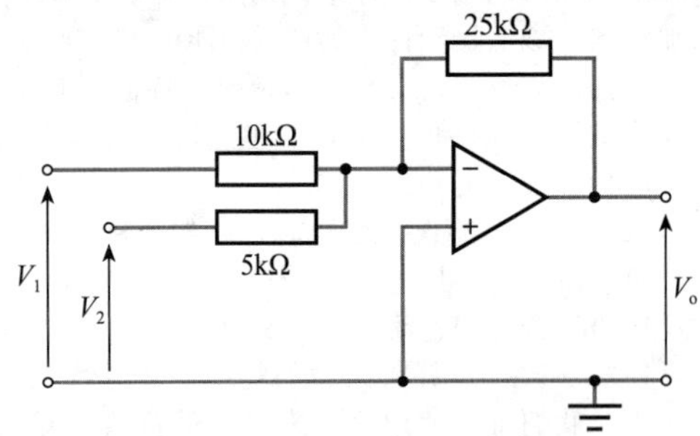

16.16　输入电压为 V_1、V_2、V_3，推导下面电路的输出 V_o 的表达式。

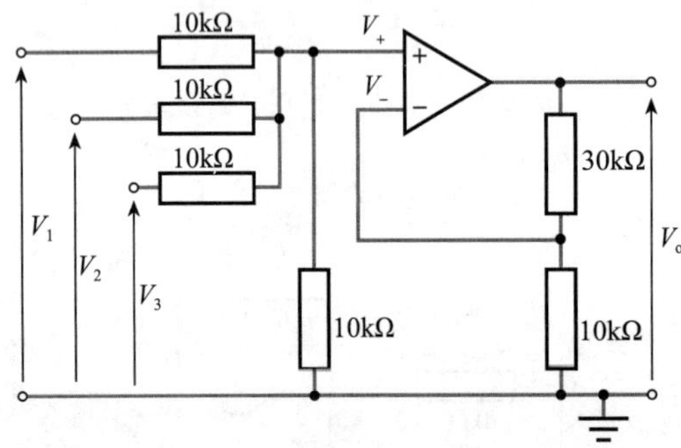

16.17　用仿真软件包支持的一种运算放大器仿真习题 16.16 的电路。施加适当的输入信号，证明前面的答案是正确的。

16.18　通用运算放大器的开路电压增益、输入电阻和输出电阻的典型范围是多少？

16.19　通用运算放大器电源电压的典型范围是多少？

16.20　共模抑制比是什么意思？通用运算放大器的共模抑制比的典型值是多少？

16.21　解释“输入偏置电流”。

16.22　解释“输入失调电压”，并给出典型值。如何减小输入失调电压的影响？

16.23　画出运算放大器 741 的典型频率响应。其上限截止频率和下限截止频率分别是多少？

16.24　给出运算放大器 741 增益带宽积的典型值，其与单位增益带宽有什么关系？

16.25　如果用 741 构建一个增益为 25 的放大器，电路带宽的典型值是多少？

16.26　运算放大器的压摆率是什么意思？其典型值是多少？

16.27　通常可以用于基于双极型运算放大器电路的电阻值范围是多大？

16.28　假定下面的每个电路都是由开环增益为 10^6、输入电阻为 $10^6\Omega$、输出电阻为 100Ω 的运算放大器组成，估算电路在低频时的增益、输入电阻和输出电阻。

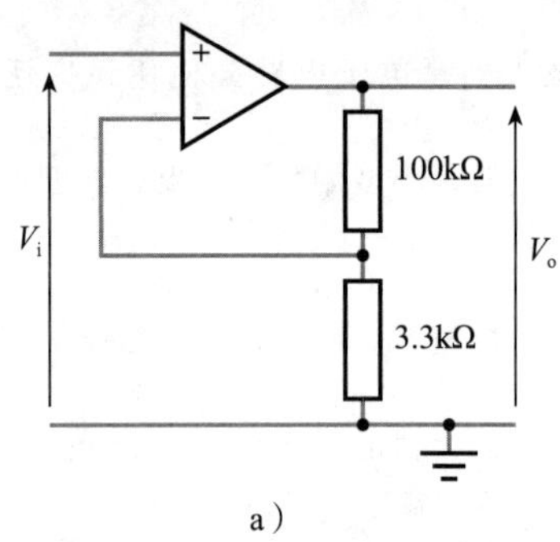

a）

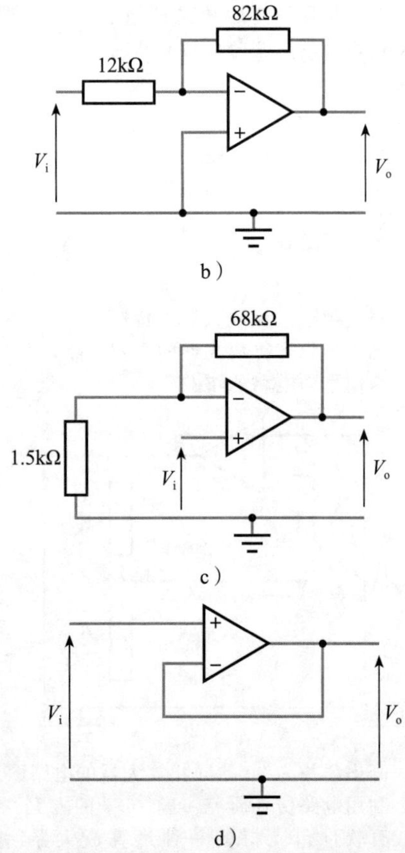

b）

c）

d）

第17章 半导体和二极管

目标

学完本章内容后，应具备以下能力：

- 解释电路中二极管的基本功能，描述理想二极管的特性
- 描述导体、绝缘体和半导体的电特性
- 讨论半导体材料的掺杂和半导体二极管的结构
- 描述典型二极管的特性，并画出其电流-电压特性图
- 概述几种专用半导体器件的用途，包括齐纳二极管、隧道二极管和变容二极管
- 利用半导体二极管特性设计多种电路

17.1 引言

到目前为止，我们考虑的都是“黑盒”放大器和运算放大器，还没有了解系统中关键器件的工作细节。在很多应用中，我们可以忽略这些器件的内部工作情况，仅仅用它们的外部特性就可以了。但在有些时候，我们必须了解系统中有源器件的构造，从而洞察其特性和工作情况。

大部分现代电子系统都是基于半导体器件的，如二极管和晶体管。在本章，我们将了解半导体材料的性质，并分析其在二极管中的应用。然后，在后续章节中进一步了解晶体管。

17.2 固体的电学性质

固体材料按照其电学性质可以分为三类：

- 导体
- 绝缘体
- 半导体

材料的原子结构尤其是原子外层轨道的电子分布决定了三类材料的不同特性。最外层的电子称为价电子，在决定材料的许多特性中起主要的作用。

17.2.1 导体

导体，比如铜或者铝，在温度高于绝对零度的时候有大量的自由电子。自由电子是由原子最外层轨道上受到很弱束缚的“价”电子形成的。如果将一个电场加在导体材料上，电子就会流动，形成电流。

17.2.2 绝缘体

在绝缘材料中，比如聚乙烯，其价电子被紧紧地束缚在原子的原子核上，只有极少数价电子能够突破束缚，自由导电。如果在这种材料上施加电场，因为几乎没有可移动的载流子，所以不能产生电流。

17.2.3 半导体

在非常低的温度下，半导体和绝缘体的性质一样。然而，在较高的温度上，半导体材料中的一些电子就可以自由移动，材料的性质与导体一样，虽然比较弱。不过，半导体有一些有利的特性，与导体和绝缘体都不同。

17.3 半导体

半导体材料具有令人感兴趣的电特性，使其在电子器件的生产中非常有用。制作电子器件最常用的半导体材料是硅，也会用锗，还会用一些特殊材料，比如砷化镓。许多金属氧化物都具有半导体的性质(例如，氧化锰、氧化镍和氧化钴)。

17.3.1 纯半导体

温度在绝对零度附近，半导体的价电子被紧紧地束缚到原子核上，此时的半导体材料与绝缘体的性质一样。观察典型半导体的结构可以理解为什么会产生这种效果。图 17.1 所示为一个硅晶体的二维示意图。硅是一种四价材料，有四个价电子。每个原子的最外层电子层最多可以容纳八个电子，当最外层完全填充时，原子是最稳定的。在一个纯硅晶体中，每一个原子与其四个相邻原子共享价电子，这样每个原子都有共享的八个价电子，而不是独占四个价电子。这是一个很稳定的结构，这种结构在其他材料中也有，比如钻石。这种原子键合的方法称为共价键。

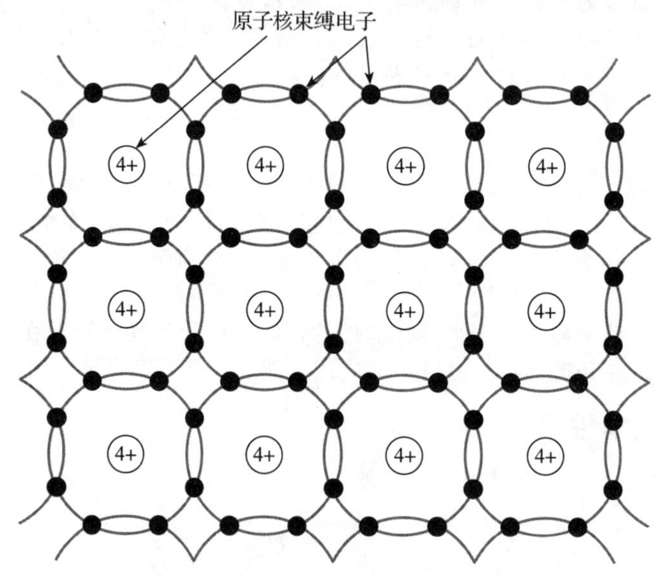

图 17.1　硅的原子结构

在低温时，半导体材料中价电子的束缚很紧，没有自由电子可以导电，如同上面讨论过的绝缘体的性质一样。然而，随着温度的升高，晶格的热振动导致某些键被打破，产生了一些自由电子可以在整个晶体中移动。电子移动的同时也产生了空穴，空穴可以从相邻的原子接受电子，因此空穴也会移动。电子是负电荷载流子，会逆着外加电场的方向移动，产生电流。缺失电子而产生的空穴，相当于正电荷载流子，会按照外加电场的方向移动，同样会产生电流。这一过程如图 17.2 所示。

在室温下，纯净硅中产生的电荷载流子是很少的，因此是一个不良导体。这种导电称为本征导电。

17.3.2 掺杂

在半导体中加入少量杂质可以显著地影响其特性。这个过程称为掺杂。特别令人感兴趣的是适合于半导体晶格的杂质，有不同数量的价电子。这种杂质的一个例子是磷用在硅中。磷是一种五价的材料，也就是说，磷原子的最外层电子层有五个价电子。当一个磷原子加到硅的晶格中，它的四个价电子就被前面所描述过的共价键紧紧地束缚住。然而，第五个电子只受到很弱的束缚，因此可以自由地在晶格内移动并形成电流。像磷这样的材料称为施主杂质，因为它可以提供一个额外的自由电子。含有这种杂质的半导体称为 n 型半导体，因为它们有负的自由电荷载流子。

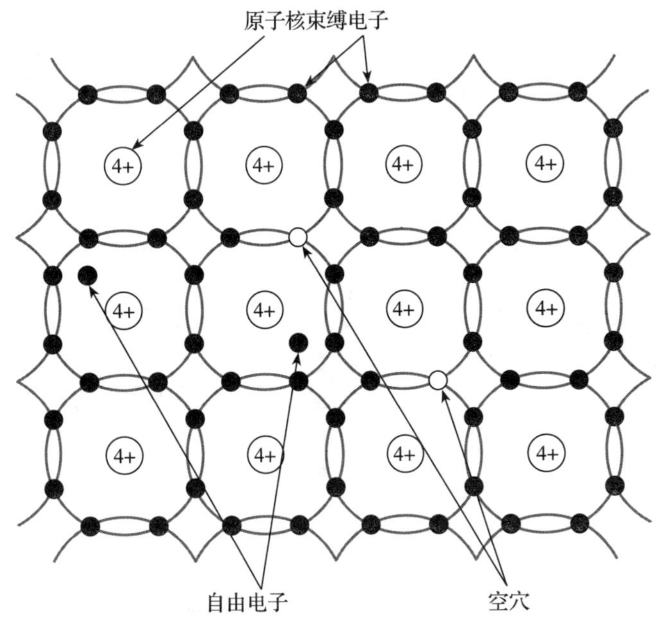

图 17.2 硅结构中热振动的效果

硼有三个价电子，因此是一种三价材料。当一个硼原子加到硅晶体中，由于外层电子的缺失留下了空间(空穴)，可以接受相邻原子的电子形成共价键。空穴从一个原子移动到另一个原子，就像一个移动的正电荷载流子，实际上跟本征材料中由于热振动所产生的空穴一样。由于产生的空穴可以接受电子，像硼这样的材料称为受主杂质。含有这种杂质的半导体称为 p 型半导体，因为它们有正的自由电荷载流子。

需要记住，一片孤立的掺杂半导体是电中性的。因此，极性一定的移动电荷载流子必然跟相反极性的固定(或者束缚的)电荷载流子在数量上相等。因此，在一个 n 型半导体中，由于掺杂所产生的自由电子必然跟晶格中固定在原子中的正电荷在数量上相等。类似，在一个 p 型半导体中，自由空穴必然跟束缚住的负电荷在数量上相等，如图 17.3 所示。

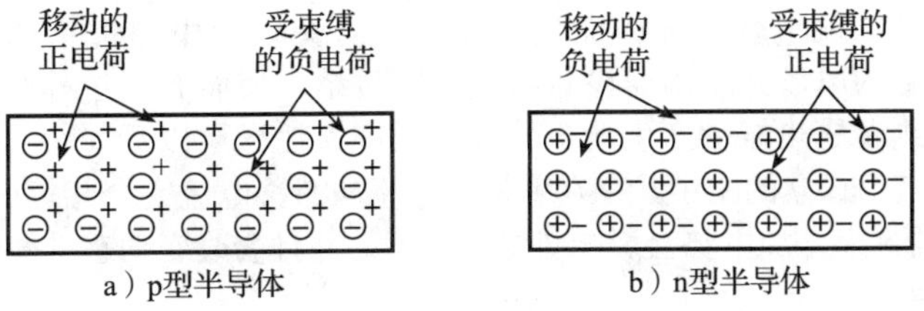

图 17.3 掺杂半导体中的电荷

n 型半导体和 p 型半导体都比本征半导体的导电性强，导电性能取决于掺杂的程度。导电性能称为非本征电导率。在掺杂半导体中，主要的载流子(即 n 型材料中的电子和 p 型材料中的空穴)称为多数载流子。另外一种载流子则称为少数载流子。

17.4 pn 结

虽然 p 型半导体材料和 n 型半导体材料各自都具有一些有用的特性，但是当一起使用它们时更有利。

当 p 型和 n 型材料结合在一起时，两种材料中的载流子在结的区域内互相影响。虽然每种材料都是电中性的，每种材料中多数载流子都比少数载流子的浓度高很多。自由电子在结的 n 型一侧比 p 型一侧多很多。因此，电子在交界处从 n 型一侧向 p 型一侧扩散，并与 p 型区丰富的自由空穴复合。类似地，空穴从 p 型一侧向 n 型一侧扩散，并与 n 型区的自由电子结合。

载流子扩散和复合在靠近结的区域产生了一个移动载流子非常少的区域，称为耗尽层，有时候也称为空间电荷层。负电荷载流子向一个方向扩散，正电荷载流子向另外一个方向扩散，造成了结中的净电荷不平衡。在结两侧分别存在正负电荷，生成了结的电场，产生了载流子穿过结所必须克服的势垒，如图 17.4 所示。

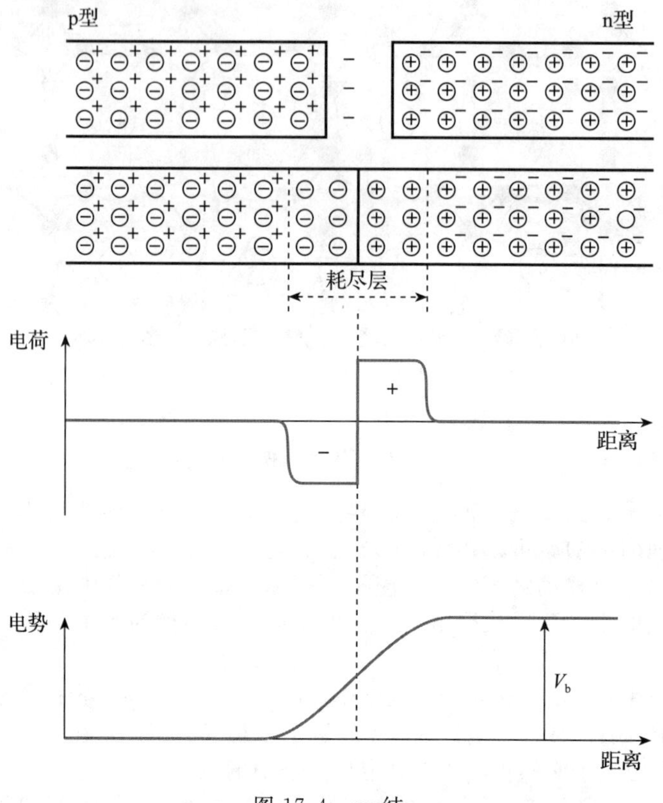

图 17.4　pn 结

只有少量的多数载流子有足够的能量可以克服势垒，产生通过结的小的扩散电流。然而，空间电荷区产生的电场并不阻碍少数载流子穿过结，反而有促进作用。任何少数载流子进入耗尽层以后，或者是热振动产生的少数载流子进入耗尽层以后，会加速穿过结，形成很小的漂移电流。在一个孤立的结中，存在着扩散电流和漂移电流完全相等的动态平衡状态，如图 17.5a 所示。在器件上外加电势会影响势垒的高度，并且会改变动态平衡的状态。

17.4.1　正向偏置

如果器件的 p 型一侧比 n 型一侧电势高，则外加电压会抵消一些空间电荷，耗尽层的宽度也减小了。这会导致势垒的高度降低，从而在结区就会有更大比例的多数载流子有足够的能量克服势垒。所产生的扩散电流因此也远大于漂移电流，形成了流过 pn 结的净电流，如图 17.5b 所示。

17.4.2　反向偏置

如果器件的 p 型一侧比 n 型一侧电势低，则空间电荷会增加，耗尽层的宽度也会增加。这会导致势垒的高度增加，从而有足够能量能够克服势垒的多数载流子数量减少了。pn 结的扩散电流也相应变小了，如图 17.5c 所示。

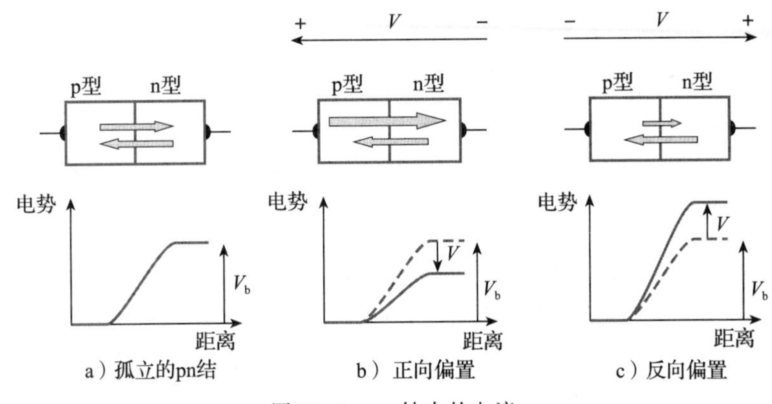

图 17.5　pn 结中的电流

甚至一个小的负偏置，比如 0.1V，也足够将扩散电流减少到微不足道的数值。主要为漂移电流的净不平衡电流流过 pn 结。电流的大小由结区热激发所生成的少数载流子的速率决定，跟外加电压无关。在普通的室温下，反向电流是非常小的，在硅器件中通常是几纳安，在锗器件中通常是几微安。但是，它们跟温度是指数关系，在温度上升到约 10℃ 时还要加倍。反向电流的大小正比于结面积，所以大功率半导体器件中的反向电流远大于低功率的小型半导体器件中的反向电流。

17.4.3　正向电流和反向电流

流过 pn 结的电流与外加电压的关系可以用下式近似表示

$$I = I_s(e^{eV/\eta kT} - 1)$$

其中，I 是流过 pn 结的电流，I_s 是一个常数，称为反向饱和电流，e 是电子电荷，V 是外加电压，k 是玻耳兹曼常数，T 是绝对温度，而 η(希腊字母)则是取值范围为 1～2 的常数，由 pn 结的材料决定的。在这里，一个正的外加电压代表着正向偏置电压和正向电流。

常数 η 对于锗来说近似为 1，对于硅来说近似为 1.3。然而为了简化，可以采用近似值，即

$$I \approx I_s(e^{eV/kT} - 1) \tag{17.1}$$

在本文中都是这样假设的。

在室温时，如果 V 小于约 -0.1V，在式(17.1)中，指数项与 1 相比很小，因此 I 的公式可以由下式给出：

$$I \approx I_s(0 - 1) = -I_s \tag{17.2}$$

相似地，如果 V 大于约 $+0.1$V，指数项远大于 1，I 由下式给出：

$$I \approx I_s(e^{eV/kT})$$

在常规室温时，e/kT 的取值为约 40V^{-1}，所以可以得到下面的近似公式

$$I \approx I_s(e^{eV/kT}) \approx I_s e^{40V} \tag{17.3}$$

因此可以得到一个特性，即反偏电流近似于常数，为 $-I_s$(这也解释了为什么称为反向饱和电流)，而正偏电流随着外加电压按指数律上升。

实际上，式(17.1)到式(17.3)仅仅是真实器件结电流的近似，因为受到结电阻和少数载流子注入的影响，结电流会减少。然而，分析表明了关系的形式，达到了目的。图 17.6 所示为 pn 结的电流-电压特性。

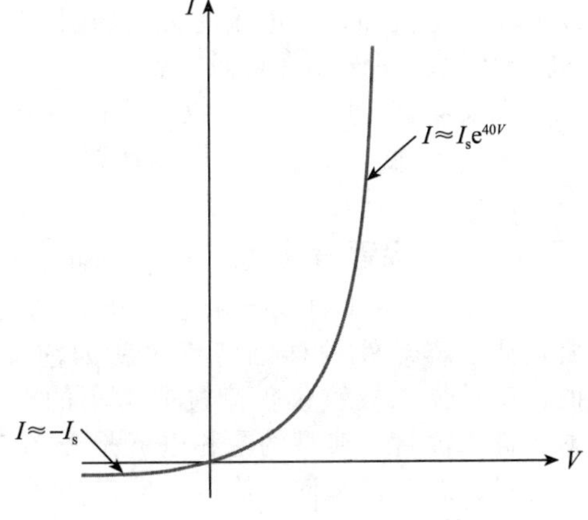

图 17.6　pn 结的电流-电压特性

17.5　二极管

简单地说，二极管是一种在一个方向导电，在另外一个方向不导电的电子器件。可以将一个理想二极管表示为一种器件，即在该器件一个方向加电压不会产生电流，而在相反方向上加电压，又相当于短路。可以将二极管想象为只允许水朝一个方向流动的液压止回阀一样的电力器件。

理想二极管的特性如图 17.7a 所示，图 17.7b 所示为二极管的电路符号。一个二极管有两个极，称为阳极和阴极。图 17.7b 同时也显示了使二极管导通需要加在二极管上的电压极性。可以看出二极管的符号像一个箭头的形状，指示了电流流动的方向。

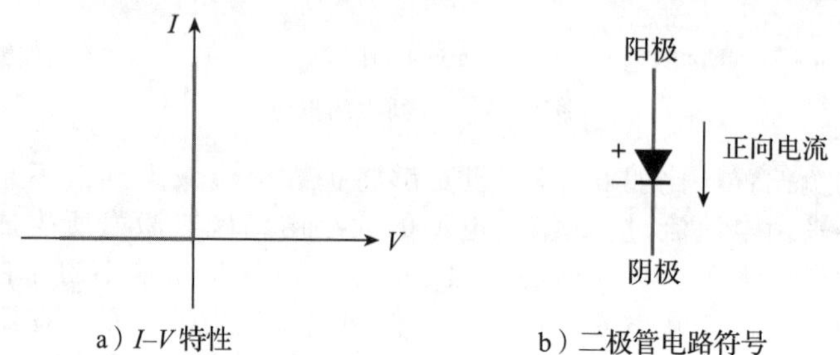

图 17.7　理想二极管

二极管的应用范围很广，包括交流电压的整流，如图 17.8 所示。二极管在这里对输入信号的正半周导通，而在负半周时阻止电流的通过。二极管用于这种电路时常称为整流器，图 17.8 中的电路称为半波整流器。我们会在 17.8 节中讨论半导体二极管的应用时，再来研究这个电路。

实际中二极管的特性不是理想的，但是由 pn 结构成的半导体二极管与理想二极管的特性很接近。

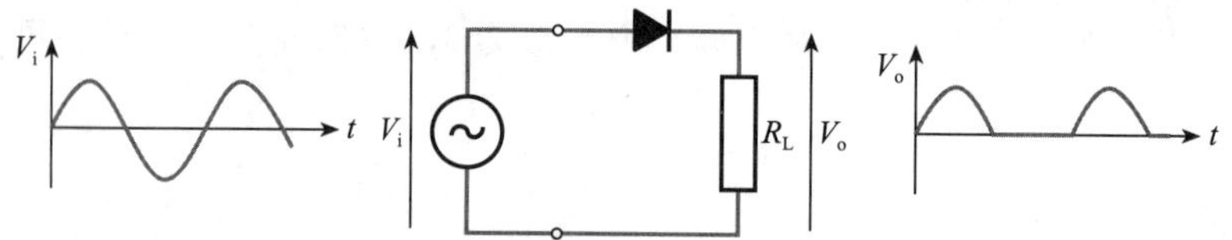

图 17.8　作为整流器的二极管

17.6　半导体二极管

pn 结并不是一个理想二极管，但是其确实具有与之非常近似的特性。在大范围进行观测时，电流和外加电压的关系如图 17.9 所示。在正向偏置时，pn 结呈现出指数的电流-电压特性。使该器件导通需要一个小的正向电压，但是电流会随着电压的增大而迅速增大。在反向偏置时，pn 结仅仅流过一个非常小的几乎可以忽略的反向电流。因此，pn 结非常近似于理想二极管，在二极管应用中广泛使用。

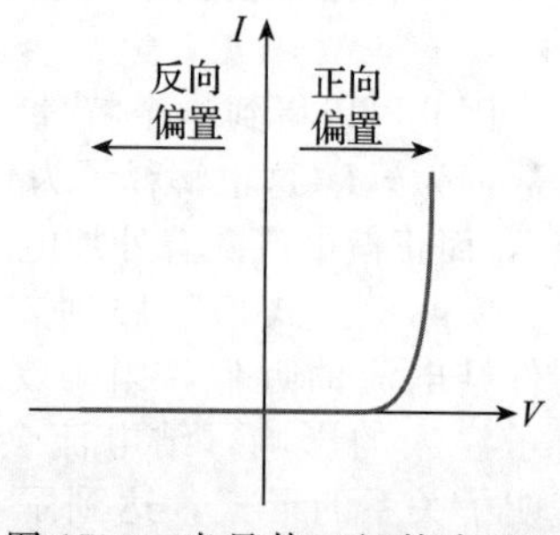

图 17.9　半导体二极管中的正向和反向电流

17.6.1　二极管特性

图 17.9 中的曲线展示了二极管的大致特性，但我们通常需要了解器件的详细特性。就如前面所述，在反向偏置时，半导体二极管仅仅流过非常小的电流：反向饱和电流。对于硅二极管，典型的饱和电流是 1nA，几乎在所有的应用中都可以忽略。反向电流在反向电压增大到一个临界电压之前都近似为常数。临界电压就是所谓的反向击穿电压 V_{br}。

如果反向电压超过了临界电压，则 pn 结被击穿并导通。这限制了二极管的可用电压范围。典型硅二极管的反向特性如图 17.10a 所示。反向击穿电压的值取决于二极管的类型，可以从几伏到几百伏。

当二极管正向偏置时，外加很小的电压会产生很小的电流，但当电压增大时，电流会呈指数性增长。在很大的范围观测时，可以看出二极管的电流在电压增加到开启电压之前一直为零，电压大于开启电压后，pn 结开始导通，电流迅速增大。对于硅基 pn 结而言，开启电压大约为 0.5V。进一步增大电压会使结电流迅速增大。结果为，电流-电压特性曲线几乎是垂直的，二极管上表现出来的电压近似于常数，与结电流无关。典型的硅二极管特性如图 17.10a 所示。在很多应用中采用如图 17.10b 所示的直线响应来近似硅二极管的特性。二极管正向特性的简化表示形式是一个正向电压降(硅器件约为 0.7V)和正向电阻相结合。电阻表示在大于开启电压时特性曲线的斜率。在很多情况下，二极管的正向电阻可以忽略，因此二极管可以简单地认为是一个有小电压降的近似理想二极管。该电压降称为二极管的导通电压。随着通过二极管的电流增加，结电压也上升。在 1A 时，硅二极管的结电压可能达到 1V，到 100A 时就可能会上升到 2V。实际上，大部分二极管在远未达到如此大的电流之前就已经损坏了。

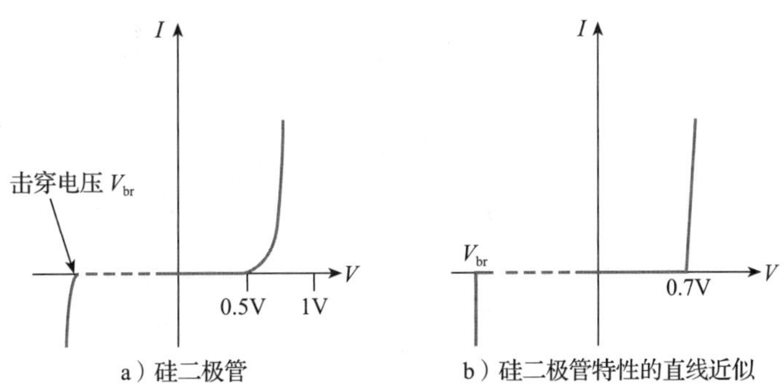

图 17.10　半导体二极管的特性

到目前为止，我们所介绍的都是由硅材料构成的二极管，并且开启电压约 0.5V，导通电压约 0.7V。虽然硅是半导体二极管制造中常用的材料，但是也会使用许多其他的材料，例如锗(开启电压约为 0.2V，导通电压约为 0.25V)和砷化镓(开启电压约为 1.3V，导通电压约为 1.4V)。

二极管在电路中有很多用处。在很多应用中，要求电压和电流相对较低，一般将用于这种应用的二极管称为信号二极管。典型的信号二极管最大正向电流约为 100mA，反向击穿电压为 75V。其他的二极管常规应用包括将交流电流转换为直流电流的功率应用，二极管通常具有较大的载流能力(一般为几安培到几十安培)，因此常称为整流器而不称为二极管。这类器件的反向击穿电压随着应用情况的不同而不同，典型为几百伏特。

二极管和整流器可以使用多种半导体材料制造，也可能使用其他的技术来代替简单的 pn 结。因此可以制造出在载流能力、反向击穿电压和工作速度等方面特性差异很大的器件。

计算机仿真练习 17.1

对小信号二极管(比如 1N4002)进行仿真，分析其电流和外加电压之间的关系。在外加电压从 0 变化到 0.8V 的过程中测量其电流并且绘制相应曲线。

仿真该器件在不同电压区间内的工作情况，包括正向和反向偏置的情况。根据上述实验来估计二极管的反向击穿电压。

17.6.2　二极管等效电路

二极管用表现其基本特征的简单等效电路表示通常很方便。和很多器件一样，二极管也有多种等效电路，区别在于精确程度不同。图 17.11 显示了三种形式的二极管等效电路，它们共同给出了二极管的特性。这些方案没有给出器件的反向击穿电压。

图 17.11a 表示的是一种最简单的等效电路，二极管用理想二极管表示。所用电压较大而电流较小时，此时二极管上的导通电压比电路中的其他电压小，在这种情况下该模型比较合适。图 17.11b 给出了一种更复杂的等效电路，不仅包括理想二极管还有一个表示二极管导通电压的电压源 V_{ON}。该电压源与二极管上的电压方向相反，因此只有在输入电压大于导通电压时，二极管才会导通。需要注意的是该内置电源并不会在外部电路产生电流，因为与之串联的理想二极管会阻止电流的通过。等效电路中包含了导通电压，因此更加接近于实际器件的工作情况，该等效电路在很多情况下都适用。图 17.11c 所示是三种等效电路中最精确的一种，它不仅包含了理想二极管和电压源，还包含了表示二极管导通的电阻 r_{ON}。含有二极管电阻的等效电路在大电流应用中特别重要，因为此时的二极管电压降可能会比较大。不同器件的 r_{ON} 值是不同的，其典型值一般为 10Ω。而恰当的 V_D 和 r_{ON} 值可以通过绘制二极管的特性曲线和指数曲线的直线近似得到。其中线与横轴相交的点表示 V_D，线斜率的倒数则代表 r_{ON}。显然，这两个量的值取决于如何选择线。通常会画一条与二极管预期的静态电流区曲线相切的线，这会优化该区域内的工作模型。

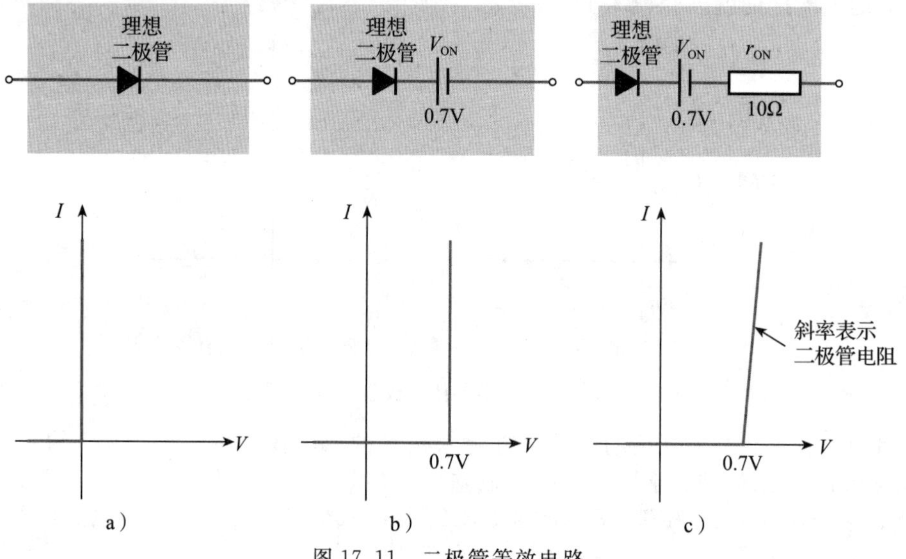

图 17.11　二极管等效电路

17.6.3　二极管电路分析

二极管的非线性特性使分析应用二极管的电路变得复杂了。例如，图 17.12 中的电路，如果电路中的二极管换成电阻，则电路中电流的计算就可以非常简单地用电压 E 除以两个电阻之和。但是，由于电路中有二极管，计算就变得很复杂。由基尔霍夫电压定律可知：

$$E = V_D + V_R$$

因此

$$E = V_D + IR \qquad (17.4)$$

根据式(17.3)，我们知道二极管中电压和电流的关系为

$$I \approx I_s e^{40V_D} \qquad (17.5)$$

其中，I_s 是二极管的反向饱和电流。

求出电路中的电流 I 需要解式(17.4)和式(17.5)给出的联立方程组。可以用 Mathcad 软件求解，但也是使用图形的方法。

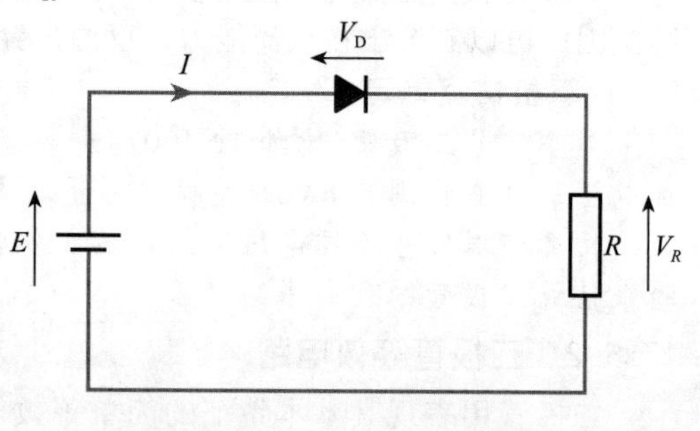

图 17.12　简单的二极管电路

负载线

为了理解图形方法，先看一下这两个公式。式(17.5)描述了二极管的特性，可以用图 17.13a 来表示。图中标明了二极管在给定电流下的电压。式(17.4)可以改写为

$$V_D = E - IR$$

这也是二极管上电压和电流的关系，可以绘制为图 17.13b。如果将两张图绘制在同一坐标轴上，则会相交，如图 17.14 所示。两条线的交点就是两个公式所组成的联立方程组的解，该点称为电路的工作点。图 17.14 中的直线代表电路上所加的负载，因此称为负载线。从图形中可以读取电路的电流和二极管上的电压。由于电阻上的电压为 $E-V_D$，因此图中电压轴上从工作点到 E 之间的长度就代表电阻上的电压。

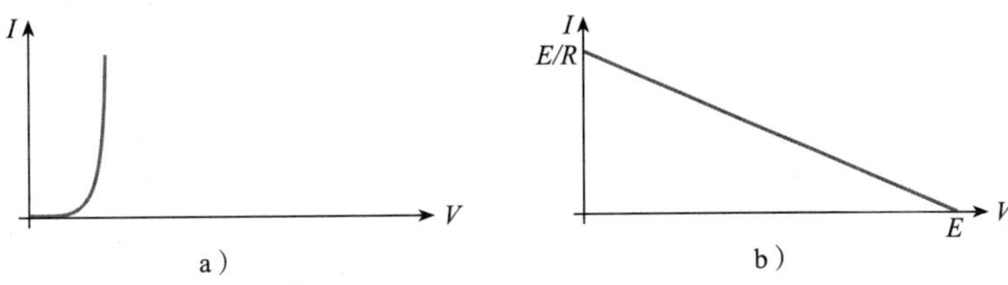

图 17.13　式(17.4)和式(17.5)的图形表示

负载线的构造是非常简单的。首先，选取合适的轴绘制二极管特性曲线，然后加上负载线。负载线可以由两点确定，每个轴上各有一个点。如果二极管的电流为零，则电阻上的电流也为零，则有 $E-IR=E$。因此，负载线跟横轴的交点在 $V=E$ 处。如果二极管上的电压为零，则有 $E-IR=0$ 和 $I=E/R$。因此，负载线跟纵轴的交点在 $I=E/R$ 处。

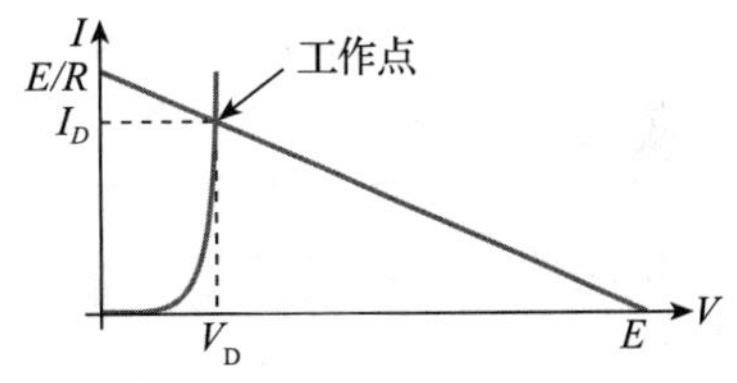

图 17.14　负载线的使用

例 17.1　二极管特性如题图 b 所示，求出下面电路中的电流和二极管上的电压。

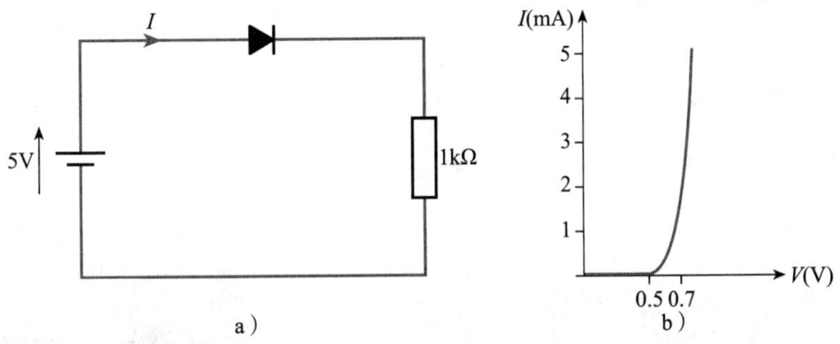

要求出电流，首先在二极管的特性曲线电压轴上画延长线，然后叠加上负载线。负载线由两点决定，一点是电压轴上 V 等于外加电压处(5V)，另外一点在电流轴上 $I=E/R=5\text{V}/1\text{k}\Omega=5\text{mA}$ 处。

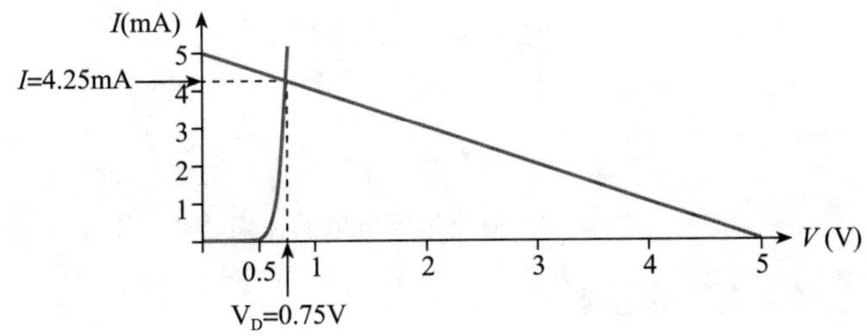

两条线的交点处所对应的是电路的电流(4.25mA)和二极管上的电压(0.75V)。◀

负载线不仅仅用于二极管电路的分析，也用于其他非线性器件的分析，比如晶体管。因此，我们在后续章节中还会回到这个问题上来。

用简化等效电路进行分析

我们之前已经看到二极管是如何用一系列简化等效电路表示的。使用等效电路简化了分析，不需要求解复杂的联立方程组。

等效电路的一种用法是将图 17.14 所示的二极管特性替换成图 17.11 所示的更简单的二极管特性。图 17.15 给出了相应的例子，将负载线用于图 17.11 中的两个简化模型。二极管特性采用直线近似的方法极大简化了绘图工作，代价是损失了一些精度。

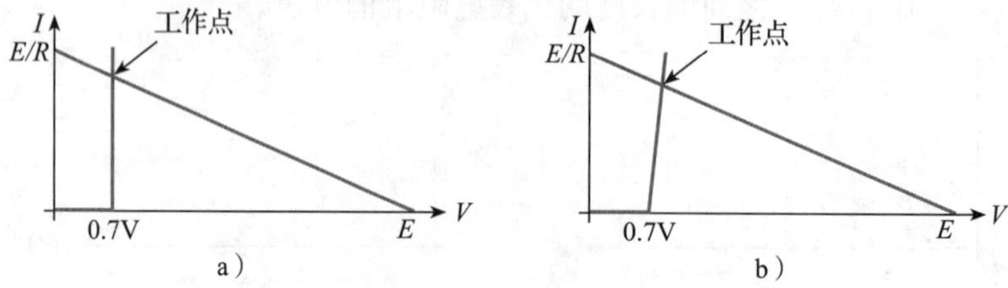

图 17.15　将负载线用于简化的二极管模型

虽然等效电路也可以用于负载线中，实际上却很少使用，其原因是使用了简化二极管模型就不需要再使用图形方法了。这可以用图 17.16 进行说明。用图 17.16a 代表图 17.12 中的电路，但二极管替换为图 17.11b 中的等效电路，由于电路中的二极管是"理想"二极管，当其正向导通时没有电压降(如同此处的情况)，所以用基尔霍夫电压定律就可以求出电路的电流，即

$$E - V_{ON} = V_R = IR$$

或者改写为

$$I = \frac{E - V_{ON}}{R}$$

图 17.16b 中的电路使用了更复杂一点的图 17.11c 中的模型。采用类似的电路分析可以得到如下电流：

$$I = \frac{E - V_{ON}}{R + r_{ON}}$$

因此，使用简化等效电路替换了电路中的非线性器件，从而极大地简化了电路的分析，代价是损失了精度。

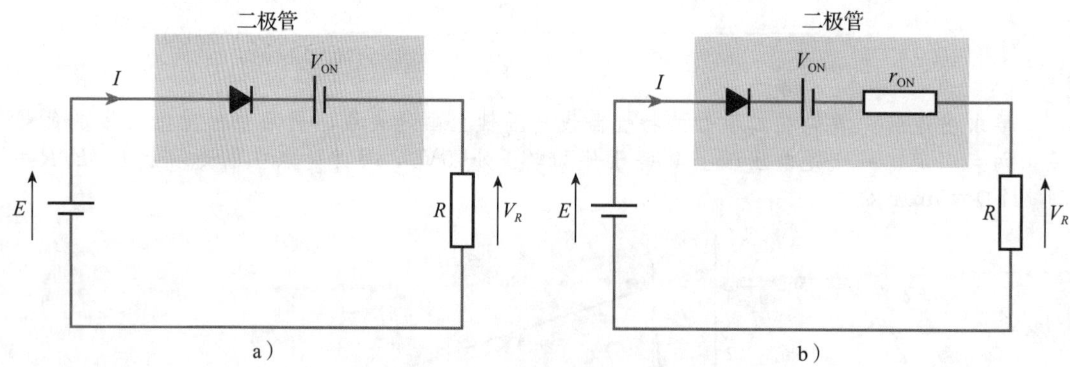

图 17.16　简化等效电路的使用

例 17.2 用二极管的简化模型重新分析例 17.1。

解： 对于二极管，有三种简化模型。

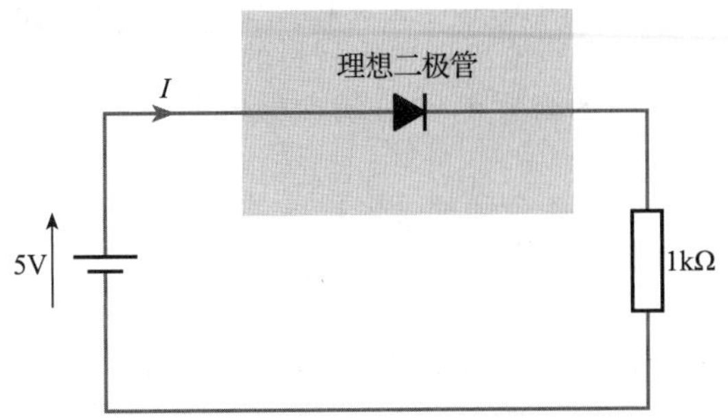

如果我们假定二极管是“理想”的，则二极管上没有电压降，电路电流为

$$I = E/R = 5\text{V}/1000\Omega = 5(\text{mA})$$

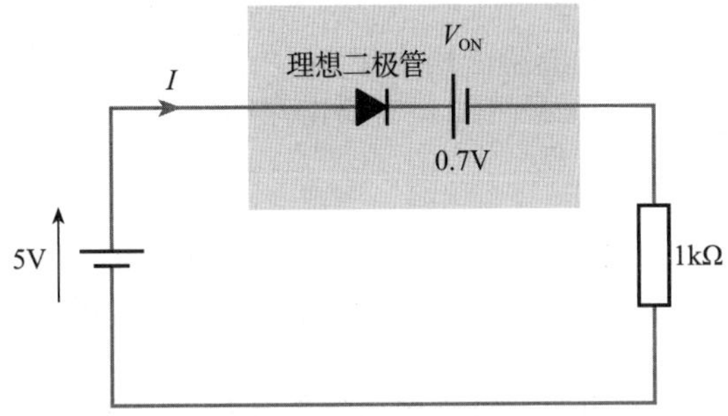

如果考虑二极管的导通电压，则电流为

$$I = (E - V_D)/R = (5 - 0.7)/1000 = 4.3(\text{mA})$$

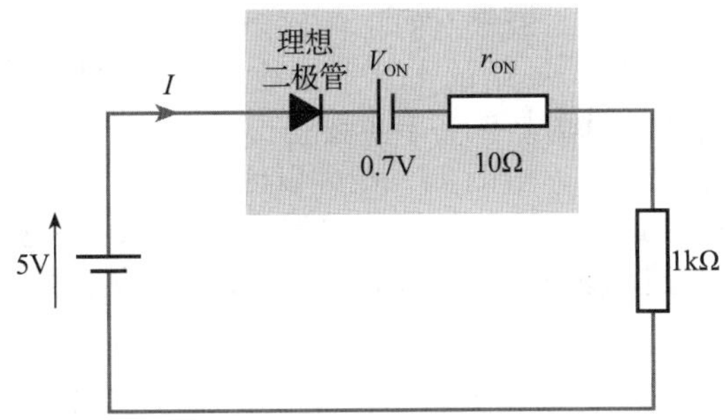

如果考虑二极管的导通电压和内阻，则电流为

$$I = (E - V_D)/(R + r_{ON}) = (5 - 0.7)/(1000 + 10) = 4.26(\text{mA})$$

◀

17.6.4　温度效应

根据式(17.1)，有

$$I \approx I_s(e^{eV/kT} - 1)$$

显然，对于给定的电流值 I，pn 结电压与 pn 结的绝对温度 T 成反比。对于硅器件，结电压会随着温度的升高以 2mV/℃下降。

二极管电流同样受到反向饱和电流 I_s的影响。我们在之前讲过，反向饱和电流与热振动所产生的少数载流子的数量相关。随着温度上升，少数载流子的数量也随之上升，反向饱和电流也上升；在 10℃时，I_s就接近翻倍了，相当于每摄氏度上升 7%。

17.6.5　反向击穿

有两种情况会导致二极管反向击穿。在器件的重掺杂 p 型区和 n 型区，过渡非常陡峭，耗尽层只有几个纳米厚。在这种情况下，即使结电压只有几伏，结上的场强也会达到每米几百兆伏特。如此高的场强会导致电子从共价键中被直接拉出来，从而产生另外的电荷载流子和大的反向电流。由齐纳击穿产生的电流必须由外部电路加以限制，防止二极管的损坏。齐纳击穿发生的电压由所使用半导体材料的能隙决定，因此在很大程度上与温度无关。然而，温度的上升对齐纳击穿电压的减少很微弱。齐纳击穿通常发生在电压低于5V时。

如果二极管中的一个区或者两个区都是轻掺杂的，过渡就不是很陡峭，因此耗尽层就会宽。这种器件中，外加电压所产生的场不足以产生齐纳击穿，但是在耗尽层中，载流子加速了。由于载流子的加速，载流子获得了能量，但载流子在和晶格中的原子碰撞的时候也可能会损失能量。如果载流子获得了足够高的能量，可以使原子发生电离，释放出电子。就会产生更多的载流子，它们同样会被场加速。在某些点，施加的电场足够强就会产生“雪崩”的效果，使电流显著增大，从而导致雪崩击穿。在高电压应用中，可以制造出击穿电压为几千伏特的器件。或者，也可以制造出击穿电压为几伏特的器件。发生雪崩击穿的电压会随着结温升高而增大。

通常，如果一个二极管反向击穿电压小于5V，很可能是齐纳击穿造成的。如果一个二极管反向击穿电压大于5V，就很可能是雪崩击穿的结果。

17.7 专用二极管

我们已经遇到了几种形式的半导体二极管，包括信号二极管和整流器，这些是在前一节中讨论过的，还有pn结温度传感器、光电二极管和发光二极管(LED)(在第12章中讨论过)。此外，还有其他几种广泛使用的二极管，每一种二极管都有其独特的特性及应用。下面，我们对其中几种广泛使用的二极管做简单的介绍。

17.7.1 齐纳二极管

当一个二极管上的反向电压超过其反向击穿电压时，其电流一般仅仅由外部电路决定。如果不采取措施限制电流，二极管上的功耗就会使它损坏。然而，如果用与二极管相连的电路来限制电流，必须保证pn结的击穿不造成器件的损坏。利用这一效果的专用二极管称为齐纳二极管。需要注意的是该名字主要是由历史原因形成的，用来描述器件工作依靠的是齐纳击穿或者雪崩击穿。由图17.10可以明显看出pn结在击穿区的结电压近似于常数，与反向电流无关。这使得该器件可以用作电压基准。在这种器件中，击穿电压经常用符号V_Z表示。可以制造出多种具有不同击穿电压的齐纳二极管，从而可以在很宽范围内实现电压基准。

图17.17是一个使用齐纳二极管的典型电路，图中也给出了齐纳二极管所采用的符号。在这里，一个不良的常规电压V加在串联的电阻和齐纳二极管上。二极管在外加正向电压的电路中接成反向偏置。如果V远大于V_Z，则二极管的pn结会击穿并且导通，从电阻R吸电流。如果输入电压V始终保持高于V_Z，二极管会阻止输出电压高于其击穿电压V_Z，因此产生了与输入电压无关的近似恒定的输出电压。如果V低于V_Z，则二极管只会产生微电流，因此输出近似等于V。在这种情况下，齐纳二极管在电路中不产生任何作用。

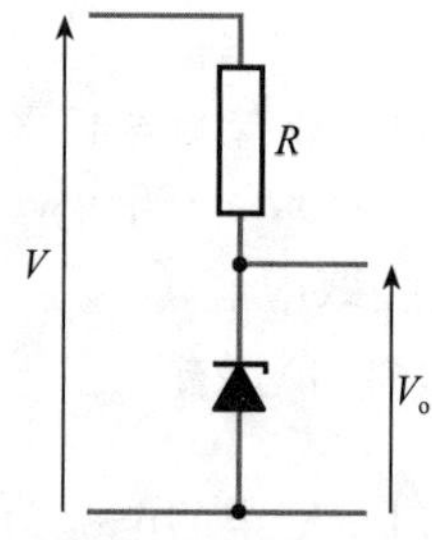

图17.17 使用齐纳二极管的简单电压基准

如果将一个电路接在图17.17所示电路的输出端，则该电路会通过电阻R吸收电流。因此，必须选择电阻R的取值，使电阻R上的电压降不要大到使齐纳二极管上的电压低于其击穿电压。电阻R的减小又会导致二极管和电阻上的功耗增加，对此必须要考虑两者之间的平衡问题。

例17.3 设计一个能够驱动200Ω负载的3.6V电压基准。基准电压由一个在4.5～5.5V波动的电压源供电。

解：合适的电路如右图所示。

显然，这里使用了一个击穿电压 V_Z 为 3.6V 的齐纳二极管，但是必须计算所需要的电阻 R 值，以及电阻和二极管的功耗。

考虑到功耗，我们希望电阻 R 的值越高越好。R 的最大取值取决于电阻 R 上的电压降，不能使输出电压（以及二极管上的电压）低于需要的输出电压。在输入电压最低的时候输出电压也是最低，所以需要在最低输入电压（4.5V）时计算电阻 R 的值，使输出能正好等于需要的值（3.6V）。可以忽略齐纳二极管在该点处的效果，认为所有流过电阻 R 的电流都流入了负载。

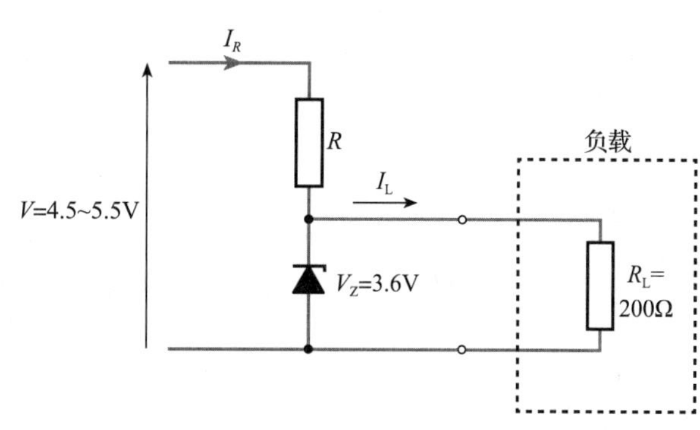

流入了负载的电流 I_L 可以由下式算出：

$$I_L = \frac{V_Z}{R_L} = \frac{3.6}{200} = 18(\text{mA})$$

由电流 I_L 引起的电阻 R 上的电压降必须小于最低输入电压（4.5V）和齐纳电压（3.6V）的差值，因此

$$I_L R < 4.5 - 3.6(\text{V})$$

于是

$$R < \frac{4.5 - 3.6}{I_L} < \frac{0.9}{18} < 50(\Omega)$$

所以标准值为 47Ω 的电阻是不错的选择。

元器件的最大功耗发生在输入电压为最大值的时候（5.5V）。由于输出电压是固定的，电阻上的电压很容易计算，即 $V-3.6$V。因此，电阻上的最大功耗就很容易得到：

$$P_{R(\max)} = \frac{V^2}{R} = \frac{(5.5 - 3.6)^2}{47} = 77(\text{mW})$$

齐纳二极管上的功耗 P_Z 同样也很容易计算。二极管上的电压是固定的（3.6V），并且其电流就是电阻上的电流 I_R 减去负载上的电流 I_L。二极管上的最大功耗同样也出现在输入电压为最大值的时候。

因此

$$P_{Z(\max)} = V_Z I_{Z(\max)} = V_Z(I_{R(\max)} - I_L) = 3.6 \times \left(\frac{5.5 - 3.6}{47} - 0.018\right) = 81(\text{mW})$$

因此，齐纳二极管的功耗必须大于 81mW。◀

需要注意的是，虽然在反向击穿区，齐纳二极管的电压接近于常数，与流过二极管的电流无关，但并不是真正的常数。由图 17.10 可以看出，特性曲线在击穿电压处也并非是垂直的，而是有一定的斜率。斜率代表输出电阻，典型值为几欧姆到几百欧姆，使输出电压随电流做轻微的变化。对于高精度的电压基准，流过齐纳二极管的电流必须要比平时稳定得多，才能保证输出更稳定。我们还注意到，之前说过击穿电压随温度轻微地变化。典型的齐纳二极管的击穿电压的温度系数为每摄氏度 0.001%～0.1%。

计算机仿真练习 17.2

D1N750 是一个 4.7V 的齐纳二极管。对图 17.17 中的电路使用该二极管和适当的电阻来进行仿真。

对电路施加一个直流扫频输入信号，对一系列 R 值，绘制输出电压相对于输入电压的图。研究电路连接不同负载电阻时的效果。

17.7.2　肖特基二极管

与传统的由两个掺杂层半导体材料形成的 pn 结二极管不同，肖特基二极管是由一层金属(如铝)和一层半导体连接构成的。其整流接触的形成只依靠多数载流子，所以肖特基二极管的工作速度比 pn 结二极管快得多，pn 结二极管的速度受到少数载流子恢复相对较慢的限制。

肖特基二极管的正向导通电压低，大约只有 0.25V。这个特性在高速逻辑门的设计中有非常重要的作用(将在第 26 章中讨论)。

17.7.3　隧道二极管

隧道二极管采用了重掺杂来产生非常窄的耗尽层。耗尽层薄到可以发生量子力学隧道效应的地步，使得载流子在即使没有足够能量的时候也可以穿过耗尽层。隧道效应和传统二极管结合在一起就产生了如图 17.18 所示的特性。

这种相当奇怪的特性在某些领域可以得到应用。特别感兴趣的是，在某些工作区间，随着电流的上升，电压反而降落了。相应地，该区域的阻抗是负值。这一特性在高频振荡器电路中可以加以利用，隧道二极管的负阻抗被用来减少无源器件的损耗。

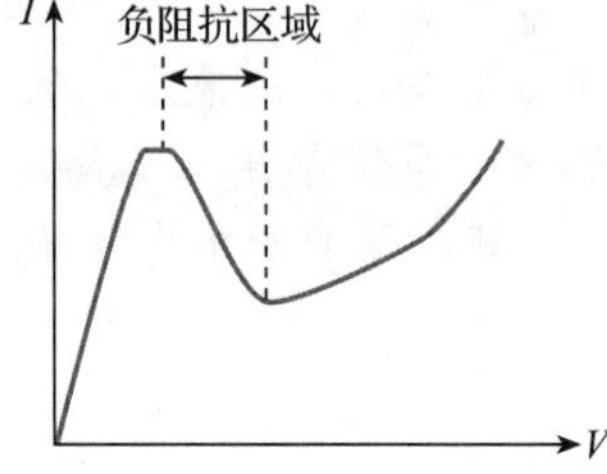

图 17.18　隧道二极管特性

17.7.4　变容二极管

反向偏压二极管有被耗尽层隔开的 p 型和 n 型半导体导电区域。该结构类似于一个电容，耗尽层构成了绝缘介质。小的硅信号二极管的电容为几个皮法，并且电容会随着反向偏压的变化而变化，因为反向偏压改变了耗尽层的厚度。

这一效应被变容二极管所利用，形成了压控电容器。典型的器件在 1V 时有 160pF 的电容值，在 10V 时会降到 9pF。变容二极管是很多自动调谐装置的关键，变容二极管会用在其中的 *LC* 或者 *RC* 调谐电路中。变容二极管的电容(因此电路的频率特性)将随着外加反向偏置电压的变化而变化。

17.8　二极管电路

我们在本节介绍几个使用二极管的电路。

17.8.1　半波整流器

视频 17A

最常见的一种二极管应用是在供电电源中将交流电转换为直流电压。实现该功能的一种简单的电路是半波整流器(在 17.5 节中已经简单的讨论过)，如图 17.19 所示。当输入电压大于二极管的开启电压时，二极管导通并且输入电压(减去很小的二极管电压降)加到负载上。在负半周，二极管反向偏置，负载上没有电流。

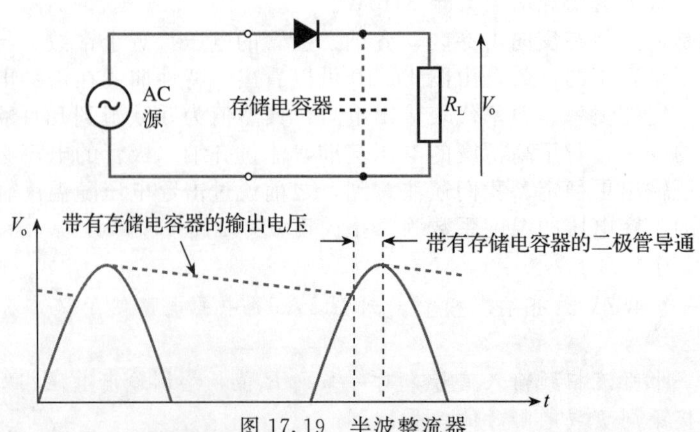

图 17.19　半波整流器

为了产生稳定的输出电压，通常会在电路中加上存储电容器，如图 17.19 所示。当二极管导通时，电容器充电，在二极管不导通时，电容器输出电压，对负载提供电流。电流使电容器逐渐放电，引起输出电压下降。增加存储电容器带来的一个影响是二极管只在周期内较短的时间导通。在此期间，二极管的电流因此变得很大。输出电压的纹波幅度受到负载电流、电容大小和输入信号频率的影响。显然，电源频率的增加会使电容器必须维持输出的时间缩短。

例 17.4 一个半波整流器连接到一个 50Hz 的电源上，在一个 10mF 的存储电容器上产生峰值为 10V 的电压。如果该电路连接到一个吸取 200mA 恒定电流的负载上，估计其峰值纹波电压。

解： 电容器上的电压 V 和其充电电荷 q 以及电容值 C 相关，公式为

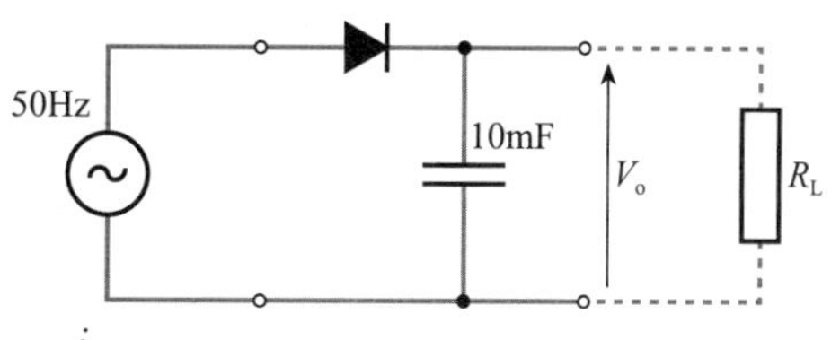

$$V=\frac{q}{C}$$

对时间求导可得：

$$\frac{dV}{dt}=\frac{1}{C}\frac{dq}{dt}=\frac{i}{C}$$

其中，i 是输入或者输出电容器的电流。本例中，该电流固定为 200mA，并且电容器的值为 10mF，所以

$$\frac{dV}{dt}=\frac{i}{C}=\frac{0.2}{0.01}=20(V/s)$$

因此，输出电压会按照 20V/s 的速度降落。

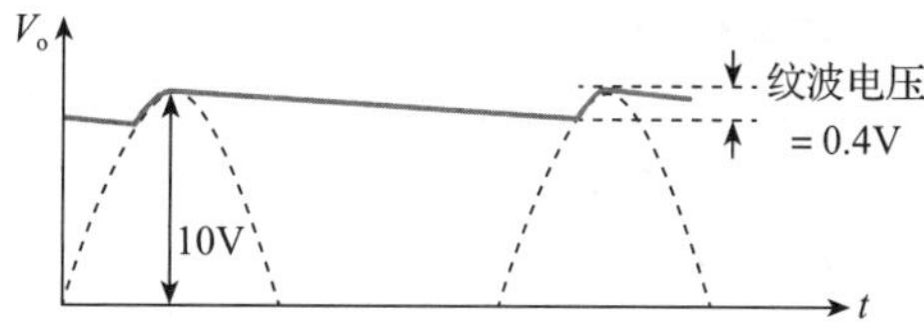

在每个周期中，电容器的放电时间几乎等于输入的周期，周期为 20ms。因此，在此期间，电容器上的电压（输出电压）会下降 20ms×20V/s=0.4V。◀

计算机仿真练习 17.3

对图 17.19 中的电路进行仿真，并研究该电路的工作情况。

虽然典型的半波整流器的输入电压可能达到几百伏特，但是如果使用较低的电压，则电路的工作情况更加清楚，此时的二极管开启电压更易于观察。

对电路分别加存储电容和不加存储电容进行仿真，用瞬态分析法研究电路的工作情况。绘制输出电压和二极管电流的曲线并观察其与输入电压的关系。改变输入电压的频率并观察对输出的影响。

对于给定的一组电路参数（供下一个仿真练习使用），注意输出的峰值电压和纹波电压。

17.8.2 全波整流器

用全波整流器是一种简单而有效地增大电容器上所加波形频率的方法，如图 17.20 所示。当电源的端口 A 相对于端口 B 为正的时候，二极管 D2 和 D3 是正向偏置的，而二极管 D1 和 D4 是反向偏置的。因此电流从端口 A 流入，通过 D2 和负载 R_L，然后通过 D3 回到端口 B，输出电压 V_o 为正。当电源的端口 B 相对端口 A 为正的时候，二极管 D1 和 D4 是正向偏置的，而二极管 D2 和 D3 是反向偏置的。因此电流从端口 B 流入，通过 D4 和负载 R_L，然后通过 D1 回到端口 A。由于输出电阻上电流的方向与之前是一样的，因此输出电压的极性并未改变。因此，在电源的正负半周均产生正的电压输出，减少了电容器所必须维持输出电压的时间。

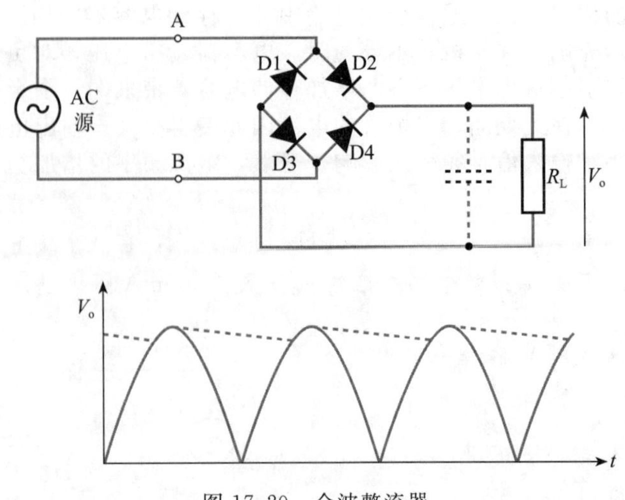

图 17.20 全波整流器

例 17.5 将例 17.4 中的半波整流器换成全波整流器，假定存储电容器和负载保持不变，求出这一变化对纹波电压的影响。

解： 由于存储电容器和负载保持不变，电容器上的电压改变率仍然保持为 20V/s。然而，本例中，输出电压相邻峰值的时间间隔等于输入周期的一半，即 10ms。因此，现在的纹波电压为 10ms×20V/s=0.2V。因此，纹波电压降为原来的一半。◀

计算机仿真练习 17.4

对图 17.20 中的全波整流器电路重复计算机仿真练习 17.3 中的仿真。用与之前电路相同的电路参数，求输出的峰值电压和纹波电压，并与半波整流电路比较。

17.8.3 倍压器

图 17.21 的倍压器电路产生的输出电压明显高于输入电压的峰值。为了理解工作原理，先看初始的半个周期，当端口 A 相对于端口 B 为负的时候。二极管 D1 正向偏置，从而导通，对电容器 C_1 充电至接近于输入波形的峰值电压。在下半个周期，端口 A 相对于端口 B 为正。二极管 D1 反向偏置而截止。端口 A 比端口 B 的电压高，D1 所承受的电压增加了，等于输入电压加上 C_1 的电压。当输入电压达到峰值的时候，D1 上的电压接近于两倍的输入电压，使二极管 D2 正向导通并对 C_2 充电至接近于输入电压峰值的两倍，也就是电路的输出电压。

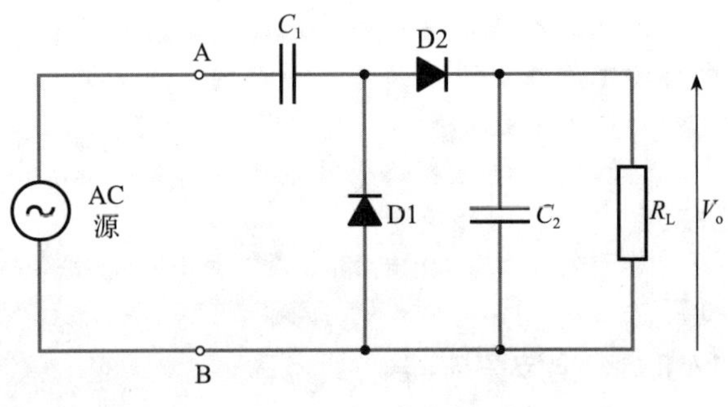

图 17.21 倍压器

如果需要更高的输出电压，可以用多级倍压器级联，产生逐级升高的电压。电压倍增器电路的理想应用场合是需要较高电压而电流又相对较低的情况。常见的应用包括阴极射线管(CRT)和光敏倍增管中的超高压电源(EHT)。

17.8.4 信号解调器

视频 17B

小信号二极管的常见应用是对调制信号解调(或者检波)，比如在无线电广播中应用。信号通常采用全调幅(full AM)，产生如图 17.22 所示种类的波形。全调幅信号含有高频载波分量，其幅度用低频信号调制。低频信号包含了有用的信息，必须通过解调恢复出来。我们会在第 29 章介绍调制和解调，但在这里仅仅介绍一个简单的解调方法。

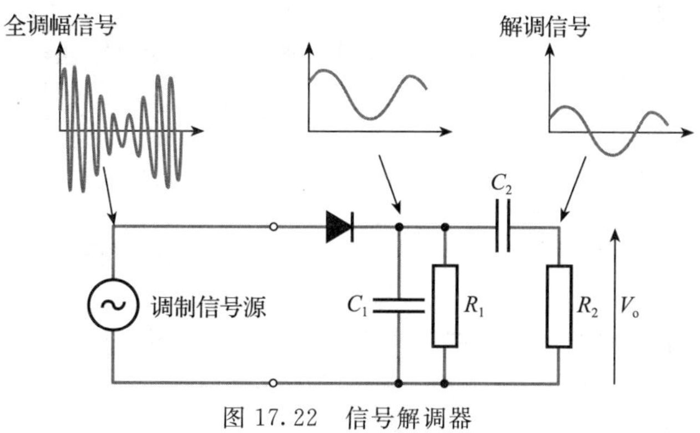

图 17.22　信号解调器

解调器采用的工作方法和前面描述的半波整流器类似。调制信号通过一个二极管，只有信号的正半周可以通过，并加在由 R_1 和 C_1 组成的并联 RC 电路上。并联 RC 电路起低通滤波器的作用，选择 R_1 和 C_1 的值使其在高于信号频率且低于载波频率处产生高频信号截止。因此，载波信号就滤除了，只剩下叠加在直流信号上的所需的信号了。直流分量接着被第二个电容器 C_2 滤除，解调信号加在 R_2 上。第二个 RC 电路实际上是滤除直流分量的高通滤波器，其截止频率很低，保证了信号频率可以通过。

R_2 上的输出电压就是原始信号的包络。因此，电路也常称为检波器。无论是简单的矿石收音机(主要由检波器和简单的选频网络构成)还是复杂的超外差式收音机(使用复杂的电路选择并放大所需信号)，都是调幅广播接收机，检波器都是其主要组成部分。第 29 章再详细介绍这种电路方案。

17.8.5　信号钳位

使用二极管改变信号的形状的方式很多。此类电路方案可以归于整形电路，图 17.23 给出了几个例子。

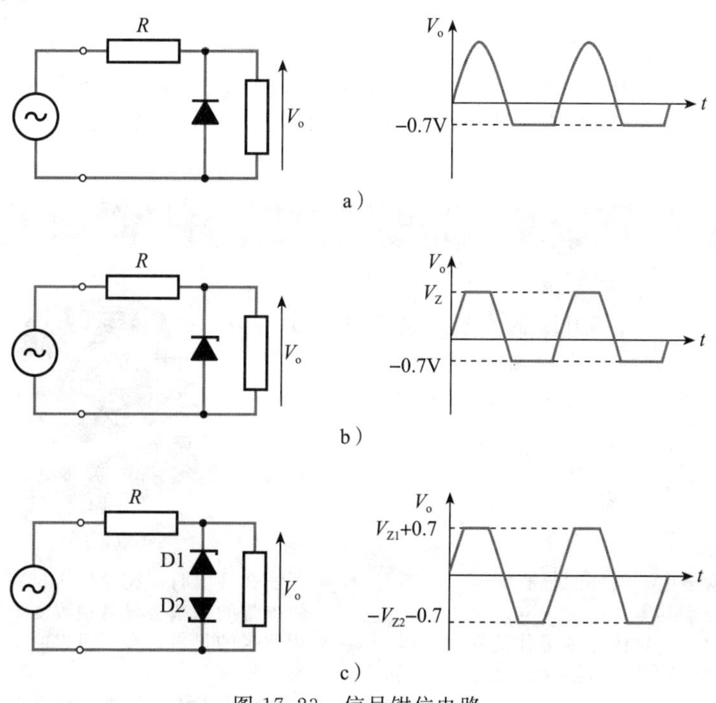

图 17.23　信号钳位电路

图 17.23a 所示为一个简单的对信号负半周限幅的电路。当输入信号为正半周的时候，二极管反向偏置，不起作用。然而，当输入信号为负半周且大于二极管的开启电压的时候，二极管导通，钳制住了输出信号。电路限制输出比二极管导通电压更低的负信号(对于硅器件来说是 0.7V)。如果再并联一个二极管，但与第一个二极管方向相反，则输出信号会钳位在±0.7V 之间。

如果将图 17.23a 中的二极管换成齐纳二极管，如图 17.23b 所示，则输入信号的正负半周均被钳位。如果输入为正电压，当其大于齐纳二极管的击穿电压 V_Z时，会发生击穿，阻止了电压的继续升高。如果输入为负电压，当其大于齐纳二极管的开启电压时，二极管会导通，再次对电压进行了钳位。因此，输出限制在$+V_Z>V_o>-0.7V$ 的范围内。

如图 17.23c 所示，我们也可以使用两个齐纳二极管对任意的正负电压进行钳位。需要注意的是，输出信号钳位在一个齐纳二极管的击穿电压 V_Z 和另一个齐纳二极管的开启电压之和的位置。

计算机仿真练习 17.5

对图 17.23 中的 3 种电路进行仿真，查看其特性。输入信号为峰值 10V 的正弦电压信号，用简单二极管和齐纳二极管进行仿真。具体器件为小信号二极管 1N4002 和稳压值为 4.7V 的齐纳二极管 D1N750。

用瞬态分析查看输入输出之间的关系。

17.8.6 钳位二极管

许多执行器是感性的(如第 13 章所述)，如继电器和螺线管。这类执行器有一个问题，当迅速关断时会产生很大的反电势。在某些汽车点火系统中，断路器用来断开高压线圈中的电流，所产生的很大的反电势用来产生点燃发动机燃料所需的火花，因此反电势效应在这里很有用。在其他电子系统中，反电势如果没有被消除的话，就可能对精密的设备造成严重的损害。幸运的是，在很多情况下解决方案很简单。如在感性器件上接一钳位二极管，降低反电势的幅度，如图 17.24 所示。

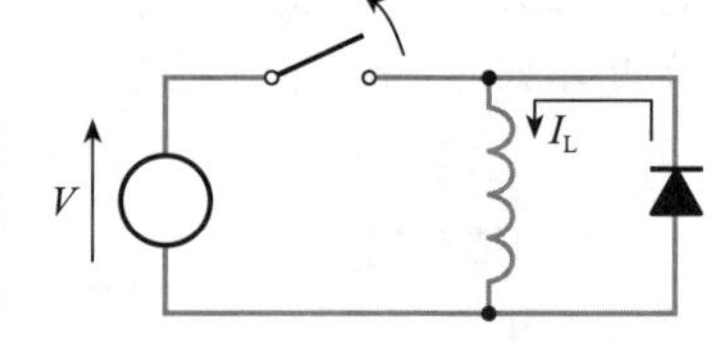

图 17.24　钳位二极管的应用

所接的二极管通常都是反向偏置的，所以一般并不导通。但是，当移去外加电压时，电感所产生的反电势会使二极管正向偏置，二极管导通并消耗储能。二极管所要能够承受的电流必须等于电源移除前电路的正向电流。

进一步学习

二极管常用在电源产品中。

设计一个在 240V、50Hz 的交流电源下工作的设备。要求设备能驱动一个装置，装置需要很稳定的 12V 输入电压且电流为 100～200mA。

视频 17C

关键点

- 半导体材料是众多电子器件的核心。
- 材料的电特性源于其原子结构。
- 在很低的温度时，半导体和绝缘体的性质一样。在较高的温度时，原子晶格的热振动产生了移动电荷载流子。
- 即使在高温时，纯半导体材料的导电性也很弱。但少量的掺杂会显著地改变半导体材料的特性。
- 用适当的材料掺杂，可以制造出 n 型半导体和 p 型半导体。
- n 型半导体和 p 型半导体之间的结(pn 结)具有

二极管的特性。

- 半导体二极管近似于理想二极管，但是有导通电压。硅二极管的导通电压约为 0.7V。
- 除了普通的 pn 结二极管，还有多种特殊的二极管，如齐纳二极管、肖特基二极管、隧道二极管和变容二极管。
- 二极管在模拟系统和数字系统中都有广泛的应用，包括整流、解调和信号钳位。

习题

17.1　简单描述导体、绝缘体和半导体的电特性。

17.2　指出三种常用于半导体器件的材料。其中哪一种材料用得最为广泛？

17.3　概述对自由电子和空穴施加电场以后的效果。

17.4　用适当的图表辅助解释术语“四价材料”“共价键”和“掺杂”。

17.5　“本征导电”和“非本征导电”的含义是什么？在掺杂半导体中，哪种形式的电荷载流子主要负责导电？

17.6　解释耗尽层的含义，以及为什么会产生势垒。

17.7　解释 pn 结在作为二极管时，外加电压对漂移电流和扩散电流的影响。

17.8　绘制硅二极管在正向偏置和反向偏置时的电流-电压特性曲线。

17.9　绘制理想二极管的电流-电压特性曲线。

17.10　二极管和整流器的区别是什么？

17.11　二极管反向饱和电流的含义是什么？

17.12　解释二极管开启电压和导通电压的含义。硅二极管的开启电压和导通电压的典型值是多大？

17.13　锗二极管和砷化镓二极管的开启电压和导通电压的典型值是多大？

17.14　解释二极管等效电路的用途，并且给出不同精确度二极管等效电路的例子。

17.15　用计算机对一个典型硅二极管进行仿真，如 1N4002，绘制其特性曲线，并且据此求出 V_{ON} 和 r_{ON} 值。假定二极管用于电路中，流过二极管的静态电流约为 20mA，构建电路中的二极管的等效电路。

17.16　用不同的二极管重复上一个习题，如 1N914，比较其结果。

17.17　画图辅助解释如何用负载线分析求出下面电路中的电流 I。

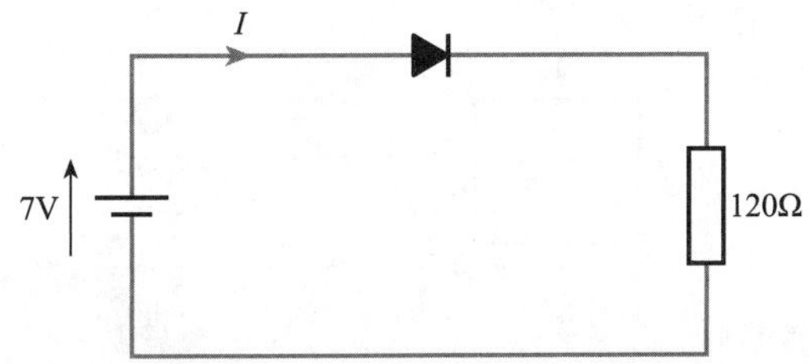

17.18　假定上一个习题中的二极管可以用理想二极管和固定电压源组成的等效电路表示，估算该电路中的电流。

17.19　解释术语“齐纳击穿”和“雪崩击穿”。

17.20　画出使用齐纳二极管产生 5.6V 固定输出的简单电路图，其输入电压在 10V 到 12V 之间变化。选择合适的元件值，使电路至少能输出 100mA 电流到外部负载，估算二极管的最大功耗。

17.21　半波整流器接到一个 50Hz 的电源上，在 220μF 的储能电容器上产生的输出电压的峰值为 100V。如果将该电路接到一个电流恒定为 100mA 的负载上，估算所产生的最大纹波电压。

17.22　如果将上题中的半波整流器换成具有相同峰值输出电压的全波整流器，对纹波电压有何影响？

17.23　绘制下列电路的输出波形图。所有图中的输入信号都是峰值为±5V 的正弦波。

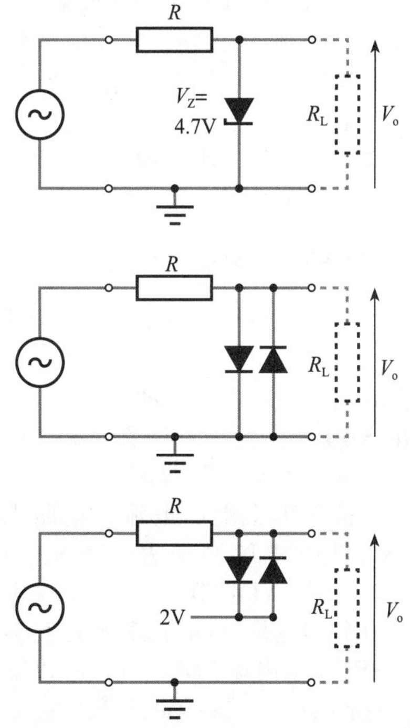

17.24　用电路仿真来检验上一题的答案。R_L 的值是如何影响电路的工作的？

17.25　设计一个电路，信号在 $+10.4V > V > -0.4V$ 的范围内，输出不受影响，除此之外禁止输出。

17.26　用电路仿真验证上一题的解决方案。

第18章 场效应晶体管

目标

学习完本章内容后，应具备以下能力：

- 描述主要场效应晶体管(FET)的结构和工作
- 推导出场效应晶体管等效电路并用等效电路描述其工作情况和特征
- 说明如何用场效应晶体管构成放大器，设计、分析简单电路
- 说明在电路设计时“小信号”和“大信号”的区别
- 说明器件电容对场效应晶体管电路的频率响应的限制
- 讨论场效应晶体管在放大器电路中的应用
- 说明场效应晶体管在模拟系统和数字系统中的应用

18.1 引言

场效应晶体管或者 FET，是最容易理解的一种晶体管，广泛应用于模拟和数字电路中。场效应晶体管具有非常高的输入阻抗、物理尺寸小，可用于构成功耗低的电路，在超大规模集成电路(VLSI)中是非常理想的器件。有两种主要形式的场效应晶体管—绝缘栅场效应晶体管和结型场效应晶体管。本章将介绍这两种场效应晶体管。

仍然采用“自上而下”的方法，从场效应晶体管的一般特性开始，然后介绍其物理结构和工作原理。进一步考虑器件的特性并且简要介绍几个简单电路。最后介绍场效应晶体管在模拟电路和数字电路中的应用。

18.2 场效应晶体管概述

虽然有很多种形式的场效应晶体管，但是其工作原理和特性在本质上是一样的。无论哪种形式的场效应晶体管，都是将一个电压信号加在控制输入端来产生一个电场，使电流在器件的两个端口之间流动。

在第 14 章，我们了解了简单的放大器，方案中用一个未详细说明的“控制器件”产生放大，电路重绘于图 18.1a。控制器件根据输入电压控制电阻上的电流。电路的输出电压 V_o 等于电源电压 V 减去电阻 R 上的电压。因此，$V_o = V - IR$，其中 I 是流过电阻的电流。电阻上的电流 I 等于流入控制器件的电流(忽略流入输出端的电流)，所以输出电压直接由控制器件控制。如果流入控制器件的电流由其输入电压 V_i 决定，则电路的输出电压也受输入电压的控制。对控制器件设定适当的“增益”，就可以用来产生电压放大。

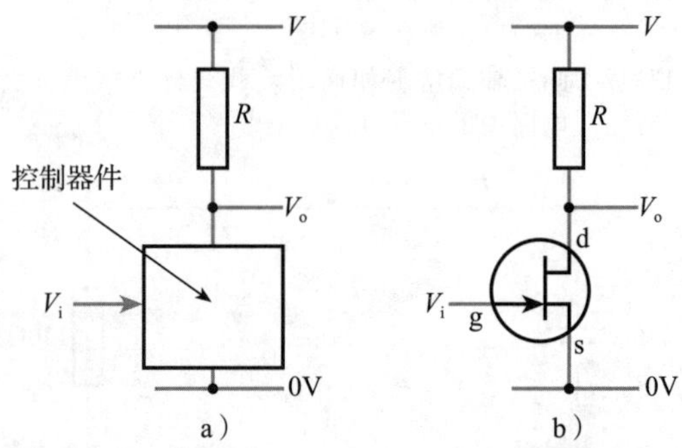

图 18.1 作为控制器件的场效应晶体管

在简单电路中，图 18.1a 所示的控制器件通常是某种形式的晶体管。一般来说，不是本章所讨论的场效应晶体管，就是下一章要讨论的双极型晶体管。图 18.1b 给出了一个由场效应晶体管组成的简单放大器。图中给出

的是结型场效应晶体管的电路符号，不过，在这里也可以用其他形式的器件。场效应晶体管的输入电压控制着器件的电流，因此决定了输出电压，如同上面所讨论的一样。

场效应晶体管有三个端口：漏极、源极和栅极，分别用 d、s 和 g 表示，如图 18.1b 所示。可以看出，器件的输入控制电压是加在栅极上的，控制着从漏极到源极的电流。

18.2.1 标记

在描述场效应晶体管电路的时候，我们通常关心的是各端口之间的电压和流入端口的电流。一般采用符号 V_{XY} 表示两点之间的电压，其中 X 和 Y 表示场效应晶体管相应端口的符号。因此，符号 V_{XY} 就表示 X 相对于 Y 处的电压。例如，V_{GS} 就表示栅极和源极之间的电压。

器件的电流用相应的端口来标记。例如，流入漏极的电流标记为 I_D。一般用大写字母表示恒定电压和电流，用小写字母表示变化的量。例如，V_{GS} 和 I_D 表示稳定量，而 v_{gs} 和 i_d 表示变化量。

在场效应晶体管电路中，电源电压和电流表示用特定的标记。电源的电压或电流连接到场效应晶体管漏极（直接或者非直接），通常用 V_{DD} 或 I_{DD} 表示。与之类似，连接到源极的电源电压或电流通常用 V_{SS} 或 I_{SS} 表示。很多情况下，V_{SS} 是电路的零伏基准（或者地）。连接到各端口上的无源器件经常用相应的标记，例如，连接到场效应晶体管栅极的电阻会用 R_G 表示，如图 18.2 所示。

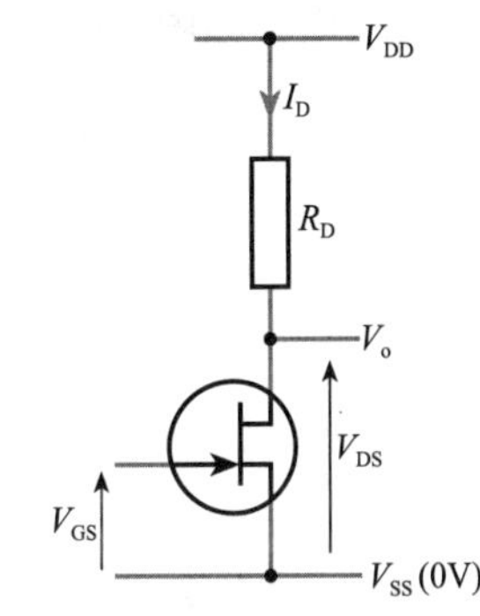

图 18.2 场效应晶体管电路中电压和电流的标记

18.3 绝缘栅型场效应晶体管

在场效应晶体管中，在漏极和源极之间通过半导体材料的沟道导电。之所以叫作绝缘栅型场效应晶体管（IGFET），是因为场效应晶体管的金属栅极和导电沟道之间有一层绝缘氧化物，更常用的名称为金属-氧化物-半导体场效应晶体管（MOSFET）。用该技术构成的数字电路通常称为使用了 MOS 工艺。在这里，我们将绝缘栅器件称为 MOSFET。

MOSFET 中的沟道既可以用 n 型半导体材料构成也可以用 p 型半导体材料构成，分别为两种极性的晶体管，称之为 n 沟道器件或者 p 沟道器件。图 18.3 给出了两种器件的结构。除了各电流和电压的极性相反之外，两种器件的特性是类似的。为了避免重复，我们在本节只讨论 n 沟道器件。

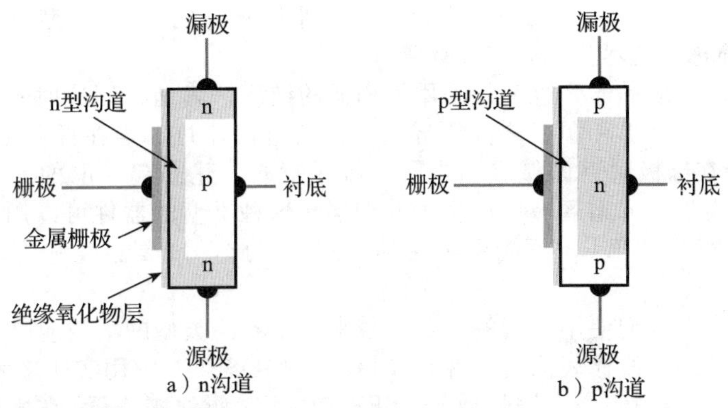

图 18.3 绝缘栅型场效应晶体管 MOSFET

一个 n 沟道器件是在一片 p 型半导体材料（衬底）上制作的，在衬底上制作 n 型区域构成漏区和源区，电接触构成漏极和源极。然后形成连接这两个区域的薄 n 沟道，沟道之上用一层绝缘氧化层覆盖，然后是金属栅极。栅极和衬底形成电连接，衬底通常内部连接到源极，构成一个三端器件。

18.3.1　场效应晶体管的工作原理

漏极和源极之间的沟道是两个电极之间的导通路径，允许电流通过。当栅极上所加电压为零伏特时，漏极和源极之间所加的电压会产生电场，使沟道中的移动电荷载流子流动，从而产生电流。电流的强度由外加电压和沟道中电荷载流子的数量决定。

栅极上所加电压决定沟道中电荷载流子的数量，因此决定了漏极和源极之间的电流。金属栅极和半导体沟道相当于被绝缘层隔开的两个导体，结构上像一个电容器，在栅极上施加电压会使电容器的两极充电。如果一个 n 沟道 MOSFET 的栅极相对于沟道的极性为正，会将电子吸引到沟道区域，增加了移动电荷载流子的数量并且增加了沟道的宽度。此情况下的沟道称为增强型。如果栅极的极性为负，排斥沟道内的电子，减小了沟道的宽度。此情况下的沟道称为耗尽型。因此，栅极上的电压直接控制着沟道的有效宽度和漏极到源极的电阻，如图 18.4 所示。

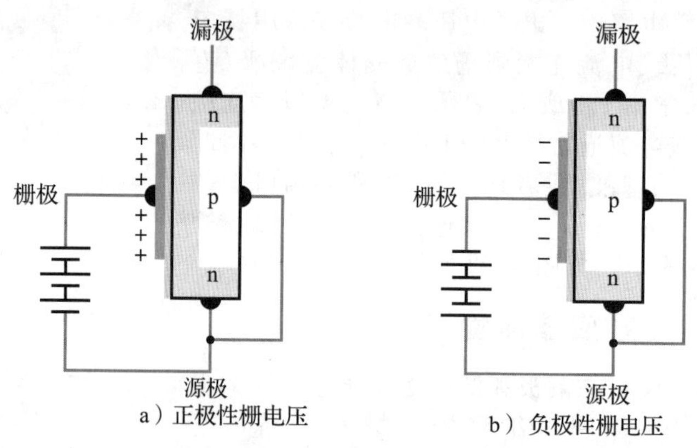

图 18.4　MOSFET 栅极电压的影响

注意 p 型衬底和 n 型区域之间形成了一个 pn 结，具有半导体二极管的属性。然而，在通常的操作中，所施加的电压总是使 pn 结反向偏置，所以不会产生电流。因此，在我们考虑该器件工作的时候，可以忽略衬底的影响。

18.3.2　场效应晶体管的类型

图 18.3 所示的场效应晶体管和前面讨论过的场效应晶体管，既可以使用正的栅电压增强沟道也可以使用负的栅电压耗尽沟道。这种器件称为耗尽-增强型场效应晶体管或者 DEMOSFET，简称为耗尽型场效应晶体管。

其他类型的场效应晶体管也都是采用了相似的结构，只是在制造时不形成沟道。栅极上不加电压的时候，漏极和源极之间不导通，没有电流流过。当在栅极上施加正电压(对 n 沟道器件)就会在栅极附近区域吸引电子，排斥空穴，建立起导电的 n 沟道。这一区域称为反型层，因为是在 p 型区域内产生了 n 型层。这种类型的器件可以用于增强模式，但对于耗尽-增强型 MOSFET，不能用于耗尽模式。因此，该类器件称为增强型场效应晶体管。

为了避免混淆，我们使用不同的电路符号来表示不同类型的场效应晶体管，如图 18.5 所示。符号中心处的竖线代表沟道，并且在耗尽型 MOSFET 中用实线来表示(即使在栅极上不加电压，沟道也存在)，在增强型 MOSFET 中用破折线来表示(在栅极上加适当电压的时候才形成沟道)。衬底上的箭头指明了器件的极性，代表衬底和沟道之间的 pn 结，箭头的方向与等效二极管的方向相同，分为箭头指向 n 沟道，箭头离开 p 沟道。注意，在电路符号中，衬底用标记 b 表示(bulk 的首字母)以避免和源极混淆。前面提到，衬底通常在内部与源极相连，外观上器件只有三个端子。如果熟悉了符号的各个组成部分意义，那么不同类型器件的符号就很容易记住。

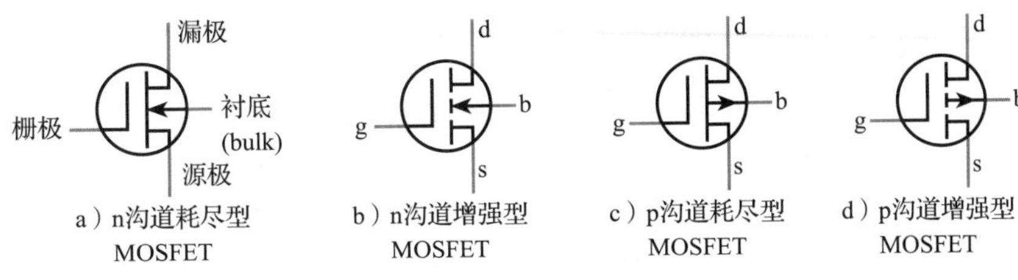

图 18.5　场效应晶体管符号

18.4　结型场效应晶体管

和 MOSFET 一样，结-栅型场效应晶体管也是通过半导体材料的沟道导电。然而，结型场效应晶体管的沟道导电并非受绝缘栅的控制，而是受一个反偏 pn 结所构成的栅极控制。结-栅型场效应晶体管有时候称为 JUGFET，但是在这里采用广泛使用的缩写：JFET。

JFET 的结构如图 18.6 所示，包括 n 沟道和 p 沟道的 JFET。和 MOSFET 一样，n 沟道和 p 沟道器件的工作原理除了电压和相关电流的极性不同外，其他是类似的。在这里，我们主要说明 n 沟道器件。

图 18.6a 所示为一个 n 沟道 JFET。衬底使用 n 型材料，两端的电接触构成了漏极和源极。在漏极和源极之间增加上 p 型材料区域构成栅极。n 型材料和 p 型材料结合的部位构成了 pn 结，具有半导体二极管的电特性。如果 pn 结正向偏置(栅极相对于器件的其他端为正)，电流就会流过 pn 结。但是，在通常工作中，栅极对于器件的其他端口是负的，因此 pn 结反偏，防止电流流过，如图 18.7 所示。

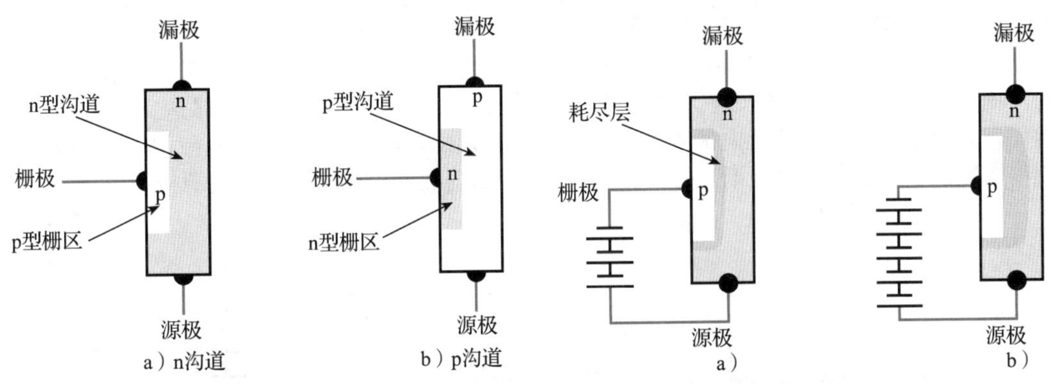

图 18.6　结型场效应晶体管 JFET

图 18.7　栅极反偏的 n 沟道 JFET

在上一章，我们注意到，pn 结反偏会在结区形成耗尽层，只有很少的移动电荷载流子。这一区域实际上是一个绝缘体，所以在 JFET 中栅极附近的这样一个区域，减少了沟道的横截面积，从而增加了其实际的电阻，如图 18.7a 所示。随着反偏电压的增大，耗尽层的宽度也增加，沟道进一步变窄，如图 18.7b 所示。因此，沟道的电阻受到栅极所加电压的控制。

n 沟道 JFET 和 p 沟道 JFET 的电路符号如图 18.8 所示。和 MOSFET 一样，箭头表示器件的极性，分为箭头指向 n 沟道，箭头离开 p 沟道。

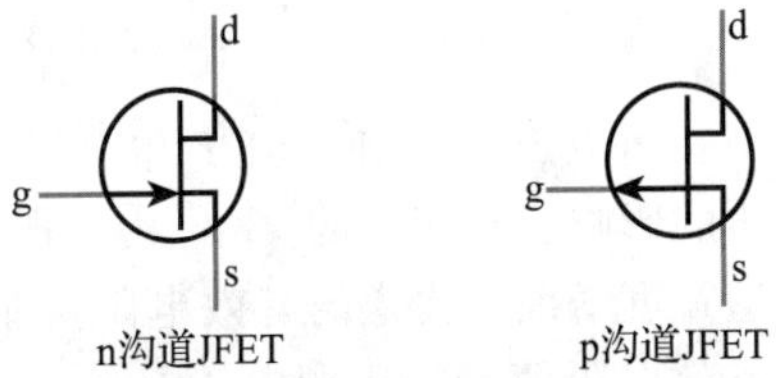

n沟道JFET　p沟道JFET

图 18.8　JFET 电路符号

18.5　场效应晶体管特性

虽然绝缘栅场效应晶体管和结型场效应晶体管的工作方式稍微不同，但其特性在很多方面是十分相似的。第 14 章描述放大器时，是从其输入和输出性质以及输入输出之间的关系展开的。对于场效应晶体管，也可以采用相似的方法来描述其特性。

18.5.1　输入特性

MOSFET 和 JFET 都具有很高的输入阻抗。在 MOSFET 中，氧化层将栅极和器件的其他部分隔开，阻止了电流流入栅极。在 JFET 中，栅极以 pn 结的形式存在，而且始终保持反向偏置状态。流入反向偏置状态 pn 结的电流可忽略(见第 17 章)。因此，在 MOSFET 和 JFET 中，栅极和器件的其余部分是绝缘的。

18.5.2　输出特性

器件的输出特性描述了输出电压是如何影响输出电流的。在第 14 章描述放大器时，我们知道在许多情况下，这一关系完全可以用一个简单的、确定的输出电阻来表示。然而，在晶体管中，情况稍微有一点复杂，我们需要知道器件在连接到外部电源时是如何工作的。

大多数电路中使用的是 n 沟道场效应晶体管，电压加在器件上，漏极电压相对于源极电压为正，所以 V_{DS}为正。该电压使漏极到源极的沟道产生漏极电流 I_D。由于电流流过沟道，沟道电阻产生电压降，电势沿着沟道长度方向逐渐降低。因此，栅极和沟道之间的电压沿着沟道长度方向是逐渐变化的。

MOSFET 的栅极和沟道之间电压的变化如图 18.9a 所示。这里，栅极上的电压相对于源极是正的，而更高的电压加在漏极上。在漏栅区域处，沟道在靠近漏极的电势远高于靠近栅极的电势，在此区域的沟道是耗尽型的。在沟道的另一端，沟道电势与源极电势近似相等，相对于栅极是负的，此处的沟道为增强型的。于是，沟道的有效宽度沿着沟道长度改变，在靠近漏极处狭窄，在靠近源极处较宽。在这个例子中，栅电压相对于源极是正的，但是在耗尽型 MOSFET 中，栅电压有可能相对于源极为零或者为负。这会减少沟道的平均宽度，但是沟道电势仍旧是沿着沟道长度逐渐变化的。

图 18.9b 所示为在 JFET 中相应的情况。在这里，栅-源电压是负的，而漏-源电压是正的。栅-沟道电压沿着沟道长度方向为负(确保栅极结在整个长度方向上都是反向偏置的)。然而，在沟道的漏极端的反向偏置电压远大于源极端的，所以，漏极端的耗尽层比源极端的耗尽层宽很多。这使沟道逐渐变窄，如图 18.9 所示，在漏极端的沟道要比源极端窄很多。

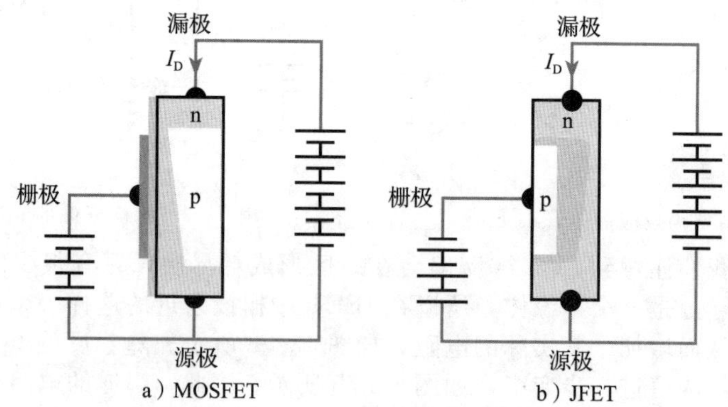

a) MOSFET　　b) JFET

图 18.9　典型的场效应晶体管电路组态

可以看出，MOSFET 和 JFET 的沟道宽度都是受控于栅极所加的电压，也受到漏-源电压的影响。对于小的 V_{DS}，由于栅-源电压 V_{GS}变得更高(对于 n 沟道场效应晶体管)，使得沟道宽度增加，沟道的有效电阻降低。沟道就像一个电阻，漏极电流 I_D正比于漏电压 V_{DS}。有效电阻值受控于栅电压 V_{GS}，当 V_{GS}变高时会使电阻下降。这称为器件工作的电阻区。

由于 V_{DS}的增加使得沟道的宽度变化更加显著，最终沟道在漏极端的宽度减少到接近于零。此时的沟道称为是夹断的，发生夹断时的漏-源电压称为夹断电压。这并未阻断电流在沟道的流动，但是阻止了电流的继续增大。因此，当漏极电压大于夹断电压时，电流实质上是保持恒定的。这称为器件的饱和区。

如果栅电压保持不变，而漏电压逐渐升高，则电流会在起始阶段随着外加电压线性上升(在非饱和区)，在超过夹断电压以后，基本上保持恒定(在饱和区)，如图 18.10a 所示。改变栅电压会改变非饱和区内沟道的有效电阻以及饱和区的恒定电流值。图 18.10b 所示为一系列不同栅电压时的图 18.10a 的输出特性。该输出特性也叫作器件的漏极特性。该图给出了一组可以表示任意类型场效应晶体管特性的通用曲线。V_{GS}的取值范围取决于器件的类型，如前几节所述。

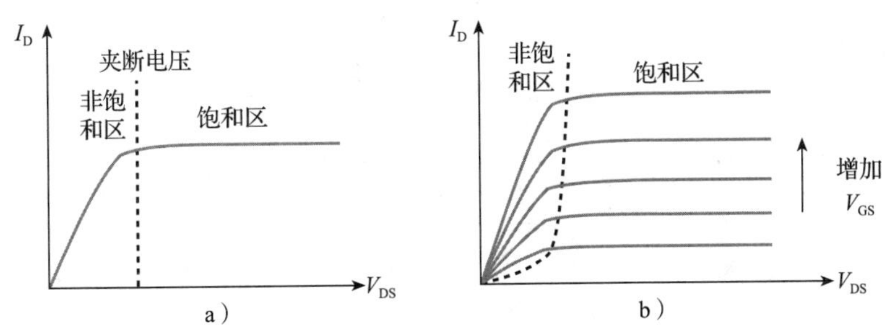

图 18.10　场效应晶体管的输出特性

根据输出特性，显然场效应晶体管有两个明显的工作区：非饱和区和饱和区。在非饱和区，场效应晶体管是一个压控电阻，并且有好几种应用都利用了该特性。在饱和区，输出电流 I_D基本上与所加电压无关，而是受到输入电压 V_{GS}的控制。饱和区经常用于放大器。使用该区域的时候，其输出特性有少量的倾斜，表明输出电流随输出电压变化的关系。倾斜斜率也表示了器件在这个工作区的输出电阻。

MOSFET 输出特性

虽然各类场效应晶体管的输出特性一般是相似的(如图 18.10b 所示)，但是在所涉及的电压范围上存在差异。我们注意到 18.3.2 节中的耗尽型 MOSFET 既可以使用正栅压，也可以使用负栅压。而增强型 MOSFET 只能使用正的栅压(对于 n 沟道器件)。对于所有的器件，开始导通的栅极电压 V_{GS}称为阈值电压 V_T。对于耗尽型 MOSFET，阈值电压是负几伏，而对于增强型 MOSFET，阈值电压是正几伏。阈值电压的具体数值取决于场效应晶体管的种类，同一种器件的阈值电压对每个器件来说也是不一样的。

图 18.11a 所示为一个典型的 n 沟道耗尽型 MOSFET 的输出特性。可以看出当漏极电压大于夹断电压时，漏极电流 I_D 近似于恒定，其幅度取决于栅-源电压 V_{GS}。当 V_{GS}等于零时，漏极电流值称为漏-源饱和电流 I_{DSS}。随着 V_{GS}的值变为负值并进一步减小，漏极电流逐渐减少，直到对于 V_{DS}的任意值漏极电流都是零为止。沟道不再导通时的栅电压称为阈值电压 V_T，有时候也称为栅极截断电压 $V_{GS(OFF)}$。图 18.11a 所示器件的阈值电压为 −5V。可以看出沟道开始被夹断时的电压是随 V_{GS}变化的。特性曲线上非饱和区和饱和区的分界线由夹断点决定，其公式为

$$V_{DS}(\text{夹断}) = V_{GS} - V_T \tag{18.1}$$

图 18.11b 所示为一个典型的 n 沟道增强型 MOSFET 的输出特性。可以看出，除了栅-源电压的有效范围不同之外，其输出特性与耗尽型 MOSFET 是相似的。在这里，栅极上必须加上几伏的正电压使器件工作，并且随着栅极电压的升高，漏极电流会逐渐增大。器件开始导通的栅-源电压称为阈值电压，在 n 沟道增强型 MOSFET 中，阈值电压为正值。

图 18.11b 所示器件的阈值电压为 +2V。由于增强型 MOSFET 在 $V_{GS}=0$ 时并不导通，对于此类器件，不定义饱和电流 I_{DSS}。

JFET 输出特性

除了在 V_{GS}的有效范围上的差异外，JFET 的输出特性与 MOSFET 相似。图 18.12 所示为典型的 n 沟道 JFET 的输出特性。和耗尽型 MOSFET 一样，在 $V_{GS}=0$ 时所产生的漏

极电流的值称为漏-源饱和电流 I_{DSS}。沟道不再导通时的栅极电压称为夹断电压 V_P（有时候也称为栅极截断电压 $V_{GS(OFF)}$）。图 18.12 所示器件的夹断电压为 −7V。

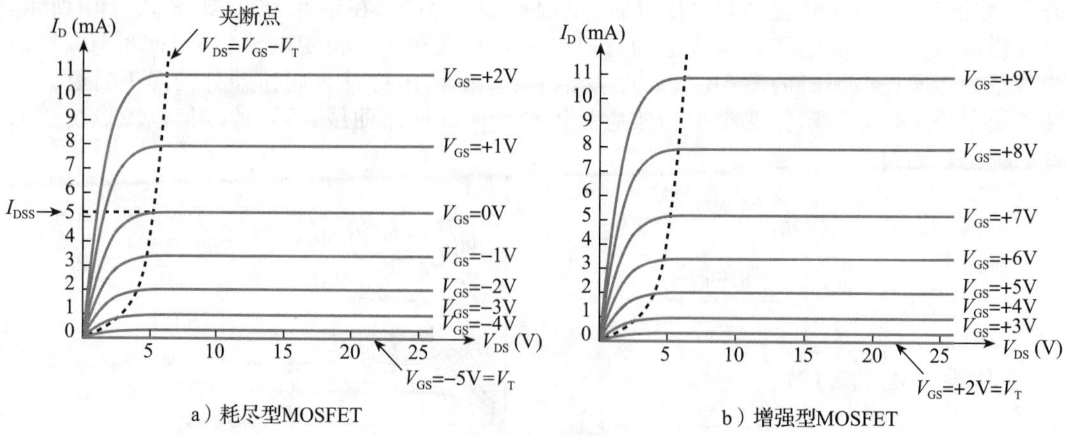

a）耗尽型MOSFET　　b）增强型MOSFET

图 18.11　典型的场效应晶体管输出特性

18.5.3　传输特性

讨论过场效应晶体管的输入和输出特性以后，现在讨论输入和输出的关系。场效应晶体管的输入输出关系通常称为传输特性。

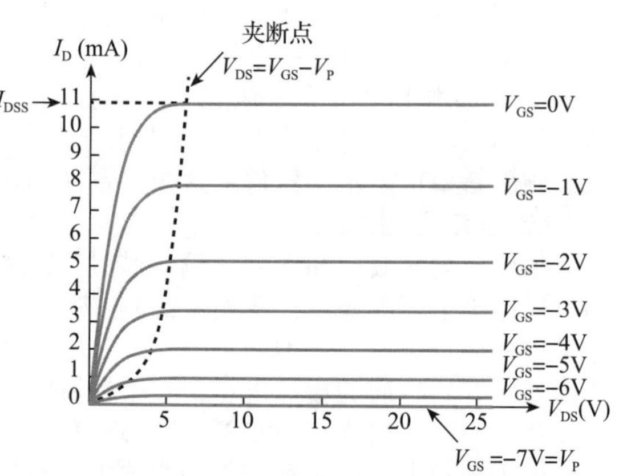

图 18.12　典型的 JFET 输出特性

在第 14 章，我们讨论电压放大器的时候，用电路的增益表示输入和输出之间的关系，增益等于 V_o/V_i。但是在场效应晶体管中，输入量是栅电压，而输出量是漏极电流。从图 18.10～图 18.12 可以明显看出这两个量之间不是线性关系。然而，如果使器件始终处在饱和区，就可以绘制输入电压 V_{GS} 和输出电流 I_D 的关系曲线，图 18.13给出了各种类型的场效应晶体管的关系曲线。可以看出，因为栅极电压范围不同，每种器件的特性都有所偏离，但是所有器件传输函数的基本形式是相似的。对所有的器件，I_D 和 V_{GS} 之间的关系近似于抛物线。

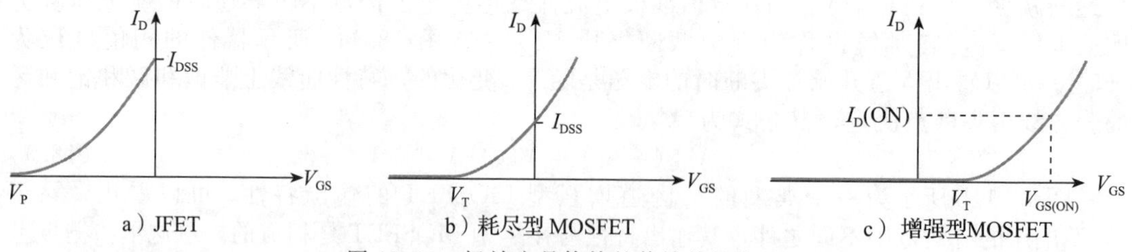

a）JFET　　b）耗尽型 MOSFET　　c）增强型MOSFET

图 18.13　场效应晶体管的传输特性曲线

MOSFET 传输特性

耗尽型 MOSFET 的特性一般是用阈值电压 V_T 和漏-源饱和电流 I_{DSS} 来描述，如图 18.13b所示。在增强型器件中，用来描述其特性的一般是 V_T 和某些漏极电流的特殊值 $I_{D(ON)}$，相对应的是栅极电压的特定值 $V_{GS(ON)}$，如图 18.13c 所示。对于这两种情况，I_D 和 V_{GS} 之间的关系在饱和区近似于抛物线(平方律)，可由简单的公式描述：

$$I_D = K(V_{GS} - V_T)^2 \tag{18.2}$$

其中，K 是一个取决于器件物理参数和几何尺寸的常数。

JFET 传输特性

JFET 的特性一般是用夹断电压 V_P 和漏-源饱和电流 I_{DSS} 来描述的，如图 18.13a 所示。同样，漏极电流和栅极电压之间的关系在饱和区服从平方律，其关系为

$$I_D = I_{DSS}\left(1-\frac{V_{GS}}{V_P}\right)^2 \tag{18.3}$$

该式也可以重新写为

$$I_D = K'(V_{GS}-V_P)^2$$

该式显然和式(18.2)的形式相同。和之前一样，K'是一个取决于器件物理参数和几何尺寸的常数。

18.5.4 场效应晶体管的工作范围

虽然图 18.13 所示特性明显不是线性的，但是在 V_{GS}很小的范围内，可以认为是近似线性关系。因此，如果限制 V_{GS}只在一个特定的平均值附近有很小的波动(称之为工作点)，则 V_{GS}和 I_D 之间的关系近似于线性。图 18.14 给出了三种类型场效应晶体管的工作点和一般工作范围。

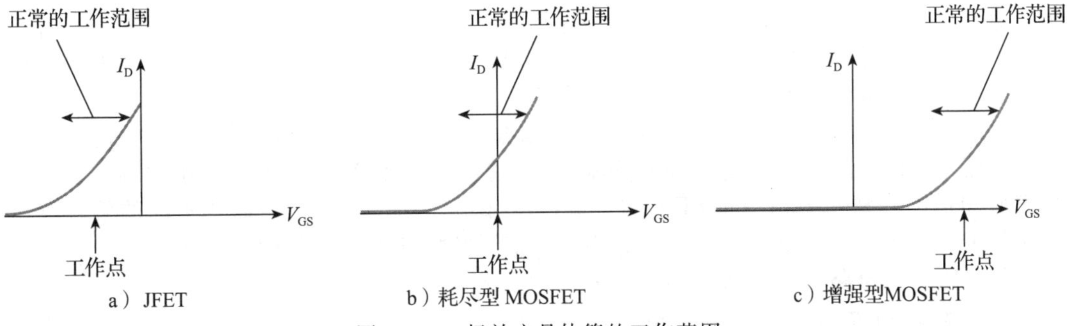

图 18.14 场效应晶体管的工作范围

当器件限制在其工作点附近工作的时候，场效应晶体管的传输特性是用输入变化所引起的输出变化来描述的。与此对应的是图 18.14 中曲线在工作点处的斜率。该量的单位为电流/电压，即电阻的倒数或者电导。由于该量描述了场效应晶体管的传输特性，因此称为跨导，跟电导单位一样为西门子。跨导的符号为 g_m。

需要注意的是 g_m 代表传输特性在工作点处的斜率，而不是漏极电流和栅极电压在该点处的比值。因此，如果栅极电压有一个微小的变化 ΔV_{GS}，漏极电流就会产生微小变化 ΔI_D，于是可得：

$$g_m=\frac{\Delta I_D}{\Delta V_{GS}} \tag{18.4}$$

$$g_m \neq \frac{I_D}{V_{GS}}$$

根据图 18.14 可以明显看出传输函数的斜率沿着曲线是变化的，所以对于一个给定的器件 g_m 并非常数。显然，根据极限，g_m 由下式给出：

$$g_m = \frac{dI_D}{dV_{GS}}$$

根据式(18.3)，我们知道对于 JFET 有：

$$I_D = I_{DSS}\left(1-\frac{V_{GS}}{V_P}\right)^2$$

因此，可以通过微分得到 g_m，即

$$g_m = -\frac{2I_{DSS}}{V_P}\left(1-\frac{V_{GS}}{V_P}\right) = -2\,\frac{\sqrt{I_{DSS}}}{V_P}\times\sqrt{I_D} \tag{18.5}$$

因此，对于 JFET，g_m 正比于漏极电流的平方根。对于 MOSFET，可以采用类似的方法得到相似的结果。

18.5.5　场效应晶体管的等效电路

在第 14 章中，我们注意到在描述放大器的特性时等效电路是很有用的。现在我们建立场效应晶体管的等效电路，如图 18.15 所示。电路没有给出输入电阻，这是因为输入电阻非常高，通常认为是无限大的。由于场效应晶体管的输出通常为漏极电流，等效电路输出模型采用了诺顿等效电路，而不是第 14 章所用的戴维南等效电路。等效电路描述的是在其工作点附近输入小信号时的器件响应，而不是对恒定(DC)电压的响应。因此，称为小信号等效电路。

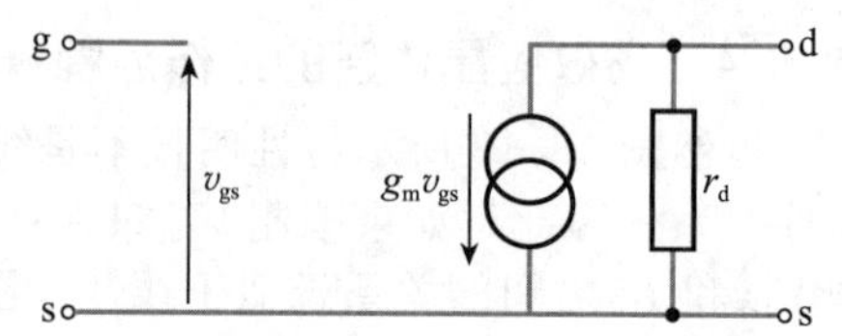

图 18.15　场效应晶体管的小信号等效电路

等效电路用受控电流源来表示场效应晶体管的传输特性，产生的电流为 $g_m v_{gs}$，其中，v_{gs} 是输入电压的波动，或者说小信号输入电压。由于假定漏极电流 i_d 是流入器件而不是流出器件，所以受控电流源的输出电流方向是向下的。电阻 r_d 表示输出电压对输出电流的影响。如果图 18.10b 中的输出特性曲线是完全水平的，则输出电流和输出电压无关。实际上，输出特性曲线有很小的斜率，因此有电阻 r_d，其称为小信号漏极电阻。该电阻由输出特性曲线的斜率决定，因此，也称为输出斜率电阻。

小信号等效电路是非常有用的模型，可以描述器件在输入信号发生微小变化时的响应。然而，它的使用必须结合器件的直流特性数据，即器件对直流恒定电压的响应。正如我们所知道的，MOSFET 和 JFET 的直流特性并不一样，因为它们需要不同的偏置电压来使其工作在正常工作范围。但是，它们的小信号特性和小信号等效电路是相似的。用场效应晶体管设计电路时必须将上述两个因素考虑进去。

18.5.6　在高频下的场效应晶体管

在图 18.15 中，我们说明了场效应晶体管的小信号等效电路。该等效电路可以满足大多数应用，但是不能用于描述器件在高频时的工作。

MOSFET 包含两个导电区域，即被绝缘体隔开的栅极和沟道。该结构形成了一个电容器，绝缘层构成了介质。在 JFET 中，耗尽层代替绝缘层，具有同样的效果。这两类场效应晶体管的电容器都是在栅极和沟道之间形成的。由于沟道一头连接到漏极，另外一头连接到源极，所以电容器是处在栅极和另外两个端之间。沟道和衬底之间的反偏 pn 结同样也是一个电容器，耗尽层隔开了两个导电区域。这就在漏极和衬底之间形成了电容器，因此就是在漏极和源极之间形成了电容器(源极通常是和衬底连接在一起)。因此，器件的每一对端子之间都有电容。

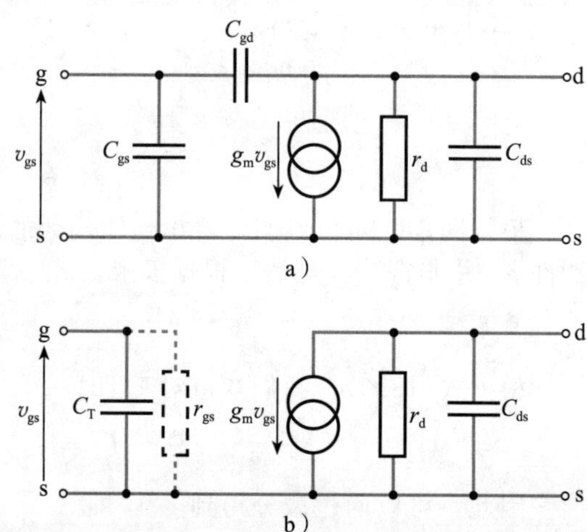

图 18.16　场效应晶体管在高频时的小信号等效电路

在低频时，这些电容的影响很小，通常可以忽略(见图 18.15)。然而在高频时，这些电容的影响就会变得很明显，必须将其加入到小信号等效电路中，如图 18.16a 所示。图中的每一个电容器的大小都在 1pF 的量级。

C_{gd}使得电路分析变得非常复杂。幸运的是，可以通过增加栅极和源极之间的电容值将该电容器的影响折算进去。实际上，在栅极和源极之间产生和 C_{gd} 相同作用的电容值为 $(A+1)C_{gd}$，其中 A 是漏极和栅极之间电压的增益。电容值的明显增加来自于密勒效应。因此，虽然 C_{gd} 和 C_{gs} 大小差不多，但是 C_{gd} 主导了器件的高频性能。

因此，可以用图 18.16b 中的等效电路来表示场效应晶体管，其中 C_{gs} 和 C_{gd} 所起的作用被一个单独的电容 C_T 替代，代表总的输入电容。从 8.6 节关于低通 RC 网络的讨论可知，这个电容显然会在高频处产生增益的下降并产生高频截止，其频率由输入端到地之间的电容值和阻抗决定，阻抗主要是由电源内阻决定的。然而，在某些情况下，还必须在等效电路中包含一个电阻 r_{gs}，代表器件的小信号栅极电阻。

电容的影响很大程度上降低了场效应晶体管在高频处的性能。输入端的电容可能会使输入阻抗从低频时的几百兆欧，降到 100MHz 时的几十千欧。在高频时，g_m 也会降低。

18.6　场效应晶体管放大器

视频 18A

场效应晶体管广泛地用于低噪声和高输入阻抗的电路中。n 沟道场效应晶体管和 p 沟道场效应晶体管都会使用，但同前面一样，为了简洁，我们在这里只讨论使用 n 沟道场效应晶体管的电路。

图 18.1b 所示的基本放大器可以通过增加附加电路的方法，将所用的场效应晶体管的栅极“偏置”到适当工作点，因此可以适用于各种类型的场效应晶体管。如图 18.17 所示，给出了基于各种类型场效应晶体管的放大器的例子。我们注意到，在图 18.14 中，耗尽型 MOSFET 通常将其工作点偏置在零伏特。也就是说，在没有信号输入的时候，该电路栅极电压(相对于源极)为零。在栅极到地之间接一个电阻就可以实现这个目的，如图 18.17a 所示。一个耦合电容(也称为隔直电容)用来耦合输入信号到放大器，并隔断直流分量以免影响场效应晶体管的偏置。

当使用 n 沟道增强型 MOSFET 的时候，通常会将栅极偏置到适当的正电压。可以将图 18.17a 中的单个栅极电阻换成两个电阻，并连接在 V_{DD} 和 V_{SS} 之间形成分压器，如图 18.17b 所示。选择适当的电阻值产生场效应晶体管所需要的偏置电压。

n 沟道 JFET 的正常工作点需要将栅极偏置到负电压。可以将栅极电阻接到负极性的电压源上(如果可行)，或者将栅极接地，同时在源极和 V_{SS} 之间加一个电阻，如图 18.17c 所示。电流流过源极电阻会使源极相对于 V_{SS} 为正，也就相对于栅极为正。栅极也就相对于源极为负，满足了要求。该技术称为自动偏压。通过选择合适的源极电阻值，栅-源电压可以设置为需要的值。虽然源极电阻正确设置了偏置电压，但这种方法存在一个缺点：降低了放大器的小信号增益。稍后在本节中介绍反馈放大器的时候，我们会回过头来关注这个问题，并给出解决办法。

除了图 18.17a～c 所示的电路以外，我们可以构造一个使用任意类型场效应晶体管的电路，如图 18.17d 所示。该电路可以用于任意类型的 n 沟道场效应晶体管，只要简单地选择合适的栅极电源电压 V_{GG}。对于每一种类型的场效应晶体管，就是选择与器件匹配的工作点，如图 18.14 所示。实际上，使用单独的栅极电压源并不方便，所以图 18.17a～c 所示的电路通常更有用。然而，图 18.17d 所示的通用电路提供了研究场效应晶体管放大器通用形式的方法，而不需要关心所用的器件类型。

由于电容器 C 的存在，图 18.17d 所示电路(以及图 18.17 中的其他电路)不能放大直流信号。然而，加在输入端的交流信号可以被电容器耦合，并改变栅极电压。因此，这种电路称为交流耦合放大器，或者简称交流放大器。没有输入电压的时候，称电路处于静态，此时，流过场效应晶体管的漏极电流称为静态漏极电流。该电流流过漏极电阻产生电压降，决定静态输出电压。当输入信号使栅极电压上升的时候，会使流过场效应晶体管的电流变大(因此也流过 R_D)，使电阻电压降变大，使输出电压降低。相似地，当输入信号使栅极电压下降的时候，会使流过场效应晶体管和电阻的电流变小，使输出电压升高。因此，该电路是反相放大器。

在图 18.17d 的电路中，输入信号加在场效应晶体管的栅极和源极之间，在漏极和源极之间输出。因此，源极是输入电路和输出电路的公共端。因此，该放大器通常称为共源放大器。图 18.17a～c 所示电路也是共源放大器。

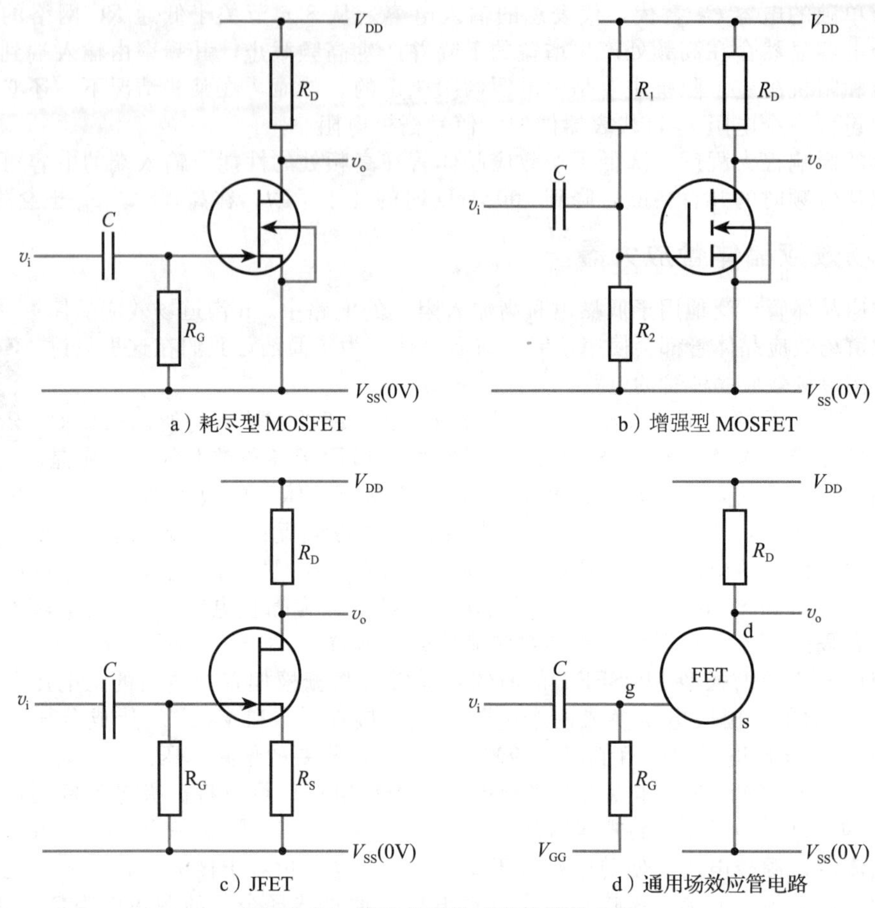

a）耗尽型 MOSFET　　b）增强型 MOSFET

c）JFET　　d）通用场效应管电路

图 18.17　简单的场效应晶体管放大器

18.6.1　场效应晶体管放大器的等效电路

用等效电路来表示放大器通常是很有用的(见第 14 章)。图 18.15 是场效应晶体管小信号等效电路。这个等效电路可以很简单地扩展到整个放大器电路。如图 18.18 所示，是一个共源放大器的等效电路。

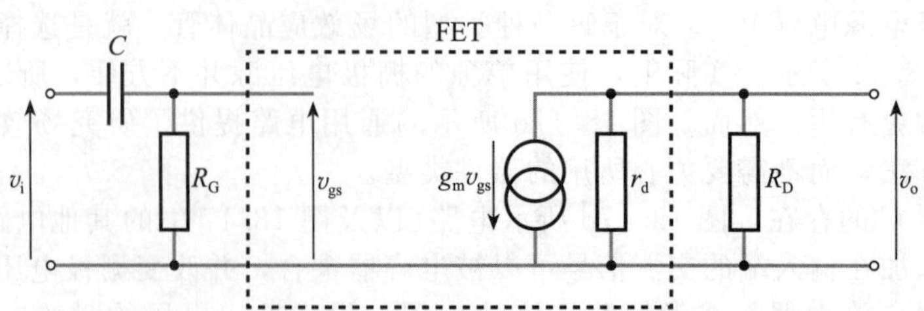

图 18.18　场效应晶体管放大器的小信号等效电路

很重要的一点是电源线上的电压是恒定的，各个电源线之间没有电压波动，因此电源线之间不存在小信号电压。因此，从小信号(AC)的角度来看，V_{DD}、V_{SS}和V_{GG}可以认为是连接在一起的。如果觉得这个概念陌生，记住在电源的输出端通常都会放置大容量储能电容器(见 17.8.1 节)来减少纹波。除了直流外，对其他频率信号，这个电容器在电源和地之间起到短路的作用。

由于从交流信号的角度来看，V_{DD} 和 V_{SS} 是连接在一起的，小信号漏极电阻 r_d 和外接漏极电阻 R_D 是并联的。类似地，V_{GG} 和 V_{SS} 在小信号等效电路中也是连在一起的，而栅极电阻 R_G 从栅极接到地——公共参考点。如果单个电阻用来产生栅极偏压，很简单，这个电阻就是 R_G，如图 18.18 所示。如果栅极偏压是用两个电阻构成的分压器实现的，那么两个电阻就是并联的。需要注意的是，任意包含电阻和电压源的偏置电路都可以用戴维南等效电路来表示，如 3.8 节所讨论的一样。这使得电路可以用一个电阻和一个电压源替换，如图 18.17d所示，在小信号等效电路中用一个电阻表示就可以了，因为电路中固定电压不用表示。通常选择 C 的值，使其在关注的频率范围内产生的影响可以忽略。在本例中，其影响可以忽略不计。

需要记住，图 18.18 中的小信号模型适用于所有类型的场效应晶体管。不同类型的场效应晶体管之间的差异只影响其偏置电路，并不影响其小信号特性。

18.6.2　小信号电压增益

得到放大器的小信号等效电路以后，现在求出其小信号电压增益。

根据图 18.18，如果忽略输入电容 C 的影响，场效应晶体管栅极上的电压和输入是一样的，为 v_i。输出电压由电流源和小信号漏极电阻 r_d 与电阻 R_D 的并联电阻决定。我们常用速记表示法表示电阻并联，即两条平行线。因此，“R_1 和 R_2 的并联”会写成 $R_1//R_2$。这样，输出电压可表示为

$$v_o = -g_m v_{gs}(r_d//R_D) = -g_m v_i(r_d//R_D)$$

变换一下

$$\frac{v_o}{v_i} = -g_m(r_d//R_D)$$

式中输出电压的负号反映了随着输出电流的增大，输出电压会下降，所以输出电压和输入是反相的。因此，这是一个反相放大器。

电压增益的公式也很简单，就是场效应晶体管的跨导 g_m 与 r_d 和 R_D 并联电阻的乘积。该公式可以展开为

$$\text{电压增益} = \frac{v_o}{v_i} = -g_m\frac{r_d R_D}{r_d + R_D} \tag{18.6}$$

根据等效电路，计算放大器的小信号输入电阻和小信号输出电阻也都很简单。输入电阻就等于栅极电阻 R_G。因为场效应晶体管的输入阻抗非常高，通常都会选择尽可能高的栅极电阻以适应特定的应用。输出电阻为 r_d 和 R_D 的并联电阻值。根据小信号等效电路计算得到的输入电阻和输出电阻是小信号电阻，用符号 r_i 和 r_o 表示。它们是小信号电压和小信号电流之间的关系，与电路的直流电压及直流电流无关。

例 18.1 求出下面电路的小信号电压增益、输入电阻和输出电阻，假如 $g_m = 2\text{mS}$、$r_d = 100\text{k}\Omega$。

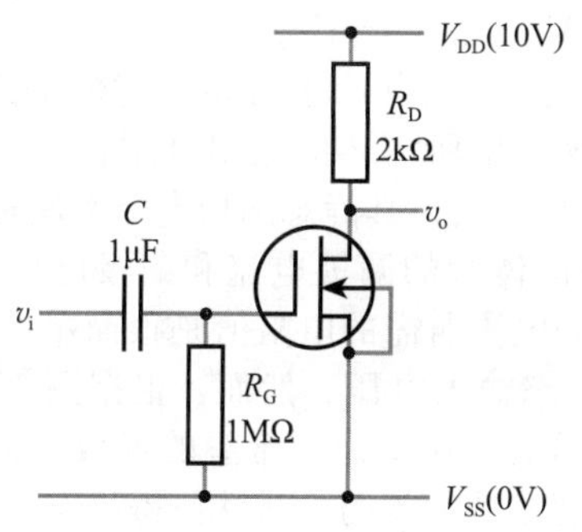

解：第一步要画出放大器的小信号等效电路。

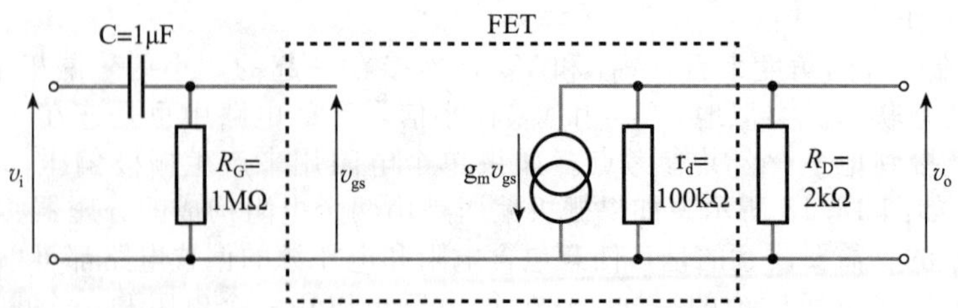

显然，根据等效电路可得：

$$\frac{v_o}{v_i}=-g_m(r_d//R_D)=-g_m\frac{r_dR_D}{r_d+R_D}=-2\times10^{-3}\frac{100\times10^3\times2\times10^3}{100\times10^3+2\times10^3}=-3.9$$

负号表示是反相放大器。放大器的小信号输入电阻就是 R_G，因此

$$r_i=R_G=1\text{M}\Omega$$

小信号输出电阻为

$$r_o=r_d//R_D=\frac{r_dR_D}{r_d+R_D}=\frac{100\times10^3\times2\times10^3}{100\times10^3+2\times10^3}=2.0\text{k}\Omega$$

例中的电路是由 n 沟道耗尽型 MOSFET 构成的，对用其他类型的场效应晶体管构成的电路，计算方法类似。◀

小信号漏极电阻 r_d 的典型值为 50～100kΩ，一般远大于 R_D。在这种情况下，经常可以忽略 r_d 的影响，放大器的特性可以近似地表示为

$$r_i\approx R_G$$
$$r_o\approx R_D$$
$$\frac{v_o}{v_i}=-g_mR_D$$

例 18.2 求出例 18.1 中电路的耦合电容所产生的低频截止频率。

解：低频截止频率由 C 的值和输入电阻决定。由于输入电阻近似等于 R_G，相应地有（根据式(8.11)）：

$$f_c=\frac{1}{2\pi CR_G}=\frac{1}{2\times\pi\times10^{-6}\times10^6}=0.16\text{Hz}$$ ◀

显然，改变 R_D 的值就可以改变放大器的小信号电压增益，需要记住，这同样会影响直流电流，即没有输入的时候也存在的稳定电流 I_D，相应地就会影响 g_m 的值。下面讨论放大器的直流部分。

18.6.3　偏置的考虑因素

在没有任何输入的时候，放大器的偏置电路决定了电路的工作。这称为电路的静态。放大器中要考虑的最重要的是静态漏极电流 $I_{D(\text{quiescent})}$，它相应地决定了静态输出电压 $V_{o(\text{quiescent})}$。由于输出电压等于电源电压减去 R_D 上的电压，因此

$$V_{o(\text{quiescent})}=V_{DD}-I_{D(\text{quiescent})}R_D$$

在很多情况下，V_{DD}是固定的，在设计中需要特定的静态输出电压值。这就意味着需要恰当的 $I_{D(\text{quiescent})}$ 和 R_D 合起来产生所需要的输出电压。

以图 18.17a 中的电路为例，显然，其静态漏极电流由漏极电阻 R_D 和场效应晶体管的电压-电流特性决定。如果场效应晶体管的漏极电流和漏极电压之间的关系是线性的，就像电阻一样，那么计算能产生适当的电流所需的电阻值是很简单的。可以设置场效应晶体管的电阻和 R_D 的比值来产生合适的静态输出电压。然而，根据图 18.10 可知，漏极电流和漏极电压之间的关系是非线性的。实际上，在我们所希望的场效应晶体管工作的特性区（饱和区），漏极电流和漏极电压在很大程度上是无关的。这就使得静态参数的确定变得更加复杂。

负载线的使用

这个问题的一个解决方案是使用负载线(如第 17 章所述)。显然，虽然流过 R_D 和场效应晶体管的电流不容易求出，但是这两个元器件上的电压之和一定等于电源到地的电压($V_{DD}-V_{SS}$)。场效应晶体管的电压由其特性和偏置电压 V_{GS} 决定。根据图 18.11 和图 18.12 可知，场效应晶体管的基本特性对于所有类型的器件是一样的。图 18.19a 给出了场效应晶体管概括的输出特性，可以应用于所有的 n 沟道器件。

流过场效应晶体管的电流同时也流过 R_D，并在 R_D 上产生电压降。场效应晶体管漏极上的电压就等于电源电压 V_{DD} 减去电阻上的电压，即减去 I_DR_D。图 18.19b 给出了在不同漏极电流时的场效应晶体管的漏极电压。当漏极电流为零时，电阻 R_D 上没有电压降，漏极电压就等于电源电压 V_{DD}。随着 I_D 的变大，V_{DS} 减少，线的斜率等于漏极电阻 R_D 的倒数。

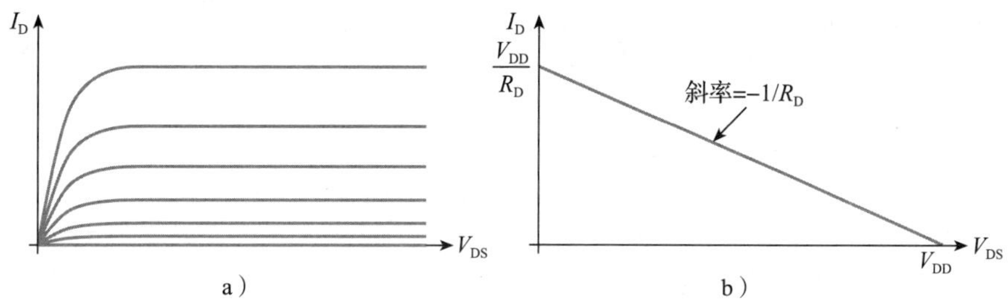

图 18.19　场效应晶体管和 R_D 的电流-电压关系

图 18.19a 和图 18.19b 分别显示了在简单放大器中漏极电流和漏极电压的关系。显然，实际的工作条件必须同时满足这些关系。为了确定这些条件，我们将两条特性曲线绘制在一张图上，如图 18.20 所示。

图中的直线是负载线，它指出了在漏极电压作用下负载电阻的影响。负载线和一条输出特性曲线的交点是一个同时满足两种关系的点。例如，线上的点 A。图形表明，如果 V_{GS} 设置为 $V_{GS(A)}$，漏极电流就为 $I_{D(A)}$，而漏极电压(同时也是放大器的输出电压)就是 $V_{DS(A)}$。

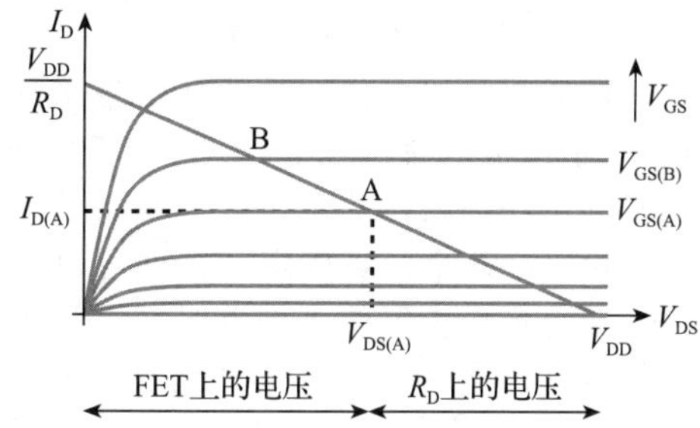

图 18.20　简单场效应晶体管放大器的负载线

负载线的意义是显而易见的，场效应晶体管的电压加上 R_D 上的电压一定等于电源电压 V_{DD}，从零到 $V_{DS(A)}$ 之间的距离代表场效应晶体管的电压，从 $V_{DS(A)}$ 到 V_{DD} 之间的距离代表 R_D 上的电压。现在，如果栅极电压增加到 $V_{GS(B)}$，则漏极电流会上升，而漏极电压会下降，如同特性曲线上 B 点所指示的那样。因此，负载线表明了漏极电流和漏极电压是如何随着栅极电压的不同取值而变化的。

需要注意的是，各条输出特性曲线只是能够绘制的无数条特性曲线中有代表性的几条。为了简洁，我们只绘制了很少的线，并且据此来估算器件的工作。

图 18.20 中的图形显示了放大器在给定 R_D 值时的输出特性。如果 R_D 值发生改变，负载线的斜率也会发生改变，因此也影响到了放大器的特性。实际上，设计者通常面对的问题是选择合适的 R_D 值来优化性能。为了达到这个目的，设计者会在静态条件下在特性曲线上定义一个运行点。该点通常也叫作工作点。设计者因此开始使用场效应晶体管的输出特性，但是并不知道负载电阻的值。为了确定负载电阻的值，设计者必须为系统选择理想的工作点。

如果假定设计者选择的点对应着图 18.20 中的位置 A，就从该点画一条直线到横轴上的 V_{DD} 处，这就构成了负载线。R_D 的值可以通过计算这条线的斜率得到。

当工作点已知，所需要的栅极电压 V_{GS} 也就知道了，也就可以设计所需要的栅极偏置电路了，如之前所述。工作点决定了电路的静态，同样决定了静态漏极电流和输出电压。当一个小信号输入加在电路上，栅极电压的变化会使电路在工作点的两侧中的一侧沿着负载线移动。如果输入信号足够大，会使电路进入非饱和区或者由于输出达到了电源电压而受到限制。这两种情况的任一种情况发生，都会使输出信号扭曲。如果需要大的输出摆幅，选择合适的工作点就非常重要。

18.6.4　工作点的选择

在图 18.19 中，我们将场效应晶体管的输出特性曲线划分为两个区域——非饱和区和饱和区。需要注意的是，对于常规应用，不能工作在非饱和区。实际上，当使用该器件作为线性放大器的时候，也不能工作在特性曲线的其他区域。图 18.21 给出了这些区域。

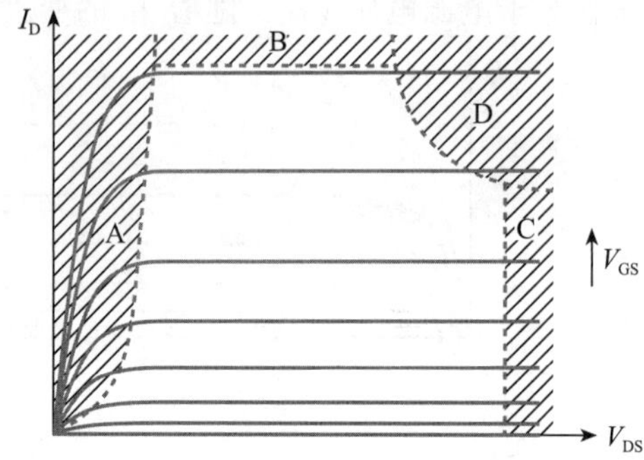

图 18.21　场效应晶体管的工作禁区

区域 A 是之前讨论的非饱和区。因为在该区域内，漏极电流严重依赖漏极电压，所以不能工作在该区域。当构建一个线性放大器的时候，我们希望漏极电流受控于输入信号，而不是受控于器件上的电压。

区域 B 可能受一两个因素的影响，取决于所使用的场效应晶体管类型。对于所有类型的器件，存在一个防止器件损坏的最大可承受漏极电流。设计者必须确保器件不会进入该区域工作。对于 JFET，还有一个硬性的限制，即栅极电压必须不能使栅极的 pn 结正偏。不管哪一个约束，或者限制了可用的最大漏极电流，或者可用的栅极电压。

同样也受到器件的击穿电压限制，如图中的区域 C。如果电压超过了对应界限，就可能会导致器件的永久性损坏。

最后，第四个禁区是功耗所带来的。场效应晶体管的功耗为漏极电流和漏极电压的乘积(由于栅极电流可以忽略)，会产生热量。热量使器件升温，而器件工作受到结温的限制。满足功耗条件的工作区以一条双曲线为界(电流乘上电压等于常数的轨迹点)，如区域 D 所示。这四个区域确定了器件可以工作的区域。

在选择放大器的工作点时，设计者必须保证使晶体管处于安全限制之内并且在常规工作区内。这通常要求电源电压低于器件的击穿电压，也不突破最大电流和功率限制。为了使电压摆幅最大化，工作点一般设置在电源电压和饱和区下沿之间的中点附近，如图 18.22所示。这样就可以在信号不变形的情况下对输入信号有最大的放大。

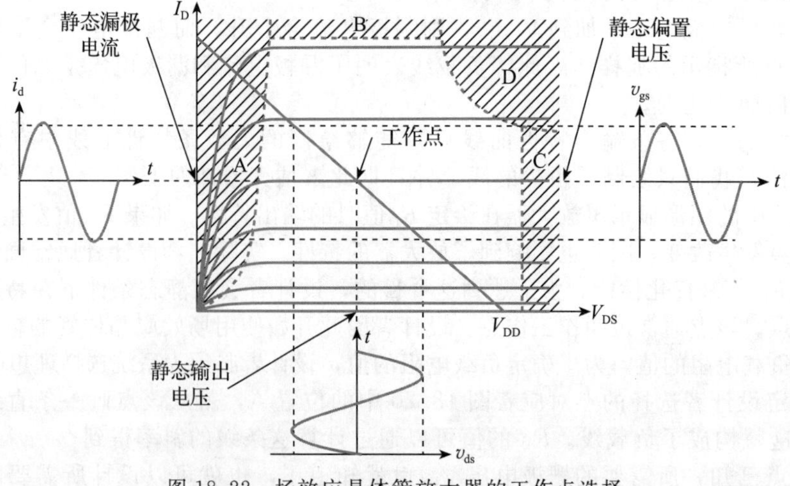

图 18.22　场效应晶体管放大器的工作点选择

一旦选定了工作点，就可以画出从横轴上的电源电压处到工作点的负载线。对应于工作点的 V_{GS} 值确定了栅极所使用的偏置电路，负载线的斜率确定了所需要的负载电阻值。工作点的位置确定了电路的静态输出电压和静态漏极电流。小信号输入会使电路在工作点两侧中的一侧沿负载线移动，如图 18.22 所示，并引起漏极电流和输出电压的变化。通过比较小信号输入电压的幅度和因而产生的小信号输出电压幅度，就可以从图中推导出电路的小信号电压增益。

18.6.5　器件的差异性

和场效应晶体管的使用相关的一个问题——也是在大多数有源器件使用中普遍存在的问题——即使在同一类型器件中，器件特性变化也会较大。图 18.23 给出了 JFET 的差异性，所表示的特性变化可能来自于同一类型器件同一批次里面的不同器件。

如果在电路中选择了图 18.23 中器件 A 的器件参数，设计者可能会将栅极电压设计为 V_{GGA} 以获得最大输出范围。相似地，但使用器件 B 的时候，可能会选择 V_{GGB}。然而在选择器件值的时候，设计者无法知道器件的特性，只知道其位于这两个器件所指出的范围之内。显然，如果栅极偏置电压设置为 V_{GGA}，而所用的器件特性又近似于器件 B，放大器的可用范围就会受到很大限制。因此，设计者只好假定为极限情况，在任何情况下都使用 V_{GGB} 作为栅极电压，如图 18.24 所示。这样做的一个后果就是静态漏极电流 $I_{D(quies)}$ 定义有问题，在图 18.24 中，可能处于 I_{DA} 到 I_{DB} 之间的任意值。

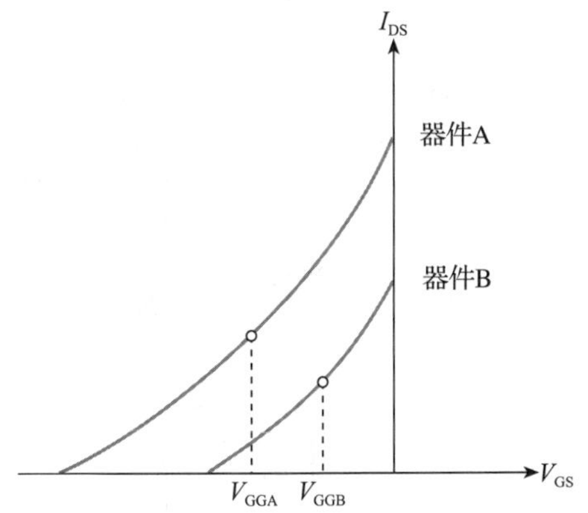

图 18.23　典型的 JFET 传输特性

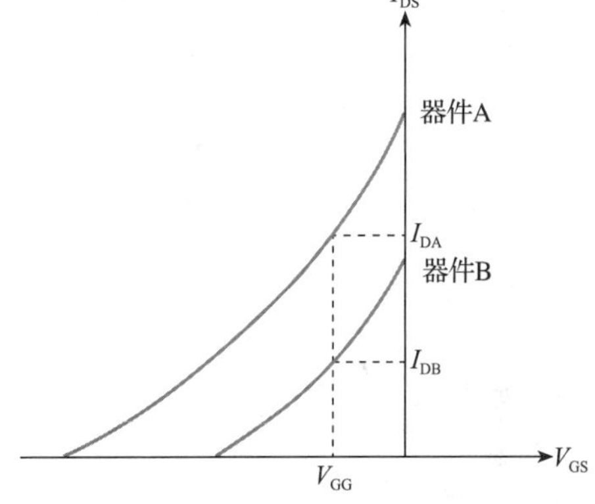

图 18.24　JFET 放大器中 V_{GG} 的选择

可以使用负反馈来减少静态漏极电流的变化。实际上，之前所讨论的图 18.17c 中的自动偏置网络就是使用了负反馈来稳定漏极电流。电路的工作情况如图 18.25 所示。

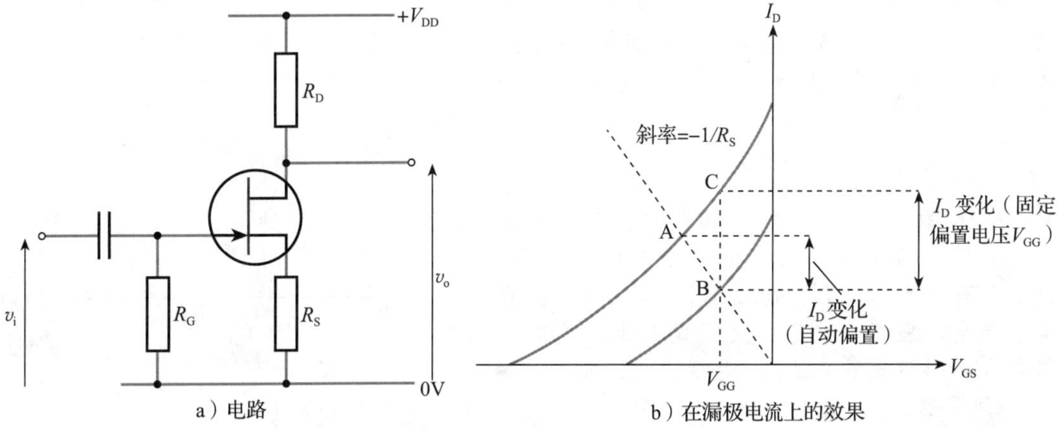

图 18.25　自动偏置在漏极电流上的效果

随着流过场效应晶体管的电流变大，源极电阻上的电压降也随之变大。由于这个电压降决定了栅极偏置电压，使栅-源电压随着电流的变大而变得更负，使电流减少，因此形成了负反馈。如果使用合适的器件值，在使用特性接近于下线的器件时，图 18.25 中的电路工作在 B 点，使用的器件特性接近于上线的时候，图 18.25 中的电路工作在 A 点。器件特性处于中间的，电路会在 A 到 B 的连线上的某点工作。如果使用了固定的偏置电压 V_{GG}，如前所述，电路的工作点就会离开器件的工作范围，从点 B 移动到点 C。因此，采用自动偏置时 I_D 的变化要远小于采用固定偏置电压时 I_D 的变化。图 18.25 中的电路使用的是 JFET，但这一技术也可以用于其他类型的场效应晶体管。

还存在另外一种解决器件差异性问题的方法，就是测量所用器件的实际特性，并用于相应的电路。这种方法有很多缺点。首先，如果采用人工测量的方法，器件测量过程很慢，所以代价很高。同时也意味着需要单独计算器件值，会花费很多时间。第二个缺点在于，如果器件在现场损坏了，就需要更换，但无法保证所更换的器件正好和原参数相匹配。

一种可选的方案是选择与特定特性匹配的器件。这同样意味着要测量每一个器件，虽然通常是由制造商采用自动化的方法测量的，他们将产品按照性能范围分类。几乎所有的有源器件都存在着制造差异性，所以按照特性分组越是精确的，价格就越昂贵。通常，好的设计对有源器件特性的差异性有较大的容忍度，因此不需要对器件进行昂贵的挑选。

例 18.3　一个 2N5486 n 沟道 JFET 具有 $V_P=-6V$、$I_{DSS}=8mA$。用器件的传输特性设计偏置电路。电源电压为 15V，漏极电阻为 2.5kΩ，放大器的静态输出电压为 10V。

解： 可行的电路如右图所示。

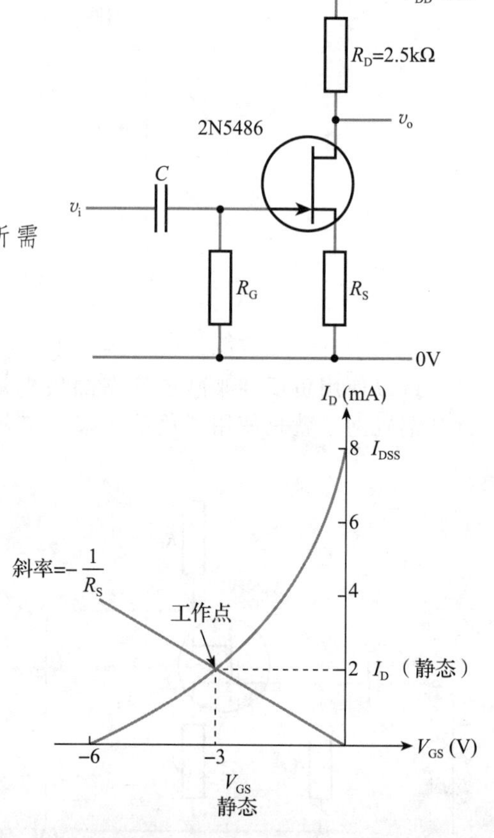

根据式(18.3)可知：

$$I_D = I_{DSS}\left(1-\frac{V_{GS}}{V_P}\right)^2$$

根据 V_P 和 I_{DSS} 可以绘制如右下图形。

静态输出电压

$$V_{o(quiescent)} = V_{DD} - V_R$$

其中，V_R 是漏极电阻 R_D 上的电压降。因此，所需要的 V_R 值为

$$V_R = V_{DD} - V_{o(quiescent)} = 15 - 10 = 5(V)$$

以及所需的静态漏极电流 $I_{D(quiescent)}$ 为

$$I_{D(quiescent)} = \frac{V_R}{R_D} = \frac{5}{2.5} = 2(mA)$$

根据传输特性，漏极电流值所对应的栅-源电压为−3V。由于栅极为地电位，该栅-源电压必须采用使电阻 R_S 上的电压降为 3V 的方法得到。因此，R_S 的值为

$$R_S = \frac{V_{GS}}{I_D} = \frac{3}{2} = 1.5(k\Omega)$$

R_G 的取值并不严格，因为它仅仅是将栅极偏置到零。通常选择它的值使输入电阻很高，但是也不能太高，因为栅极电流（几纳安）会在其上产生电压降，电压降又不能太大。该电阻通常为 470kΩ 比较合适。◀

例 18.4　用数字计算的方法设计例 18.3，而不是用图形的方法设计。

解： 跟之前一样

$$I_{D(quiescent)} = \frac{V_R}{R_D} = \frac{5}{2.5} = 2(mA)$$

根据式(18.3)：

$$I_D = I_{DSS}\left(1 - \frac{V_{GS}}{V_P}\right)^2$$

重新整理得：

$$V_{GS} = V_P\left(1 - \sqrt{\frac{I_D}{I_{DSS}}}\right) = -6 \times \left(1 - \sqrt{\frac{2}{8}}\right) = -3(V)$$

跟之前一样。因此，R_S 的值为 1.5kΩ，也跟前面一样。◀

18.6.6　负反馈放大器

负反馈不仅可以用于稳定放大器的偏置状态，也可以稳定其电压增益。例如，考虑图 18.26中基于增强型 MOSFET 的电路。电路中的源极电阻 R_S 提供了负反馈，如同前一节所讨论的那样，稳定了电路的静态工作点。然而，源极电阻的存在也稳定了电路的小信号增益。

根据 g_m 定义可知：

$$g_m = \frac{i_d}{v_{gs}}$$

所以

$$i_d = g_m v_{gs} = g_m(v_g - v_s)$$

源极电压 v_s 为

$$v_s = R_S i_d$$

结合前面公式并重新整理可得：

$$v_s = \frac{R_S g_m}{1 + R_S g_m} v_g = \frac{1}{\frac{1}{R_S g_m} + 1} v_g$$

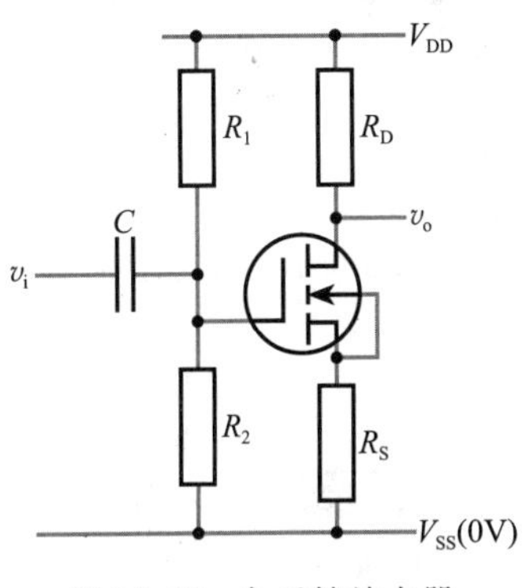

图 18.26　负反馈放大器

如果 $1/R_S g_m \ll 1$，那么 $v_s \approx v_g$。换句话说，源极电压趋于跟随栅极电压(输入)。

源极电阻 R_S 上的源极电压与源极电流 i_s 之间的关系为

$$i_s = \frac{v_s}{R_S}$$

由于栅极电流可以忽略，漏极电流就等于源极电流，所以

$$i_d = i_s = \frac{v_s}{R_S}$$

漏极电阻 R_D 上的电压降等于 $i_d R_D$，所以小信号输出电压为

$$v_o = 0 - i_d R_D = -\frac{v_s}{R_S} R_D$$

式中的零代表电源 V_{DD} 处的小信号电压，电源为固定电压，是没有小信号交流分量的。由于 $v_s \approx v_g = v_i$(由上面得到)，重新整理如下：

$$\frac{v_0}{v_i} \approx -\frac{R_D}{R_S} \tag{18.7}$$

小信号电压增益由漏极电阻和源极电阻的比值给出。式中的负号表明这是一个反相放大器。

该公式的重要含义为负反馈放大器的增益由电阻值(相对恒定的)决定的，而不是由场效应晶体管的特性(非常容易变化的)决定的。将该电路与之前的电路相比较，可以推导出输入电阻和输出电阻的值，并且对于图 18.26 中的电路，这种假设是合理的。

$$r_i = R_1 // R_2$$

$$r_o \approx R_D$$

$$\frac{v_o}{v_i} \approx -\frac{R_D}{R_S}$$

例 18.5 估算右图所示电路的输入电阻、输出电阻、小信号电压增益和低频截止频率，所给参数为 $g_m = 72\text{mS}$。

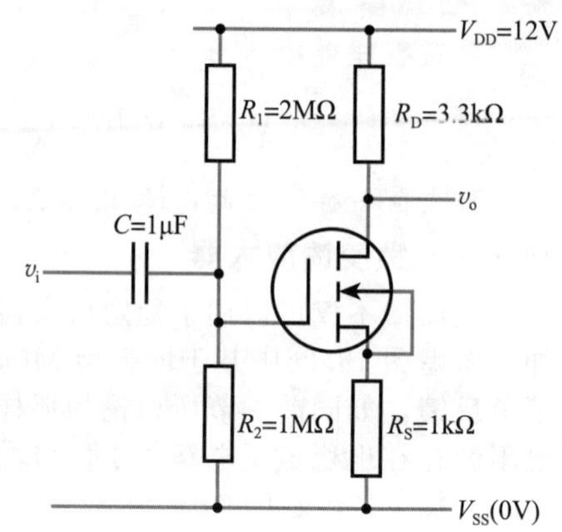

解： 大部分分析与之前的例题都是相似的。由前面的例题可得：

$$r_i = R_1 // R_2 = 1\text{M}\Omega // 2\text{M}\Omega = 667(\text{k}\Omega)$$

$$r_o \approx R_D = 3.3(\text{k}\Omega)$$

$$\frac{v_o}{v_i} \approx -\frac{R_D}{R_S} = -\frac{3.3}{1} = -3.3$$

低频截止频率为

$$f_o \approx \frac{1}{2\pi r_i C} = \frac{1}{2 \times \pi \times 667 \times 10^3 \times 1 \times 10^{-6}} = 0.24(\text{Hz})$$

◀

实际上，式(18.7)给出的关系式只是图 18.26 中电路增益的近似值。进一步详细分析，可以得到下面的关系式：

$$\frac{v_o}{v_i} \approx -\frac{g_m R_D}{1 + g_m R_S + \dfrac{R_D + R_S}{r_d}} \tag{18.8}$$

假如 R_D 和 R_S 相比于场效应晶体管的小信号漏极电阻 r_d，每一个都很小，可以简化为

$$\frac{v_o}{v_i} \approx -\frac{g_m R_D}{1 + g_m R_S} \tag{18.9}$$

当 $g_m R_S \gg 1$ 时，式(18.9)给出的结果和更简单的式(18.7)是一样的。

例 18.6 对于例 18.5 中的电路，分别用公式 18.7、18.8 和 18.9 计算电路的增益，并比较所获得的结果，假定 $g_m = 72\text{mS}$ 和 $r_d = 50\text{k}\Omega$。

解： 由式(18.7)可知：

$$\frac{v_o}{v_i} \approx -\frac{R_D}{R_S} = -\frac{3.3}{1} = -3.3$$

由式(18.8)可知：

$$\frac{v_o}{v_i} \approx -\frac{g_m R_D}{1 + g_m R_S + \dfrac{R_D + R_S}{r_d}} = -\frac{72 \times 10^{-3} \times 3.3}{1 + 72 \times 10^{-3} \times 1 + \dfrac{3.3 + 1}{50}} = -3.251$$

由式(18.9)可知：

$$\frac{v_o}{v_i} \approx -\frac{g_m R_D}{1 + g_m R_S} = -\frac{72 \times 10^{-3} \times 3.3}{1 + 72 \times 10^{-3} \times 1} = -3.255$$

可以看出在本例中，由简单公式(18.7)得到的值和使用复杂公式获得的结果非常接近。◀

计算机仿真练习 18.1

使用增强型 MOSFET，比如 IRF150，对例 18.5 中的反馈放大器进行仿真。如果你的仿真包不支持这个特定的 MOSFET，那么你需要用器件值进行实验。

对电路加上峰值为 1V 的 1kHz 正弦输入电压，使用瞬态分析法研究输入和输出波形之间的关系。如果将输入信号的幅度逐渐增加，放大器的输出会发生什么变化？

对电路进行交流分析，求出其频率响应。将电路的低频特性与例 18.5 所预测的结果相比较。

18.6.7 去耦电容器的使用

尽管有源器件的特性存在着变化，负反馈用于图 18.26 中的电路，使电路的增益变稳

定了，代价是损失了较大的增益。一种可选的方法是使用负反馈来稳定电路的偏置，但是不改变小信号性能。这样的电路如图 18.27 所示，与之前电路不同的是增加了源极电容器 C_S。该电容器对电路中的直流电压和直流电流没有影响，所以电路的直流偏置没有发生改变。然而，对于交流信号而言，源极电容器产生了低阻抗，过滤掉了源极的小信号电压。用于该用途的电容器称为去耦电容器，或者，有时候也称为旁路电容器。在所关注的频率处，与电路中源极和地之间的阻抗相比，该电容器的取值要使其可以产生很小的阻抗。

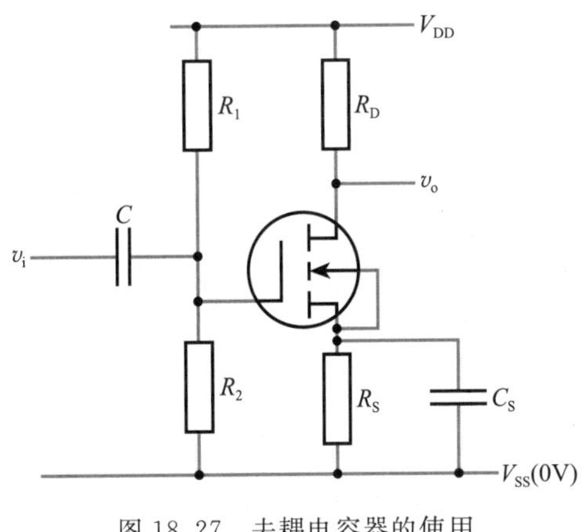

图 18.27　去耦电容器的使用

在图 18.27 所示电路中，就交流信号而言，源极实际上已经连接到地。因此，电路的小信号工作原理和图 18.17b 中的电路相似。因此，对于图 18.27 中的电路

$$r_i = R_1 // R_2$$

$$r_o \approx R_D$$

$$\frac{v_o}{v_i} \approx -g_m R_D$$

例 18.7 估算右图电路的输入电阻、输出电阻、小信号电压增益和低频截止频率，所给参数为 $g_m = 72\text{mS}$。可以假定电容器 C_S 在所关注的频率处的阻抗是足够“小”的。

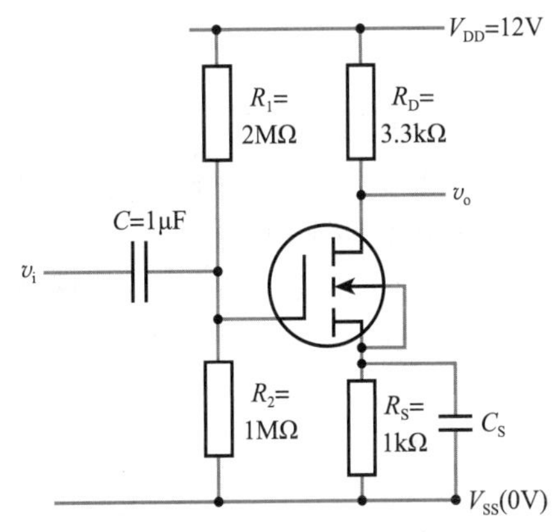

解： 由于电路之间的相似性，其输入电阻、输出电阻和例 18.5 中的电路是一样的。相似地，由于输入电阻和耦合电容器的值和图 18.27 电路相同，低频截止频率仍然和例 18.5 中的电路是一样的。

电路的增益为

$$\frac{v_o}{v_i} \approx -g_m R_D = -72 \times 10^{-3} \times 3.3 \times 10^3 = -238$$

◀

计算机仿真练习 18.2

使用增强型 MOSFET，比如 IRF150，对例 18.7 中的反馈放大器进行仿真。为 C_S 选择一个大电容值，比如 1F。如果仿真包不支持这个特定的 MOSFET，那么你需要用器件值进行实验。

对电路加上峰值为 10mV 的 1kHz 正弦输入电压，用瞬态分析法研究输入和输出波形之间的关系。如果输入信号的幅度逐渐增加，输出会发生什么变化？

对电路进行交流分析，求出其频率响应。将电路的低频工作响应与例 18.7 所预测的结果相比较。

去耦电容器的选择

到目前为止，假定所选去耦电容器在关注频率处的阻抗足够“小”，但是如何确定所需要的器件值？

为了实现所需要的功能，和与之相连的有效电阻相比，电容器的阻抗必须要足够小。这个电阻并不仅是 R_S，因为有效电阻是从场效应晶体管源极“看进去”的电阻。在下一节我们会知道从器件看进去的电阻近似为 $1/g_m$，一般远小于 R_S，所以它决定了与 C_S 并联的有效电阻。

在高频段，对小信号来说 C_S 看起来就像“短路”一样，所以电路的增益近似于 $-g_m R_D$，和之前所讨论的一样。然而在低频段，电容器的阻抗会上升而增益会下降。电容器的阻抗与跨接在电容上的有效电阻匹配的点就决定了电路的低频截止频率。因此

$$f_o \approx \frac{1}{2\pi R C_S} \tag{18.10}$$

其中，R 是与去耦电容器并联的有效电阻值，一般近似等于 $1/g_m$。$1/g_m$ 的典型取值范围从几欧姆到几百欧姆，所以放大器需要非常大的去耦电容器以获得良好的低频性能。

在非常低的频率，电容器的阻抗相比于电路的其他电阻变得很大，影响很小。因此，在低频段，增益近似为 $-R_D/R_S$，就是电路在没有去耦电容器时的增益(和在前面 18.6.6 节中讨论负反馈放大器时的情况一样)。

在图 18.27 所示的电路中，每一个电容器都会产生一个低频截止频率，并且对电路增益的影响是累积的。当我们需要一个特定的低频截止频率时，通常会选择一个电容器来产生这个效果，选择其他电容器在更低频率处产生截止。这种以一个电容器为主的方法，简化了电路的分析，使其他电容器的效果在很大程度上可以忽略。

计算机仿真练习 18.3

使用计算机仿真练习 18.2 中的电路来研究去耦电容器的作用。对电路进行交流分析，并且注意去耦电容器的变化对频率响应的影响。

用电路的增益来估计电路中场效应晶体管的 g_m 值，然后用式(18.10)来估算由去耦电容器的特定值产生的截止频率。将仿真得到的截止频率与计算值相比较。

18.6.8　源极跟随器

在前几节中，我们讨论了一系列共源极放大器电路。一些其他应用广泛的场效应晶体管放大器组态如图 18.28 所示。在这些电路中，漏极端是输入和输出电路的公共端(记住对于小信号而言，V_{DD}实际上是连接到地的)。相应地，它们称为共漏放大器。

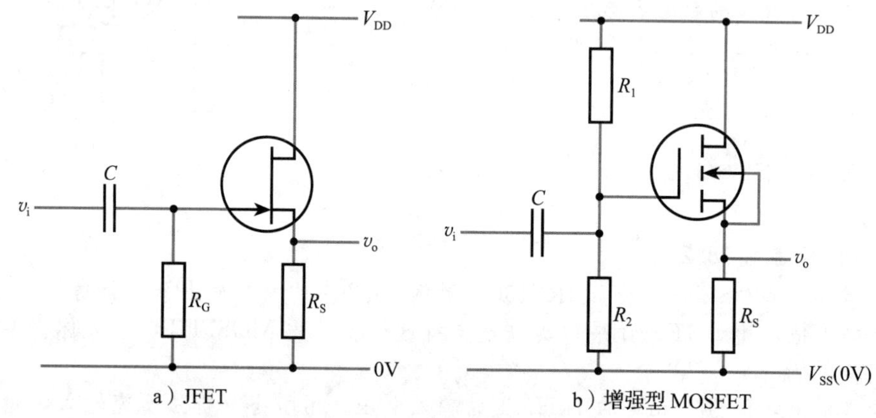

图 18.28　源极跟随器电路

对这些电路的分析和对 18.6.6 节中反馈电路的分析类似，但是步骤更少。根据 g_m 的定义可知

$$g_m = \frac{i_d}{v_{gs}}$$

因此

$$i_d = g_m v_{gs} = g_m(v_g - v_s)$$

因为源极电压 v_s 可由下式求出：

$$v_s = R_S i_d$$

所以

$$v_s = R_S \times g_m(v_g - v_s) = R_S g_m v_g - R_S g_m v_s$$

重新整理如下：

$$v_s = \frac{R_S g_m}{1 + R_S g_m} v_g = \frac{1}{\frac{1}{R_S g_m} + 1} v_g$$

如果 $1/R_S g_m \ll 1$，那么 $v_s \approx v_g$。在该电路中，源极电压 v_s 代表着电路的输出，所以电路的输出跟随着栅极电压(电路的输入)。因此，这种电路通常称为源极跟随器。由于输出跟随输入，这种类型的放大器是非反相放大器。

由于源极跟随器的小信号输出非常接近于小信号输入，放大器的增益 v_s/v_g 近似于 1。在大多数情况下，使用这些电路是因为它们有非常高的输入电阻和比较低的输出电阻。输入电阻由栅极电阻 R_G 决定，输出电阻由场效应晶体管的特性决定。

源极跟随器输出电阻

为了求出电路的输出电阻，我们希望知道在输入没有任何变化的情况下，输出电压 v_s 是如何随着输出电流 i_s 变化的。因此，输出电阻 r_o 在 $v_g=0$ 时为 v_s/i_s。

根据之前的分析有：

$$i_d = g_m v_{gs} = g_m(v_g - v_s)$$

将 $v_g=0$ 代入可得：

$$i_d = g_m v_{gs} = g_m(0 - v_s) = -g_m v_s$$

由于栅极电流可以忽略不计，源极电流就等于漏极电流。然而，按照惯例，电流认为是流入器件的，所以 $i_s=-i_d$。因此

$$i_s = -i_d = g_m v_s$$

以及

$$r_o = \frac{v_s}{i_s} = \frac{1}{g_m}$$

由于 g_m 随电流变化，随之就会影响输出电阻，对应着几毫安的电流，典型值是几十欧姆或几百欧姆。

相比于由双极性晶体管构成的源极跟随器，场效应晶体管源极跟随器的输出电阻并没有那么低(将在下一章讨论)，但是它具有非常高的输入电阻，使其可以成为非常好的单位增益缓冲放大器。

对于图 18.28 所示的电路，

$$r_i \approx R_G \text{ 或者 } R_1//R_2$$

$$r_o \approx 1/g_m$$

$$\frac{v_0}{v_i} \approx 1$$

例 18.8 估算右图所示电路的输入电阻、输出电阻、小信号电压增益和低频截止频率，所给参数为 $g_m=72\text{mS}$。

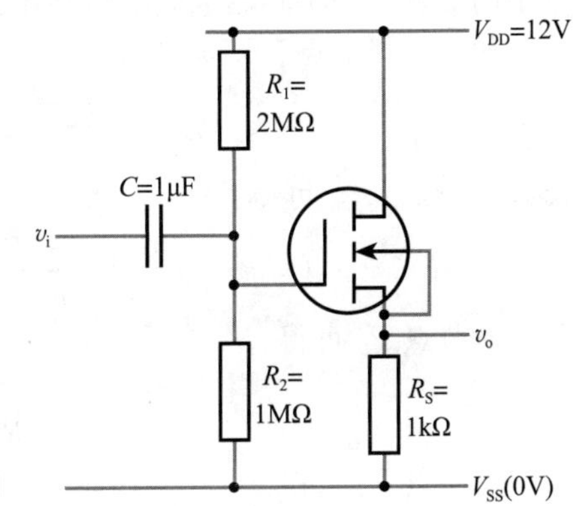

解： 大部分分析与之前的例题都是相似的。由此可得：

$$r_i \approx R_1//R_2 = 1\text{M}\Omega//2\text{M}\Omega = 667(\text{k}\Omega)$$

$$r_o = 1/g_m = 1/72 \times 10^{-3} \approx 14(\Omega)$$

$$\frac{v_0}{v_i} \approx 1$$

低频截止频率为

$$f_o \approx \frac{1}{2\pi r_i C} = \frac{1}{2 \times \pi \times 667 \times 10^3 \times 1 \times 10^{-6}} = 0.24(\text{Hz})$$

◀

18.6.9 差分放大器

在 14.8 节，我们讨论了差分放大器的使用，差分放大器的输出与两个输入信号的差值成正比，与两个信号的共模成分无关，后一种属性称为共模抑制。

差分放大器的通用形式是差动放大器，经常用于运算放大器的输入级。电路如图 18.29 所示。在电路中，两个场效应晶体管放大器共用公共的源极电阻 R_S，有相似的栅极电阻和漏极电阻。所用的晶体管经过挑选，具有相匹配的特性，使电路尽可能对称。电路有两个输入，v_1 和 v_2，两个输出信号 v_3 和 v_4。电路的小信号等效电路如图 18.30 所示。

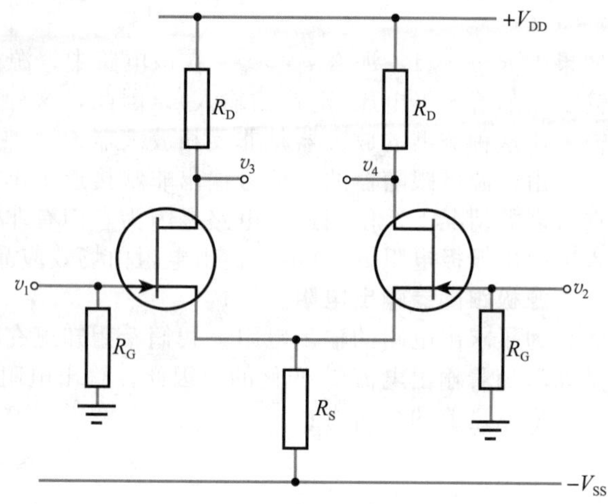

图 18.29　场效应晶体管差分放大器

输入和输出电压都是相对于公共参考点(地)的。栅极电阻通常会选择得足够高，使其对电路的工作几乎没有影响，只是设置正确的场效应晶体管直流偏置。因此，可以在小信号等效电路中忽略栅极电阻。假定器件是完全匹配的，因此其跨导 g_m 和漏极电阻 r_d 都相等。

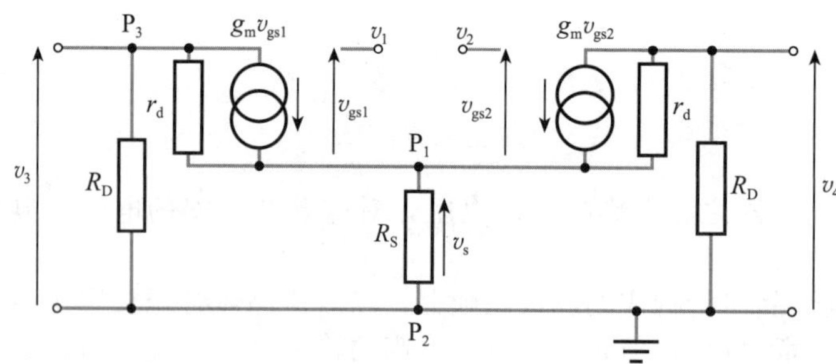

图 18.30　场效应晶体管差分放大器的等效电路

由于输入电压 v_1 和 v_2 是相对于地的，那么每个器件加在栅-源结上的电压就很简单。

$$v_{gs1} = v_1 - v_s$$

以及

$$v_{gs2} = v_2 - v_s$$

根据基尔霍夫定律，我们知道流入电路任意节点的电流之和为零。可以将该原理应用于电路中的节点，产生一系列联立方程组。

如果选择节点 P_1，可以得到：

$$g_m v_{gs1} + \frac{(v_3 - v_s)}{r_d} + g_m v_{gs2} + \frac{(v_4 - v_s)}{r_d} - \frac{v_s}{R_S} = 0$$

代入 v_{gs1} 和 v_{gs2}，可得：

$$g_m(v_1 - v_s) + \frac{(v_3 - v_s)}{r_d} + g_m(v_2 - v_s) + \frac{(v_4 - v_s)}{r_d} - \frac{v_s}{R_S} = 0 \qquad (18.11)$$

对节点 P_2 可得：

$$\frac{v_3}{R_D} + \frac{v_4}{R_D} + \frac{v_s}{R_S} = 0 \qquad (18.12)$$

由节点 P_3 可得

$$\frac{v_3}{R_D}+\frac{(v_3-v_s)}{r_d}+g_m(v_1-v_s)=0 \tag{18.13}$$

根据这些等式，就可能根据输入推导出电路的输出 v_3 和 v_4 的表达式，但是分析相当复杂。我们可以通过对式(18.12)中的 v_s/R_S 进行假定的方式简化这个过程。该部分代表源极电阻 R_S 上的小信号电流，即输入变化导致的电流波动。假定电流波动非常小，因此它的作用可以忽略。做这样的近似意味着 R_S 上的电流是恒定的，可以作为恒定电流源。

如果 v_s/R_S 可忽略，式(18.12)变为

$$\frac{v_3}{R_D}+\frac{v_4}{R_D}=0 \tag{18.14}$$

简化可得：

$$v_3=-v_4$$

该式与式(18.11)、式(18.13)结合可以得到输出信号的公式：

$$v_3=-v_4=(v_1-v_2)\frac{-g_m}{2\left(\frac{1}{r_d}+\frac{1}{R_D}\right)} \tag{18.15}$$

因此，两个输出信号大小相等、正负相反，其大小由输入信号的差值决定。因此，这是一个差分放大器。

电路的差分输出电压 v_o 由 v_3-v_4 给出，由于 v_3 和 v_4 大小相等、正负相反，所以电路的差分电压增益为

$$\text{差分电压增益}=\frac{v_o}{v_i}=\frac{v_3-v_4}{v_1-v_2}=\frac{-g_m}{\left(\frac{1}{r_d}+\frac{1}{R_D}\right)}$$

我们注意到，在 18.6.2 节中的 r_d 通常远大于 R_D。如果我们做出同样的假定，上面的公式就可以简化为

$$\text{差分电压增益}\approx -g_mR_D \tag{18.16}$$

与之前导出的简单共源极放大器的电压增益公式完全相同。

需要注意的是，并不要求输入信号对称来产生对称的输出。还要注意的是，输出信号的大小不受输入信号实际大小的影响，只受其差值的影响。因此，共模信号是可忽略的。

计算机仿真练习 18.4

对图 18.29 中的差分放大器进行仿真。可以采用的合适电路为 2N3819 JFET，相应的电路参数为 $V_{DD}=12V$、$V_{SS}=-12V$、$R_D=2.2k\Omega$ 和 $R_S=3.3k\Omega$。如果仿真包不支持这个特定 JFET，那么需要用器件值进行实验。

首先，在电路的一个输入端加上峰值约为 50mV 的 1kHz 正弦输入电压，在另外一个输入端口上加上恒定(直流)电压，用瞬态分析法研究输出的波形，然后用不同大小和不同组合的输入信号进行仿真。

差动放大器的共模抑制比

共模抑制比(CMRR)是差分输入信号增益和共模输入信号增益的比值，即

$$\text{CMRR}=\frac{\text{差模增益}}{\text{共模增益}}$$

根据式(18.15)，差动放大器的共模抑制比应该是无限大的，因为输出不受共模信号的影响。然而，需要记住，式(18.15)的导出是做了简化的假定，即源极电阻上的电流是恒定的。如果考虑这个电流的变化，可以看出共模抑制比是随 R_S 变化的，即

$$\text{CMRR}\approx g_mR_S$$

R_S 的值越高，就越接近表示恒定电流源的电路，共模抑制比也越高。然而，实际上不可能在不改变电路直流状态的情况下使用非常高的 R_S 值。由于电路要求很高的共模抑制比，

R_S 一般换成恒定电流源，其作用就像一个阻值非常高的电阻，又不影响电路的直流工作。使用该技术，就可以得到共模抑制比超过 100dB 的放大器。这样的电路将在 18.7.1 节中讨论。

在分析中，我们都假设晶体管对是完全匹配的。实际上，器件是不可能完全相同的，这会减小共模抑制。如果器件是做在一个集成电路内，比如在一个运算放大器中，则制造公差对两个器件的影响趋于相等，就可以获得良好的匹配。由于两个晶体管位置邻近，两个器件一般还会在相同的温度下工作。如果电路是采用分立器件搭建的，则问题会变得更加严重，因为器件之间通常做不到良好匹配，工作温度也不会总是一样。这些问题也可以通过使用在一个封装内匹配的晶体管对来处理。这就保证了相应的器件特性接近，工作温度相似。

18.7　场效应晶体管的其他应用

18.7.1　场效应晶体管作为恒流源

如果漏-源电压大于夹断电压，场效应晶体管的漏极电流就受到栅-源电压的控制。因此，在栅极上加恒定电压就可以实现一个非常简单的恒流源。对于 JFET 和耗尽型 MOSFET，实现恒流源功能的最简单电路形式如图 18.31a 和 18.31b 所示。在这两个电路中，栅极直接连接到源极，产生漏极电流 I_{DSS}。由这种电路产生的电流大小由器件的特性决定，一般为 1～5mA。对于商用“恒流源”，一般是简单场效应晶体管的栅极和源极在内部相连构成两端器件，然后筛选分为不同的电流范围的恒流源。

使用 18.6 节中讨论的自动偏置技术就可以构成可变恒流源，电路如图 18.31c 所示。流过器件的电流在电阻上产生电压降，从而在栅极和源极之间产生偏置电压。调整电阻值就可以产生所需要的电流。

另外一种广泛应用的恒流源是图 18.31d 所示的电流镜。两个类似的场效应晶体管的源极、栅极分别连在一起。对于这种方案，两个场效应晶体管的栅-源电压是相同的，如果其特性也类似，就会产生相同的漏极电流。图 18.31d 中，T1 中的电流 I 由电阻 R 设定，这会在 T2 和负载上产生类似大小的电流 I。如果再加几个晶体管并联到 T2 上，就可以产生几个相同的电流。电流镜广泛应用在集成电路中，其中的晶体管可以实现良好的匹配，距离很近也可以保证器件在近似一样的温度下工作。

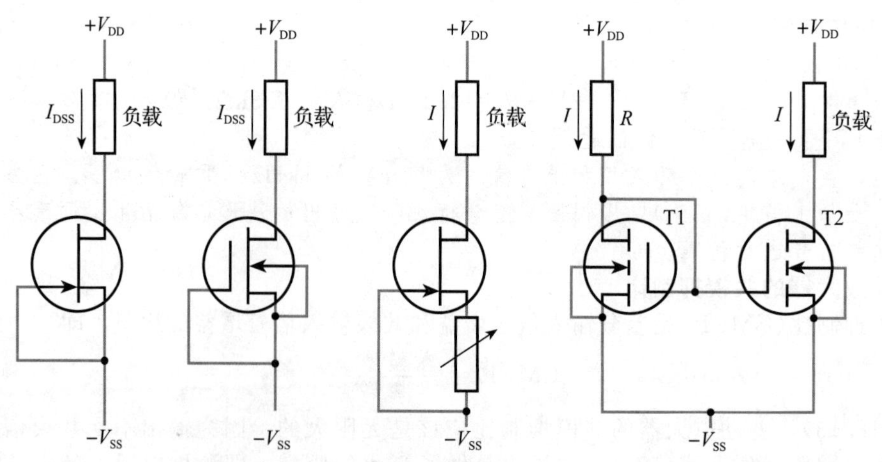

a）JFET　b）耗尽型MOSFET　c）自动偏置的JFET　d）电流镜中的增强型 MOSFET

图 18.31　场效应晶体管恒流源

场效应晶体管恒流源常用于差动放大器中产生源极电流，如同 18.6.9 节中所讨论的那样。这种方案的实例如图 18.32 所示。

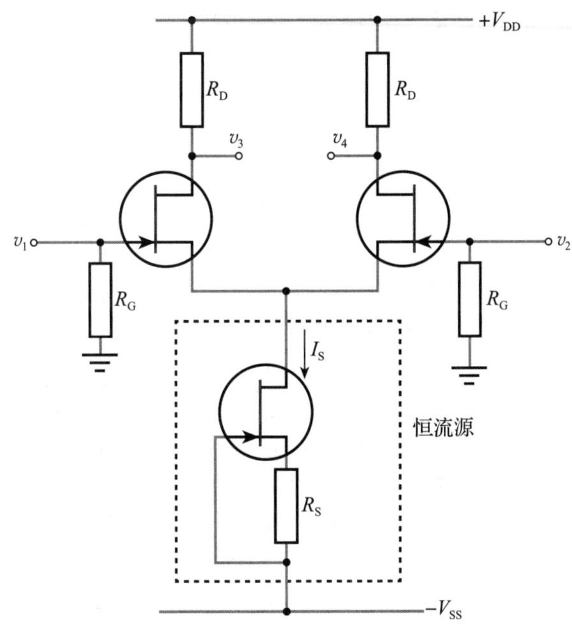

图 18.32　使用场效应晶体管恒流源的差动放大器

计算机仿真练习 18.5

对图 18.31a 中的电路进行仿真以研究其特性。

使用 15V 电源和 2N3819 JFET。负载电阻在 100Ω 到 1kΩ 之间变化时，观察负载电阻上的电流。如果负载增加到 2kΩ 会如何？解释原因。

18.7.2　场效应晶体管用作压控电阻

从图 18.10 可以明显看出，对于小的漏-源电压，场效应晶体管特性为非饱和区，在该区域漏极电流随漏极电压线性增大。有效电阻的值(对应于特性曲线的斜率)受栅极电压控制。因此场效应晶体管可以作为压控电阻(VCR)。电阻的范围从几十欧姆(功率器件会更小)到几千兆欧姆

该方案常用在自动增益控制电路中。压控电阻和固定电阻构成分压器，实现了压控衰减器，如图 18.33 所示。衰减器用在放大器的反馈路径内以改变放大器的增益。来自于放大器的输出信号的电压反馈到场效应晶体管，控制其电阻。随着放大器输出电压的上升，负反馈的量也在加大，因此降低了放大器的增益。这可以将输出幅度维持在某个固定值而与输入信号的大小无关。例如，采用该技术，即使无线电信号的强度发生改变，也可以保持收音机的音量大小不变。

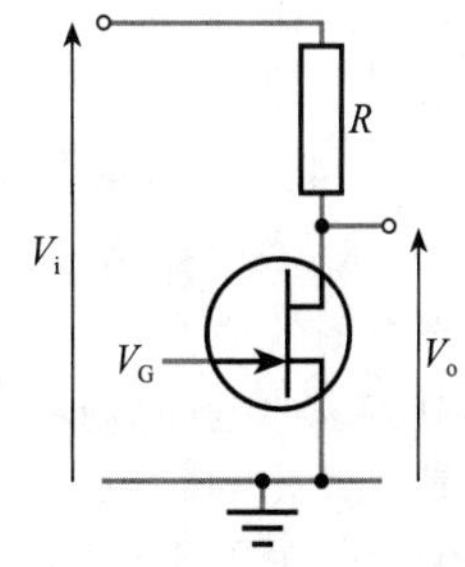

图 18.33　压控衰减器

压控衰减器的另外一个应用是在振荡器的设计中。前面描述的自动增益控制方案可以稳定振荡器电路的增益，而不使输出失真。第 23 章会再回到这个主题。

前面描述的压控衰减器既可以采用直流输入信号也可以采用交流输入信号，因为场效应晶体管在工作中根本上是对称的(虽然对于不同极性的输入信号而言，器件的特性通常会差异很大)。然而，为了避免过度失真，输入信号的幅度必须限制在几十毫伏以内。

18.7.3　场效应晶体管用作模拟开关

在场效应晶体管的栅极上施加合适的电压，漏-源电阻可以从很小的几十欧姆或者更小(实际上，在很多应用中是短路)变化到非常大，电阻非常大时沟道可以认为是开路。器件在这两个状态时的电阻称为场效应晶体管的导通电阻和关断电阻。用这种方法使器件

“开”或者“关”，就可以作为开关，如图 18.34 所示。

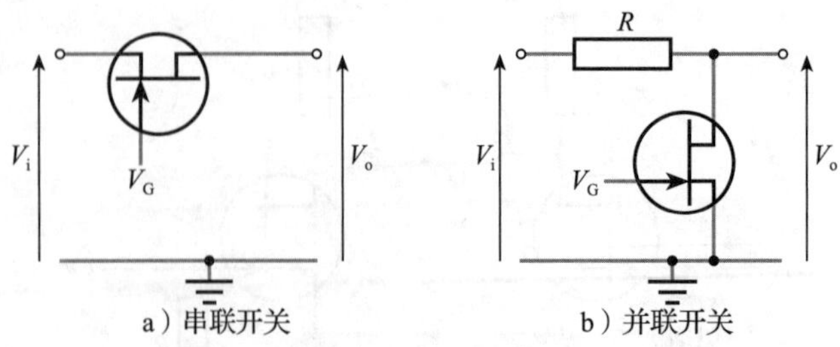

图 18.34 场效应晶体管作为模拟开关

图 18.34a 表示 JFET 用作一个串联开关。MOSFET 也可以用类似的方法使用。当器件导通时，输入端和输出端之间的电阻很小。假设源极电阻和负载与场效应晶体管的导通电阻相比很大，器件就类似于短路。当器件关断的时候，源极和负载之间的电阻等于场效应晶体管的关断电阻。假定该电阻大于电路内的其他电阻，就相当于开路。由于场效应晶体管的导通电阻和关断电阻差很多个数量级，通常易于区分其状态，因此场效应晶体管可以作为非常有效的开关。图 18.34b 给出了一个场效应晶体管用于并联开关。这里的串联电阻 R 阻值远大于 R_{ON}，同时又远小于 R_{OFF}。分压器所产生的输出在器件关断的时候接近于 V_i，在器件导通的时候接近于零。

当场效应晶体管用作模拟开关的时候，必须保证器件的工作状态是正确的。最基本的是确保栅极电压不能超过击穿电压，同时也需要保证在栅极上加上适当的电压，使器件要么完全导通，要么完全关断。

对于 n 沟道 MOSFET 来说，在栅极上可以加上很高的正电压使器件导通，必须加上相对于输入电压为负的适当电压值来使其关断。

对于 JFET 来说，情况有一点复杂——尤其是用于串联开关的时候——因为栅极处的 pn 结一定不能正向偏置。图 18.35 所示是一个可以解决这个问题的简单电路。当开关电压 V_S 比输入电压 V_i 更正的时候，二极管反向偏置，栅极电压被电阻 R 设置为等于 V_i，因此场效应晶体管导通。如果 V_S 为负，二极管导通，使栅极相对于源极为负，场效应晶体管关断。

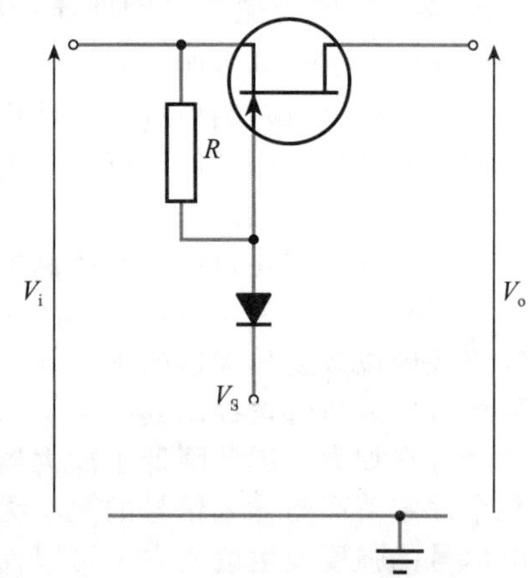

图 18.35 采用自动栅极偏置的串联开关

18.7.4 场效应晶体管用作逻辑开关

除了在模拟电路中使用场效应晶体管外，在数字电路中场效应晶体管（尤其是 MOSFET）也得到了广泛应用。这种电路（将在第 26 章中讨论）通常采用两种状态，或者二元的，电路中的信号限制在两个电压范围内的一个，一个范围表示一种状态（例如，开的状态），另外一个范围表示第二种状态（例如，关的状态）。这两个电压范围通常称为“逻辑 1”和“逻辑 0”。通常在使用 MOSFET 的电路中，电压接近于零表示逻辑 0，电压接近于正电源电压表示逻辑 1。

最简单的逻辑电路是逻辑反相器，如果输入对应于逻辑 0，反相器所产生的电压就要对应于逻辑 1，反之亦然。实现这一功能的简单电路如图 18.36a 所示。电路中使用了一个 n 沟道增强型 MOSFET 和一个电阻。电路及其工作原理看起来都与 14.9 节中所描述过的放大器相似，并且在本章前面也讨论过。

当用作逻辑反相器时，输入电压要么接近于零（逻辑 0），要么接近于电源电压 V_{DD}（逻辑 1）。当输入电压接近于零时，增强型 MOSFET 关断，因为器件需要在栅极上加上正电压，才能在漏极和源极之间产生沟道(见 18.3.2 节)。因此，漏极电流可以忽略，电阻 R_D 上没有明显的电压降。因此，输出电压近似等于电源电压 V_{DD}(逻辑 1)。当输入电压接近于电源电压时，MOSFET 导通，电流流过 R_D，使输出电压降到地附近(逻辑 0)。因此，当输入为高的时候，输出为低，相反，当输入为低的时候，输出为高。因此实现了反相器功能。

用分立元器件实现反相器时，采用图 18.36a 中的电路很方便，但是在集成电路中不这样做。其中一个原因是 MOSFET 在数字集成电路中广泛使用，每个晶体管在硅片上只占用很小的面积，一个芯片上可以制造出大量的晶体管。而电阻，却相反，占用相当大的面积，因此在集成电路中尽量避免使用电阻。因此，当用 MOSFET 制造逻辑反相器时，通常使用图 18.36b 所示的电路。第二个 MOSFET 用作有源负载，从而极大地减少了硅片面积。我们会在第 26 章再讨论有源负载。

图 18.36b 所示的电路使用了 n 沟道 MOSFET。这种类型的电路通常称为 NMOS 电路，NMOS 是 n 沟道金属氧化物半导体的缩写。相似地，基于 p 沟道器件的电路称为 PMOS 电路。我们会在第 26 章再讨论 NMOS 和 PMOS 逻辑电路。

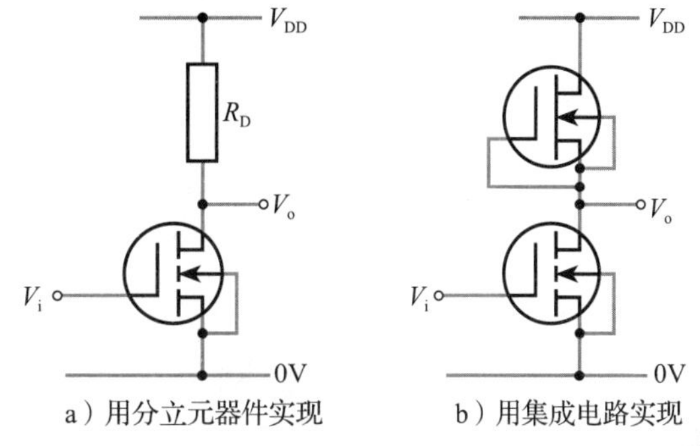

a）用分立元器件实现　　b）用集成电路实现

图 18.36　使用 MOSFET 的逻辑反相器

18.7.5　CMOS 电路

在上面讨论的 NMOS 和 PMOS 电路中，电阻 R_D的值(或者 MOSFET 用在该位置处的有效电阻)在输出为高的时候，会影响电路的输出电阻，而在输出为低的时候会影响电路的功耗。

当输入为低的时候，开关型 MOSFET 关断，输出被电阻 R_D 拉高。由于器件的输出电阻值由电阻 R_D 决定，为了降低输出电阻，电阻 R_D 的值应该尽可能小。

当输入为高的时候，开关型 MOSFET 导通，输出被拉低。由于开关型 MOSFET 具有很小的导通电阻，所以输出电阻很小，使电路可以从外部负载灌入大电流。在这种状态下，几乎全部的电源电压都加在电阻 R_D 上，产生了很大的电流，随之而来的是高功耗。为了使功耗最小化，电阻应该尽可能高。

显然，低输出电阻和低功耗对电阻 R_D 的值要求矛盾。这个问题可以用图 18.37 所示的电路来解决。在这里，NMOS 场效应晶体管和 PMOS 场效应晶体管结合起来用在一起，称为互补 MOS 或者 CMOS 逻辑。当输入电压接近于零时，n 沟道器件 T2 截止，但是 p 沟道器件 T1 导通。当输入电压接近于电源电压时，相反，T1 截止，T2 导通。因此，对于输入的任意状态，总是一个晶体管导通，另外一个截止。

图 18.37a 中的电路可以用图 18.37b 中的方案表示。当开关 T1 闭合，T2 断开，输出被拉高，输出电阻很低，输出电阻是由 T1 的导通电阻决定的。当开关 T2 闭合，T1 断开，输出被拉低，而输出电阻仍然很低，输出电阻是由 T2 的导通电阻决定的。在上述两种情况中，一个开关断开的时候，仅有的电源电流是流过负载的。如果负载是同类型的另一个电路，则这个电流是可以忽略的，因为 MOSFET 有很高的输入电阻。因此，在任何一种状

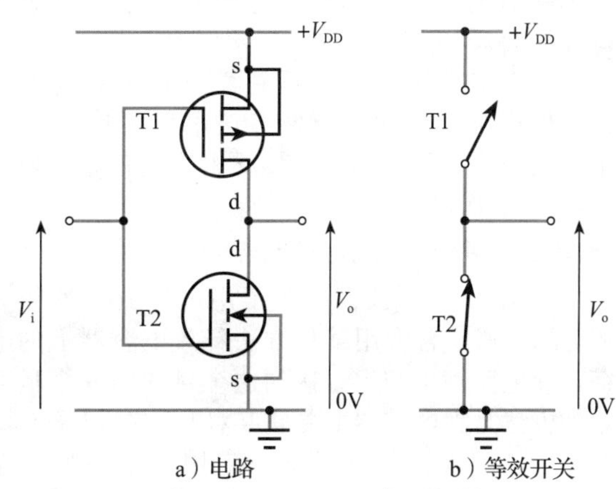

a）电路　　b）等效开关

图 18.37　CMOS 逻辑反相器

态下，输出电阻很低，功耗很小。实际上，当处于静态的时候(即处于两个状态中的一个时)，功耗通常可以忽略。实际上，CMOS 电路所消耗的功率是由器件开关从一个状态转换到另外一个状态时的少量电流决定的。这是因为在转换过程中一个很短的时间内，两个晶体管都是导通的，产生了从电源到地的突发电流。

CMOS 电路是最广泛使用的数字电路，所以我们会在后面详细讨论 CMOS 逻辑(第 26 章)。CMOS 技术也用于模拟电路(在第 21 章讨论)。

18.8　场效应晶体管电路实例

18.8.1　用于运放的场效应晶体管输入缓冲器

一对场效应晶体管可以用于差动放大器，改善运算放大器的性能，如图 18.38 所示。

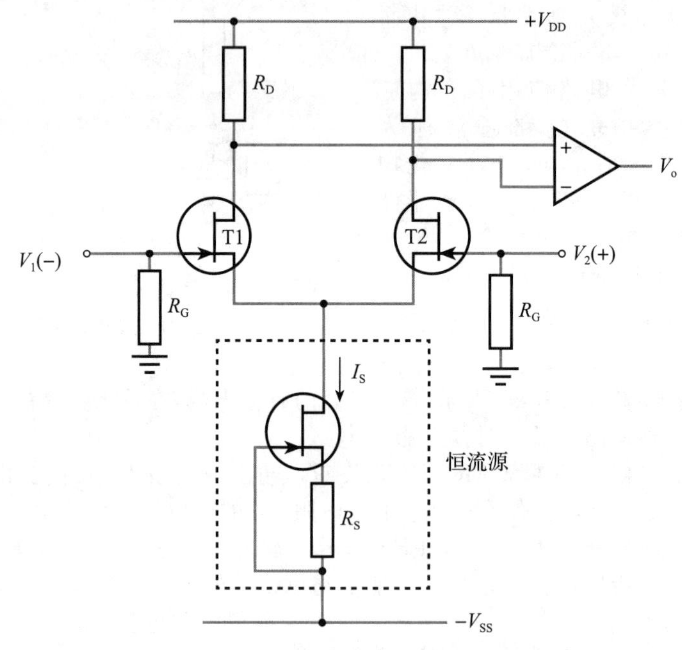

图 18.38　用于运放的场效应晶体管输入缓冲

如果用于双极型运算放大器，场效应晶体管缓冲器可以用于提供非常高的输入电阻。如果场效应晶体管 T1 和 T2 匹配，也能提高放大器的共模抑制比。通常这两个晶体管是一个封装内的匹配对管。该方案通常会产生高于 120dB 的共模抑制比，这比大部分常规应用运算放大器都高。

与大多数运算放大器一样，上面的电路通常会使用某种形式的反馈。该电路可以作为单个放大模块，V_1 和 V_2 是其反相的或者非反相输入，V_o 是输出。

18.8.2　带复位的积分器

在第 16 章，我们了解了用运算放大器作为积分器。必须常常用某种方法释放电容器上的电荷，使电路输出归零。达到这个目的的一个最简单的方法是在电容器上并联某种形式的电子有源开关。场效应晶体管是这一应用显而易见的选择。图 18.39 给出了基于增强型 MOSFET 的简

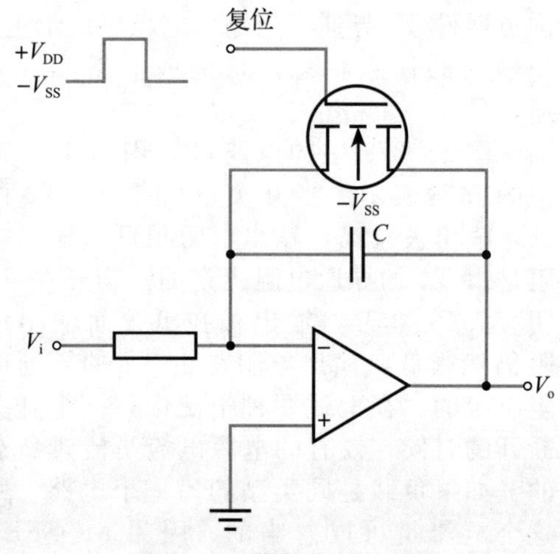

图 18.39　带复位的积分器

单电路方案。

场效应晶体管开关在栅极信号的控制下，在两个电源电压之间切换。器件的衬底连接到系统的最负电压$-V_{SS}$，保证了源极和漏极上的电压不会比衬底更负。

当栅极输入信号等于$-V_{SS}$时，栅极和衬底电势相等，作为一个增强型器件，沟道因此关断。这种情况下，场效应晶体管不起作用，电路就是一个简单的积分器。

当栅极输入信号等于$+V_{DD}$时，沟道导通，电容器被有效短路。电容器上的所有电荷被迅速释放，电路的输出钳位到地电位附近，直到场效应晶体管再次关断为止。

如果场效应晶体管是关断的，输入端V_i有固定的直流电压，会使输出电压稳步增加。如果将一个电压检测器连接到积分器的输出端，并且在输出达到特定阈值时产生一个复位脉冲，就会产生一个锯齿状波形，如图 18.40 所示。

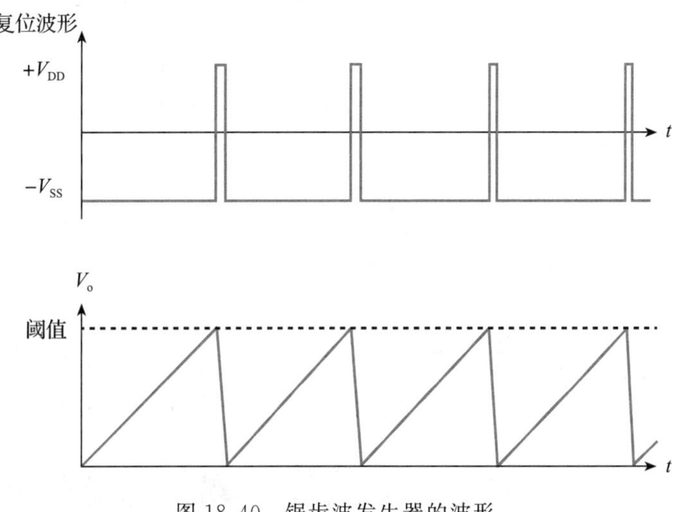

图 18.40　锯齿波发生器的波形

18.8.3　采样和保持门

实质上，采样和保持门可以简单地由一个电容器和一个开关构成，如图 18.41 所示。当开关闭合，电容器迅速充电或者放电，所以它的电压——也是输出电压——就等于输入电压。当开关打开，电容器保持其之前的电荷，所以电压保持恒定。该电路通过闭合开关对一个变化的电压进行采样，然后打开开关来保持这个值。

实际上，图 18.41 中的简单电路有两个弱点。首先，当开关闭合时，电容器的低阻抗对信号源而言是非常重的负载，可能会使输入值失真。如果信号源有非常高的输出电阻，则需要花一定的时间对电容器充电，降低了采样速度。其次，因为负载输入电阻有限，实际上在电容器连接到负载的时候是趋于对电容器放电的。

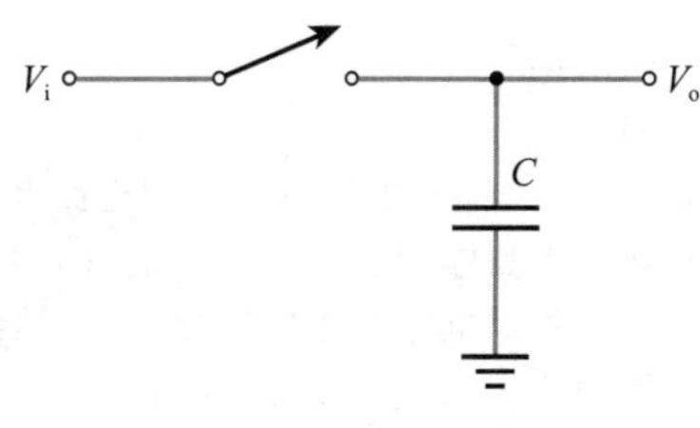

图 18.41　采样和保持门

通常会使用缓冲放大器来解决这些问题，如图 18.42 所示。电路使用了两个运算放大器作为单位增益缓冲器(在 16.4.1 节讨论过)。第一个放大器提供了高输入电阻和低输出电阻，使电容器可以快速充电。第二个放大器通常是一个场效应晶体管输入器件，只从电容器吸取非常小的电流，使采样电压可以保持相当长的时间。由于场效应晶体管开关近似于理想的开关，因此是该类电路很好的选择，所搭建的电路如图 18.43所示。

场效应晶体管开关的泄漏电流和运算放大器的输入偏置电流限制了图 18.43 所示的采

样保持电路的性能。更先进的电路会减少这些电流的影响。

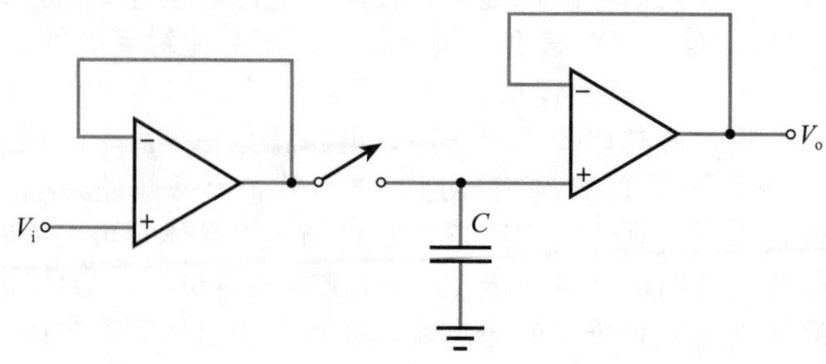

图 18.42 带输入和输出缓冲的采样和保持门

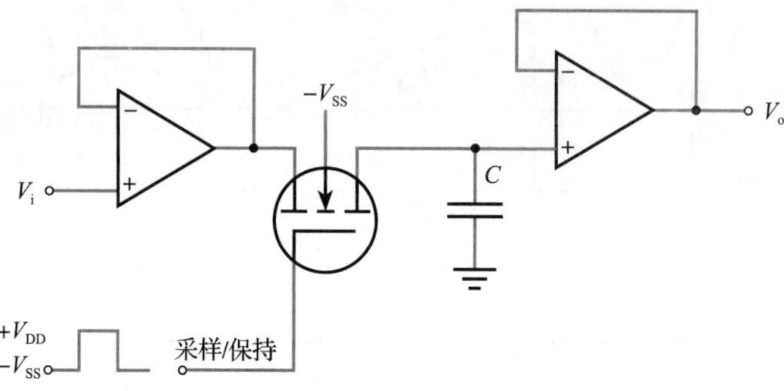

图 18.43 用场效应晶体管作为开关的采样和保持门

进一步学习

一个特定的工业应用需要一个控制单元，上面有三个设置按键，分别用于调节单元内放大器的电压增益为 1、10 或者 100，具体取决于按下哪个按键。

为该应用设计一个可开关控制增益的放大器。控制单元能够用三个控制信号(来自三个开关)设置电路的工作情况。

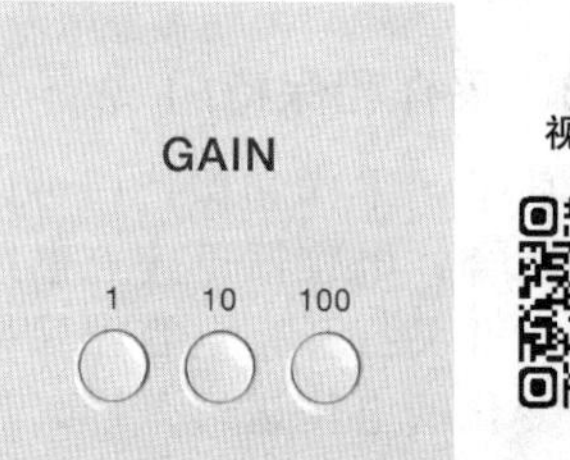

视频 18D

关键点

- 场效应晶体管广泛用在模拟电路和数字电路中。
- 场效应晶体管表示一系列器件，可以分为绝缘栅器件，也称为金属氧化物半导体场效应晶体管(MOSFET)，以及结型器件，也称为结型场效应晶体管(JFET)。
- 绝缘栅型场效应晶体管可以进一步分为增强型和耗尽型。
- 不同类型的场效应晶体管都可有 n 沟道器件和 p 沟道器件两种。
- 虽然各类场效应晶体管的特性略有不同，但是它们的工作原理是类似的。
- 所有的场效应晶体管都有输入电阻非常高的特性。大多数情况下，它们的输入电流小到可以忽略。由于这个原因，它们经常用于放大器的输入级，提供高输入电阻。
- 除了用于构成放大器以外，场效应晶体管还可以用作压控电阻、恒流源以及模拟(线性)开关和数字(逻辑)开关。
- 在用作开关时，其非常高的关断电阻和非常低的导通电阻使其近似于理想开关。
- 场效应晶体管的另一个重要特性是，其在集成电路中实现的时候物理尺寸非常小。再加上其非常优秀的开关性能，所以在数字超大规模集成电路(VLSI)中广泛使用。大多数微处理器、内存和相关器件都是采用场效应晶体管实现的。

虽然场效应晶体管器件的多种变异有点令人

畏惧，但是用场效应晶体管设计电路并不像它一开始表现出的那么复杂。大多数情况下，满足各种各样器件类型要求的电路，其差异仅仅与电路的偏置有关。所有类型的场效应晶体管的小信号特性具有相同的基本形式。因此，掌握了一般原则，就可以将其用于所有类型的场效应晶体管。

习题

18.1　场效应晶体管全称的来源是什么？

18.2　场效应晶体管的什么特性可使其很理想地用于集成电路？

18.3　指出场效应晶体管三个端口的名称。哪一个是控制输入端？

18.4　符号 V_{DS}、I_D、V_{GS}、v_{gs}、R_S、V_{DD}和 V_{SS}的含义是什么？

18.5　场效应晶体管中从漏极到源极的导通路径名称是什么？

18.6　解释 IGFET 和 MOSFET 之间的区别。

18.7　n 沟道场效应晶体管和 p 沟道场效应晶体管的区别是什么？它们的特性相比又如何？

18.8　MOSFET 中“衬底”的含义是什么？在电路符号中用了哪个字符来表示这个端口？

18.9　解释沟道“增强”的含义是什么？在一个 n 沟道 MOSFET 中，哪种极性的栅-源电压会使沟道增强？

18.10　解释沟道“耗尽”的含义是什么？在一个 n 沟道 MOSFET 中，哪种极性的栅-源电压会使沟道耗尽？

18.11　解释耗尽型 MOSFET 和增强型 MOSFET 之间的区别。

18.12　JFET 中使用什么代替 MOSFET 中的绝缘栅极？

18.13　在基于 n 沟道 JFET 的电路中，栅-源电压的常规极性是什么？为什么？

18.14　说明 JFET 中耗尽层的意义。

18.15　在电路符号中如何指出场效应晶体管极性的(即 n 沟道或者 p 沟道)？

18.16　描述 MOSFET 和 JFET 的输入特性。

18.17　绘出典型的场效应晶体管输出特性图，标明非饱和区、饱和区和夹断电压。

18.18　在输出特性的哪一个区，场效应晶体管就像一个压控电阻？

18.19　解释工作点的概念。

18.20　定义“跨导”并给出单位。

18.21　绘出场效应晶体管的小信号等效电路图。

18.22　解释图 18.17 所示电路中电容器 C 的功能。该电容器对电路的频率响应有什么作用？

18.23　使用 $g_m=2.5\text{mS}$ 和电阻 $R_L=3.3\text{k}\Omega$ 的器件重新计算例 18.1。

18.24　一个 n 沟道 JFET 的夹断电压为-4V，漏-源饱和电流为 6mA。分别计算该器件在漏极电流为 1mA、2mA 和 4mA 时的跨导。

18.25　电路静态输出电压的含义是什么？

18.26　一个放大器要求在 25V 的电源电压下工作，负载电阻为 4.7kΩ，静态输出电压为 15V。使用图形法设计满足这些参数的偏置电路，假定所使用的器件是习题 18.24 中描述的 JFET。

18.27　求出下面电路的输入电阻、输出电阻、小信号电压增益和低频截止频率，所给参数为 $g_m=3\text{mS}$。

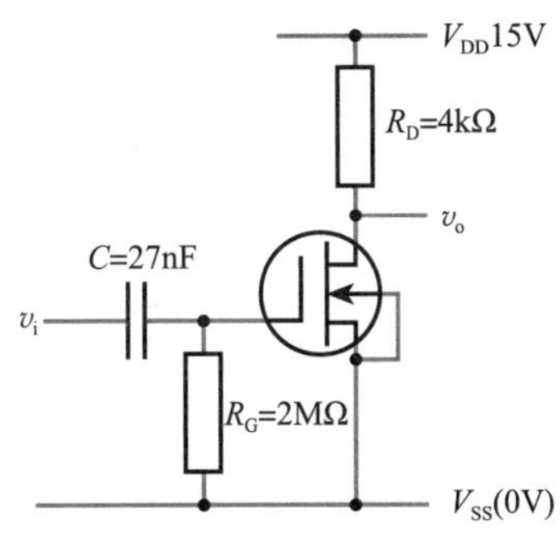

18.28　求出下面电路的输入电阻、输出电阻、小信号电压增益和低频截止频率。

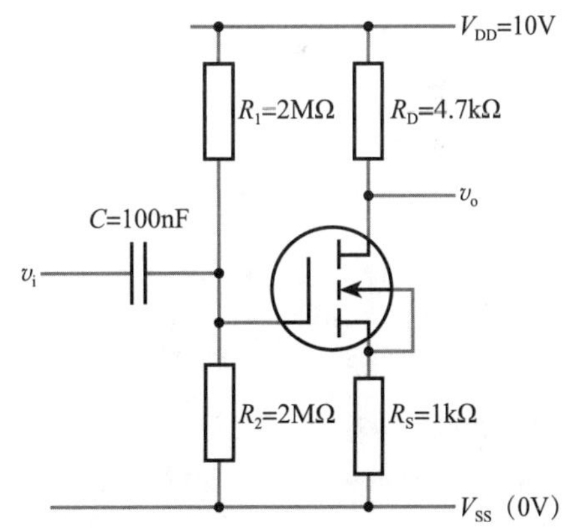

18.29　重复计算机仿真练习 18.1，注意增大输入电压的效果，直至输出严重失真为止。从该电路可以得到的输出电压的最大值和最小值是多少？是什么造成了这种限制？

18.30　求出下面电路的输入电阻、输出电阻和小信号电压增益，假定 $g_m=24\text{mS}$。可以假定所选择的 C_S 使其在所关注频率处的阻抗是足够“小”的。

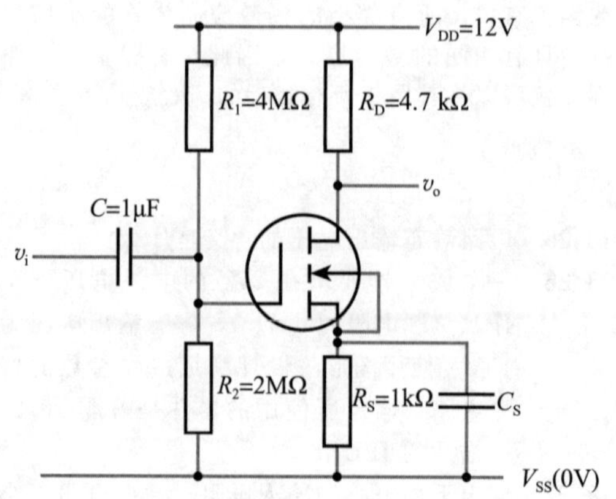

18.31　源极跟随器的电压增益是多大？

18.32　使用仿真来估计图 18.29 中电路的共模抑制比。用计算机仿真练习 18.4 中的电路开始仿真。

18.33　修改上一个习题中的电路，将源极电阻换成恒流源，该恒流源由一个 JFET 和一个电阻构成，如图 18.31c 所示。使用 2N3819 和一个适当的电阻。提示：在修改电路之前，将一个电流探针与源极电阻串联，以确定源极电流。将源极电阻换成一个场效应晶体管和一个几百欧姆的电阻，然后测量源极电流。调整电阻值直至源极电流和之前的近似相等——现在，电路的偏置和原电路相似了。

当电路正常工作以后，测量新电路的共模抑制比，并与前一个习题中获得的值进行比较。

18.34　说明场效应晶体管在自动增益控制电路中的应用。

18.35　说明场效应晶体管如何作为模拟开关使用。

18.36　如果要使用一个 p 沟道器件，图 18.35 中的电路应该如何修改？

18.37　解释在图 18.36 所示电路中为什么使用增强型 MOSFET 作为开关管，而不用耗尽型器件。

18.38　解释图 18.36b 所示电路为什么在有些情况下比图 18.36a 所示电路更好。

18.37　简单解释为什么 CMOS 电路在逻辑门的产品中比 NMOS 和 PMOS 电路更优秀。

第19章 双极型晶体管

目标

学习完本章内容后，应具备以下能力：

- 说明双极型晶体管在现代电子电路中的重要性
- 描述双极型晶体管的结构、工作原理和特性
- 对基于双极型晶体管的简单放大器电路进行分析，并确定其工作条件和电压增益
- 运用双极型晶体管的多种小信号等效电路，包括混合参数等效电路和混合 π 模型等效电路
- 讨论利用负反馈解决双极型晶体管电路差异性的重要性
- 用简单的设计规则设计多种双极型晶体管电路

19.1 引言

双极型晶体管是电子系统中主要的“建筑模块”之一，广泛应用于模拟系统和数字系统中。双极型晶体管由两个 pn 结构成，也称为双极结型晶体管(BJT)。通常会将双极型晶体管简称为“晶体管”，而用场效应晶体管(FET)表示场效应晶体管。双极型晶体管的名字来源于其电流是由两种极性的电荷载流子(即电子和空穴)导电。这一点与场效应晶体管不同，场效应晶体管是单极型器件。双极型晶体管通常比场效应晶体管的增益更高，也能提供更大的电流。但是，与场效应晶体管相比，双极型晶体管的输入电阻低，工作更加复杂，而且通常功耗大。

我们先从了解双极型晶体管的一般工作方式开始，然后再学习其物理结构以及双极型晶体管的工作原理和特性。最后再看为什么双极型晶体管可以用于放大器电路和许多其他应用中。

19.2 双极型晶体管概述

在第 14 章，我们在放大器结构中使用了“控制器件”。在第 18 章，我们研究了在放大电路中如何使用场效应晶体管。对双极型晶体管也可以用类似的方法，如图 19.1 所示。双极型晶体管有三个端口，称为集电极、基极和发射极，分别用符号 c、b 和 e 表示。基极是控制输入端，信号加在基极上会影响从集电极到发射极的电流。和场效应晶体管电路一样，晶体管输入的变化改变了流过电阻 R 的电流，因此也决定了输出电压 V_o。然而，双极型晶体管的工作方式不同于场效应晶体管，因而其电路特性也有所不同。

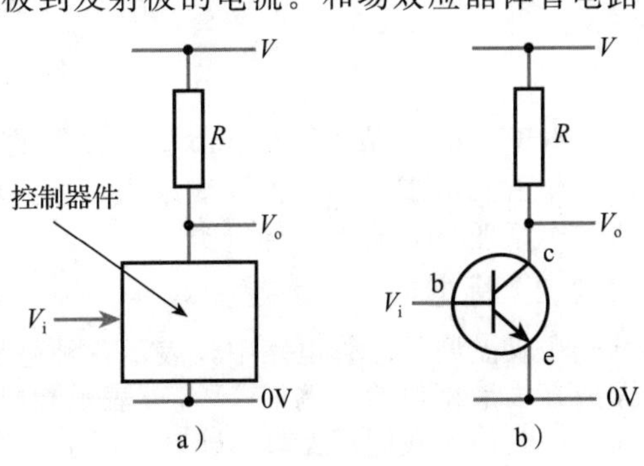

图 19.1 作为控制器件的双极型晶体管

场效应晶体管是“电压控制”器件，而双极型晶体管通常认为是电流控制器件。当一个控制电流加在双极型晶体管的基极，会使更大的电流从集电极流到发射极(假定外部电路能够支持这个电流)。以这种方式工作的双极型晶体管几乎就是线性电流放大器，其输出电流(流

入集电极的电流)与输入电流(流入基极的电流)成正比，如图 19.2 所示。晶体管所产生的电流增益可达到 100 甚至更大，对于给定的器件，该增益值相当稳定(虽然会随温度变化)。

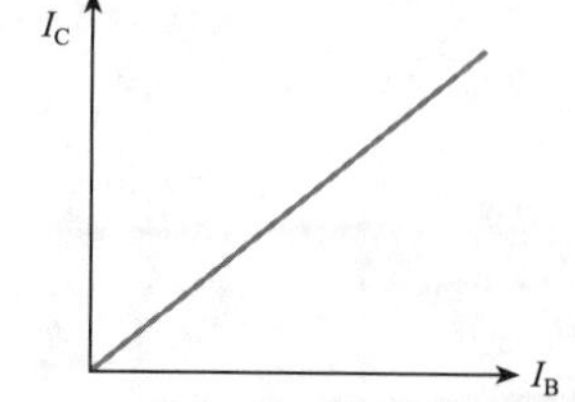

图 19.2　双极型晶体管的集电极电流和基极电流之间的关系

虽然，通常认为双极型晶体管是电流控制器件，但是也可以从另外一个角度来考虑，就是电压加在双极型晶体管基极上。该电压产生了输入电流，从而使放大器产生输出电流。双极型晶体管的工作就可以用输出电流和输入电压之间的关系(跨导)来描述，这和场效应晶体管一样。但是，输入电压和输入电流的关系并不是线性的，这一点和电流增益的情况不同，所以，其跨导也不是常数，而是随着输出电流的幅度变化而变化的。我们会在 19.3 节说明这个关系。

不管采用哪一种“模型”，都是加在基极的输入信号控制流入集电极的电流。因此，当在电路中使用图 19.1b 所示的形式时，输入的变化会导致流过晶体管的电流发生变化，从而控制输出电压。

19.2.1　结构

双极型晶体管由三层半导体材料构成，可以实现两种极性的器件。第一种是在两层 n 型材料中间放置一层薄 p 型半导体材料，形成 npn 型晶体管。第二种是在两层 p 型材料中间放置一层薄 n 型半导体材料，形成 pnp 型晶体管。两种类型的器件均广泛使用，在电路中两种极性的晶体管经常结合使用。这两种类型的晶体管工作情况是类似的，主要是在电压和电流的极性上有差异(包括载流子的极性)。图 19.3 给出了两种类型的晶体管及其电路符号。可以看出，每一种类型晶体管的三明治结构产生了两个 pn 结(二极管)。然而，晶体管的工作原理和两个相连的二极管有根本的区别。

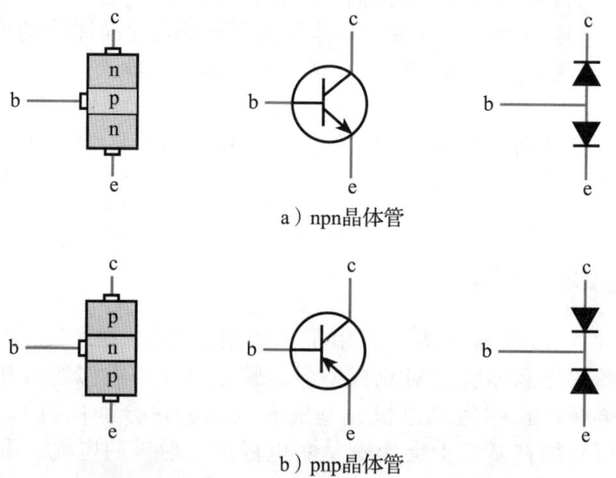

图 19.3　npn 型晶体管和 pnp 型晶体管

由于 npn 型晶体管和 pnp 型晶体管的工作原理是相似的，为了避免重复，在本章我们主要介绍 npn 型晶体管。一般来说，如果将各电压和电流的极性反转过来，pnp 型晶体管的工作原理与 npn 型晶体管类似。

19.2.2　标记

在双极型晶体管电路中，表示各种电压和电流的标记跟在场效应晶体管电路中所用的标记方法是相似的。例如，V_{CE}就表示集电极相对于发射极的电压，流入基极的电流用 I_B 标记。此外，我们用大写字母表示恒定电压和电流，用小写字母表示变量。连接到(直接或者非直接)双极型晶体管集电极的电压和电流通常用 V_{CC} 和 I_{CC} 表示。连接到发射极的电源电

压和电流通常用 V_{EE} 和 I_{EE} 表示。在使用 npn 型晶体管的电路中，V_{CC} 通常是正的，而 V_{EE} 一般作为零伏基准(或者是地)。这种标记如图 19.4 所示。

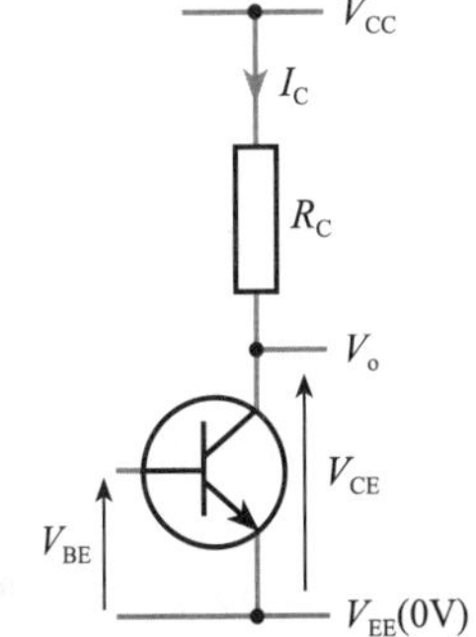

图 19.4　双极型晶体管电路中电压和电流的标记

19.3　双极型晶体管的工作原理

npn 或者 pnp 结构产生了两个"背靠背"连接在一起的 pn 结，如图 19.3 所示。在基极开路的情况下，如果在集电极和发射极之间加上电压，那么总有一个 pn 结是反向偏置的，所以电流可以忽略。如果晶体管仅仅是两个"背靠背二极管"，是没有什么实际用处的。然而，对于晶体管的结构，基区是非常薄的，因此基极可以作为一个控制输入。加在基极上的信号可以用于产生并且控制另外两个极之间的电流。为了说明白其原理，看图 19.5a 中的电路结构。

对于一个 npn 晶体管来说，通常的配置是使集电极的电压高于发射极的电压。集电极和发射极之间的电压(V_{CE})的典型值为几伏。当基极开路时，从集电极到发射极之间的电流仅为很小的泄漏电流 I_{CEO}，下标说明了这是在基极开路的情况下，从集电极到发射极的电流。该泄漏电流很小，通常可以忽略。如果基极相对发射极的电压极性为正，则基极到发射极的发射结为正向偏置，其工作类似于二极管(如第 17 章所述)。对于比较小的基极-发射极电压(V_{BE})，基极电流很小，而当 V_{BE} 增加到约 0.5V 时(对于硅器件而言)，基极电流开始迅速上升。

在器件的制造中，发射区是重掺杂的，而基区是轻掺杂的。发射区的重掺杂产生了大量的多数载流子，在 npn 晶体管中发射区的多数载流子是电子。基区的轻掺杂产生了少量空穴，空穴是 p 型基区的多数载流子。因此，在 npn 晶体管中，基极电流主要是从发射极流到基极的电子。除了轻掺杂以外，基区还非常薄。因为基极-发射极电压的作用，从发射极流到基极的电子在 p 型基区变成少数载流子。由于基区非常薄，进入基区的电子非常靠近反向偏置的集电结所形成的空间电荷区。由于反向偏置电压对于 pn 结附近的多数载流子构成阻碍，却有效地驱动少数载流子穿过 pn 结。因此，进入结区的电子被扫入集电极，增加了集电极电流。仔细地设计器件，使得大部分进入基极的电子可以被扫入集电结。于是，从发射极流入集电极的电子要比从发射极流入基极的电子多很多倍。这就使晶体管可以实现电流放大的功能，即用小的基极电流产生很大的集电极电流。由于电子带负电荷，传统的电流方向是电子流动方向的反方向，所以从发射极到集电极的电子流代表的是相反方向上的从集电极到发射极的电流，如图 19.5b 所示。这种电流放大的现象称为晶体管工作原理。

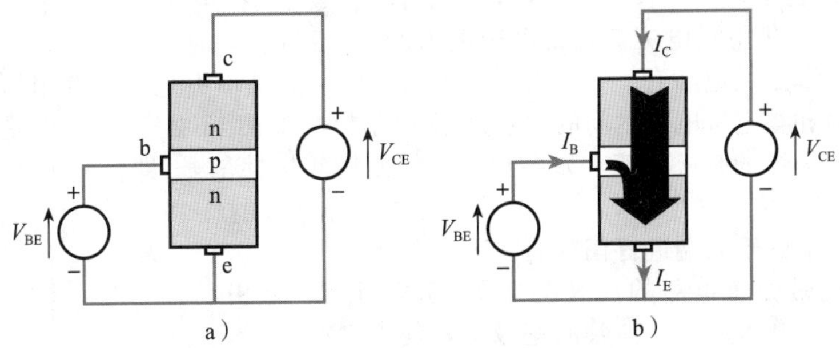

图 19.5　晶体管工作原理

在典型的硅双极型晶体管中，集电极电流 I_C 和基极电流 I_B 的关系如图 19.6a 所示。

由于 I_B 和 I_C 之间的关系有一点轻微的非线性，有两种方法可以用来描述器件的电流增益。第一种是直流增益，h_{FE} 或者 β，可以很简单地用集电极电流除以基极电流的方法得到。该结果通常对应于 I_C 的某一特定值。由于特性存在轻微的非线性，h_{FE} 在 I_C 取不同值

的时候有轻微的差异。直流增益通常用于大信号计算，因此

$$I_C = h_{FE} I_B \tag{19.1}$$

当我们考虑小信号的时候，需要知道 I_B 的微量变化(ΔI_B)和 I_C 的相应改变(ΔI_C)之间的关系。比值 $\Delta I_C/\Delta I_B$ 称为小信号电流增益，其符号为 h_{fe}，也被称为器件的交流增益。h_{fe}的值可以从图 19.6a 中给出的特性曲线斜率得到，有：

$$i_c = h_{fe} i_b \tag{19.2}$$

对于大多数应用来说，h_{FE} 和 h_{fe} 可以认为是相等的。通用硅晶体管的电流增益典型值为 100～300，但是双极型晶体管的电流增益随着温度和工作条件的不同会产生很大变化。同一类型器件之间，甚至是同一批次的器件之间，器件特性的差异也很大。

双极型晶体管的特性还可以用输出电流 I_C 和输入电压 V_{BE} 之间的关系描述，如图 19.6b所示。由于发射结就是一个简单的 pn 结，输入电流 I_B 和输入电压 V_{BE} 为指数关系(如图 18.9 所示)，而输出电流和输入电流之间的关系近似于线性(为电流增益 h_{FE})，所以 I_C 和 V_{BE}之间的关系也为指数关系(虽然相应的电流值更大)。曲线上任意点的斜率由比值 $\Delta I_C/\Delta V_{BE}$ 给出，代表器件的跨导 g_m(可以将其与 18.5 节中关于场效应晶体管类似的讨论相比较)，定义式为

$$g_m = \frac{dI_C}{dV_{BE}} \tag{19.3}$$

不同于 h_{FE}对于给定的器件近似于常数，g_m 随电路工作时的集电极电流变化而变化(因此也随发射极电流而变化)。

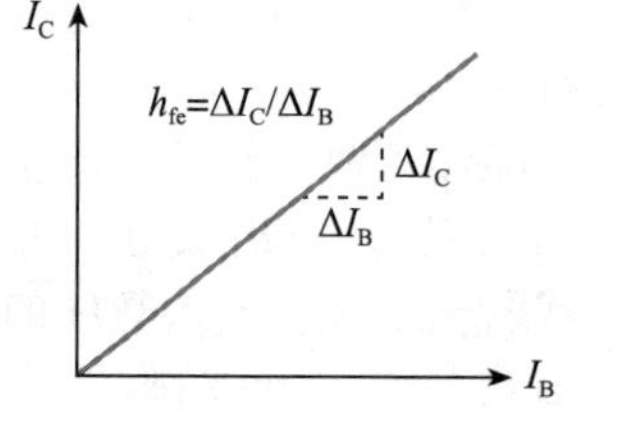

a）输出电流和输入电流的关系

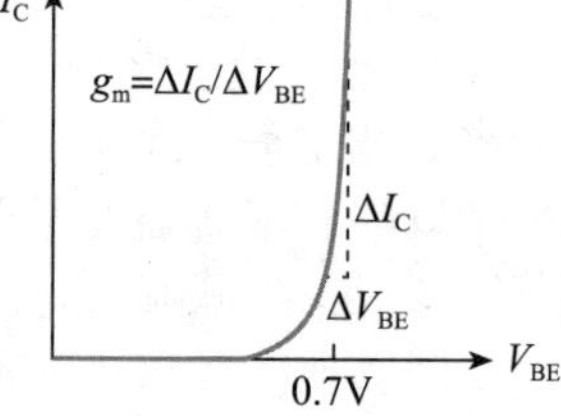

b）输出电流和输入电压的关系

图 19.6　典型硅双极型晶体管的特性

19.4　简单的放大器

视频 19A

在图 19.1b 中，我们看到一个基于双极型晶体管的基本放大器。改变输入端的电压就会改变流入晶体管基极的电流。晶体管放大基极电流，产生相应更大的集电极电流。集电极电流流过集电极电阻产生输出电压。

虽然图 19.1b 中的电路有一些令人感兴趣的属性，但是却不是一个有用的放大器。基极电流和集电极电流之间的关系是相对线性的(如图 19.2 所示)，但是该电路只能使用正极性的基极电流。如果我们希望使用双极性信号(即信号可以变正，也可以变负)，就必须使输入偏离零点，才可以放大完整的信号。这可以通过对放大器的输入端进行偏置的方法实现。

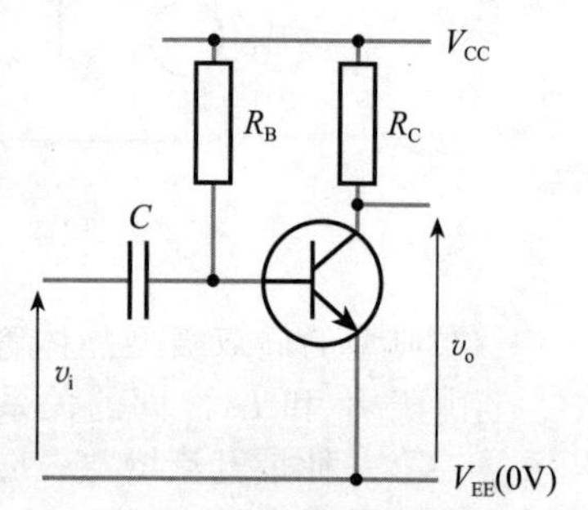

图 19.7　简单的放大器

一个简单的带偏置电路的放大器如图 19.7 所示。基极电阻 R_B 将一个正电压加在晶体管的基极上，使发射结正偏，产生基极电流。相应又会产生集电极电流，流过集电极负载电阻 R_C，产生电压降，使输出电压 V_o 低于电源电压 V_{CC}。如果电路没有输入时，称电路处于静态。基极电阻 R_B 决定了静态基极电流，从而决定静态集电极电流和静态输出电压。R_B 和 R_C 的值必须仔细选择以保证电路的工作点正确。

如果一个正电压加在放大器的输入端，会使晶体管的基

极电压增加，进而增加了基极电流。进一步使集电极电流增加，使集电极电阻 R_C 上的电压降变大，使输出电压 V_o 降低。如果一个负电压加在放大器的输入端，会使流过晶体管的电流减少，使输出电压 V_o 升高。因此，这是一个反相放大器。和前一章所描述的 MOSFET 放大器一样，用耦合电容器来防止输入电压影响基极电压的平均值。因此，该电路不能用来放大直流信号，所以称为交流耦合放大器。

计算机仿真练习 19.1

使用合适的双极型晶体管对图 19.7 中的电路进行仿真。电路可以采用 2N2222 晶体管，相应的电路参数为 $V_{CC}=10V$、$R_B=910k\Omega$、$R_C=2.7k\Omega$ 和 $C=1\mu F$。如果仿真包不支持这个特定晶体管，可以用其他器件进行实验，调整电阻值，使其适合于电路。

对电路加上小信号交流输入电压，观察输出端的变化。

在了解放大器电路的详细工作原理之前，我们需要先了解双极型晶体管的特性。

19.5 双极型晶体管的特性

19.5.1 晶体管的配置

双极型晶体管是非常通用的器件，可以在若干电路中加以使用。这些电路的差异在于信号连接到器件的方式和如何产生输出。在所有的配置中，控制信号都是通过"输入电路"加在晶体管上的，而控制量用"输出电路"感知。

在图 19.7 的电路中，输入是加在基极上的电压(相对于发射极)，输出用集电极电压表示(相对于发射极)。该电路可以用图 19.8 表示。可以看出发射极是电路输入和输出的公共端。因此，该电路称为共射极电路。此时，应该知道在 h_{FE} 和 h_{fe} 中的 E 或者 e 代表的是发射极，因为这是晶体管用于共射极电路时的电流增益。除了共射极电路，也可以用共集电极电路和共基极电路，其电流增益和特性是不同的。这使我们为了满足需要，就要选择不同的特性。在本节中，我们重点关注共射极电路。

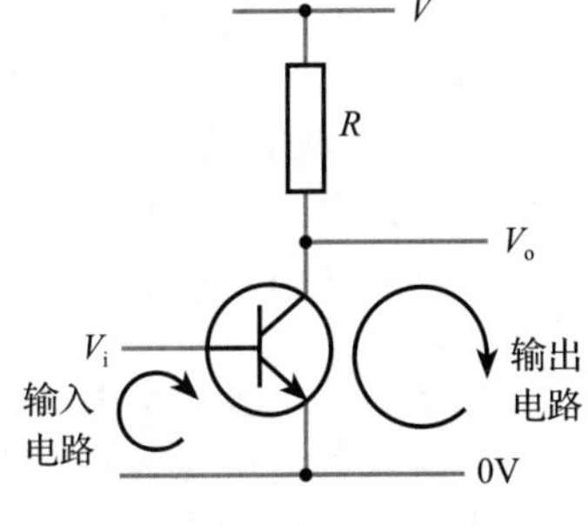

图 19.8 共射极电路

在前一章的场效应晶体管中，我们注意到晶体管的工作可以从其输入特性、输出特性以及输入和输出之间的关系(转移特性)来理解。现在来研究双极型晶体管的这三个特性。

19.5.2 输入特性

从图 19.5a 中可以清楚看出晶体管的输入部分是正向偏置的 pn 结，因此，其输入特性与半导体二极管的特性非常相似。典型的硅晶体管的输入特性如图 19.9 所示。

在第 17 章，我们推导出半导体二极管的电流为

$$I \approx I_S e^{40V}$$

其中，40 代表的是 e/kT 近似值，而 V 是器件上的电压。

在该例中，电流 I 是晶体管的基极电流 I_B，结电压 V 是基极到发射极的电压 V_{BE}。因此有

$$I_B \approx I_{BS} e^{40V_{BE}} \qquad (19.4)$$

其中，I_{BS} 是由基极特性决定的常数。该公式代表器件的输入特性。

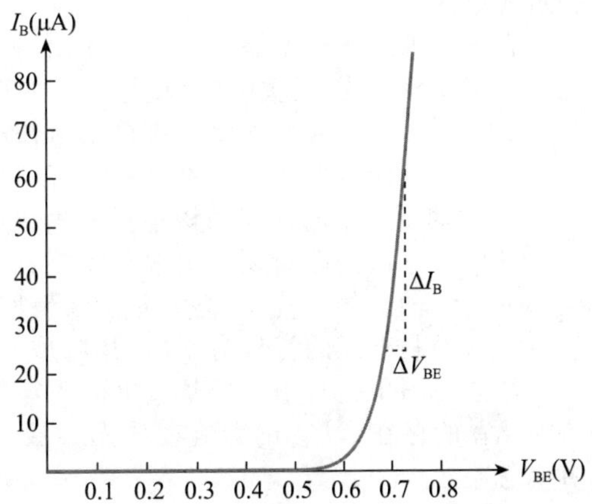

图 19.9 共射极电路中双极型晶体管的输入特性

图 19.9 中的曲线在任意点的斜率代表着基极到发射极电压的微小变化 ΔV_{BE} 和相应的基极电流的变化 ΔI_B 之间的关系。该斜率因而表明了电路的小信号输入电阻，其符号为 h_{ie}。显然，输入电阻的大小是沿着特性曲线而变化的。输入电阻在任意点的值可以由式(19.4)对 I_B 的微分得到，简化的结果为

$$h_{ie}=\frac{dV_{BE}}{dI_B}\approx\frac{1}{40I_B}\Omega \tag{19.5}$$

由于典型的 I_B 值为几十微安，所以典型的 h_{ie} 值为几千欧姆。

因此，共射极电路中的双极型晶体管的输入特性就可以很简单地用基极电流和小信号输入电阻的公式来描述。然而，需要注意的是 h_{ie} 中的下标 e 表示的是“发射极”，而 h_{ie} 是共射极电路的小信号输入电阻。其他的电路组态会有不同的输入电阻。

19.5.3　输出特性

图 19.10 给出了一个典型晶体管在不同基极电流时的集电极电流 I_C 和集电极电压 V_{CE} 之间的关系。集电极电流 I_C 和集电极电压 V_{CE} 分别代表共射极电路中晶体管的输出电流和输出电压。它们之间的关系通常称为共射极输出特性。可以将其与图 18.10 中场效应晶体管的特性相比较。

对于给定的基极电流，初始时随着集电极电压从零开始增加，集电极电流迅速上升。然而，集电极电流很快会达到一个稳定值，再进一步增加集电极电压，集电极电流只会产生很小的变化。特性曲线上的集电极电流的稳定值取决于基极电流的大小。集电极电流的稳定值和基极电流的比值代表器件的直流增益 h_{FE}。

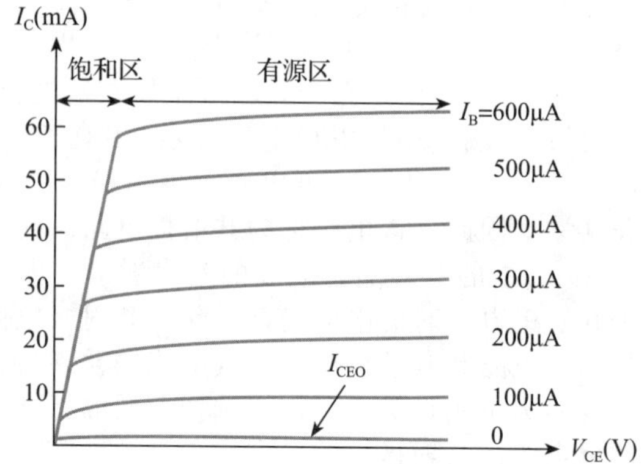

图 19.10　典型共射极晶体管的输出特性

特性曲线上集电极电流与基极电流近似于线性关系的区域称为有源区。大部分线性放大器电路工作在这一区域。在特性曲线上靠近原点的集电极电流与基极电流不满足线性关系的区域称为饱和区。在线性电路中一般要避免使用饱和区。但是，饱和区却广泛应用于非线性电路，包括数字电路。很重要的一点是，要注意双极型晶体管中的“饱和”和场效应晶体管中所讨论的“饱和”具有不同的含义。在双极型晶体管中，饱和发生在 V_{CE} 非常低的时候，因为晶体管的工作效率降低了，很多从发射极流到基极的载流子并没有被扫进集电区。

在一个理想双极型晶体管中，输出特性曲线中的各直线应该是水平的，表明输出电流完全与集电极电压无关。实际上并非如此，所有的实际器件都有一点轻微的倾斜，如图 19.10 所示。直线的斜率代表输出电流随输出电压的变化，因此斜率代表电路的输出电阻。输出电阻的典型值大致在 100kΩ 的量级。经常用到的输出电阻的倒数称为输出电导 h_{oe}，其中的下标 e 同样表明该值是共射极电路的参数。

如果将输出特性曲线近似水平的部分“反向”(往图 19.10 中的左方)延伸，它们会在横轴的负半轴上的一点汇聚。该点称为厄利电压，名字来源于贝尔实验室的 J. M. Early (厄利)。厄利电压的符号为 V_A，其典型值为 50～200V。

注意在图 19.10 中，当基极电流为零的时候，集电极电流并不是零。这是因为有泄漏电流 I_{CEO} 的存在。I_{CEO} 的影响在该图中放大了，以便可以看出。在硅器件中，其影响通常可以忽略。

19.5.4　传输特性

图 19.6 给出了双极型晶体管在共射极组态时的传输特性。根据该图，显然可以用两

种方法来描述这个特性：一种是按照器件的电流增益，另一种是按照跨导。

对于给定的器件，不管器件是如何使用的，电流增益相对恒定(虽然电流增益随温度变化，不同器件的增益也不同)。相反，跨导随电路的工作条件不同而不同，如图 19.6 所示。

根据图 19.5b，可以明显看出发射极电流 I_E一定等于集电极电流 I_C和基极电流 I_B之和。因此

$$I_E = I_C + I_B$$

并且由于

$$I_C = h_{FE} I_B$$

相应地，

$$I_E = h_{FE} I_B + I_B = (h_{FE} + 1) I_B$$

由于 h_{FE}通常远大于 1，可以将公式近似为

$$I_E \approx h_{FE} I_B = I_C \tag{19.6}$$

结合式(19.3)、式(19.4)和式(19.6)，可以看出：

$$g_m \approx 40 I_C \approx 40 I_E (\text{西门子}) \tag{19.7}$$

必须要注意的一点是，双极型晶体管的跨导 g_m 与 I_E 成正比，而场效应晶体管中的 g_m 与漏极电流的平方根成正比(见 18.5.4 节)。由于 g_m 直接受控于静态集电极(发射极)电流，用该器件构成的放大器电压增益也与静态集电极(发射极)电流相关。因此，静态电路工作情况的选择在决定放大器的性能上起主要作用。

跨导 g_m 的值表示集电极(发射极)电流的变化量与基极电压变化量的比值。其倒数的单位与电阻的单位一样，并且是小信号基极到发射极电压和相应的发射极电流变化值的比，称为发射极电阻 r_e。根据式(19.7)可得：

$$r_e = \frac{1}{g_m} \approx \frac{1}{40 I_C} \approx \frac{1}{40 I_E} \Omega \tag{19.8}$$

根据式(19.5)，有

$$h_{ie} \approx \frac{1}{40 I_B}$$

因此有

$$h_{ie} \approx h_{fe} r_e \tag{19.9}$$

注意这里使用的是 h_{fe}而不是 h_{FE}，因为 h_{ie}和 r_e 都是小信号量。我们之前提到过 h_{ie}的典型值为几千欧姆，因此 r_e 的典型值为几欧姆或者几十欧姆。

19.5.5　双极型晶体管的等效电路

现在研究双极型晶体管的等效电路，图 19.11 给出了两种等效电路。可以将该电路与图 18.15 中场效应晶体管的等效电路相比较。和前一章一样，图 19.11 中的模型是小信号等效电路。

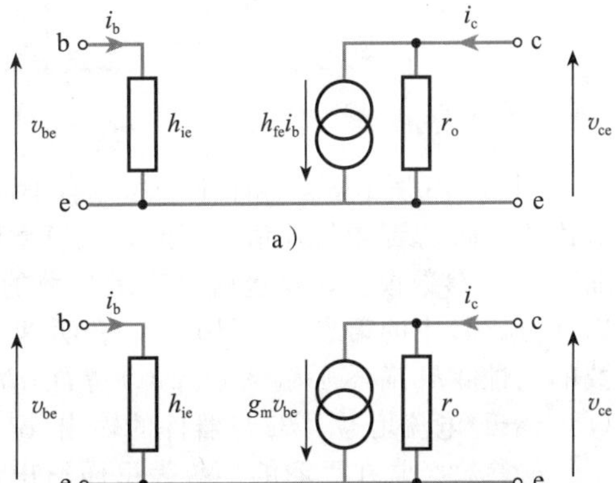

图 19.11　双极型晶体管的小信号等效电路

可以看出图 19.11 中的两个模型非常相似，仅仅在电流源产生的电流幅值上有差异。在图 19.11a中，器件是用其电流增益 h_{fe}建模的，对于通用小信号晶体管来说，电流增益一般为 100～300(在功率晶体管中可能远小于该值)。在图 19.11b 中，器件是用其跨导 g_m 建模的。跨导 g_m 的值取决于电路结构，可以用式(19.7)来估算。两种模型的输入电阻和输出电阻都是一样的(与期望的一致，因为这两种模型代表的是同一器件)。输入电阻 h_{ie}的幅

值取决于电路方案，可以用式(19.5)估算其值。输出电阻的幅值取决于输出特性曲线的斜率，其典型值为 10kΩ～1MΩ。相应的输出电导 h_{oe}的值为 1～100μS。

值得一提的是不同器件的 h_{fe}值变化是很大的，但是 g_m 取决于所用材料的物理特性，可以根据集电极(发射极)电流计算出来。必须记住的是，我们所用的是 g_m 的近似值，例如，忽略了二极管公式中 η 的作用(见 17.4.3 节)。

图 19.11 中给出的等效电路在大多数应用中都可以使用，但这并不是器件建模的唯一方法。还有其他的多种表示法可用，每一种方法都进行了不同的完善，为器件的工作提供更好的模型。

混合参数模型

在图 19.11a 所示的简单等效电路中用来描述双极型晶体管特性的两个符号，也就是 h_{fe}和 h_{ie}，具有相似的形式。而第三个量，即输出电阻，可以用 $1/h_{oe}$表示。实际上，这一套参数中还有第四个常用的符号 h_{re}，它是共发射极小信号开路电压反馈系数。它描述了输出电压对输入电路电流的影响。为了理解这一反馈属性，我们需要回头来看器件的输入特性。

在图 19.9 中，我们知道基极电流随基极到发射极的电压变化。该图给出了一个特性曲线，表明两个量之间的对应是唯一的。实际上，该特性曲线的位置取决于集电极电压，如图 19.12 所示。随着 V_{CE}的增加，用来产生基极电流所需要的 V_{BE}值也增加了。共发射极小信号开路电压反馈系数 h_{re}就是在给定 I_B 值时，V_{BE}随 V_{CE}的变化率。这个影响很小，h_{re}的典型值为 $10^{-3}\sim10^{-5}$。V_{BE}和 V_{CE}的相互作用是由于集电极电压的变化导致了基区宽度的变化。这种基区宽度调制导致了在 I_C 不变时，V_{BE}随 V_{CE}的变化，称为厄利效应。一种包含该附加特征的等效电路如图 19.13 所示。其中添加了一个受控于输出电压的受控电压源。你也许注意到了输出电阻在这里是以 $1/h_{oe}$的形式出现的(即输出电导的倒数)，这是此类形式等效电路中的常规标记。

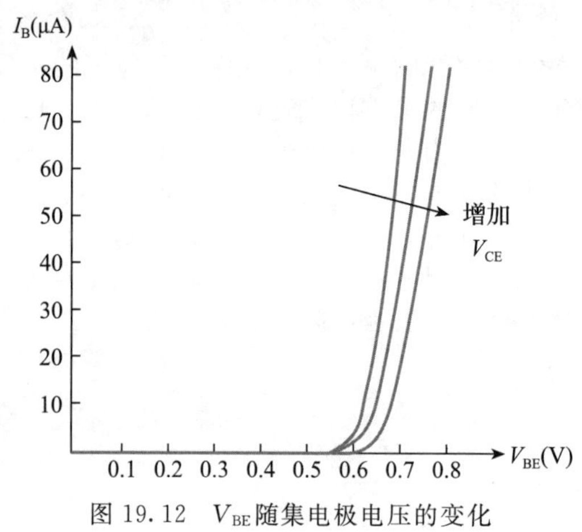

图 19.12　V_{BE}随集电极电压的变化

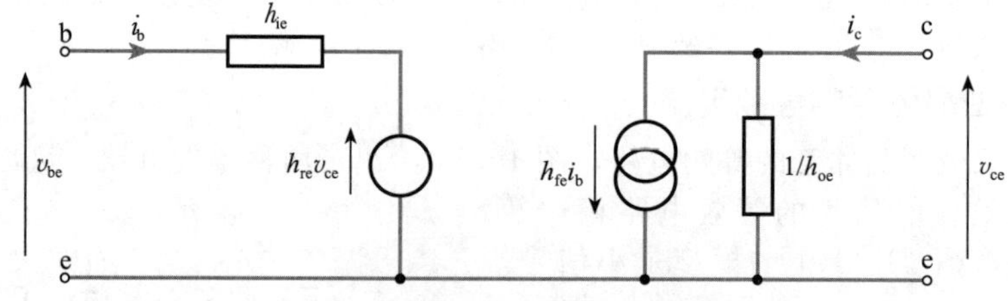

图 19.13　共射极晶体管的混合参数等效电路

图 19.13 所示等效电路中的参数有不同的形式：h_{ie}是一个阻抗，h_{oe}是一个电导，h_{fe}是电流比值，而 h_{re}是电压比值。因此，该模型称为混合参数模型(hybrid-parameter model)，经常缩写为 h-参数模型，这也就是表示参数的符号中 h 的原因。每个参数用两个字母的下标加以区分。其中的第二个字母是 e，表明这些量是共射极组态的参数。第一个下标指出了参数的属性：h_{ie}描述了输入(input)特性，h_{re}代表的是反向(reverse)影响，h_{fe}给出了正向(forward)电流增益，h_{oe}与器件的输出(output)相关。

h-参数经常在厂商的参数表里面给出，并且混合参数模型使用广泛。

混合-π 模型

前面讨论的混合参数模型非常好地描述了晶体管工作在低频时的特性，但是并没有考虑器件电容的影响，而电容在高频时对器件的性能影响很大。一个更复杂的模型考虑了器件电容的影响和器件其他的一些物理特性。

图 19.14 给出了双极型晶体管的混合-π 模型。该电路仍然是三个节点：e、b 和 c。它们代表器件的三个端，但是现在加了另外一个节点 b′来代表基极的连接点，基极端子和基极的连接点之间的欧姆电阻用 $r_{bb'}$表示。对于通用器件来说，其典型值为 5～50Ω，对于高频类型的器件，该值为几欧姆。参数 $r_{b'e}$是基极到发射极结电阻。在 19.5.4 节中给出的类似分析，可以用下面的公式近似：

$$r_{b'e} \approx h_{fe} r_e \approx \frac{h_{fe}}{40 I_E} \tag{19.10}$$

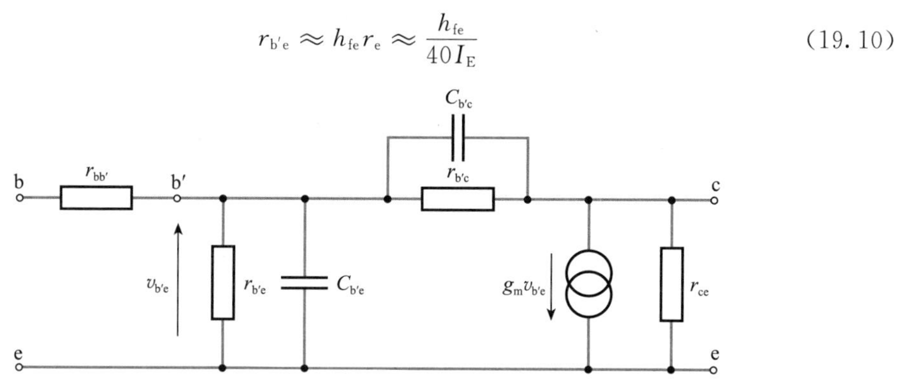

图 19.14　共射极晶体管的混合-π 等效电路

这是前面 h_{ie}的公式，即从基极看进去的总电阻。根据这里的分析，显然更精确的 h_{ie}公式为

$$h_{ie} \approx r_{bb'} + r_{b'e} \approx r_{bb'} + h_{fe} r_e \approx r_{bb'} + \frac{h_{fe}}{40 I_E} \tag{19.11}$$

如果分别取 h_{fe}和 I_E的典型值 200 和 5mA，就会得到 $r_{b'e}$的值约为 1kΩ。由于该值比 $r_{bb'}$的典型值(5～50Ω)大很多，通常可以采用近似公式 $h_{ie} \approx r_{b'e}$。

在混合-π 模型中，输出电压的变化对输入的影响是用电阻 $r_{b'c}$表示的，这不同于在混合参数模型中用一个电压源表示。模型中的电容器 $C_{b'e}$和 $C_{b'c}$分别用来表示发射结电容和集电结电容。电路中的电流源所产生的电流与流过发射结电阻 $r_{b'e}$的电流成正比。然而，由于 $r_{b'c}$和两个电容器的存在，$r_{b'e}$的电流并不等于流入基极的电流。因此，电流源等于 g_m乘以发射结电压 $v_{b'e}$。

混合-π 模型与之前所讨论的简单模型相比更接近于实际器件的性能。然而，该模型非常难分析。因为包含了器件的电容，因此可以预测器件的高频性能，但是该模型在频率相当低的时候存在问题，其增益会下降到 1。

19.5.6　高频时的双极型晶体管

通过混合-π 模型的预测来详细分析双极型晶体管的高频性能超出了本书的范围。然而，根据模型，可以明显看出因为 $C_{b'e}$的存在会降低高频增益，如 8.6 节所述。$C_{b'c}$同样会影响器件的频率响应，因为它会从输出端对输入产生反馈。由于器件输出相对于输入是反相的，所以是负反馈。由于电容的阻抗随频率的上升而下降，随着频率的增大，负反馈的量增大，降低了高频增益。两个电容器共同作用所产生的一般形式的频率响应如图 19.15 所示，其中 $h_{fe(0)}$代表 h_{fe}在低频时的值。

当增益下降到低频增益的 0.707(即 $1/\sqrt{2}$)时的频率代表器件的带宽，其符号为 f_β。在 8.6 节，我们导出的 RC 网络的上限截止频率为

$$f_c = \frac{1}{2\pi CR} \text{Hz}$$

可以看出，f_β可由下式给出：

$$f_\beta = \frac{1}{2\pi(C_{b'e} + C_{b'c})r_{b'e}}$$

通常，与 $C_{b'c}$ 相比，$C_{b'e}$ 的影响是主要的。因此，可以近似为

$$f_\beta = \frac{1}{2\pi C_{b'e} r_{b'e}} \tag{19.12}$$

增益降到 1 时的频率称为截止频率，符号为 f_T。可以看出其与 f_β 的关系可以简单地用下面公式表示：

$$f_T = h_{fe(0)} f_\beta \tag{19.13}$$

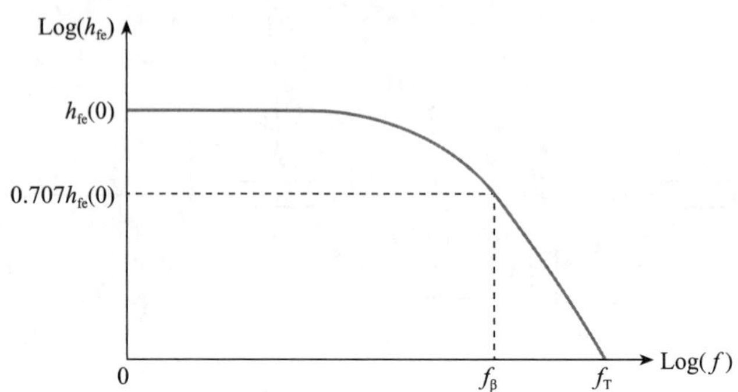

图 19.15　双极型晶体管的电流增益随频率的变化

根据式(19.10)，我们知道 $r_{b'e}$ 随发射极电流 I_E 变化。根据式(19.12)和式(19.13)可知 f_β 和 f_T 也随着电流变化。将式(19.10)代入可得到下列公式，表明其与电流变化的关系，即

$$f_\beta = \frac{40I_E}{h_{fe(0)}2\pi(C_{b'e} + C_{b'c})} \approx \frac{40I_E}{h_{fe(0)}2\pi C_{b'e}}$$

和

$$f_T = \frac{40I_E}{2\pi(C_{b'e} + C_{b'c})} \approx \frac{40I_E}{2\pi C_{b'e}}$$

因此，晶体管的带宽和截止频率都与发射极电流成正比。该结果对宽带低功耗放大器有意义。

19.5.7　泄漏电流

在 19.3 节，我们讨论了在没有基极电流的时候，从集电极到发射极出现的泄漏电流 I_{CEO}。该电流标注在图 19.10 中。

在集电结反向偏置的时候，集电极和基极之间也会有泄漏电流，其符号为 I_{CBO}，是在第三端(发射极)开路的时候，从集电极流到基极的电流。

为了理解这两个电流之间的关系以及它们在晶体管电路中的意义，可以回忆晶体管能看成是两个背靠背的 pn 结。其中的一个 pn 结是集电结，在正常工作中是反向偏置的。我们知道(从第 17 章的讨论中)，除了反向电压最小的时候，反向偏置 pn 结的反向饱和电流近似为常数。这就对流过反向偏置集电结的 I_{CBO} 做出了解释。

当泄漏电流 I_{CBO} 进入基区的时候，它和从基极端流入的电流有类似的影响。泄漏电流同样被器件的电流增益所放大，产生了大得多的从集电极到发射极的电流。这就是集电结泄漏电流 I_{CEO}。因此，

$$I_{CEO} \approx h_{FE} I_{CBO}$$

并且，集电极电流为

$$I_C = h_{FE} I_B + I_{CEO}$$

在某些半导体中，例如，用锗制造的器件，泄漏电流的影响非常大，特别是在高温的时候(在下一节会讨论温度对泄漏电流的影响)。然而在硅器件中，泄漏电流非常小，如果设计

得好，一般可以忽略。

19.5.8　温度效应

在 17.6.4 节，我们看到了温度对半导体二极管的影响。双极型晶体管中的 pn 结同样也会受温度的影响，导致电流增益、发射结电压和泄漏电流的改变。

对于一个给定的器件，其 h_{FE} 具体是如何随温度上升的，可以在其数据表中得到。典型的硅器件在温度从 0 变到 25℃的时候，增益会增加约 15%。但是在温度从 25℃变到 75℃的时候，增益会加倍。

V_{BE} 值随温度的变化和半导体二极管随温度的变化情况相似。在硅器件中，随着温度的上升，V_{BE} 以 2mV/℃下降。

晶体管泄漏电流 I_{CBO} 和 I_{CEO} 随着温度上升。I_{CBO} 的上升速率和半导体二极管中的相似，温度大约每上升 10℃就增加一倍(大约上升 7%/℃)。由于 I_{CEO} 和 I_{CBO} 的关系由下式给出：

$$I_{CEO} \approx h_{FE} I_{CBO}$$

I_{CEO} 同样也随着温度上升，但是更迅速，因为 h_{FE} 也随着温度上升。对于硅器件，泄漏电流一般在几纳安的量级，其影响几乎可以忽略。因此，一般不太关心温度对这些电流的影响。

19.6　双极型晶体管放大器电路

了解了双极型晶体管中的特性以后，现在详细分析基于这些器件的放大器电路。先回顾 19.4 节中的简单放大器，然后再处理更复杂的电路。

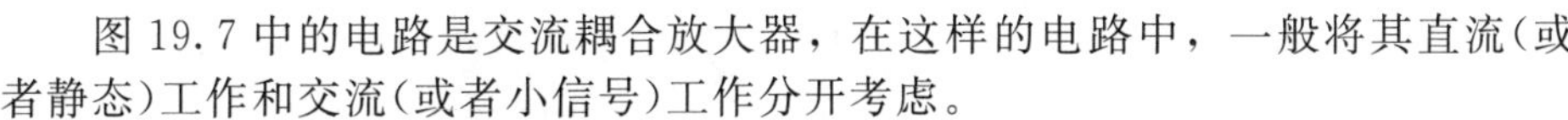

图 19.7 中的电路是交流耦合放大器，在这样的电路中，一般将其直流(或者静态)工作和交流(或者小信号)工作分开考虑。

19.6.1　简单放大器的直流分析

对简单放大器的直流分析是非常简单的。

例 19.1　求出右图所示电路的静态集电极电流和静态输出电压。设晶体管的 h_{FE} 为 100。

解： 晶体管的发射结是一个正向导通的 pn 结，因此，假定发射结电压 V_{BE} 为 0.7V。

知道 V_{BE} 的值以后，我们也就知道了 R_B 上的电压，即 $V_{CC}-V_{BE}$，接着就可以计算基极电流 I_B 了。本题中

$$I_B = \frac{V_{CC} - V_{BE}}{R_B} = \frac{10 - 0.7}{910} = 10.2(\mu A)$$

集电极电流 I_C 为

$$I_C = h_{FE} I_B = 100 \times 10.2 = 1.02(mA)$$

静态输出电压非常简单，就是电源电压减去 R_C 上的电压，因此有

$$V_o = V_{CC} - I_C R_C = 10 - 1.02 \times 10^{-3} \times 4.7 \times 10^3 \approx 5.2(V)$$

因此，电路的静态集电极电流约为 1mA，静态输出电压约为 5.2V。

注意：该电路中，静态集电极电路和静态输出电压均由 h_{FE} 的值决定，不同器件 h_{FE} 的值(以及随着温度)变化很多。因此，该电流很少使用。然而，在采用更好的放大器电路之前，了解该电路的缺点是很有必要的。◀

19.6.2　简单放大器的小信号分析

为了确定简单放大器的小信号工作情况，首先需要建立电路的小信号等效电路。在 19.5.5 节，我们得到了双极型晶体管的等效电路，将其拓展到图 19.7 所示的完整放大器电路是很简单的。做这个等效电路时，我们必须记住，对于小信号来说，电源线 V_{CC} 实际上是接到地(0V)的，所以等效电路如图 19.16 所示。显然，可以用混合参数模型或者混合-π 模

型来建立更复杂的模型，但是就目前的需要来说，简单的等效电路已经足够了。

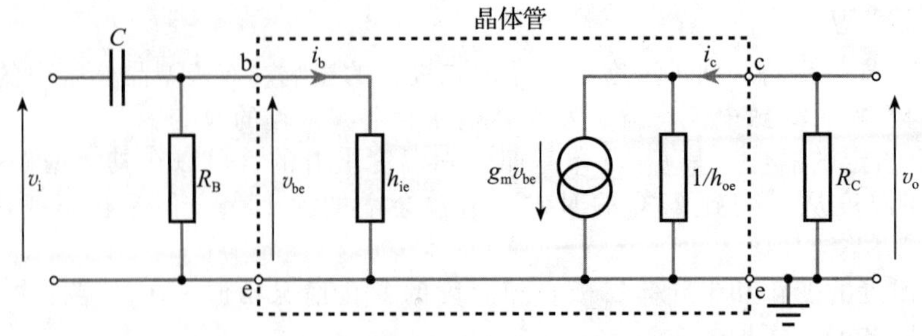

图 19.16 简单晶体管放大器的小信号等效电路

R_B和h_{ie}的并联电阻可以用一个电阻来表示。如果需要的话，$1/h_{oe}$和R_C也可以这样来表示。需要记住的是，h_{oe}是一个电导，必须取其倒数得到其等效电阻。输入电容器C用来防止输入信号影响晶体管的偏置条件。通常，电容器的值要加以选择，使其在所需频率处产生的影响可以忽略不计。然而，C的出现在电路的频率特性中引入了低通特性，如8.6节所述。

根据放大器的小信号等效电路，可以导出电路的小信号电压增益。如果假定C可以忽略，显然有

$$v_{be}=v_i \tag{19.14}$$

以及

$$v_o=-g_m v_{be}\left(\frac{1}{h_{oe}} /\!/ R_C\right)$$

其中，$(1/h_{oe})/\!/R_C$就是$1/h_{oe}$和R_C并联的等效电阻。将这两个公式联立可得：

$$v_o=-g_m v_i\left(\frac{1}{h_{oe}} /\!/ R_C\right)$$

于是，电压增益为

$$\text{电压增益}=\frac{v_o}{v_i}=-g_m\left(\frac{1}{h_{oe}} /\!/ R_C\right)=-g_m\frac{R_C}{h_{oe}R_C+1} \tag{19.15}$$

增益的负号表明这是一个反相放大器，正的输入电压会产生负的输出电压。可以将这个公式和场效应晶体管放大器的电压增益公式(18.6)相比较。

很多情况下，集电极电阻R_C远小于晶体管的输出电阻，所以$(1/h_{oe})/\!/R_C$近似等于R_C。本题中，式(19.15)可以近似为

$$\text{电压增益}=\frac{v_o}{v_i}\approx-g_m R_C \tag{19.16}$$

发射极电阻r_e等于$1/g_m$，所以电压增益也可以变为

$$\text{电压增益}=\frac{v_o}{v_i}\approx-\frac{R_C}{r_e} \tag{19.17}$$

不仅如此，由于$g_m\approx 40I_E$，电压增益还可以变为

$$\text{电压增益}\approx-g_m R_C\approx-40I_E R_C\approx-40I_C R_C\approx-40V_{RC}$$

其中，V_{RC}是电阻R_C上的电压。因此，放大器的电压增益与R_C上的大信号电压相关。电压增益因此由偏置电路结构的电路静态条件所决定。我们注意到在例19.1中，电路的静态条件受器件电流增益的影响，而不同器件的电流增益变化很大。因此，电路的电压增益显然会随着所用器件的电流增益而产生显著变化。这一特性使得该电路的性能很差，实际上，晶体管总是使用负反馈来稳定其参数。

根据等效电路，可以很容易求出放大器的小信号输入电阻和小信号输出电阻。下面举例说明。

例 19.2 求出下面电路的小信号电压增益、输入电阻和输出电阻。设晶体管的 $h_{fe}=100$，$h_{oe}=10\mu S$。

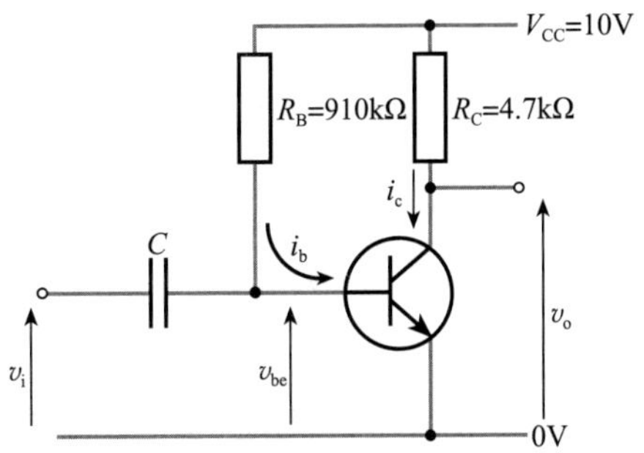

解： 问题的第一步是画出放大器的小信号等效电路。

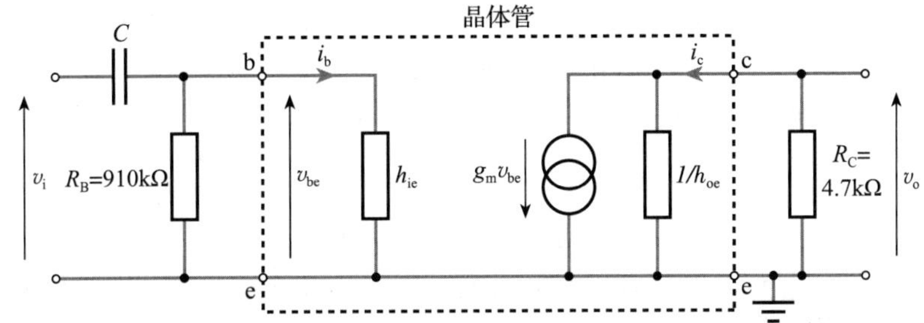

电压增益

为了确定电路的工作情况，我们需要先确定 g_m 和 h_{ie} 的值。为了做到这一点，我们必须知道直流工作条件，因为这两个量都受静态电流的影响。很幸运，在例 19.1 的电路中我们已经研究过直流工作情况。从中可以知道 I_C 是 1.02mA。由于 $I_E \approx I_C$，相应地有 $I_E=1.02\text{mA}$，因此

$$g_m \approx 40 I_E \approx 40.8(\text{mS})$$

和

$$h_{ie} \approx \frac{h_{fe}}{40 I_E} \approx \frac{100}{40 \times 1.02 \times 10^{-3}} \approx 2.45(\text{k}\Omega)$$

根据式(19.15)，可得：

$$\text{电压增益} = \frac{v_o}{v_i} = -g_m \frac{R_C}{h_{oe} R_C + 1}$$

代入器件参数，可得：

$$\text{电压增益} = -40.8 \times 10^{-3} \times \frac{4700}{10 \times 10^{-6} \times 4700 + 1} \approx -183$$

如果考虑 $1/h_{oe}$ 远大于 R_C，并且假定电压增益等于 $-g_m R_C$，可以得到的值为 −192。假定计算并不精确，这种近似是可以接受的。因此有

$$\text{电压增益} = \frac{v_o}{v_i} \approx -g_m R_C$$

输入电阻

根据等效电路，可以明显地看出小信号输入电阻就是 $R_B /\!/ h_{ie}$。由于 $R_B \gg h_{ie}$，可以合理地认为

$$r_i = R_B /\!/ h_{ie} \approx h_{ie} \approx 2.4(\text{k}\Omega)$$

输出电阻

小信号输出电阻是从电路的输出端口“看进去”的电阻，由于理想的电流源具有无限

大的内阻，输出电阻就是 R_C 和 $1/h_{oe}$ 的并联电阻。因此有

$$r_o = R_C \ /\!/ \ \frac{1}{h_{oe}} = 4700 \ /\!/ \ 100\,000 \approx 4.5(\text{k}\Omega)$$

并且再次做合理的近似，即 $r_o \approx R_C$。◀

可以看出，对于例 19.1 和例 19.2 中的简单共射极放大器，有

$$r_i \approx h_{ie}$$
$$r_o \approx R_C$$
$$\frac{v_o}{v_i} \approx -g_m R_C \approx -\frac{R_C}{r_e}$$

负载电阻的影响

在第 14 章，我们了解了负载对放大器的影响，并且注意到该影响是降低了放大器的输出电压。如果对图 19.7(或者例 19.2)中的放大器加上负载电阻 R_L，也会降低电路的增益。为了防止负载影响电路的直流工作状态，必须使用耦合电容器(和输入一样)将其连接到放大器的输出端，这又会引入一个低通特性。如果选择合适的电容值，那么在关心的频率处，电容器的影响可以忽略，并且在图 19.16 中的小信号等效电路中，负载电阻 R_L 是和 R_C 并联的。采用和前面类似的分析，可以得到电压增益：

$$\text{电压增益} = \frac{v_o}{v_i} \approx -g_m(R_C \ /\!/ \ R_L) = -\frac{R_C \ /\!/ \ R_L}{r_e} \tag{19.18}$$

如果 R_L 远大于 R_C，那么并联电阻 $R_C /\!/ R_L$ 就近似等于 R_C，于是增益不受影响。相应的情况就是负载电阻远大于放大器的输出电阻。然而，当负载电阻和电路的输出电阻相当的时候，就必须考虑负载效应。

19.6.3　对大信号的考虑

在设计晶体管放大器时对大信号的考虑和电路的静态工作情况相关，也就是说，零输入时的电路电压和电流。静态时的电压和电流由电路的偏置电路和器件的自身特性决定。

在 19.6.1 节，我们知道了一个简单放大器的静态情况，并且知道计算静态的值较容易。放大器的静态电流和静态电压取决于电路中各个电阻的阻值和晶体管的电流增益。在 19.6.2 节我们还知道了电路的各种小信号特性的计算也非常容易。虽然对于一个给定电路，稳态电压和电流的计算很简单，但是设计一个电路使其具有所需要的特性却比较复杂。这是因为集电极电阻 R_C 不仅决定了电路的静态工作条件，而且还决定了电路的小信号增益。为了解决这个问题，我们可以采用之前用于场效应晶体管放大器的技术，即使用负载线(见 18.6.3 节)。

图 19.17 给出了双极型晶体管在共射极组态时的典型输出特性，同时叠加上了负载线。负载线的功能和特性与 18.6 节里场效应晶体管中的负载线是一样的。负载线通过 V_{CC}(集电极供电电压)，斜率等于负载电阻的倒数。输出特性里的各条线代表不同基极电流下的集电极电流和集电极-发射极电压之间的关系。负载线代表集电极电流与负载电阻 R_C 和晶体管交点处电压之间的关系。负载线和输出特性曲线中的一条线的交点代表着一个可能的解决方案，表示可以同时满足这两种关系。负载线和输出特性曲线的交点代表所用的基极电流，称为工作点，这与电路的静态相对应。

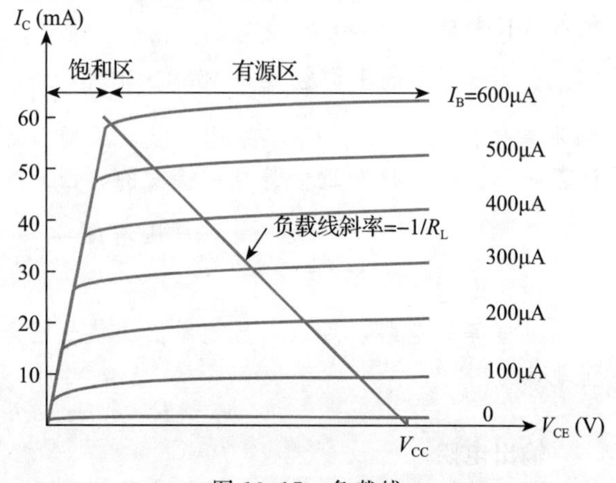

图 19.17　负载线

负载线有若干用法。如果知道了所需要的工作点，直接将该点和电压轴上的 V_{CC} 点连接在一起就可以绘制出负载线。负载线的斜率给出了所需要的负载电阻。另外一种情况是，如果 R_C 是确定的，通过电压轴上的 V_{CC} 点绘制一条斜率为 $-1/R_C$ 的直线就是负载线，工作点也可以适当选择了。工作点的选择决定了所需要的静态基极电流。因此，工作点的选择是非常重要的，它不仅影响电路的静态工作条件，而且还影响输出电压范围。

19.6.4　工作点的选择

在 18.6.4 节，我们考虑了场效应晶体管放大器工作点的选择，并且注意到在场效应晶体管的特性曲线上有几个禁区是必须回避的。这些禁区对于双极型晶体管同样存在，如图 19.18所示。

区域 A 代表饱和区，在线性应用中一般要避免使用该区域，因为该区域是高度非线性的。但是，在数字电路中经常使用这一特性(会在第 26 章讨论其原因)。所有器件都有最大集电极电流 $I_{C(max)}$，超过这一电流是不允许的。这就形成了禁区 B。器件还有最大集电极电压 $V_{CE(max)}$，形成了禁区 C。如果超过了这一电压，器件的集电结上会产生雪崩击穿，损坏器件(见 17.6.5 节)。最后要避免的一个区域是禁区 D，这是器件功耗的安全限制所形成的区域。由于功耗是集电极电压和集电极电流的乘积(基极电流一般可以忽略)，该区域的边界是一条双曲线 $P=P_{max}$。

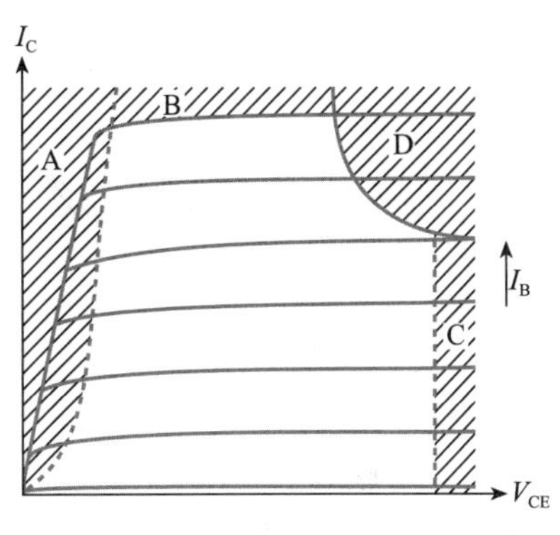

图 19.18　双极型晶体管的工作禁区

为了确保电路安全工作，必须要对工作点和电路中的各种信号加以选择，使器件处于特性曲线上所允许的区域内。显然，输出电压不可能超过电源电压 V_{CC}，并且为了保持线性，电路不能工作在饱和区。因此，为了获得最大输出电压范围，工作点应该设置在负载线上从 V_{CC} 到饱和区的中点。为了获得最大集电极电流摆幅，工作点应该选择在 $I_{C(max)}$ 的一半处。为了同时满足上述两点，工作点应该设置在许可区域的中心位置处，如图 19.19 所示。在许多应用中，既不需要达到最大电压摆幅，也不需要达到最大电流摆幅。在这种情况下，工作点可以按照简化电路设计的原则来选择，能提供足够的电压和电流范围就可以。

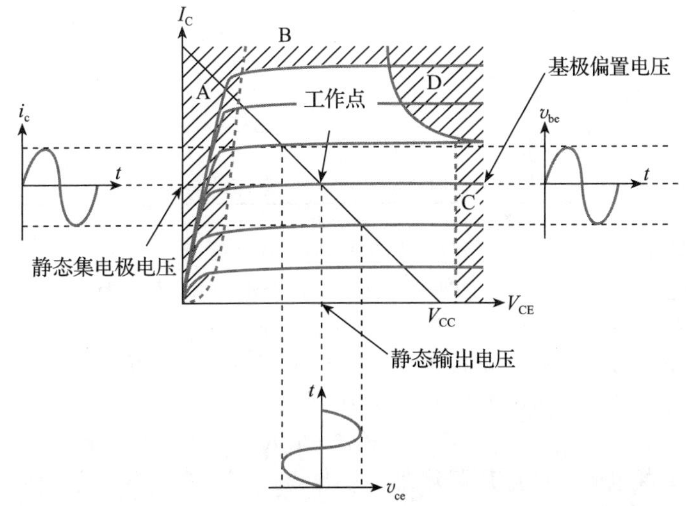

图 19.19　双极型晶体管放大器的工作点选择

对应于工作点的电流和电压分别是电路的静态集电极电流和静态输出电压。放大器的小信号输入电压会使基极电流产生相应的小信号变化，使电路的工作点沿着负载线在其两侧来回穿越。

常规应用中，需要限制输入信号以确保晶体管能保持在线性区内工作。如果输入增加使器件离开线性区，输出波形就会失真。如图 19.20 所示，图中给出了放大器正弦输入信号超过了输入信号范围的后果。结果是输出电压被限幅了，因为输出电压试图超过电源电压，导致晶体管进入了饱和区。限幅是振幅失真的一种形式。当进入饱和区以后，集电极电压会降到饱和电压，即使基极电流进一步增大，也会保持相对稳定。在饱和状态时，集电极电流主要由外部电路决定。小型通用硅晶体管的饱和电压典型值为 0.2V。注意该电压小于发射结电压 V_{BE}，所以集电极相对于基极为负，集电结轻微正偏。

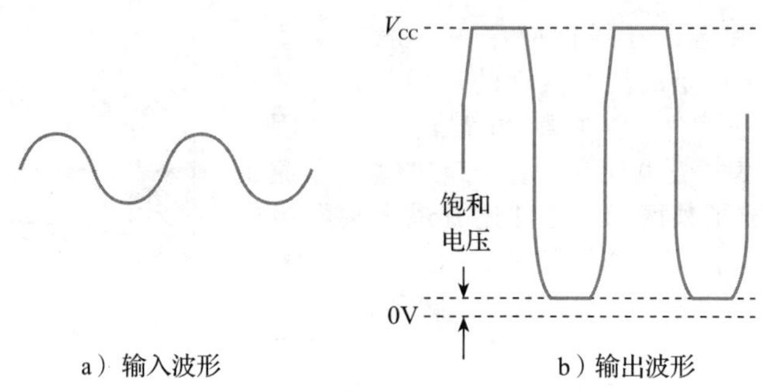

图 19.20　正弦信号的限幅

19.6.5　器件差异性

双极型晶体管和几乎所有的有源器件一样，在生产中存在明显的器件差异性。对于同一批器件，其参数都可能有几倍的差异。这对使用晶体管设计电路带来了很大的问题，极大地限制了前面讨论的简单放大器电路的使用。

为了证明这一点，我们考虑例 19.1 和例 19.2 中使用典型小信号双极型晶体管的简单放大器。在这两个例题中，我们都假定 $h_{FE}=100$。一个给定类型的典型通用晶体管，其电流增益分布在 80 到 350 之间。如果使用不同的电流增益值重复例子中的计算，可以得到一些结果，如表 19.1 所示。

表 19.1　器件差异性对放大器特性的影响

电流增益	放大器特性		
	静态集电极电流(mA)	静态输出电压(V)	电压增益
80	0.82	6.2	−147
100	1.02	5.2	−183
150	1.53	2.8	−275
200	2.04	0.4	−366

根据表中的结果，显然，放大器的性能受到所用晶体管电流增益的影响很大。虽然器件的电流增益可能会达到 350，但是表中只给出了电流增益最大为 200 时的情况。原因很简单。如果首先看静态集电极电流，我们知道其随着电流增益线性增加。这是因为基极电流 I_B是固定的，集电极电流就是基极电流乘上电流增益。随着集电极电流增加，静态输出电压下降了。我们记得静态输出电压的公式为

$$V_o = V_{CC} - I_C R_C$$

随着 I_C的增加，负载电阻上的电压降增加，输出电压下降。从前一节我们知道，电压输出摆幅受限于工作点到电源电压和饱和区的距离。一个电流增益为 100 的器件，工作点设置在两个极限的中点。静态输出电压为 5.2V，使其在两个方向上都有接近 5V 的摆幅。如果使用的是一个电流增益为 80 的器件，静态输出电压增大为 6.2V。其在达到电源电压的限

制以前，向上只有略少于 4V 的空间。如果晶体管的电流增益为 150，静态输出电压只有 2.8V，在器件进入饱和区以前，只允许有最大约 2.5V 的负向偏离。器件的极端情况是电流增益达到 200。静态输出电压仅为 0.4V，处于非线性饱和区的边沿，只有无用的负方向电压输出。因此当电流增益超过 200 的时候，晶体管被强迫进入饱和区，此时的电路不能用于线性放大器。

针对这些问题一个明显的解决方案是测量所用晶体管的电流增益，并设计与之相适应的电路。在大量生产的情况下，这并不是一个好的解决方案。因为对每一个器件都单独设计一个与其相匹配的电路是完全不实际的。在器件损坏而需要更换时遇到严重的问题，一种方法就是挑选参数接近的器件进行替换。这种方法虽然可以实现，但是代价大，特别是在要求的参数范围很窄的情况下。

唯一能实际解决这个问题的方案是设计的电路对晶体管电流增益变化带来的影响不敏感。我们已经有实现这一目的的技术：就是用反馈。

19.6.6　反馈的使用

视频 19C

我们已经看到基于双极型晶体管的放大器遭遇器件增益差异性的问题。在第 15 章，我们知道负反馈可以用来解决放大器电路增益差异性带来的问题，在第 16 章，我们知道了负反馈在运算放大器中的应用。我们还注意到负反馈的应用使得电路易于设计和理解。在第 18 章，我们讨论了反馈用于解决场效应晶体管特性的差异性，并且明白了反馈是如何简化偏置电路设计的。毫无疑问，反馈同样也可以用在双极型晶体管电路中，并且在这里反馈也简化了电路设计。

使用负反馈的放大器

考虑图 19.21a 中的电路。

注意到电路上加了一个发射极电阻。电阻上的电压显然正比于发射极电流，发射极电流(几乎精确地)等于集电极电流。由于输入电压加在基极上，发射极电阻上的电压实际上等于输入电压减去加在晶体管上的电压。因此，就有了一个正比于输出电流的负反馈电压，输入必须要减去该负反馈电压。根据 15.6.3 节的讨论，可以明显地看出这会通过增加输出电阻的方法来改善输出电流的稳定性，并且会通过增加输入电阻的方法来改善电压放大器电路的性能。电压增益也会得到稳定，使其受晶体管电流增益差异性的影响很小。

由于输入不再直接加在发射结上，该电路再称为共射极放大器不适合了。更精确的描述是串联反馈放大器，虽然该术语并不是只用于描述该电路的。

更进一步的电路改进如图 19.21b 所示。这里使用了两个电阻来提供基极的偏置，而不像前面电路只使用一个电阻。该电路提供了很稳定的电路直流工作条件，并且使该电路非常易于分析。为了说明这一点，我们考虑如图 19.21b 所示电路的大信号(直流)特性和小信号(交流)特性。设计者的任务通常是选择元器件值以实现给定的特性，而不是分析已有的电路。然而，首先要了解给定电路的工作情况，然后才能按照给定的需求进行设计。

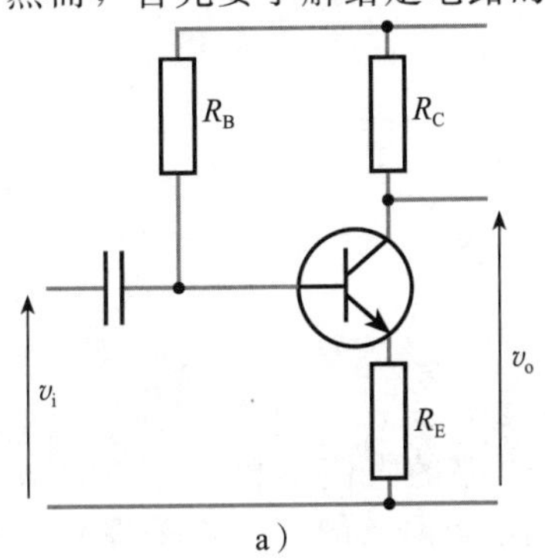

a)

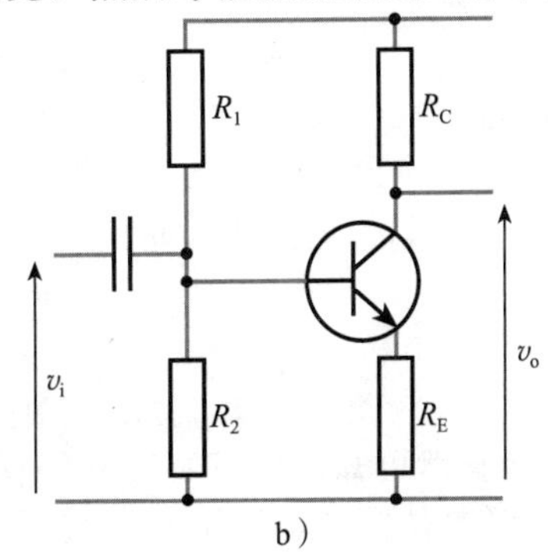

b)

图 19.21　带负反馈的放大器

负反馈放大器的直流分析

在做电路的直流分析以前，先做两个对分析很有用的简单假定，即

- 直流增益 h_{FE}很大，因此在常规工作中，基极电流 I_B可以忽略；
- 发射结电压 V_{BE}是常数。在这里，假定其为0.7V。

后面会讨论这些假定的正确性。

在电路的直流特性分析中，最感兴趣的两个量是静态输出电压和静态集电极电流。然而，在本例中，我们可以很容易地从确定静态基极电压和发射极电压开始，因为其可以直接导出所需要的量。

例 19.3 求出右图反馈电路的静态电压和静态电流。

解：静态基极电压

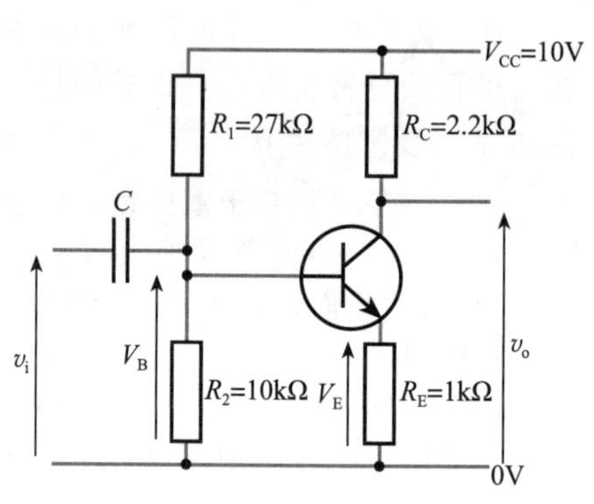

如果假定基极电流可以忽略，由于没有恒定电流可以流过输入电容器，静态基极电压可以很简单地由电源电压 V_{CC}以及 R_1和 R_2组成的分压器决定。因此

$$V_B \approx V_{CC}\frac{R_2}{R_1+R_2}$$

因此对于例题

$$V_B \approx 10\times\frac{10\text{k}\Omega}{27\text{k}\Omega+10\text{k}\Omega}\approx 2.7(\text{V})$$

静态发射极电压

由于发射结电压 V_{BE}假定为常数，由基极电压来确定发射极电压就很简单。因此，静态发射极电压就是

$$V_E = V_B - V_{BE}$$

例题的电路中

$$V_E = 2.7-0.7=2.0(\text{V})$$

静态发射极电流

已知发射极电阻值及电阻上的电压，就可以求出发射极电流

$$I_E=\frac{V_E}{R_E}$$

因此

$$I_E=\frac{2.0}{1}=2(\text{mA})$$

静态集电极电流

由于基极电流可以忽略，集电极电流等于发射极电流

$$I_C \approx I_E$$

因此，例题的电路中

$$I_C \approx I_E = 2(\text{mA})$$

静态集电极(输出)电压

在该电路中，输出电压就是集电极电压。它由电源电压 V_{CC}和集电极电阻 R_C上的电压决定。R_C上的电压等于电阻值和集电极电流的乘积，所以

$$V_{o(\text{quiescent})}=V_C=V_{CC}-I_CR_C$$

本例中

$$V_{o(\text{quiescent})}=10-2\times 2.2=5.6(\text{V})$$ ◀

由例19.3显然可知，可以又快又轻松地求出电路的直流参数。有趣的是，在分析中我们不需要知道晶体管的电流增益。实际上，我们求电路的静态工作条件时并不需要知道电流增益表明，电流增益并不直接影响电路的直流工作。然而，我们必须做出一些假定，

才可以用这种方式进行分析。在这一点上，根据得到的结果，回顾一下前面的假定，判断它们是否合理，也许会很有用。

第一个假定是直流增益 h_{FE}很大，因此基极电流 I_B可以忽略。该假定在两个分析阶段是需要的。第一个是在求基极电压 V_B的时候。由于忽略了 I_B的影响，求 V_B变得很容易，并且与 I_B的实际值无关。如果流过基极电阻 R_1和 R_2的电流与基极电流相比很大，该假定是合理的。如果在本例中看实际的电路值，我们知道流过由 R_1和 R_2组成的分压器的电流 I_{bias}由下式给出：

$$I_{bias}=\frac{V_{CC}}{(R_1+R_2)}=\frac{10V}{(27k\Omega+10k\Omega)}\approx 270(\mu A)$$

基极电流由 I_E/h_{FE}给出，因此会随着所使用晶体管的电流增益变化。对于一个典型的通用晶体管来说，h_{FE}可能的取值范围为 80～350，由于计算出的 I_E为 2mA，这给出 I_B的取值范围大约为 6～25μA。因此，对于给定范围内的电流增益值，基极电流与分压器的电流相比要小很多，基极电流可以很安全地被忽略掉。

另外一个需要假定基极电流是可以忽略的阶段是，在假设集电极电流近似等于发射极电流的时候。同样，因为 h_{FE}的典型取值范围为 80～350，这个假定是合理的。

分析中的第二个假定是发射结电压 V_{BE}是常数。该假定在根据基极电压求发射极电压的时候需要用到。从图 19.6 可知 V_{BE}不是常数，而是随着偏置电流变化的。但是，该图同时也显示出在基极电流波动较小的时候，该电压近似为常数。如果 V_{BE}的波动比基极电压的幅度小，它对发射极电压值的影响就很小。在我们的例子中，V_B约为 2.7V，大于 V_{BE}可能的波动，因此这个假定是合理的。

我们已经看到了对例子中的电路做出的两个假定，而且两个假定都是合理的。在其他电路使用不同的元器件值时，该假定未必合理，那时需要更复杂的分析。一般来说，设计这种形式的电路时，我们的目标是使这些假定有效。如果这些假定不成立，负反馈的效果就不能被完全利用。在该电路中，这意味着 R_1和 R_2的值必须要加以选择，保证分压器中的电流大于基极电流，并且必须选择 V_B使其大于 V_{BE}可能的波动。在满足这些要求的同时，还必须考虑其他的因素，比如下面将要讨论的交流特性。设计不可避免地要在一系列相互矛盾的需求之间做折中。

计算机仿真练习 19.2

用合适的双极型晶体管(比如 2N2222)和一个 1μF 的耦合电容器对例 19.3 中的电路进行仿真。测量电路的静态电压和静态电流，并且将其与例中的计算结果相比较。

串联负反馈放大器的交流分析

如前所述，如果做一些假定就会使电路的分析简化。假定为：

- 小信号电流增益 h_{fe}很大，所以小信号基极电流 i_b可以忽略；
- 大信号发射结电压 V_{BE}近似于常数，所以小信号发射结电压 v_{be}非常小。

可以看出这些假定和前面的直流分析中的假定是直接对等的。

显然，可以建立小信号等效电路，并用其分析电路的交流特性。但是，即使没有等效电路，仅仅使用简单的假定，也很容易求出电路的小信号增益。例 19.4 给出了分析示例，例 19.5 使用等效电路推导出了电路交流特性的更多信息。

例 19.4 求出右图所示反馈电路的小信号特性。

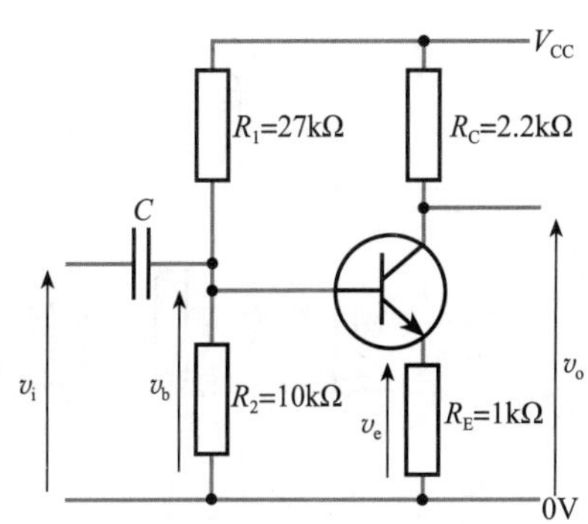

解： 该电路和例 19.3 中的电路完全一样，但是我们现在考虑的是小信号(或者交流)特性。

小信号电压增益

根据电路图可以明显看出输入信号是通过耦合电容器 C 加在晶体管的基极上的。通常，C 的值要加以选择，使其在所用频率处的阻抗可以忽略不计，所以可以不考虑该电容器。我们会在后面讨论，如果电容器不能忽略的时候，如何确定 C 的影响。但是，现在假定基

极电压 v_b 等于输入电压 v_i。

根据第二个假定，v_{be} 很小，所以发射结的小信号电压实际上等于基极的小信号电压，即

$$v_e \approx v_b \approx v_i \tag{19.19}$$

根据欧姆定律，我们知道

$$i_e \approx \frac{v_e}{R_E}$$

由于

$$i_c \approx i_e$$

相应地有

$$v_o = -i_c R_C \approx -i_e R_C = -\frac{v_e}{R_E} R_C$$

其中，负号表明在电流增加的时候，输出电压下降。如果希望在这个公式中看到 V_{CC}，请记住电源并不存在交流分量。

将式(19.19)代入可得：

$$v_o = -v_e \frac{R_C}{R_E} \approx -v_i \frac{R_C}{R_E}$$

所以电路的电压增益为

$$\text{电压增益} = \frac{v_o}{v_i} \approx -\frac{R_C}{R_E} \tag{19.20}$$

将所用元器件值代入可得：

$$\text{电压增益} \approx -\frac{2.2\text{k}\Omega}{1.2\text{k}\Omega} \approx -2.2$$ ◀

因此得到了电路电压增益的简单公式，电压增益由无源器件的值决定。将式(19.20)的结果和由式(19.17)导出的简单共射极放大器增益相比较，会发现很有意思。式(19.17)中的结果为

$$\text{电压增益(共射极)} \approx -\frac{R_C}{r_e}$$

因此，带反馈的增益约为 $-R_C/R_E$，而没有反馈的增益约为 $-R_C/r_e$。这两个电路的一个重要差异在于：带反馈的电路增益由两个稳定的无源器件值决定；没有反馈的电路增益受控于 r_e，r_e 随着晶体管的工作条件变化。

计算机仿真练习 19.3

用合适的双极型晶体管(比如 2N2222)和一个 1μF 的耦合电容器对例 19.4 中的电路进行仿真。输入信号是峰值为 50mV、频率为 1kHz 的正弦电压。用瞬态分析来测量电路的电压增益。将其与例中的计算结果相比较。

例 19.5 用小信号等效电路求出例 19.4 中电路的小信号特性。

解：为了更详细地了解电路的交流特性，我们再次来看看小信号等效电路。

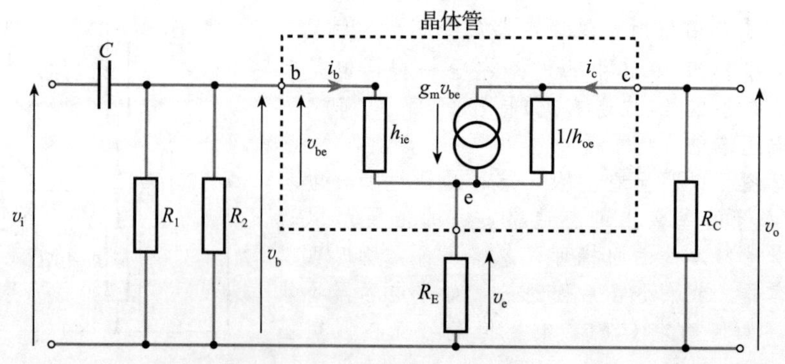

有一个发射极电阻使等效电路比图 19.16 中的等效电路更加复杂。发射极通过发射极电阻 R_E 连接到地。但是基极电阻 R_1 和 R_2，还有集电极电阻 R_C 是连接到地的，因为这些电阻要么连接到地，要么连接到 V_{CC}（在交流信号中位于地电位）。小信号电压增益、输入电阻和输出电阻可以直接从等效电路计算得到，如下所示。

小信号电压增益

例 19.4 中的分析可以参照等效电路完成，而且会得到相同结果。等效电路也许能更清楚地说明为什么放大器的电压增益为负的。如果忽略了 i_b 的影响，考虑从电流源出来的电流，流过 R_E 再从 R_C 流回来，显然流过这两个电阻的电流大小相等。然而，流过这两个电阻的电流方向是相反的，电阻上电压的极性也必然相反。由于 R_E 上的电压近似等于输入电压，输出电压方向与输入电压方向是相反的。另外，由于是同一电流流过 R_C 和 R_E，电压增益等于电阻值的比值是正确的。因此

$$\text{电压增益} = \frac{v_o}{v_i} \approx -\frac{R_C}{R_E}$$

这跟前面一样。

根据放大器的电压增益的这个公式，似乎用一个非常小阻值的 R_E 就会产生非常高的增益。考虑一下这种想法的合理性，我们也许希望使用趋于零的 R_E，从而可以产生非常高增益的电路。稍做思考就会明白该电路的增益不可能超过图 19.7 中的共射极放大器的增益 $-g_m R_C$，所以我们需要更完整的增益公式。

如果忽略输出电阻 $1/h_{oe}$（通常远大于 R_E 和 R_C）和基极电流（通常远小于 I_E）的影响，则输出电压为

$$v_o = -g_m v_{be} R_C$$

因为 R_C 上的电流等于电流源所产生的电流。负号表明来自电流源的正极性电流会产生负的输出电压。

放大器的输入电压等于发射结电压 v_{be} 和发射极电阻上的电压 v_e 之和。因此

$$v_i = v_{be} + v_e$$

如果忽略 h_{oe} 和 i_b 的影响，则 v_e 由下式给出：

$$v_e = g_m v_{be} R_E$$

与前式联立可得：

$$v_i = v_{be} + g_m v_{be} R_E$$

重新整理如下：

$$v_{be} = \frac{v_i}{1 + g_m R_E}$$

将该式与 v_o 的公式联立可得：

$$v_o = -\frac{g_m v_i R_C}{1 + g_m R_E}$$

因此，放大器的电压增益为

$$\text{电压增益} = \frac{v_o}{v_i} = -\frac{g_m R_C}{1 + g_m R_E} = -\frac{R_C}{R_E + 1/g_m}$$

现在可以看出，如果 R_E 为零，则共射极放大器的增益等于 $-g_m R_C$。但是，当 R_E 远大于 $1/g_m$ 时，增益趋于 $-R_C/R_E$，与前面一样。

注意 $1/g_m$ 等于 r_e，所以增益可以写成：

$$\text{电压增益} = -\frac{R_C}{R_E + r_e}$$

当 $R_E \gg r_e$ 时，增益近似等于 $-R_C/R_E$。在特殊情况下，当 $R_E = 0$ 时（即共射极电路），此时的增益等于 $-R_C/r_e$。

小信号输入电阻

根据等效电路，输入电阻明显是由 R_1、R_2 的并联，以及从晶体管基极看进去的电阻构成的。因为电流源的影响，从晶体管基极看进去的电阻不是简单的 h_{ie} 和 R_E 之和。当电流 i_b 流入晶体管的基极，流过 R_E 的电流就是基极电流和集电极电流之和。由于集电极电流等于 $h_{fe}i_b$，则发射极电流为

$$i_e = i_b + h_{fe}i_b = (h_{fe}+1)i_b$$

电流流过电阻的时候会产生电压降，电压和电流的比值对应于元器件的电阻。当电流 i_b 流入晶体管的基极，一个大得多的电流就会流过发射极电阻，产生了成正比的更大的电压降。因此，从基极看进去的时候，发射极电阻显得非常大。实际上，基极看进去的发射极电阻阻值等于发射极电阻乘上 $(h_{fe}+1)$ 因子。对输入电阻 h_{ie} 就不需要做这样的放大处理，因为流过该电阻的电流仅仅是 i_b。因此，从晶体管基极看进去的有效输入电阻是

$$r_b = h_{ie} + (h_{fe}+1)R_E \tag{19.21}$$

放大器的输入电阻为

$$r_i = R_1 \mathbin{/\!/} R_2 \mathbin{/\!/} r_b \tag{19.22}$$

式(19.22)中定义的输入电阻由三个部分组成，三个电阻阻值的大小影响到输入电阻的大小。R_1 和 R_2 是基极偏置电阻，我们注意到当在考虑电路的直流性能的时候，必须选择这两个电阻使流过它们的电流大于基极电流。这就限制了这两个电阻的最大值，其典型值为几千欧姆或者几十千欧姆。r_b 的大小由式(19.21)给出。从 19.5.2 节我们知道 h_{ie} 的典型值为几千欧姆，而 h_{fe} 为 80～350，因此可以做如下近似：

$$r_b = h_{ie} + (h_{fe}+1)R_E \approx h_{fe}R_E$$

根据这个公式可以看出 r_b 一般是几百千欧，而且一般大于 R_1 和 R_2。因此，由于三个电阻是并联的，r_b 的影响一般可以忽略。放大器的输入电阻由 R_1 和 R_2 并联决定，即

$$r_i \approx R_1 \mathbin{/\!/} R_2$$

在该电路中

$$r_i \approx 27 \mathbin{/\!/} 10 \approx 7.3(\text{k}\Omega)$$

从这里就可以清楚地看出，如果想得到大的输入电阻，就应该使 R_1 和 R_2 的取值尽可能高。这就和我们在前面考虑偏置时的要求相冲突了。考虑偏置时，由于必须要使流过 R_1 和 R_2 的电流大于基极电流，从而使基极电流的影响可以忽略。只有通过折中的方法来满足互相冲突的要求，R_2 的典型取值大约是 R_E 值的 10 倍。

与简单共射极放大器相比，该电路的一个优点是输入电阻由电路内的无源器件决定，而不是取决于晶体管。这使电路更容易预测并且基本不受所用的有源器件特性的影响。

小信号输出电阻

在例 19.2 中，我们考虑了简单共射极放大器的输出电阻，并且推导出输出电阻等于 R_C 和 $1/h_{oe}$ 的并联。串联负反馈放大器中增加了发射极电阻 R_E，与 $1/h_{oe}$ 串联，如等效电路所示。增加了该电阻以后，输出电阻的计算就有点儿复杂了。但是，由于 $1/h_{oe}$ 一般远大于 R_C，相应地，$1/h_{oe}$ 和另外一个电阻串联以后还是远大于 R_C，所以并联电阻的值主要由 R_C 决定。因此，在该例中

$$r_o \approx R_C = 2.2\text{k}\Omega$$

和输入电阻一样，输出电阻由电路内的无源器件决定，而不是由晶体管决定。这减少了对元器件特性的依赖，改善了电路的可预测性。◀

因此，对于例 19.3、例 19.4 和例 19.5 中的串联反馈放大器，分析得出：

$$r_i \approx R_1 \mathbin{/\!/} R_2$$

$$r_o \approx R_C$$

$$\frac{v_o}{v_i} \approx -\frac{R_C}{R_E}$$

根据这些例子的结果，我们可以再次查看前面所做出的假定，看其在电路的交流分析中是否合理。

假定 h_{fe} 很大是用来求电路的小信号电压增益的。在这里，假定流过 R_E 的电流和流过 R_C 的电流一样。一个通用双极型晶体管的增益为 80～350，因此该假定是合理的。

第二个假定是 v_{be} 很小，也是用于求增益的。在这里假定发射极电阻上的小信号电压 v_e 等于输入电压 v_i。对于研究这个假定，考虑例 19.5 所给出电路的输入电阻的来源很有用。在这里观察到，电路的输入看起来是晶体管的输入电阻 h_{ie} 和一个等于 h_{fe} 乘以发射极电阻 R_E 的电阻串联，如图 19.22 所示。

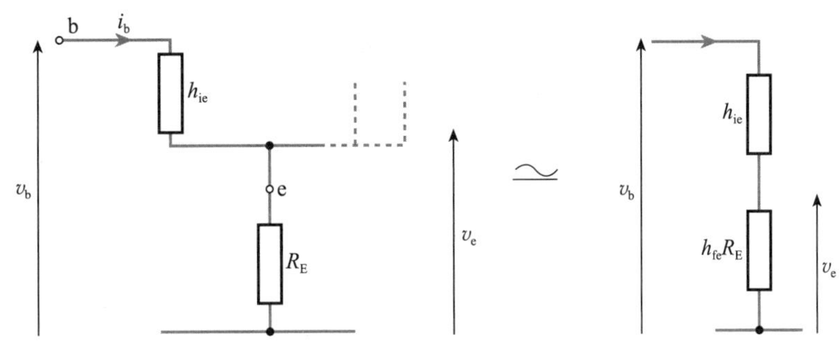

图 19.22　反馈放大器输入端的等效电路

两个电阻构成了分压器，而 v_e 由下式给出：

$$v_e = v_b \frac{h_{fe}R_E}{h_{ie} + h_{fe}R_E}$$

如果 $h_{fe}R_E \gg h_{ie}$，则 v_{be} 可以忽略的假定就是合理的。

在我们的例子中，R_E 是 1.0kΩ，所以 $h_{fe} \times R_E$ 的范围是 80～350kΩ，这远大于 h_{ie} 的 1kΩ 量级。因此，h_{ie} 的影响可以忽略，并且

$$v_e = v_b \frac{h_{fe}R_E}{h_{ie} + h_{fe}R_E} \approx v_b \frac{h_{fe}R_E}{h_{fe}R_E} \approx v_b$$

在了解了串联反馈放大器的大信号和小信号特性以后，我们发现只要做出几个简化假定，电路是非常容易分析的。直流和交流情况下做的假定在本质上是一样的，可以概括如下：

- 电流增益 h_{FE} 和 h_{fe} 很大，因此基极电流 I_B 和 i_b 可以忽略；
- 稳态发射结电压 V_{BE} 近似于常数(0.7V)，因而小信号发射结电压 v_{be} 非常小。

需要记住的是，这些假定并不总是合理的。在设计过程结束的时候设计者需要验证所做的近似是否恰当。

计算机仿真练习 19.4

用合适的双极型晶体管(比如 2N2222)和一个 1μF 的耦合电容器对例 19.3 中的电路进行仿真。输入信号为峰值是 50mV、频率是 1kHz 的正弦电压。测量电路的小信号输入电阻和输出电阻，并将其与预测值相比较。

提示：测量输入电阻时，在输入端串联一个电阻，比较该电阻上的小信号电压和放大器输入端的电压，就可以测出输入电阻。测量输出电阻时，在输出端到地之间连接不同阻值的电阻，并且测量其小信号输出电压的变化，就可以测出输出电阻。

负载电阻的影响

正如在 19.6.2 节中讨论的简单共射极放大器一样，给串联反馈放大器加一个负载会降低其增益。在共射极放大器中，我们注意到增益从 $-R_C/r_e$ 减少到 $-(R_C /\!/ R_L)/r_e$。在反馈放大器中，增益从 $-R_C/R_E$ 减少到 $-(R_C /\!/ R_L)/R_E$。和前面一样，如果 R_L 远大于 R_C，那么负载效应会很小。

耦合电容器的影响

我们注意到如果耦合电容器用于输入端或者输出端，它们的值通常需要加以选择，使其在工作频率处的影响可以忽略。耦合电容器用于防止外部电路影响晶体管的偏置，我们在 8.6 节中也注意到，耦合电容器的使用产生了低频截止。截止频率为

$$f_c = \frac{1}{2\pi CR}$$

其中，C 是耦合电容器的值，R 是和电容器串联的电阻值。当耦合电容器用在放大器的输入端时，该电阻是放大器的输入电阻和信号源电阻之和。当耦合电容器用于放大器的输出端时，该电阻是放大器的输出电阻和负载电阻之和。值得注意的是，在这种情况下，负反馈的使用，增大了输入电阻，减少了用于产生低频截止频率的电容器值。

计算机仿真练习 19.5

在计算机仿真练习 19.4 中研究了电路的输入电阻以后，计算耦合电容器带来的低频截止频率，假定所用的是低阻信号源。使用交流扫描来测量放大器的频率响应，并且将截止频率与计算值相比较。

现在考虑用一个 100nF 的耦合电容器将放大器的输出耦合到一个 10kΩ 的负载上。计算该电路对放大器中频带增益的影响和所产生的低频截止频率。对该电路进行仿真并将结果与预测的值相比较。

满足给定要求的放大器设计

到目前为止，我们了解了对现有电路的分析，并且通过这些分析增加了我们对电路工作情况的理解。现在探讨给定参数的放大器设计过程。例 19.3～例 19.5 中的电路给了我们一个很好的设计蓝图，但是我们需要选择元器件值来满足需求。选择的过程在不同应用中是不一样的，因为规定的参数不同，所以选择的规格也不同。在一些情况下，电源电压和静态输出电压是给定的，而在另一些情况下，静态电流有可能是重要的。例 19.6 给出了一个设计过程示例。

例 19.6 设计一个单级放大器，小信号电压增益为−4，最大输出摆幅为 10V 峰峰值(在高阻抗负载的情况下)，电源电压为 15V。放大器要采用交流耦合，但是要求在 100Hz 以上的频率，具有近似于常数的增益。

解：如同前面的例子，使用带有发射极电阻和分压器偏置的放大器。

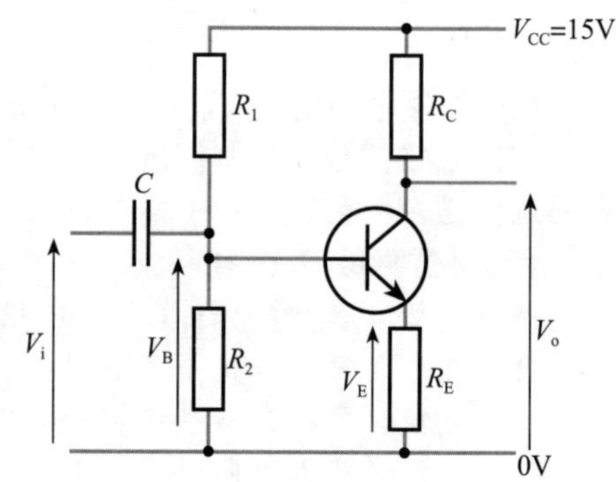

设计电路并不是一门精确的艺术。不存在唯一的理想的解决方案，我们经常用经验法则来简化元器件选择。

静态输出电压和集电极电流

第一项任务是确定合适的静态输出电压和集电极电流值。其中的第一个约束是需要相当大的输出摆幅。为了产生 10V 峰峰值的输出，输出必须能够从其静态值往上和往下至少各 5V。为了在发射极电阻上留下适当的电压(为了增加稳定性)，选择静态输出电压低于 V_{CC} 约 5.5V，因此

$$V_{C(quiescent)} \approx V_{CC} - 5.5 = 9.5V$$

由于负载阻抗很高，静态集电极电流的选择是相当随意的。这里选择 1mA。

可以立刻计算出合适的 R_C 值：

$$V_{C(quiescent)} \approx V_{CC} - I_{C(quiescent)} R_C$$

于是

$$R_C = \frac{V_{CC} - V_{C(quiescent)}}{I_{C(quiescent)}} = \frac{15.0 - 9.5}{1} = 5.5(k\Omega)$$

由于 5.5kΩ 不是一个标准的电阻值，并且这个值也不是很严格的，我们挑选最接近的标准值，即 5.6kΩ。因此

$$R_C = 5.6(\mathrm{k}\Omega)$$

小信号电压增益

根据在例 19.5 中的讨论，我们知道

$$\text{电压增益} = -\frac{R_C}{R_E + r_e}$$

因此，为了使电路增益由无源器件决定，要求 $R_E \gg r_e$，为了获得 −4 的增益，要求 $R_C = 4R_E$。

因为静态集电极电流是 1mA，所以发射极电流也是 1mA，并且可以得到发射极电阻为

$$r_e = \frac{1}{40I_E} \approx \frac{1}{40 \times 10^{-3}} \approx 25(\Omega)$$

如果 R_C 等于 5.6kΩ，则为了使增益等于 −4，R_E 应该等于 5.6/4=1.4kΩ。该值满足 $R_E \gg r_e$ 的条件。

1.4kΩ 也不是一个标准的电阻值。如果增益非常接近于 −4 至关重要，那么该值可以通过两个具有高耐受性的精密电阻组合得到。另一种选择是使用最接近的标准值，并且接受实际增益略高于或者低于规定值。本例中，我们选择最接近的 R_E=1.3kΩ，得到相应的增益值为

$$\text{电压增益} = -\frac{R_C}{R_E + r_e} \approx -\frac{5.6}{1.3 + 25} \approx -4.2$$

基极偏置电阻

如果静态发射极电流约为 1mA，R_E 是 1.3kΩ，则静态发射极电压为

$$V_{E(\text{quiescent})} \approx I_{E(\text{quiescent})} \times R_E = 10^{-3} \times 1.3 \times 10^3 = 1.3(\mathrm{V})$$

为了得到 1.3V 的发射极电压，基极电压必须偏置为 1.3+0.7=2.0V。R_1 对 R_2 的比值因此必须由下式确定：

$$\frac{R_2}{R_1 + R_2} V_{CC} = 2.0(\mathrm{V})$$

基极电阻绝对值的选择是在高阻值和低阻值之间做折中的，因为高阻值的基极电阻可以使电路具有高输入电阻，而低阻值的基极电阻可以使流过基极电阻的电流远大于基极电流。和之前提到的一样，一个常用的经验法则是使 R_2 近似为 R_E 的 10 倍。因此，R_2 为 13kΩ。整理上式可得：

$$R_1 = \frac{R_2(V_{CC} - 2.0)}{2.0} = -\frac{13 \times (15.0 - 2.0)}{2.0} = 84.5(\mathrm{k}\Omega)$$

对于 R_1，最接近的标准电阻值是 82kΩ。使用该值使得基极电压略微高于 2.0V，这相应地增加了发射极电流，降低了静态集电极电压。对这些值的计算可留给读者作为一个练习。

输入电阻和 *C* 的选择

从之前的讨论，我们知道输入电阻近似为 R_1 和 R_2 的并联。因此，在本例中

$$\text{输入电阻} \approx R_1 \,/\!/\, R_2 = 13 \,/\!/\, 82 \approx 11.2(\mathrm{k}\Omega)$$

从 8.6 节可知道，如果源电阻的影响可以忽略，耦合电容器会产生一个低频截止，截止频率为

$$f_c = \frac{1}{2\pi CR}$$

其中，R 是放大器的输入电阻。

在本例中，我们要求增益近似为常数，一直低到 100Hz 为止。因此选择低频截止频率

为 100/10=10Hz，给出 C 的值为

$$C=\frac{1}{2\pi f_c R}=\frac{1}{2\times\pi\times10\times11.2\times10^3}=1.4(\mu\text{F})$$

因此，必须使用一个电容值超过 1.4μF 的无极性电容器。例如，2.2μF 的涤纶电容。

因此，我们最终的设计如下。

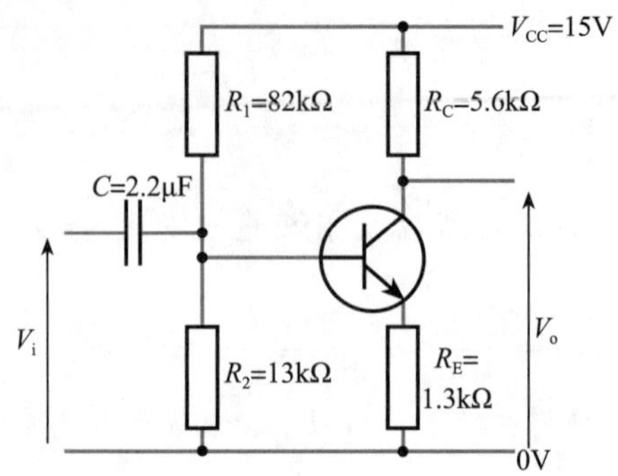

◀

计算机仿真练习 19.6

对例 19.6 设计的电路进行仿真，并且比较其性能与设计要求。

19.6.7　去耦电容的使用

例 19.2 是简单共射极放大器，例 19.4 是串联反馈放大器，将两个例子的结果做一个比较，发现使用反馈有几个优点，包括电路参数的稳定，如电压增益、输入电阻和输出电阻，基本不受晶体管特性变化的影响。但是，这是牺牲了较大的电压增益换来的。增益的下降是电路包含负反馈的直接后果。在某些应用中，这种增益的下降是不能接受的，所以使用了去耦电容器，在保留直流反馈的同时，减少了交流负反馈的量。这就增加了电路的小信号增益，又不影响直流反馈，为电路的偏置参数提供了稳定性。

去耦电容器的应用如图 19.23 所示。电容 C_E 与发射极电阻 R_E 并联，为交流信号提供了从发射极到地的低阻抗路径，但是对偏置电压没有影响。对于小信号输入而言，由于发射极现在实际上是连接到地的，该放大器就是共射极放大器，因为发射极是输入电路和输出电路的公共端。

去耦电容器并没有改变电路的直流性能，这是因为电容器在直流时的阻抗是无限大的。因此，电路的静态参数不受影响。

对于交流信号，电容器为低阻抗。通常会选择电容器的值，使其在所使用的频率处可以视为短路。图 19.23 所示放大器的小信号等效电路如图 19.24 所示。

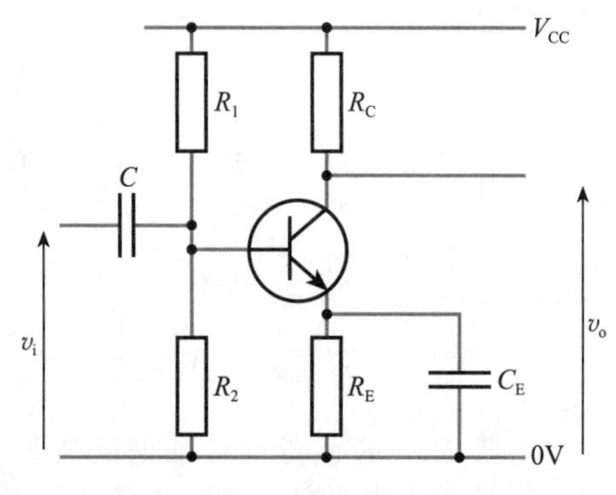

图 19.23　去耦电容器的使用

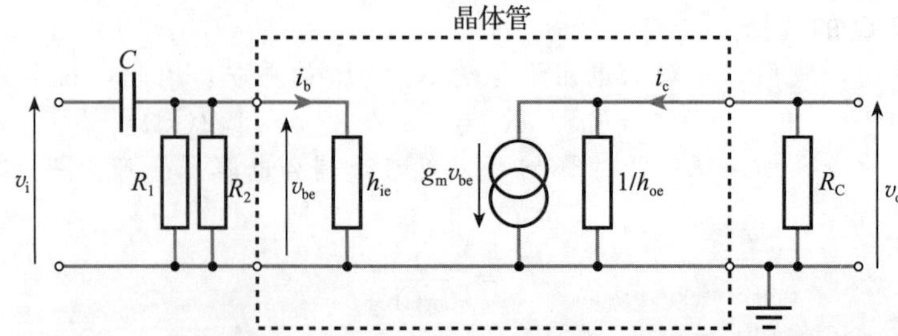

图 19.24　使用去耦电容器的放大器的小信号等效电路

去耦电容器有效地从小信号等效电路中移除了 R_E，产生了与图 19.16 所示的简单共射极放大器几乎完全一样的电路。两个电路的唯一差异是从基极连接到地的电阻个数。相应地，这两个电路关于电压增益、输入电阻和输出电阻的交流分析是相似的。计算上的差异仅仅在于共射极放大器中的 R_B，在电容去耦放大器中换成了 R_1 和 R_2 的并联。

虽然通常所选择的去耦电容器在所关心的频率处呈现低阻抗，但是在低频时其效果会变差，小信号增益也会下降。当频率下降到去耦电容的阻抗大小与发射极到地的电阻大小相比不可忽略时，去耦电容的效果就变差了，同时小信号增益也下降了。（发生这个现象的频率点位于去耦电容的阻抗相较于其并联的从发射极到地之间的电阻变得不可忽视。）发射极到地的电阻由发射极电阻 R_E 和从发射极看进去的电阻 r_e 并联而成。电容器的阻抗和与其并联的等效电阻决定了电路的低频截止频率。因此

$$f_{co}=\frac{1}{2\pi C_E(R_E\ /\!/\ r_e)}$$

由式(19.8)可知：

$$r_e\approx\frac{1}{40I_E}$$

其典型值为几欧姆，一般远小于 R_E。因此可以用公式近似表示 f_c：

$$f_c=\frac{1}{2\pi C_E r_e} \tag{19.23}$$

在给定应用中为了产生足够低的低频截止频率，可以用该公式计算所需要的去耦电容的大小。注意：如果截止频率由时间常数 C_ER_E 决定，较小的 r_e 值就意味着电容必须比需要的大很多。因为大电容不仅昂贵而且体积庞大，所以会在要求有良好低频响应的应用中带来不便。

如同 8.6 节所描述的，在截止频率以下，增益按照 6dB/倍频程的速度下降，直到 C_E 的阻抗与 R_E 相当。低于该点，由于 R_E 趋于主导响应，所以增益平坦起来。平坦开始发生时的频率为

$$f_1=\frac{1}{2\pi C_E R_E} \tag{19.24}$$

放大器的总体频率响应如图 19.25 所示，图中同时还给出了简单共射极放大器和串联反馈放大器所对应的响应，它们使用的是相同的晶体管和相同的元器件值(带有适当的偏置电路)。为了简化，图中给出的是没有采用耦合电容器的放大器的响应。电路中加入耦合电容会在低频处引入了额外的衰减，这取决于所用的耦合电容器的大小。

从图 19.25a 可以看出，简单共射极放大器的可用带宽低频延伸到直流，高频受到晶体管频率响应的限制。放大器的中频增益近似为 $-R_C/r_e$，并且，因为 r_e 是 I_E 的函数，会随着所用晶体管的 h_{FE} 的不同产生相当大的变化。

图 19.25b 给出了串联反馈放大器的响应，同时用虚线给出了简单共射极放大器的响应作为对比。串联反馈放大器的响应低频同样延伸到直流，但是其增益为 $-R_C/R_E$，明显小于共射极电路的响应。但是其增益是由无源器件所决定的，而不是由晶体管的特性决定的。因为有负反馈，放大器的截止频率上限从 f_2 增加到了 f_3。电路的带宽因此增加了。

使用发射极电阻和去耦电容器的共射极放大器响应如图 19.25c 所示。该电路在低频段的增益为 $-R_C/R_E$，然后开始上升到 $-R_C/r_e$，这是因为去耦电容器开始发挥作用了，在 f_{co} 处产生了一个低频截止频率。乍看起来，高频响应不受发射极电阻和去耦电容器的影响。但是，根据式(19.8)可知道：

$$r_e\approx\frac{1}{40I_E}$$

因此，反馈电阻的出现稳定了发射极电流，也稳定了放大器的增益。

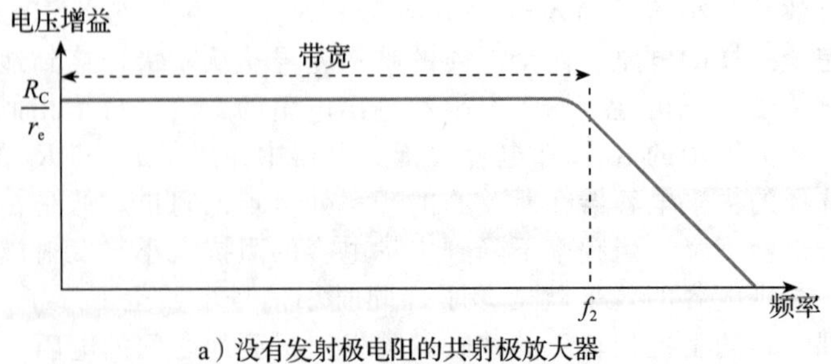

a）没有发射极电阻的共射极放大器

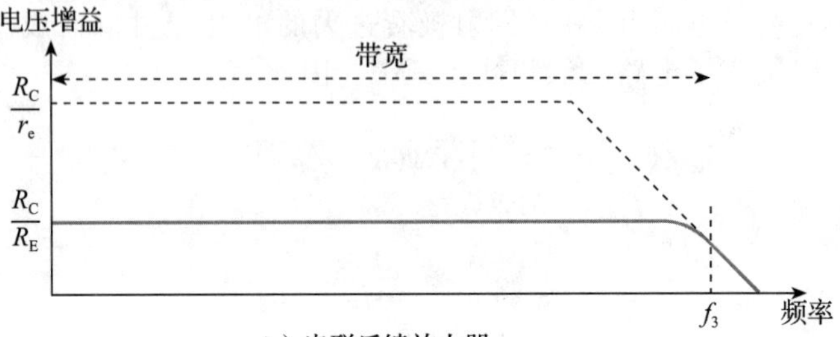

b）串联反馈放大器

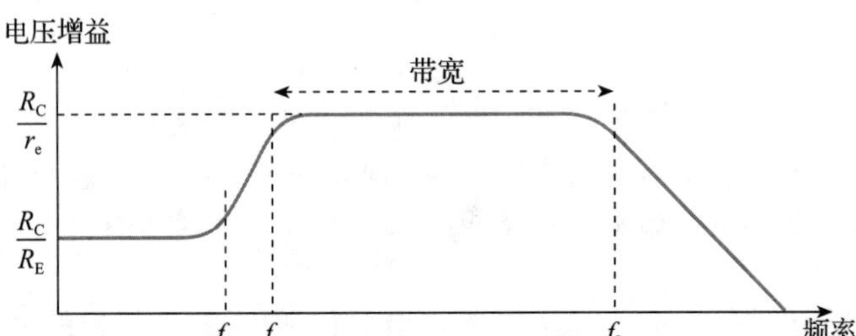

c）带发射极电阻和去耦电容器的共射极放大器

图 19.25 各种放大器的频率响应的对比

例 19.7 对右图所示电路进行直流分析。

解： 该电路和例 19.6 中的设计相似，但是加上了一个去耦电容器。对于直流信号来说，电容器可以视作开路，我们在分析电路时可以当它们不存在。因此，假定晶体管的增益相当高，所以基极电流可以忽略，于是就有

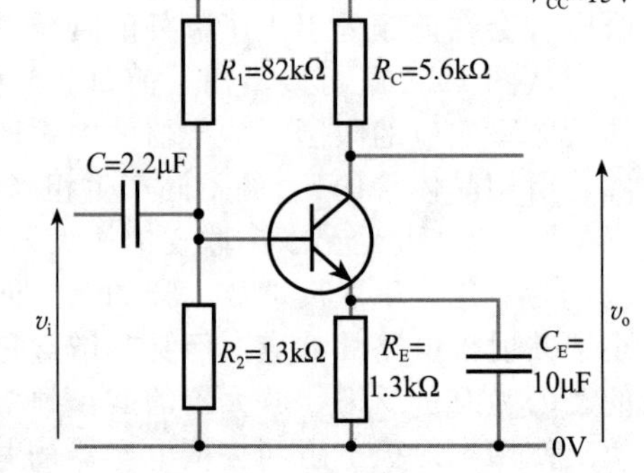

$$V_B = V_{CC}\frac{R_2}{R_1+R_2} = 15.0\times\frac{13}{13+82}$$

$$= 2.05(\text{V})$$

$$V_E = V_B - V_{BE} = 2.05 - 0.7 = 1.35(\text{V})$$

$$I_E = \frac{V_E}{R_E} = \frac{1.35}{1.3} = 1.04(\text{mA})$$

$$I_C = I_E = 1.04(\text{mA})$$

$$V_{o(\text{quiescent})} = V_{CC} - I_C R_C$$

$$= 15\text{V} - 1.04\times 5.6 = 9.2(\text{V})$$ ◀

例 19.8 求出例 19.7 中电路的小信号电压增益、输入电阻和输出电阻。

解：小信号电压增益

放大器的中频增益近似为$-R_C/r_e$，其中的 r_e 由下式给出

$$r_e \approx \frac{1}{40I_E} \approx \frac{1}{40\times 1.04\times 10^{-3}} \approx 24(\Omega)$$

因此

$$\text{小信号电压增益} \approx -\frac{R_C}{r_e} = -\frac{5.6\times10^3}{24} \approx -233$$

小信号输入电阻

电路的输入电阻为 R_1、R_2和从晶体管基极看进去的电阻并联。在例 19.6 的电路中，从晶体管基极看进去的电阻近似等于 $h_{fe}R_E$，所以其通常很大，可以忽略。但是，例 19.7 中的电路由于存在去耦电容器，在小信号时移除了 R_E 的影响。因此从晶体管基极看进去的电阻是 h_{ie}，跟 R_1和 R_2并联电阻的大小差不多，所以不能忽略。由式(19.9)可知：

$$h_{ie} = h_{fe}r_e$$

在本例中，r_e 约为 24Ω，所以 h_{ie}为几千欧姆(取决于 h_{fe}的值)，完整的放大器输入电阻 r_i 为 $R_1/\!/R_2/\!/h_{ie}$。对于给定类型的晶体管，我们可以从数据手册查到 h_{fe}的范围，因此可以推导出 h_{ie}可能的范围，从而求得输入电阻的范围。例如，如果我们知道 h_{fe}为 100～400，于是可以计算出输入电阻的范围。

如果 $h_{fe}=100$，

$$h_{ie}= h_{fe}r_e = 100\times24 = 2.4(\text{k}\Omega)$$

$$r_i = R_1 /\!/ R_2 /\!/ h_{ie} = 82 /\!/ 13 /\!/ 2.4 = 2.0(\text{k}\Omega)$$

如果 $h_{fe}=400$，

$$h_{ie}= h_{fe}r_e = 400\times24 = 9.6(\text{k}\Omega)$$

$$r_i = R_1 /\!/ R_2 /\!/ h_{ie} = 82 /\!/ 13 /\!/ 9.6 = 5.2(\text{k}\Omega)$$

因此，该电路在使用这样一种晶体管时的小信号输入电阻为 2.0～5.2kΩ。

小信号输出电阻

电路的输出电阻跟简单的共射极放大器的情形类似，我们之前知道其约等于 R_C。因此

$$\text{小信号输出电阻} \approx R_C = 5.6(\text{k}\Omega)$$ ◀

因此，对例 19.7 和例 19.8 中的电路，我们的分析为

$$r_i = R_1 /\!/ R_2 /\!/ h_{ie}$$

$$r_o \approx R_C$$

$$\frac{v_o}{v_i} \approx -\frac{R_C}{r_e}$$

从例 19.7 和例 19.8 中可以清楚地知道，使用去耦电容器戏剧性地提高了电路的增益。还可以看出，最终电路的直流偏置、电压增益和输出电阻在很大程度上和晶体管的电流增益无关。但是，使用去耦电容器降低了电路的输入电阻，并且使电路的输入电阻依赖于晶体管的特性。我们会在下面的例子中看到，电路的低频特性也受到晶体管电流增益的影响。

例 19.9 确定例 19.7 中电路的耦合电容器和去耦电容器在低频时的作用。

解：耦合电容器 C

跟例 19.6 一样，耦合电容器带来的低频截止频率为

$$f_c = \frac{1}{2\pi CR}$$

其中，R 是放大器的输入电阻。本例中，输入电阻取决于晶体管的电流增益。跟例 19.8 一样，如果知道输入电阻为 2.0～5.2kΩ，那么就可以确定低频截止频率的范围。

如果 $R=2.0\text{k}\Omega$，

$$f_c = \frac{1}{2\pi CR} = \frac{1}{2\times\pi\times2.2\times10^{-6}\times2.0\times10^3} = 36(\text{Hz})$$

如果 $R=5.2\text{k}\Omega$，

$$f_c = \frac{1}{2\pi CR} = \frac{1}{2\times\pi\times2.2\times10^{-6}\times5.2\times10^3} = 14(\text{Hz})$$

因此可以判断出耦合电容器所产生的低频截止频率的范围是 14～36Hz。

去耦电容器 C_E

根据式(19.23)，有

$$f_c \approx \frac{1}{2\pi C_E r_e} = \frac{1}{2\times\pi\times 10\times 10^{-6}\times 24} = 663(\text{Hz})$$

要注意的是，虽然 C_E 大于 C，但是却产生了很高的低频截止频率，这是因为 r_e 的值很小。需要在低频段工作的电路就需要非常大而且昂贵的去耦电容器。◀

计算机仿真练习 19.7

使用合适的双极型晶体管，比如 2N2222，对例 19.7 中的电路进行仿真。测量电路的直流特性和交流特性，并且将其与例 19.7～例 19.9 中的计算值相比较。

两个发射极电阻

图 19.23 所示电路的一个变化是将两个电阻串联以后替换 R_E，但是去耦电容器只并联到和地相连的那个电阻上，如图 19.26 所示。应用两个发射极电阻，使电阻之和用来满足电路偏置的需要，同时只对其中一个电阻进行去耦，以实现所需要的小信号性能。

去耦和非去耦放大器

使用发射极电阻和去耦电容器使放大器对于交流信号有很高的增益，但是保留了负反馈来稳定直流工作条件

这种方法的一个缺点是电路的频率响应在某些情况下会造成不便(如图 19.25c 所示)。必须在低频下工作的电路需要非常大的去耦电容，才能产生足够低的低频截止频率。在很多应用中，一般采用负反馈的多级放大器，而不用需要很大去耦电容器的单级放大器。在分立电路中，晶体管跟大电容器比要便宜得多，而且体积也小。在集成电路中，晶体管需要的芯片面积比小电容需要的芯片面积要小得多，而大电容器完全是不现实的。

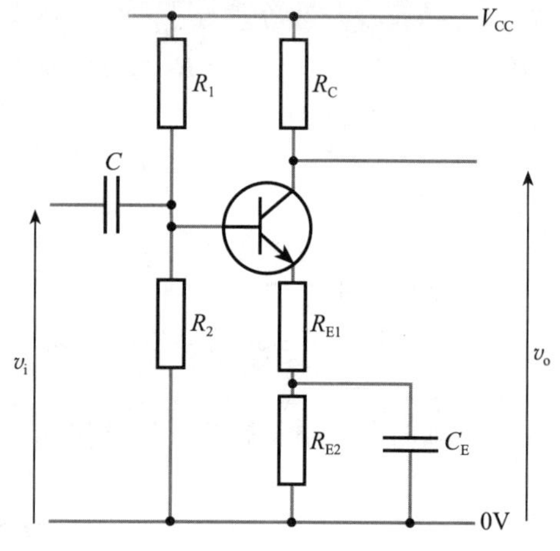

图 19.26　两个发射极电阻的使用

非常重要的是，区分耦合电容和去耦电容：

- **耦合电容**用来将信号中的交流分量从电路的一级耦合到下一级，同时又阻止前一级的直流分量影响下一级的偏置。
- **去耦电容**通过短路到地的方式将信号中的交流分量去除，同时使直流分量不受影响。因此，它们是将电路中一个节点上的交流信号去耦。

19.6.8　放大器组态

到目前为止，我们所关注的电路都是输入加在晶体管的基极上，而输出是取自集电极的。共射极放大器是其中最简单的一种。当然也可以使用晶体管的其他组态来构建电路，即将输入和输出加在其他节点上。这些组态的例子如图 19.27 所示。

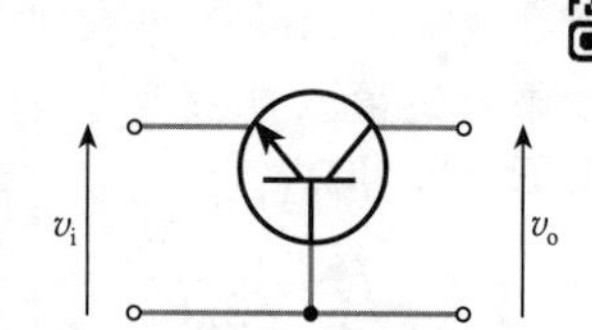

a）共射极　b）共集电极　c）共基极

图 19.27　晶体管电路组态

在这些电路中，共射极电路是目前为止使用最广泛的，这也是为什么本书从开始到现

在都在关注这种电路。然而，其他的电路组态也很有用，因为它们有不同的特性，能在一些特殊应用中得到使用。

共集电极放大器

图 19.28 所示电路是一个简单共集电极放大器。该电路与之前用过的串联反馈电路相似，但是从发射极输出而不是集电极，也不再需要集电极电阻了。集电极直接连到正电源上，而正电源对交流信号来说是地，因为电源到地之间没有交流电压。输入信号加在基极到地之间，而输出信号是从发射极到地之间的电压。由于集电极是地，对于小信号来说，集电极是输入和输出电路的公共端。因此，该电路称为共集电极放大器。

正如前面考虑的串联反馈放大器，该电路也使用负反馈。但是，在这里，从输入中减去的电压是和输出电压有关的，而不是和输出电流有关，因为发射极电压就是射极跟随器的输出电压。从 15.6.3 节的讨论可以清楚地知道，负反馈会增大输入电阻，但降低输出电阻。电路的分析比串联反馈放大器简单得多，并且在完成了这些基础工作以后，就很容易写出其特性。

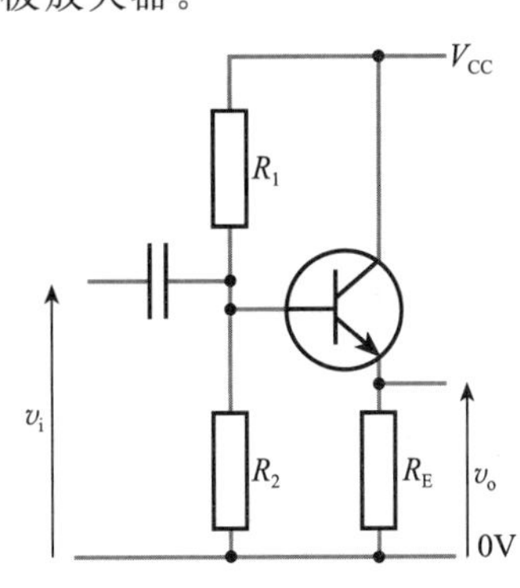

图 19.28　共集电极放大器

除了需要很少的几个步骤以外，电路的直流分析与串联反馈放大器类似。一旦确定了静态基极电压，令其减去发射结电压 V_{BE}(常数)就是静态发射极电压，也就直接给出了静态输出电压。发射结电压除以发射结电阻 R_E 就是发射结电流。

交流分析也很简单。在研究串联反馈放大器时的一个假定是小信号发射结电压 v_{be} 可以忽略。这意味着发射极以固定电压偏差(典型值约为 0.7V)跟随基极电压。因此，共集电极放大器的电压增益近似为 1，发射极简单地跟随输入信号。因此，这种形式的放大器经常称为射极跟随放大器。小信号输入电阻可以采用与串联反馈放大器一样的方法计算得到(见例 19.5)，因此

$$r_i = R_1 \mathbin{/\!/} R_2 \mathbin{/\!/} r_b$$

其中，r_b 是从基极看进去的电阻。和之前一样，r_b 由下式给出：

$$r_b = h_{ie} + (h_{fe} + 1)R_E$$

所以 r_b 仍然比 R_1 和 R_2 大很多，其影响可以忽略。因此，与串联反馈放大器一样，

$$r_i \approx R_1 \mathbin{/\!/} R_2 \tag{19.25}$$

放大器的输出电阻是发射极电阻 R_E 和从发射极反向看进去的电阻 r_e 的并联。由式(19.8)可知：

$$r_e \approx \frac{1}{40I_E}$$

这意味着 r_e 通常为几欧姆到几十欧姆的量级。并且，r_e 决定了电路的输出电阻。因此

$$r_o \approx r_e \approx \frac{1}{40I_E} \tag{19.26}$$

例 19.10 求出右图所示电路的静态输出电压、小信号电压增益、输入电阻和输出电阻。

解：静态输出电压

如果假定基极电流可以忽略，由于没有直流可以流过输入电容器，静态基极电压仅仅由电源电压 V_{CC} 以及由 R_1 和 R_2 组成的分压器决定。因此

$$V_B \approx V_{CC}\frac{R_2}{R_1 + R_2}$$

在本例中，

$$V_B \approx 10 \times \frac{10}{27 + 10} \approx 2.7(\text{V})$$

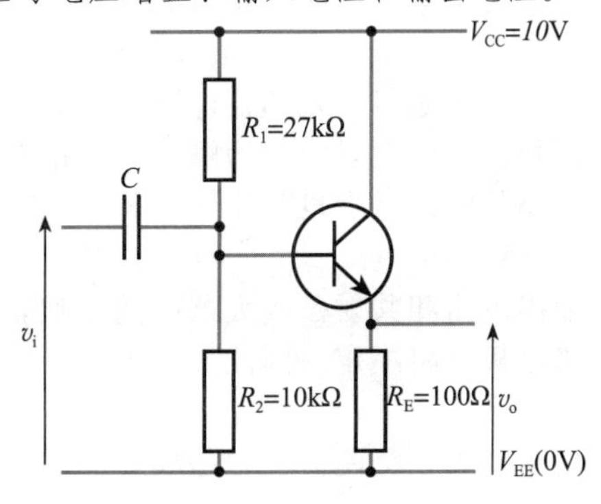

静态发射极电压由下式给出：

$$V_E = V_B - V_{BE} = 2.7 - 0.7 = 2.0(\mathrm{V})$$

在电路中 V_E 代表输出电压，所以，静态输出电压由下式给出：

$$V_{o(\mathrm{quiescent})} = V_E = 2.0(\mathrm{V})$$

小信号电压增益

和之前讨论的一样，输入信号通过耦合电容器 C 加在晶体管的基极上，因此有

$$v_e \approx v_b \approx v_i$$

但是，电路中的 v_e 是输出电压，因为输出等于输入，所以

$$\text{电压增益} \approx 1$$

输入电阻

根据式(19.25)，有

$$r_i \approx R_1 /\!/ R_2 = 27 /\!/ 10 \approx 7.3(\mathrm{k\Omega})$$

输出电阻

根据式(19.26)，有

$$r_o \approx r_e \approx \frac{1}{40 I_E}$$

在本例中，$I_E = V_E / R_E = 2.0\mathrm{V}/100\Omega = 20\mathrm{mA}$。因此

$$r_o \approx \frac{1}{40 I_E} = \frac{1}{40 \times 20 \times 10^{-3}} = 1.25(\Omega)$$ ◀

因此，对于例 19.10 中的射极跟随放大器

$$r_i \approx R_1 /\!/ R_2$$

$$r_o \approx r_e$$

$$\frac{v_o}{v_i} \approx 1$$

射极跟随放大器的电压增益近似为 1，乍看起来会认为该放大器没有什么用。但是，相当高的输入阻抗和低的输出阻抗，使射极跟随放大器成为非常好的单位增益缓冲放大器。可以将射极跟随器的特性跟 18.6.8 节中描述的源极跟随器的特性相比较。比较的时候记住，在 19.5.4 节中对于双极型晶体管有 $r_e = 1/g_m$。

共基极放大器

共基极放大器是使用最少的晶体管电路，但是它也有令人感兴趣的特性。图 19.29 给出了简单的共基极放大器电路。

除了基极是通过电容器连接到地，从而使其对于交流信号为地以外，共基极放大器电路与之前使用的串联反馈放大器相似。输入加在发射极和地之间，输出的是集电极到地之间的信号。对于小信号来说，由于基极是地电位的，输入和输出实际上是相对于基极来测量的。因此，基极是电路输入和输出的公共端。所以，该电路是共基极放大器。

由于电路的静态跟有无交流信号无关，电路的直流分析跟例 19.4 中的串联反馈放大器完全一样。

在考虑射极跟随器电路的时候，我们发现输出电阻非常低($r_e /\!/ R_E$)。如果我们分析与之相似的以发射极作为输入端的电路，就会有非常低的输入电阻，这很正常。实际上，该电路的输入电阻也等于 $r_e /\!/ R_E$，和之前一样，r_e 起决定作用：

$$r_i \approx r_e$$

输出电路和共射极放大器中的相似，并且产生了相似的(不过并非完全一样)输出电阻，由集电极电阻决定。因此

$$r_o \approx R_C$$

由于基极在交流信号中是地，相应地，在输入(发射极)电压升高的时候，发射结电压会降

低，并减少了发射极电流。随之会导致集电极电流的减少，相应地会使输出电压上升。因此，该放大器是一个同相放大器。分析得到的增益公式为

$$电压增益 \approx g_m R_C \approx \frac{R_C}{r_e}$$

该增益和简单共射极放大器(不是串联反馈放大器)的增益幅度相同，但是极性相反。由于发射极电流和集电极电流几乎一样，共基极放大器的电流增益约等于 1。

因此，对于图 19.29 中的共基极放大器有

$$r_i \approx r_e$$

$$r_o \approx R_C$$

$$\frac{v_o}{v_i} \approx g_m R_C \approx \frac{R_C}{r_e}$$

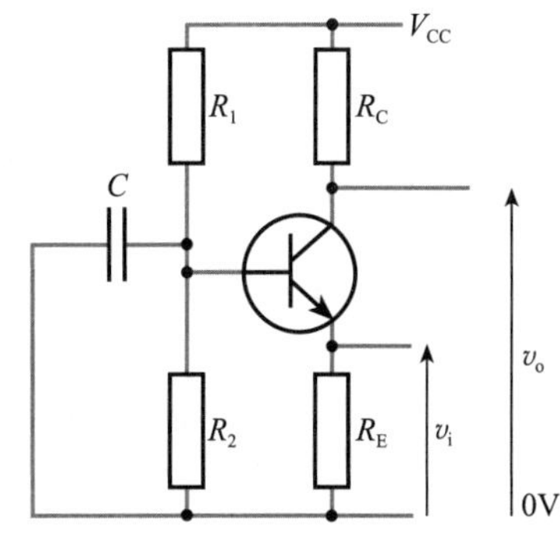

图 19.29　共基极放大器

共基极放大器的特点是低输入电阻和高输出电阻。这个特点一般和性能良好的电压放大器没有关系，但是可以用作跨阻放大器，即输入放大器的是电流，产生相应的输出电压。共基极组态也经常用于共射共基放大器(不是级联放大器)，是与共射极放大器组合而成的。共基极放大器提供电压增益，而共射极放大器产生电流增益。

放大器组态总结

到目前为止，我们考虑了双极型晶体管的三种基本电路组态，即共射极、共集电极和共基极。这些电路结构分别如图 19.23、图 19.28 和图 19.29 所示。

比较三种电路组态的几个关键特性，是很有意义的。表 19.2 给出了三个图中电路特性的近似最大值。

表 19.2　放大器组态比较

	共射极	**共集电极**	**共基极**
输入端口	基极	基极	发射极
输出端口	集电极	发射极	集电极
电压增益，A_v	$-g_m R_C$(高)	≈1(单位)	$g_m R_C$(高)
电流增益，A_i	$-h_{fe}$(高)	h_{fe}(高)	≈−1(单位)
功率增益，A_p	$A_v A_i$(非常高)	$\approx A_i$(高)	$\approx A_v$(高)
输入阻抗	$R_1 // R_2$(中等)	$R_1 // R_2$(中等)	$\approx r_e$(非常低)
输出阻抗	$\approx R_C$(高)	$\approx r_e$(非常低)	$\approx R_C$(高)
相移(中频)	180°	0°	0°

19.6.9　级联放大器

如果单级放大器不足以产生所需要的增益，多个放大器可以采用串联的方式级联。实际上，我们经常会发现使用每级增益相对较低的多级放大器比使用高增益的单级放大器要好。

将一级输出连接到下一级输入的时候，很重要的一点是确保电路的偏置不受影响。一种确保的方法是在每一级之间使用耦合电容器。电容允许交流信号通过，但是阻止前一级的直流信号影响下一级的偏置。图 19.30 给出了这种电路的例子。

各级的偏置可以单独分析，因为相关的直流信号是有效隔离的。级联电路的小信号性能可以通过计算每一级的输入电阻、输出电阻和增益，然后将它们结合起来得到(如 14.4 节所述)。如果某一级的输出电阻比下一级的输入电阻小，那么负载的影响一般可以忽略。

耦合电容器的使用虽然在概念上很简单，但是确实有几个缺点。首先，每一个耦合电容器都会产生一个低频截止频率，这限制了放大器的低频响应，如 8.5 节所述。其次，电容器

的存在使电路成本增加，而且不适用于集成电路的生产，因为电容器需要很大的“芯片”面积。

如果在电路设计中加以注意的话，是有可能在级联放大器的各级之间不使用耦合电容器的，只要确保一级的静态输出电压正好是下一级正确的偏置电压。这不仅可以去掉耦合电容，而且降低了所需偏置电路的复杂性。这种放大器的一个例子如图 19.31 所示。

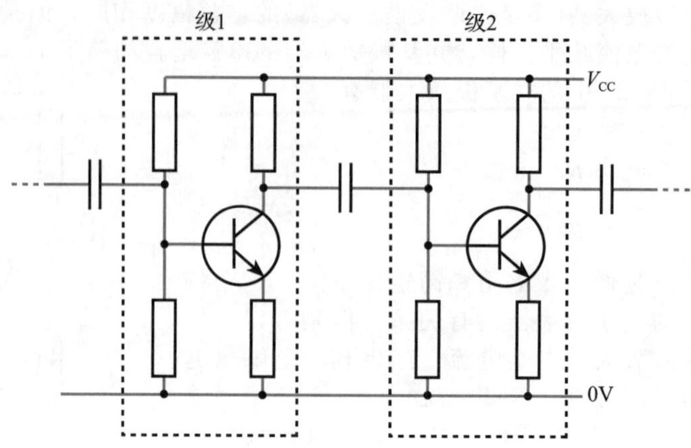

图 19.30　各级放大器之间的电容耦合

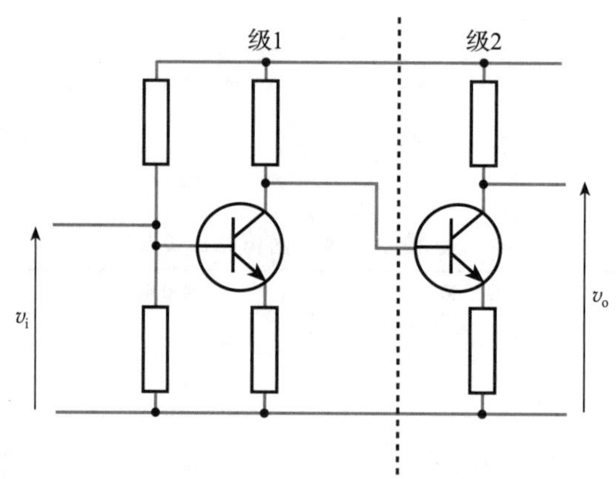

图 19.31　两级直流耦合放大器

这种技术主要的优点是去除了电容耦合所引入的低频截止，使放大器可用的频率一直低到直流。因为耦合电容而具有低频截止的放大器通常称为交流耦合放大器。没有耦合电容，因此可以放大的信号频率低到直流的电路称为直流耦合放大器或者直接耦合放大器。对于需要放大的信号包含直流分量的应用来说，直接耦合放大器是必要的。

直接耦合放大器的分析非常简单，如例 19.11 所示。

例 19.11 计算右图所示电路的静态输出电压和小信号电压增益。

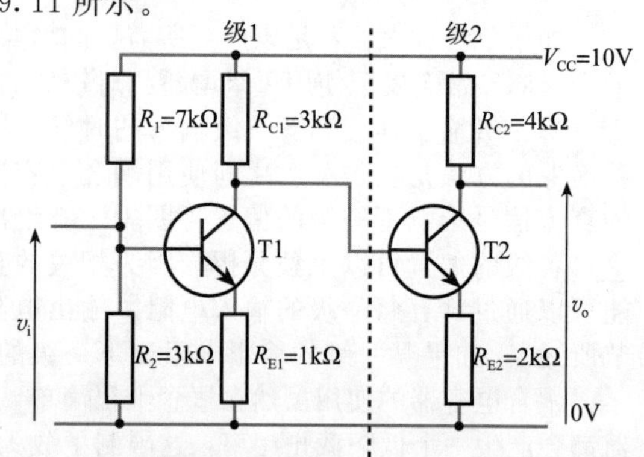

解：静态输出电压

如果用 V_{B1} 表示 T1 基极的电压，用 V_{C2} 表示 T2 集电极的电压，诸如此类，相应地有

$$V_{B1} = V_{CC}\frac{R_1}{R_1 + R_2} = 10 \times \frac{3}{7+3} = 3.0(\text{V})$$

$$V_{E1} = V_{B1} - V_{BE} = 3.0 - 0.7 = 2.3(\text{V})$$

$$I_{C1} \approx I_{E1} = \frac{V_{E1}}{R_{E1}} = \frac{2.3}{1} = 2.3(\text{mA})$$

因此有

$$V_{C1} = V_{CC} - I_{C1}R_{C1} = 10 - 2.3 \times 3 = 3.1(\text{V})$$

V_{C1}构成了第二级的偏置电压V_{B2}，于是

$$V_{E2} = V_{B2} - V_{BE} = 3.1 - 0.7 = 2.4(\text{V})$$

以及

$$I_{C2} \approx I_{E2} = \frac{V_{E2}}{R_{E2}} = \frac{2.4}{2} = 1.2(\text{mA})$$

因此，

$$\text{静态输出电压} = V_{C2} = V_{CC} - I_{C2}R_{C2} = 10 - 1.2 \times 4 = 5.2(\text{V})$$

电压增益

放大器电压增益的计算也很简单。因为没有基极偏置电阻，第二级的输入电阻至少是R_{E2}的h_{fe}倍(见例 19.5)。它很可能大于 100kΩ，肯定大于前一级的输出电阻，前一级的输出电阻肯定小于R_{C1}(3kΩ)。因此，负载效应可以忽略。组合增益就是两级分开考虑时各自增益的乘积。每级增益可以很简单地用集电极电阻和发射极电阻的比值来表示(见例 19.4)。因此

$$\text{总体增益} = \text{第一级增益} \times \text{第二级增益} = \left(-\frac{R_{C1}}{R_{E1}}\right) \times \left(-\frac{R_{C2}}{R_{E2}}\right) = \left(-\frac{3\text{k}\Omega}{1\text{k}\Omega}\right) \times \left(-\frac{4\text{k}\Omega}{2\text{k}\Omega}\right)$$

$$= (-3) \times (-2) = 6$$

◀

除了必须反过来从输出级开始逐级进行设计外，多级放大器的设计过程和例 19.6 中的概述相似。最后一级规定的输出摆幅和输出电流一般会决定这一级的设计以及这一级所需的偏置条件，然后决定前一级的形式。重复该过程，反向推进直到输入。

计算机仿真练习 19.8

对例 19.11 中的电路进行仿真，所加的输入信号是峰值为 0.1V、频率为 1kHz 的正弦信号。确定该电路的直流和交流特性，并且将测量值与本文中的计算值相比较。

19.6.10　达林顿晶体管

一种将两个或者多个晶体管组合在一起的有趣方法是达林顿结构，如图 19.32a 所示。

第一个晶体管的电流增益乘上第二个晶体管的电流增益产生了一个像单个晶体管一样但是增益h_{fe}等于两个晶体管乘积的组合。这两个器件经常是在一个封装里面的，称为达林顿晶体管。

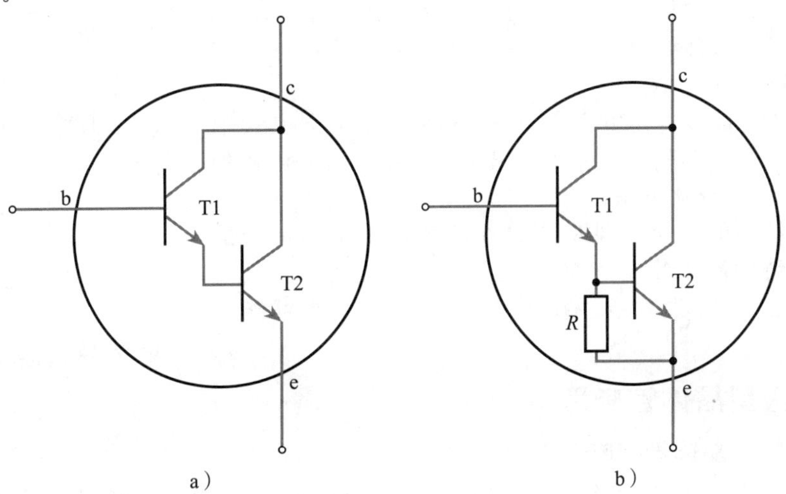

图 19.32　达林顿结构

观察这种形式的器件，可以明显看出从电路的输入(基极)到输出(发射极)之间的偏移电压是单个晶体管的两倍，约为1.4V。达林顿晶体管的饱和电压也比单个晶体管大，比一个pn结的导通电压(约0.7V)略高。这是因为输入晶体管的发射极电压至少要高于输出晶体管的发射极电压，以便使输出晶体管导通。输入晶体管的集电极电压不能低于其本身的发射极电压。

如图19.32a所示，这种结构的一个缺点是，如果T1被迅速关断，它会停止导通，而储存在T2基极的电荷也就没有路径迅速释放。T2因此响应得相当慢。这个问题可以通过在T2发射结上加一个电阻的方法来解决，如图19.32b所示。现在如果T1被关断，R提供了导通路径来释放存于T2的电荷。R还防止了来自于T1的小泄漏电流被T2放大，从而产生大的输出电流。对于R的选择，应该使其因为泄漏电流在其身上产生的电压降小于T2的导通电压。R的典型值在小信号达林顿管中可能是几千欧姆，在功率器件中会降到几百欧姆。通常，R会包含在达林顿管的封装中。

达林顿管有非常高的增益，可能为10^4～10^5甚至更高。如此高的增益有若干用途，包括产生非常高输入电阻的电路。例如，图19.33所示电路的增益为1，而输入电阻约等于其基极两个电阻的并联电阻值(约6.4MΩ)。这是因为从达林顿管的基极看进去的电阻(约为两个晶体管增益乘积的R_3倍)非常高，所以其影响可以忽略。该电路可用于单位增益缓冲放大器。

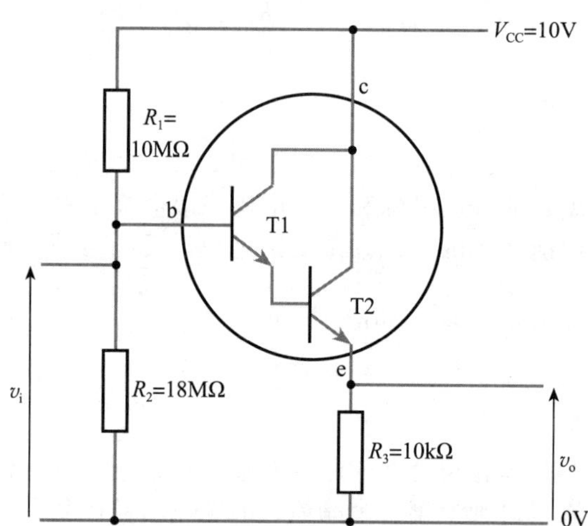

图19.33　高输入电阻的缓冲放大器

另一种常见的达林顿结构是使用相反极性的晶体管，如图19.34所示。这种结构称为互补达林顿连接，有时候也叫作西克洛伊(Sziklai)连接。

这种结构也可以看作单个高增益晶体管，优点是其发射结电压等于单个晶体管的发射结电压(虽然其饱和电压依然高于单个pn结的导通电压)。

达林顿结构的一个常见应用是在高增益功率晶体管的制造中。传统的高功率器件的增益很低，可能为10～60。一个典型的达林顿功率器件在10A时的最小增益可能就有1000。

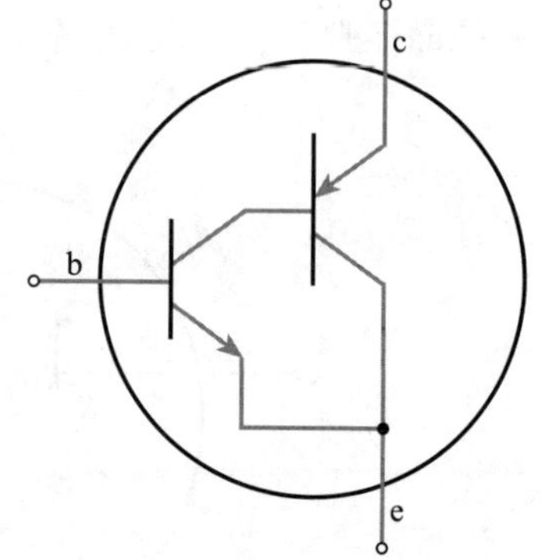

图19.34　互补达林顿结构

19.7　双极型晶体管应用

19.7.1　双极型晶体管构成恒流源

在18.7.1节，我们知道可将场效应晶体管用作恒流源。用双极型晶体管也可以构成电流源，如图 19.35 所示。

图 19.35a 给出了一个使用 npn 晶体管的电路。两个电阻在这里构成了分压器，给晶体管的基极提供了固定电压。发射结电压固定不变使发射极的电压固定不变，因此产生了恒定的发射极电流。这又反过来拉动流过负载的集电极电流等于发射极电流。

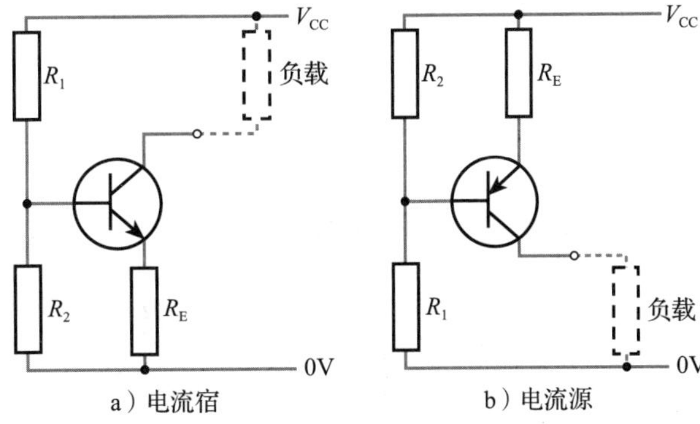

图 19.35　使用双极型晶体管的电流源

图 19.35b 在相同的方式下工作，但是使用的是 pnp 晶体管，产生一个到地的电流，而不是从电源流出电流。

严格来说，两种电路的第一种是电流宿，第二种是电流源。但是，一般都用电流源来表示这两种电路。该电路可以通过将 R_2 替换为齐纳二极管的方法进行改善，以增强发射极电压的稳定性。该电路可以产生可变电流源，只要用可变电阻替换 R_E 即可。

19.7.2　双极型晶体管构成电流镜

电流镜可以看作一种形式的恒流源，即产生的电流等于某个输入电流，其原理在图 19.36a中给出。两个晶体管的基极和发射极各自连接在一起，因此具有相同的发射结电压。如果晶体管也是相同的，每一个晶体管就会产生相同的集电极电流。T1 中的电流代表输入电流，本例中，该电流流过电阻 R。该电路作为一个电流宿，流过 T2 的电流是从负载拉进晶体管的。

这项技术的一个主要用途是在电路中产生若干相同的电流。可以用将若干输出晶体管连接到单个输入晶体管的方法实现，如图 19.36b 所示。电流镜广泛用于集成电路，集成电路中可以使晶体管实现非常良好的匹配。晶体管在电路中位置靠近也确保了它们有近似相同的温度。这非常重要，因为晶体管的电流-电压特性随温度变化。

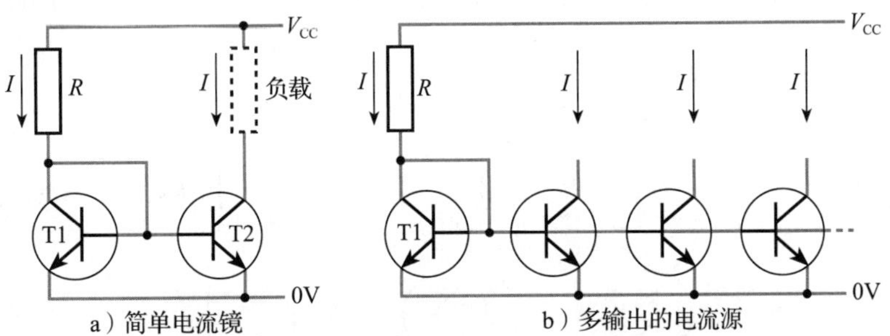

图 19.36　使用双极型晶体管的电流源

19.7.3　双极型晶体管构成差分放大器

在 18.6.9 节，我们研究了场效应晶体管在差分放大器中的应用。双极型晶体管也广泛用于差分放大器电路。同样，常见的形式是差动对。图 19.37 给出了该电路的一个例子，为了简化起见，省略了基极偏置电路。可以将该电路和图 18.29 所示的场效应晶体管放大器相比较。

该电路像两个共用发射极电阻的串联反馈放大器。发射极电阻作为电流源，两个晶体管共享其提供的电流。使用匹配良好的晶体管和电阻，该电路就是对称的。如果输入电压 v_1 和 v_2 是相同的，则输出是相等的，R_E 上的电流被两个晶体管平分。电压 V_E 就是输入电压减去 V_{BE}。如果使 v_1 略高于 v_2，V_E 会随着 v_1 升高，同时 T2 的发射结电压会减少，使其趋于关断。因此，R_E 上的电流被不均衡地分配了，流过 T1 的电流更大。这会使 v_3 降低，

而 v_4 升高。如果使 v_2 略高于 v_1，同样的过程会反过来发生。

因此，如果我们认为输入信号是 v_1-v_2，而输出信号是 v_3-v_4，那我们得到了一个反相差分放大器。

可以看出该电路的电压增益可以很简单地表示为

$$\text{差分电压增益} = -g_m R_C = -\frac{R_C}{r_e}$$

可以将这个结果和之前获得的共射极放大器以及在 18.6.9 节中的场效应晶体管差分放大器相比较。

差分放大器的一个主要优点是，其对小的差分输入电压(约±25mV)具有很好的线性，明显好于用单管放大器所能实现的线性性能。由于这个原因，这类电路成为大多数双极型运算放大器的基础，甚至用于那些要求非差分输入的场合(简单地将不使用的输入端接地即可)。该电路的温度稳定性同样很好，因为两个晶体管的温漂趋于互相抵消。

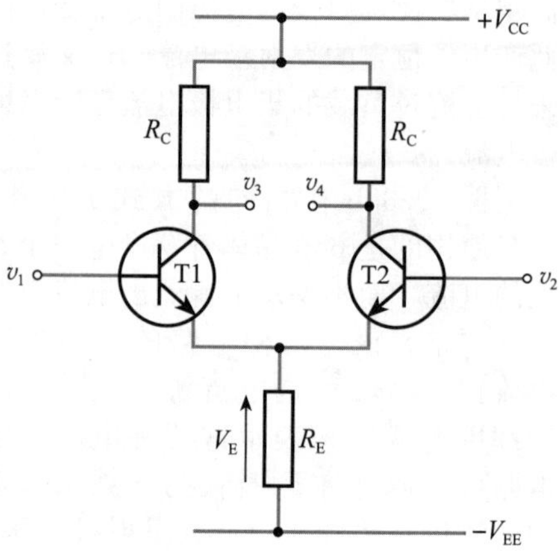

图 19.37　差分放大器

差分放大器的一个很有用的性能指标是共模抑制比(CMRR)，即差模增益对共模增益的比值。可以看出对该放大器有

$$\text{CMRR} = g_m R_E = \frac{R_C}{r_e}$$

也可以将这个结果和相应的场效应晶体管电路相比较。

为了获得良好的共模抑制比，必须使用高阻值的 R_E。在不影响电路直流工作条件的情况下，一种增加 R_E 有效值的方法是将其替换为恒流源，如本节前面所述。一个理想电流源具有无限大的内阻，可以产生最大可能的共模抑制比。

图 19.38 给出了一种使用电流镜作为恒流源的差分放大器。这类电路通常是双极型运算放大器输入级的基础。要注意的是，和场效应晶体管差分放大器一样，即使输入不是对称的，两路输出信号也是对称的。因此，如果需要单端输出(即非差分)，两路输出可以单独使用。

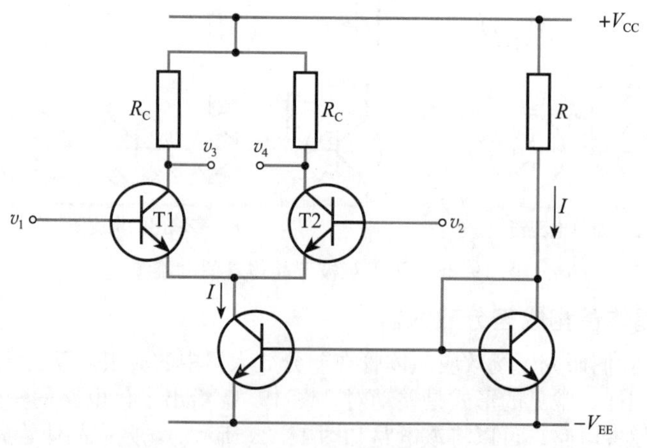

图 19.38　使用电流镜的差分放大器

19.8　电路实例

19.8.1　分相器

考虑图 19.39 中的电路。该电路产生了两个反相的输出信号。从集电极和发射极都提

取输出信号，我们就可以将反相负反馈放大器和同相射极跟随器结合在一级中。

根据式(19.20)，我们知道负反馈放大器的增益等于$-R_C/\!/R_E$。在该电路中，两个电阻相等，所以增益为-1。而射极跟随器的增益为$+1$，所以这两路信号的大小相等，极性相反。

需要记住的是两路输出所对应的输出电阻是完全不同的。因此，如果想使两个信号大小相同，两路信号都应该送到高输入电阻的电路。还需要注意的是两路输出的直流静态输出电压是不同的。

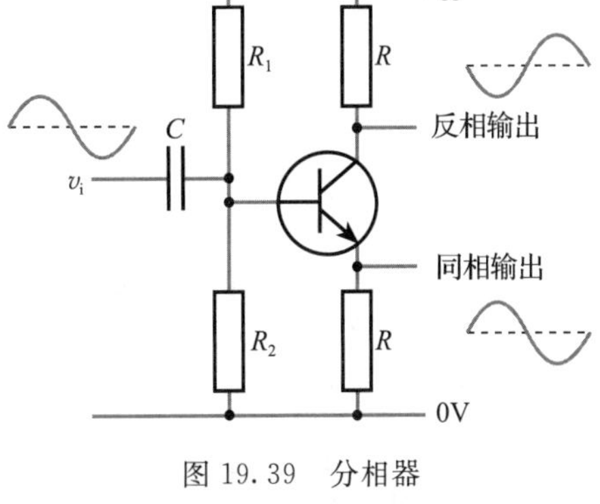

图 19.39　分相器

计算机仿真练习 19.9

使用合适的 npn 晶体管（例如 2N2222）对图 19.39 中的电路进行仿真。合适的元件值为 $R=1\text{k}\Omega$、$R_1=6.7\text{k}\Omega$、$R_2=3.3\text{k}\Omega$ 和 $C=1\mu\text{F}$。所用电源电压为 $V_{CC}=10\text{V}$，输入是频率为 1kHz、峰值为 500mV 的正弦信号。

显示两路输出信号并比较其相对大小和相位。

19.8.2　双极型晶体管构成稳压器

之前讨论的射极跟随器电路产生的电压由其输入电压决定（偏移约 0.7V）。射极跟随器的输出电阻非常低，这意味着其输出电压不会受与其连接的负载的很大影响。这两个特性是该电路构成稳压器的基础，如图 19.40a 所示。电阻和齐纳二极管构成恒定电压基准 V_Z（和 17.7.1 节讨论的一样），并加在晶体管的基极上。输出电压等于该电压减去近似为常数的晶体管发射结电压。

图 19.40a 所示电路重新画为图 19.40b，这是该电路常用的表示方法。对于大的输出电流波动，该电路提供了很大的调整，但是 V_{BE} 随电流变化。更有效的稳压器电路会在第 20 章中讨论。

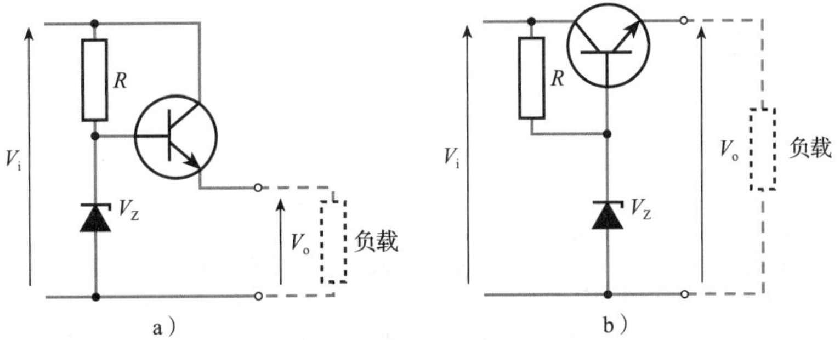

图 19.40　简单稳压器

19.8.3　双极型晶体管构成开关

我们知道（在 18.7.3 节和 18.7.4 节中）场效应晶体管既可以作为模拟开关，也可以作为逻辑开关。双极型晶体管不常用作模拟开关，但是可以作为逻辑开关。

图 19.41 给出了一个基于双极型晶体管的简单的逻辑反相器。该电路像之前讨论过的共射极放大器，其工作情况也的确相似。该电路和线性放大器的主要差异在于其输入被限制在两个明显的区间。输入电压接近于零（代表逻辑 0）不足以使晶体管的基极正向偏置，所以晶体管截止。此时的集电极电流可忽略，因此输出电压接近于电源电压。当输入电压接近于电源电压（代表逻辑 1）时，发射结正偏，晶体管导通。选择 R_B 的值，使基极电流足够让晶体管饱和，所产生的输出电压等于晶体管的集电极饱和电压（一般约为 0.2V）。因此，逻辑 0 的输入产生了逻辑 1 的输出，反之亦然。因此，该电路是一个逻辑反相器。

如果晶体管是一个理想开关，关断时的电阻无限大，在导通时的电阻为零，并且其开、关是瞬间完成的。实际上，双极型晶体管是一个好的开关，但不是理想的开关。晶体管在关断的时候，有一个很小的泄漏电流，通常可以忽略不计。晶体管在导通的时候，该器件具有很小的导通电阻和很小的饱和电压，跟前面的描述一样。双极型晶体管的工作速度非常快，从一个状态切换到另外一个状态仅需几纳秒(对于高速器件还要快很多)。我们会在第 26 章更详细地讨论晶体管作为开关时的特性。

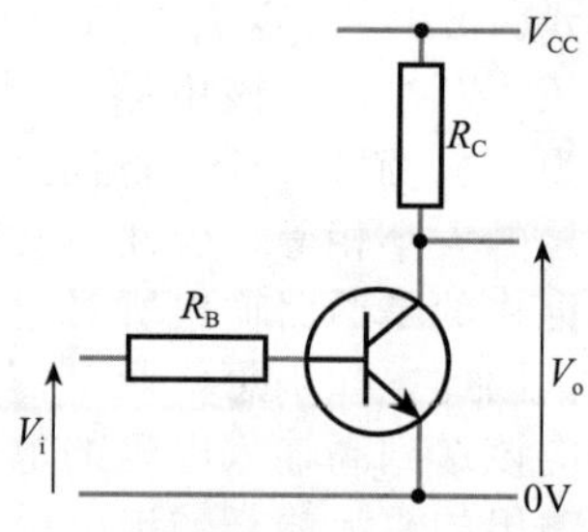

图 19.41　基于双极型晶体管的逻辑反相器

进一步学习

有很多种情况需要用到分相器(在 19.8.1 节讨论过)。但是，19.8.1 节所示的简单设计的两路输出的输出电阻差别很大。这意味着如果用该电路驱动两个相似的电路(经常是这种情况)，则送给每个通道的信号的大小是不一样的，除非每个通道的输入电阻都非常高。

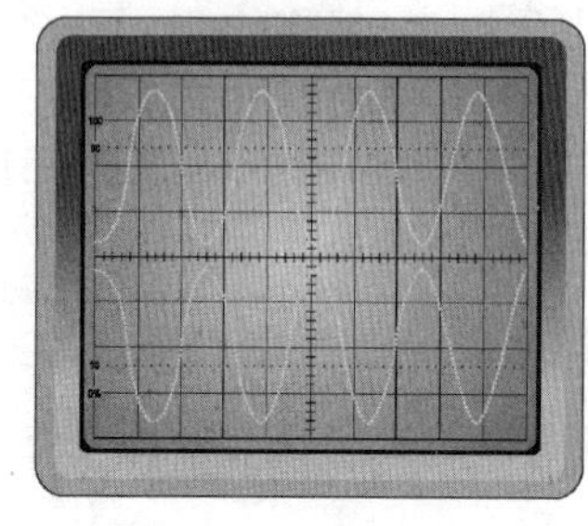

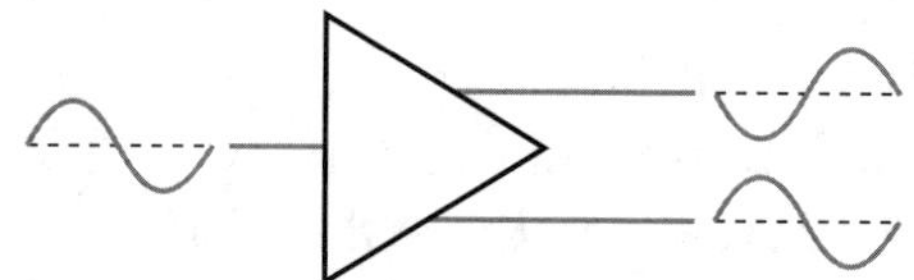

设计一个不存在上述问题的分相器电路。

关键点

- 双极型晶体管是最重要的一种电子器件。清晰地理解它们的工作原理和用法对任何一个工作在该领域的人来说都是必要的。
- 双极型晶体管广泛用于模拟电路和数字电路。
- 双极型晶体管既可以看作电流控制器件，也可以看作电压控制器件。
- 如果将双极型晶体管看作电流控制器件，我们将其描述为电流放大器，并且用电流增益描述其性能。
- 如果将双极型晶体管看作电压控制器件，我们将其描述为跨导放大器，并且用跨导 g_m 描述其性能。
- 如果发射结正偏，集电结反偏，则集电极电流等于电流增益乘以基极电流。
- 有两种形式的电流增益。直流增益 h_{FE} 描述大信号基极电流和集电极电流之间的关系。而交流增益 h_{fe} 描述的是小信号基极电流和集电极电流之间的关系。
- 对于大多数用途来说，两种电流增益可以认为是相等的。
- 对于高功率晶体管，电流增益可能低到 10，而高增益器件的增益可能会达到 1000。复合管(比如达林顿器件)的增益可能达到 100 000，甚至更大。
- 只要有可能，我们试图设计一种器件，使其实际增益值对电路不重要。
- 晶体管的 g_m 由元器件的物理特性和工作参数决定。不同元器件之间的跨导不会变化很大。
- 晶体管的电流增益随温度变化，不同元器件之间的电流增益也不同。
- 双极型晶体管的一个主要用途是制造放大器。在设计放大器电路时，必须考虑两个主要问题：
  —静态或者直流方面的问题
  —小信号或者交流方面的问题
- 晶体管电路设计和分析中的一个重要工具是小信号等效电路。有多种不同复杂程度的模型，虽然在大多数情况下，最简单的模型已经足够了。
- 简单电路，比如共射极放大器，可以很容易分析，但是电路的特性会随着晶体管参数产生很大变化。

- 反馈可以用于稳定电路的特性，使电路不易受所用器件的影响。
- 稳定性的获得是以增益的下降为代价的，但是，由于晶体管很便宜，增加更多的增益一般不是问题。
- 使用负反馈的一个主要优点是使电路不易受晶体管特性的影响，使电路的分析变得更加简单。
- 通常，在分析使用负反馈的晶体管电路时，做出几个简单的假定会简化分析。这些假定是
  —晶体管的增益足够高，基极电流可以忽略
  —发射结电压近似于常数，因此基极和发射极之间的小信号电压可以忽略不计
- 虽然多数晶体管电路的输入信号加在基极，输出信号取自集电极，但是其他的电路组态也有使用。
- 共集电极(射极跟随器)模式实现了高输入电阻、低输出电阻的单位增益放大器，可以作为一个很好的缓冲放大器。
- 共基极结构实现了低输入电阻、高输出电阻的放大器，是一个很好的跨阻放大器。
- 几级晶体管放大器可以用耦合电容器将交流信号从一级传输到下一级，同时阻止任意直流分量影响偏置。但是，电容器的使用限制了电路的低频性能，并且使电路复杂而且庞大。
- 另一种选择是在级间使用直接耦合的方式。这需要更少的元器件，并且允许工作频率低到直流。
- 除了用于简单放大器，双极型晶体管的应用范围还很广。更复杂的电路，比如运算放大器和其他集成电路，经常用双极型晶体管构成。

习题

19.1 双极型晶体管名称的含义是什么？

19.2 双极型晶体管是电压控制器件还是电流控制器件？

19.3 绘出双极型晶体管中基极电流和集电极电流之间的关系图(器件处于正常工作环境中)。

19.4 绘出双极型晶体管两个极的结构。

19.5 符号 V_{CC}、V_{CE}、V_{BE}、v_{be} 和 i_c 的含义是什么？

19.6 解释“晶体管工作”的含义。

19.7 解释符号 h_{FE} 和 h_{fe}，描述它们的相对大小。

19.8 绘制双极型晶体管中基极电压和集电极电流之间的关系图(器件在正常工作环境下)。

19.9 晶体管跨导的含义是什么？这个量和前一个习题中所描述的特性是什么关系？

19.10 求出下面电路的静态集电极电流和静态输出电压，设晶体管的 h_{FE} 为 100。

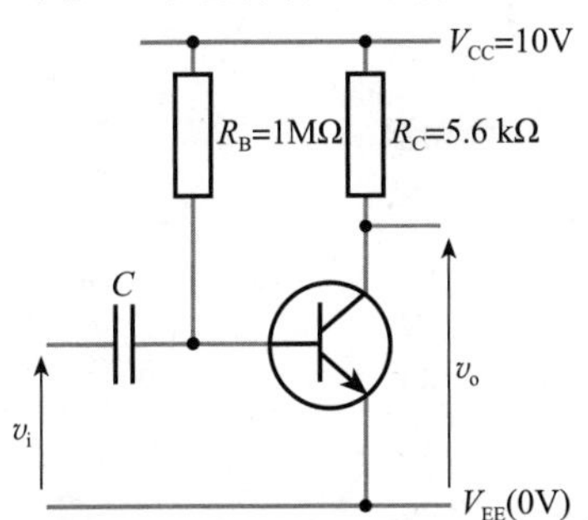

19.11 重复习题 19.10，但是将晶体管替换为电流增益为 200 的晶体管。作为一个放大器，该电路有用吗？

19.12 画出下面电路的简单小信号等效电路，然后推导小信号电压增益、输入电阻和输出电阻，假定 $h_{FE} \approx h_{fe} = 175$、$h_{oe} = 15\mu S$。小信号电压增益和 R_C 上的静态电压的关系是怎样的？

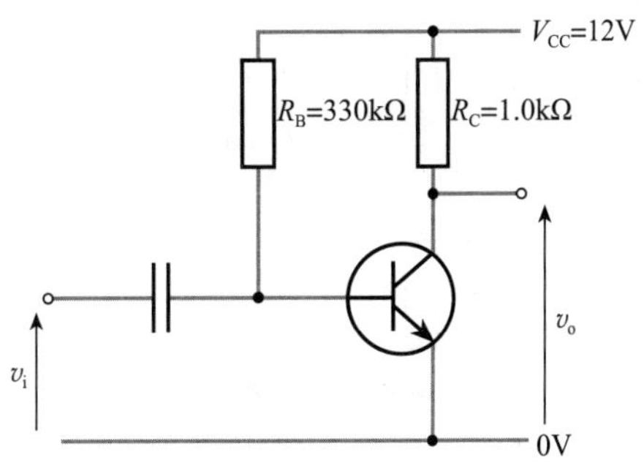

19.13 假定晶体管的 $h_{oe} = 330\mu S$，重复习题 19.12 中的计算。

19.14 计算下面电路的静态集电极电流、静态输出电压和小信号电压增益。

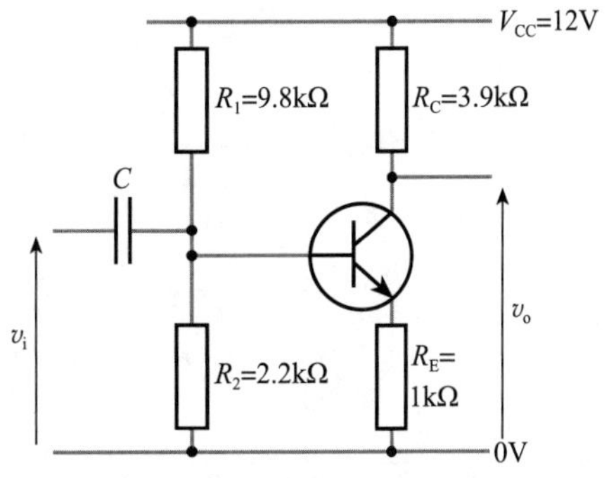

19.15 对习题 19.14 中的电路，估算小信号输入电阻和输出电阻。

19.16 对习题 19.14 中的电路，使用 1μF 的耦合电容器 C，估算其对电路频率响应的影响。

19.17 用仿真来确认习题 19.14 和 19.16 的答案。

19.18 如果对习题 19.14 中的电路加以修改，增加 10μF 的发射极去耦电容器，计算最终电路的静态输出电压、小信号电压增益和低频截止频率。如果放大器需要工作的频率低到 100Hz，则多大的去耦电容值合适？

19.19 用仿真来确认习题 19.18 的答案。

19.20 使用和习题 19.14 中电路同样形式的电路，设计一个放大器，要求小信号电压增益为−3，静态输出电压为 7V，电源电压为 12V，集电极负载电阻为 2.2kΩ。

19.21 用仿真来确认习题 19.20 的解决方案的工作情况。

19.22 对习题 19.20 中设计的放大器，计算小信号输入电阻，并且求出合适的输入电容器的值，使电路的正常工作频率可以低到 50Hz。

19.23 计算下面电路的静态集电极电流、静态输出电压和小信号电压增益。

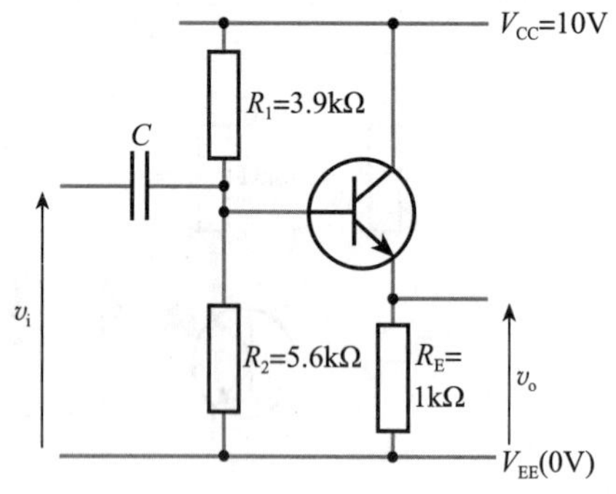

19.24 对习题 19.23 中的电路，估算输入电阻，并且求出合适的耦合电容器的值，使电路的正常工作频率可以低到 50Hz。

19.25 用仿真来确认习题 19.23 和习题 19.24 的答案。

19.26 计算下面电路的静态输出电压、电压增益、输入电阻和输出电阻。也许用一种熟悉的形式重画该电路会更有帮助。可以假定在工作频率处，电容器 C 的阻抗能忽略不计。

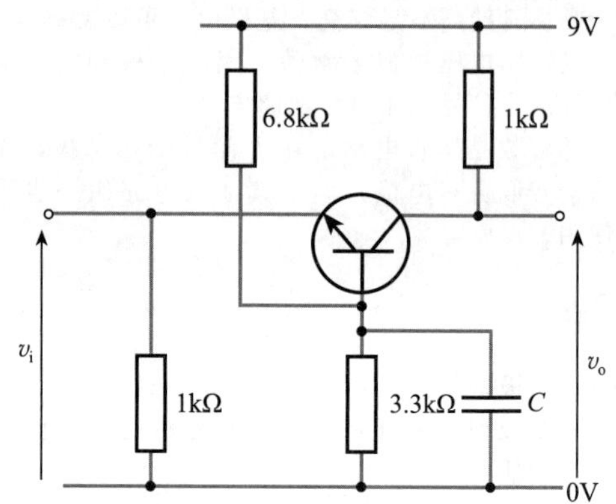

19.27 设计一个电压增益为 10 的两级直接耦合放大器。该电路要在 15V 的电源电压下工作，最大输出摆幅至少要达到 4V 的峰峰值。

19.28 用仿真来研究前一习题中所给出的解决方案的性能。

19.29 基于图 19.38 中的电路设计一个差分放大器，用仿真来确定电路的小信号电压增益和 CMRR。

第20章 功率电子

目标

学完本章内容后，应具备以下能力：

- 描述多种基于双极型晶体管的功率放大器电路
- 讨论降低功率放大器失真的方法，并应对温度不稳定性问题
- 解释放大器电路的各种类别，并概述类别之间的区别
- 解释晶闸管和三端双向可控硅开关器件等专用开关器件的工作原理，并描述其在交流电源控制中的应用
- 画出简单的无稳压电源电路和有稳压电源电路
- 讨论电源中电压调节的需求，并描述传统和开关电压调节器的工作原理

20.1 引言

我们在前面的章节中已经知道可以使用晶体管来构成各种类型的放大器。这样的电路通常传递给负载的功率比它们从输入端吸收的功率大，因此它们提供一定程度的功率放大。然而，功率放大器通常是指用于向负载输送大量功率的电路。用于音频系统中的功率放大器驱动扬声器，功率放大器也用于大量的其他应用。在某些情况下，与音频放大器一样，我们要求放大器的输入和传送到负载的功率之间的关系是线性(或接近线性)的。在其他情况下，例如，当我们控制加热器中消耗的功率时，线性并不重要。在这种情况下，我们主要关心的往往是控制过程的效率。线性放大器经常消耗大量的功率(以热的形式)，这通常不是我们想要的。在线性不重要的场合，我们经常用一些技术以牺牲放大信号的一些失真为代价来提高控制过程效率。在某些情况下，我们只关心传递的功率值，波形的性质不重要。在这种情况下，我们经常使用可以控制大功率值并提供高效率的开关技术。

在本章中，我们将讨论使用线性技术和开关技术的两类功率电子电路。线性电路可以由场效应晶体管或双极型晶体管构成，但在这里我们将重点关注双极型晶体管。尽管开关电路也可以用晶体管构建，但使用专用元器件实现开关电路常常效率更高。这里，我们将讨论几种专门为开关应用设计的器件，包括晶闸管和三端双向可控硅。

20.2 双极型晶体管功率放大器

在设计功率放大器时，我们通常需要低的输出电阻，以便电路可以提供大的输出电流。我们介绍了各种晶体管电路(第 19 章)，并注意到共集电极放大器具有非常低的输出电阻。可以回想一下，这种电路也称为射极跟随器，因为发射极的电压跟随了输入电压。虽然射极跟随器没有产生任何电压增益，但其低输出电阻使其在大电流应用中很具吸引力，并且通常用于功率放大器。

20.2.1 电流源和电流宿

在很多情况下，功率放大器的负载不仅仅是电阻性的，而是还包括感性或容性分量在内的阻抗。例如，连接到音频放大器的扬声器有电感和电阻，而长电缆将在负载上增加电容。当驱动无功负载时，放大器需要在某些时间向负载提供电流(当作为电流源时)，但是

在其他时间吸收来自负载的电流（当用作电流宿时）。这两种情况如图 20.1 所示，其中射极跟随器连接到容性负载。

首先考虑图 20.1a 所示输入变得更正的情况。晶体管通过将其发射极电流传递到负载来驱动输出，使其变得更正，晶体管的低输出阻抗允许电容器快速充电。如果输入端变得更负，如图 20.1b 所示，则必须从电容器中取出电荷。晶体管做不到这一点，它只能在这种电路中提供电流。因此，必须通过发射极电阻 R_E 消除电荷，R_E 电阻远大于放大器的输出电阻。因此，这种电路可以快速地对电容器充电，但是放电缓慢。

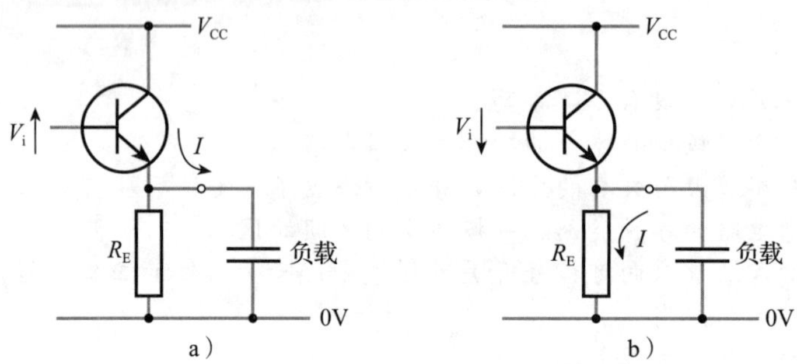

图 20.1　带容性负载的射极跟随器

用一个 pnp 型晶体管替换，如图 20.2 所示，构成的电路能对负载快速放电，但是充电缓慢。显然，可以调节电阻值来增加电容器通过电阻器 R_E 充电或放电的速率。然而，减小 R_E 会增加流过晶体管的电流，因而增加它的功耗。在大功率应用中，这会引起严重的问题。

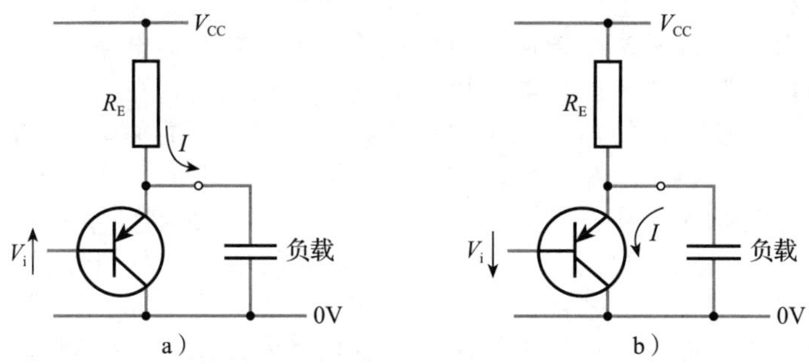

图 20.2　用 pnp 型晶体管的射极跟随器

20.2.2　推挽式放大器

解决这个问题的一种方法——经常用于放大器的大功率输出级——是在推挽式电路中使用两个晶体管，如图 20.3 所示。

其中，一个晶体管能够提供源电流，而另一个能够吸收电流，因此负载可以由它们中的一个方向上的低电阻输出来驱动。这种电路通常用一个分体式电源（就是同时提供正负电压的电源）、负载连接到地。对于正输入电压，晶体管 T1 导通，但是 T2 由于基极反向偏置截止。类似地，对于负输入电压，T2 导通，T1 截止。因此，在任何时候，只有一个晶体管导通，从而降低了整体的功耗。

一种驱动推挽级的方法如图 20.4a 所示。其中使用了一个传统的共射极放大器去驱动两个输出晶体管的基极。这个电路重画在图 20.4b 中，这是更传统的画法，但在电气上是完全相同的。

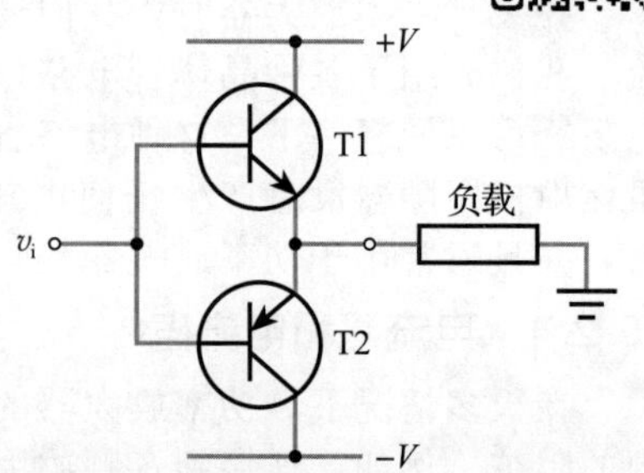

图 20.3　简单的推挽式放大器

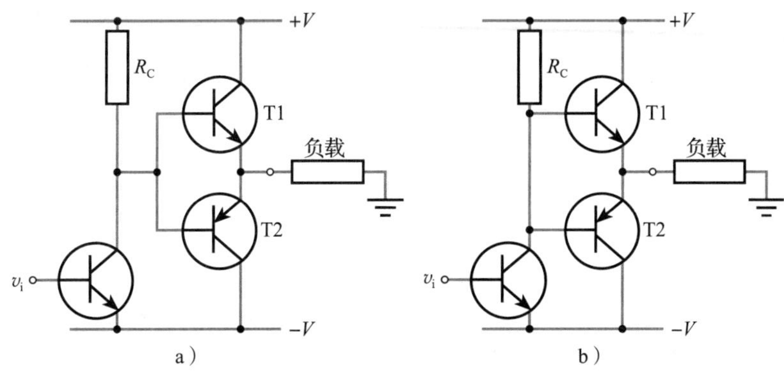

图 20.4　驱动推挽输出级

推挽式放大器的失真

上述简单推挽电路的问题在于，对于在零附近小的基极电压，两个输出晶体管都截止。这就发生了一种失真，称为交越失真，如图 20.5a 所示。解决这个问题的一种方案如图 20.5b所示。图中使用两个二极管以提供不同的电压给两个晶体管的基极。导通时，每个二极管两端的电压近似等于每个晶体管基极到发射极的电压。因此，当一个晶体管截止时，另一个晶体管应正好导通，这极大地减少了失真。

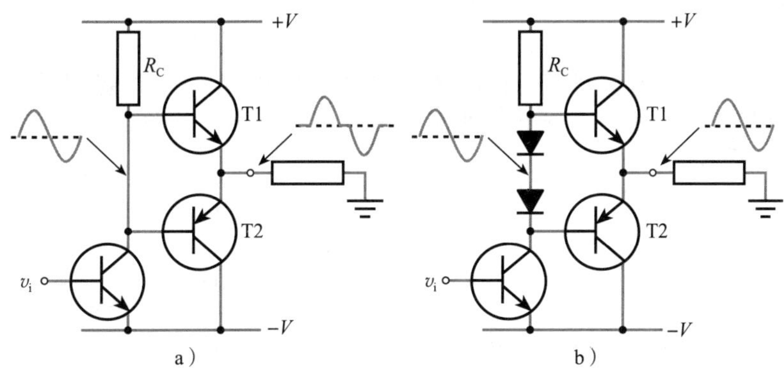

图 20.5　处理推挽式放大器的交越失真

图 20.5b 所示电路的一个小问题是，流过输出晶体管的电流比流过二极管的电流大得多。因此，二极管的导通电压小于晶体管的 V_{BE}，并且仍然保留小的死区。因此，交越失真减小了但不能完全消除。可以采用更有效的方法偏置输出晶体管。本章后面详细地介绍功率放大器时，再介绍几种方法。

计算机仿真练习 20.1

仿真图 20.5a 所示电路。晶体管 T1 选择 2N2222，T2 选择 2N2907A 比较合适。电源使用＋15V 和－15V，R_C为 10kΩ，负载为 10Ω。虽然必须添加合适的偏置电路将输出晶体管基极上的静态电压设置为大约 0V，但是可以用任意 npn 晶体管作为驱动晶体管。可能需要用不同的元器件值进行试验，以实现此目的。或者，可以用正弦电流发生器代替驱动晶体管。如果使用电流发生器，则应配置输出为 1.5mA 的补偿电流，使晶体管基极上的静态电压接近零(该电流流经 10kΩ 电阻会产生 15V 的电压降，使静态基极电压等于零)。

将正弦信号输入到电路，在晶体管的基极上产生 1kHz 的 5V 峰值的正弦电压，观察输出的波形。应该看到输出受到交越失真的影响。使用仿真器的快速傅里叶变换(FFT)功能显示输出的频谱，并观察输入信号存在的谐波。注意信号中存在哪些谐波。

修改电路，增加两个二极管，如图 20.5b 所示。可以使用传统的小信号二极管，例如

1N914 器件。现在必须调整驱动晶体管偏置电路或电流发生器的补偿，将两个二极管连接点的静态电压调回到零。

再次输入正弦信号并观察输出电压。显示波形的频谱并注意两个二极管对交越失真的影响。

20.2.3 放大器效率

选择用于功率输出级技术的一个重要方面是其效率。放大器的效率定义为

$$\text{效率} = \text{负载上的功耗} / \text{从电源上获取的功率} \tag{20.1}$$

效率是很重要的，因为它决定了放大器自身消耗的功率。放大器的功耗很重要的原因有多个。除电池供电的应用之外，重要性最低的一个是使用电力的实际花费，因为这通常是被忽略的。放大器的功耗是产生废热，产生过多的废热就需要使用更大的和更昂贵的功率晶体管来耗散。也可能需要使用其他散热方法，如散热片或散热风扇。还可能需要增加电源的尺寸为放大器提供所需的额外功率。所有这些因素增加了系统的成本和尺寸。

决定放大器效率至关重要的因素是放大器的类别，类别说明了放大器的工作模式。下一节介绍主要的放大器类别。

20.3 放大器的分类

根据有源器件的工作方式，所有的放大器属于多类放大器中的一类。

20.3.1 A类

在A类放大器中，有源器件(例如，双极型晶体管或场效应晶体管)在信号的完整周期内都是导通的。这种电路的例子之一是传统偏置的单晶体管放大器，如图20.6所示。

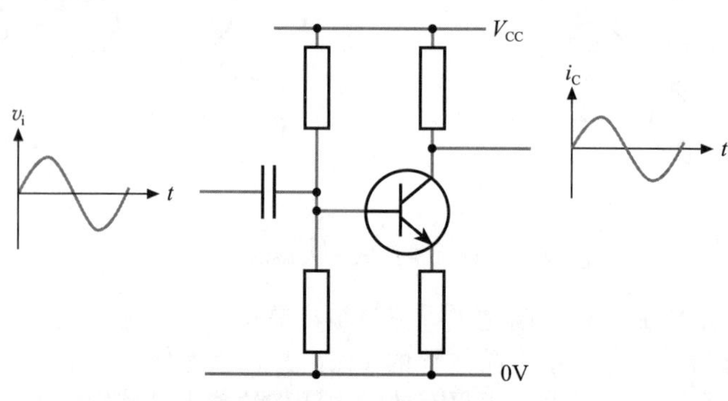

图 20.6 A类放大器

可以看出，对于传统的A类放大器，当输入的正弦波达到最大幅度时，放大器效率最高，不过也仅为25%。当用更多典型信号输入时，效率会很差。

通过使用变压器耦合负载，可以提高A类放大器的效率。虽然负载连接到次级以形成变压器耦合的放大器，但主要替代的是负载电阻。这种方案可使效率达到50%，但是由于使用了电感元件，所以带有相关缺点，包括其成本和体积，这种方案并不吸引人。

20.3.2 B类

在B类放大器中，输出有源器件只在输入信号的半个周期内导通。它们通常是推挽式电路，其中每个晶体管在输入信号的半个周期起作用。这种电路在20.2.2节讨论过，图20.7给出了输入为正弦信号时，电路的两个输出晶体管中的电流。

B类放大器的优点是，输出晶体管处于静态状态时没有电流流过，因此，系统的总体效率远高于A类。假设使用理想的晶体管，则可以看出最大效率约为78%。

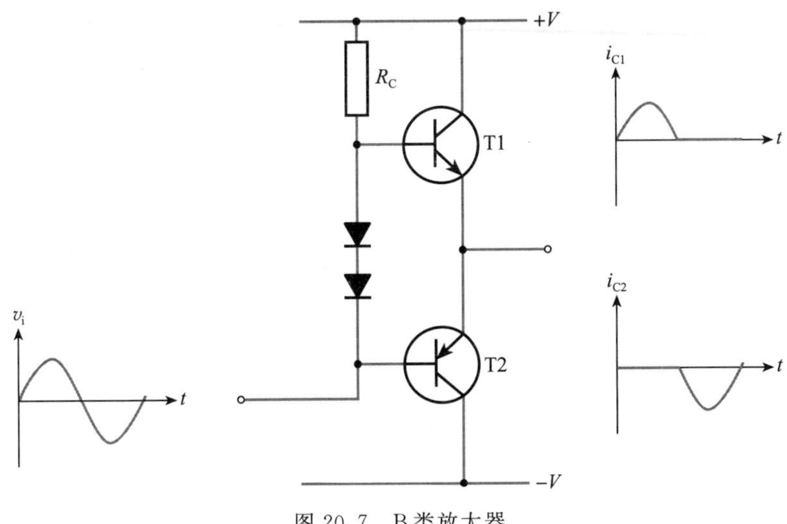

图 20.7　B类放大器

20.3.3　AB类

AB类是指工作在A类和B类之间的放大器。有源器件导通时间超过输入周期的50%，但小于100%。

从标准推挽式电路结构开始，再使两个管子对部分输入波形能够同时导通，就可以构成AB类放大器。图20.8给出了实现AB类放大器的一种方法，在图20.7的B类放大器中添加第三个二极管，增加了两个晶体管的基极之间的电压差。这确保了输入电压接近零时，两个晶体管都导通，大大减少了产生的交越失真量。这种电路产生的失真比通常B类电路产生的失真更低，而没有像使用A类放大器的效率那么低。AB类放大器的效率位于A类和B类的效率之间，并且取决于电路的偏置条件。

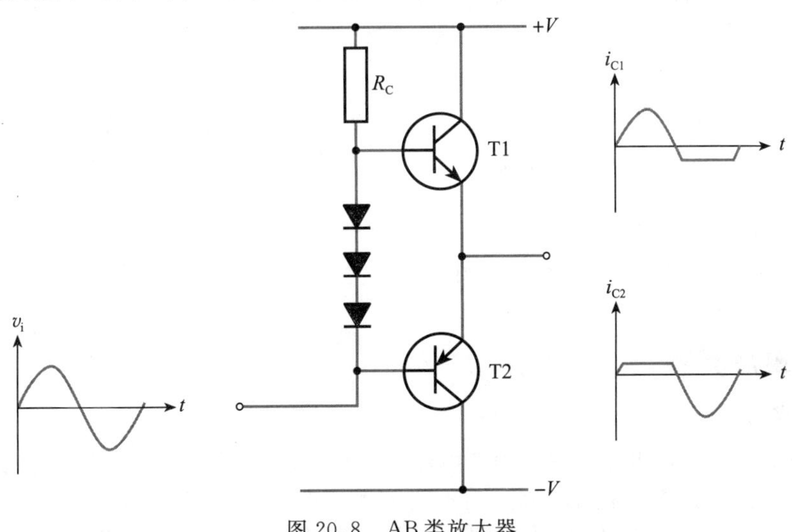

图 20.8　AB类放大器

20.3.4　C类

根据A类放大器和B类放大器的定义，将有源器件的导通时间不到输入信号周期的一半的放大器定义为C类放大器，就是顺理成章的。

C类放大器用于使器件在其峰值电流限制下工作，而不超过其最大额定功率。该技术可以产生接近100%的效率，但会导致波形的严重失真。由于这些原因，C类放大器仅在相当专业的应用中使用。例如在无线电发射机的输出级使用，其中还使用了电感滤波消除失真。图 20.9 给出了 C 类放大器电路。通常，该电路中的集电极电阻由 *RC* 调谐电路代替。

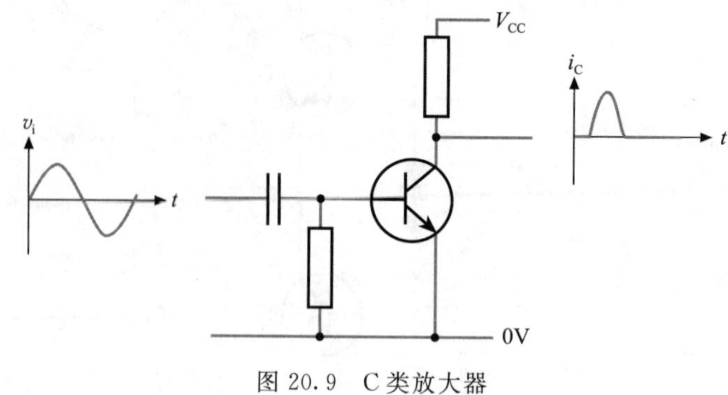

图 20.9　C 类放大器

20.3.5　D 类

在 D 类放大器中，有源器件经常用作开关，要么是完全导通，要么完全关断。对于理想的开关，断开时电阻无穷大，闭合时电阻为零。如果用作放大器的器件是理想的开关，放大器本身就不消耗功率，因为当开关导通时有电流流过，但是其两端没有电压，当开关断开时，其两端有电压，但是没有电流流过。由于功率是电压和电流的乘积，因此，在这两种状态下功耗都为零。尽管没有实际的器件是理想开关，但是晶体管确实是很好的开关器件，而且基于功率晶体管的放大器的效率高、价格低。

这种类型的放大器经常称为开关放大器或开关模式的放大器。D 类放大器既可以用单个晶体管构成也可以用推挽式结构构成。采用推挽式结构时，无论何时，只有两个晶体管中的一个是导通的。

通过高速重复的导通和关断输出电压，开关放大器可以用于提供连续的功率控制。通过改变输出接通的时间长短来控制传递到负载的功率。这个过程称为脉冲宽度调制（PWM），在本章后面讨论开关电源时，我们再详细地讨论这一过程。

20.3.6　放大器的类型总结

A 类、B 类、AB 类和 C 类放大电路是线性放大器，而 D 类电路是开关放大器。各类线性放大器之间的区别可以看作流过输出器件的静态电流的差别，这是由电路的偏置电路决定的。

计算机仿真练习 20.2

仿真图 20.6～图 20.9 所示电路。对每个电路，施加一个正弦输入信号，并使用瞬态分析研究流过输出晶体管的电流的性质。

20.4　功率放大器

20.4.1　A 类

在 A 类电路中，输出器件中的静态电流大于最大输出电流。这允许通过器件的电流减小量等于峰值输出电流，而不会“触底”。这会使失真很小，但是消耗大量的功率。由于静态电流很大，因此即使没有输入，功率消耗也相当大。

A 类技术偶尔用于功率放大器，但只有在为了产生非常低的失真而使用这些高代价技术的合理场合才会使用。应用的实例包括高性能音频放大器。

20.4.2　B 类

在 B 类放大器中，静态电流为零，这使其功耗很低、效率很高。在讨论推挽式放大器时我们遇到过这种类型的放大器，图 20.10 给出了一种最简单的推挽式放大电路。

严格来说，图 20.10 所示放大器是 C 类放大器，因为存在一个 $\pm V_{BE}$ 的死区，在这个死区内两个晶体管都不导通。因此，两个管子的导通时间都小于半个输入信号周期，然而，这个电路通常认为是一个设计很差的 B 类放大器，因为对于大输入信号，每个器件的导通时间几乎为半个信号周期。这种设计的局限性很明显：输入小的波动信号不会引起输出的变化，而大的输入摆幅由于穿越了死区，所以信号会产生失真。这导致产生了大量的交越失真。

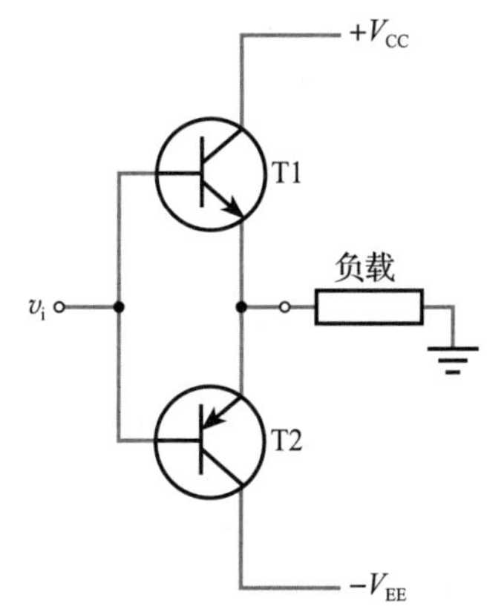

图 20.10　简单的推挽式放大电路

要将图 20.10 中的放大器转换为真正的 B 类放大器，我们需要使一个晶体管在另一个晶体管截止时能精确地导通。为了做到这一点，两个晶体管的基极必须加偏置，使得两基极的电压差为正常的基极到发射极电压的两倍。在 20.2.2 节中，我们讨论过能达到这个结果的简单方法，图 20.11 给出了这种技术的两种改进形式。

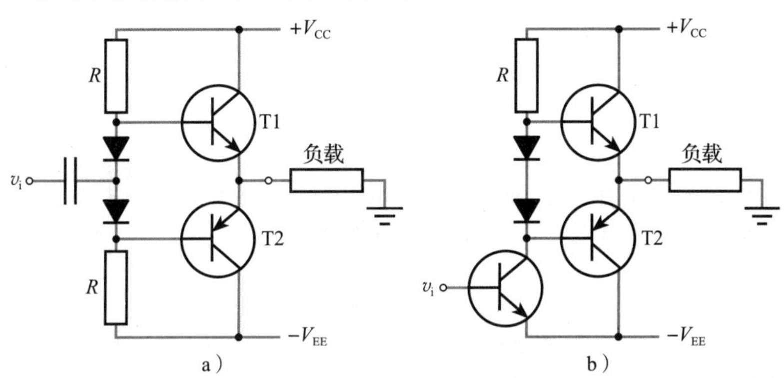

图 20.11　使用二极管为基极提供偏置

20.2.2 节提到，图 20.11 所示电路的一个问题是通过输出晶体管的电流比通过二极管的电流大得多。因此，每个二极管上的电压小于晶体管的 V_{BE}，仍然存在一个小的死区。交越失真虽然减少了，但没有完全消除。

有几种方法可以用于尝试在输出晶体管基极之间产生正确的偏移。最简单的一种方法是在基极之间增加一个小的预设可变电阻，与两个二极管串联，如图 20.12 所示。

流经偏置网络的电流在预设电阻上产生电压，从而增大了两个基极之间的电压。如果电压增加得足够大，则两个晶体管将同时导通，产生通过输出晶体管的静态电流。对于真正工作在 B 类的电路，应该将电阻的值设置为刚好没有静态电流流过晶体管。

与这种电路相关的一个问题是由晶体管温度变化引起的温度不稳定性。当输出器件温度升高，由于其消耗的功率，它们的 V_{BE} 与相对冷却的二极管上的电压相比降低了。如果两个晶体管基极之间的电压变得大于晶体管的导通电压的总和，则就会有静态电流流过，从而进一步增加了功率消耗，并因此进一步升高了输出晶体管的温度。在极端情况下，这个过程可能导致热失控并最终损坏电路。如果把

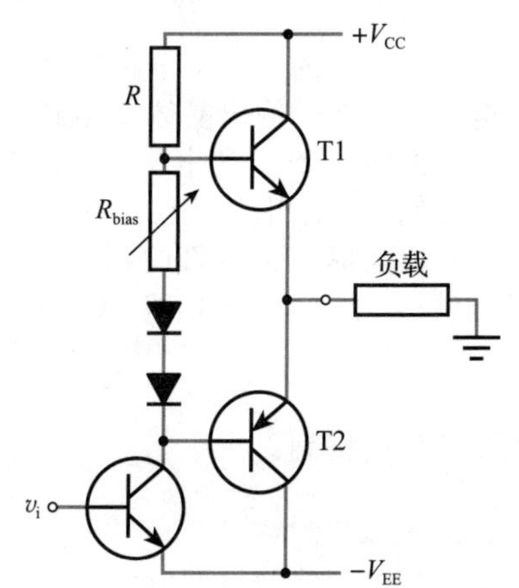

图 20.12　使用预设电阻设置偏置电压

该电路的二极管放置在靠近输出晶体管的位置，则二极管会提供温度补偿，因为由温度变化引起的输出晶体管的 V_{BE} 变化，与由温度引起的二极管两端电压的相似变化，二者匹配。

不幸的是，与 A 类相比，B 类放大器的效率提高是有代价的：总是会存在一些非线性关系，这种关系与从一个晶体管导通转换到另一个晶体管导通的过渡相关，不可避免地导致了小的交越失真。

20.4.3　AB 类

可以让小的静态电流流过输出器件来减小在交越点产生的失真。这平滑了从一个晶体管到另一个晶体管的转变，从而减小了交越失真。这种技术增加了系统的静态功耗并降低了总效率。然而，失真的减少使该方法对于诸如音频放大器等应用非常有吸引力。因为没有施加输入时，两个晶体管中都有电流，所以每个输出晶体管的导通时间都超过输入信号周期的 50%。因此，这种电路是 AB 类而不是 B 类。只要简单地选择适当的预设电阻，图 20.12 中的电路就可以作为 AB 类放大器。因此，该电路和随后的那些电路既可能是 B 类也可能是 AB 类，取决于静态电流设置的值。如果适当地调整，确保静态电流大到使两个晶体管在整个输入周期内都保持导通，这类放大器也可以用在 A 类。然而，在这种形式的功率输出级中用 A 类是不常见的。在实际中，通常调整电路以适合具体应用，如将静态电流设置为零，使功率消耗最小化(工作于 B 类)，或设置一静态电流值使交越失真最小化(工作于 AB 类)。

20.4.4　输出级技术

通过增加小的发射极电阻可以改善图 20.12 所示电路，增加电路的静态稳定性，如图 20.13 所示。这两个发射极电阻上的电压降要从电路的基极-发射极电压中减去。因此，当电流增加时，电阻降低了基极-发射极结两端的电压，提供了串联负反馈，从而稳定了静态电流。

对于低功率应用，这两个电阻的典型值可能是几欧姆，对于高功率电路阻值更小。因此电阻中消耗的功率相当小。通过偏置电阻 R_{bias} 的设置可以补偿电阻两端的小电压降。

在上一章中我们注意到，高功率晶体管的电流增益是比较低的。因此，在功率输出级常用达林顿管，如图 20.14 所示。图中给出了两种广泛使用的结构，第一种使用相同类型的晶体管作达林顿管，第二种使用互补的达林顿晶体管。

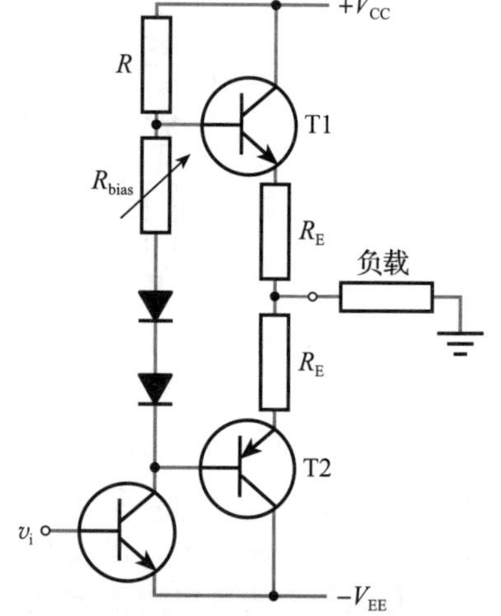

图 20.13　发射极电阻的使用

图 20.14 的第一个电路需要使用四个二极管，因为在 T1 和 T2 的基极之间需要 $4V_{BE}$ 的电压，使四个输出晶体管导通。在第二个电路中，仅需要两个二极管，因为在 T1 和 T2 的基极之间仅 $2V_{BE}$ 的电压就会使四个输出晶体管导通。

在偏置网络中替代使用一串二极管的方案如图 20.15a 所示。这里，使用单个晶体管和一对电阻提供晶体管的基极偏置。对于高增益晶体管，由于基极电流通常被忽略，基极-射极电压 V_{BE} 由集电极-发射极电压 V_{CE} 和电阻 R_1 与 R_2 的比值决定，因此

$$V_{BE} = V_{CE}\frac{R_2}{R_1 + R_2}$$

重新整理后得到：

$$V_{CE} = V_{BE}\frac{R_1 + R_2}{R_2}$$

因此，偏置网络两端的电压由 V_{BE} 和电阻 R_1 和 R_2 的比值决定。通过调整两个电阻的相对值，网络两端的电压可以按要求设置成等于 V_{BE} 的任意倍数。由于这个原因，这个电路称

为 V_{BE}乘法器。与偏置二极管一样，通常将晶体管安装在输出晶体管附近以实现良好的温度补偿。图 20.15b 给出了一个使用 V_{BE}乘法器设置静态电流的输出级电路。

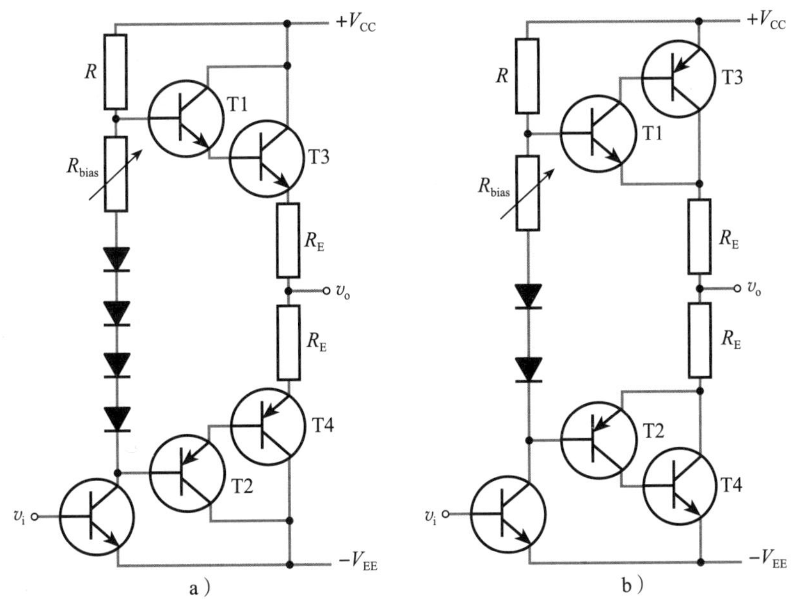

图 20.14　在功率输出级使用达林顿晶体管

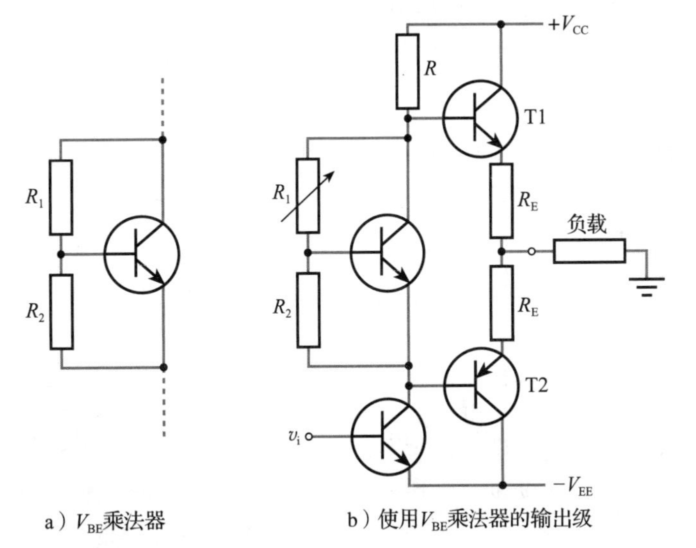

图 20.15　V_{BE}乘法器电路

20.4.5　集成设计

当使用分立元器件(电阻、电容、晶体管等)来设计构建放大器时，尽可能使用低成本无源器件使电路的总成本最小化。所设计的电路用集成电路实现时，经济性规则是不同的。晶体管、二极管和其他有源器件比无源器件需要更少的芯片面积，因此实现起来很便宜。这使我们重新思考设计电路的方式，尽量减少无源器件的使用，并尽可能用有源器件替换无源器件。

有源负载

传统电路中常用的无源器件是负载电阻，如图 20.16a 和图 20.16b 所示。

在基于双极型晶体管的电路中，可以用一串二极管组成的有源负载替换负载电阻，如

图 20.16c 所示。这产生的有效负载等于二极管的斜率电阻之和。但是，每个二极管的电阻很小，并且每个二极管的电压降约为 0.7V，从而限制了二极管的使用数量。

双极型晶体管电路的一种替代负载电阻的电路是电流镜，如图 20.16d 所示。由于电流镜提供了一个恒定的电流 I_m，在集电极电流中任何小信号的变化都会直接出现在输出端。由于一个电流镜可以驱动很多负载晶体管(如图 19.36b 所示)，所以这种电路是很经济的。

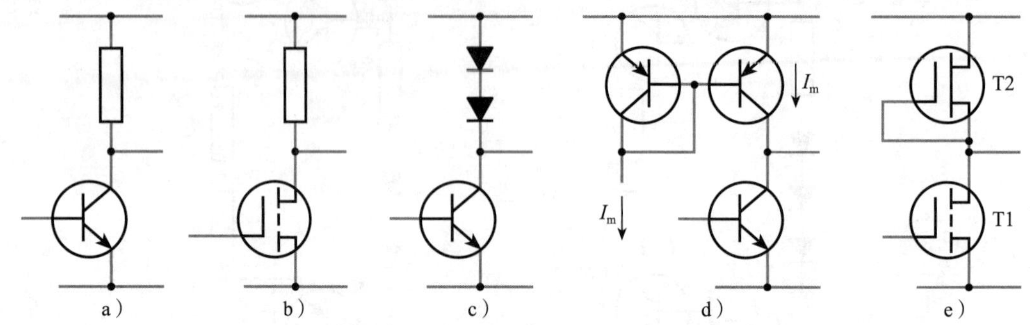

图 20.16　有源负载电路和无源负载电路的比较

场效应晶体管也可以用作有源负载，如图 20.16e 所示。我们已经在 18.7.4 节中看到过这个电路，那是把场效应晶体管用作逻辑开关或者反相器。图 20.16e 中的电路可以做如下修改，用栅极连接到漏极的增强型器件替换用于负载晶体管 T2 的耗尽型场效应晶体管。这使传递特性的线性更好，更适合于模拟应用的。然而，当在数字电路中使用时(例如，图 18.36b 中的逻辑反相器)，耗尽型场效应晶体管更好。

在差动放大器中需要两个负载电阻。在双极型晶体管电路中，这可以轻松地使用电流镜的两个臂实现，如图 20.17 所示。这种电路不仅在空间面积方面非常经济，不使用电阻，而且还提供了高达几千个数量级的电压增益。

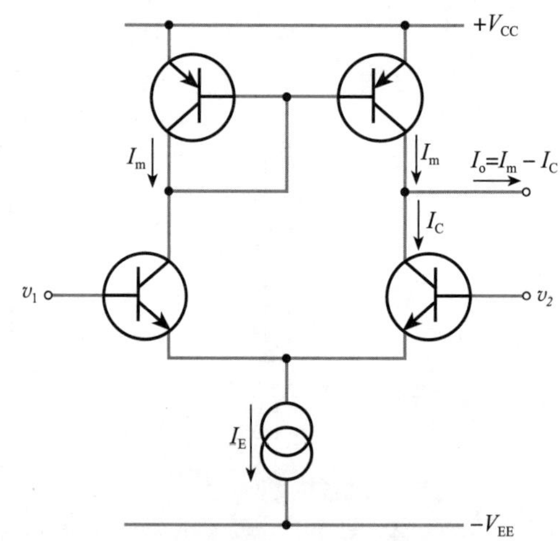

图 20.17　带电流镜负载的差动放大器

20.5　四层器件

虽然晶体管可以作为优秀的逻辑开关，但是在高电压切换高电流时它们有局限性。例如，为了制造具有高电流增益的双极型晶体管时需要薄的基区，这会产生低的击穿电压。一种替代方法是使用专门为这种应用设计的器件。这种器件不是晶体管，但是结构和工作模式与双极型晶体管有很大的共同点。

20.5.1　晶闸管

晶闸管是一种由 pnpn 结构组成的四层器件，如图 20.18a 所示。两个端部区域具有称为阳极(p 区)和阴极(n 区)的电接触点。内部 p 区也有电连接，称为栅极。晶闸管的电路符号如图 20.18b 所示。

如果不连接栅极，晶闸管可以看作是由 pn 结、np 结和 pn 结构成的三个二极管串联的。由于三个二极管中的两个方向相同而另一个方向相反，所以施加的任何电压必定使三个二极管中至少一个反向偏置，两个方向上都没有电流流动。然而，当用适当的信号施加到栅极时，器件就会变得相当有用。

晶闸管的工作原理

晶闸管的工作原理最容易理解，因为可以通过将其比作两个互连的晶体管，如

图 20.19a所示，用电路表示为图 20.19b。

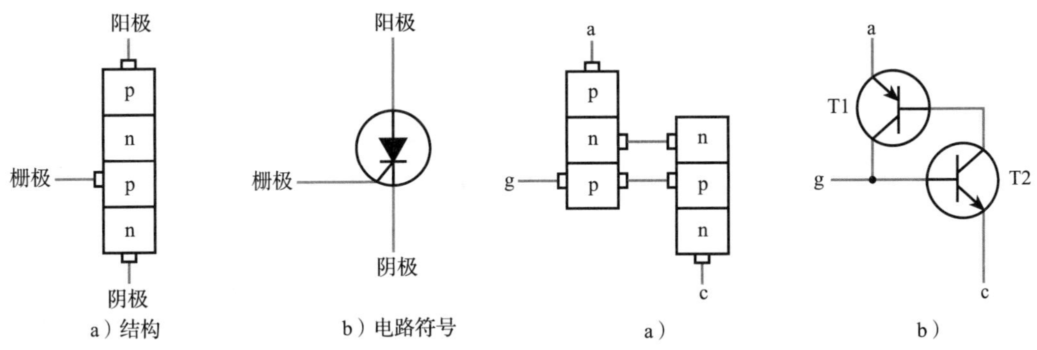

图 20.18　晶闸管　　　　图 20.19　晶闸管的工作原理

首先考虑阳极相对于阴极是正的情况，但是两个晶体管中都没有电流流动。当 T1 关断时，没有电流流入 T2 的基极，因此 T2 也关断。当 T2 关断时，没有电流从 T1 的基极流出，因此 T1 晶体管保持关断。这种状态是稳定的，如果没有外部事件改变电路的状态，电路将保持在这种状态。

现在考虑在栅极施加一个正脉冲带来的影响。当栅极为正，T2 将导通，将导致电流从集电极流向发射极，这个电流在 T1 中产生基极电流，使得 T1 导通。这反过来又引起电流流过 T1，在 T2 中产生基极电流。这个基极电流将趋向于增大 T2 中的电流，又反过来将增大 T1 中的电流，继续循环直到两个器件饱和。在阳极和阴极之间流动的电流将不断增大，直到被外部电路限制为止。这个过程称为是可再生的，因为电流的流动是自我增加和自我维持的。一旦晶闸管“被触发”，栅极信号就可以移除而不影响电流。

晶闸管只能在一个方向上用作控制器件，所以，如果阳极相对于阴极是负的，器件就像反向偏置的二极管一样。这就是为什么晶闸管也称为可控硅整流器。

晶闸管是非常有效的电控开关，具有相当特别的特性，当在栅极上施加短脉冲接通它时，只要电流继续流过器件，它就保持不变。如果没有电流或电流低于某维持电流，晶体管会停止工作，器件自动关断。在关断状态，只有泄漏电流流过，击穿电压通常为几百或几千伏特。在导通状态下，仅用一伏特左右的导通电压，就可以有几十或几百安培的电流流过。使器件导通所需的电流从小型器件的大约 200μA 变化到能够通过 100A 左右的器件的大约 200mA。小型器件的开关时间通常为 1s 的数量级，但对于较大的器件而言，其开关时间稍长。

应该记住的是，即使晶闸管是非常有效的开关，但是，由于有电流流过晶闸管，并且其两端有电压，因此，晶闸管会消耗功率。功率产生的热量必须要散去，以防器件超过其最大工作温度。由于这个原因，除了最小的晶闸管之外，其他所有的晶闸管通常都安装在专门设计了散热的散热器上。

交流电源控制中的晶闸管

尽管晶闸管可以用在直流应用中，但是它在交流系统的控制中是最常见的。考虑图 20.20a 中的电路，其中晶闸管串联了一个电阻负载，再连接到交流电源。外部电路检测电源波形，如图 20.20b 所示，并且产生一串栅极触发脉冲，如图 20.20c 所示。每个脉冲位于电源相位的同一点，因此晶闸管在每个周期的同一点导通。一旦接通，晶闸管会一直导通，直到电源电压和流过它的电流下降到 0 为止，产生的输出波形如图 20.20d 所示。其中晶闸管大约在电源的正半周期的中途被触发，因此可控硅开启约四分之一周期。因此，负载中消耗的功率大约是负载直接连接到电源时所产生功率的四分之一。通过改变晶闸管触发的相位角，输送到负载的功率可以控制在全功率的 0～50%。这种控制称为半波控制。

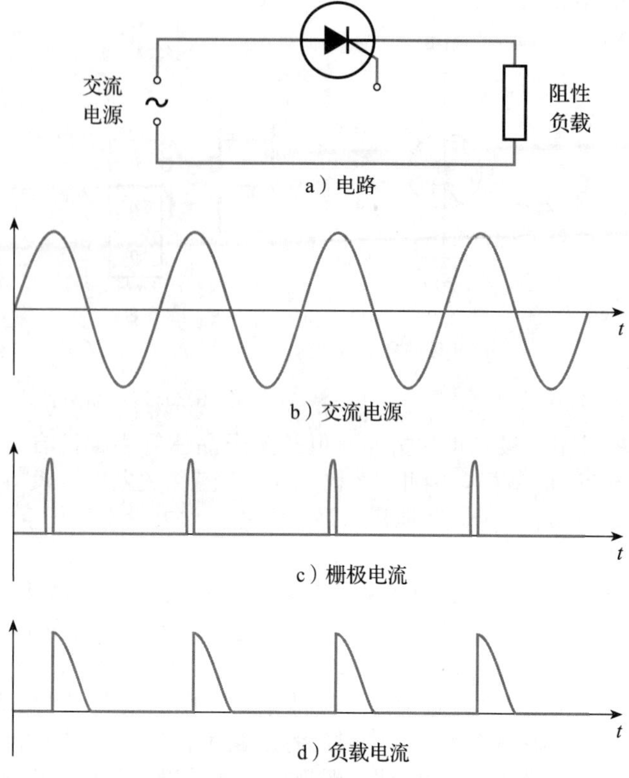

图 20.20　在交流电源控制中使用晶闸管

栅极电流脉冲是在栅极和阴极之间施加几伏特的电压来产生的。由于阴极在电源电路内，所以通常使用光隔离(如 13.3.1 节所述)将用于产生脉冲的电子线路和交流电源进行绝缘。想使用晶闸管实现全波控制，需要使用两个方向相反的器件并联，如图 20.21 所示。这会将功率控制在全功率的 0～100%，但是，需要两个栅极脉冲发生电路和两个隔离网络。

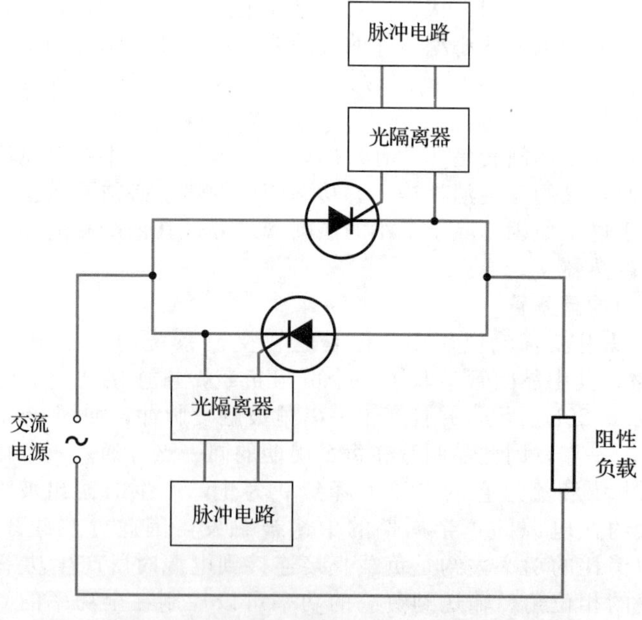

图 20.21　使用晶闸管进行全波电源控制

20.5.2 三端双向可控硅

对于交流电源的全波控制，有一个更好的解决方案，即使用三端双向可控硅。它实际上是一个双向晶闸管，可以在电源周期的两个半周期内工作。它类似于两个晶闸管方向相反并联连接的，但具有栅极脉冲可由单个隔离网络提供的优点。在整个电源周期内，任意极性的栅极脉冲都可触发三端双向可控硅，使其导通。由于器件有效对称，所以将其两个电极简单地命名为MT1和MT2，其中MT代表“主端子”。施加到器件栅极上的电压是相对于MT1的。三端双向可控硅的电路符号如图20.22a所示。

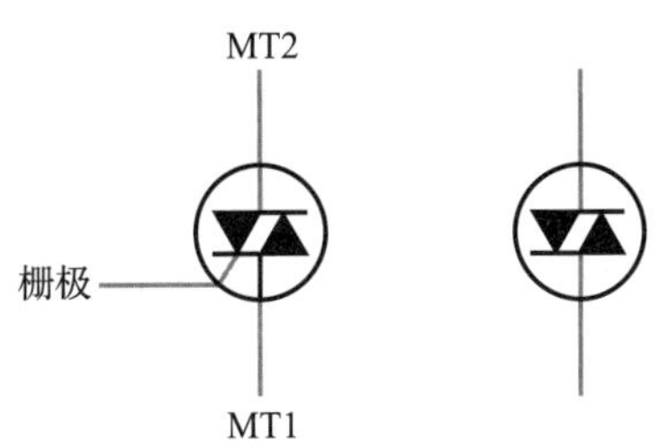

a）三端双向可控硅　b）双向触发二极管

图20.22　三端双向可控硅和双向触发二极管的符号

三端双向可控硅开关电路中的栅极触发脉冲通常使用另一个四层器件（双向触发二极管）产生。双向触发二极管类似于三端双向可控硅开关，但没有栅极。它的特性是，对于施加小的电压，没有电流通过，但是如果施加的电压高于某一值（称为导通电压），该器件击穿并开始导通。双向触发二极管导通电压的典型值为30～35V。器件可以在任意方向上工作，当由电源电压得到的控制电压达到合适的值时，可以用于产生一阵电流到栅极。双向触发二极管的电路符号如图20.22b所示。

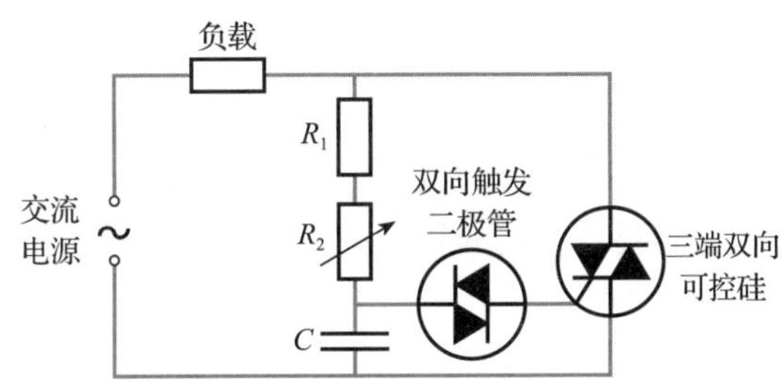

图20.23　一个使用三端双向可控硅的灯调光器

三端双向可控硅开关广泛应用于灯调光器和电动机调速器等应用中。图20.23给出了一个简单的家用灯泡调光器电路。电路的工作原理非常简单：在周期开始时随着电源电压增加，电容器通过电阻充电，其电压增加。当达到双向触发二极管的导通电压（约30V）时，电容器通过双向触发二极管放电，产生电流脉冲，从而触发三端双向可控硅开关。触发三端双向可控硅开关的相位角可以通过控制电容器充电速率的 R_2 值来改变。R_1 用以限制阻容组合的最小电阻，防止在可变电阻器中过度消耗功率。一旦三端双向可控硅开关被触发，通过流过它的负载电流使其保持导通状态，而电阻-电容组合上的电压被三端双向可控硅开关的导通电压限制在1V左右。这种情况一直维持到电源的当前半个周期结束。此时，电源电压降至零，通过三端双向可控硅开关的电流降低到保持电流以下，此时，三端双向可控硅开关关闭。电源电压然后进入下半周期，电容器电压再次开始上升（这次感觉是相反的），循环重复。如果适当地选择元器件值，通过调节可变电阻器的值，输出可以从零变化到接近全功率。

图20.23所示的简单调光器电路通过触发三端双向可控硅开关时改变电源的相位角来控制灯的功率。毫不奇怪，这种方法称为相位控制，有时称为占空比控制。使用这一技术，当三端双向可控硅开关在电源周期的中点导通会产生大的瞬变。

这些瞬变经过电源线传播噪声尖峰或产生电磁干扰（EMI），会引起干扰问题。另一个控制方法是在电源周期的完整半个周期内让三端双向可控硅开关器件导通，改变开关周期的比例来控制功率，当电压为零时切换，因此，消除了干扰问题。这种技术称为突发触发，并且对于响应速度相对较慢的控制过程是有用的。由于会引起闪烁，所以它不适用于灯的控制。

20.6 电源和稳压器

在17.8节中，我们了解了如何用半导体二极管整流交流电压，在19.8.2节中，我们介绍了双极型晶体管在电压调节中的应用。将这些技术结合起来，可以发展出一系列电源。

20.6.1　无稳压的直流电源

基本的低压无稳压电源采用降压变压器、全波整流器和存储电容器(也称为平滑电容器)的结构形式。典型电路如图 20.24 所示。

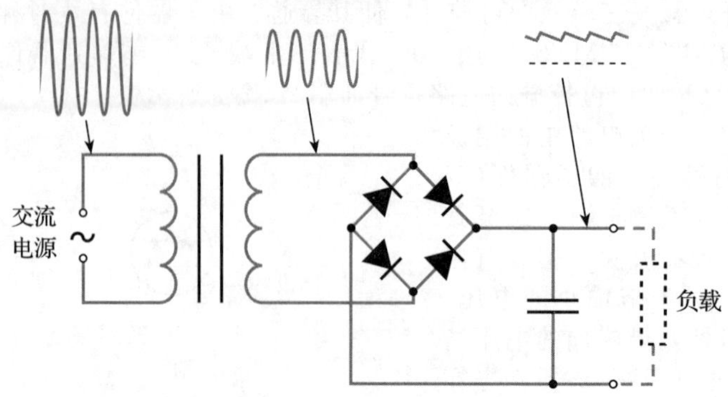

图 20.24　典型的无稳压电源

无稳压电源的输出电压由输入电压和变压器的降压比决定。当负载电流增加时，纹波电压增加(如 17.8 节所述)，结果输出电压下降。无稳压电源用于不需要恒定输出电压而且可以接受纹波的应用中(例如，为电池充电)。

20.6.2　稳压直流电源

当需要更恒定的输出电压时，可以将无稳压的电源与稳压器组合构成稳压电源，如图 20.25所示。

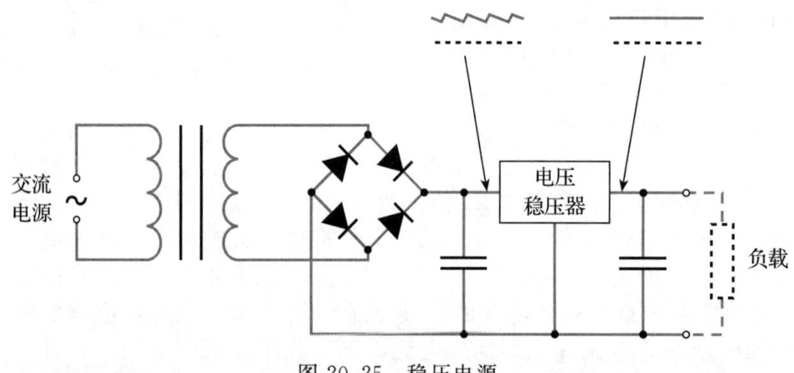

图 20.25　稳压电源

我们在 19.8.2 节中了解了简单的电压调节器，其中所介绍的电路如图 20.26a 所示。记得这基本上是射极跟随器电路，其输出电压为晶体管的基极电压(由齐纳二极管设置)减去非常恒定的基极-发射极电压。

实际上，通常使用如图 20.26b 所示稍微复杂一点的电路。这与以前的电路类似，区别只是输出电压现在被采样(使用 R_3 和 R_4 分压器)，并且该电压的一部分用于提供负反馈。T2 发射极上的电压由齐纳二极管保持恒定。如果 T2 基极上的电压上升，使基极-发射极电压大于晶体管导通电压，则会产生流过 R_2 的集电极电流。这将降低 T1 基极上的电压，从而降低输出电压。因此，电路将稳定在分压器的中点电压 V_P 近似等于 V_Z 加上 T2 的基极-发射极电压(约 0.7V)的点。由于 V_P 由输出电压和 R_3 和 R_4 的比值决定，所以

$$V_P = V_o \frac{R_4}{R_3 + R_4} = V_Z + 0.7\text{V}$$

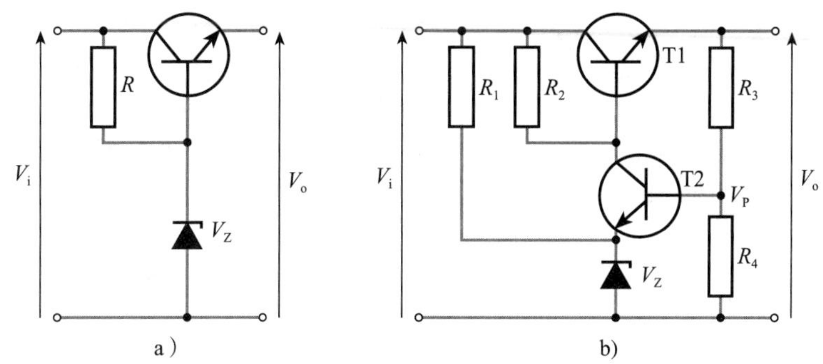

图 20.26　稳压器

因此，

$$V_o = (V_Z + 0.7V)\frac{R_3 + R_4}{R_4} \tag{20.2}$$

例 20.1 求出右图所示稳压器的输出电压(假设输入电压足够高，电路能正常工作)。

解： T2 基极的电压 V_P 为 $V_Z + 0.7V$。因此，输出电压等于这个值乘以 $(R_3+R_4)/R_4$，因此

$$V_o = (V_Z + 0.7V)\frac{R_3 + R_4}{R_4}$$

$$= (4.7 + 0.7) \times \frac{1.222k\Omega + 1k\Omega}{1k\Omega} = 12.0V$$

◀

稳压器通常采用专用集成电路的形式，这些集成电路总是比图 20.26b 所示的电路更复杂，通常用运算放大器代替 T2，可以有更大的增益和更好的调节。集成稳压器通常也包括附加电路，提供电流限制以防电路因电流过大而损坏。固定电压稳压器集成电路有很多，可提供很宽范围的标准电压(例如，+5V、+15V 和−15V)，而另一些器件允许用外部元器件(通常是一对电阻)来设置输出电压。

功率消耗

到目前为止，所介绍电源的缺点是，它们的效率相对较低。这可以通过图 20.26b 中的稳压器认识到。为了提供恒定的输出电压，无调节的输入电压(V_i)大小必须比稳压后的输出电压(V_o)稍大。因此，输出晶体管两端的电压是 $V_o - V_i$，晶体管上消耗的功率等于该电压乘以输出电流。在很多情况下，在稳压器中消耗的功率与传递到负载上的功率相当，在大功率电源中，这会产生大量热量。这些电源的另一个缺点是，变压器很重且体积大，因为频率低的交流电源需要大的电感。

例 20.2 当图 20.26b 中的电路连接到一个负载 $R_L = 5\Omega$ 时，假定 $V_i = 15V$，$V_o = 10V$，比较负载消耗的功率和稳压器输出晶体管消耗的功率。

解： 输出电压 $V_o = 10V$，负载电阻 $R_L = 5\Omega$，因此输出电流为

$$I_o = \frac{V_o}{R_L} = \frac{10}{5} = 2(A)$$

因此，传递到负载的功率为

$$P_o = V_o I_o = 10 \times 2 = 20(W)$$

通过输出晶体管 T1 的电流等于输出电流 I_o，晶体管两端的电压等于输入电压和输出电压的差值，因此输出晶体管消耗的功率 P_T 为

$$P_o = (V_i - V_o)I_o = (15 - 10) \times 2 = 10(W)$$

因此，输出晶体管消耗的功率等于传递到负载功率的一半。◀

20.6.3　开关电源

解决电源中高功耗问题的一种方法是使用开关稳压器。开关稳压器的基本结构如图 20.27a所示。未调节的电压连接到一个开关，开关以 20kHz(或更高)的频率开启和闭合。虽然频率保持恒定，但是占空比(即导通时间和关断时间的比率)是变化的。如果在每个周期内开关的闭合时间相当短，输出电压的平均值将会很低，如图 20.27b 所示。如果在每个周期内开关的闭合时间占的比例大，输出电压的平均值将会更高，如图 20.27c 所示。通过改变开关波形的占空比，输出电压的平均值可以在零到输入电压之间变化。

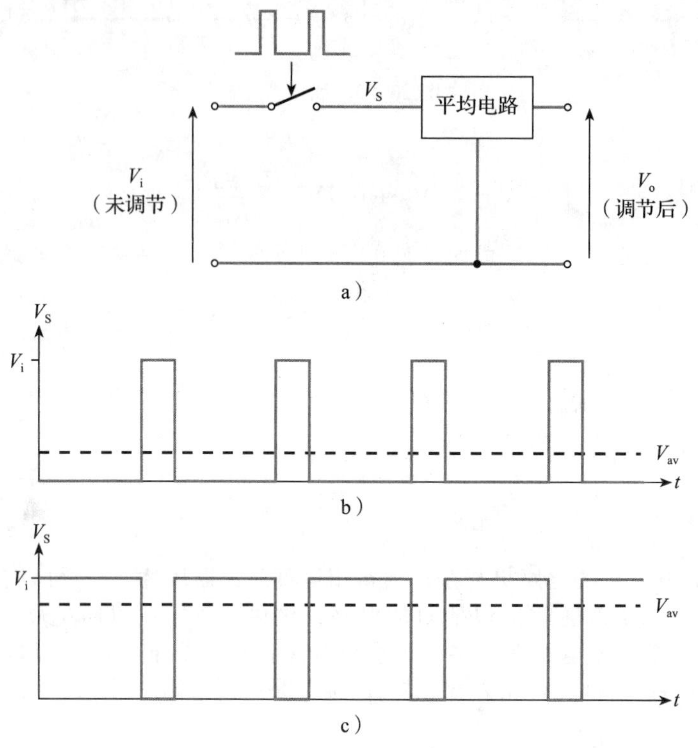

图 20.27　开关稳压电路

开关稳压器很大的优点是其功耗很低。当理想的开关关断时，通过的电流为零，当接通时，两端的电压为零。因此，两种状态在开关上的功耗都为零。晶体管不是理想的开关，但是双极型晶体管和 MOS 效应晶体管都有非常好的开关特性。当晶体管关断时，通过的电流可以忽略，而当导通时，两端的电压非常小。因此，在两种状态下开关(和稳压器作为一个整体)几乎不消耗功率。

平滑电路通常使用电感-电容电路，如图 20.28 所示。当开关刚刚闭合时，电流开始流过电感并流进电容器。二极管被施加的电压反向偏置，因此没有电流通过。由于电感的特性，当电能存储在电感器中时，电路中电流缓慢地形成。现在，当这个开关打开时，在电感中存储的能量会产生电动势，该电动势有助于维持这个电流。这会使二极管正向偏置，并且随着电流衰减而进一步对电容器充电。负载从电容器中取出电流，电路很快达到平衡，其中，电容器上的电压等于开关波形的平均值加上一个小的纹波电压。

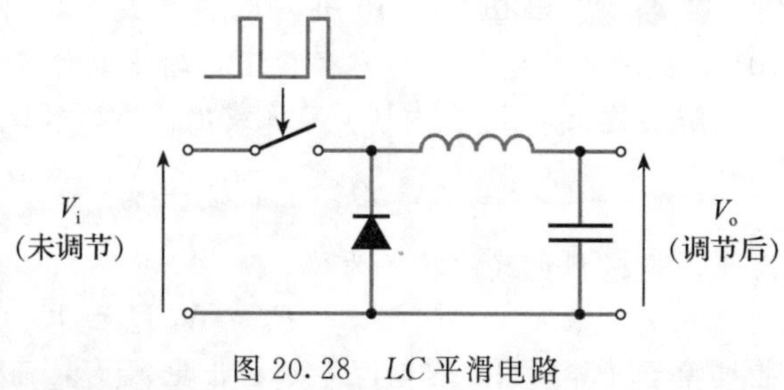

图 20.28　*LC* 平滑电路

开关稳压器中开关的占空比是用来自输出的反馈控制的，图 20.29 给出了实现这个目的的电路。由 R_1 和 R_2 形成的分压器产生电压 V_F，它与输出电压的关系可表示为 $V_F = V_o \times R_2/(R_1 + R_2)$。$V_F$ 与齐纳二极管两端的参考电压 V_Z 进行比较。比较器的输出用于改变数字振荡器的占空比，进而控制开关。如果 V_F 低于 V_Z，开关的占空比将会增加，输出电压升高，而如果 V_F 大于 V_Z，输出电压下降。通过这种方式，反馈维持了输出电压稳定，使得 V_F 等于 V_Z，因此

$$V_F = V_o \frac{R_2}{R_1 + R_2} = V_Z$$

重新整理后

$$V_o = V_Z \frac{R_1 + R_2}{R_2} \tag{20.3}$$

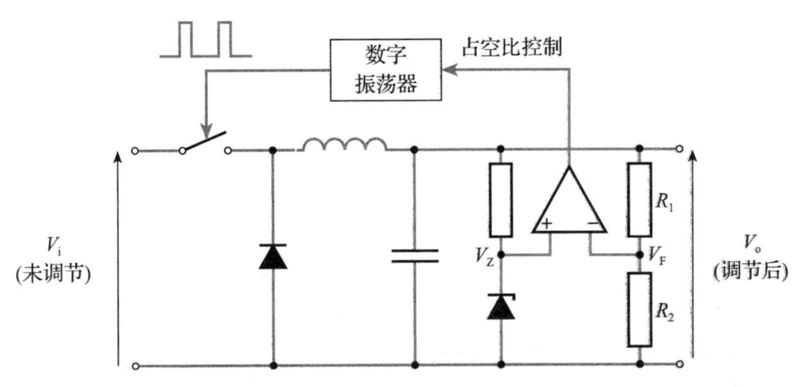

图 20.29　开关稳压器中使用反馈

开关稳压器可用于替代图 20.25 所示电路中的常规稳压器，这可减少在稳压器上的功耗，并缩减了尺寸和重量(避免使用大的散热器)。在某些情况下，也可以通过移除变压器来减少重量。这里，交流电源经过简单整流并应用于开关稳压器。使用开关稳压器的电源通常称为开关电源或开关电源单元(SMPU)。

虽然可以用分立元器件构建开关稳压器，但是通常使用集成电路模块。模块中包含所有的有源器件。这种集成电路加上少量的外部元器件，很容易构造完整的开关电源。特定器件的详细电路通常在数据手册中给出。或者，对于完整的开关电源可以购买现成的模块。

进一步学习

当在 20.5 节中介绍四层器件时，我们主要介绍了其在交流电路中的用途。然而，像晶闸管这样的器件也广泛用于直流应用中。

大功率直流电动机有大电流通过，用机电开关控制电流需要使用大而笨重的开关。用晶闸管设计一个简洁的控制器。电路有两个按钮，按下其中一个开启电动机，按下另一个关闭电动机。

视频 20D

关键点

- 功率放大器的设计旨在为其负载提供大量功率。
- 功率放大器可以用场效应晶体管或双极型晶体管构建。双极型电路通常使用射极跟随器电路，因为其有低的输出电阻。

- 许多功率放大器用有正负电源的推挽式结构。在这种电路中，失真是很重要的，要注意这种电路中的偏置电路设计，减小交越失真。
- 放大器的效率受其工作类型的影响很大：
  - 在 A 类放大器中，有源器件一直导通；
  - 在 B 类放大器中，有源器件在输入信号周期的一半内导通；
  - 在 AB 类放大器中，有源器件的导通时间超过输入信号周期的半个周期；
  - 在 C 类放大器中，有源器件的导通小于输入信号周期的半个周期；
  - D 类放大器是开关电路，有源器件要么完全导通，要么完全关断。
- 虽然晶体管可以作为很好的逻辑开关，但在高电压和大电流时不宜采用。在这种情况下，经常使用专用器件，例如晶闸管或三端双向可控硅开关。
- 变压器、整流器和电容器可以组合形成简单的无稳压电源，但是这种电路的输出电压和输出电压纹波是变化的。
- 增加一个稳压器可以产生更稳定的输出电压。传统的稳压器价格便宜，使用方便，但是效率很低。开关稳压器提供了更高的效率，但是需要更复杂的电路。
- 开关电源的效率高、体积小且重量轻。

习题

20.1 功率放大器的含义是什么？

20.2 为什么在功率放大器中效率很重要？

20.3 哪一种双极型晶体管结构最常用于功率放大器电路？为什么？

20.4 说明图 20.3 中的简单推挽式放大器的工作原理，为什么这种电路会产生交越失真？

20.5 如何减小推挽式放大器的交越失真？

20.6 解释放大器效率的含义。

20.7 对于从电源中吸收但没有提供给负载的功率，会产生什么情况？

20.8 概述各类放大器之间的区别，哪些是线性放大器？

20.9 A 类放大器的最大效率为多少？获得最大效率的条件是什么？

20.10 图 20.3 所示的简单推挽式放大器属于哪一类？

20.11 为什么 C 类放大器很少使用？

20.12 解释功率控制中所用的脉宽调制。

20.13 下面的电路代表的是哪一类放大器(即 A 类、B 类等)？

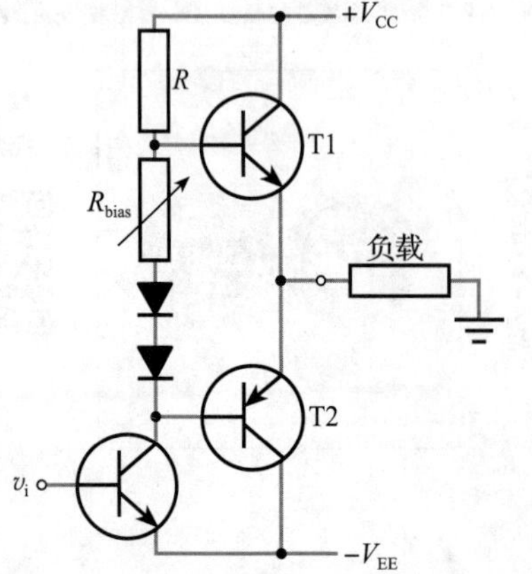

20.14 解释温度不稳定性的含义，并说明如何解决这个问题。

20.15 为什么在音频放大电路中优先使用 AB 类放大器而不是 B 类放大器？与 B 类放大器相比，AB 类放大器的缺点是什么？

20.16 说明 V_{BE} 乘法器电路的原理。

20.17 说明集成电路中有源负载的优点。

20.18 在高电压时开关大电流，为什么双极型晶体管不是理想的？

20.19 简要说明晶闸管的原理。

20.20 说明在使用晶闸管的交流控制中为什么需要使用光隔离。

20.21 对于交流功率控制，为什么晶闸管不是理想的？

20.22 三端双向可控硅开关与晶闸管有何不同？

20.23 三端双向可控硅电路的相位控制是什么含义？说明这种方法存在的潜在问题。

20.24 三端双向可控硅电路的突发触发是什么意思？说明这种方法存在的潜在问题。

20.25 画一个简单无稳压的电源电路，并说明每个元器件的功能，什么限制了这种电路的使用？

20.26 画一个用反馈稳定输出电压的简单稳压器，并说明电路的工作原理。

20.27 修改例 20.1 中的电路，使其产生 15V 的输出电压。

20.28 图 20.26a 中的稳压器连接 10Ω 的负载。如果输入电压是 25V，输出电压为 15V，计算在输出晶体管上消耗的功率。

20.29 解释开关稳压器的意思。这种形式的稳压器的优点是什么？

20.30 说明图 20.29 中开关稳压器的工作原理。

第21章 运算放大器的内部电路

目标

学完本章内容后，应具备以下能力：

- 理解常用于运算放大器电路中的电路技术
- 画出基于双极型晶体管基本运算放大器的基本结构，并解释各元器件的作用
- 理解双极型运算放大器电路产品内电路单元的工作原理
- 概述基于 CMOS 电路基本运算放大器的结构，并解释各元器件的作用
- 掌握商用 CMOS 运算放大器设计中的关键要素
- 从商用器件的数据手册中获取运算放大器性能的关键参数
- 说明 BiFET 运算放大器和 BiMOS 运算放大器在特性上的区别和各自独特的电路元器件

21.1 引言

大多数情况下，我们把运算放大器看作“黑盒子”，而对于实现运算放大器的电路却知之很少。然而，在运算放大器集成电路中使用的电路采用了我们在前面章节中学过的很多电路单元，因此是我们理解这些电路技术的很好方法。这也使我们有机会考虑应用更复杂的电路。虽然本书的很多读者不太可能会承担设计商用运算放大器的任务，但是理解在商用运算放大器中使用的电路，会使我们更好地理解其外部特性(如 16.5 节所述)。

虽然我们已经学习过运算放大器的一些应用，但假设所使用的运算放大器都是“常规”通用器件。有各种专用形式的放大器，包括电流模式(诺顿)输入的或差分输出的放大器。在这里关注使用最广泛的运算放大器，就是单端输出的差分电压放大器。

运算放大器可以由双极型晶体管构成或者场效应晶体管构成，或是两者共同构成，我们讨论上述所有的构成形式，但首先介绍由双极型晶体管构成的运算放大器电路，因其使用最为广泛。

21.2 双极型晶体管运算放大器

21.2.1 简单的差分放大器

视频 21A

在图 19.37 中，我们研究了基于差动放大器的双极型晶体管差分放大器。在单个电路中提供差分输入和高的增益，当与恒流源一起使用时，有高的共模抑制比。在 19.7.2 节中，我们讨论了用电流镜作为恒流源，在图 19.38 中，我们看到电流镜与差动放大器一起构成电路。除了差分放大器之外，运算放大器也需要输出级。所需要的源电流和灌电流要用推挽式放大器，在图 20.5 中，我们讨论了简单的推挽式电路。将图 19.38 中的差分放大器和图 20.5b 给出的推挽式输出级进行组合，构成了基本的运算放大器，如图 21.1 所示。

在图 21.1 的电路中，晶体管 T1、T2 与集电极电阻 R_1、R_2 构成了差动对差分放大器。事实上，由于是从 T2 单端输出的，所以不需要 R_1。T3 和 T4 构成的电流镜给输入放

大器提供恒流源。T2 的输出由 T5（在这个例子中，如图 20.5b 所示，是一个 pnp 管而不是 npn 管）构成的串联负反馈放大器进行放大，其中 T5 驱动输出晶体管 T6 和 T7。为了减小交越失真，二极管 D1 和 D2 为两个输出晶体管的基极提供不同的偏置。

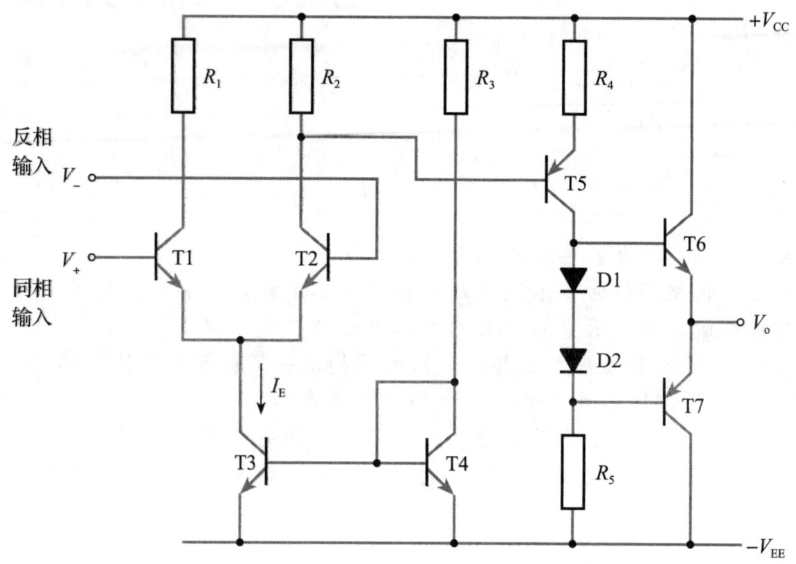

图 21.1　基本的双极型运算放大器

21.2.2　改进的放大器

上一节概述的设计可以使用已经讨论过的多种技术方法进行改进：

- 使用发射极电阻改进输出晶体管静态时的稳定性；
- 对电路的偏置电路进行改进，以便精确设定输出器件的静态电流；
- 使用有源负载使电路更便于集成，而不用无源负载。

一种改进的电路如图 21.2 所示。

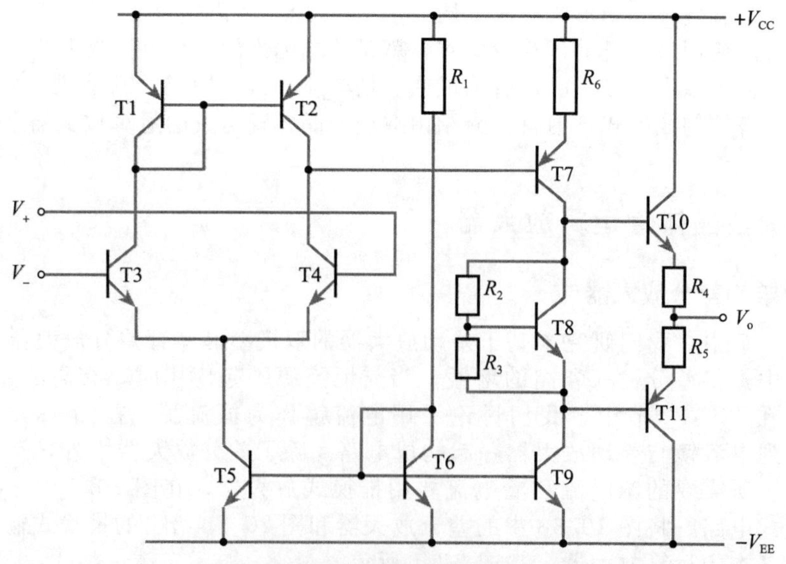

图 21.2　一种改进的双极型运算放大器

输出级的发射极电阻 R_4 和 R_5 通过串联负反馈(如 20.4.4 节所述)提高了输出级静态时的稳定性。对于这样的低功率应用，这两个电阻大概为 25～50Ω。

T8 与 R_2 和 R_3 一起构成了 V_{BE} 乘法器电路，在 T10 和 T11 基极之间提供稳定的偏置(如 20.4.4 节所述)。两个电阻的值为几千欧姆数量级，通过选择电阻的比值来使通过输出晶体管的静态电流满足要求。

晶体管 T1 和 T2 构成一个电流镜，用作由 T3 和 T4 构成的差动对放大器的有源负载(如 20.4.5 节所述)。负载的输出送到 T7，T7 也有一个由 T9 构成的有源负载。这又是电流镜的一部分，这次与电流镜共享一个晶体管(T6)，该电流镜给输入差分放大器的发射极提供恒流。

21.2.3 实际的双极型运算放大器

虽然图 21.2 中的电路有很多有用的特征，但是实际的运算放大器通常还包括一些附加的改良，这超出了本文的范围，包括短路保护功能——保证器件不超出输出电流的范围；偏移零点调整——消除输入失调电压的影响。图 21.3 给出了通用基本运算放大器 741 的电路图。虽然这个电路比图 21.2 所示电路要复杂得多，但是可以看到所使用的电路元器件有许多相似之处。

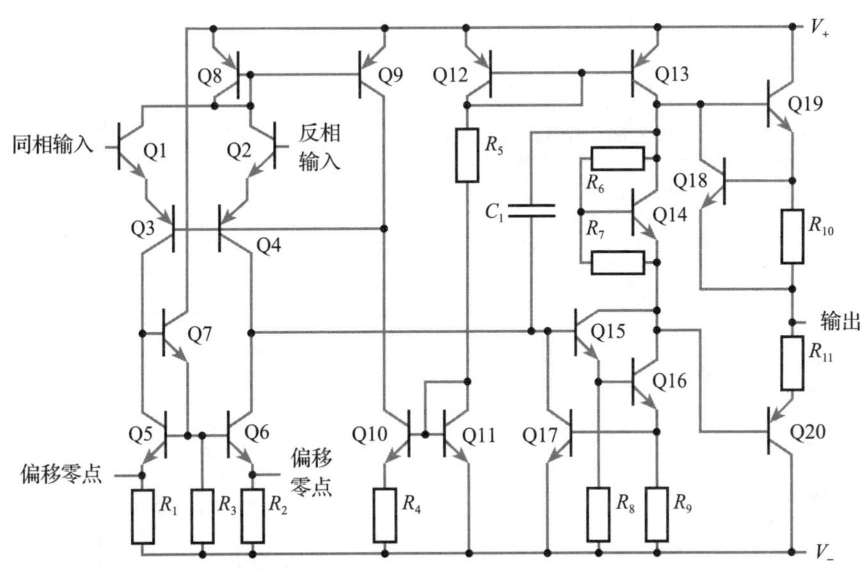

图 21.3 运算放大器 741 的电路图

图 21.4 为从 741 运算放大器的数据手册中抽取的内容。事实上，数据手册涵盖了一系列相同特性的器件。所提取内容的第一部分(如图 21.4a 中所示)给出了器件特性的概述，并给出了各种封装的引脚配置。可以看到有些器件只包含单个运算放大器，而有些包括两个运算放大器。数据手册的这部分也显示了器件的工作温度范围。提取内容的第二部分(如图 21.4b 所示)给出了一个表格，表中给出了各种参数值，例如输入失调电压、输入偏置电流以及输入电阻和输出电阻(其中许多参数的意义在 16.5 节进行了讨论)。注意，在大多数情况下，该表给出了各种参数的典型值以及预期的最大值或最小值。设计者可以估计一系列器件的特性的可能变化。图 21.4 给出的信息仅仅代表数据手册中的一小部分数据，该数据手册大约有 21 页。

μA741, μA741Y
GENERAL-PURPOSE OPERATIONAL AMPLIFIERS

SLOS094B – NOVEMBER 1970 – REVISED SEPTEMBER 2000

- Short-Circuit Protection
- Offset-Voltage Null Capability
- Large Common-Mode and Differential Voltage Ranges
- No Frequency Compensation Required
- Low Power Consumption
- No Latch-Up
- Designed to Be Interchangeable With Fairchild μA741

μA741M . . . J PACKAGE
(TOP VIEW)

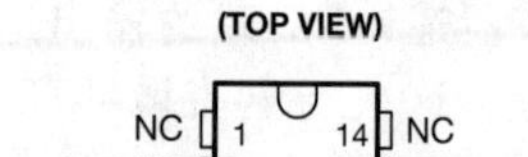

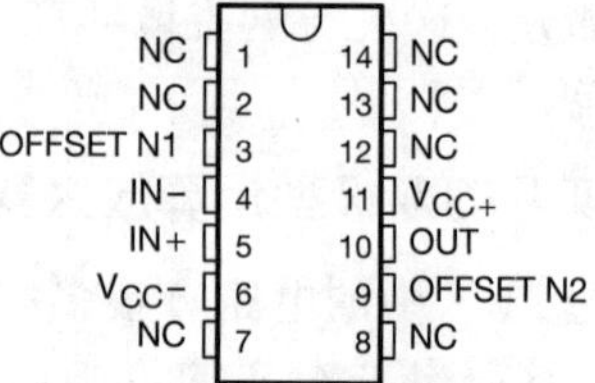

μA741M . . . JG PACKAGE
μA741C, μA741I . . . D, P, OR PW PACKAGE
(TOP VIEW)

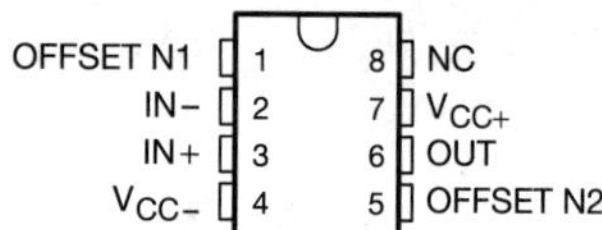

μA741M . . . U PACKAGE
(TOP VIEW)

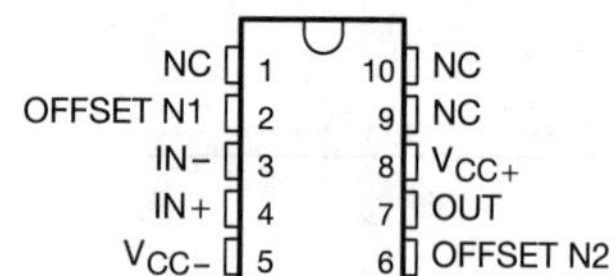

μA741M . . . FK PACKAGE
(TOP VIEW)

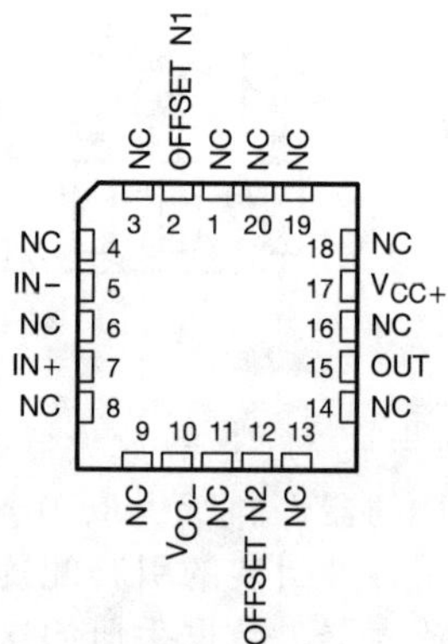

NC – No internal connection

description

The μA741 is a general-purpose operational amplifier featuring offset-voltage null capability.

The high common-mode input voltage range and the absence of latch-up make the amplifier ideal for voltage-follower applications. The device is short-circuit protected and the internal frequency compensation ensures stability without external components. A low value potentiometer may be connected between the offset null inputs to null out the offset voltage as shown in Figure 2.

The μA741C is characterized for operation from 0 °C to 70°C. The μA741I is characterized for operation from −40°C to 85°C. The μA741M is characterized for operation over the full military temperature range of −55°C to 125°C.

symbol

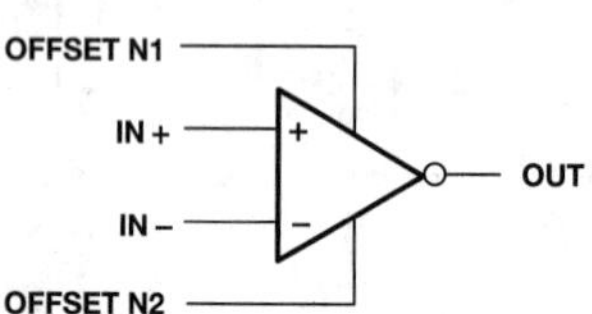

PRODUCTION DATA information is current as of publication date. Products conform to specifications per the terms of Texas Instruments standard warranty. Production processing does not necessarily include testing of all parameters.

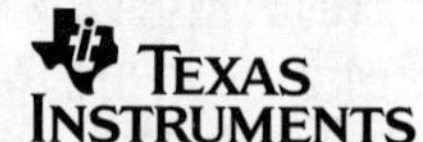

POST OFFICE BOX 655303 • DALLAS, TEXAS 75265

1

a) 从 741 运算放大器的数据手册中提取的内容(第一部分)

图　21.4

μA741, μA741Y
GENERAL-PURPOSE OPERATIONAL AMPLIFIERS

SLOS094B ± NOVEMBER 1970 ± REVISED SEPTEMBER 2000

electrical characteristics at specified free-air temperature, $V_{CC+} = \pm 15$ V (unless otherwise noted)

PARAMETER		TEST CONDITIONS	T_A†	μA741C			μA741I, μA741M			UNIT
				MIN	TYP	MAX	MIN	TYP	MAX	
V_{IO}	Input offset voltage	$V_O = 0$	25°C		1	6		1	5	mV
			Full range			7.5			6	
$\Delta V_{IO(adj)}$	Offset voltage adjust range	$V_O = 0$	25°C		+15			±15		mV
I_{IO}	Input offset current	$V_O = 0$	25°C		20	200		20	200	nA
			Full range			300			500	
I_{IB}	Input bias current	$V_O = 0$	25°C		80	500		80	500	nA
			Full range			800			1500	
V_{ICR}	Common-mode input voltage range		25°C	±12	±13		±12	±13		V
			Full range	±12			±12			
V_{OM}	Maximum peak output voltage swing	$R_L = 10\ k\Omega$	25°C	±12	±14		±12	±14		V
		$R_L \geq 10\ k\Omega$	Full range	±12			±12			
		$R_L = 2\ k\Omega$	25°C	±10	±13		±10	±13		
		$R_L \geq 2\ k\Omega$	Full range	±10			±10			
A_{VD}	Large-signal differential voltage amplification	$R_L \geq 2\ k\Omega$	25°C	20	200		50	200		V/mV
		$V_O = \pm 10$ V	Full range	15			25			
r_i	Input resistance		25°C	0.3	2		0.3	2		MΩ
r_o	Output resistance	$V_O = 0$, See Note 5	25°C		75			75		Ω
C_i	Input capacitance		25°C		1.4			1.4		pF
CMRR	Common-mode rejection ratio	$V_{IC} = V_{ICR}min$	25°C	70	90		70	90		dB
			Full range	70			70			
k_{SVS}	Supply voltage sensitivity ($\Delta V_{IO}/\Delta V_{CC}$)	$V_{CC} = \pm 9$ V to ± 15 V	25°C		30	150		30	150	μV/V
			Full range			150			150	
I_{OS}	Short-circuit output current		25°C		±25	±40		±25	±40	mA
I_{CC}	Supply current	$V_O = 0$, No load	25°C		1.7	2.8		1.7	2.8	mA
			Full range			3.3			3.3	
P_D	Total power dissipation	$V_O = 0$, No load	25°C		50	85		50	85	mW
			Full range			100			100	

† All characteristics are measured under open-loop conditions with zero common-mode input voltage unless otherwise specified. Full range for the μA741C is 0°C to 70°C, the μA741I is ±40°C to 85°C, and the μA741M is −55°C to 125°C.

NOTE 5: This typical value applies only at frequencies above a few hundred hertz because of the effects of drift and thermal feedback.

operating characteristics, $V_{CC\pm} = \pm 15$ V, $T_A = 25$°C

PARAMETER		TEST CONDITIONS		μA741C			μA741I, μA741M			UNIT
				MIN	TYP	MAX	MIN	TYP	MAX	
t_r	Rise time	$V_I = 20$ mV,	$R_L = 2\ k\Omega$,		0.3			0.3		μs
	Overshoot factor	$C_L = 100$ pF,	See Figure 1		5%			5%		
SR	Slew rate at unity gain	$V_I = 10$ V, $C_L = 100$ pF,	$R_L = 2\ k\Omega$, See Figure 1		0.5			0.5		V/μs

b) 从 741 运算放大器的数据手册中提取的内容(第二部分)

图 21.4 (续)

21.3　CMOS 运算放大器

21.3.1　简单的差分放大器

虽然许多通用运算放大器是基于双极型晶体管的，但是场效应晶体管常用于构成具有更多特殊特性的运算放大器。场效应晶体管可以用于产生非常低功耗的运算放大器，非常适合电池供电的系统，还可以构成输入电压和输出电压满摆幅的电器件(即所谓的轨到轨工作)。

在 18.6.9 节中，我们讨论了使用场效应晶体管的差分放大器结构，在 18.7.1 节中，我们讨论了如何使用场效应晶体管组成恒流源。图 18.32 给出了使用单个场效应晶体管作为电流源的差动放大器，但在运算放大器中，通常使用电流镜作为恒流源，如前面讨论的双极型电路一样。图 21.5 给出了一个基于增强型 MOSFET 的基本运算放大器。电路中使用了 n 沟道和 p 沟道两种器件，因此是 **CMOS** 电路(如 18.7.5 节所述)。

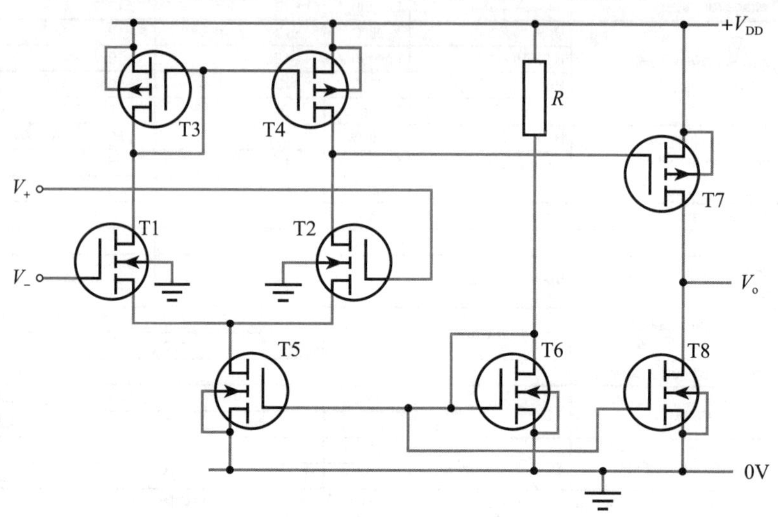

图 21.5　一个基本的 CMOS 运算放大器

在图 21.5 中，晶体管 T1 和 T2 形成了差动对电路，T3 和 T4 是有源(电流镜)负载。由 T5 和 T6 形成的电流镜为差动对电路提供恒流，电流值由通过电阻 R 的电流决定。差分放大器的输出为 T2 漏极的单端输出，然后送到由 T7 构成的共源放大器。T8 延伸了 T5 和 T6 的电流镜，形成 T7 的有源负载。通过比较图 21.5 中的电路和图 21.2 中的双极型电路，可以看出两者使用了许多相同的电路技术。注意，图 21.5 中的电路使用单电源供电，在 CMOS 运算放大器中通常如此。

21.3.2　实际的 CMOS 运算放大器

图 21.5 中的电路阐明了典型的 CMOS 运算放大器的一些单元，但是实际的运算放大器总是更复杂，因而结构也更复杂。

图 21.6 给出了一个低功耗 CMOS 运算放大器的例子——TLC271。比较图 21.5 和图 21.6，可以注意到，图 21.6 的电路很大程度上是前者电路的“颠倒”版本。图 21.6 中的电路用 p 沟道器件构成差动对电路，给其的电流源馈送电流也是 p 沟道器件，用 n 沟道器件构成有源负载电流镜。图 21.5 中的电路与前面章节的讨论一致，使用了极性相反的 MOSFET。然而，两个电路的基本原理是相同的。

图 21.7 给出了从 TLC271 运算放大器的数据手册中摘取的部分内容。摘取的第一部分内容(如图 21.7a 所示)概述了器件的特性，并显示其引脚配置，也给出了器件的工作温度范围和噪声性能。摘取的第二部分内容(如图 21.7b 所示)给出了各种参数值，如输入失调电压、输入偏置电流以及共模抑制比。该器件完整的数据手册大约有 84 页。

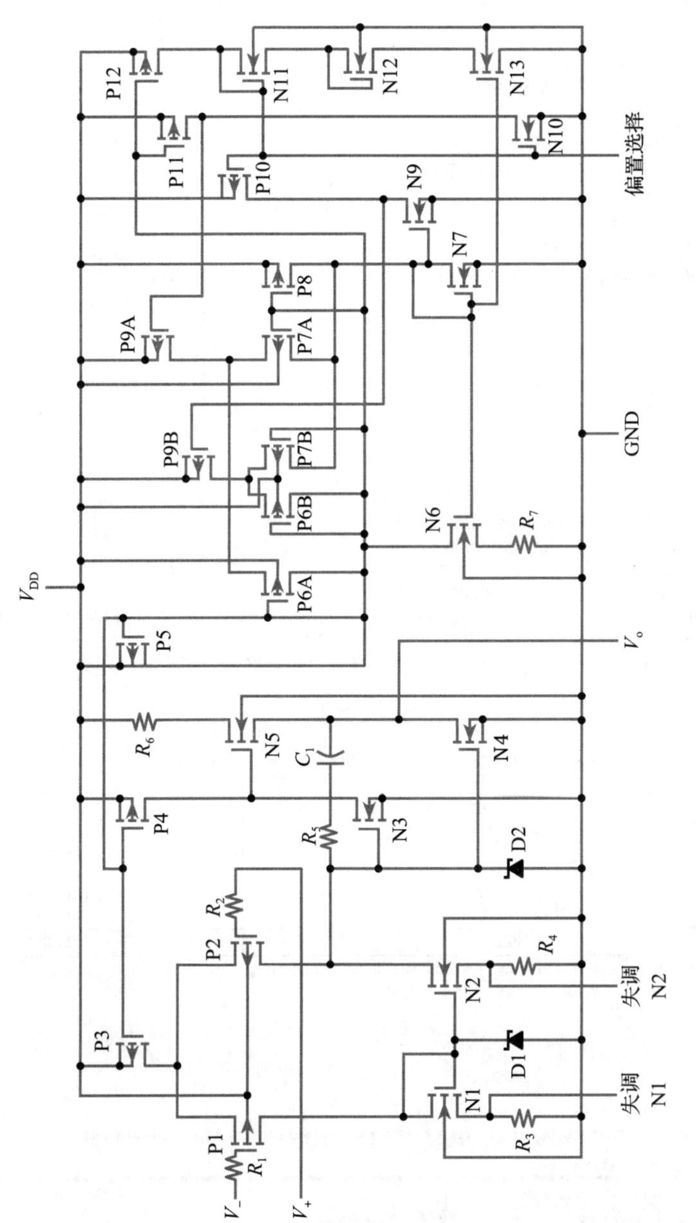

图 21.6　运算放大器 TLC271 的电路图

TLC271, TLC271A, TLC271B
LinCMOS™ PROGRAMMABLE LOW-POWER OPERATIONAL AMPLIFIERS

SLOS090D – NOVEMBER 1987 – REVISED MARCH 2001

- **Input Offset Voltage Drift . . . Typically 0.1 μV/Month, Including the First 30 Days**
- **Wide Range of Supply Voltages Over Specified Temperature Range:**
  0°C to 70°C . . . 3 V to 16 V
  –40°C to 85°C . . . 4 V to 16 V
  –55°C to 125°C . . . 5 V to 16 V
- **Single-Supply Operation**
- **Common-Mode Input Voltage Range Extends Below the Negative Rail (C-Suffix and I-Suffix Types)**
- **Low Noise . . . 25 nV/√Hz Typically at f = 1 kHz (High-Bias Mode)**
- **Output Voltage Range Includes Negative Rail**
- **High Input Impedance . . . 10^{12} Ω Typ**
- **ESD-Protection Circuitry**
- **Small-Outline Package Option Also Available in Tape and Reel**
- **Designed-In Latch-Up Immunity**

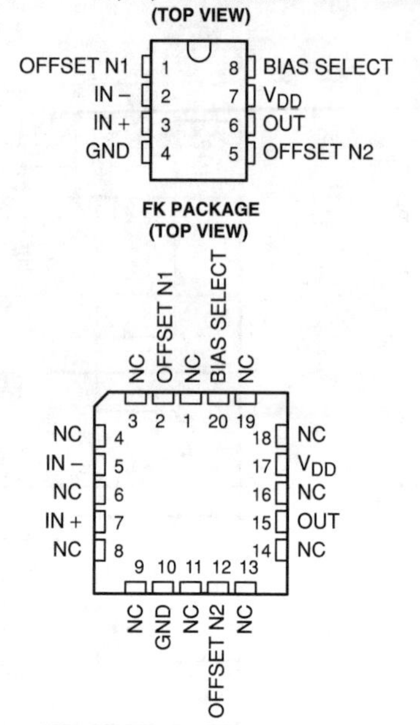

description

The TLC271 operational amplifier combines a wide range of input offset voltage grades with low offset voltage drift and high input impedance. In addition, the TLC271 offers a bias-select mode that allows the user to select the best combination of power dissipation and ac performance for a particular application. These devices use Texas Instruments silicon-gate LinCMOS™ technology, which provides offset voltage stability far exceeding the stability available with conventional metal-gate processes.

AVAILABLE OPTIONS

T_A	V_{IO}max AT 25°C	PACKAGE			
		SMALL OUTLINE (D)	CHIP CARRIER (FK)	CERAMIC DIP (JG)	PLASTIC DIP (P)
0°C to 70°C	2 mV 5 mV 10 mV	TLC271BCD TLC271ACD TLC271CD	–	–	TLC271BCP TLC271ACP TLC271CP
–40°C to 85°C	2 mV 5 mV 10 mV	TLC271BID TLC271AID TLC271ID	–	–	TLC271BIP TLC271AIP TLC271IP
–55°C to 125°C	10 mV	TLC271MD	TLC271MFK	TLC271MJG	TLC271MP

The D package is available taped and reeled. Add R suffix to the device type (e.g., TLC271BCDR).

Please be aware that an important notice concerning availability, standard warranty, and use in critical applications of Texas Instruments semiconductor products and disclaimers thereto appears at the end of this data sheet.

POST OFFICE BOX 655303 • DALLAS, TEXAS 75265

1

a）从 TLC271 运算放大器的数据手册中摘取的部分内容（第一部分）

图 21.7

TLC271, TLC271 A, TLC271B
LinCMOS™ PRQGRAMMABLE LOW-POWER OPERATIONAL AMPLIFIERS

SLOS094B – NOVEMBER 1997 – REVISED MARCH 2001

HIGH-BIAS MODE

electrical characteristics at specified free-air temperature (unless otherwise noted)

PARAMETER			TEST CONDITIONS	T_A†	TLC271C, TLC271C, TLC271BC						UNIT
					V_{DD} = 5 V			V_{DD} = 10 V			
					MIN	TYP	MAX	MIN	TYP	MAX	
V_{IO}	Input offset current	TCL271C	$V_O - 1.4V$, $V_{IC} - 0V$, $R_S - 50\Omega$ $R_L - 10\Omega$	25°C		1.1	1.0		1.1	10	mV
				Full range	25°C		1.2		±15	12	
		TCL271AC		25°C		0.9	5		0.9	5	
				Full range			6.5			6.5	
		TCL271BC		25°C		0.34	2		0.39	2	
				Full range			3			3	
V_{VID}	Average temperature boeiliclent or input offset woltage			25°C la 70°C		1.8			2		V
I_{IO}	Imput offset current (see Note 4)		$V_O - V_{DD}/2$, $V_{IC} - V_{DD}/2$	25°C		0.1	60		0.1	60	PA
				70°C		7	300		7	300	
I_{IB}	Imput btas ourrent (see Note 4)		$V_O - V_{DD}/2$, $V_{IC} - V_{DD}/2$	25°C		0.6	60		0.7	60	PA
				70°C		40	600		50	500	
V_{ICR}	Common-mode input vottage range (see Note 5)			25°C	−0.2 10 4	−0.3 10 4.2		−0.2 10 9	−0.3 10 9.2		W
				Fut range	−0.2 10 3.5			−0.2 10 8.9			W
V_{OH}	High-level output vollage		V_{ID} −100 mV, R_L −10 kΩ	Full range	3.2	3.8		8	8.5		dB
				0°C	3	3.6		7.8	8.5	150	W
				Full range	3	3.6		7.8	8.4	150	
V_{OL}	Law-tever otput vollage		V_{ID} − −100 mV, I_{OL} − 0	25°C		±25	50		0	50	mA
				25°C		0	50		0	50	
				Full range		0	50		0	50	
A_{VO}	Large-aignal differential wovtage amgilitic agaion		R_L − 10 kΩ, See Note 5	25°C	5	23		10	36		V/mV
				Full range	4	27		7.5	42		
				70°C	4	20		7.5	32		
CVRR	Common-made revection ratio		$V_{IC} - V_{ICR}$min	25°C	65	80		65	65		dB
				0°C	60	84		60	88		
				70°C	60	85		60	88		
I_{SVR}	Supply-citage refection ratio ($\Delta V_{DD}/\Delta V_{IO}$)		V_{DD} − 5 V to 10 V V_O − 1.4 W	25°C	65	95		65	85		dB
				0°C	60	94		60	94		
				70°C	60	96		60	96		
$I_{I(SEL)}$	Input current (BIAS SELECT)		$V_{I(SEL)}$ − a	25°C		−1.4			−1.9		μA
I_{DD}	Supply current		$V_O - V_{DD}/2$, $V_{IC} - V_{DD}/2$, No load	25°C		675	1600		950	2000	μA
				0°C		775	1600		1125	2200	
				70°C		575	1300		750	1700	

†Full range is 0°C to 70°C.

NOTES 4. The typical values of Input blas current and Input offset below 5 pA were detemined mathematicially.

5. This range also appies to each Input Individually.

6. At V_{DD} = 5V, V_O = 0.25 V to 2 V; at V_{DD} − 10 V V_O − 1 V to 6 V

b) 从 TLC271 运算放大器的数据手册中摘取的部分内容(第二部分)

图　21.7　(续)

21.4 BiFET 运算放大器

除了完全基于双极型晶体管或完全基于场效应晶体管的运算放大器电路外，还有几种将两者结合的电路技术。一种是 BiFET 运算放大器，使用了大量双极型电路，但是用结型场效应晶体管作为输入级电路增大了电路的输入电阻，如图 21.8 所示。

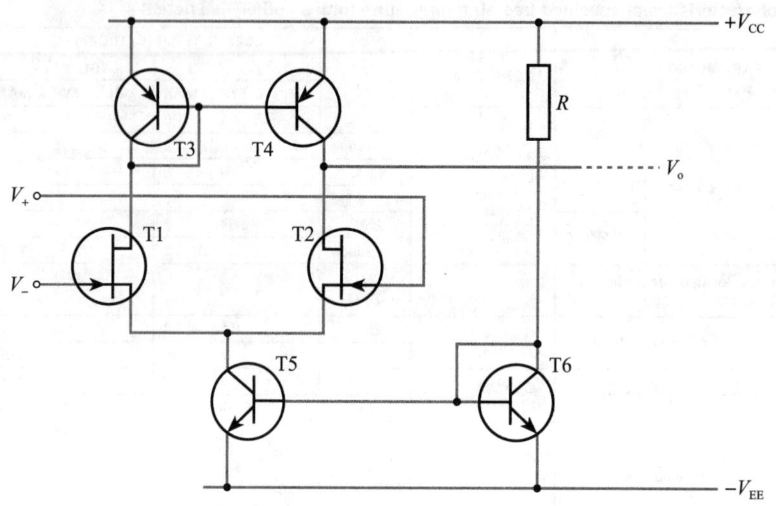

图 21.8　一个运算放大器的 BiFET 输入级

BiFET 运算放大器电路的基本原理和对应的双极型结构的电路原理相似，但是用结型场效应晶体管大大增大了输入电阻。

21.5 BiCMOS 运算放大器

另一种结合了双极型晶体管和场效应晶体管的电路技术是 BiCMOS 电路，将双极型晶体管和 MOSFET 结合在一起，可以使电路的输入电阻比用 BiFET 时的输入电阻还高。BiCMOS 输入级的原理如图 21.9 所示。

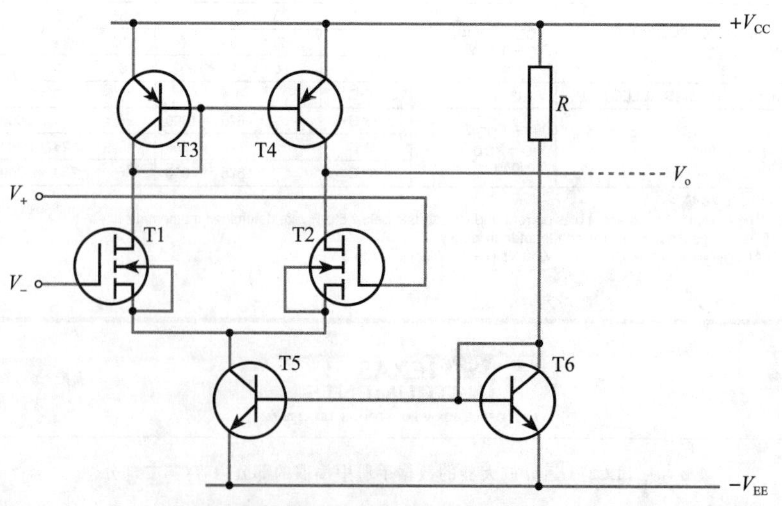

图 21.9　一个运算放大器的 BiCMOS 输入级

进一步学习

图 21.3 所示为通用运算放大器 741 的电路。

视频 21C

显然，与本章前面的图给出的电路相比，该器件中使用的电路更复杂，而且对该电路的工作原理的完整说明超出了本文的范围。然而，仔细观察电路可知，电路的确使用了本章和前几章讨论过的几种技术。

研究该电路，试着辨别本书已描述的单元电路和技术，然后进一步理解器件的整体工作原理。

关键点

- 运算放大器可以用双极型晶体管构成，也可以用场效应晶体管构成，还可以两者结合起来构成。
- 虽然实际的运算放大器中使用的电路通常相当复杂，但是使用的许多技术比较容易理解。
- 大多数运算放大器都在其输入端使用了差动放大器。
- 大多数运算放大器，无论是双极型还是 CMOS 型的，都用电流镜作为恒流源。
- 实际的器件通常使用非常复杂的电路来稳定电路的静态工作。
- 器件的数据手册给出了大量关于器件性能的信息，以及性能如何随温度变化和器件之间性能的变化。
- 虽然很多应用中可以使用传统的通用运算放大器，但是在专用应用中，更多地使用专用器件，包括要求非常低的功耗、满摆幅工作或非常高的输入电阻等应用。

习题

21.1 虽然使用最广泛的运算放大器形式是具有单输出的差分电压放大器，但请给出一些可用的其他形式的运算放大器。

21.2 在双极型运算放大器中，通常使用什么电路实现差分输入放大器？

21.3 在双极型运算放大器的输入放大器中，通常使用什么电路形式提供恒定的电流？

21.4 双极型运算放大器的输出级通常使用什么形式的放大器？此类电路的优点是什么？

21.5 解释图 21.1 中晶体管 T4 的功能。

21.6 解释图 21.1 中二极管 D1 和 D2 的功能。

21.7 在图 21.1 的电路中，将 T5 的基极连接到 T1 的集电极，而不是连接到 T2 的集电极，会产生什么影响？

21.8 在图 21.1 中，由 T1 和 T2 组成的差分放大器的输出来自 T2 的集电极。其他放大器级产生的电压增益是多少？换句话说，V_o和 T2 集电极电压之间的关系是什么？

21.9 解释图 21.2 中 T8 的功能，决定该器件的集电极-发射极电压的是什么？

21.10 在图 21.2 中，T8 是一个 npn 晶体管，这个功能可以由 pnp 器件实现吗？如果可以，那么其余的电路需要如何改变？

21.11 在图 21.2 中，T8 的使用(而不是像在图 21.1 中那样使用两个二极管)对电路的电压增益有什么影响？

21.12 解释图 21.2 所示电路中 R_4 和 R_5 的功能。

21.13 μA741 运算放大器(如图 21.4 所示)有多种变体。通常商用 μA741C 的温度范围如何？这与军品 μA741M 相比有什么不同？

21.14 根据图 21.4 给出的数据，741 的输入失调电压是如何受温度影响的？在这方面，商用器件和军用器件有什么不同？

21.15 满摆幅工作是什么意思？

21.16 在 CMOS 运算放大器中，哪种形式的电路常用于实现差分输入放大器？

21.17 CMOS 运算放大器的输入放大器通常用哪种形式的电路提供恒定的电流？

21.18 在图 21.5 中，T5 的漏极电流与 T8 的漏极电流有什么关系？

21.19 解释图 21.5 中电阻 R 的功能。

21.20 对于图 21.7 描述的 TLC271 运算放大器，输入阻抗的典型值是多少？

21.21 图 21.7b 给出了许多参数的数据。有些情况下给出了典型值和最大值，另一些情况下给出了典型值和最小值，这是为什么？

21.22 为什么在某些情况下选择 BiFET 或 BiMOS 运算放大器而不选双极型器件？

21.23 解释图 21.8 所示电路中 T3 和 T4 的功能。

第22章 噪声和电磁兼容性

目标

学完本章内容后，应具备以下能力：

- 讨论电子系统中有关噪声的问题
- 分析电子系统中的噪声和干扰的主要原因，说明所产生的噪声特性
- 描述电子系统中噪声源的表示方法，以便对其进行建模
- 使用合适的测量方法来量化噪声对电子信号的影响，例如信噪比和噪声系数
- 说明设计低噪声应用系统的技术
- 概述电磁兼容的基本原理，采用合适的技术减少电磁兼容相关的问题

22.1 引言

所有的电信号都受到噪声的影响。这是由系统内元器件的变化或外部环境的影响造成的信号随机波动。产生噪声的原因很多，因为所有实际的物理器件都产生噪声，所以在电子系统中总是存在噪声。

在大多数情况下，一个系统中产生的噪声量与系统中信号的幅度没有关系。因此，当信号较小时，噪声与信号的相对大小是最大的。这种影响在收听广播或个人音响系统时很容易体会到。作为背景“嘶嘶声”的噪音，在音量很小的时候比音量很大的时候明显得多。可以用信噪比衡量信号在噪声方面的质量。本章会详细讨论信噪比。

所有电信号都存在噪声，无论模拟系统还是数字系统都受噪声的影响。如图 22.1所示，图中给出了相对小的噪声对模拟信号和数字(二进制)信号的影响。很明显，在两种情况下，噪声都会损害原始信号，但是对于二进制信号还可以清楚看出信号中的哪些部分表示高电平，哪些部分表示低电平。这表明可以从中提取原始信号，消除噪声的影响。当噪声影响模拟信号时，在特定的频率范围内有可能用滤波滤除噪声，但是通常不可能消除与信号本身频率差不多的噪声。这是在后续章节讲述的模拟信号和数字信号之间的重要区别。噪声的存在经常会限制电子系统的最终性能，电子设计的主要任务之一是减少

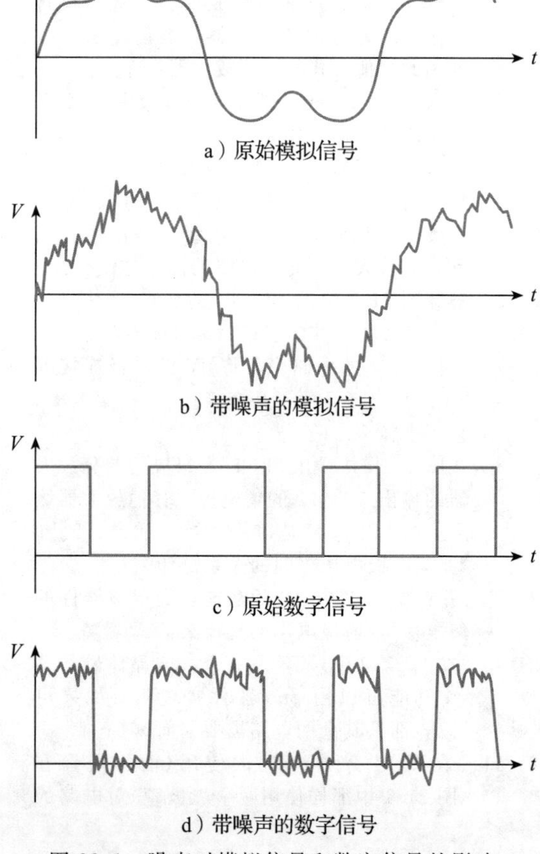

a）原始模拟信号

b）带噪声的模拟信号

c）原始数字信号

d）带噪声的数字信号

图 22.1 噪声对模拟信号和数字信号的影响

噪声影响的程度。

本章将考虑的一种噪声源是来自外部噪声源的干扰，这反过来使我们要对电磁兼容性(EMC)进行研究，其涉及系统在存在干扰的情况下正确工作的能力，以及其在不产生过多干扰情况下工作的能力。

22.2　噪声源

22.2.1　热噪声

所有有电阻的电子元器件(实际上，所有的实际元器件都有电阻)会由于其原子的随机热诱导运动而产生热噪声(也称为约翰逊噪声)。

热噪声在所有频谱上对于所有的频率具有相等的噪声功率。出于这个原因，通常与白光类比将其描述为白噪声。虽然理论上噪声的带宽无穷大，即无穷大的频率范围，但是对于给定的应用，只有在系统工作宽带内的噪声才会产生影响。可以看出，这种形式的噪声产生的噪声功率 P_n 对于任何电阻都是恒定的，并且与测量系统的绝对温度 T 和带宽 B 相关，可表示为

$$P_n = 4kTB \tag{22.1}$$

式中，k 是玻耳兹曼系数($k \approx 1.3805 \times 10^{-23}$ J/K)。

对于一个给定的电阻值 R，在其上消耗的功率和它电压的方均根有关，表示为下式：

$$P = \frac{V^2}{R}$$

重新整理后可以得到：

$$V = (PR)^{1/2}$$

与式(22.1)结合，可得到阻值为 R 的电阻因热噪声产生的方均根电压表达式，表示为，

$$V_n(\text{r. m. s.}) = (4kTBR)^{1/2} \tag{22.2}$$

因此，尽管所有电阻产生的噪声功率是相等的，但是噪声电压随电阻值的增加而增加。

噪声遵循高斯幅度分布，但本质上是随机的，因此，不可能预测其瞬时值。然而，对于一个给定的电阻，上面的表达式可以用于确定噪声的均方根电压。

研究这种关系的性质很有意义。在大多数系统中，工作温度接近环境温度。由于它表示为一个绝对温度，因此采用 20℃(68℉)的近似值通常是足够的。然后可以将这个表达式扩展为

$$V_n(\text{r. m. s.}) = (4kT)^{1/2}\,(BR)^{1/2} = 1.27 \times 10^{-10} \times (BR)^{1/2}$$

例如，如果考虑一个带宽为 20kHz 的系统(是一个典型的高品质音频放大器)，我们会发现 1kΩ 电阻有大约 500nV 的开路噪声电压，而 1MΩ 电阻的开路噪声电压大约 18μV。注意，是开路噪声电压，因此一个电阻 R 可以建模为一个电压源 V_n 和一个理想的无噪声的电阻 R 串联，如图 22.2 所示。

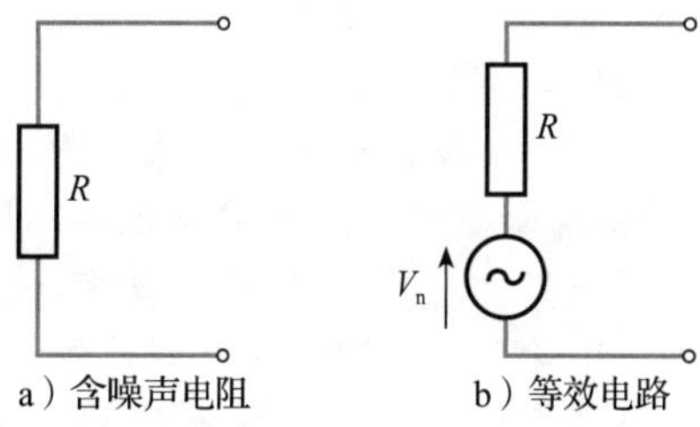

图 22.2　噪声电阻的表示

因为任何信号源的输出阻抗都有电阻成分，所以所有的信号源都会引起热噪声。如果信号源电阻应用上面公式计算的噪声电压，则给出了信号源对系统信噪比的影响。实际上，电子系统自身内的各种电阻都会产生热噪声，其他噪声源也会产生噪声，下面会说明。良好的设计技术会降低系统产生的噪声，但设计人员通常不能控制信号源产生的噪声。

22.2.2　散弹噪声

在电路内流动的电流由大量的单个电荷载流子组成。对于大电流，其平均效果给人的印象是连续恒定地流动。然而，对于小的流速，电流的粒子性会显现出来。流量的统计变化产生了噪声电流，其幅度由下式给出：

$$I_n(\text{r.m.s.}) = (2eBI)^{1/2} \tag{22.3}$$

式中，e为电子电荷($k=1.6\times10^{-19}$C)，B是经测量的噪声的带宽，I是电流的平均值。可以将此表达式与式(22.2)进行比较，会注意到热噪声产生噪声电压，而散弹噪声产生噪声电流。

与热噪声一样，散弹噪声的大小随着测量系统的带宽而增加。散弹本质上也是高斯白噪声。噪声电流也随着电流的平均值而增加(如预期的一样)，但是因为噪声电流是随着平均电流的平方根增加，噪声的相对大小就随着电流的增加而减弱了。

为了说明这种影响，我们考虑电流流过20kHz带宽的电路产生的散弹噪声。对于1A的电流，噪声电流方均根约为80nA，或者为平均电流的0.000 008%。电流为1μA时，噪声电流降至80pA，但现在为平均电流的0.008%。再将电流降至1pA会产生约为平均电流8%的噪声电流。

散弹噪声是由跨越势垒(如pn结)的电荷载流子的随机流动产生的。在高增益晶体管内，基极电流很小，这种形式的噪声影响更加显著。

22.2.3 1/*f* 噪声

1/*f* 噪声是由多种不同的噪声源引起的。这样命名是因为噪声的功率谱与频率成反比。这意味着任何频率的八倍频程(十倍频程)的功率是相同的。这表示频率加倍时功率减半，因此对应于功率下降3dB/倍频程。显然，这种形式的噪声的大部分功率集中在低频。1/*f* 噪声通常称为粉红噪声，以将其与具有均匀频谱的白噪声区分开来。

1/*f* 噪声的一种最重要的形式是闪烁噪声，是由器件内载流子扩散的随机变化引起的。其他形式的1/*f* 噪声包括所有实际电阻器呈现的电阻的电流依赖波动。该噪声不包括在任何热噪声之中，并且与流过器件的平均电流成正比。

22.2.4 干扰

电子系统中的另一个噪声源是来自外部信号源的干扰。这些干扰可以以多种形式在任何一级进入系统。

一般的噪声源包括无线电发射机、交流电源线、闪电、设备附近的开关切换、机械振动(特别是在机械传感器中)、环境光线(特别是在光学传感器中)以及系统内无意的耦合(也许由杂散电容或杂散电感引起)。在22.9节讨论电磁兼容性时，再详细地讨论干扰。

22.3 噪声源的等效电路

在前面的几章中，我们讨论了传感器、放大器和晶体管的等效电路。现在已经确定所有的实际器件都会产生噪声，有必要考虑如何给等效电路加上噪声的影响。

任何传感器或电路的输出都可以用戴维南或诺顿等效电路表示，我们可以增加一个电压源V_n或电流源I_n来简单地表示电路中存在的噪声，如图22.3所示。

典型的放大器电路包含多个电阻，每个电阻都会对信号产生热噪声。显然，在靠近放大器输入端引入的噪声比靠近放大器输出端引入的噪声影响更大，因为输入端引入的噪声会被放大器放大。因此，在要求低噪声的应用中，特别强调输入级的噪声要低。

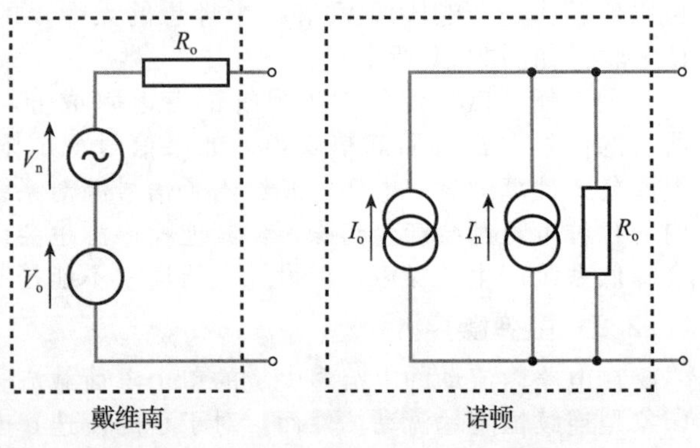

图22.3 带噪声的输出网络的等效电路

通常不单独考虑放大器内的大量单独的噪声源，而是将其影响合并，用单个等效噪声源来表示。由于放大器的输出产生的噪声受其增益的影响，因此，通常在输入端用一个等效噪声源来表示噪声，如图 22.4 所示。

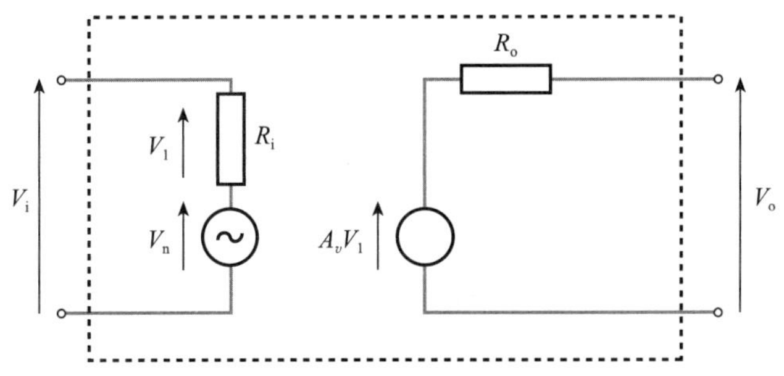

图 22.4 放大器中噪声的表示方法

输入电压 V_i 加到串联的输入电阻 R_i 和噪声源 V_n 的两端。因此，输入电阻两端的电压(决定输出电压)为 V_i-V_n。由于噪声是随机的，所以噪声的极性就不重要了。

22.4 双极型晶体管中的噪声

双极型晶体管受多种来源的噪声影响。用于制造器件的半导体材料明显有电阻，这会使整个器件产生热噪声。电荷载流子随机穿越结也产生了散弹噪声。在整个器件的扩散过程中的波动导致了闪烁噪声。

在低频处(到几千赫兹)，闪烁噪声是主要的噪声源。然而，在高频处，它变得不那么重要，而热噪声和散弹噪声的影响变得更重要。同时产生了噪声电压和噪声电流，它们可以在小信号等效电路中表示，如图 22.5 所示。

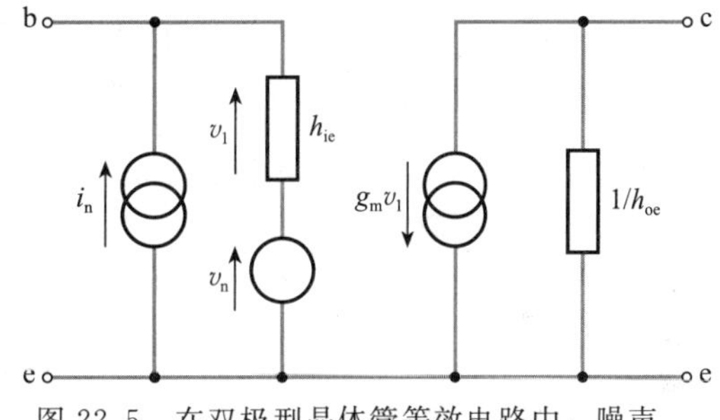

图 22.5 在双极型晶体管等效电路中，噪声电压和电流的表示方法

22.5 场效应晶体管中的噪声

场效应晶体管的噪声主要是闪烁噪声(特别是在低频处)和沟道电阻引起的热噪声。在 MOSFET 中散弹噪声通常很微弱，因为 MOSFET 没有结，而在结型场效应晶体管中，栅极结上只有泄漏电流。

22.6 信噪比

常常需要用定量方法描述噪声对信号质量的影响程度。这可以通过测量信噪比(S/N 比)获得，即信号的幅度与噪声的幅度之比，通常表示为信号功率 P_s 与噪声功率 P_n 的比率。如前所述，因为是功率比，所以可以用分贝来表示。

因此，信噪比可以定义为

$$S/N = 10\lg\left(\frac{P_s}{P_n}\right)(\text{dB}) \tag{22.4}$$

由于信号和噪声都存在于电路内的同一点，所以它们施加在相同的阻抗上。因此，功率比可以表示为信号电压的方均根 V_s 比上噪声电压的方均根 V_n：

$$S/N = 10\lg\left(\frac{V_s}{V_n}\right)^2 = 20\lg\left(\frac{V_s}{V_n}\right)(\text{dB}) \tag{22.5}$$

在一个给定的系统内，信噪比随着信号的大小而变化。如果信号变得非常小，则噪声的相对大小增加，S/N 变小。由于这个原因，用最大可能的信号表示量产生最高的 S/N 是很有利的。定义一个给定系统的最大可实现 S/N 通常很有用。这由最大可能的信号与存在的噪声的比率给出。当以电压方均根的比来表示时，写为

$$\text{最大 } S/N = 20\lg\left(\frac{V_{s(\max)}}{V_n}\right)(\text{dB})$$

例 22.1 在电路中的特定点，一个方均根为 2.5V 的信号叠加了方均根为 10mV 的噪声。这时 S/N 是多少？

解：根据前面的讨论，有

$$S/N = 20\lg\left(\frac{V_s}{V_n}\right) = 20\lg\left(\frac{2.5}{0.01}\right) = 48(\text{dB})$$ ◀

在很多情况下，噪声电压由很多不同的成分组成。因为噪声电压本质上是随机的，不能简单地把它们加在一起去得到合并的影响。相反，我们必须将方均根电压的平方(这与噪声功率相关)相加，然后取结果的平方根得到组合的方均根电压。因此，对于两个噪声源

$$V_n = \sqrt{(V_{n1}^2 + V_{n2}^2)} \tag{22.6}$$

22.7 噪声系数

信噪比可用于表示信号的质量，但不能描述放大器或其他电路的噪声性能如何。简单地测量电路输出端的信噪比并不能表示其性能，因为其性能会受输入信号的影响。我们已经知道，任何实际的信号源都存在噪声，在确定电路的噪声性能时必须考虑信号源的噪声。

可以描述放大器性能如何的一种方法是用噪声的比值，该噪声比值为，当连接相同的输入时，对放大器输出端产生的噪声与有相同增益的理想“无噪声”放大器的输出端产生的噪声取比值。所用的输入信号性质不同，这个噪声比的结果也不同。常用的方法是当输入只是一定阻值的电阻产生的热噪声时测量这个比值。在这种条件下，所测量的比值称为系统的噪声系数(NF)，可表示为

$$\text{NF} = 10\lg\frac{\text{放大器的噪声输出功率}}{\text{无噪声放大器的噪声输出功率}} \tag{22.7}$$

$$\text{NF} = 20\lg\frac{\text{放大器的方均根噪声输出电压}}{\text{无噪声放大器的方均根噪声输出电压}} \tag{22.8}$$

我们在前面已经注意到，用网络输入端的单一噪声源来表示这个网络中的所有噪声源通常很方便。无噪声放大器没有噪声源，因此，输出噪声与信号源的噪声相同。如果我们用方均根值为 $V_{n(total)}$ 的噪声源来表示被测放大器中的所有噪声源，那么

$$\text{NF} = 20\lg\frac{V_{n(total)}}{V_{ni}}(\text{dB}) \tag{22.9}$$

式中，V_{ni}是信号源的方均根噪声电压。

噪声系数提供了一种比较放大器或其他电路关于噪声性能的方法。然而，应该记住，噪声系数取决于源电阻的值，由于许多噪声源是与频率有关的，因此噪声系数随频率变化。理想无噪声的放大器噪声系数为 0dB，好的低噪声放大器的噪声系数为 2～3dB。

22.8 低噪声应用设计

在大多数情况下，放大器的第一级产生的噪声决定了系统的整体噪声性能。这是因为在电路输入附近产生的噪声与信号一起被所有后面级的放大器放大，而靠近输出端产生的噪声则几乎没有放大。因此，要实现好的低噪声设计，必须特别注意最重要的第一级。

22.8.1 源电阻

根据对热噪声的考虑来看，尽量使用低内阻的信号源似乎是有利的。事实上，当考虑第一级的噪声时，这样并不是最好的。可以看出，源电阻 R_s 的最优值由下面表达式给出：

$$R_s = \sqrt{\frac{V_n^2}{I_n^2}} \tag{22.10}$$

式中，V_n和 I_n分别是噪声电压和噪声电流的方均根。以这种方式组合而不是简单的比率，是因为它们在数值大小上是不相关的。最优源电阻的值随电路的不同而变化，典型值为几千欧姆或几万欧姆。在很多情况下，设计者不能选择源的电阻，因为这是由另一个系统或

特定传感器决定的。在这种情况下，设计时必须考虑到这一点。

22.8.2 双极型晶体管放大器

在双极型放大器中，噪声电压和噪声电流都随集电极电流而增加。因此，做低噪声设计时要用几个微安的低静态电流。合适的晶体管在小的集电极电流下具有很低的闪烁噪声和高电流增益。在很宽的源电阻范围内，从几百欧姆到几百千欧姆，双极型晶体管放大器都可以构成良好的低噪声电路。

22.8.3 场效应晶体管放大器

在结型场效应晶体管中，主要的噪声电压源是由沟道电阻引起的热噪声，它随着漏极电流的增加而减小。因此，做低噪声设计时要采用相当高的漏极电流。在几十万赫兹的频率内，MOSFET 的噪声性能通常比 JFET 差。源电阻为几万欧姆到几百兆欧姆时，场效应晶体管可以提供良好的噪声性能。

22.8.4 双极型和场效应晶体管放大器的比较

双极型晶体管和场效应晶体管都可以用于产生噪声系数为 1dB 甚至更优秀的低噪声放大器(设计中给予适当的考虑)。通常，双极型晶体管更适合小的源电阻，在几百欧姆以下时会产生良好的结果。场效应晶体管对很高的源端电阻有优越性，可用于电阻达 100MΩ 甚至更高的源。

22.8.5 低噪声应用中的干扰

在很多应用中，干扰在决定整个噪声性能中起主要作用。电子系统对干扰的敏感性不仅受所用电路的影响，还受其结构、位置和使用的影响。这样的考虑属于电磁兼容性这个非常重要的主题范围，将在下面讨论。

22.9 电磁兼容性

视频 22B

电磁兼容性(EMC)涉及系统在有来自其他电气设备的干扰的情况下的工作能力，以及不干扰其他设备或自身的其他部件的工作能力。

与 EMC 相关问题的例子如图 22.6 所示。图 22.6a 给出了干扰系统工作的外部电磁噪声源。图 22.6b 给出了系统一个部件的工作对另一个部件的功能产生了不利影响。图 22.6c说明了系统产生的辐射干扰其他设备的情况。

22.9.1 电磁干扰源

所有的电磁(E-M)波都是由彼此成直角的电场和磁场组成的。这种波的性质随其频率而变化，但都以光速传播。这包括可见光、X 射线和无线电波。

电磁波是许多通信和信息处理的基础，许多系统依赖于电磁波的产生或检测。然而，当不需要的电磁信号干扰系统的工作时可能会出现问题。电磁干扰的来源可能是自然的或人为的。

自然干扰源

有几种自然现象会产生电磁干扰，其中最重要的是闪电、太阳辐射和宇宙辐射。

世界不同地区的雷电频率变化很大，特定地区在一年中的某些时候普遍存在雷电。直接雷击在设备上可以产生数十万伏的电压，从而达到数十万安培的电流。因此设计能够经受住雷击的系统是非常困难的。在大多数地方，除了大型外露导体，如架空电力电缆外，设备被雷电直接击中是非常罕见的。

但是闪电的不利影响并不在于被其直接击中。雷雨可使地面上每米有数千伏特的超强电场。在雷击的瞬间，由于放电，场强急剧下降。这可能在附近的任何导体中引起大的瞬变。雷电还会产生高达 100MHz 的高频辐射，且可以在相当大的范围内传播，也是大气噪声的主要来源。

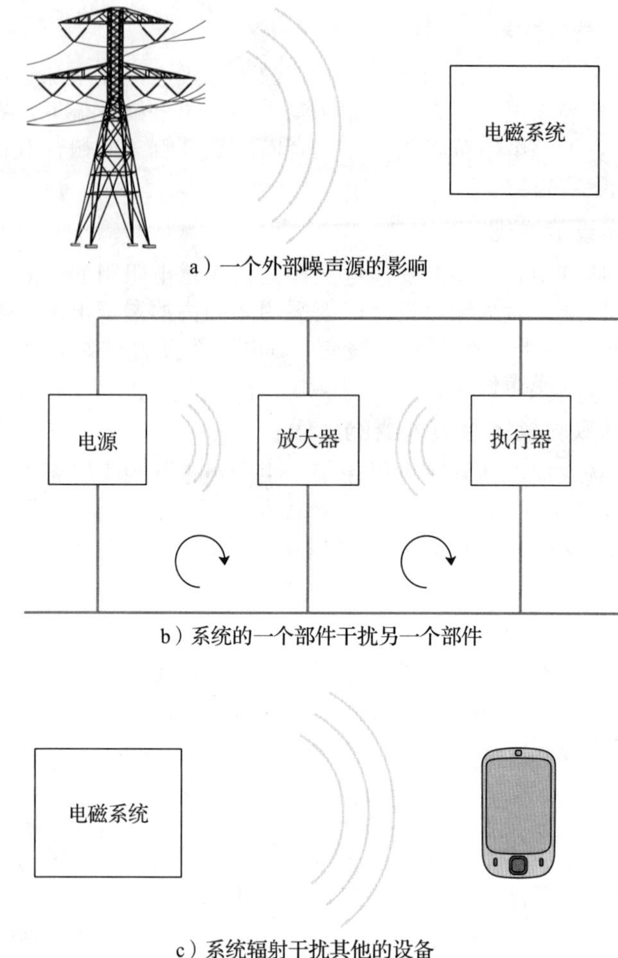

a）一个外部噪声源的影响

b）系统的一个部件干扰另一个部件

c）系统辐射干扰其他的设备

图 22.6 EMC 问题举例

太阳辐射的变化导致电离层波动，影响电离层对无线电波的反射或传播方式。因此，太阳辐射的变化对无线电通信，特别是在 2～30MHz 范围，以及处于较高频率的卫星通信，有很大的影响。宇宙辐射会在 100～1000MHz 范围产生显著的背景噪声。

人为的干扰源

最常见的干扰源是各种电气系统和电子系统，它们工作时直接产生辐射能量。干扰也可以由静电放电或电磁脉冲引起。

电气系统和电子系统可能通过多种机制产生干扰。例如，噪声可能由电路内使用的高频信号辐射(如在超外差的无线电接收机中产生的振荡)、数字电路(如计算机中的脉冲电流)或开关瞬间(如电灯开关的瞬间)引起。常见的干扰源系统的例子包括：

- 汽车点火系统
- 电动机
- 工业厂房
- 移动电话
- 开关电源
- 配电系统
- 断路器/接触器
- 计算机

汽车系统是常见的干扰源，噪声由点火系统、交流发电机、电开关和制动器摩擦引起的静电放电产生。

在小的级别上，电子电路中的所有导体都是电磁干扰的潜在来源。电路中的各种导体，无论是元器件引线、导线还是印制电路走线，都是小型天线。这些天线辐射和接收能量的机制可以用两种简化模式来理解，即短线模型和小回路模型。

短线模型用于描述电路内各条线的辐射。当电流流过电线时，形成单极天线，其在所有方向上辐射能量。这种形式的天线具有非常高的阻抗，使电子元器件产生的电磁场远大于磁性元器件的电磁场。出于这个原因，这种天线通常称为电偶极子。

导体和元器件一起也会在电路内形成回路。当这种回路中有波动电流流动时，会产生一个小环形天线，也能产生电磁波。这种形式的天线具有相对低的阻抗，使磁性元器件的电磁场比电气元器件的电磁场更大。这样的天线被为磁偶极子。

从上面可以看出，所有有用的电子电路都有可能因为其中的电流而产生电磁干扰。给定电路辐射能量的程度由很多因素决定，包括所涉及的信号幅度和频率以及电路的结构。一般来说，这种辐射在高频率时(可能在 30MHz 以上)会产生更严重的问题，或在高频率时元器件上发生瞬变的电路中更明显。但是，正因为无线电天线可以接收和发射信号，所以电路内的电偶极子和磁偶极子提供了一种机制，电路受到电磁波的影响并产生电磁波。

电磁干扰也可能由似乎与电力无关的设备产生。我们大多数人在不导电的地毯上行走时，接触到接地导体(可能是金属扶手)，产生轻微电击。这是静电放电(ESD)的例子。当脱下由导电不良的合成材料制成的衣服时，也可能会遇到这样的放电。通过固体或流体之间的摩擦可以产生静电电荷，所产生的电压可达几千伏特。除了给人一种不舒适的电击之外，所储存能量的快速放电也会损坏电子元器件并产生辐射瞬态信号。

虽然相当罕见，另一个人造的电磁干扰源是核爆炸产生的电磁脉冲(EMP)。虽然最感兴趣的那些军事系统的设计必须继续在发生核爆炸的区域工作，但是应该指出的是，上层大气中的核爆炸可能会影响非常大区域内的电子系统——远远大于直接受爆炸影响的面积。

许多电磁噪声源具有非常宽的带宽并且可能产生非常大幅度的扰动。例如，常规的 220V 家用交流电源通常具有宽带噪声，带宽可达几百兆赫兹。它也可能偶尔有超过 1000V 的瞬变。相比之下，另一些噪声源具有非常窄和明确的带宽。这种窄带噪声源的例子是移动电话，其发送信号时可能产生高标准的干扰。

22.9.2 电磁敏感性

所有的电子电路在一定程度上都受电磁干扰的影响。电路的电磁敏感性与其对这种干扰的敏感程度有关。

干扰通过传导机制或辐射机制进入一个系统。这两种机制的重要性随频率而变化。通常，频率低于 30MHz 时，传导是主要的机制，而当频率大于 30MHz 时，辐射更加显著。

传导干扰通常经过输入输出电缆或电源线进入系统。辐射干扰可通过外壳进入系统，直接作用于内部电路。在 22.10 节中，我们将了解到，通常使用接地金属盒来屏蔽敏感的电子设备，以减少辐射干扰的影响。然而，辐射的能量可以在外部电缆上感应出噪声，因而可以通过传导进入系统。

噪声进入系统的难易程度和系统工作所能容忍的噪声量这两个因素决定了系统的电磁敏感性。这些因素也可以用系统的电磁抗扰度来表示，即系统在存在电磁干扰的情况下能正常工作的能力。

22.9.3 电磁辐射

电磁兼容性不仅涉及系统在存在电磁干扰时能正常工作的能力，而且涉及其工作时不产生可能干扰其他设备的噪声的能力。

很明显，与进入系统的能量一样，电磁能也可能通过传导或辐射两种机制离开系统。这两种机制的重要性还是随着频率的不同而变化，正如人们所期望的那样，干扰离开系统的“路线”与进入系统的路线类似。传导的能量往往通过输入输出线和电源线离开系统，然而，辐射能量可能直接通过外壳辐射出去。尽管能量可以通过电缆由系统传出的噪声进行辐射，但使用接地金属外壳可以减少离开系统的辐射能量。

由于干扰进入系统和离开系统的机制相似，许多用于处理这些问题的方法也是相似的。我们将在 22.10 节讨论其中的一些技术。

22.9.4　级间的电磁耦合

电磁兼容性的另一个重要方面是与系统中的一部分干扰另一部分工作的途径有关。由于系统各部分紧靠在一起，高频能量很容易从一个部分辐射到另一部分。由于各部分之间互连，能量可以通过信号线、电源线或地线在彼此之间传导。内部电磁兼容性耦合的例子如图 22.7 所示。

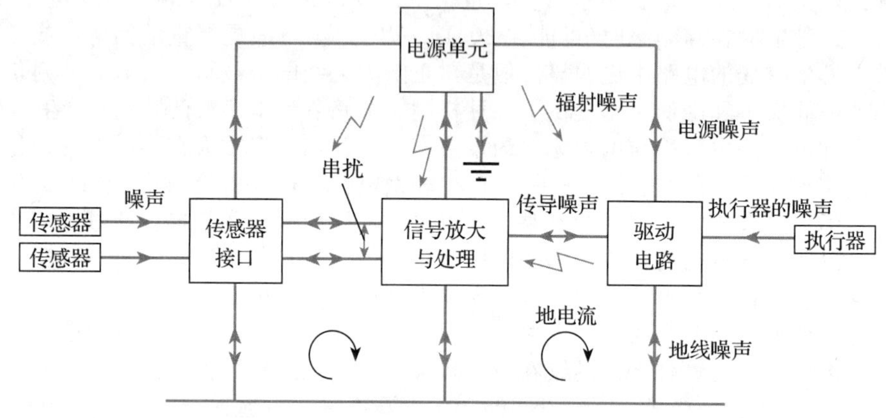

图 22.7　内部电磁兼容性耦合的例子

之前我们注意到所有的电路都是潜在的电磁干扰源，所有的电路都可能受到这种辐射的影响。这些影响在系统的各部分之间产生意外的耦合，从而可能会极大地影响系统的工作。高频电路对这种形式的耦合特别敏感，因此在设计中要非常小心。

常见的内部噪声源包括电源单元(PSU)。进来的交流电源上的噪声通常经调节电路传递并出现在直流电源线上。高电压的瞬变是一个特别的问题，因为它常常会在直流电源上产生尖峰或导致电源单元将噪声辐射到系统的其他部分。除了从交流电源进入系统的噪声外，电源单元自身也会产生干扰。使用简单的线性电源，变压器的波动场会在电源频率下引起噪声电流，而用开关电源，高频开关电流产生的瞬变会在整个系统内传播。

除了从电源单元传输噪声之外，电源线由于其阻抗还能将噪声从一级传播到另一级。当元器件或模块获取的电流发生变化时，电源线上的电压会波动，电源电压上的变化会耦合到系统的其他部分。由于系统的接地阻抗，会发生类似的级间耦合。模块获取的电流变化可能会导致模块的地电位波动。如果另一个模块共享这个接地连接，那么它的地电压将也会受到影响。通过这种方式，一个模块的工作可以直接影响另一个模块的工作。

走线相互靠近的任何线路都可能受到串扰的影响，一条线上的信号会影响另一条线路上的信号。这一现象的名字来源于早期电话行业的用户往往会无意中听到与自己线路接近的线路上的对话。由于这个问题，业界开发了几种非常有效的方法来减少相邻线路之间的耦合，其中许多方法在当今仍广泛使用。这种技术的一个例子是使用双绞电缆，如下一节所述。

数字系统具有级间意外耦合的特殊问题。当在第 26 章分析数字系统中的噪声时，我们再详细讨论这个话题。

22.10　电磁兼容性设计

系统的电磁兼容性能几乎受设计的所有方面影响。关键因素包括所涉及的信号的频率范围(高频率会比低频率引起更多问题)和所使用电压、电流的大小。但是，这些因素通常取决于系统的功能要求，设计者不能自由地选择这些参数。

系统使用的电路以及这些电路使用的元器件，在决定电磁兼容性能方面也起了很大的作用。通常，设计师对这些方面的设计可以有更多的选择性，并且在电路设计过程中同时考虑电磁兼容性问题和系统功能是很重要的。

其他对电磁兼容性非常重要的问题是系统的物理布局和结构。我们知道电路中的导体像一个小型的天线，既能辐射又能接收电磁干扰。使这样的导体尽可能短，并避免形成大的回路，能够极大地改善电磁兼容性能。仔细设计系统的布局，并使用适当的接地和屏蔽技术，可以将系统的辐射和敏感性减少几个数量级。

对于详细的电磁兼容性处理方法要求学习很多学科的知识，这些不在本书的范围内，但是考虑一些特别重要的设计也许非常有用。

22.10.1 模拟系统和数字系统

由于模拟系统和数字系统的种类繁多，所以很难就这两种形式的电路特性做出明确的说明。

模拟系统的特性通常是带宽受限制且信号幅度小。前者通常在电磁兼容性方面有优势，因为这减少了可能干扰系统的频率范围。然而，后者是不利的，因为它限制了可以达到的信噪比。在模拟系统中，通常试着最大化信号的幅度，以减少噪声的影响。

在后面的章节中，我们将看到噪声影响数字电路的方式与模拟电路不同。我们也将注意到，数字电路通常与要求宽带宽的高频信号有关。使用宽带宽往往会增加电磁兼容性方面的问题，因为这意味着在更大的频率范围内对噪声敏感。幸运的是，数字电路受噪声的影响往往比模拟电路更少，一般来说，数字系统与模拟系统相比，对外部干扰有更好的抗干扰性。另一方面，数字系统比模拟系统往往会产生更多的电气干扰。

在本节剩下的部分中，我们将讨论与所有形式的电子电路相关的问题，对于数字系统中特有的问题，在后面讨论数字电路时再考虑。在第 26 章详细地介绍数字系统中的噪声时，会回顾电磁兼容性的设计考虑。

22.10.2 电路设计

我们已经讨论过，电路中的导体无意地变成小型的天线。在大多数电路中，大部分电流在由向外和返回路径形成的环内流动。这种回路可以由任何导电路线形成，包括电线、印制电路板走线和电路元器件。图 22.8 显示了一个电流回路的例子。每个电流回路形成了一个磁偶极子，该磁偶极子辐射的能量大小与回路内电流、回路面积和频率的平方成正比。减少这些因素中的任何一个都可以减少辐射。由于电流回路产生的辐射是定向的，所以电场在回路的平面上是最大的，沿轴向是最小的。

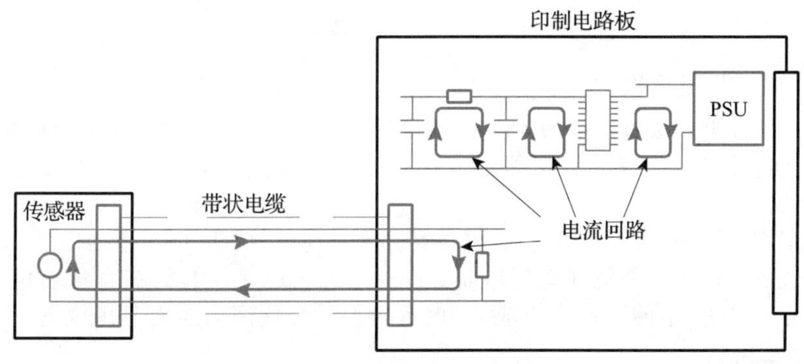

图 22.8 电路中电流回路的例子

虽然大多数电流在回路内流动，但在给定的区域内，电流可能呈单向性，形成短线天线。这可能发生在如绝缘电缆或地线中。在这种情况下，电流产生单极或电偶极子。在距离这种源的给定距离处，辐射的大小与电流的大小、导体的长度和频率成比例。辐射对源来说不是定向的。

可以看出，电路产生的辐射受所用的信号频率以及电流大小的影响。为了提高电磁兼容性能，应该尽量减少这些因素。电流环形天线对频率特别敏感，任何可以降低信号高频分量的方法都非常有益。

22.10.3　电路布局

电流环路和短线天线的辐射受电路布局的影响很大。在布局印制电路板(PCB)时，应尽量减少所有的走线长度和电流环路面积。当对高频信号(如数字时钟线)布线时，这些预防措施特别重要。

需要特别注意 PCB 电源线的布局。图 22.9a 给出了在有很多数字逻辑器件的双面 PCB 上布局电源线的常用方法。图中正电源电压(通常为+5V)沿着电路板一面的边缘馈送，而 0V 返回线沿着板的另一面的对侧边缘馈送。然后走线将两个“轨道”馈送到每个逻辑器件。所得到的“梳状”布局具有非常容易设计的优点，但是从电磁兼容性的观点来看是非常差的。电源线形成了一个巨大的电流回路，其面积几乎等于电路板的面积，其中有大的电流流过。

一个更好的布局如图 22.9b 所示。这里，供电和返回线路还是馈送到电路板的两面，但是在这种情况下，它们放置在各自的顶部使形成的所有环路的面积最小化，并且在电源线和地线之间产生电容，减小瞬变的影响。在这种布局中，在网格中使用了几条线以减少电源线和接地阻抗。

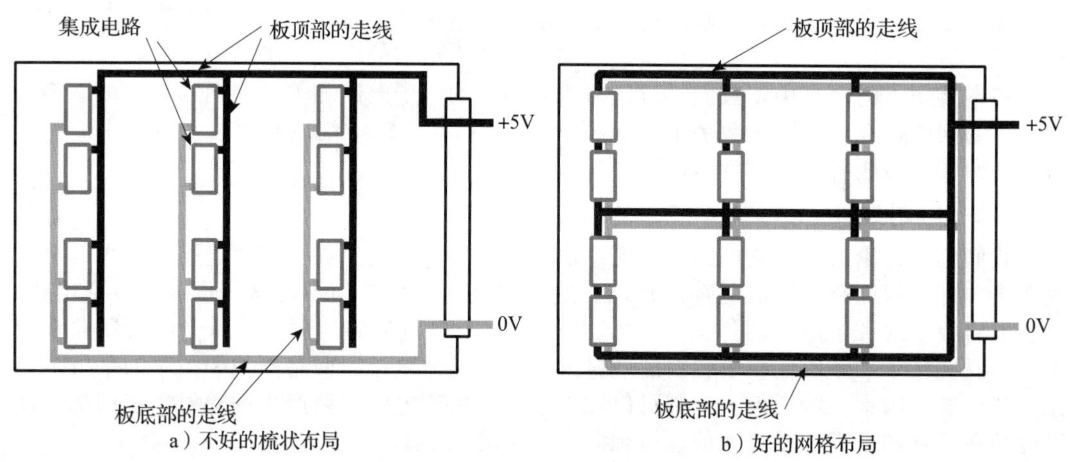

图 22.9　电源布线方法的例子

22.10.4　多层印制电路板

上述网格状布线方法可以扩展到多层 PCB 中，多层 PCB 使用了单独的电源和地层。这使电源和地的阻抗都非常低。相邻层上的布线通常彼此垂直，以减少相互之间的耦合(并且便于布线)。

多层 PCB 的平行板结构产生了低阻抗传输线效应，减少了电路之间的耦合。然而，当使用这种电路板时，应避免在直角弯曲处产生不连续现象，因为在直角拐角处会产生强场。虽然在实践中 90°角的弯通常折成 45°的弯，但最好使用曲线而不用锐角。

22.10.5　器件封装

从 EMC 的角度来看，表面贴装器件比双列直插(DIL)器件具有多个优点。许多优点直接源于器件尺寸的减小，使电路板的器件密度增大了。这又使线更短并减小了寄生电容。大多数 DIL 封装的电源和地引脚在其对角上，因此使电源与地之间的距离最大化。这不仅增加了器件的寄生电感，而且会产生长的走线和大的电流回路。

22.10.6　电路分割和接地

大多数电子电路有一个或多个电源“轨”和一个“地”。通常，地连接到金属外壳或附件或交流电源线的接地回路。在有大量组件或模块的系统中，每一部分通常连接到公共地，以便于信号的传递。系统各部分的接地方式会对其 EMC 性能产生很大的影响。

接地方法之所以重要，是因为任何连接或传导路径都具有一定的阻抗。通过看图 22.10 所示的简单接地方案可以明白阻抗的意义。图中给出了三个模块 A、B 和 C，使用了串联接地方式。模块 A 通过阻抗为 Z_A 的引线连接到系统地。模块 B 的接地不是连接到系统接地，而是连接到模块 A 的接地端，此连线的阻抗为 Z_B。类似地，模块 C 通过阻抗为 Z_C 的引线连接到模块 B 的接地端。

这种接地方案经常使用，因为它简化了接线，所以更便宜。然而，它的缺陷是公共阻抗在各个模块之间产生了耦合。其中一个模块的电流变化将导致其他模块的地电位波动。

另一种接地方案如图 22.11 所示，图中每个模块都直接连接到系统地。这种单点接地方案通常称为星形连接方案。

这种方法的优点在于各接地阻抗是独立的，一个模块的地电位波动(由于其接地电流的波动)不会耦合到系统的其他部分。在较低频率下这种方案是优先选择的方法，通常将可能相互干扰的部分单独接地。图 22.12 给出了这种方案的例子，图中系统被划分为三个不同的区域，使互扰最小化。模拟电路和数字电路分开，第三部分用于隔离系统中的含噪部分。第三部分可能包括的是高功率执行器的驱动部分或者电磁元器件，如继电器。这三个部分的接地连到不在板上的系统公共接地点。

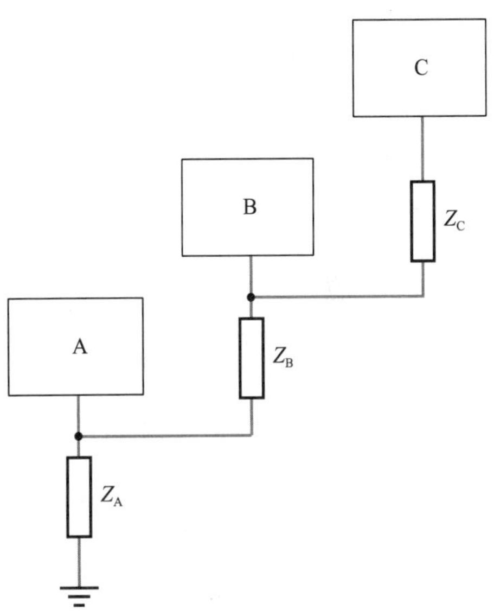

图 22.10　一种简单的接地方案

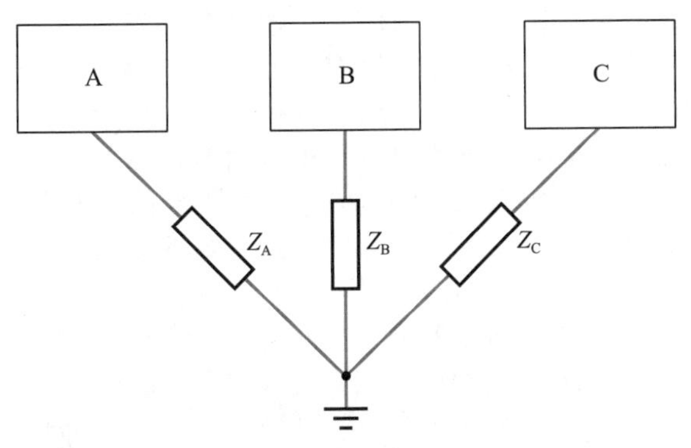

图 22.11　单点接地方案

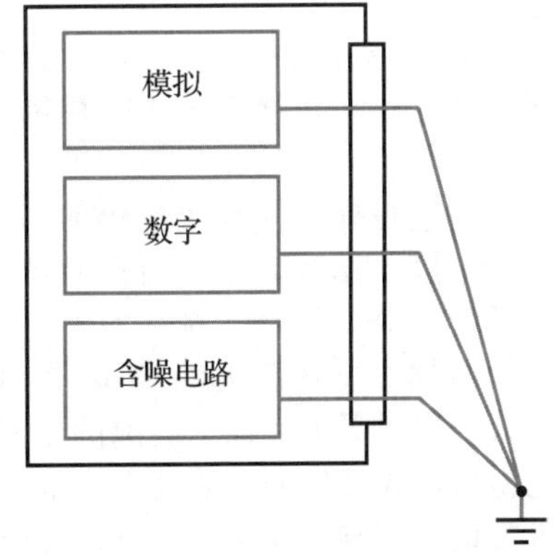

图 22.12　减少 EMC 问题的系统划分

当设计一个系统中各部分的接地时，确保每个部分没有多个接地路径是很重要的。模块存在两个或多个接地会形成一个或多个接地回路(地回路)，如图 22.13a 所示。这种回路的作用和其他形式的电流回路的作用相同，会将电磁场耦合到地电流中。

但是，当频率很高时，地回路也可能通过杂散电容形成，如图 22.13b 所示。单点接地方案往往导致电路中距公共接地点最远的电路模块的接地线很长。在高频时，杂散电容可以提供与预期接地路径阻抗相当的接地，形成接地回路。出于这个原因，比较常见的方法是在高频时使用低阻抗接地层，如图 22.14 所示。在这种多点接地方案中，每个元器件和模块都使用尽可能短的引线直接连接到接地层。这种技术依赖于接地层具有非常低的阻抗，以防止阻抗耦合的问题。这往往通过在多层 PCB 中使用接地层来实现。

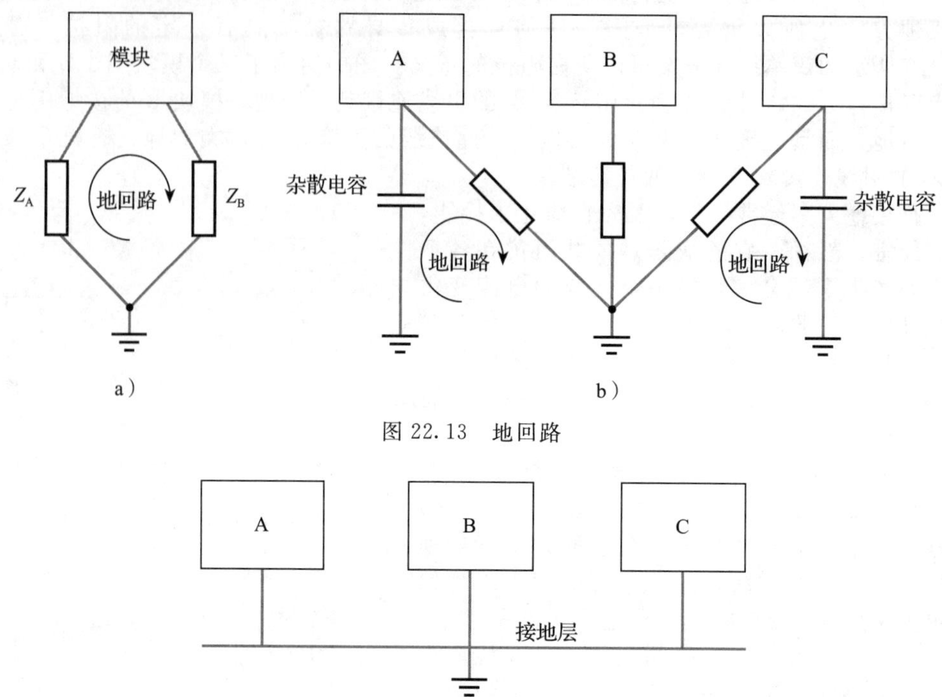

图 22.13　地回路

图 22.14　多点接地方案

单点接地技术通常用于工作频率最高为 1MHz 的系统，而工作频率高于 10MHz 的系统则使用多点接地的方法。工作频率在上述两个频率之间的系统通常采用混合接地的方法。

22.10.7　外壳屏蔽和电缆屏蔽

对抗辐射耦合的一个主要武器是屏蔽，通常包括在系统周围使用接地导电外壳和屏蔽的连接电缆。也可以在系统内采用屏蔽方式来减少系统各部分之间的耦合。

屏蔽盒作为一种法拉第笼的形式，可以大大减少由于外部电磁场的作用而在屏蔽盒内产生的场。它也能大大地减少辐射。由外壳提供的屏蔽有效性取决于很多因素，包括所用的材料、厚度、结构，以及所涉及的干扰的频率和性质。虽然有时也使用镀金的塑料外壳，但通常外壳是用金属制作的。为了使对地阻抗低，外壳通常直接连到系统的主要接地点。接地金属壳不仅能提供 EMC 屏蔽，而且能起到保护的作用。

屏蔽效率受导电表面上缝隙的影响很大，例如由显示器、冷却风扇或电缆端口造成的缝隙。电缆从外壳接进来，通过电缆本身的传导或缝隙辐射为噪声提供了进入的潜在途径。

外部的信号电缆有可能拾取辐射噪声并将其传导到保护壳内。一旦进入，就可以通过传导或辐射在系统内散发。为此，经常屏蔽外部电缆以降低其对噪声的敏感性。有许多屏蔽电缆的形式和多种信号与屏蔽导体互连的方式，图 22.15 给出了几个例子，但这些例子不应该作为推荐的结构。

图 22.15a 给出了信号通过一条无屏蔽导体(线)从一点传到另一点的例子。信号的回路是通过地来完成的。

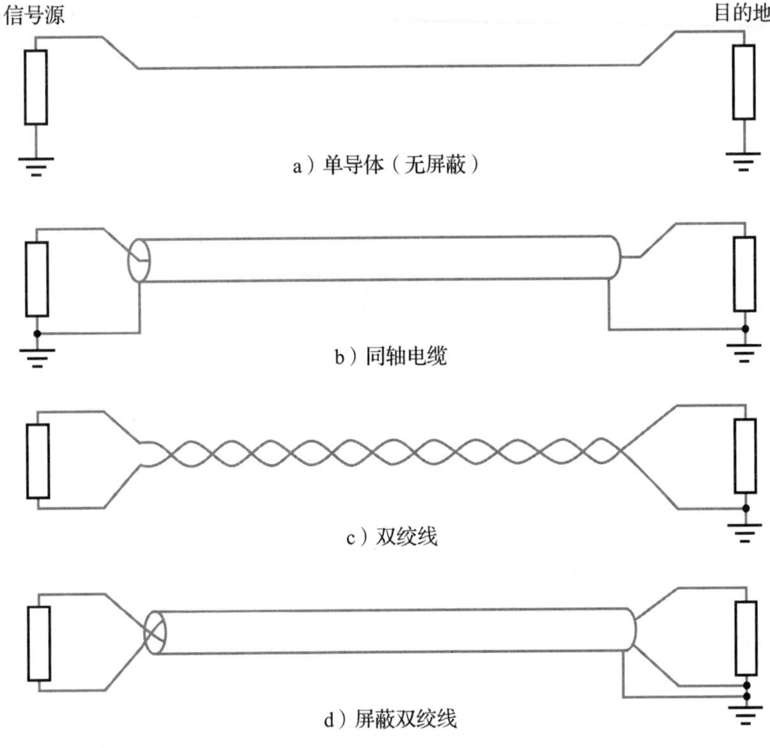

图 22.15　电缆屏蔽技术

图 22.15b 给出了一种改进的方案，使用了屏蔽的同轴电缆，屏蔽线两端都连接到地。电缆有一个被一层绝缘介质围绕的中心导体，然后沿着电缆包裹了一层铜编织环网形成了导电屏蔽，最后屏蔽层再用绝缘层包裹。这种方案的有效性取决于很多因素，但是可以预见在目的地检测到的噪声量将有几个数量级的改善。

可以用差分的结构做进一步改进，如图 22.15c 所示。在 14.8 节中，我们注意到，将信号源连接到一对导线并用差分放大器来检测差分信号同时抑制共模噪声，这样可以降低噪声的干扰(见图 14.13)。为了使该技术尽可能有效，要求两根导线拾取完全相同量的噪声，从而使差分噪声处于最小。为了更好地实现这个目的，可以将两条线彼此缠绕以形成双绞线电缆。可以预见这种方案所拾取的噪声会比前面讨论的同轴电缆拾取的噪声要小几个数量级。

再进一步的改进可以采用屏蔽双绞线，如图 22.15d 所示。这种方案会使传递到目的地的噪声可能减小到用单根未屏蔽电缆时的噪声几百万分之一甚至更小。

无论使用哪种布线方案，必须特别注意电缆与系统其他部分的连接。连接导体与连接器的一段很短的未屏蔽电缆会极大地降低屏蔽效率，柔韧铜辫(连接到电缆的外层屏蔽上的单根短线)也是如此。为了获得最大的效果，屏蔽电缆应连接到屏蔽的连接器内部，以保持屏蔽完整性。

22.10.8　电源线滤波和去耦

前面指出了，家用交流电源是电噪声的主要来源。因此，在对噪声敏感的应用中，通常使用电源滤波器滤除电源中的高频噪声。滤波器必须尽量靠近电源线进入系统外壳的位置，以防止未滤波的引线在外壳内部辐射噪声。为了解决这个问题，有些滤波器并入到屏蔽的电源插座中，插座直接安装在外壳的孔中，通过这种方式，电源在进入外壳时被滤波。

电源滤波器趋于减少进入系统的高频噪声的量，但在处理高压瞬变时基本无效。特殊的瞬态干扰抑制器可用于处理这些潜在的危险事件。干扰抑制器有几种类型，包括类似齐纳二极管的 pn 结器件。通常，这样的器件安装在直流电源的输出端，而且其击穿电压略高于电源的标称电压。如果瞬变使电压超过器件的击穿电压，干扰抑制器就导通，防止电源电压上升。典型干扰抑制器的响应时间大约为 1ns，可以通过几十或者甚至数百安培的电流。

电路元器件的工作也会引起电源线上的瞬变和噪声。数字电路中的逻辑门开关可以引起大的浪涌电流，因此这是数字电路中的特殊问题。为了使电源噪声的影响最小化，通常会一起使用多种技术，包括用有低电感的充电电容器的稳压电源，在多层 PCB 内使用地层和电源层使电源线的阻抗最小化，以及使用电源去耦电容器。

在数字电路内，通常在每个集成电路旁边安装去耦电容，在开关期间提供所需的浪涌电流。该电容器减小了在电源线上产生的电压瞬变，并使瞬态电流流过的面积最小化。典型的电路使用 10～100nF 的陶瓷电容(或其他低电感电容)，并将其安装在尽可能靠近集成电路的位置。每个电路板上可安装一个体积更大的去耦电容，电容值约为 100μF，它可安装在电源线进入电路板的位置。这种电容通常是电解电容或钽电容。

22.10.9 绝缘

在 20.5 节中，我们介绍了在高电压的情况下光隔离器如何用于保护电子电路。这些器件也可用于在电路之间传递信息，阻止电噪声的通过。当研究数字系统中噪声的影响时(第 26 章)，我们再详细介绍光隔离技术的使用。

22.10.10 获得好的 EMC

仅仅用良好的设计不能实现良好的 EMC。事实上，对 EMC 的考虑影响系统的设计、开发、结构、测试、安装、使用和维护的各个方面。虽然良好的设计对于实现良好的 EMC 特性至关重要，但与质量相关的其他问题也非常重要。设计可以高度优化，使系统的灵敏度和辐射都达到最小化，但是，只要在安装屏蔽时疏忽大意地装配了塑料垫圈而不是金属垫圈，或者在维护过程中没有重新安装接地带时，就会使高度优化的设计白费。良好的 EMC 要求在系统开发和使用的所有阶段都要尽心尽责。

22.10.11 EMC 和法律

虽然制造具有良好 EMC 特性的系统具有明显的商业优势，但也要考虑法律上的要求。许多国家对电气设备产生的干扰量有立法限制。在欧洲，法律对电气产品和设备的 EMC 有严格的规定。该法令涵盖了能够产生干扰的所有电气电子设备或所有电气电子设备所能耐受的影响。该法令的“基本要求”是：

设备的结构应使得：

- 其产生的电磁干扰不能超过确保无线电与电信设备和其他仪器正常工作的水平。
- 该设备具有足够的抵抗电磁干扰的能力。

EMC 问题明显有商业和法律含义，所有的工程师都需要非常熟悉这一非常重要的领域。

进一步学习

本章讨论了 EMC 问题的各个方面。EMC 在很多应用中都非常重要，但是在系统故障会引起安全隐患的情况下尤其重要，汽车电子系统就是属于这一类。

视频 22C

认识现代高性能汽车中的一些与安全相关的系统，并考虑可能影响其工作的与 EMC 相关的因素。可以采取什么设计措施来最大限度地提高这种系统在 EMC 问题方面的可靠性呢？

关键点

- 电子系统中的噪声可分为多种：
  - 由电阻元件产生的热(约翰逊)噪声；
  - 由跨过结的电荷载流子随机流动产生的散弹噪声；
  - $1/f$ 噪声，由多个源产生，包括在扩散过程中的波动引起的闪烁噪声；
  - 来自外部信号或事件的干扰。
- 双极型晶体管和场效应晶体管都或多或少地受所有这些类型的噪声影响。两种类型的晶体管都能构成高性能的低噪声放大器。
- 电磁兼容是指系统在受到其他电气设备干扰时的工作能力，而且不会干扰其他设备或自身其他部分的工作。
- 有很多自然的和人为的电磁干扰源。
- 干扰可以通过传导或辐射进入或离开系统。
- 系统各级之间的电磁耦合也可以传导或辐射。电源是一个特殊的问题。
- 电路布局在决定电磁兼容性方面起着很大的作用。所有的电线都应尽可能短，并且回路的尺寸应尽可能小。
- 接地是非常重要的，高、低频条件下需要不同的接地技术。
- 电缆的屏蔽是至关重要的，可以将进入系统的干扰量降低很多量级。
- 良好的电磁兼容性不能简单地只通过好的设计实现。需要注意系统开发、使用和维护的所有阶段的细节。

习题

22.1　电子噪声是什么？

22.2　为什么电子噪声在输入信号较小的时候通常会更加明显？

22.3　给出电子噪声影响的三个日常例子。

22.4　解释为什么噪声在模拟系统中比在数字系统中的问题更大。

22.5　为什么所有的实际元器件都产生热噪声？

22.6　约翰逊噪声与热噪声不同吗？

22.7　在正常室温($\approx$300K)下，在 20kHz 带宽(典型音频频谱)内进行测量时，估计 47kΩ 电阻中由热噪声产生的噪声电压。

22.8　在正常室温下，计算 10kΩ 电阻连接到带宽为 5MHz 的系统时所产生的热噪声电压。

22.9　为什么散弹噪声是高增益双极型晶体管中一个特别的问题？

22.10　在正常环境温度下，用带宽为 5MHz 的系统进行测量时，计算散弹噪声电流引起的 1nA 信号的百分比波动。

22.11　解释术语“白噪声”和“粉红噪声”是什么意思。

22.12　在半导体器件中是什么原因导致了闪烁噪声？

22.13　双极型晶体管内的噪声产生的主要原因是什么？其中哪种噪声在低频下占主导地位？

22.14　场效应晶体管内的噪声产生的主要原因是什么？为什么这种器件中的散弹噪声通常很小？

22.15　从信号和噪声电压方面给出信号的信噪比表达式。

22.16　在特定的电路中，有效值为 100mV 的信号叠加了有效值为 200μV 的噪声，信号的信噪比是多少？

22.17　换能器可以由有效值为 1mV 的理想无噪声电压源与 1kΩ 的电阻串联表示。如果电阻温度为 300K，测量系统的带宽为 100kHz，输出信号的信噪比为多少？

22.18　哪种晶体管(双极型或场效应晶体管)更适用于低噪声系统？

22.19　分别列出三种自然的和人为的电磁干扰源。

22.20　简要解释“电偶极子”的含义。

22.21　简要解释“磁偶极子”的含义。

22.22　给出窄带和宽带噪声源的例子。

22.23　在什么频率范围内，“传导”是干扰进入系统的主要机制？

22.24　在什么频率范围内，“辐射”是干扰进入系统的主要机制？

22.25　如何保护电子系统免受辐射干扰影响？

22.26　如何保护电子系统免受传导干扰影响？

22.27　电子系统中各部分之间的电磁耦合的主要机制是什么？

22.28　描述与 EMC 性能相关的电路布局的重要性。

22.29　系统接地方法的选择为什么受系统工作频率的影响？

22.30　讨论与 EMC 有关的质量的重要性。

第23章 正反馈、振荡器和稳定性

目标

学完本章内容后，应具备以下能力：

- 描述正反馈在正弦波振荡器和数字振荡器中的应用
- 说明电路起振的条件
- 画出正弦波振荡器和数字振荡器的简单电路
- 讨论振荡器电路中的幅度稳定性问题
- 说明晶体在高稳定的振荡器中的用法
- 说明正反馈对电路稳定性的影响

23.1 引言

在第 15 章中，我们概括性地介绍了反馈，并用介绍了负反馈的用法和特点。在本章中，我们继续研究反馈领域中正反馈的特点。

很多模拟电路和数字电路用正反馈产生多种效果。在本章中，我们将集中讨论正反馈最常见的用法，即用于振荡器中。

虽然正反馈经常特意用来实现特定的电路特性，但也可能在电路中发生意外。这在使用负反馈的电路中尤其常见。在这种情况下，反馈的存在可能对电路的工作产生不利的影响，并且对稳定性也有显著的影响。

23.2 振荡器

视频 23A

在考虑了反馈的一般结构后(在第 15 章)，我们推导出了图 23.1 所示反馈系统的增益表达式。系统的闭环增益 G，其由下面的表达式给出：

$$G=\frac{A}{(1+AB)}$$

式中，A 表示电路的正向增益，B 表示电路的反馈增益。如果回路增益 AB 为负，并且它的幅度小于或等于 1，那么整体增益就比正向增益大，得到的是正反馈。我们会注意到，如果 $AB=-1$，闭环增益理论上为无穷大。在这种情况下，即使没有任何输入，该系统通常也会产生输出。这种情况用于产生振荡器，$AB=-1$ 表示发生振荡所需的条件。

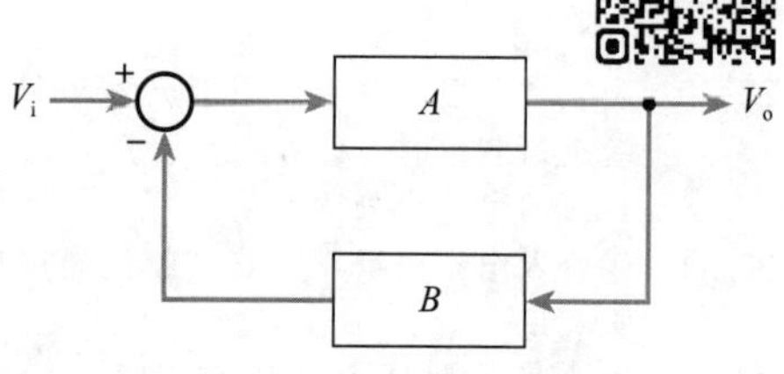

图 23.1 反馈系统的一般结构

在讨论反馈时(在第 15 章)，我们把 A 和 B 看成简单(实数)的电压比表示。采用这种方法表示增益，同相放大器的增益为正，反相放大器的增益为负。因此，如果 B 的大小等于 $1/A$，且 A 或 B(但不是两者同时)是“负”的，则可以满足条件 $AB=-1$。正弦波倒置代表有 180°的相移，另一种描述振荡条件的方法是乘积 AB 的幅度必须为 1，相位角为 180°(或 π 弧度)。

振荡器起振的条件用巴克豪森(Barkhausen)准则表示，用我们的表达，即发生振荡所需的条件是：

- 环路增益 AB 的大小必须等于 1；

● 环路增益 AB 的相移必须为 180°或 180°加上 360°的整数倍。

第二个条件比原来的要求稍微复杂一些，因为将正弦波移动一个完整的周期，正弦波是不变的。因此，如果 180°的相移会引起振荡，则 180°的相移加上 360°的任何倍数都具有相同的效果。

为了设计有用的振荡器，添加频率选择单元以确保仅在单个频率点满足振荡条件，然后电路才能在该频率处连续振荡。

23.2.1　RC 振荡器或相移振荡器

在单个频率处产生 180°相移的简单方法是使用 RC 梯形网络，如图 23.2 所示。图中好几级 RC 级联，每一级都产生一个附加的高频截止。根据 8.5 节中的讨论，我们知道这种类型的单级 RC 能产生的最大相移是 90°，但是仅在无穷大频率时相移才能达到最大值。因此，至少需要三级才能在有限频率处产生 180°的相移。

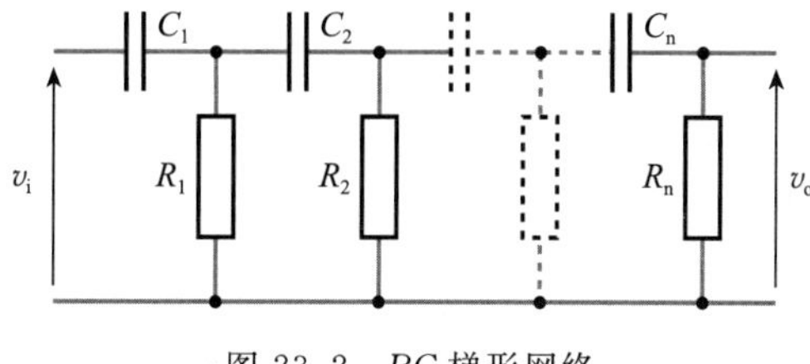

图 23.2　RC 梯形网络

如果采用三个相同的 RC 级进行级联，则标准电路分析表明输出电压与输入电压的比值由下面的表达式给出：

$$\frac{v_o}{v_i}=\frac{1}{1-\frac{5}{(\omega CR)^2}-\mathrm{j}\left(\frac{6}{\omega CR}-\frac{1}{(\omega CR)^3}\right)} \tag{23.1}$$

比值的幅度和相位角明显取决于角频率 ω。在这里感兴趣的是相移为 180°的条件。这意味着增益为负且为实数，比值的虚部为零。当条件满足时，

$$\frac{6}{\omega CR}=\frac{1}{(\omega CR)^3}$$

或

$$6=\frac{1}{(\omega CR)^2}$$

重新整理得到：

$$\omega=\frac{1}{CR\sqrt{6}}$$

因此，

$$f=\frac{1}{2\pi CR\sqrt{6}}$$

在式(23.1)中代入 $\omega CR=1/\sqrt{6}$ 得出：

$$\frac{v_o}{v_i}=\frac{1}{1-5\times 6}=-\frac{1}{29}$$

因此，在相移等于 180°的频率处，梯形网络的增益为 1/29。如果使用 RC 梯形网络作为反馈路径，很明显 $B=-1/29$。为了使环路增益 AB 等于 -1，要求电路 A 的正向增益为 $+29$。基于该原理的振荡器称为 RC 振荡器，有时称为相移振荡器，图 23.3 给出了其基本形式。

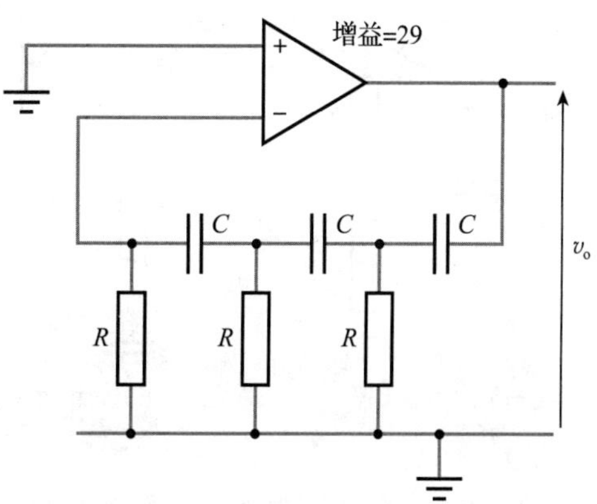

图 23.3　RC 振荡器或相移振荡器

从图 23.3 可以看出，相移振荡器由反相放大器(输入加到反相输入端)和相移为 180°的反馈网络构成。使用同相放大器和相移为 0°的反馈网络可以得到同样的结果。这种方法用于韦

恩桥式(Wien-bridge)振荡器。

23.2.2　韦恩桥式振荡器

韦恩桥式振荡器采用串联/并联组合的电阻和电容作为反馈网络，如图 23.4 所示。如果 R_1 和 C_1 构成的阻抗为 $\boldsymbol{Z}_1$，R_2 和 C_2 用阻抗 $\boldsymbol{Z}_2$ 表示，则很明显，网络的输出与输入关系可表示为

$$\frac{v_o}{v_i}=\frac{\boldsymbol{Z}_2}{\boldsymbol{Z}_1+\boldsymbol{Z}_2}$$

由于

$$\boldsymbol{Z}_1=R_1+\frac{1}{j\omega C_1}$$

且

$$\boldsymbol{Z}_2=\frac{1}{\dfrac{1}{R_2}+j\omega C_2}$$

如果 $R_1=R_2$、$C_1=C_2$，则有

$$\frac{v_o}{v_i}=\frac{1}{3-j\left(\dfrac{1-\omega^2R^2C^2}{\omega CR}\right)} \tag{23.2}$$

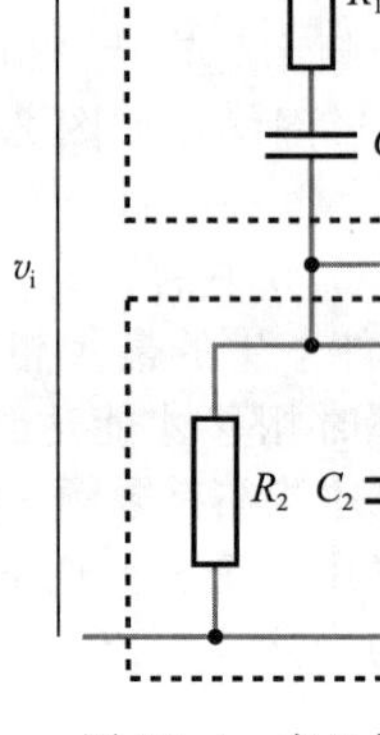

图 23.4　韦恩桥式网络

为了使该网络的相移为零，虚部必须为零，也就是

$$\omega^2R^2C^2=1$$

即

$$\omega=\frac{1}{RC}$$

代入式(23.2)中得到：

$$\frac{v_o}{v_i}=\frac{1}{3}$$

因此，在所选频率下，网络相移为零，增益为 1/3。对式(23.2)进一步研究表明，此时增益是最大值，因此是电路的谐振频率。为了构成振荡器，该网络必须与增益为 3 的同相放大器组合，使得环路增益大小为 1。图 23.5 给出了使用第 16 章讨论的同相放大器电路的电路方案。

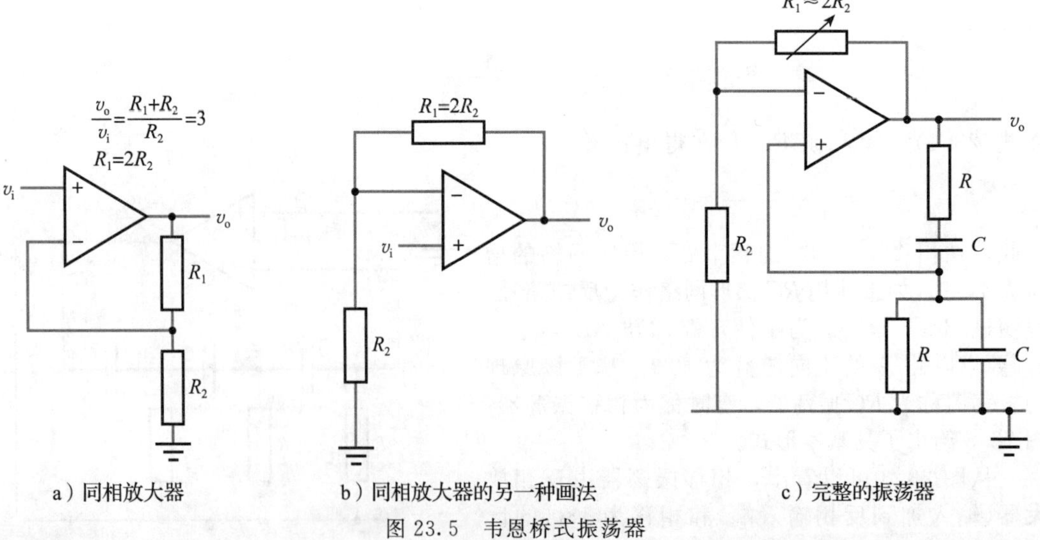

图 23.5　韦恩桥式振荡器

图 23.5a 给出了基本同相放大电路，通过选择合适的电阻使增益为 3。图 23.5b 给出

了图 23.5a 的另一种更为简洁的画法。图 23.5c 给出了通过添加反馈网络形成的振荡器。从上面可以看出，电路的振荡频率由下式给出

$$f=\frac{1}{2\pi RC} \tag{23.3}$$

计算机仿真练习 23.1

仿真图 23.4 所示的韦恩桥式网络，在 $R=1\text{k}\Omega$ 和 $C=1\mu\text{F}$ 时测量其增益和相位。在 10Hz～10kHz 的频率范围内测量响应，并确定输出幅度最大时的频率。在此频率下测量电压增益和相位角，并将其与前面给出的值进行比较。

23.2.3 幅度稳定

在前面的相移振荡器和韦恩桥式振荡器电路中，电路的环路增益由振荡器中的元器件值决定。如果增益设置得太低，振荡就会停止；如果增益设置得太高，振荡幅度就会不断地增大，直到受到电路的限制为止。

在图 23.5c 中，R_2 为可变电阻器，可以调整到合适的值。实际上，必须将环路增益的幅度设置到略大于 1，确保任何振荡都是增大的而不能是衰减的，并允许放大器增益向下波动。

有几种限制振荡幅度的方法。在图 23.5c 所示的电路中，由于对放大器输出摆幅的限制，使振荡幅度受到限制。对于这种应用，运算放大器具有非线性增益的特性，随着振幅接近电源电压，增益趋于下降。因此，如果将增益设置为稍微大于维持小信号振荡所需的增益，则随着信号幅度的增大，放大器会进入增益下降的区域，而且幅度会稳定在那个值。虽然这种方法简单，但它会产生一些失真，因为放大器用的是非线性区。

一种可能的解决方案是用合适的热敏电阻替换图 23.5c 所示电路中的可变电阻 R_1（如 12.3.2 节所述）。选择热敏电阻阻值，使热敏电阻处于正常室温时，环路增益略大于振荡所需的增益，因此振荡输出幅度增大。这增加了热敏电阻的功耗，导致热敏电阻的温度上升。温度的升高导致热敏电阻的阻值下降，从而降低电路的增益。因此振荡的振幅稳定在环路增益的大小正好为 1 的点。这限制了输出信号的幅度，使其不会失真。

尽管使用热敏电阻是解决这个问题一个可能的方案，但还有几个更好的解决方案。然而，振荡器的详细设计超出了本书的范围，我们不再进一步讨论。

23.2.4 数字振荡器

迄今考虑的振荡器都是产生正弦波输出（尽管如我们所见，由于幅度稳定的问题，往往会略有失真）。正反馈也广泛应用于许多数字应用，其中包括许多数字振荡器电路。

图 23.6 给出了一个简单的数字振荡器，是一个弛张振荡器。为了理解这个电路的工作原理，假设最初的时候（电源刚施加到电路上时），输入有轻微的偏移，使运算放大器的同相输入比反相输入大。该偏移量被运算放大器放大，运算放大器的输出会变得更大于 0。产生的实际电压大小将取决于运算放大器的性质（如 16.5.4 节所述），但是对于我们当前的目的，完全可以假设输出电压接近正电源电压 V_{pos}。同相输入端的电压由两个电阻形成的分压器决定，当这些电阻值相等时（都为 R_1），同相输入端的电压约为 $V_{pos}/2$，如果假设电容没充电，反相输入端的电压为零，两个运算放大器输入之间的电压差将保持运放的输出为最大的正值。

如果输出为正，在 RC 电路上存在的就是正电压，会对电容 C 充电，使电容上的电压呈指数朝 V_{pos} 方向增大。电容两端的电压就是反相输入端的电压，因此也增大。然而，当该电压增加到大于同相输入端的电压（即 $V_{pos}/2$）时，运算放大器输入电压的极性就反转，使其输出开始向负电源电压 V_{neg} 接近。这反过来使同相输入端的电压变为 $V_{neg}/2$，导致输出变得更加负。现在 RC 网络上的电压与之前是相反的，电容器开始以指数方式朝 V_{neg} 方向充电，这个过程一直持续到反相输入端的电压达到 $V_{neg}/2$，当输出再次反转时，开始下

一次循环。这使得输出在正、负电源电压之间连续振荡。振荡的频率取决于电容器的充电速率，具体是通过电路的时间常数 CR 设置的。

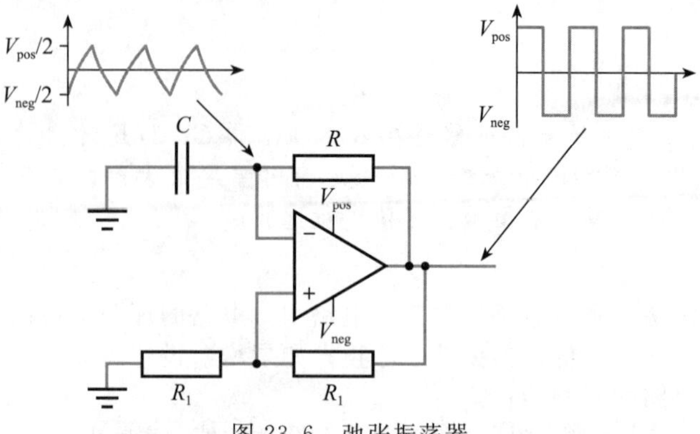

图 23.6　弛张振荡器

实际上，图 23.6 所示弛张振荡器产生的输出不是一个完美的方波，因为运算放大器的压摆率限制了输出可以改变的速度。16.5.10 节讨论了运算放大器的压摆率。

计算机仿真练习 23.2

使用合适的运算放大器来仿真图 23.6 所示的弛张振荡器。电阻电容的取值为 $R=1\text{k}\Omega$，$C=1\mu\text{F}$，$R_1=10\text{k}\Omega$。观察电路的输出和电容两端的电压，并确认它们和预期的一致。

23.2.5　晶体振荡器

振荡器的频率稳定性主要取决于反馈网络选择特定工作频率的能力。在谐振电路中，这种能力由其品质因子或 Q 来描述，Q 值决定了其谐振频率与其带宽的比率(在 8.12 节讨论共振时讨论过这个主题)。具有非常高 Q 值的电路也有非常好的频率选择性，因此有稳定的频率。基于电阻和电容的网络的 Q 值相对较低。基于电感和电容的网络的 Q 值高，可达到几百。这些网络的用途很多，但不适用于某些要求高的应用，如用于时间的测量。在这种情况下，通常是使用基于晶体的频率选择网络。

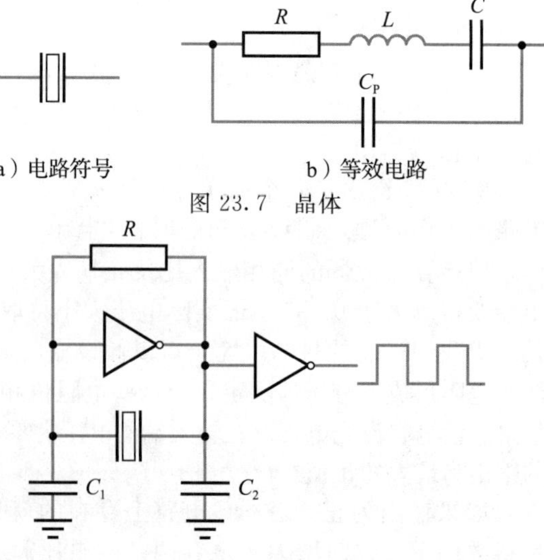

a）电路符号　　b）等效电路

图 23.7　晶体

图 23.8　晶体振荡器

有些材料具有压电特性，即材料变形就会产生电信号。反过来也是如此：施加的电场会导致材料变形。这些性质的结果是，如果将交变电压施加到这种材料(晶体)上，它就会振动。由尺寸和形状引起晶体的机械谐振，会产生非常高 Q 值的电谐振。谐振频率为几千赫兹到几兆赫兹，Q 值可高达 100 000。

压电谐振器通常简称为晶体，一般是由石英或某种陶瓷材料制成的。晶体的电路符号如图 23.7a所示。功能上，晶体类似于串联 RLC 谐振电路(具有少量并联电容 C_P)，图 23.7b给出了简单的等效电路。晶体具有两个谐振频率：在一个谐振频率上(并联谐振频率)，阻抗接近无穷大，而在另一个谐振频率上(串联谐振频率)，阻抗几乎为零。在其他频率范围，晶体像一个电容器。并联谐振的频率比串联谐振的频率稍高，但是两个频率之差通常很小，可以忽略。这两种谐振形式使晶体可以用于多种不同的电路结构。

晶体振荡器广泛应用于模拟和数字应用中。它们是数字钟表的时间测量基础，并且在大多数计算机中用于产生时间基准(时钟)。图 23.8 给出了基于晶振的简单数字振荡器电路。这是一种皮尔斯(Pierce)振荡器，用逻辑反相器作为高增益反相放大器，晶体在其谐振频率处提供正反馈。电路中的第二个反相器用于整形振荡器输出的方波，并作为缓冲器，增加电路驱动负载的能力。

23.3 稳定性

在上一节中，我们使用一般表达式来表达反馈网络的增益，即

$$G=\frac{A}{(1+AB)}$$

并讨论了产生振荡所需的条件。然而，到目前为止，我们只考虑了电路设计人员有意设计产生振荡的情况。然而，振荡有时是由于电路中存在不需要的正反馈而意外发生的。要了解为什么会发生这种情况，需要更详细地了解电路中增益的本质。

在之前的讨论中，假设电路(A 和 B)的正向和反馈增益可以用简单的实数表示。当我们利用负反馈设计一个电路时(如大多数放大器)，通过选择元器件值来设置 A 和 B，使 $|1+AB|$ 为正且大于 1。这给出了使用负反馈的各种优点(如 15.6 节所述)。然而，根据第 8 章对频率响应的研究，我们知道放大器的增益不仅有幅度，还有相位角。我们还知道，所有放大器的增益都在高频时下降且在增益下降的同时，相移也增加。对于几乎所有的情况，随着频率的增加，相移将变得大于 180°。由于 180°的相移对应于正弦波的反转，所以电路的有效增益就改变了极性。因此，利用负反馈设计的电路，在高频时反而会出现正反馈的影响。这不仅消除了负反馈的优点(例如对于增益，频率响应和输入/输出阻抗的影响)，而且还可能导致电路变得不稳定并开始振荡。因此，在设计反馈电路时，不仅要考虑在工作频率范围内反馈的性能，还要考虑其稳定性。

放大器的稳定性由$(1+AB)$项决定。如果这一项是正的，则为负反馈，电路的稳定性是有保证的。如果由于相移的影响，$(1+AB)$项变得小于 1(因为 AB 变为负)，则反馈变为正反馈，此时负反馈的所有优点都将不存在。在极端情况下，如果$(1+AB)$等于 0，则该电路的闭环增益是无穷大，系统变得不稳定并且会发生振荡。这就是满足前面讨论的巴克豪森准则规定的振荡条件的电路。

$(1+AB)=0$ 表示 $AB=-1$，或者换句话说，回路增益的幅度为 1 且相位为 180°。实际上，即使相位偏移等于 180°，只要回路增益的幅度小于 1，放大器仍然保持稳定。因此，设计人员的任务就是确保放大器的回路增益的幅度在相移达到 180°之前下降到 1 以下。

23.3.1 增益和相位裕度

在实践中，建议在相位和增益值的变化上留有一些余量。这引出了相位裕度和增益裕度的概念，相位裕度是当环路增益下降到 1 时相位小于 180°的角度，增益裕度是当相位达到 180°时，回路增益(以 dB 为单位)小于 0dB(即单位增益)的量。这些量可以通过图 23.9 的波特图来说明。

上面的讨论清楚地说明了为什么运算放大器(如第 16 章中描述的 741)的设计者选择将单个主要时间常数添加到放大器中，使增益滚落下来(如图 16.14 所示)。这确保了在相移达到 180°之前，增益下降到 0dB 以下。这产生了大的增益裕度和相位裕度，确保电路有良好的稳定性。

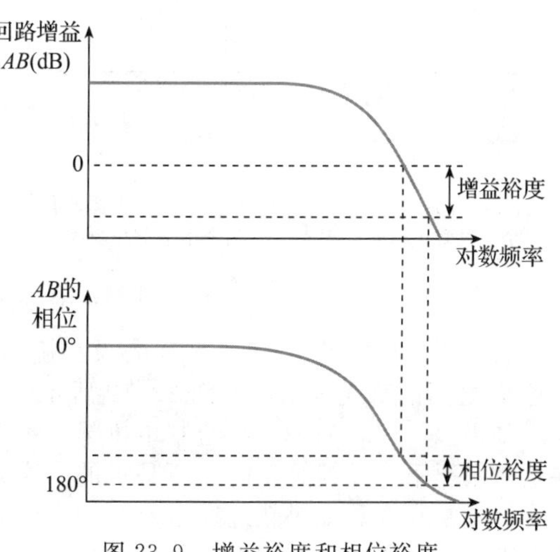

图 23.9 增益裕度和相位裕度

23.3.2 奈奎斯特图

分析电路稳定性的另一种方法是使用奈奎斯特图。奈奎斯特图描述了在单个曲线图中增益和相位之间的关系。该图本质上是回路增益 AB 的实部和虚部在所有频率上的曲线图。图 23.10 给出了一个具有单个下限截止频率和单个上限截止频率的放大器的奈奎斯特图。

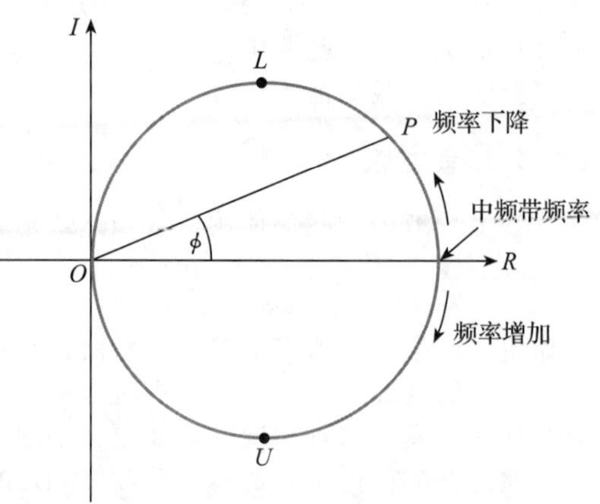

图 23.10 具有单个上限和下限截止频率的放大器的奈奎斯特图

该图由 P 的轨迹形成，其中 P 与原点的距离（OP 的大小）表示 AB 的大小，角度 ϕ 表示它的相位。在中频带频率，输出的相位为零，增益为实数。随着频率的降低，下限截止频率使增益的幅度下降并产生正的相位角。当频率等于下限截止频率时，增益将下降到其中频带值的 0.707 倍，相位为 $+45°$。因此，下限截止频率对应点 L。当频率达到非常低的值，增益的幅度趋向于零，相位趋向于 $+90°$。因此，P 的轨迹沿着正虚轴接近原点。在高频时，上限截止频率降低增益的幅度，并产生相位滞后。在上限截止频率点，增益的幅度再次下降到其中频带值的 0.707 倍，相位角为 $-45°$。上限截止频率对应点 U。随着频率的增加，增益的幅度逐渐下降到零，相位角趋于 $-90°$。因此轨迹沿着负虚轴接近原点。对于这种理想情况（具有一个上限和下限截止频率的放大器），奈奎斯特图是一个圆。

图 23.11 给出了一些放大器的奈奎斯特图。图 23.11a 表示没有下限截止频率的放大器（直流耦合放大器）。因此，增益在低频时保持恒定，而不是下降到零。这个例子表示的是有单个上限截止频率的放大器。因此，最大相移为 $-90°$，轨迹沿着负的虚轴接近原点。

图 23.11b 表示有两个上限截止频率的直流放大器，有 $180°$ 的最大相移，从而沿着负实轴接近原点。图 23.11c 给出了一个具有三个上限截止频率点的系统，因此轨迹沿着正的虚轴接近原点。图 23.11d 显示了具有两个下限截止频率和三个上限截止频率的放大器的响应。这在低频时有 $+180°$ 的最大相移，在高频有 $-270°$ 的最大相移。

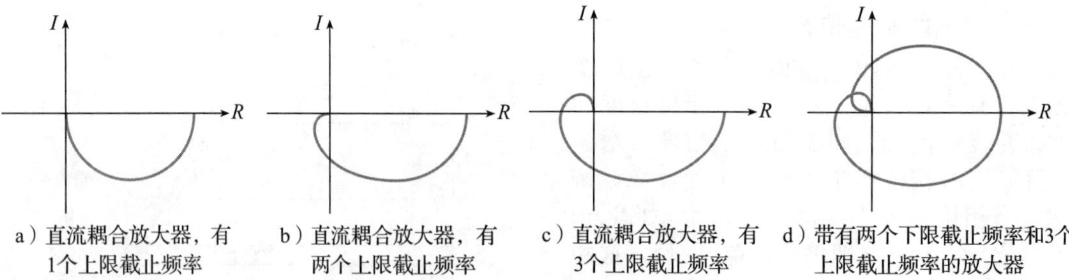

图 23.11 奈奎斯特图的例子

放大器的稳定性由 $1+AB$ 项的大小确定，该值可以在奈奎斯特图上由点（-1，0）到轨迹 P 之间的直线表示，如图 23.12 所示。

如果以（-1，0）为中心绘制单位圆，每当 P 位于该圆内时，表示 $1+AB$ 小于 1 的点。在这种情况下，反馈是正的而不是负的。这意味着放大器的增益大于 A，而负反馈的所有优点都不复存在。如果轨迹通过点（-1，0），则表示 $1+AB$ 等于 0 的情况。这意味着放大器的增益是无穷大，因而不稳定并且会产生振荡。

因此，奈奎斯特图可以用于研究系统的稳定性，其一般原理总结在奈奎斯特稳定性标准中，其可解释为：

- 如果 P 的轨迹没进入以(−1，0)为中心的单位圆，则电路稳定且具有负反馈；
- 如果轨迹进入单位圆，反馈在该区域内是正的；
- 如果轨迹包围了点(−1，0)，则放大器将振荡。

可以看出，不超过一个上限截止频率和一个下限截止频率的放大器始终是稳定的，因为 P 的轨迹始终位于原点的右侧。具有两个上限截止频率或两个下限截止频率的放大器可以进入正反馈的区域，但不会包围点(−1，0)，因此总是稳定的。如果 P 的轨迹包围了点(−1，0)，则具有两个以上的上限截止频率或两个以上的下限截止频率，系统可能是不稳定的。

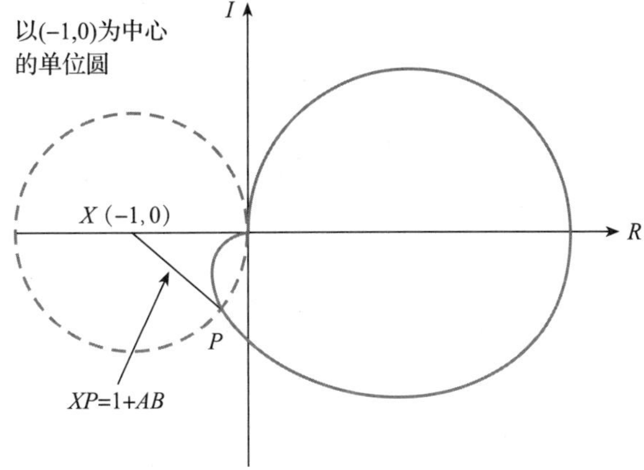

图 23.12 使用奈奎斯特图进行稳定性研究

23.3.3 意外的反馈

稳定性还可能受电路中意外反馈的影响，例如，电路中杂散电容或杂散电感的存在可能会引入不属于原始设计的其他反馈路径。如果这些反馈是正反馈，那么它们会以上面所述相似的方式导致系统不稳定。这些问题在高频应用中更为严重，小容量的电容就会产生明显的影响。必须仔细设计，尽量减少这些杂散效应，解决这些问题。

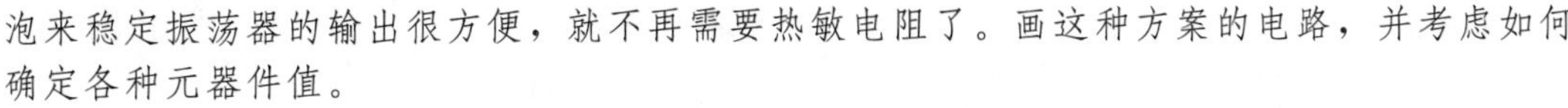

进一步学习

一个特殊的电子应用需要 1kHz 频率、幅度为几伏的正弦波信号。重要的是，该信号表示具有最小失真的相当纯净的正弦波。该应用还需要一个低压白炽灯泡作为指示灯。

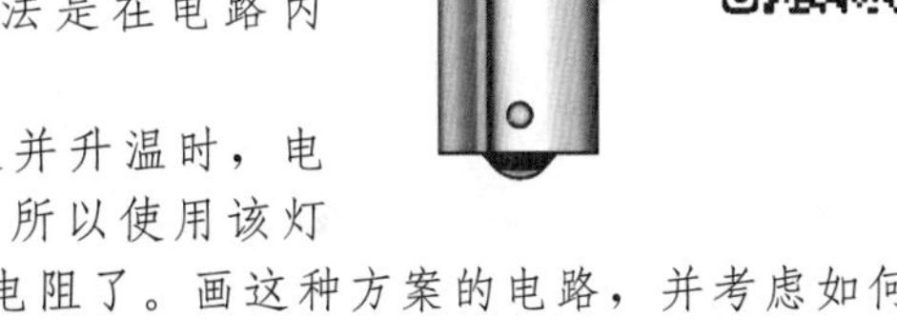

视频 23C

当讨论正弦波振荡器时，我们注意到简单电路的一个问题，即它们因为与幅度稳定性有关的问题而往往会产生波形失真。我们还注意到，解决这个问题的一个方法是在电路内使用热敏电阻来稳定振幅，使其不产生失真。

白炽灯在冷却时电阻相对较低，当灯泡接通并升温时，电阻迅速增加。由于我们的系统需要这样的灯泡，所以使用该灯泡来稳定振荡器的输出很方便，就不再需要热敏电阻了。画这种方案的电路，并考虑如何确定各种元器件值。

关键点

- 正反馈用于很多模拟电路和数字电路。
- 正反馈的主要用途之一是产生振荡器。
- 振荡的要求是回路增益 AB 的幅度必须为 1 且相位为 180°(或 180°加上 360°的整数倍)。
- 用会产生 180°相移(在特定频率)的结构与反相放大器组成的电路(如相移振荡器)可以满足振荡的条件。
- 或者，可以使用会产生 0°相移的电路与同相放大器结合，满足振荡条件，如韦恩桥式振荡器。
- 正弦波振荡器保持电路的增益为 1，会导致输出失真。
- 正反馈也用于数字应用，如产生数字振荡器。
- 在需要良好的频率稳定性的情况下，振荡器电路通常使用晶体。
- 虽然正反馈在电路设计中有用，但它也会带来问题。在高频时，负反馈电路可能表现为正反馈，这可能导致系统不稳定。无用的反馈也会引起问题。

习题

23.1　叙述振荡的巴克豪森准则。

23.2　因为一个 RC 网络最大能够产生 90°的相移，为什么相移振荡器不能只用两级梯形网络构成？

23.3　计算用三级梯形网络构成的相移振荡器的频率，所用器件为 $R=1\text{k}\Omega$，$C=1\mu\text{F}$。

23.4　仿真图 23.2 的三级 RC 梯形网络，所用的元件都是 $R=1\text{k}\Omega$，$C=65\text{nF}$，测量电路的增益和频率响应。测量相移为 180°时的频率值，以及在该频率时的增益，证明其符合预期。

23.5　图 23.5 所示的韦恩桥式振荡器用 $R=100\text{k}\Omega$，$C=10\text{nF}$ 构成。计算器振荡的频率。

23.6　为什么在简单正弦波振荡器中幅度稳定会出现问题？

23.7　说明热敏电阻为什么可以用于稳定振荡器的输出幅度。

23.8　图 23.6 所示的驰张振荡器用 $R=1\text{k}\Omega$，$C=10\mu\text{F}$，$R_1=10\text{k}\Omega$ 构成，考虑电容的充电速度，估算电路的振荡频率。

23.9　用仿真验证上一题的答案。可以发现从计算机仿真练习 23.2 的电路开始仿真，会有帮助。

23.10　为什么数字表中用晶振而不用基于 RC 或 RL 技术的电路？

23.11　如果保证时钟在每月时间内的误差小于 1s，计算所需要的振荡频率的精度百分比。

23.12　为什么放大器在高频时的相位响应涉及稳定性的问题？

23.13　说明电路的增益裕度和相位裕度的含义。

23.14　电路中杂散电容是如何影响稳定性的？

23.15　下面是四个电路的奈奎斯特图。说明每个图的下限频截止频率和上限频截止频率的数量，并说明电路是否稳定。

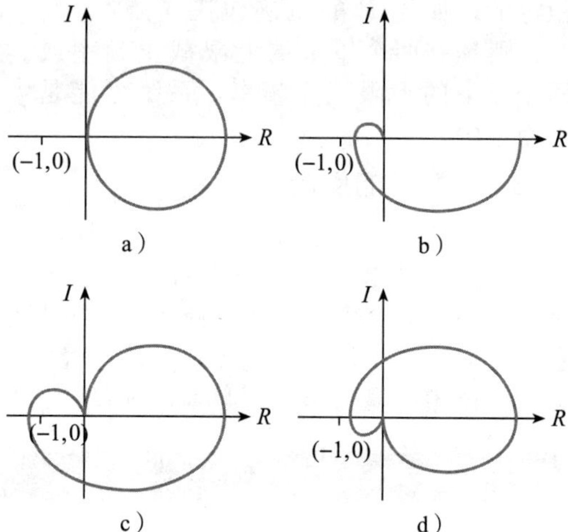

第24章
数字系统

学习目标

学完本章内容后，应具备以下能力：

- 理解以下概念：逻辑变量、逻辑状态、逻辑门、逻辑运算(如“与”“或”“非”“异或”)
- 用真值表和布尔代数表示简单的逻辑函数
- 对于用文字或符号描述的逻辑功能，用标准逻辑门设计相应的逻辑电路
- 做二进制加法、减法运算，以及不同数制之间的转换
- 理解数值编码和非数数值编码(如字母表)

24.1 引言

在第 11 章，我们注意到了一些信号源会产生不连续的信号，或者说，数字信号。在第 12 章和 13 章，介绍了一系列的数字传感器和执行器。现在，我们来讨论用来处理数字信号的方法和数字系统的设计。

尽管数字信号可以有多种形式，在这一章中，我们主要关注二进制信号，二进制信号是最普遍的数字信号。可以单独使用一位二进制信号，如用来代表一个开关的状态，也可以组合使用多位二进制信号，用它们代表更多的复杂量。先从一位二进制数的处理开始研究，然后研究更复杂的多位二进制数。

24.2 二进制数和逻辑变量

一个二进制数可以代表两种不同的状态，如一个开关的闭合或断开、液压阀的打开或关闭、电加热器的开或断。我们通常用一个简单的符号——逻辑变量来代表。

图 24.1 给出了一个包括电源、开关，小灯泡的简单电路图，如果开关的状态用变量 S 表示，小灯泡的亮灭用变量 L 表示，那么就可以用一个表格表示出这两个变量的关系。

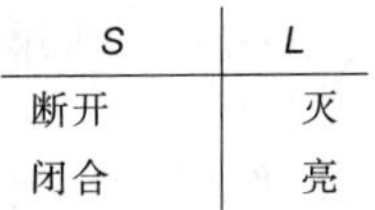

S	L
断开	灭
闭合	亮

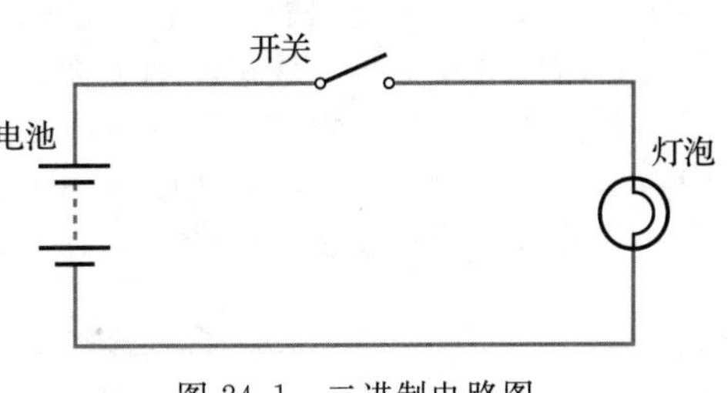

图 24.1 二进制电路图

也可以用符号来表示变量的不同状态，如用二进制数“0”和“1”替换开关的“断开”和“闭合”、灯泡的“亮”和“灭”。假设用 0 代表开关断开和灯灭，则表格替换如下：

S	L
0	0
1	1

“断开”“闭合”和“0”“1”之间的对应关系是随意设定的。通常用“1”代表导通状态，

例如开关闭合，或对某个问题的表述是正确的。“0”代表关闭状态，例如开关断开，或对某个问题表述是错误的。

在表的左边列出开关的所有可能状态，同时在右边给出了小灯泡的对应状态。这种表格称为真值表，它定义了这两个变量之间的逻辑关系。状态通常按照二进制数由小到大的顺序排列。在本章后面学习数制和二进制算术的时候，我们将会详细介绍。

图 24.2a 给出了两个开关串联的电路。两个开关同时闭合灯才能亮。真值表 24.2b 给出了开关和小灯泡之间的状态关系(注意，该表用四行列出开关的所有状态组合)。或者用文字来表述：“当且仅当开关 $S1$ 和 $S2$ 同时闭合，灯才能亮”。表述简化如下：

$$L = S1 \text{ AND } S2$$

其中，逻辑关系“与(AND)”在电子系统和各种日常应用中非常普遍。例如，当踩汽车刹车时，点火开关打开，汽车刹车灯点亮，就是与的关系。

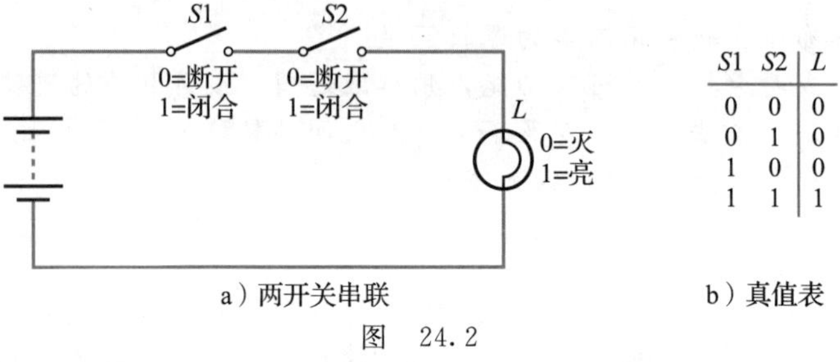

S1	S2	L
0	0	0
0	1	0
1	0	0
1	1	1

a）两开关串联　　　　b）真值表

图　24.2

图 24.3 给出了一个两开关并联的电路，这个电路任意一个开关闭合，灯亮。真值表 24.3b 描述了电路，其中，“0”和“1”的定义如上例。用文字表述如下：“当开关 $S1$ 闭合或者 $S2$ 闭合时，小灯泡亮”。表述简化如下：

$$L = S1 \text{ OR } S2$$

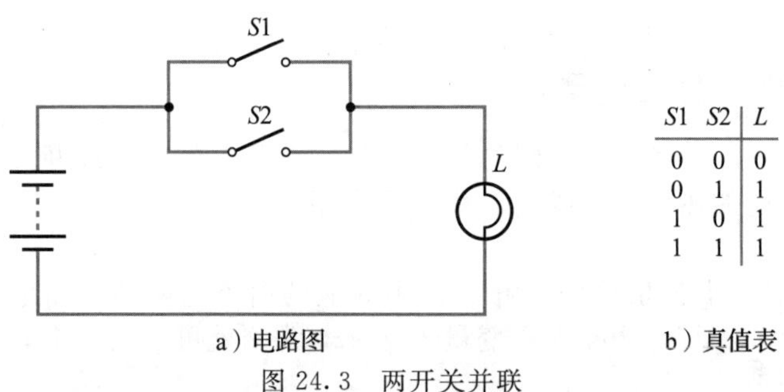

S1	S2	L
0	0	0
0	1	1
1	0	1
1	1	1

a）电路图　　　　b）真值表

图 24.3　两开关并联

再用一个关于汽车应用的例子说明逻辑“或”的功能。当驾驶室车门打开或乘客的车门打开时，门控灯就会亮。该逻辑函数称为“逻辑或”。

逻辑“或”和逻辑“与”的应用可以扩展到更多的开关，如图 24.4 和 24.5 所示，图中给出了三个开关的情况，实际应用中还可以增加开关数量，允许任意数量的开关以串联或并联的形式相互连接。三个开关有 8 种状态组合，所以真值表中有 8 行。

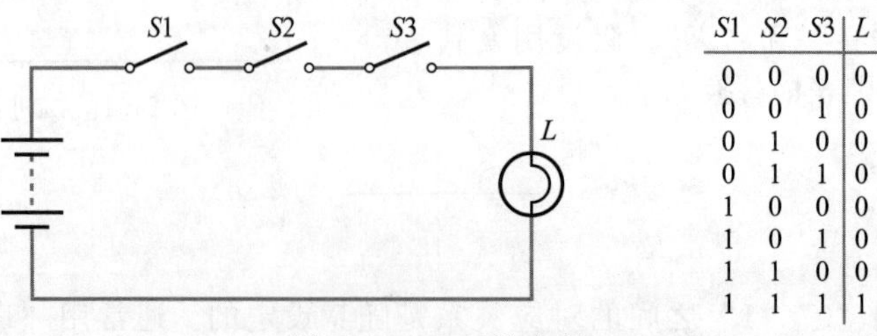

S1	S2	S3	L
0	0	0	0
0	0	1	0
0	1	0	0
0	1	1	0
1	0	0	0
1	0	1	0
1	1	0	0
1	1	1	1

图 24.4　三开关串联

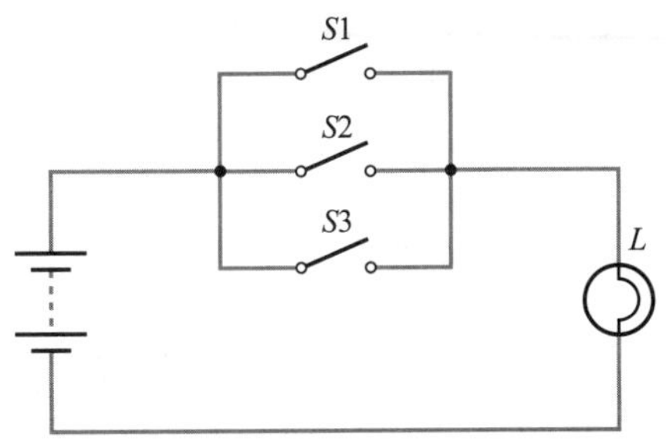

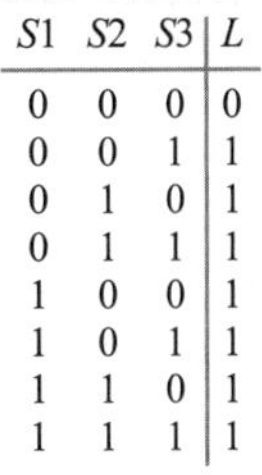

S1	S2	S3	L
0	0	0	0
0	0	1	1
0	1	0	1
0	1	1	1
1	0	0	1
1	0	1	1
1	1	0	1
1	1	1	1

图 24.5　三开关并联

在图 24.6 所示电路中，两个开关并联再和第三个开关串联。该功能可以用真值表描述外，还可以用文字描述：“S1 闭合”的同时“S2 或 S3 闭合”，小灯泡才亮。简化如下：

$$L = S1\ \text{AND}(S2\ \text{OR}\ S3)$$

括号的使用使得表述清晰，避免混淆。

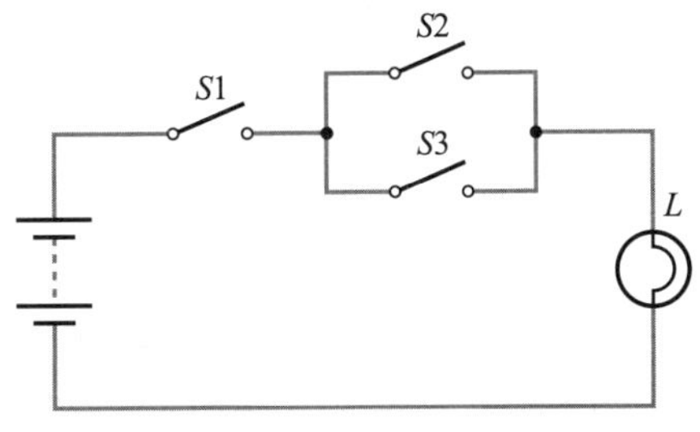

S1	S2	S3	L
0	0	0	0
0	0	1	0
0	1	0	0
0	1	1	0
1	0	0	0
1	0	1	1
1	1	0	1
1	1	1	1

图 24.6　串并联电路

到目前为止，在所有考虑的例子中，都是从一组开关的组合开始，然后用真值表或语言表述去描述它。实际上，我们通常根据系统功能，设计实现功能的电路。在这种情况下，需要给出一个真值表或所求系统的文字描述。考虑右面的真值表。

S1	S2	S3	L
0	0	0	0
0	0	1	0
0	1	0	0
0	1	1	1
1	0	0	0
1	0	1	1
1	1	0	1
1	1	1	0

它可表示一个包含三个开关 S1、S2、S3 和小灯泡 L 的电路。可以考虑将开关作为系统输入，小灯泡作为系统输出。

从所给的真值表中，我们不能立刻确定对应的电路结构，也不清楚哪种开关组合能满足要求。在这种情况下，不妨将电路想象成一个“黑箱”，其中，开关作为输入，小灯泡作为输出，如图 24.7 所示。

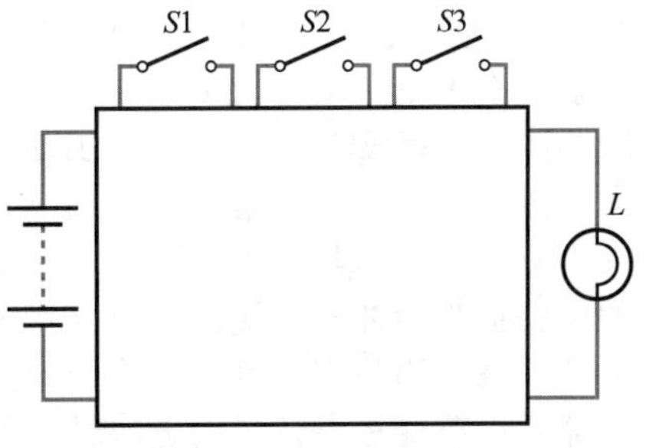

图 24.7　未知系统的框图

图 24.7 所示结构没有假设开关和小灯泡的连线方式。要得到所需功能，黑箱中需要某种具体的电路。我们可以将其仅仅看作简单的二进制器件。这样就能得到一个通用的逻辑电路。就如，运算放大器的符号一样，通常省略电源连线，仅保留输入和输出。这里类似，用图 24.8 表示电路框图。

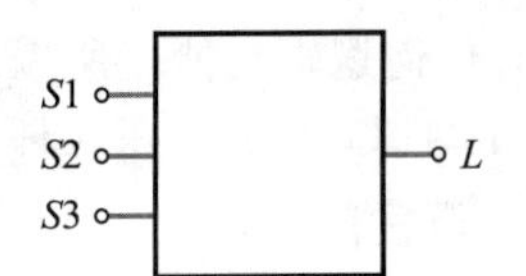

图 24.8　未知系统的符号表达

图 24.8 所示电路中有 3 个输入和 1 个输出，电路没有对输入和输出的具体形式做出假设，所以可以拓展到多输入、多输出系统。如前面的例子中输入是开关，也可以是来自二进制传感器(如恒温器、

液位传感器、开关)的信号。同样，输出可以是小灯泡，也可以是加热器或螺线管。为了实现数字系统，需要根据不同的输入信号，产生相应的输出信号。这就是逻辑门。

24.3　逻辑门

视频 24B

逻辑门是指具有一个或多个二进制输入，根据输入信号的状态产生相应的二进制输出的电路元器件。它包括三种基本类型，其中与门和或门之前已经见过。组合基本逻辑门可以得到复杂的逻辑门，产生需要的功能。每种类型的逻辑门都有对应的逻辑符号，因此我们可以用逻辑电路图来表示复杂的逻辑功能。也可以用运算符表示逻辑门的功能，称为布尔运算符。利用布尔代数，可以化简或变换布尔表达式的形式，使得电路实现简单化。

24.3.1　基本逻辑门

与门

当且仅当所有的输入为真的时候，与门的输出为真。与门可以有多个输入。两输入与门的逻辑符号和真值表如图 24.9 所示。输入和输出的符号可以任意定义。“与”功能的布尔运算符是一个圆点。例如，图 24.9 所示逻辑图可这样描述：$C=A\cdot B$。圆点通常可以省略，这样表达式可以写成$C=AB$。

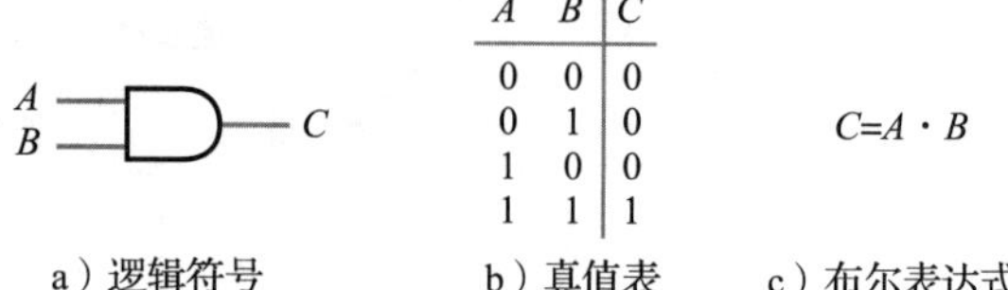

图 24.9　两输入与门

或门

至少有一个输入为真，或门的输出才为真。或门也叫作“逻辑或”。或门可以有多个输入。两输入或门的逻辑符号和真值表如图 24.10 所示。“或”功能的逻辑运算符号是“+”。例如，24.10 中的逻辑功能可描述为：$C=A+B$。

A	B	C
0	0	0
0	1	1
1	0	1
1	1	1

$C=A+B$

a）电路图　b）真值表　c）布尔表达式

图 24.10　两输入或门

非门

输入为假，非门输出为真。该逻辑门具有逻辑反相器的功能，即输出是输入的补。非门有时称为反相门(invert gate)或反相器(inverter)。其逻辑符号和真值表如图 24.11所示。在布尔代数中，在逻辑变量上加一个上划线表示反相。24.11 所示的逻辑功能可以写成 $B=\overline{A}$，读作“B 等于 A 非”。

A	B
0	1
1	0

$B=\overline{A}$

a）电路图　b）真值表　c）布尔表达式

图 24.11　或门(反相器)

图 24.11 中，圆圈表示反相操作。去掉圆圈意味着输出与输入相同，具备这种功能的电路称为缓冲器。缓冲器不会影响逻辑信号的状态。当我们用逻辑门构建电路时，缓冲器可以改变逻辑信号的电特性。缓冲器的逻辑符号与单输入模拟放大器相似。因为缓冲器没有任何逻辑功能，所以通常不被当作一种基本的逻辑门。缓冲器的逻辑符号和真值表，如图 24.12 所示。在这种情况下，$B=A$。

A	B
0	0
1	1

$B=A$

a）电路图　b）真值表　c）布尔表达式

图 24.12　缓冲器

24.3.2　复合门

上节介绍了三种基本的逻辑门，用基本逻辑门可以组合得到任意的逻辑功能。一些复合逻辑门可以使设计更加简单。通常用基本逻辑门组合构成几种复合门。

与非门

与非门(NAND)的功能等于与门后面串接一个非门，所以它的名字就是与非(NOT AND)的缩写。

比较反相器的逻辑符号，与非门的逻辑符号就是在与门的输出端简单地加一个小圆圈。与非门的输出等于与门输出取反。与非门可以有任意多个输入。两输入的与非门的逻辑符号和真值表如图 24.13 所示。该功能可以写成：$C=\overline{A\cdot B}$，或简写为 $C=\overline{AB}$。

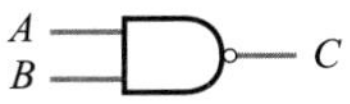

a）电路图

A	B	C
0	0	1
0	1	1
1	0	1
1	1	0

b）真值表

$C=\overline{A\cdot B}$

c）布尔表达式

图 24.13　两输入与非门

或非门

或非门(NOR)等效为或门后面串接一个反相器。名字是或门和非门(NOT OR)的简写。

在或门的逻辑符号的输出端加一个表示反相的小圆圈，就是或非门的逻辑符号。或非门可以有任意多个输入。图 24.14表示了两输入或非门的逻辑符号和真值表。其功能可以写成 $C=\overline{A+B}$。

a）电路图

A	B	C
0	0	1
0	1	0
1	0	0
1	1	0

b）真值表

$C=\overline{A+B}$

c）布尔表达式

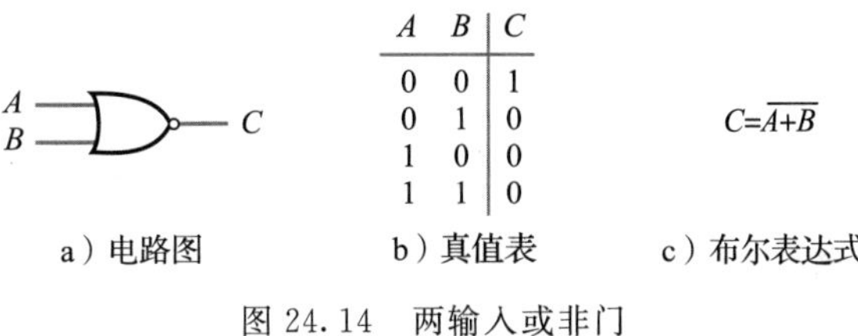

图 24.14　两输入或非门

异或门

其中一个输入为真，另外一个输入为假时，异或门的输出为真。

两个输入不一样，则输出为真，所以称为异或门。异或门只有两个输入。其逻辑符号和真值表如图 24.15 所示。异或逻辑运算符号为“$\oplus$”，图 24.15 所示的逻辑功能可以写成 $C=A\oplus B$。

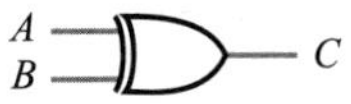

a）电路图

A	B	C
0	0	0
0	1	1
1	0	1
1	1	0

b）真值表

$C=A\oplus B$

c）布尔表达式

图 24.15　异或门

同或门

最后一个复合门是同或门，从名字可以看出，它的功能为异或取反，可以看作异或门后面串接一个反相器。当两个输入全为 0 或全为 1 时，输出为 1，也就是当输入相等时输出为真。因此，同或门又称为相等门。同或门的逻辑符号和真值表如图 24.16 所示。其功能可以写成 $C=\overline{A\oplus B}$。

a）电路图

A	B	C
0	0	1
0	1	0
1	0	0
1	1	1

b）真值表

$C=\overline{A\oplus B}$

c）布尔表达式

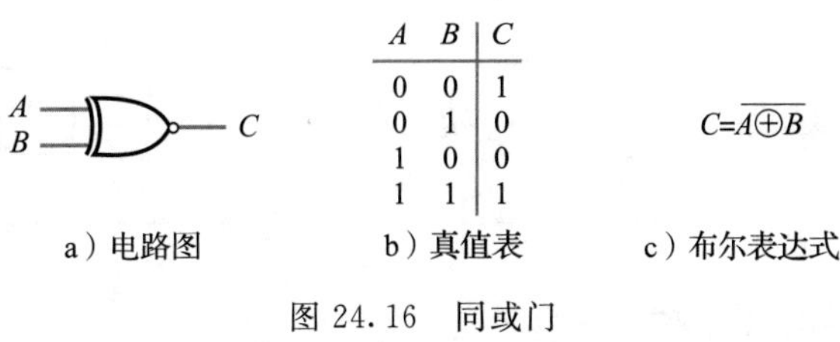

图 24.16　同或门

24.3.3　常用的逻辑门

各种逻辑门的总结如表 24.1 所示，它给出了逻辑门的逻辑电路符号、布尔表达式和真值表。表中每种逻辑门给出了两种逻辑电路符号，第一列是通用符号，较早以前就开始使用，第二列是“可选择使用的逻辑符号”，在国际标准 IEC 617 中定义的。两种形式都使用广泛，但是，在本书中，我们采用通用符号，因为它在工程课程中使用得更为广泛。

适当组合使用这些门，就可以实现任意的输入输出关系。从用几个门实现简单的控制，到用几百万个门实现一完整的微机，都可以用这些门实现。

表 24.1 逻辑门

功能	符号	另一种符号	布尔表达式	真值表
缓冲器		1	$B=A$	A B 0 0 1 1
非		1	$B=\overline{A}$	A B 0 1 1 0
与		&	$C=A\cdot B$	A B C 0 0 0 0 1 0 1 0 0 1 1 1
或		≥1	$C=A+B$	A B C 0 0 0 0 1 1 1 0 1 1 1 1
与非		&	$C=\overline{A\cdot B}$	A B C 0 0 1 0 1 1 1 0 1 1 1 0
或非		≥1	$C=\overline{A+B}$	A B C 0 0 1 0 1 0 1 0 0 1 1 0
异或		=1	$C=A\oplus B$	A B C 0 0 0 0 1 1 1 0 1 1 1 0
同步		=1	$C=\overline{A\oplus B}$	A B C 0 0 1 0 1 0 1 0 0 1 1 1

24.4 布尔代数

布尔代数定义了常量、变量和函数来描述二进制系统，也定义了一系列定理。利用这些定理，我们可以处理或简化逻辑表达式。

24.4.1 布尔常量

布尔常量包含“0”和“1”。0 表示状态为假，1 表示状态为真。

24.4.2 布尔变量

布尔变量是指在不同的时刻，其取值可以变化的量，可以代表输入、输出或者中间信号，通常用包含字母的名字来命名，如“A”“B”“X”或“Y”。布尔变量的取值只能是 0 或者 1。

24.4.3 布尔函数

在布尔代数中，每一个基本逻辑函数(与、或、非)都可用唯一的符号(如“+”“·”“—”)来代表。这些符号已经在前面介绍过。

24.4.4 布尔定理

布尔代数包括一系列恒等式和定律，如表 24.2 所示。掌握这些定理和准则，便知道怎样使用布尔代数。其中，许多定律不证自明，只要稍微想一想就能知道其中的含义，而有一些就不那么明显了。这些不同的定律、定理和准则可以化简逻辑表达式或改变其形式以便逻辑实现。我们将在本章讨论布尔代数的化简。

表 24.2 布尔代数定理

布尔恒等式		
与函数	**或函数**	**非函数**
$0\cdot 0=0$	$0+0=0$	$\overline{0}=1$
$0\cdot 1=0$	$0+1=1$	$\overline{1}=0$
$1\cdot 0=0$	$1+0=1$	$\overline{\overline{A}}=A$
$1\cdot 1=1$	$1+1=1$	
$A\cdot 0=0$	$A+0=A$	
$0\cdot A=0$	$0+A=A$	
$A\cdot 1=A$	$A+1=1$	
$1\cdot A=A$	$1+A=1$	
$A\cdot A=A$	$A+A=A$	
$A\cdot \overline{A}=0$	$A+\overline{A}=1$	

布尔定律	
交换律	**吸收律**
$AB=BA$	$A+AB=A$
$A+B=B+A$	$A(A+B)=A$
分配律	**摩根定律**
$A(B+C)=AB+AC$	$\overline{A+B}=\overline{A}\cdot\overline{B}$
$A+BC=(A+B)(A+C)$	$\overline{A\cdot B}=\overline{A}+\overline{B}$
结合律	**消冗余因子定律**
$A(BC)=(AB)C$	$A+\overline{A}B=A+B$
$A+(B+C)=(A+B)+C$	$A(\overline{A}+B)=AB$

24.5 组合逻辑

数字系统可分为两大类。一类是组合逻辑电路，其输出仅由当前时刻的输入决定。另一类是时序逻辑电路，其输出不仅取决于当前的输入，也取决于当前电路状态。在这一节中，我们将讨论组合逻辑电路的设计。(时序逻辑电路详见第 25 章)

可以采用多种方式描述电路的逻辑功能，如布尔代数、语言表述和真值表。为了能够有效地使用逻辑门设计电路，我们需要掌握不同形式的描述方法，从而得到组合逻辑电路图。与此同时，电路的分析也很有必要，也就是说，已知一个电路图，给出电路的功能描述。

24.5.1 利用布尔代数实现逻辑功能

使用布尔代数的优点之一就是布尔表达式可以直接转换成电路图，因为布尔代数使用

“与”“或”“非”等运算来组合各变量，这些运算可直接用相应的逻辑门实现，构成逻辑电路。

例 24.1 实现逻辑功能 $X=A+B\overline{C}$。

解： 表达式有一个输出 X 和三个输入（A、B 和 C）。X 由两部分组成：A 和 $B\overline{C}$ 相或，第一部分是直接输入 A，第二部分是 B 与 $\overline{C}$ 相与。因此，可得到如下逻辑电路图：

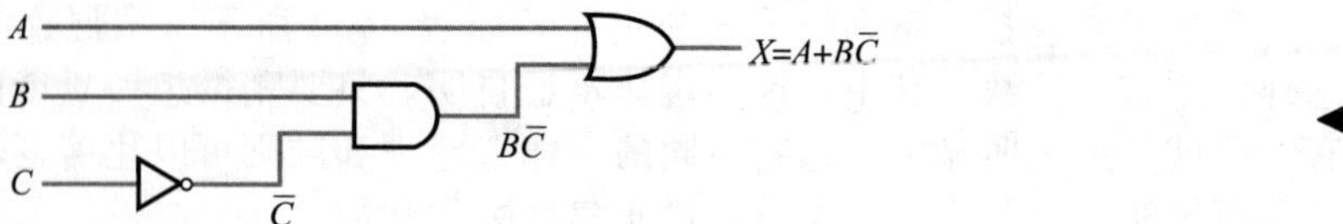

这种设计过程同样适用于更复杂的表达式，见例 24.2。

例 24.2 实现功能 $Y=\overline{\overline{A}B+C\overline{D}}$。

解： 该表达式有一个输出 Y 和四个输入（A、B、C 和 D）。在这个例子中，输出等于两个与项相或，结果再取反，这两个运算可以用一个或非门实现。因此，Y 是由两部分 $A\overline{B}$ 和 $C\overline{D}$ 或非构成。每一部分再由输入信号相与构成。

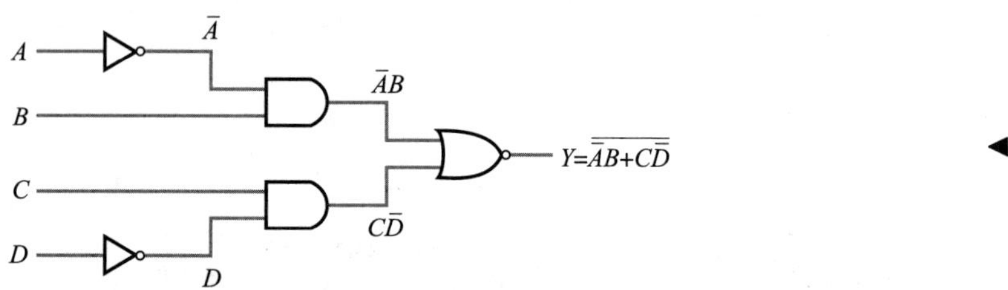

由此可见，从布尔表达式实现逻辑电路图的一个简单办法就是：确定表达式中的主要因子以及将它们组合在一起的逻辑运算。这就确定了产生输出信号的逻辑门的类型。然后再回过头去确定输入信号的性质，看它们是怎样由其他部分组合而成的。重复该过程直到所需信号能够直接从输入信号得到为止。当系统有多个输出，分别用不同的布尔表达式表示每一个输出，然后构建逻辑电路图。

实验仿真练习 24.1

仿真例 24.1 和 24.2 所示的逻辑电路图，并确认对于所有可能的输入组合，会产生相应的输出。

24.5.2　从逻辑电路图求布尔表达式

从逻辑电路图求布尔表达式的过程很简单，办法就是在逻辑电路图上做注释，即从输入到输出，对于每个门的输出写出对应的布尔表达式。这样就可以求出最后的输出。

例 24.3 从下面的电路求出布尔表达式。

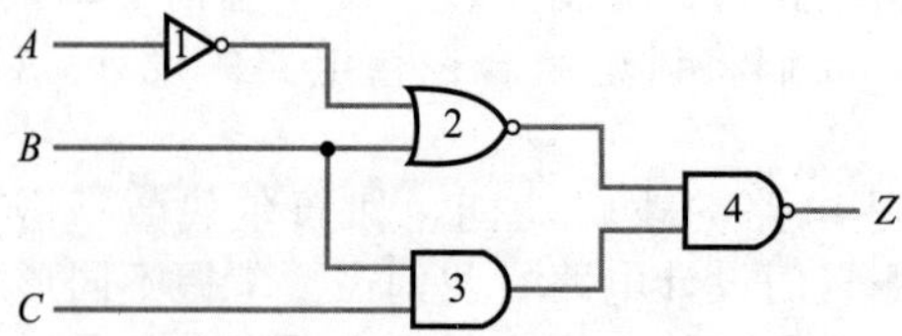

解： 从输入到输出，写出电路中每一个门的输出，该推导过程贯穿整个电路。例如从逻辑门 1 开始，输出 $\overline{A}$，所以将 $\overline{A}$ 写在逻辑门 1 的输出端。这样，我们就知道了门 2 的两个输入，从而能够得到门 2 的输出，标注在电路图上。对门 3 和门 4 同样操作，最后得到如下电路图，图中给出了输出 Z 的布尔表达式。

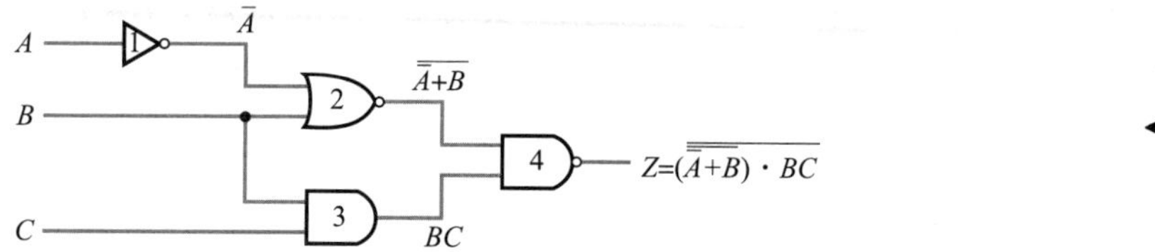

24.5.3 根据语言描述实现逻辑功能

很多时候，系统设计的出发点并非布尔表达式，而是所求系统功能的语言描述。通常最简单的办法就是：从语言描述中得到布尔表达式，再用上述办法实现。如果系统的逻辑功能表述清晰，该过程通常不会太困难。

例 24.4 实现异或门的功能。

解： 从上节的讨论中我们知道，异或门的功能可描述为：两个输入不一样时，异或门输出为真。我们可将该表述改写如下：当"A 或 B 为真"且"A 与 B 为假"，输出为真。这样，可写出布尔表达式 $X=(A+B)\cdot(\overline{AB})$，电路图实现如下：

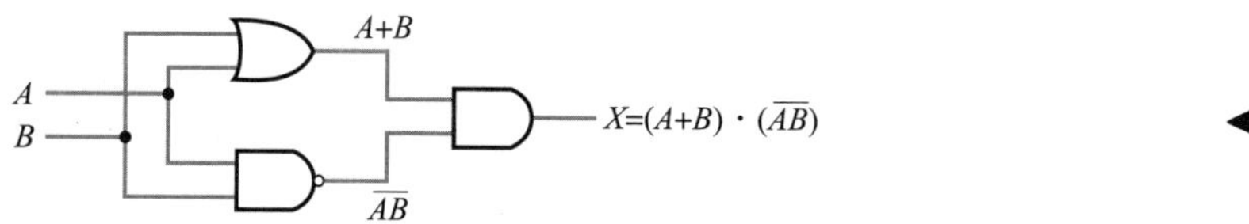

这里有必要提一下的是，尽管例 24.4 处理正确，但却不是实现异或门功能的唯一方式，也就是存在其他可供选择的电路实现方案。例 24.5 通过对异或门重新定义，给出了另一种实现异或门的方案。

例 24.5 设计逻辑电路实现异或门功能，要求电路结构与例 24.4 不同。

解： 从异或门的真值表，可得：当"A 为真且 B 不为真"或"A 不为真且 B 为真"时，输出为真。由此写出布尔表达式 $X=A\overline{B}+\overline{A}B$，电路图实现如下：

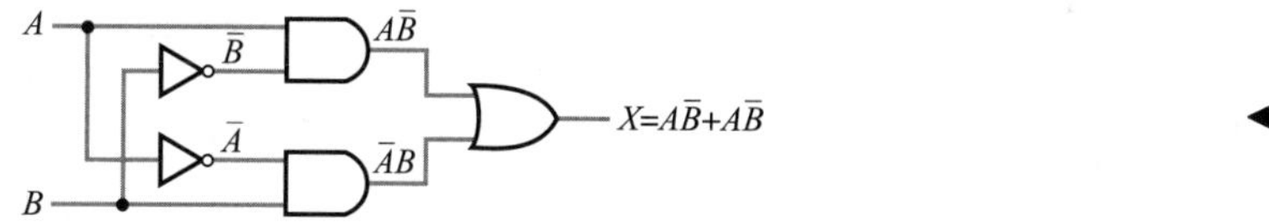

例 24.4 和 24.5 说明了布尔代数一个很重要的性质，即布尔表达式不唯一。

计算机仿真练习 24.2

仿真例 24.4 和例 24.5 中的异或门并确认对于所有可能的输入组合，都能产生应有的输出。证明这两个电路的等价性。

24.5.4 根据真值表实现函数的逻辑功能

如果给出的是系统的真值表，我们就需要从真值表得到布尔表达式，再按照上述办法，构建逻辑电路图。如果我们真正了解真值表的含义，那么，从真值表得到布尔表达式就很容易。观察右表，这是一个同或门的真值表。

在表中，依次列出了输入和输出的对应关系。一组输入，对应一个输出。如果将所有输出为 1 对应的输入组合排成一列，我们就有了一个输出为真的条件目录。换句话说，当输入是目录清单中的某一个时，输出为真。由同或门的真值表可知，当输入 A 和 B 都为"0"或都为"1"的时候，输出为真。如果 A 和

A	B	C
0	0	1
0	1	0
1	0	0
1	1	1

B 都为“0”，则$\overline{A}\,\overline{B}=1$。因此，输出为真的第一种情况就是$\overline{A}$与$\overline{B}$相与为“1”，同理，可推出第二种情况为 $AB=1$。最后，得到同或门的逻辑功能为 $C=\overline{A}\,\overline{B}+AB$。下面列出更加一般的推导过程：

- 每一个输出“1”对应一个最小项。
- 最小项依次包含了所有输入变量，如果输入变量在真值表中为“1”，则取原变量，如果为“0”，则取反变量。
- 真值表对应的布尔表达式是所有最小项之和。

在任何类型的真值表中，我们都可以用这个办法推导出布尔表达式。例如，由下列真值表可得 $D=\overline{A}\,\overline{B}C+A\,\overline{B}\,\overline{C}+ABC$。

A	B	C	D	最小项
0	0	0	0	
0	0	1	1	$\overline{A}\,\overline{B}C$
0	1	0	0	
0	1	1	0	
1	0	0	1	$A\,\overline{B}\,\overline{C}$
1	0	1	0	
1	1	0	0	
1	1	1	1	ABC

需要注意的是，当写最小项的时候，$\overline{A}\,\overline{B}\neq\overline{AB}$。同样，$\overline{A}\,\overline{B}C\neq\overline{ABC}$。

重新观察真值表可以看出，输出为“1”对应的输入组合和布尔表达式之间，有简单的对应关系。因此，直接从真值表写布尔表达式非常简单。而一旦我们有了布尔表达式，就能直接实现逻辑功能，得到电路图。

例 24.6 实现下列真值表功能。

A	B	C	X
0	0	0	0
0	0	1	1
0	1	0	0
0	1	1	0
1	0	0	0
1	0	1	1
1	1	0	1
1	1	1	0

解： 表中有三行输出为“1”，所以表达式有三个最小项。观察得出

$$X=\overline{A}\,\overline{B}C+A\overline{B}C+AB\,\overline{C}$$

逻辑电路图实现如下：

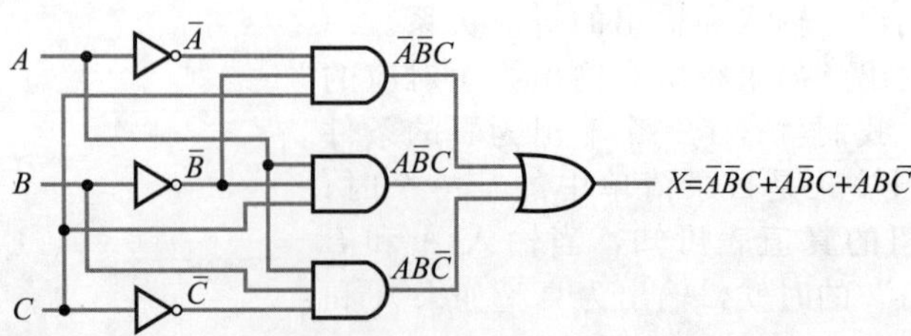

可以看出，电路图越复杂，分辨器件之间的连线就越困难。解决这个问题的办法是：用符号标记器件之间的连接关系，而不是直接画出连线。得到下列电路图：

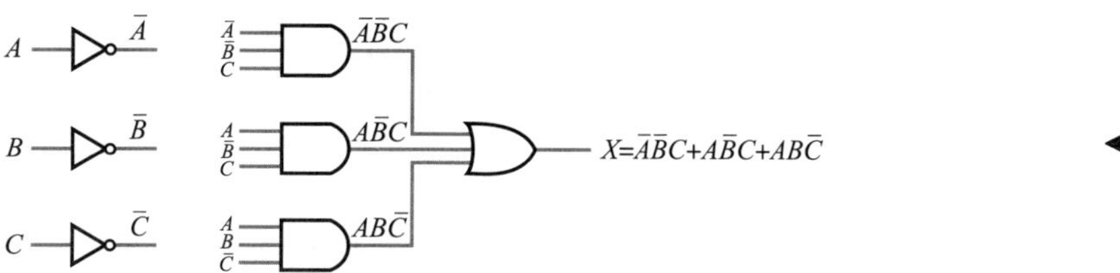

24.6　布尔代数表达式变换

利用布尔代数的各种功能和定律，我们可以简化或改变布尔表达式的形式，使得电路更容易实现。例如，结合律可以合并几个相同的逻辑操作，仅用一个逻辑门实现。图 24.17举例说明了用一个逻辑门替换几个相同的“与门”或“或门”。

a）与门

b）或门

图 24.17　结合律的物理意义

利用布尔代数，我们可以任意选择不同类型的逻辑门实现电路。在第 26 章中，我们将会看到，因为选择的器件工艺不同，生产某些类型的门电路效率更高，成本更低。因此，我们通常需要改变逻辑表达式的形式，得到更合适的电路实现方式。在逻辑门中，我们通常用最简单的与非门构建电路。

变换电路，要求只用与非门实现

在 24.5.4 节中我们知道，真值表的功能(即组合逻辑电路的功能)可表示成最小项的和。换句话说，我们可以用一个通用的电路形式实现所有的电路，如图 24.18 所示。

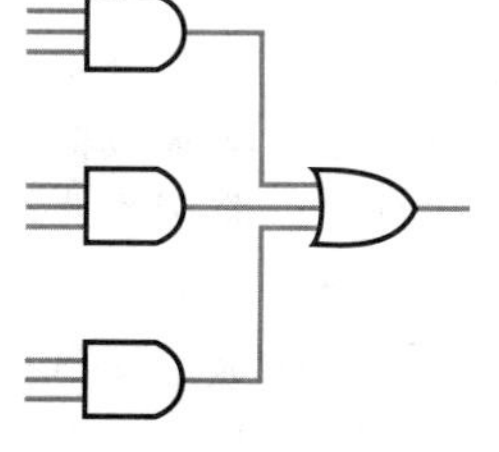

图 24.18　用与门和或门实现的电路

然而，利用摩根定律，我们知道

$$A+B+C=\overline{\bar{A}\,\bar{B}\,\bar{C}}$$

因此，我们可用一组非门和一个与非门替换 24.18 中的或门，如图 24.19 所示。

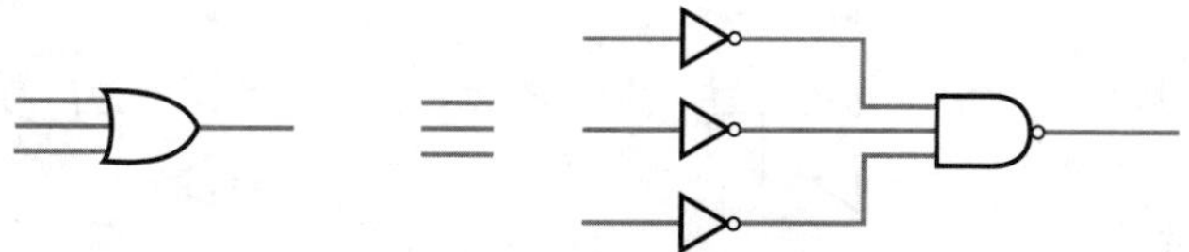

图 24.19　或门的等价电路

最后，得到逻辑电路图 24.20。

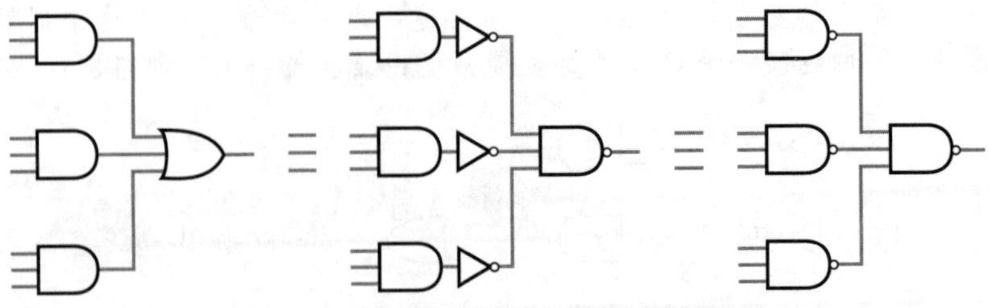

图 24.20　仅用与非门实现的组合逻辑电路

例 24.7 仅用与非门实现下面逻辑电路的功能。

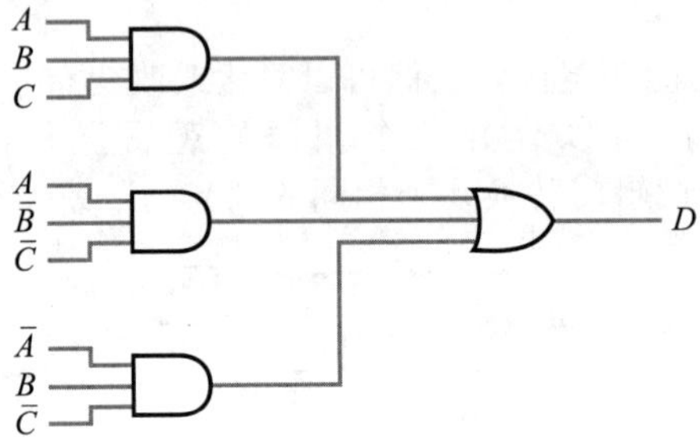

解： 将上图转化成仅用与非门的逻辑电路图，如图 24.20 所示。

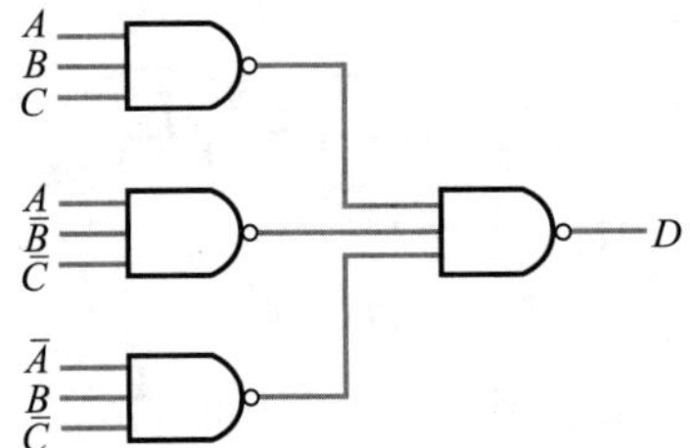

也可以使用布尔代数直接变换。首先，根据电路图写出如下布尔表达式：

$$D = ABC + A\,\overline{B}\,\overline{C} + \overline{A}B\,\overline{C}$$

然后利用摩根定律改变形式，得到：

$$D = ABC + \overline{A}\,\overline{B}\,\overline{C} + \overline{A}B\,\overline{C} = \overline{\overline{ABC} \cdot \overline{A\,\overline{B}\,\overline{C}} \cdot \overline{\overline{A}B\,\overline{C}}}$$

该式适合使用与非门直接实现。◀

变换电路，要求仅使用或非门

有的时候，使用或非门是最简单的。参考上述方法，我们可以仅使用或非门实现电路功能。

再次利用摩根定律可得：

$$A \cdot B \cdot C = \overline{\overline{A} + \overline{B} + \overline{C}}$$

由此，图 24.18 电路图中的与门可以被一组非门和一个或非门代替，如图 24.21 所示。

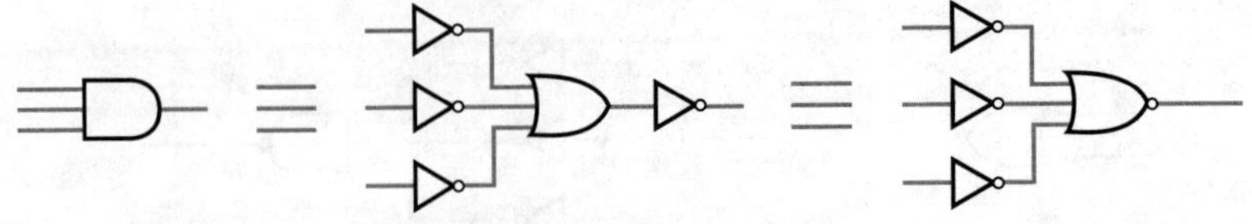

图 24.21　与门的等价电路

因此，图 24.18 利用与门和或门实现的电路功能可用图 24.22 所示电路替代，该电路仅使用了或非门。在这种情况下，最后所得电路会比原始电路需要更多的逻辑门，但是，如果提供反变量输入，那么仅仅多需要一个逻辑门。

例 24.8 仅使用或非门实现下列电路功能。

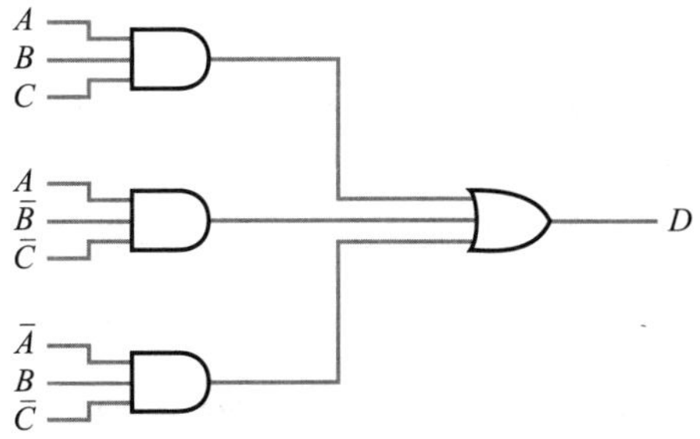

解： 这个电路跟例 24.7 相同。图 24.22 给出了将上图转换成仅使用或非门的逻辑电路图，据此得到下列电路。注意这个电路的输入都是原电路(上图)输入变量取反。

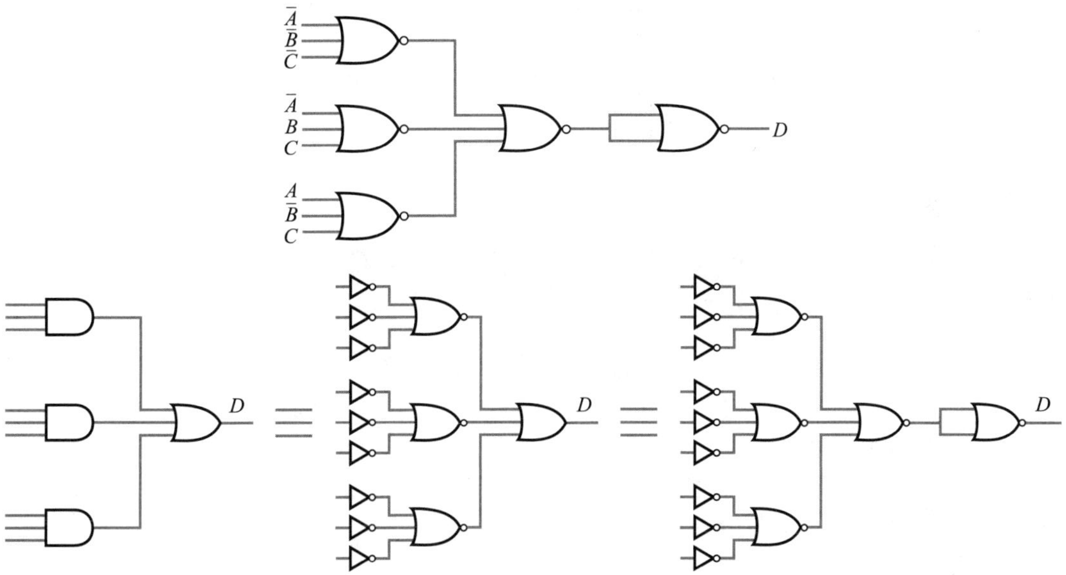

图 24.22　仅用或非门实现的组合逻辑电路

这个转换过程也可以用布尔代数表达式变换得到。首先，根据逻辑电路写出布尔表达式：

$$D = ABC + A\,\overline{B}\,\overline{C} + \overline{A}B\,\overline{C}$$

然后利用摩根定律转换到一个适合使用或非门直接实现的形式：

$$D = ABC + A\,\overline{B}\,\overline{C} + \overline{A}B\,\overline{C} = \overline{\overline{(\overline{A}+\overline{B}+\overline{C})} + \overline{(\overline{A}+B+B)} + \overline{(A+\overline{B}+C)}}$$ ◀

24.7　逻辑函数的公式法化简

电路设计者的一个目标就是得到最简单的系统。“逻辑最简”旨在简化布尔表达式，得到更加适合实现电路的表达形式。事实上，如果考虑到其他因素(例如门的类型可影响整体的费用)，逻辑门个数最少的电路不一定成本最低。然而，减少电路复杂性是降低成本的第一步。

常用的逻辑表达式是积之和。就如例 24.6 中得到的形式，包含了一组与项(最小项或乘积项)相或。每一个与项包含全部或部分的输入变量，其中每一个变量可能是原变量也可能是反变量。下面列出一些积之和的表达式：

$$A\,\overline{B} + \overline{A}B$$

$$XYZ + \overline{X}Y\overline{Z} + X\overline{Y}Z$$
$$AB\overline{C}D + A\overline{B}C + \overline{A}BCD + ABC\overline{D}$$

积之和的形式不能是几个变量同时取反，如：

$$A\overline{BCD} + \overline{AB}CD$$

可以用来化简布尔表达式，减少逻辑电路复杂性的方法有多种。化简逻辑函数的方法包括公式法化简、卡诺图法化简和基于计算机的化简法。首先来看公式法化简，从积之和的表达式出发，使用布尔代数的恒等式和定律合并某些项，逐渐减少函数的复杂性。下面举例说明公式法化简。

例 24.9 实现逻辑函数

$$X = ABC + \overline{A}BC + AC + A\overline{C}$$

由表达式，可直接画出逻辑电路图：

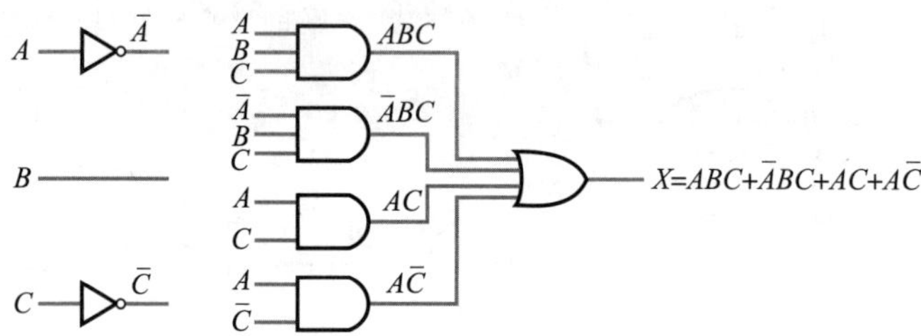

或者，利用交换律和分配律，表达式可重新组合为

$$X = BC(A + \overline{A}) + A(C + \overline{C}) = BC + A$$

电路图实现如下：

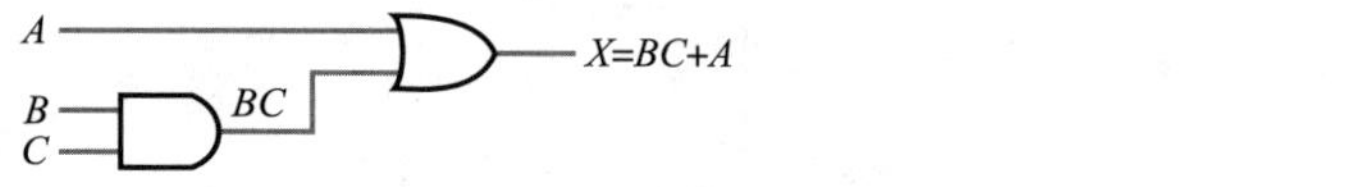

◀

计算机仿真练习 24.3

仿真例 24.9 中的两个逻辑电路，验证：对于所有输入组合，它们都能产生相同的输出，从而证明两个电路的等价性。

例 24.10 实现逻辑函数

$$E = B\overline{C}\,\overline{D} + \overline{A}BD + ABD + BC\overline{D} + \overline{B}CD + \overline{A}\,\overline{B}\,\overline{C}D + A\overline{B}\,\overline{C}D$$

解：如上例，该式可直接实现，但会使用大量的逻辑门。还可以简化如下：

$$\begin{aligned} E &= BD(A + \overline{A}) + B\overline{D}(C + \overline{C}) + \overline{B}CD + \overline{B}\,\overline{C}D(A + \overline{A}) \\ &= BD + B\overline{D} + \overline{B}CD + \overline{B}\,\overline{C}D \end{aligned}$$

合并上式中的第 1 项和第 2 项，第 3 项和第 4 项

$$\begin{aligned} E &= B(D + \overline{D}) + \overline{B}D(C + \overline{C}) \\ &= B + \overline{B}D \end{aligned}$$

再进一步得到

$$E = B + D$$

这样就仅使用一个逻辑门实现。

◀

例 24.11 简化表达式

$$E = A\overline{B}\,\overline{C} + \overline{A}\,\overline{C}D + ABD + BCD$$

解：该例中，如何合并各项、减少复杂性并非一目了然。需要先将其中的几项展开，如下：

$$E = A\overline{B}\,\overline{C} + \overline{A}\,\overline{C}D + ABD + BCD$$

$$= A\overline{B}\,\overline{C}(D+\overline{D})+\overline{A}\,\overline{C}D(B+\overline{B})+ABD(C+\overline{C})+BCD(A+\overline{A})$$

$$= A\overline{B}\,\overline{C}D+A\overline{B}\,\overline{C}\,\overline{D}+\overline{A}B\,\overline{C}D+\overline{A}\,\overline{B}\,\overline{C}D+ABCD+AB\,\overline{C}D+ABCD+\overline{A}BCD$$

第 5 项和第 7 项相同，得：

$$E = A\overline{B}\,\overline{C}D+A\overline{B}\,\overline{C}\,\overline{D}+\overline{A}B\,\overline{C}D+\overline{A}\,\overline{B}\,\overline{C}D+ABCD+AB\,\overline{C}D+\overline{A}BCD$$

复制第 2、3 和 6 项，得到：

$$E = A\overline{B}\,\overline{C}D+A\overline{B}\,\overline{C}\,\overline{D}+A\overline{B}\,\overline{C}\,\overline{D}+\overline{A}B\,\overline{C}D+\overline{A}B\,\overline{C}D$$
$$+\overline{A}\,\overline{B}\,\overline{C}D+ABCD+AB\,\overline{C}D+AB\,\overline{C}D+\overline{A}BCD$$

合并第 1 和 3 项，第 5 和 6 项，第 4 和 8 项，第 2 和 9 项，第 7 和 10 项，得到：

$$E= A\overline{B}\,\overline{C}(D+\overline{D})+\overline{A}\,\overline{C}D(B+\overline{B})+B\overline{C}D(A+\overline{A})+A\overline{C}D(B+\overline{B})+BCD(A+\overline{A})$$

$$= A\overline{B}\,\overline{C}+\overline{A}\,\overline{C}D+B\overline{C}D+A\overline{C}D+BCD$$

合并第 2 和 4 项，第 3 和 5 项，得到：

$$E = A\overline{B}\,\overline{C}+\overline{C}D(A+\overline{A})+BD(C+\overline{C}) = A\overline{B}\,\overline{C}+\overline{C}D+BD$$ ◀

从例题 24.9 到例 24.11 可以看出，化简大大降低了布尔表达式的复杂程度，从而大大减少了电路实现的成本。例题 24.11 表明化简过程并不简单。代数化简通常需要大量猜测试验，同时，我们不知道所得结果是否最简。如例 24.11 最后所得表达式还能否再化简呢？

公式法化简很重要，对于简单的系统，公式法化简是非常有效的。然而，对于复杂的表达式，我们需要更加有效的方法。

24.8　卡诺图法化简

视频 24E

卡诺图是一种包含了真值表中所有信息的图。

在真值表中，一行代表一组输入及其对应的输出。在卡诺图中，网格中一个小方格代表一组输入，相应的输出值写在小方格中。图 24.23 中的卡诺图表示一个两输入函数，其中两个输入为 A 和 B。

小方格的排列顺序至关重要，这是卡诺图能够化简逻辑函数的原因。在两输入变量的卡诺图中，网格有四个小方格，对应四种输入组合。小方格排列顺序是，不论在水平方向或垂直方向，从一个小方格到另外一个靠在一起的小方格，小方格的输入变量仅有一个发生改变。例如，从卡诺图中左上角的小方格到右上角的小方格，A 从“0”变到“1”，B 不变。从左上角小方格到左下角的小方格，B 从“0”变到“1”，A 不变。对于更多变量的卡诺图，这种排列规律不变。图 24.24 给出了三输入和四输入变量的卡诺图。更多输入的函数同样可以用卡诺图表示。

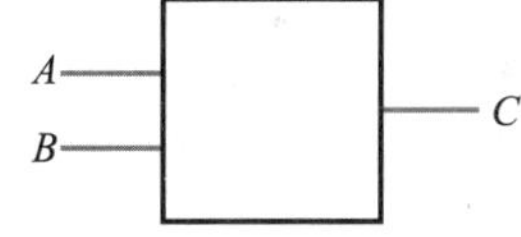

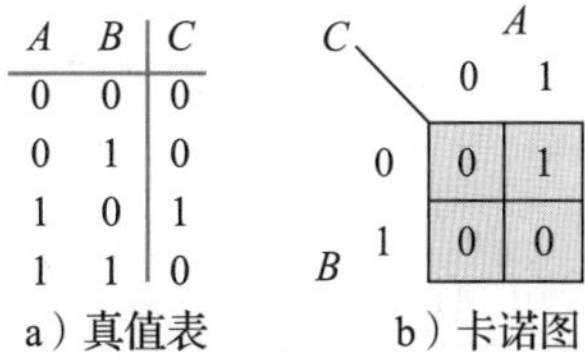

A	B	C
0	0	0
0	1	0
1	0	1
1	1	0

a）真值表　　b）卡诺图

图 24.23　两输入函数的真值表和卡诺图

对于三输入变量的函数，卡诺图需要两行四列或者四行两列，如图 24.24a 所示，变量 A、B 与四列对应，剩余一个变量 C 与两行对应。变量的对应关系标注在卡诺图的上面和左边。变量的值写在每一行和每一列的旁边。因此，小方格 V 对应“AB”为“01”，C 为“0”。V 就代表 $\overline{A}B\,\overline{C}$。同样，$W$ 代表 $AB\overline{C}$。

四输入变量函数的卡诺图有四行四列，如图 24.24b 所示。其中，X 对应 $\overline{A}BCD$，Y

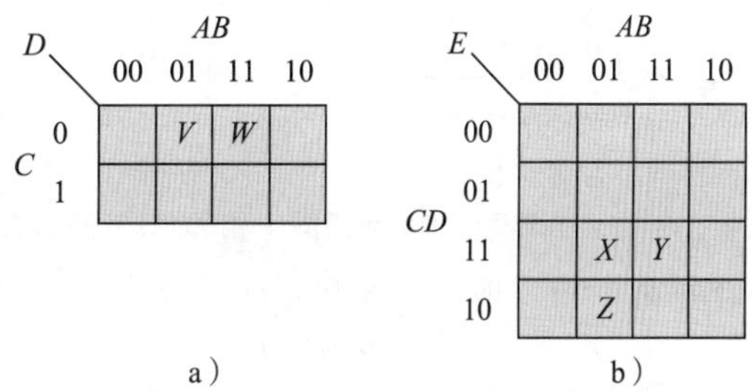

a）　　b）

图 24.24　三输入和四输入函数的卡诺图

对应$ABCD$，Z对应$\overline{A}BC\,\overline{D}$。

注意，卡诺图的网格标记并非按照简单的二进制顺序，而是按照格雷码的顺序排列，格雷码会在后面讲解。需要注意的是，按照格雷码的顺序排列，不论在水平方向还是垂直方向，相邻的小方格仅有一个变量发生变化。例如，X和Y仅A发生了变化，X和Z仅D变化。这一性质在对角线的方向上是不成立的，如Y和Z，就存在两个输入变量A、D都发生变化。

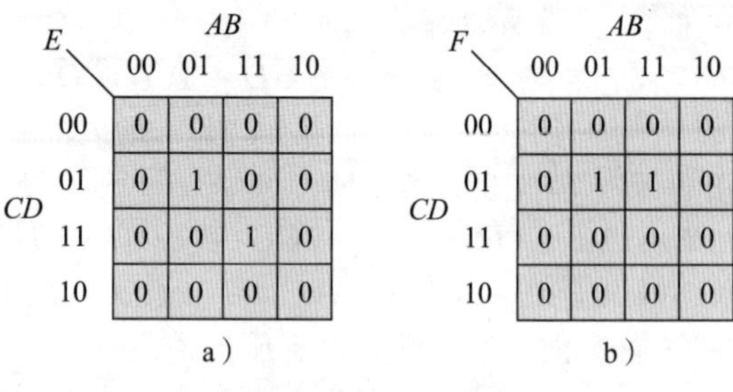

图 24.25　卡诺图

下面讨论用卡诺图化简逻辑函数的过程。如图 24.25 所示，图 a 和 b 分别代表E和F的逻辑功能。参考例 24.6 中从真值表写出布尔表达式的过程，可以从卡诺图得到：

$$E=\overline{A}B\,\overline{C}D+ABCD$$

$$F=\overline{A}B\,\overline{C}D+AB\,\overline{C}D$$

可以看出，用布尔代数化简E和F，E不能被化简，但是F可以被化简，过程如下：

$$F=\overline{A}B\,\overline{C}D+AB\,\overline{C}D=B\overline{C}D(A+\overline{A})=B\overline{C}D$$

再观察图 24.25，明显可以看出E不能化简而F可以化简。在F的卡诺图中，两个“1”水平方向相邻。因此，按照卡诺图的特性，两个“1”对应的两个输入组合仅有一个变量发生变化。因此，可以用一个一般表达式$WXYZ+WXY\,\overline{Z}$表示任意两个输出值为“1”的相邻项，其中，X、Y、W、Z表示输入变量。$WXYZ+WXY\,\overline{Z}$可以化简得：

$$WXYZ+WXY\,\overline{Z}=WXY(Z+\overline{Z})=WXY$$

可以看出，消除了一个变量。消除的变量在两个小方格中同时以原变量和反变量的形式存在。可以理解为，不论这个变量是“0”还是“1”，输出始终为“1”。也就是，输出与该变量的取值无关，所以，这个变量可以从表达式中删除。

对于一个包含两个相邻“1”的卡诺图，通常围绕一对“1”画一个圈，表明将两项合并在一起。可用一个与项表示合并项，指明合并项中输入状态为不变量的因子。如图 24.25b 所示，对于两个输出“1”的合并项，B是“1”，C是“0”，D是“1”，都是不变的。而A在其中一个方格中是“0”，在另一方格中是“1”，所以表达式$B\overline{C}D$中没有A变量。图 24.26 给出了几个卡诺图化简的例子。注意，在卡诺图中，第一行和最后一行，以及第一列和最后一列也是相邻的。就像卡诺图在水平方向和垂直方向上都是圆形，顶端和底端、左右两边就首尾相接在一起。

如图 24.27 所示，四个“1”形成了一个方块儿，可用表达式表示：

$$E=\overline{A}B\,\overline{C}D+AB\,\overline{C}D+\overline{A}BCD+ABCD$$

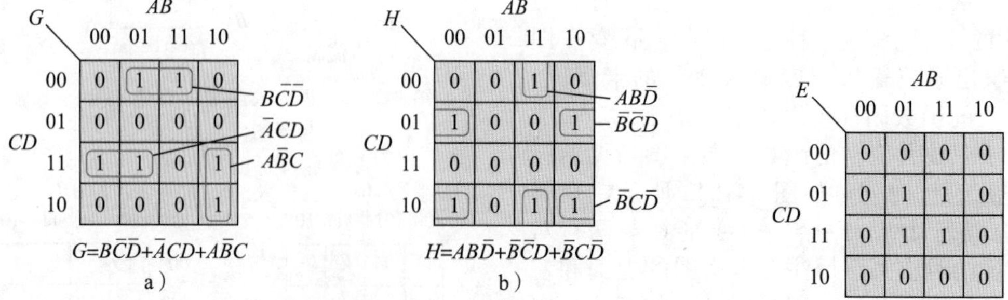

图 24.26　卡诺图中相邻“1”的组合项　　　　图 24.27　包含 4 个“1”的卡诺图

合并第 1 和 2 项，第 3 和 4 项：

$$E=B\overline{C}D(A+\overline{A})+BCD(A+\overline{A})=B\overline{C}D+BCD$$

在卡诺图上化简，分别在两对“1”上画两个圈，写出对应的布尔表达式。这样得到的结果还可以再合并：

$$E = BD(C + \overline{C}) = BD$$

四项可合并成一项，可用下式表示：

$$E = \overline{A}B\,\overline{C}D + AB\,\overline{C}D + \overline{A}BCD + ABCD = BD(\overline{A}\,\overline{C} + A\,\overline{C} + \overline{A}C + AC)$$

括号中的 4 项代表了变量 A 和 C 的所有取值组合，因此，当 BD 为真，E 就为真，E 的取值与 A 和 C 是无关的。

其他情况的四个方格也可以合并在一起，只要它们能够代表其中任意两变量的所有取值组合。图 24.28 给出了一些可以合并项的例子，图 24.29 给出了一些不能合并的情况。

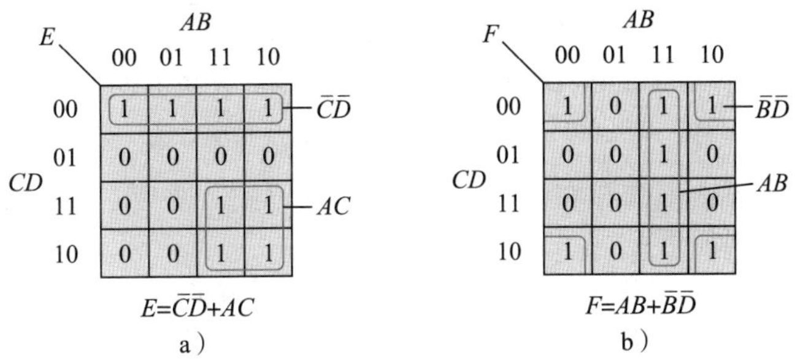

图 24.28　合并项例子

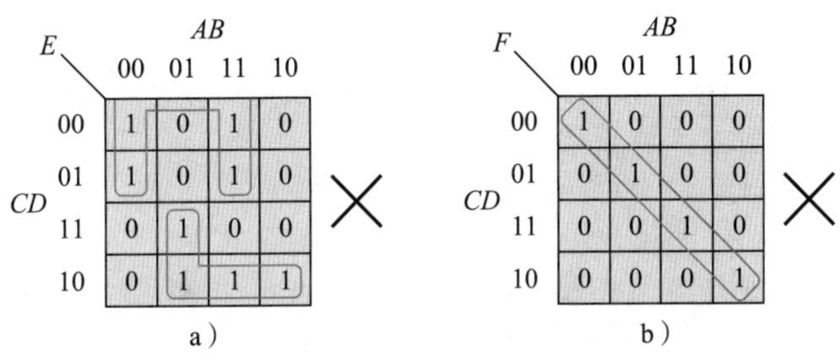

图 24.29　不能合并在一起的四个 1 组合

可以得到两个方格或四个方格的合并项。同样也可以得到 8 个方格的合并项。实质上，2^n 个方格是可以和并的，只要合并项中包含了所有 n 个变量的取值组合。矩形也可以构成合并项，这样的矩形必须为 2^m 个小方格。因此，可以有 1，2，4，8，…个小方格合并在一起，所以矩形块的排列形式可能是 1×1，1×2，2×1，2×2，1×4，2×4，4×4，…。显然，矩形的大小受卡诺图的大小限制。图 24.30 给出了一些矩形块的例子。对此，通过写出合并项中不变的变量，得到其逻辑表达式。

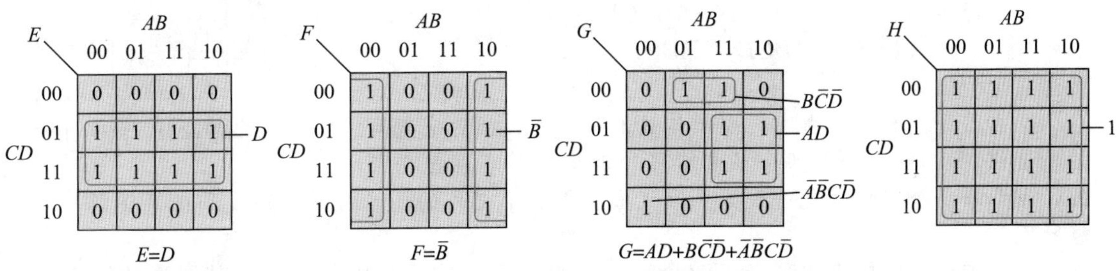

图 24.30　2^n 个小方格的合并项

图 24.30 中，G 的形式说明并非所有的“1”都能与其他项合并在一起。有些“1”也可能会同时包含在几个合并项中。

图 24.31 给出了具有相同功能 E 的两张卡诺图，说明了小方块$\overline{A}\,\overline{B}\,\overline{C}D$ 同时用在两个

合并项中。还可以看到小方块 $ABCD$ 可以用两种结合方式进行组合。这就有两个不同的逻辑表达式。这两个表达方式都表示 E，并且一样简单。这说明用卡诺图化简逻辑函数得到的逻辑表达式不是唯一的。

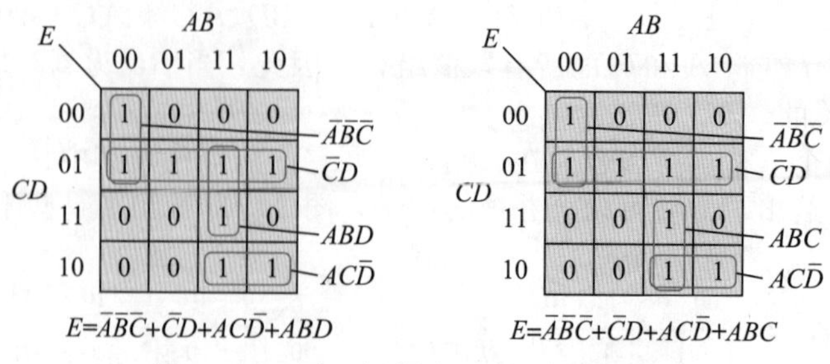

图 24.31　同一卡诺图不同的合并项方法

因此，一个卡诺图中可能存在多种组合“1”的方式，需要一些规则确保所得到的表达式尽可能简单。规则如下：

1）首先画出包含小方格最多的方块，每一个方块包含 2^n 个小方格。

2）再画比较小的方块，直到画的方块包含了所有为“1”的小方格。

3）去除冗余的方块，哪怕方块较大也要去除，避免重复。

下面举例说明如何使用这些规则。

例 24.12 用卡诺图化简函数表达式。

$$D=\bar{A}B\bar{C}+AB\bar{C}+A\bar{B}\bar{C}+\bar{A}\bar{B}C+\bar{A}BC+ABC$$

解： 画出右边的卡诺图。写出 D 的表达式：

$$D=B+A\bar{C}+\bar{A}C$$

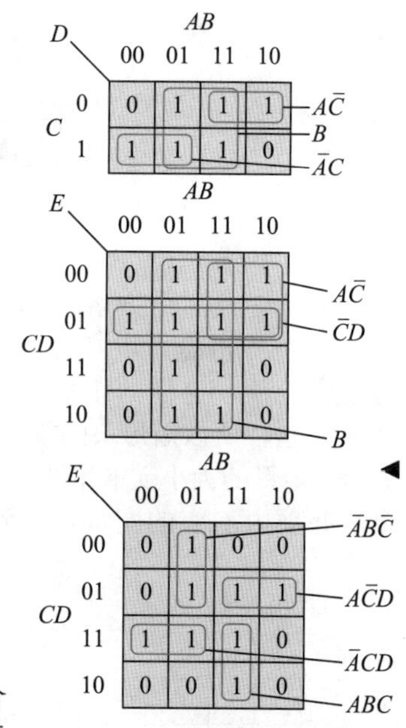

将 $A\bar{B}\bar{C}$ 与 $AB\bar{C}$ 合在一个方块，$\bar{A}\bar{B}C$ 和 $\bar{A}BC$ 划为一个方块。尽量将值为 1 的小方格组合成最大的方块。◀

例 24.13 用卡诺图化简逻辑函数表达式。

$$E=\bar{A}B\bar{C}\bar{D}+AB\bar{C}\bar{D}+A\bar{B}\bar{C}\bar{D}+\bar{A}\bar{B}\bar{C}D+\bar{A}B\bar{C}D+AB\bar{C}D+A\bar{B}\bar{C}D+\bar{A}BCD+ABCD+\bar{A}BC\bar{D}+ABC\bar{D}$$

画出右边的卡诺图。

$ABCD$ 同时包含在三个方块中，得到最简表达式：

$$E=B+A\bar{C}+\bar{C}D$$

◀

例 24.14 用卡诺图简化逻辑函数表达式。

$$E=\bar{A}B\bar{C}\bar{D}+\bar{A}B\bar{C}D+AB\bar{C}D+A\bar{B}\bar{C}D+\bar{A}\bar{B}CD+\bar{A}BCD+ABCD+ABC\bar{D}$$

画出右边的卡诺图。

在右图中没有采用由中间四项构成的最大圈，因为它包含的所有“1”都被另外的四个圈包含了，其他的四个圈是必要的，因为每一个都包含了一个除了最大圈的 4 个 1 之外的 1。这就是第三个化简规则，即移除冗余项。◀

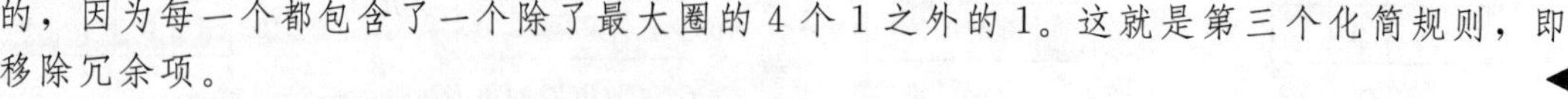

卡诺图也可以用来化简多于四个输入变量的表达式，规则相同，但其图形结构更复杂。图 24.32 给出了五输入变量的卡诺图。

当变量的个数再增多，就很难利用卡诺图化简逻辑函数了，这时通常采用自动化的计算机化简方法，本章后面会简要讨论这一问题。

任意项(无关项)

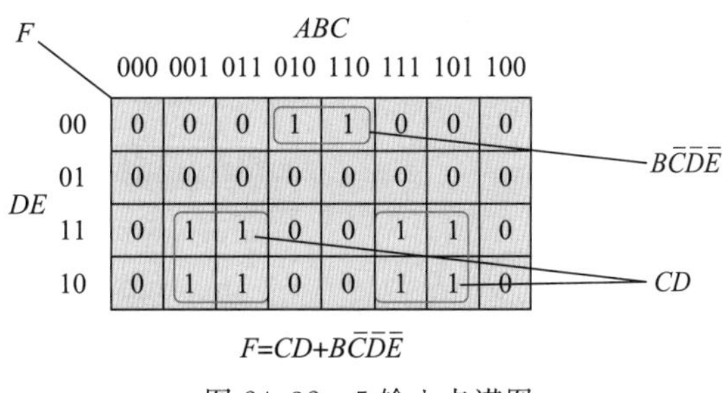

图 24.32　5 输入卡诺图

任意项是指输入变量无关紧要，或者输出状态无关紧要。输入任意项指的是不管输入是“0”还是“1”，输出是一样的。输出任意项指的是对于某些输入组合，其输出是“0”还是“1”不重要。通常代表该输入组合不会出现。任意项在真值表和卡诺图中用“X”表示，如图 24.33 所示。

图 24.33a 和 24.33b 给出了输入变量为任意项的真值表。真值表 a 中，最后一行代表了 4 种输入组合。这是一种简写法。简写简化了真值表且容易理解。图 24.33a 跟 24.33b 含义相同。

输出为任意项更重要，意味着输出的状态不重要，设计者可以自由选取输出状态。图 24.33c 是输出为无关项的真值表，设计者可以简单地全部赋予“0”或全部赋予“1”，或者，一些赋“0”一些赋“1”。当然，采用哪种赋值可以得到最简单的电路并没有说明。

利用卡诺图，可以很方便地处理任意项。卡诺图 24.33d 表示的逻辑函数与真值表 24.33c 相同。从卡诺图中，可以看出哪些无关项选“0”、哪些无关项选“1”，使逻辑表达式更简单。该例中，$\overline{A}\,\overline{B}C$应该取“0”，其余的取“1”，从而得到最简单的表达式，如图 24.33e 所示。

A	B	C	D
0	0	0	0
0	0	1	0
0	1	0	0
0	1	1	1
1	X	X	1

a)

＝

A	B	C	D
0	0	0	0
0	0	1	0
0	1	0	0
0	1	1	1
1	0	0	1
1	0	1	1
1	1	0	1
1	1	1	1

b)

A	B	C	D
0	0	0	0
0	0	1	X
0	1	0	1
0	1	1	0
1	0	0	1
1	0	1	X
1	1	0	X
1	1	1	1

c)

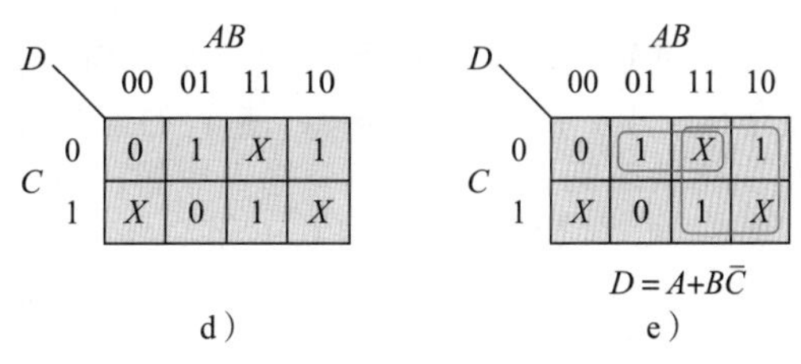

图 24.33　任意项的表示

24.9　Q-M 化简法

卡诺图化简法能够最多用于六个输入变量的函数，当变量再增多时就不实用了，这时需要采用其他的方法。通常使用一种表格形式的化简方法，如著名的 Q-M 化简法，是由奎恩最初提出的、麦克拉斯基改进了的方法。

Q-M 化简法是在表格上列出所有的最小项，检查每一对最小项，看其是否可以应用 $AB+A\overline{B}=A$ 化简，从而减少输入变量。重复该过程，直到得到最简表达式。该方法同样也适用于任意项的情况。Q-M 化简法可以用笔算，但更多地是利用计算机化简。除了最简单的逻辑函数化简外，计算机广泛用于各种逻辑函数的化简，非常方便。

24.10　传输延迟和冒险

到目前为止，我们都只是从逻辑功能的角度考虑逻辑门，没有涉及具体电路的实现。实际上，物理实现的逻辑门需要一定的时间来响应输入信号，输入信号和输出信号之间存在时间延迟，称为传输延迟时间。现代电子器件的延迟时间非常短(通常小于一个纳秒)，很多情形下，延迟时间并不重要。但有时候延迟时间会影响电路的性能，那么在电路设计中就必须要考虑延迟。图 24.34a 中的例子说明了延迟可能带来的问题。

图 24.34a 所示电路功能为 $C=A\cdot B=A\cdot\overline{A}=0$，所以输出 C 应该一直为 0。

图 24.34b 给出了输入从 0 变化到 1 的过程中，电路的响应情况。尽管逻辑函数的输出

应该一直为 0，但是由于反相器存在延迟，在一个短暂的时间，与门的两个输入同时为“1”，输出端产生逻辑 1 的脉冲。这种由于电路延迟在输出端产生了错误的尖脉冲，称为冒险。

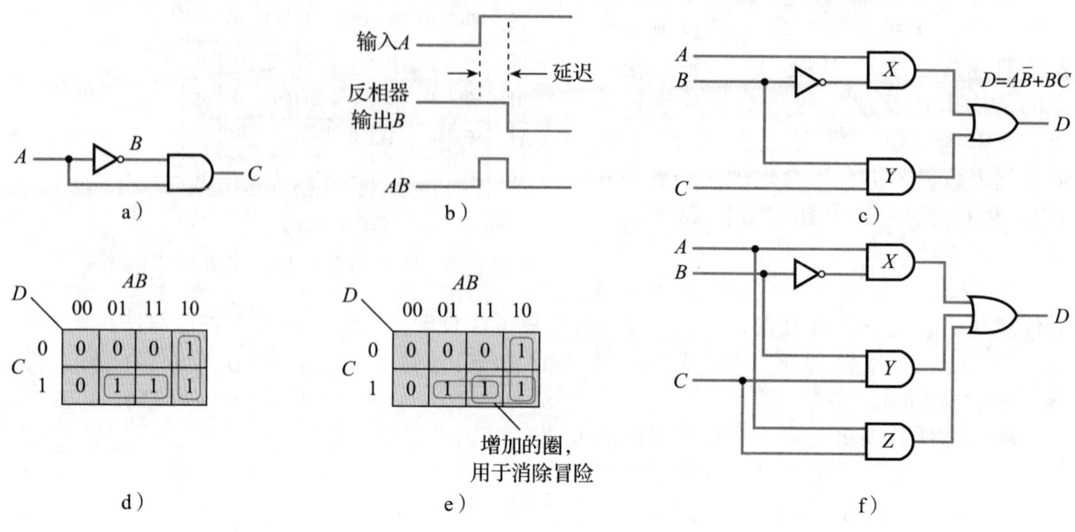

图 24.34　逻辑门中的冒险

图 24.34c 对冒险进一步说明。函数输出的为 $A\overline{B}+BC$，其卡诺图如图 24.34d 所示。当所有的输入都为 1，则 Y 的两个输入为 1，Y 的输出就应为 1，D 的输出也应为 1。由图 24.34c可知，B 由 1 变成 0(也就是 ABC 由 111 变成 101)，电路输出为 1 不变。由于反相器存在延迟，B 由 1 变为 0，使 Y 的输出变为 0，然后 X 的输出才由 0 变为 1。因此，在 B 变化的瞬间，或门的两个输入短暂的都为 0，输出 D 出现短暂的低电平。

如图 24.34d 所示，可以从卡诺图找出这种冒险的消除办法。为 1 的项用两个圈圈出。每个圈可用一个与门实现。如果每一个与门都输出 1，那么电路输出高电平。当输入改变的时候，对应地产生高电平或低电平。冒险发生在输入从一个圈跳变到另外一个圈的时候。尽管每个最小项对应的输出都为 1，但在跳变的瞬间，输出不为 1。可以再增加用一个圈，如图 24.34e 所示，将原来的两圈连接起来，增加的圈不改变电路功能，确保当输入在原来的两个圈之间跳变的时候，不产生错误的输出。逻辑电路如图 24.34f 所示。

冒险有时可以忽略，有时却必须考虑。当被驱动的电路不响应冒险的瞬变脉冲时，冒险可以忽略；当被驱动的电路对输入电平变化敏感时(如下一章的时序电路)，需要考虑冒险。为了消除冒险，需要增加额外的门电路。例 24.15 举例说明了冒险的消除。

例 24.15 消除冒险。

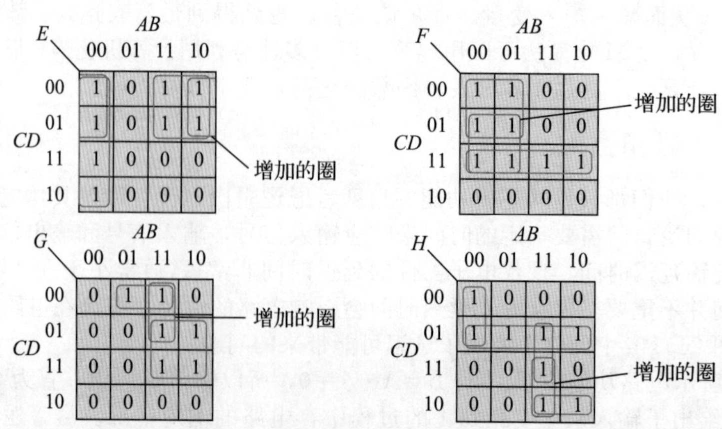

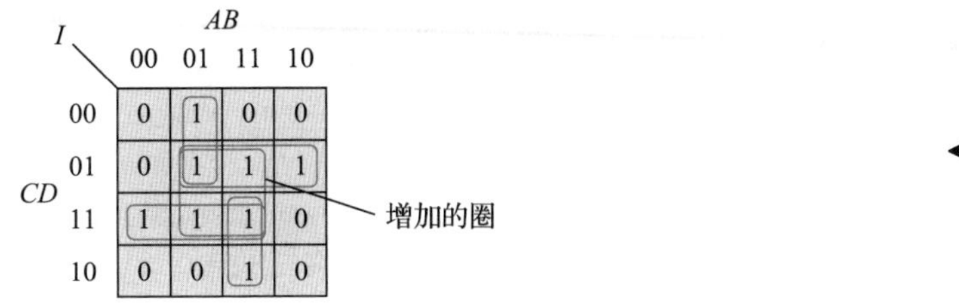

24.11　数制和二进制算术运算

目前我们已经讨论了一些简单的二进制信号，例如开关信号和控制灯亮灭所需的信号。一组二进制信号组合构成二进制数。二进制数能够用来代表信息，最常见的如数值和字母。当代表数值信息时，我们可以对数据进行算术运算。

24.11.1　数制

十进制

在日常生活中，我们通常使用十进制，这或许是因为我们有十个手指头。十进制数以 10 为基，需要十个不同的符号来代表每个数码的值，也就是 0，1，2，3，4，5，6，7，8，9。计数系统采用从低位到高位的进位规则，因此，数码的大小取决于它的位置。例如，数 1234 的意思是：1000 加上 200 加上 30 再加上 4。数的每一列代表十的幂次。从数的最右边的个位开始，依次向左，十的幂次逐渐增加。因此

$$1234 = (1 \times 10^3) + (2 \times 10^2) + (3 \times 10^1) + (4 \times 10^0)$$

一个数最左边的数码比最右边的数码大很多，因此，最左边的数码叫作最高有效位(MSD)，最右边的数码叫作最低有效位(LSD)。

在个位的后面放一个小数点来标记个位的位置，个位后面的数表示小数。因此

$$1234.56 = (1 \times 10^3) + (2 \times 10^2) + (3 \times 10^1) + (4 \times 10^0) + (5 \times 10^{-1}) + (6 \times 10^{-2})$$

任何数都可以用足够多的位数来表示，最高位的零，对数的大小没有影响，当然，如果是纯小数，小数点左边的零例外。同样，在小数点后的最右边末尾的零，也不会影响数值大小。

二进制

二进制以 2 为基，其他性质跟十进制相似。因为每一位只能取两个值，所以只需要两个符号，0 和 1。

因为二进制数和十进制数都有 0、1，所以通常加一个下标来区分不同的基。例如，1101_2 代表二进制数，1101_{10} 代表十进制数。在很多情形下，明显可以区分二进制和十进制，这时下标可以略去。

与十进制相同，二进制数中每一位数码的大小与其位置相关。例如

$$1101_2 = (1 \times 2^3) + (1 \times 2^2) + (0 \times 2^1) + (1 \times 2^0)$$

因此，各列对应的位权为 1，2，4，8，16，……而不是个，十，百，千，……

分数部分也可以表示，例如，

$$1101.01_2 = (1 \times 2^3) + (1 \times 2^2) + (0 \times 2^1) + (1 \times 2^0) + (0 \times 2^{-1}) + (1 \times 2^{-2})$$

个位的位置用一个二进制小数点指出，小数点的右边每一列依次代表 1/2，1/4，…，$1/2^n$。“二进制数码”通常简写为“比特”(bit)，因此，一个包含 8 个数码的二进制数指 8bit 的二进制数。

其他数制

数字不仅可以使用二进制和十进制，也可以采用其他进制。比较常用的数制包括八进

制和十六进制。八进制数需要 8 个助记符，分别为 0，1，2，3，4，5，6，7。十六进制数需要 16 个助记符，分别为 0，1，2，3，4，5，6，7，8，9，A，B，C，D，E，F。从二进制和十进制的讨论中，可知：

$$123_8 = (1\times 8^2)+(2\times 8^1)+(3\times 8^0)$$
$$123_{16} = (1\times 16^2)+(2\times 16^1)+(3\times 16^0)$$

表 24.3 给出了十进制数 0～20 分别在二进制、八进制和十六进制中的表示。

表 24.3　数在不同进制中的表示

十进制	二进制	八进制	十六进制	十进制	二进制	八进制	十六进制
0	0	0	0	11	1011	13	B
1	1	1	1	12	1100	14	C
2	10	2	2	13	1101	15	D
3	11	3	3	14	1110	16	E
4	100	4	4	15	1111	17	F
5	101	5	5	16	10 000	20	10
6	110	6	6	17	10 001	21	11
7	111	7	7	18	10 010	22	12
8	1000	10	8	19	10 011	23	13
9	1001	11	9	20	10 100	24	14
10	1010	12	A				

24.11.2　数制之间的转换

虽然大部分科学计算器能够自动在不同数制之间转换，但是掌握具体转换方法，有助于我们深刻了解不同数制之间的关系。

二-十进制转换

二进制数转换成十进制数的过程比较直接，通过给每一个“1”代以等值的十进制数值即可。对于数值比较小的数，运算简单。对于数值比较大的数，运算所需时间较长。可用同样的方法转换带小数部分的二进制数，即对每个数码赋予十进制数值。

例 24.16　将 $11\,010_2$ 转换为十进制数。

解：

$$\begin{aligned}11\,010_2 &= (1\times 2^4)+(1\times 2^3)+(0\times 2^2)+(1\times 2^1)+(0\times 2^0)\\ &= 16+8+0+2+0 = 26_{10}\end{aligned}$$

◀

十-二进制转换

十进制数转化为二进制数是上述二-十进制转换的反过程。具体步骤是：用 2 不断地去除十进制数，并记录余数，直到十进制数为 0，得到结果。

例 24.17　将 26_{10} 转化为二进制数。

解：

	数	余数
开始	26	
÷2	13	0
÷2	6	1
÷2	3	0
÷2	1	1
÷2	0	1

从尾部读数
=11 010

因此

$$26_{10} = 11\,010_2$$

◀

带小数的十进制数分两部分进行转换，整数部分转换过程如上，小数部分用 2 重复地去乘，每乘一次，记录结果，然后在做下一次乘法前，舍弃整数部分。对于十进制数中的小数部分转换，二进制小数点后面保留的位数取决于所需要的精度。

例 24.18 将 34.6875_{10} 转换成二进制数。

解： 整数部分(34)的转换如下：

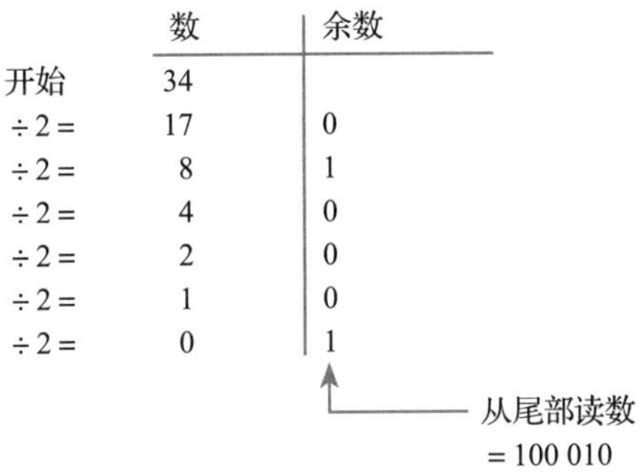

小数部分(0.6875)的转换如下：

	溢出	数	
从顶部读数 =0.1011		0.6875	×2=
	1	0.375	×2=
	0	0.75	×2=
	1	0.5	×2=
	1	0.0	

因此

$$34.6875_{10} = 100\,010.101\,1_2$$ ◀

十六-十进制转换

十六-十进制的转换与二-十进制的转换类似，只不过用 16 取代基数 2。

例 24.19 将 $A013_{16}$ 转化成十进制数。

解：

$$\begin{aligned} A013_{16} &= (A\times16^3)+(0\times16^2)+(1\times16^1)+(3\times16^0) \\ &= (10\times4096)+(0\times256)+(1\times16)+(3\times1) \\ &= 40\,960+0+16+3=40\,979_{10} \end{aligned}$$ ◀

十-十六进制转换

将十进制转换为十六进制跟十进制转换为二进制数的过程相似，唯一的差别是：前者乘以或除以 16，后者乘以或除以 2。

例 24.20 将 7046_{10} 转化为十六进制数。

解：

	数	余数
开始	7046	
÷16=	440	6
÷16=	27	8
÷16=	1	11=B
÷16=	0	1
÷16=		

从尾部读数 =1B86

因此

$$7046_{10} = 1B86_{16}$$ ◀

任意数制之间的转换

从任意数制转换到十进制跟二进制或十六进制转换到十进制的过程相似，唯一的差别是使用的权值不同。将非十进制数转换为另一个不同的非十进制数，可以使用十进制数作为中间桥梁，先将原数转换为十进制数，再把十进制数转化为目标数。

也可以直接将一个数从一种数制转换到另一种数制。比较简单的直接转换的例子是二进制与十六进制之间的互相转换。因为一位十六进制数对应 4 位二进制数(4bit)。所以可将十六进制数直接转换成二进制数，转换过程十分简单。表 24.3 给出了十六进制数码对应的等值二进制数。

例 24.21 将 $F851_{16}$ 转化成二进制数。

解：　$F851_{16} = (1111)(1000)(0101)(0001) = 1111100001010001_2$ ◀

例 24.22 将 $111110000101000l_2$ 转化成十六进制数。

解：　$111011011000100_2 = (0111)(0110)(1100)(0100) = 76C4_{16}$ ◀

需要注意的是，二进制数转换为十六进制数，整数部分是从小数点的位置从右向左四位二进制数为一组转换成十六进制，最高的一组如果不足四位，在二进制数的左边加 0 补足。

从上面的例子可以看出，数值大的二进制数使用起来不方便，难以记忆。由于从二进制转为十六进制很简单，所以通常用十六进制来表示比较大的二进制数。显然，76C4 比 111011011000100 书写和记忆更简单。

24.11.3　二进制算术运算

视频 24F

与十进制相比，二进制数的一个优点是运算简单。因为，计算多位十进制数的乘法，需要知道每一对十进制数码的乘积结果(也就是九九乘法表)。而计算多位二进制数的乘法，我们只需要知道 $0\times0=0$，$0\times1=1\times0=0$，$1\times1=1$。二进制算术运算的特点就是简单，在这里我们只讨论二进制加法和减法。

二进制加法

两个一位二进制数的加法很简单，规则如下：

$$0+0=0$$
$$0+1=1$$
$$1+0=0$$
$$1+1=10$$

由上可看出，两个一位二进制数的加法可能产生进位，从而得到两位二进制数。实现两个一位二进制数加法功能的电路称为半加器。

半加器

图 24.35a 所示为半加器的电路框图，包括两个输入 A、B，两个输出 C(进位)和 S(和)。

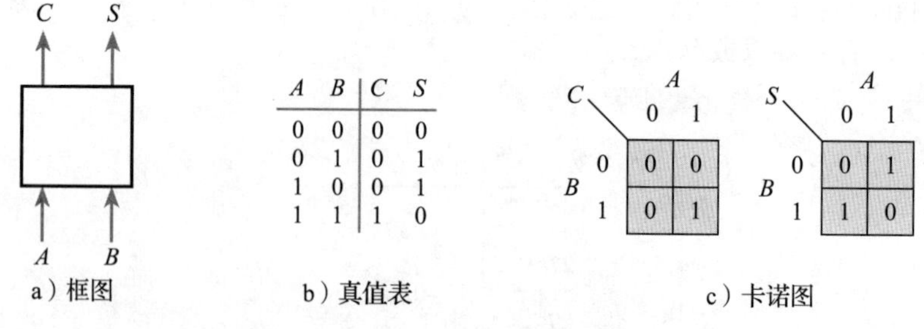

a）框图　b）真值表　c）卡诺图

图 24.35　二进制半加器

图 24.35b 所示为半加器的真值表。输出有两列，是一个多输出系统。半加器的真值表与之前的真值表类似，只不过输出包含两个。当然也可以用两个单独的真值表描述，每一个真值表对应一个输出，但是组合在一起更简单。

从 24.35b 可写出逻辑表达式：

$$C = A\cdot B$$
$$S = \overline{A}B + A\overline{B}$$

可以看出，S 的表达式是异或，可以写成

$$S = A \oplus B$$

为了简化表达式，可以用卡诺图 24.35c 表示真值表 24.35b。但是图中“1”不能组合，所以不能化简。

半加器可以用简单的逻辑门实现，如图 24.36a 所示。或者用异或门实现，如图 24.36b 所示。尽管 24.36a 中的电路图可以实现半加器的逻辑功能，但是考虑到它的工作速度会存在一些问题。任何电路都需要时间来响应输入。对于逻辑门，输入信号的变化导致输出变化所需的时间称为传输延迟时间(详见 24.10 节)。延迟时间对于不同的逻辑门是不同的，但有一点很明确，就是系统响应时间很大程度上取决于信号传输经过的逻辑门的数量。我们把信号在输入和输出之间经过的简单逻辑门的最大数量称为逻辑深度。

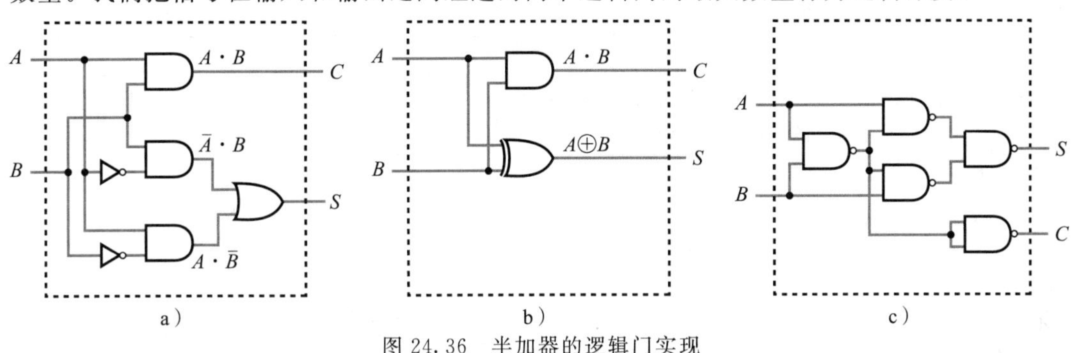

图 24.36 半加器的逻辑门实现

如图 24.36a 所示，可以看到进位输出信号 C 与输入信号相隔一个逻辑门(逻辑深度为 1)，而输出信号 S 与输入信号最多间隔三个逻辑门(逻辑深度为 3)。逻辑深度的不同意味着响应时间的不同。进位输出信号 C 在 S 信号之前响应，可能会造成不良的后果。再来观察图 24.36b，每条支路逻辑门的个数都是相同的，似乎这样就可以改善延迟差异带来的问题。但是，电路使用了一个异或门产生输出信号 S，而异或门不是简单逻辑门，它是一组简单逻辑门的集合，逻辑深度大于 1。图 24.36c 与图 a、b 的逻辑功能相同，但相对有效地解决了这个问题。C 和 S 的逻辑深度分别为 2 和 3，尽管不相等，但与 24.36a 相比，其逻辑深度差异较小。这个电路图还有一个优点，就是仅使用了一种逻辑门。

多位二进制数加法

设计一个两位二进制数相加的电路，可以将之看成一个四输入的系统，画出真值表，得到电路图。但是，这种设计方法不适用于两个多位二进制数相加的情况。例如，设计电路实现两个 8 位二进制数相加，这需要 16 个输入，会产生包含 65 000 行的真值表。可行的办法是将两个多位二进制数对应的每一位数码独立分别相加。

要实现多位二进制数相加，需要一个比半加器复杂一点的电路。两个多位二进制数相加，除了最右面的数码是半加，两个多位二进制数的其他位相加，都需要考虑前面的数码相加产生的进位信号。可以参考十进制数加法情况：

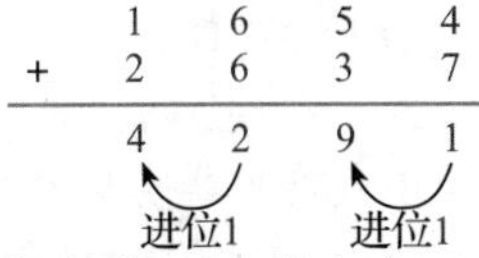

最右面的一对数码做加法时，仅仅将两个数相加，产生和以及进位。对于余下的每一对加数，都需要加上从前面一级产生的进位。在二进制加法中，过程类似：

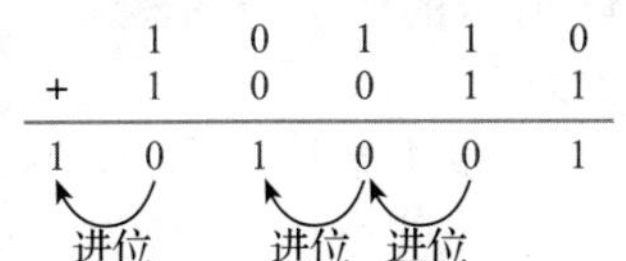

半加器可用于最右面数码(最低有效位)相加，但是对于余下的数码，要求电路不仅能将输入二进制数的两个数码相加，还要加上前面一级产生的进位信号。进位信号可能是0也可能是1。为了与半加器区别，这种能将两个数码以及进位信号相加的电路称为全加器。

图24.37给出了四位二进制数相加的电路。根据上面的讨论，我们用半加器实现两个二进制数最低有效位(最右面的数码)的相加。输出信号S构成最终结果的最低有效位。进位信号C作为输入传给电路的下一级。第二级需要将每个二进制数的右边第二个数码相加，再加上前一级的进位信号。因此，这里需要一个全加器。全加器有一个来自前一级的进位输入信号，以及一个传送给下一级的进位输出信号，分别标注为C_i和C_o。使用相应个数的全加器，可以实现任意长度的二进制数加法。其中，输出信号S产生输出结果中对应的数码。最后一级的进位信号构成最终结果的最高位。

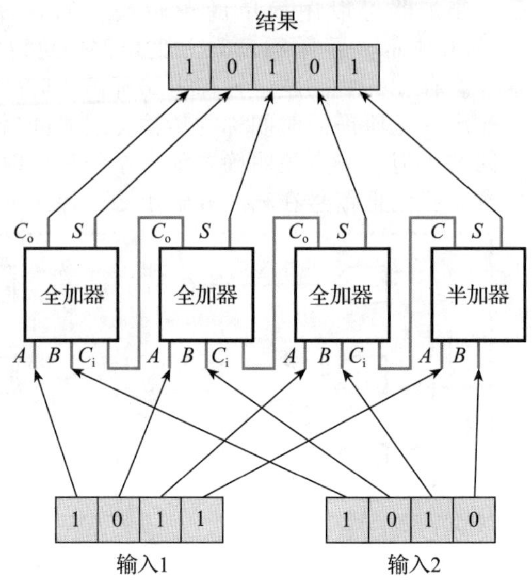

图24.37　两个4位二进制数相加的电路

全加器

可以看出，全加器有三个输入(A、B和进位信号C_i)和两个输出(和S以及进位输出信号C_o)。图24.38a给出了全加器的框图。图24.38b给出了全加器的真值表。

可以从真值表直接得到逻辑表达式，然后再用公式化简。也可以利用卡诺图化简，如图24.39所示。

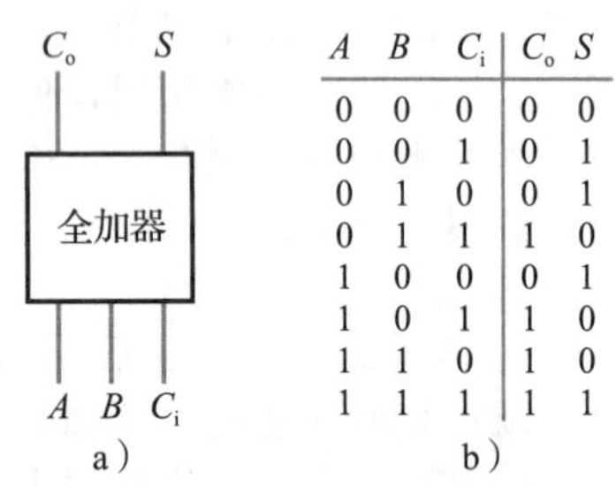

A	B	C_i	C_o	S
0	0	0	0	0
0	0	1	0	1
0	1	0	0	1
0	1	1	1	0
1	0	0	0	1
1	0	1	1	0
1	1	0	1	0
1	1	1	1	1

b)

图24.38　全加器

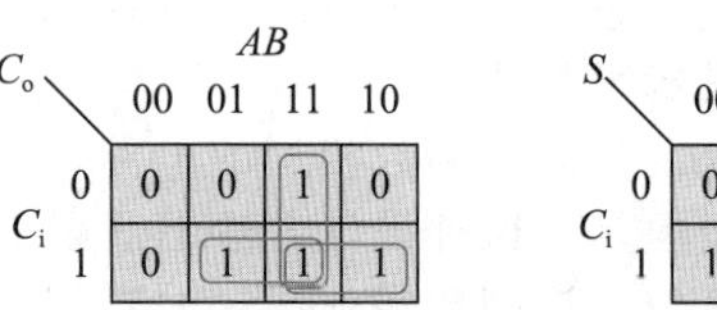

图24.39　全加器的卡诺图

不管用哪种方法，都可以得到：

$$C_o = AB + AC_i + BC_i$$

$$S = \overline{A}\,\overline{B}C_i + \overline{A}B\,\overline{C_i} + ABC_i + A\overline{B}\,\overline{C_i}$$

这些函数可以直接利用如图24.40所示电路实现。

实现全加器的另一种方法是分两部分实现。显然，将三个数相加等于将两个数相加，再与第三个数相加。因此，可以使用两个半加器实现相同功能，如图24.41所示。用两个半加器实现一位二进制数全加器比图24.40中的电路图需要的器件少，但是，会产生更大的逻辑深度，响应速度变慢。在图24.40所示的全加器实现方案中，对于每一个输出，逻辑深度都为3；而采用如图24.41所示的两个半加器实现方案，输出S的逻辑深度至少为6，进位输出信号的逻辑深度至少为5。

位数较多的二进制数相加时，通常不直接从简单逻辑门开始建立电路。集成电路可在一个电路中提供多个全加器，简化电路的设计和结构。典型的电路是4位二进制数全加器电路。电路与图 24.37 中的电路相似，但是通常使用四个全加器，而不是三个全加器和一个半加器。如图 24.42a 所示，全加器电路提供了一个进位输入和一个进位输出。这就可以将多个全加器级联起来，实现多位二进制数相加。用于最低有效位的全加器进位输入接“0”，表明没有进位输入。如图 24.42b 所示。通常对二进制数的每一位进行编号，从最右边开始，第一个数码记为 0 号。因此，一个 n 位的二进制数包含编号为 0～(n－1)的数码。

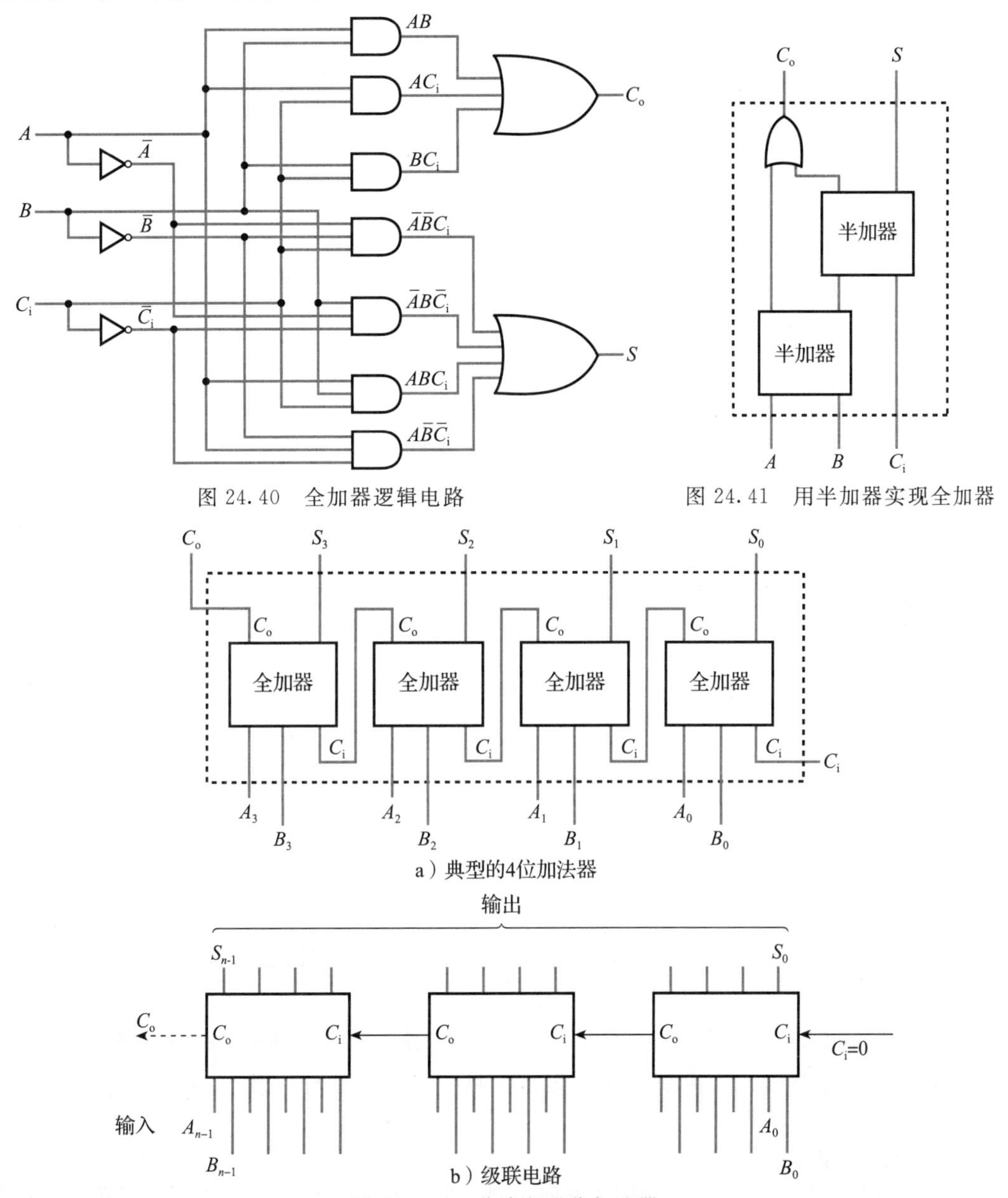

图 24.40 全加器逻辑电路

图 24.41 用半加器实现全加器

a）典型的4位加法器

b）级联电路

图 24.42 4 位串行进位加法器

二进制减法

可以用与加法相似的方法研究二进制减法。首先，利用真值表构建半减器。如图 24.43a、b 所示，分别为半减器框图和真值表。因为我们现在关注的是减法而不是加法，所以用差 D、借位信号 B_o 替换加法电路中的和和进位信号。同时，要区分两个输入信号 A 和 B，确定哪个是减数哪个是被减数。在这里输出为 $A-B$。

从真值表，可以得到：

$$B_o = \overline{A} \cdot B$$

$$D = \overline{A}B + A\overline{B} = A \oplus B$$

观察上式可以看出输出信号 D 与半加器的和是一样的，但是，借位信号 B_o 与半加器的进位信号不一样。

为了构建多位二进制减法，我们仍需考虑前一级对后一级的影响。图 24.44 给出了利用四个一位二进制全减器实现的四位二进制减法电路。这个电路可以通过级联，构成更多位数的减法。

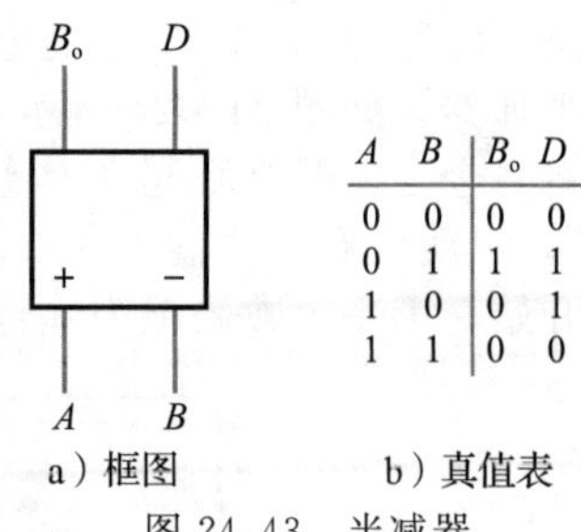

A	B	B_o	D
0	0	0	0
0	1	1	1
1	0	0	1
1	1	0	0

b）真值表

图 24.43 半减器

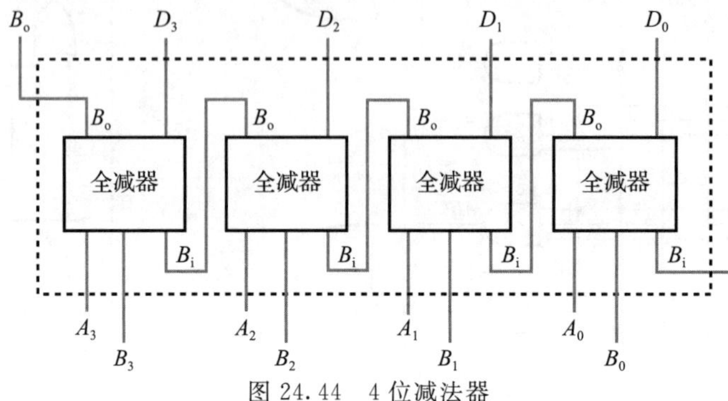

图 24.44 4 位减法器

图 24.45 给出了全减器的框图和真值表，输出信号的逻辑表达式为：

$$B_o = \overline{A}B + \overline{A}B_i + BB_i$$

$$D = \overline{A}\,\overline{B}B_i + \overline{A}B\,\overline{B}_i + A\overline{B}\,\overline{B}_i + ABB_i$$

与全加器相似，全减器的逻辑功能可以用简单逻辑门实现，也可以用两个半减器实现，如图 24.46 所示。

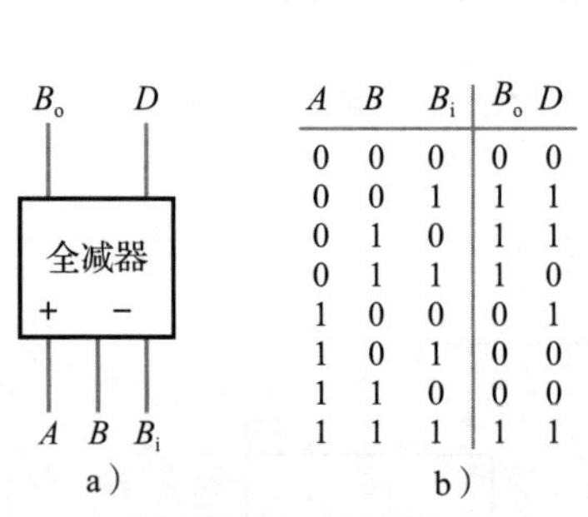

a）

A	B	B_i	B_o	D
0	0	0	0	0
0	0	1	1	1
0	1	0	1	1
0	1	1	1	0
1	0	0	0	1
1	0	1	0	0
1	1	0	0	0
1	1	1	1	1

b）

图 24.45 全减器

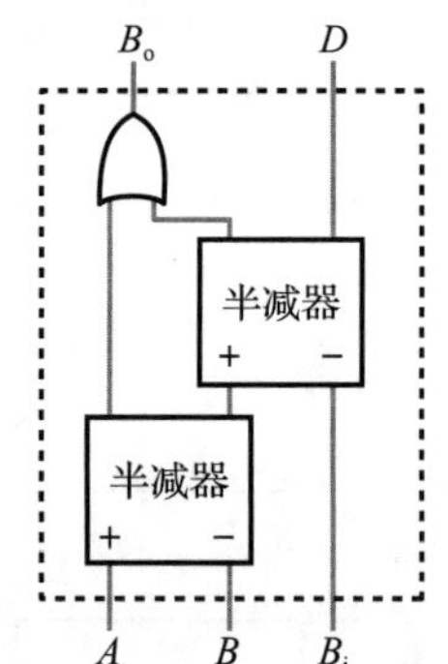

图 24.46 用两个半减器构成全减器

假如结果不是负数，上述全减器将会如我们所设计的那样工作。关于负数，第 27 章讨论微处理器运算时再详细论述。

二进制数的乘法和除法

简单的逻辑门可以构建二进制的乘除法电路，但通常不这样做，因为实际电路实现起来很复杂。乘除法电路通常用包含大量逻辑门的专用电路或微处理器来实现，详见第 27 章。

24.12 数码和字符码

视频 24G

24.12.1 二进制代码

到目前为止，数字系统中最常用来代表数字信息的方法就是第 23 章中介绍的二进制代码。二进制数有计算简单和存储方便的优点。然而，某些情况下我们会需要不同的表示方法。

24.12.2　BCD 码

BCD 码(Binary-Coded Decimal code)，是指将十进制数的每一位转换成对应的二进制数码的形式。

例 24.23 将 9450_{10} 转换生 BCD 码。

解：
$$9450_{10} = (1001)(0100)(0101)(0000)_{BCD}$$ ◀

将 BCD 码转换成十进制数很简单，从最低有效位开始，将每个 BCD 码分成四位一组，然后将每组转换成对应的十进制数码。BCD 码分组后最高的几位如果不足 4 位，加 0 补足 4 位。

例 24.24 将 11100001110110_{BCD} 转换成十进制数。

解：
$$11100001110110_{BCD} = (0011)(1000)(0111)(0110)_{BCD} = 3876_{10}$$ ◀

表示同样大小的数，BCD 码比二进制数要用更多的数码。但由于十进制数与 BCD 码的转换非常简单，因此，BCD 码被广泛地用于输入和输出为十进制数的场合，例如在便携式计算器中。

24.12.3　格雷码

在讨论卡诺图的时候，我们按照格雷码的顺序给卡诺图中的所有单元格编码，使相邻单元格的编码只有一位不同。表 24.4 给出了 0～15 对应的格雷码，由表可知，相邻的格雷码仅有一位改变。

表 24.4　格雷码

十进制	格雷码	十进制	格雷码
0	0000	8	1100
1	0001	9	1101
2	0011	10	1111
3	0010	11	1110
4	0110	12	1010
5	0111	13	1011
6	0101	14	1001
7	0100	15	1000

同二进制数一样，格雷码可以通过增加数码长度表示更大的数值。尽管格雷码的排序看起来有点怪，但有一个简单又系统化的方法生成格雷码，而不需要记忆格雷码。方法是：先写两个数 0 和 1(一位格雷码)，然后在这两个数前面补“1”，按照相反的次序再写一遍(两位格雷码)。结果如下：

0
1
11
10

在两位格雷码基础上重复：每个数之前补 1，用相反的次序重写一遍。得到下面 8 个数(3 位格雷码)：

0
1
11
10
110
111
101
100

这个过程可以不断重复，每一次都对所得序列首位补 1，按照相反的顺序再写一遍。因此格雷码也叫作交替二进制码。

除了卡诺图，格雷码也广泛应用于变化数量的读取。例如，对于一个输出二进制数的虚拟传感器，假设某一时刻，传感器的输出从 7_{10} 变到 8_{10}，这表示输出从 0111_2 变到 1000_2。现在我们将某个外部设备连接到传感器，在传感器输出改变的瞬间读取数据。当从 0111 变到 1000 时，四个数码都在变化。如果在数码变化时读取数据，读取的结果完全无法确定。例如，如果首位的 0 变到 1 比后面的 1 变到 0 稍快，那么读取的数据是 1111（15_{10}）。或者，如果首位的 0 变到 1 比后面 1 变到 0 稍慢，那么读取的结果就是 0000（0_{10}）。这就意味着读数可以是四个数码的任意组合，即 0 到 15 的任意一个数。

如果我们采用格雷码作为传感器的输出，就不会出现上述问题。当输出从 7 变到 8，即输出从 0100 变到 1100，只有一个数码发生改变。在输出变化的瞬间读取数据只会有一个位码不确定，读取结果不是 0100 就是 1100。因此，读数不是原来的输出就是改变后的输出。因为在格雷码中所有相邻的数都只有一位不同，所以对于任意输出的改变，上述讨论都成立。

格雷码广泛用于异步计数器（详见第 25 章）和绝对位置编码器（详见 12.6.5 节）。图 12.10 中的编码器的条纹其实就是格雷码。

24.12.4 ASCII 码

到目前为止，我们都在研究用来表示数字量的代码。然而，用数字的形式存储和传送字母信息也很重要。如在计算机或手机上存储文本信息。有很多种不同的标准码用于代表非数字量，但使用最广泛的是美国标准信息交换码，简称为 ASCII 码。

ASCII 码用 7 位二进制数表示一个字符，共有 128 个取值，定义了大小写字母、数字 0～9、标点符号（如逗号、句点和问号）以及各种控制字符的表示方法。其中，控制字符包括换行、回车和在文本中退格等。

ASCII 码表示的字符包括字母和数字，这种形式的代码通常称为字母数字混合编码。需要注意的是，数字码表示的是数字符号，而不是对应的数值。表格 24.5 列出了一部分 ASCII 字符集。

表 24.5 部分 ASCII 字符集

字符	7bit ASCII	十六进制	字符	7bit ASCII	十六进制
A	1000001	41	R	1010010	52
B	1000010	42	S	1010011	53
C	1000011	43	T	1010100	54
D	1000100	44	U	1010101	55
E	1000101	45	V	1010110	56
F	1000110	46	W	1010111	57
G	1000111	47	X	1011000	58
H	1001000	48	Y	1011001	59
I	1001001	49	Z	1011010	5A
J	1001010	4A	a	1100001	61
K	1001011	4B	b	1100010	62
L	1001100	4C	c	1100011	63
M	1001101	4D	d	1100100	64
N	1001110	4E	e	1100101	65
O	1001111	4F	f	1100110	66
P	1010000	50	g	1100111	67
Q	1010001	51	h	1101000	68

（续）

字符	7bit ASCII	十六进制	字符	7bit ASCII	十六进制
i	1101001	69	'	0100111	27
j	1101010	6A	(	0101000	28
k	1101011	6B	)	0101001	29
l	1101100	6C	*	0101010	02A
m	1101101	6D	+	0101011	2B
n	1101110	6E	,	0101100	2C
o	1101111	6F	—	0101101	2D
p	1110000	70	.	0101110	2E
q	1110001	71	/	0101111	2F
r	1110010	72	:	0111010	3A
s	1110011	73	;	0111011	3B
t	1110100	74	<	0111100	3C
u	1110101	75	=	0111101	3D
v	1110110	76	>	0111110	3E
w	1110111	77	?	0111111	3F
x	1111000	78	[	1011011	5B
y	1111001	79	\	1011100	5C
z	1111010	7A	]	1011101	5D
0	0110000	30	^	1011110	5E
1	0110001	31	_	1011111	5F
2	0110010	32	{	1111011	7B
3	0110011	33	|	1111100	7C
4	0110100	34	}	1111101	7D
5	0110101	35	~	1111110	7E
6	0110110	36	delete	1111111	7F
7	0110111	37	bell	0000111	07
8	0111000	38	backspace	0001000	08
9	0111001	39	carriage return	0001101	0D
blank	0100000	20	escape	0011011	1B
!	0100001	21	form feed	0001100	0C
"	0100010	22	line feed	0001010	0A
#	0100011	23	horizontal tab	0001001	09
$	0100100	24	vertical tab	0001011	0B
%	0100101	25	start text	0000010	02
&	0100110	26	end text	0000011	03

尽管 ASCII 码是最普遍的字母数字混合编码，但是，每个字符使用 7bit，使得 ASCII 码仅能表示 128 个字符。再加上标准英语发音的偏差，导致 ASCII 码在近几年发生了很大的变化和扩展。很多的现代编码，如统一码(Unicode)和 ISO/IEC 10646 通用字符集，提供了更多的字符(包括一系列非英语的特殊字符)，在一些领域，这些代码集正在逐步取代 ASCII 码。

24.12.5 检错和纠错

所有的电子系统都会有噪声(详见第 22 章)。在数字系统中，尤其是在数据传输时，噪声可能造成数据损坏。

奇偶校验

最简单的检错方法就是奇偶校验。通过给传输数据添加少量冗余信息，可以检错。冗余信息采用奇偶校验位的形式，加在传输数据的末尾。具体过程是：选择数据的奇偶性，使得总的传输数据(包括信息和校验位)中“1”的个数总是为偶数(偶校验)或者总是为奇数(奇校验)。例如在一个偶校验(奇偶性为偶数)的系统中传输数据，字符“S”的ASCII码是1010011，其中含有偶数个“1”。因此，加入校验位“0”，得到一个8bit的数据字，这个数据字仍包括偶数个“1”。如右图所示。

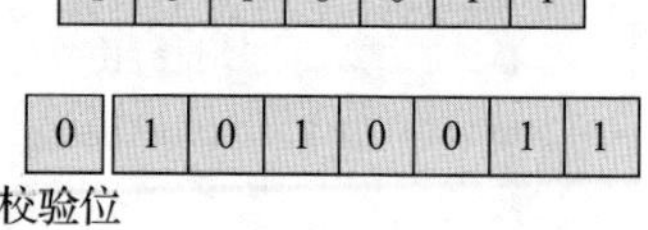

在接收端，通过检验数据中“1”的个数，检查数据中包含1的奇偶性。如果仍旧是偶数，那么移除校验位，原始的7位数据就传送到了目的地。如果接收端的奇偶性出现错误，则传输错误，系统将采取相应的处理措施。

尽管这种方法可以检错，但不能确定是哪一位或哪些位发生了错误。注意，如果发生了两个位的错误，接收数据的奇偶性仍为偶数，则检测不出错误。

这种简单的检错方法只能检测奇数个位发生错误的情况，偶数个位发生错误，则检测不到。因此，随机数有50%的概率通过检测。奇偶校验通常用在通信信道中确保线路正确地工作。尽管这种方法检测一个数据的可靠性不高，但如果线路不可靠，奇偶校验能够在传输大量数据时检测出错误。

和校验

另一种检测数据正确性的方法是和校验。这种方法主要检测大量数据的完整性，而不是单个数据字。当传送一组数据时，在传送机处对传送数据求和，求和结果尾随原始数据一起传送。在接收端，重新对数据求和，并将求和结果与之前的相比较。如果相同，那么数据传送正确。如果不同，即检测到错误。

同奇偶校验一样，这种方法并不能指明错误的位置——它仅仅说明有错误发生。随后根据系统特性采取相应措施，如重新发送数据或发送一个警告提醒操作员。

检错和纠错

奇偶校验和和校验的方法都是发送一段冗余信息使得数据的完整性得到检测。通过传送冗余信息，我们完全可以设计一种既能检错又能指明错误位置的代码。例如，汉明码。

就检错和纠错能力而言，代码的性能取决于可以容纳的冗余量。冗余信息越多，传送的数据量就越大，系统就越复杂。应该注意是，不可能建立一个允许无限个错误出现的代码。也就是说，对于随机输入，系统会产生不可能完全正确的输出。

24.13　组合逻辑电路设计实例

例 24.25 设计将3位二进制码转成格雷码的电路。

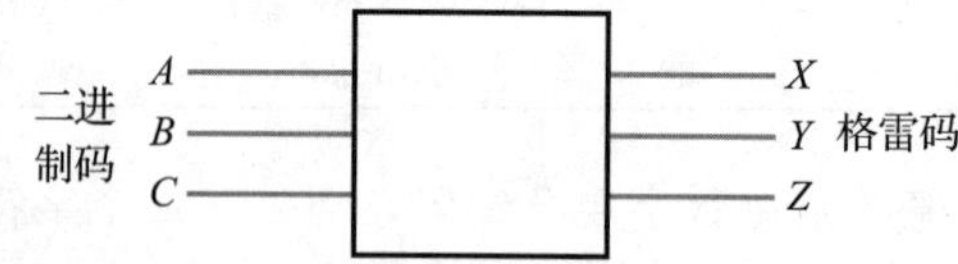

这个电路的真值表如下所示：

A	B	C	X	Y	Z
0	0	0	0	0	0
0	0	1	0	0	1
0	1	0	0	1	1
0	1	1	0	1	0
1	0	0	1	1	0
1	0	1	1	1	1
1	1	0	1	0	1
1	1	1	1	0	0

解：由上述真值表可以构建 3 个卡诺图：

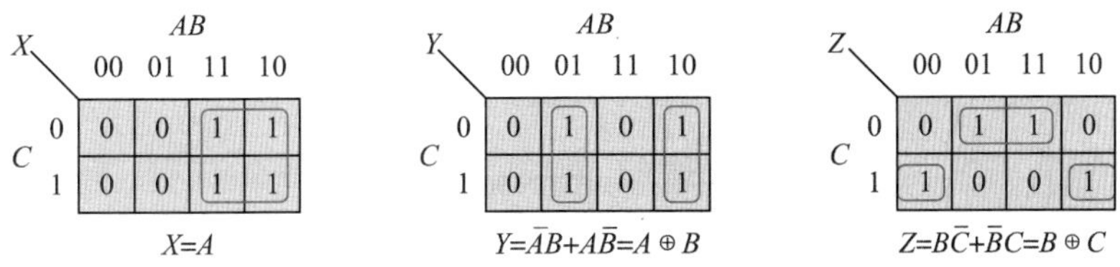

可用标准逻辑门实测该电路：

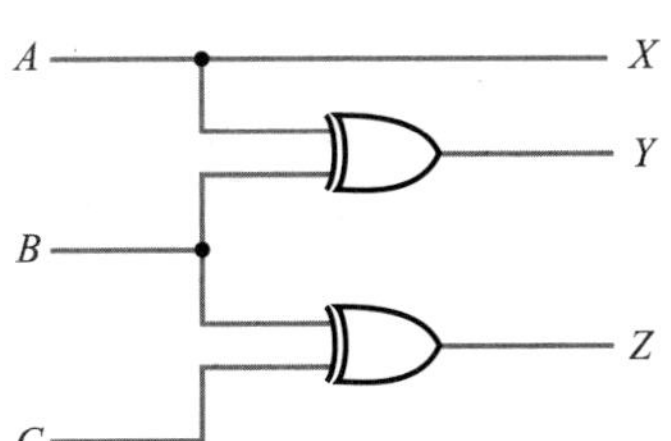

◀

例 24.26 设计一个电路，有四个输入 $ABCD$，当输入数值为素数时，输出 Y 为真。

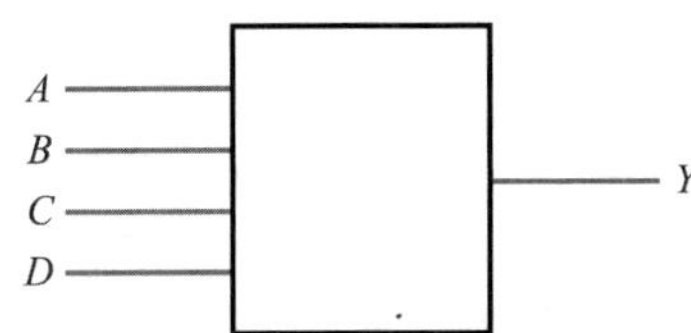

这个电路的真值表如下所示：

十进制	A	B	C	D	Y
0	0	0	0	0	1
1	0	0	0	1	1
2	0	0	1	0	1
3	0	0	1	1	1
4	0	1	0	0	0
5	0	1	0	1	1
6	0	1	1	0	0
7	0	1	1	1	1
8	1	0	0	0	0
9	1	0	0	1	0
10	1	0	1	0	0
11	1	0	1	1	1
12	1	1	0	0	0
13	1	1	0	1	1
14	1	1	1	0	0
15	1	1	1	1	0

解：由上述真值表可以构建一个卡诺图：

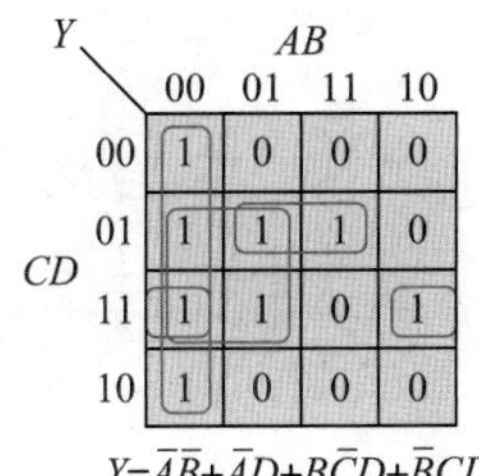

$Y=\overline{A}\overline{B}+\overline{A}D+B\overline{C}D+\overline{B}CD$

可用标准逻辑门实现该电路：

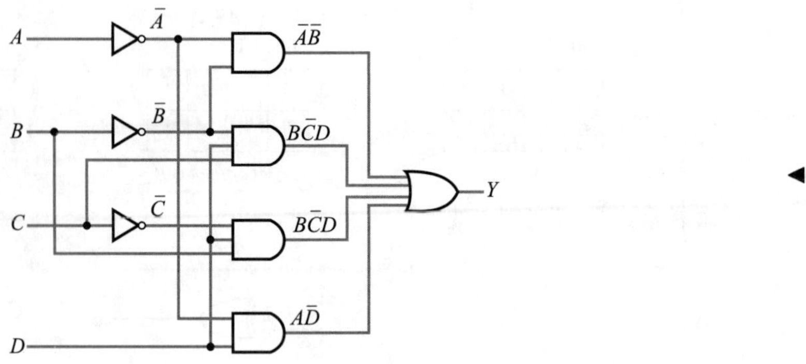

例 24.27 设计一个电路，输入 BCD 码 $ABCD$，当输入为 1，2，5，6，9 时，输出 Y 为真。

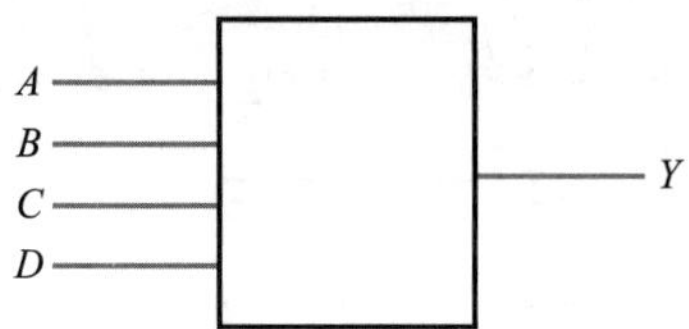

电路的真值表如下，需要注意的是，因为输入是 BCD 码，某几个输入变量的组合不会出现。这意味着对应的这些输出为无关项。

十进制	A	B	C	D	Y
0	0	0	0	0	0
1	0	0	0	1	1
2	0	0	1	0	1
3	0	0	1	1	0
4	0	1	0	0	0
5	0	1	0	1	1
6	0	1	1	0	1
7	0	1	1	1	0
8	1	0	0	0	0
9	1	0	0	1	1
10	1	0	1	0	X
11	1	0	1	1	X
12	1	1	0	0	X
13	1	1	0	1	X
14	1	1	1	0	X
15	1	1	1	1	X

解： 由上述真值表可以构建如下卡诺图并得到 Y 的简化表达式：

Y (CD \ AB)	00	01	11	10
00	0	0	X	0
01	1	1	X	1
11	0	0	X	X
10	1	1	X	X

$Y=\bar{C}D+C\bar{D}=C\oplus D$

具体实现如下：

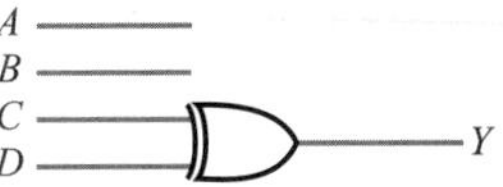

例 24.28 设计一个 4 选 1 的数据选择器。

数据选择器是指能够选择若干输入信号中的一个，并将其传送到输出端的多路开关电路。下图为 4 选 1 数据选择器的框图。

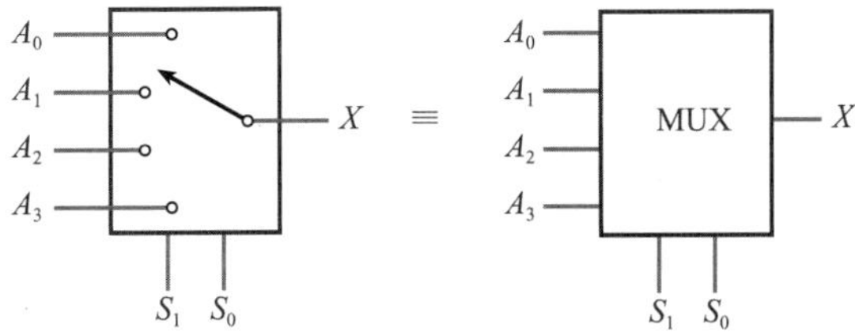

控制信号 S_1 和 S_0 是选择端，决定 4 个数据 A_0 到 A_3 哪一个被选中。输出 X 与被选中的输入数据相等。数据选择器的功能可用如下真值表描述：

S_0	S_1	X
0	0	A_0
0	1	A_1
1	0	A_2
1	1	A_3

解： 实现该逻辑功能时，可将数据选择器看成一个六输入（A_0 到 A_3，再加上 S_0 和 S_1）电路，画出真值表，经逻辑化简，得到逻辑电路。真值表有 64 行，具体化简过程，我们留给读者练习。

另一个设计方法是将电路分成两部分——选择逻辑（the select logic）和门逻辑（the gating logic）。

从与门的真值表可以看出，任何信号与 0 相与，得到 0，任何信号与 1 相与，得到信号本身。这样我们就可以用与门作为门网络，所得数据选择器的结构如下图所示：

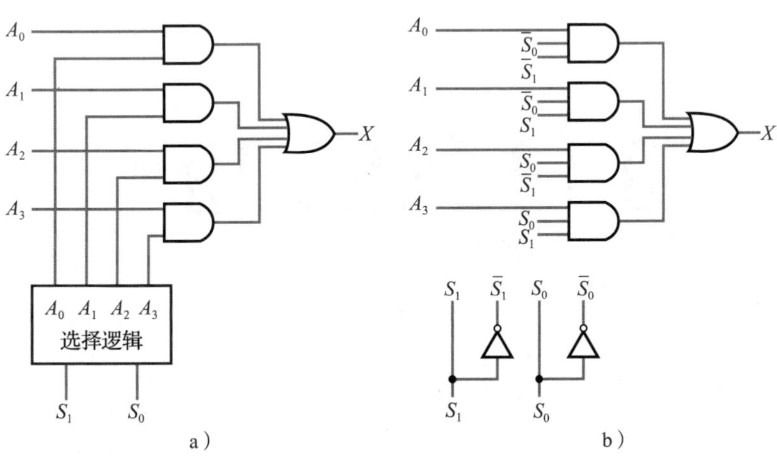

a)　　　　　　　　b)

在图 a 中，选择逻辑块在某一选择端口产生逻辑 1，其余的端口产生逻辑 0。“1”信号“使能”与之相连的与门，“0”信号禁止其余的与门。三个被禁止的与门都输出 0，所以不会对或门输出产生任何影响。如果选中的与门输出信号为 0（因为选中的与门输入信号为 0），则或门输出为 0；如果选中的与门输出为 1（因为其输入信号为 1），则或门的输出为 1。因此输出 X 的值总是与被选择的输入信号相同。

现在来看选择逻辑电路的结构，其实它很简单。当 S_0 和 S_1 都为 0 的时候，A_0 被选中，所以，将 A_0 和两个选择信号的反变量相与就可以实现。同样，要选中信号 A_1，只要将 A_1 与 S_1 的原变量和 S_0 的反变量相与就可以实现。因此 4 个选择控制端就是 S_0、S_1 的 4 个最小项。实际上，因为选择控制端和数据输入相与，产生需要的输出，所以可以用一个与门来实现上述功能，产生相应的输出信号，如图 b 所示。

前面说过，我们可以用真值表和卡诺图设计数据选择器的电路图，但是，该办法不一定是最简单可行的方法。如果要设计一个 8 选 1 的数据选择器，则需要 11 个输入的真值表(8 个数据输入端和 3 个选择端)。这样真值表就超过了 2000 行！但是，用本例中的方法就可以很容易地将电路扩展到 8 个数据输入。

本例中，选择信号输入作为控制逻辑，控制电路的哪一个输入送到输出端。这样的电路通常称为数据选择器(多路开关)。模拟电路也能实现该功能，称为模拟多路开关。

与数据选择器相对应的电路是数据分配器。数据分配器有一个输入信号，根据控制信号的不同，将输入信号送到一组输出中的某一个输出。◀

例 24.29 设计一个 BCD 到 7 段码的显示译码器，输入为 4 位 BCD 码，代表从 0 到 9，产生 7 位输出，用来点亮 7 段数码管的对应部分，显示输入的数码。

解： 在 13.3.1 节中，我们讲过 7 段 LED 显示器，考虑它的驱动电路，可以用如下框图表示所需要设计的电路。

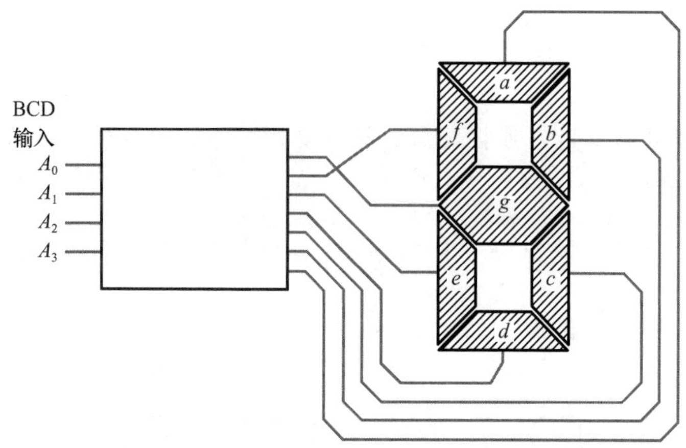

点亮 7 段 LED 中相应的几段，就可以显示需要显示的数字，要显示数字 0～9，就需要点亮如下图形中的段：

0 1 2 3 4 5 6 7 8 9

由此可以得到所需设计电路的真值表，如下：

数字	A_3	A_2	A_1	A_0	a	b	c	d	e	f	g
0	0	0	0	0	1	1	1	1	1	1	0
1	0	0	0	1	0	1	1	0	0	0	0
2	0	0	1	0	1	1	0	1	1	0	1
3	0	0	1	1	1	1	1	1	0	0	1
4	0	1	0	0	0	1	1	0	0	1	1
5	0	1	0	1	1	0	1	1	0	1	1
6	0	1	1	0	1	0	1	1	1	1	1
7	0	1	1	1	1	1	1	0	0	0	0
8	1	0	0	0	1	1	1	1	1	1	1
9	1	0	0	1	1	1	1	0	0	1	1
10	1	0	1	0	X	X	X	X	X	X	X

（续）

数字	A_3	A_2	A_1	A_0	a	b	c	d	e	f	g
11	1	0	1	1	X	X	X	X	X	X	X
12	1	1	0	0	X	X	X	X	X	X	X
13	1	1	0	1	X	X	X	X	X	X	X
14	1	1	1	0	X	X	X	X	X	X	X
15	1	1	1	1	X	X	X	X	X	X	X

当输入为 10～15 时，对应的输出为无关项，因为这些输入组合不可能出现。7 个输出的卡诺图如下图所示：

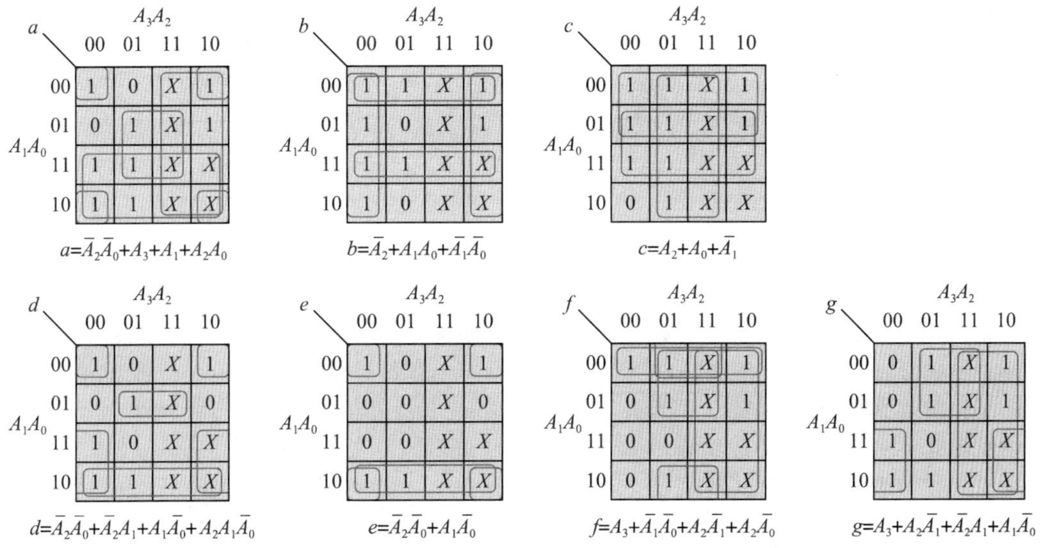

用简单的逻辑门即可实现电路，如下图所示。为了图形清晰，省略了输入信号和逻辑门之间的连线，仅标注了其逻辑符号。

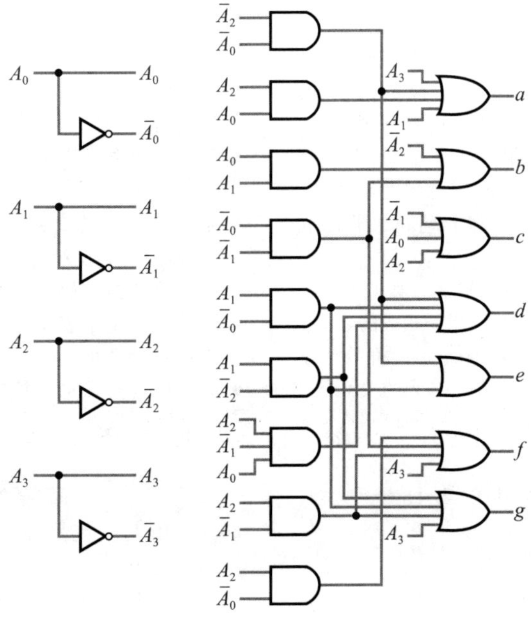

◀

进一步学习

一般情况下，电子系统能够正确工作很重要，某些情况下尤为关键。比如说飞机上的电子系统，一旦存在故障，就可能导致严重的事故。

视频 24H

在关键系统的设计中，经常用故障容错的方法，使系统能够在组件存在故障时也能正确地工作。简单的实例如右图(一)所示。

框图为关键系统中的一个模块，有一个输入和一个输出。模块功能正确，那么能正常运行没问题，但一旦发生故障了怎么办？更合适的系统如右图(二)所示。

这里用三个相同的模块来提高系统的故障容错能力。每个模块的输入相同，因此输出也相同。三个输出信号进行比较，如果输出一致，那么容错系统就简单地将输出信号就可以了。但是，如果其中一个输出与其他两个输出不一样，容错系统将输出两个一样的信号，忽略不一样的输出信号。因此，其中的一个器件故障不影响系统的运行。

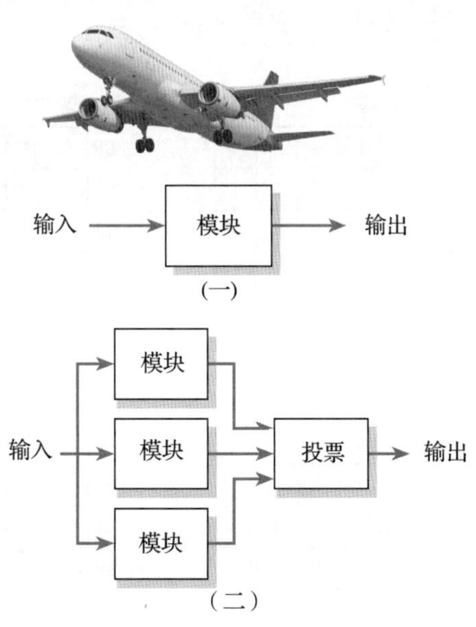

模块产生的信号的性质会影响容错系统的性质和复杂性。二进制信号的容错系统相对简单。这里的任务是设计一个容错系统，有三个二进制输入和一个根据输入信号“多数状态”的二进制输出。

对这个问题进一步考虑，即当其中一个模块发生故障时系统的安全性。这种结构允许单个模块存在故障，但是不允许两个模块存在故障。如果系统的一个模块发生故障，其安全性将会降低。我们需要考虑如何修改这种结构，解决其带来的安全性降低问题。

关键点

- 为了简化逻辑变量的描述，一般用“1”和“0”来代表两个状态。变量可能代表开关的开与关，问题的对与错或其他具有两种状态的情况。
- 简单的情况下，可以用开关来实现逻辑系统，但一般来说，用逻辑门设计系统更加方便。
- 基本模块是一些简单的门。有三种基本运算——与、或、非，可以构成任意的逻辑函数，当然，有时使用复合门，如与非门、或非门和异或门，会更方便。
- 组合逻辑电路可以由真值表来描述。真值表列出了输入所有可能的组合，并且给出了相应的输出。
- 布尔代数也可以描述逻辑功能。变量符号、常用公式和恒等式可以描述并简化二元的关系。
- 可以用卡诺图化简逻辑函数。
- 除了二元变量，数字系统也常用多值的量，并用适当长度的二进制字来表示。
- 在数字电子产品中，经常用到许多数制。最常用的有十进制、二进制、八进制和十六进制。
- 因为二进制数字通常只用 0 和 1，所以运算比十进制简单。
- 尽管数字信息最常用二进制码来表示，但这不是唯一的表示方法。有一些应用用其他的码更好，比如格雷码。
- 码也可以用于表示非数字信息，比如 ASCII 码，表示字母数据。
- 某些编码技术可以检错、纠错。

习题

24.1　用电源、灯和若干个开关表示出下列逻辑函数。

$$L = A \cdot B \cdot C$$
$$L = A + B + C$$
$$L = (A \cdot B) + (C \cdot D)$$
$$L = A \oplus B$$

24.2　用与、或和非运算写出下面电路图的逻辑。

24.3　如果上一题的电路图用真值表来描述，那么分别需要多少行？

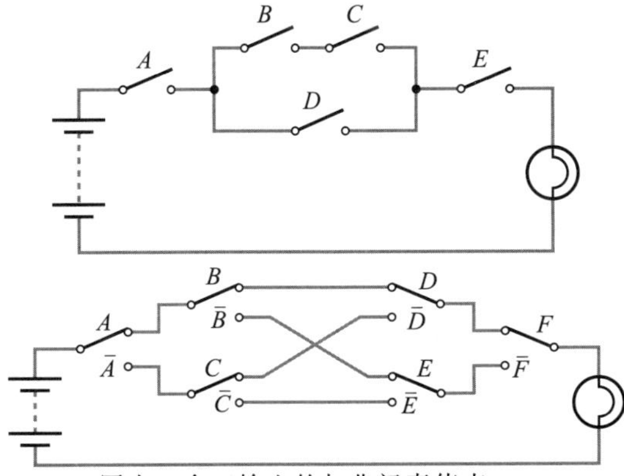

24.4　写出一个三输入的与非门真值表。

24.5　写出一个三输入的或非门真值表。

24.6　用真值表证明下面两个电路 a 和 b 是相等的。

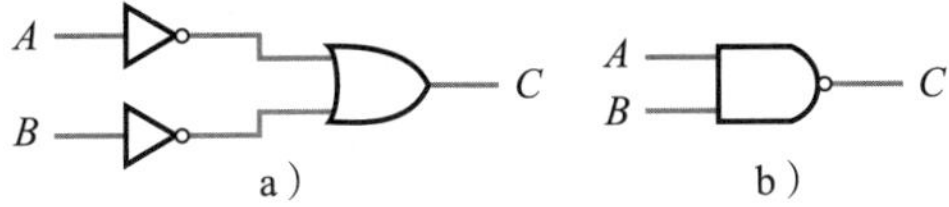

24.7　对下面的电路重复上一题的任务。

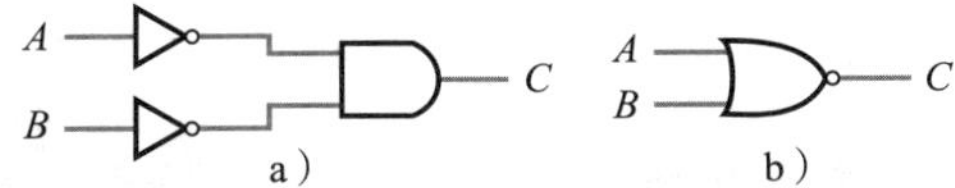

24.8　仿真练习 24.6 和练习 24.7 的两对电路，证明对于任意的输入组合，每一对电路的输出是一样的。

24.9　列出所有的布尔常量值。

24.10　列出所有布尔变量的取值。

24.11　布尔代数中什么符号用来代表与、或、非和异或运算？

24.12　用布尔表达式表示一个三输入的或非门。

24.13　假设 A 是一个布尔变量，求下列表达式的值或化简：

$A \cdot 1; A \cdot \overline{A}; 1 + A; A + \overline{A}; 1 \cdot 0; 1 + 0$

24.14　习题 24.6 和习题 24.7 证明了布尔代数的基本法则，其名称是什么？

24.15　组合逻辑和时序逻辑的区别是什么？

24.16　用标准逻辑门画图实现下列表达式：

$$X = \overline{(A+B)} \cdot C$$

$$Y = A\overline{B}C + \overline{A}D + C\overline{D}$$

$$Z = \overline{(A \cdot B) + (\overline{C+D})}$$

24.17　写出下面电路的布尔表达式。

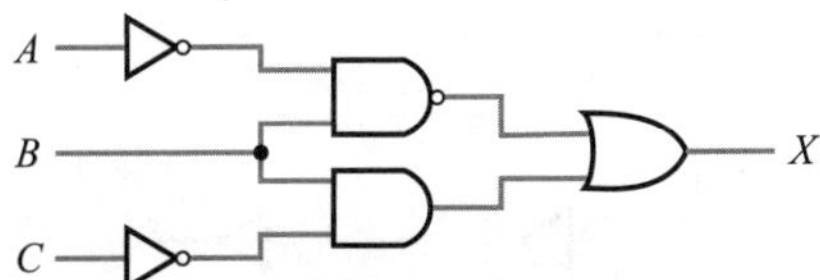

24.18　设计一个逻辑电路，它有三个输入 A、B 和 C，一个输出 X。其中两个输入为真，则输出为真。

24.19　对练习 24.18 的设计进行仿真，证明设计正确。

24.20　写出下面电路的布尔表达式。用公式法化简表达式，并进一步根据化简了的表达式画出电路。

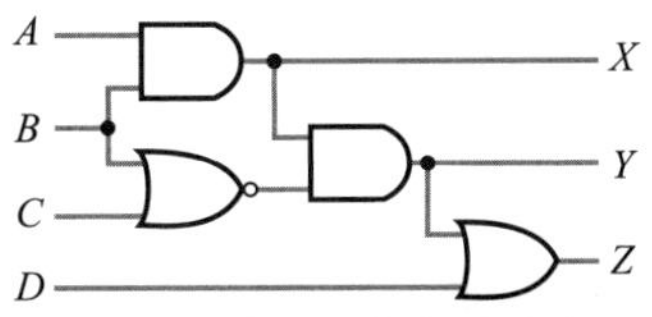

24.21　用卡诺图化简下列布尔表达式：

$$X = \overline{A}\,\overline{B} + A\overline{B}\,\overline{C} + A\overline{B}C + ABC$$

$$Y = \overline{A}\,\overline{B}\,\overline{C} + \overline{A}B\overline{C}D + A\overline{C}\,\overline{D} + A\overline{C}D + A\overline{B}C\overline{D}$$

24.22　用卡诺图化简下列真值表，求出最简表达式。

A	B	C	D	Z
0	0	0	0	1
0	0	0	1	0
0	0	1	0	X
0	0	1	1	0
0	1	0	0	1
0	1	0	1	X
0	1	1	0	1
0	1	1	1	1
1	0	0	0	X
1	0	0	1	0
1	0	1	0	1
1	0	1	1	0
1	1	0	0	0
1	1	0	1	1
1	1	1	0	0
1	1	1	1	X

24.23　将下面的二进制数转换成十进制：1100，110001，10111，1.011。

24.24　将十进制数转换成二进制：56，132，67，5.625。

24.25　将十六进制数转换成十进制：A4C3，CB45，87，3FF。

24.26　将十进制数转换成十六进制：52708，726，8900。

24.27　将 $A4C7_{16}$ 转换成二进制。

24.28　将 10110010100101_2 转换成十六进制。

24.29　完成下列的二进制算术运算。

10111	110101	1011	101010
+1001	−11010	×111	÷10

24.30　设计将 3 位格雷码转换成二进制码的电路。

24.31　设计 8 选 1 数据选择器，按照例 24.28 的电路，要设计的电路有 8 个数据输入，3 个选择端和一个输出。

24.32　对上一题的设计进行仿真，证明电路功能正确。

24.33　设计 1-4 数据分配器，电路有一个数据输入、4 个数据输出和两个选择端。

24.34　对上一题的设计进行仿真，证明电路功能正确。

第25章 时序逻辑电路

学习目标

学完本章内容后，应具备以下能力：

- 描述各种不同的时序逻辑电路的特征，包括双稳态电路、单稳态电路和无稳态电路
- 理解不同双稳态电路的区别，包括锁存器、触发器和脉冲触发电路
- 讨论双稳态电路在存储器寄存器和移位寄存器中的应用
- 设计二进制计数器和模为 N 的计数器
- 理解专用时序集成电路的作用，如单稳态电路、无稳态电路和定时器

25.1 引言

视频 25A

在组合逻辑中，输出仅由当前输入的状态决定。而在时序逻辑中，输出不仅是由当前输入决定的，还与当前状态(输入顺序决定当前状态)有关。也就是说，电路具有记忆性。

在构建组合逻辑时，基本组成器件一般是第 24 章中描述的各种门。在构建时序逻辑时，一般使用多谐振荡器。多谐振荡器是指一些具有相同特性的电路：都有两个互为反相的输出，习惯上命名为 Q 和 $\overline{Q}$。两个输出 Q 和 $\overline{Q}$ 说明电路具有两种输出状态，即为$Q=1$，$\overline{Q}=0$ 和$Q=0$，$\overline{Q}=1$。根据电路的工作方式不同，多谐振荡器分为以下几种：

- 双稳态多谐振荡器，两个输出状态都是稳态的。当处于其中一个状态时，电路会保持状态不变，直到有输入信号使其发生变化。双稳态多谐振荡器有多种类型，但没有统一的名称。有些工程师把所有双稳态器件称为触发器，有些人将对电平敏感的器件称为锁存器，将对边沿触发和脉冲触发的器件称为触发器。我们在这里采纳后面的术语(目前已经统一)。
- 单稳态多谐振荡器，一个状态是稳态，另一个是亚稳态。电路平时处于稳态，被适当的外信号触发，电路进入亚稳态，在一定时间内保持亚稳态后自动回到稳态。在亚稳态停留的时间取决于电路参数。这种电路相当于一个脉冲发生器。电路每被触发一次，电路就产生一个宽度一定的矩形脉冲，因此称为单稳态。
- 无稳态多谐振荡器(自激多谐振荡器)，两个状态都是亚稳态的。电路在每个状态停留一段时间后自动转换到另一状态。电路就在两个状态间不断振荡，形成数字振荡器。

25.2 双稳态

如图 25.1 所示，其中将两个反相器首尾相连接。假定第一个反相器的输出 $Q=1$，送到第二个反相器就输出 $P=0$。同时 P 送到第一个反相器的输入端，使其输出为 1。因此，电路的稳定状态为 $Q=1$ 和 $P=0$。反之，如果 $Q=0$，那么相应的稳定状态为 $Q=0$ 和 $P=1$。因此电路有两个稳定状态，有两个输出 Q 和 P，并且 $P=\overline{Q}$。因此可看作双稳态电路。这样的实例之一就是再生式开关，

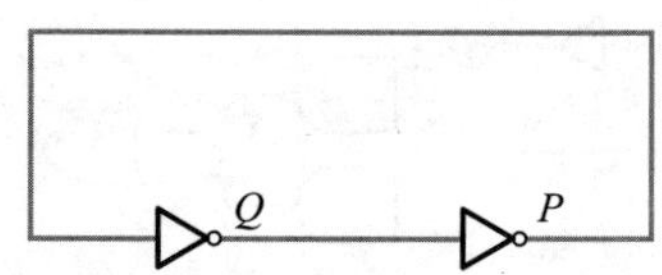

图 25.1　再生式开关电路

它的一级输出放大并反馈，从而强化输出信号，使电路进入一个状态或另一个状态。

如图 25.1 所示的电路虽然具有双稳态的特性，但是实际上基本不用这种电路。因为其状态在电源接通的时候就确定了，并且一直保持不变，直到电源断开。

25.2.1　S-R 锁存器

如图 25.2 所示，把图 25.1 中的反相器换成了或非门。

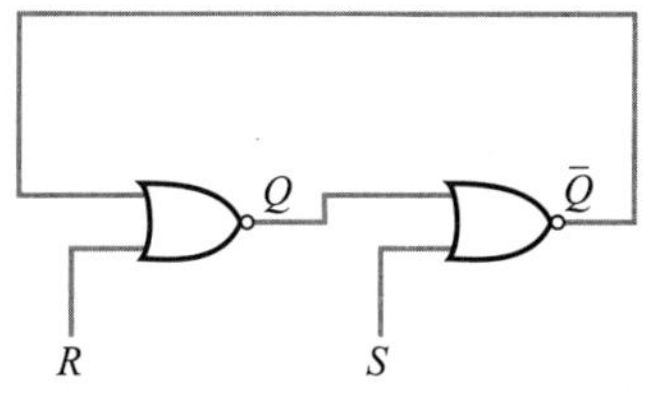

图 25.2　由或非门组成的锁存器

电路有两个输入 R 和 S，以及两个输出 Q 和 $\overline{Q}$。如果或非门的其中一个输入为 0，那么这个或非门的另一个输入和其输出是反相的。因此，如果 R 和 S 同时为 0，那么电路的输出保持不变。这种情况称为电路的记忆模式。如果 $R=1$，$S=0$，那么无论之前的状态如何，都有 $Q=0$，$\overline{Q}=1$。如果 R 又变为 0，电路进入记忆模式，并且保持状态不变。类似情况，如果 $R=0$，$S=1$，那么 $\overline{Q}=0$，$Q=1$。同样，如果这时 S 变为 0，那么电路进入记忆模式，并且保持状态不变。因此，R 端将 Q 复位为 0，S 端将 Q 置位为 1。当两个输入都为 0 时，电路记住了上一个状态。这种电路称为 S-R 锁存器。

需要特别注意的是，$S=R=1$ 时会导致两个输出均为 0。在这种情况下，两个输出不再互为反相，电路也不再是双稳态的了。这种输入组合应当避免。

一般电路图画成如图 25.3a 所示的结构形式。这种结构强调电路的对称性。S-R 锁存器也可以由两个与非门构成，如图 25.3b 所示。

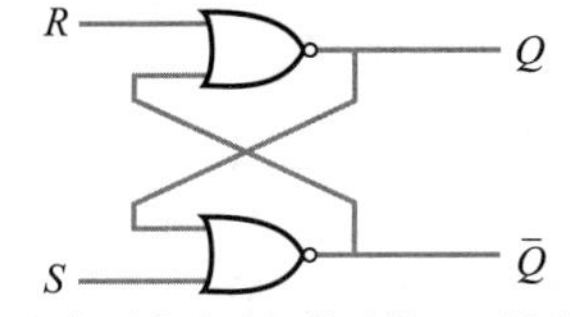

a）由两个或非门构成的S–R锁存器

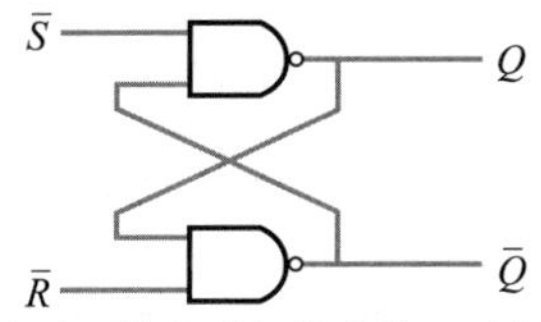

b）由两个与非门构成的S–R锁存器

图 25.3　S-R 锁存器电路

比较与非门和或非门会发现，两输入或非门的一个输入为 0 时，类似于反相器。而两输入与非门其中一个输入为 1 时，也等同于反相器。如图 25.3b 所示，当两个输入都为 1 时，电路工作于记忆模式。由电路可知，$\overline{S}$ 为 0，$Q=1$，$\overline{R}$ 为 0，$Q=0$。因此，输入为低电平有效，命名为 $\overline{S}$ 和 $\overline{R}$，而不是 S 和 R。在逻辑图中，信号符号之上有上划线的是低电平有效，逻辑函数名称如果有上划线，也表示输出低电平有效。当逻辑功能要求信号为逻辑 1 时，输入高电平有效(如图 25.3a 中的 R、S)。

图 25.4 所示为 S-R 锁存器的符号。低电平输入有效的电路可以用两种方式表示：把输入端标记为 $\overline{S}$ 和 $\overline{R}$，或者在电路的输入加上表示反相的小圆圈。不论哪种情况，输入端的信号为 $\overline{S}$ 和 $\overline{R}$，低电平有效。

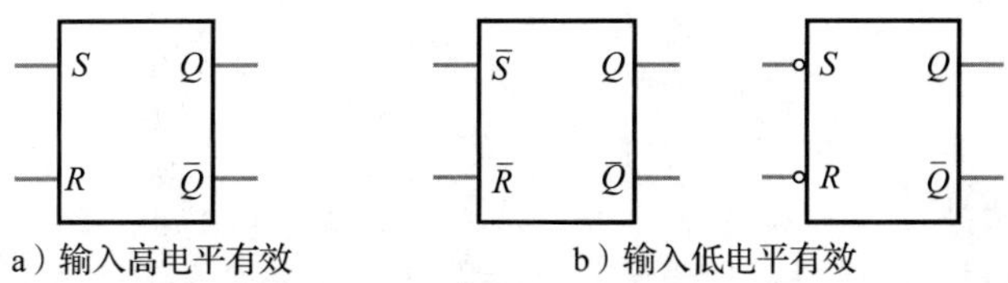

a）输入高电平有效　　b）输入低电平有效

图 25.4　S-R 锁存器符号

如图 25.5 所示，对应输入信号，S-R 锁存器的输出，说明了高电平输入有效。图中假定锁存器能够立即响应输入信号的变化。在实际中，由于电路存在延迟，所以响应也会有一点延迟。但是，当 Q 输出已经为 1 的时候，S 输入的变化对输出没有影响(不会造成响应延迟）。同样，当 Q 输出已经为 0 的时候，R 的改变对输出也没有影响。只有当将输出从一个状态变成另一个状态时，输出响应延迟才会出现。

S-R 锁存器可用作简单的存储器，它能够记住之前的输入。实际上，锁存器是计算机中记忆电路的基本单元。对基本单元电路略微改变，就可以将其应用到跟多场合。在介绍不同形式的双稳态电路之前，我们先看几个 S-R 锁存器应用的例子。

图 25.5　S-R 锁存器的简单输入输出波形

例 25.1 用 S-R 锁存器构成消抖动开关。

解：在 12.9.2 节中，开关在电子传感器的结构上起主要作用。同时所有的机械开关都存在开关抖动问题。开关抖动情况由下面的一个典型开关结构展示。

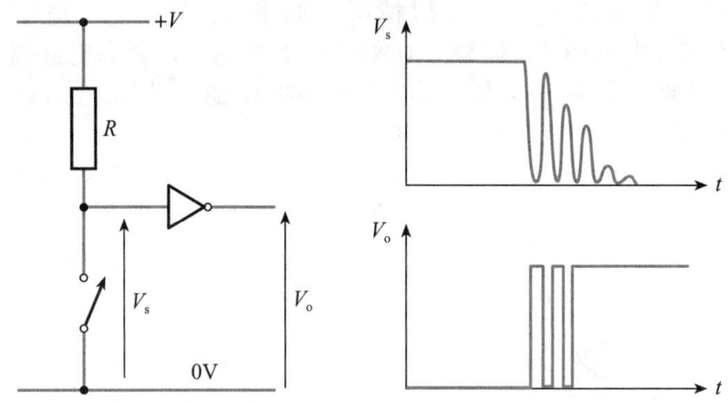

当开关断开时，$V_s=V$。当开关闭合时，$V_s=0$。如果电压 V 用逻辑 1 代表，零伏用逻辑 0 代表，V_s 作为逻辑门的输入。

在实际中，从一个电压直接转换到另一个电压是不可能的。因为开关的闭合和断开会使输出电压在两个电压电平之间振荡，从而产生接触抖动。这种抖动对于小开关，一般维持几毫秒，对于大的器件抖动时间会更长一点。逻辑门的输入是在逻辑 1 的电压电平和逻辑 0 的电压电平之间变换的信号，因此产生在 0 和 1 之间变换的输出。许多电平的转换会产生多次变化而不是所需要的单次变化。在示例波形中，反相器产生了 3 个正向的抖动而不是直接由低变高。如果输出接到电路系统中，计算开关闭合的次数，将会计数为 3 次而不是 1。

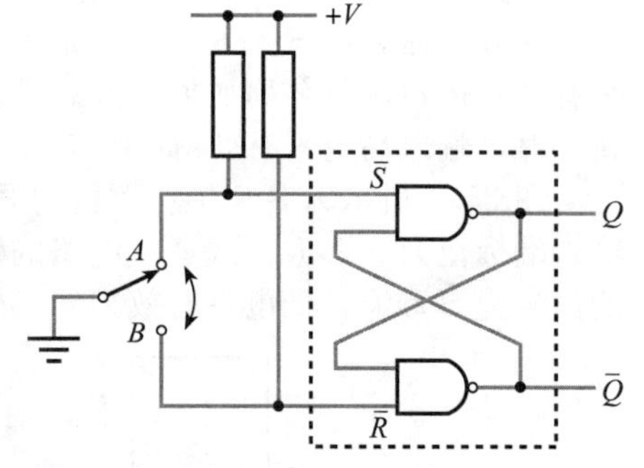

这个问题可以通过使用消抖动开关来解决。如右图所示，可以将开关拨向 2 个输出，再连接到 S-R 锁存器。

开关可能会处于三个位置：A、B 或者与 AB 都不连接的中间位置。当开关与 AB 都没有连接的时候，AB 通过电阻拉高的到 V。AB 与 S-R 锁存器的输入 $\overline{S}$ 和 $\overline{R}$ 相连，电路进入了“记忆模式”，保持原有的状态。当输入端连接到 A，$\overline{S}$ 被拉低，则 $Q=1$。如果在这时发生接触抖动，输入 A 端变为与 AB 都不连接。因此，电路从置位变换到记忆模式，电路将保持 $Q=1$。同样，如果输入连接到 B，$\overline{R}$ 将会变得有效，复位 $Q=0$。接触抖动会使电路在复位和记忆模式之间转变，并且不影响输出。因此这种电路消除了开关抖动的影响。◀

例 25.2 简单防盗报警器设计。

解：简单的防盗报警器可以用连接到建筑物所有门窗的开关构建，任意的门窗打开就是打开了相应的开关，触发报警器报警。即使再关上相应的门窗，警报器也会继续报警。检查所有门窗后，才能消除警报。相应的电路如下所示。

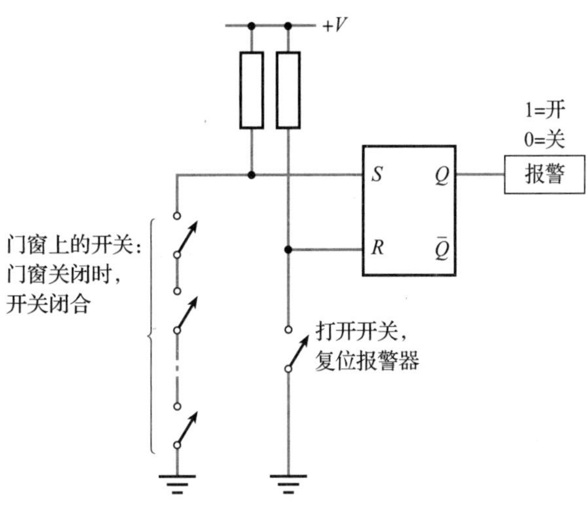

S-R 锁存器上有两个上拉电阻连接到输入端 S 和 R。所有的门窗开关串联在一起，一端与输入 S 连接，另一端接地，通常所有的门窗都是关闭的，因此所有的开关也都是闭合的，S 端经过开关接地。输入 R 同样通过一个复位开关接地，这个开关通常是闭合的。

首先，系统通过打开与 R 端相连的复位开关、闭合所有的传感器开关。锁存器复位，$Q=0$，报警器处于正常状态。复位开关闭合后，系统开始工作。一旦其中的一扇门窗打开，传感器开关就打开，S 变高电平，置位 $Q=1$，警报器报警。即使随后关闭传感器开关，系统也会处于报警状态，直到复位开关打开，系统复位。◀

25.2.2　门控 S-R 锁存器

有时候需要对锁存器的工作可控，也就是输入信号在某些时间有效，其他时间无效。如图 25.6 所示电路就是门控锁存器。

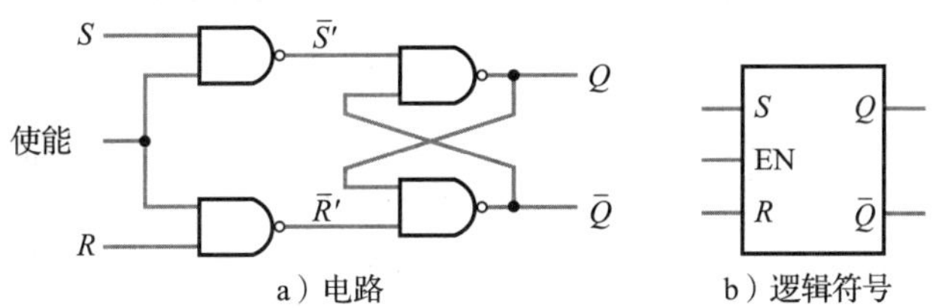

图 25.6　门控 S-R 锁存器

两个与非门分别用来控制输入 S 和 R。锁存器使能端用来控制 S、R 的输入。当使能端为低电平，信号 $\overline{S}'$ 和 $\overline{R}'$ 都为高电平，与输入 S、R 无关。这时，低电平有效的锁存器处于保持状态。当使能端为高电平时，S、R 经过门电路反相，送到锁存器。因此，当使能端是高电平，电路为高电平输入有效的 S-R 锁存器，当使能端是低电平，电路与输入 S、R 无关，处于保持状态。图 25.7 为电路的输入对应的输出波形。$\overline{Q}$ 是 Q 的反相，所以 $\overline{Q}$ 没有在波形图中给出示。

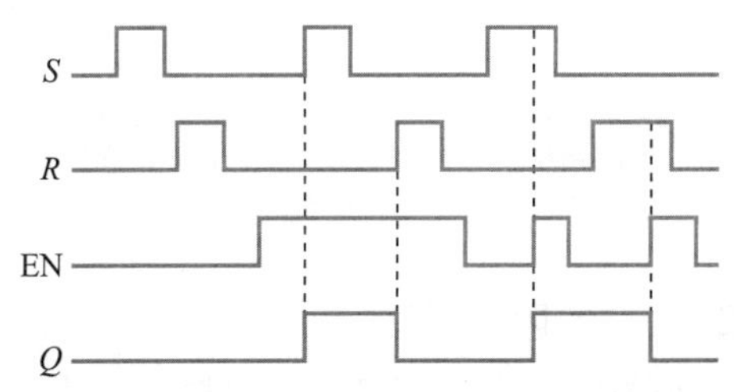

图 25.7　门控 S-R 锁存器的输入输出关系波形

25.2.3　D 锁存器

另一种常用的锁存器是 D 锁存器，也就是透明的 D 锁存器。电路有两个输入，D 和 EN，如图 25.8 所示。

显然，电路结构类似于图 25.6 所示的 S-R 锁存器。仅用一个 D 信号及其反相 $\overline{D}$ 作为输入。如前所述，当使能端为低电平，送到锁存器的信号都是高电平，锁存器为保持状态。如果使能端为高电平，输入 D 决定了锁存器的输入 $\overline{S}'$ 和 $\overline{R}'$。如果 D 是高电平，那么

$\overline{S}'$为低电平，$\overline{R}'$为高电平，锁存器置位 $Q=1$。如果 D 是低电平，那么 $\overline{S}'$为高电平，$\overline{R}'$为低电平，锁存器复位 $Q=0$。因此，当使能端为高电平，输出 Q 为 D 的当前值，当使能端为低电平，输出 Q 保持当前的状态。因此，D 锁存器可作为模拟采样器和保持门。当使能端为高电平，输出 Q 跟随输入 D 的值，当使能端为低电平，输出为使能端变低时 D 的值。D 锁存器的时序如图 25.9 所示。

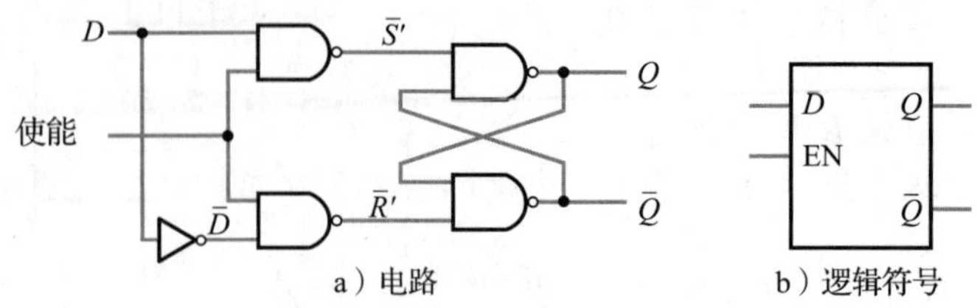

图 25.8　D 锁存器

除了储存单个比特的信息，D 锁存器组经常用来储存以字为单位的信息。常用 4 个 D 锁存器或 8 个 D 锁存器为一组构成 4 位或者 8 位存储单元的单个集成电路。

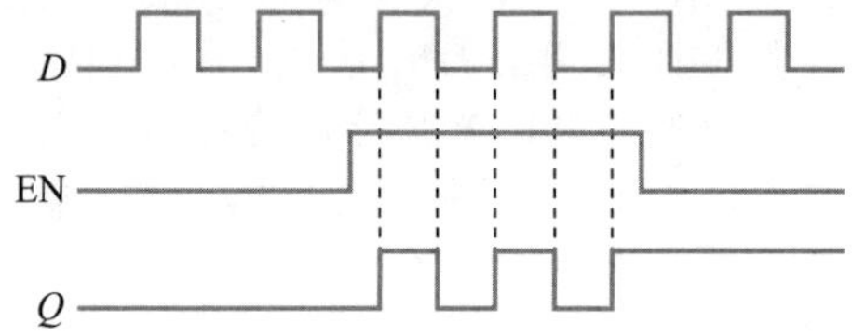

图 25.9　D 锁存器的输入输出关系波形

25.2.4　边沿触发器和 D 触发器

在很多情况下，电路需要同步工作，而且精确地控制电路的状态改变是很重要的。一些双稳态电路设计成只有在时钟的上升沿或下降沿才改变其状态。这种器件称为边沿触发的双稳态电路，或者更常用的名称是，触发器。另外，它们又分为上升沿触发以及下降沿触发。

触发器有多种，包括 S-R 触发器以及 D 触发器，它们的功能与之前所讨论的锁存器一样，但是是边沿触发的。电路符号类似于相应的锁存器，但使能端用时钟代替。时钟通常用一个三角形来表示，如果还有一个小圆圈，则用来表示下降沿触发。图 25.10 为上升沿 D 触发器和下降沿 D 触发器电路符号，图 25.11 给出了上升沿触发的时序图。

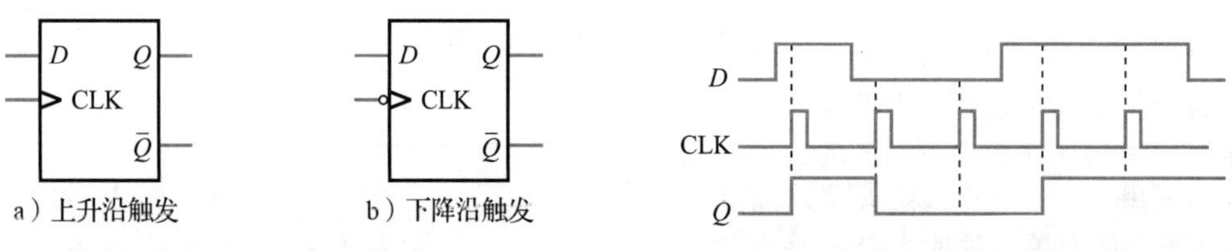

图 25.10　D 触发器

图 25.11　上升沿触发 D 触发器的波形

25.2.5　J-K 触发器

J-K 触发器是应用最广的双稳态触发器之一。正如名字一样，它有两个输入 J 和 K，类似于 S-R 触发器有两个输入 S 和 R。令 $J=1$，$K=0$，则置 $Q=1$。而令 $J=0$，$K=1$，则复位 $Q=0$。当 S-R 触发器的两个输入不是有效的置位复位输入时，则电路处在保持状态，但是当置位复位输入同时有效时，结果则是不确定的，需要避免这种情况。在 J-K 触发器中，当两个输入都有效时，电路在触发脉冲的作用下会发生状态转移。如图 25.12 所示为一个下降沿触发 J-K 触发器的电路符号及时序图。由于是边沿触发器，输入只在触发时刻的瞬间有效，也就是时钟的下降沿输入有效。如图 25.12b 所示，标记的虚线为触发时刻 J 和 K 输入，以及触发器的状态转移。

J-K 触发器应用广泛的原因之一是容易变换功能。它有多种不同的工作模式，包括构成其他类型的触发器。如图 25.13 所示，为其常用的结构。图 25.13a 为用 J-K 触发器构成 S-R 触发器，因为 S-R 触发器所有功能都可用 J-K 触发器实现。J-K 触发器同样可以构成 D 触发器，如图 25.13b 所示。图 25.13c 为用 J-K 触发器构成 T 触发器。如果 $T=0$，触发器处于保持状态。如果 $T=1$，$J=K=1$，触发器在每个时钟脉冲翻转，称为翻转触发器或者 T 触发器。如图 25.14 所示是这种双稳态电路的时序图。这章后面将介绍该器件的应用。

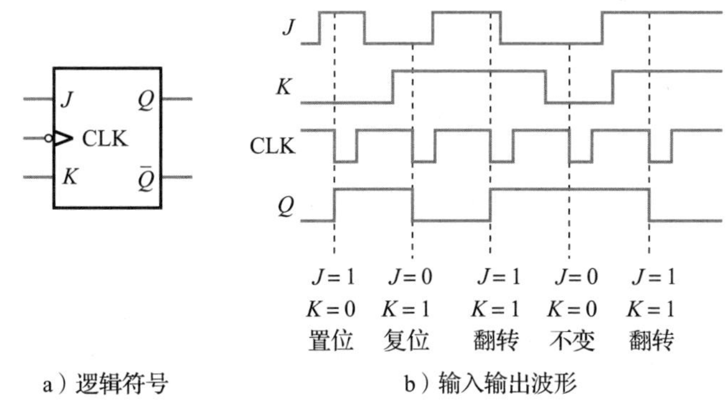

a）逻辑符号 b）输入输出波形

图 25.12 下降沿 J-K 触发器

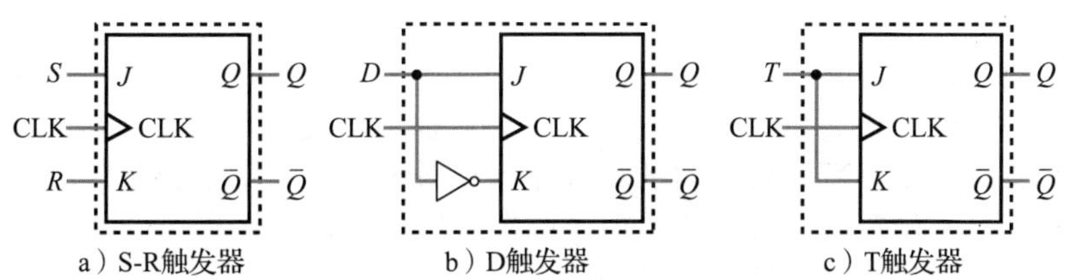

a）S-R触发器 b）D触发器 c）T触发器

图 25.13 用 J-K 触发器构成其他类型的触发器

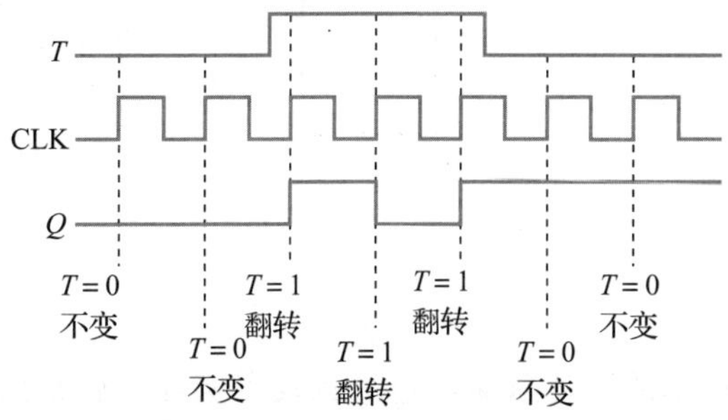

图 25.14 上升沿触发 T 触发器的典型波形

25.2.6 异步置位复位

触发器的输入(如 J-K 触发器的 J、K 端)在时钟信号有效时，才会影响触发器的状态转移。因为输入是在时钟的同步作用下有效，因此输入是同步的。

在许多应用中，需要不依靠时钟，能独立地对触发器置位或者清零。这种输入端称为异步置位复位端，因为它们不受时钟的状态约束。集成电路厂家对这些输入端的名称不统一命名，可能称为 PRESET 和 CLEAR、DC SET 和 DC CLEAR 或者 SET 和 RESET、DIRECT SET 和 DIRECT CLEAR。本书中，用 PRESET(PRE)和 CLEAR(CLR)。当输入控制信号的时候，这些端可以是高电平有效，也可以是低电平有效。多数情况下它们是低电平有效。如图 25.15a 所示，给出了在 J-K 触发器中异步置位复位端的表示方法，图 25.15b给出了其波形图。

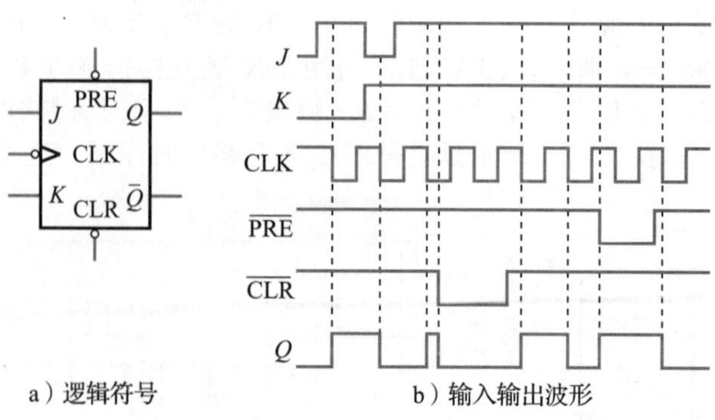

a）逻辑符号　　b）输入输出波形

图 25.15　J-K 触发器的置位端和复位端

25.2.7　传输延迟与竞争

上一章提到逻辑门有一定的延迟时间。因为双稳态电路是由门电路组成的，所以在输入输出之间双稳态电路会存在延迟。在逻辑门中，称为器件的传输延迟时间，在有些情况下，这可能会导致发生错误。

观察图 25.16 所示电路，两个边沿触发器连到同一个时钟信号，前一个触发器的输出是后一个触发器的输入。在时钟信号的上升沿，前面的触发器会根据输入改变其输出。这会占用一定的时间，该时间取决于器件的传输延迟时间。与此同时，后面的触发器同样会根据同一时钟信号的变化而发生状态转移。如果后面的触发器响应快，就会在 Q_1 改变之前发生状态转移，否则，后面触发器的输入在其状态转移之前发生变化。那么，后一个触发器的最终状态是不确定的，这取决于两个触发器的相对状态转移速度。这种不确定的情况称为竞争，因为输出取决于两个器件的竞争。

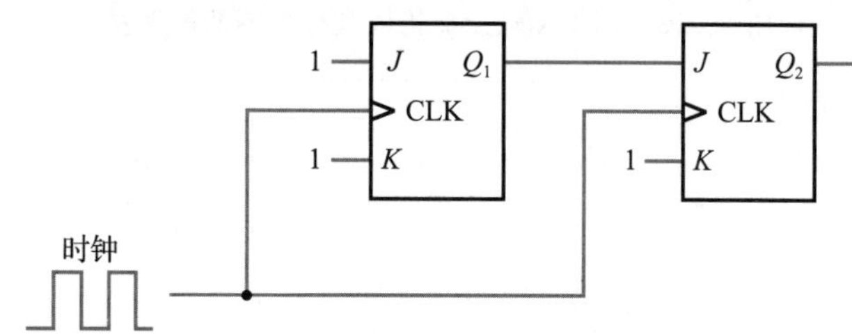

图 25.16　可能的竞争条件

竞争冒险可以通过谨慎的设计避免，边沿触发器实际上就是为了避免竞争冒险用的，只要在时钟边沿到来之前保持输入信号一定时间(保持时间)内不变就可以避免竞争冒险。

25.2.8　脉冲触发器或主/从触发器

另一种克服竞争冒险的方法是采用主从触发器而不是边沿触发器。这也就是脉冲触发器。

这种触发器串联使用了两个双稳态电路，一主一从。主从触发器在时钟信号为高电平的时候，如同单个双稳态电路一样，接受输入，但在时钟由高变低时，输出才会改变。因此，其输出取决于时钟下降沿之前一刻的输入值。

主/从触发器有多种，如 S-R、D 和 J-K 等。逻辑符号中通常带有“M/S”标志，并且去掉表示边沿触发器时钟的三角号。如图 25.17 所示，为主/从 J-K 触发器的电路符号和时序图。

基本的主/从 J-K 触发器电路如图 25.18 所示。电路是由两个门控 S-R 双稳态电路串接在一起，附加反馈信号消除不确定状态的输入组合。前一个器件的输出是后一个的输入，前后两个门控触发器的使能信号是反相的。当时钟信号为高电平时，主触发器工作，从触发器不工作。主触发器为门控 S-R 锁存器，接收激励产生相应的状态转移，此时，从触发器处于保持状态。当时钟变为低电平时，主触发器不工作，保持原来状态不变，从触发器工作，接收输入完成状态转移，即跟随主触发器的状态。从触发器的两个输入为主触发器的两个输出，因此从触发器的两个输入总是一个为 1 而另一个为 0。当从触发器工作时，就跟随主触发器的状态。因此，主从触发器分两步工作，当时钟信号为高电平时，主触发器响应激励发生状态转移，而从触发器保持不变；当时钟信号为低电平时，主触发器保持不变，从触发器跟随主触发器的状态。因此，主从触发器在时钟高电平时，接收激励，在时钟为低电平时完成状态转移。

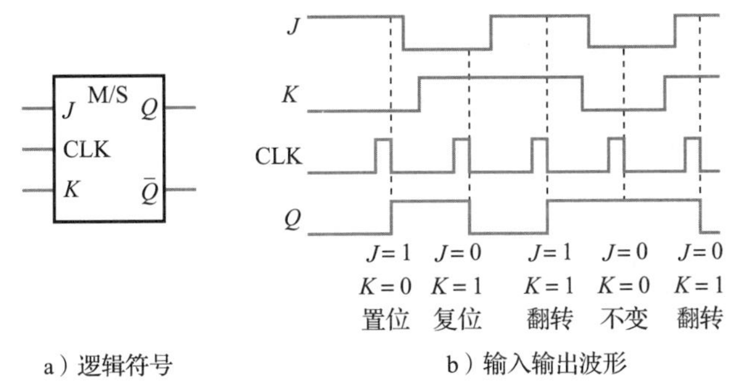

a）逻辑符号　　b）输入输出波形

图 25.17　J-K 主从触发器

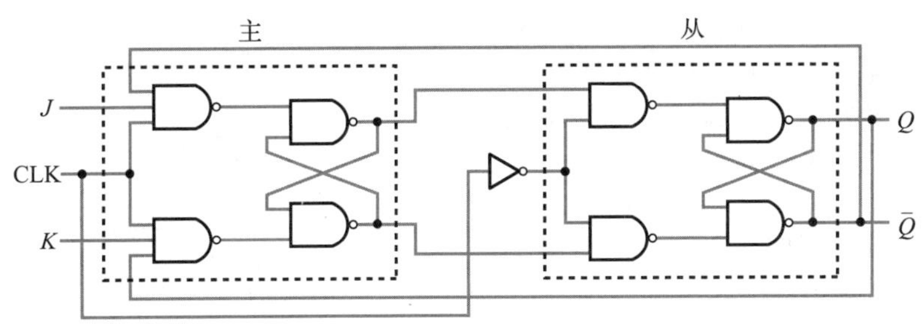

图 25.18　基本的 J-K 主从触发器电路

似乎主从触发器还会存在竞争。当时钟变为高电平时，主触发器的输出会发生变化，与此同时使从触发器进入保持状态。但是，设计电路时使主锁存器的延迟大于时钟信号反相器的延迟。这就保证了在主触发器变为接收激励进行状态转移之前，从触发器先进入保持状态，阻止了任何可能的竞争。

25.3　单稳态

在图 25.2 中，双稳态电路是由两个或非门首尾相连构成的。现在来看图 25.19a 所示电路。

假设初始信号 $T=0$。电阻 R 连接到逻辑 1 的电平上，使电容 C 充放电，V_1 等于逻辑 1 的电平。因此，使 $Q=0$，让门 1 的两个输入均为 0，$\bar{Q}$ 将为 1。当 $\bar{Q}$ 和 V_1 都处于逻辑 1 的电平时，电容上没有电压。这种情况是稳定的，并且电路将会一直保持这个状态，直到改变输入。

再看输入 T 有一个短暂的正脉冲的情况。当 $T=1$，$\bar{Q}$ 将会变成低电平。因为电容上的电压不会突变，所以会将 V_1 拉低，使得 Q 变为高电平。Q 变为高电平的同时，即使 T 反相变为 0，$\bar{Q}$ 仍将保持低电平。因此，T 输入一正脉冲，电路状态 $Q=1$，并且在 T 变回 0 之后仍保持这个状态。但这个状态是不稳定的，是一个亚稳态。当处于这个状态时，$\bar{Q}=0$，在串联的 R 和 C 之间存在电压。这就会产生从电阻流向电容的充电电流，使 V_1 以指数方式增大到逻辑 1 电平。当 V_1 作为门 2 的输入在某一点的值达到足够大时，门 2 的输出就会变为 0，也就是 Q 变为 0，$\overline{Q}$ 变成 1，V_1 被电容拉高到逻辑 1 的电平以上。V_1 电平将会随着电容通过电阻的放电而逐渐减小。此时，电路回到其稳态。如图 25.19b 所示为电路不同位置的波形图。

因此该电路有一个稳态和一个亚稳态。可以施加适当的输入信号使其进入亚稳态并保持一段时间。亚稳态的保持时间长度是由 R、C 的值以及电路的转换电平决定的。因此该电路称为单稳态。输入信号 T 表示触发输入。

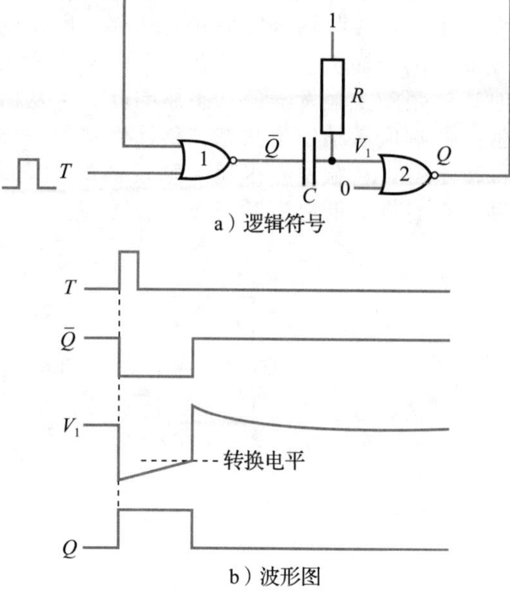

a）逻辑符号

b）波形图

图 25.19　简单的单稳态电路

虽然可以用简单的逻辑门构造单稳态电路，但是常用的是专门的单稳态集成电路。单稳态集成电路采用的电路技术比上面描述的更加复杂，但功能是一样的。单稳态电路的逻辑符号如图 25.20 所示。

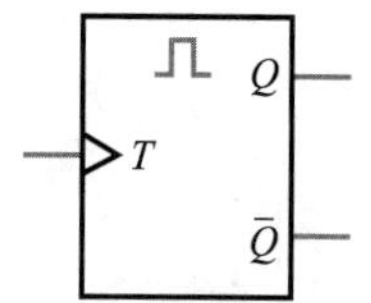

图 25.20　单稳态电路的逻辑符号

单稳态电路根据触发输入的响应方式分为两种类型。不能再触发的单稳态电路，当电路响应输入触发，输出脉冲时，在此期间不再响应触发输入；可再触发的单稳态电路，在响应了输入触发，输出脉冲时，如果又有第二个触发脉冲到来，输出脉冲的宽度就会增加。输出脉冲的宽度 τ 一般是由电路中的电阻和电容的值设定的。图 25.21 给出了典型的单稳态电路输出波形。

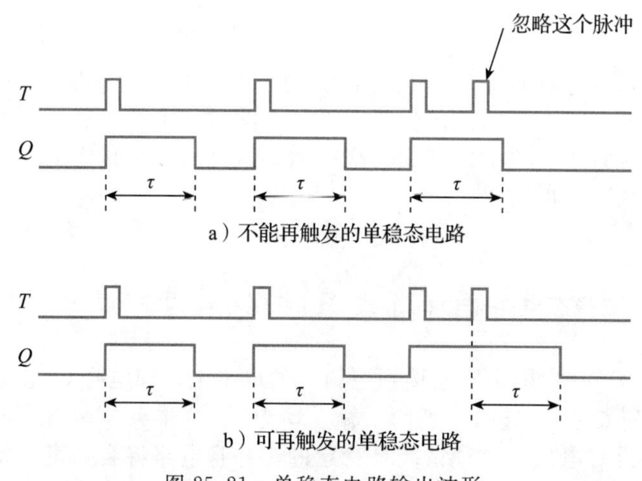

a）不能再触发的单稳态电路

b）可再触发的单稳态电路

图 25.21　单稳态电路输出波形

25.4　无稳态

一个无稳态电路有两个亚稳态并且在两个状态之间来回切换。因此具有数字振荡器的功能。

比较 25.2 和 25.19 的电路，显然，多出来的电阻和电容将一个稳态变成了亚稳态。

同样，如果再增加一对电阻电容可以使电路具有两个亚稳态。这种电路不需要输入信号，所以可以将或非门换成反相器(就如图 25.1 给出的电路一样)。如图 25.22 所示为无稳态电路的结构。

假设初始 C_1 和 C_2 没有电荷，并且 $Q=0$。因为 C_1 没有电压，所以 V_1 等于 Q 为 0。因此，门 2 的输出为 1。因为 C_2 没有电荷，因此连接到门 1 的输入是逻辑电平 1。这又使 Q 端为逻辑 0 电平，与前面的假设一致。

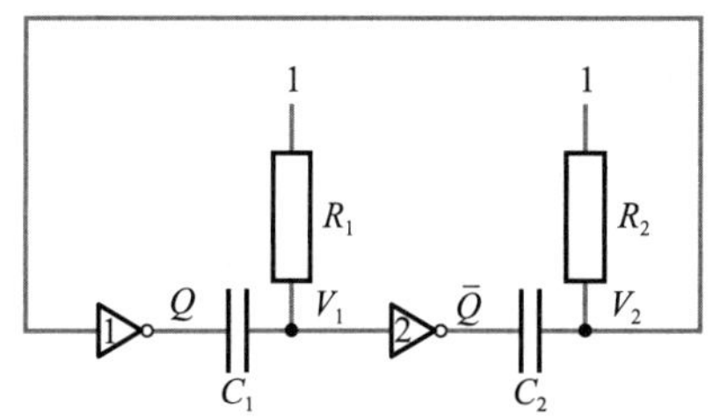

图 25.22　无稳态电路

这个状态是亚稳态的。因为 C_1 会充电直到 V_1 大于门 2 的转换电压。当 V_1 大于门 2 的转换电压时，$\overline{Q}$ 变为 0，并拉低 V_2，使 $Q=1$。此时 C_1 放电，而 C_2 将充电直到 V_2 大于门 1 的转换电压，于是电路再次改变状态，周而复始地循环。因此电路不断地在两个状态之间振荡，同时 Q 和 $\overline{Q}$ 产生规则的脉冲波形。在每个状态停留的时间长度由电阻和电容的值以及门的转换电压和逻辑电平决定。如果门电路相同并且 C_1R_1 和 C_2R_2 相等，电路会产生一个方波。图 25.23 给出了电路内部的波形。

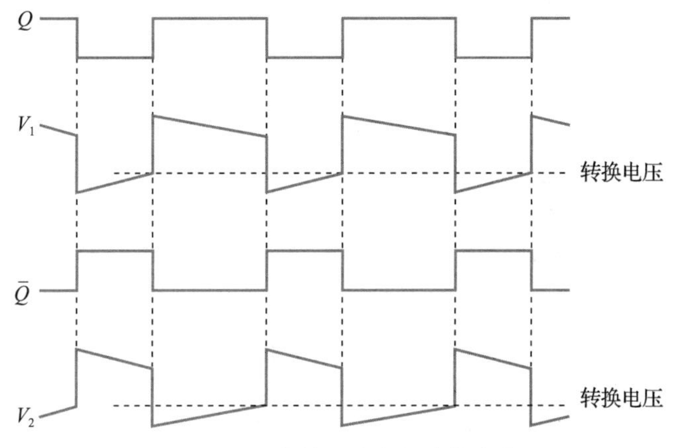

图 25.23　简单无稳态电路的波形

同单稳态电路一样，无稳态电路一般也是专用集成电路。无稳态电路同样可以用两个单稳态电路首尾相接构成，如图 25.24 所示。第一个单稳态电路产生的脉冲的后沿触发第二个触发器，第二个单稳态电路产生的脉冲的后沿再触发第一个触发器，周而复始地重复循环。

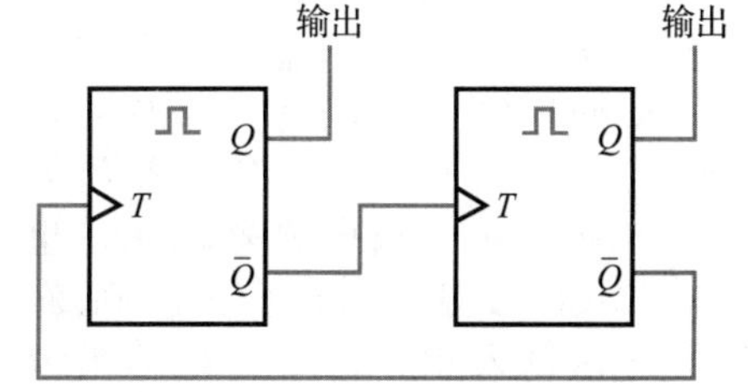

图 25.24　由两个单稳态电路组成的无稳态电路

25.5　定时器

单稳态和无稳态电路都有相应的集成电路可用。更有用的器件是集成定时器，它有多种功能。555 定时器就是一个典型的例子，可以用作单稳态电路、双稳态电路或者无稳态电路，也有许多其他的应用。这种电路应用广泛，仅用几个无源器件就可以构成有多种应用功能的电路。

555 定时器的内部电路大约有 25 个晶体管、少量的二极管和几个电阻。555 定时器电路比较复杂，一般由一个触发器、两个比较器、一个开关晶体管和一个电阻分压网络构成。简化的 555 定时器的结构图如图 25.25 所示。

在正电源 V_{CC} 和地之间，三个相等的电阻串联，产生内部参考电压 $1/3V_{CC}$ 和 $2/3V_{CC}$。

两个参考电压连接到两个比较器上，用比较器将外部电压与这两个基准电压相比较。比较器的输出用于控制触发器。触发器的输出缓冲产生定时器的输出，并用于驱动开关晶体管，开关晶体管用于使外部电压降到近零伏。少量的外部元器件与555定时器相连，可实现一系列应用功能。注意，在图25.25中，复位和触发输入在图中标记为$\overline{\text{Reset}}$和$\overline{\text{Trigger}}$。如同在前面讨论的S-R双稳态一样，表明输入是低电平有效的。因此，复位和触发是使其相应的输入为0来实现的。

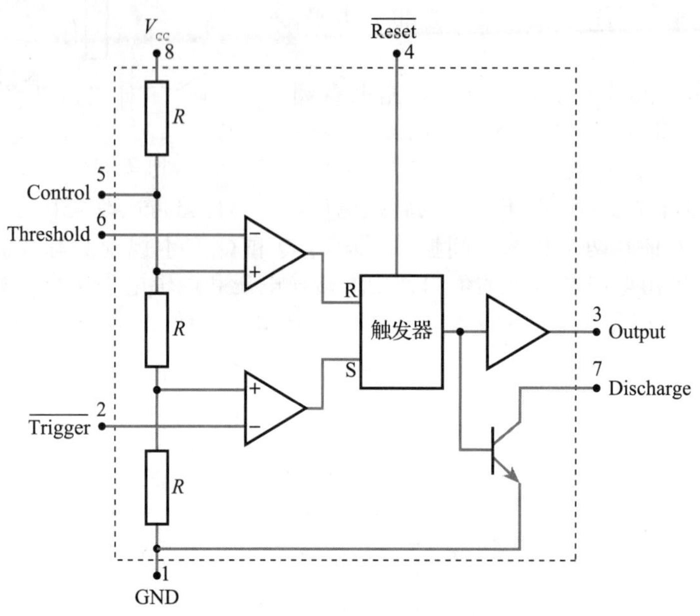

图25.25　555定时器的内部结构

当555定时器用作单稳态时，一个外接电阻和电容串联后与电源和地连接，中间点与Threshold输入端相连，如图25.26所示。Threshold输入端的电压(也就是电容的电压)保持在近似零伏，因为开关晶体管通过Discharge输出端与电容并联。当输入信号施加到“Trigger”输入端，就会改变触发器的状态，关断开关晶体管，并使外接电容开始充电。当电容器电压，也就是Threshold输入端电压达到$2/3V_{CC}$，与该输入相连的比较器输出就会翻转，送到触发器使触发器翻转，使开关晶体管导通，导致电容两端的电压再次被钳位到近零伏。由于定时器的“Output”与触发器的状态一致，因此，在触发输入端施加一个脉冲，在输出端就会产生一个固定宽度的脉冲。输出脉冲的宽度取决于电容器充电到$2/3V_{CC}$所需的时间，而充电时间又是由外接电容和电阻值决定的。

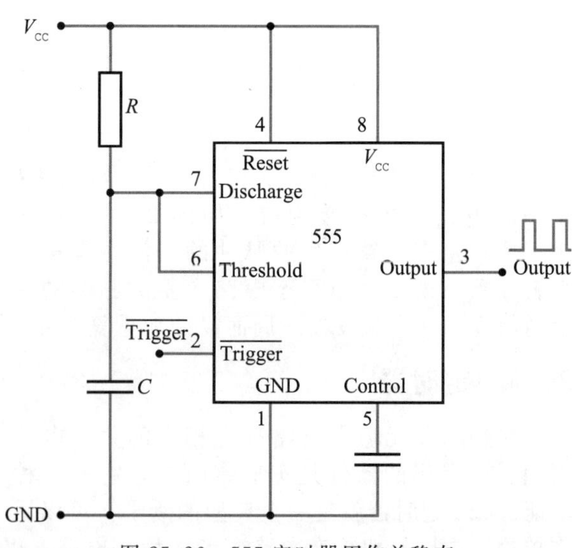

图25.26　555定时器用作单稳态

当555定时器用作无稳态时，结构略微不同，无稳态典型的电路如图25.27所示。同样是一个外接电阻和一个电容器串联，但这里需要再串联一个电阻。两个电阻相连，公共点与 Discharge 输出端相连，允许定时器控制施加在 RC 网络上的电压。当触发器处于 1 状态时，开关晶体管关断，电源电压大部分施加到 RC 网络上，对电容充电。当触发器处于 0 状态，开关晶体管导通，RC 网络上的电压近零，使电容放电。电路中，Trigger 和 Threshold 输入端都与电容上端相连，当电容充电时，两个电压都会升高。这两个输入将电容电压分别与两个不同的基准电压比较，会使触发器发生不同的状态转移。结果是，如果电容上的初始电压在 $1/3V_{CC}$ 与 $2/3V_{CC}$ 之间，那么 Discharge 输出端被关断，电容电压将增大。当该电压达到 $2/3V_{CC}$，接到 Threshold 输入端的比较器输出翻转，触发器状态翻转，接通 Discharge 输出端。这将使 RC 网络上的电压钳位到近零，电容电压开始减小。当该电压降到 $1/3V_{CC}$ 时，与 Trigger 输入端相连的比较器输出翻转，使触发器翻转，并且关断 Discharge 输出端。电容电压将开始再次增大，就这样电容电压在 $1/3V_{CC}$ 与 $2/3V_{CC}$ 之间，循环工作。由于定时器的输出来自于触发器，输出是周期性的脉冲波形，其频率由 RC 网络的元件值决定。

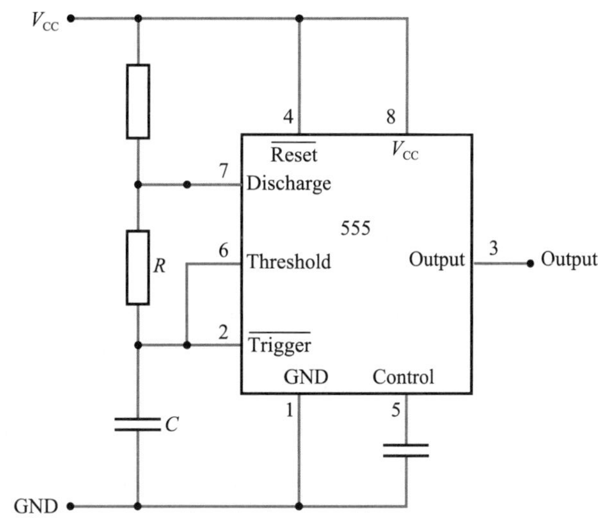

图 25.27　555 定时器用作无稳态

虽然以上所述的单稳态电路和无稳态电路应用广泛，555 定时器及类似的电路，也可以有其他多种电路结构及应用。

25.6　寄存器

之前已经介绍了几种形式的双稳态，现在我们研究其在电路中的应用。首先从寄存器开始。

几乎所有的数码电子产品中都包含有这样或那样的寄存器。其中最常用的寄存器是计算机或计算器中存储信息字的寄存器。寄存器直接用于计算中，比如处理器或计算器的累加器，或者用于一般存储器，成千上万的寄存器用于存储程序和数据。

简单的寄存器如图 25.28 所示。其中，用四个主/从 D 触发器构成一个 4 位的寄存器。显然，增加触发器就可以构成任意所需要长度的寄存器。

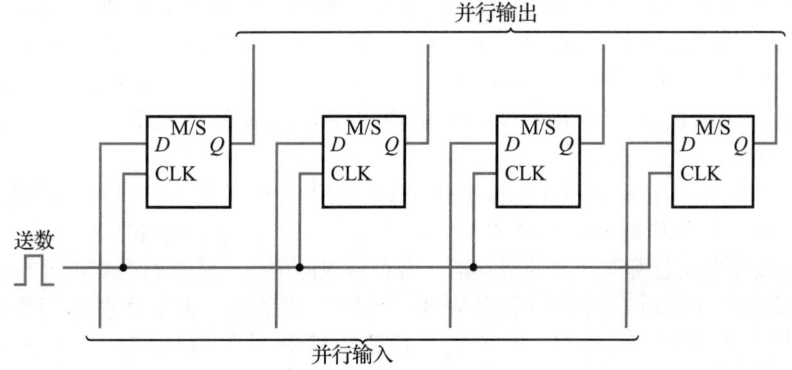

图 25.28　4 位寄存器存储器

寄存器可以用不同类型的双稳态电路构成。但是实际上，我们通常并不关心其内部电路，而是更在意其外部行为。寄存器通常是单个电路，并且可以用来构造模块。如图 25.29 所示为一典型的 8 位寄存器。既可以单独使用，也可以和其他器件组合成位数更长的寄存器。注意，一个字的位通常是从 0 开始编号的，从最低有效位开始(LSB)依次增大编号，最左边是其最高有效位。

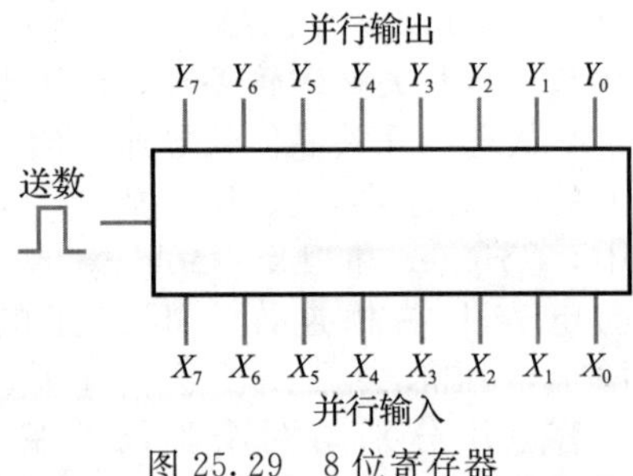

图 25.29　8 位寄存器

25.7　移位寄存器

移位寄存器用于将信息的并行字转换成串行比特流。应用之一是在长距离通信中，将并行的字转换成串行的形式，只需要一条线传送，而不需要多条并行线传输。移位寄存器还可以用来接收串行的比特流，并将其转换成并行的数据字。如图 25.30 所示。

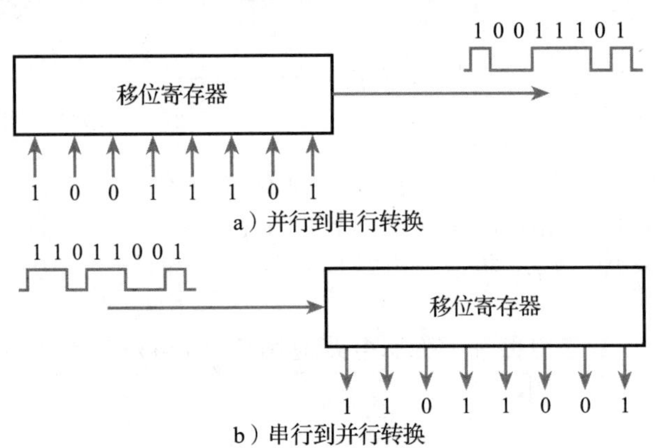

图 25.30　移位寄存器的工作

图 25.31a 可以帮助更好地理解移位寄存器的工作。电路包括四个串联在一起的主/从 D 触发器。移位脉冲序列作为时钟信号加到每一级触发器的时钟输入端。

假设初始的串行输入为 0，且每个触发器的输出也为 0，这样施加重复的移位脉冲对电路没有任何改变。如果在一个时钟脉冲期间的数据输入为 1，然后变为 0，输入的波形将会沿着寄存器向后传送，如图 25.31b 所示。在第一个脉冲期间，数据输入为 1，因此 D_3 在时钟信号的下降沿到来之前为高电平。当时钟信号下降为 0 时，Q_3 就变成了 1。因为是在时钟由高变低时 Q_3 发生的变化，其他寄存器不受影响。在脉冲 2 由高变低之前的瞬间，Q_3 和 D_2 为高电平，但是 D_3、D_1 和 D_0 都是低电平。因此，在时钟脉冲由高变低后，Q_2 变为高电平，Q_3 变回 0，同时 Q_1 和 Q_0 没有受到影响。在连续的时钟脉冲作用下，每个触发器的输出依次在一个脉冲期间变为高电平，之后再变回低电平。在脉冲 5 到来后，寄存器回到初始的状态。

综上所述，寄存器中的 1 和 0 在移位脉冲的作用下，一次向右移 1 位。因此称为移位寄存器。在 4 个移位脉冲作用下，连续的 4 位数据就会移进 4 个触发器的 Q_3～Q_0 中。通过增加的触发器，可以构造任意所需长度的寄存器。寄存器因此可以完成串行数据向并行的转换。

当数据移进寄存器时，前面的数据从另一端移出寄存器。为了表明并行数据转换为串行数据的过程，需要对图 25.31a 所示电路修改，使并行数据能够送入移位寄存器。在图 25.28中已经知道怎样将一组 D 触发器作为寄存器使用。现在需要将一组触发器作为寄存器，并能够将并行数据送到移位寄存器中，然后以串行的方式输出数据。图 25.32所示电路能够实现该功能。

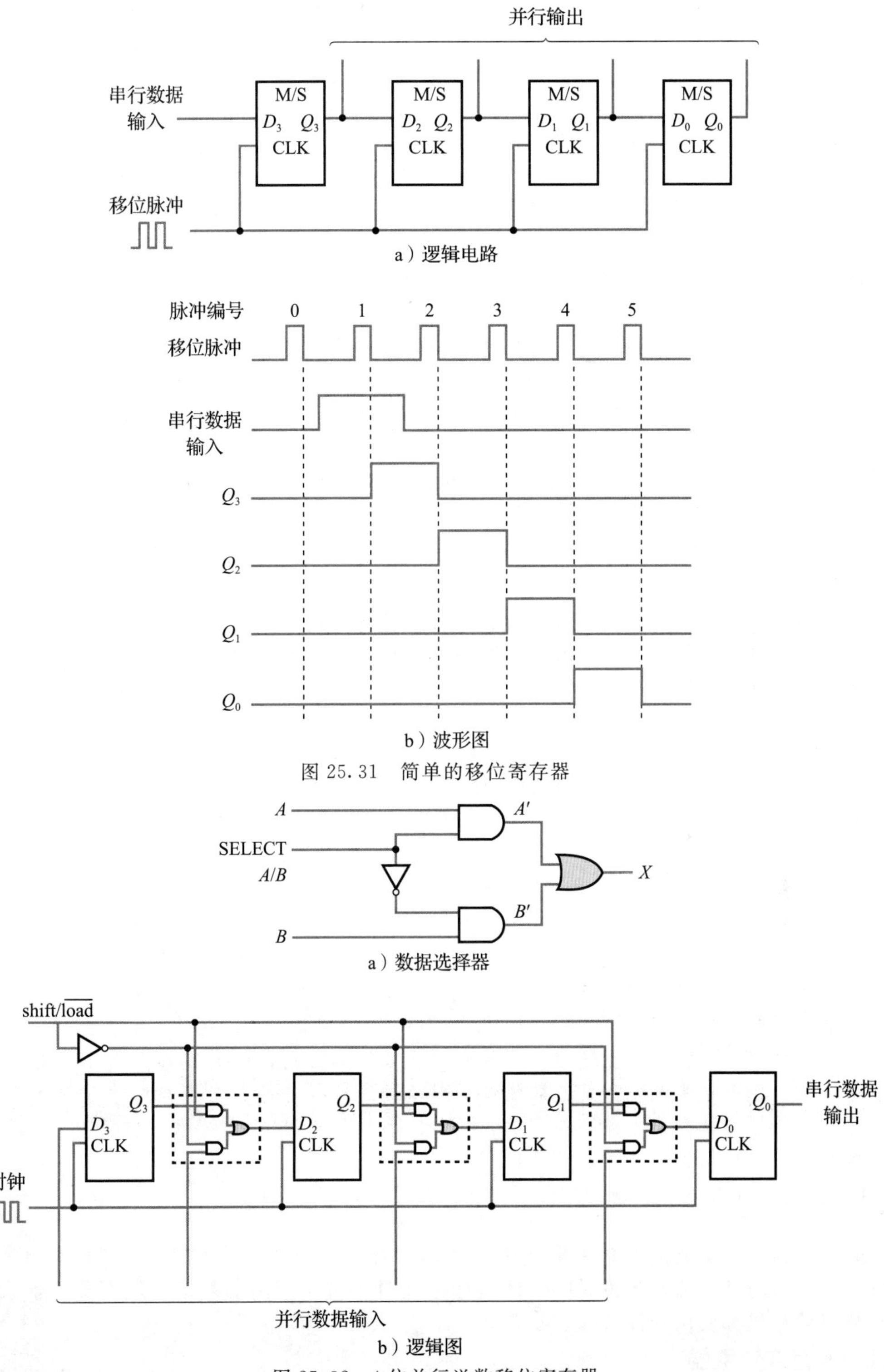

a）逻辑电路

b）波形图

图 25.31　简单的移位寄存器

a）数据选择器

b）逻辑图

图 25.32　4 位并行送数移位寄存器

图 25.32a 所示为实现这个功能的子电路系统。这是一个数据选择器，SELECT 信号控制两个输入信号 A 和 B 哪个送到 X 输出。当 SELECT 为 1 时，$A'=A$，但 B'为 0，因此

$X=A$；当 SELECE 为 0 时，$A'=0$，$B'=B$，所以 $X=B$。因此，当 SELECT 为高电平时，$X=A$，当 SELECT 为低电平时，$X=B$。因此该数据选择器是两输入多路复接器。之前我们在符号上加上划线表示是低电平有效。在这里，将 SELECT 标记为 $A/\overline{B}$，表示，为高电平时，选中 A 输出，为低电平时，选中 B 输出。

图 25.32b 为 4 位并行送数移位寄存器。电路有一个控制信号，驱动三个数据选择器。当控制信号为高电平时，每个触发器的状态输出 Q 为下一触发器的输入 D，这与图 25.31 电路等效。每来一个脉冲，寄存器中的数据向右移动一位，Q_0 为串行数据输出端。当控制信号为低电平时，每一个触发器的输入 D 与并行输入输入线相连。在一个时钟脉冲的作用下，将并行数据输入线上的“1”和“0”送到寄存器相应的 Q 端。因此寄存器可以在一个控制信号作用下，随着时钟信号的作用实现移位或并行输入数据。输入控制端标记为 shift/$\overline{\text{load}}$。

对图 25.32 所示电路施加相应的信号，可以用于串行数据到并行数据的转换，也可以用于并行数据到串行数据的转换。对该电路稍加修改，可以构成双向移位的移位寄存器。可以用一个数据选择器，选择实现右移时某一级的触发器输入来自哪一级触发器的输出，同样要选择左移时的输入信号。

尽管可以用简单的门电路构成移位寄存器，但通常用单片集成电路移位寄存器。典型的移位寄存器是 4 位或者 8 位的，而且带有一系列功能。更多位的移位寄存器可以用串连多个移位寄存器的方式实现，一个移位寄存器的串行输出连到另一个移位寄存器的串行输入。

例 25.3 移位寄存器的应用。

解： 移位寄存器串行通信系统是移位寄存器最常见的应用之一。这涉及在发射端将并行数据转换为串行数据，用串行数据来传送一段距离后，然后在接收端再将其转为并行数据。这个过程如下图所示。

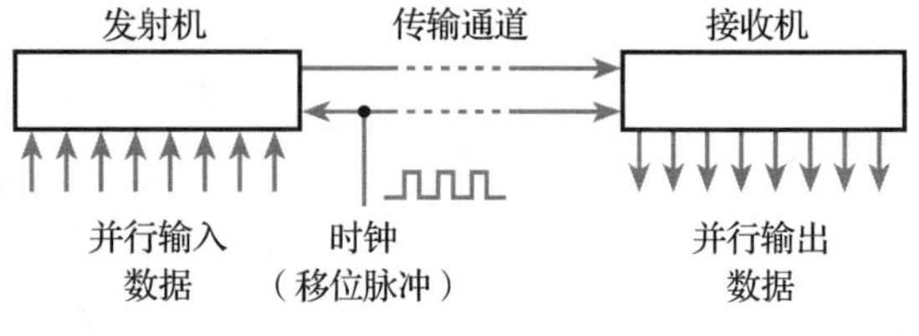

发射机的核心是一个移位寄存器，此移位寄存器并行输入数据，然后在时钟信号作用下串行输出。串行数据流经过传输通道送到接收机。传输通道可能是数据线、无线电信号、激光脉冲或其他信息媒介。

在接收端，第二个移位寄存器移入串行数据并将数据以并行方式输出。为了能够移入数据，移位寄存器不仅能接收串行数据，也能接收时钟信号，以便与发射机同步。

这种传输方式的主要优点是在信息传输时只需要很少的数据线，仅两根(一根用于数据，一根用于时钟)，而不是像并行传输那样每一位都需要一根数据线。

串行技术广泛用于长距离通信，同样也用于短距离传输，有时候甚至用于几厘米以下的信息传输。在一些系统中，发送数据信号时不传送时钟信号，而是在接收端再生时钟信号，这就将传输线减少为 1 条。在第 27 章讨论计算机输入/输出技术、在第 29 章详细讨论通信系统时，再探讨该技术。◀

25.8 计数器

视频 25C

时序电路中最重要的是各种形式的计数器。计数器可以用来对事件计数，也可以用来对时钟计数，测量时间。计数器是计时和时序应用的基础，从石英表到数字计算机都要用到计数器。

25.8.1 行波计数器

如图 25.33 所示电路，它由 4 个下降沿触发的 J-K 触发器构成，每个触发器的输出 Q 作为下一个触发器的时钟输入。所有触发器的输入 J 和 K 都为 1，因此，每个触发器都会在与它时钟端相连的触发信号下降沿翻转(在这种连接方式下，触发器作为 T 触发器使用，每来一个时钟就会翻转一次)。

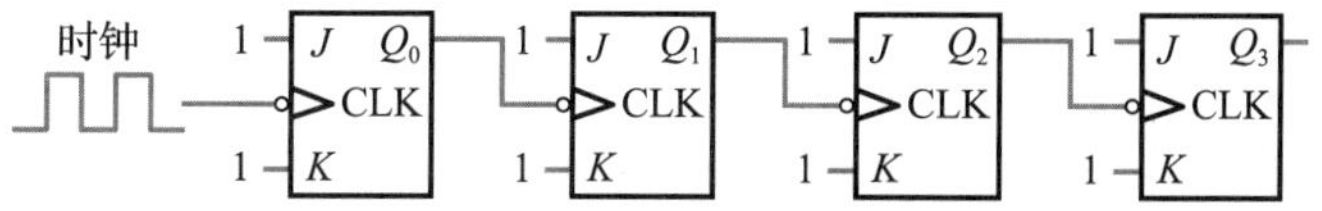

图 25.33　简单的行波计数器

图 25.34 是当方波时钟信号作为输入时，电路产生的波形(方波是占空比为 50%的脉冲波形)。从图中可以看出，在每个时钟的下降沿 Q_0 翻转，产生时钟频率一半的方波，Q_1 在 Q_0 的后边沿翻转，产生 Q_0 一半频率的方波，即为时钟频率的四分之一。同样，后一级是前一级信号的 2 分频，会产生更低的频率。这个电路可以作为分频器，每一级都是 2 分频。

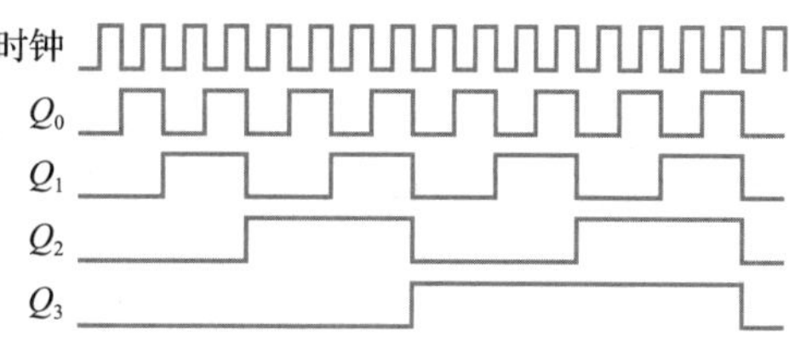

图 25.34　简单行波计数器的波形图

例 25.4 分频器的应用。

解： 数字电子表是分频器的典型应用。多数数字电子表使用晶体振荡器，产生一个稳定的 32 768Hz 的时钟。用这个特定的频率是因为它是 2 的幂次方($32\,768=2^{15}$)，使得分频简单。在振荡器之后，用 15 级二进制分频器产生 1Hz 的信号，适于驱动步进电动机(电子表用的秒针指示)或数字显示。

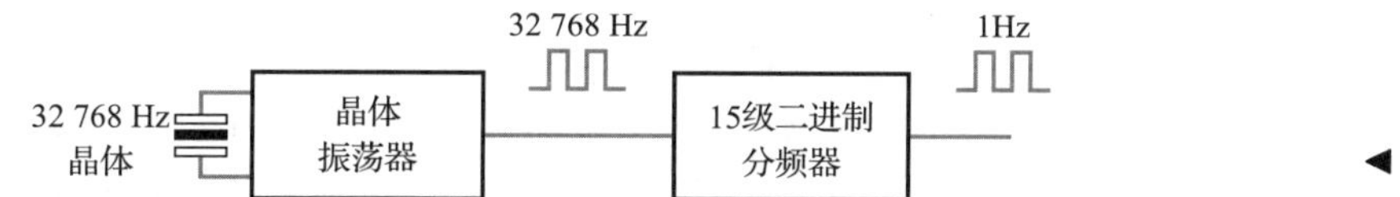

◀

触发器的输出的 1 和 0 序列很有意思。可以从图 25.34 推出，25.35 给出了每个时钟脉冲后的触发器输出值。从表中可以看出输出的二进制码与加到计数器的脉冲数相同。因此可以作为一个计数器。在这个电路中，输入的效果沿着串行触发器传播，输出也相应地变化。基于这个原因，这种形式的计数器称为行波计数器。这种电路的每一级触发器的状态转移时刻略微不同。因此，也称为异步计数器。

从图 25.35 可以看出电路计数到 15 后，从零重新开始计数，所以计数器有 16 个不同的值，称为模 16 计数器。

时钟脉冲编号	Q_3	Q_2	Q_1	Q_0	时钟脉冲编号	Q_3	Q_2	Q_1	Q_0
0	0	0	0	0	11	1	0	1	1
1	0	0	0	1	12	1	1	0	0
2	0	0	1	0	13	1	1	0	1
3	0	0	1	1	14	1	1	1	0
4	0	1	0	0	15	1	1	1	1
5	0	1	0	1	16	0	0	0	0
6	0	1	1	0	17	0	0	0	1
7	0	1	1	1	18	0	0	1	0
8	1	0	0	0	19	0	0	1	1
9	1	0	0	1	20	0	1	0	0
10	1	0	1	0					

图 25.35　行波计数器的输出序列

此电路也称为 4 位二进制计数器，因为它的输出代表一个 4 位二进制数。增加或者减少计数器的级数，可以构建模为 2^n 的计数器电路，n 为所用触发器的个数。计数器计数范围是 $0\sim2^n-1$，然后重复。

计算机仿真练习 25.1

仿真图 25.33 所示的电路，用方波作为输入，确定会产生如图 25.34 所示的波形。然后，增加电路的级数，证明这样可以产生任意长度的分频器。

25.8.2 模 N 计数器

通过改变级数，可以改变行波计数器的最大计数值。然而，改变级数只能产生计数值为 2 的幂次方的计数器。在许多应用中，希望计数到特定计数值，其并不是 2 的幂次方。因此需要一种可以构建计数到任意数值的计数器的方法。这种电路通常称为模 N 计数器。

为了产生一个模 N 计数器，只需要在计数器达到 $N-1$ 后，在下一时钟脉冲计数器能回到 0。比如图 25.36a 所示的电路，其中 $N=10$。模 10 的计数器称为十进制计数器。十进制计数器的输出二进制数范围为 0000 到 1001，通常叫作二-十进制计数器或 BCD 计数器。

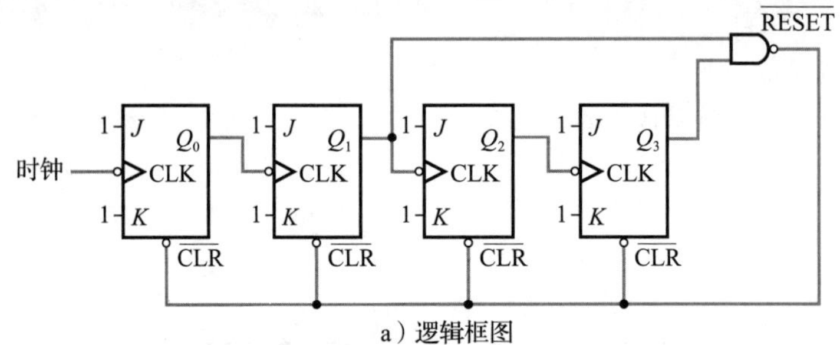

a）逻辑框图

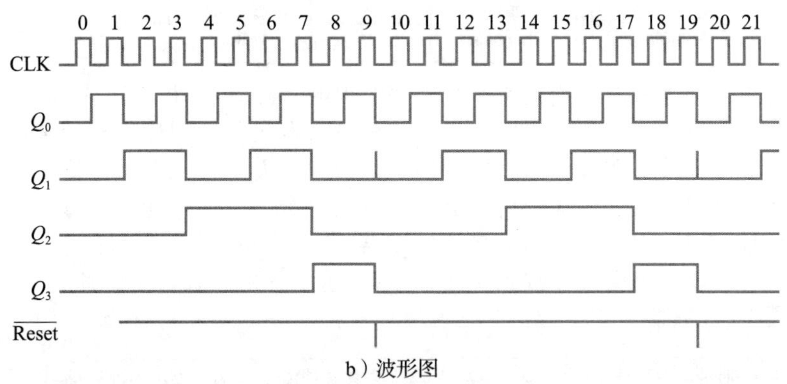

b）波形图

图 25.36　十进制计数器

二-十进制计数器类似于图 25.33 中简单的行波计数器，但是它有一个额外的复位电路用于在计数值达到 10 时将所有的触发器清零。

清零操作是用触发器的清零端实现的。当电路检测到计数值为 10 时，就在清零输入端施加清零信号。因为 10 的二进制是 1010，一个两输入与非门就可以检测到在第 1 位和第 3 位触发器为高电平的情况(触发器位是从 0 开始的)。一旦检测到 1、3 位为高电平，$\overline{\text{RESET}}$就变为低电平，计数器清零，同时使$\overline{\text{RESET}}$再变为 1。随后计数器从零开始计数。图 25.36b 所示为计数器工作时的波形。

用 n 级行波计数器和检测数值 N 的复位电路，可以构成任意模 N 计数器，其中 N 为任意值，且 $2^n>N$。

计算机仿真练习 25.2

仿真图 25.36 的电路，并输入一个方波，证明其为十进制计数器。将这个电路修改为模 12 计数器。

25.8.3　减法计数器

在一些应用中，需要的是减法计数器而不是加法计数器。这与之前的行波计数器相似，但是需要将时钟信号接到 $\overline{Q}$ 而不是 Q。如图 25.37 所示，输出为 $Q_0 \sim Q_3$，而不是 $\overline{Q}_0 \sim \overline{Q}_3$。图 25.38 给出了四级减法计数器的输出序列。该方法可以扩展到任意级计数器。

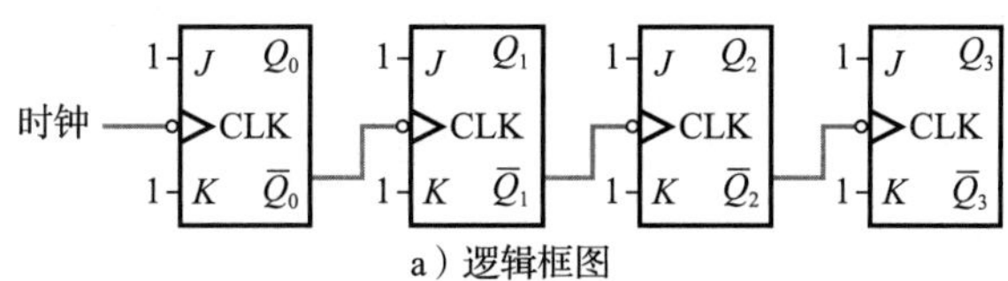

a）逻辑框图

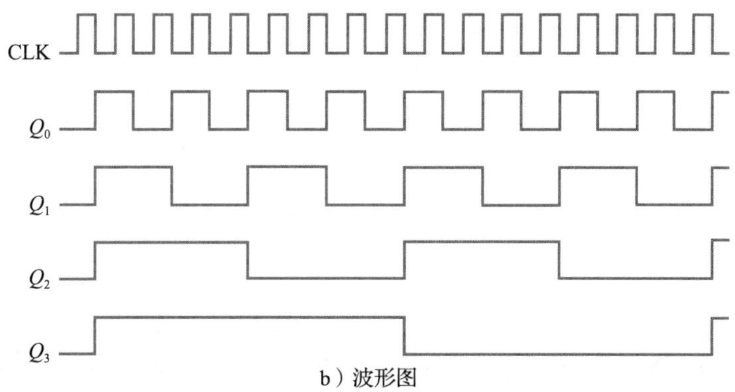

b）波形图

图 25.37　行波减法计数器

时钟脉冲编号	Q_3	Q_2	Q_1	Q_0	计数	时钟脉冲编号	Q_3	Q_2	Q_1	Q_0	计数
0	0	0	0	0	0	11	0	1	0	1	5
1	1	1	1	1	15	12	0	1	0	0	4
2	1	1	1	0	14	13	0	0	1	1	3
3	1	1	0	1	13	14	0	0	1	0	2
4	1	1	0	0	12	15	0	0	0	1	1
5	1	0	1	1	11	16	0	0	0	0	0
6	1	0	1	0	10	17	1	1	1	1	15
7	1	0	0	1	9	18	1	1	1	0	14
8	1	0	0	0	8	19	1	1	0	1	13
9	0	1	1	1	7	20	1	1	0	0	12
10	0	1	1	0	6						

图 25.38　行波减法计数器的输出序列

计算机仿真练习 25.3

用下降沿 J-K 触发器设计一个 4 位异步减法计数器。在计算机仿真练习 25.1 中电路的基础上进行修改，并仿真证明其功能。

25.8.4　加/减计数器

结合图 25.33 与图 25.37 中的电路，用图 25.32 中的数据选择器，就可以构建一个加/减计数器，电路如图 25.39 所示。

决定计数器加减的是信号 up/$\overline{\text{down}}$。当该信号为高电平，每级触发器的输出 Q 送到下一触发器的时钟端，电路为加法计数器。当该信号为低电平时，输出 $\overline{Q}$ 送到下一个触发器的时钟端，为减法计数器。

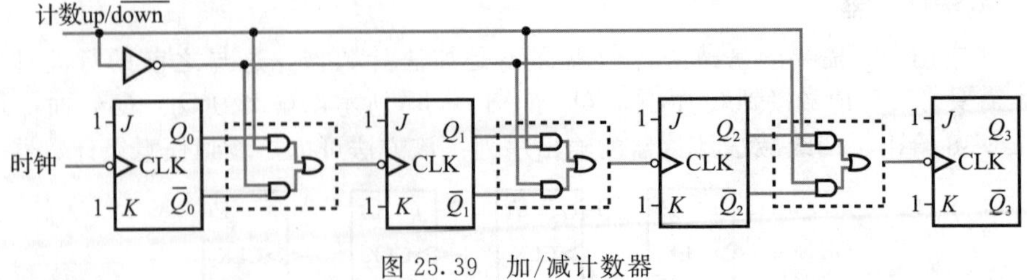

图 25.39　加/减计数器

例 25.5　加/减计数器的应用。

在 12.6.6 节中研究了增量位置编码器产生的信号，其为两个方波，并且彼此间有相移。在例 12.1 中，设计了微型计算机鼠标，在每个方向轴的移动，产生一对相似的输出信号。其信号的形式如右所示。

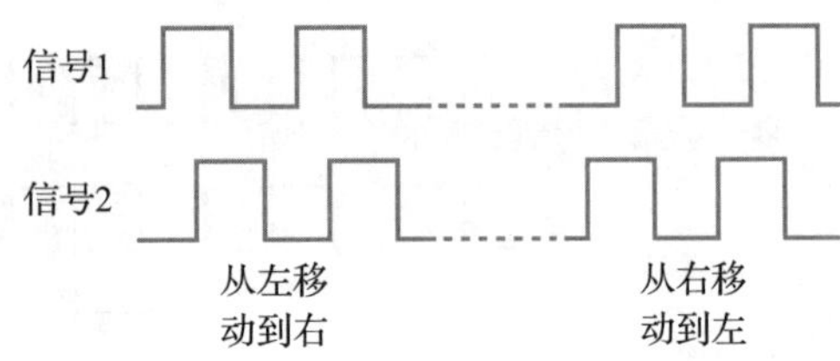

可以看出，在一个方向上移动会导致信号 1 领先于信号 2，而在另一个方向上移动使信号 2 领先于信号 1。我们需要一个方法，对在一个方向上的移动步数计数，并从中减去在另一个方向上移动的步数，从而得到绝对位置量值。

为了达到目标，需要关注两个信号的时序。尤其是在信号 1 下降沿，观察信号 2 的状态。可以看出，从左至右移动时，信号 2 在信号 1 的下降沿时为高电平。然而从右向左移动时，信号 2 在信号 1 的下降沿时为低电平。因此可以用加/减计数器来确定绝对位置。

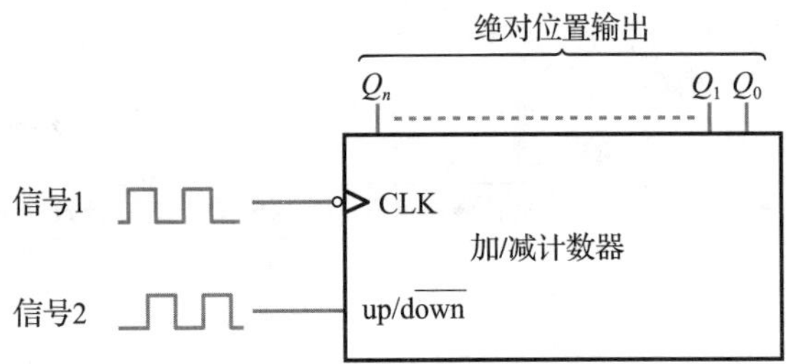

信号 1 送到计数器的时钟，信号 2 与加/减控制输入端相连。从左至右时移动时，计数器加计数，从右到左移动则减计数。根据应用的情况，需要计数器清零来设置绝对值。

实际上，微型计算机对鼠标产生的脉冲计数，而不是由外部硬件计数器计数。其原理是相同的。◀

25.8.5　行波计数器的传播延迟

尽管行波计数器结构简单，但有一个很大的缺点，尤其在高速运行时该缺点特别明显。因为触发器的翻转是由前级状态的转移触发的，所以每个触发器产生的延迟沿着链路逐级累加。每级触发器在输入变化时，需要一定的时间响应，这便是传播延迟时间 t_{PD}。对于 n 级行波计数器，计数器需要 $n \times t_{PD}$ 的时间来响应，输出稳定的计数值。如果在计数器响应输入还没有产生稳定计数值之前读取计数器，计数值就是错的，因为这时部分触发器的状态已经改变了，其他的触发器还没有来得及完成状态转移。因此使用计数器时，需要限制最高的时钟频率。如果在最后一级触发器响应之前，第一级触发器就接收了时钟脉冲，计数器一定会出错。

25.8.6　同步计数器

采用同步技术可以解决行波计数器的传播延迟问题。将计数器的所有触发器连接到同一个时钟信号，使所有的触发器同时完成状态转移。这样，在时钟信号变化后的短时间内，所有触发器都会完成状态转移，从而可以读出计数器的值。

显然，如果计数器的所有触发器都连接到同一时钟，那么必须采取措施来确定哪些触发器要改变状态，哪些触发器的状态保持不变。如图 25.40 所示为一个 4 级计数器的输出。根据这个序列，我们可以确定输出的变化规则。可以用若干个边沿 J-K 触发器构成计数器，使电路输出变化规则符合要求。因为所有的触发器是同时触发的，触发器会按照时钟边沿前一刻的输入进行状态转移。由于产生输入信号的电路会有短暂的延迟，这就确保了触发器在响应时输入信号是稳定不变的。

时钟脉冲编号	Q_3	Q_2	Q_1	Q_0	时钟脉冲编号	Q_3	Q_2	Q_1	Q_0
0	0	0	0	0	11	1	0	1	1
1	0	0	0	1	12	1	1	0	0
2	0	0	1	0	13	1	1	0	1
3	0	0	1	1	14	1	1	1	0
4	0	1	0	0	15	1	1	1	1
5	0	1	0	1	16	0	0	0	0
6	0	1	1	0	17	0	0	0	1
7	0	1	1	1	18	0	0	1	0
8	1	0	0	0	19	0	0	1	1
9	1	0	0	1	20	0	1	0	0
10	1	0	1	0					

图 25.40　4 级加法计数器的输出序列

- Q_0：每来一个时钟脉冲，都会翻转。实现起来很简单，将 J 和 K 连接到 1，这样触发器 0 就会每来一个时钟脉冲就翻转一次。
- Q_1：当 Q_0 为高电平时，Q_1 输出端在每个时钟脉冲到来之后都要改变状态。实现方法是，把触发器 1 的 J 和 K 同时接在 Q_0，当 Q_0 为高电平时，Q_1 翻转，Q_0 为低电平时，Q_1 状态保持不变。
- Q_2：当 Q_0 和 Q_1 同时为高电平时，Q_2 在每个时钟脉冲到来之后都改变状态。实现方法是，将 Q_0 和 Q_1 相与后相连到触发器 2 的 J 和 K 端。
- Q_3：当 Q_0、Q_1 和 Q_2 都为高电平时，Q_3 在每个时钟脉冲到来之后改变状态。实现方法是，将 Q_0、Q_1 和 Q_2 相与，然后接到触发器 3 的 J 和 K 端。

由此得到的逻辑电路如图 25.41 所示。

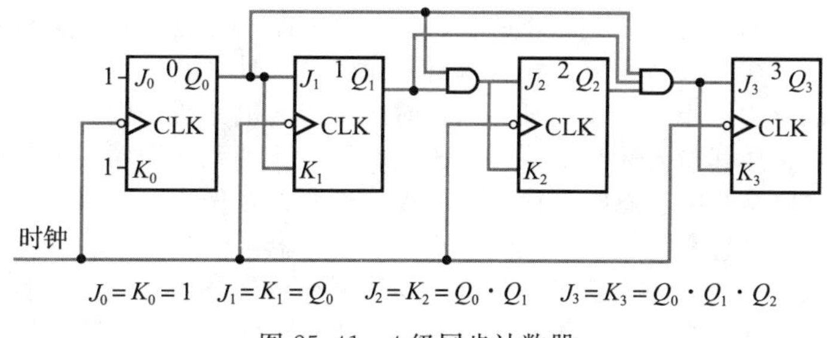

图 25.41　4 级同步计数器

显然，这种方法可以推广用于构成任意级数的同步计数器。随着计数器级数的增加，与运算的信号数随之增多。注意，计数器某一级触发器 J、K 输入端需要的信号就是其前一级触发器 J、K 端输入信号与输出相与，因此信号数增多的问题便得以解决，简化了电路，如图 25.42 所示。必要时可以在电路中加入多级相同的电路对计数器进行扩展。

与构建行波计数器的方法类似，同步计数器也可以构成加法计数器、减法计数器、加法/减计数器和模 N 计数器。同步计数器的优点在于所有的输出同时发生变化，因此在输出变化之后很短的时间内就可以读取到正确的计数值；缺点是比行波计数器复杂，但是可以工作在更高的时钟频率。

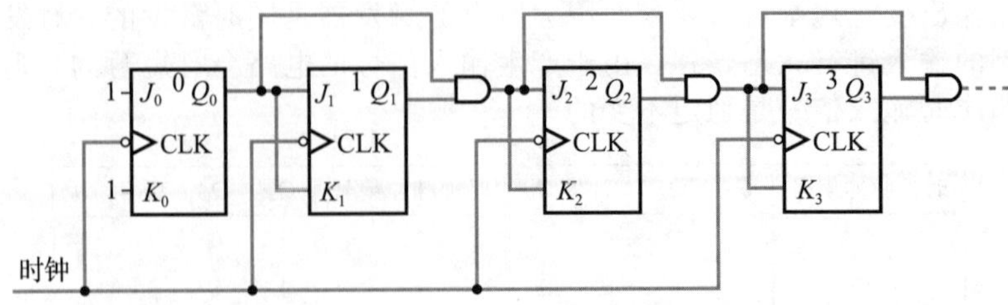

图 25.42　级联的 4 位同步计数器

25.8.7　集成电路计数器

虽然用门电路或者触发器构建计数器很容易，但常用的是在一片芯片中集成了计数器所有功能的专用集成电路。同步和异步计数器的种类很多，电路特征也多种多样。除了加法、减法和加/减计数器外，还有二进制、十进制以及 BCD 计数器。典型的电路可能在一个芯片中集成 4～14 位计数器或者多个相互独立的计数器。某些计数器允许人为地对其电路进行清零或者预置特定的数值。

大多数的集成计数器可以级联，构成更长位数的计数器。方法是：使用行波计数器，将其前一级最高位用作下一级的时钟输入。图 25.43 以 4 级级联的 BCD 计数器说明了这种结构的原理。该计数器的每个数位都可以用来驱动独立的 BCD 数码显示管。用同步计数器，也就是同一个时钟信号作用于所有各级触发器的计数器，加上适当的信号就可以将多个计数器连接起来了。

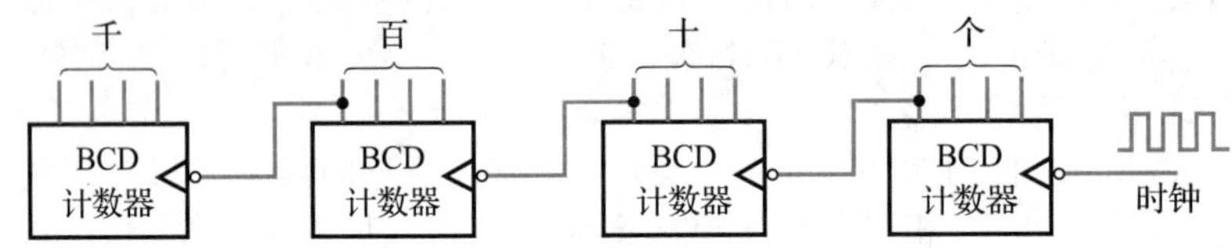

图 25.43　级联异步 BCD 计数器

25.9　时序逻辑电路的设计

在这一章中，我们了解了一些基本的双稳态时序电路，并且探讨了如何将它们用于如计数器之类的系统中。在这最后一节，我们将研究如何设计时序电路，使其具有特定功能。

时序系统可以分为同步与异步两种。同步时序系统的电路受主时钟的控制，只在同步时钟信号变化时，才关注其输入端与内部各级的状态值。这种系统通常由时钟控制的双稳态电路构成。而异步时序系统中没有时钟信号，输入信号变化在任意时刻都有可能影响到系统的内部状态与输出值。这种系统通常由无时钟双稳态锁存器或者在反馈回路中的延时电路单元作为存储器件构成。一般来说，由于异步电路易受时序的影响且不稳定，因此，同步电路的设计比异步电路的设计更为直观。因此，我们将主要研究同步时序电路的设计。

25.9.1　同步时序系统

时序电路系统设计所采用的方法，在很大程度上受问题本身的特点和问题定义方式的影响。在此，我们将讨论本章前面已经介绍过的模块化设计方法。

系统状态

首先需要解决的问题是，确定系统内存在的所有系统状态。在这里，状态指系统内部状态和输出变量的组合。

状态转换图

在简单系统中，系统状态可以直接从问题的定义中推出，但在复杂的系统中，可能需要使用状态转换图来对系统进行建模。如图 25.44 所示为一个简单例子，给出了 J-K 触发器的状态转换图。

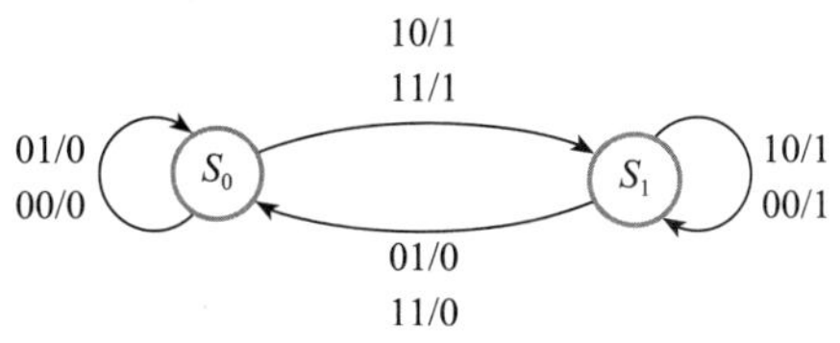

图 25.44　J-K 触发器的状态转图

J-K 触发器有两个输入端（J 和 K），一个输出端（Q）和分别对应于 $Q=0$ 与 $Q=1$ 的两个状态。两个状态分别称为 S_0 和 S_1，在状态图中以两个圆圈表示。连在两个圆圈之间的线代表两个状态之间可能发生的转换，而连线旁边的标记表示状态转换所需要的输入条件和转换后的输出值。标记输入条件和输出的符号为 JK/Q。状态图中还画出了状态自身转换的线。此时线旁的标记表示系统停留在这个状态所需要的输入以及在这个状态时产生的输出。

从图中可以看出，当电路处于 S_0 状态，输出 $Q=0$，如果 JK 为 01 或 00，那么电路将维持在 S_0 状态。如果 JK 为 10 或 11，那么 S_0 将转换为 S_1，输出变为 1。状态图里还有其他状态转移情况，状态转移符合本章前面介绍的 JK 触发器功能。

上例中的两个状态命名是任意的，反过来标记状态，状态图是一样的。大多数的时序电路状态数超过两个。一个更典型的状态图如图 25.45 所示，其展示了有五个状态变量（$S_0 \sim S_4$）的系统。该电路的工作情况无关紧要，重要的是电路具有两个输入 N(next)和 R(reset)、一个输出 Q。复位端 R 为低电平，N 端为高电平时，在时钟脉冲作用下，电路从一个状态变为另一个状态，一次移动一个状态，循环一圈。输出端 Q 只在 S_0 状态时为高电平，所以在 5 个计数状态中，输出端只有在其中的一个状态是高电平。当 R 为高电平时，电路变换为 S_0 状态且输出端为高电平，并且在 R 为高电平期间一直停留在 S_0 状态。因此这是一种模 5 可复位计数器。

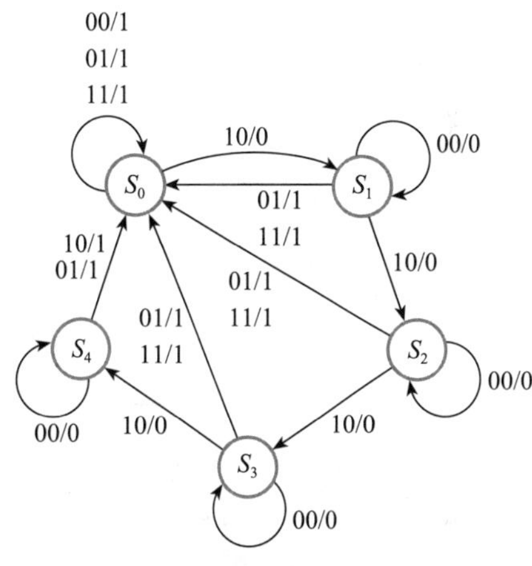

图 25.45　有 5 个状态的系统的状态转换图

系统状态图给出了所有输入组合作用下的状态转移情况，是系统的确切描述，因此不像上面的语言描述那样容易引起误解。

状态转移表

从状态转换图中可以构建一张状态转移表（也简称为状态表或者次态表）。状态转移表列出了系统每个状态在所有的输入组合下，完成的状态转移（次态）。

表 25.1 列出了图 25.44 所示的 J-K 触发器的状态转移表，表 25.2 用无关输入条件列出了简化的状态转移表。表 25.3 列出了图 25.45 所示的模 5 计数器的状态转移表。

表 25.1　J-K 触发器的状态转移表

现态	输入 JK	次态	输出 Q
S_0	00	S_0	0
	01	S_0	0
	10	S_1	1
	11	S_1	1
S_1	00	S_1	1
	01	S_0	0
	10	S_1	1
	11	S_0	0

表 25.2　用无关输入条件简化的 J-K 触发器状态转移表

现态	输入 JK	次态	输出 Q
S_0	$0X$	S_0	0
	$1X$	S_1	1
S_1	$X1$	S_0	0
	$X0$	S_1	1

表 25.3　图 24.45 中的模 5 计数器的状态转移表

现态	输入 NR	次态	输出 Q
S_0	$0X$	S_0	1
	10	S_1	0
	11	S_0	1
S_1	00	S_1	0
	$X1$	S_0	1
	10	S_2	0
S_2	00	S_2	0
	$X1$	S_0	1
	10	S_3	0
S_3	00	S_3	0
	$X1$	S_0	1
	10	S_4	0
S_4	00	S_4	0
	$X1$	S_0	1
	10	S_0	1

状态化简

由状态表 25.3 可以看出，表中的所有状态都是独一无二的，并且对于不同的输入组合会有不同的输出响应。但是也有例外，表 25.4 给出了一个输入 7 个状态的系统。

表 25.4　有冗余状态的系统的状态表

现态	输入 X	次态	输出 Q
S_0	0	S_0	0
	1	S_1	0
S_1	0	S_2	1
	1	S_3	0
S_2	0	S_0	1
	1	S_3	0
S_3	0	S_4	0
	1	S_5	1
S_4	0	S_0	0
	1	S_5	1
S_5	0	S_6	0
	1	S_5	1
S_6	0	S_0	0
	1	S_5	1

仔细观察表 25.4，可以看出状态 S_4 和状态 S_6 是完全相同的。在这两种状态下，当输入为 0，下一个状态为 S_0，输出为 0；当输入为 1，下一个状态为 S_5，输出为 1。因此，我们可以将表中的状态 S_6 去掉，并将次态中的所有 S_6 换成 S_4。替换完成后，可以发现 S_3 和 S_5 也是完全一样的，所以可以去掉 S_5，并将次态中的所有 S_5 换成 S_3。替换过程如表 25.5 所示。

表 25.5　有冗余状态的系统的状态表化简

现态	输入 X	次态	输出 Q
S_0	0	S_0	0
	1	S_1	0
S_1	0	S_2	1
	1	S_3	0
S_2	0	S_0	1
	1	S_3	0
S_3	0	S_4	0
	1	$S_5 \to S_3$	1
S_4	0	S_0	0
	1	$S_5 \to S_3$	1
$S_5 \to S_3$	0	$S_6 \to S_4$	0
	1	S_5	1
$S_6 \to S_4$	0	S_0	0
	1	S_5	1

冗余状态去除后，系统剩下 5 个状态，如表 25.6 所示。

表 25.6　去除表 25.4 中的冗余状态的系统的状态表

现态	输入 X	次态	输出 Q
S_0	0	S_0	0
	1	S_1	0
S_1	0	S_2	1
	1	S_3	0
S_2	0	S_0	1
	1	S_3	0
S_3	0	S_4	0
	1	S_3	1
S_4	0	S_0	0
	1	S_3	1

状态分配

在设计的最后，系统的每个状态都必须用一个唯一的内部变量组合表示。显然，变量数取决于状态的个数。在多数情况下，用触发器的输出表示变量。在这种情况下，所需要的触发器的最少个数 N 与状态数 S 的关系为：

$$2^N \geqslant S$$

因此，一个有两个状态的系统可以用一个触发器实现。有 3～4 个状态的系统需要两个触发器，有 5～8 个状态的系统则需要 3 个触发器来实现，以此类推。

前面的模 5 计数器有 5 个状态，所以至少需要 3 个触发器。触发器数量确定后，需要给每个状态输出分配一个唯一的组合。如果用 A、B、C 三个字母代表三个触发器的输出

Q，就可以用3位二进制数 ABC 代表3个触发器的输出。可以用000表示状态 S_0，001表示状态 S_1，等等。在同步时序电路中，任意一种状态分配都会有一个对应的系统。合理的状态分配会使电路更简单。但是，随后我们会看到，对于异步时序电路，情况不一样，在状态分配时必须将其导致的结果稳定性考虑进去。表25.7就是一种模5计数器的状态分配。表25.8是用变量表示状态的状态转移表。

表 25.7　图 25.45 中模 5 计数器的状态分配表

状态	内部变量 ABC	状态	内部变量 ABC
S_0	000	S_3	011
S_1	001	S_4	100
S_2	010		

表 25.8　图 25.45 中模 5 计数器的状态转移表

现态 ABC	输入 NR	次态 ABC	输出 Q
000	0X	000	1
	10	001	0
	11	000	1
001	00	001	0
	X1	000	1
	10	010	0
010	00	010	0
	X1	000	1
	10	011	0
011	00	011	0
	X1	000	1
	10	100	0
100	00	100	0
	X1	000	1
	10	000	1

激励表

状态转移表标明了每一种状态在所有的输入变量组合作用下，所产生的状态转移。从状态转移表设计系统，需要决定所采用的触发器类型，然后，为了产生所要求的状态转移，确定每个触发器输入。

假设使用J-K触发器实现模5计数器。J-K触发器的状态转移可以根据表25.2推导出来。修改表25.2，得到从一个状态转移到另一个状态所需要的输入组合，如表25.9所示。

结合表25.9所给的J-K触发器激励表和表25.8所给的状态转移情况，我们可以推导出三个触发器所需要的控制信号。

表 25.9　J-K 触发器的控制输入

现态 Q_n	次态 Q_{n+1}	所需的控制输入 J	 K
0	0	0	X
	1	1	X
1	0	X	1
	1	X	0

先看表 25.8 的第一行，当现态为 000(ABC)，输入为 0X(NR)时，次态也是 000。也就是说，在这种变量和输入组合时，三个触发器都从 0 变为 0(即保持在 0)。这种转移在表 25.9 的第一行给出，因此 3 个触发器的 J 输入端必须为 0，而 K 输入端的值并不重要(无关)。

再看表 25.8 的第二行，当现态为 000，输入为 10 时，次态为 001。因此触发器 AB 跟前面的一样仍是从 0 变为 0(要求 $J=0$，$K=X$)，但触发器 C 从 0 变为 1，由表 25.9 可知，要求 $J=1$，$K=X$。对状态转移表的每一行重复上面的过程，求出每一行中 3 个触发器所需要的 J、K 输入值。这就可以做成一个激励表，如表 25.10 所示，其中 J_A 是触发器 A 的 J 端输入，K_B 是触发器 B 的 K 端输入，以此类推。这张表同样给出了每种组合的系统输出。

表 25.10　图 25.45 中模 5 计数器的激励表

现态 ABC	输入 NR	次态 ABC	触发器输入 J_A	K_A	J_B	K_B	J_C	K_C	输出 Q
000	0X	000	0	X	0	X	0	X	1
	10	001	0	X	0	X	1	X	0
	11	000	0	X	0	X	0	X	1
001	00	001	0	X	0	X	X	0	0
	X1	000	0	X	0	X	X	1	1
	10	010	0	X	1	X	X	1	0
010	00	010	0	X	X	0	0	X	0
	X1	000	0	X	X	1	0	X	1
	10	011	0	X	X	0	1	X	0
011	00	011	0	X	X	0	X	0	0
	X1	000	0	X	X	1	X	1	1
	10	100	1	X	X	1	X	1	0
100	00	100	X	0	0	X	0	X	0
	X1	000	X	1	0	X	0	X	1
	10	000	X	1	0	X	0	X	1
101	XX	XXX	X	X	X	X	X	X	X
110	XX	XXX	X	X	X	X	X	X	X
111	XX	XXX	X	X	X	X	X	X	X

可以看出，表 25.10 比表 25.8 多出 3 行。这是因为 3 个触发器有 8 个状态，所以我们必须定义在未使用的状态时系统状态转移情况。这里因为这些状态没有用到，为了简便，所以假设触发器的输入值与这些状态无关。后面会再讨论这个话题。

电路设计

激励表给出了为了实现相应的状态转移，在每个触发器的输入端需要施加的激励信号。设计的最后一步是根据输入和内部变量确定产生这些激励信号的电路和输出电路。这个过程如图 25.46 所示。

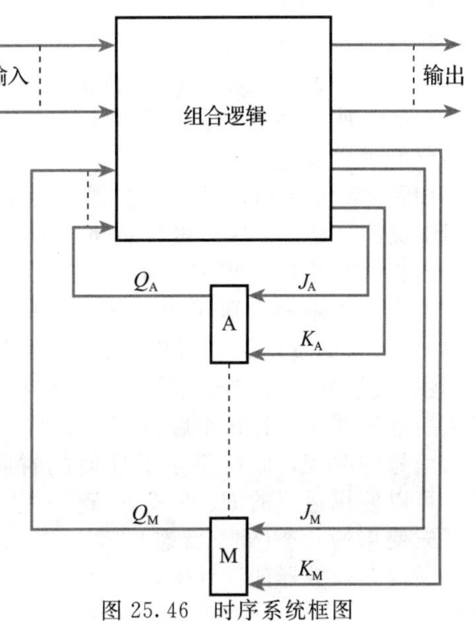

图 25.46　时序系统框图

激励表中某些列是根据系统输入和内部变量(触发器输出)给出了每个触发器需要的输入信号。在简单系统中，可以用卡诺图得到功能表达式。复杂的电路常用自动化的方法(见 24.9 节的说明)。

图 25.47 给出了模 5 计数器的 3 个触发器的 6 个输入信号的卡诺图以及得到的逻辑表

达式。

系统产生输出信号所需要的逻辑可以用输出逻辑表定义，输出逻辑表列出了每种内部状态和输入的组合，并给出相应的输出。在某些情况下，将状态转移表或者激励表与输出结合在一起，会更简单，如前面的例子所示。

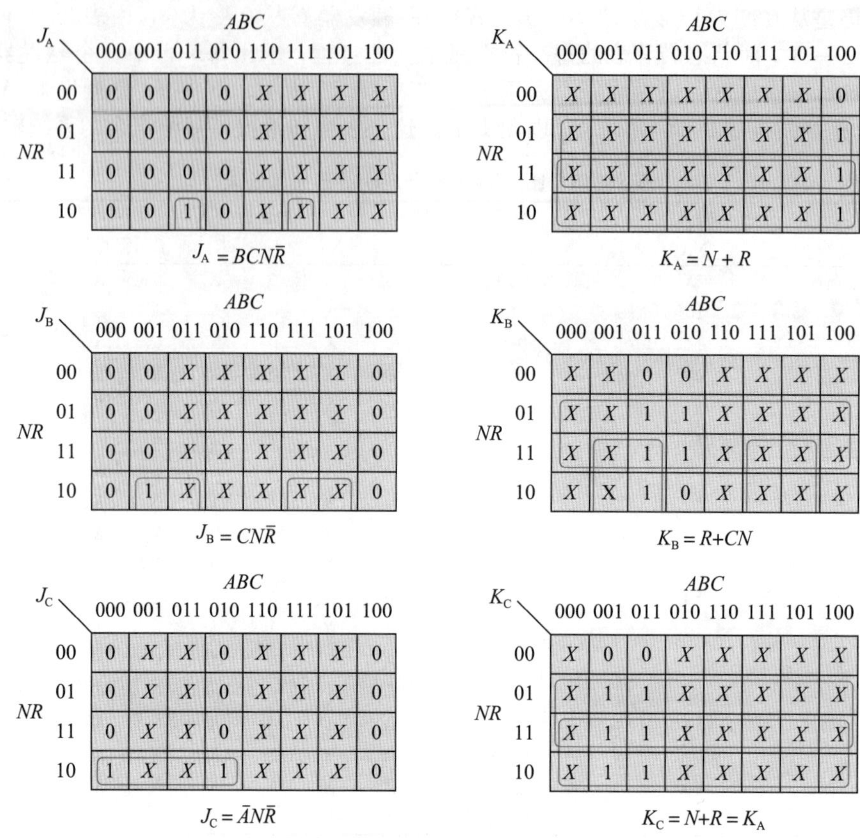

图 25.47　模 5 计数器的触发器的输入信号卡诺图

激励表 25.10 给出了模 5 计数器每个输入和内部状态组合所对应的输出。从中可以得出，设计输出逻辑与设计触发器控制逻辑的方法一样。如图 25.48 所示是所要求逻辑的卡诺图，并给出了简化的逻辑表达式。

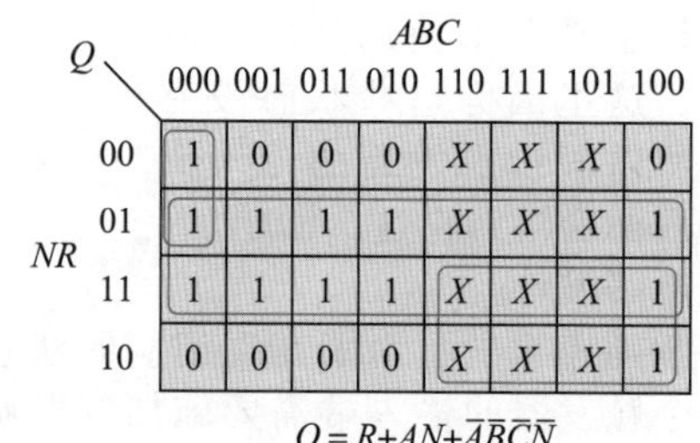

图 25.48　模 5 计数器输出逻辑的卡诺图

如图 25.49 所示，模 5 计数器是用混合的逻辑门实现的。显然，这个设计也可以只用与非门或者或非门来完成，如同例 24.7 和例 24.8 那样。

这个例子中触发器用的是同步 J-K 触发器。可以是主/从触发器，也可以是边沿触发器。当使用主/从触发器时，输入采样发生在状态转移之前，因此防止了任何冒险的发生。当使用边沿触发器时，在每个触发器响应时钟变化、完成状态转移之前，逻辑门的延迟会阻止输入信号的改变，同样阻止了任何的冒险情况。对于其他类型的触发器，比如 R-S 触发器，可以使用适当的 R、S 输入值代替表 25.9 中的 J、K，从而代替 J-K 触发器。

未使用的状态(偏离状态)

在模 5 计数器的设计中，只使用了一部分内部状态。我们只是假设剩下的状态一直没有用到，在系统中这些状态无关紧要。但是，当系统刚开启时，会存在隐患。此时，各触发器随机输出状态，导致系统状态不确定处于哪个状态。因此，计数器可以从任意一个系统状态开始工作，包括那些偏离状态。总之，必须弄清楚这些偏离状态是如何进行状态转移的。

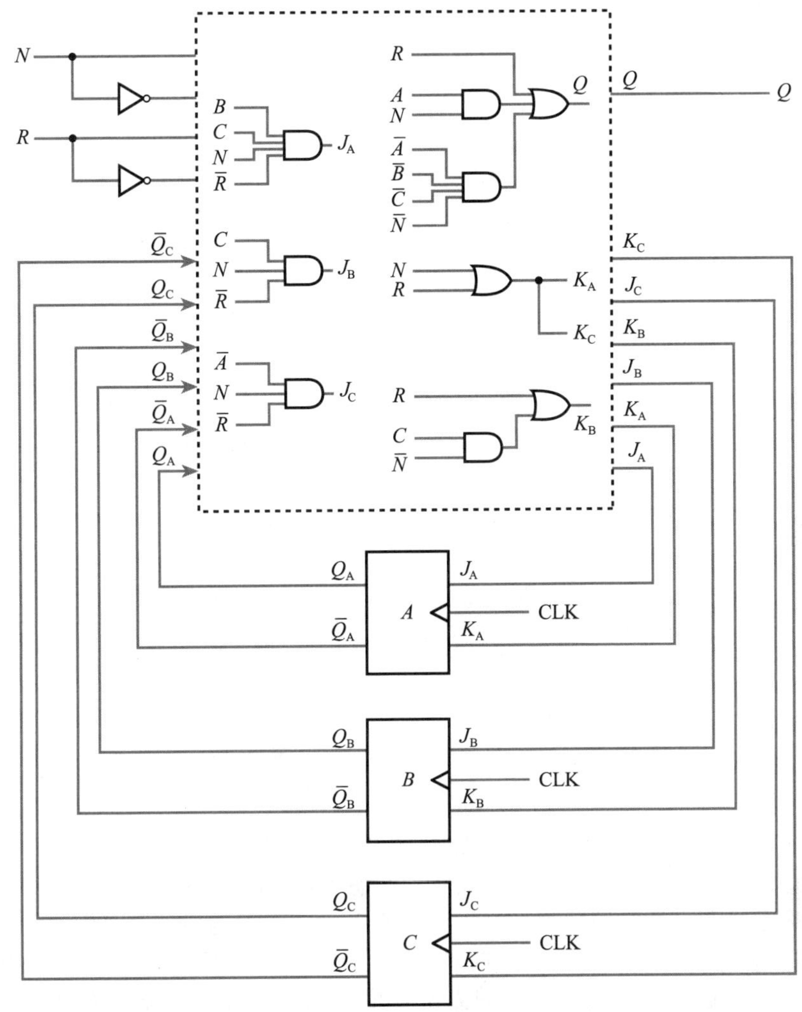

图 25.49　模 5 计数器的电路图

图 25.50 给出了一个简单系统的几种状态图，系统状态图中有五个主循环状态和三个偏离状态。在图 a 和 b 中，偏离状态（S_5 到 S_7）转移到了主循环状态，使系统可以从偏离状态迅速进入正常工作状态。在图 c 和 d 中，偏离状态不都转到有用状态，此种情况下，系统可能“锁定”在一个不按预期工作的不需要的模式。例如图 25.50c 所示系统，如果从状态 S_5、S_6 或 S_7 开始工作，将一直锁定在状态 S_7。

有几种方法可以解决偏离状态的问题。一种是加入额外的电路，使系统电路在上电时处于特定状态。该电路通常很简单，如用阻容网络使触发器的$\overline{\text{PRESET}}$或$\overline{\text{CLEAR}}$输入端在加电时送入一个低电平脉冲。

另一种方法是在偏离状态中控制其状态转移，使它们转移到主循环状态。如图 25.50a 所示，设计者可以在偏离状态中指定状态转移方向，确保该电路在几个时钟后进入主循环状态。这个方法的缺点是常常会使电路变得很复杂，因此设计最简单的系统时常常不用这种方法。

第三种方法是在本节前面设计模 5 计数器所采用的技术。这里，假定系统在偏离状态中的状态转移无关紧要。该技术可以使得电路硬件简单，但电路设计好了后必须检验偏离状态，看看是否可行。这是在电路设计完成后，再反过来分析，将激励表中的任意条件替换成实际值，可以从逻辑函数或卡诺图推导出来。根据完整的激励表，可以推出包括偏离状态的完整状态转换图。

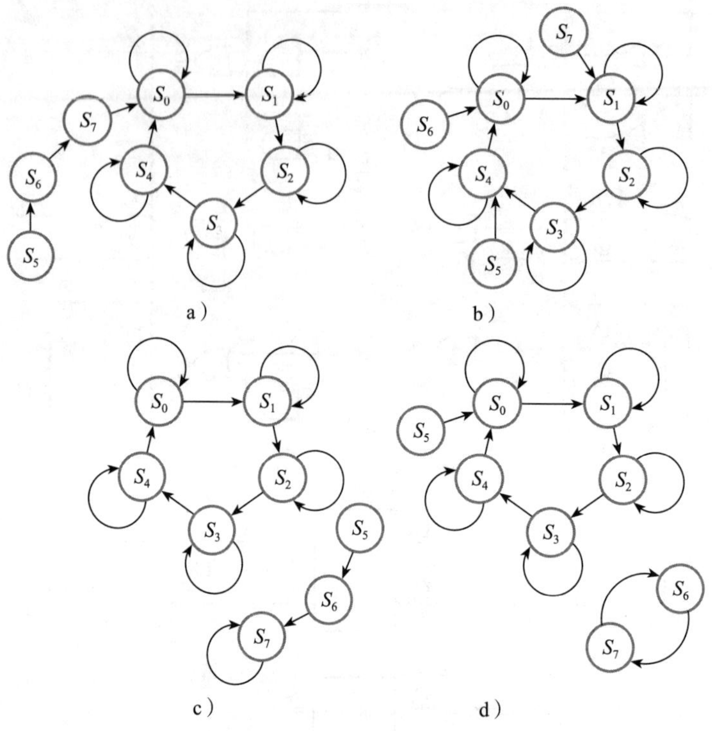

图 25.50　偏离状态的特性示例

图 25.51 为之前设计的模 5 计数器完整的状态转换图。系统从状态 S_5、S_6 或 S_7 开始，在两个输入有一个为 1 时，就会马上转到状态 S_0。如果系统从其中的一个偏离状态开始工作，那么系统第一个时钟脉冲不能将计数值 N 加 1，但随后就会正常工作。如果系统不是从 S_0 状态开始工作，也需要几个时钟脉冲才能进入所设计的正确时序。如果不能接受系统这样工作，就需要如前面所述的方法，增加复位电路，使系统在加电时复位到状态 S_0。

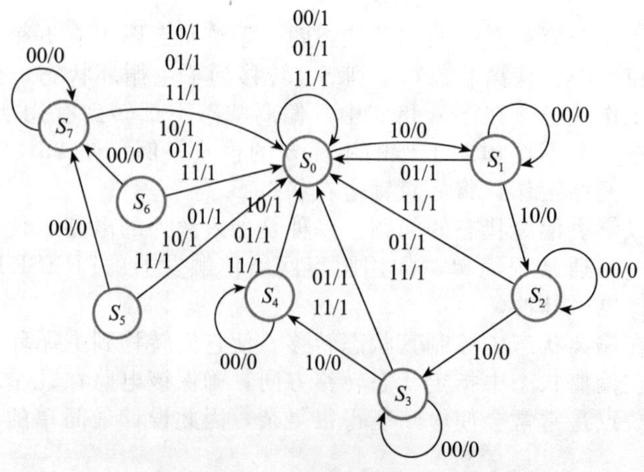

图 25.51　模 5 计数器完整的状态转移图

25.9.2 异步时序系统

在上一节描述的同步时序系统中，内部状态和输出只在时钟变换时更新。在这种系统中，每来一个时钟脉冲，就可能发生一次状态变化，此时输入值和现态决定状态如何转移。异步系统没有时钟，可以在任何时刻响应输入的变化。变化可能引起多个状态之间的转换，就像行波一样影响系统。异步系统中的记忆器件通常是没有时钟的触发器或者提供延迟的逻辑门。逻辑门提供延迟时间作为记忆器件是因为延迟能够在电路中传播，有效地存储了逻辑信号。

在同步时序系统的设计中，信号的时序起着重要的作用，异步时序系统的设计更加复杂。在同步系统中，有时钟到来才会引起状态的改变。然而在异步系统中，状态转移可能发生在任何时间，因此必须将状态设计为稳定的状态。回顾图 25.45 中的同步系统，它说明了这一问题。

假设系统最初的状态是 S_0，并且输入为 $NR=10$，可以看出在连续的时钟脉冲作用下，电路在状态中循环。每来一个时钟脉冲，电路状态变化一次。现在，假设这个状态图是一个异步系统，结果就完全不同了。一旦输入变成了 $NR=10$，电路就会从状态 S_0 进入 S_1。然而，在状态 S_1，输入又会立即将状态变成状态 S_2。这个过程会继续下去，电路在状态中循环，并且循环速度由系统内的延时决定。解决这个问题的方案就是确保一种系统输入使系统进入一个特定状态并保持不变。从该状态进入另一个状态需要改变上述输入才能完成。图 25.52 就是这样的情况。

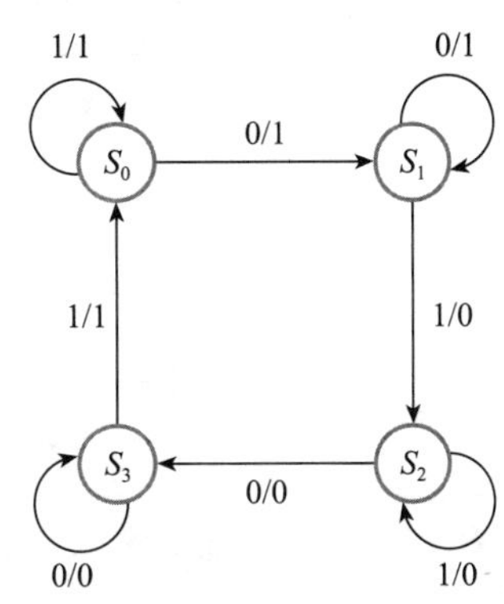

图 25.52　有稳定状态的系统的状态转移图

尽管异步时序系统的设计与同步系统的设计相似，但是要考虑到时序以及稳定性，所以异步系统的设计更加复杂。详细的异步系统设计不在本书范围内，读者可以查阅其他文献。

进一步学习

设计一个数字秒表，能够用 4 个七段数码管显示分辨率为 1s 的分秒数字。秒表由三个按钮来控制——一个开始按钮，一个停止按钮和一个归零按钮。

视频 25D

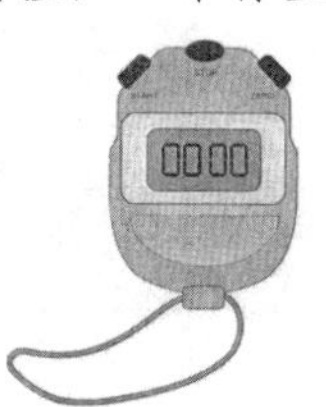

关键点

- 时序逻辑电路拥有记忆的特性，输出不仅取决于即刻输入，还取决于电路所处的状态。
- 最重要的时序逻辑器件是多种类型的多谐振荡器。电路可以划分成三种类型：
  - 一双稳态电路，有两个稳定的状态。
  - 一单稳态电路，有一个稳定的状态，以及一个亚稳态。
  - 一无稳态电路，没有稳定的状态，但是有两个亚稳态的状态。
- 多谐振荡器应用最广泛的就是双稳态电路，分为
  - 一锁存器
  - 一边沿触发器
  - 一脉冲触发(主/从)触发器
- 每种类型的双稳态电路可以按不同的工作特性划分，也就是用符号名称描述的，如 R-S、J-K、D 或者 T 触发器。

- 双稳态电路经常成组用于寄存器或计数器。
- 寄存器是计算机存储器的基础，也用于串并行转换。
- 多种形式的计数器广泛用于定时器及时序功能中。可以用两种基本电路技术构成计数器。
  - 一异步或者行波计数器，某一级时钟是由上一级的输出产生的。一级一级逐级变化，就像行波一样。
  - 一同步计数器，所有各级都是同时变化的，因此所有的输出也是同时变化的。
- 两种技术都可以用于设计加/减计数器。
- 也可以设计模 N 计数器。
- 标准集成电路模块可以简化计数器和寄存器的结构。通常采用级联形式来构成任意长度的单元。
- 既可以用同步技术设计时序逻辑电路，也可以用异步技术设计时序逻辑电路。前者使用时钟信号控制系统的工作；后者没有时钟，并且会在任意时间对输入改变做出响应。
- 同步系统的设计根据问题的特性以及所采用的电路技术不同，分为多个步骤。一个相当直接的方法是使用有时钟的触发器以及适当的组合逻辑。设计流程可能包括：
  - 一定义系统状态
  - 一状态转换图
  - 一状态转移表
  - 一状态化简
  - 一状态分配
  - 一求出激励表
  - 一设计电路
  - 一检查偏离状态
- 异步系统的设计更加复杂，因为要考虑到时序以及稳定性问题。

习题

25.1　解释组合电路和时序电路的区别。

25.2　给出双稳态电路、单稳态电路和无稳态电路的定义。

25.3　解释 R-S 双稳态电路的输入符号 S 和 R 的含义。

25.4　使用两个或非门构成的 R-S 双稳态电路，输入是高电平有效还是低电平有效？

25.5　在什么情况下，开关抖动在数字系统中会引发错误？使用两个或非门设计一个电路消除在开关转换时抖动的影响。

25.6　推出下列电路输出 Q 的波形。

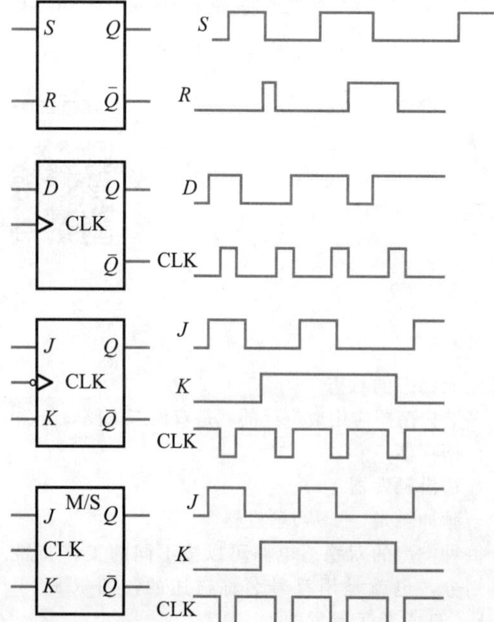

25.7　在时序逻辑中竞争意味着什么？

25.8　解释主/从双稳态电路是如何解决竞争问题的？

25.9　解释可再触发单稳态电路和不可再触发单稳态电路的区别。

25.10　哪种类型的多谐振荡器具有数字振荡器的特征。

25.11　用主/从 D 触发器，设计一个 8 位寄存器，注意输入输出的数字标号。

25.12　说明移位寄存器的工作，解释其如何完成串并行转换和并串行转换。

25.13　解释“同步”计数器和“异步”计数器的含义。

25.14　用后边沿 J-K 触发器设计模 5 的行波计数器。

25.15　仿真设计的练习 25.14 中的电路，证明其功能正确。

25.16　图 25.36 所示的十进制计数器可以用输出 Q_3 将时钟波形的频率降低到 1/10。对于某些应用，它存在一个缺点，即输出的不是方波。试设计一个能输出方波的十分频计数器。提示：上个习题会有帮助。

25.17　仿真上一题的设计方案并证实其功能正确。

25.18　用后边沿 J-K 触发器设计一个模 10 行波减法计数器。电路减小到 0 后可以再置为 9。

25.19　仿真上一题中的设计方案并证明电路功能正确。

25.20　设计一个 4 位二进制加/减计数器，并且在加到最大值时不再增加，减到最小值时不再减小。可以想出这种计数器的应用吗？

25.21　在例 25.2 中我们关注了一个简单的防盗报警器的设计。设计一个更加专业的报警器，能够让房主出门后开启报警器，回来进门后关闭报警器而不触发报警。报警器能够在开关闭合 30s 后开启工作，并允许用户在警铃响起前的 30s 之内关闭报警器。

25.22　设计用 6 个 7 段数码管显示时、分、秒的数字钟。设计电路时应当考虑到时钟显示的是 1 到 12 时，而不是 0 到 11。

25.23　修改习题 25.22 中的设计，使其能够通过按钮来递增秒、分、时，以设置时钟的时间。

25.24　修改习题 25.22 中的设计，用一个开关控制，使得电路既能够以 12 小时的方式工作，也能以 24 小时的方式工作。

25.25　描述传播延时对行波计数器最大工作速度的影响。在同步计数器中是如何避免这些问题的？

25.26　设计一个同步模 5 计数器，该计数器有一个输入 D 和一个输出 Q，当 D 为 1 的时候计数器是加计数，当 D 为 0 时，计数器是减计数。输出 Q 在 5 个状态中的一个输出为 1，在其余状态输出为 0。

25.27　说明下述状态转换图的功能。

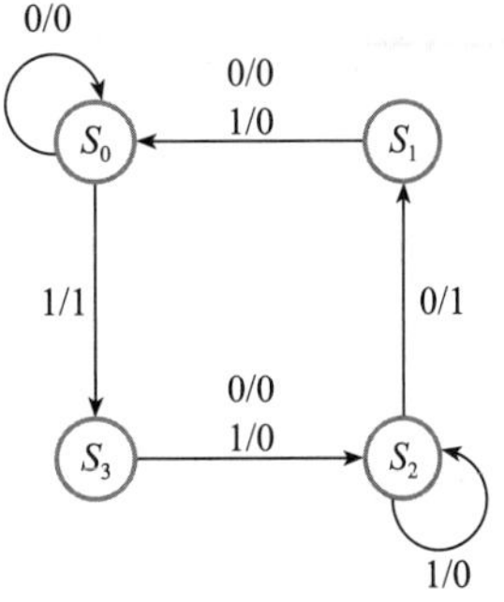

25.28　设计一个同步电路实现习题 25.27 的状态转换图。

25.29　设计一个同步电路实现下述状态转换图。

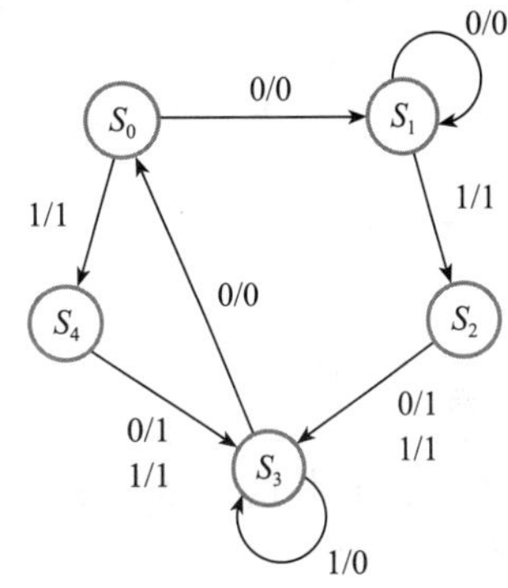

第26章 数字器件

学习目标

学完本章内容后，应具备以下能力：

- 能够解释在逻辑电路构成中双极型晶体管和场效应晶体管的使用
- 列举出不同类型的数字电子器件，并能大体描述其工作方法和特征
- 概述各种 TTL 和 CMOS 器件的结构和特点
- 用适当的 MOSFET 器件设计复杂的 CMOS 逻辑门
- 理解数字系统中噪声产生的基本原因及其影响，并掌握降低噪声的技术

26.1 引言

在前两章中，我们学习了基于标准逻辑门的一系列数字应用。在本章中我们探讨如何用电子电路实现门电路。

早期的半导体工艺只能制造单个晶体管。随着制造工艺的发展，人们能够将一些有源器件集成在一个封装内，多年来，集成电路(IC)的集成度稳步提高。今天，我们能够完全用计算机把数百万的有源和无源器件集成在一个只有几平方毫米大小的芯片上。

虽然现在可以在一个芯片上集成许多电子器件，但有些场合依然只需要应用单个晶体管或少量的元器件。对于集成多个有源器件的电子器件，我们按照其集成度予以分类，表 26.1 给出了根据集成规模定义器件类型的通用分类方法。

表 26.1

集成度	晶体管数量	集成度	晶体管数量
分立器件(ZSI)	1	超大规模(VLSI)	$10^5 \sim 10^7$
小规模电路(SSI)	2～30	甚大规模(ULSI)	$10^7 \sim 10^9$
中规模电路(MSI)	$30 \sim 10^3$	吉规模(GSI)	$10^9 \sim 10^{11}$
大规模电路(LSI)	$10^3 \sim 10^5$	太规模(TSI)	$10^{11} \sim 10^{13}$

本章将重点讨论小规模和中规模集成器件的构造，也就是说，我们将探究包含几百个门电路或简单电路的器件构造技术，如触发器、计数器、寄存器。图 26.1 给出了几个典型的逻辑器件及其引脚。第 27 章再探讨更复杂的器件(如微型计算机、存储器以及可编程逻辑器件)的构造，将会发现用到的许多技术是相同的。

尽管现代数字电子器件经过了很多年的发展和改进，但是没有一套理想的逻辑电路能够满足所有的需求。这些年来，很多逻辑器件系列已经展现了各自的优点。比如，有些运行速度快，有的功耗低，还有的噪声容限高。设计者可以选择合适的逻辑器件系列实现具体的应用。本章的内容会帮助设计者正确地选择器件系列。

集成电路逻辑器件系列主要分为两个：

- 基于场效应晶体管的；
- 使用双极型晶体管的(尽管也有器件系列包含两种类型的器件)。

在这一章，在讨论用场效应晶体管和双极型晶体管构成逻辑开关前，我们先着重讨论逻辑门的特性以及用于描述逻辑门特性的术语。我们将学习多种逻辑器件系列并且详细研

究两个最重要的逻辑器件系列——晶体管——晶体管逻辑(TTL)和互补金属氧化物半导体逻辑(CMOS)。这一章的最后讨论噪声对于数字电路的影响。

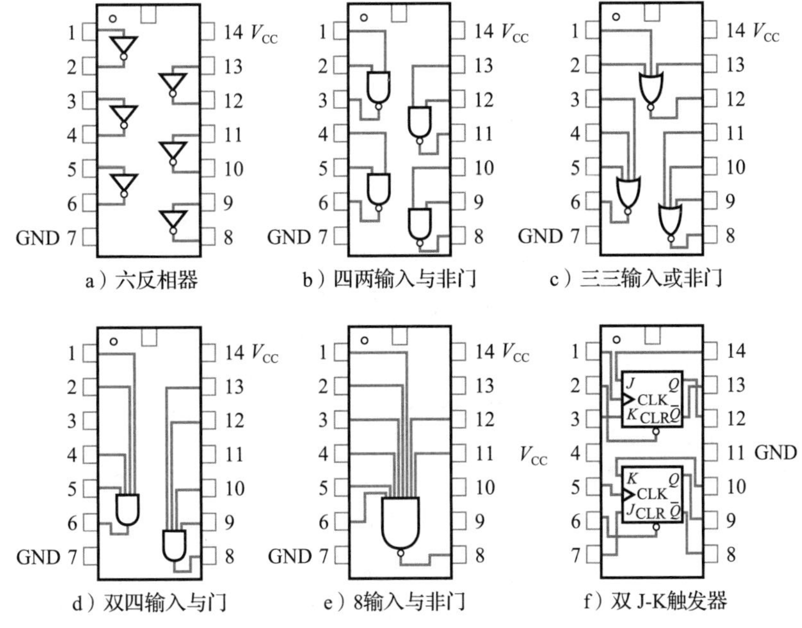

图 26.1 典型的逻辑器件及其引脚

26.2 门的特性

我们已经学习过许多不同类型的逻辑门(如与门、或门、反相器(非门))。实现门的电路是不同的，所以门也是不同的。因为门的实现方式不同，其特性就会有很大的差异。为了进一步理解这一问题，我们先讨论最简单的逻辑门——反相器或者非门。

26.2.1 反相器

在前几章讨论线性放大器的特性时，我们知道所有的实际放大器有受到电源电压限制的输出摆幅。经典的线性反相放大器具有如图 26.2 所示的特性。如果要使用该线性放大器，就必须限制其输入，使器件的工作状态保持在线性区内。

我们同样可以使用如图 26.2 所示的放大器作为一个逻辑器件。如果控制器件的输入信号使放大器工作在线性区之外，输入就有两段电压范围，如图 26.3 所示。可以将这两个范围表示成对应的两种输入状态——0 和 1。

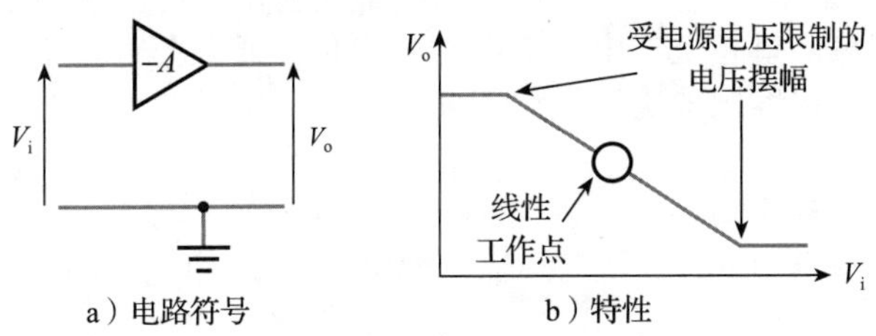

图 26.2 线性反相放大器

显然，当输入电压对应状态 0 时，输出电压就是输出的最大值，输入状态是 1 时，输出电压就是输出的最小值。如果我们选择合适的元件值，就可以使放大器的输出最大值与 0 输入对应的输出一致，放大器的输出最小值与 1 输入对应的输出值一致，如图 26.4a 所示。

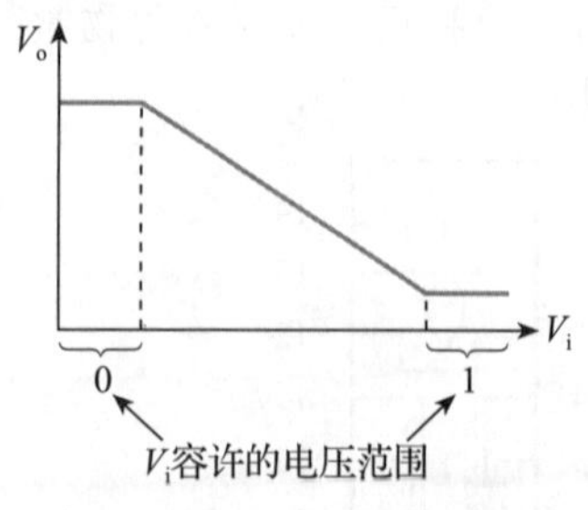

图 26.3　反相放大器用作逻辑器件

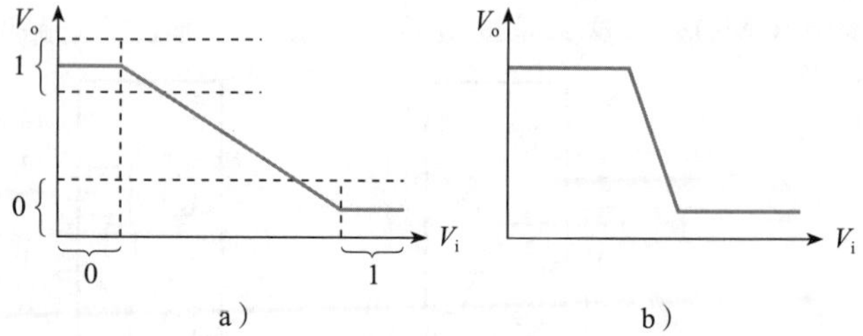

a)　b)

图 26.4　逻辑反相器的传输特性

从图 26.4a 可以清楚看到，当输入为 0 时输出为 1，反之亦然，所以这个电路可以实现反相的功能。当输入输出电压匹配时，电路的输出可以作为类似门的输入。

设计线性放大器时，希望得到较大的线性范围以容许大的输出摆幅。当实现的功能是逻辑反相器时，我们希望线性部分尽可能小，以减小不确定输出的区域。因此这样的电路增益很高，可以从一个状态快速转到另一状态，如图 26.4b 所示。

逻辑反相器可以利用一系列电路技术构成，对其稍加修改就可以构成其他功能的门。相应地，也可以组成更复杂的数字功能。本章稍后将会用逻辑电路实例加以说明。

26.2.2　逻辑电平

图 26.4a 中表示 0 和 1 的电平范围代表了电路的逻辑电平。在许多逻辑门电路中，接近零伏的电平表示逻辑 0，但是允许的电压范围是不同的。表示逻辑 1 的电平范围也有较大的变化，对于一些器件可以是 2～4V，而对于另外一些器件就可能是 12～15V。为了使逻辑门工作兼容，逻辑电平就必须要匹配。

26.2.3　噪声容限

在任何实际系统里总是存在噪声。这会增加逻辑电平电压的随机波动。为了使系统可以容许一定的噪声，与输入端相比，逻辑门电路输出端的 0 和 1 对应的逻辑电平需要有更严格的限制范围。这样才能够确保由于噪声引起的输出信号电压波动不会超出下一个门电路的输入电平范围。因此，电路可以有效地避免小噪声的影响，但是如果噪声幅度足够大以至于超出输出电平允许的范围，就会对电路造成影响。电路可以容许的最大噪声电平称为电路的噪声容限 V_{NI}，也称为噪声裕度。

门电路输入输出端代表的两种逻辑状态的电压范围由以下 4 个参数定义：

- V_{IH}：在输入端逻辑“1”(高)要求的最小输入电压。
- V_{IL}：在输入端逻辑“0”(低)要求的最大输入电压。
- V_{OH}：在门的输出端逻辑“1”(高)要求的最小输出电压。
- V_{OL}：在门的输出端逻辑“0”(低)要求的最大输出电压。

显然，在实际门电路里，上述电压值会有些变化，通常会对每个量定义一个最大值和最小值。逻辑电路的噪声容限取决于一个门输出端逻辑电平的电压与下一个门电路输入端逻辑电平电压的差。因此

$$\text{逻辑 1 的噪声容限 } V_{NIH} = V_{OH}(\min) - V_{IH}(\min) \tag{26.1}$$

$$\text{逻辑 0 的噪声容限 } V_{NIL} = V_{IL}(\max) - V_{OL}(\max) \tag{26.2}$$

其关系如图 26.5 所示。

26.2.4　晶体管开关

视频 26A

各种功能的逻辑门是用不同的晶体管来实现的。在第 18 章和 19 章我们研究了场效应晶体管和双极型晶体管的特性，把它们都作为逻辑开关使用。这两种形式的晶体管都可以作为比较好的开关，但都不理想，而且二者的特性也有一些区别。

场效应晶体管逻辑开关

MOSFET 是场效应晶体管在数字电路应用中的主要形式。在模拟应用中常常把这类器件称为场效应晶体管，而在数字系统中更多地是称为 MOS 器件，以强调它的结构原理而不是工作原理。

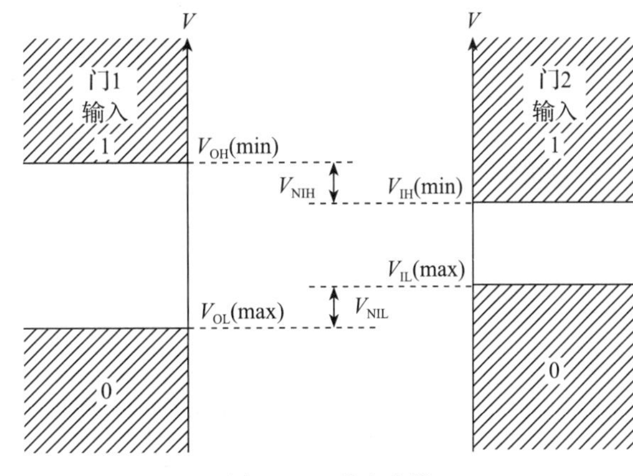

图 26.5　噪声容限

由于 MOSFET 优良的开关特性，绝大多数的现代数字电路基于 MOSFET 制作。用 MOS 技术的电路和用双极型晶体管的电路相比，主要优点是 MOS 器件的制造更简单、成本更低。每一个 MOS 门电路占用的硅片面积很小，在给定的芯片面积上可以集成更多器件。当用于 COMS 门电路时，MOSFET 构成的逻辑电路的功耗极低。这大大降低了电路需要的散热，并且提高了封装密度。

在数字技术发展早期，MOS 电路比双极型电路的工作速度要慢。但是现代器件的工作速度极快，在数字应用中 MOSFET 在很大程度上取代了双极型晶体管。

当 MOSFET 作为逻辑开关时，要确保它处在两个状态中之一。首先，MOSFET 能有效地工作在开启状态，从漏极到源极的沟道的阻抗相当小，类似于一个闭合的开关。其次，器件处于关闭状态时，器件的有效阻抗非常大，类似于一个断开的开关。

图 26.6a 所示为 MOSFET 作为逻辑开关。电路的输入限制为接近零伏或是接近电源电压 V_{DD}。当输入电压接近零电位，MOSFET 关断，漏电流非常小，可忽略。因而输出电压接近电源电压 V_{DD}。当输入电压接近 V_{DD}，MOSFET 开启，输出电压下拉至零电位。所以，电路是一个简单的逻辑反相器，电压接近 V_{DD}代表逻辑 1，接近零电位代表逻辑 0。

图 26.6b 给出的是反相器施加的脉冲激励及其相应的漏电流和输出电压波形。从图中可以看到输入电压变化和输出响应之间有延时。因为产生的不是理想的方波，我们通常将波形由 0 变为 1 所需要的时间称为上升时间 t_r，指波形从 10%上升到 90%占用的时间，由 1 变为 0 需要的时间称为下降时间 t_f，指波形从 90%下降到 10%对应的时间，如图 26.7 所示。

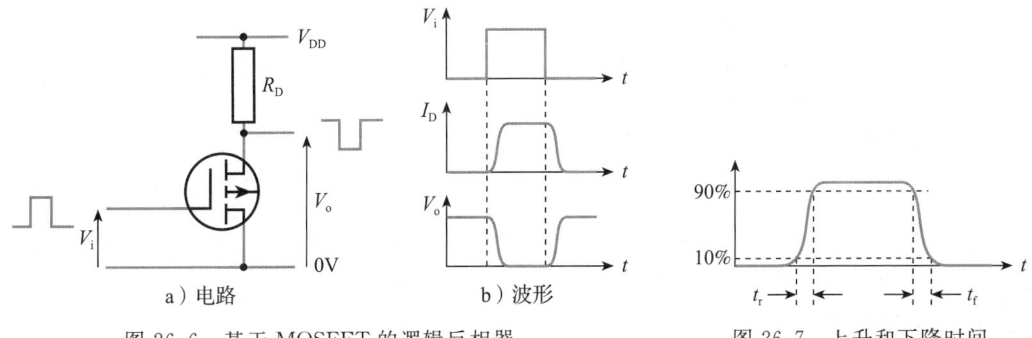

图 26.6　基于 MOSFET 的逻辑反相器

图 26.7　上升和下降时间

图 26.6a 所示电路基本上不会用在集成电路中，因为其中的电阻所占的电路面积比较大，成本高(如 18.7.4 节所述)。同时，电路的响应速度慢，当 MOSFET 关断时，漏端电阻为一个相当高的输出电阻，对电路电容充电很慢。这个问题可以采用 CMOS 门有效地解决(正如在 18.7.5 节介绍的那样)，通过推挽式电路，电路在任一输出状态的输出电阻都很低。本章的后面将介绍 CMOS 门。

计算机仿真练习 26.1

通过仿真来测试图 26.6a 所示电路的特性。用 IRF150 MOSFET，取 $R_D=10\Omega$，

V_{CC}=5V。施加合适的输入波形，画出 V_i、I_D 和 V_o 随时间变化的图形。再改用 20Ω 的漏电阻，重复上述步骤，比较两个结果。过大增大漏端电阻尺寸会有什么影响？

双极型晶体管逻辑开关

双极型晶体管也可以用作逻辑开关，图 26.8a 所示为一个简单的逻辑开关。当输入电压接近零伏时，晶体管关断，集电极电流很小，可以忽略，输出电压接近电源电压 V_{CC}。R_B 的存在是为了在输入电压为高电平时开启晶体管，且输出电压等于器件约为 0.1V 的饱和电压。所以，电路为数字反相器，输出电压接近 V_{CC} 代表逻辑 1，输出电压接近零电位代表逻辑 0。

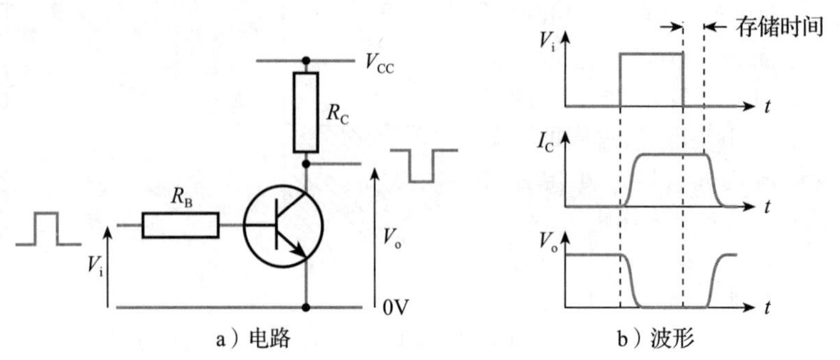

图 26.8　双极型晶体管用作逻辑反相器

图 26.8b 给出的是反相器施加的脉冲激励及其相应的集电极电流和输出电压波形。和 MOSFET 一样，在晶体管中也存在与输入电压变化对应的输出延时。但是，在晶体管中，器件的关断时间比器件的开启时间要长得多。关断时间比开启时间长是源于晶体管的饱和区。饱和区导致大量的少子注入到器件的基区，出现大量的电荷堆积。这种电荷称为饱和区存储电荷。当流入晶体管基极的电流撤走后，在集电极电流下降、器件关断之前，储存的电荷要先移走，就存在一定的延时。该延时时间称为器件的存储时间，并且当器件开启时，随着流入基极电流的加大，存储时间也增大。通用晶体管的存储时间大约 200ns，比存储电荷移走之后器件的关断时间长几倍。

可以用向晶体管的基区加入杂质的方法缩短少子的寿命，以缩短器件的存储时间。通用的方法是注入金属杂质。缩短了存储时间，同样也会减少 h_{FE} 并增大漏电电流。

一些逻辑器件用防止晶体管进入饱和区的方法解决存储时间的问题，因此晶体管的关断时间与开启时间相当。在本章的后面部分，我们讨论的发射极耦合逻辑和肖特基二极管的应用，就是采用这种技术的实例。

计算机仿真练习 26.2

仿真研究图 26.8a 所示电路的特性。器件为 2N2222 晶体管，R_B = 10kΩ，R_C = 1kΩ，V_{CC}=5V。

施加输入波形，画出相应的 V_i、I_c、V_o 随时间变化的波形。换一个基极电阻 R_B = 1kΩ(增大基极电流)，重复上述仿真，比较两次仿真得到的结果。

26.2.5　时间的考虑

传输延迟时间

逻辑门总是由晶体管构成的(场效应晶体管(MOSFET)或者双极型晶体管)，当信号经过这些晶体管时会产生轻微的延迟。显然，信号在不同方向变化，对应的延迟也不同。这里使用两种传输延迟时间描述电路的响应速度。第一种延迟时间是 t_{PHL}，是指输出由高电平变到低电平所用的时间，第二种 t_{PLH} 是指输出由低电平变到高电平所需的时间。有时也用两个时间的平均值 t_{PD} 来表示延迟时间：

$$t_{PD} = \frac{1}{2}(t_{PHL} + t_{PLH})$$

一般情况下，输入的波形不是标准的方波。t_{PHL}是输入信号上升到两个逻辑电平之间 50%的位置与输出信号下降到两个逻辑电平之间 50%的位置的时间差；t_{PLH}是输入信号下降到两个逻辑电平之间 50%的位置与输出信号上升到两个逻辑电平之间 50%的位置的时间差，如图 26.9 所示。

逻辑电路的工作速度受其所驱动的负载影响很大。集成电路接到印制电路板上时，连接在每个输出端的传输路径都是容性负载(除了连接在输出端的器件负载外)。为了使电路输出状态改变，必须对杂散电容进行充电或者放电，并且电路输出级必须设计为能提供足够大的充放电电流。连接在集成电路内部的电路具有较小的负载电容，大概是连接到外部电路负载电容的百分之一。因此，门和其他逻辑电路在驱动集成电路内部元件时比驱动外部元件的工作速度快得多。

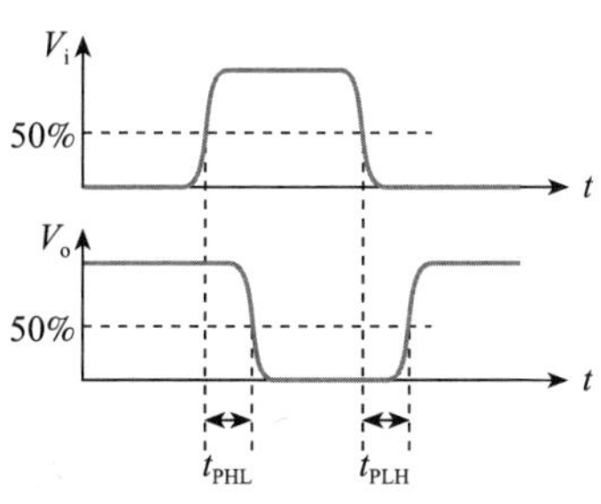

图 26.9　传输延迟时间

建立时间

当逻辑电路有时钟输入信号时(例如触发器)，通常有必要在时钟信号有效前，控制输入提前加到电路上一段时间以保证电路正确工作。在时钟触发前，控制输入信号稳定所需的时间定义为建立时间 t_S。器件制造商通常会为建立时间定义最小的值，可能小于 1ns 也可能大于 50ns。

保持时间

通常要求控制信号(例如在触发器电路中)在时钟到达之后一段时间内不改变。在时钟触发之后要求控制信号必须稳定的那段时间称为保持时间 t_H。一般最小值在 0～10ns。

26.2.6　扇出系数

在许多情况下，逻辑门的输出端连接到后一级多个门电路的输入端。由于每一个输入端从前一级的输出端获得电流，所以输出端可连接的门电路数量是有限的。输出端可以连接的最多的门电路数量定义为扇出系数。显然，扇出系数由门电路的输出电阻和需要驱动的电路的输入电阻决定。由于 MOS 器件的输入电阻很高，所以输入电容很重要。因此 MOS 器件电路的扇出系数通常比双极型晶体管电路的扇出系数大，但有些情况下(例如 CMOS 电路中)，随着输出端负载的增多，门的工作速度也会相应降低。

26.3　逻辑电路系列

视频 26B

通常，每过几年，许多逻辑电路系列就会更新，其中最成功的有：

- 电阻-晶体管逻辑(RTL)电路
- 二极管逻辑电路
- 二极管-晶体管逻辑(DTL)电路
- 晶体管-晶体管逻辑(TTL)电路
- 发射极耦合逻辑(ECL)电路
- 场效应晶体管(金属氧化物半导体)(MOS)逻辑电路
- 互补金属氧化物半导体(CMOS)逻辑电路
- 双极型互补金属氧化物半导体(Bi-CMOS)混合逻辑电路

除了二极管逻辑电路外，其他电路都用于集成电路器件中，历史上曾经常用 RTL 和 DTL 集成电路。二极管逻辑电路主要用于分立器件电路(也就是非集成电路)。

虽然也广泛使用晶体管-晶体管逻辑电路(TTL)，但现在，最常用的逻辑器件是互补金属氧化物半导体逻辑器件(CMOS)。因此，在本章的后面，我们会详细分析这两种逻辑电路的工作。如果我们从基本的电路开始研究电路技术的发展，就会很容易理解这些复杂工艺的工作原理和特性。因此，我们将简要说明上面列出的每种逻辑电路系列。

26.3.1　电阻-晶体管逻辑电路

图 26.8 所示的简单的反相器电路，是电阻-晶体管逻辑电路系列的基本电路。在输入端增加一个晶体管则可以构成两输入或非门，再增加晶体管可以构成更多输入的门电路，如图 26.10所示。适当组合或非门电路和反相器可以构成具有任意逻辑功能的电路。

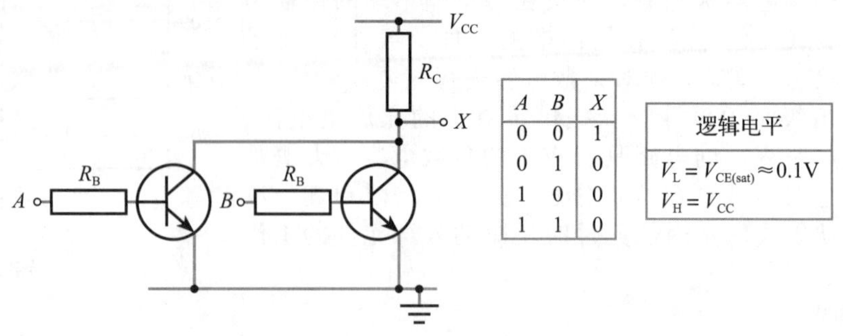

A	B	X
0	0	1
0	1	0
1	0	0
1	1	0

图 26.10　RTL 或非门

由于上一级门的输出是下一级门的输入，因此在 RTL 中，代表逻辑 0 和 1 的电压值是由门的输出电压决定的。代表逻辑 0 的电压值是由晶体管的饱和电压决定的。饱和电位通常为 0.1～0.2V。逻辑 1 的电压值为 V_{CC}。代表逻辑 1 和 0 的电压值通常分别用 V_H 和 V_L 表示(代表逻辑状态的高与低)。用 V_1 和 V_0 或许更好，但容易错误地当成输入输出电压 V_i 和 V_o。

RTL 的优点是简单和紧凑，缺点是噪声容限相当低(即使很小的噪声毛刺加到逻辑 0 的电压上，也能使晶体管导通)和工作速度慢(基极电阻限制了基极驱动电流)。

26.3.2　二极管逻辑电路

二极管的逻辑结构简单，图 26.11 给出了两个电路实例。与门和或门电路都只用二极管和电阻构成。可以在输入端增加二极管从而增加电路的输入。从图 26.11a 中所示的与门电路，可以看出，如果输入电压为零(逻辑 0)和 V_{CC}(逻辑 1)，A 与 B 中只要有一个是低，则输出 X 就会被拉低。只有当 A 与 B 同时为高时，电阻 R 才会将输出拉至高电平。注意，输出端电平在逻辑 1 时为 V_{CC}，跟输入端的高电平电压值一样。但是对于逻辑 0，输出端低电平与输入端低电平电压值不一样，被跨接在输入和输出端的二极管升高了约 0.7V。

在如图 26.11b 所示的或门电路中，A 与 B 中任意一个为高，输出 X 就为高。在这种情况下，逻辑 0 所对应的输出端电压和输入端电压是相同的，但是对于逻辑 1，输出端电压则减小了约 0.7V。

二极管逻辑电路的结构简单，但是在实际应用中，性能较差。当信号经过一系列门电路，逻辑电平逐渐减弱，逻辑 0 对应的电平逐渐升高，逻辑 1 对应的电平逐渐降低，直至两者趋于相同。正因如此，二极管逻辑电路仅仅用于简单的不需要设计复杂的门电路的逻辑运算。

26.3.3　二极管-晶体管逻辑电路

在二极管逻辑电路输出端加一个修正电压的放大器，就可以解决二极管逻辑电路输出电平改变的问题。放大器只需使用一个晶体管，能够放大电压并减小输出电阻，同时还能增大电路的扇出系数。带电压修正的二极管逻辑电路包含二极管和晶体管，所以称为二极管-晶体管逻辑(DTL)电路。图 26.12 给出了 DTL 的例子。

在图 26.11a 所示的与门输出端加一个反相放大器，就得到与非门。但是，图 26.12 的电路并不理想，无论 A 还是 B 为低时，晶体管的基极电压都会降至 0.7V，这一般不会让晶体管截止。

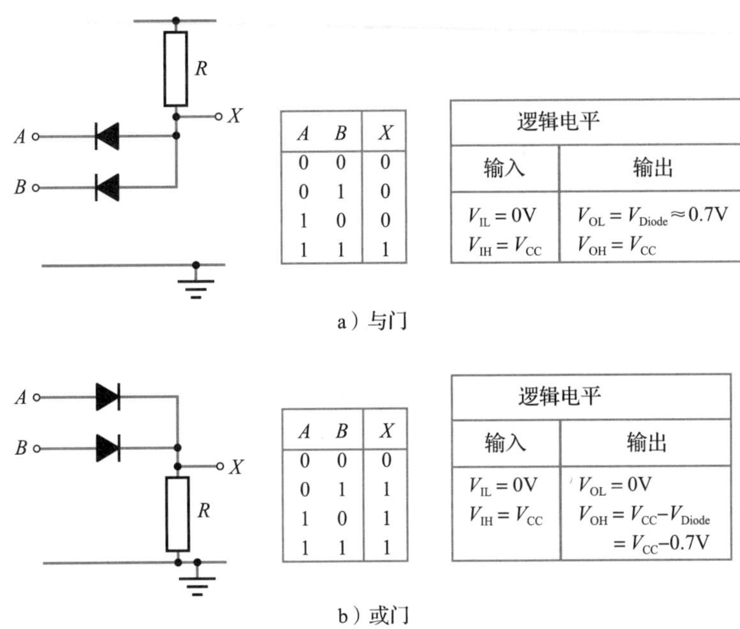

A	B	X
0	0	0
0	1	0
1	0	0
1	1	1

逻辑电平	
输入	输出
$V_{IL}=0V$ $V_{IH}=V_{CC}$	$V_{OL}=V_{Diode}\approx0.7V$ $V_{OH}=V_{CC}$

A	B	X
0	0	0
0	1	1
1	0	1
1	1	1

逻辑电平	
输入	输出
$V_{IL}=0V$ $V_{IH}=V_{CC}$	$V_{OL}=0V$ $V_{OH}=V_{CC}-V_{Diode}$ $=V_{CC}-0.7V$

图 26.11　二极管逻辑电路

在晶体管的基极增加一个二极管就可以解决这个问题，如图 26.13 所示。为了使晶体管导通，Y 点电压值必须比晶体管及其串联的二极管导通电压之和还要大一些。晶体管和二极管的导通电压大约都是 0.5V，当 Y 点的电压超过 1V 时，电阻 R_C 上才会有足够的电流通过。当任意一个输入是逻辑 0 时，Y 点的电压拉低至 0.7V，晶体管截止，输出逻辑 1。

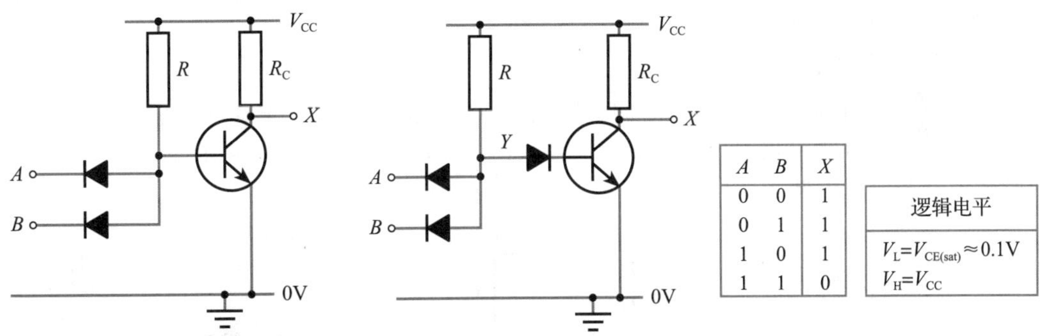

A	B	X
0	0	1
0	1	1
1	0	1
1	1	0

逻辑电平
$V_L=V_{CE(sat)}\approx0.1V$ $V_H=V_{CC}$

图 26.12　简单的 DTL 与非门

图 26.13　DTL 与非门

26.3.4　晶体管-晶体管逻辑电路

图 26.13 所示 DTL 门电路的输入端是由两个背对背的二极管构成的。两个背对背的二极管是 np-pn 结构，可以用 npn 结构的晶体管代替，如图 26.14 所示。因此，可使用晶体管-晶体管逻辑(TTL)电路代替二极管-晶体管逻辑电路。

在图 26.14b 的电路中，两个输入晶体管的基极、集电极是连接在一起的。在集成电路中，图 26.14b 所示电路的两个输入晶体管可以做成单个器件，如图 26.15a 所示。在单个基区内形成若干个发射区就构成多发射极晶体管，如图 26.15b 所示。图 26.15a 所示的电路不能用分立的晶体管实现，所以图中没有在晶体管符号上加上圆圈，表明是集成电路的一部分而不是分立元件。

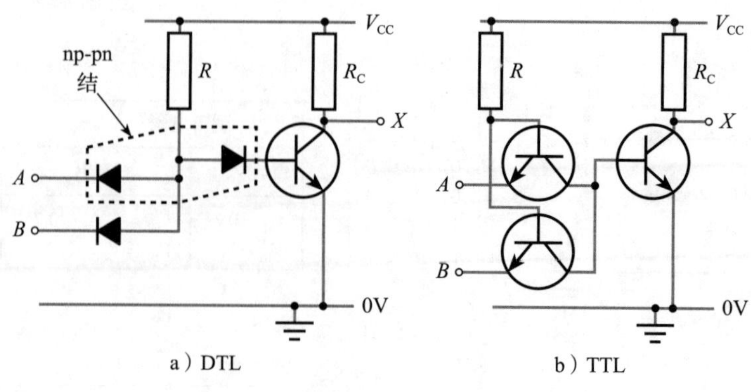

a）DTL　　b）TTL

图 26.14　晶体管代替 DTL 的二极管

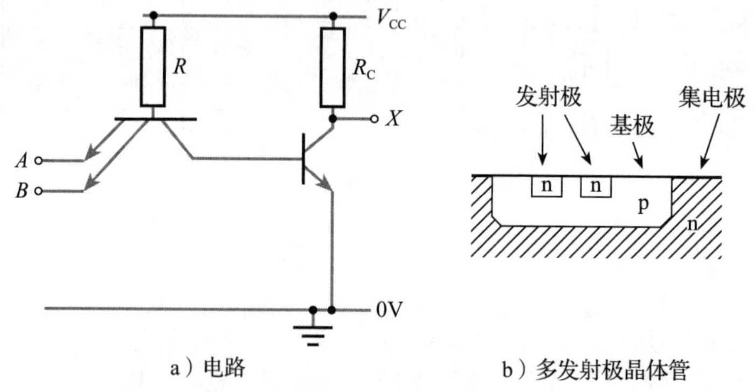

a）电路　　b）多发射极晶体管

图 26.15　TTL 与非门

商用 TTL 门是在图 26.15a 所示电路基础上增加器件以提高电路的速度和驱动能力。26.4 节会详细讨论这种电路。

26.3.5　发射极耦合逻辑电路

在 26.2.4 节我们讨论过存储时间的问题，双极型晶体管进入饱和区，由于存储时间，大大增加了开关时间。我们注意到，一些电路保持晶体管在有源区，防止晶体管饱和，因而解决了存储时间的问题。电路如图 26.16 所示。

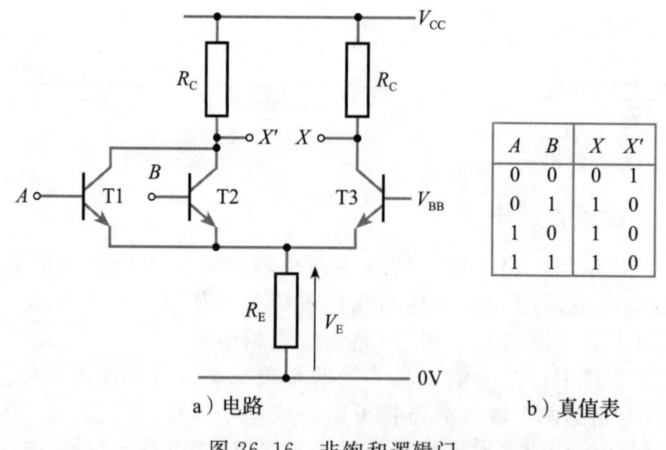

A	B	X	X'
0	0	0	1
0	1	1	0
1	0	1	0
1	1	1	0

a）电路　　b）真值表

图 26.16　非饱和逻辑门

图 26.16 所示的电路类似于图 19.37 的差动放大器，只是增加了晶体管 T1。这种类型的电路称为发射极耦合逻辑(ECL)电路。

在图 26.16 所示电路中加上与 T1 和 T2 并联的晶体管可以得到有更多输入的门。输入端接至 T1 和 T2 的基极，基准电压 V_{BB} 接至 T3 的基极。逻辑电平 V_L 比 V_{BB} 小一点，V_H 比 V_{BB} 大一些。

如果 A 与 B 都是逻辑 0，输入的电压都小于 V_{BB}。T3 导通，晶体管的发射极电压 V_E 为

$$V_E = V_{BB} - V_{BE} \approx V_{BB} - 0.7\text{V}$$

由于 A 与 B 的电压都小于 V_{BB}，T1 与 T2 的基极与发射极之间的电压也就小于 0.7V，T1 与 T2 截止。通过发射极电阻的电流 I_E 为

$$I_E = \frac{V_E}{R_E} \approx \frac{V_{BB} - 0.7}{R_E}$$

电流仅从 T3 流过，因为 T1 和 T2 截止。X 点的电压为

$$V_X = V_{CC} - R_C I_E = V_{CC} - R_C \frac{(V_{BB} - 0.7)}{R_E} \tag{26.3}$$

X' 点的电压约为 V_{CC}。如果 R_C、R_E、V_{BB} 取合适的值，就可以将 T3 保持在有源区内。

如果 A 或 B 是逻辑 1，V_E 则被上拉至 $V_H - 0.7$V，T3 的 V_{BE} 低于 0.7V。逻辑 1 对应的输入晶体管导通，T3 截止。通过输入晶体管的发射极电流为

$$I_E = \frac{V_E}{R_L} = \frac{V_H - 0.7}{R_E}$$

I_E 电流只流过相应的输入晶体管，因此

$$V_{X'} = V_{CC} - R_C I_E = V_{CC} - R_C \frac{(V_H - 0.7)}{R_E} \tag{26.4}$$

V_X 近似于 V_{CC}。同样，选取合适的器件值保证输入晶体管工作在非饱和区。

如果定义 V_{CC} 代表逻辑 1 的电压值，式(26.3)和式(26.4)给出的电压在逻辑 0 的电压范围内，则电路的真值表如图 26.16b 所示。X 表示或门的输出结果，X' 是 X 的反相，表示或非门的输出结果。因此，电路是一个或/或非门。

图 26.16a 所示电路的优点是晶体管永远不会饱和，只是在截止区和恒定电流之间切换。这使得电路的工作速度非常快，因为不存在与晶体管饱和相关的存储时间。

图 26.16a 所示电路的缺点从其表达式可以看出，即输入与输出逻辑电压不相同。这使得输出电压无法作为下一级的输入电压使用。可以在输出端加上电平位移晶体管放大器使输出电平与输入电平相同。通过简单的射极跟随器平移输出电压 0.7V，与基极-发射极之间的电压值相等(大约 0.7V)。选取合适的器件参数可使输入输出逻辑电压相等。图 26.17所示是典型的三输入 ECL 或/或非门电路。

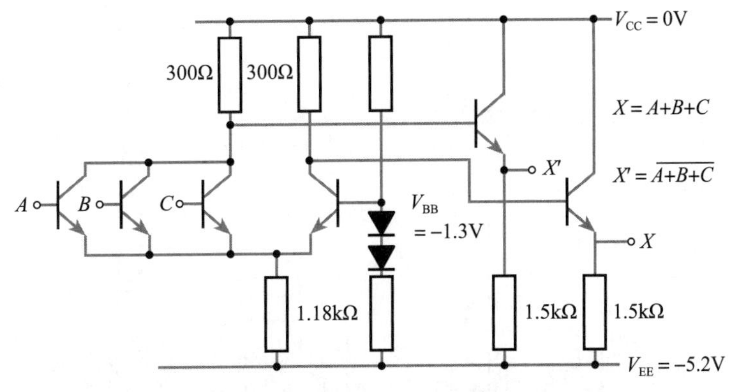

图 26.17　三输入 ECL 或/或非门

与其他逻辑系列相比，ECL 输出的两个逻辑电平之间的摆幅较小。一个结果是导致电路的噪声容限低，大约只有 0.2～0.25V。同样，由于晶体管一直工作在有源区，功耗很

大(一个门大约 60mW)，导致需要散发大量的热量以免电路过热。这限制了集成到单个芯片的电路数量，增加了系统的尺寸和成本。但是，保持晶体管工作在有源区，能够使电路的转换速度大大加快，传输延迟仅为 1ns 数量级。这比饱和逻辑电路快很多，如标准的 TTL，允许电路的时钟频率达到 500MHz 甚至更高。多年来，ECL 一直是速度最快的数字逻辑器件，用于大型的计算机服务器中。但是，现代高速 CMOS 逻辑电路的速度超过了 ECL，同时还拥有很多其他的优势。因此，现在很少用 ECL。

26.3.6 金属氧化物半导体逻辑电路

在图 18.36a 中，我们曾经研究过用 MOSFET 和电阻构成逻辑反相器，但是在集成电路中使用电阻负载是不经济的，所以在图 8.36b 的电路中，使用 MOSFET 作为有源负载。图 26.18a再次给出这个电路，同时也给出了用开关和负载电阻构成的等效门电路。在图 26.18a中用的是 n 沟道 MOSFET 构成 NMOS 反相器的基本结构。p 沟道 MOSFET 可以构成 PMOS 器件。

MOS 技术最大的优点之一是简单。电路中的开关晶体管(区别于作为有源负载的晶体管)工作时近似于理想开关。逻辑电平等于电源电压，有大的输出电压摆幅和好的噪声容限。

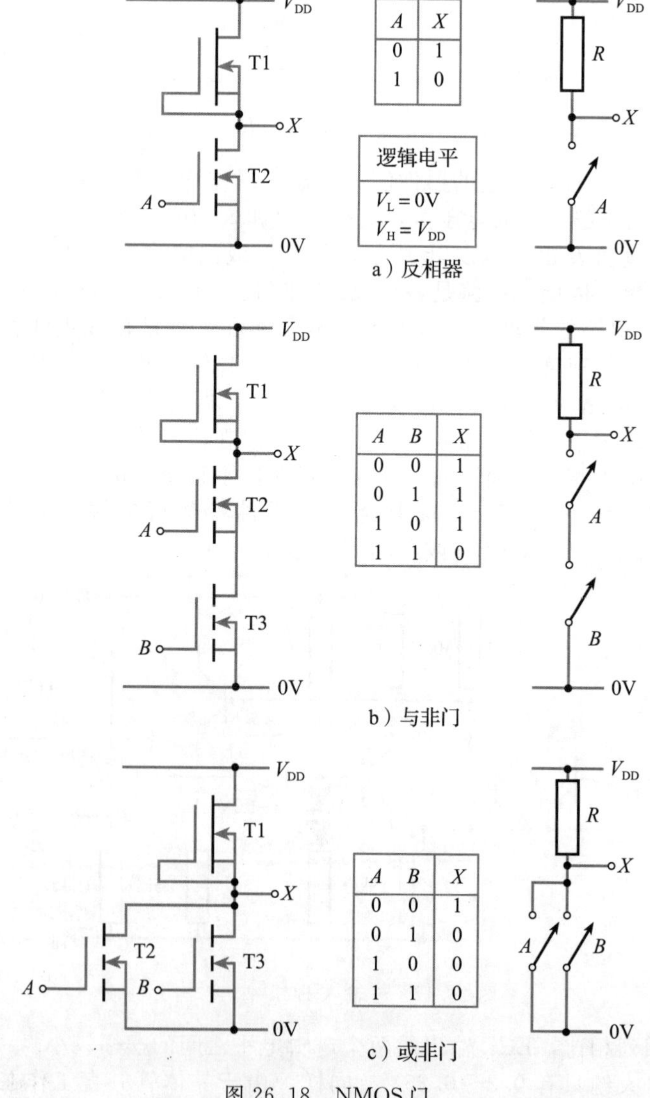

A	X
0	1
1	0

a）反相器

A	B	X
0	0	1
0	1	1
1	0	1
1	1	0

b）与非门

A	B	X
0	0	1
0	1	0
1	0	0
1	1	0

c）或非门

图 26.18 NMOS门

图 26.18a 所示电路的工作原理很简单。当输入电平等于电源电压(逻辑 1)时，晶体管 T2 导通，相当于闭合的开关，输出端电压拉低至 0V。当输入电平为 0V 时，晶体管 T2 截止，负载晶体管 T1 将输出电压拉至高电平，近似电源电压 V_{DD}。

图 26.18a 所示电路结构可以拓展得到其他形式的门电路，与非门和或非门电路都很容易构成。其他功能电路也能用这种电路和基本反相器电路组合构成。图 26.18b 和 26.18c 分别为两输入与非门和或非门电路。在与非门电路中，T2 和 T3 必须都导通(AB 相与为高)，才能使输出拉至低电压。在或非门电路中，当 T2 或者 T3 导通时(AB 相或为高)，输出为低电平。电路也可以拓展得到更多输入的门电路。

当 NMOS 门输出为低电平时，由于输出端通过一个或者多个导通的晶体管短路到地，因此输出电阻很小，电路中存在灌电流。当 NMOS 门输出为高电平时，输出电阻由负载 MOSFET 的电阻决定，电路处于这种状态时负载晶体管的阻抗很低，电路中存在拉电流。门电路的功率消耗也由负载 MOSFET 的阻值决定。当输出为高时，电流通过负载流向输出；当输出为低时，负载晶体管则直接跨接在电源电压和地之间。为了减小功率消耗，负载 MOSFET 阻抗必须尽可能高。因此，电路对负载大小的要求相互矛盾。为了得到低输出电阻和高扇出系数，负载 MOSFET 阻抗必须小，但是为了减小功耗，阻值又必须尽可能大。

NMOS 门的输入阻值很大(一般大于 $10^{12}\Omega$)，在输出阻抗相当高的情况下(通常为 100kΩ)也能够拥有很高的扇出系数(大致 50)，同时功耗也很小。在输出为低电平时，门的功耗比高电平时要高很多，对于简单的门电路，平均约高 0.1mW。然而，高阻输出，再加上很高的输入电容，使这类器件的工作速度相当慢，传输延迟时间大约为 50ns。

26.3.7 互补金属氧化物半导体逻辑电路

上面介绍的 NMOS 门的输出阻抗很高，处于其中一个输出状态时会限制其工作速度。这个问题存在于所有使用单输出晶体管的放大器中(NMOS 门的负载 MOSFET 是用作电阻的)。解决该问题的一个方案是采用推挽式结构(在之前的图 18.37 给出过)。为了方便，图 26.19 重新给出了该电路。

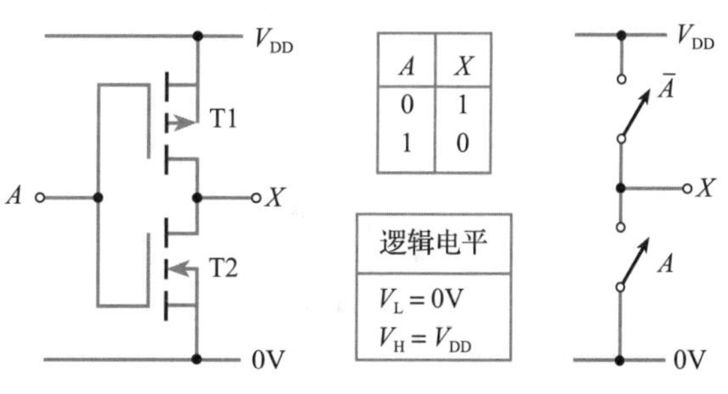

图 26.19 CMOS 反相器

推挽式结构的电路同时使用 n 沟道和 p 沟道器件，因此这种逻辑结构称为互补 MOS(CMOS)逻辑。与 NMOS 电路一样，CMOS 中也是 V_{DD}代表逻辑 1，0V 代表逻辑 0。由于两个晶体管极性不同，给 NMOS 管和 PMOS 管栅极施加相同的电压，两个器件的工作状态也相反。比如，在 NMOS 管和 PMOS 管的栅极输入 V_{DD}电压，NMOS 管导通，PMOS 管则截止。类似的情况，0V 的电压使 NMOS 管截止，PMOS 管则导通。

将两个 MOSFET 的栅极连接在一起，无论输入是高电平还是低电平，电路都是一个 MOSFET 导通，另一个 MOSFET 截止。这种互补结构的电路可以获得低的输出阻抗，对负载电容的充电速度加快，使电路开关速度加快。低的输出阻抗同时也能获得高达 50 的扇出系数。

由于两个晶体管中总有一个处于截止区，因此电源到地之间无直流通路，只有从电源流向输出的电流。由于栅极输入阻抗很高，因此电路的输出电流极小，除非因为输出改变了，需要对栅极输入电容充放电。当电路从一个状态切换到另一个状态时，也有功耗，因为状态变换时，短时间内两个晶体管会同时导通，也就会产生功率消耗。当电路处于静态时，功耗可以忽略不计，但随着状态切换频率变大，功耗也会增加。电路静态时，一个门电路的功耗约为几微瓦，当时钟频率为 1MHz 时大约为 1mW。很明显，即使电路高速工作时功耗也很小。因此对于对功耗要求严格的应用，这种电路结构是很理想的。例如，在用电池工作的场合，推挽式结构的电路非常适用。低功耗同样降低了散热要求，可以允许更多的电路集成在一个芯片上。在 26.7 节，我们将进一步详细地研究功耗。

图 26.19 所示简单反相器可以拓展成具有其他功能的逻辑电路。例如图 26.20 中的两输入与非门和或非门电路。类似于反相器，这些电路都可以提供上拉和下拉输出，具有低的输出电阻，无论哪种输出状态，在电源和地之间都没有直流通路。

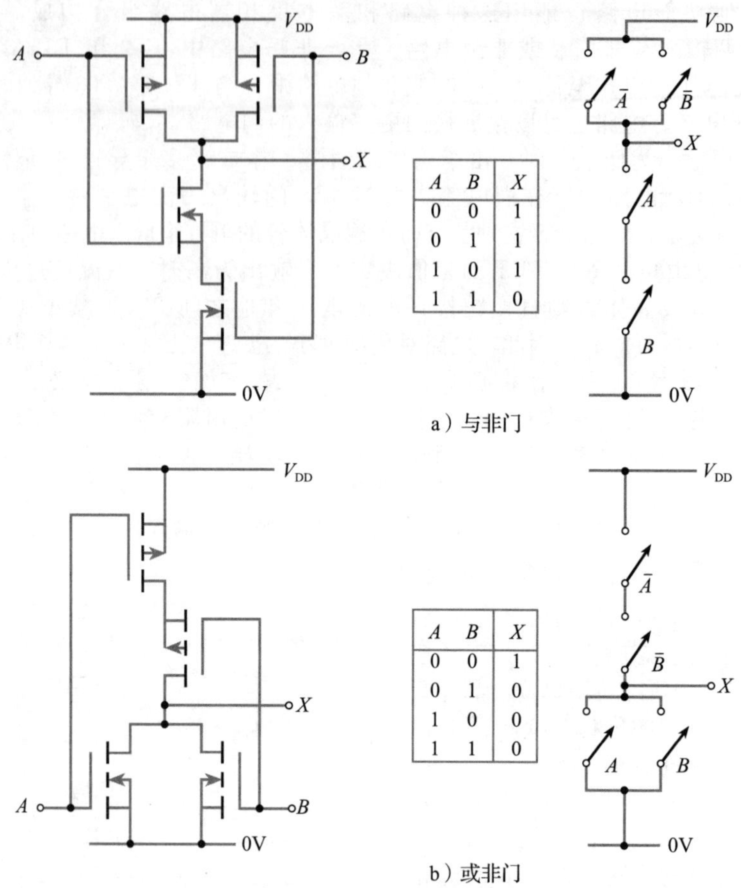

A	B	X
0	0	1
0	1	1
1	0	1
1	1	0

a）与非门

A	B	X
0	0	1
0	1	0
1	0	0
1	1	0

b）或非门

图 26.20　两输入 CMOS 门

因为需要两种极性的器件，CMOS 电路比 NMOS 或 PMOS 电路难制造。但是 CMOS 速度高、功耗低、噪声容限高，因此是现代电子的主流工艺。在 26.5 节会详细介绍 CMOS 逻辑。

26.3.8　双极型互补金属氧化物半导体混合逻辑电路

虽然 CMOS 逻辑电路有一系列显著的优点，但是负载驱动能力不如基于双极型晶体管的电路。因此，一些门结合双极型晶体管和 CMOS 电路的优点，产生了一种混合电路工艺，称为 Bi-CMOS。图 26.21 给出的是简单 Bi-CMOS 反相器的电路。

在图 26.21 所给的电路中，T1 和 T2 晶体管构成与图 26.19 一样的 CMOS 反相器。T3 和 T4 晶体管用于产生互补信号，驱动由 T5 和 T6 晶体管构成的推挽式输出级电路。

相对于 MOSFET 来说，双极型晶体管有很低的输出阻抗，这使得双极型晶体管电路在输出的源电流和灌电流性能很好。因此在电路中，用它作为高速输入/输出和驱动设备是理想的选择。

26.3.9　其他逻辑器件系列

虽然上述逻辑电路系列代表了最主要的技术，但是为了满足日益苛刻的性能要求，仍需不断地更新技术和改进产品。尤其是要求工作电压越来越低，这能够大幅降低功耗。

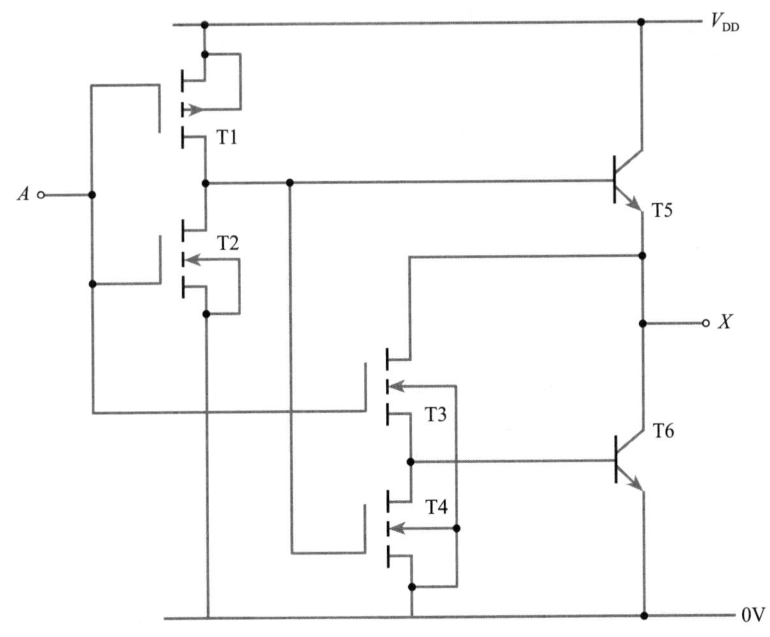

图 26.21　Bi-CMOS 反相器

大多数半导体器件是使用硅晶体管制作的，在硅双极型晶体管的基区加入少量的锗可以显著提高器件的性能。锗硅晶体管比硅晶体管的速度更快，有更好的噪声性能和功率容量。这种器件正用于改进 Bi-CMOS 器件和一系列其他数字应用。

26.3.10　总结

本节介绍应用广泛的逻辑门系列，给出它们的特性概况。对其中一些逻辑系列进行描述并对大体性能进行比较。详细描述这些技术的工作原理和特征不在本书的范围，但用表格总结一些结论也许有用。表 26.2 给出了最重要的 3 种逻辑电路系列的 5 个参数。每种逻辑系列中都有许多改进结构的器件，所以，表格只是给出了这些器件系列的参数范围。因此，需要小心使用这些数据。实际的值经常取决于其他因素，表 26.2 中的数值只能作为参考，并不能作为一个特定器件系列的详细参数。表格给出的参数是关于简单逻辑门的，当用于复杂的集成电路时，使用这些技术可以得到速度更快、功耗更低功耗的电路。

表 26.2　逻辑器件系列的比较

参数	TTL	ECL	CMOS
基本门	NAND	OR/NOR	NAND/NOR
扇出系数	10	25	>50
功耗/门(mW)	1～22	4～55	1@1MHz
噪声容限	非常好	好	优秀
T_{PD}(ns)	1.5～33	1～4	1.5～200

到目前为止，最重要且应用最广泛的逻辑器件系列是 CMOS，26.5 节将详细地介绍 CMOS 器件的性能。当然，由于历史原因，TTL 器件也被广泛地应用，现代的一些 CMOS 门与 TTL 器件兼容，因此，在研究 CMOS 之前，我们先了解各个系列的 TTL 逻辑门。

视频 26C

26.4　TTL

在 26.3.4 节中，我们了解过简单 TTL 门电路的结构及其工作过程，并说明了其从简单的逻辑类型向前发展的历程。到 19 世纪 90 年代中叶，TTL 仍是使用最广泛的器件，尤其是在小规模和中规模的集成电路(SSI 和 MSI)中。近些年来，尽管 TTL 仍用于一系列专业应用，但 CMOS 已经逐渐取代了 TTL 的位置。

有很多制造商生产 TTL 电路，TTL 电路规范标准化也很成功。标准的 TTL 系列器件包含广泛的电路系列，每一种都用 54 或者 74 开头的数字串号标注。用 54 开头标注的器件表示工作温度范围为－55℃～125℃，74 开头标注的器件表示工作温度范围为0～70℃。

这两位数字之后是两或三位数码，表示器件的功能。例如，7400 包含四个两输入与非门，而 7493 是一个 4 位二进制计数器。这两个系列的器件常称为 54XX 器件和 74XX 器件，“XX”指两个或者三个数码，或者简单称为 54/74 系列。

除了标准 54XX 和 74XX 器件，还有改进了特性的其他相关系列器件。它们是在 54 或 74 后加入字母字符来表明器件类型。例如，74L00 是低功率的 7400，74H00 是高速的 7400。实际上，现在标准的 74XX 已经基本废弃不用了，取而代之的是更有用的系列，例如 74LSXX 系列。本节，我们将介绍这些变异的系列。图 26.22 给出了典型 TTL 参数表的一部分，并用注释说明重要特征。

说明是民用器件

建议工作条件

		SN5400			SN7400			UNIT
		MIN	NOM	MAX	MIN	NOM	MAX	
	V_{CC} Supply voltage	4.5	5	5.5	4.75	5	5.25	V
输入电压限制	V_{IH} High-level input voltage	2			2			V
输入电压限制	V_{IL} Low-level input voltage			0.8			0.8	V
输出电流限制	I_{OH} High-level output current			–0.4			0.4	mA
输出电流限制	I_{OL} Low-level output current			16			16	mA
	T_A Operating free-air temperature	–55		125	0		70	℃

electrical characteristics over recommended operating free–air temperature range (unless otherwise noted)

	PARAMETER	TEST CONDITIONS†	SN5400			SN7400			UNIT
			MIN	TYP‡	MAX	MIN	TYP‡	MAX	
	V_{IK}	VCC = MIN,II = –12mA			–1.5			1.5	V
输出电压限制	V_{OH}	VCC = MIN,VIL = 0.8 V,IOH = –0.4mA	2.4	3.4		2.4	3.4		V
输出电压限制	V_{OL}	VCC = MIN,VIH = 2 V,IOL = 16mA		0.2	0.4		0.2	0.4	V
	I_I	VCC = MAX,VI = 5.5V			1			1	mA
输入电流限制	I_{IH}	VCC = MAX,VI = 2.4V			40			40	μA
输入电流限制	I_{IL}	VCC = MAX,VI = 0.4V			–1.6			–1.6	mA
	I_{OS}§	VCC = MAX	–20		–55	–18		55	mA
	I_{CCH}	VCC = MAX,VI = 0V		4	8		4	8	mA
	I_{CCL}	VCC = MAX,VI = 4.5V		12	–22		12	22	mA

† For conditions shown as MIN or MAX, use the appropriate value specified under recommended operating conditions.

‡ All typical values are at V_{CC} = 5V,T_A = 25℃.

§ Not more than one output should be shorted at a time.

测量的条件

switching characteristics,V_{CC} = 5V,T_A = 25℃(see note 2)

	PARAMETER	FROM (INPUT)	TO (OUTPUT)	TEST CONDITIONS		MIN	TYP	MAX	UNIT
传输延迟	t_{PLH}	A or B	Y	R_L = 400Ω,	C_L = 15pF		11	22	ns
传输延迟	t_{PHL}						7	15	ns

NOTE 2:See General Information Section for load circuits and voltage waveforms.

图 26.22　典型 TTL 的部分性能参数

54XX 和 74XX 系列的器件特性类似，在下面几节中，我们将简单介绍最常见的 74XX 系列。除非另有说明，否则给出的关于 74XX 的特性也同样适用于 54XX。

26.4.1 标准 TTL

集成 TTL 门电路比图 26.15 所示电路稍微复杂一点。图 26.23 给出了两输入与非门电路(7400 四个门中的一个)。

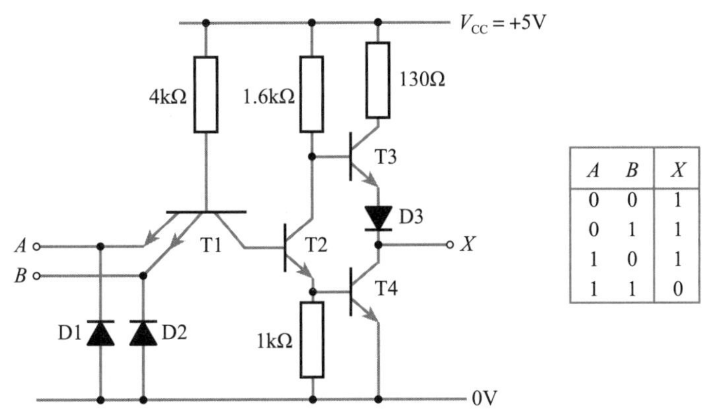

A	B	X
0	0	1
0	1	1
1	0	1
1	1	0

图 26.23　TTL 两输入与非门

7400 两输入与非门的工作原理与 26.3.4 节描述的门类似，但 7400 门增加了推挽式输出级来降低输出电阻，增强了电流驱动能力，并使得电路能够更容易获得拉电流和灌电流。推挽式的输出级称为推拉输出。随后我们会看到其他的 TTL 器件也使用其他的输出级电路。必须指出的是，当输出为逻辑 0 时，这种电路主要为灌电流提供输出端到地的通路。当输出为高电平时，电路也可以获得比较小的拉电流。当输入高电平时，门电路本身需要的电流很小，这种特性是可以接受的。传统的 TTL 器件在 5V 的电源电压下工作，电源电压必须精确在±0.25V 的范围内(对于 54XX 器件，精确到±0.5V)。每个门的典型功耗大约为 10mW。

A 或 B 为低电平时，T1 将 T2 的基极电压拉低，使 T2 截止。1kΩ 的发射极电阻上无电流通过，使 T4 截止，T3 基极电压拉高，T3 导通。因此输出为高电平。高电平通过 T3 的基极-发射极结以及二极管 D3 时电压会下降，因此输出端的高电平电压值小于电源电压 V_{CC}。输出为逻辑 1 的电压值为

$$V_H = V_{CC} - V_{diode} - V_{BE} = 5.0 - 0.7 - 0.7 = 3.6\text{V}$$

当 A 与 B 都为高，T1 将 T2 基极电压拉高，T2 和 T4 导通，输出电压下降到 T4 的饱和电压，即

$$V_L = V_{CE(sat)} \approx 0.2\text{V}$$

电流经过 T2 集电极电阻使 T2 集电极电压降低，将 T3 的基极电压拉低至 0.9V(T4 的 V_{BE}加上 T2 的饱和电压)。二极管 D3 的作用是为了保证在这种情况下 T3 截止。如果没有 D3，T3 的 V_{BE}等于基极电压(0.9V)减去输出电压(0.2V)，足以使 T3 导通。D3 在这里确保当输出低电平时，T3 截止。

二极管 D1 和 D2 是输入钳位二极管，防止输入端的负噪声脉冲损坏 T1。负跳变会迅速在二极管上加偏压，因此防止了输入负向增加超过前向电压(约为 0.7V)。

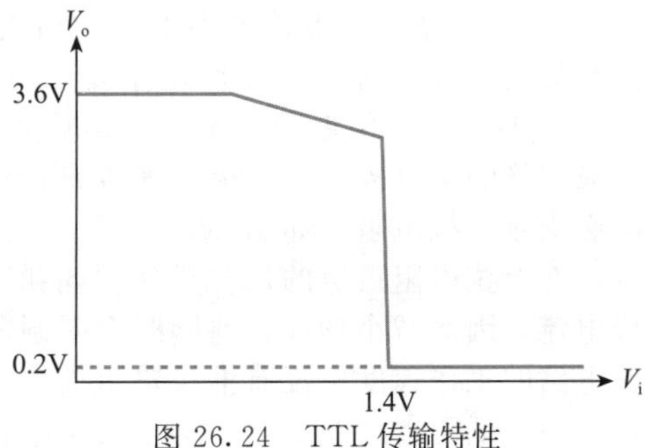

图 26.24　TTL 传输特性

传输特性

图 26.24 给出了门电路的传输特性曲线，也就是输入输出关系曲线。保持其中一端输入为高，改变另一个输入端电压，特性曲线给出了输出端电压的变化结果(如果一端输入保持低电平，

输出就不会变化)。

传输特性表明输出逻辑电平的电压值为上面推导出的3.6V和0.2V，输入阈值电压为1.4V。也就是说，输入电压高于1.4V代表输入逻辑为1，低于1.4V代表输入逻辑为0。

逻辑电平和噪声容限

尽管传输特性给出了具体的输入输出电压值，但实际电路中它们是变化的，逻辑电平也是一个范围，见表26.3。

表26.3　74系列器件的输入与输出电压值

	最小值	典型值	最大值
V_{IL}	—	—	0.8
V_{IH}	2.0	—	—
V_{OL}	—	0.2	0.4
V_{OH}	2.4	3.6	—

根据式(26.1)和式(26.2)，显然，两种逻辑状态的噪声容限如下。

逻辑1的噪声容限为

$$V_{NIH}=V_{OH}(\min)-V_{IH}(\min)=2.4-2.0=0.4\text{V}$$

逻辑0的噪声容限为

$$V_{NIH}=V_{IL}(\max)-V_{OL}(\max)=0.8-0.4=0.4\text{V}$$

因此，两种逻辑状态的最小噪声容限都为0.4V。实际中，一般给逻辑0的噪声容限典型值为1.0V，逻辑1的噪声容限典型值为1.6V。

输入输出电流和扇出系数

门电路的输入电流根据输入电平的高低以及门结构的差异而不同。对于图26.23所示的7400两输入与非门，当输入为逻辑1时的最大输入电流为40μA，输入为逻辑0时的最大输入电流为−1.6mA。电流习惯按照流入器件方向计算，负号表示电流流出器件。

7400器件的说明书表明，当输出为逻辑1时，电路中存在至少−400μA的拉电流；当输出为逻辑0时，电路中存在至少16mA的灌电流。同样，负号表示电流流出器件。扇出系数为10。

开关特性

开关特性可以用传输延迟时间描述，有从高到低的传输延迟时间(t_{PHL})和从低到高的传输延迟时间(t_{PLH})。表26.4为典型单级门电路的开关特性。

表26.4　典型74系列传输延迟时间

	最小值	典型值	最大值
t_{PHL}(ns)	—	7	15
t_{PLH}(ns)	—	11	22

26.4.2　集电极开路器件

一些74系列的器件采用不同的输出结构，其中一种为集电极开路输出。例如，7401内有集电极开路输出的四个两输入与非门。图26.25给出了其中一个门的电路。

显然，7401门电路与图26.23所示电路类似，不同的是，简化了输出级。输出端在输出晶体管的集电极，集电极未连接或者开路。为了使电路正常工作，在输出和电源电压之间必须接上拉电阻，如图26.26所示。

对上拉电阻阻值的选取要从功耗和工作速度两方面折中考虑。高阻值电阻会减小集电极电流，因而减小功耗，但同时会限制负载电容的充电速度。即使阻值相当低，集电极开路电路的工作速度也没有推拉输出结构高。这是因为推拉输出结构有附加输出晶体管，作用类似于低阻射极跟随器，会使负载电容快速充电。

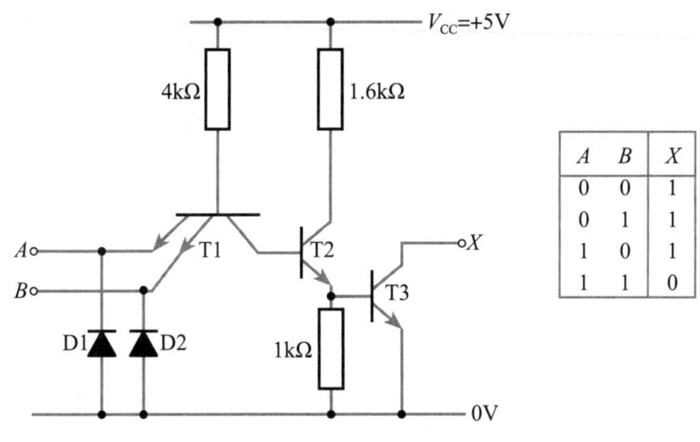

A	B	X
0	0	1
0	1	1
1	0	1
1	1	0

图 26.25　7401 集电极开路输出的两输入与非门

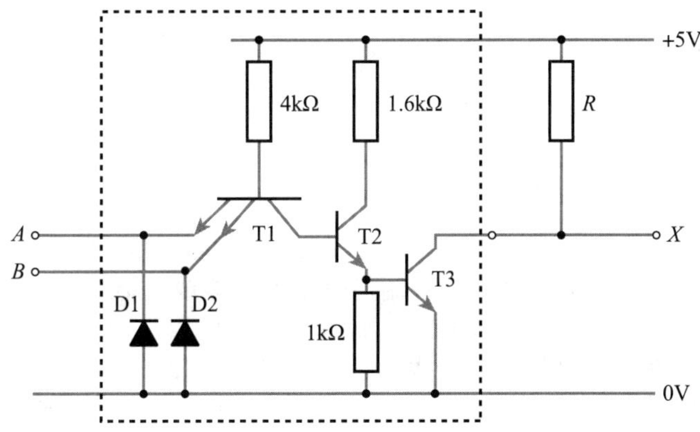

图 26.26　带有外部负载的集电极开路门

集电极开路门电路的输出逻辑电平与推拉输出逻辑电平是不相同的。当输出晶体管导通时，输出电压被拉低至器件的饱和电压(约 0.1～0.2V)；当输出晶体管截止时，输出电压拉高至与上拉电阻相连的电源电压，通常为 V_{CC}。因此，逻辑电平接近电源电压和地。集电极开路门电路的输出逻辑电压与 TTL 门电路的输入电压完全兼容，所以逻辑电平的差异并不重要。

线与操作

集电极开路门的优点之一就是可以把它们的输出并接在一起构成线与结构，如图 26.27 所示。

图 26.27 给出了 4 个与非门的电路，4 个输出经过相与得到 X 输出。运用传统的推拉输出结构，与非门输出必须跟 4 输入与门的输入连接，与门输出是最终输出，如图 26.27a 所示。然而，如果用集电极开路门电路，输出可以并联在一起，再连接到一个电阻上，从而可以得到相同的输出，如图 26.27b 所示。与功能的实现是：任意一个输入为低都会使 X 输出变低，只有全部为高时 X 输出为高。线与门的电路符号如图 26.27c 所示。

线与功能在很多输入信号要相与时，能够去掉多输入的与门，这时特别有用。当许多设备连接到单根线上时，线与得到一根总线也很重要。在研究微处理器系统时(见第 27 章)，我们将更详细地学习总线系统。

根据摩根定律，与和或可以互换(加一个信号反相器)，所以也可以用线与操作产生或运算。因此，线与操作技术有时也称为线或组态。

高电压输出

一些集电极开路器件也用于高输出电压。器件在 5.0V 电源电压下工作，但输出通过上拉电阻拉至高电源电压。例如，7406 包含 6 个高电压反相器，集电极开路输出，可以切换到 30V 电压，电流可达 40mA。输出逻辑低电平等于输出晶体管饱和电压(约 0.1～0.2V)，输出逻辑高电平是高电源电压。

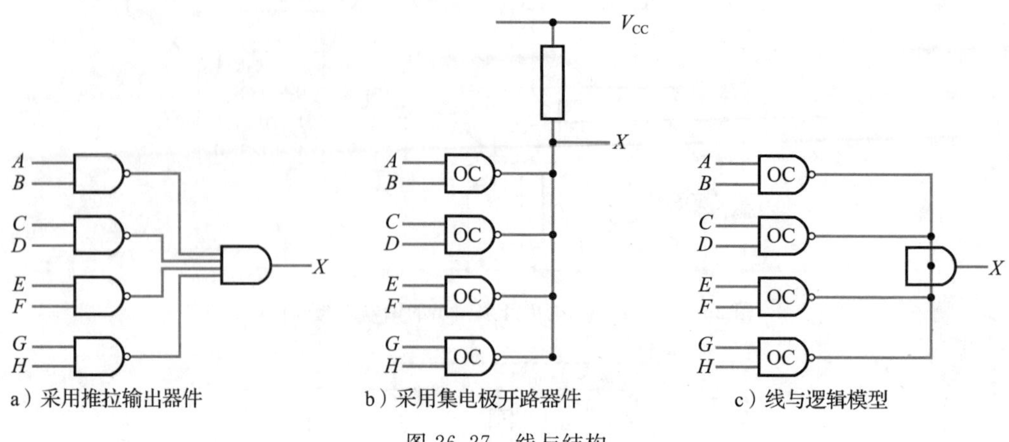

a）采用推拉输出器件　b）采用集电极开路器件　c）线与逻辑模型

图 26.27　线与结构

26.4.3　三态器件

常规逻辑门具有两个输出状态，即 0 和 1。有些情况下，当输出允许悬浮时，有高阻抗的第三态很方便。在这种情况，输出电压由连接到输出端的外部电路决定。具有这种特性的电路称为三态逻辑门。由一个输入控制门输出的使能或失能，对此，通常在简单门上用符号 C 标注。在复杂的电路中控制信号通常称为输出使能线。

图 26.28 给出了在电路符号中如何表示三态功能。图 26.28a 示出了控制输入端为高电平有效的非反相缓冲器(即当 $C=1$，允许输出)。图 26.28b 示出了控制输入端为低电平有效的非反相缓冲器电路(即当 $C=0$，允许输出)。前者是 74126 中的一个门，后者是 74125 中的一个门。这两个器件都包含 6 个相同的门。

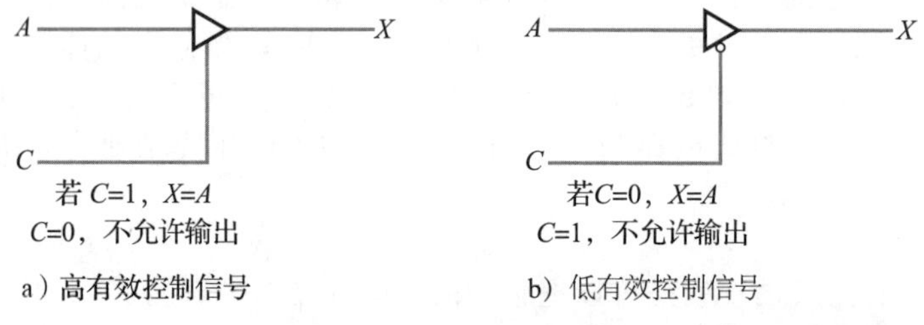

a）高有效控制信号　b）低有效控制信号

图 26.28　三态逻辑门的符号表示

三态门的输出类似于推拉输出器件加上额外控制输出晶体管状态的器件，关断两个输出晶体管，使输出端失能。这就允许三态门的输出悬浮，与其他门的输入相互独立。当输出端使能时，类似于传统的推拉输出结构，采用三态技术不会跟集电极开路电路那样引起工作速度的降低。

三态器件可用于总线系统，总线系统是将一系列设备的输出连接到一根总线上。每个器件都可以将数据放置在总线上，但任何时刻只有一个器件的输出是使能的。这与之前所述的集电极开路门线与结构是不同的。当使用多个三态器件时，任何时刻只有一个门驱动总线，失能的门不会影响总线上的信号。

三态器件有时称为(三态)tri-state，它是美国国家半导体公司的商标。

26.4.4　TTL 输入

某些情况下，电路有时不需要使用门的所有输入。例如，用四输入或门就可以直接将

3 个输入信号相或，因为电路可以这样使用，所以很方便。当使用 TTL 门时，如果将不用的输入端不连接，则等同于将其连接至逻辑 1，这种输入称为悬空。

虽然不用的输入悬空为逻辑 1，但不建议不连接不用的输入端。不连接的输入端与地之间有一个高阻抗，使其对电噪声十分敏感，噪声会使其在两个逻辑状态之间来回变化。因此，明智的做法是按照要求将输入端接到高电平或者低电平。

要求输入端接至逻辑 1 不能直接将其接至电源电压，而是对其接一电阻然后再接到电源电压。电阻阻值一般为 1kΩ。如果合适，可以将几个输入端接在一起再接到同一个电阻上。如果输入是逻辑 0，则可以直接连接至地(0V)。有些情况下，在输入端与地之间接一个电阻更好(也许是允许它通过开关拉高到逻辑 1)。在这种情况下，电阻值必须足够小，对于一个逻辑 0 输入，保证流过电阻的输入电流不会使其输入电压超过上限(V_{IL}(max))。对于标准的 TTL，电阻的最大值一般为 470Ω。

值得注意的是，当使用与门或者与非门时，不用的输入端应该接高电平，避免输出状态受到影响。当使用或门或者或非门时，不用的输入端应该接低电平。

26.4.5 其他 TTL 系列

至此，我们集中讨论了标准的 74 TTL 系列器件。实际上，标准的 74 TTL 器件已经不常用了。取而代之的是许多优化过某方面特性的先进 TTL 系列器件。

低功耗 TTL(74L)

74L 系列器件对低功耗进行了优化。图 26.29 给出了典型 74L00 门的电路图，与图 26.23电路进行比较，可以看出 74L 系列器件的低功耗主要是通过改变电阻值实现的。

低功耗门的平均功耗为 1mW，而标准器件的平均功耗为 10mW。但这是通过牺牲器件的速度为代价来实现的。平均传输延迟时间由标准电路的 9ns 增加到低功耗系列器件的 33ns。

高速 TTL(74H)

74H 系列器件对速度进行了优化。图 26.30 给出了 74H00 电路图，74H00 只有 6ns 的平均传输延迟时间，但平均功耗为 22mW。

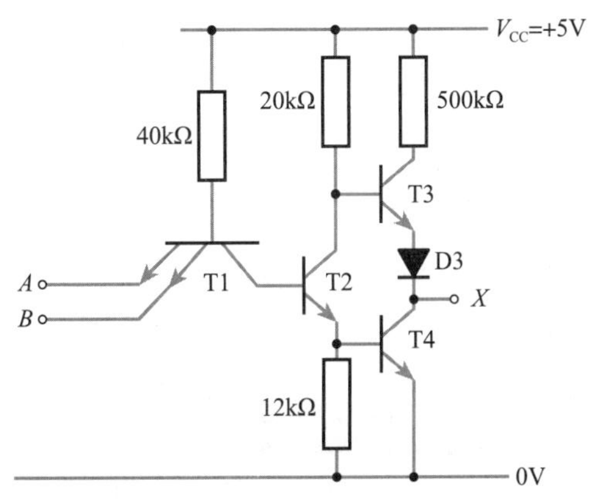

图 26.29 74L00 两输入与非门

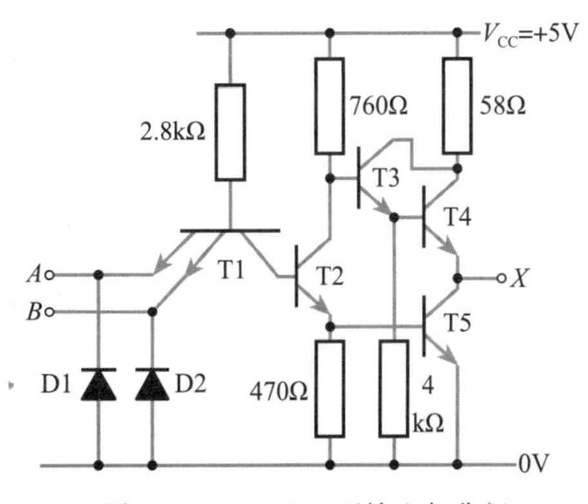

图 26.30 74H00 两输入与非门

肖特基 TTL(74S)

74S 系列器件类似于 74H 系列器件。不同的是，74H 系列器件使用传统的器件，而 74S 系列器件使用肖特基晶体管和肖特基二极管。

肖特基二极管与传统二极管不同，是由金属半导体结构成的。传统二极管由掺杂半导体的两个区接触构成的(见 17.72)，肖特基二极管的电路符号如图 26.31a 所示。

肖特基二极管不仅工作速度非常快，而且仅有约 0.25V 的正向压降。肖特基二极管可以用于防止晶体管的饱和，如图 26.31b 所示。当晶体管在有源区内正常工作时，集电极正偏，二极管反偏。这种情况下，二极管对晶体管的工作没有影响。但是，当晶体管接近饱和区，集电极电压下降到低于基极电压时，假如没有这个二极管，集电极电压最终达到饱和电压，高于发射极电压约 0.1～0.2V。肖特基二极管的两端分别与晶体管的集电极和基极相连接，二极管正向偏置，避免了晶体管进入饱和区，因此在器件饱和前就导通了。一旦晶体管导通，二极管分去晶体管的电流，抑制晶体管集电极电压进一步下降，因此防止了晶体管进入饱和区。这种晶体管和二极管的组合称为肖特基晶体管，电路符号如图 26.31c所示。

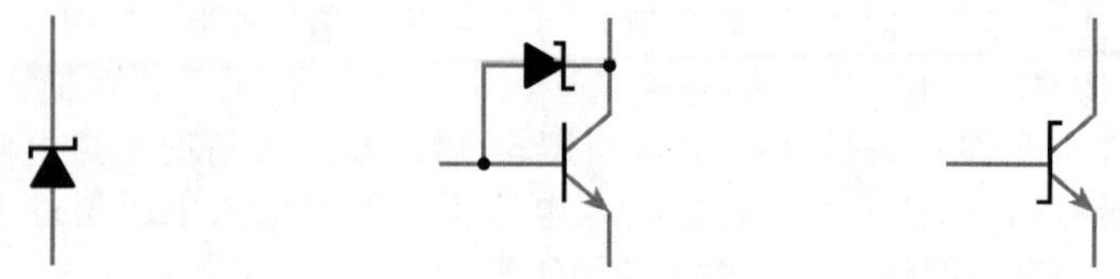

a）肖特基二极管的电路符号　b）肖特基晶体管的等效电路　c）肖特基晶体管的电路符号

图 26.31　肖特基二极管和晶体管

在 26.2.4 节中，我们知道对于晶体管饱和，因为存在存储时间，会使传输延迟时间大大增加。肖特基晶体管不会进入饱和区，所以大大增加了工作速度，同时也适当增加了功耗。因此，74S 系列的门电路传输延迟时间仅仅是具有同样功耗的 74H 系列门电路传输延迟时间的一半。也正因如此，肖特基器件在很大程度上代替了旧的高速系列器件。

图 26.32 给出了典型肖基特 TTL 电路——74S00 两输入与非门。其传输延迟时间为 3ns，每个门的平均功耗约为 19mW。注意其中的一个晶体管 T4，它并不是肖特基类型的晶体管，因为电路正常工作时 T4 不会饱和。

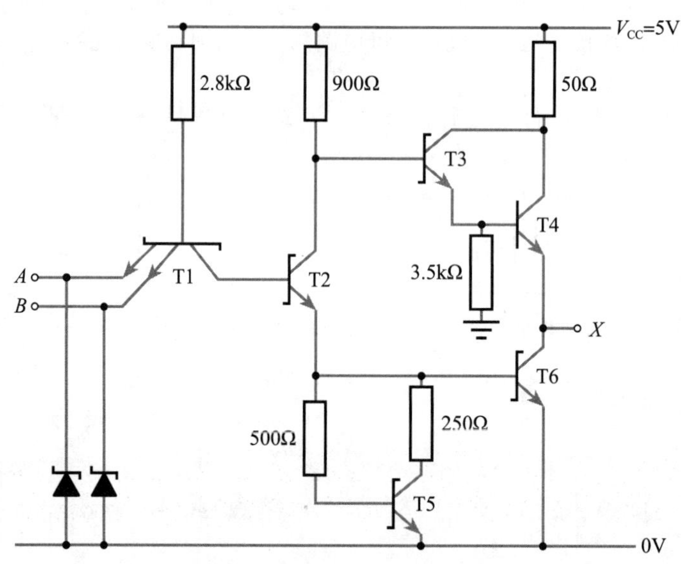

图 26.32　74S00 两输入与非门

先进的肖特基 TTL(74AS)

与基本的肖特基 TTL 器件系列一样，一些其他的系列也使用肖特基晶体管。这包括先进的肖特基 TTL 系列，它在速度和功耗方面都优于 74S 系列。这类器件的传输延迟约为 1.5ns，功耗约为 8.5mW。

低功耗肖特基 TTL(74LS)

74LS 低功耗肖特基系列兼顾了速度和功耗。其典型的传输延迟为 9.5ns，等同于标准的 TTL，但是每个门的功耗为 2mW，仅为标准 TTL 功耗的五分之一。图 26.33 给出了 74LS00 两输入与非门。

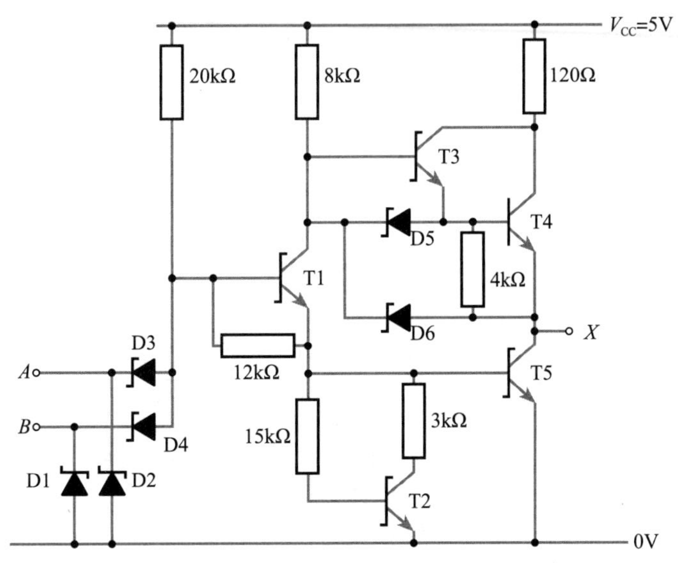

图 26.33 74LS00 的两输入与非门

先进的低功耗肖特基 TTL(74ALS)

74ALS 系列器件具有一系列高性能和低功耗。典型的传输延迟为 4ns，每个门的功耗为 1mW。

快速 TTL(74F)

“快速”(FAST)TTL 系列逻辑器件的速度高、功耗低。典型传输延迟为 2.7ns，每个门的功耗约为 4mW。

74 系列 CMOS 器件

除了上面讨论的众多 TTL 系列器件，“74”概念也被用于很多 CMOS 系列电路。因为众多的 74 系列器件很成功，致使 74 编号方法也用作其他各种各样的逻辑器件序列号。一些 CMOS 器件系列也采用类似的序列号，它们具有与 TTL 器件一样的逻辑功能。

CMOS 系列器件有 74C、74HC、74HCT、74AHC、74AHCT、74FCT、74AC、74ACT、74FACT、74ACQ 和 74ACTQ 系列等，其中每个名称中 C 代表 CMOS。除此之外，还有一些其他逻辑系列器件设计为低压工作。也有一些 CMOS 电路名字通常不包含“C”，如 74LV、74ALV、74LVCH、74ALVC、74LVT、74LVTZ、74LCX、74VCX、74ALB 和 74CBTLV 系列。

我们将在下一节进一步讨论 CMOS 门电路。

26.4.6 TTL 系列总结

现有的各种 TTL 系列器件都有各自不同的特性以及优缺点。然而，只有其中的几个系列广泛使用。“LS”系列器件用于一般的场合，“AS”或“ALS”用于对速度要求严格的场合。越来越多的 CMOS 器件取代 TTL 器件，尤其是在对功耗要求严格的应用中。

表 26.5 给出了 TTL 系列器件的传输延迟时间和功耗参数比较。数据是典型的标准门电路(通常是两输入与非门)的值，实际值由于电路不同会存在差异。

表 26.5 TTL 逻辑器件系列比较

系列	符号	T_{PD}(ns)	功耗/门(mW)
标准 TTL	74XX	9	10
低功耗 TTL	74LXX	33	1
高速 TTL	74HXX	6	22

（续）

系列	符号	T_{PD}(ns)	功耗/门(mW)
肖特基 TTL	74SXX	3	19
先进的肖特基 TTL	74ASXX	1.5	8.5
低功耗肖特基 TTL	74LSXX	9.5	2
先进的低功耗肖特基 TTL	74ALSXX	4	1
快速 TTL	74FXX	2.7	4

26.5　CMOS

在 26.3.7 节我们了解过 CMOS 门的基本结构以及反相器、与门和或门的电路。在本节中我们将更详细的了解 CMOS 逻辑的特性以及应用。

生产 CMOS 逻辑电路的第一家制造商是 RCA，它用 4000 系列标记这种逻辑电路，编号有 4000、4001 等，后来这些器件被 4000B 系列器件替代。一些制造商采用相同编号系统，而其他的则采用自己设计的编号方案。例如，摩托罗拉公司采用 MC14000 和 MC14500 系列对器件编号。

许多制造商弃用 4000 系列，而生产一系列在功能和引脚排列上与 74XX TTL 系列器件(在 26.4 节中讨论的)一样的电路。这里给出部分序列号，例如 74CXX、74ACXX 和 74HCTXX，其中“C”代表 CMOS。“XX”指两个或者三个数字编码，代表器件的功能。例如，74AC00 包含四个两输入与非门，74AC163 是一个 4 位同步二进制计数器。编号中有“A”的是先进器件，有改进的工作速度和更低的功耗。“T”是指该器件不同于其他 CMOS 系列，它的工作电源电压和逻辑电平与 TTL 门一样，这类器件可以直接与 TTL 器件兼容。在低功耗应用中，这种 CMOS 器件可以直接替代 TTL 器件。因为逻辑电平不同，传统的 4000 系列或者 74CXX 类型 CMOS 电路通常不能直接替代 TTL 器件。

在 26.5.4 节我们将更加详细地了解 CMOS 逻辑系列。

26.5.1　CMOS 特性

CMOS 门与之前描述的 TTL 门在很多方面都不同。本节将介绍 CMOS 逻辑器件的一般特性。图 26.34 给出了典型 CMOS 器件的参数表的部分内容，并注释了重要项。

电源电压

许多 CMOS 门，例如 4000B 和 74C 系列器件，都工作在 3～18V 的单电源电压下。当使用 4000B 和 74C 系列器件时，电源电压一般为 5V、10V 和 15V。大多数最新的器件系列的工作电压范围更小，许多要求供电电压范围为 4.5～5.5V(虽然有几种器件工作在 2～6V)。这些器件通常使用 5V 电源电压，跟 TTL 一样。工作速度随着电源电压的增大而增大，功耗也一样。

由于功耗随着工作电压的下降而减小，CMOS 部分系列，例如 74LV 和 74ALVC 系列，已经针对低压工作进行了优化，可以在低于 3.6V 的电源电压下工作，一般使用 3.3.V 电源电压。其他系列器件，例如 74VCX 系列，电源电压为 1.8V 或者更小。

逻辑电平和噪声容限

CMOS 门，分为传统(不兼容 TTL 逻辑电平)的门和兼容 TTL 逻辑电平的门两种类型。后者用于与 TTL 门直接相连，在其编码中会有“T”字样，例如 74HCTXX 和 74ACT 系列。

传统 CMOS 门的输出逻辑电平近似于电源电压的轨，通常认为等于 0V(V_{SS})和正电源电压(V_{DD})。因此，在大多数情况下，可以认为

$$V_{OL}(\max) = 0$$

$$V_{OH}(\min) = V_{DD}$$

输入逻辑电平也跟随电源电压改变，定义为

$$V_{IL}(\max) = 0.3 \times V_{DD}$$

$$V_{IH}(\min) = 0.7 \times V_{DD}$$

芯片极限值

absolute maximum ratings over operating free-air temperature range†

Supply voltage, V_{CC} .... −0.5V to 7V
Input clamp current, I_{IK} (V_I<0 or V_I>V_{CC}) .... ±20mA
Output clamp current, I_{OK} (V_O< 0 or V_O>V_{CC}) .... ±20mA
Continuous output current, I_O (V_O=0, to V_{CC}) .... ±25mA
Continuous current through V_{CC} or GND pins .... ±50mA
Lead temperature 1.6 mm (1/16 in) from case for 60 s：FK or J package .... 300℃
Lead temperature 1.6 mm (1/16 in) from case for 10 s：D or N package .... 260℃
Storage temperature range .... −65℃ to 150℃

† Stresses beyond those listed under 'absolute maximum ratings' may cause permanent damage to the device. These are stress ratings only, and functional operation of the device at these or any other conditions beyond those indicated under 'recommended operating conditions' is not implied. Exposure to absolute-maximum-rated conditions for extended periods may affect device reliability.

说明是民用器件

recommended operating conditions

		SN54HCOO			SN74HCOO			UNIT
		MIN	NOM	MAX	MIN	NOM	MAX	
V_{CC} Supply voltage		2	5	6	2	5	6	V
V_{IH} High-level input voltage	V_{CC}=2V	1.5			1.5			V
	V_{CC}=4.5V	3.15			3.15			
	V_{CC}=6V	4.2			4.2			
V_{IL} Low-level input voltage	V_{CC}=2V	0		0.3	0		0.3	V
	V_{CC}=4.5V	0		0.9	0		0.9	
	V_{CC}=6V	0		1.2	0		1.2	
V_I Input voltage		0		V_{CC}	0		V_{CC}	V
V_O Output voltage		0		V_{CC}	0		V_{CC}	V
t_t Input transition (rise and fall) times	V_{CC}=2V	0		1000	0		1000	ns
	V_{CC}=4.5V	0		500	0		500	
	V_{CC}=6V	0		400	0		400	
T_A Operating free-air temperature		−55		125	−40		85	℃

输入逻辑电平限制

在多大值下测试

electrical characteristics over recommended operating free-air temperature range (unless otherwise noted)

PARAMETER	TEST CONDITIONS	V_{CC}	T_A=25℃			SN54HCOO		SN74HCOO		UNIT
			MIN	TYP	MAX	MIN	MAX	MIN	MAX	
V_{OH}	V_I=V_{IH} or V_{IL}.I_{OH}=−20μA	2V	1.9	1.998		1.9		1.9		V
		4.5V	4.4	4.499		4.4		4.4		
		6V	5.9	5.999		5.9		5.9		
	V_I=V_{IH} or V_{IL}.I_{OH}=−4mA	4.5V	3.98	4.30		3.7		3.84		
	V_I=V_{IH} or V_{IL}.I_{OH}=−5.2mA	6V	5.48	5.80		5.2		5.34		
V_{OL}	V_I=V_{IH} or V_{IL}.I_{OL}=−20μA	2V		0.002	0.1		0.1		0.1	V
		4.5V		0.001	0.1		0.1		0.1	
		6V		0.001	0.1		0.1		0.1	
	V_I=V_{IH} or V_{IL}.I_{OL}=4mA	4.5V		0.17	0.26		0.4		0.33	
	V_I=V_{IH} or V_{IL}.I_{OL}=5.2mA	6V		0.15	0.26		0.4		0.33	
I_I	V_I=V_{CC} or O	6V		±0.1	±100		±1000		±1000	nA
I_{CC}	V_I=V_{CC} or O.I_O=0	6V			2		40		20	μA
C_i		2 to 6V		3	10		10		10	PF

输出逻辑电平限制

最大静态供电电流

图 26.34 典型 CMOS 器件的参数表部分内容

这些定义在图 26.35 中给出。

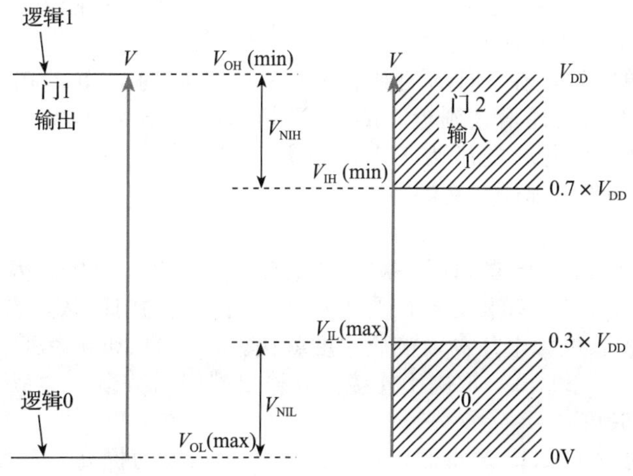

图 26.35 CMOS 门的输入与输出逻辑电平

从图 26.35 和式(26.1)及式(26.2)可以明显看出，两种逻辑状态的噪声容限如下。

逻辑 1(高)的噪声容限，

$$V_{NIH}=V_{OH}(\min)-V_{IH}(\min)=V_{DD}-0.7\times V_{DD}=0.3\times V_{DD}$$

逻辑 0(低)的噪声容限，

$$V_{NIL}=V_{IL}(\max)-V_{OL}(\max)=0.3\times V_{DD}-0=0.3\times V_{DD}$$

因此，每种状态的最小噪声容限为电源电压的 0.3 倍。

当用 5V 电源电压时(同 TTL 门)，噪声容限为 1.5V，相比于 TTL 器件的 0.4V 噪声容限，CMOS 在噪声容限方面优势明显。但是，高噪声容限不是决定系统对噪声敏感的唯一标准。CMOS 门的输出阻抗是 TTL 的 3～10 倍，这增加了其对电容耦合噪声的敏感性。但 CMOS 技术仍被普遍认为是具有最强噪声容限的技术之一，前提是电路和版图的设计合理。

没有将输入逻辑电平定义为电压大于 V_{DD} 的 50％为逻辑“1”，小于 V_{DD} 的 50％为“0”，初看起来会感到奇怪，因为这样会使系统的噪声容限为电源电压的 50％。实际上，由于器件阈值电压的变化，这是不可能的。噪声容限的值必须允许器件阈值电压的变化，保证工作正常。实际中，噪声容限会比上面计算的最小值大一些，典型值为 V_{DD} 的 45％。

将传统 CMOS 门与之前描述的 TTL 门的输入和输出电平相比较，可以看出，这两者是不能直接兼容的。当 CMOS 门工作在 5V 的电源电压下，输出逻辑电平近似为 0V 和 5V，可以直接驱动 TTL 门的输入(假定 CMOS 有足够的电流驱动能力)，但 TTL 门的输出逻辑电平不能直接驱动 CMOS 门的输入。

通过对比表 26.3 示出的 TTL 门的输出逻辑电平和图 26.35 给出的 CMOS 输入逻辑电平可以得出这一结论。当 V_{DD} 是 5V 时，CMOS 门的逻辑 1 输入电压至少为 0.7×5＝3.6V，但上一级 TTL 门的输出电压也许为 2.4V。

为了解决这一问题，一些 CMOS 逻辑门设计成有与 TTL 兼容的输入。这类 CMOS 器件包括 74HCT 和 74ACT 系列(“T”代表与 TTL 兼容)，用改进的电路使它们的 $V_{H(\min)}$ 为 2.0V、$V_{IL(\max)}$ 为 0.8V，跟 TTL 器件一样。这导致了与 TTL 兼容的 CMOS 器件比常规的 CMOS 门的工作速度稍微慢，而且噪声容限较低，但是能够直接驱动 TTL 电路。

功耗

CMOS 逻辑门最重要的特性之一是功耗很低。如 26.3.7 节观察的那样，CMOS 逻辑门的静态功耗(也就是，电路静止不变时的功耗)非常低，对于任意的电源电压，功耗一般为几微瓦。然而，器件每次改变状态时，就会有小量功耗用于对电路内的电容和负载电容充电。当互补晶体管对同时短暂导通时，也会有功耗。

由于每次门电路状态改变会消耗小量功率，所以器件的功耗随着时钟频率的增加而增加，也会随着电源电压的增加而变大。

对于 5V 的电源电压，在 1kHz 的频率下，一个典型的 CMOS 门电路的功耗为几微瓦，但是在 1MHz 下，功耗增大到近 1mW。当频率高于 10MHz 以上，CMOS 的功耗大于 74LSXX TTL 门。在电源电压为 15V，频率 1MHz 时，每个门功耗约为 10mW。在 26.7 节，我们将进一步详细研究功耗。

传输延迟

早期的 4000 系列 CMOS 逻辑门一般比所有形式的 TTL 门慢。因为它们有相当高的输出电阻，CMOS 器件的传输延迟时间受连接在其输出端的门的数量影响很大。它们的速度还与电源电压有关，电源电压高，响应速度就快。典型的 4000 系列门在 5V 电源电压下工作，传输延迟为 50～200ns，取决于连接在其输出端门的数量。类似的门在 15V 供电下工作时延迟为 20～60ns。

随着技术的发展，CMOS 逻辑的工作速度有了相当大的提高。74AC(先进的 CMOS)系列和 74ACT 系列(有 TTL 引脚输出的先进 CMOS)的传输延迟时间仅有几个纳秒，可与上节介绍的 FAST、AS 和 STTL 系列相比。电路速度上的提高，并没有牺牲 CMOS 的低功耗。

26.5.2　CMOS 输入

CMOS 的输入从外部来看类似一个 1pF 的小电容。由于输入电阻很高，CMOS 输入对静电很敏感，静电很容易损坏器件。为了解决这个问题，大部分器件有门保护二极管，如图 26.36所示。

二极管的作用是钳位，防止施加到逻辑电路的电压高于或低于安全电压值。如果输入大于 V_{DD}，使 D1 正偏，将施加到逻辑电路的电压钳位在 $V_{DD}+V_{diode}$。电阻 R 只是限制通过二极管的电流。类似地，如果输入低于 V_{SS}，施加到逻辑电路的电压通过二极管 D2 钳位至 $V_{SS}-V_{diode}$，防止逻辑电路损坏。

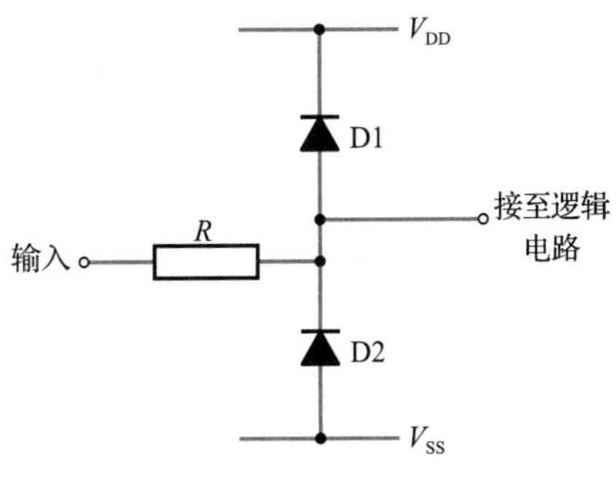

图 26.36　CMOS 门保护电路

即使有保护电路，CMOS 门也容易受静电影响，特别是在组装到电路之前。一般预防措施包括将器件保存在导电包壳中(例如，导电塑料管)并且尽可能不触摸它。

未使用的输入引脚

未使用的 CMOS 门的输入不能悬空。没有被上拉或下拉的输入基于许多原因，会产生问题。首先，如前所述，这样的输入很容易被静电损坏，从而损坏器件。其次，未连接的输入悬空，电压值在电源和地的中间，意味着未连接的输入端易高于和低于阈值电压，有可能产生不可预测的后果。最后，如果输入既不连接到逻辑 1 也不连接到逻辑 0，相应的 MOSFET 接通或断开不彻底，并导致电流消耗增加很多。

未被使用的输入端必须接至高电平或低电平，或者跟其他的输入端接在一起。接至高或者低取决于门电路的功能。如同 TTL 一样，未被使用的与门和与非门输入端要接到高电平，或门和或非门则必须接到低电平。与 TTL 不同的是，CMOS 门未被使用的输入端可以直接接至 0V 或者 V_{DD}。

26.5.3　CMOS 输出

对于 V_{DD}为 5V 的 CMOS 门，输出阻抗的典型值为 250Ω。由于 CMOS 门的输入阻抗很高，一个输出可以驱动很多器件。限制扇出的主要因素是驱动的门数增加，传输延迟也会增加(如之前描述的那样)。如果不要求高速工作，单个输出至少可以驱动 50 个门。

没有与 TTL 集电极开路输出等效的 CMOS。但是，一些 CMOS 门有三态能力，与 TTL 电路的三态门(见 26.4.3 节)的工作方式相同。

26.5.4　CMOS 系列

与 TTL 一样，CMOS 有很多系列，每种系列有各自特性和优点。这里简单地介绍常用的几种，但是，不同制造商生产的不同 CMOS 系列，其特性差异很大。

标准 CMOS(4000B)

标准 CMOS 是 CMOS 门最早的结构形式之一，在一些具体应用中仍然使用。

标准 CMOS 器件可在 3～18V 电源电压下工作，一般为 5V、10V 或者 15V。CMOS 器件工作在 15V 电源电压下的噪声容限很大(通常比在 5V 电源电压下工作时大一些)，因此工作在高电源电压下的 CMOS 器件可以在较大的噪声环境中工作。典型传输时间一般为 45～125ns(取决于电源电压)，按照现在的标准来看，工作速度非常缓慢。

具有 TTL 引脚输出的标准 CMOS(74C)

74C 系列器件采用类似于 TTL 器件的编号方案。例如，74C00 代表 CMOS 有 4 个两输入与非门(相当于 7400 TTL 门的功能)。与 4000B 系列器件一样，74C 系列器件在 3～

18V 电源电压下工作，通常使用 5V、10V 或者 15V 电压。此外，在高电源电压下噪声容限比较大，一般为 V_{DD}的 0.45 倍，适合在较大的噪声环境下工作。74C 系列器件比 4000B 器件快一些，传输延迟一般为 30～50ns(取决于电源电压)，仍然比较慢。

高速 CMOS(74HC)

74HC 系列器件在 2～6V 的电源电压下工作，电源电压一般为 5V。74HC 系列器件与标准 CMOS 器件相比，在速度方面有很大的提高(T_{PD}一般为 8ns)，功耗也有所减小。

兼容 TTL 输入的高速 CMOS(74HCT)

另一种高速 CMOS 系列是 74HCT 系列，可以与 TTL 输入兼容。74HCT 系列器件在 4.5～5.5V 的电源电压下工作，可以直接替代相应的低功耗 TTL 器件，与 74LS 系列器件的工作速度相当。

先进 CMOS(74AC)

74AC 系列与高速 CMOS 系列相比，速度显著提高，功耗相当，其工作的电源电压为 2～6V。

兼容 TTL 的先进 CMOS(74ACT)

74ACT 系列与先进 74AC 器件的特性类似，但是 74ACT 系列的输入可以兼容 TTL 输出，电源电压范围为 4.5～5.5V。

低电压 CMOS(74LV)

74LV 系列器件在 2.0～5.5V 的低电压下工作，因此，必要时可以用于低压工作。

先进的低电压 CMOS(74ALVC)

74ALVC 系列能够在 1.65V 到 3.6V 的电源电压下工作，并且与 74LV 系列比较，速度有相当大的提升。电源电压为 3.0V，传输延迟 T_{PD}一般为 3ns，当电源电压为 1.8V 时，T_{PD}增加到 4.4ns。

BiCMOS(74BCT)

74BCT 系列采用 BiCMOS 工艺(如 26.3.8 节所述)，具有高速的输入/输出和器件驱动电路。74BCT 系列通常用于缓冲器或线路驱动器，而不是简单的门电路，所以难以与其他的逻辑系列直接比较。电路通常使用 5V 电源电压，可以 4.5～5.5V 的电源电压下工作，传输延迟一般为 3～4ns。

低电压 BiCMOS(74LVT)

74LVT 系列有高速 BiCMOS 的工作性能，电源电压为 2.7～3.6V。器件通常用于高速并且需要提供相当大的电流的场合。

26.5.5　CMOS 器件总结

CMOS 门电路的工作速度和功耗随电源电压与负载电容的不同差异很大。因此，不同 CMOS 系列的门难以进行性能比较。

表 26.6 给出了上述列出的不同系列器件的速度及功耗，试图说明其性能关系。数据只能作为参考，必须谨慎使用，因为器件应用的方式不同，其性能会有很大的变化。例如，CMOS 门的功耗取决于其状态转换速度，所以通常实际值会比表中给出的静态值大很多。

表 26.6　CMOS 逻辑系列比较

系列	符号	T_{PD}(ns)	典型的静态功耗/门(μW)
标准 CMOS	4000B	75	50
具有 TTL 引脚输出的标准 CMOS	74CXX	50	50
高速 CMOS	74HCXX	8	25
兼容 TTL 输入的高速 CMOS	74HCTXX	12	25
先进 CMOS	74ACXX	4	25

（续）

系列	符号	T_{PD}(ns)	典型的静态功耗/门(μW)
兼容 TTL 的先进 CMOS	74ACTXX	6	25
低电压 CMOS	74LVXX	9	50
先进的低电压 CMOS	74ALVCXX	3	50
BiCMOS	74BCTXX	3.5	600
低电压 BiCMOS	74LVTXX	4	400

26.5.6　CMOS 复杂门电路的实现

视频 26E

在 26.3.7 节我们了解过简单的 CMOS 反相器，如图 26.37a 所示。反相器电路由两个 MOSFET 开关组成，分别为 NMOS 和 PMOS。两个晶体管的栅输入端连接在一起，由于不同的极性，无论输入是高电平还是低电平，都是其中一个导通，另一个截止。

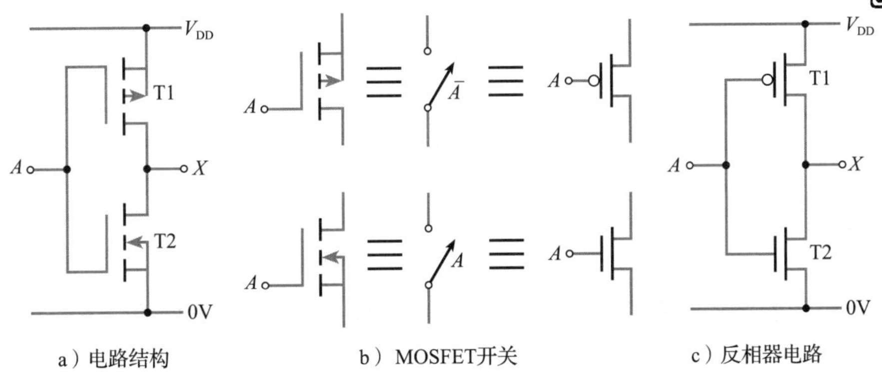

a）电路结构　b）MOSFET开关　c）反相器电路

图 26.37　CMOS 反相器

反相器中的两个 MOSFET、开关及其简单符号分别示于图 26.37b 中。开关上标以逻辑变量，代表当变量为真时开关闭合。例如，下面的开关上标有 A，指的是当 A 为真时(即$A=1$)，开关会闭合。由于下面的开关是 n 沟道器件，所以当栅极输入为高电平时($A=1$)，器件导通，像一个闭合的开关。上面的开关是一个 p 沟道器件，当栅极输入为低(输入$A=0$)时，器件导通，所以开关被标以 $\overline{A}$。对于复杂的 CMOS 门电路，用 MOSFET 器件的简单符号会使电路结构变得简洁，如图 26.37b 所示。与其他数字逻辑的符号表示方法一样，在 p 沟道器件的符号前加圆圈表示反相。图 26.37c 给出了使用简单符号构成的反相器电路。

图 26.37c 所示反相器的作用是将输出拉到所要求的逻辑电压上。在图 26.38a 中，上拉管和下拉管用两个方框标注。当输入信号(A)为高时，上面的上拉管截止，下面的下拉管导通，所以输出被 T2 拉低至 0V。当输入信号为低时，上面的上拉管导通，下面的下拉管截止，所以输出被 T1 拉高至 V_{DD}。因此对于相应的输入，T1 是将输出拉高，T2 是将输出拉低。

图 26.37 所示反相器使用单个 n 沟道器件将输出拉低和单个 p 沟道器件将输出拉高，更复杂的函数使用更复杂的上拉和下拉网络实现，如图 26.38b 所示。像反相器一样，上拉网络用 p 沟道 MOSFET 实现，下拉网络用 n 沟道器件实现。两个网络的功能必须是互补的，从而可以在一个导通时(即相当于一个闭合开关)，另一个截止(代表断开的开关)。图 26.38c 给出了实现布尔函数 X 的例子，函数输出由三个输入 A、B 和 C 的状态决定。当两个网络电路的输入组合使 $X=1$ 时，上拉网络导通(下拉网络截止)，则输出对应于函数 X。通过这种方法，很复杂的布尔函数也可以用较少的器件实现。

既然上拉和下拉网络中的器件是简单的开关，因此组合器件可以直接实现所需的函数。图 26.39 给出了用 n 沟道器件组成下拉网络的例子。给定的函数决定电路结构，n 沟道器件串联实现与功能，并联实现或功能。

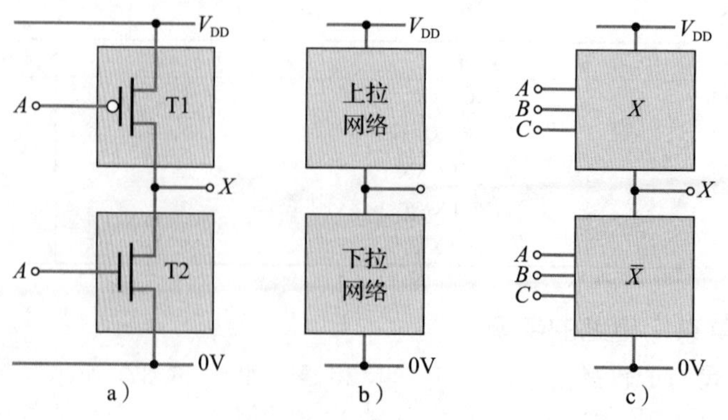

图 26.38　CMOS 门结构

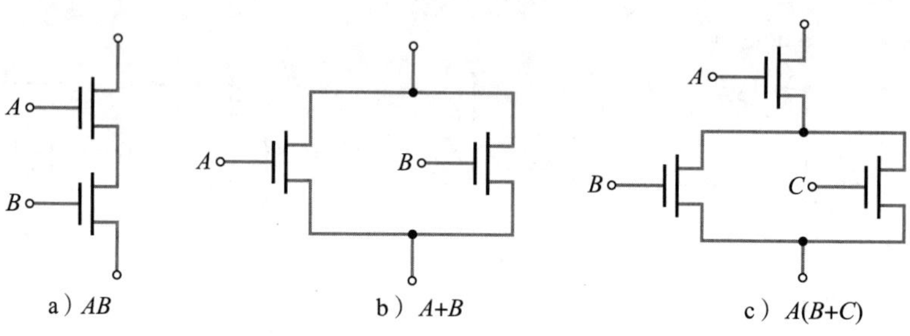

图 26.39　简单函数的下拉网络

上拉网络的器件也是用同样的方式组合。上拉网络使用 p 沟道器件。图 26.40 给出了简单的例子。

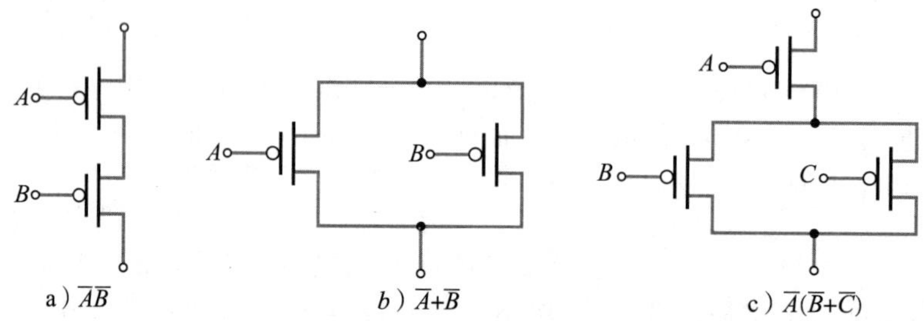

图 26.40　简单函数的上拉网络

两输入与非门

为了说明简单门的结构，我们采用两输入与非门作为例子。两输入与非门电路的函数为

$$X=\overline{AB}$$

从图 26.38c 中可以得到，当输入使得函数 X 为 1 时，上拉网络的结构必须导通。

上拉网络用 p 沟道器件构成，且$\overline{AB}=\overline{A}+\overline{B}$，可以用图 26.40b 所示的结构实现。从图 26.38c 可知，当输入使函数 X 为 0 时，下拉网络导通。因此，A 和 B 都为 1 时下拉网络必须导通，可以用图 26.39a 所示的结构实现。上拉网络和下拉网络结合起来，可得到如图 26.41a所示的结构图。

两输入或非门

同样的方法可以用于设计两输入或非门。上拉网络被设计为$\overline{A+B}=\overline{A}\,\overline{B}$，相对应的结构如图 26.41a 所示。下拉网络必须在 A 或 B 为 1 时导通，相对应的结构如图 26.39b 所示。两个网络结合起来就可以得到或非门的结构，如图 26.41b 所示。

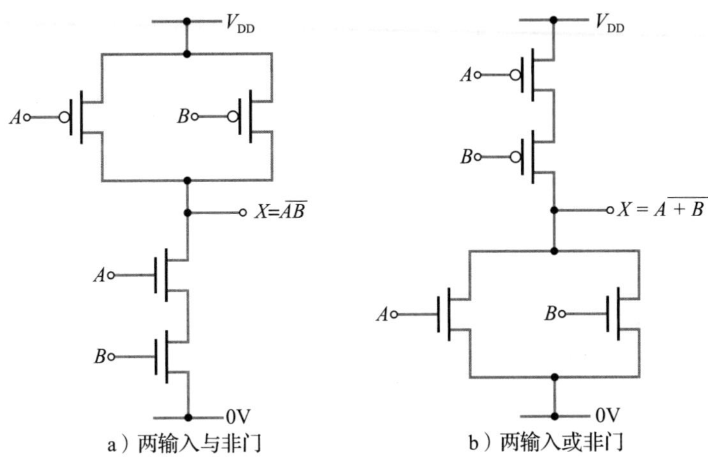

图 26.41　两输入 CMOS 与非门和或非门

可以将图 26.41 中的电路与 26.3.7 节讨论过的图 26.20 中的电路进行比较。图 26.41 所示电路可以通过串联/并联一定数量的器件拓展得到更多的输入。

复杂门的实现

利用上述方法可以拓展设计更复杂的电路。例如，设计函数 X 的电路

$$X=\overline{A+B(C+DE)}$$

则 $\overline{X}=A+B(C+DE)$，下拉网络可以通过 n 沟道器件实现，类似于图 26.39 所示的方法。可以通过摩根定律设计上拉网络：

$$\begin{aligned}X&=\overline{A+B(C+DE)}\\&=\overline{A}\cdot\overline{B(C+DE)}\\&=\overline{A}\cdot(\overline{B}+(\overline{C+DE}))\\&=\overline{A}\cdot(\overline{B}+(\overline{C}\cdot(\overline{DE})))\\&=\overline{A}\cdot(\overline{B}+(\overline{C}\cdot(\overline{D}+\overline{E})))\end{aligned}$$

这个函数可以按照图 26.40 所示的方法来实现。

结合上拉网络和下拉网络可以得到如图 26.42 所示的结构。

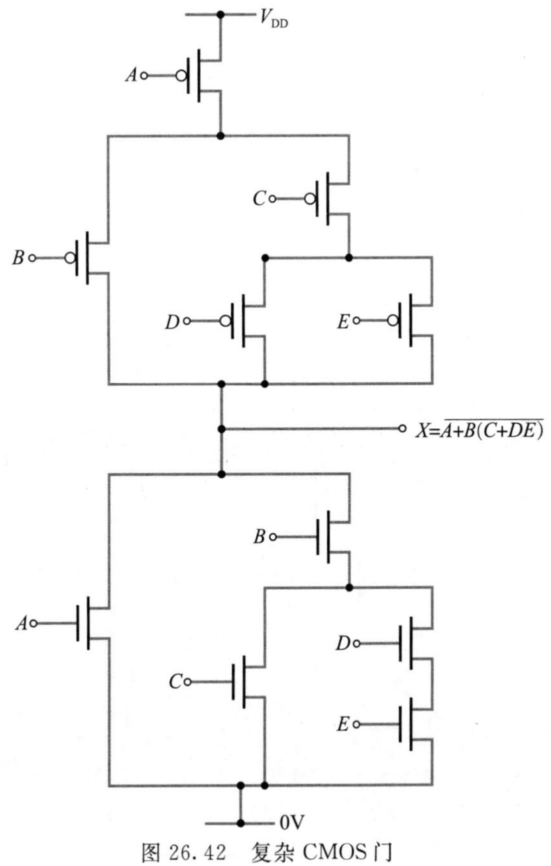

图 26.42　复杂 CMOS 门

到目前为止，对于我们所考虑的门电路，上拉网络只用反变量输入，下拉网络只使用原变量输入。这可以直接从 MOSFET 的输入得到函数。但是，实际上，很多门不是这样，输入端往往需要使用反相器得到反相信号，从而得到所需的控制信号。如下面的例子所述。

例 26.1　设计 CMOS 异或(XOR)门。

解： 如 24.5.3 节所述，异或门函数的表达式为

$$Y=A\overline{B}+\overline{A}B$$

由于表达式包含原变量和反变量，电路需要使用两个反相器产生输入信号的反变量。上拉网络可以直接实现，如前面的电路一样。

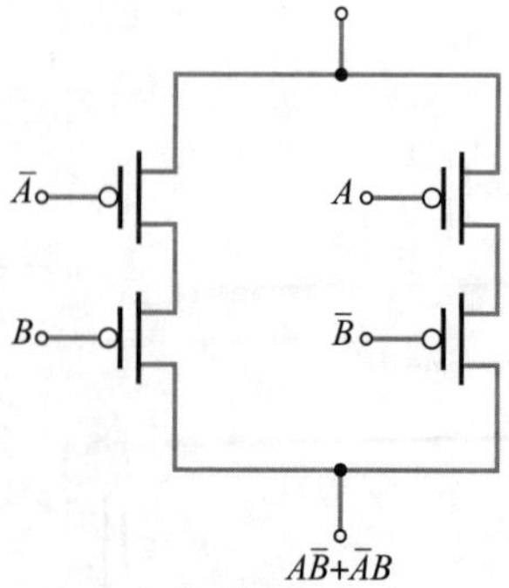

下拉网络需要使用$\overline{Y}$的结构，利用摩根定律得到：

$$\overline{Y}=\overline{A\overline{B}+\overline{A}B}=\overline{A\overline{B}}\cdot\overline{\overline{A}B}$$
$$=(\overline{A}+B)\cdot(A+\overline{B})$$

用下图 a 就可以实现。$\overline{Y}$也可以表示成：

$$\overline{Y}=(\overline{A}+B)\cdot(A+\overline{B})$$
$$=\overline{A}A+AB+\overline{A}\,\overline{B}+B\overline{B}$$
$$=AB+\overline{A}\,\overline{B}\qquad（由于\overline{A}A=\overline{B}B=0）$$

可以用下图 b 所示结构实现。因此，与用分立器件的门实现逻辑函数一样，采用 CMOS 实现逻辑函数的电路结构不是唯一的。

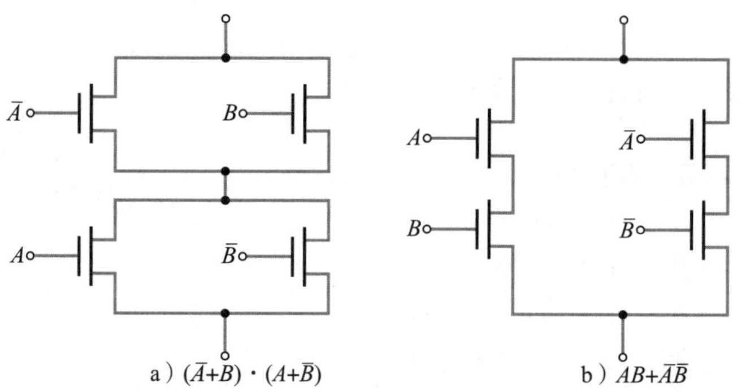

a）$(\overline{A}+B)\cdot(A+\overline{B})$　　b）$AB+\overline{A}\overline{B}$

两种形式都可使用，完整的电路示例如下所示。

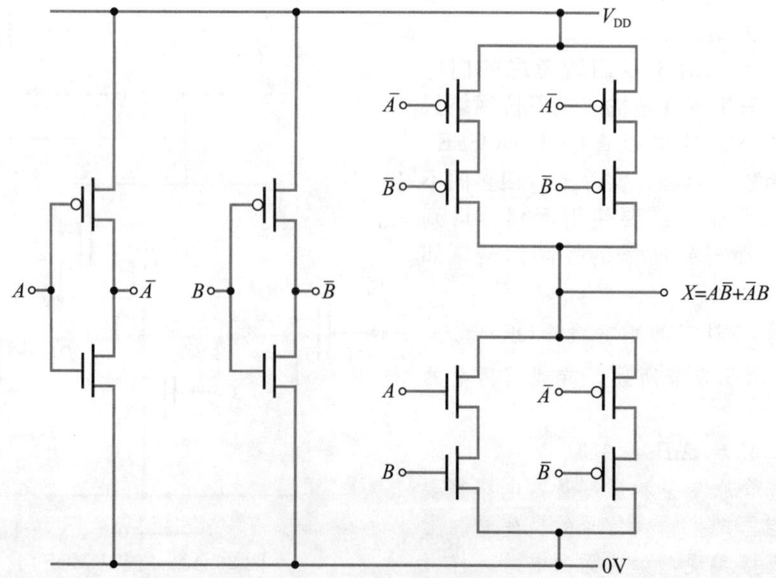

◀

传输门

在 CMOS 逻辑中另一种电路结构是传输门，也被称为传输晶体管逻辑。用 MOS 晶体管传输或者阻止信号从电路的一端到另一端的传递。

传输门的基本结构如图 26.43 所示。由一个 p 沟道管和一个 n 沟道管并联构成。使用这两种器件的传输门可以保证能很好地传输高低逻辑电平。施加到两个器件栅极上的控制信号是互补的，因此互补的控制信号可以将两个门同时导通。这意味着，无论输入信号是什么，两个器件的工作状态相同。电路如图 26.43 所示，如果 B 为高(逻辑 1)，两个器件都导通，输出 X 等于输入 A。如果 B 为低(逻辑 0)，两个器件都截止，输出与输入不连接。

传输门在数据选择器中用来在多个输入信号中选择一个输出，也可以用于其他方面的应用。图 26.44 给出了基于传输门实现的异或门。虽然图 26.44 未给出产生$\overline{A}$和$\overline{B}$的反相器，但与例 26.1 的电路相比，图 26.44 所示电路使用的晶体管较少。

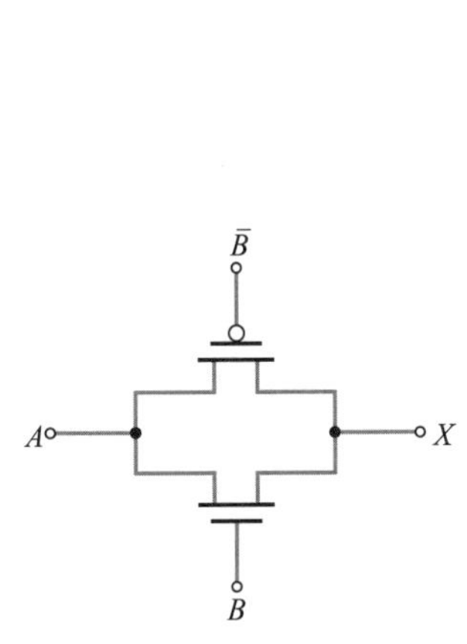

图 26.43 传输门

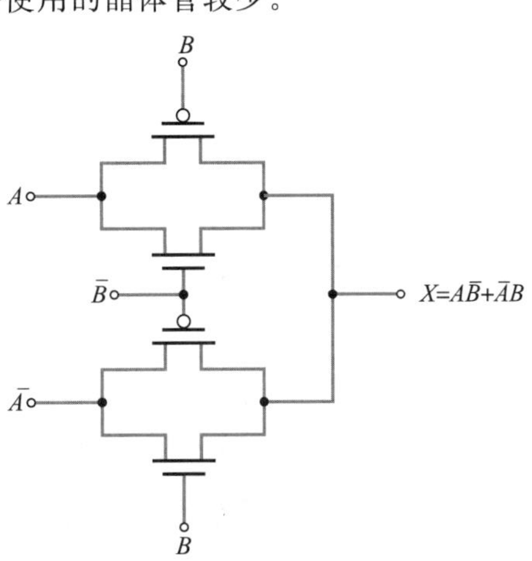

图 26.44 基于传输门的异或门

26.6 TTL 和 CMOS 接口及不同电源电压下的逻辑电平

接口是用于将两个电路或系统连接在一起的电路。TTL 和 CMOS 的逻辑电平不同，其中一种电路的输出不能直接接至另一种电路的输入。同样，在不同的电源电压下工作的 CMOS 逻辑电路的逻辑电平也不同，因此也不能直接兼容。

26.6.1 TTL 驱动 CMOS

具有推拉输出结构的典型 TTL 门输出的逻辑高电平是 3.6V，逻辑低电平是 0.2V。当驱动其他 TTL 门时，电流从器件流出导致逻辑高电平下降，$V_{OH(min)}$也许会降低至 2.4V。CMOS 门输入如果低于 0.3 倍的 V_{DD}电压，为逻辑 0，输入高于 0.7 倍的 V_{DD}为逻辑 1。如果电源电压为 5V 时，那么 CMOS 门 $V_{IL(max)}$为 1.5V，$V_{IH(min)}$为 3.5V。TTL 逻辑 0 电平可以直接作为 CMOS 门电路输入，但 TTL 逻辑 1 的电压不足以作为 CMOS 门电路输入的逻辑 1 电平电压。

解决逻辑电平兼容的一种方法是使用具有对 TTL 输出电压兼容的 CMOS 门电路(见 26.5.1 节)，例如 74HCT 或者 74ACT 系列，但是这不是唯一的解决办法。在 26.4.2 节，我们注意到，集电极开路门的逻辑电平与电源电压和地很接近。集电极开路门具有上拉电阻，上拉电阻可以直接连接到 5V 的电源电压，因此集电极开路门可以直接驱动在 5V 电源电压下工作的 CMOS 门电路。CMOS 具有很高的输入电阻，因此对 TTL 输出负载无太大影响。在 TTL 推拉输出上增加上拉电阻，因此 TTL 输出电压在高电平时可以达到约 5V。所以，集电极开路和传统推拉输出 TTL 器件，在其输出端与 5V 电源电压之间接上拉电阻，就可以与 5V 的 CMOS 逻辑门电路直接兼容，如图 26.45a 所示。

驱动工作电源电压高于 5V 的 CMOS 门时，可以使用高电压集电极开路 TTL。上拉电阻接至 CMOS 逻辑门的电源电压，得到相应的逻辑电平。图 26.45b 给出了使用 15V 电压的 CMOS 逻辑电路。类似的方法，可以用于驱动电源电压低于 5V 的 CMOS 门，当然，在这种情况下，也可以使用传统的(不是高压)集电极开路门。

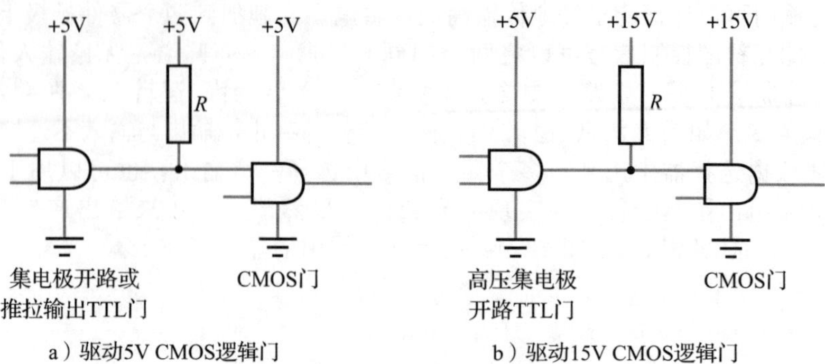

图 26.45　TTL 驱动 CMOS 门

另一种驱动高电压 CMOS 的方法是使用专用的电压转换器。CMOS 电压转换器设计在低电源电压下工作(如 TTL 或者低电压 CMOS)，可以驱动高电压 CMOS 逻辑电路。有一系列转换器可供选择，往往一个芯片内包含多个转换器。一个转换器应用方案如图 26.46 所示。

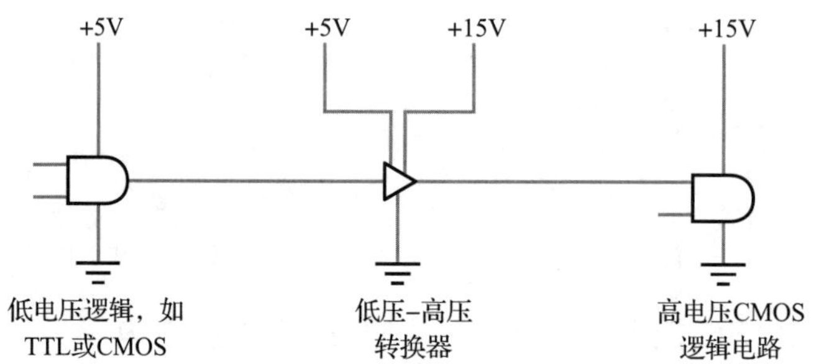

图 26.46　低压-高压转换器应用

26.6.2　CMOS 驱动 TTL

工作在 5V 电源电压下的 CMOS 门电路的输出逻辑电平近似为 0V 和 5V，所以 CMOS 门电路输出可以直接作为各种形式的 TTL 输入。但是，由于 CMOS 的输出阻抗过高，不能够为标准 TTL 门提供足够大的驱动电流。

大多数现代 TTL 系列，例如低功耗肖特基系列器件(74LS)，需要的驱动电流比标准 TTL 要小很多。大多数 CMOS 门可以提供足够大的电流驱动单个“LS”门，然后再用于驱动其他的“LS”门。同样，“LS”门也可以再用于驱动标准 TTL 电路，因为“LS”门提供的输出电流至少能够驱动一个标准 TTL 负载(尽管现在基本不用标准 TTL)。

高电压 CMOS 与 TTL 可以用高压-低压电压转换器作为接口连接。这种转换器与之前所描述的低压-高压电压转换器，都可以使不同器件相互兼容。

图 26.47 示出了用 CMOS 逻辑门驱动 TTL 逻辑门的多种方法。

26.6.3　不同电源电压的 CMOS 接口

不同电源电压 CMOS 电路可以使用适当的电压转换器互连，方法类似于 TTL 和不同电源电压的 CMOS 电路的连接。一些 CMOS 系列也可以简单互连，如工作电压为 3.3V 的 CMOS 器件可承受高达 5V 的输入信号。

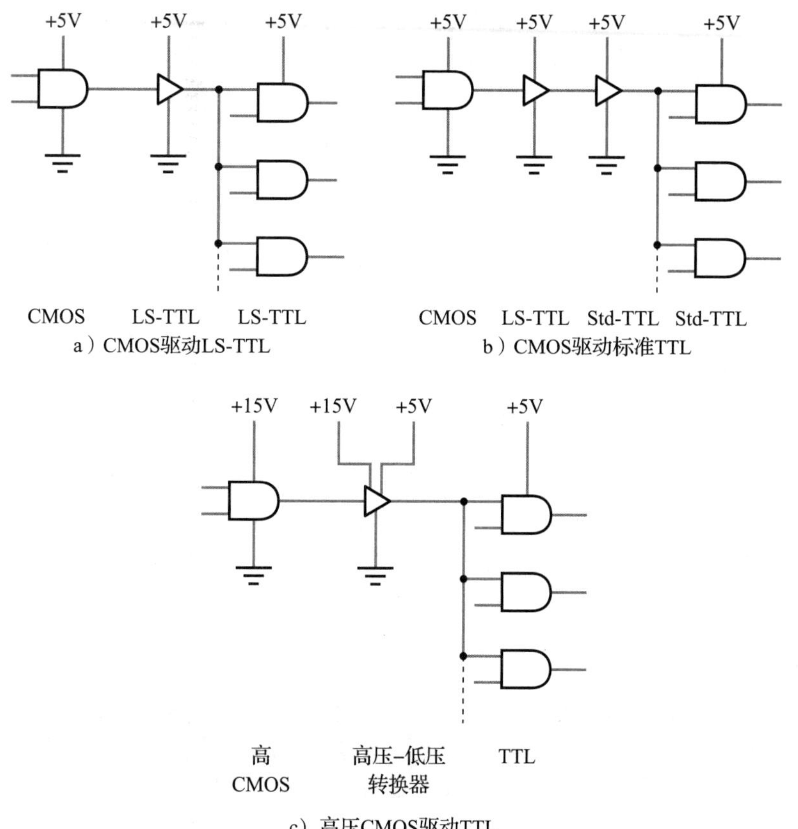

a）CMOS驱动LS-TTL

b）CMOS驱动标准TTL

c）高压CMOS驱动TTL

图 26.47　CMOS 驱动 TTL

26.7　数字系统的功率耗散

视频 26G

功率消耗是很多数字系统设计的重要考虑因素。用电池供电时，功率消耗决定电池的寿命，在许多情况下功率消耗会限制电路功能和性能。在所有的应用中，功率消耗与功率耗散有关，功率耗散决定系统内产生的热量是多少，散热往往代价很高，功率耗散限制了很多电子系统的设计。高集成度器件中，器件的最终复杂程度往往受功率耗散的限制。

现在的电子系统几乎都采用 CMOS 技术。本节将会介绍 CMOS 器件的功率耗散，分析影响热量产生的因素。CMOS 功率耗散分为两类，静态耗散和动态耗散。

静态耗散是指电路稳态时的功率耗散。CMOS 电路采用互补结构，在稳态时两个开关网络总有一个处于截止状态，静态电流只包含很小的漏电流。因此，静态耗散几乎可以忽略，这里并不再进一步考虑。

虽然 CMOS 器件静态时消耗的功率非常小，但当电路切换状态时会消耗少量的功率，称为动态耗散。每个门的输入端类似于很小的电容，器件每次切换工作状态时，电容充放电使电路产生能量耗散。电容的大小与连接到输出端的导线以及各种器件的源极和漏极有关。为了说明这个过程，考虑如图 26.48 所示的电路，它代表简单的反相器与电容相连，相连的电容为下一级门输入端电容加上其他负载电容。

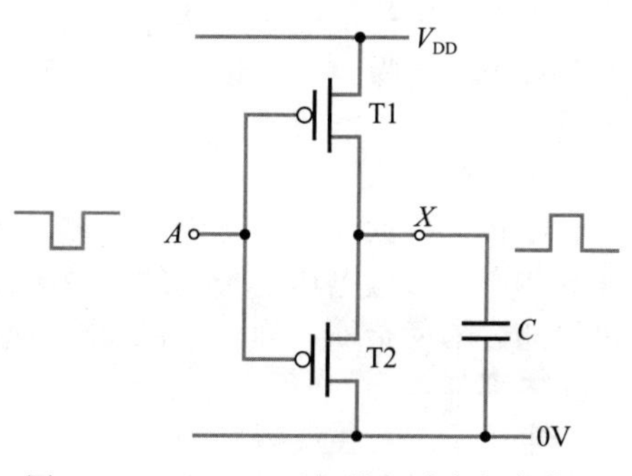

图 26.48　CMOS 反相器驱动容性负载

假定初始反相器的输出为低，电容完全放电。设想现在改变输入，输出端转换为高电平输出状态，也就是 T1 导通，T2 截止。在这种情况下，T1 导通电流从正电源流入电容，电容充电。从电源瞬时流出的能量等于电流与电压的乘积，为 iV_{DD}，电源给电容充电的总能量 E 为

$$E=\int iV_{DD}\mathrm{d}t=V_{DD}\int i\mathrm{d}t=V_{DD}Q$$

Q 是电容充电的总电荷。从 4.7 节可知，$Q=VC$，因此

$$E=V_{DD}Q=V_{DD}(V_{DD}C)=CV_{DD}^2$$

从 4.9 节可知，电容充电存储的能量为 $1/2CV^2$，因此 T1 的功率耗散为电源总的功耗减去电容存储的能量，即

$$\text{T1 功率耗散}=CV_{DD}^2-1/2CV_{DD}^2=1/2CV_{DD}^2$$

因此 T1 的功率耗散等于电容存储的能量。

我们再来考虑，如果输入再次改变，输出变为低电平，T1 截止，T2 导通。电容器放电，电容原来储存的能量经 T2 耗散，显然，这种方式耗散的是原来存储在电容中的能量，为 $1/2CV_{DD}{}^2$。

因此，输入端状态重复变化一次，每个晶体管能量耗散 $1/2CV_{DD}{}^2$，状态每转换一周总耗散为 $CV_{DD}{}^2$。如果输入信号频率为 f 周每秒，动态功率耗散 P_D 为

$$P_D=fCV_{DD}^2 \tag{26.5}$$

上述 P_D 是反相器的动态功耗，对于其他的门电路，可以采用相同的分析方法，得到类似的结果。

在实际中，CMOS 门的工作频率不固定，而且在复杂的电路中很多门的开关频率差异很大。但是，上述关系式表明，CMOS 电路的功耗与时钟的工作频率成正比。同时表明，电源电压是功率耗散的重要影响因素，这就是为什么现代逻辑系列选择越来越低的工作电源电压。

26.8　数字系统的噪声和电磁兼容性

在第 22 章我们学习过模拟电路和电子系统中的噪声和 EMC。在这一节，我们将学习数字电路中的噪声和电磁兼容性问题。

相对于模拟系统，数字系统的优点之一是噪声容限大。我们已经学习过各种逻辑门的噪声容限。在有噪声的环境中，噪声容限是判断系统准确工作能力的重要因素。数字系统具有较高的噪声容限的同时，数字系统比模拟设备产生的噪声也更大。因此，从 EMC 角度考虑，与模拟系统相比，数字系统有很多优点，也有很多缺点。

在接下来的几节，我们学习数字系统的噪声源以及噪声源是如何影响系统工作的。随后我们将讨论用于改进系统 EMC 性能的多种设计方法。

26.8.1　数字噪声源

电子噪声

电子逻辑门由电子元器件构成。类似于 22.2 节讲过的模拟电路，电子逻辑门与模拟电路有相同的噪声源。设计逻辑门时一般将噪声源考虑在内，并选择合适的阈值电压和逻辑电平使噪声性能最优。

干扰

干扰带来的噪声通常无法预测。周围的电气设备和电子设备可产生大量的电磁辐射，使导体产生感应电压。长导线就像天线一样，拾取干扰并在系统中产生噪声电压。干扰也可以通过辐射拾取，通过电源或外部线路送到传感器和执行器，从而进入系统。

内部噪声

电子系统的主要噪声源是电子系统本身。电路某一部分的信号，可以传播到整个系统中，从而在其他部分产生噪声。电源是公共噪声源。对于简单的线性电源，变压器的脉动

磁场可以在电源电压的频率处产生感应噪声电流。对于开关电源，高频开关电流往往传播到整个系统，作用类似于强的噪声源。

电源噪声

在数字系统中，电源线的噪声是最常见的，也是最难消去的。当数字器件改变状态时，电源的电流通常会发生阶跃变化。一般地，电路内的许多器件在主时钟或振荡器下同步工作，所以大量器件往往同时改变状态。此时，电路中存在电源对电路内的电容进行充放电产生的附加电流。这会引起数字系统的电源线附加上噪声尖峰，噪声尖峰会送到系统的所有部分。

电源线噪声也可能由系统外部产生，通过电源进入电路内部。来自电动机或其他高功率执行器的噪声沿交流电源线传播，不能都被电源内部消去。通常在连接到电路单元的线路上加一个电源滤波器，将这些噪声消去。

CMOS 开关瞬变

CMOS 逻辑是产生噪声尖峰的原因之一。如 26.7 节所述，CMOS 在静态时电路中几乎没有电流，但当电路状态发生变化时会有电流波动。系统中的很多 CMOS 门时钟同步时，波动电流要比平均电流大很多倍。在电源线上的阻抗或电感会将波动电流转换成具有尖峰的电压。

26.8.2　数字系统噪声的影响

少量(少于系统噪声容限)的噪声一般不影响系统的正常工作。这与模拟电路形成了明显的对比，在模拟系统中噪声一旦加进来，那么一般不能将其从信号中除去。但是，大量的噪声会导致数字系统在两个方面出现问题：

- 过量的噪声会导致系统不能正常工作；
- 过量的噪声会导致系统损坏。

噪声引起的误差

高于电路噪声容限的噪声信号加到稳态逻辑电压上会影响信号准确性，如图 26.49 所示。

当噪声加到缓慢变化的逻辑信号时，即使噪声低于系统的噪声容限，也会产生问题，如图 26.50 所示。输入信号的小波动导致它在阈值上下穿越多次。这就造成了输出发生多次状态变化而不是所希望的一次。如果信号用作计数器的输出，就会得到错误的计数结果。

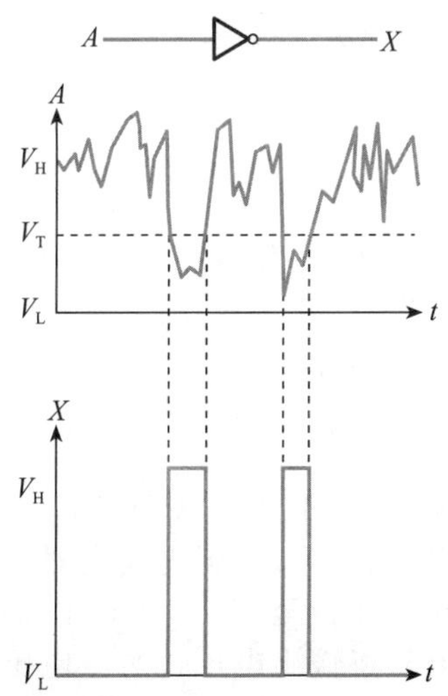

图 26.49　噪声对稳态逻辑电压的影响

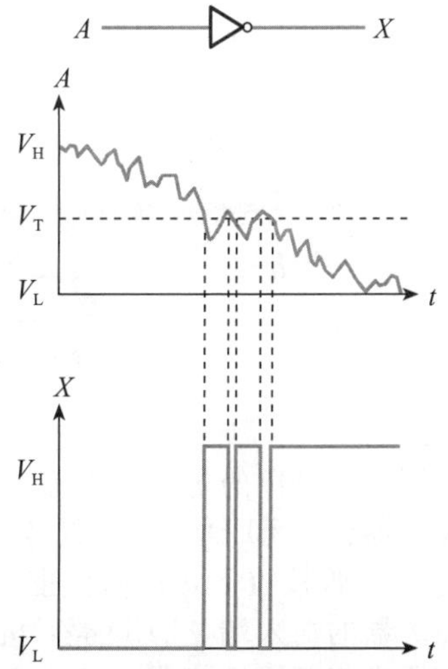

图 26.50　噪声对缓慢变化逻辑电压的影响

最大额定值

大部分逻辑器件系列的工作电源电压为 5V。逻辑门制造商通常会定义电路安全工作的最大额定电压。对于 TTL，最大电源电压通常为 7V，每个输入最大允许的输入电压值约为 5.5V。对最大电流值也会做出规定。如果超过最大值，器件在 1μs 内就会毁灭或永久损毁。

CMOS 门的最大供电电压通常与其正常的供电电压范围有关。对于工作电压为 3～15V 的器件，允许的电源电压范围为－0.5～＋18V。对于工作电压为 2～6V 的器件，电源电压范围为－0.5～＋7V。通常工作电压为 1.65～3.6V 的低压器件，允许的电源电压为－0.5～＋4.6V。任何输入端允许的输入电压一般为$-0.5\sim V_{DD}+0.5V$。输入输出端允许的最大直流可以达到 10mA。

由于电子电路的速度很快，几纳秒的噪声尖峰就可能对电路造成严重的损坏。大部分逻辑电路的输入阻抗很高，所以静电是必须考虑的问题。

26.8.3　数字系统的电磁兼容设计

在 22.10 节我们讨论过提高系统电磁兼容性的方法。在本节，我们将讨论与数字设备设计特别相关的问题。

外壳和电缆屏蔽

在第 22 章我们了解到，屏蔽对于减少电路的干扰和噪声很重要。在模拟和数字设备的设计中，使用外壳和屏蔽电缆都很重要。

有屏蔽线的电缆应尽可能短。标准逻辑芯片之间推荐使用的最大距离为几厘米，如果需要更长的距离，应使用专用线驱动器/接收器芯片。这是为了避免线之间的电容过大，并抑制噪声。

数字电路中时钟信号线上因为有非常高的频率器件，因此承载很高频率的开关信号，在电路中有特殊的影响。方波的傅里叶变换分析表明其包含奇次谐波分量。因此，即使是低频率的时钟波形也包含很高的频率分量。

计算机底板中有大量并行工作的导体，系统内导体之间的干扰是一个重要的问题。在时钟线和信号线之间放置接地导体可以屏蔽导体之间的干扰，从而减少串扰，如图 26.51 所示。

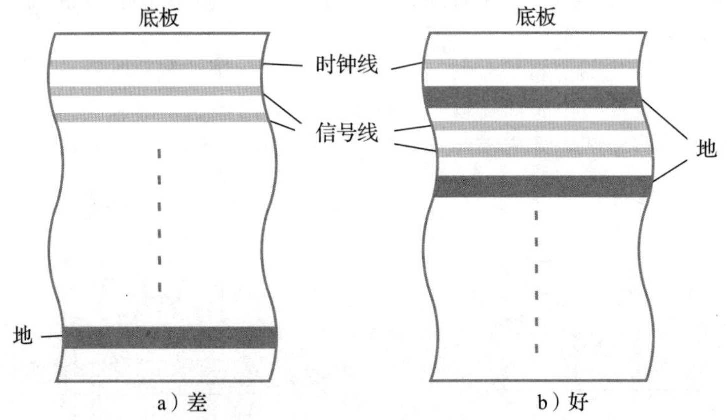

图 26.51　好底板和差底板的结构

光电隔离

可以用光电隔离的方法减少输入输出线上的噪声（见 13.3.1 节），如图 26.52 所示。

光隔离器包含 LED 和单独封装的光敏管。当 0 电压（逻辑 0）加到光隔离器的输入端，LED 灭，光敏管接收不到光而截止，上拉电阻 R 将输出电压拉至 V_{CC}。当正电压（逻辑 1）加到光隔离器的输入端，LED 亮，光电管导通，下拉电阻将输出电压拉至 0 电压。因此，光电隔离器类似逻辑反相器。光隔离器的主要工作特征是输入与输出之间通过光连接，不存在电连接。典型的器件会产生几千伏的电气隔离。系统的输入输出线都可以通过光隔离器保护。

二极管钳位

在噪声很大的环境中，有必要添加门保护电路，如图 26.36 所示。即使在逻辑电路中加钳位二极管，有限的功率处理能力和非常大的尖峰也会使钳位二极管在电路其余部分损坏之前的瞬间失效。外部二极管有较快的响应速度并且能够抵抗大的电流冲击，因此可以用很低的代价提升对电路的保护。

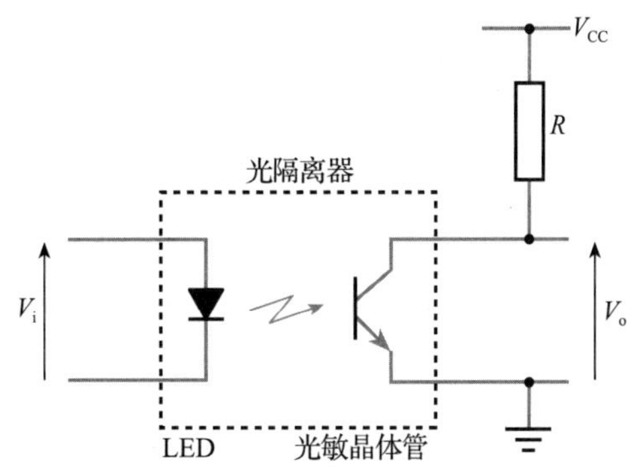

图 26.52　光隔离器的应用

去耦电容与接地

多数与内部噪声源有关的问题都可以利用电容和合理的布局来解决。尽可能在每个数字集成电路和低感性电容与电源线之间加上去耦电容。接地也很重要，电路应尽量直接接地，使其与地之间的电阻尽可能小。

电源隔离

模拟与数字混合电路中，常常需要使用单独的电源，以防止数字部分的噪声干扰低噪声模拟电路。对于用于高噪声环境中的系统设计，常常对输入/输出与其他部分电路分开供电。再结合光电隔离的控制信号，可以防止噪声通过输入/输出线进入系统。

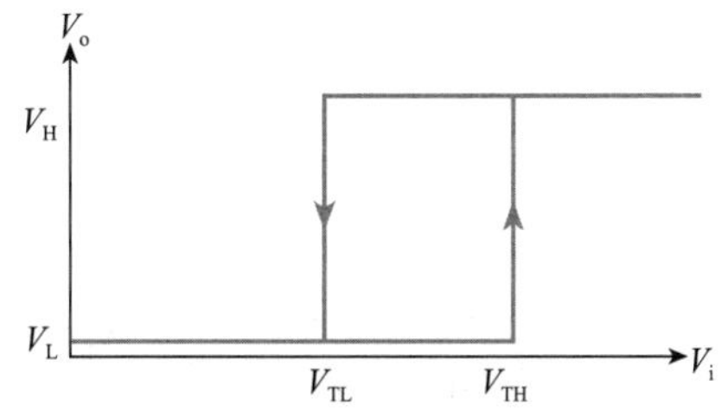

图 26.53　施密特触发器的传输特性

施密特触发输入

与缓慢变化的输入相关的问题可使用具有滞后功能的逻辑门解决。最常使用的结构之一是施密特触发电路。即使是一个含噪声缓慢变化的输入，施密特触发电路只产生逻辑状态单次变化。这种线路的传输特性如图 26.53 所示。

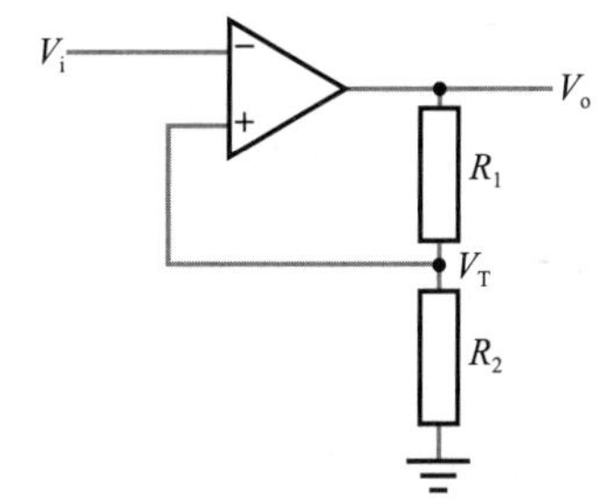

图 26.54　简单的施密特触发器

从传输特性可以看出，如果输入超过阈值电压 V_{TH}，输出将从低变到高；如果输入低于阈值电压 V_{TL}，输出将从高变到低。这样可以避免在小的噪声影响下，输出在两个状态之间反复切换。

施密特触发器电路有很多种结构。图 26.54 所示为基于运算放大器的反相结构。电阻构成正反馈，使电路保持在现态。输出无负反馈，输出电压在两个轨电压之间切换（分别为 V_{pos} 和 V_{neg}）。当输入高于或者低于同相输入端的电压时，运算放大器的状态发生改变。输出为正电压时，同相输入端电压为

$$V_T = V_{pos} \times \frac{R_2}{R_1 + R_2}$$

输出为负电压时，同相输入端电压为

$$V_T = V_{neg} \times \frac{R_2}{R_1 + R_2}$$

开关电压随着输出状态发生变化产生所需的滞后。类似地，选取适当的电阻值和电源电压，可以产生特定的逻辑器件的阈值电压和输出电压。许多逻辑系列都在输入端接有门和施密特触发器。

采用滤波去除噪声

我们知道，数字系统相关的大部分噪声是尖峰或高频波动。如果逻辑信号变化缓慢，可以使用低通滤波器滤除大部分噪声。滤波器可以将信号中的高频分量去除，也会减慢两

个逻辑状态的转换速度。因此，通常需要用带有施密特触发器的滤波器来恢复波形的陡峭边缘。

进一步学习

工业控制系统的输入是两个远程机械开关，输出信号控制交流加热器和交流电动机。

控制器根据控制算法感应开关的状态，并控制加热器和电动机的开关。系统能够在电噪声很高的环境中工作。如何设计出在工作时能够减小噪声影响的电路。

视频 26H

关键点

- 集成电路是将多个门集成到单个器件上。集成器件按照器件内包含的门的数量分为多种，从包含 100 个门的小规模集成电路(SSI)，一直到可以在单个封装内集成 10^{12} 个门电路的万亿规模集成电路(TSI)。
- 逻辑门有用 MOS 器件(FET)制造的，也有用双极型晶体管制造的。
- 基于 MOS 管的逻辑电路的功耗比较低，电路密度高，输入阻抗也高，扇出系数很大，但是输出阻抗也很高，限制了负载电容的充电速度。
- 相比于 MOS 管，双极型晶体管的转换速度快，但是占用面积大、功耗大。
- 虽然双极型晶体管的开关速度快，但是晶体管在饱和区会产生存储时间的延迟，速度将会减少。这个问题可以用多种方法解决，包括金掺杂以减少电荷载体的寿命，用肖特基晶体管防止晶体管饱和，或使晶体管保持在有源区工作。
- 多种多样的 TTL 是最受欢迎的基于双极型晶体管的逻辑器件。范围从 54/74 系列标准的 TTL 电路，到在速度、功耗和其他特性方面进行优化的改进系列 TTL 电路。
- 典型的 TTL 器件为推拉输出，其典型的逻辑电平为 0.2V 和 3.6V。另外一些器件有不同的输出结构，如集电极开路输出和三态输出。
- CMOS 在 MOS 逻辑系列中占主导地位。尽管它比其他 MOS 技术在制造方面更复杂，CMOS 器件的功耗低、速度快、噪声容限大。
- 复杂的 CMOS 电路可以用互补逻辑函数的上拉网络和下拉网络实现。上拉网络采用 p 沟道器件，下拉网络采用 n 沟道器件。
- 在一些应用中，需要将 TTL 和 CMOS 结合起来使用。由于 TTL 和 CMOS 的输入输出不能直接兼容，所以两者之间通常需要使用比较简单的接口电路。
- CMOS 电路的功率耗散几乎全部由电路状态的改变产生。功率耗散与开关频率成正比，也与电源电压的平方成正比。
- 所有的电子电路易受到各种形式的噪声影响。
- 在数字系统中，噪声会带来很多问题。首先，噪声带来的错误操作会扰乱系统的正常工作。其次，在极端的情况下，噪声可能会导致器件内部电路的物理损坏。
- 可用于降低噪声对电路的工作的影响并对电路提供很好的保护的技术很多。但是，完全消除噪声是不可能的。

习题

26.1 什么是超大规模集成电路(VLSI)?

26.2 画出逻辑反相器的传递函数。

26.3 逻辑门的噪声容限是指什么?

26.4 图 26.6 所示反相器的逻辑电压是多少?

26.5 为什么双极型晶体管的导通时间大于截止时间?

26.6 双极型晶体管的存储时间是指什么? 如何减少?

26.7 给出传输延迟时间、建立时间和保持时间的定义。

26.8 输入和输出波形的哪些点可用于测量传输延迟时间?

26.9 逻辑门的扇出系数是指什么?

26.10 哪两个逻辑系列是集成逻辑电路产品中使用最广泛的?

26.11 为什么 ECL 的速度比 TTL 快?

26.12 ECL 的主要缺点有哪些?

26.13 解释 PMOS、NMOS 和 CMOS 的概念。

26.14 NMOS 和 PMOS 的主要缺点有哪些? 在 CMOS 中是如何克服的?

26.15 为什么 CMOS 的功率耗散主要受时钟频率影响?

26.16 解释 BiCMOS 的概念。BiCMOS 门的特点和用途是什么？

26.17 7400 器件和 5400 器件的区别是什么？

26.18 TTL 门的电源电压一般为多高？逻辑电平一般为多小？

26.19 解释图 26.23 所示电路中输入钳位二极管的作用。

26.20 画出典型 TTL 门的传输特性。

26.21 仿真图 26.23 所示 TTL 反相器的电路，假设只有一个输入。将输入端连接可控制的直流电压源，输出通过一个 1kΩ 的电阻连接至地作为负载。输入电压从 0 变化到 5V，观察输出电压。画出门的传输函数并与图 26.24 给出的传输特性进行比较。去掉负载电阻后对电路会产生哪些影响？

26.22 什么是 TTL 门的最小噪声容限？典型 TTL 门的噪声容限一般为多大？

26.23 为什么优先使用集电极开路器件而不是在推拉输出器件？

26.24 什么是三态输出门？

26.25 四输入 TTL 与非门用作三输入门电路，未使用的输入端应该如何连接？

26.26 四输入 TTL 或非门用作三输入门电路，未使用的输入端应该如何连接？

26.27 为什么肖基特 TTL 比标准 TTL 速度快？

26.28 74C00 门与 7400 门的区别是什么？

26.29 CMOS 门一般使用多高的电源电压？

26.30 CMOS 门的电源电压与逻辑电压以及噪声容限是什么关系？

26.31 工作电压为 5V 的典型 CMOS 门的最小噪声容限是多少？该门的典型噪声容限值是多少？

26.32 74HCT 系列器件与 74HC 系列器件的区别是什么？

26.33 使用 CMOS 器件时，为什么需要特别的预防措施？

26.34 四输入 CMOS 与非门用作三输入电路，未使用的输入端应该如何连接？

26.35 四输入 CMOS 或非门用作三输入电路，未使用的输入端应该如何连接？

26.36 CMOS 的扇出系数一般为多大？连接到输出端的门的数量是如何影响其工作速度的？

26.37 缓冲器和线驱动器采用哪种结构的 CMOS 门？为什么要采用这种结构？

26.38 设计一个 CMOS 下拉网络实现函数 $\overline{(ABC)+(DE)}$。

26.39 设计一个 CMOS 上拉网络实现函数 $\overline{(ABC)+(DE)}$。

26.40 设计一个 CMOS 门实现函数 $X=\overline{(ABC)+(DE)}$。

26.41 画出三输入 CMOS 或非门电路。

26.42 设计一个 CMOS 门实现函数 $X=A\,\overline{B}C+\overline{A}B\,\overline{C}$。

26.43 为什么将 TTL 逻辑门与 CMOS 逻辑门连接时需要特殊考虑？

26.44 为什么功率耗散在逻辑设计中很重要？

26.45 CMOS 门的静态功耗和动态功耗的含义是什么？哪个更重要？

26.46 影响 CMOS 门功率耗散的因素有哪些？

26.47 解释为什么 CMOS 电路很容易产生噪声尖峰。

26.48 解释在数字系统中光隔离器能够降低噪声输入的原因。

26.49 描述 CMOS 门电路中保护输入避免受静电影响的技术。如何进一步保护器件？

26.50 描述施密特触发器的工作原理和功能。

26.51 给出从 TTL 逻辑门获取控制继电器的 24V 驱动信号的方法。如果负载呈感性，该采取什么特殊措施？

第27章 数字系统的实现

学习目标

学完了本章内容后，应具备以下能力：

- 按照时间顺序描述集成电路的发展演变
- 讨论广泛应用的超大规模集成电路(VLSI)技术中阵列逻辑的应用
- 掌握用简单可编程逻辑器件(PLD)实现组合逻辑电路或者时序逻辑电路的方法
- 描述简单微型计算机(简称为微机)系统的结构，并阐述如何用微型计算机系统实现组合逻辑电路和时序逻辑电路。
- 阐述各种形式的半导体存储器的特性和使用
- 描述可编程逻辑控制器的一般形式
- 提出一些适用于数字系统产品的实现方案

27.1 引言

视频 27A

在第 26 章中我们学习了基本的门在一个集成电路中的实现，并学习了多种可用的集成电路。在这一章，我们将学习 SSI 和 MSI 器件的实现技术以及该类集成电路的基本结构。高集成度器件使用的技术相同但是其结构和工作过程更加复杂。高集成度电路产品的主流技术为 CMOS 技术。CMOS 技术不断发展并逐年壮大。

27.1.1 集成电路复杂度的发展演变

早在 1965 年，戈登·摩尔，飞兆半导体公司半导体事业部的创始人之一，指出单个集成电路上可以集成的晶体管数目将呈指数增长，并在今后保持着这种势头。这就是著名的摩尔定律。摩尔预言，每个集成电路芯片可以集成的晶体管数量每两年翻一番。这个预言已经被证明非常准确。如图 27.1 所示为英特尔公司生产的处理器芯片系列上的晶体管数量。

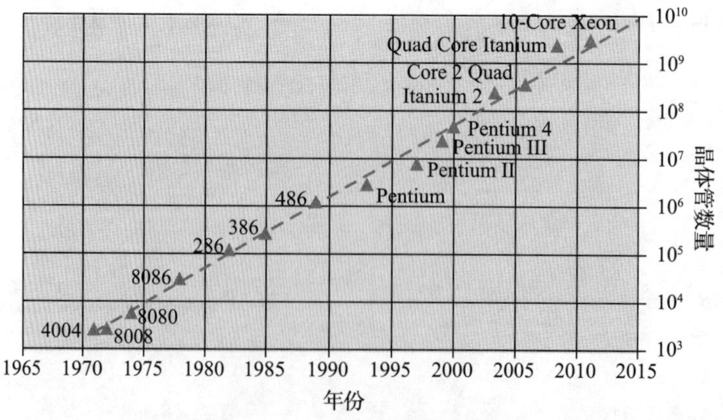

图 27.1　英特尔处理器的集成度

采用现代器件生产技术，可以在单个集成电路上集成数百万的门。但是，在单个封装内能够集成的分立门数目有限，限制之一是需要连接到门的输入输出端的电路引脚数量。

包含有 1000 个分立门的电路需要数千个引脚，在电路板上就需要占据很大的面积。这些电路引脚之间的互连同样也需要很大的面积。

实现大规模集成电路，不仅要实现电路需要的门，而且要实现门之间的互连。此外，电路的输入和输出也要引出到电路外部，而不是连接到电路内的节点。因此，大规模集成电路中绝大多数互连都是在电路内部，这大大减少了杂散电容，提高了电路的工作速度(如第 26 章所述)。在一个封装内，门的连接使得复杂电路能够在单个器件上实现，单个封装的器件具有特定的功能。

复杂集成电路因为大量生产，所以价格便宜，但电路设计非常昂贵。因此，如果器件的需求量达数百万，设计这样的专用集成电路就容易实行(设计成本可以分摊到数百万个器件上)，但是如果需要的数量不多，其设计显然不切实际。解决这个问题的方法之一是设计可以大量生产的标准化器件，它们也可以为特定应用定制(或者可编程)。

在本章，我们学习两种高集成度的通用器件，即阵列逻辑和微处理器。首先介绍这两种器件；然后研究一种微处理器——可编程逻辑控制器；最后介绍特定应用的技术选择。

27.2　阵列逻辑

现代的微处理器、存储器以及接口电路的单个芯片中往往包含数千万个门。器件的开发成本非常高，所以开发使用量非常大的器件才合理。

微处理器是通过软件控制工作的被大量应用的通用器件。同样，存储设备和其他一些复杂的元器件也有大量的应用，因而可以大量生产。

然而，并不是所有的电子电路生产量都很大，在许多情况下，电路仅用于一个特定应用。即使使用标准化器件构成系统，例如使用微处理器构成系统，通常也需要一定量的专门逻辑与主要器件配合。这种电路通常称为胶连逻辑。同样的微处理器可用于成千上万的设计方案，但每一种应用的胶连逻辑都是不相同的，从而使每个系统都有各自独特的硬件特征。因为这种电路对于应用往往是专用的，通常被称为随机逻辑，这个术语指的是功能，而不是指任何无关联的工作！这种随机性对于制造商而言，在单个芯片内设计一种能够组合所有功能的集成电路是不切实际的。

对于非常小的系统，用几个小规模或中规模逻辑器件就可以实现所需要的随机逻辑(如前面的章节所述)。然而，随着系统复杂性的增加，所需的元器件数量就会受到限制。例如，典型的台式电脑，实现处理器、存储器和输入/输出部分的功能可能只需要几个 VLSI 芯片，但如果胶合逻辑是用简单的逻辑电路实现，就需要几百个附加芯片。因此，需要的是，可以在单个能大量生产的芯片内提供大量的门，为了实现某种应用，允许器件的片内元器件互连。这类器件就是通常所说的可编程逻辑器件(PLD)。

一片 PLD 集成了大量的逻辑门，但允许用户自行设计门之间的互连关系。这种技术也称为自由逻辑，因为在制造时门电路没有任何特定的功能。

器件内的门以及门之间的互连构成一个或多个“阵列”。因此，这种结构称为阵列逻辑。阵列逻辑有很多种，在这里仅仅介绍一些比较重要的。由于不同类型的 PLD 名称众多，所以学习起来比较复杂。在这里，我们仅仅将它们限制在一些被广泛认可的名称中，包括：

- 可编程逻辑阵列(PLA)
- 可编程阵列逻辑(PAL)
- 通用阵列逻辑(GAL)
- 可擦除可编程逻辑器件(EPLD)
- 可编程电擦除逻辑(PEEL)
- 可编程只读存储器(PROM)
- 复杂可编程逻辑器件(CPLD)
- 现场可编程门阵列(FPGA)

27.2.1　可编程逻辑阵列

在 24.5.4 节中，我们看到函数表达式可以用能够从真值表直接得到的最小项来表示。例如，系统有 $ABCD$ 4 个输入、XYZ 3 个输出，则

$$X=\overline{A}\,\overline{B}\,\overline{C}D+\overline{A}\,\overline{B}CD$$
$$Y=\overline{A}\,\overline{B}CD+ABC\overline{D}$$
$$Z=\overline{A}\,\overline{B}\,\overline{C}D+\overline{A}\,\overline{B}CD+ABC\overline{D}$$

使用反相器得到反相输入信号，再用与门和或门就可以实现函数的最小项表达式。可编程逻辑阵列(PLA)的结构实现这种逻辑函数很容易。

图 27.2 给出了简单的 PLA 结构图。其中给出了 4 个输入(A、B、C 和 D)，对其分别反相之后可得到 4 对互补的输入。这 8 个信号随后各自通过熔丝连接到与门的输入端。熔丝初始时处于连接状态，可以根据信号跟与门之间的连接要求选择性地熔断。这种方式下，每个与门的输入要与所产生的最小项的输入相对应。熔丝的第二阵列用来将与门的输出连接到或门的输入。或门将对应的最小项相加得到对应的函数输出。图 27.3 给出了配置简单的 PLA 实现前面给出的实例函数的过程。连接与门与输入的大多数熔丝已熔断，只留下门电路所需的信号。类似地，连接到或门输入端的熔丝已选择性地烧断，则可得到所需的 3 个输出信号。

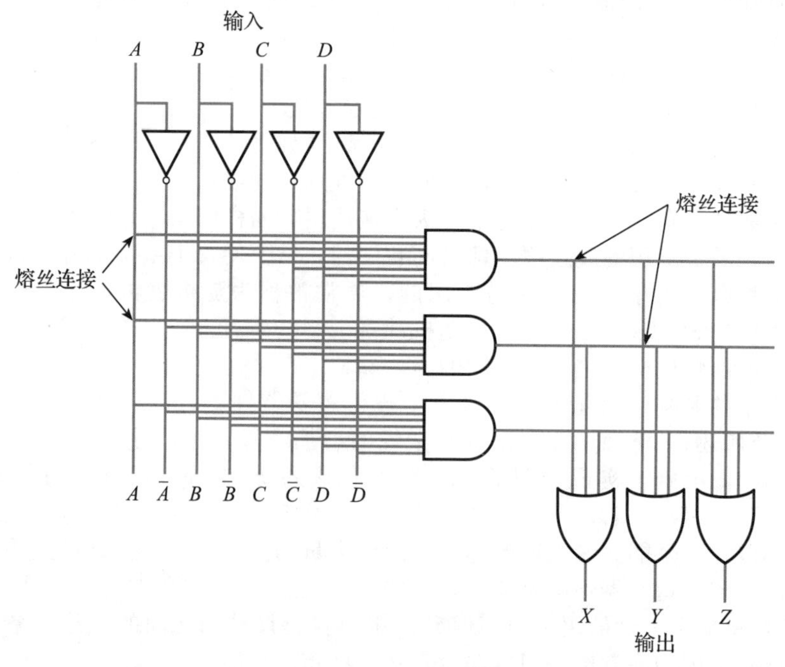

图 27.2　PLA 结构图

通常 PLA 输入和输出端的数量比例子中的多，也有大量的与门，所以可以实现很复杂的函数。

为了能够用符号表示出典型器件内大量的门及其互连，我们通常会采用简单标记法标记阵列中的互连线。逻辑阵列的标记方法如图 27.4 所示。画一条线代表所有输入到一个门的线，用一个叉号代表该输入线连到了门上。图 27.4a 是用这种方法表示的与门阵列，图 27.4b表示的是或门阵列。

在如图 27.3 所示的结构中，PLA 输入信号使用反相器得到互补的输入信号，如图 27.5a所示。这种方法也有不足之处，相对于未反相的输入信号，反相之后的输入信号会产生短暂的传输延迟。这种问题可以通过使用能同时产生反相输出和非反相输出的电路来解决，使得两者的传输延迟时间相等。该电路的符号如图 27.5b 所示。

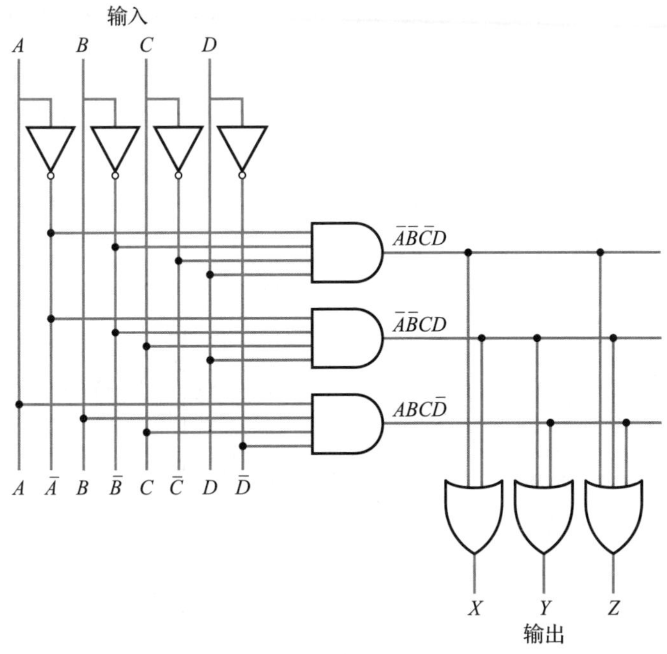

图 27.3　PLA 配置图

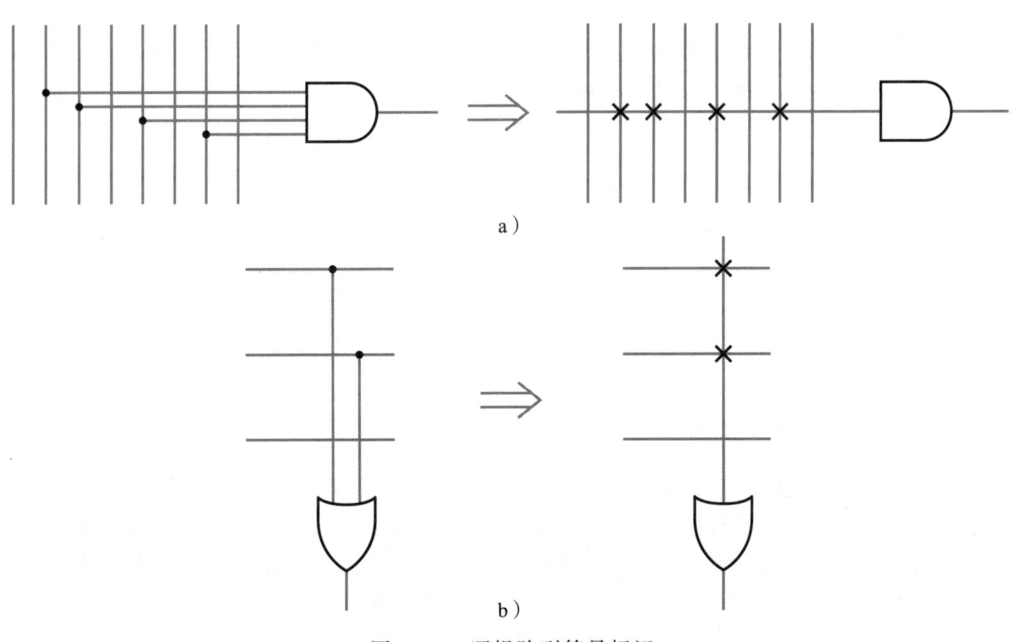

图 27.4　逻辑阵列符号标记

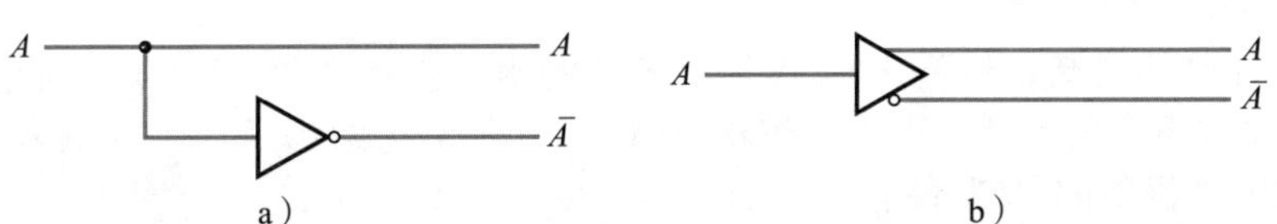

图 27.5　逻辑阵列中反相器的表示

图 27.6 给出了具有 6 输入、4 输出和 16 个乘积项的 PLA。器件与熔丝一起制造，两个互连阵列的熔丝用圆圈标出了位置。使用器件时，必须编程熔断无用的熔丝。PLD 编程

器读取熔丝图并熔断不需要的熔丝。熔丝图可以人工产生，但更多的是用专用软件包从所需要的函数功能描述中推导出。如果连接到特定与门的所有熔丝原封不动，其输出保持低电平，因为只有当反相和原输入同时为高电平时，才会得到高电平输出。因此，不需要的与门就可以不编程或者忽略。如果所有和与门相连的线都熔断了，那么输出就会一直为高电平。

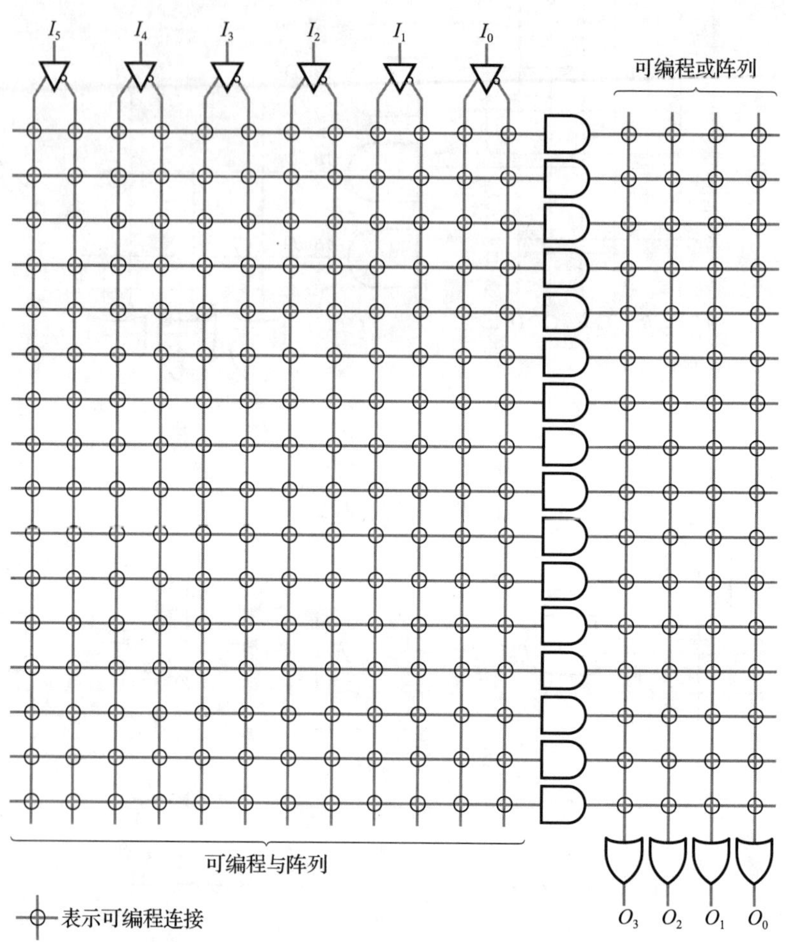

图 27.6　有 6 个输入、4 个输出和 16 个乘积项的 PLA

可以看出 PLA 结构包含两个互连的阵列：与阵列和或阵列。与阵列用来产生所需要的各个最小项，或阵列把与阵列产生的最小项做或运算得到所需要的逻辑函数。对于 PLA，与阵列和或阵列都是可编程的，具有很大的灵活性且可以充分利用模块。然而，两个可编程阵列使器件变得复杂并且运行速度变慢。为了解决这个问题，另一种形式的阵列逻辑做出了改进：两个阵列中只有一个阵列可以编程。

27.2.2　可编程阵列逻辑

尽管 PLA 结构灵活，但是比 PLA 简单的结构明显会有优点，MMI 公司率先推出了这种结构简单的可编程阵列逻辑（PAL）。图 27.7 给出了一个 6 输入、4 输出和 16 个乘积项的 PAL 结构。

第一眼看上去，与图 27.6 给出的 PLA 结构几乎完全相同，但是明显不同的是 PAL 结构中两个阵列只有一个可编程。与阵列和 PLA 中的一样，可以编程实现所需要的最小项，而 PLA 中可编程的或阵列在 PAL 中被一系列固定连接的或逻辑门所代替。现在，用户可以利用与阵列选出所需要的最小项，输入到或门，构造出所需的逻辑函数。PAL 器件制造商提供了一系列不同数量的或门以及每个或门有不同数量的输入来补偿可编程或阵列的缺失。

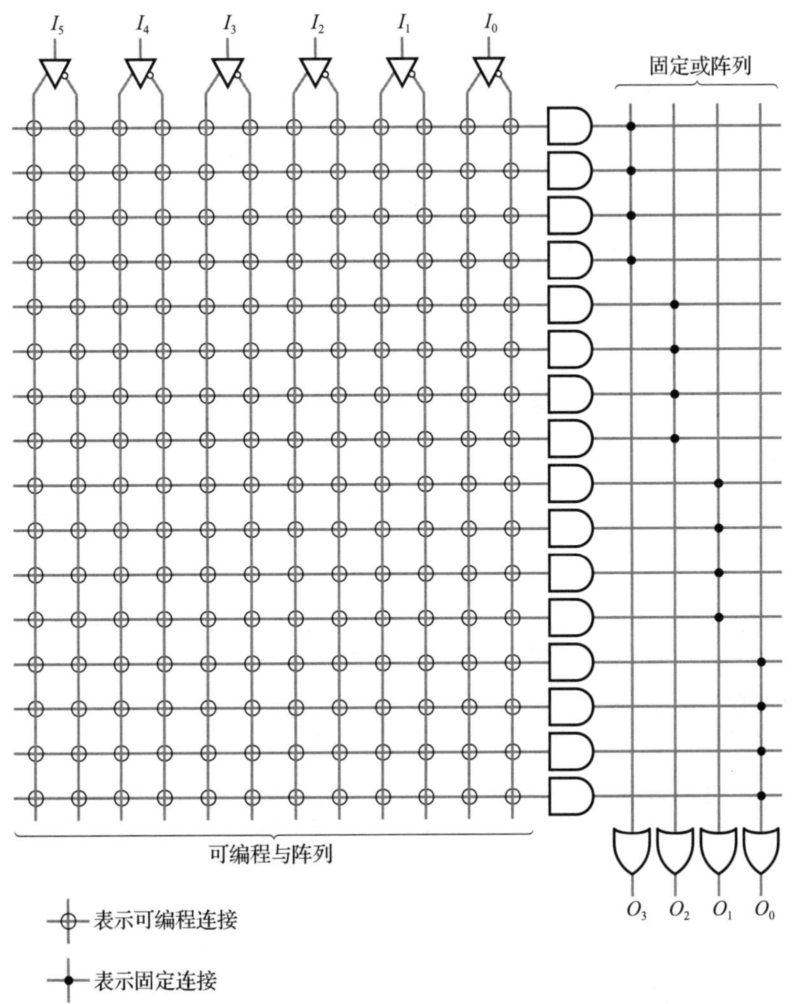

图 27.7　有 6 个输入、4 个输出和 16 个乘积项的 PAL

因为 PAL 上的或阵列是固定的，所以通常在电路图中省略这一阵列。通常也将输入移到图的左边，使电路的输入在左，输出在右，如图 27.8 所示。

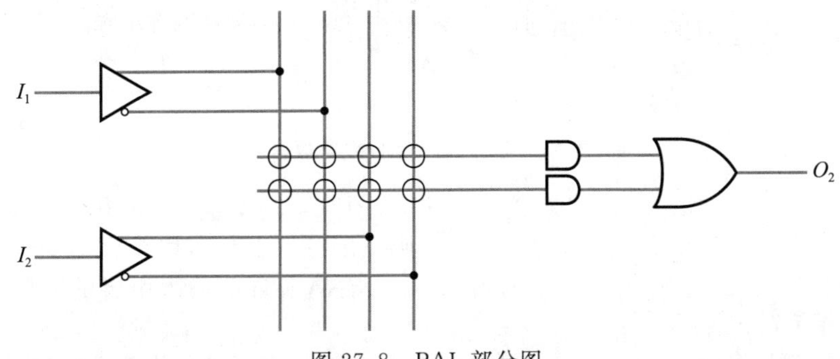

图 27.8　PAL 部分图

为了提高灵活性，很多 PAL 采用允许其部分引脚既可以作为输入又可以作为输出的技术。图 27.9 给出了这种方案。在这里，器件的一个或门的输出经过了一个三态反相器后再送到输出引脚。三态反相器是由输出使能端信号控制的，使能端信号是从类似于用于得到最小项的与阵列中获得的。如果所有连接到与门输入端的熔丝都熔断了，其输出一直为高电平，三态反相器的输出端就可以正常输出。这样这条线就是输出端。如果将所有连接到与门的熔丝都保留，那么它的输出就是低电平，三态反相器不使能，该引脚就是一个输入引脚。引脚上的信号用来产生输入到输入阵列线的互补信号。根据使能端输出的状态不同，互补的两个信号既可以使这一引脚作为输入，也可以作为输出。如果作为输出端，可以将或门的输出反馈到其他门的输入。如果输出使能信号不是设置成一直为高电平或者一直为低电平，它就会被配置成按照输入阵列的状态取值。例如，输出使能信号可以使引脚成为输入信号引脚或者输出信号引脚。

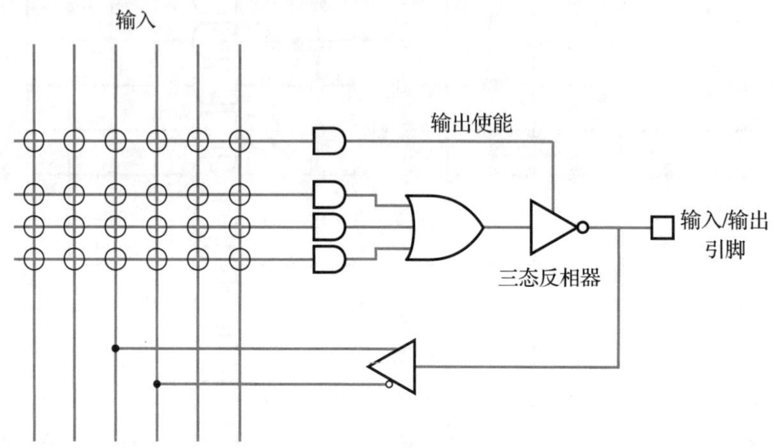

图 27.9　典型 PAL 输入/输出电路

图 27.9 所示电路给出了三态反相器控制的输出。同样在电路中也可以使用三态缓冲器，得到与前面电路相同的功能。选择反相器还是缓冲器会影响必须用到的熔丝图——使用反相器时，某些函数会更容易实现，使用非缓冲器时，另一些函数会更容易实现。图 27.9所示的是反相器，这是常见的结构。

有些 PAL 的输出电路包含一个异或门，如图 27.10 所示。该门的一个输入通过熔丝连接至地。如果熔丝保留，与之相连的输入接低电平，异或门的另一个输入引脚与输出的关系就是缓冲器。如果熔丝熔断，该输入接高电平，异或门就是一个反相器。因此，熔丝的状态可以使每个输出分别被设置成反相或是缓冲。

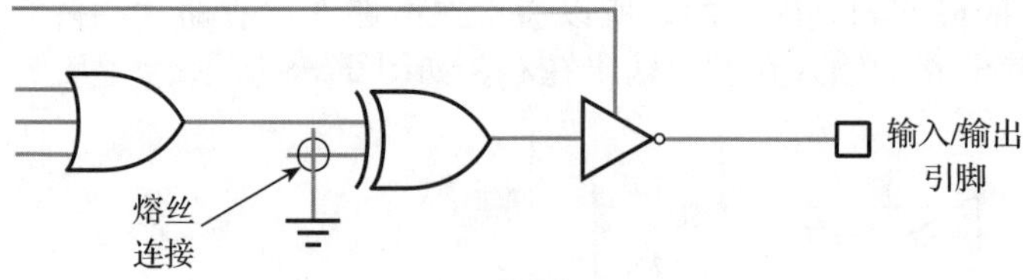

图 27.10　用异或门作为可编程反相器

图 27.11 给出了 16L8 PAL 的功能，有 20 个引脚，其中包含 10 个输入端，两个输出端，以及 6 个可作为输入又可以作为输出的引脚。因此，器件可以提供 16 个输入和最多 8 个输出(不能同时有 16 个输入和 8 个输出)。每个输出来自 7 输入引脚的或门，所以该器件的每个输出有 7 个乘积项。

更复杂的 PAL 将 16L8 中用到的组合逻辑输出替换为有反馈的寄存器输出。图 27.12 中的 16R8 PAL 就是一个实例。在这里，每一个乘积项在时钟信号的上升沿存储到 D 触发器。D 触发器的输出用来产生一个输出信号，同时反馈到输入阵列，从而允许信号用于 PAL 的其他部分。触发器可以记忆器件之前的状态，允许实现一些时序电路，比如计数器、移位寄存器和状态机。

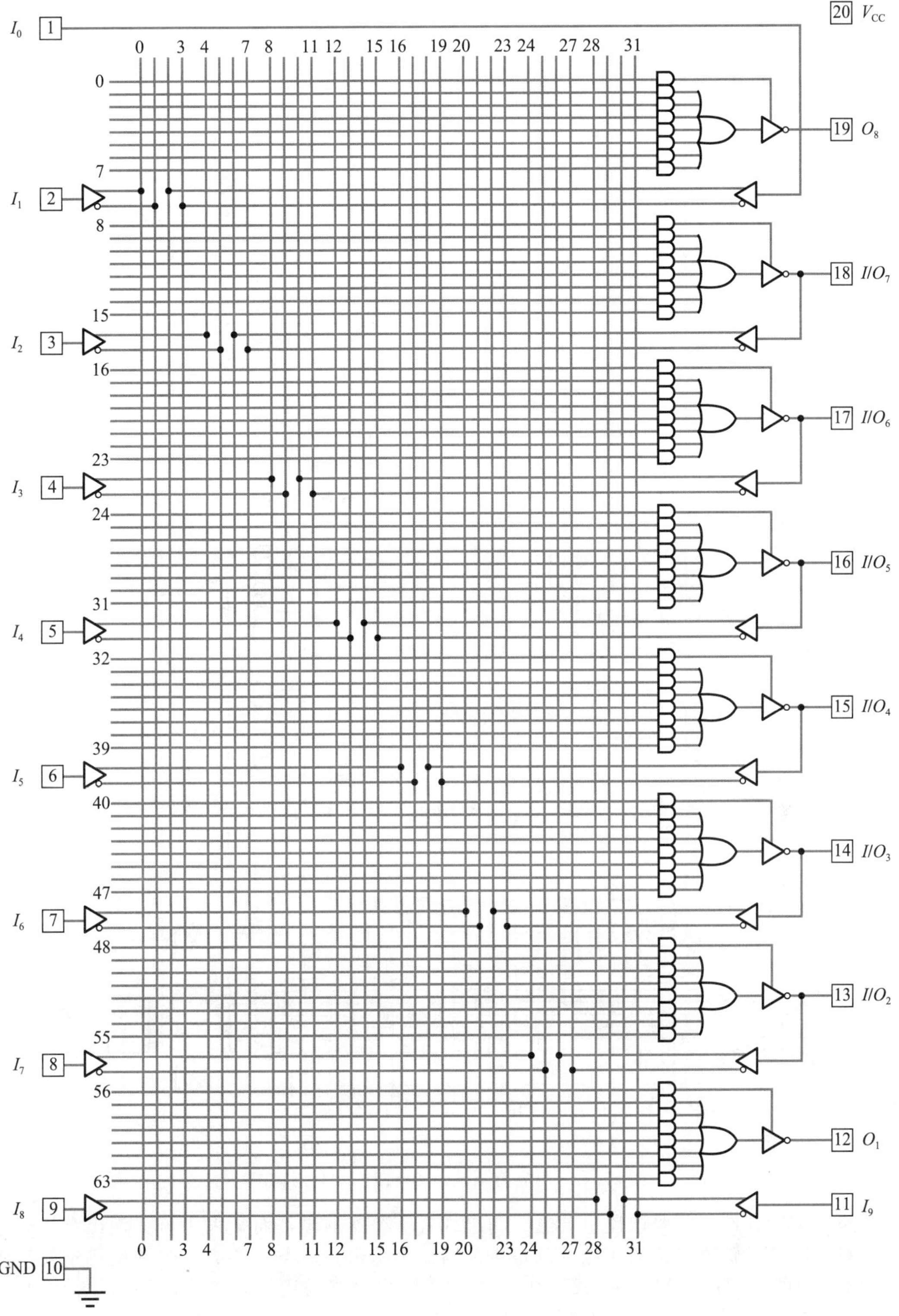

图 27.11 16L8 PAL 逻辑图

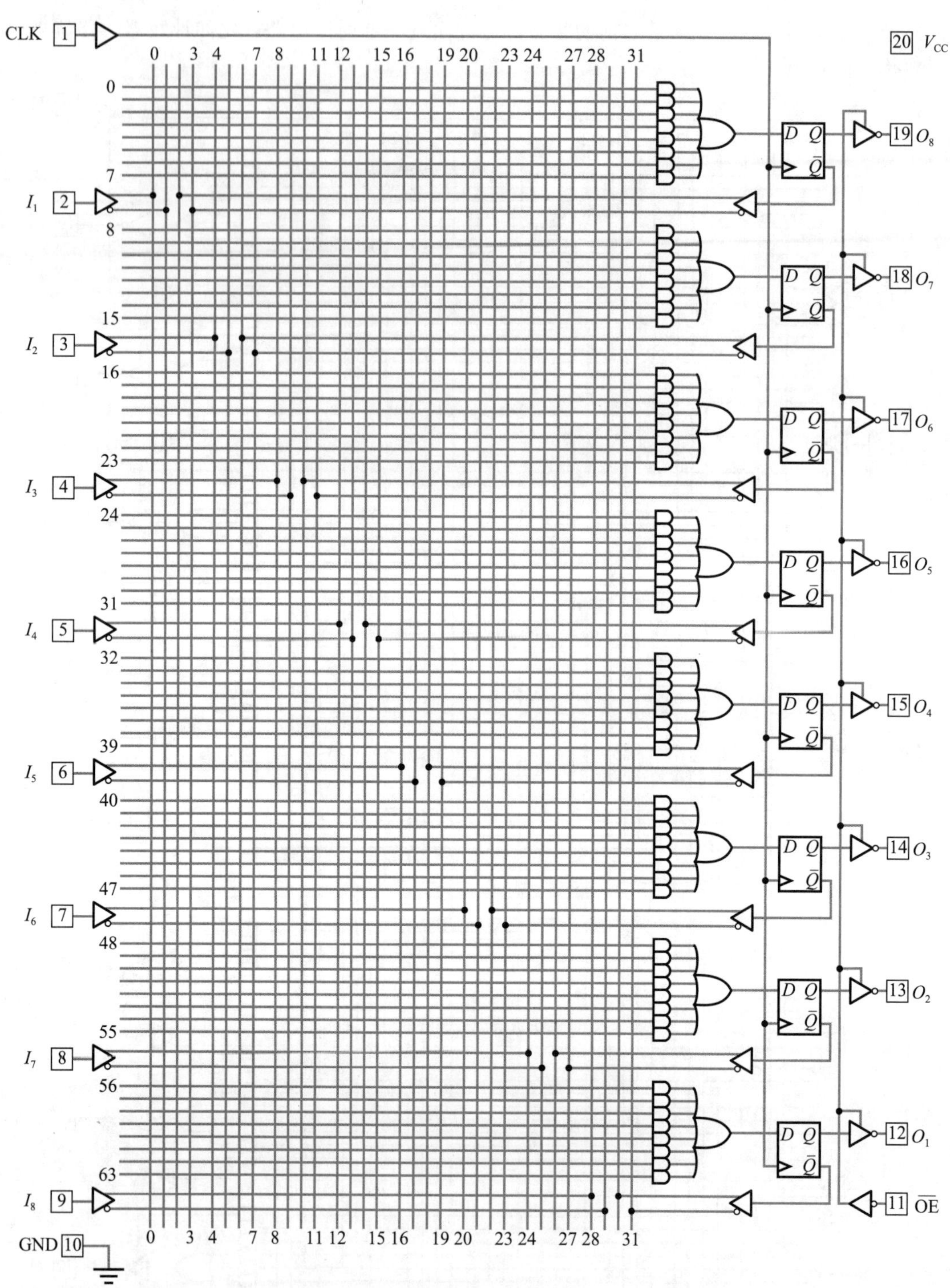

图 27.12　有寄存器输出的 16R8 PAL 逻辑图

更先进的器件不需要选择组合电路输出或者寄存器输出，而是采用可变输出结构，它既可以是组合逻辑输出结构，也可以是寄存器输出结构。这类器件的一个常用例子就是图 27.13 给出的 22V10 PAL。在 22V10 PAL 中，输出电路采用了宏单元，每一个输出都可以单独设置。除了提供组合逻辑输出和寄存器输出外，宏单元还允许反相输出并提供输出使能功能。器件包含输入数量从 8 到 16 不等的 10 个或门。

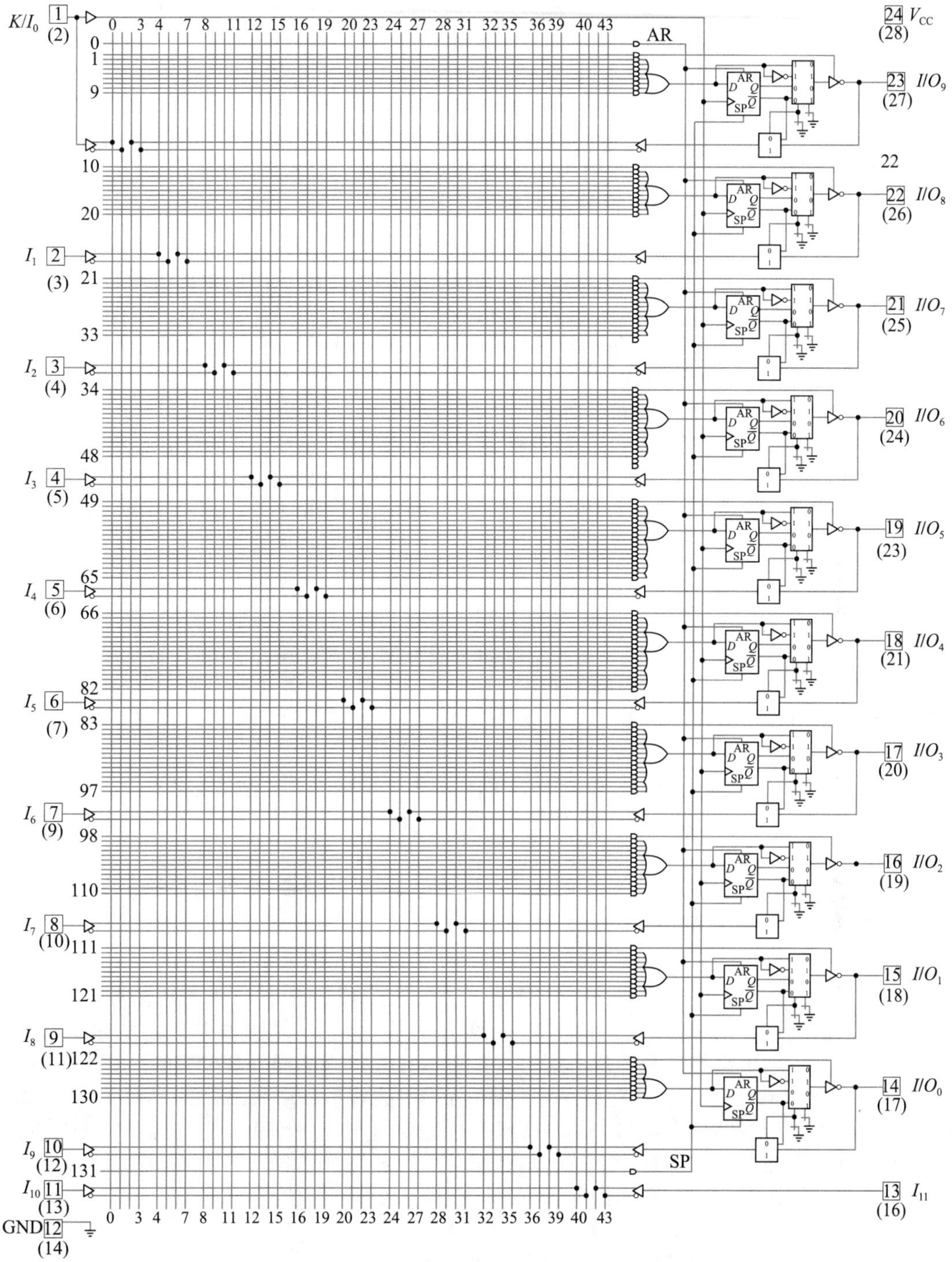

图 27.13　有输出宏单元的 22V10 PAL 逻辑图

PAL 的通用名称是从其输入/输出特性来的(例如 16L8 或 22V10)：

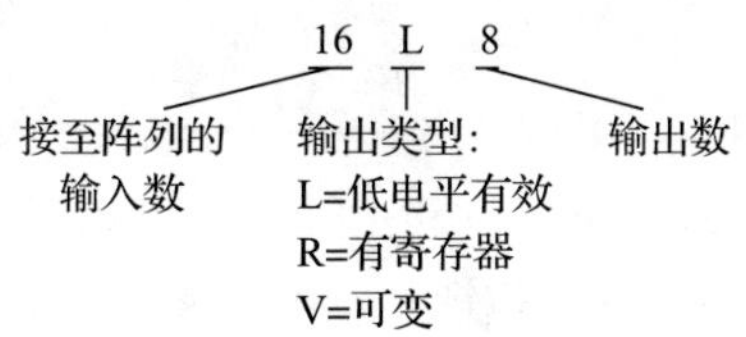

根据不同的器件，输入阵列的数量从16个到超过40个不等，输出的数量通常为4～12。除了上面列举的三种主要的输出类型，还有几种采用了不同名称的种类。通常，区别在于每种输出宏单元形式的变化。

从1980年PAL概念提出至今，经过多年的发展，该器件已经能够以低代价得到高性能。PAL最吸引人的特性之一就是其传输延迟时间是可预测的，现代的高速器件仅仅为几个纳秒，这使得PAL可以用于时钟频率大于100MHz的场合。

27.2.3　通用阵列逻辑和可擦除可编程逻辑器件

因为PAL采用的是熔丝结构，只能够编程一次，所以称为一次性可编程(OTP)器件。PAL研制出来不久之后，Lattice Semicon ductor公司生产出了功能相同但可以重复编程的器件。这种通用阵列逻辑(GAL)器件的引脚与PAL兼容，但与PAL使用熔丝不同，GAL采用了电擦除可编程只读存储器(EEPROM)技术，从而实现了可重复编程(本章的后面介绍存储器时我们会讨论EEPROM技术)。早期的GAL工作速度远低于PAL，但现在GAL的工作速度已经与熔丝结构器件的工作速度相当。

其他类似PAL的可编程器件包括可擦除PLD(EPLD)。这个术语最初是由Altera公司研发的器件使用的。它类似于PAL，但是不同于PAL使用熔丝，EPLD采用电擦除可编程只读存储器(EPROM)技术(我们会在27.3.6节讨论EPROM)。器件的内容可以用紫外线照射擦除，然后就可以重新编程。与PAL相比，EPLD功能更多而且灵活。但是，EPLD的工作速度要比PAL慢，其典型的延迟时间为10～20ns。

27.2.4　可编程电擦除逻辑

可编程电擦除逻辑(PEEL)采用CMOS EEPROM技术，可以直接代替PAL、GAL、EPLD器件，功耗低。例如20引脚的PEEL 18CV8，可以编程实现一系列20引脚PLD器件功能，如16L8和16R8 PAL，而PEEL 22CV10A作为22引脚的器件可以代替22V10 PAL或22V10 GAL等器件。

PEEL的结构类似于前面的宏单元PAL结构，但是它的宏单元结构更复杂。这使器件的配置灵活性更强，并且可以在单个器件内实现更复杂的功能。采用CMOS技术使得PEEL器件的功耗更低，可以在5V和3V电源电压下工作。低功耗类型的器件只需要几毫安的工作电流，待机时只需要几微安的电流。图27.14给出了18CV8 PEEL器件的基本结构。

27.2.5　可编程只读存储器

前面我们提到过，尽管由两个可编程阵列构成的PLA有很好的灵活性，但更有效的方法是使用只有一个可编程阵列的简单配置。就是对于PLA中的可编程或阵列，在PAL中采用一些固定连接的或逻辑代替。另一种可用的简化PLA结构的方法，是如图27.15所示的结构，不用可编程的与阵列。这也就是可编程只读存储器(PROM)的形式。

PROM可以看成包含了所有最小项的PLA。因此，8个输入的器件就有2^8或者256个乘积项。因为所有的最小项都有了，所以不再需要对与阵列编程，它已经是一个固定的译码器。每一种输入组合都有一个与门与之相对应，或阵列选择与门的输出作为输入，构成函数输出。因此，对或阵列的编程就可以实现输入变量构成的所有函数。

PROM是阵列逻辑的最早形式之一，早于PLA和PAL。然而，全译码对于大多数逻辑应用来说效率不高，而且更常用于程序或数据的存储而不是实现逻辑功能。当其用于存储数据时，输入为地址，与之对应的或阵列为存储的数据。这类器件用于存储程序或数据，常称为ROM，本章后面介绍计算机存储器时，我们会讨论这种器件的特性。

视频27D

27.2.6　复杂可编程逻辑器件

PLA和PAL以及类似的GAL、EPLD和PEEL等可编程器件统称为简单可编程逻辑器件(SPLD)。要制作更复杂的器件，必须改变器件结构。如果简单地扩展 SPLD，增加输入端数量，可编程逻辑阵列很快就会过大而不可实现。一种方法是将几个 SPLD 做在一个芯片内，SPLD 之间可编程地互连。这样的器件称为复杂 PLD 或 CPLD。

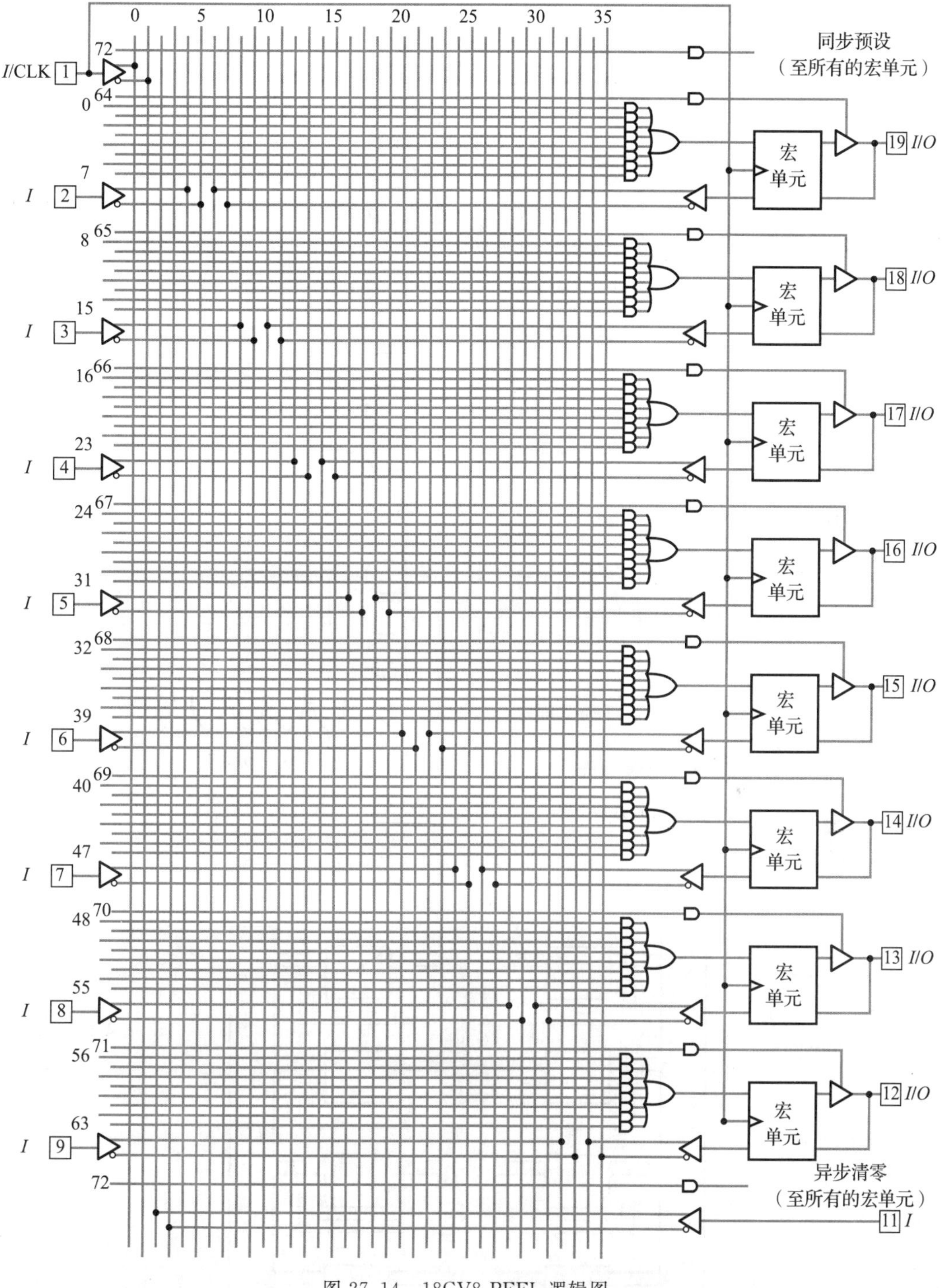

图 27.14　18CV8 PEEL 逻辑图

CPLD 最早是由 Altera 公司研发出来的，现在很多厂商都生产。CLPD 除了有大量的阵列单元，还提供强大的输入、输出互连方法，使复杂的电路可以在一个芯片中实现。典型的 CPLD 结构框图如图 27.16 所示。

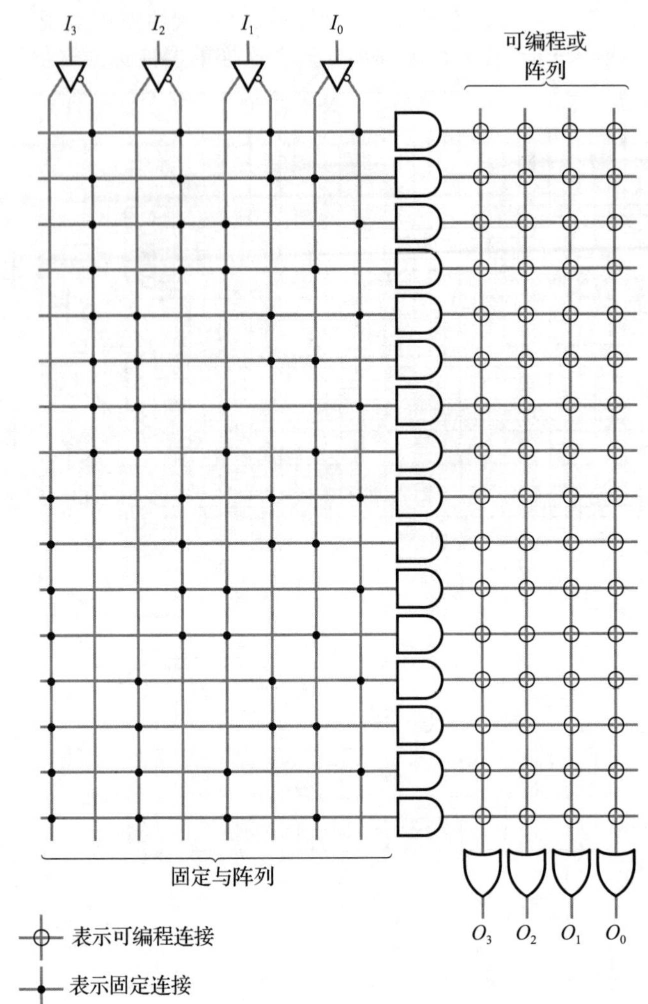

图 27.15 可编程只读存储器

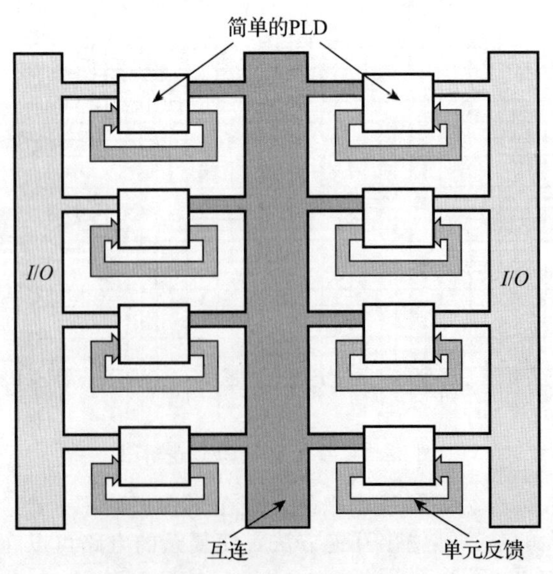

图 27.16 典型的 CPLD 框图

CPLD 通常不用熔丝，而是用 EPROM 或 EEPROM 技术实现，因此可以多次编程。CPLD 经过了大量的研发和改进，器件性能提升得很快。现在已经有包含几千个门的器件可用，延迟时间只有几纳秒。正如 SPLD(但不像 FPGA)，在设计电路时，传输延迟时间是可以预测的。

用单个 CPLD 就可以实现包含寄存器、译码器、数据选择器和计数器功能的电路，如果用 PAL 或者 SPLD 的话，则需要用好几个芯片才能实现。例如，用一个 CPLD 就可以实现 32 位的计数器。

27.2.7　现场可编程门阵列

现场可编程门阵列(FPGA)采用了二维逻辑单元阵列的形式。FPGA 可以按行排列，但更常用的是按照方形栅格排列，如图 27.17 所示。阵列的尺寸变化很大，大的包含几万个逻辑单元，并可能含有几兆字节的计算机存储器。在阵列单元之间有水平和垂直的通道，用于在电路中传输信号。可编程开关用于导线的互连，从而可以实现点到点的连接。

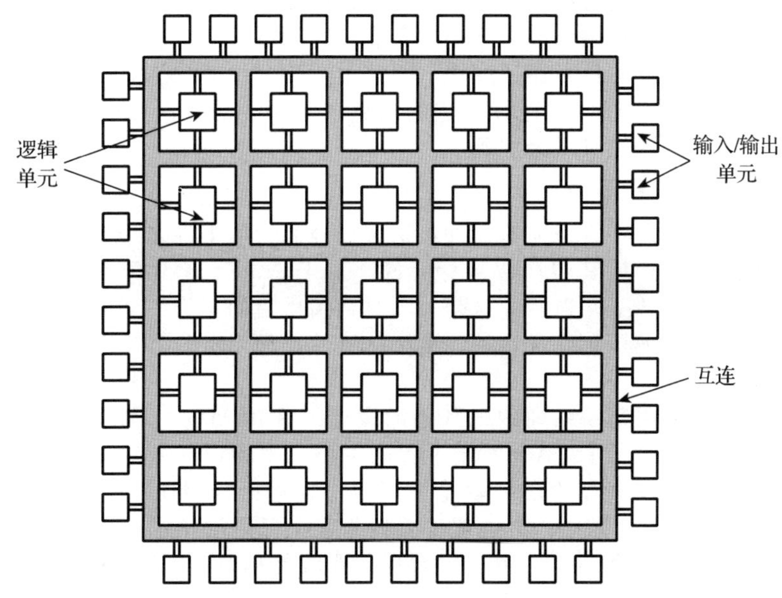

图 27.17　简单的 FPGA 拓扑结构

不同制造商的逻辑单元的功能差异非常大，但典型的单元包含一个寄存器、几个数据选择器和一个小型查找表。查找表是一个小型用户可编程存储器，将输入地址存在其单元里。这个表也可以用于编程实现任意的逻辑功能，类似于 PROM。器件越复杂，所包含的逻辑单元也越复杂，可能包含多个寄存器、多个查找表和其他逻辑门。FPGA 还提供专门的功能模块，如硬件乘法器、内存块、锁相环和输入输出缓冲器。这种拓扑结构的多功能性及其非常灵活的互连机制，使得复杂的电路用一个这样的芯片就可以实现。

FPGA 中的可编程开关可以是一次性可编程的(OTP)也可以是可重复多次编程的。OTP 部分是基于在 PAL 中使用的反熔丝的，而不是传统的熔丝。制造完成后，反熔丝用于断开电路而不是像常见的熔丝把电路连起来。未被编程的反熔丝就像是两个背靠背的二极管，在两个方向上都不导通。编程就像是让一个大电流流过二极管击穿 PN 结，足够大的电流会使 PN 结短路，结果是该二极管在电路结构中类似于一个闭合的开关。击穿是永久的，因此不能再次编程，就如 PAL 那样是一次可编程的。

多次重复可编程 FPGA 是用晶体管开关(MOSFET)替换反熔丝。开关的状态可以由相应的存储器单元决定，既可以设置为开关断开，也可以设置为开关导通。可以将存储单元看成双稳态单元。这项技术称为静态随机存储(SRAM)，而且可以随时根据需要改变存储器的内容。因此器件是完全可编程的。

这种方法的一个缺点是存储单元的内容不稳定，当电源关断，信息就丢失。为了解决这个问题，当加电时，很多互连的状态必须从非易失性存储器(典型的是只读存储器或计算机磁盘)加载。实际上，这个过程不难完成，并且可重复编程的优点与这个小的缺点比，是有价值的。

目前 FPGA 是 PLD 中最复杂的形式，其最多有上千万个门。这意味着其复杂性是最大的 CPLD 的很多倍。因此 FPGA 的系统实现能力超过其他形式的阵列。当然，如同所有的其他阵列逻辑，每一种阵列逻辑形式都有自己的特性，与对应的某种应用更匹配。

用 FPGA 实现需要片上存储器的系统特别有用，另外其分布结构也能提供很多帮助。现在的 FPGA 可以高速工作，但通常不如 PAL 或 CPLD 快。另外，其传输延迟时间受信号在芯片内部的传输路径影响很大，因此，电路完成之前很难预测其性能。这与 PAL 和 CPLD 的延迟时间可以完全预测形成了鲜明的对比。

对于大批量的应用，通常会考虑使用掩膜可编程门阵列(MPGA)。MPGA 和 FPGA 的结构一样，但前者在制造时编程而不是制造完成后由用户编程。器件的配置通常由光刻掩膜决定，光刻掩膜用于直接连接电路中的节点。这就不需要反熔丝或者晶体管开关，从而使器件中元件密度很高而且工作速度快，因此生产一个和 FPGA 同等复杂性的单元，用 MPGA 时的成本会降低。然而，这种方法的缺点在于掩膜的成本很高。因此，MPGA 通常只在需要生产大批量器件时才会用到。

27.2.8 逻辑阵列的编程工具

设计特定应用的用户可编程逻辑器件包括选择合适的用于许多熔丝、反熔丝或者开关的图案，然后编程图案，将其转换成目标元件。对于非常简单的 PLD，手工分析功能需求，就能推出所需的熔丝图。当然，这是一项复杂和易错的工作。实际上，即使是最简单的器件，也是用自动化工具完成设计的。复杂的器件，如 CPLD 和 FPGA，因为很复杂而难以手工完成设计。

器件的编程通常要用到一系列的电脑辅助设计工具(CAD)，CAD 工具有可能放在一个软件包中。图 27.18 给出了 CAD 使用过程的主要步骤和设计入口的通用方法。定义相对简单部件功能的常用技术方法之一就是使用硬件描述语言(HDL)，如 ABEL、CPUL、PALASM 或 AHDL。硬件描述语言类似于编程语言，但是用于描述硬件的功能而不是定义计算机操作的一系列指令。它们用布尔方程、真值表和 IF-THEN-ELSE 结构等描述器件需要的特性。对于使用简单 PLD 和一些复杂器件的设计过程，用 HDL 是最通用的设计入口的形式。

更复杂的 HDL，如 VHDL 和 Verilog，也是用于描述可编程器件的功能，特别适用于描述复杂的部件(如 CPLD 或 FPGA)。当详细学习 CAD 工具(在第 30 章)时，我们再说明 HDL 的使用。

设计入口也可以用图形工具完成。一种方法是利用原理图捕获包来表示需要设计的器件功能的电路。另外，电路单元可以从时序波形综合得到。

很多 CAD 包允许使用许多不同的设计入口方法，也能将以不同方式定义的单元合并成一个完整的设计。一旦输入电路设计，不同的部件合并在一起，电路设计的特性就可以利用功能仿真用软件仿真出来。该过程不能给出最终器件的准确时序，但可以用来确认电路逻辑的正确性。这允许快速定位设计错误，不至于在错误的设计上浪费时间。

当电路设计被证明功能正确，自动化工具就会最优化设计，简化其实现。接着就是将优化设计装配到选定的器件中。这项任务的难度取决于相关器件的属性。对于 SPLD，这是一个相当简单的过程，就是给选中部分配置需要的乘积项。使用 CPLD 时，因为有附加的组件间路径，任务就有些困难。对于 FPGA，因为其单元结构以及互连路径的数量巨大，这个过程的要求最高。因此，FPGA 设计所需的软件工具大约比 SPLD 所需的复杂 100 倍。当然，还有运行速度和成本的差异。

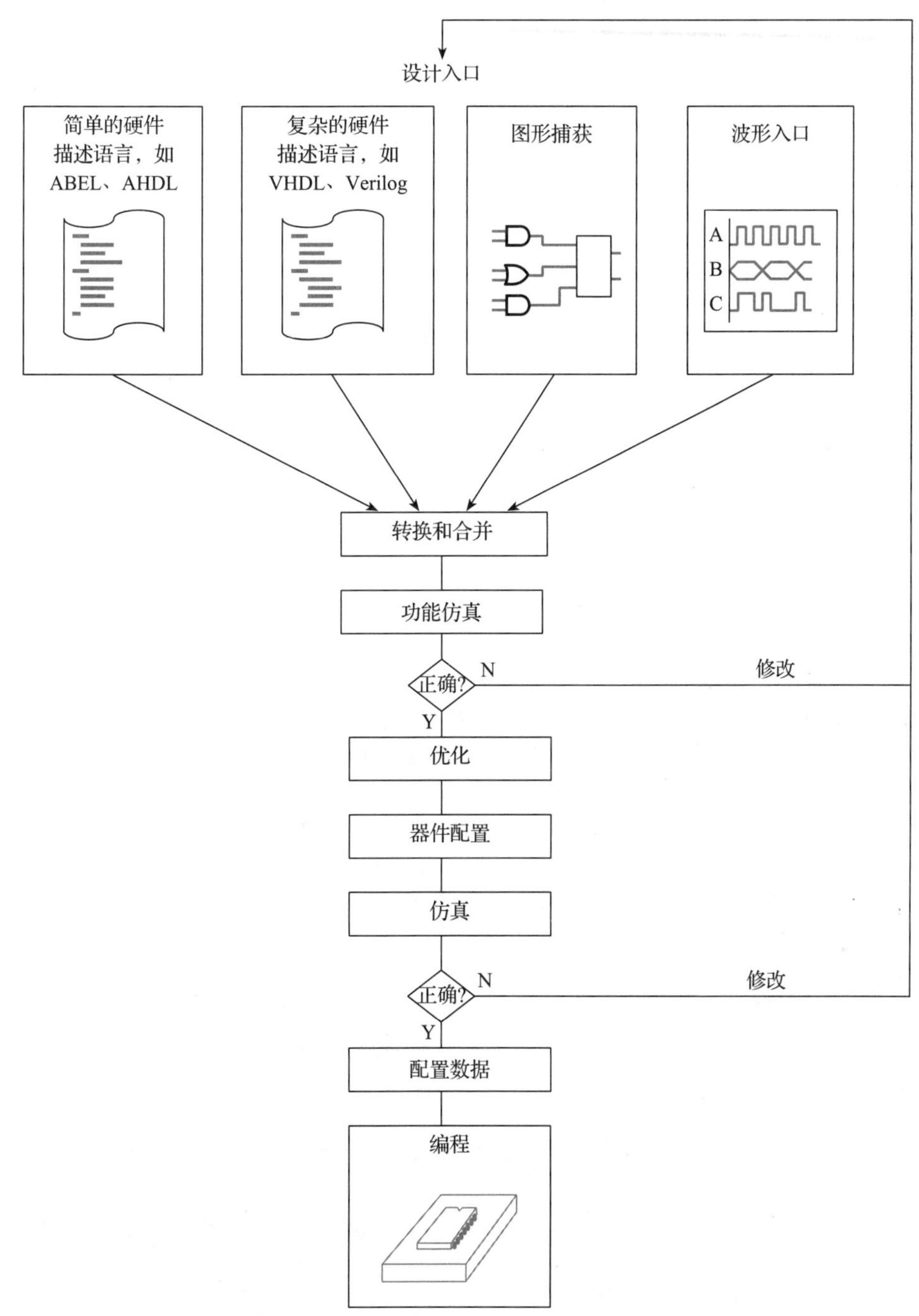

图 27.18　可编程器件的典型设计过程

当一个设计已经成功配置到目标器件，还要用时序仿真，证明其编程为一个实际器件的功能是正确的。时序仿真同时分析设计的功能特性和目标器件的时序属性。如果仿真结果令人满意，会生成传递到 PLD 编程器的配置文件，用于配置任意多个相同的目标器件。另外，直接将该配置数据从文件下载到器件中，就可用于配置或再配置可编程器件。

编程过程结束之后，通常是读出配置图表并将其装载到一个器件中，以验证其正确性。这一步完成后，就需要编写一个安全位，防止器件内容被读取。这样其他人就不能复制。可编程器件的内容往往意味着巨大的投入，防止盗版也是这项技术的优点之一。

27.2.9 定制和半定制集成电路

当生产大批量的系统时，根据应用采用特定程序设计 VLSI 电路是很有效的办法。这种定制设计选用的结构与功能需求精确匹配，可以得到高效的实现。但是，开发这种专门的器件成本很高，而且只有生产数量达到几十万上百万时，这种方法才可行。对于这么大用量的器件，定制设计允许根据功能优化芯片，因此具有吸引力。

对于大多数普通的项目而言，另一种选择是使用半定制 IC。这种器件也称为专用集成电路(ASIC)。这个术语用于很多器件，过去通常这样称呼 FPGA 和 MPGA。最近，ASIC 通常指用许多标准单元制成的器件。这种器件是由标准模块组合生成专用芯片的版图的。标准模块可能包含寄存器、计数器、输入/输出电路和内存块。

半定制的方法与全定制的设计相比花费少很多，对于产量不大的器件很实用。当然，半定制设计比全定制设计的效率低，从而导致芯片大、生产成本高。

27.2.10 多种实现形式的选择

采用哪种实现方式实现给定应用最适合，一个重要的决定因素是所需要功能的复杂性。当系统只需要几个门电路时，可能用基本的 CMOS 逻辑门最合适。如果需要超过 100 的门电路，那么用某种形式的 SPLD 会更好。根据需要的功能和可重复编程的重要性，可以在 PAL、GAL、EPLD 和 PEEL 中选择。

当电路所需的门达 100 个，即便器件需求量很大，SPLD 也是一个很好的选择。然而对于更复杂的系统，简单的 PLD 是不够的，设计者通常会选择 CPLD 或 FPGA。到底是选 CPLD 还是 FPGA 取决于所需的功能。有些应用适合使用 CPLD 的线性结构，有些则更适合使用 FPGA 的单元结构。非常复杂的应用可能会超出 CPLD 的范围。最复杂的 FPGA 的逻辑容量大约是最大的 CPLD 的 10 倍。

当设计需要大批量生产的系统时，使用由制造商而非用户编程的器件更合理。MPGA、ASIC 和全定制芯片属于考虑的范围。这样的器件与用户可编程器件比，单价低，但缺点是开发和工具加工成本高。当需求量非常大时，开发和加工工具成本分摊到每个器件，才会很低。全定制器件的开发成本远远大于 MPGA 或 ASIC，因而对于用量很多的应用才会使用。

图 27.19 试图概括根据系统复杂性和产量选择器件的结果，图中只给出多种技术的概述，给出的数字也不是非常精确。不同种类器件的性能是不断变化的，所以不同技术的价格也随之变化。

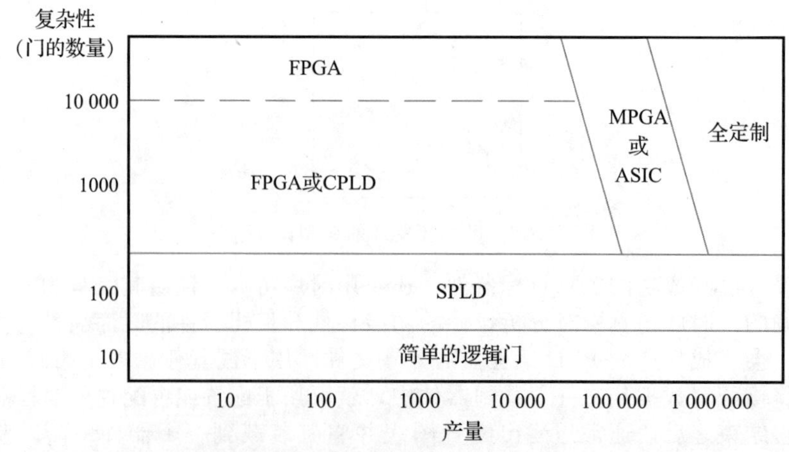

图 27.19 不同实现方法比较

很多早期的 PLD 的工作电压为 5V，如今器件的工作电压都是 3.3V、2.5V、1.5V 或者更低。通常低压工作器件比高压工作器件的运行速度低，但是(如 26.7 节中讨论的)其功耗很低。

27.3 微处理器

早先，我们提到了在开发大容量广泛应用的单个 VLSI 器件的问题。在阵列逻辑里，这个问题可以这样解决，即制造有大量非专用功能的器件以构成给定应用。在微处理器中采用了另一种策略，即采用能执行一系列指令的单元，以及可实现给定功能的程序。

微机在程序的控制下可以感知输入信号，将信息用于计算然后产生相应的输出信号。因此，给定相应的程序，微机就可以实现组合逻辑或时序逻辑电路的功能。这样，单个微机芯片就可以取代大量的逻辑电路，从而节省很多的花费。而且，微机的运行是由程序控制的，可以不改变系统的物理结构而修改其运行。这种灵活性使产品易于升级而且很划算，非常宝贵。这些优点使得微机的应用非常广泛，从笔记本到有自动驾驶的飞行器，从洗衣机到核电站的控制器，都使用微机。

需要注意，阵列逻辑和微机都是可编程的，但这个术语的含义在阵列逻辑和微机中略有不同。一个 PLD 或 FPGA 是通过改变器件结构来编程实现特定的应用，而微机的编程是给它一系列指令，使其完成给定的任务。

计算机的物理器件统称为系统的硬件，而控制它的程序则称为软件。

27.3.1 微机系统

我们说微处理器完成功能，其实更准确的说法是正在使用微机。微处理器仅仅是微机中的一个部件，需要其他的部件构成功能单元。所有的计算机，从中央处理机到微机，都由一些基本单元组成，如图 27.20 所示。中央处理器(CPU)是计算机的核心。它负责读取程序中各种指令并完成指令的操作。CPU 通常是指处理器，在微机中则是微处理器。CPU 中的主要部件是算术逻辑单元(ALU)，ALU 负责完成程序要求的算术和逻辑运算。

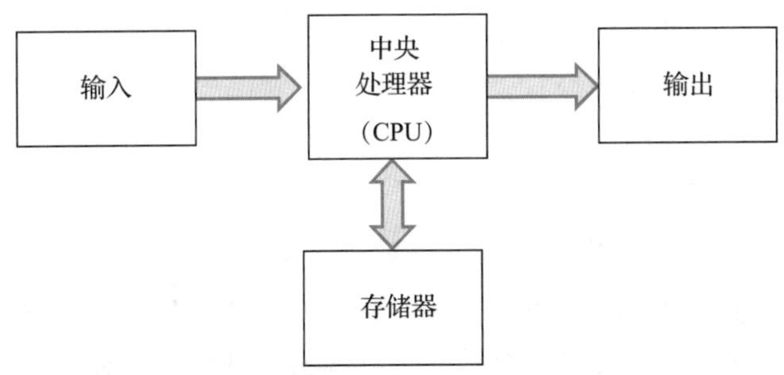

图 27.20　微机的基本单元

存储器用来存储程序(一系列指令)和数据(程序用的信息或者程序产生的信息)。一个典型的小型计算机可能会有数千个存储单元，大型计算机则可能有数百万甚至数亿的存储单元。

功能最为强大的计算机如果没有交互方式也就没有实际用处。交互是由计算机的输入输出部分实现的，统称为输入/输出(I/O)部分。输入/输出部件的形式取决于信息的性质。在台式机中，输入/输出部件主要由与键盘、显示器、打印机和接到一些外围设备的通信电路组成。在洗衣机里的小型微机中，输入和输出信息通常与水温、电动机转速等参数有关，所以其输入/输出部件与计算机的有很大的差别。

有些情况下，处理器、存储器和输入/输出部件会集成到一个芯片上。这不是微处理器而是单片机。单片机特别适用于控制和仪器应用，它们对存储器要求不高。

很多场合都有微机的应用，但不容易觉察到。例如汽车、家用电器和消费性电子产品。因为计算机嵌入在这些设备中，所以看不到计算机，所以称为嵌入式系统。为这种应用设计的微机通常称为微控制器，以与台式机区别开来。

字长

在微机里，信息的存储和操作是以二进制位组为单位的，机器中使用的二进制位组长度称为字长。计算机的字长是决定其处理能力的因素之一，处理能力也就是机器一次操作所能控制的数据量。最早的微处理器的字长为 4 位，但这类小型的器件如今已经很少用了或是只用在简单的应用上。大多数小型微机的字长为 8 位，功能更强的微机的字长为 16 位、32 位或 64 位。也有 128 位或 256 位的微机，但通常只用于特殊的应用。

一般 8 位为一组称为字节，4 位一组称为半字节。不同的微机的字长是不同的，8 位(字长为 8)机，字长就等于一个字节的长度。这只是巧合，不能把字长和字节的概念混淆。

机器的字长决定了它同时可以传输和处理数据的最多位数，与机器计算的准确性没有什么关联。同样的运算在字长短的机器中需要更多次的运算操作。

微机内部的通信

图 27.20 给出了 CPU 和存储器之间，以及 CPU 与输入/输出部件之间的数据流向。在有些情况下，信息可以直接在存储器和输入/输出部件之间传送，这将在 27.3.8 节讨论。

计算机各部件之间的通信是通过总线进行的。总线是平行的数据高速通道，允许信息单向或双向传输。图 27.21 给出了典型微机中的总线结构。

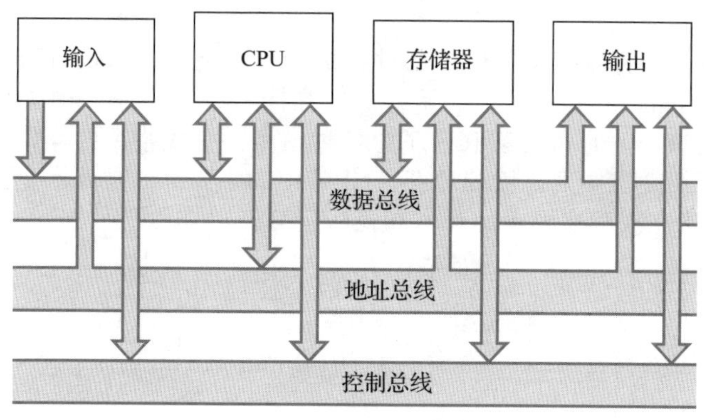

图 27.21　典型微机中的总线结构

总线是一些平行导体(导线)的组合。有三种总线，分别用来传送数据、地址信息和控制信号。例如，如果处理器想要将一个数据字存入指定地址的存储单元中，就会将数据放到数据总线上，将要存储数据的存储单元地址放到地址总线上，协调存储操作的一些控制信号放到控制总线上。

数据总线的传输线数目和机器的字长是一样的，因此机器中一次可以传送的数据位数是确定的。在 8 位微处理器中，数据总线是 8 位，同理，在 16 位的计算机中，数据总线为 16 位。

地址总线的传输线数目决定了处理器可寻址的存储单元数目，称为机器的寻址范围。8 位的地址总线仅能寻址 2^8(256)个地址，这对大多数的应用是不够的。大多数 8 位计算机采用 16 位的地址总线，其寻址范围为 2^{16} 或 65 536。因此，在 8 位的微机中，地址通常用两个字节表示。大多数 16 位的微机是针对更多需求设计的，这些需求往往要求的寻址能力超过了 16 位地址总线所能提供的。很多机器使用 20 位的总线，其寻址范围可以超过 10^6，有些还采用 24 位或 32 位的地址总线。32 位的地址总线的寻址范围超过 4×10^9，这对大多数的应用都足够了。功能更强大的处理器采用更多位的地址总线，相应的寻址范围更大。

处理器用控制总线控制外部设备运行，并且同步操作。对于不同的机器，控制线的具体功能是不一样的，在后面的章节我们会具体讨论。

例 27.1 计算 24 位地址线的微处理器的寻址范围。

解： 24 位的字可寻址 2^{24}，即能寻址 16 777 216。◀

寄存器

计算机的存储部分包含大量的存储寄存器，寄存器既可以存储数据也可以存储程序。处理器和输入/输出部件中也包含多种用途的寄存器(在之后的章节讨论)。因而，寄存器是计算机系统里的基本模块，必须理解其操作原理。

我们之前已经学习了 D 触发器构成的存储寄存器(见 25.6 节)。在微处理器中，寄存器之间通过总线系统交互，这就对寄存器的设计有一定的限制。我们也知道多个三态门接在一起，任何时间只允许其中的一个门输出(见 26.4.3 节)。

用具有三态输出的 D 触发器，可以设计出能直接与总线系统相连的存储寄存器。图 27.22给出了这种结构。在这里，8 位的寄存器与数据总线相连。寄存器有两个控制输入端，一个控制数据从总线上写入寄存器(这与触发器的时钟输入一致)，另一个控制将寄存器的输出放到总线上(连到门电路的三态控制端)。每个触发器的输入和输出与数据总线相应的位连在一起。

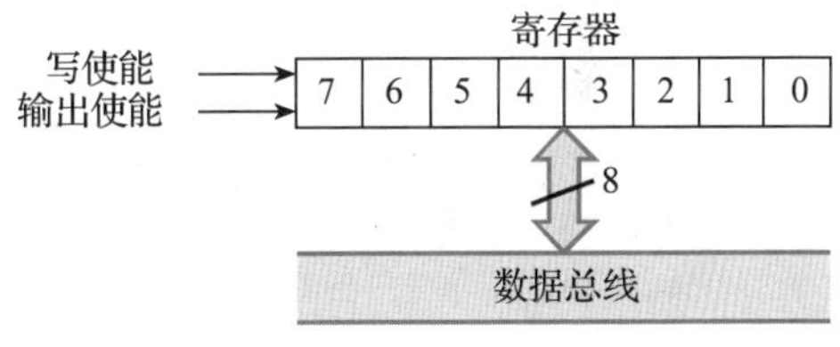

图 27.22　简单的 8 位寄存器

许多寄存器之间的通信只是简单地通过使能一个寄存器的输入和另一个的输出来实现，如图 27.23所示。因为系统里所有的寄存器都连到相同的数据总线上，所以同一时间只能传送一个数据。如果要传输多个数据，那么需要多次操作才能完成。因此，这种系统称为串行通信系统。

从寄存器里获取数据并放到总线上的过程称为读，反之，将信息存入寄存器的过程称为写。有必要指出，读取寄存器的内容后，其内容保持不变。所以从寄存器多次读取数据，其内容也不会变。寄存器的内容是取之不尽的。改变寄存器内容的唯一方法就是写入新的数据(除非关掉计算机)。

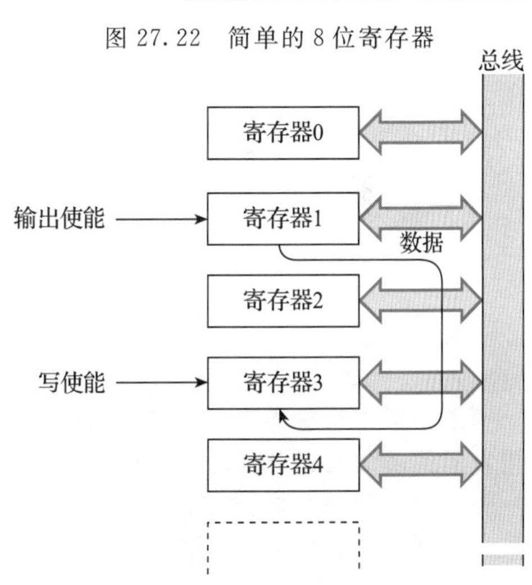

图 27.23　寄存器之间的通信

处理器结构

大多数微处理器用存储器模块存储数据和程序。这种处理器结构通常被称为冯·诺依曼结构，由该领域早期做了很多工作的匈牙利数学家命名。

存储单元既可以存储程序也可以存储数据，这使其硬件结构简单。然而，在同一总线系统上既要传输指令又要传输数据会导致总线阻塞，从而会限制处理器的运行速度。

一些处理器采用了不同的设计，将程序存储器和数据存储器分为两个模块，这就将访问程序的总线和访问数据的总线分开了。这就是哈佛结构，可以提高处理器的运行速度(指令和相关的数据可以同时从两条不同的总线上获取)，但是硬件结构复杂。

在这里，我们主要学习应用最广泛的冯·诺依曼结构的处理器，在 27.3.9 节我们学习 PIC 微控制器时，再看一个哈佛结构的例子。

27.3.2　数据和程序的存储

数值数据

微机中数值数据是直接存储的。在很多情况下，计算机中的存储器是由一系列单字节存储单元组成的。用单个字节可以表示的信息，可以直接存储到由程序员确定地址的存储单元中。单字节的数据可以存储的数的范围为0～255。如果表示一个信息需要超过一个字节，可以将一连串的存储单元合在一起使用。比如，相邻的两个存储单元可以存储16位的数，数值范围为0～65 535，或者4个单元则可存储32位数，数值范围为0～4 294 967 295。显然，任意长度的数都可以存储在相应数量的存储单元中。

例27.2 有人估计宇宙中有10^{75}个原子。如果这个数字用二进制来表示，需要多少位？

解： 严格来说，最少需要250位，因为$2^{250}\approx1.8\times10^{75}$。然而，我们通常会采用整数字节存储数据，所以约等于32个字节，即256位。用它大约可以表示10^{77}。因此，存储如此庞大的数字，我们只需要用32字节的存储器。◀

负数的表示

在一些应用中，不仅需要表示数的大小还要表示其正负。方法之一是采用与十进制数算法一样的方法，用n位二进制数的其中一位作为符号位。通常用最高位(MSD)作为符号位，最高位为0表示正数，1表示负数。因此，MSD表示数的符号，尾数表示数值的大小。这种方法称为带符号数表示法。虽然该方法的概念简单，但也存在一些问题。比如说，对于0的表示，会有+0和−0两种表示方法。

很多微机系统采用另一种表示正负数的方法，即2的补码表示法。按照递增/递减计数器(25.8.4节中所描述的)的特性就可以轻松理解补码。假定有一个8位计数器，它的初始状态从正数开始。当递减到0以下，会得到如下的输出序列：

00000011	3
00000010	2
00000001	1
00000000	0
11111111	−1
11111110	−2
11111101	−3

显然，每一位都为“1”的数代表−1，继续往下可以得到−2、−3等。这就是2的补码形式。

正如带符号数表示法，MSD同样表示数的正负，0代表正数，1表示负数。8位数所能表示的最大数是01111111(127)，最大的负数是10000000(−128)。正数的2的补码和一般的二进制数一样。负数的2的补码可以用2^n减去其绝对值得到，其中n是补码的位数。举例说明，−3的8位数补码求取过程如下：

$$3=00000011$$
$$2^n=256=100000000$$

因此

$$-3=100000000$$
$$\underline{-00000011}$$
$$=\ 11111101$$

只能表示数的大小的数称为无符号数，而既能表示大小又能表示正负的数称为符号数。一个8位的无符号数的表示数范围是0～255，而一个8位的符号数的表示数范围是−128～+127。

例 27.3 16 位的符号数可以表示的数的范围是多少？

解： 16 位无符号数可以表示的数的范围是 0～65 535，因此可表示符号数的范围是 −32 768～+32 767。◀

例 27.4 将−5 用 16 位的符号数表示。

解： 用前面同样的方法计算

$$5 = 00000000\ 00000101$$

$$2^n = 65\,536 = 1\ 00000000\ 00000000$$

因此

$$-5 = 1\ 00000000\ 00000000 - 00000000\ 00000101$$
$$= 11111111\ 11111011$$

◀

浮点数

除了上述整数的表示法外，通常在表示非常大或非常小的数的时候会采用浮点数形式。将几个字节合在一起表示，用其中的几位表示带符号尾数，剩余的位表示带符号指数。用典型的 4 字节(32 位)的格式表示数值，可以精确到小数点后 7 位或 8 位，范围为 10^{-38}～10^{+38}。

文本

文本信息可以用一连串的存储单元来存储，每个字符用一个相应的代码表示(比如，24.12.4 节中的 ASCII 码)。通常一个存储单元存储一个字符。文字处理系统通常使用很庞大的字符库，其中包含许多语言、特殊字符和图形符号。对于这样的情况，每个字符需要用多个字节表示。

程序存储

计算机程序就是一串输入处理器的指令，所有微机都有一系列它们可以执行的指令，合在一起构成了机器的指令集。每种处理器都有自己的指令集，通常为一种机器所编的程序不能在另一种机器上运行。

典型的指令集包含如下种类的指令：寄存器之间的数据传输，寄存器和存储器之间的数据传输，完成多种算术、逻辑运算，寄存器内容的比较和测试，程序执行顺序的控制。

在一个 8 位微处理器中，由一种特殊的指令完成的操作，通常称为单字节操作码或指令码。用一个字节定义的操作将指令集中的指令数目限制在 256 条以内，大多数机器的指令都少于 256 条。在有些情况下，操作码就是一条完整的指令。比如说，累加器递增(增加 1)的指令就不需要其他的数据。而对于另外一些指令，还需要额外的信息。比如，将累加器的内容存入存储器的指令，需要存储数据的存储单元地址。这样，有的指令是单字节(一个字节的操作码指令)指令，有的指令是两个字节(操作码加单字节数据)指令，有些是三个字节(操作码加两个字节的数据)指令。与操作码在一起的数据称为操作数，通常是程序用到的数据或地址。存在存储器中的一段程序的形式如图 27.24 所示。

图 27.24　8 位微机中程序的存储

需要注意的是，不同的微机将 16 位地址的两个字节存储在存储器内，所用的存储方法会有区别。有些机器将 MSB(高字节)存入两个相邻存储单元中低地址的那个里面，有些则存储在高地址的存储单元里。机器间的这种差别称为字节差异，哪种方法比较好存在着争论。当仔细考虑程序的存储时，了解处理器的定位方式是至关重要的。

一些设计很先进的微机增加了操作码的数量，因而，指令集中指令数也增加了，通过定义一个操作码指明必须取出第二个指令码，选择第二个指令集中的一条指令。这使指令的类型更多，提高了程序效率。

16 位和 32 位的微机有更长的操作码，允许有更多的指令。这种计算机常常很复杂，指令集也很复杂。

精简指令集计算机(RISC)

使用复杂指令集允许用单个指令定义一系列复杂的操作序列。这缩短了程序的长度也减少了处理器取指令的时间。采用这种方式的处理器称为复杂指令集计算机(CISC)。尽管 CISC 缩短了程序长度，但执行复杂指令所需要的硬件非常复杂，所以处理器尺寸大，运行速度低。

另一种方式是 RISC，即精简指令集计算机(RISC)。其指令相对简单而且数量有限，因此结构简单，可以高速运行。很多性能优异的处理器都采用了 RISC 方式。

27.3.3 处理器

微机处理器的组成包括：

- 一系列寄存器
- 完成对寄存器内容进行算术和逻辑运算的电子电路
- 译码和执行指令队列的电路
- 与处理器和外部信号连接的缓冲器
- 将各部件连接在一起的总线

微处理器的结构指的就是它的架构。与预期一致，尽管主要的组件类似，但 8 位处理器要比 16 位或者 32 位处理器简单很多。性能更强的处理器还包含内存高速缓冲器和内存管理单元等部件，这在 8 位处理器中是没有的。

对微处理器架构更深入的讨论不在本书的范围内，但是弄清楚典型微处理器的主要部件很有必要。下面我们主要讨论结构相对简单的 8 位微处理器。所讨论的很多内容和功能先进的处理器也有关联，只不过有些地方，如寄存器长度和存储器大小，明显不同。

累加器

累加器是一个通用寄存器，处理器中的大多数操作都在累加器中完成的，或者受到其内容的影响。拥有累加器的数量不同，机器的差异很大。有些简单的处理器只有一个 8 位的累加器，而有些则有两个累加器，既可以单独使用，也可以合起来构成一个 16 位的寄存器。有些处理器有一组通用寄存器，可以单独使用或成对使用。

变址寄存器

大多数微处理器有一个或多个用来存储地址的变址寄存器。这些寄存器通常可以自动地递增(加 1)或递减(减 1)，有序地使用一串地址。因为大多数 8 位微处理器使用 16 位地址，所以这些寄存器通常是 16 位的，当然也有例外。

程序计数器

计算机程序包含一系列输入到处理器的指令。这些指令通常会有序地存入存储器中，然后一次取出一条指令并执行这条指令。显然，处理器必须跟踪下一条指令的位置，这就是程序计数器的任务。程序计数器通常包含程序的下一个字节的地址。每读取一个字节，程序计数器就会自动加一，指向下一个。程序计数器的位数取决于所用地址的长度。

指令寄存器

当程序运行时，每一条指令的操作码都会依次送到指令寄存器以等待执行。这个寄存器连接到指令译码单元和控制单元(稍后介绍)，产生一系列用于执行指令的控制信号。在 8 位微处理器中，指令寄存器也是 8 位，与 8 位的操作码相匹配。

算术逻辑单元(ALU)

ALU 用于完成执行操作码时所需的所有算术和逻辑运算。通常它可以完成 8 位数的加、减、递增和递减，并能完成对两个字节之间的多种逻辑运算。既能完成有符号数的算术运算也能完成无符号数的算术运算，有些机器还能进行 BCD 码的运算。逻辑功能通常包括与、或和异或运算，是两个数据按位进行的逻辑运算，如图 27.25 所示。

	a）与		b）或		c）异或
A	10110110	A	10110110	A	10110110
B	01110001	B	01110001	B	01110001
$A\cdot B$	00110000	$A+B$	11110111	$A\oplus B$	11000111

图 27.25 ALU 的逻辑运算

除了算术和逻辑运算，ALU 还可以对数据字进行右移或左移操作(如 25.7 节中的移位寄存器一样)以及在两个方向的循环移位操作，循环移位是将移出去的数位送回到另一移入端，移位是将移出去的最后一位数丢掉。

简单的 8 位处理器的 ALU 不能直接执行乘法或除法运算。乘法或除法是用一系列的加/减和移位指令来完成的。较复杂的 ALU 提供了 8 位乘法运算，提高了乘法运算的速度。

一些 8 位处理器利用 16 位寄存器或 8 位寄存器对实现了一系列 16 位操作，这包括 2 字节的读写操作和一些数据处理功能。

处理器状态寄存器(标志寄存器)

与 ALU 相结合的是处理器状态寄存器。该寄存器的每一位都可以被置 1 或清 0，指示机器某一方面的状态和 ALU 操作的结果。这些位通常称为标志位，因为它们代表特别的事件或状态。因此，这个寄存器也称为标志寄存器。处理器不同，标志寄存器的格式也不同，常用的标志如表 27.1 所示。

表 27.1 常用标志

符号	标志	含义
Z	0	如果 ALU 操作得到的结果为 0，该位置位
N	负	如果 ALU 操作得到的结果为负，该位置位
C	进位	如果算术运算产生了进位，该位置位
V	溢出	如果算术运算向符号位产生了溢出，该位置位

尽管标志位可以反映 ALU 产生的结果，但也受其他操作的影响，比如将数据写入累加器。每一个标志位都有一套规则，决定它什么时候会改变，什么时候不变。

在处理器的指令集中有许多条件指令，以利用处理器状态寄存器的信息，根据标志位的状态决定处理器的操作。对于不同的机器，条件指令的形式会有很大差异，但这些指令通常都能控制程序的执行顺序，这使得程序员可以利用某些计算的结果或操作的结果控制执行不同部分的程序。

指令译码和控制单元

指令译码和控制单元是处理器的核心，它负责顺序地从存储器中读取指令并执行指令。与控制单元相关联的是时钟发生器，它由晶体振荡器产生非常精准的时钟信号。时钟用于产生一系列的时钟周期。该单元的操作可以分为两个部分，分别为取指令周期和指令执行周期，每个周期都需要几个时钟周期。

控制单元在几个时钟周期内产生固定时序的控制信号来完成取指令周期。控制信号和多个寄存器的写使能信号以及输出使能信号是一致的，如图 27.22 和图 27.23 所示。顺序发生下列操作：将程序计数器中的内容送到地址缓冲寄存器，通过控制总线向外面的存储器发送读命令，从数据总线上读取数据，如果是指令的第一个字节，就将其送到指令寄存器。

控制单元在几个时钟周期内，产生控制信号序列，完成指令执行。但在这种情况下，做哪些操作取决于是什么样的指令。指令寄存器与译码网络相连，译码网络为每种操作码选择适当的控制信号序列，选中的序列会确定还需要多少字节的数据。这些数据在上面所述的取指令周期中重复读取。执行指令所需的时钟周期数由操作码决定。指令执行周期完成后，机器会自动进入下一个取指令周期，从而获得程序的下一条指令。

因此，程序的运行是一个连续的取指令和执行指令的过程。每一次取指令周期完成的操作是一样的，但执行周期所执行的操作取决于操作码。

地址总线缓冲器和数据总线缓冲器

地址总线缓冲器和数据总线缓冲器是微处理器和外部世界的接口。在芯片内部，阻抗高而电容低，只能使用低功率的小信号。当需要信号驱动外部负载及其相关的电容时，需要大的功率，缓冲器可以提供额外的功率并降低电路的噪声影响。

堆栈指针

很多微处理器都有堆栈指针，堆栈指针是一个特殊功能的寄存器。堆栈指针寄存器存储指向内存单元的地址(存储地址的单元通常称为指针)。在处理器的指令集中，操作码可以将数据存入堆栈指针所指向的单元。之后堆栈指针的值递增，指向下一个单元。这种指令称为入栈指令(push)。如果一些数据压入堆栈，数据将存入存储器的连续单元内，形成堆栈数据。同样也有将数据从堆栈取出的指令，称为出栈指令(pull 或 pop)。出栈指令先将堆栈指针里的地址减一，然后取出它指向的地址内的数据。这两条指令结合起来，可以将多个数据压入栈，然后出栈指令可以将数据倒序取出(先入后出)。图 27.26 中的例子可以帮助我们更好地理解这两条指令。

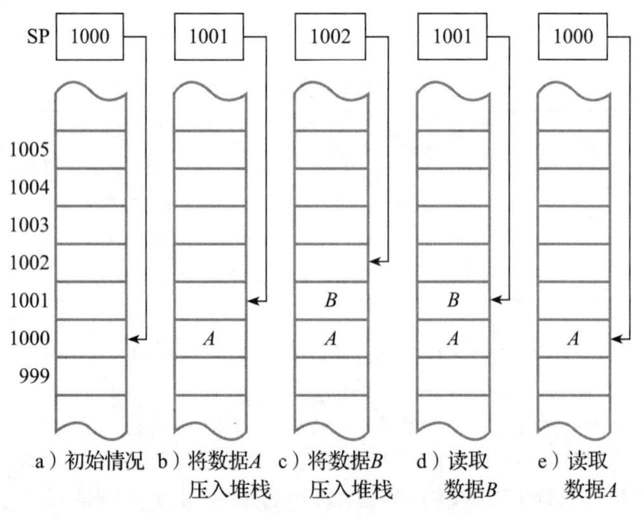

图 27.26　堆栈的数据入栈和出栈

堆栈指针(SP)的初始值可以用装载堆栈指针命令设置。假设 SP 的初始值为 1000，如图 27.26a 所示。如果此时将数据 A 压入堆栈，就存储到堆栈指针(1000)所指的单元内，然后堆栈指针递增(1001)，如图 27.26b 所示。重复上面的过程，压入第二个数据 B，如图 27.26c 所示。如果此时用出栈指令取出一个数据，则堆栈指针递减(至 1001)，并读出堆栈指针所指的单元内容，得到数据 B，如图 27.26d 所示。因此，从堆栈取出的数据是倒序的。

尽管堆栈的先入后出看起来不是很明显，但是非常重要。本章后面我们学习中断时，就会明白它非常有用。堆栈也常用于处理子程序。

用这种方法存储和取出信息的数量，受可用存储单元的数量和堆栈指针寄存器位数的限制。大多数的 8 位处理器有 16 位的堆栈指针，允许堆栈使用任何部分的地址空间。然而有些处理器采用了位数较少的寄存器，这就限制了堆栈的大小。这样的设计缺点很大，导致处理器在执行高级语言时效率很低。

27.3.4　与外部设备的通信

微处理器与外部设备的通信是通过之前提到的总线系统实现的。外部设备，无论是作为存储器还是输入输出设备，对于处理器来说，就是一个有特定地址的寄存器。为了将数据送到某个设备，处理器把选中的寄存器地址放在地址总线上，把要发送的数据放在数据总线上，将合适的同步信号放在控制总线上。为了接收外部设备的信息，处理器将外部设备地址放在地址总线上，在控制总线上放一个适当的命令信号，外部设备则会把需要的数据放在数据总线上，这就是处理器读数据。

总线复用

微处理器上可用的引脚数量是限制微处理器所能提供功能的因素之一。为了减少引脚数量，一些微处理器用部分引脚完成两种功能，很多器件有 8 条线，它们既用作数据总线又用作部分地址总线。这称为总线复用，如图 27.27 所示。

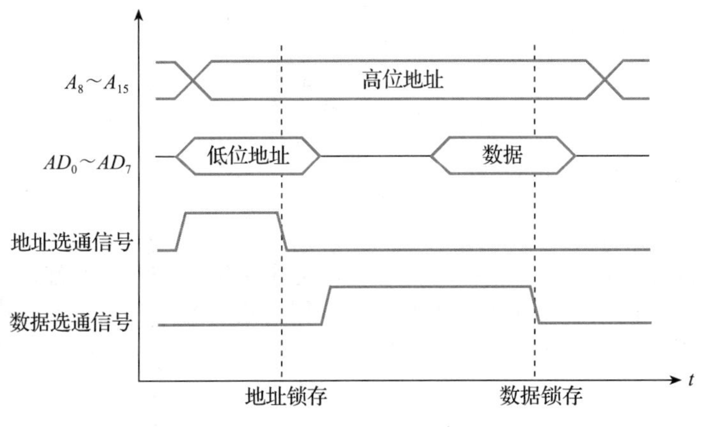

图 27.27　总线复用

图 27.27 是一个时序图的例子，给出了系统中不同信号的时间关系。图中按时间变量绘出了每个信号状态或者每组信号用符号标记的状态，状态说明在图 27.28 中。

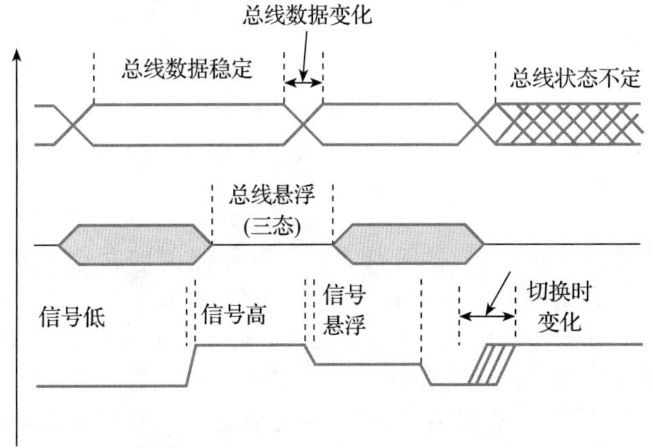

图 27.28　时序图中的符号表示

再回到图 27.27，地址总线的高字节（$A_8 \sim A_{15}$）在整个周期中一直存在，而地址总线的低字节（$A_0 \sim A_7$）和数据是一组线，在整个周期中分别作为地址低字节和数据出现了一段时间，这称为地址总线/数据总线复用。因而这组总线用 $AD_0 \sim AD_7$ 表示。

为了让外部设备可以区分复用的信息，微处理器提供两个控制信号（或时钟信号）使外部设备可以提取所需的信息。不同的机器控制信号的形式也不一样。在例子中，控制信号称为地址选通信号和数据选通信号。信号的下降沿表示相应的信号已经稳定，可以被外部设备读取。用8位锁存器(在使用这种方式时，通常称为地址锁存器)读取低位地址(将低位地址锁存)，就可以得到全部的16位地址。锁存器的使能信号直接来自微处理器的地址选通信号。因此，这个信号也称为地址锁存器使能信号(ALE)，如图27.29所示。

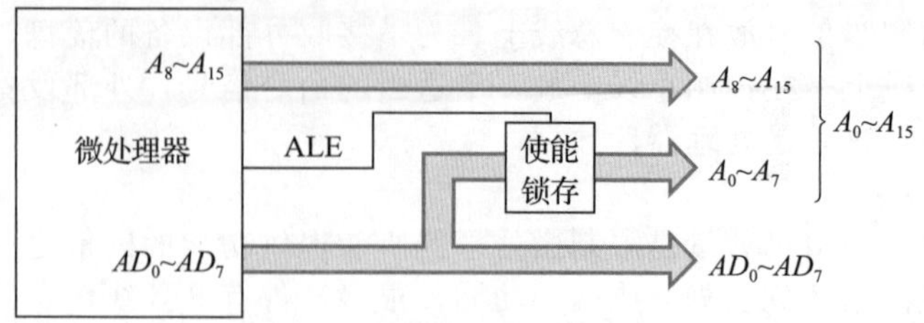

图 27.29 地址锁存器的使用

地址选通信号下降沿到达之后，外部设备就可以使用全部的16位地址。在数据选通信号的下降沿，外部设备可同时使用地址和数据信息。

不使用总线复用的器件，地址总线和数据总线是分开的，也不需要地址锁存器。单个数据选通信号就可以用来同步微处理器与外部设备的数据传输。

27.3.5 存储器

我们知道微机的存储器部分包括大量的寄存器。现代的IC存储器通常包含几千甚至几百万个存储寄存器。显然，在这种情况下，不可能为每一个寄存器都分配一个写使能和输出使能控制线，如图27.22所示。因此，用少量的几条控制线和用于选中相应单元的内部地址译码逻辑相配合，控制器件内所有的寄存器。典型的结构如图27.30所示。

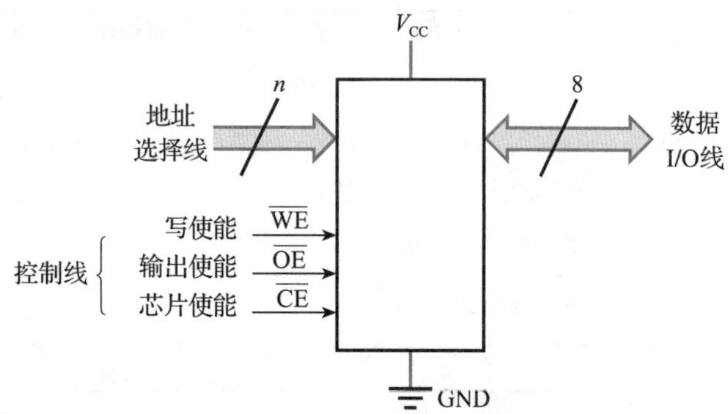

图 27.30 典型的存储器

因为n条地址线可以确定2^n个存储地址，所以存储器内存储单元的数量是以2的指数变化的。存储单元的数量很大，通常以千字节(KB)为单位表示存储器容量，1KB等于1024个字节。之所以用这么奇怪的记号，是因为1024就是2^{10}，近似为1000。因此，有1024个8位存储寄存器也称为1KB存储器，而且有10条地址线。而有4096个存储单元的存储器就称为4KB存储器，拥有12条地址线。典型的8位微处理器有16条地址线，可以寻址64KB。类似的记号也用于更大容量的存储器，如存储容量达为2^{20}(1 048 576)字节记为兆字节(MB)，2^{30}(1 073 741 824)字节称为吉字节(GB)。

遗憾的是，尽管系统的存储容量通常以千字节表示，但是单个设备的容量一般以千位(kb)或兆位(Mb)为单位，这使得存储器容量的表示方法变得有些复杂。因为很多设备并不是按8位寄存器为一组构成的，虽然这两种标记不会产生问题，但人们将存储器的容量单位简写为K或者M时，会造成误解。如果设备中有1M的存储器，那么1MB(兆字节)

和 1Mb(兆位)之间的差别是很大的。大存储容量的存储器通常要安排一系列 8 位、16 位、32 位甚至 64 位的数据字。

在微机发展的初期，存储器件只有几千字节的容量。这意味着大多数系统需要使用很多芯片才能满足需求。如今，单个存储器件就有许多兆字节的容量，并且存储器件的容量每年都在增大。一块芯片可以轻松提供 8 位或 16 位微机所需的地址空间，但更常用的方法是将多个不同特性的存储器件合在一起使用。

回到图 27.30，我们可以看到图中器件有 n 条地址线(n 由设备容量决定)，8 条双向输入/输出线和 3 条控制线。这个器件是以 8 位为一组的寄存器。16 位、32 位或者 64 位的结构有相应多的输入/输出线。

图 27.22 中的两条控制线是输出使能线和写使能线，低电平有效，因此用符号$\overline{\text{OE}}$和$\overline{\text{WE}}$表示。

第三条控制线是芯片使能线$\overline{\text{CE}}$。当它有效(低电平)时，器件使能并能响应两个使能信号。当芯片使能线无效(高电平)时，器件不会响应其他控制线并禁止芯片被访问。芯片使能线可以决定一段时间内许多芯片中的哪个芯片可以访问，当以这种方式工作时，该控制线就是芯片选择线，用$\overline{\text{CS}}$表示。所有器件的地址线会连到地址总线的低位，送到每个芯片的使能信号决定哪个芯片读出数据或者写入数据，如图 27.31 所示。

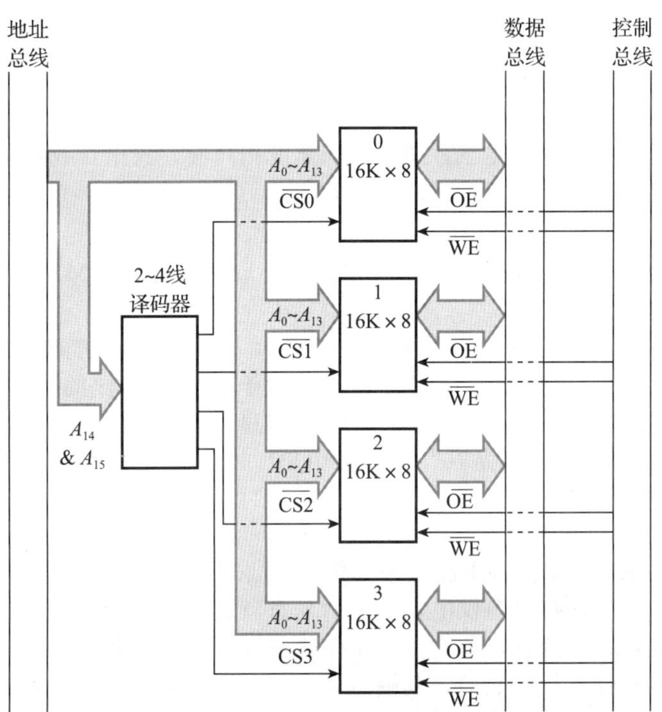

图 27.31　典型的存储器安排

该图给出了一个用 4 个 16KB 存储器的组合，每个存储器都有 14 条地址线(2^{14} = 16 384=16KB)，连接到地址总线的 0～13 位($A_0 \sim A_{13}$)。最高位的两条地址线(A_{14}和 A_{15})连接到“2-4 线译码器”。由加到译码器上的 A_{14}和 A_{15}选择译码器四个输出中的一个输出。如果 A_{14}和 A_{15}都为 0，则第一个输出，$\overline{\text{CSO}}$为低电平，其他三个为高电平。这样就可以选中第一个存储器，其他三个不选。同样，如果 A_{14}和 A_{15}都为 1，就会选中存储器 3。两条地址线上的信号的每一种组合，都会选中其中的一个存储器。因为 A_{14}和 A_{15}是地址总线中最高的两位，根据这两个最高位，加到地址总线上的地址就可以自动地选中其中的一个存储器。剩下的 14 位地址决定使用存储器中的哪个存储单元。地址空间也因此分成了地址段，如图 27.32 所示。这种以图表示的系统内存储空间的分配称为存储器映射或地址映射。

可以注意到，每一个存储器的地址范围都用十进制数和十六进制数表示出来。实际上，在表示地址范围时十六进制比十进制更常用，因为十六进制转换成二进制更方便，二进制对应于总线上 0 和 1 模式。

图 27.31 所示的存储器系统用的是非复用地址总线和数据总线。对于总线复用系统，电路类似，但需要增加一个地址锁存器，如图 27.29 所示。当处理器执行写操作时，写使能信号 $\overline{WE}$ 会和图 27.27 中的数据选通信号的下降沿同步，从而保证了在执行写时，数据/地址总线上的数据字是稳定的。当处理器执行读操作时，输出使能线 $\overline{OE}$ 有效，使被选中的存储器将数据放在总线上。在数据稳定后，处理器从总线上读取数据。

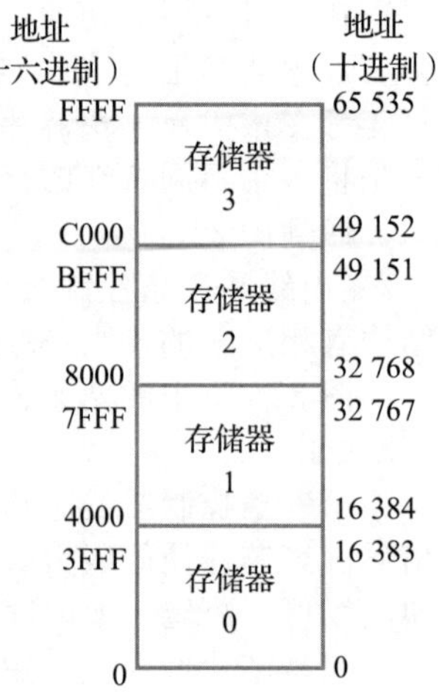

图 27.32　系统的存储器映射

27.3.6　存储器类型

到目前为止，我们将存储器作为寄存器的简单组合，随时可以任意读和写。实际上，有几种不同形式的存储器，它们在性能上也有很大的差异。在计算机系统中，存储器用于多种目的。有些用来存储永远不变的程序，另一些用于存储不断被处理器修改的数据。有些系统还会有辅助存储器，用于存储大容量的程序和数据。辅助存储器通常是某种形式的磁盘，所以访问速度相当慢。这里，我们主要讨论计算机中主要的半导体存储器，分类为 RAM 或 ROM。

RAM

程序运行中会被修改的数据通常存储在随机存取存储器(RAM)中，这个名字的存储器可以快速进行读写操作。

这个名字的来源是，在这些存储器里，可以用相同的时间访问数据中的任何字节。人们很容易认为所有的存储器都这样。然而，对于像磁带这样的存储设备明显不是这样，访问存储在磁带最后面的程序所花的时间明显要比访问存在磁带开头的程序长很多。实际上，使用术语“随机存取”主要是历史原因，微机中(除了大容量存储器)大多数存储器，甚至那些不是 RAM 的，都是随机存取的，但是词汇 RAM 已经广泛应用并且已经生根。

现代微机中的 RAM 用两种电路技术其中之一实现。静态 RAM 用的是类似于 25.6 节中的双稳态结构。只要保持电源供电，写入的信息就会一直保存不变。动态 RAM 通过对电容器阵列的充放电存储信息，动态 RAM 存储一位信息只需要很少的元件，所以单块芯片可以集成更多的存储单元。然而，其缺点是电容上的电荷过一段时间就会衰减，因此需要用适当的控制信号序列周期性地对存储器刷新。

RAM 的一个特点是易失性。电源断开时，内容就丢失了。在很多情况下，这无关紧要，因为电源断开，计算机本身也会停止运转。而对于某些应用，电源断了也不允许存储器内容丢失。例如，嵌入式系统中存储的控制程序必须是非易失的，当刚开机时，程序必须出现在系统里。基于这个原因，程序通常存储在 ROM 中而不是 RAM 中，下节会讨论 ROM。

很多情况下，需要能够读取和写入存储器而且要求存储器是非易失的。在这种情况下，通常会使用备用电池防止断电，保护 RAM 的内容。所幸的是，当 CMOS 存储器静态工作时，其功耗极低(如 26.7 节所述)，用一个小电池就可以长时间维持其内容。

ROM

ROM 是只读存储器，处理器可以读出它的数据，而不能向它写入数据。这样的器件是非易失性的，所以适合存储程序以及不变的数据。ROM 的种类有很多，有些必须在制造厂家编程，有些用户可以编程，但可能需要特殊设备。表 27.2 列举了几种 ROM 的缩写并给出了含义。

通用术语 ROM 适用于所有形式的只读存储器。其中有些是掩膜编程的，这类器件在制造的最后一个阶段，芯片生产商用光刻技术对其编程。用这种方法的设计者需要提供程序给生产商，并付掩膜的制造费。然而，掩膜制造好后，用于每个器件的花费就会很低。这是大批量产品的最好选择，但不适用于研发和产量小的应用。

表 27.2　多种类型 ROM 的缩写

ROM	只读存储器
PROM	可编程只读存储器
EPROM	可擦除可编程只读存储器
EEPROM	电擦除可编程只读存储器

对于小规模的项目可以采用可编程只读存储器(PROM)，PROM 有很多变体，但都允许用户编程，省去了高昂的掩膜费用。事实上，术语 PROM 通常指的是 27.2.5 节所描述的小型熔丝连接器件。它们是最早的 PLD 形式之一，但如今已经被现代器件取代。这种器件的特点是一旦编程就不能修改。

对于灵活的系统开发，用可编程的存储器件具有优势，而且能重复编程是十分必要的。可擦可编程只读存储器(EPROM)就具有这种特点。尽管这个术语适用于很多器件，但通常指的是存储器内容可以用紫外线照射擦除。芯片有透明窗，可以让紫外光照射在硅表面上。编程一般用 EPROM 编程器，编程器提供合适的电压和控制信号。使用后，可以利用紫外线照射 EPROM 20～30 分钟，擦除其内容。

EPROM 的缺点在于，必须从电路中取下，放入特殊的擦除器和编程器中，才能修改内容。而另一种形式的 PROM，EEPROM 可以用电修改内容而不需要紫外线，从而在电路中就可以修改芯片的内容。

如此看来，EEPROM 似乎应该归于 RAM 一类，因为它既可以写(编程)又可以读。但注意，RAM 通常可以在零点几微秒的时间内完成读写。EEPROM 可以用同样的速度读，但是写入一个字节的数据则需要几个毫秒。因此 EEPROM 是读快写慢的器件，更应该称为 ROM 而不是 RAM。由于 EEPROM 的编程速度相对较慢，当使用大量的存储器时，会很不方便。在这种情况下，通常会选择闪存，它可以用极快的速度实现编程和再编程，即使最大的器件也可以在几秒内完成编程。

存储器标准

这些年来，针对不同种类的存储设备，出现了很多标准，从而保证用户即使购买许多不同厂商的器件也不会存在不兼容的问题。其中一个最为通用的标准是针对单字节存储器的 JEDEC 标准，它定义了不同容量的 RAM 和 ROM 引脚标准。这样做的好处是可以让计算机生产商制作有引脚底座的电路板，引脚底座可以兼容 RAM、ROM、EPROM、EEPROM、FLASH。存储器可以是任何容量的甚至是现在最大的。这样设计者就可以使系统兼容未来的器件，从而让他的产品具有可扩展性。

27.3.7　微机编程

计算机程序(或软件)可以用很多方式完成编程。在绝大多数情况下，软件是用复杂的高级编程语言编写的，从而大大简化了编程任务。然而，知道一点其他技术也是很有用的，在本章节中，我们会学习一些基本的方法。

机器码

我们曾在 27.3.2 节中提到计算机程序是以一串指令的形式存储的，每条指令由一个操作码也许还有一个操作数组成。在 8 位计算机中，操作码通常是 1 个字节，而操作数(如果有)一般是 1 或 2 个字节。每个字节是由 8 位二进制数组成的，因此一串短的代码可能看起来像这样：

10010110
01110000
10011011
01110001
10010111
10000000

这种形式的程序通常称为机器码，也是处理器能够识别的语言，但其缺点是不特别容易被人理解。

一种方法是将代码稍微处理一下，把二进制码转为十六进制，上面的代码序列就变成：

96
70
9B
71
97
80

这种形式比二进制更容易读，但依然不能理解代码的功能。所以用机器码直接编写程序需要程序员记住(或不停查找)各种操作码。这样既费时又容易出错。因此，在实际中一般不用这种方法编程。

汇编码

另一种更高效的编程方法是采用汇编码，将代码写成助记的形式。微机指令集中的每条指令都有其简写的命名(或记忆的)，使其容易记住。各种指令(包含操作码)都单独写成一行。比如，之前的程序段可以写成：

```
LDAA    70h
ADDA    71h
STAA    80h
```

这三条指令的意思分别是“将存储单元 70(十六进制表示)的内容送到累加器 A”“将存储单元 71 的内容与累加器 A 的内容相加，再送给累加器 A”和“将累加器 A 的内容存储到存储单元 80 中”。因此程序将存储单元 70 和存储单元 71 的内容相加，把结果存储到存储单元 80 中。

以汇编码写成的程序必须转为机器码，处理器才能执行，用汇编程序软件可以将汇编码翻译成机器码。汇编程序的复杂程度是不同的，但大多数可以提供这样一些功能：将注释嵌入程序中；符号表示变量和存储单元；使用宏指令。更复杂的汇编程序提供更先进的功能，如自动生成控制结构。

汇编程序和汇编码的一个特点是它们依赖于处理器。每种微处理器有其专用的指令集，汇编码(像机器码)是专门用于特定的处理器的。可移植性差，意味着为一种计算机编写的汇编码通常不能用于另一种计算机上。

高级语言

高级语言包括 BASIC、C、C++、C#、Java、Pascal 以及很多其他语言。高级语言根据计算机的结构细节和运行，提供了较高的抽象性或者独立性，解决了移植性的问题。高级语言编程是要完成什么任务，而不是用某种特定的处理器如何去完成任务。例如，我们之前将两个变量相加就可以简单地表示为

$$变量\ A = 变量\ B + 变量\ C$$

这里既没有指明变量存储在哪里，也没有说明用哪一种处理器指令将变量相加。

高级语言使复杂的编程变得简单，程序也相当短，容易理解。另外，由于高级语言编写

的程序不直接和处理器指令集关联，所以只要计算机支持该语言，程序都可以在上面运行。

和汇编码一样，用高级语言写成的程序必须翻译成机器码，才能在特定的处理器上运行。高级语言可以用两种方法翻译，第一种是用编译器把高级语言程序翻译成机器码，这和汇编程序把汇编码翻译成机器码的方法非常相似。然后生成的代码载入计算机并执行。第二种方法是用解释程序，边逐条读取程序翻译成机器码，边执行机器码。第二种方法的优点是不需要单独的编译步骤，但是执行缓慢，因为需要实时翻译。大多数高级语言是编译的，有些语言(如 PostScript)是解释的。另外一些语言，如 BASIC 和 Pascal，两种方法都可以用。

编程技术的选择

之前我们就提到，直接用机器码编程不是明智的做法，所以剩下的就是选用汇编码还是高级语言。

使用高级语言有很多优点，编写容易又快，生成的源程序短，也容易理解和保存。然而，尽管高级语言的源代码短，但与汇编码相比，其生成的目标机器码常常长很多，效率低。基于这个原因，在历史上，汇编码一直用于要求代码很紧凑也很快的应用中。然而现代的优化编译器已经可以产生与手工编写的汇编码一样快的代码，因此用低级语言编程越来越不合理。

当然，编程语言的选择主要根据应用的属性而定，因为有些语言的特性对特定的应用特别有用。当为小型嵌入式系统编程时，如果该系统用的是我们本章所学习的微处理器，至今，最常用的就是 C 语言或是其变体。因为它既有高级语言的特性，也可以直接控制处理器的单元，所以它在高级语言和低级语言编程技术上有很多折中，能够直接控制处理器的单元，程序员可以将汇编代码段直接嵌入到源代码中。

27.3.8　输入/输出

视频 27F

计算机的输入/输出部分负责与外界联系。当微机作为个人台式机的核心时，其输入/输出主要来自键盘、显示器、打印机和其他通信设备。当用于嵌入式系统，其输入/输出设备多种多样，可能包含很大的范围，包括在第 12 章和第 13 章中讨论过的设备。

在很多情况下，原始的输入信号不能直接与计算机兼容。例如，输入信号可能是模拟信号，或者信号幅度太大或太小。因此，通常需要一个接口，使传感器产生的信号与需要它们的计算机系统兼容。类似地，计算机输出的信号也许不适合直接驱动执行器。因此，也需要一个接口来解决不兼容的问题。

接口电路执行的操作主要取决于传感器的特性和系统内的执行器。这个过程通常称为信号调理。典型的功能包括放大、滤波(或去噪)、隔离和 A/D、D/A 转换。我们已经在之前的章节中讨论过其中的一些内容(放大在第 14 章，滤波在第 8 章，隔离在第 26 章)，第 28 章将讨论 A/D、D/A 转换。

对输入信号调理的最终结果是得到一个干净的数字信号并且它可以与计算机的输入级兼容。同样，在输出端，接口获取计算机输出级的输出信号，并用它产生合适的电压或电流波形，驱动输出设备。至此，我们不再对接口做进一步的探讨，而把重点放在计算机的输入和输出级特性上。

输入/输出组织

内存映射输入/输出　计算机输入/输出最简单常用的方法是处理器把外设作为存储寄存器一样看待。这种方法是系统的部分存储器映射给输入/输出设备，这种技术称为存储器映射输入/输出。

这种方法不仅简单，而且有一个优点，即处理器指令集中所有的指令不仅可以用于存储单元，也同样可以用于输入/输出寄存器。缺点是，这种方法必须全地址译码才能得到器件的片选信号，且必须全地址引用这些寄存器，产生长 I/O 指令。指令长度的重要性在于，计算机大部分时间用于读取指令而不是执行指令，所以短程序运行更快。

输入/输出使用独立的地址空间　一些微机有独立的输入/输出地址空间，它们可以用一些特殊的输入/输出指令访问。通常提供 256 个输入和 256 个输出，设备地址用单个字节数据就能表示。用地址总线的低字节和一条可以区分是存储器操作还是 I/O 操作的控制信号线来对外设寻址。这种方法的优点是专用的 I/O 指令短，且只用地址总线的低字节。

其缺点是输入和输出地址限制在 256 个，仅少数几条专用指令可用于 I/O 操作。大多数有专用 I/O 空间的微处理器也支持存储器映射输入/输出。

输入/输出寄存器

最常用的输入/输出方式之一是用输入和输出寄存器。对于处理器来说，输入输出寄存器与普通寄存器一样，每个都有唯一地址，但与普通寄存器不同的是输入/输出寄存器与外界相连。

当处理器向输出寄存器写数据，写入寄存器的 1 和 0 就会送到一系列输出线上，用于驱动外部电路。类似，当处理器从输入寄存器中读数据，得到的数据是一系列输入线上的 1 和 0。

虽然分开的输入和输出寄存器不是没有，但寄存器通常既能输入也能输出。因此是双向输入/输出寄存器。这些器件常称为输入/输出端口，这个术语中的“端口”是通道的意思。也称为并行 I/O 口。

串行输入/输出

当远距离传输数据时，采用串行技术通常具有优势而非采用并行技术，这样可以减少所需的线路数量或者通道数量。我们已经讨论过利用移位寄存器实现串行到并行和并行到串行转换，及其在串行通信中的应用(见 25.7 节)。例 25.3 阐述了该技术并表示单独需要时钟信号和数据分开连接。提供单独的时钟通道是很不便的，大多数串行通信系统会选用其他的方法使发射机和接收机同步。解决这个问题的两种基本技术是异步方式和同步方式。

异步串行通信　异步通信不再需要单独的时钟信号，并且允许数据间断性地传输或连续传输。这是通过在要传送的信息字中嵌入一个同步信息实现的，图 27.33 给出了该技术一个简单的例子。待发送的每一个字节信息增加一个为 0 的起始位，一个或几个为 1 的停止位。还可能增加一个奇偶校验位实现检错(在 24.12.5 节讨论过)。

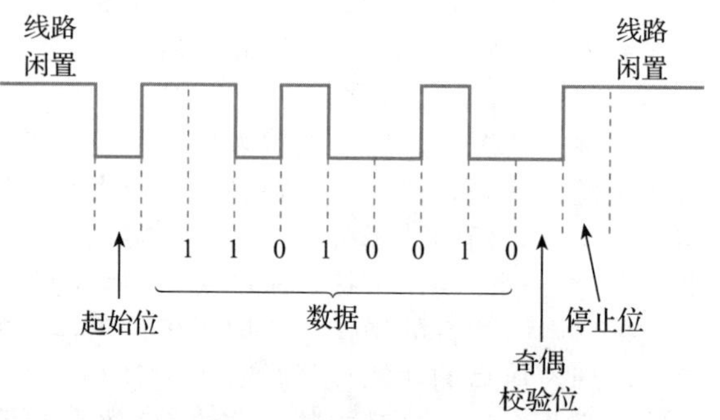

图 27.33　异步数据字的结构

发射机用精确时钟(通常是晶振产生的)生成数据字并将其送到通信信道。接收机也有一个晶振，可以产生自己本地的时钟信号。因为石英晶振精度和稳定性都非常好，所以接收机的时钟频率和发射机的时钟频率基本一致。

当通信线路闲置不用时，就会处于逻辑 1 待命。因此，接收的起始位通常为由 1 变为 0。当接收机检测到 1 到 0 的转变，就会令自己的内部时钟信号与进来的信号同步。然后以适当的时间间隔对进来的波形采样，检测到每个数据位、奇偶校验位(如果存在)和 1 位或多位停止位。

因为用于发射机和接收机的两个振荡器的稳定性很好，所以在单个数据字期间相位差可以忽略，保证能正确接收。由于存在通常为逻辑 1 的停止位，允许接收机检查接收的一切信息是否正确。如果接收机的时钟过快或过慢，就会导致奇偶校验位或者之后的另一个数据起始位代替停止位被取样。接收机不断地监测检测到的停止位的极性，如果检测到错误，就会在处理器上标记一帧错误。如果用奇偶校验，接收机也会计算奇偶性，并将错误报告为奇偶错误。

异步系统可以用于多种字长数据并以多种信号传送速度工作。当然，发射机和接收机必须使用相同的结构。异步通信广泛应用在微机系统中，特别是如键盘等无规律产生数据的应用。

同步串行通信　当传输的数据是连续的数据流时，就会用同步通信系统。同步通信系统中接收机用时钟恢复电路提取输入信号的跳变，重建在发射机中所用的时钟信号。这样就可以将输入信号直接用时钟同步送到移位寄存器中，转换为并行数据。

剩下的问题是检测每个数据字起始位和结束位。这通过周期性地发送同步模式码去标记数据块的开始就可以实现。接收机一旦检测到同步模式码，就开始计算输入的数据位，从而跟踪到每个数据字的开始和结束。

不同于异步数据传输中一般用奇偶校验检查每个字传输得是否有错，同步系统通常检查一个完整的数据块。用和校验(24.12.5 节所述)，或者如循环冗余码等更复杂的技术，可以完成对整个数据块的校验。

信号发送速率　在串行通信系统中，发射机和接收机必须能以同样的速度运行。数据位发送到传输线上的速率称为波特率，即传输线上每秒变化的数量。这同样也决定了数据通过通道传输的速率，称为数据传输速率或简称为数据速率，高速链路数据速率可达 Mb/s或几个 Gb/s。

单工和双工通信　信道可以是单向的，也可以是双向的。最简单的链路形式是只向一个方向传输信息，称为单工通信。能实现双向通信的系统称为双工系统。双工系统还分为半双工系统和全双工系统。半双工是指在一个时刻只能向一个方向传输信息；全双工是同时可以双向通信。

串行 I/O 设备　利用一系列专用的集成电路可以实现串行 I/O，例如通用异步收/发机(UART)、异步通信接口适配器(ACIA)、同步串行 I/O 控制器(SIO)、通用同步和异步收/发机(USART)。通常使用少量的外部组件，这些器件就能提供完整的全双工信道。但现代单片微机的这些功能是做在设备内部的，不需要额外的硬件。

本身不适合长距离传输的标准逻辑信号，通常需要用串行 I/O 设备。逻辑电平信号通常用线驱动器或者线接收器缓冲，增加传输距离并提高对噪声的抑制能力。串行通信信号有几个标准，保证不同的系统能够兼容。

串行通信标准　尽管串行通信有几个标准，但最重要的也许是通用串行总线(USB)。USB 最初于 20 世纪 90 年代中期设计出来，用于规范计算机和外部设备(如键盘、定点设备、打印机和存储设备)之间的连接。该标准广泛应用于多种设备上，经多次修订，功能更加完善。

使用最广泛的 USB 标准是 2000 年发布的 USB2.0，它给出了最高达 480Mbit/s 的半双工通信规范。USB2.0 的结构复杂，使用了包括同步方法和异步方法在内的多种技术。USB2.0 使用最多的连接器是 USB A 型插头和插座，其排列图如图 27.34 所示。电缆用的是双绞线，可以降低在 22.10.7 节中讨论的噪声和串扰。电缆还有一条接地线和一条 5V 线，可以为外部设备供电。

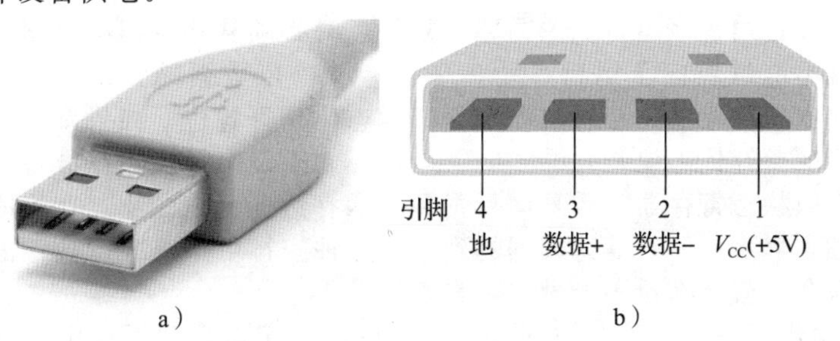

图 27.34　标准 USB A 型插头

一个新的USB标准USB3.0，使用额外的线实现最高达5Gbit/s的全双工通信。尽管USB3.0的性能得到了很大提升，但代价是其复杂性大大增加了。因此，对性能要求不是很高的应用仍然广泛使用USB2.0。

程序控制的输入/输出

I/O操作的启动有多种方法。程序员通常会设定程序运行到某一特定点时，将数据从输入设备中读出，或者将数据写入输出设备。因此，这称为程序控制的输入/输出。然而，在有些情况下，不能确定在什么时间数据准备好了，程序可以写数据了。一个例子是从键盘读取数据。假设设备有一个数据寄存器与之相连，任何时候都可以从端口读取数据，但是，只有当有键按下时数据才有效。这种问题的解决方案同样是程序控制输入/输出，但要循环查询。

循环查询是重复读取外部设备以确定其状态。我们重新考虑上面从键盘读取数据的例子。只是简单地查看设备中数据寄存器的内容，不能判断是否有新数据到来，因为新输入的数据可能和以前的一样。因此，另外还需要一个寄存器，称为状态寄存器。状态寄存器包含一个标志当前数据的位，这个标志位可以称为数据准备好标志。当数据放入寄存器时，处理器将标志位置位，数据取走后处理器将标志位清除。根据不同的应用，可以用多种方法对状态寄存器进行循环查询。图27.35给出了这一过程。

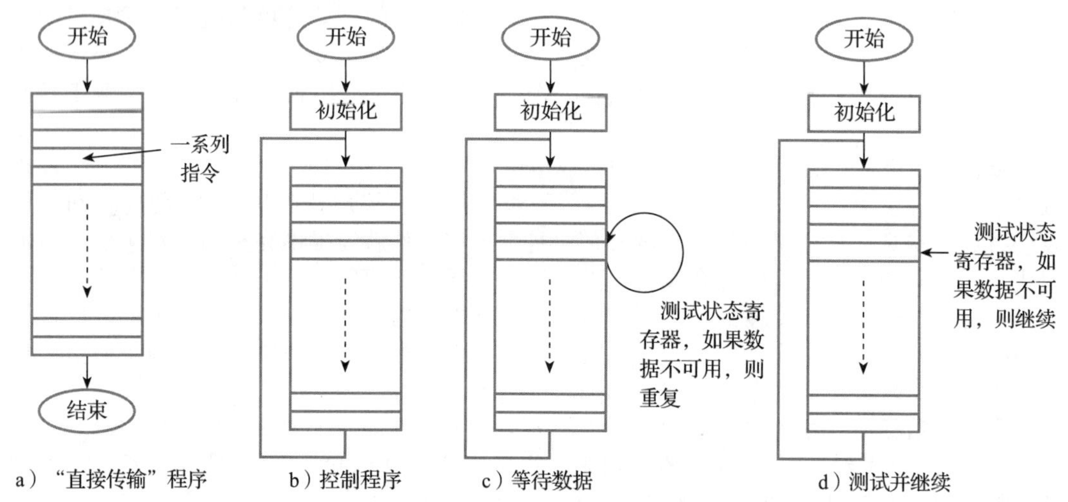

图27.35 I/O设备的循环查询

图27.35a是一个“直接传输”的程序，从开始，运行一系列指令，直到停止。这种程序有时用于个人计算机和其他通用计算机中，但很少会用在嵌入式系统中，因为嵌入式系统总是与控制及仪表相连。控制系统中常用的程序结构如图27.35b所示。它有一个初始化部分，随后是一个连续的循环。启动后，程序就一直不断地运行，直到系统关闭为止。这是控制系统的常见要求。

现在我们假设，当程序运行到主循环的某一点时必须从外设读出数据。如果数据没有准备好，程序就不能继续向下运行，系统必须停下等待数据的到来，如图27.35c所示。程序读取设备的状态寄存器，查看数据准备好标志位是否置位，如果置位，则读取数据寄存器，清除数据准备好标志位，并继续向下运行。如果没有置位数据准备好标志位，则程序返回并再次读取状态寄存器，重复运行直到显示有数据到来为止。在这段时间内系统不能执行其他任务，程序要一直等待数据的到来。这种安排可用于等待按键的启动命令，没有收到该启动命令，就什么也不能做，一直等待。

图27.35d给出了另外一种结构安排。在这里，程序运行到循环中的某一点时，测试状态寄存器。如果数据准备好标志置位，处理器就读出数据寄存器，执行必要的操作，然

后继续运行。如果数据准备好标志没有置位，处理器简单地继续工作，在循环中再次执行到这一点时，再次测试状态寄存器。该技术的优点是即使数据没有准备好，系统也能执行其他的任务。当然，数据到达之前，处理器执行有用的任务才实用。

在有些情况下，系统有多台外设需要处理器响应。如果处理器必须测试所有的外设，检测它们是否有数据准备好，将会浪费大量的处理器时间。

中断

让外设在需要照料或“服务”时通知处理器，可以省下很多循环查询大量外设所浪费的时间。换句话说，就是让外部设备中断处理器的操作。在处理器硬件中建立中断请求线(IRQ)就可以实现中断。当外设激活中断请求线时，处理器停止当前的操作，转而服务外设。图 27.36 给出了中断的机理。

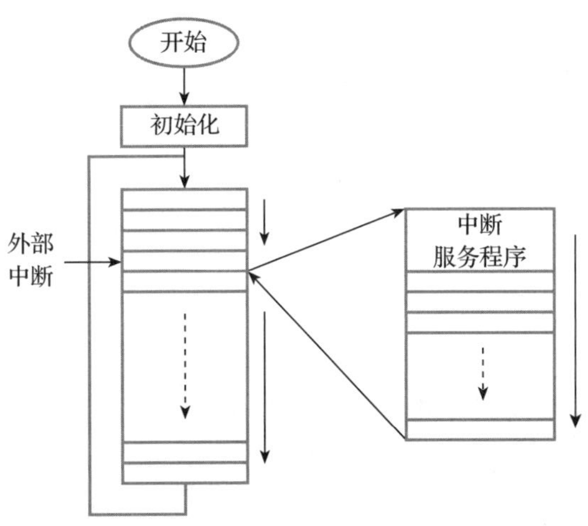

图 27.36　中断的机理

假设设备在图中所示的时刻产生了一个中断。这往往发生在一条指令的执行期间，并且初始不做任何操作。处理器在响应一个中断前，先要执行完当前的指令。如果不是这样，机器就会处于不确定状态。当前指令执行完后，处理器就会离开主程序，跳转到中断服务程序。中断服务程序是程序员为中断发生时编写的一系列指令。中断服务程序执行完之后，处理器会跳回主程序，继续从其离开的位置向下运行。

虽然上述描述正确，但留下了很多问题没有解答。例如，主程序的运行一定会受到中断服务程序执行的影响，因为执行中断服务程序时，处理器中许多寄存器的内容会改变。而且没有说清楚处理器如何找到中断服务程序的入口以及如何记住要返回的主程序位置。为了解答这些问题，我们需要详细学习中断的机理。

为了使主程序不受中断服务程序的影响，进入中断服务程序之前，先要把许多寄存器的内容存储起来。要储存的寄存器包括能记住主程序下一条指令地址的程序计数器。在中断服务程序的最后，主程序继续运行之前，将这些寄存器的内容还原。当程序计数器中的内容还原后，主程序的指令顺序不会乱。当处理器遇到中断返回指令(RTI)时，就检测到了中断服务程序的结束。这个指令是专门为中断服务设计的。图 27.37 给出了详细的中断机理。

还有一个问题没有解决，处理器是如何找到中断服务程序入口的？实际上，这又引出了一个问题：处理器是如何知道去哪里找到主程序？为了回答这些问题，我们需要学习向量的使用。

向量

向量，顾名思义，指向存储器的某一位置，也就是说，向量是一个地址。在大多数

8位机器中，地址是16位的，一个向量有两个字节，需要两个存储单元。微机用多个向量定义在特定环境下执行的程序段的初始地址。例如，中断向量定义了进入中断服务程序的入口地址，复位向量(也称为重启向量)定义当机器开启时或一条特殊输入线(复位线)激活时，处理器从哪里开始执行。有些处理器将这些向量存储在固定的位置，图27.38给出了典型处理器中标注了多个向量位置的部分内存映射图。

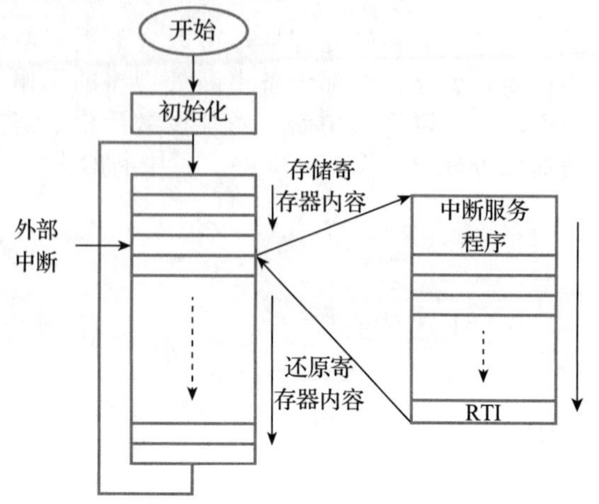

图27.37　更详细的中断机理

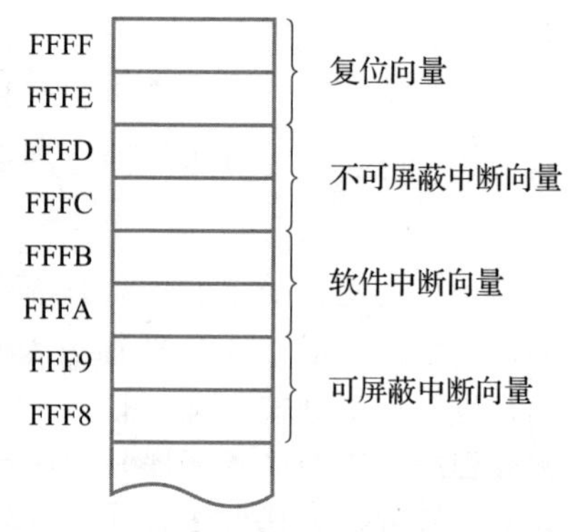

图27.38　典型8位处理器的向量

其中，处理器有四个向量，其中一个是复位向量，其他的三个对应三种不同形式的中断。一个是可屏蔽中断，由专用指令控制其开启或关闭。还有一个始终有效的不可屏蔽中断。第三种中断称为软件中断，和其他的中断不同，不是由外部硬件激活的，而是由专用指令运行的结果激活。之所以用这个名字，是因为机器运行产生的中断和由硬件产生的中断类似。

程序员写完实现系统需求功能的软件后，把主程序的初始地址放入复位向量对应的单元中。系统启动后，读取这个地址，并从地址指向的单元开始执行程序。如果系统用中断驱动I/O，程序员还要把中断服务程序的入口地址放入中断向量对应的单元内，如图27.39所示。

在通用计算机中，复位向量指向用户请求命令程序，并可能加载进一步的程序。在嵌入式系统中，复位向量指向应用程序的开始，因此可以自动启动。自启动的系统称为一键开启系统，因为从概念上来说，是一键开启的。

有些微处理器用不同的方法来确定中断服务程序的入口地址，例如，可能由外设给处理器一个操作码，再跳转到相应的程序。其他处理器使用多种方法得到中断向量。

中断和堆栈

我们知道，在执行中断服务程序之前，需要把多个寄存器的内容存储起来，这样从中断返回后，主程序才能继续向下运行。对于一些机器，存储寄存器内容是自动完成的，另外一些机器则由程序员存储要用的寄存器。无论哪种情况，数据存储的位置很重要。显然，可以在存储器的固定位置存储每个寄存器的内容，但有严重的缺陷。到目前为止，我们只考虑了一个中断源的情况。很多情况下，会有多个设备发出相同或不同类型的中断。在这种情况下，有可能在处理器执行第一个中断服务程序时，又发生了第二个中断。这样的话，为了第二个中断将寄存器的信息保存，就会覆盖原来的数据，处理器将不能返回主程序。

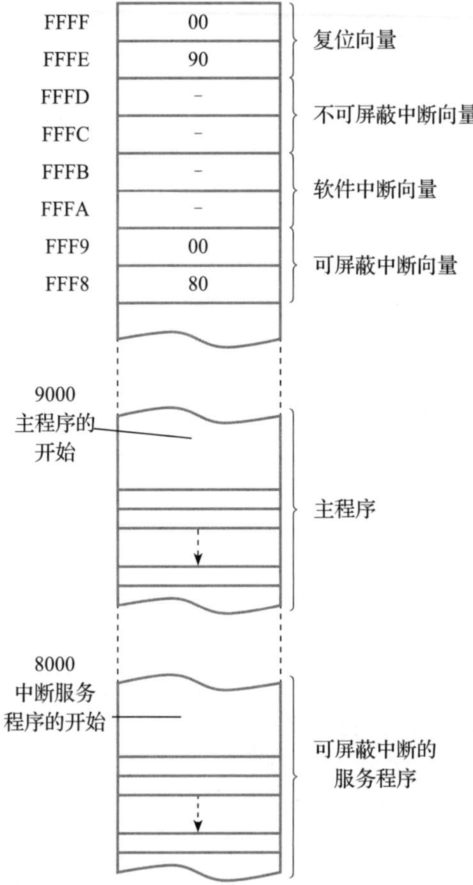

图 27.39　设置复位和中断向量

解决问题的方法是，使用之前所述的堆栈保存寄存器的内容。堆栈是先入后出的(FILO)，也就是取回数据的顺序和存储数据的顺序是相反的。采用这种方法，多中断时会将数据有序地压入堆栈。在每个中断服务程序的最后，有关数据就会从堆栈中还原，处理器就能正确地返回主程序。如图 27.40 所示。

DMA

尽管使用中断驱动 I/O 可以快速响应外部事件，但对于需要传输大量数据的场合，会耗费很多的处理器时间。每次外设需要服务时，处理器的寄存器的内容都需要存储，然后再取出。

更快的方法是允许外设直接将数据传送到内存而不影响存储器寄存器。处理器等待很短的时间，让专用控制器读或写一个字节的存储器，然后处理器就可以继续运行。这种方法称为直接存储器存取(DMA)，也是迄今为止速度最快的计算机输入/输出方式。然而，这也是代价最高的传送方式，需要很多额外的硬件来监管数据的传送。因此，DMA 只用于值得高代价传送的应用，例如，磁盘驱动器。这种输入/输出方法有时也称为周期挪用，因为 DMA 单元接管了处理器的内存访问周期。

计算机输入/输出的总结

我们已经学习了计算机输入/输出的三种方法：程序控制、中断驱动、直接存储器存取。

直接存储器存取的方法速度非常快，但成本高，主要用于传输大量数据，优点是消耗处理器的时间很少。

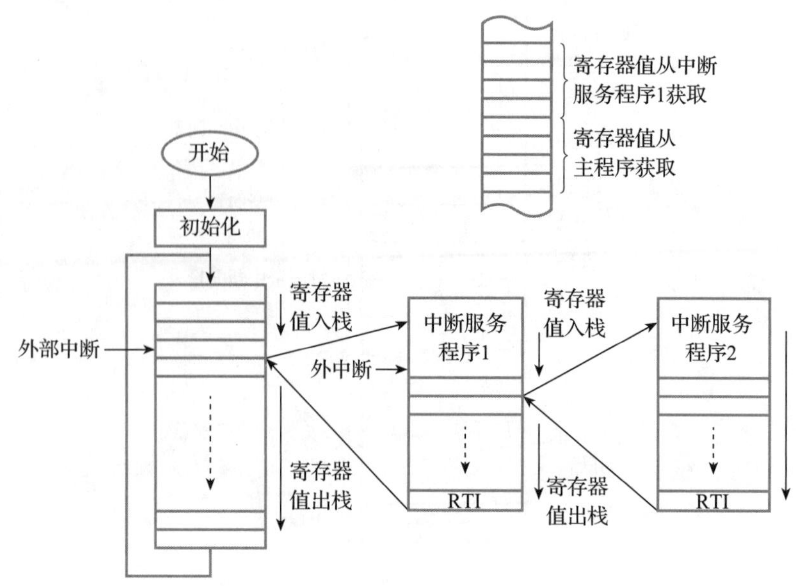

图 27.40　用堆栈处理多中断

中断驱动输入/输出由于处理器不需要循环查询，所以不会耗费大量的处理器时间，响应速度快。然而与程序控制的输入/输出相比，中断驱动系统需要更复杂的硬件结构，并且因为是异步工作的，也难以检测。

程序控制输入/输出是三种方式中最简单的，通常也是首选的方法。系统需要的时候才会使用中断方式，而且节省下来的处理器时间要用在有意义的事情上。

27.3.9　单片机

我们关注微机的三个主要部件：处理器(CPU)、存储器和 I/O 部分。对于小型应用，用一块芯片就能实现所有这些功能，这称为单片机。把这些器件合在一起不仅节约了物理空间，而且减少了所需的外部连接，提高了稳定性，也降低了成本。单片机把计算机系统变成了一个器件。

早期单片机内的 ROM 和 RAM 容量相当小，I/O 设备也少。典型的单片机包含一个传统的 8 位 CPU、2KB 的掩膜可编程 ROM、64 字节 RAM、32 位并行 I/O、8 位计数器和一个中断。即使是这么简单的器件，对于大量的应用也足够了。然而，由于内存空间限制，不能使用高级语言，这迫使程序员只好用汇编码，所以耗时非常多，导致开发成本很高。

近年来，单片机的性能得到很大的提升。对于现代的单片机，如果需要，可以选择大容量的 ROM、RAM 和 EEPROM 作为存储器。用户编程或掩膜编程的单片机都有，从而简化了开发。如果合适，对于大批量的应用，可以采用掩膜编程器件。这些器件的 I/O 能力也得到了扩展，典型部件有很多 I/O 线和多个计数器、中断和串行通道。

还有 16 位和 32 位的单片机，其功能比 8 位机更强。它们有更强的计算机硬件，如在板内存管理和 DMA。

尽管最强的单片机有更多的功能，但使用最广泛的仍是最简单的 8 位单片机。这种用量巨大的计算机与小的嵌入式系统相关，例如用在汽车上或家用电器中。这些系统对计算机的性能要求不高，8 位单片机就足够了。

PIC 微控制器

PIC 微控制器系列是最常用的单片机，由美国微芯科技公司制造的这些器件使用了双总线哈佛结构和 RISC。从只有 6 引脚几百字节内存的小型器件到 80 引脚 512KB 内存的大器件都有相应的产品。微控制器对嵌入式应用进行了优化，并提供了很多在片功能，如控制和计时设备(包括计数器、定时器和看门狗定时器)、显示驱动器(驱动 LED 或 LCD)、通信支持(支持一些标准，如 RS232、RS485、SPI、I^2C、CAN 和 USB)和模拟接口(包含 A/D 和 D/A 转换器)。

为了说明可用器件的范围，图 27.41 给出了 PIC10F200 微控制器的简化框图。这是一个 6 引脚器件，有 256 个 12 位字 Flash 程序存储器，16 个 8 位字数据存储器和 3 条 I/O 线。为了对比，图 27.42 给出了 PIC18F87J10 微控制器的简化框图。它是一个 80 引脚的器件，有 128KB 的程序存储空间，3936 字节的数据存储空间，9 个并行数据接口(提供多达 67 条 I/O 线)，5 个定时器，2 个脉宽调制模块，2 个串行 I/O 通道，一个并行通信通道和 15 个 10 位 A/D 转换通道。

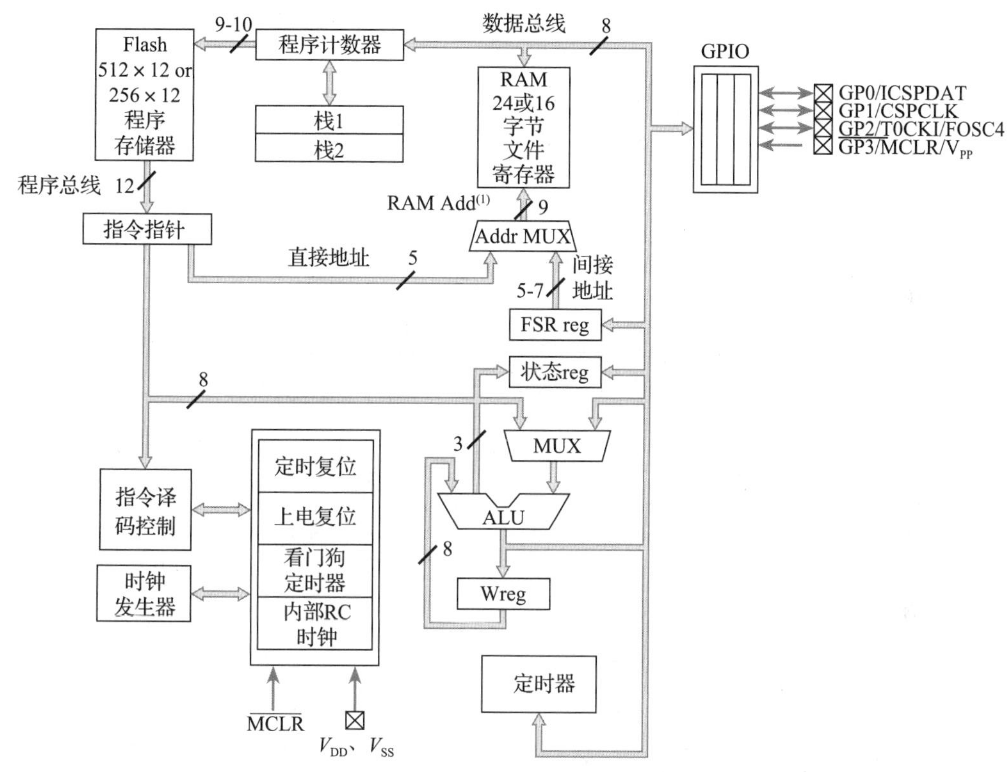

图 27.41 PIC10F200 微控制器框图

27.4 系统芯片

对单片机合理的扩展就是系统芯片(SOC)。单片机趋向在单个芯片内包含所有的计算机主要部件，系统芯片的目标是提供实现一个完整系统的所有功能。这不仅需要包含计算机所有的部件，还要有数字、模拟或混合信号器件。

很多 SOC 合并了微机和 FPGA 中的部件，这就可以从两种结构方法中选出性能最好的。另外，SOC 器件可能包含如下部分。

- 存储器：RAM、ROM、EEPROM 和 FLASH 存储器块。
- 模拟接口：ADC、DAC 和其他的数据采集器件(在下一章中讨论)。
- 通信接口：射频器件、USB、以太网或相线接口。
- 定时器件：定时器、振荡器和锁相环。
- 电源部件：电压整流器、电源控制器和功率放大器。

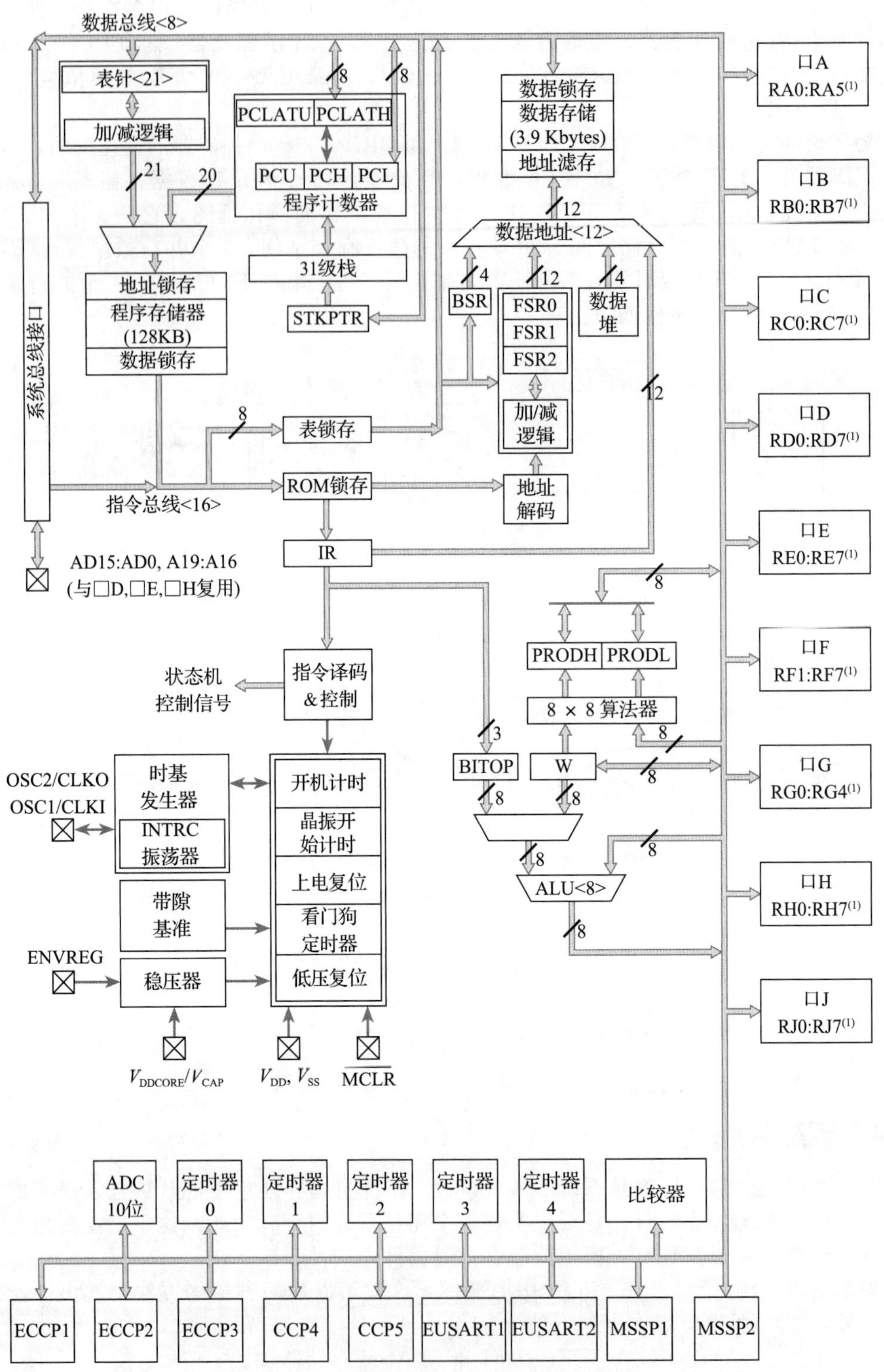

图 27.42　PIC18F87J10 微控制器框图

- 附加部件：专用接口和部件。

SOC 器件的设计和生产具有很大的挑战性，因为它们总是包含多种结构和技术。然而，一旦成功，对于嵌入式系统的设计，SOC 代表真正的创新和高度集成。

27.5　可编程逻辑控制器

尽管阵列逻辑、微机和系统芯片能够用来开发满足绝大多数需求的系统，但在一些情况下，从头开始开发系统并不合理。在这种情况下，开发人员会选择其他现成的方案解决自己的问题。

可编程逻辑控制器(PLC)是一种适用于工业控制的完备的微机。PLC 由一个或多个处理器、电源和接口电路组成，装在一个机壳中。它有一系列输入输出模块，不需要任何电子设计或构件就可以用于很多场合。PLC 还可以进行编程以及系统开发。

PLC 是 19 世纪 70 年代提出的，用来大量生产和销售适用于工业领域的计算机，其特点在于应用的多样性。那时，很多简单的控制系统是基于电磁继电器的，PLC 最初看成这种电路的替代品。使用继电器的设计人员用基于梯形图(梯形逻辑)的图形标记完成设计。为了简单，PLC 制造商采用了一项新技术，在其产品中加上了一个用户界面，让工程师用对梯形图编程一样的方式对 PLC 编程。最初，用继电器制作的控制器只能实现简单的逻辑功能。后来，为了满足控制工程师不同的需要，加入了很多详尽的功能。这包括精密的显示器、数据记录和通信设备，以及用一系列图形或文本语言对设备编程的能力。

PLC 广泛用于机器和过程控制中，而且非常可靠。可利用的现成硬件和接口软件可以减少开发时间及成本，PLC 特别适用于用量少的应用场合。

27.6　实现方法的选择

在很多情况下，选择实现数字系统的方法主要由系统功能的复杂性决定。如果只要求实现很简单的逻辑操作，基于传统逻辑门的简单电路就可以实现。对于只需要少量逻辑门的应用，通常用标准 CMOS 逻辑模块实现。然而，即使相当简单的逻辑电路也需要很多器件构成电路。使用阵列逻辑，可以节约成本和电路空间。至于选择哪种形式的阵列逻辑，取决于应用所需功能的数量和范围，以及可用的编程支持。

对于复杂的数字应用，使用简单的 PLD 是不够的，所以设计者必须选择更复杂的可编程器件，如 CPLD、FPGA、微机(或在一些情况下用 SOC)。是选择可编程的方法还是不可编程的方法，留待第 30 章进一步讨论，在第 30 章我们将详细讨论设计方法的选择。

进一步学习

在第 11 章最后的进一步学习部分中，我们考虑了一个问题，即如何识别家用自动洗衣机电子控制器的输入端和输出端。当时我们忽略了用于实现控制器的技术，现在有能力进一步讨论这个问题。

视频 27H

大部分洗衣机在控制器内使用微机，现在考虑其详细的实现。显然，全面研究这样一个系统不切实际，但研究其设计的某个方面还是有益的。

其中一个方面是关于洗衣机滚筒电动机的控制，在洗涤的不同阶段，要求滚筒的旋转速度不同，包括：洗衣时低速约 30 转/分钟(rpm)；抽水时中速约 90rpm；甩干时高速 500rpm 或 1000rpm。考虑微机如何控制电动机转速。

关键点

- 集成电路的集成度每两年翻一番。
- 如果需要大量的门电路实现设计，用标准逻辑门是不现实的。在这种情况下，通常用高集成度的器件实现。

- 阵列逻辑在单个芯片内集成了大量的门，可以大批量生产，而且可以编程实现各种各样的应用。
- 有很多形式的可编程逻辑器件(PLD)，区别在于其复杂性和所提供的功能。
- 现场可编程门阵列(FPGA)有很强的功能，因为它使用逻辑单元阵列。
- PLD 和 FPGA 通常使用复杂的软件包编程，软件包定义了实现特定功能所需要的内部配置。因此，设计者不需要了解器件具体的内部结构。
- 实现复杂数字系统的方法之一是使用微处理器。
- 微处理器是计算机的最主要部件之一，它也就是处理器或 CPU。
- 计算机包含许多通过一系列总线通信的寄存器组，主要的 3 个总线分别是数据总线、地址总线和控制总线。
- 计算机实现的功能是由一系列指令决定的(软件)。这使得计算机能实现很复杂的功能或取代相对简单的逻辑电路。
- 半导体存储器分为易失的随机存取存储器(RAM)和非易失的只读存储器(ROM)。
- 计算机的输入/输出部分是直接面向应用的部分。
- 在很多情况下，处理器直接在应用程序的控制下执行输入/输出操作。这称为程序控制输入/输出。
- 在其他一些情况下，外设通过中断开启输入/输出操作。
- 在高速应用中，处理器可能会短暂放弃对总线的控制，允许外设执行直接存储器存取(DMA)。
- 包含计算机处理器、存储器、输入/输出部分的芯片称为单片机。
- 不仅包含计算机基本部件，还包含附加的部件(如阵列逻辑、模拟单元、接口和射频电路)的芯片，称为系统芯片(SOC)。
- 可编程逻辑控制器(PLC)是一种适用于工业控制的完备的微机。
- 很可能根据系统的复杂性选择实现数字系统的方法。简单的系统只需要用几个传统逻辑门电路实现，较复杂的电路建议用门阵列。相当复杂的系统，则必须使用逻辑阵列或微处理器等超大规模集成电路。

习题

27.1　解释摩尔定律。

27.2　为什么生产包含 1000 个独立门的 VLSI 没有吸引力？

27.3　解释什么是胶合逻辑。

27.4　什么是随机逻辑？

27.5　解释自由逻辑和阵列逻辑的含义。

27.6　解释可编程逻辑阵列(PLA)的基本结构。

27.7　在图 27.2 所示的 PLA 上画图表示编程实现下列函数：

$$X = A\overline{B}CD + \overline{A}B\overline{C}D + ABC\overline{D}$$

$$Y = \overline{A}B\overline{C}D + ABC\overline{D}$$

$$Z = A\overline{B}CD + ABC\overline{D}$$

27.8　PAL 和 PLA 的区别在哪里？

27.9　20R6 PAL 有多少个输入端和输出端？名字中的“R”代表什么？

27.10　OTP 部分的含义是什么？

27.11　描述 PEEL 器件的特性。

27.12　如何区分 CPLD 和 SPLD？

27.13　如何区分 FPGA 和 CPLD？

27.14　描述对于给定的应用，PLD 的编程过程。

27.15　什么是微处理器？

27.16　画出简单的计算机主要部件框图，标明各部分之间的信息流向。

27.17　解释什么是单片机。

27.18　用 22 位地址的计算机的寻址范围是多少？

27.19　为什么在计算机总线上，寄存器需要三态操作。

27.20　解释冯·诺依曼和哈佛结构的区别。

27.21　24 位无符号数的范围是多少？

27.22　24 位带符号数的范围是多少？

27.23　解释术语“指令集”“操作码”“操作数”。

27.24　CISC 和 RISC 有什么区别？

27.25　解释程序计数器寄存器的功能。

27.26　在程序运行过程中，通常会跳转到包含多次使用的程序段的子程序，在子程序的结尾，处理器必须返回到跳转到子程序的指令后面的指令。解释这个过程是如何实现的。你的答案应该考虑到子程序的嵌套，也就是一个子程序也可调用另一个子程序。

27.27　解释多路复用总线系统和非多路复用总线系统的区别，描述多路复用总线怎样得到全地址总线。

27.28　解释术语“内存映射 I/O”“循环查询”“程序控制 I/O”“中断驱动 I/O”和“DMA”。

27.29　比较内存映射 I/O 和独立编址 I/O 的区别。

27.30　描述在中断处理中堆栈的作用。

27.31　哪种形式的存储器(ROM 或 RAM)通常用来存储系统向量？为什么？

27.32　为什么 EEPROM 不能视为非易失性的 RAM？

27.33　什么样的应用适合直接用机器码编程？

27.34　什么样的环境适合选用汇编码而不是高级语言？

27.35　相对于汇编码，用高级语言编程有什么优点？

27.36　编译语言和解释语言的区别是什么？

27.37　简述 USB2.0 的通信信道特性。

27.38　哪种计算机输入/输出方法最适用于下列应用？

(1) 在由计算机控制的洗衣机中读取按钮。

(2) 键盘到个人计算机接口。

(3) 高速磁盘驱动器连接到计算机。

27.39　解释术语“FILO”，并给出使用这种结构的几个例子。在计算机内，使用先进先出(FIFO)通常很有用。先进先出结构有什么应用？

27.40　一键系统的特性是什么？当使用微机时，这些特性是如何实现的？

27.41　单片机和系统芯片有哪些区别？

27.42　描述可编程逻辑控制器(PLC)的基本特性。

27.43　当系统需要约 6 个基本门时，选用什么方式实现比较合理？

27.44　当系统需要约 20 个基本门时，选用什么方式实现比较合理？

27.45　当系统需要几千个基本门时，选用什么方式实现比较合理？

第28章

数据采集与数据转换

学习目标

学完本章内容后，应具备以下能力：

- 解释如何将模拟信号转换成数字信号，反之亦然
- 明确构成典型数据采集系统的主要器件
- 讨论用采样的方法获取时变信号图形的特性和限制
- 描述模数转换器和数模转换器的特征
- 解释数据转换中分辨率、精确度、建立时间和采样率等术语的含义
- 总结多个模拟输入送到一个数据转换器转换或者一个数据转换器输出多个模拟信号的技术

28.1 引言

在前几章中我们已经知道，噪声对数字系统的影响往往小于对模拟系统的影响。数字数据也易于处理、传输和存储。基于这些原因，我们经常用数字量表示模拟量，这带来了一个问题：如何将模拟量转换为数字量或者如何将数字量转换为模拟量？

通常从多个信源获取模拟信息并将其转换为数字信号的过程称为数据采集。数据采集分成几步工作。本章首先介绍对随时间变化的模拟量的采样过程。然后讨论采得的样本转换为数字信号所需的硬件以及如何用数字信号重建出模拟信号。最后，讨论如何将来自多个信源的信息合起来送到单个系统的输入，以及相反，如何从单个信源产生多个模拟输出信号。

28.2 采样

视频 28A

为了描述数值的变化，就必须定时进行测量。这个过程称为采样。显然，如果数量变化快，就需要更快速的采样，但是，为了能够很好地表达一个信号，采样率需要多大呢？显然，所需要的采样率是由信号中变化最快的分量(换言之，最高频率分量)决定的，但是，我们如何决定用多快的采样才能得到完整的信号？

答案就是根据奈奎斯特采样定理对信号进行采样。采样定理就是采样率必须大于最高信号频率的两倍。按照采样定理采样，信号中的任何信息都不会丢失。换句话说，可以从样本信号中完全恢复出原来的信号。

一般来说，信号的波形包含许多频率分量。为了可靠地采样，需要知道信号的最高频率。假设我们知道某个信号不包含高于 FHz 的频率分量。根据奈奎斯特定理，只要以大于 $2F$ 的速率对该波形进行采样，就能获得可完全恢复原来信号的全部信息。最小采样速率通常称为奈奎斯特采样率。过程如图 28.1 所示。

在实际中，要采样的波形包含许多频率分量，为了简化起见，图 28.1a 给出了频率为 F 的正弦波。图 28.1b 表示以大于奈奎斯特采样率对这个信号采样的结果。给定这些样本，可以重建原始波形，因为通过采样点绘制的任何其他线的频率分量都高于 F。我们知道，在这种情况下，信号没有高于 F 频率的分量，因此原始波形为唯一可能的重建信号。由于该采样速率能够对频率 F 的信号进行重建，所以以该采样率对信号进行采样还能重建

任何不包含高于该频率分量的信号。

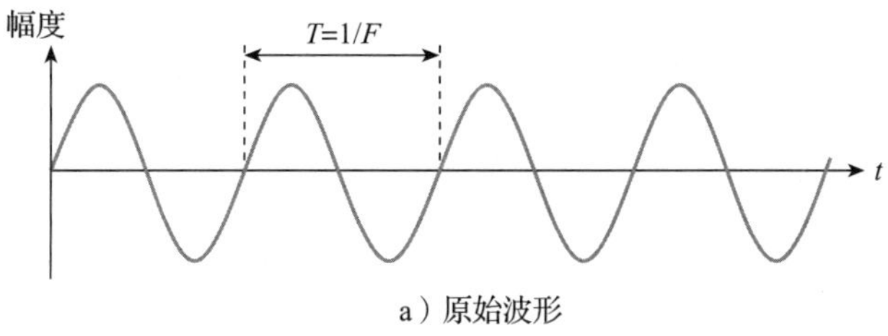

a）原始波形

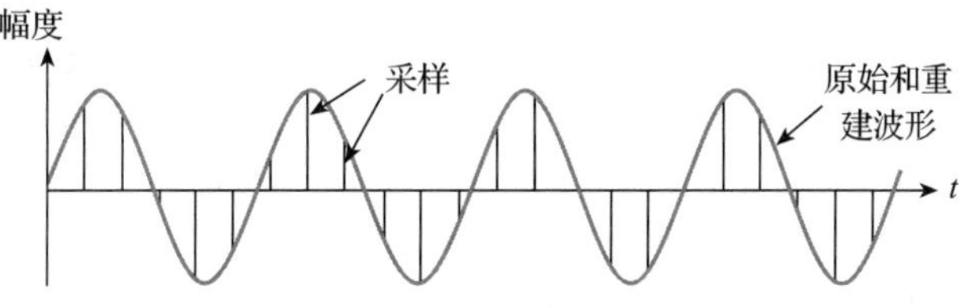

b）以大于奈奎斯特采样率采样波形

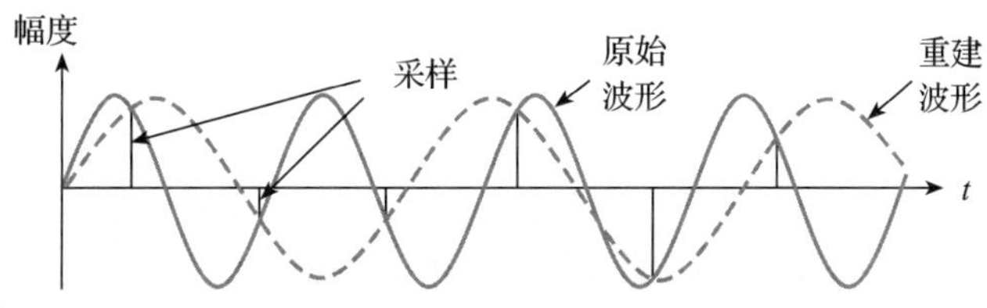

c）以低于奈奎斯特采样率采样波形

图 28.1　不同速率采样产生的效果

图 28.1c 给出了以低于奈奎斯特采样率对波形采样的结果。这里，可以以多种方式重建样本，包括图中所示的方式。这显然不是原始波形。因此，如果将信号以低于奈奎斯特速率采样，通常不可能重建原始信号。产生的波形比原始信号频率低。这种效应称为混叠，类似于在信号和采样波形之间跳动。

应该指出，奈奎斯特采样率由存在于信号中的最高频率决定，而不是感兴趣的最高频率。如果信号包含不需要的高频分量，在采样之前必须将其移除，否则会在感兴趣的频带中产生杂散信号。通常用滤波器将高于感兴趣范围的信号滤除。这种滤波器称为抗混叠滤波器。例如，虽然人类的声音包含高于 10kHz 的频率分量，但是发现，使用最高约 3.4kHz 的频率分量就可以让人很好地理解。因此，为了在有限带宽的信道上采样语音信号以进行传输，通常滤除语音信号中高于 3.4kHz 的频率分量，因此以大约 8kHz 采样率对波形采样。这有点高于奈奎斯特采样率(即 6.8kHz)，因为滤波器不是理想的，而且一些频率分量也会略高于 3.4kHz。通常使用的采样率比奈奎斯特采样率约高 20%。典型的抗混叠设计可能使用六阶巴特沃斯滤波器(如 8.13.3 节所述)。

28.3　信号重建

在许多情况下，需要从已经传输、处理或存储的样本中重建模拟信号。重建需要去除采样信号中的阶跃变化，也就是去除高频信号分量。使用低通滤波器可以滤除不需要的频率分量。该滤波器也称为重构滤波器，并且与采样之前使用的抗混叠滤波器特性类似。因此，典型的重建方案需要用到六阶巴特沃斯滤波器。

28.4　数据转换器

对模拟信号进行采样的过程包括读取其幅度的瞬时值，并将其转换为数字信号。类似地，信号重建的过程需要将数字值转换回其相等的模拟量。这两种操作是由数据转换器实现的，数据转换器分为模数转换器(ADC)和数模转换器(DAC)两种。

有许多种转换器，每种转换器都有各自的转换分辨率。分辨率决定了转换所用的阶数或量化等级。n 位转换器可以转换为 n 位的并行字或接收 n 位的并行字并对其转换，n 位转换器使用 2^n 个阶。因此，8 位转换器使用 256 个量化等级，10 位转换器使用 1024 个量化等级。应当注意，转换器的分辨率可能远大于其精确度。精确度与一个量化阶的误差相关，与使用的量化等级数量无关。在很多应用中，8 位转换就足够了，8 位转换器的分辨率约为 0.4%，而在需要更高精度的情况下，可用 20 位分辨率甚至更高的转换器，20 位转换的分辨率约为百万分之一，这几乎对所有的应用都足够了。

无论是数模转换还是模数转换都需要时间，这称为转换器的转换时间或建立时间。根据转换器形式的不同，转换时间相差很大，一般来说，数模转换比模数转换快。

ADC 和 DAC 都可以用分立元器件构成，但实际中基本都是用集成电路形式的转换器。转换器的价格随着分辨率和速度的增加而增加，但通常都很便宜。当用复杂的电子器件(如第 27 章讨论的单片机)时，集成器件内通常会有多个高性能的数据转换器。

28.4.1　数模转换器

DAC 有两种常用的形式：权电阻网络和倒 T 形电阻网络型 DAC。我们简单地讨论一下。

视频 28B

权电阻网络 DAC

权电阻网络 DAC 是按照 16.4.2 节中描述的电流-电压转换器的原理构成的。如图 28.2所示为一种简单的权电阻网络 DAC 转换器。

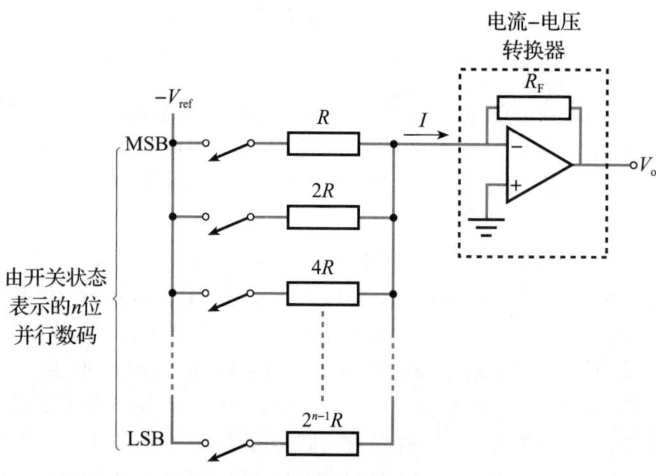

图 28.2　权电阻网络 DAC

每个输入控制一个开关，开关将电阻连到恒定参考电压 $-V_{ref}$ 上。当输入为 1 时，开关闭合。如果输入数字的最高有效位(MSB)开关闭合，其他所有开关都断开，则参考电压连接到电阻 R。电阻 R 的另一端接运算放大器的反相输入端，运算放大器的反相输入端虚地，为 0V。因此，电阻两端的电压等于参考电压，流入虚地点的电流为

$$I=-\frac{V_{ref}}{R}$$

如果 MSB 下面一位输入为 1，而其他的都为 0，则参考电压加在电阻 $2R$ 两端。流入放大器的电流为

$$I=-\frac{V_{ref}}{2R}$$

其值为 MSB 为 1 时产生的电流的一半。如果再后面一个开关闭合，其他开关断开，产生的电流为 MSB 为 1 时产生的电流的四分之一。以此类推，后面的每个输入产生的电流都为其前输入产生的电流的一半。因此输入和输出电流之间是与二进制权位相对应。

由于运算放大器的输入是虚地，因此运算放大器输入端电压不会随着流入的电流而变化。各个开关的断开和闭合，流入运算放大器的电压是互不影响的。流入运算放大器的电流总和就是全部闭合的开关流入运算放大器的电流值。再经过电流-电压转换，将输入电流 I 转换为输出电压 V_o(如 16.4.2 节所述)，输出电压和输入电流之间的关系表达式

$$V_o = -IR_F$$

式中，R_F 是跨接在运算放大器输出和输入之间的反馈电阻。

当只有 LSB 为 1 时，电流 I 为

$$I = -\frac{V_{ref}}{2^{n-1}R}$$

因此，输出电压为

$$V_o = -IR_F = \frac{V_{ref}R_F}{2^{n-1}R}$$

这就是输入为 1 时对应的输出电压值。对于输入 m，输出为

$$V_o = m \times \frac{V_{ref}R_F}{2^{n-1}R}$$

实际 DAC 电路中，图 28.2 所示开关用的是电子开关(晶体管)。其工作原理是相同的。

权电阻的转换方法使用的电阻数量少，但电阻阻值范围大(从 R 到 $2^{n-1}R$)。例如，对于 10 位转换器，最大的电阻阻值比最小的电阻阻值大 500 倍以上。而各种电阻的温度系数是不同的，电阻之间的比值随着温度而变化。因此权电阻网络 DAC 的温度稳定性差。

计算机仿真练习 28.1

仿真图 28.2 中的电路，电路中的开关和参考电压用用逻辑输入代替。

采用 741 运算放大器，$R_F = 1k\Omega$。四个输入电阻阻值为 1kΩ、2kΩ、4kΩ 和 8kΩ，在 1kΩ 电阻上加 1kHz 方波信号，在 2kΩ 电阻上加 2kHz 方波信号，4kΩ 电阻上加 4kHz 方波信号，8kΩ 电阻上加 8kHz 方波信号。

这样，就模拟了 4 位二进制计数器的输出连接到 DAC 的情况。因此输出应为 16 阶的阶梯波形。观察输出波形，其大小和频率应与预期一致。

修改电路，对 8 位二进制计数器的输出进行 D/A 转换模拟，并观察输出波形。

倒 T 形电阻网络型 DAC

倒 T 形电阻网络型 DAC 还是按照 16.4.2 节中描述的电流-电压转换器的原理构成的，但电路中只用到了两种阻值的电阻。电路如图 28.3 所示。

倒 T 形电阻网络型 DAC 电路与权电阻网络 DAC 电路类似，输入的二进制数码控制开关的闭合和断开，开关与电阻相连，产生相应的电流。与权电阻网络不同的是，与开关相连的电阻的阻值是相同的。电阻的另一端接到从运算放大器的反相端到地的串联电阻网络中，构成 T 形电阻网络。从串联电阻网络的任一节点看，每个方向的等效电阻值都是 $2R$。因此，参考电压流出的电流，经过开关和与开关相连的电阻后，在 T 形电阻网络的节点上，向下和向上的电流对分，为参考电压源流向节点电流的一半。类似，电流向上流动，向上经过一个 T 形节点处，向上的电流再次分为一半。因此，下面的开关闭合时提供的流经上面一个节点的电流是其上面开关闭合时提供的向上电流的一半。因此其电流在流向运算放大器的路径中，每经过一个节点，电流就会减半。

因此，与权电阻网络一样，开关在运算放大器反相输入端产生的电流是与输入信号的权值成正比的，但倒 T 形电阻网络只用到了两种阻值的电阻，R 和 $2R$，也可以只使用一个阻值(R)的电阻，由它串联构成 $2R$ 电阻。这样，就可以大大提高 DAC 的温度稳定性。

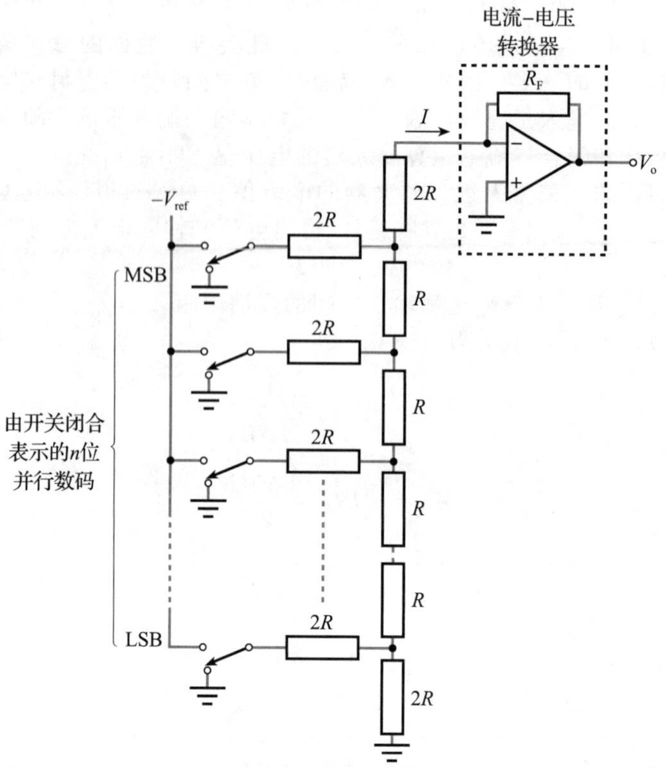

图 28.3　倒 T 形电阻网络型 DAC

DAC 建立时间

上述两种数模转换方式的建立时间差不多，取决于电子开关切换时间和放大器的响应时间。有很多不同分辨率的转换器产品，一般来说，分辨率越高转换时间越长。典型通用的 8 位 DAC 的建立时间在 100ns 到 1μs 之间，16 位的 DAC 建立时间约为几微秒。而对于专业应用的高速转换器，建立时间仅为几纳秒。有时，说明在一秒钟内可转换的样本数量比使用建立时间会更方便。用于以图形显示系统中产生的视频信号的转换器分辨率大约 10 位就可以了，其最大采样率在 100MHz 以上(每秒 1 亿个样本)，相应的建立时间小于 10ns。

通常 DAC 的输出需要低通滤波，以平滑所得到的波形，消除采样的影响。选择好重构滤波器的截止频率，可以滤除采样频率分量，而不影响正常的信号。

28.4.2　模数转换器

模数转换有许多方案。以下四种方案是应用最广泛的。

计数器型或跟踪比较型 ADC

计数器型的转换方案是 ADC 的最简单方案之一，其原理如图 28.4 所示。

转换器的核心是与递增计数器的并行输出相连的 DAC。用比较器(比较器根据其两个输入中哪一个大，使输出端输出 0 或 1)将 DAC 的输出和模拟输入信号进行比较。比较器比较的结果控制计数器工作。起始，计数器为零，开始递增计数。这样，DAC 的输出就会随着计数器计数值的增大而增大。当 DAC 的电压增加到与模拟输入信号电压相等时，比较器的输出就会改变状态，使计数器停止计数。停止计数的信号也用于产生“转换完成”控制信号。这时，就可以读取计数器的并行输出数值，计数器的输出值就是与模拟输入信号数值相对应的值。当外部设备读取该值后，计数器清零，可以再次进行下一转换。

计数器 ADC 是转换器的最简单方案之一，但工作速度相对较慢。每次转换，计数器必须从零开始递增，并且每次计数后，DAC 需要时间将计数值转换为相应的模拟电压，比较器也要有足够的时间进行比较，得到比较的结果。因此，转换时间至少为 DAC 的每次转换时间与比较器的比较时间之和的 m 倍，其中 m 是转换器的最终数字输出值。对于 n 位转换，最长需要长达 2^n 倍的上述建立时间。典型计数型 D/A 转换时间为几毫秒。

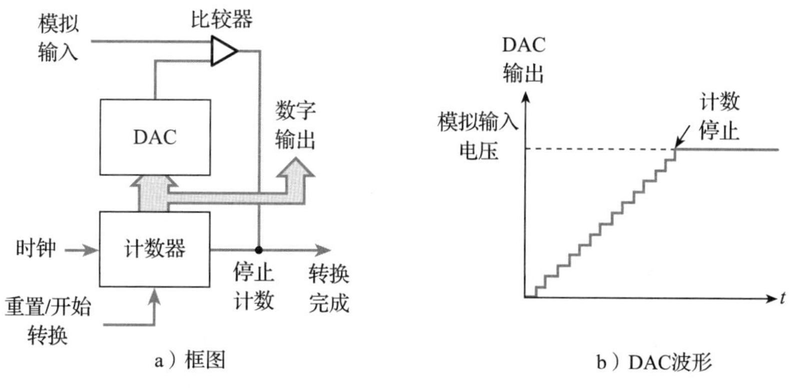

图 28.4　计数器型 ADC

用加/减计数器替换递增计数器，可以改进计数器型 ADC。比较器的输出用作加/减计数器的控制信号，使计数器跟踪模拟输入信号。这种电路称为跟踪比较型 ADC。

逐次逼近型 ADC

因为计数器型 ADC 使用的寻找正确数值的方法的效率非常低，所以其工作速度慢，可以用类比的方法来说明。假设希望找到 1000 页的字典中哪一页有要查找的单词，先查看第一页，看看第一页有没有这个单词，如果没有，则继续看下一页。这种查找过程是按页搜索字典，直到找到需要的页面(这种方法与计数器型 ADC 所采用的方法相似)。更有效的方法就是先把字典翻开一半(在第 500 页)，看看需要的页面是在这页之前还是之后。这一页就决定了要找的词汇在字典的前半部分还是后半部分。这样就可以少查找 500 页。假设发现需要的词汇在第 500 页之前的页面上。然后，再从第 250 页把书的前半部分分成两半(在字典的前半部分的中间)，再次查看所需页面是否在这页之前还是之后。按照这种方式定位所需的页面，并在每次确定查找字典的页面时，将搜索区域减少 50%。由于 2^{10} 是 1024，最多需要 10 次查找就能找到正确的页面，这比从头开始逐页查找要快得多。

逐次逼近型 ADC 与计数器型 ADC 在有些方面是相似的，后者电路中的计数器用逻辑电路替换，逻辑电路的工作方法与在字典中搜索词汇所描述的方法类似，电路如图 28.5 所示。

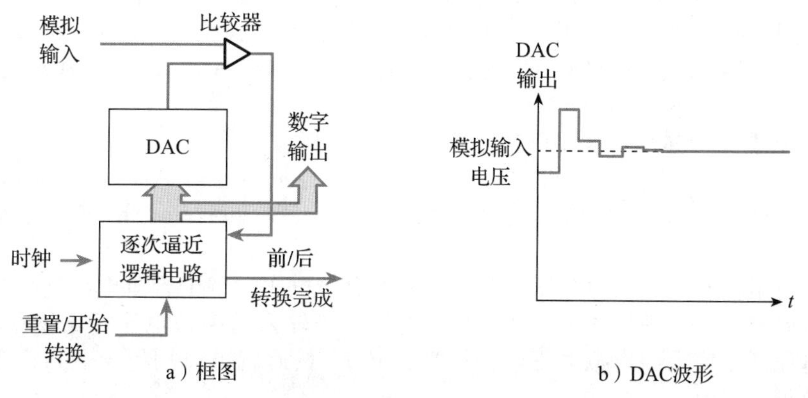

图 28.5　逐次逼近型 ADC

送到 DAC 的数字是由逐次逼近逻辑电路产生的，由 DAC 将数字转换为对应的模拟值。刚启动时，送到 DAC 的数字所有位都为 0，然后将其最高有效位(MSB)设置为 1。

DAC 将输入转换为对应于 DAC 基准电压一半值的模拟信号。比较器将该值与模拟输入信号进行比较，并将结果送给控制逻辑。如果比较结果是 DAC 的输出小于模拟信号的输入，MSB 保留为 1；否则，将其清 0。然后将 MSB 的下一位设置为 1，再次将 DAC 的输出值与输入的模拟信号进行比较。按照这种方式，依次设置 DAC 输入的每一位，并确定其值。当输入到 DAC 的所有位都确定了，转换也就完成了。因此，对于 n 位数模转换，建立时间大约是进行一次 D/A 转换的时间和一次比较器比较时间之和的 n 倍。这与计数器型 ADC 相比是有优势的，计数器型 ADC 的建立时间为一次 D/A 转换时间和一次比较器比较时间之和的 2^n 倍。

8 位典型的逐次逼近转换器，建立时间为 1～10μs，而 12 位器件的建立时间会增加到 10～100μs。高速逐次逼近型 ADC 的转换时间会缩短很多，但是高速转换器的电路很复杂。由于其转换速度具有明显的优势，所以也成为集成电路转换器最常用的方案之一。

双积分型 ADC

双积分型 ADC 的基本结构如图 28.6 所示。第一阶段，运算放大器对输入信号定时积分，在积分器的电容上产生与输入电压成正比的电荷。第二阶段，积分器连接到恒定电流源，电容上的电荷以恒定的速度放电。电容上的电荷从放电开始减少到零所需要的时间，用时钟计数，放电所需要的时间与电容上的电荷成正，因此与输入电压也成正比。

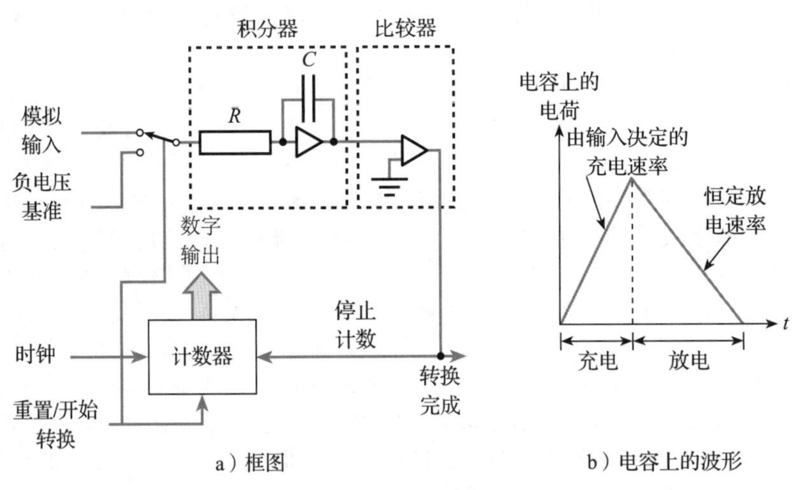

a）框图　　b）电容上的波形

图 28.6　双积分型 ADC

双积分型 ADC 具有精度高、成本低的优点，常用于数字仪表中。需要非常高分辨率时，也需要用双积分型 ADC，其分辨率甚至可以超过 20 位(20 位的 A/D 转换分辨率大于百万分之一)。但双积分型 ADC 的转换速度较慢，高分辨率的 ADC 每秒只能完成 10～100 次转换。

并行比较型 ADC 或快闪型 ADC

并行比较型 ADC 或快闪型 ADC(FLASH ADC)是所有各类 ADC 中转换速度最快的。并行比较型 ADC 用比较器将输入信号与每一个转换台阶同时进行比较。电路如图 28.7 所示。

用精密电阻将参考电压源分压，产生所有的台阶电压。每个台阶电压连接到一个比较器，与输入的模拟电压进行比较。如果台阶电压大于输入的模拟电压，比较器输出 1，反之，台阶电压低于输入的模拟电压，比较器输出 0。然后就可以用组合逻辑产生数码来表示输入的模拟电压值。

由于所有的比较是同时进行的，所以并行比较型 ADC 的转换速度快，这是其最大的优点。每秒能够完成转换的采样率超过 1.5 亿次，转换时间仅为几纳秒。但是，由于 n 位转换器需要 2^n 个比较器，所以与其他 ADC 方案相比，硬件很复杂，实现的成本高。

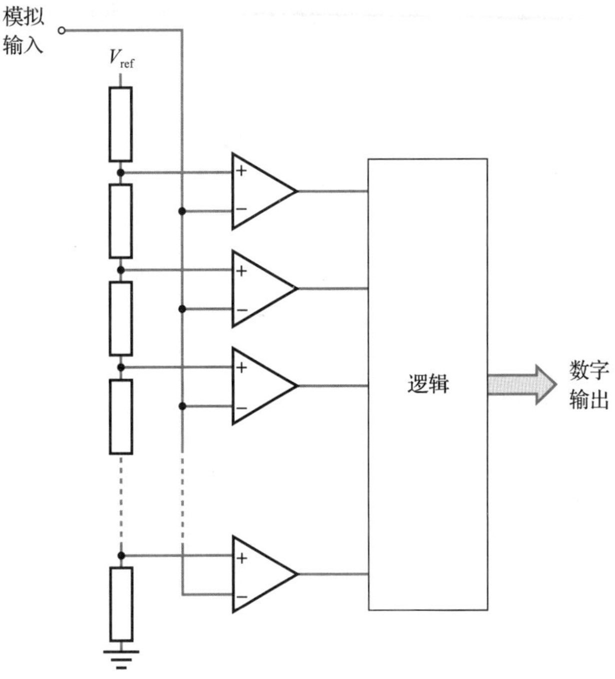

图 28.7　并行比较型 ADC 或快闪型 ADC

28.5　采样和保持门

对于变化很快的量，能将信号采样并能保持其采样值不变是很重要的。进行模数转换时需要采样并保持采样值在一段时间内不变，这样在转换的过程中就保持了输入信号在一段时间内不变，以便 ADC 能来得及完成转换工作。对于数模转换，也许也需要在 D/A 转换期间保持输出电压不变。

在 18.8.3 节所述的采样和保持门中已经说过能完成这种功能的电路。采样和保持电路可以用分立元器件构成，但常用的是集成的采样和保持电路。典型的集成采样和保持电路对输入波形采样需要几微秒时间，然后按每毫秒几毫伏的速率衰减(或下降)。更快的采样保持电路，例如用于视频的电路，在几纳秒内就能完成对输入信号采样，但仍需要将采样信号保持一小段时间。高速采样保持电路的衰减速度为每微秒几毫伏。

28.6　复用

尽管存在单模拟输入或单模拟输出的系统，但更常见的系统是有多路输入和输出的。对于多路输入和多路输出的系统，一种解决方案是每个输入和输出信号都使用一个转换器进行转换，更经济的方案是使用复用转换器。信号复用的原理如图 28.8 所示。

用模拟多路复用器可以将多个模拟输入信号连到单个 ADC 上。模拟多路复用器是基于模拟开关的电控开关(如 18.7.3 节所述)。每个模拟信号轮流接到 ADC 上进行转换，转换的顺序和时序是由系统的控制信号控制的。如图 28.8a 所示。

对于某些应用，图 28.8a 中的电路不合适，因为是在不同的时间对每个模拟输入信号采样。这就得不到如相位差之类的信号之间关系的细节。用多个采样和保持门同时对所有输入采样，就可以解决这个问题，如图 28.8b 所示。对多个输入信号同时采样之后，就可以顺序读取采样信号，同时保持了通道之间的时间关系不变。

图 28.8c 给出了单个 DAC 产生多个输出通道的电路方案。DAC 转换器依次轮流送出

每个通道的数据。当转换完成后，用采样和保持控制信号使能相应通道的采样和保持门。采样和保持门对 DAC 输出采样，并在其输出端输出采样值。系统依次轮流给出每个输出通道的值，并根据需要更新值。

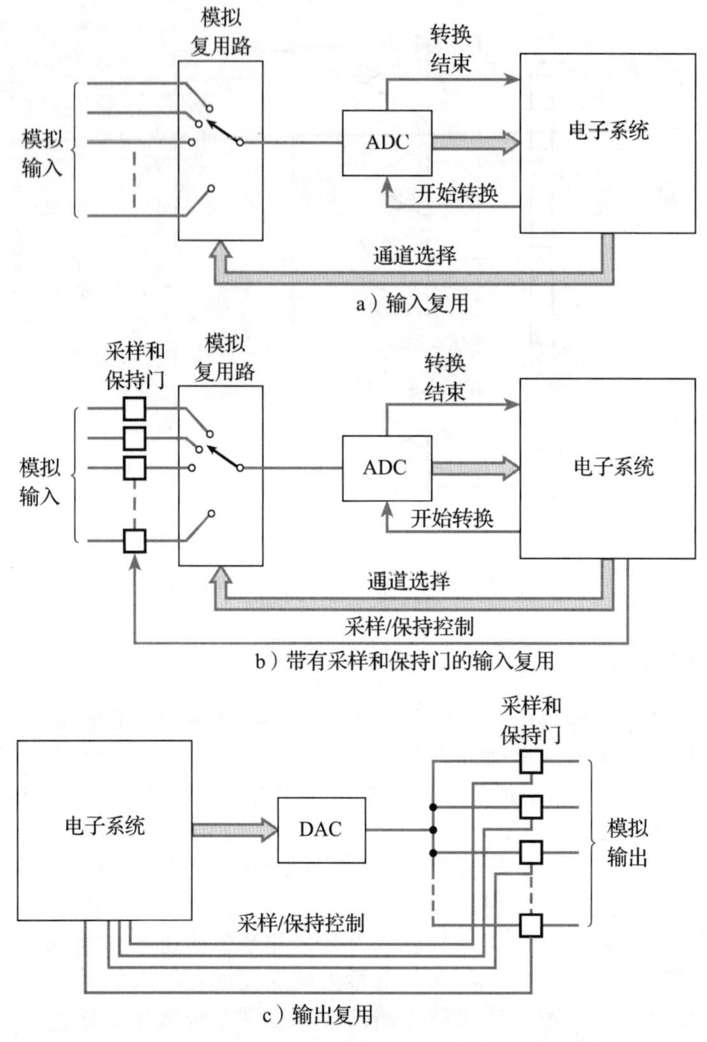

a）输入复用

b）带有采样和保持门的输入复用

c）输出复用

图 28.8　输入和输出复用

实际上，在图 28.8 所示电路方案的输入和输出，需要用到抗混叠和重构滤波器。为清晰起见，图中将其省略了。

单片数据采集系统

几乎所有的控制和仪器系统都要用到模拟的输入/输出，因此已经有各种各样的专用器件用于数据采集。当使用单片机时，数据采集功能通常内置在单片机芯片内，但当使用其他实现方式或需要更专业的功能时，通常就会采用单芯片数据采集系统。术语单芯片数据采集系统起初用在单个芯片中包含 ADC 和多路复用器的器件。而现代器件可以提供非常复杂的功能，包括采样和保持门、单端或差分输入、高分辨率模数转换，以及将获取的数据并行或串行送到相关的控制器。因此，单芯片数据采集系统去掉了处理器的控制和计算功能，专门用于模拟数据采集。虽然单芯片数据采集系统不是专业的数据采集，但有些系统也提供多个 DAC。

例 28.1 设计一个基于微机的系统，用于检测 8 个模拟输入信号并产生 8 个模拟输出。来自传感器的输入有效信号的带宽为 1kHz，但传感器送来有效信号的同时也送来了高频噪声。输入信号的测量精度至少达到了 1%。输出信号用于驱动执行器，其最大工作带宽为 100Hz，输出信号同样有高频分量的影响。执行器要求的信号精度至少为 1%。

解： 系统的框图如下所示。

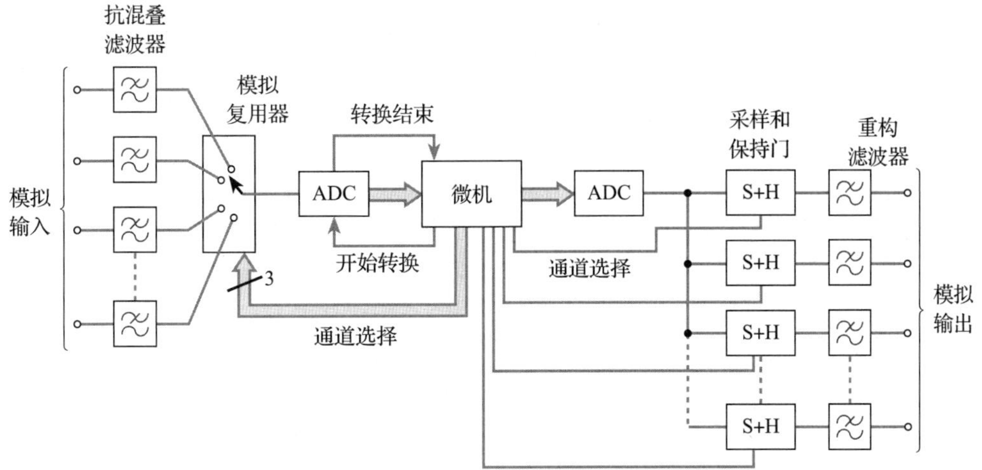

模拟多路复用器从 8 个输入信号中选择一个送到 ADC。微机有两条线用于控制转换器工作。其中一条线是微机输出，用于命令 ADC 开始转换(开始转换信号)，另一条线是微机输入，ADC 通知微机已经完成转换，并为下一数据转换做好了准备(转换结束信号)。处理器有三条控制线用于选择多路复用器 8 个输入信号中的一个。

由于传感器具有 1kHz 的有效信号带宽，所以转换器的采样频率至少为 1kHz 的两倍。由于存在高频噪声，所以需要使用抗混叠滤波器滤除噪声。假设允许在 1kHz 附近有轻微衰减，那么就可以使用截止频率为 1kHz 的低通滤波器。通常会选择六阶巴特沃斯滤波器。由于六阶巴特沃斯滤波器不是理想的滤波器，所以采样率要略高于奈奎斯特采样率。可以采用比奈奎斯特采样率高 20%的采样率，也就是 2.4kHz。按照该采样率对每个通道进行采样，则 ADC 必须能够处理 8×2.4kHz＝19.2kHz 的信号，相应的转换时间为 52μs。通用的逐次逼近型 ADC 完全可以达到要求。

为了达到 1%的精度，转换器需要 7 位的分辨率。实际上大多数通用 ADC 和 DAC 的分辨率都至少为 8 位，因此输入和输出可以用 8 位分辨率的 ADC 和 DAC。

DAC 输出，经 8 个采样和保持门，送到 8 个通道输出。每一路输出都是由处理器控制线分别控制的，当然，如果需要，可以用“3-8 译码器”产生输出控制信号。当输出数据更新时，采样和保持门的输出电压会发生阶跃变化。阶跃变化表示输出中有高频分量，会导致执行器工作不正常。因此，需要用低通滤波器滤除输出信号的高频分量。与输入滤波器一样，重构滤波器通常用六阶巴特沃斯滤波器，截止频率为 100Hz。◀

进一步学习

现代智能手机包含很多传感器和执行器。传感器和执行器中，有一些产生和接收数字信号，另外一些产生和接收模拟信号。

视频 28D

不考虑所需接口的细节，考虑典型智能手机中有哪些类型的模拟传感器，并估算这些传感器所要求的精度和采样率。

说出你能想到的智能手机中的模拟传感器，并举例说明这些传感器会用在哪些场合。传感器可以是手机内置的传感器，也可以从外部连到手机的传感器。

关键点

- 在信息处理、存储和传输中广泛使用数字技术，这意味着需要广泛使用数字量和模拟量之间的相互转换。
- 模数转换需要先对输入波形采样，然后执行模拟信号到数字信号的转换。
- 只要以高于奈奎斯特采样率对信号进行采样，就不会丢失信号的任何信息。
- 当对宽频带信号进行采样时，需要使用抗混叠滤波器滤除高于采样率一半以上的频率分量。
- 当从采样信号重建模拟信号时，要用滤波器滤除在采样过程中产生的高频分量。
- 有很多的 DAC 和 ADC 产品，其区别在于分辨率、精确度、速度和成本是不同的。
- 采样时需要采样和保持门保持所采样的输入信号值稳定，在输出信号数据更新过程中，对于前面的输出信号，也需要用采样和保持门保持输出值不变。
- 在有多个模拟输入或输出的系统中，可以用多路复用的方法减少所需的数据转换器数量。

习题

28.1 解释数据采集中“抽样”的功能。

28.2 奈奎斯特采样率是什么含义？信号的频谱为 4kHz，为了能够完全保留信号的特征，对其采样的最小采样率是多少？如果低于用这个速率对信号采样，会产生什么样的效果？

28.3 说明抗混叠滤波器和重构滤波器的应用。

28.4 信号的频率范围为 20Hz 至 20kHz，而对于特定应用，只有 10kHz 之内的频率分量才有用，为了减少所产生的数据量同时能保留有用的信息量，说明对这个信号采样的方案。方案中合适的抽样率是多少？

28.5 解释数据转换器中“分辨率”和“精确度”的含义。

28.6 12 位数据转换器有多少个量化台阶？

28.7 说明 28.4.1 节中介绍的两种数模转换方案的优点和缺点。

28.8 修改计算机仿真练习 28.1 中所用的电路，研究图 28.3 所示的电路性能。施加相似的输入信号，证明电路的功能能够达到预期目标。

28.9 说明逐次逼近型 ADC 比简单计数器型 ADC 的工作速度快的原因。

28.10 说明并行比较型或快闪型 ADC 的优点和缺点。

28.11 给出控制信号用于典型模数转换器的例子。

28.12 说明在模拟输入/输出系统中为什么要用采样和保持门。在使用采样和保持门时，术语“下降(droop)”是什么意思？

28.13 解释数据采集系统中多路复用的功能。

28.14 什么是单芯片数据采集系统？

第29章 通信

学习目标

学完本章内容后，应具备以下能力：

- 说明通信系统的基本组成部件，并解释发射机、接收机和通信信道等术语
- 说明各种无线电波的传播形式，并解释不同的无线电频段传播形式的区别
- 理解调制的功能，熟悉应用最广的模拟调制技术和数字调制技术
- 明白解调的功能
- 说明现代通信系统中需要多路复用的原因，并熟悉多路复用的常用技术
- 说明调谐射频接收机和超外差无线电接收机的主要组成部分

29.1 引言

视频 29A

通信是电子工业中最重要和增长最快的领域之一。除了无线电广播、电视、手机和互联网等著名的应用之外，还在大阵列控制操作和仪表系统中起着重要的作用。因此，有必要了解通信的基本原理。

通信一词的含义与将信息从一个地方传输到另一个地方有关。通信词义广泛，通常用于人与人之间通过语言进行信息交流或者文字信息交流。在这里，我们关注的是通信系统，它通常用于在一定距离范围内传送多种形式的信息。这通常称为远程通信。现代通信技术包括远距离通信和短距离通信。

简单通信系统的基本组成框图如图 29.1 所示。第一部分表示要发送的信息源。信息源可能是人类的言语、音乐、图像、视频或计算机数据。在系统的信息源之后是发射机，发射机将信息转换成适合信道传输的信号。信道有多种形式，例如双绞线或者光纤。另外，信道还可以是用于传送无线电波、光或声波的自由空间。在信息传送的目的地，接收机把经过信道传输来的信号转换为所需要的信息。在多数情况下，接收机会把接收到的信号转换为与信息源一样的信息。最后，接收机会把信息送到目的地。

图 29.1 简单的通信系统

通信系统的例子多种多样。一个简单的例子是一个人用语言把信息传递给另一个人(假设这两个人在同一个房间)。这里的信息源是说话者的“头脑”，发射机是将思想转化为声音的生物器官(包括声带)，信道是传播声音的空气，接收机是耳朵和将声波转换为听者能理解的语言的其他器官。

与电子工业密切相关的通信系统例子是电话网络。电话网络的信息源(电话用户)产生声波信号，并将其转换为适合于在信道中传输的电信号。对于简单的系统，信道是两根导线。发射机是传声器(如第 12 章所述)，把声音转换成相应的电信号，直接在两根导线上传输。接收机可以是能把电信号转换成声音的扬声器(如第 13 章所述)。而更典型的方案是，传声器发出的信号经放大和处理，变成光信号或无线电信号，能够在更复杂的通信信道中传输。通常在信息传输前还需要调制(本章后面会讨论)。送到接收机的信号先转换成

原来的形式(通常用解调)，然后再送到目的地。

虽然图 29.1 就是一个简单通信系统的基本组成框图，但大多数实际系统会更复杂一些。首先，许多系统是双向的，也就是可以在两个方向上通信。在讨论串行通信系统时(第 27 章)，双向通信方案称为双工系统(与单工系统相对应)，而且有两种基本形式。可以在两个方向上通信，但在任意时间段只能向一个方向传输信息的系统，称为半双工系统，而可以在两个方向上同时通信的系统称为全双工系统。这两种双向通信系统示例如图 29.2所示。图 29.2a 所示是一个半双工系统。在任意时间仅能够沿一个方向传递信息，因此用开关控制信息的流向。图 29.2b 表示使用两个独立信道允许同时在两个方向通信的全双工系统。

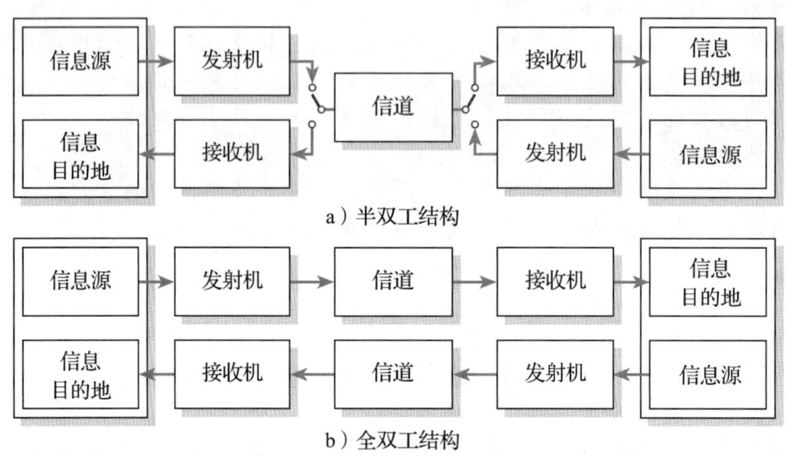

图 29.2　双向通信系统

在许多通信系统中还存在另外一个问题，就是系统需要将多个信息源送到多个目的地。如图 29.3 中所示，为了简单起见，图中仅给出了在一个方向上的通信。显然，系统应该能够双向通信。这里的信息源可以表示个人电话用户，与信息源相对应，通信的目的地是电话呼叫的接收用户。复接器将多个信息源按一定的方法复接起来，分接器在接收端可以按相应的方法将信息源分接送给相应的接收用户。

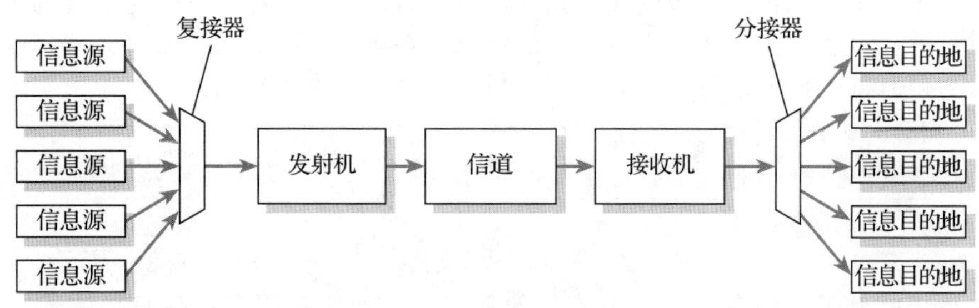

图 29.3　带复用的通信系统

29.2　通信信道

我们已经知道通信信道有多种形式。有些信道用物理连接传递信息，如电线(双绞线或同轴电缆)、波导或光纤。“自由空间”信道用电磁波(如光或无线电波)传递信息。通常在自由空间(而不是光纤)中短距离时用光传输(如电视遥控器)。无线电波的特性和应用根据频率范围不同而变化很大。

29.2.1　无线电传播

无线电信号的频率不同，传播的方式也不同，传播有三种基本形式，如图 29.4 所示。

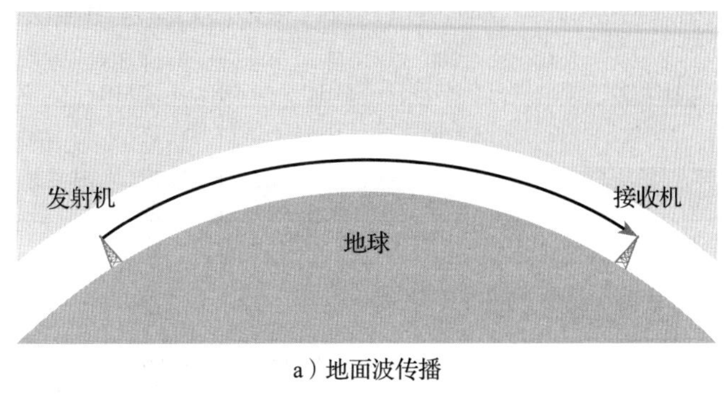

a）地面波传播

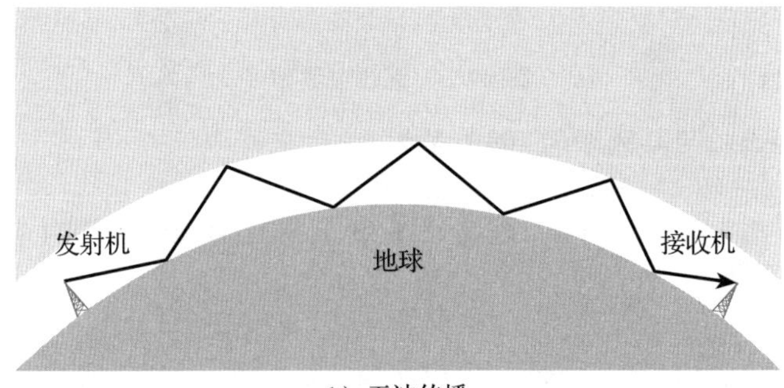

b）天波传播

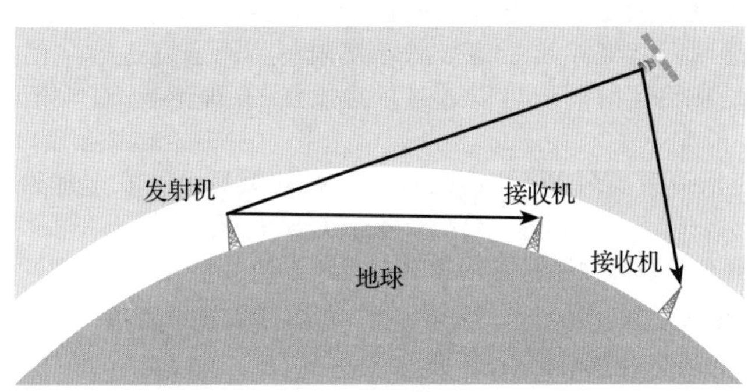

c）可视波传播

图 29.4　无线电波传播

在低频段（只到几兆赫兹），无线电波沿地面传播，如图 29.4a 所示。电波沿着地球的弧度，可以高出地平线传播几百英里。许多远程通信会利用这种传播特征的优点进行传播，如调幅广播。

高频信号会被电离层折射，在电离层和地面之间来回反射。因此高频信号可以在地球上传播很远的距离，甚至在整个地球上传播。这种高频（HF）波主要是 3～30MHz 频段，称为短波，用于业余无线电通信。然而，电离层的特点是不断变化的，这使传播质量起伏很大，不适合广播。

在甚高频（VHF）频段（30～300MHz）及以上，无线电信号不会像低频段那样“传播”，而且也会被障碍物吸收。因此，这个频段的通信是发射机和接收机之间直线传输信号。电波能够穿越通过非金属障碍，因此可以在建筑物内部通信。这个频段用于调频广播和电视广播、卫星通信和手机。

29.2.2　无线电频谱

由于无线电信号的特性随频率而变化，不同的频谱有不同的应用。因此将频谱分为多个频段，如图 29.5 所示。该图还用于说明每个频段的典型传输介质（使用物理连接时）和传播方法(使用无线电波时)，并给出使用该频段内频率的典型应用建议。

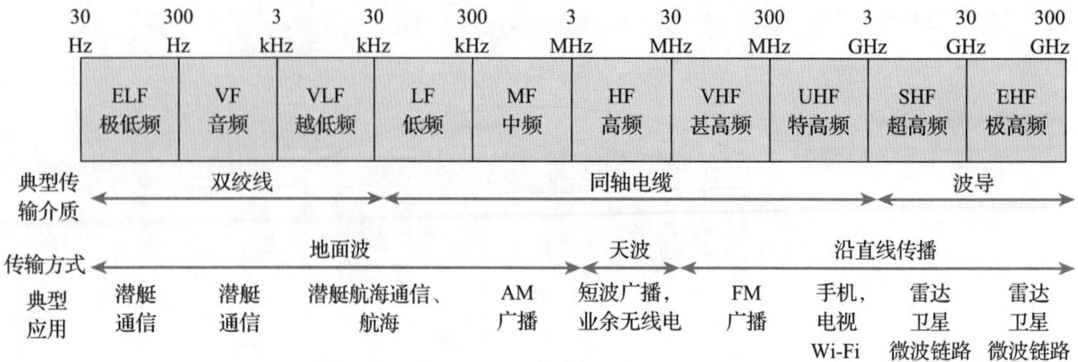

图 29.5 无线电频谱

无线电波的波长(λ)与其频率(f)的关系为

$$\lambda f = c$$

式中，c 为光速，近似为 3×10^8m/s。因此，图 29.5 所示的频率范围对应于 1mm(300GHz)到 10 000km(30Hz)的波长。

29.2.3 信道的特征

可以用多种方式描述信道的特征，大多使用前面章节已经介绍的参数。例如，决定信道传输信息能力的关键因素是其带宽和信噪比(S/N)。

当发送模拟信息时，带宽给出了信号的频率限制。而当发送数字信息时，更常见的是给出信道容量，就是在给定时间内可以通过信道发送的(理论上)最大信息量。通常以每秒位数(bps)表示。

信道容量(C)与信道带宽(BW)和信噪比(S/N)的关系由香农定理给出，表示为

$$C = \text{BW}\times\log_2(1+S/N) \tag{29.1}$$

式中，BW 单位为赫兹(Hz)，S/N 是简单的比值(不是 dB)。

例 29.1 信道的带宽为 10kHz，信噪比为 40dB，信道的容量是多少？

解： 40dB 对应的功率比为 10 000，所以根据式(29.1)，有

$$C = \text{BW}\times\log_2(1+S/N) = 10^4\times\log_2(1+10^4)\approx 133\text{kbps}$$

◀

29.3 调制

29.3.1 为什么需要调制？

视频 29B

调制有两个基本功能。第一是可以将信号进行频谱搬移，第二是能够同时在同一信道上发送多个不同的信号。调制还可以改善通信系统的噪声和抗干扰性能。

用一个简单语音信号的传输，来说明调制进行频谱搬移的重要性。为了传送人类语言的主要特征，语音信号必须覆盖约 300Hz 到 3kHz 的频率范围。从图 29.5 可以看出，这对应于无线电频谱的 VF 频段，所以传递语音信息的方法是简单地将信号连接到一个合适的天线，并把语音信号当成无线电波广播。但是，这种方法是行不通的。电磁传播的规律表明，天线的尺寸必须与传输信号的波长相当(约四分之一波长)。因此，要传输频率低至 300Hz 的信号，需要约 250km 长的天线！但是，调制可以将信号转换到高频，从而解决了这个问题。如果将语音信号与高频信号结合，就可以将信号的频谱搬移到高频段。如果用调制将语音信号的最低频率分量移动到 300MHz(而不是 300Hz)，只需 25cm 长的天线。频谱搬移的另一个优点是我们还可以选择适合于应用的频

段(如图 29.5 所示)。接收机用解调器将传输来的信号转换回原来的形式。这种通信系统方案的基本组成如图 29.6 所示。在这种通信系统中，低频未调制的信号称为基带信号，组合使用的高频信号称为载波。

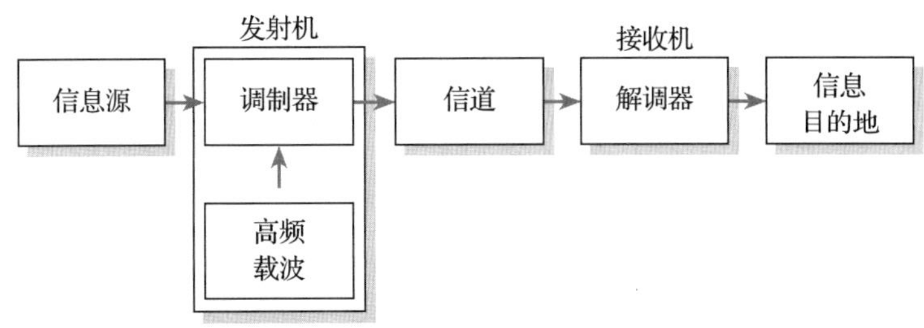

图 29.6 基本的通信系统

29.3.2 调制的基本形式

调制可分为多种方式：

- 模拟调制。包括多种方法，最广泛使用的是调幅无线电广播中使用的幅度调制(AM)以及调频广播中使用的频率调制(FM)。
- 数字调制。同样有几种类型，包括幅移键控(ASK)、频移键控(FSK)和相移键控(PSK)。这些技术及其更复杂的变种，在许多应用中使用，例如数字收音机、数字电视、移动电话和数据通信。
- 脉冲调制。应用于脉冲波形而不是正弦载波，并且用多种方式将用于模拟调制和数字调制的部件结合起来。可以通过控制脉冲的多个参数，实现几种不同的调制形式，包括脉冲幅度调制(PAM)、脉冲宽度调制(PWM)、脉冲位置调制(PPM)和脉冲编码调制 PCM)。

下面，我们分别讨论这些调制方式。

29.3.3 模拟调制

调制就是用低频基带信号控制高频载波信号的某些参数。被控制的参数可以是载波的振幅、频率或相位。其中，使用最广的参数是幅度(幅度调制，简称为调幅)或频率(频率调制，简称为调频)。

调幅

幅度调制的基本原理如图 29.7 所示。在图示的例子中，基带信号是图 29.7a 所示的正弦波，用于调制图 29.7b 的载波信号，产生如图 29.7c 所示的调幅信号。可以看出，调幅信号波形的幅度“包络”与基带信号的形状一致。在实际中，载波频率比图中所示的频率高得多，而且基带信号是要发送的信息(而不是简单的正弦波)。采用该图的目的是清楚地说明基带信号、载波信号和调幅信号三者之间的关系。

图 29.7a 所示的基带信号表示为

$$v = V_B\sin(\omega_B t + \theta)$$

式中，V_B 是基带波形的峰值电压，ω_B 是其角频率。为了简化，假设相位角 θ 为零，则表达式变为

$$v = V_B\sin(\omega_B t)$$

同样，图 29.7b 所示的载波信号可以表示为

$$v = V_C\sin(\omega_C t)$$

上述两个方程相结合，图 29.7c 的调幅波形可以表示为

$$v = (V_C + V_B\sin(\omega_B t))\sin(\omega_C t) \tag{29.2}$$

这个方程是将载波方程中的载波峰值电压 V_C 用表达式($V_C + V_B\sin\omega_B t$)替换构成的。调幅信号的幅度等于不变值(V_C)加上基带信号的瞬时值。V_B 和 V_C 的相对大小决定了调制深度

m_a，其中 $m_a = V_B/V_C$，如图 29.8 所示。调制深度通常介于 0 到 1 之间。调制深度为 0 对应于无调制，而调制深度为 1 对应于 100%调制(在基带信号的谷值时调幅信号的幅度为零)。大于 1 的调制深度对应于过调制波，会导致严重畸变。

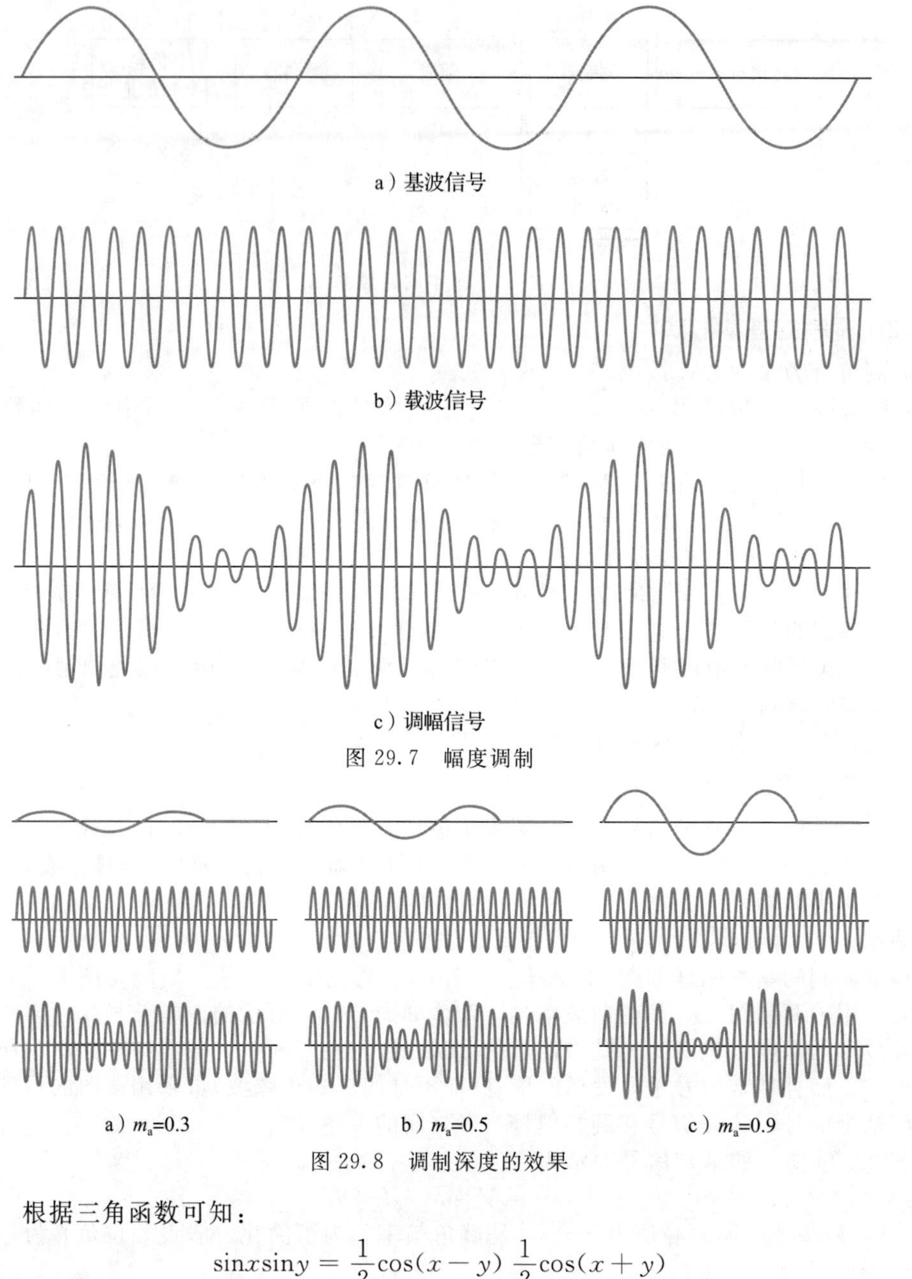

a）基波信号

b）载波信号

c）调幅信号

图 29.7 幅度调制

a）m_a=0.3 b）m_a=0.5 c）m_a=0.9

图 29.8 调制深度的效果

根据三角函数可知：

$$\sin x \sin y = \frac{1}{2}\cos(x-y)\ \frac{1}{2}\cos(x+y)$$

对式(29.2)进行变换，可以得到

$$v = (V_C + V_B \sin(\omega_B t))\sin(\omega_C t) = V_C \sin(\omega_C t) + V_B \sin(\omega_B t)\sin(\omega_C t)$$

$$= V_C \sin(\omega_C t) + \frac{1}{2}V_B \cos(\omega_C t - \omega_B t) - \frac{1}{2}V_B \cos(\omega_C t + \omega_B t) \tag{29.3}$$

↑ 载波频率分量 f_c　↑ 频率分量 f_c-f_b　↑ 频率分量 $f_c + f_b$

式中，f_c 和 f_b 分别是载波信号的频率和基带信号的频率。表达式的三个部分都是正弦信号，第三部分前面的负号表示相位反转。因此，用正弦波基带信号调制正弦载波时，得到的信号具有三个频率分量：一个在载波频率处；一个在载波频率减去基带频率处；一个在载波频率加上基带频率处。注意，调幅信号在基带信号频率处没有分量。信号的频谱如图 29.9a所示。调幅信号分量的频率由载波频率和基带信号频率决定，它的幅度也是由载波和基带两信号的幅度决定。

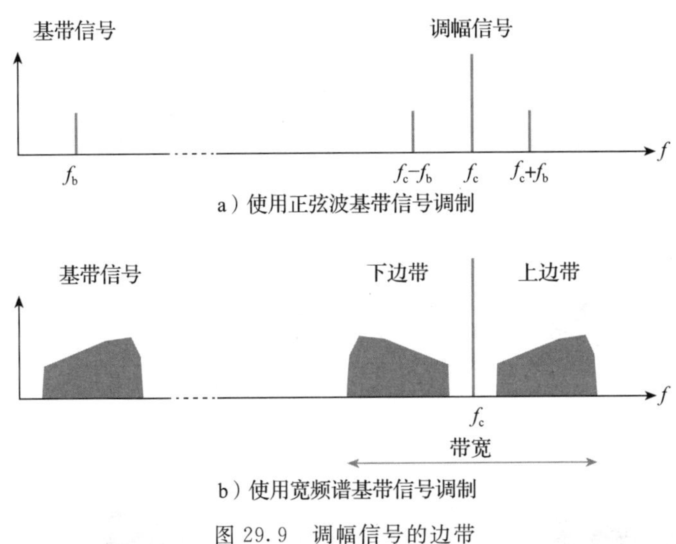

a）使用正弦波基带信号调制

b）使用宽频谱基带信号调制

图 29.9 调幅信号的边带

用正弦基带信号调制信号便于理解，但典型的基带信号包含许多频率分量。相应地就有如图 29.9b 所示的两个边带。可以看出，调幅信号的带宽等于基带信号最高频率的两倍。因此，对于频率为 300Hz 到 3.4kHz 的语音基带信号，产生的调幅信号的带宽约为 6.8kHz。调幅广播频道使用的基带频率范围更宽，因此带宽更大，通常约为 20kHz。

上面讨论的如图 29.9 所示的调制方法称为全幅度调制（或全调幅），这是常用于广播及一些其他应用的调制方式。该方法的优点之一是解调非常容易（稍后讨论），从而简化了无线电接收机的设计。然而，简单是有代价的，全调幅在带宽和功率方面的效率都非常低。观察式(29.3)的调幅信号，可以看出效率低的原因。信号的大部分功率在载波分量上，而载波不传递有用的信息。实际上，即使 V_B 等于 V_C 对应的调制深度（最有效的情况），由于功率与电压的平方成比例，信号功率的三分之二在载波分量上。边带虽然传递了基带信号的信息，但是由于每个边带都包含相同的信息，所以没有必要使用两个边带（并且浪费了带宽）。因此，实际中采用如图 29.10 所示的几种幅度调制。

图 29.10a 给出了一个典型的全调幅信号，图 29.10b 表示去除了载波分量的全调幅信号。后一种信号称为双边带抑制载波（DSBSC）调制。这种方法的最大优点是信号的所有功率都用来传递有用的信息。这明显提高了效率，但缺点是 DSBSC 信号的带宽与全调幅信号的带宽相同。调幅信号不仅可以移除载波（如在 DSBSC 信号中），而且还可以移除其中的一个边带，形成单个边带（SSB）信号。图 29.10c 和 d 给出了单边带信号的两个例子。图 c 表示滤波后留下了下边带（LSB）信号，图 d 表示滤波后留下了上边带（USB）信号。单边带信号与 DSBSC 技术的功率效率相同，但占用的带宽小。但是，DSBSC 和 SSB 信号的解调比全调幅信号解调复杂得多。因此，这些技术是专业应用中使用的。

例 29.2 用幅度为 0.7V、频率为 10kHz 的正弦波幅度调制幅度为 1V 的 1MHz 频率的载波信号。回答调幅信号分量的频率、调幅信号的带宽和调制深度是多少。调幅信号中基带信号的功率占比百分数是多少？

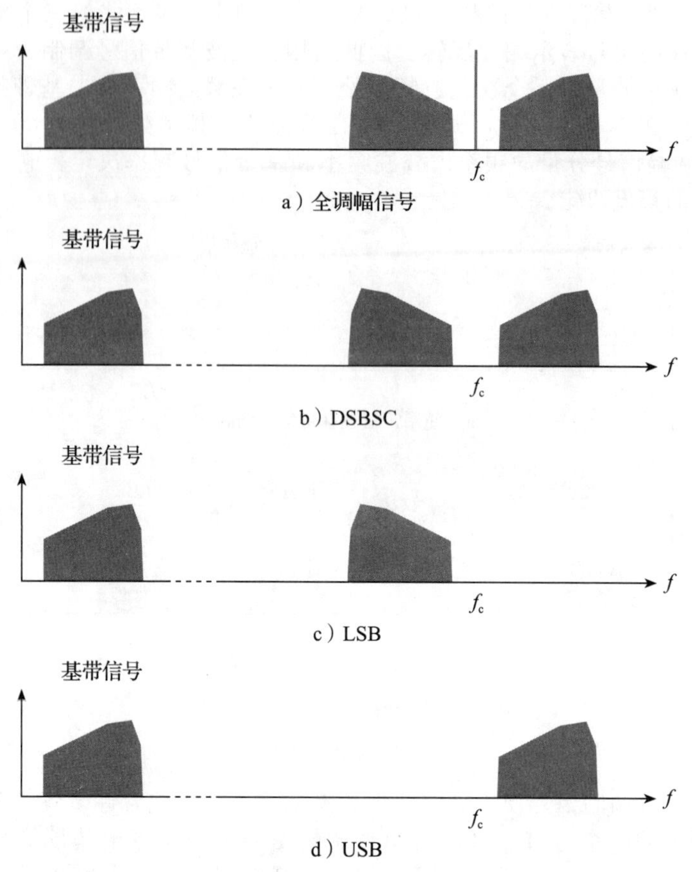

a）全调幅信号

b）DSBSC

c）LSB

d）USB

图 29.10　幅度调制技术

解：从式(29.3)可以看出，调幅波形具有频率为 f_c、f_c-f_b 和 f_c+f_b 的三个频率分量。本例中，对应的频率为 1MHz、0.99MHz 和 1.01MHz。

带宽是最高和最低频率之间的差，即 1.01MHz－0.99MHz＝20kHz。

调制深度等于 $V_B/V_C=0.7/1.0=0.7$。

由于功率与电压的平方成正比，所以边带信号的功率作为整个信号功率的一部分，可如下计算得出：

$$\text{功率占比百分数}=\frac{\left(\frac{1}{2}V_B\right)^2+\left(\frac{1}{2}V_B\right)^2}{V_C^2+\left(\frac{1}{2}V_B\right)^2+\left(\frac{1}{2}V_B\right)^2}\times 100$$

$$=\frac{\left(\frac{1}{2}\times 0.7\right)^2+\left(\frac{1}{2}\times 0.7\right)^2}{1.0^2+\left(\frac{1}{2}\times 0.7\right)^2+\left(\frac{1}{2}\times 0.7\right)^2}\times 100=20\%$$ ◀

调频

在频率调制中，信号的幅度保持不变，而用波形的瞬时频率表示基带信号，原理如图 29.11所示。用正弦基带信号(如图 29.11a 所示)调制正弦载波信号(如图 29.11b 所示))，产生如图 29.11c 所示的调频信号。

频率调制广泛用于 VHF 频段的音乐和语音无线电广播及一些其他的应用。在这些应用中使用 FM 而不用 AM 的原因是 FM 有更好的噪声性能。通常，噪声会改变信号的幅度，从而对 AM 信号中的信息产生很大的影响。而噪声对信号的频率的影响却很小，因此噪声对调频信号几乎没有影响。

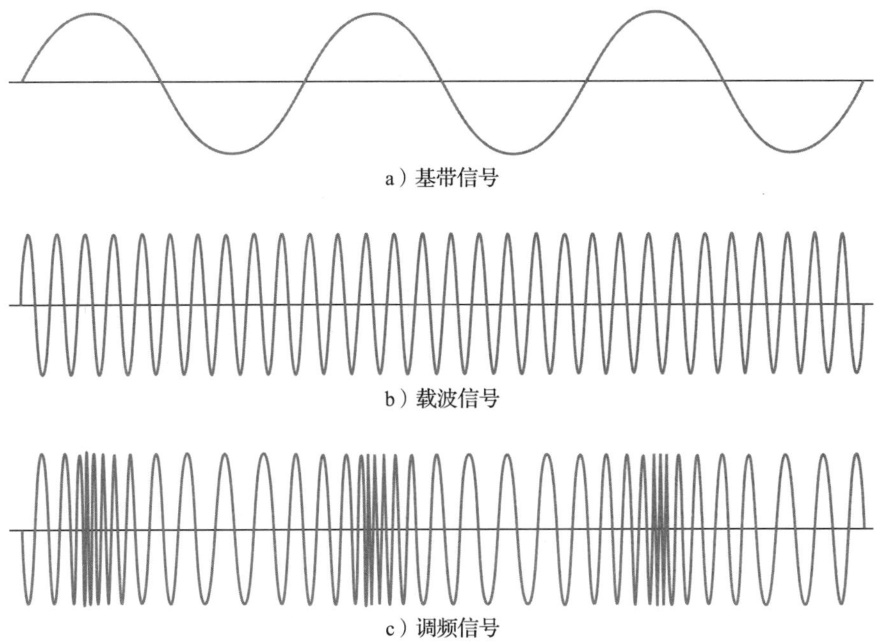

a）基带信号

b）载波信号

c）调频信号

图 29.11 频率调制

虽然频率调制的一般原理非常简单明了(如上所述)，但是调制过程的详细数学分析却非常复杂。因此，在本节中，我们将讨论频率调制过程的特点，而不过多关注相关的数学问题。

前面在讨论幅度调制时，基带信号表达式为

$$v = V_{B}\sin(\omega_{B}t)$$

要调制的载波信号为

$$v = V_{C}\sin(\omega_{C}t)$$

在式(29.2)中，给出了结果波形的形式。用调制深度 m_a 表示幅度调制中的基带信号峰值与载波峰值的比。

如果在频率调制中使用与前面类似的基带信号和载波信号，可以用下面表达式表示调频信号的瞬时值

$$v = V_{C}\sin(\omega_{C}t + m_{f}\sin(\omega_{B}t)) \tag{29.4}$$

式中，波形的幅度是恒定的(峰值为 V_C)，而信号的相位(因此频率也)随着基带信号幅度的变化而变化。用频率调制指数来描述调制度，符号为 m_f，定义为调制信号的瞬时频率的最大偏差(Δf)除以基带信号的频率(f_b)，因此

$$m_{f} = \Delta f / f_{b} \tag{29.5}$$

初看起来，式(29.4)的形式似乎表明结果信号的相位由基带信号控制，因而是相位调制。实际上，m_f 的性质表明结果信号的频率偏差与基带信号的幅度成正比，因此是频率调制(虽然频率调制和相位调制在很多方面相似)。可以将式(29.4)与式(29.2)中的调幅信号进行比较。

考虑本节前面的调幅信号时，我们会注意到调幅信号的带宽与基带信号的带宽直接相关，不受模拟调制深度的影响。而在调频信号中却并不是这样的。在理论上，FM 信号包含无限数量的边带，因此带宽无限。但在实际中，许多边带的功率可以忽略不计，因此可以忽略其占的带宽。但是，许多 FM 信号包含大量有效的边带(而不是在全调幅信号中仅有的两个)。这些边带的数量和幅度随调制指数的变化而变化，可以用表 29.1 所示的贝塞

尔函数描述。该表给出了不同调制指数 m_f 对应的有效边带的数量及幅度，还给出了每个边带的相对幅度，其中 J_0 对应于载波频率，负号表示相位反转。

表 29.1　贝塞尔函数描述的 FM 边带

	贝塞尔函数级数														
m_f	载波 J_0	J_1	J_2	J_3	J_4	J_5	J_6	J_7	J_8	J_9	J_{10}	J_{11}	J_{12}	J_{13}	J_{14}
0.0	1.00														
0.25	0.98	0.12													
0.5	0.94	0.24	0.03												
1.0	0.77	0.44	0.11	0.02											
1.5	0.51	0.56	0.23	0.06	0.01										
2.0	0.22	0.58	0.35	0.13	0.03										
3.0	−0.26	0.34	0.49	0.31	0.13	0.04	0.01								
4.0	−0.40	−0.07	0.36	0.43	0.28	0.13	0.05	0.02							
5.0	−0.18	−0.33	0.05	0.36	0.39	0.26	0.13	0.05	0.02						
6.0	0.15	−0.28	−0.24	0.11	0.36	0.36	0.25	0.13	0.06	0.02					
7.0	0.30	0.00	−0.30	−0.17	0.16	0.35	0.34	0.23	0.13	0.06	0.02				
8.0	0.17	0.23	−0.11	−0.29	−0.10	0.19	0.34	0.32	0.22	0.13	0.06	0.03			
9.0	−0.09	0.25	0.14	−0.18	−0.27	−0.06	0.20	0.33	0.31	0.21	0.12	0.06	0.03	0.01	
10.0	−0.25	0.04	0.25	0.06	−0.22	−0.23	−0.01	0.22	0.32	0.29	0.21	0.12	0.06	0.03	0.01

为了说明这种关系的影响，图 29.12 给出了多个波形的频谱，每一个都是用不同的调制指数、频率为 f_b 的基带信号调制频率为 f_c 的载波形成的。

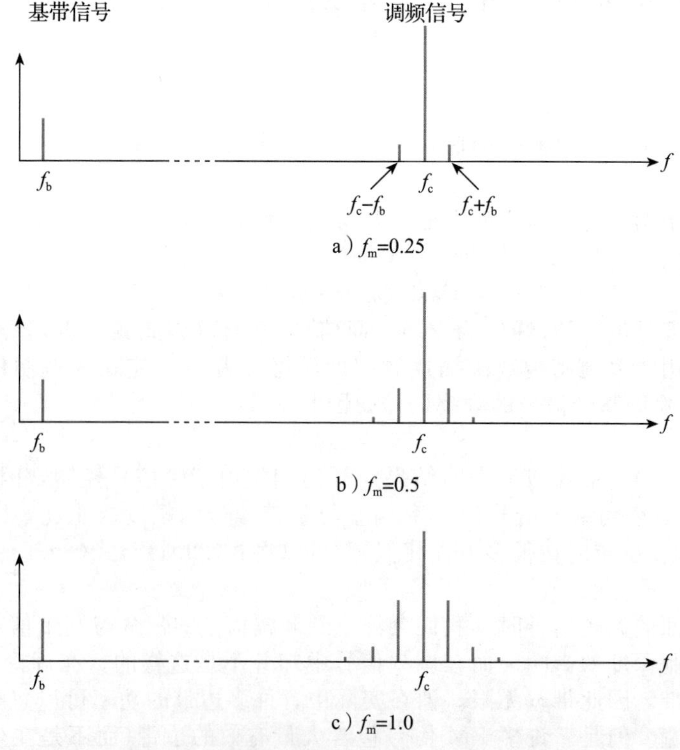

a）f_m=0.25

b）f_m=0.5

c）f_m=1.0

图 29.12　调制指数对 FM 信号频谱的影响

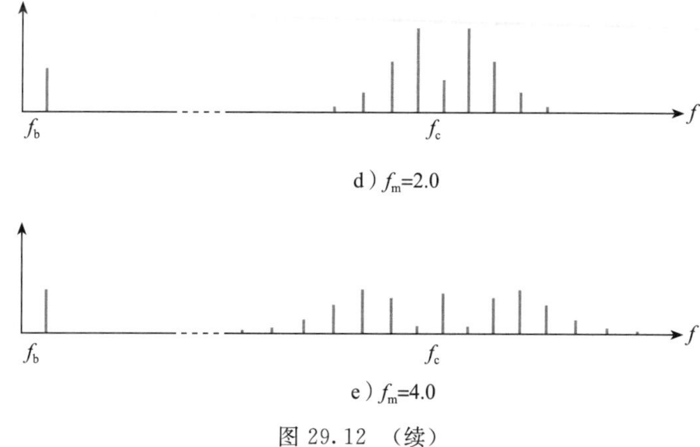

d）f_m=2.0

e）f_m=4.0

图 29.12　（续）

从图 29.12a 可以看出，使用 0.25 的调制指数会产生两个有效边带的信号，与全调幅信号的带宽差不多。而用更高的调制指数会产生更多的边带和更大的带宽信号。对于给定的基带信号频率，调制指数取决于信号的最大频率偏差 Δf。会有人认为最大偏差直接决定所用频率的范围和带宽，但事实并非如此。

例 29.3 一个频率调制系统使用的最大频率偏差为 20kHz。试估算分别传输 5kHz 和 10kHz 基带信号所需的带宽。

解： 从式(29.5)可知：

$$m_f = \Delta f / f_b$$

基带频率为 5kHz，则

$$m_f = \Delta f / f_b = 20\text{kHz}/5\text{kHz} = 4.0$$

从表 29.1 可以看出，会产生 7 对重要边带(除了载波频率分量)。因此，所需的带宽为 2×7×5kHz=70kHz。

基带频率为 10kHz，则

$$m_f = \Delta f / f_b = 20\text{kHz}/10\text{kHz} = 2.0$$

表 29.1 表明有 4 对有效边带，带宽等于 2×4×10kHz=80kHz。◀

例 29.3 表明，基带频率与带宽之间不是线性关系。还要注意，虽然模拟调制深度 m_a 的范围的为 0～1，但是频率调制指数 m_f 的范围为 0 到无穷大。

虽然我们关注用单个频率的基带信号，但广播等应用使用的是宽带信号，如语音或音乐。与前面讨论的 AM 技术一样，这会产生复杂频谱的信号，而不是如图 29.12 所示的简单直线谱。而按照上面的讨论，调频信号的带宽通常会比 AM 广播中使用的带宽大得多。在 FM 广播中，每个频道的带宽通常为 200kHz，而 AM 频道的带宽通常只是 FM 的十分之一。

29.3.4 数字调制

视频 29C

模拟调制用于通过某种模拟通道传输模拟信息，而数字调制用于通过类似的模拟通道传输数字信息。大多数数字调制方式是基于某种形式的键控，这表示数字调制信号是在有限个状态之间切换。广泛使用的数字调制技术包括：

- 幅移键控
- 频移键控
- 相移键控

在本节中讨论上述调制技术。

幅移键控

幅移键控(ASK)是载波信号的幅度在多个不同值之间切换来表示信息。典型的方案如图 29.13所示，信号的幅度在 0 和某个值之间切换，用于表示二进制数。

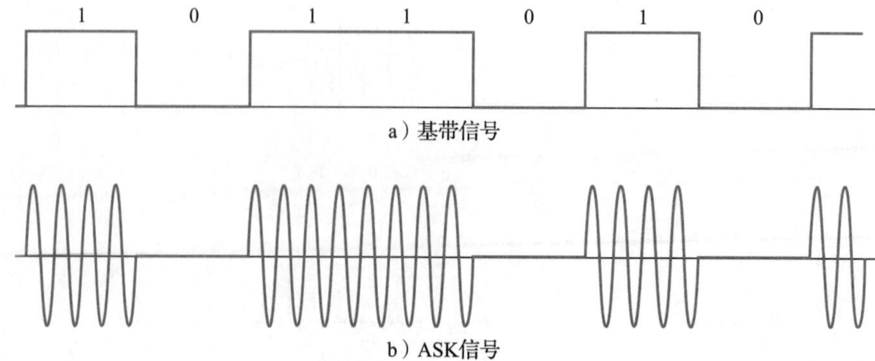

图 29.13　幅移键控的例子

与线性幅度调制一样，ASK 调制和解调都很简单。当然，ASK 也比其他调制技术容易受噪声影响，这也与 AM 是一样的，因为噪声容易影响信号的幅度而不是信号的频率或相位。

频移键控

频移键控(FSK)是在多个不同载波信号的频率值之间切换表示信息。对于最简单的是二进制 FSK，用两个频率分别表示逻辑 0 和逻辑 1，如图 29.14 所示。用于表示 1 的频率通常称为“传号”频率，用于表示 0 的频率称为“空号”频率。

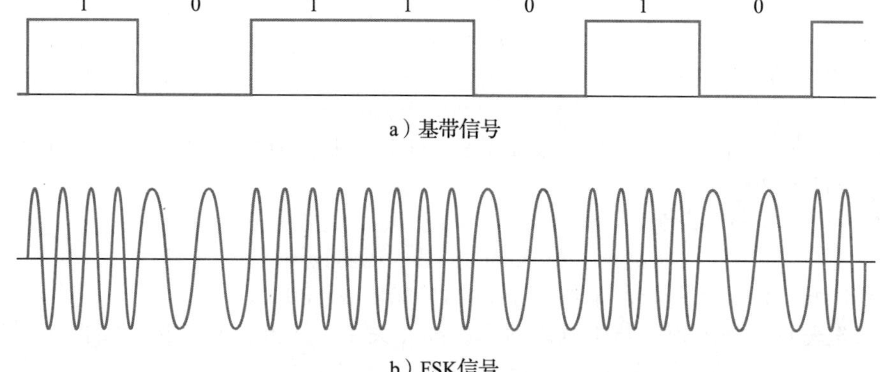

图 29.14　频移键控的例子

除了在射频中使用外，FSK 还用于音频信号传输信息。在家用计算机的早期，音频 FSK 广泛用于电话调制解调器中，以约 1200b/s 的速度发送和接收数据。虽然 FSK 应用广泛，但在需要用高速率传输数据时，PSK 等方法更常用。

相移键控

相移键控(PSK)是用多个不同值控制载波信号的相位来表示信息。二进制 PSK 用相隔 180°的两相信号代表逻辑 0 和逻辑 1，调制示例如图 29.15 所示。可以看出，当基带信号为 1 时，调制信号与载波信号相位相反，当为 0 时，调制信号与载波信号相位相同。

对于如图 29.15 所示的简单调制方案，一个问题是接收机需要知道载波的相位才能解调。这可以用差分相移键控(DPSK)来解决，DPSK 用信号相位的变化而不是用相位表示数据，调制过程如图 29.16 所示。时间分为多个周期，每个周期表示一个二进制数。传输 1 时，调制信号的相位与前一周期相比有相移，而传输 0 时，则相位保持不变。在接收端，解调器只需要比较连续周期的相位，就可以判断出传输的是 1 还是 0，而不需要知道载波信号的相位。

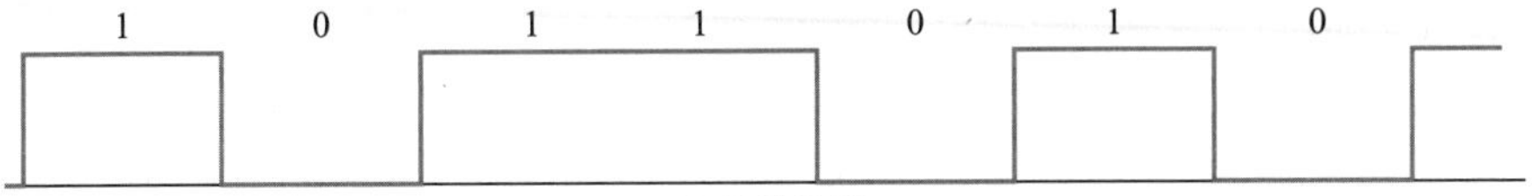

1　0　1　1　0　1　0

a）基带信号

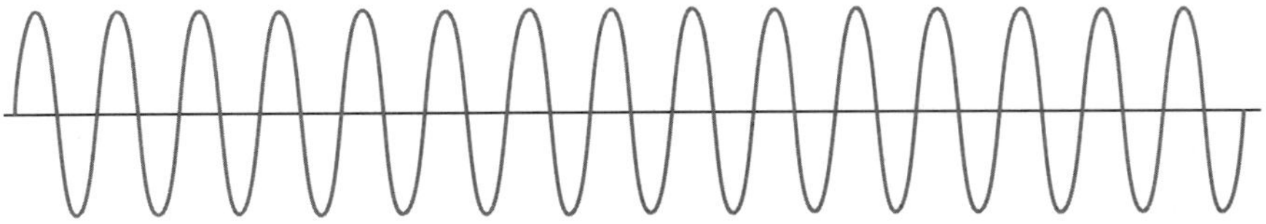

b）载波信号

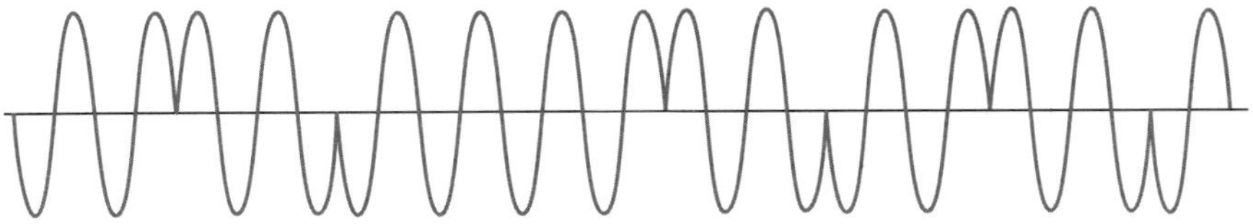

c）PSK信号

图 29.15　二进制相移键控的例子

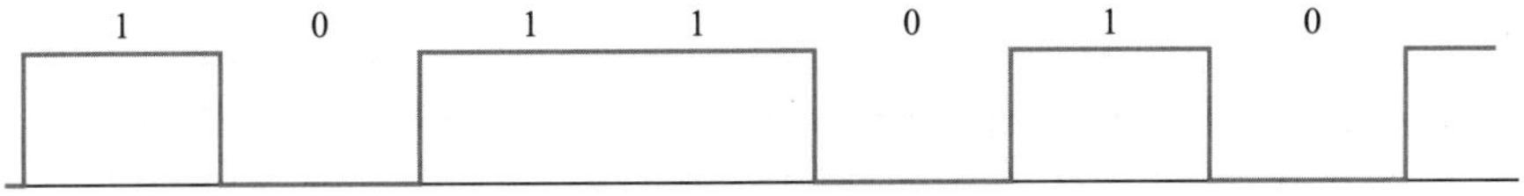

1　0　1　1　0　1　0

a）基带信号

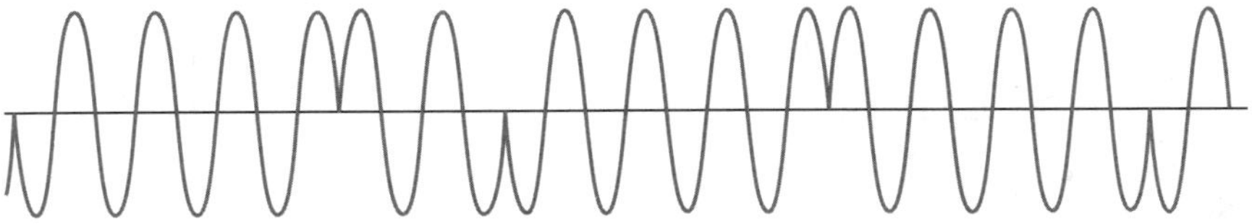

b）DPSK信号

图 29.16　差分相移键控

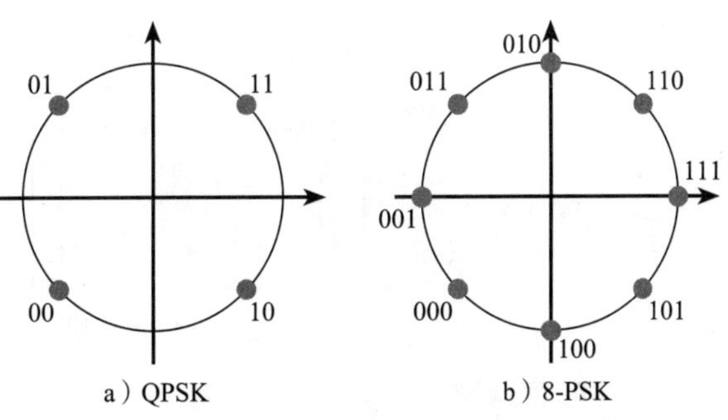

a）QPSK　b）8-PSK

图 29.17　高阶相移键控

在上述二进制 PSK 中，两个二进制值由传输信号的两个不同的相位角表示。可以将几个二进制值合在一起，不同组合的二进制值分别用不同的相位值表示。例如，两位二进制值有四个取值组合：00，01，10 和 11。因此，通过用 4 个相位角中的一个，就可以表示两位二进制值。所用相位角通常是等间隔的，以简化其识别方法，典型的方案如图 29.17a 所示。这称为正交相移键控或 QPSK。在理论上，任意多个二进制值都可以以这种方式组合，但实际上很少用超过 8 个相位角的。8 个相位角技术可以用三位二进制值编码，给每个相位角一个三位二进制值，典型的方案如图 29.17b 所示。使用 8 个相位的技术通常称为 8-PSK。在图 29.17 所示图中，圆上圆点的位置用于表示每个二进制值的相位角。二进制值是用格雷码排列的，这样做的目的是使误码最小。

29.3.5　脉冲调制

脉冲调制包括几种不同的调制形式。如脉冲幅度调制(PAM)、脉冲宽度调制(PWM)和脉冲位置调制(PPM)，它们都是通过改变脉冲波形的特征传输信息，而且是以模拟调制方式，信号可以通过模拟通道传输。另外，如脉冲编码调制(PCM)等调制方式，是用一串脉冲表示数据的数字调制，可以通过数字通道传输。图 29.18 说明了每种调制的基本形式。图 29.18a 给出了简单的正弦波基带信号，图 29.18b 表示未调制的脉冲波形(载波)，就像 AM 和 FM 技术中使用的高频载波信号一样。

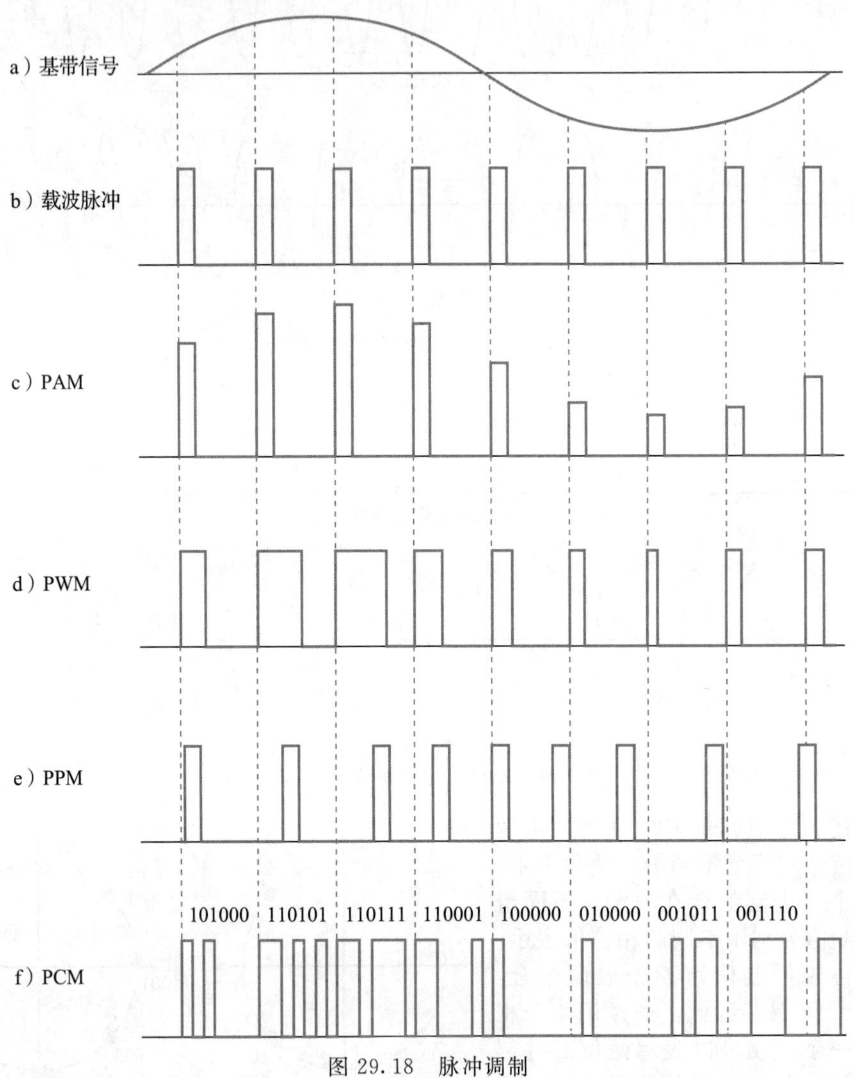

图 29.18　脉冲调制

脉冲幅度调制

图 29.18c 给出了一个 PAM 波形。以相同的时间间隔对基带信号进行采样，采样的幅度用于调制脉冲的幅度。脉冲的持续时间和时序不变。调制和解调都很直接，解调就是包络检波(下一节讨论)。由于信息是用脉冲的幅度表示，因此 PAM(如 AM 一样)比其他调制技术容易受到噪声的影响。

脉冲宽度调制

图 29.18d 表示 PWM 波形。对基带信号进行采样，采样的幅度用于调制脉冲的宽度(或持续时间)，脉冲的幅度不变。由于脉冲的持续时间表示信息，所以与 PAM 相比，

PWM 受噪声的影响小。

脉冲位置调制

第三种模拟脉冲调制技术是 PPM，如图 29.18e 所示。采样的幅度用于调制载波的位置，用载波脉冲时间上前后的位置表示信息。由于信号不是由脉冲波形的幅度或宽度表示，所以与 PAM 和 PWM 相比，PPM 调制受噪声的影响更少。由于采用脉冲的位置而不是幅度或持续时间表示信息，因此该方法更有效。但是信号的解调需要一个与发射机同步的检测器，因此解调较复杂。

脉冲编码调制

PCM 与上述其他脉冲调制技术不同，是数字调制。基带信号的取样值首先要量化(或编码)，用数码表示其幅度值。然后调制脉冲载波，产生与数码数量一致的脉冲。调制如图 29.18f 所示，其中给出了表示基带信号的数码值。PCM 广泛用于模拟信号，是蓝光、DVD 和光盘设备中数字音频的标准技术。

29.4 解调

调制是改变载波信号使其能够传送信息源的信息。解调是调制的反过程，是从调制的载波中提取出原来的信息。解调也称为检测。由于调制方法有多种(如 29.3 节所述)，所以也就有同样多的解调技术。

在全 AM 信号(如同用于 AM 广播一样)中，有用信息存储于波形的包络，用包络检测器就可以容易地恢复出信息。包络检测器电路的工作在 17.8.4 节中已经讨论过了，检测器的电路也在图 17.22 中给出了。其他形式的幅度调制信号(如 DSBSC 和 SSB)需要更复杂的解调电路，常常需要用到与载波频率和相位相同的本地振荡器。因此，检测器相当复杂，这也是这些调制技术不常用的原因之一。

FM 和 PM 信号的解调比全 AM 信号的解调复杂。常用的方法是正交检测，也就是将调制信号与相移 90°的调制信号相乘，用所得到的信号进行处理，从而得到原来的基带信号。虽然 FM 的解调电路比 AM 的解调电路复杂，但其保真度和噪声性能非常好，因此是高质量无线电广播的主流技术。

29.5 复用

之前说过，我们经常希望在一个信道上同时传输多个信号，而不是仅仅传输一个信号。例如，我们希望能在电话上同时传输多个语音信号。由于每个语音信号的频率范围相同，所以就不能简单地将语音叠加并用单个信道传送。

这个问题有多种方式可以解决。一种方法是在调制过程中用不同的频率发送各信号。实现时可以对每个信号用不同的载波频率来发送。这称为频分复用，如图 29.19 所示。在接收端，用滤波器分离各个信号，就可以将它们发送到各自的目的地。

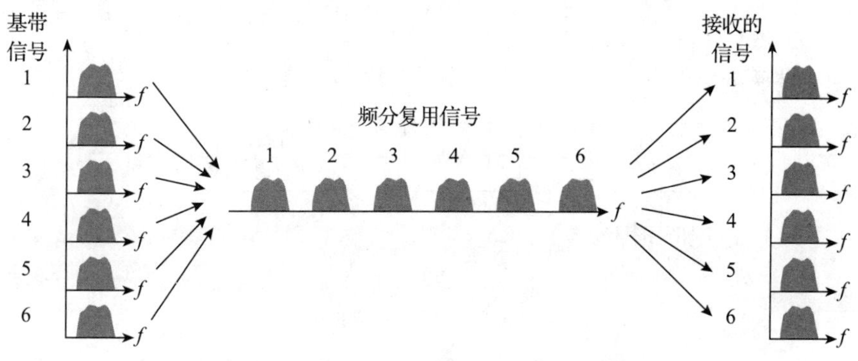

图 29.19 频分复用

当用数字信号时，常用将数据分割成小数据块的方法传输多个数据流。发射机在每个数据流之间快速切换。这称为时分复用，因为信道上的时间是不同信息源之间轮流占用的。在接收端，分接器对输入数据分送，重建原始的数据。过程如图 29.20 所示。

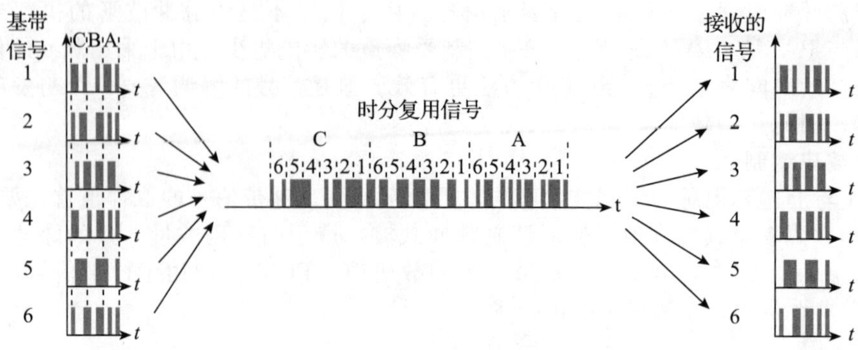

图 29.20　时分复用

29.6　无线电接收机

视频 29D

无线电接收机需要完成多个任务，即选择一个无线电台；提供射频放大；解调接收的信号，恢复基带信息；放大产生的音频波形，驱动扬声器。如何解调取决于传输信号的形式(例如，用 AM 还是 FM)，但系统的其他部分不受影响。

高放式(TRF)接收机

早期无线电广播使用全 AM 调制，早期无线电接收机通常如图 29.21a 所示。其中，将来自天线的信号先送到调谐 RF 放大器，对信号进行放大，并用带通滤波选择电台。放大器的带宽与发射站的带宽匹配，消除其他相邻频道的传输信号。因为滤波器的带宽与发射信号的带宽相当，所以也减少了进入系统的噪声。调节调谐电路内的可变电容器，可调整放大器的中心频率，从而选择想要的电台。放大的信号传送到检波器，进行解调，得到原来的基带波形。检波可以使用前面所述的包络检波器。接着将解调的信号送到音频放大器，放大后驱动扬声器。显然，这种类型的接收机称为高放式接收机或简称 TRF 接收机。

上述的简单接收机有一个问题，就是单级 RF 放大的增益通常不够。接收机通常有三级放大器，并由三联可变电容器对每级放大器电路调谐，方案如图 29.21b 所示。

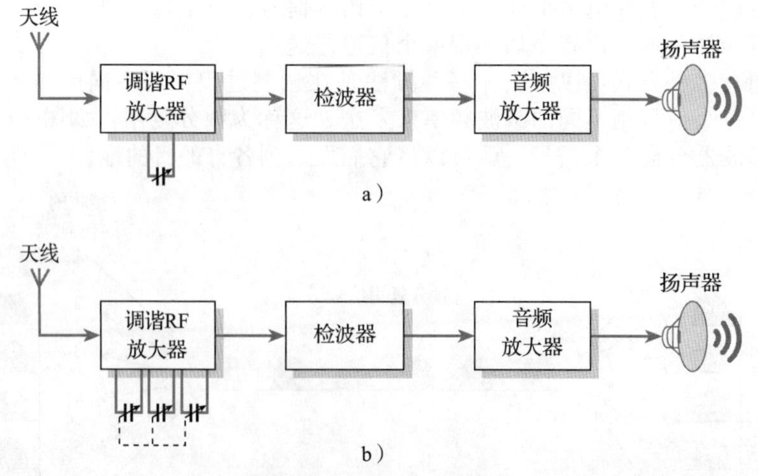

图 29.21　高放式接收机

我们在第 8 章中讨论过调谐电路，调谐电路的带宽 B 与品质因子 Q 和谐振频率 f_0 的

关系为 $Q=f_0/B$。因此，由于电路的 Q 基本不变，所以，从一个电台调到另一个电台时，电路带宽会改变。由于中波频段的高端频率是低端频率的三倍以上，因此，高端的调谐电路的带宽比低端的带宽大三倍。因为在整个频段内电台的带宽是一样的，所以，这个问题需要很好地考虑。

超外差接收机

TRF 接收机存在带宽变化的问题，而超外差接收机就不存在这一问题。超外差接收机的框图如图 29.22 所示。

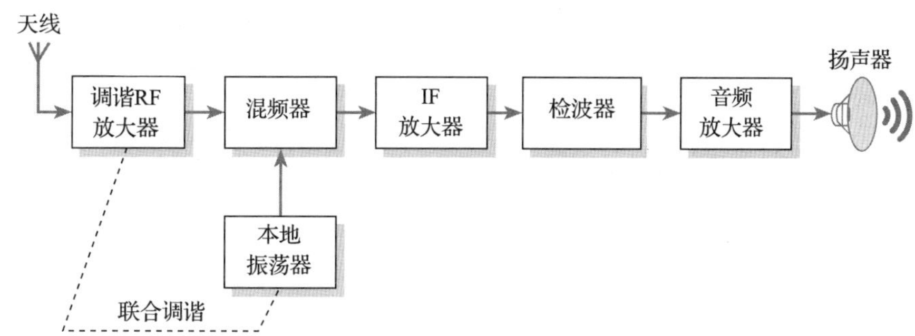

图 29.22　超外差接收机

超外差接收机的核心是本地振荡器和混频器，二者合起来实现的功能类似于在 29.3.3 节所述的幅度调制。从前面的讨论中我们知道，AM 是用输入信号(基带信号)和本地生成的信号(载波)，将输入信号变换到另一个频带的。超外差接收机则用输入信号(来自天线的 RF 信号)和本地产生的信号(来自本地振荡器)，合起来完成类似的信号处理，将输入信号移动到确定好的频带。该频带一般低于输入 RF 信号的频率，但高于音频输出频率。因此称为中频(IF)。由于混频器的输出频率恒定，所以后面接不需调谐的高增益放大器(IF 放大器)，其工作频率是固定的，具有确定的频率响应，这一级也决定了接收机的带宽。调谐 RF 放大器级与本地振荡器实现调谐(如同 TRF 接收机一样)，但没有选频的功能。IF 放大器之后是检波电路和音频放大器电路。

超外差接收机调节本地振荡器的频率选择电台。为了理解其工作原理，我们用一个具体的例子说明。中波接收机常用的中频是 455kHz。如果要接收中心频率为 1MHz 的电台，需要设置本地振荡器产生 1.455MHz 的信号。当本地振荡器与电台信号混合时，产生 455kHz、2.455MHz 的频率分量和本地振荡器频率分量。由于 IF 级具有很好的频率选择性，将选择留下 455kHz 的信号分量用于放大和解调。如果要接收中心频率为 1.1MHz 的电台，则将本地振荡器调谐到 1.555MHz，产生 455kHz 的分量和 2.655MHz 的分量。同样，选频 455kHz 的信号分量。这样，通过将本地振荡器频率设置为电台中心频率加上中频频率，就可以选择任意所需要的电台。

超外差接收机具有高灵敏度、高频率稳定性和良好的频率选择性。因此，几乎所有的现代无线电、电视、卫星接收机和微波链路都采用这种方案。常见的中频有：中波 AM 收音机为 455kHz；甚高频 FM 收音机为 10.7MHz；电视为 38.9MHz 或 45MHz；卫星接收机为 70MHz。

进一步学习

最常用的通信系统是电视机、视频和其他消费品的遥控器。大多数遥控器用红外光作为传输介质，在视线内工作。当然，还有其他通信技术，例如蓝牙。

思考遥控通信系统，根据本章讨论的技术给出合适的实现方法。

视频 29E

关键点

- “通信”是信息从一个地方传送到另一个地方。
- 信息是用发射机经信道传送到接收机的。
- 常用的信道主要是无线电波。无线电频谱分为很多频段。不同频段的无线电波的传播差异很大。
- 调制是将信号搬移到不同的频段，还可以实现多路复用，提高通信系统的噪声性能和抗干扰能力。
- 调制技术有多种形式，包括模拟调制、数字调制和脉冲调制。
- 模拟调制广泛用于无线电广播中。调幅(AM)用于中波，调频(FM)用于 VHF 频段。
- 数字调制，如 ASK、FSK 和 PSK，用于在模拟信道传输数字信息。
- 脉冲调制有几种形式，部分形式用模拟信道，另外一些用数字信道。其应用包括在蓝光光盘上的音频信号编码和在 DVD 上的音频信号编码。
- 在接收端，信号要解调得到原来的基带信号。
- 复用是多个通信共用一个信道，包括频分复用和时分复用。
- 早期的无线电接收机是高放式(TRF)接收机。现代的接收机大多用超外差式。

习题

29.1　解释“通信”一词的意思。

29.2　为什么一些书籍介绍通信是说话而不是调制？

29.3　说明通信系统中发射机、接收机和信道的功能。

29.4　举一个单工通信系统的例子。

29.5　全双工和半双工方案有什么区别？

29.6　解释地面波传播、天波传播和可视波传播的概念。哪一种传播的范围最大？

29.7　无线电频段的边界值为 3×10^{X} Hz。为什么不简单地选用 10Hz 的幂次方频率？

29.8　信道容量的含义是什么，哪些因素会影响信道容量？

29.9　信道的带宽为 5kHz，信噪比为 30dB。其信道容量是多少？

29.10　为什么不能将语音信号直接连到天线传输？

29.11　用频率为 1kHz 的正弦波幅度调制频率为 10kHz 的载波信号。调制后波形中有哪些频率分量？

29.12　用频率为 10kHz、振幅为 1.5V 的正弦波幅度调制频率为 1MHz、振幅为 2V 的正弦载波信号，调制深度是多少，调制信号的功率中基带信号占多少百分比？

29.13　如何提高上一习题中的信号功率效率？

29.14　用 20kHz 正弦基带信号调制产生最大频偏为 10kHz 的调频信号。调制后产生的信号带宽是多少？

29.15　无线电广播中，与 FM 相比，全 AM 的主要优点是什么？

29.16　无线电广播中，与全 AM 相比，FM 的主要优点是什么？

29.17　简要解释 ASK、FSK 和 PSK 的含义和方式。

29.18　为什么 ASK 比其他数字调制方法更容易受到噪声影响？

29.19　说明差分相移键控与传统 PSK 相比的优点。

29.20　正交相移键控与二进制相移键控有何不同？

29.21　脉冲调制是模拟调制还是数字调制？

29.22　解释解调与检波之间的区别。

29.23　简要说明图 17.22 所示的简单包络检波器的工作原理。

29.24　为什么 DSBSC 或 SSB 信号的检波比全 AM 信号的复杂？

29.25　简要介绍通信系统中复接和分接的功能。

29.26　频分复用与时分复用有何不同？

29.27　画出 TRF 无线电接收机的主要部件框图。说明 TRF 接收机的优点和缺点。

29.28　画出超外差接收机的主要部件框图。说明超外差接收机的优点和缺点。

第30章 系统设计

学习目标

学完本章内容后，应具备以下能力：

- 理解与电子系统设计相关的主要任务
- 给出模拟电路系统和数字电路系统多种可选的实现方法
- 概述各种器件技术的主要特点，并为不同应用选择适当的技术
- 比较可编程系统和不可编程系统的优点，并为给定的任务提出合理的方案
- 列出多种用于模拟系统和数字系统的电子设计工具
- 描述系统描述语言的特征以及系统说明和系统设计的形式方法。

30.1 引言

好的设计是以最合适和最有效的方式解决特定的问题。要做到这一点，设计师不仅要对问题有良好的理解，还要对现有技术有广泛的了解。显然，这意味着设计能力将随着经验的增加而增加，但这不能理解为可以降低系统构建和方法理论的重要性。设计是一个创造性的过程，但必须基于合理的工程原理才能达到既经济又高效的结果。

在项目的每个阶段，都有大量自动化工具可以帮助设计人员工作，包括可以简单快速地绘制电路图的软件包，对电路进行仿真以便进行测试的软件包，对印制电路或 VLSI 实现进行布局并用设计规则验证布局的软件包。

30.2 设计方法

视频 30A

电子系统的设计任务包括很多方面，并可以通过采用有条理的、合理的方法大大简化(如第 11 章所述)。

大多数经验丰富的工程师都认为自顶向下的系统设计方法有很多优点，因为它首先关注系统的主要方面，然后再设计相关的细节内容。因此，设计过程从“我们要努力实现的目标”开始，向“我们将如何实现目标”的工作迈进。

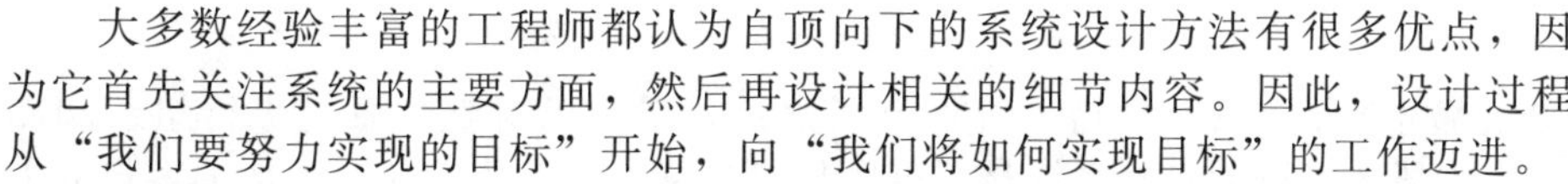

客户需求

客户需求代表系统要解决的问题。在某些情况下，客户和设计师可能是同一个人，但原则是相同的。系统的要求通常以问题而不是解决方案来正确表述。然而，应该注意的是，客户需求代表系统的实际要求，而不是对系统的口头描述或书面描述。

顶层规范

顶层规范是试图定义一个满足客户需求的系统，通常采用自然语言的书面描述形式(“自然”在此用于区分编程或其他计算机语言)，但可以包括适当的数学等式或表达式。而我们稍后也会看到，当开始介绍电子设计工具时，还有其他更精确的方法来定义系统。用自然语言编写规范存在的问题是，编写的规范容易有歧义。

对确定规范而言，定义系统要做什么非常重要，而不是如何做，像使用哪种器件系列合适或选用模拟技术还是数字技术等问题就不应该在规范的范畴内。

在大公司中，规范通常并不由最终进行生产的团队进行设计，而是由另外的团队进行

设计。这样做的目的是保持功能的独立性。完成后，规范应得到所有相关方的认可，包括(如果适用)客户。规范一旦完成，工作就可以进入项目的下一阶段。应该指出的是，有时候可能需要根据新的信息对项目的规范进行修改。只要所有相关方达成一致，则就应该修改规范。但是设计师不能为了工作方便而单方面修改规范。

除了为系统提供规范外，在这一阶段通常要定义一系列测试，设计的系统必须执行这些测试以证明其达到要求。这些将构成系统测试和系统最终演示的基础。

顶层设计

一旦完成系统的规范，设计阶段就以自顶向下的方式开始。对于大型项目，通常首要的任务是将系统划分成多个可管理的模块。然后为每个模块制定一个规范，使其能够独立地设计和测试。

在设计中首先需要决定使用的技术。实现给定的功能总会有多种方式，如模拟、数字或软件技术。通常，大型系统将包括上述所有这些方法。在对使用的技术做出选择之前，通常不能进行更详细的设计。30.3 节将详细介绍这个主题。

对于包含可编程器件(如微处理器或微控制器)的系统，还需要对硬件/软件进行分析，决定哪些功能由硬件执行，哪些功能由软件执行。该过程需要预测系统的产量(如第 27 章所述)。

顶层设计给出了系统的框图以及框图中每个模块的硬件和软件规范。根据这些信息，设计工作可以逐步转向细节的设计。

详细设计

如果有效地完成了顶层设计，项目的详细设计阶段应该比较简单。每个硬件部分将包括一系列功能，这些功能通常可以由标准电路模块构建，如前几章所述。每个软件部分则需要提供一段计算机程序。同样，可以用标准的函数和结构来简化任务。

一系列自动化工具可在项目的各个阶段帮助设计人员进行设计。这些将在本章稍后讨论。

模块构建和测试

当系统的设计完成后，必须搭建和测试各个模块，以确保它们正确执行所需的功能。

与从自顶向下的设计不同，测试通常使用自下而上的方法进行。这包括首先验证每个单独电路的工作，然后检查逐渐扩大的子系统功能。用这种测试小部分电路的方式检测系统与检测整个系统相比，错误检测和故障定位都更容易。在继续进行系统测试之前，必须纠正现阶段发现的任何故障。

系统测试

在每个模块都经过了测试，且错误都纠止了之后，就可以对整个系统进行组装和测试。只有在这个阶段才有可能看到系统是否符合顶层规范，并确认它确实满足了客户的需要。通常有必要向客户演示系统并进行规定的系统验证测试。

在不正确操作可能会造成严重安全或财务影响的系统中，所需的测试往往是非常严格的，通常有必要证明系统是“安全的”或“高度完整”的。

30.3 技术选择

在任何系统的设计中，关键决策之一是技术的选择。从广义上说，可能包括使用机械、液压、气动、电气或电子技术实现系统，但是在这里我们主要关心采用哪种形式的电子电路。选择主要包括使用模拟技术还是数字技术，可编程的方法还是不可编程的方法，以及是双极型器件还是场效应晶体管器件。我们已经注意到，通常将大型项目细分为多个更易于管理的模块。显然，每个模块没有必要采用相同的方法，实际上，甚至在系统的同一部分中使用多种技术的组合也是常见的。

图 30.1 给出了一些设计特定电路可选的方法。最根本的决策之一是采用模拟还是数

字形式的方案。如果选择了模拟方案，那么就需要选择分立的方法还是集成的方法。如果数字系统看起来更合适，则需要选择可编程技术(例如在微型计算机系统的例子中)还是不可编程技术。无论哪种情况，设计人员都有几种选择。

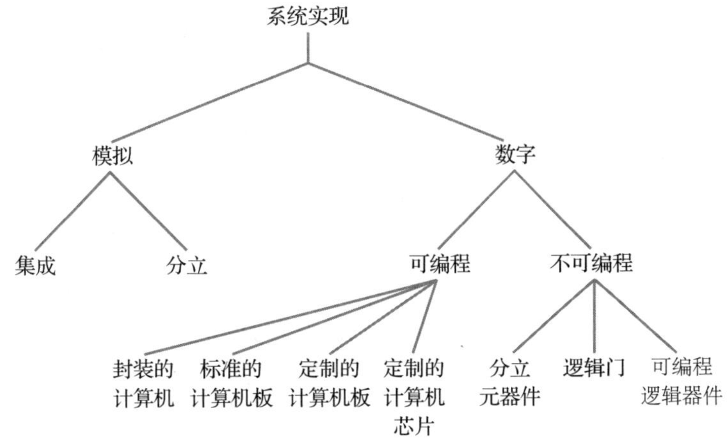

图 30.1　系统实现的可选方法

但是，很难提供既严格又快速的规则来评估一种方案是否比另一种方案更合适。一种更为可用的方法可能是根据一些电路特性确定一些不同的选择，以便设计者能够评估哪种方法更适合给定的应用。

模拟与数字

通常，对于一个特定问题，选择模拟方案还是数字方案是由输入和输出信号的性质决定的。显然，如果一个系统只使用二进制传感器和执行器，那么就选择数字的方法，而具有模拟输入和输出的系统则建议使用模拟技术。然而，虽然在纯数字输入和输出的系统中使用模拟技术并不常见，但在使用模拟信号的应用中使用数字技术是很常见的。后一种方法需要使用数据转换器(如第 28 章所述)，但在很多情况下，与增加的复杂性相比，这样做更有利。

数字方法的适用性会因应用而异，但总体而言，可以说数字系统的潜在优势在于其能提供改进的一致性、更好的噪声性能、更容易储存和传输信号，以及用简单的方式完成复杂信号处理的能力。数字系统的系统设计通常也更为简单，而且有更多的自动设计工具可用。

当我们考虑某些复杂的应用时，将这种系统的模拟实现与复杂的数字实现(例如基于微型计算机或 FPGA)进行比较，则有些方面有待进一步考虑。可以确定数字系统的优点为：

- 改进的一致性
- 通过可编程方式提高灵活性
- 更好的标准化硬件
- 减少元器件的数量
- 降低单元成本(有时)
- 改进测试与自测的能力
- 容易增加附加的功能
- 更高的可靠性
- 提供自动化或简单化校准的可能性

在许多情况下，这些潜在的优势会吸引人，但应该意识到，在不合适的情况下使用复杂的数字方案可能会带来诸多弊端，例如：

- 开发成本更高
- 开发设备需要更多的投资
- 更高的系统复杂度

集成与分立

在实现模拟电路时，是使用集成电路还是分立元器件必须基于多种因素考虑，包括功能、噪声、功耗、成本、尺寸和设计成本。一般来说，使用IC更容易，因为芯片设计师为你做了大量艰苦的工作。然而，在一些非常简单的应用或专门的应用中，分立元器件可能更合适。通常，大功率电路必须使用分立的晶体管来实现。

可编程与不可编程

在简单的应用中，优选不可编程的方案，因为不需要软件开发，开发成本较低。然而，随着系统的复杂性增加，使用可编程(即基于计算机的)方法的潜在优势变得相当大。

基于计算机系统的最大优点之一是系统的灵活性。标准的计算机板用于很多应用中，从而减少了必须制造的子系统类别，节省了设计时间和库存成本(器件库存成本)。还允许通过简单地更改其工作程序来更新系统的工作，而无需重新设计硬件。而缺点在于软件开发成本高。

在许多情况下，使用微型计算机的替代方案是使用PLD。在基于PLD的系统中，大部分复杂的设计都是在逻辑器件内实现的。这样可以通过改变PLD的配置来简单地修改系统的功能。这种系统的升级方式与基于计算机的系统相同，通常不需要对硬件进行修改。当以这种方式使用CPLD时，配置器件的任务实际上与软件编程非常相似。该过程使用了一系列复杂的开发工具，可能非常耗时且昂贵。可以将微处理器和PLD视为类似的器件，每个器件执行由程序员定义的一组复杂的指令。这两种方法之间的主要区别在于，在计算机中，以串行方式执行指令，而在PLD中指令是并行执行的。

除了一定程度的复杂性之外，使用不可编程逻辑器件实现系统的成本非常昂贵。在这种情况下，基于计算机的系统是唯一实用的解决方案，可以用软件构建非常复杂的控制算法，而不是增加更复杂的硬件。

实现可编程系统

基于计算机的系统可以通过多种方式实现，采取的策略在很大程度上取决于产量。小批量的项目倾向于使用现成的系统，这样会减少大量昂贵的设计工作。另一方面，较大批量的应用倾向于定制的方法，定制的方法需要大量的设计工作来制造专门的电路板。对于非常大批量的项目，可能需要生产定制集成电路。这种方法的开发成本极高，但单个成本非常低。

实现不可编程的数字系统

对于不可编程的数字系统，实现的方法取决于功能的复杂性。当需要非常有限的逻辑运算时，可以使用基于二极管逻辑或少量晶体管的简单分立电路来设计电路。然而，对于除了最简单的功能外，通常使用更传统的逻辑电路。只需要少量门电路的应用通常会使用标准的CMOS逻辑器件。然而，即使是非常简单的逻辑电路也需要很多元器件，因此，从成本和空间方面考虑，使用阵列逻辑会很经济。

30.3.1 器件技术

在确定了实现特定系统或模块的方法之后，需要考虑用于制造它的器件技术。图30.2概述了一些主要的选择。

无论是在模拟系统还是数字系统中，要做的主要决定之一是使用双极型晶体管电路还是使用场效应晶体管电路，或者是两者结合的电路。

模拟系统中的双极型晶体管与场效应晶体管

场效应晶体管和双极型晶体管的特性(如第18章和第19章所述)有很大的不同，它们用于许多不可互换的电路中。在这种情况下，元器件选择就很容易，但是在某些应用中，这两种器件技术都可以使用，因此就必须选择其中的一种。通常，场效应晶体管用于需要高输入阻抗的应用中，在这种情况下可以提供良好的噪声性能。双极型晶体管具有较低的输入电阻，但是增益通常更高，当与低阻抗源一起使用时，具有优异的噪声性能。在某些情况下，可以通过使用 BiFET 或 BiMOS 电路来结合两种技术的特性优势。

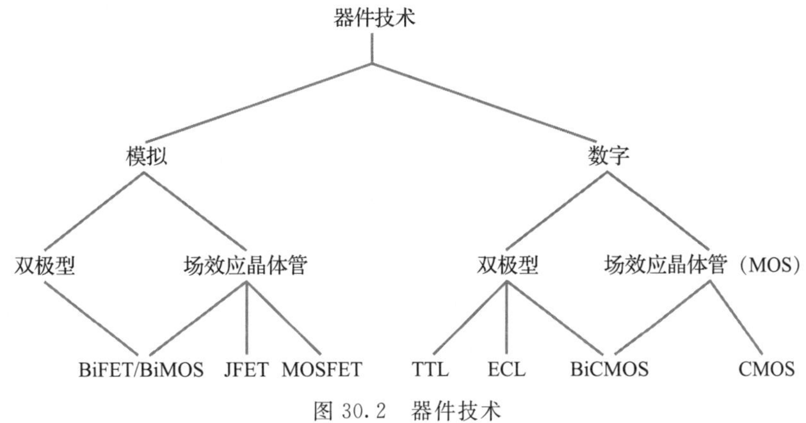

图 30.2 器件技术

数字系统中的双极型晶体管与场效应晶体管(MOS)

在数字系统中，是选择双极型电路还是选择基于场效应晶体管的电路(在考虑数字元器件时后者通常描述为 MOS 器件)主要取决于对速度、功耗、抗噪声和元器件密度的考虑。这些考虑已在第 26 章进行了相当详细的讨论。

在数字电子的早期阶段，双极型逻辑系列，如 TTL 和 ECL，通常比 MOS 器件的工作速度更快；非饱和系列，如 ECL 和肖特基 TTL，比饱和的类型更快。然而，现代 CMOS 器件非常快，几乎在所有应用中都已经取代了 TTL，双极型器件仅限于少量专门的应用，例如构建高速设备驱动器。

MOS 电路比双极型器件具有更好的抗噪声能力，CMOS 门能够容忍至少 30%的电源电压的噪声。由于这些电路也可以用 15V 电源，所以可以提供大约 4.5V 的抗噪声能力，而对于 TTL 而言，其抗噪声能力约为 0.4V，而 ECL 则更小。然而，应该注意的是，MOS 逻辑电路的高输入阻抗使其在噪声性能方面可能达不到所给出的数字。还应该记住的是，CMOS 逻辑电路常常使用较低的电源电压，这极大地降低了其抗噪声能力。

MOS 技术的另一个重要特性是，当用集成电路的形式实现时，电路密度非常高。与双极型电路相比，MOS 技术在单个器件内可以制作更多的电路。因此，大多数微型计算机及其相关的内存和支持设备都是使用 CMOS 技术构建的。对于高速应用，双极型微处理器是可用的，但是通常非常昂贵，且不及 MOS 类型的成熟。

30.4 电子设计工具

大量基于计算机的电子辅助工具可以简化和加快设计过程。这些辅助工具属于计算机辅助设计(CAD)工具的总称，但也可以称为电子计算机辅助设计(ECAD)、计算机辅助工程(CAE)或计算机辅助软件工程(CASE)工具。说明这些软件包的使用或介绍它们的功能都不在本书的范围之内。然而，从总体上看，各种形式的工具的总体特征通常是类似的。

尽管单个软件包提供了许多不同的功能，但使用多种工具通常有利于设计。出于这个原因，各种软件包产生和接收的数据通常采用某些标准形式，以便软件包之间的数据可以互换。

30.4.1 原理图捕获

原理图捕获包与电路设计者的关系就像字处理器与作家的关系一样，允许设计者使用键盘命令和诸如鼠标或图形输入板之类的定点设备进行输入，在计算机屏幕上快速绘制电路图。可以添加、删除或移动元器件，并且可以适当地连接元器件以产生所需的电路。

但是，如果只是一个能够在屏幕上绘制对象的图形包，则该工具的使用非常有限。这项技术的威力源于包中元器件库的使用。元器件库存储每个元器件的技术细节，包括其引脚和电路符号。设计人员可以根据需要从库中选择元器件，将它们放置在电路中，而无需花费大量时间画每个元器件。大多数软件包都有大量的标准元器件，可满足大多数需求，并随着新元器件的推出而更新。通常还可以通过绘制所需的电路符号并向库中添加适当的信息来添加所需要的元器件。

原理图捕获包的输出可能有多种形式，最明显的一种是可以通过打印机或绘图仪生成已完成图形的硬拷贝，还可以提供元器件列表并定义其互连的网表。这些信息可以作为下面描述的其他一些软件包的输入。

原理图捕获包的例子可以在 PSpice 设计套件和 Multisim 包中找到，这两个包将在下一节中进一步讨论。两者都提供了大量的标准元器件库，并允许定义新的元器件。这些程序都生成与其他 CAD 程序兼容的标准网表文件和电路文件。

30.4.2　电路仿真

完成了电路的设计并在计算机上用原理图捕获包画出了原理图后，需要确定设计的电路是否能按要求工作。显然，实现这一目标的方法是构建电路并进行测试。然而，这是一个既费时又经常不准确的方法，可能会浪费大量的时间和精力。更有吸引力的解决方案是对电路进行仿真，以便在制作前进行所有必要的修改。

有许多电路仿真软件包，但最有名的可能是 SPICE。SPICE 是一个计算机辅助仿真程序，其名称代表以集成电路为重点的仿真程序。它最初是由加利福尼亚大学电子研究实验室开发的，于 1975 年推出。SPICE 程序的原始版本仅能生成数字和文本输出，现在常使用的是更加现代的软件包，以类似的方式工作，但能够输出更有意义的图形格式。这些软件包包括 PSpice 和美国国家仪器公司的 Multisim。PSpice 是 Cadence 公司的 ECAD 工具套件的一部分。

SPICE 及其衍生产品可用于模拟电路和数字电路的交流和直流分析，以及连续和瞬态条件分析。与前面介绍的原理图捕获包一样，它们使用元器件库来存储每个元器件的特性。如前所述，用户可以添加新的元器件。标准库包括涵盖晶体管和集成电路在内的一系列有源器件和无源器件的细节。

在定义了电路后，用户可以指定一组初始条件和输入信号，程序将仿真电路的工作并显示结果。仿真是电路设计人员非常宝贵的工具，通常在开发过程中交互使用，而不是简单地测试完成的设计。

30.4.3　PCB 布局

设计完成后，下一步就是设计的实现。如果要用印制电路板(PCB)实现电路，需要制造一个光照掩膜板，用于确定电路板上的铜走线和孔的位置。在电子工具出现之前，制作掩膜板时是手工将不透明条放在透明胶片上完成的。今天，电路板布局可以选择使用众多 PCB 布局软件包中的一个来完成。

原理图捕获包生成的元器件列表和网表输入到布局软件包，然后用户定义板的尺寸和形状并放置元器件。同样，元器件库用于存储每个元器件的尺寸和引脚，与之前一样，用户可以自定义元器件。大多数软件可以根据元器件的尺寸和连接情况自动安排元器件的位置。

大多数软件包在这之后会自动布线并对应连接各个元器件的引脚。不久以前，这些软件包的自动布线程序非常原始，无法完全依赖它完成完整的布局任务。使用这种布局的系统，通常手动放置地和电源线，然后程序对剩余的走线进行自动布线。用户经常需要手动完成布局程序不能实现的连接。较新的系统具有更强大的自动布线算法，通常可以在没有人为干预的情况下完成完整的布局任务。这可以将复杂电路板的布局布线时间从 50 小时减少到几分钟。

为了初步对设计进行检查，布局软件包可以在打印机或绘图仪上输出结果。对于最终的布局，通常将软件包的输出结果输入到光电绘图仪，光电绘图仪直接在透明胶片上产生电路板的印刷掩膜。

30.4.4 PLD 设计和编程包

我们已经介绍了在数字电子系统的构建中使用阵列逻辑(见第 27 章)。很多阵列逻辑器件可以由用户编程，通称为可编程逻辑器件(PLD)。由于这些阵列可能包含几千个门，所以选择适当的互连模式是很重要的。因此，这项任务通常安排给可以简化流程的自动化工具。这些软件包需要输入规范的语言来描述器件所需的功能。该描述设定了 PLD 的哪些引脚为输入，哪些引脚为输出，并定义它们之间的关系。它还定义了一组测试向量，由一组输入组合和预期的输出组成。软件包利用这些数据生成熔丝图，加载到 PLD 编程器中，然后将编程结果写入目标器件。编程完成后，使用指定的测试向量自动测试 PLD，确保其正常工作。编程和验证器件的过程通常需要几秒钟。

30.4.5 VLSI 布局

如果要将电路设计成 VLSI，则需要另一种布局软件包，它们与 PCB 布局程序有一定的相似之处，但工作尺寸是以微米($1\mu m=10^{-6}m$)而不是毫米为单位。在这样的尺寸量级上，单个元器件是从半导体的不同区域组合构成的，需要定位这些区域和精确连接这些区域的金属层。单个晶体管的形成需要几个不同的区域，但是一旦设计完成，就可以作为库元器件存储，可以再次使用。然后多个晶体管连接起来可以构成门电路，门电路也可以存储起来供以后使用。以这种方式，就建立了元器件库。在数字设计中，通常有很多重复的电路元器件，而标准电路单元的使用大大简化了设计。

30.4.6 设计验证

无论是 PCB 布局还是 VLSI 布局，必须遵循若干设计规则才能生成可靠工作的电路。例如，规则要求导线之间的最小间距、走线的最小厚度和半导体区域的相对位置。有很多软件包可以用于检查设计是否违反这些规则。有时这些实用程序是在特定的布局软件包中提供的。在其他情况下，它们是单独的软件。

设计验证的另一个方面与 EMC 有关。传统的电路仿真软件可以对系统的功能特性进行研究，但不考虑其 EMC 性能。专业软件包可以在系统制作之前预测系统的 EMC 性能，以验证其是否可接受。这样可以节省大量微调设计的时间和精力。

30.4.7 系统规范及描述

除了上述的 CAD 软件包外，还有多种计算机语言。用于电子系统的规范和设计，例如 VDM、ELLA、HILO、HOL 和 Z 等语言。这些语言不是用于生成在目标系统上运行以完成指定任务的软件，而是用于定义系统本身的性质。例如，VDM 本质上是一种系统规范语言，可用于描述任何系统的输入、输出及它们之间的关系。该描述形成了非常精确的系统规范，但与最终实现方法无关。例如，它不会定义是用硬件还是用软件实现特定功能。

一旦以这种方式定义了系统，就可以使用工具来简化用硬件、软件或两者的组合实现系统的任务。这些计算机语言可以用于设计逻辑门级的电路或直接与 VLSI 设计包连接。还存在用于产生常规程序的技术，以实现目标系统所需的软件。在这个过程中最重要的是需要确认产生的电路和软件直接与原始的顶层规范相对应。多种软件工具都可用于此过程，尽管它们在很大程度上依赖于用户的智力。

由于其严格的数学基础，这些形式的规范和设计通常描述为形式化的方法。这些技术的使用大大增加了设计过程的可靠性，并且提高了设计的正确性。

也许最重要的硬件描述语言是 VHDL。该名称是 VHSIC 硬件描述语言的首字母缩写词(VHSIC Hardware Description Language)，其中 VHSIC 是另一个缩写，代表非常高速的集成电路。VHDL 可用于多种用途，包括电路的文档编制、验证、综合、仿真和测试。它可以用于描述系统的结构、数据流或“行为”，并且可以在开发过程中以多种方式使用。例如，VHDL 定义系统每个模块的功能、这些模块间的交互，甚至用于测试的验收标准，进而定义了该系统。按照规范，VHDL 可用于设计绘制，作为原理图的一种替代方法。VHDL 的这种用法，允许使用现有的一些非常强大的仿真工具来仿真系统。在 CPLD 的规范中，VHDL 拥有越来越重要的用途(如 27.2.8 节所述)。

进一步学习

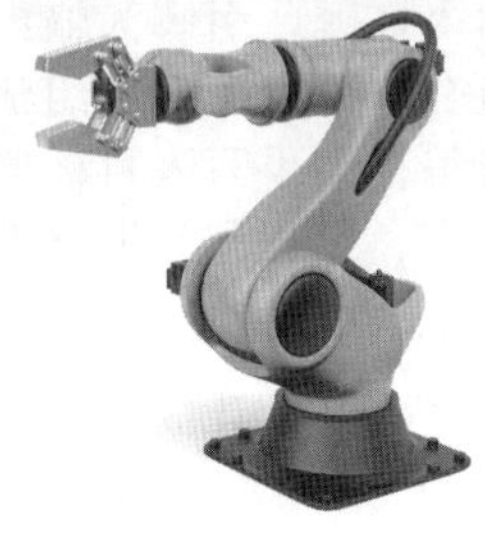

视频 30B

在许多情况下都会使用机械臂，并且它以很多方式模拟人类手臂的操作。图中给出的装置具有多个旋转关节，每个旋转关节都由某种形式的电动机控制，还有一个可以打开或关闭的夹具，以夹持要控制的物体。

机械臂需要一个控制系统来监视手臂的操作。控制系统要能够接收大量表示手臂的目标位置(根据其端点和方向)和夹具的位置(确定“手”的“手指”的距离)的信号，然后产生适当的控制信号将手臂驱动到目标的位置。

在不考虑控制系统详细设计的情况下，考虑选择用于实现该控制器的技术。什么因素会影响选择？模拟方法和数字方法哪种更适合，以及应采用何种形式实现？

关键点

- 一个好的设计可以为问题提供合适的解决方案。
- 用于实现设计的常规方法是使用自顶向下的方法。
- 从系统的需求开始，确定系统的需求，产生规范。
- 规范构成了顶层设计的基础。规范可能包括将问题细分为多个部分。
- 规范完成后，可以开始详细设计硬件和软件。
- 自顶向下的设计通常是自下而上的测试。这样最终可以测试整个系统，确保系统符合原始规范。
- 在前期阶段，有必要决定使用的实现形式。这将涉及从一系列技术中进行选择合适的技术。
- 有各种自动化工具可以简化模拟系统和数字系统的设计。这些工具包括执行原理图捕获、电路仿真、PCB 布局、PLD 设计和编程、VLSI 布局和设计验证的软件包。
- 有几种规范的语言，其中，最重要的也许是 VHDL。

习题

30.1　列出与电子系统设计相关的主要任务。

30.2　客户需求与系统规范有什么区别？

30.3　规范描述系统必须做什么，而不是必须如何做，这很重要，为什么？

30.4　哪些因素会影响硬件/软件的选择？

30.5　定义术语“自顶向下”和“自下而上”。这两种方法中哪一种适合于设计，哪一种适合测试？

30.6　为什么在完整的系统组装之前要单独测试各个模块？

30.7　比较用模拟技术构建的系统与用数字方法构建的系统的特点。

30.8　在数字系统中，决定使用微处理器而不是使用基于不可编程技术电路的因素是什么？

30.9　说明原理图捕获包的使用方法，并描述该软件包的输出如何与其他软件工具结合使用。

30.10　说明在下列过程中 ECAD 工具的功能和特点：

(a) 电路仿真

(b) PCB 布局

(c) PLD 设计和编程

(d) 设计验证。

30.11　描述系统规范语言的功能。这与计算机编程语言有什么不同？

附录 A 符号

以下是本书中使用的主要符号及其含义。

符号	含义
α	电阻温度系数
β	双极型晶体管电流增益(相当于 h_{FE})
ε	介电常数
ε_0	绝对介电常数，自由空间的介电常数
ε_r	相对介电常数
ξ	阻尼系数
μ	磁导率
μ_0	自由空间的磁导率
μ_r	相对磁导率
ρ	材料的电阻率
σ	材料的电导率
T	时间常数
ϕ	相位差
Φ	磁通量
ω	正弦波的角频率
ω_0	滤波器的中心角频率、转折角频率或谐振频率
ω_c	截止角频率
ω_n	无阻尼的固有频率
A_i，A_p，A_v	电流增益，功率增益，电压增益
B	带宽，磁通密度
C	电容量
$\overline{\mathrm{CE}}$	芯片使能
$\overline{\mathrm{CS}}$	片选
D	电通量密度
e	电子电荷
E	电场强度
E_m	介电强度
F	磁动势
f_0	滤波器的中心频率、转折频率或谐振频率
f_c	截止频率
f_T	特征频率
G	总增益
g_m	跨导
H	磁场强度
h_{FE}	双极型晶体管共发射极电路的直流增益
h_{fe}	双极型晶体管共发射极电路小信号电流增益

（续）

符号	含义
h_{ie}	双极型晶体管共发射极电路小信号输入电阻
h_{oe}	双极型晶体管共发射极电路小信号输出电导
h_{re}	双极型晶体管共发射极电路小信号反向电压增益
I	电流
i	小信号电流
I_B，I_C，I_E	基极直流电流，集电极直流电流，发射极直流电流
i_b，i_c，i_e	小信号基极电流，小信号集电极电流，小信号发射极电流
I_{BB}，I_{CC}，I_{EE}	基极电源电流，集电极电源电流，发射极电源电流
I_{CBO}	发射极开路时集电极到基极的漏电流
I_{CEO}	基极开路时集电极到发射极的漏电流
I_D，I_G，I_S	漏极直流电流，栅极直流电流，源极直流电流
i_d，i_g，i_s	小信号漏极电流，小信号栅极电流，小信号源极电流
I_{DD}，I_{GG}，I_{SS}	漏极电源电流，栅极电源电流，源极电源电流
I_{DSS}	漏极到源极的饱和电流
I_n	噪声电流
I_p	正弦波的峰值电流
$I_{pk\text{-}pk}$	正弦波的峰-峰电流
I_{rms}	方均根电流
I_s	反向饱和电流
I_{SC}	短路电流
k	波耳兹曼常数
L	电感
M	互感
$\overline{OE}$	输出使能
P_{av}	平均功率
P_i，P_o	输入功率，输出功率
P_n	噪声功率
P_s	信号功率
Q	品质因数、无功功率
q	电荷
R	电阻
r_d	漏电阻
R_i，R_o	输入电阻，输出电阻
r_{gs}	小信号栅极电阻
R_L	负载电阻
R_M	仪表电阻
R_S	源电阻
R_{SE}	仪表串联电阻
R_{SH}	仪表分流电阻
S	视在功率，磁阻
T	绝对温度、周期波形的周期
t_f	下降时间
t_H	保持时间

（续）

符号	含义
t_{PD}	传输延迟时间
t_{PHL}	从高到低过渡的传输延迟
t_{PLH}	从低到高过渡的传输延迟
t_r	上升时间
t_S	建立时间
V	电压
v	小信号电压
V_+，V_-	运放同相输入电压，运放反相输入电压
V_A	厄利电压
V_B，V_C，V_E	基极直流电压，集电极直流电压，发射极直流电压
v_b，v_c，v_e	基极的小信号电压，集电极的小信号电压，发射极的小信号电压
V_{BB}，V_{CC}，V_{EE}	基极电源电压，集电极电源电压，发射极电源电压
V_{BE}，V_{CE}	基极到发射极的直流电压，集电极到发射极的直流电压
v_{be}，v_{ce}	基极到发射极的小信号电压，集电极到发射极的小信号电压
v_{br}	击穿电压
V_D，V_G，V_S	漏极的直流电压，栅极的直流电压，源极的直流电压
v_d，v_g，v_s	漏极的小信号电压，栅极的小信号电压，源极的小信号电压
V_{DD}，V_{GG}，V_{SS}	漏极电源电压，栅极电源电压，源极电源电压
V_{DS}，V_{GS}	漏极到源极的直流电压，栅极到源极的直流电压
v_{ds}，v_{gs}	漏极到源极的小信号电压，栅极到源极的小信号电压
V_H，V_L	逻辑 1 的电压，逻辑 0 的电压
V_i，V_o	输入电压，输出电压
v_i，v_o	小信号输入电压，小信号输出电压
V_{IH}，V_{IL}	逻辑 1 的输入电压，逻辑 0 的输入电压
V_{ios}	输入失调电压
V_n	噪声电压
V_{NI}	抗噪性
V_{OC}	开路电压
V_{OH}，V_{OL}	逻辑 1 的输出电压，逻辑 0 的输出电压
V_P	夹断电压
V_p	正弦波的峰值电压
V_{pk-pk}	正弦波的峰-峰值电压
V_{pos}，V_{neg}	运算放大器的正电源电压、负电源电压
V_{ref}	参考电压
V_{rms}	方均根电压
V_S	源电压
V_T	阈值电压
V_Z	齐纳击穿电压
$\overline{\text{WE}}$	写使能
X	电抗
X_C	容抗
X_L	感抗
Z	阻抗

附录 B

国际标准单位和前缀

以下是一系列物理量及其相关国际标准单位。

物理量	物理量符号	单位名称	单位符号
电容	C	法[拉]	F
电荷	q	库[仑]	C
电导率	G	西[门子]	S
电流	I	安[培]	A
电场强度	E	伏[特]每米	V/m
电通量	ψ	库[仑]	C
电通密度	D	库[仑]每平方米	C/m^2
电动势	E	伏[特]	V
能量	W	焦[耳]	J
力	F	牛[顿]	N
频率	f	赫[兹]	Hz
角频率	ω	弧度每秒	rad/s
阻抗	Z	欧[姆]	Ω
电感(自感)	L	亨[利]	H
电感(互感)	M	亨[利]	H
磁场强度	H	安[培]每米	A/m
磁通量	Φ	韦[伯]	Wb
磁通密度	B	特[斯拉]	T
周期	T	秒	s
磁导率	μ	亨[利]每米	H/m
介电常数	ε	法[拉]每米	F/m
电位差	V	伏[特]	V
功率(有功)	P	瓦[特]	W
功率(视在)	S	伏[特]安[培]	V·A
功率(无功)	Q	伏[特]安[培](无功)	var
电抗	X	欧[姆]	Ω
电阻	R	欧[姆]	Ω
电阻率	ρ	欧[姆]米	Ω·m
温度	T	开[尔文]	K
时间	t	秒	s
扭矩	T	牛[顿]米	N·m
速度	V	米每秒	m/s

以下是最常用的单位前缀列表。

前缀	名称	含义
E	eta	$\times 10^{18}$
P	peta	$\times 10^{15}$
T	tera	$\times 10^{12}$
G	giga	$\times 10^{9}$
M	mega	$\times 10^{6}$
k	kilo	$\times 10^{3}$
h	hecto	$\times 10^{2}$
da	deca	$\times 10^{1}$
d	deci	$\times 10^{-1}$
c	centi	$\times 10^{-2}$
m	milli	$\times 10^{-3}$
μ	micro	$\times 10^{-6}$
n	nano	$\times 10^{-9}$
p	pico	$\times 10^{-12}$
f	femto	$\times 10^{-15}$
a	atto	$\times 10^{-18}$

附录 C

运算放大器电路

以下是基本运算放大器电路的示例。例子仅用于说明性的目的，而不能作为实际的电路。对于所有的例子，必须小心选择元器件值，同时考虑 16.6 节给出的指导性建议。

同相放大器

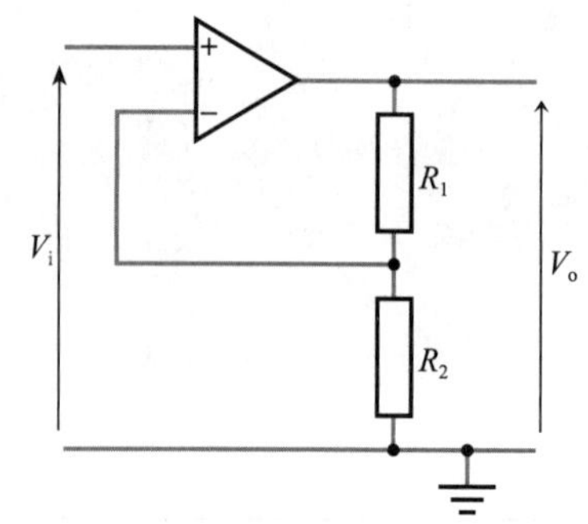

说明

$$\frac{V_o}{V_i}=\frac{R_1+R_2}{R_2}$$

高输入电阻

低输出电阻

良好的电压放大器

参见 16.3.1 节

反相放大器

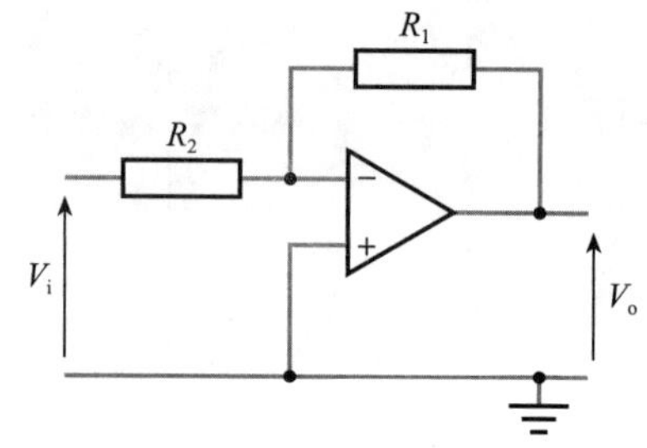

说明

$$\frac{V_o}{V_i}=-\frac{R_1}{R_2}$$

输入电阻由 R_2 设定

低输出电阻

虚地放大器

参见 16.3.2 节

单位增益缓冲放大器

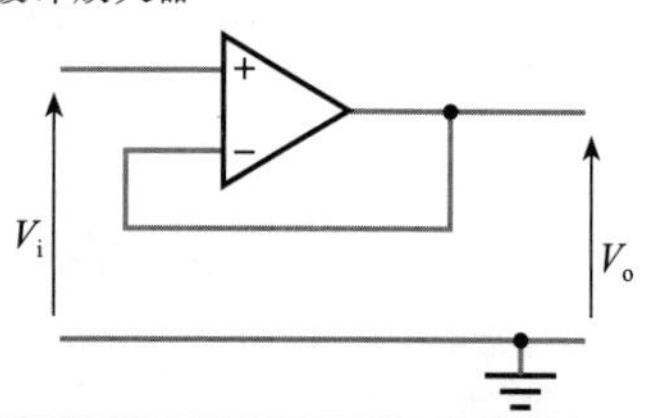

说明

$$\frac{V_o}{V_i}=1;V_o=V_i$$

非常高的输入电阻

非常低的输出电阻

极好的缓冲放大器

参见 16.4.1 节

电流-电压转换器

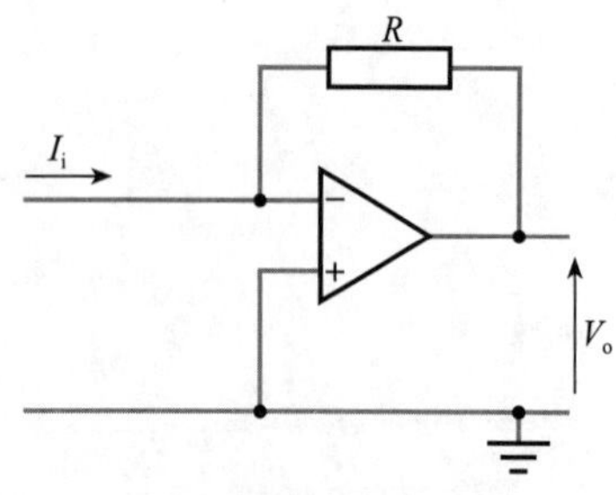

说明

$$V_o=-I_iR$$

非常低的输入电阻

低的输出电阻

虚地电路

也称为跨电阻或跨阻抗放大器

参见 16.4.2 节

差分放大器(减法器)

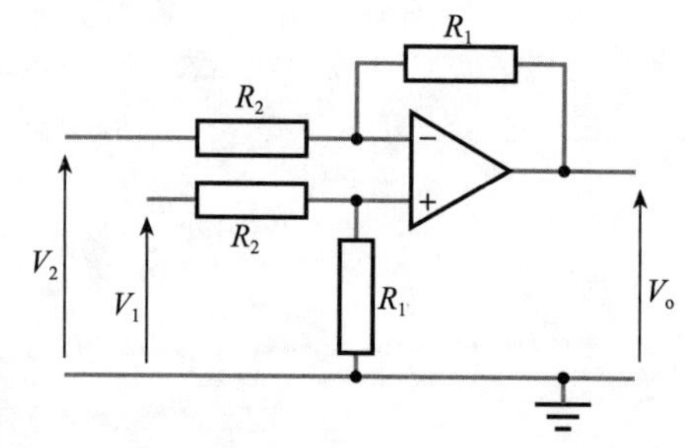

说明

$$V_o=(V_1-V_2)\frac{R_1}{R_2}$$

每个输入端的电阻通常不一样

低的输出电阻

如果 $R_1=R_2$，则 $V_o=(V_1-V_2)$

参见 16.4.3 节

（续）

反相求和放大器(加法器)

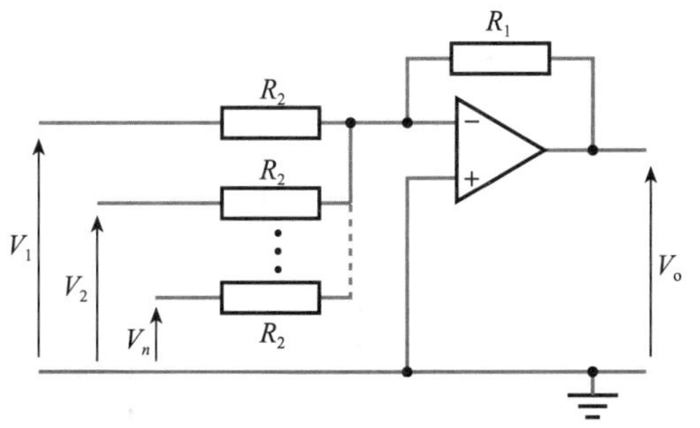

说明

$$V_o = -(V_1 + V_2 + \cdots + V_n)\frac{R_1}{R_2}$$

输入电阻由 R_2 决定
非常低的输出电阻
虚地放大器
任意多个输入
参见 16.4.4 节

同相求和放大器(加法器)

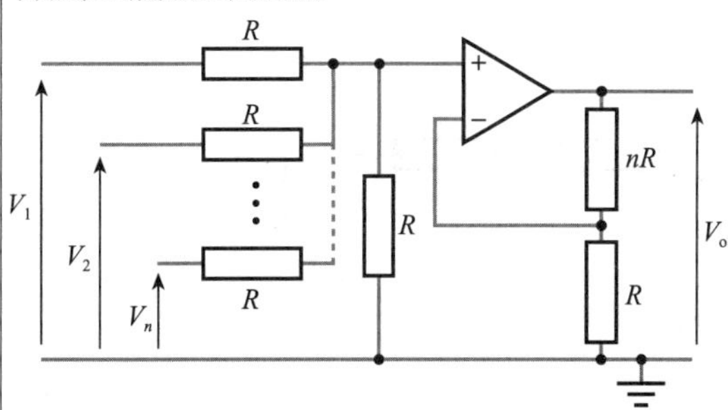

说明

$V_o = V_1 + V_2 + \cdots + V_n$
输入电阻由电阻值决定
低的输出电阻
任意多个输入

微分器

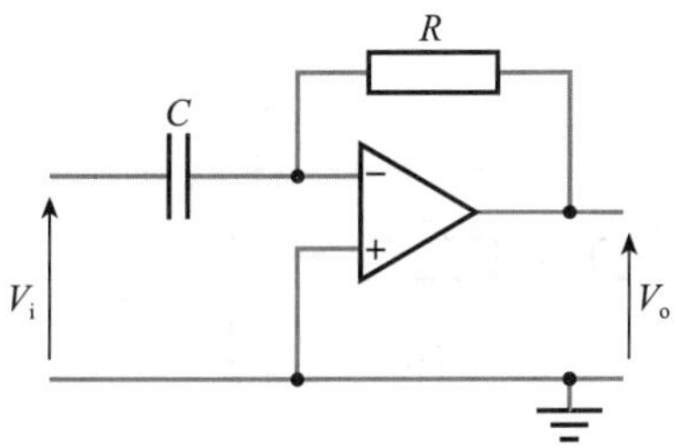

说明

$$V_o = -RC\frac{dV_i}{dt}$$

输入阻抗由 C 决定
非常低的输出电阻
虚地放大器
对噪声敏感，电阻并联电容减小噪声
参见 16.4.6 节

积分器

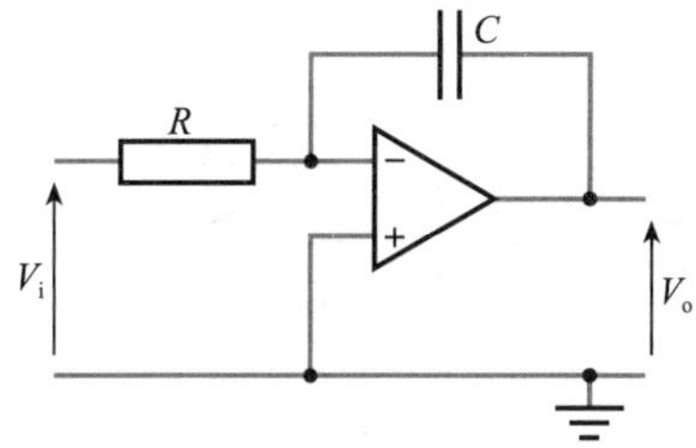

说明

$$V_o = -\frac{1}{RC}\int_0^t V_i dt$$

输入阻抗由电阻决定
低的输出电阻
虚地放大器
直流输入产生一个倾斜的输出，存在偏移电压的问题
参见 16.4.5 节

带复位的积分器

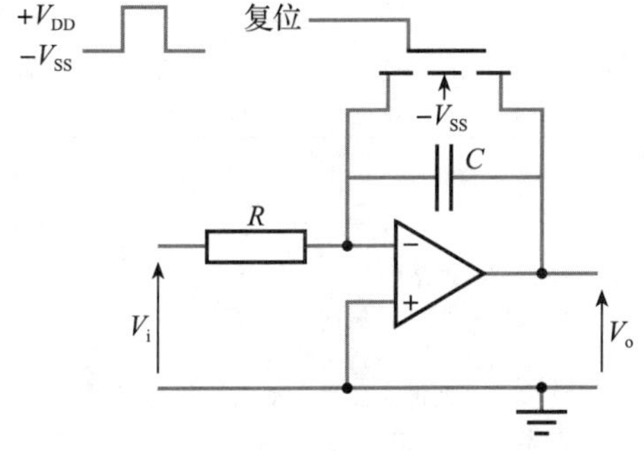

说明

$$V_o = -\frac{1}{RC}\int_0^t V_i dt$$

电路的工作类似于积分器
FET 用作开关，当其关闭时对 C 进行放电
恒定的 V_i 和规则的复位脉冲将产生锯齿波输出
参见 18.8.2 节

采样和保持门

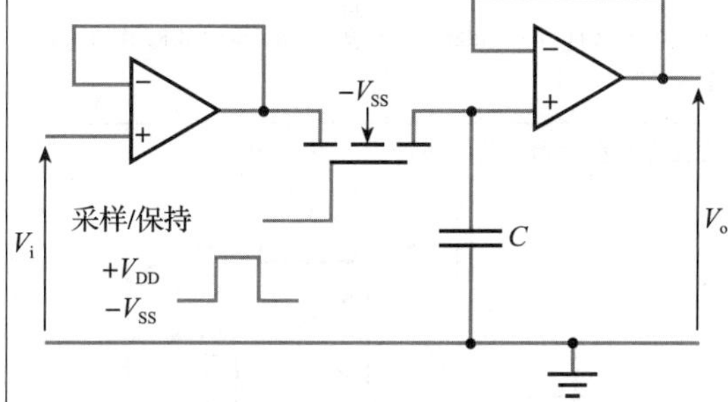

说明

$V_o = V_i$(在采样时刻)
非常高的输入阻抗
非常低的输出电阻
为了达到最好的性能，第二个放大器使用 FET 输入运算放大器，使 C 的放电时间最小和保持时间最大
参见 18.8.3 节

（续）

低通滤波器

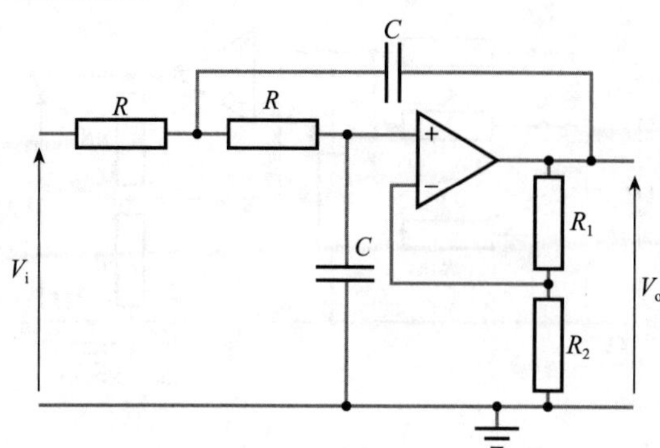

说明

双极点滤波器

图中给出的值可以得到巴特沃斯响应

$$f_0 = \frac{1}{2\pi CR}$$

滤波器的特性(截止频率)受由 R_1 和 R_2 决定的增益的影响

参见 16.4.7 节

高通滤波器

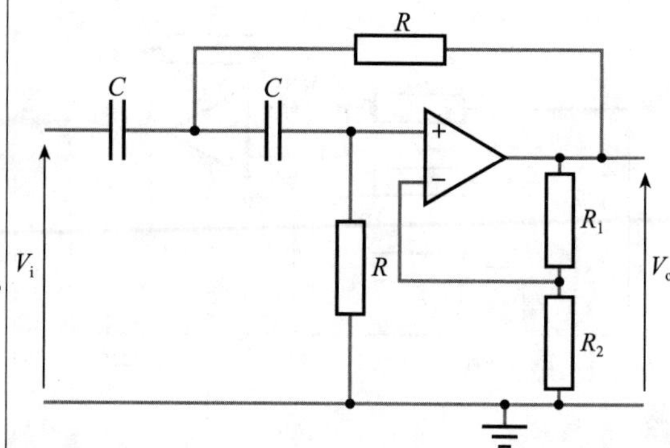

说明

双极点滤波器

图中给出的值可以得到巴特沃斯响应

$$f_0 = \frac{1}{2\pi CR}$$

滤波器的特性(截止频率)受由 R_1 和 R_2 决定的增益的影响

参见 16.4.7 节

带通滤波器

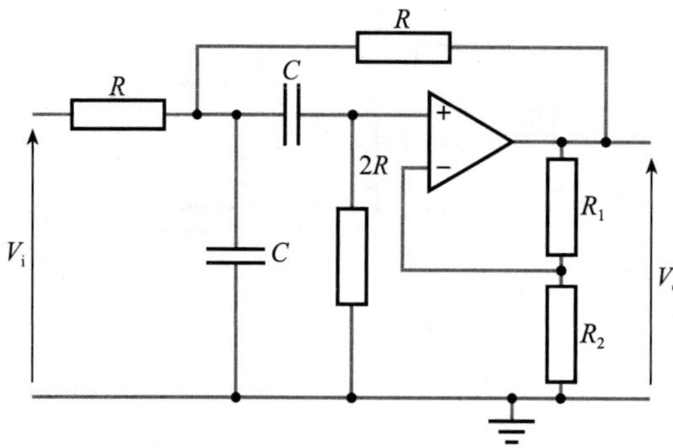

说明

双极点滤波器

图中给出的值可以得到巴特沃斯响应

$$f_0 = \frac{1}{2\pi CR}$$

滤波器的特性(中心频率)受由 R_1 和 R_2 决定的增益的影响

参见 16.4.7 节

带阻滤波器

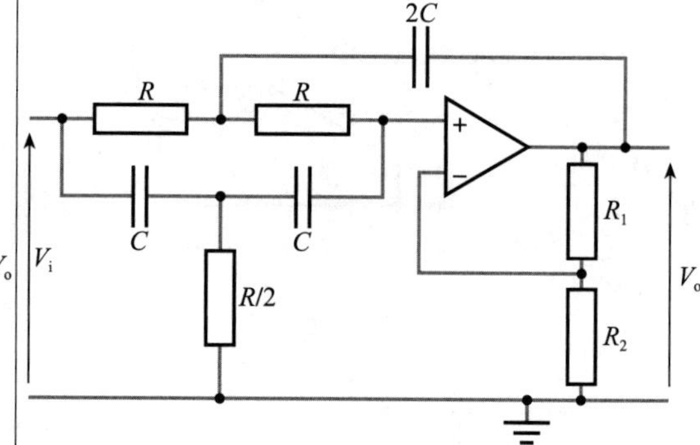

说明

双极点滤波器

图中给出的值可以得到巴特沃斯响应

$$f_0 = \frac{1}{2\pi CR}$$

滤波器的特性(中心频率)受由 R_1 和 R_2 决定的增益的影响

参见 16.4.7 节

文氏电桥振荡器

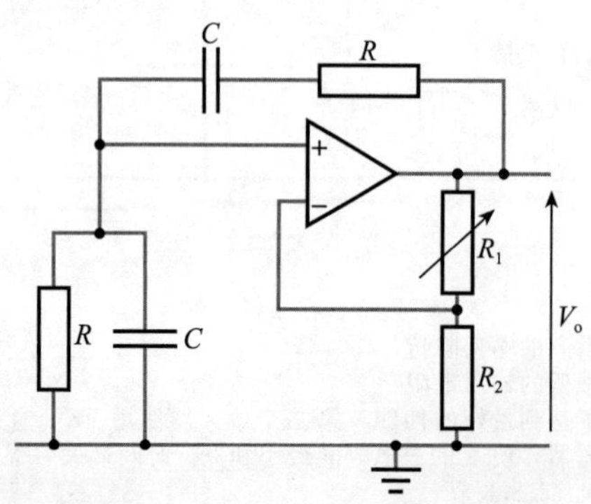

说明

$$f = \frac{1}{2\pi CR}$$

通常 $R_1 \approx 2R_2$

如果增益太低，振荡器将停止振荡

如果增益太高，输出将饱和并产生失真

许多复杂的电路使用自动增益控制

参见 23.2.2 节

附录 D
复　　数

实数、虚数和复数

读者已熟悉 $ax^2+bx+c=0$ 形式的二次方程的求解问题。例如，方程式

$$x^2+x-6=0$$

可以重写为

$$(x-2)(x+3)=0$$

其产生的解为 $x=2$ 或 $x=-3$。

但是，一些方程式，例如

$$x^2+1=0$$

没有实数解。为了解决这个问题，数学家定义一个虚数 i，它具有这样的属性：

$$\mathrm{i}^2=-1 \quad \mathrm{i}=\sqrt{-1}$$

这就可以求解所有的二次方程。虽然符号“i”在数学中广泛使用，但在工程学中，通常用符号“j”表示这个量，因为“i”通常用于表示电流。

引入虚数，则就可以有几种不同形式的数字，即实数(1，2，3 等)；虚数，是 j 和实数的乘积(j1，j2，j3 等)；复数，实数加上虚数构成(例如 3+j4)。

因此，复数 x 的形式是

$$x=a+\mathrm{j}b$$

其中，a 和 b 是实数。这里 a 表示 x 的实部，b(不是 jb)表示 x 的虚部。可以写为

$$\mathrm{Re}(x)=a$$
$$\mathrm{Im}(x)=b$$

复数的图形表示

复数是二维量，可以表示为复平面坐标上的一个点。坐标面水平为实轴，垂直为虚轴，复数可以由如图 D.1 所示的一条线表示。这种表示形式称为阿根图(Argand diagram)，图中给出了 $x=a+\mathrm{j}b$ 的直角坐标。

另一种表示 x 的方法如图 D.2 所示，图中的数字由线的长度 r 和旋转角度 θ 定义。这称为复数的极坐标形式。比较图 D.1 和图 D.2，很明显，从直角坐标到极坐标形式的转换是对应的，因为毕达哥拉斯提出

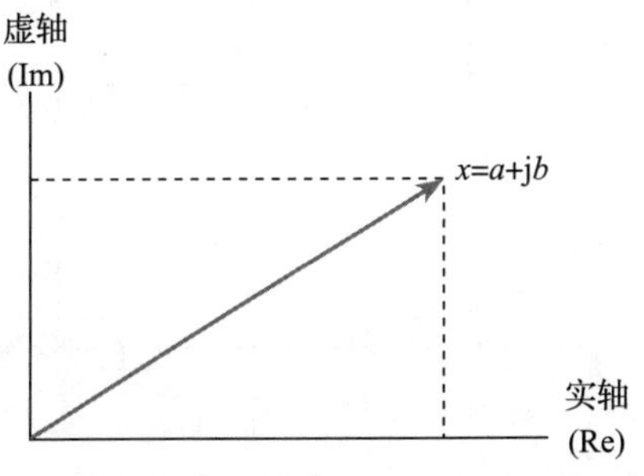

图 D.1　复数的直角坐标表示

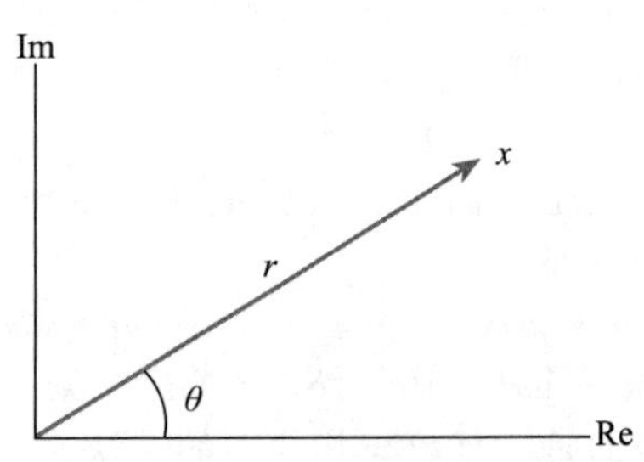

图 D.2　复数的极坐标表示

$$r = \sqrt{a^2 + b^2}$$

和

$$\theta = \arctan \frac{b}{a}$$

r 称为复数 x 的幅度，可以写成 $|x|$。θ 是复数的角度，可以写成 $\angle\theta$。因此，一个复数的极坐标形式可以表示为

$$x = r\angle\theta \text{ 或 } x = |x|\angle\theta$$

可以直接从极坐标转换到直角坐标，如图 D.3 所示。显然，幅度为 r、相位角为 θ 的复数，其实部等于 $r\cos\theta$，虚部等于 $r\sin\theta$。因此，x 可以写为

$$x = r\cos\theta + \mathrm{j}r\sin\theta$$

用欧拉公式可以获得更多的形式：

$$\mathrm{e}^{\mathrm{j}\theta} = \cos\theta + \mathrm{j}\sin\theta$$

因此，x 的另一种形式由下式给出：

$$x = r\cos\theta + \mathrm{j}r\sin\theta = r\mathrm{e}^{\mathrm{j}\theta}$$

这称为复数的指数形式，如图 D.4 所示。

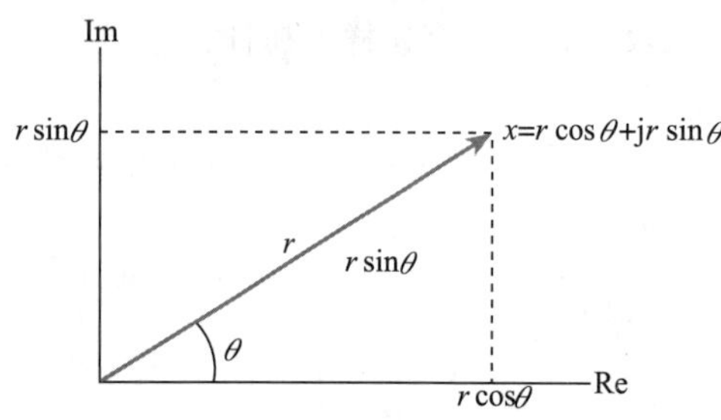

图 D.3 从极坐标转换到直角坐标

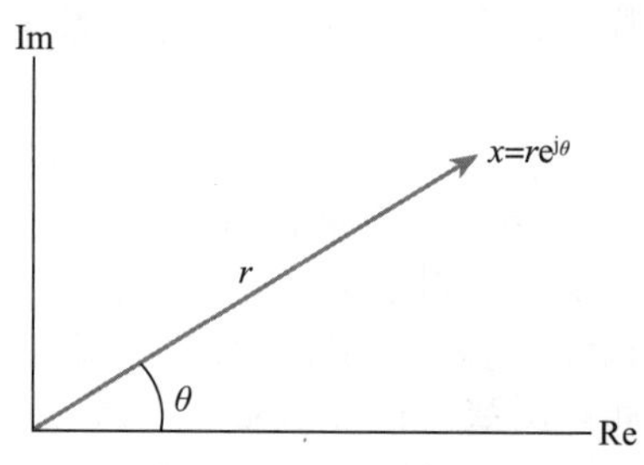

图 D.4 复数的指数表示

复共轭

复数 x 的共轭是通过使这个数的虚部为负而形成的，用符号 x^* 表示。因此，如果 $x = a + \mathrm{j}b$，那么

$$x^* = a - \mathrm{j}b$$

x^* 和 x 之间的关系如图 D.5 所示。从图中可以看出，当使用极化符号时，x^* 的大小等于 x 的大小，但是角度是相反的。因此，如果 $x - r\angle\theta$，则 $x^* = r\angle -\theta$。同样，当使用指数形式时，如果 $x = r\mathrm{e}^{\mathrm{j}\theta}$，则 $x^* = r\mathrm{e}^{-\mathrm{j}\theta}$。

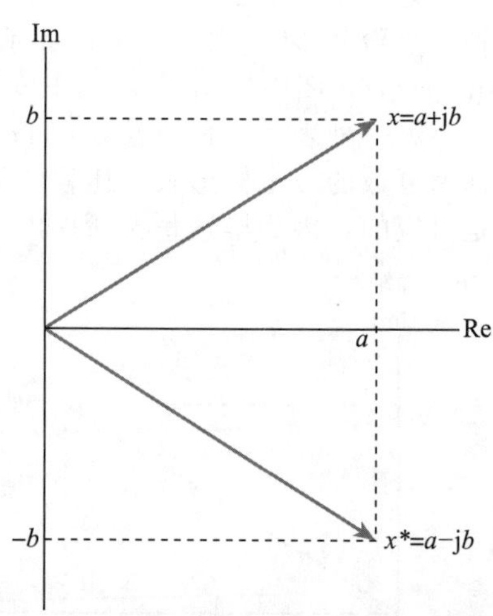

图 D.5 复数 x 与其共轭的关系

复数算术

为了加(或减)复数，我们简单地加(或减去)它们的实部和虚部。例如，如果 $x = a + \mathrm{j}b$ 和 $y = c + \mathrm{j}d$，那么

$$x + y = (a + \mathrm{j}b) + (c + \mathrm{j}d) = (a + c) + \mathrm{j}(b + d)$$

复数的乘法也很简单，只要记住 $\mathrm{j}^2 = -1$。如果 x 和 y 如前所述，那么

$$\begin{aligned} xy &= (a + \mathrm{j}b)(c + \mathrm{j}d) = ac + \mathrm{j}ad + \mathrm{j}bc + \mathrm{j}^2 bd \\ &= ac + \mathrm{j}ad + \mathrm{j}bc - bd = (ac - bd) + \mathrm{j}(ad + bc) \end{aligned}$$

有趣的是，复数与其共轭的乘法是实数。例如，如果 $x = a + jb$，那么

$$xx^* = (a + \mathrm{j}b)(a - \mathrm{j}b) = a^2 - \mathrm{j}ab + \mathrm{j}ab - \mathrm{j}^2 b^2 = a^2 + b^2$$

通过使用共轭来简化复数的除法。如果和前面一样，$x=a+\mathrm{j}b$，$y=c+\mathrm{j}d$，那么

$$\frac{x}{y}=\frac{(a+\mathrm{j}b)}{(c+\mathrm{j}d)}$$

在分母中存在虚数是不方便的，但是可以通过将分子和分母乘以 y^* 来消除：

$$\frac{x}{y}=\frac{(a+\mathrm{j}b)}{(c+\mathrm{j}d)}=\frac{(a+\mathrm{j}b)(c-\mathrm{j}d)}{(c+\mathrm{j}d)(c-\mathrm{j}d)}=\frac{(ac+bd)+\mathrm{j}(bc-ad)}{c^2+d^2}=\frac{ac+bd}{c^2+d^2}+\mathrm{j}\,\frac{bc-ad}{c^2+d^2}$$

虽然复数的乘法和除法很简单(如上所述)，但使用极坐标会更简单，因为

$$\frac{A\angle\alpha}{B\angle\beta}=\frac{A}{B}\angle(\alpha-\beta)$$

由于使用指数形式，所以乘法和除法也很容易：

$$\frac{A\mathrm{e}^{\mathrm{j}\alpha}}{B\mathrm{e}^{\mathrm{j}\beta}}=\frac{A}{B}\mathrm{e}^{\mathrm{j}(\alpha-\beta)}$$

因此，通常做复数的加法或减法运算时，使用矩形形式，但在做乘法或除法运算时使用极坐标或指数形式。幸运的是，在这些不同的形式之间进行转换很简单(如上所述)。

附录 E

部分习题答案

第 1 章

1.4 5mA
1.5 6kΩ
1.6 25W
1.7 10nW
1.8 50Ω
1.9 12Ω
1.10 7.9kΩ
1.11 600Ω
1.12 20Ω，50Ω
1.13 1.51kΩ，208Ω
1.14 6V，10V，8V
1.15 16V，4V，−10V
1.16 1ms
1.17 50kHz

第 2 章

2.2 0.1Hz
2.3 40ms
2.4 5V
2.5 20A
2.6 62.8rad/s
2.7 25Hz
2.8 5V，10V，250Hz，1570rad/s
2.11 75Hz，25V
2.13 6.37V
2.14 7.85A
2.17 2W
2.18 4W
2.19 6.66V
2.20 5V
2.21 1W
2.22 2mΩ
2.23 200kΩ
2.24 11%(高)
2.25 11.1V
2.32 5.3V
2.34 60°，B 超前于 A

第 3 章

3.2 50C
3.6 100V，50V，500μV，−2.35V
3.7 200W，1.25W，2.5mW，117μW
3.8 16mΩ
3.9 150Ω，33.3Ω，42Ω
3.10 5kΩ
3.15 6V，375V，60V
3.16 1.8V
3.18 −446mA
3.20 2.5mA
3.22 471mV
3.24 1.07V
3.26 −62mA
3.38 5V

第 4 章

4.6 45.5V
4.7 20μF
4.10 66pF
4.11 13nF
4.14 16.7MV/m
4.17 67mC/m^2
4.18 150μF，3.75mF，5.9nF，39.3μF
4.21 100ms
4.22 10μF
4.26 562mJ
4.27 15.6mJ

第 5 章

5.3 0.48A/m
5.7 3000 安培-匝数，3333A/m，4.19mT，1.68μWb
5.9 3000A/Wb
5.15 3mH
5.17 36.3μH
5.18 20.9mH
5.19 1.43H，35mH，10.9μH，250mH
5.23 2s
5.24 20H
5.29 49mJ
5.34 50V

第 6 章

6.1 100rad/s，15V
6.2 39.8Hz，17.7V
6.14 12.6Ω
6.15 200kΩ

6.16 1.18A(RMS)
6.17 5mV(峰值)
6.21 28.0V，$\angle 14.6°$
6.26 $58.6\angle -65°$
6.28 1000+j0
6.29 0−j159
6.30 0+j6.28
6.31 80+j124，40−j40
6.32 $36\angle 56°$，$36e^{j56°}$
6.33 19.1+j16.1，$25e^{-j40°}$

第7章

7.1 1W
7.4 700V·A，0.5，350W
7.6 1.97A，197V·A，0.786，155W，121var
7.7 500V·A，400W，300var，2A
7.9 12.7μF
7.10 3.4μF

第8章

8.1 15.9Ω，2Ω
8.2 39.8Hz
8.3 1571rad/s
8.5 495μs
8.8 15Hz，100kHz，8kHz，10MHz，3Hz，50kHz
8.11 200μs

第9章

9.8 40ms
9.9 576μs

第10章

10.2 2.9V
10.12 1000rpm
10.16 18 000rpm

第12章

12.7 138.5Ω，1.385V
12.18 1V，3.85mV/℃

第14章

14.6 25V
14.7 0.1
14.8 9.12V
14.9 18.6
14.10 24μW，83mW，3.5×10^3
14.12 10.8V
14.13 439
14.14 2.42nW，667mW，2.8×10^8
14.16 13.2V
14.18 30dB
14.19 22dB
14.20 7.07
14.21 24kHz
14.22 5MHz
14.23 10V

第15章

15.14 0.04
15.16 6

第16章

16.6 16
16.9 −25
16.14 0.5V
16.15 −5V
16.23 40kHz
16.26 (a) 31.3，32GΩ，3.1mΩ
(b) −6.83，12kΩ，680μΩ
(c) 46.3，22GΩ，4.6mΩ
(d) 1，1TΩ，100μΩ

第17章

17.21 9.1V

第18章

18.24 1.22mS，1.73mS，2.45mS
18.27 2MΩ，4kΩ，−12，2.9Hz
18.28 1MΩ，4.7kΩ，−4.7，1.6Hz
18.30 1.33MΩ，4.7kΩ，−113

第19章

19.10 930μA，4.8V
19.12 ≈−240，730Ω，985Ω
19.13 ≈−180，730Ω，750Ω
19.14 1.5mA，6.15V，−3.9
19.15 1.8kΩ，3.9kΩ
19.16 f_c=88Hz
19.18 6.15V，−234，≈940Hz，≈1000μF
19.23 5.2mA，5.2V，1
19.24 2.3kΩ，1.4μF
19.26 6.8V，90，11Ω，1kΩ

第20章

20.28 15W

第22章

22.7 3.9μV
22.8 28μV
22.10 4%
22.16 54dB
22.17 58dB

第23章

23.3 65Hz
23.5 159Hz

23.11 0.000 04%

第24章

24.3 32，64

24.23 12，49，23，1.375

24.24 111000，10000100，1000011，101.101

24.25 42 179，52 037，135，1023

24.26 CDE4，2D6，22C4

24.27 101001001100011 1

24.28 2CA5

24.29 100000，11011，1001101，111

第27章

27.18 4 194 304

27.21 0～16 777 215

27.22 －8 388 608～＋8 388 607

第28章

28.2 8kHz

28.6 4096

第29章

29.9 ≈50kbps

29.11 9kHz，10kHz和11kHz

29.12 m_a＝0.75，约22%

29.14 80kHz

推荐阅读

信号、系统及推理

作者：(美) Alan V. Oppenheim George C.Verghese 译者：李玉柏 等

中文版 ISBN：978-7-111-57390-6 英文版 ISBN：978-7-111-57082-0 定价：99.00元

本书是美国麻省理工学院著名教授奥本海姆的最新力作，详细阐述了确定性信号与系统的性质和表示形式，包括群延迟和状态空间模型的结构与行为；引入了相关函数和功率谱密度来描述和处理随机信号。本书涉及的应用实例包括脉冲幅度调制，基于观测器的反馈控制，最小均方误差估计下的最佳线性滤波器，以及匹配滤波；强调了基于模型的推理方法，特别是针对状态估计、信号估计和信号检测的应用。本书融合并扩展了信号与系统时频域分析的基本素材，以及与此相关且重要的概率论知识，这些都是许多工程和应用科学领域的分析基础，如信号处理、控制、通信、金融工程、生物医学等领域。

离散时间信号处理（原书第3版·精编版）

作者：(美) Alan V. Oppenheim Ronald W. Schafer 译者：李玉柏 潘晔 等

ISBN：978-7-111-55959-7 定价：119.00元

本书是我国数字信号处理相关课程使用的最经典的教材之一，为了更好地适应国内数字信号处理相关课程开设的具体情况，本书对英文原书《离散时间信号处理（第3版）》进行缩编。英文原书第3版是美国麻省理工学院Alan V. Oppenheim教授等经过十年的教学实践，对2009年出版的《离散时间信号处理（第2版）》进行的修订，第3版注重揭示一个学科的基础知识、基本理论、基本方法，内容更加丰富，将滤波器参数设计法、倒谱分析又重新引入到教材中。同时增加了信号的参数模型方法和谱分析，以及新的量化噪声仿真的例子和基于样条推导内插滤波器的讨论。特别是例题和习题的设计十分丰富，增加了130多道精选的例题和习题，习题总数达到700多道，分为基础题、深入题和提高题，可提升学生和工程师们解决问题的能力。

数字视频和高清：算法和接口（原书第2版）

作者：(加) Charles Poynton 译者：刘开华 褚晶辉 等ISBN：978-7-111-56650-2 定价：99.00元

本书精辟阐述了数字视频系统工程理论，涵盖了标准清晰度电视（SDTV）、高清晰度电视（HDTV）和压缩系统，并包含了大量的插图。内容主要包括了：基本概念的数字化、采样、量化和过滤，图像采集与显示，SDTV和HDTV编码，彩色视频编码，模拟NTSC和PAL，压缩技术。本书第2版涵盖新兴的压缩系统，包括NTSC、PAL、H.264和VP8 / WebM，增强JPEG，详细的信息编码及MPEG-2系统、数字视频处理中的元数据。适合作为高等院校电子与信息工程、通信工程、计算机、数字媒体等相关专业高年级本科生和研究生的“数字视频技术”课程教材或教学参考书，也可供从事视频开发的工程技师参考。

推荐阅读

机械电子学：机械和电气工程中的电子控制系统（原书第6版）

作者：[英]威廉·博尔顿（William Bolton） 译者：付庄 等

书号：978-7-111-59955-5 定价：129.00元

机械电子学是电子工程、机械工程、控制和计算机工程的集成，它处在无数设备、过程和技术的核心。从自动对焦照相机，到汽车发动机管理系统，从达到最新技术发展水平的机器人，到普通的洗衣机，都离不开机械电子学知识和技术。本书是最新版第6版，理论讲解深入浅出，体系结构完整、机械学与电子学知识紧密结合，习题丰富，一直被国外各大学采用，是该领域高等院校本科生、研究生或工程技术人员的必备读物。

本书对机械电子学领域做了清晰和全面的介绍，新增了更多的机电系统专题和关于机器人系统的内容，涵盖了传感器与信号调理、数字信号、数字逻辑、数据显示、气动和液压驱动系统、机械驱动系统、电气驱动系统、系统模型、系统的动态响应、系统传递函数、频率响应、闭环控制系统、人工智能、微处理器、输入输出系统、PLC、通信系统、故障检测、机电系统设计案例等，为形成一种真正的跨学科和综合化的工程方法提供了一个思维框架，是一本多学科交叉融合的综合性教材，有助于读者获得所需的综合能力来理解和设计机电一体化系统。